Jan Hoinkis

Chemie für Ingenieure

Beachten Sie bitte auch weitere interessante Titel zu diesem Thema

Baerns, M., Behr, A., Brehm, A., Gmehling, J., Hofmann, H., Onken, U., Renken, A., Hinrichsen, K.-O., Palkovits, R.

Technische Chemie
2. Auflage

2013
Print ISBN: 978-3-527-33072-0; auch in elektronischen Formaten verfügbar

Kühl, O.

Allgemeine Chemie
für Biochemiker, Lebenswissenschaftler, Mediziner, Pharmazeuten...

2012
Print ISBN: 978-3-527-33198-7; auch in elektronischen Formaten verfügbar

Kühl, O.

Organische Chemie
für Biochemiker, Lebenswissenschaftler, Mediziner, Pharmazeuten...

2012
Print ISBN: 978-3-527-33199-4; auch in elektronischen Formaten verfügbar

Wurm, T.

Chemie für Einsteiger und Durchsteiger

2012
Print ISBN: 978-3-527-33206-9; auch in elektronischen Formaten verfügbar

Bergler, F.

Physikalische Chemie
für Nebenfächler und Fachschüler

2013
Print ISBN: 978-3-527-33363-9; auch in elektronischen Formaten verfügbar

Kuypers, F.

Physik für Ingenieure und Naturwissenschaftler
Band 1: Mechanik und Thermodynamik, 3. Auflage

2012
Print ISBN: 978-3-527-41135-1; auch in elektronischen Formaten verfügbar

Kuypers, F.

Physik für Ingenieure und Naturwissenschaftler
Band 2: Elektrizität, Optik und Wellen, 3. Auflage

2012
Print ISBN: 978-3-527-41144-3; auch in elektronischen Formaten verfügbar

Jan Hoinkis

Chemie für Ingenieure

14., vollständig überarbeitete und aktualisierte Auflage

Verlag GmbH & Co. KGaA

Autor

Prof. Dr.-Ing. Jan Hoinkis
Hochschule Karlsruhe – Technik und Wirtschaft
Fakultät für Elektro- und Informationstechnik
Moltkestr. 30
76133 Karlsruhe
Deutschland

14. Auflage

Alle Bücher von Wiley-VCH werden sorgfältig erarbeitet. Dennoch übernehmen Autoren, Herausgeber und Verlag in keinem Fall, einschließlich des vorliegenden Werkes, für die Richtigkeit von Angaben, Hinweisen und Ratschlägen sowie für eventuelle Druckfehler irgendeine Haftung.

Bibliografische Information der Deutschen Nationalbibliothek
Die Deutsche Nationalbibliothek verzeichnet diese Publikation in der Deutschen Nationalbibliografie; detaillierte bibliografische Daten sind im Internet über http://dnb.d-nb.de abrufbar.

© 2016 WILEY-VCH Verlag GmbH & Co. KGaA, Boschstr. 12, 69469 Weinheim, Germany

Alle Rechte, insbesondere die der Übersetzung in andere Sprachen, vorbehalten. Kein Teil dieses Buches darf ohne schriftliche Genehmigung des Verlages in irgendeiner Form – durch Photokopie, Mikroverfilmung oder irgendein anderes Verfahren – reproduziert oder in eine von Maschinen, insbesondere von Datenverarbeitungsmaschinen, verwendbare Sprache übertragen oder übersetzt werden. Die Wiedergabe von Warenbezeichnungen, Handelsnamen oder sonstigen Kennzeichen in diesem Buch berechtigt nicht zu der Annahme, dass diese von jedermann frei benutzt werden dürfen. Vielmehr kann es sich auch dann um eingetragene Warenzeichen oder sonstige gesetzlich geschützte Kennzeichen handeln, wenn sie nicht eigens als solche markiert sind.

Satz le-tex publishing services GmbH, Leipzig, Deutschland
Druck und Bindung CPI Group (UK) Ltd, Croydon, CR0 4YY

Print ISBN 978-3-527-33752-1
ePDF ISBN 978-3-527-68456-4
ePub ISBN 978-3-527-68461-8
Mobi ISBN 978-3-527-68460-1

Gedruckt auf säurefreiem Papier.

C9783527337521_141125

Inhaltsverzeichnis

Vorwort *XV*

1 **Atombau und Periodensystem** *1*
1.1 Bestandteile des Atoms *1*
1.2 Atomkerne *2*
1.3 Aufbau der Elektronenhülle *4*
1.3.1 Das Bohr'sche Atommodell *4*
1.3.2 Das wellenmechanische Atommodell *5*
1.4 Das Periodensystem der Elemente *15*
1.4.1 Die Elektronenstrukturen der Elemente *16*
1.4.2 Die Periodizität der Eigenschaften *17*

2 **Die chemische Bindung** *25*
2.1 Die Atombindung (kovalente Bindung) *26*
2.1.1 Das Wasserstoffmolekül *26*
2.1.2 σ-Bindungen *27*
2.1.3 π-Bindungen *28*
2.2 Die Ionenbindung *29*
2.3 Die metallische Bindung *32*
2.3.1 Das „Elektronengasmodell" *32*
2.3.2 Das Energiebändermodell *33*
2.4 Übergangsformen zwischen den Bindungsarten *33*
2.5 Die zwischenmolekularen Wechselwirkungen *36*
2.5.1 Die Dipol-Wechselwirkungen *36*
2.5.2 Die Van-der-Waals-Wechselwirkung *37*
2.5.3 Wasserstoffbrücken *39*
2.6 Mengenangaben *41*
2.6.1 Die Gesetze von den konstanten und multiplen Proportionen *41*
2.6.2 Die relative Atommasse *42*
2.6.3 Die relative Molekülmasse und die Formelmasse *43*
2.6.4 Das Mol und die molare Masse *44*

3 Die Aggregatzustände *47*
3.1 Der gasförmige Aggregatzustand *47*
3.1.1 Ideale Gase *47*
3.1.2 Reale Gase *49*
3.1.3 Gasverflüssigung, der Joule-Thomson-Effekt *50*
3.2 Der flüssige Aggregatzustand *51*
3.3 Der feste Aggregatzustand *52*
3.3.1 Die Kristallsysteme *52*
3.3.2 Die Eigenschaften von Kristallen *54*
3.3.3 Amorphe Feststoffe *56*
3.4 Mischungen *56*
3.4.1 Homogene Mischungen *57*
3.4.2 Heterogene Mischungen *57*
3.5 Lösungen *59*
3.5.1 Angaben über die Zusammensetzung von Lösungen *60*
3.5.2 Diffusion und Osmose *63*
3.5.3 Lösungsenthalpie und Entropie *66*
3.6 Aggregatzustandsänderungen *70*
3.6.1 Das Temperatur-Energie-Diagramm *70*
3.6.2 Das Phasendiagramm *71*
3.6.3 Das Prinzip der Kälteerzeugung *75*
3.6.4 Destillation *79*

4 Chemische Reaktionen *85*
4.1 Reaktionsgleichungen und stöchiometrische Berechnungen *85*
4.2 Energieumsätze bei chemischen Reaktionen *88*
4.3 Der Verlauf chemischer Reaktionen *91*
4.3.1 Reversible und irreversible Prozesse *91*
4.3.2 Reaktionsgeschwindigkeit *92*
4.4 Redoxreaktionen *95*
4.4.1 Die Definition von Oxidation und Reduktion *95*
4.4.2 Die Definition der Oxidationszahl *96*
4.4.3 Schreibweise von Oxidationszahl und Ladungszahl *96*
4.4.4 Regeln für die Festlegung der Oxidationszahlen *97*
4.4.5 Beispiele für wichtige Redoxreaktionen in der Chemietechnik *99*
4.5 Säure-Base-Reaktionen *100*
4.5.1 Säuren *100*
4.5.2 Basen *102*
4.5.3 Der Ampholyt „Wasser“ und der pH-Wert (1. Teil) *102*
4.5.4 Salze *104*

5 Chemische Gleichgewichte *107*
5.1 Das Massenwirkungsgesetz *107*
5.1.1 Die mathematische Formulierung des Massenwirkungsgesetzes *107*
5.1.2 Das Prinzip von Le Chatelier *110*

5.2 Gleichgewichte in wässrigen Lösungen *113*
5.2.1 Das Ionenprodukt des Wassers *113*
5.2.2 Der pH-Wert (2. Teil) *114*
5.2.3 Die elektrolytische Dissoziation *116*
5.2.4 Das Kohlensäuregleichgewicht *117*
5.2.5 Pufferlösungen *118*
5.2.6 pH-Farbindikatoren *119*
5.2.7 Maßanalyse *121*
5.2.8 Saure und alkalische Reaktionen von Salzen *125*
5.3 Das Löslichkeitsprodukt *127*
5.3.1 Mathematische Ableitung des Löslichkeitsproduktes *127*
5.3.2 Das Löslichkeitsprodukt des Calciumcarbonats *130*
5.3.3 Weitere Anwendungsbeispiele aus der Praxis *134*
5.4 Komplexverbindungen *138*
5.4.1 Komplexbildung am Anion *138*
5.4.2 Komplexbildung am Kation *140*
5.4.3 Komplexbildung an neutralen Atomen *143*
5.4.4 Eigenschaften häufig gebrauchter Komplexe *144*
5.5 Gasgleichgewichte *145*
5.5.1 Homogene Gasgleichgewichte *146*
5.5.2 Heterogene Gasgleichgewichte *152*
5.5.3 Der Heß'sche Satz *155*
5.6 Adsorptionsvorgänge *155*
5.6.1 Adsorptionsgesetze *155*
5.6.2 Chromatografie *157*

6 Die Elemente *161*
6.1 Allgemeines *161*
6.1.1 Einteilung der Elemente *161*
6.1.2 Die Häufigkeit der Elemente und die Rohstoffprobleme *162*
6.1.3 Elementumwandlungen *165*
6.2 Die gasförmigen Elemente *171*
6.2.1 Wasserstoff *171*
6.2.2 Die gasförmigen Halogene *173*
6.2.3 Stickstoff und Sauerstoff *174*
6.2.4 Ozon *182*
6.2.5 Die Edelgase *183*
6.3 Die übrigen Nichtmetalle *185*
6.3.1 Brom und Iod *185*
6.3.2 Schwefel *187*
6.3.3 Phosphor *188*
6.3.4 Kohlenstoff *189*
6.4 Halbleiter *197*
6.4.1 Die elektrische Leitfähigkeit in festen Stoffen *197*
6.4.2 Silicium und Germanium *200*

6.4.3 Chemische Verbindungen als Halbleiter *206*
6.5 Metalle *209*
6.5.1 Allgemeine metallische Eigenschaften *209*
6.5.2 Einteilung der Metalle *215*
6.5.3 Legierungen *215*
6.5.4 Die Alkalimetalle *219*
6.5.5 Die Erdalkalimetalle *220*
6.5.6 Beryllium und Magnesium *221*
6.5.7 Aluminium und die Metalle der dritten Hauptgruppe *221*
6.5.8 Die Metalle der vierten und fünften Hauptgruppe *222*
6.5.9 Zink, Cadmium, Quecksilber *223*
6.5.10 Kupfer, Silber, Gold *225*
6.5.11 Die Platinmetalle *227*
6.5.12 Eisen, Cobalt, Nickel *227*
6.5.13 Metalle der vierten bis siebten Nebengruppe *232*
6.5.14 Metalle der dritten Nebengruppe und die Lanthanoide *232*
6.6 Radioaktive Elemente *233*
6.6.1 Natürliche radioaktive Elemente *233*
6.6.2 Künstlich hergestellte radioaktive Elemente *236*
6.6.3 Kernreaktoren *237*

7 Anorganische Verbindungen *239*
7.1 Wasserstoffverbindungen der Elemente *239*
7.1.1 Das Tetraedermodell für Moleküle *240*
7.1.2 Wasser H_2O *243*
7.1.3 Wasserstoffperoxid H_2O_2 *247*
7.1.4 Chlorwasserstoff HCl *248*
7.1.5 Ammoniak NH_3 *249*
7.1.6 Hydrazin N_2H_4 *251*
7.1.7 Schwefelwasserstoff H_2S *251*
7.1.8 Phosphorwasserstoff PH_3 *251*
7.2 Sauerstoffverbindungen der Elemente *251*
7.2.1 Nichtmetalloxide *251*
7.2.2 Sauerstoffsäuren *259*
7.2.3 Metalloxide und Metallhydroxide *263*
7.2.4 Glas *265*
7.2.5 Alumosilicate *266*
7.2.6 Baustoffbindemittel *268*
7.2.7 Asbest *269*
7.3 Carbide und Nitride *270*
7.3.1 Salzartige Carbide *270*
7.3.2 Einlagerungsverbindungen *270*
7.3.3 Kovalente Verbindungen *271*
7.4 Nanotechnologie *272*

8 Organische Verbindungen *277*
8.1 Kohlenwasserstoffe *279*
8.1.1 Alkane oder Paraffine *279*
8.1.2 Alkene oder Olefine *282*
8.1.3 Alkine oder Acetylene *285*
8.1.4 Alicyclische Verbindungen *288*
8.1.5 Aromatische Kohlenwasserstoffe *288*
8.2 Halogenabkömmlinge der Kohlenwasserstoffe *295*
8.2.1 Chlorierte Kohlenwasserstoffe *295*
8.2.2 Polychlorierte Biphenyle (PCB) *296*
8.2.3 Frigene (Freone) und Halone *296*
8.2.4 Umweltaspekte von halogenierten Kohlenwasserstoffen *297*
8.2.5 Substitutionsmöglichkeiten von Halogenkohlenwasserstoffen *298*
8.3 Metallorganische Verbindungen *299*
8.4 Sauerstoffverbindungen *299*
8.4.1 Alkohole *300*
8.4.2 Phenole *302*
8.4.3 Ether (frühere Schreibweise Äther) *303*
8.4.4 Ketone *304*
8.4.5 Aldehyde *304*
8.4.6 Carbonsäuren *306*
8.4.7 Ester *311*
8.4.8 Fette und fette Öle *312*
8.4.9 Seifen und Waschmittel *313*
8.4.10 Zusammenfassender Überblick *315*
8.5 Stickstoffverbindungen *316*
8.5.1 Amine *316*
8.5.2 Aminosäuren *317*
8.5.3 Amide *317*
8.5.4 Nitrile *318*
8.5.5 Nitroverbindungen *319*
8.6 Heterocyclische Verbindungen *320*
8.6.1 Stickstoffhaltige Heterocyclen *320*
8.6.2 Sauerstoffhaltige Heterocyclen *321*
8.7 Organische Naturprodukte *322*
8.7.1 Kohlenhydrate *322*
8.7.2 Eiweißstoffe (Proteine) *325*
8.8 Brennstoffe, Kraftstoffe, Schmierstoffe *326*
8.8.1 Brennstoffe *326*
8.8.2 Kraftstoffe *328*
8.8.3 Schmierstoffe *336*
8.8.4 Sicherheitsvorschriften *339*

9 Kunststoffe *341*
9.1 Mechanisch-thermische Eigenschaften *342*
9.1.1 Thermoplaste *342*
9.1.2 Elastomere *344*
9.1.3 Duroplaste *345*
9.1.4 Fluidoplaste *346*
9.1.5 Spannungs-Dehnungs-Diagramme *346*
9.2 Abgewandelte Naturprodukte *348*
9.2.1 Kunststoffe auf Cellulosebasis *348*
9.2.2 Gummi aus Naturkautschuk *349*
9.3 Polymerisationskunststoffe *350*
9.3.1 Allgemeines *350*
9.3.2 Polyethylen *352*
9.3.3 Polypropylen *355*
9.3.4 Polybuten-1 *356*
9.3.5 Polyisobutylen *356*
9.3.6 Synthetischer Kautschuk *356*
9.3.7 Ethylen-Propylen-Kautschuk *357*
9.3.8 Polystyrol *358*
9.3.9 Polyvinylcarbazol *360*
9.3.10 Polyvinylchlorid und Polyvinylacetat *360*
9.3.11 Polyvinylidenchlorid *362*
9.3.12 Polytetrafluorethylen *363*
9.3.13 Polyacrylnitril *365*
9.3.14 Polymethacrylsäuremethylester *365*
9.3.15 Polyoxymethylen *366*
9.4 Polykondensationskunststoffe *367*
9.4.1 Polyamide *367*
9.4.2 Formaldehydkondensationsprodukte *370*
9.4.3 Polyesterharze oder Alkydharze *372*
9.4.4 Polycarbonat *376*
9.4.5 Hochtemperaturbeständige Polykondensationskunststoffe *377*
9.5 Polyadditionskunststoffe *378*
9.5.1 Polyurethane *379*
9.5.2 Epoxidharze *379*
9.6 Silicone *381*
9.6.1 Siliconöle und -fette *381*
9.6.2 Siliconkautschuk *382*
9.6.3 Siliconharze *382*
9.7 Alterung und Zerstörung von Kunststoffen *382*
9.7.1 Thermische Einflüsse *383*
9.7.2 Einfluss von energiereicher Strahlung *384*
9.7.3 Spannungsrissbildung *385*
9.7.4 Einfluss von Lösungsmitteln *385*
9.7.5 Chemische Zerstörung von Kunststoffen *388*

9.7.6 Feuerbeständigkeit von Kunststoffen *388*
9.8 Kunststoffrecycling *389*
9.9 Biologisch abbaubare Kunststoffe *391*

10 Elektrochemie *393*
10.1 Elektrochemische Potenziale *393*
10.1.1 Galvanische Elemente *393*
10.1.2 Die Normal-Wasserstoffelektrode *395*
10.1.3 Die Normalpotenziale (elektrochemische Spannungsreihen) *396*
10.1.4 Praktische Spannungsreihen *403*
10.1.5 Herstellung von Leiterplatten *404*
10.2 Die Konzentrationsabhängigkeit der elektrochemischen Potenziale *406*
10.2.1 Die Nernst'sche Gleichung *406*
10.2.2 Elektroden zweiter Art *408*
10.2.3 pH-Messungen *410*
10.3 Elektrochemische Stromerzeugung *412*
10.3.1 Primärelemente *412*
10.3.2 Sekundärelemente *415*
10.3.3 Brennstoffzellen *420*
10.4 Erzwungene elektrochemische Vorgänge *424*
10.4.1 Messung einer galvanischen Spannung *424*
10.4.2 Die Elektrolyse *424*
10.4.3 Die Faraday'schen Gesetze *427*
10.4.4 Die elektrische Leitfähigkeit von Elektrolyten *429*
10.4.5 Die elektrochemische Polarisation *429*
10.5 Galvanisieren *433*
10.5.1 Die elektrolytische Entfettung *434*
10.5.2 Elektropolieren und Elektroentgraten *434*
10.5.3 Die gebräuchlichsten Metallschutzschichten *434*
10.6 Korrosion und Korrosionsschutz *436*
10.6.1 Korrosionsarten *436*
10.6.2 Möglichkeiten des Korrosionsschutzes *444*
10.7 Elektrochemische Messmethoden *449*
10.7.1 Die Leitfähigkeitsmethode (Konduktometrie) *450*
10.7.2 Die Potenziometrie *451*
10.7.3 Die Amperometrie *453*
10.7.4 Die Coulometrie *454*
10.7.5 Die Voltammetrie und Polarografie *455*

11 Spektren und ihre Anwendungen *459*
11.1 Elektromagnetische Spektren *460*
11.1.1 Die Entstehung von elektromagnetischen Spektren *460*
11.1.2 Absorptions- und Emissionsspektren *460*
11.1.3 Die Bereiche elektromagnetischer Strahlen *461*

11.2 Spektrenformen *462*
11.2.1 Linienspektren *463*
11.2.2 Bandenspektren *467*
11.2.3 Absorptionsmaxima *469*
11.3 Spektralanalytische Untersuchungen *470*
11.4 Spektralbereiche *471*
11.4.1 Gammastrahlen *471*
11.4.2 Röntgenbereich *472*
11.4.3 Ultraviolettspektren (UV-Spektren) *474*
11.4.4 Spektren im sichtbaren Licht *475*
11.4.5 Infrarotspektren (IR-Spektren) *477*
11.4.6 Magnetische Kernresonanz (nuclear magnetic resonance = NMR) *479*
11.5 Spezielle Messgeräte *480*
11.5.1 Fotometer *480*
11.5.2 IR-Messgeräte für Gase *482*
11.5.3 Chemolumineszenzanalyse *483*
11.6 Massenspektrometer *484*
11.7 Farbmittel *486*
11.7.1 Ursachen für die Farbigkeit *487*
11.7.2 Pigmente *489*
11.7.3 Farbstoffe *489*
11.7.4 Farbindikatoren *490*

12 Biochemie und Biotechnologie *491*
12.1 Grundlagen der Biochemie *492*
12.1.1 Eigenschaften belebter Materie *492*
12.1.2 Die Zelle *494*
12.1.3 Der Stoffwechsel *497*
12.2 Molekularbiologie *502*
12.2.1 Aufbau und Verdoppelung der DNA *502*
12.2.2 Die Eiweißsynthese *503*
12.2.3 Mutationen *505*
12.2.4 Gentechnik *510*
12.3 Bioverfahrenstechnik *513*
12.3.1 Bioreaktoren (Fermenter) *514*
12.3.2 Produktaufarbeitung *516*
12.3.3 Herstellung von Bioethanol *516*
12.4 Biosensoren *518*
12.5 Schadwirkung von Chemikalien *520*
12.5.1 Humantoxikologie *520*
12.5.2 Die häufigsten Gifte *525*
12.5.3 Ökotoxikologie *530*

13 Umwelttechnik *535*
13.1 Ökologische Grundlagen *535*
13.1.1 Ökosysteme *535*
13.1.2 Stoff- und Energieumsätze in Ökosystemen *537*
13.1.3 Stoffkreisläufe *538*
13.2 Abwasser und Abwasserreinigung *541*
13.2.1 Rohstoff Wasser *541*
13.2.2 Abwasserinhaltsstoffe *542*
13.2.3 Abwasserreinigung durch kommunale Kläranlagen *550*
13.2.4 Weiterentwickelte Verfahren in der biologischen Abwasserreinigung *556*
13.2.5 Spezielle Verfahren der Abwasserreinigung *558*
13.3 Membrantrennverfahren *566*
13.3.1 Grundlage und Arten der Membrantrennverfahren *566*
13.3.2 Stofftransport bei Membrantrennverfahren *569*
13.3.3 Technische Membranmodule *575*
13.4 Abluftreinigung *576*
13.4.1 Luftschadstoffe *576*
13.4.2 Abluftreinigung in der Industrie *578*
13.4.3 Rauchgasreinigung in Kraftwerken *586*
13.4.4 Abgasreinigung bei Automobilen *591*
13.5 Abfall und Recycling *594*
13.5.1 Abfallzusammensetzung *594*
13.5.2 Abfallentsorgung *595*
13.5.3 Recycling *602*
13.6 Produktionsintegrierter Umweltschutz *603*
13.7 Ökobilanzen *606*

Anhang *609*
A.1 Die Buchstaben des griechischen Alphabets *609*
A.2 Vorsatzzeichen und Abkürzungen für Stoffmengengehalte *610*
A.3 Maßeinheitentabelle *611*
A.4 Verzeichnis der chemischen Elemente (Stand IUPAC 2011) *612*
A.5 Löslichkeitsprodukte *615*
A.6 Schadstoffhöchstwerte am Arbeitsplatz und Wassergefährdungsklassen (WGK) *617*
A.7 Gefahrensymbole *618*
A.8 Periodensystem der Elemente *619*

Sachverzeichnis *621*

Vorwort

Dieses Buch, welches nun bereits in der 14. Auflage erscheint, bietet eine umfassende, praxisorientierte Einführung in die für den Ingenieur relevante Chemie, erarbeitet die erforderlichen theoretischen Grundlagen und ist als studienbegleitendes Lehrbuch gedacht, aber auch geeignet zum Selbststudium. Es soll ferner dem in der Praxis tätigen Ingenieur eine Hilfe sein und soll ihm durch die zahlreichen Tabellen und Zahlenangaben als erstes Nachschlagewerk dienen.

Der Text wurde so verfasst, dass er ohne naturwissenschaftliche Vorkenntnisse verständlich wird. Insbesondere wurden alle Fachausdrücke, die über den Rahmen der Alltagssprache hinausgehen, bei ihrem ersten Auftauchen erklärt. Es erwies sich als besonders nützlich, dabei von der ursprünglichen Bedeutung der betreffenden Wörter auszugehen. Diese Worterklärung kann man später anhand des Sachregisters rasch wiederfinden.

Diese 14. Auflage wurde vollständig überarbeitet und aktualisiert. Hierbei wurden insbesondere das Layout und viele Abbildungen übersichtlicher gestaltet. Die Kontroll- und Übungsfragen wurden in einem eigenen Übungsbuch zusammengefasst und deutlich erweitert.

Das vorliegende Lehrbuch ist wohl die aktuellste und umfassendste Einführung in die Chemie für Ingenieure. Da in ihm besonders die anwendungsbezogenen Themen ausführlich behandelt werden, hat es sich an vielen Universitäten, Fachhochschulen und Berufsakademien bewährt. Es ist vornehmlich für folgende Fachrichtungen geeignet: Verfahrenstechnik, Umwelttechnik, Maschinenbau, Mechatronik, Sensortechnik, Fahrzeugtechnologie, Energietechnik, Nachrichtentechnik, Informatik, Wirtschaftsingenieurwesen.

Eine Beschäftigung mit der Chemie ist und bleibt für den Ingenieur für die Bewältigung zukünftiger technischer Probleme von großer Bedeutung. So soll dieses Lehrbuch einen kleinen Beitrag dazu leisten, dass die menschlichen Existenzgrundlagen mithilfe der Technik weiter ausgebaut werden, damit auch in Zukunft ein gesundes und menschenwürdiges Leben auf der Erde gesichert bleibt.

Ich möchte mich bei meinen Kollegen und Studenten für die zahlreichen Verbesserungsvorschläge bedanken. Insbesondere danke ich Herrn Miroslaw Wawak für seine Unterstützung bei den Arbeiten für die neue Auflage und das Übungsbuch sowie für die Bearbeitung zahlreicher Abbildungen.

Karlsruhe, Juni 2015 *Jan Hoinkis*

1 Atombau und Periodensystem

Das erste Kapitel führt uns zu den kleinsten Bestandteilen der stofflichen Welt, da Grundkenntnisse über deren Aufbau wichtig zum Verständnis vieler stofflicher Eigenschaften und Veränderungen sind. Besonders das wellenmechanische oder quantenmechanische Atommodell trägt dazu bei, später viele chemische Gesetzmäßigkeiten mühelos verstehen zu können. Dabei werden u. a. auch einige erkenntniskritische Überlegungen angestellt, denn die Erkenntnisse der Quantenmechanik haben seit Beginn dieses Jahrhunderts unser Weltbild vollkommen umgestaltet. Ein vertieftes Verständnis dieser Sachverhalte ermöglicht es dann, die uns umgebende Wirklichkeit besser begreifen zu können.

1.1 Bestandteile des Atoms

Ein Atom besteht aus einem **Atomkern** und einer **Elektronenhülle**. Bei chemischen Reaktionen treten Veränderungen in der Elektronenhülle auf.

Atomdurchmesser: Größenordnung 10^{-10} m
Atomkerndurchmesser: Größenordnung 10^{-14} m

Der Kern enthält die elektrisch positiv geladenen **Protonen** und die elektrisch neutralen **Neutronen**. Beide haben etwa die gleiche Masse und werden als **Nukleonen** bezeichnet (nucleus, lat. = Kern; Nukleonen = Kernbestandteile). Die Atomhülle wird aus den elektrisch negativ geladenen Elektronen gebildet. Nukleonen und Elektronen sind Elementarteilchen und besitzen die in Tab. 1.1 angegebenen Massen bzw. elektrischen Ladungen. Zum Vergleich, um sich die Größenverhältnisse besser vorstellen zu können: Wäre der Atomkern so groß wie ein Stecknadelkopf (ca. 1 mm), hätte das Atom die Ausdehnung eines Fußballfelds (ca. 100 m).

Die Eigenschaften der Atome werden entscheidend durch die Außenelektronen bestimmt. Die Anzahl der Elektronen in der Hülle hängt aber ihrerseits von der Anzahl der Protonen im Kern ab, sodass letztlich die Protonenzahl das maßge-

Chemie für Ingenieure, 14. Auflage. Jan Hoinkis.
©2016 WILEY-VCH Verlag GmbH & Co. KGaA. Published 2016 by WILEY-VCH Verlag GmbH & Co. KGaA.

Tab. 1.1 Elementarteilchen.

Name	Symbol	Ruhemasse	elektrische Ladung	Einheiten
Proton	p^+	$1{,}672\,61 \cdot 10^{-24}$ g	$+1{,}6 \cdot 10^{-19}$	As, Ampèresekunden oder C, Coulomb
Neutron	n	$1{,}674\,92 \cdot 10^{-24}$ g	–	
Elektron	e^-	$0{,}910\,96 \cdot 10^{-27}$ g	$-1{,}6 \cdot 10^{-19}$	As, Ampèresekunden oder C, Coulomb

bende Unterscheidungsmerkmal für die verschiedenen Atomarten darstellt. Hinsichtlich der Protonenzahl gibt es 103 verschiedene Atomarten[1)].

Stoffe, die nur aus einer dieser Atomarten mit jeweils der gleichen Protonenzahl bestehen, nennt man **chemische Elemente**. Man kennzeichnet die chemischen Elemente durch Symbole; diese sind Abkürzungen des lateinischen Namens, bestehend aus einem oder zwei Buchstaben, z. B. H für Hydrogenium (Wasserstoff); O für Oxygenium (Sauerstoff); N für Nitrogenium (Stickstoff); C für Carbonium (Kohlenstoff); S für Sulfur (Schwefel); Na für Natrium (deutsch ebenfalls Natrium); Fe für Ferrum (Eisen); Cu für Cuprum (Kupfer); Zn für Zincum (Zink); Sn für Stannum (Zinn); Hg für Hydrargyrum (Quecksilber) usw. Die im deutschen Sprachgebrauch üblichen Elementnamen sind mit den Elementsymbolen und der jeweiligen Protonenzahl im Kern (= Ordnungszahl) im Anhang A.4 zu finden.

1.2 Atomkerne

Fast die gesamte Masse eines Atoms ist im Kern vereinigt. Der Kern erfüllt aber nur ca. ein Billionstel des gesamten Atomvolumens. Ein anschaulicher Vergleich: Die Atomkerne eines Eisenwürfels von 10 m Kantenlänge ergäben, ohne die Elektronenhüllen dicht zusammengepackt, einen Würfel von weniger als 1 mm^3 Rauminhalt, aber mit einer Masse von 7900 t!

Die **Massenzahl** gibt an, wie viele Nukleonen (Protonen + Neutronen) ein Atomkern enthält. Sie wird links oben vor das Elementsymbol oder hinter das Elementsymbol geschrieben, also z. B.: ^{235}U; ^{238}U; bzw. U 235; U 238.

Die **Kernladungszahl** oder **Ordnungszahl** zeigt die Anzahl der Protonen im Kern und damit das chemische Element an. Sie steht unten links vor dem Elementsymbol. Man schreibt sie jedoch meistens nicht, weil das Elementsymbol indirekt die Protonenanzahl angibt, z. B. $_{92}U$ bzw. U mit Massenzahl:

$$^{235}_{92}U \quad \text{bzw.} \quad ^{235}U$$

1) Die Atomarten mit mehr als 103 Protonen sind nur winzige Bruchteile einer Sekunde existenzfähig und haben keine praktische Bedeutung. Kernphysikalische Experimente lassen den Schluss zu, dass sich auch Atomarten mit mehr als 103 Protonen vorübergehend (für extrem kurze Zeiten) bilden können.

Werden aber Reaktionen beschrieben, bei denen sich die Kernladungszahl und damit auch das chemische Element ändert, ist es zweckmäßig, die Ordnungszahl zu schreiben.

Die **Neutronenzahl** errechnet sich aus der Differenz zwischen Massenzahl und Ordnungszahl. Durch die Neutronen werden die positiv geladenen Protonen im Kern zusammengehalten. Die Elemente bis zur Ordnungszahl 20 haben etwa gleich viele Neutronen wie Protonen, bei den höheren Elementen überwiegen die Neutronen mit steigender Ordnungszahl immer stärker.

Nuklide sind Atomarten (Atome einschließlich Elektronenhülle), die durch die Protonenzahl und Neutronenzahl charakterisiert sind; man kennzeichnet sie üblicherweise durch das chemische Symbol und die Massenzahl, manchmal zusätzlich auch durch die Kernladungszahl. Beispiel: In der Medizin diente zur Schilddrüsendiagnostik das Nuklid Iod 131 (I 131). Dieses Nuklid ist durch den Reaktorunfall von Tschernobyl allgemein bekannt geworden.

Isotope sind Atome des gleichen chemischen Elements (gleiche Protonenzahl; sie stehen an der gleichen Stelle der Elementetabelle „Periodensystem"; von isos, gr. = gleich; topos, gr. = Ort), jedoch mit verschiedenen Massenzahlen und damit unterschiedlichen Neutronenzahlen.

Im Schrifttum werden oft Nuklide und Isotope einander gleichgesetzt. Korrekterweise sollte man jedoch den Ausdruck Isotope nur dann verwenden, wenn er im Zusammenhang mit verschiedenen Atomarten ein und desselben Elements gebraucht wird. Handelt es sich jedoch nur um eine bestimmte Atomart mit genau definierter Protonen- und Neutronenzahl, sollte man besser den Ausdruck Nuklid wählen.

Zwanzig von den in der Natur vorkommenden Elementen bestehen jeweils nur aus einer einzigen Nuklidart. Es sind die **Reinelemente** (und zwar: Be; F; Na; Al; P; Sc; Mn; Co; As; Y; Nb; Rh; I; Cs; Pr; Tb; Ho; Tm; Au; Bi). Von diesen Reinelementen gibt es aber auch noch künstlich herstellbare, radioaktive Isotope, die jedoch nach bestimmten Gesetzmäßigkeiten unter Aussendung von radioaktiven Strahlen und Elementarteilchen bzw. Kernbestandteilen (Heliumkernen) in andere chemische Elemente zerfallen und wegen ihrer Instabilität in der Natur nicht vorkommen.

Mischelemente jedoch kommen in der Natur als Isotopengemische vor (bis zu zehn stabile Isotope pro Element). Das Mischungsverhältnis dieser Isotope ist (von wenigen Ausnahmen abgesehen) überall auf der Erde nahezu konstant. Alle Elemente, die nur radioaktive Isotope haben, sind im Periodensystem (siehe Anfang des Buches) durch einen Stern rechts über dem Elementsymbol gekennzeichnet. Von ihnen sind die Elemente mit der Ordnungszahl 43, das Technecium (Tc), und mit der Ordnungszahl 61, das Promethium (Pm) sowie die Transurane (= Elemente mit Ordnungszahlen höher als 92) in der Natur nicht zu finden, da sie keine langlebigen radioaktiven Isotope haben. Die Elemente Uran (U, Ordnungszahl 92) und Thorium (Th, Ordnungszahl 90) haben jedoch so langlebige radioaktive Isotope, dass einige Mineralien diese Elemente noch enthalten. Diese Mineralien enthalten als Zerfallsprodukte vom Uran und Thorium auch noch radioaktive Isotope der Elemente 82–91.

Die Elemente mit Ordnungszahlen über 92, die **Transurane**, können dadurch hergestellt werden, dass man Atomkerne mit Elementarteilchen beschießt, wobei durch Einfangen der Elementarteilchen im Kern schwerere Atome aufgebaut werden. So kann man, ausgehend vom Uran, stufenweise zu Elementen mit immer höheren Ordnungszahlen gelangen.

Isotope besitzen aufgrund der jeweils gleichen Protonenzahl im Kern und einer entsprechenden Elektronenzahl in der Hülle **gleiche chemische Eigenschaften**. Sie unterscheiden sich durch die Neutronenzahl und damit durch die Masse. Sie können dann voneinander getrennt werden, wenn man bei einem Trennungsverfahren das geringfügig andersartige Verhalten der Isotope infolge ihrer Massenunterschiede ausnutzen kann, z. B. unterschiedliche Diffusionsgeschwindigkeiten oder unterschiedliche Trägheitsmomente; letztere nutzt man in der „Gaszentrifuge" oder im „Massenspektrometer" (siehe Abschn. 11.6). Bei den meisten Isotopen ist eine Trennung schwierig und apparativ sehr aufwendig, weil der relative Massenunterschied nur geringfügig ist; dieser beträgt zwischen U 235 und U 238 nur ca. 1,3 %. Am größten ist der relative Massenunterschied bei den Wasserstoffisotopen. Wegen der damit verbundenen zwar geringfügigen, aber doch deutlich feststellbaren unterschiedlichen Eigenschaften haben die drei Wasserstoffisotope besondere Namen und Elementsymbole erhalten.

$${}^{1}_{1}\mathrm{H} = \textit{normales Wasserstoffnuklid}$$
$${}^{2}_{1}\mathrm{H} = \mathrm{D} = \textit{Deuterium}$$
$${}^{3}_{1}\mathrm{H} = \mathrm{T} = \textit{Tritium}$$

1.3 Aufbau der Elektronenhülle

Die Atome sind im normalen Zustand nach außen hin elektrisch neutral, d. h., die Elektronenhülle besitzt ebenso viele Elektronen, wie der Kern Protonen enthält. Zur Charakterisierung des Aufbaus der Elektronenhülle dienen zwei Modelle:

- das **Bohr'sche Atommodell**[2] und
- das **wellenmechanische Atommodell**.

1.3.1 Das Bohr'sche Atommodell

Nach dem Bohr'schen Atommodell umkreisen die Elektronen den Kern unter dem Einfluss der elektrischen Anziehungskraft (Kern = positiv, Elektronen = negativ elektrisch geladen) auf Elektronenschalen in verschiedenen Abständen, wie Planeten die Sonne (siehe Abb. 1.1).

2) Niels Bohr, 1885–1962, Nobelpreis 1922

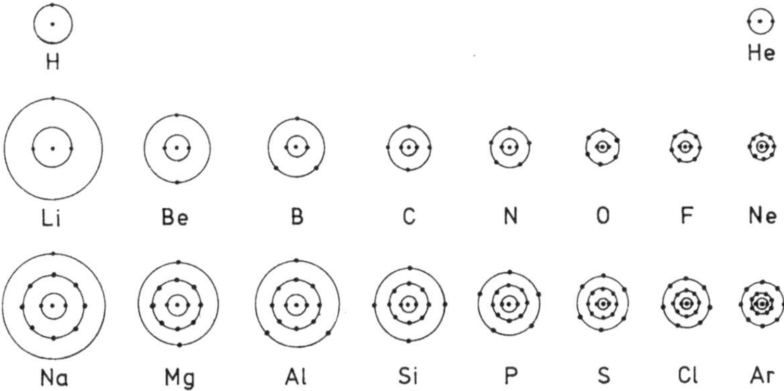

Abb. 1.1 Das Bohr'sche Atommodell für die ersten 18 Elemente.

Die Zählung der Elektronenschalen erfolgt von innen nach außen. Es sind auch die folgenden Bezeichnungen gebräuchlich:

K-,	L-,	M-,	N-,	O-,	P-,	Q-Schale für die
1.,	2.,	3.,	4.,	5.,	6.,	7. Elektronenschale

Die jeweils **äußerste Elektronenschale** eines Atoms kann bei der K-Schale (= 1. Schale) zwei Elektronen, bei allen übrigen Schalen maximal acht Elektronen enthalten. Eine voll besetzte Außenelektronenschale mit acht Außenelektronen (bzw. beim Element He mit zwei Elektronen) stellt eine besonders stabile Elektronenanordnung dar.

Das Bohr'sche Atommodell, ein sehr einfaches und anschauliches Modell, ist eine wertvolle Hilfe, um viele Gesetzmäßigkeiten in der Chemie erklären zu können. Andere Phänomene können mit ihm nicht verständlich gemacht werden; sie werden besser mit dem wellenmechanischen Atommodell beschrieben.

1.3.2 Das wellenmechanische Atommodell

1.3.2.1 Vom Dualismus Welle–Korpuskel

Beim wellenmechanischen Modell werden die Elektronen als Wellen betrachtet, denn ein bewegtes Elektron zeigt, je nachdem wie die Versuchsbedingungen sind, entweder Wellennatur, oder es verhält sich wie ein Korpuskel (Verkleinerungsform von corpus, lat. = Körper).

Den Dualismus Welle–Korpuskel hat man zuerst beim Licht beobachten können: Es gibt Phänomene, die sich nur erklären lassen, wenn man annimmt, dass das Licht Wellennatur habe; hierzu gehören die Interferenz, ferner die **Beugung des Lichtes** am Gitter. Wiederum andere Erscheinungen weisen darauf hin, dass das Licht aus kleinen Körperchen (den Photonen) bestehen muss: So schlagen beim

fotoelektrischen Effekt „Lichtquanten" bestimmter Energie aus der Oberfläche eines Metalls einzelne Elektronen heraus. Eine ausführliche Beschreibung dieser Phänomene wird als Lehrgegenstand des Unterrichtsfaches Physik dort ausführlicher behandelt. Anwendungen dieser Gesetzmäßigkeiten, soweit sie im Rahmen des Faches Chemie von Interesse sind, werden an anderer Stelle dieses Buches besprochen: fotoelektrischer Effekt (siehe Abschn. 6.4.2.6 und 6.5.1.4) und Reflexion und Beugung von Röntgenstrahlen am Kristallgitter (= Indiz auch für die Wellennatur der Röntgenstrahlen, siehe Abschn. 11.4.2).

1924 postulierte de Broglie (Louis Victor de Broglie, 1892–1987) eine Wellennatur auch für die bis dahin nur als Korpuskel angenommenen Elementarteilchen. De Broglies Hypothese konnte 1927 von Clinton Joseph Davisson und 1928 von Sir George Paget Thomson durch eindeutige Experimente bestätigt werden. Thomson konnte zeigen, dass Elektronenstrahlen beim Durchgang durch verschiedene Metalle, z. B. durch eine Goldfolie, in einem bestimmten Winkel abgebeugt werden (in ähnlicher Weise wie bei der Lichtbeugung am Gitter). Es ergab sich hierbei eine Anzahl von konzentrisch angeordneten Beugungsringen, von denen einer in der Abb. 1.2 schematisch eingezeichnet wurde.

Diese Versuchsanordnung ist, wenn man die Abstände der Atome voneinander (Gitterpunkte) in einer Goldfolie kennt, geeignet, die Wellenlänge von Elektronen zu berechnen (siehe Abb. 1.2). Beispiel: Bei Elektronen mit einer Energie von $50\,000\,\text{eV} = 8{,}010\,95 \cdot 10^{-15}\,\text{J}$ beträgt die Wellenlänge $6 \cdot 10^{-12}\,\text{m}$.

Es gibt aber andererseits Experimente, die mit der Wellennatur der Elektronen nicht zu erklären sind. Sie sind nur zu verstehen, wenn man die Elektronen als kleine Masseteilchen auffasst. Eigenschaften, die auf einen korpuskularen Charakter der Elektronen hinweisen, sind Masse und Trägheit; man kann von Elektronen den Impuls bestimmen.

Die Realität eines korpuskularen Elektrons ist ebenso unzweifelhaft, wie die Welle eines Elektrons und mit ihr die Wellenlänge real ist, wenn sie am Beugungsgitter gemessen wird. Bei der Messung der Wellenlänge muss das Elektron als Welle wirklich in einem Raumbereich entsprechender Größe ausgebreitet sein; es

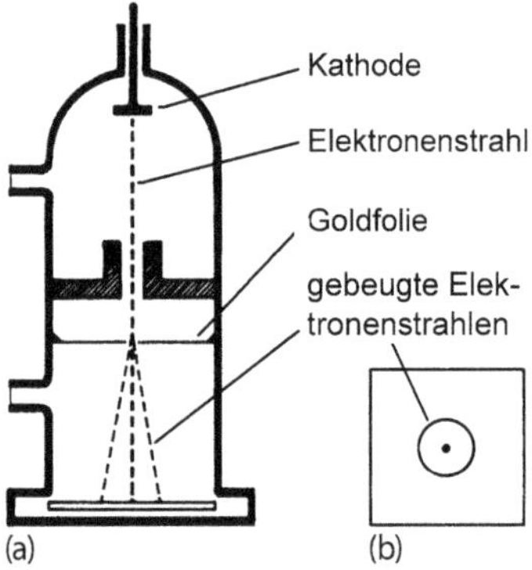

Abb. 1.2 Beugung von Elektronenstrahlen an einer Goldfolie: (a) Versuchsanordnung, (b) Fotoplatte mit Beugungsbild.

muss in dem für die Messung der Wellenlänge erforderlichen Raumbereich seine reale physikalische Wirkung ausüben.

Diese „**Zweigesichtigkeit**" der Elektronen, dieser sogenannte **Dualismus Welle–Korpuskel** bedingt die merkwürdige Tatsache, dass es physikalisch nicht möglich ist, beide Erscheinungsformen eines Elektrons gleichzeitig zu erfassen und durch Messung genau zu bestimmen. Je genauer man die Wellenlänge des Elektrons bestimmt, umso ungenauer ist ihm ein bestimmter Ort zuzuschreiben. Ein mit scharf bestimmter Wellenlänge auftretendes Elektron hat keinen genau bestimmten Ort. Führt man umgekehrt eine genaue Ortsbestimmung durch, dann kann man dem Elektron keine exakt definierte, durch noch so genaue Methoden bestimmbare Wellenlänge zuschreiben.

Andere Aspekte des gleichen Sachverhalts sind die berühmte **Heisenberg'sche Unschärferelation** (Werner Heisenberg, 1901–1976, Nobelpreis 1932) und das **Komplementaritätsprinzip von Bohr**.

Das Komplementaritätsprinzip besagt, dass es grundsätzlich unmöglich ist, mehr als die Hälfte der Zustandsgrößen (z. B. Ort und Impuls) eines Elektrons *gleichzeitig* vollkommen scharf zu bestimmen. Je zwei Zustandsgrößen sind so miteinander gekoppelt, dass – je genauer man die eine misst – umso ungenauer die andere wird. Die Formulierung der Heisenberg'schen Unschärferelation lautet: Ein Elektron lässt sich nach Ort und Impuls bestimmen. Beide Größen sind gleichzeitig nur mit einer gewissen **Unschärfe** erfassbar. Das Produkt der Unschärfen ist von der Größenordnung des **Planck'schen Wirkungsquantums** h:

$$\Delta x \cdot \Delta p \approx h\,; \quad h = 6{,}630 \cdot 10^{-34}\,\mathrm{J\,s}$$

Δx Unschärfe bei der Ortsbestimmung des Elektrons

Δp Unschärfe bei der Impulsbestimmung des Elektrons

Man kann zwar grundsätzlich entweder den Ort oder den Impuls mit großer Genauigkeit messen, dann wird aber jeweils die andere Größe umso ungenauer. Bei vollkommen genauer Ortsbestimmung wird der Impuls vollkommen unbestimmt und umgekehrt.

Man darf diesen Sachverhalt nicht dahingehend missverstehen, als handele es sich bei der Unschärferelation nur um eine Grenze der praktischen Messmöglichkeiten, sondern es ist vielmehr so, dass einem unbeobachteten Teilchen überhaupt kein Zustand im klassischen Sinne zugeschrieben werden kann. Erst durch den Beobachtungsakt wird ein Elementarteilchen veranlasst, einen Zustand (Welle–Korpuskel oder Impuls–Ort) überhaupt anzunehmen. Der Dualismus Welle–Korpuskel, das Bohr'sche Komplementaritätsprinzip bzw. die Heisenberg'sche Unschärferelation haben zur Folge, dass im atomaren Bereich beiden Elementarteilchen eine gewisse **Unbestimmtheit** zugrunde liegt.

1.3.2.2 Die Bahnformen der Elektronen

Im Bohr'schen Atommodell wird das Elektron als ein um den Kern kreisendes Korpuskel angenommen. In der wellenmechanischen Deutung wird das Elektron als stehende Materiewelle aufgefasst, die den Kern in bestimmter, berechenbarer Weise umgibt.

Ein uns bekanntes Beispiel einer stehenden Welle findet man bei einer schwingenden Geigensaite oder einem schwingenden Seil. Bei einer solchen stehenden Welle zeigen gewisse Bezirke des Seils maximale Schwingungsausschläge, Schwingungsamplituden oder Wellenbäuche. In Abb. 1.3 sind es ein, zwei oder drei Schwingungsbäuche, die an den Stellen der größten Schwingungsenergie durch Schwärzungen markiert sind, während an anderen Stellen, den Wellenknoten, die Schwingungen kaum oder nicht wahrnehmbar sind.

Es lag nun nahe, die Materiewellen des Elektrons im Atom durch diejenigen mathematischen Gleichungen zu beschreiben, die auch zur Darstellung anderer Arten stehender Wellen Verwendung finden können. Eine solche Gleichung wurde von **Schrödinger** im Jahre 1926 aufgestellt (Erwin Schrödinger, 1887–1961, Nobelpreis 1933). Diese Gleichung (eine Differenzialgleichung zweiter Ordnung) bringt die **Wellenfunktion** ψ des Elektrons in Verbindung mit der Energie des Elektrons und den Raumkoordinaten, mit denen das System beschrieben wird. Die Wellenfunktion ist keine physikalisch anschaulich deutbare Größe, während das Quadrat dieser Wellenfunktion mit seiner Änderung in den Raumkoordinaten ($\psi^2 \cdot \mathrm{d}x\,\mathrm{d}y\,\mathrm{d}z$) ein Maß für die Wahrscheinlichkeit darstellt, das betreffende Elektron in einem Volumenelement (gegeben durch $\mathrm{d}v = \mathrm{d}x\,\mathrm{d}y\,\mathrm{d}z$) anzutreffen.

Eine relativ einfache, leicht fassbare anschauliche Darstellung dieses schwierigen Sachverhaltes bekommt man dadurch, dass man die unserer Vorstellung nach schwer zugängliche Materiewelle des Elektrons umzudeuten versucht, indem man sich das Elektron als kleines Materieteilchen (Korpuskel) denkt. Nach dieser Auffassung betrachtet man die Intensität der Materiewelle nicht mehr unmittelbar als Energie des schwingenden Elektrons, sondern als Wahrscheinlichkeit, das Elektron an einer bestimmten Stelle anzutreffen. So kann man dem korpuskelartig angenommenen Elektron eine bestimmte, berechenbare **Aufenthaltswahrscheinlichkeit** um den Kern zuordnen. Dort, wo die Intensität der Materiewelle am größten ist, ist auch die Wahrscheinlichkeit am größten, das Elektron anzutreffen, d. h., dort ist auch die Materiedichte am größten. Da das Elektron eine negative elektrische Ladung besitzt, bestimmt das Quadrat der Wellenfunktion auch die Ladungsdichte einer solchen elektrisch negativ geladenen Ladungswolke pro Raumelement $\mathrm{d}v$, d. h., es ergeben sich unterschiedliche Ladungsdichten aus der Bewegung oder Schwingung des Elektrons in der Atomhülle.

Vergleichen wir zum Verständnis der Materiewelle zunächst einmal ein zwischen zwei Wänden, nur in einer Dimension der drei Raumkoordinaten schwingendes Elektron mit der stehenden Welle einer schwingenden Geigensaite, so wie

Abb. 1.3 Stehende Wellen mit ein, zwei und drei Wellenbäuchen.

sie in Abb. 1.3 gezeichnet wurde, so müssten wir an den Wellenbäuchen, den geschwärzt gezeichneten Stellen, die größte Aufenthaltswahrscheinlichkeit für das Elektron annehmen, während in den Wellenknoten die Wahrscheinlichkeit, das Elektron anzutreffen, praktisch null ist. Eine mit zwei, drei oder mehr Schwingungsbäuchen schwingende Saite hätte eine größere Schwingungsenergie, entsprechend besäße ein solches Elektron auch eine höhere Energiestufe. Bildete ein Elektron eine stehende Materiewelle nicht nur zwischen zwei Wänden, sondern nach allen Richtungen, also beschreibbar in den drei Raumkoordinaten, so erhielte man aus dem Quadrat der Wellenfunktion der Schrödinger-Gleichung für verschiedene Energiezustände die in Abb. 1.4 wiedergegebenen, geschwärzt gezeichneten Gebiete mit maximaler Aufenthaltswahrscheinlichkeit.

Die Berechnung der Schrödinger-Gleichung ist nur möglich, wenn man für die Energie des Elektrons bestimmte Zahlenwerte, die sich von ganzzahligen Vielfachen bestimmter Beträge ableiten, einführt. Das entspricht auch den Beobachtungen bei der Spektralanalyse (siehe elftes Kapitel) und den Aussagen der von Max Planck Anfang dieses Jahrhunderts begründeten **Quantenphysik** (Max Planck, 1858–1947, Nobelpreis 1918). Nach den Prinzipien der Quantenphysik wird die Energie im atomaren Bereich nicht in kontinuierlich veränderbaren Beträgen, sondern nur in bestimmten, genau definierten Portionen oder Quanten übertragen.

Für die anschauliche Darstellung der chemischen Bindung (hiervon handelt das zweite Kapitel dieses Buches) wird allgemein nicht das Quadrat der Wellenfunktion, sondern die Wellenfunktion ψ selbst verwendet. Für verschiedene Energiezustände bekommt man aus der Wellenfunktion der Elektronen die in Abb. 1.5 wiedergegebenen, als **Orbitale** (orbit, engl. = Planetenbahn, Wirkungsbereich) bezeichneten Formen. Für den Grundzustand der Elektronen ergibt sich aus der Gleichung von Schrödinger ein kugelförmiges, konzentrisch um den Kern angeordnetes Orbital, das als **s-Orbital** bezeichnet wird. Höhere Anregungs- (Energie-)Formen liefern hantelförmige Orbitale, die als **p-Orbitale** bezeichnet werden. Die hantelförmigen p-Orbitale können sich nach den drei Raumkoordinaten ausrichten, so wie es in Abb. 1.5 angedeutet ist. Noch höhere Anregungsformen ergeben die in Abb. 1.5 ebenfalls dargestellten rosettenartigen **d-Orbitale** mit fünf Möglichkeiten der räumlichen Anordnung.

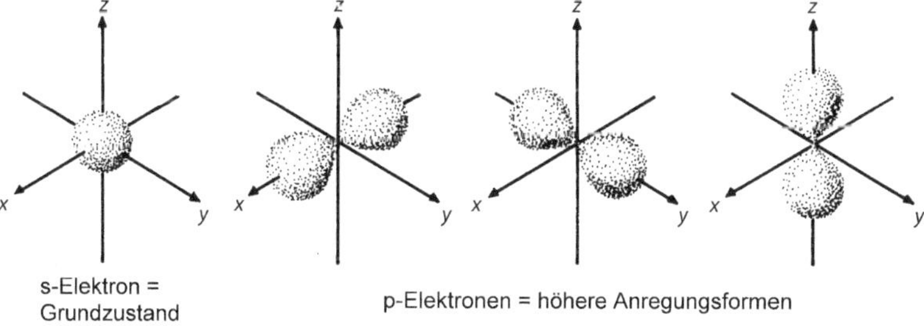

Abb. 1.4 Bildliche Darstellung vom Quadrat der Wellenfunktion.

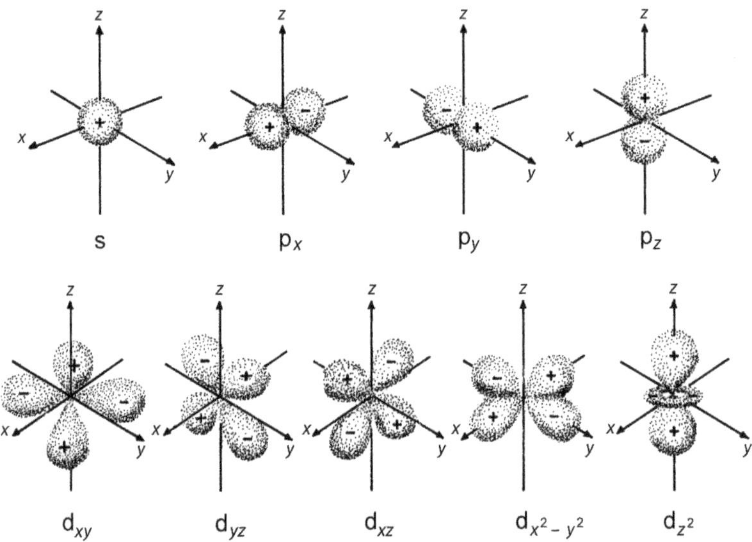

Abb. 1.5 Die Orbitale von s-, p- und d-Elektronen.

Die mathematische Ausrechnung der Wellenfunktion ψ liefert teilweise positive, teilweise negative Werte; dementsprechend sind einigen Bereichen der Orbitale positive, anderen Bereichen negative Vorzeichen zuzuordnen, wie es in der Abb. 1.5 gekennzeichnet wurde. Das Quadrat der Wellenfunktion ergibt jedoch nur positive Werte, die man, wie oben beschrieben, mit der Aufenthaltswahrscheinlichkeit der Elektronen oder mit der Ladungsdichte der Elektronenwolke physikalisch sinnvoll deuten kann.

1.3.2.3 Prinzipielle erkenntniskritische Überlegungen

Da Elektronen kleiner als die Wellenlänge des Lichtes sind, können sie durch das Licht nicht abgebildet werden und eben deswegen nicht gesehen werden. Elektronen lassen sich nur durch ihre Beeinflussbarkeit in elektrischen oder magnetischen Feldern nachweisen oder durch die Wirkung, die sie beim Auftreffen auf Materie erzeugen.

Die Kenntnisse über die verschiedenen energetischen Zustände der Elektronen gewinnt man aus spektralanalytischen Daten. Das Gebiet der Spektralanalyse wird im elften Kapitel ausführlich behandelt. Hier soll nur kurz das Prinzip erläutert werden:

Durch Energiezufuhr (z. B. in Form von Licht oder anderen elektromagnetischen Strahlen) können Elektronen aus dem Grundzustand, in dem sie sich im Atom befinden, in ein höheres Energieniveau gehoben werden. Auf den im tieferen Energieniveau frei gewordenen Platz fällt dann sofort wieder ein Elektron unter Energieabgabe zurück. Die abgegebene Energie wird in Form von elektromagnetischer Strahlung ausgesendet, und die betreffenden Energiebeträge können durch die Wellenlängen der ausgesendeten elektromagnetischen Wellen (z. B.

Licht) erkannt werden. Diese Energiebeträge entsprechen den Energiedifferenzen zwischen jeweils zwei möglichen Energiestufen des Elektrons in der Atomhülle.

Die Schrödinger-Gleichung ist die mathematische Formulierung der Energiezustände von Elektronen im Atom. Die mathematische Ausrechnung der Schrödinger-Gleichung führt schließlich zu den in Abb. 1.5 wiedergegebenen Elektronenorbitalen. Solche Elektronenorbitale sind sehr anschauliche Modelle von schwierigen mathematisch-physikalischen Zusammenhängen, die sich nur in unanschaulichen mathematischen Gleichungen beschreiben lassen. Die Brauchbarkeit solcher Modellvorstellungen für die Elektronenorbitale wird sich vor allem bei der Behandlung der chemischen Bindung an verschiedenen Stellen dieses Buches zeigen.

Die Elektronen zeigen sowohl Korpuskel- als auch Wellennatur. In der mit unseren Sinnen erfahrbaren Umgebung gibt es keine vergleichbaren Gebilde, die ähnlich aufgebaut wären. Wir können somit letztendlich nicht die wahre Natur der Elektronen „begreifen", sondern nur das Modell akzeptieren, da es experimentelle Ergebnisse richtig beschreibt.

1.3.2.4 Die Quantenzahlen und das Pauli-Prinzip

Die Elektronen können in einem Atom nur ganz bestimmte Energiezustände einnehmen. Wird ein Elektron durch Energieaufnahme vom Grundzustand in einen energetisch höheren, angeregten Zustand überführt, so muss der dazu notwendige, volle Energiebetrag aufgewendet werden. Reicht die Energie hierfür nicht aus, so nimmt das Elektron überhaupt keine Energie auf. Man stellt also fest, dass die Energie nicht in beliebig kleinen Beträgen, sondern nur in bestimmten Mindestquantitäten, in sogenannten **Quanten** übertragen werden kann. Fällt ein Elektron wieder in den ursprünglichen Grundzustand zurück, so wird der hierbei frei werdende Energiebetrag (in Form von elektromagnetischen Wellen) ausgesendet.

Ein Elektron kann im Atom durch vier verschiedene Kriterien beschrieben werden, die wir als die **vier Quantenzahlen** bezeichnen. Solche Merkmale, die ein Elektron charakterisieren, können sich bei Energieänderung nur als einzelne unteilbare Quanten ändern. Die vier Quantenzahlen sind:

a) Hauptquantenzahl *n*

Sie entspricht der laufenden Nummer der Elektronenschalen im Bohr'schen Atommodell (die Schalen werden von innen nach außen gezählt, Abschn. 1.3.1). Gebräuchliche Bezeichnung der Elektronenschalen:

$n = 1:$	K-Schale	$n = 2:$	L-Schale	$n = 3:$	M-Schale
$n = 4:$	N-Schale	$n = 5:$	O-Schale	$n = 6:$	P-Schale
$n = 7:$	Q-Schale				

b) Nebenquantenzahl *l*

Sie wird als Unterschale bezeichnet, kann jeden ganzzahligen Wert von 0 bis $n - 1$ einnehmen (n = Hauptquantenzahl) und entspricht dem Orbital bzw. der Bahnform der Elektronen (Abschn. 1.3.2.2 und Abb. 1.5).

Gebräuchliche Bezeichnung der Orbitale:

$l = 0:$ s-Elektronen (kugelförmige Orbitale)
$l = 1:$ p-Elektronen (hantelförmige Orbitale)
$l = 2:$ d-Elektronen (rosettenartige Orbitale)
$l = 3:$ f-Elektronen (rosettenartige Orbitale)

c) Richtungsquantenzahl oder magnetische Quantenzahl *m*

Sie wird durch das Verhalten der Elektronen im Magnetfeld bestimmt. Sie gibt die Ausrichtung der p-, d- bzw. f-Elektronen im Raum an und kann jeden ganzzahligen Wert von +1 (= Nebenquantenzahl) über 0 nach −1 (negativer Wert der Nebenquantenzahl) einnehmen. In Tab. 1.2 ist ersichtlich, wie viele Orbitale bei den einzelnen Elektronenarten möglich sind:

- Bei **p-Elektronen** (hantelförmige Orbitale) bestehen **drei** Möglichkeiten der Ausrichtung im Raum (siehe auch Abb. 1.5) nämlich +1, 0 und −1,
- bei **d-Elektronen** gibt es **fünf** Möglichkeiten (+2, +1, 0, −1, −2) und
- bei **f-Elektronen** schließlich **sieben** Möglichkeiten (+3, +2, +1, 0, −1, −2, −3).

d) Spinquantenzahl *s*

Jedes Orbital, gekennzeichnet durch die Quantenzahlen *n*, *l* und *m*, kann immer mit zwei Elektronen besetzt werden, die somit jeweils ein „Elektronenpaar" bilden. Die beiden Elektronen eines Elektronenpaares unterscheiden sich voneinander durch Eigenschaften, die man (aufgrund des Verhaltens im magnetischen Feld, Abschn. 6.2.3.3) als Eigenrotation, Drehimpuls oder Spin[3)] des Elektrons deuten kann oder durch ein + oder − kennzeichnet. Die symbolische Darstellung zweier Elektronen mit unterschiedlichem Spin erfolgt im Folgenden durch nach oben oder nach unten weisende Pfeile.

Das **Pauli-Prinzip**[4)] besagt, dass in einem Atom zwei Elektronen in ihren Quantenzahlen *n*, *l*, *m*, *s* nie völlig übereinstimmen können. Sie müssen sich mindestens durch eine Quantenzahl voneinander unterscheiden.

Es kann also jede Kombinationsmöglichkeit aus den vier Quantenzahlen (Haupt-, Neben-, Richtungs-, Spinquantenzahl) im Atom nur ein einziges Mal vorkommen. Nach den oben beschriebenen Gesetzmäßigkeiten für die Quantenzahlen ergibt sich bei Gültigkeit des Pauli-Prinzips die in Tab. 1.2 aufgeführte maximale Besetzung der einzelnen Elektronenschalen mit Elektronen. Die maximale Elek-

3) to spin, engl. = sich drehen. Bei dieser Deutungsweise der vierten Quantenzahl muss man das Elektron als korpuskulares Teilchen lokalisieren, was jedoch den wellenmechanischen Aussagen widerspricht. In korrekter, aber unanschaulicher Deutung kann man deswegen nur feststellen, dass Elektronen neben den drei Freiheitsgraden der Bewegung im Raum noch einen vierten, als Spin bezeichneten Freiheitsgrad besitzen.

4) Wolfgang Pauli, 1900–1958, Nobelpreis 1945.

Tab. 1.2 Quantenzahlen und mögliche Elektronenzustände.

Schale	*n*	*l*	Orbital	*m*	*s*	Anzahl der Kombinationen	$2n^2$
K	1	0	1s	0	+1/2; −1/2	2	2
L	2	0	2s	0	+1/2; −1/2	2	
	2	1	2p	+1; 0; −1	+1/2; −1/2	6 Σ = 8	8
M	3	0	3s	0	+1/2; −1/2	2	
	3	1	3p	+1; 0; −1	+1/2; −1/2	6	
	3	2	3d	+2; +1; 0; −1; −2	+1/2; −1/2	10 Σ = 18	18
N	4	0	4s	0	+1/2; −1/2	2	
	4	1	4p	0; −1	+1/2; −1/2	6	
	4	2	4d	+2; +1; 0; −1; −2	+1/2; −1/2	10	
	4	3	4f	+3; +2; +1; 0; −1; −2; −3	+1/2; −1/2	14 Σ = 32	32

tronenzahl für die einzelnen Schalen lässt sich durch die Formel $2n^2$ berechnen (n = Hauptquantenzahl).

e) Das Energieniveauschema und die Hund'sche Regel

Die Elektronen nehmen im energetischen Grundzustand des Atoms das jeweils tiefstmögliche Energieniveau ein. Jedes neu hinzukommende Elektron besetzt dann das tiefste, noch freie Energieniveau.

Im neutralen Zustand weisen die Atome genau so viele Elektronen in der Hülle auf, wie Protonen im Kern vorhanden sind; mit steigender Ordnungszahl (= Protonenzahl) wird dann ein chemisches Element immer jeweils ein Elektron mehr als das vorhergehende Element aufweisen, das dann in das jeweils noch freie, tiefste Energieniveau eingebaut wird. Beachtet man daher den Elektronenaufbau der chemischen Elemente mit steigender Ordnungszahl, so erhält man mit der Einbaureihenfolge ansteigende Elektronenenergieniveaus (siehe Abb. 1.6).

Die hierbei festgestellte Reihenfolge lautet 1s (d. h. s-Orbital in der ersten Schale) 2s, 2p, 3s, 3p, 4s, 3d, 4p, 5s, 4d, 5p, 6s, 4f, 5d, 6p, 7s, 5f. Man ersieht daraus, dass in vielen Fällen bereits höhere Elektronenschalen angefangen werden, bevor die tieferen mit der maximal möglichen Anzahl von Elektronen besetzt sind.

Bei den p-Elektronen sind jeweils drei Orbitale möglich, die sich durch die Richtungsquantenzahl unterscheiden; sie weisen im Atom den gleichen Energieinhalt auf.

Ebenso sind die fünf möglichen d-Orbitale oder die sieben f-Orbitale energetisch gleichwertig.

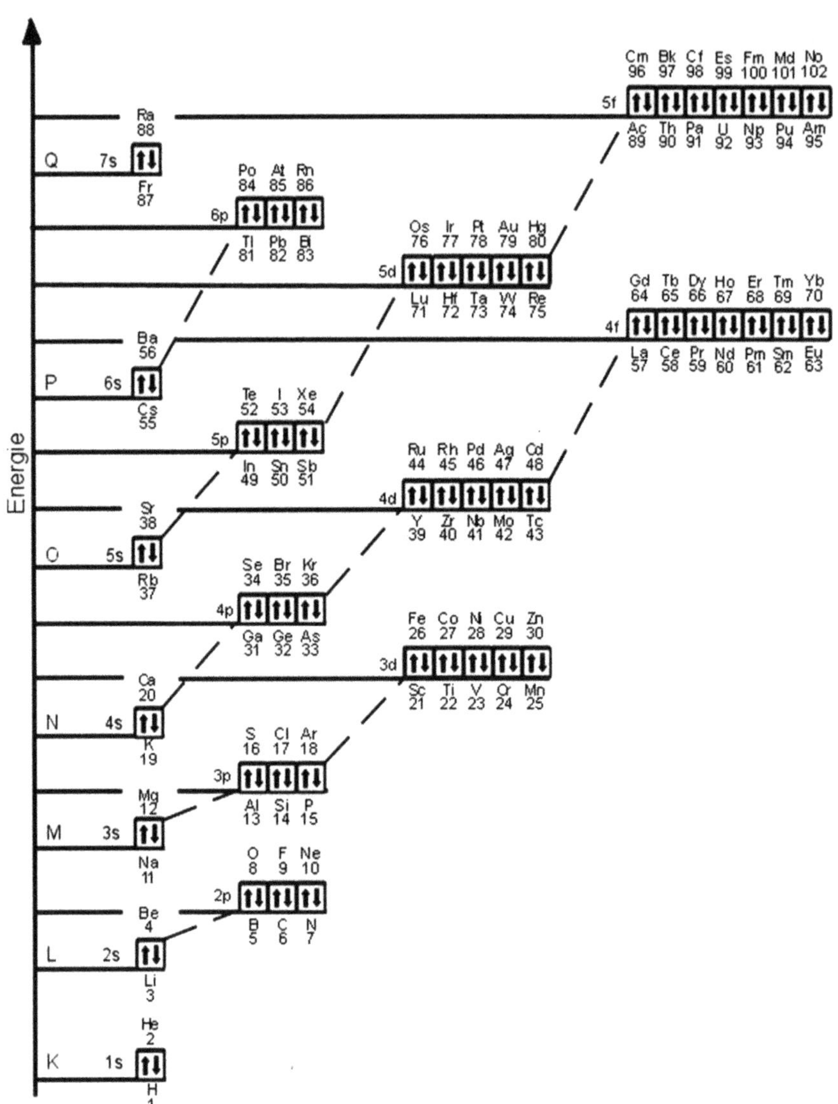

Abb. 1.6 Energieniveauschema.

Bei der Besetzung der Orbitale gilt die sogenannte **Hund'sche Regel**[5]: Die in einer Elektronenschale möglichen drei p-Orbitale, bzw. fünf d-Orbitale oder sieben f-Orbitale nehmen zuerst jeweils immer nur ein Elektron auf (geringste Wechselwirkung der Elektronen miteinander); erst wenn alle Orbitale des gleichen Energieinhalts einfach besetzt sind, werden diese Orbitale mit einem zweiten Elektron (das sich dann durch den Spin vom ersten Elektron unterscheidet) aufgefüllt.

5) Friedrich Hund, 1896–1997.

Aus diesen Gesetzmäßigkeiten folgt ein Aufbau der Elektronenhüllen bei den chemischen Elementen, wie er in Abb. 1.6 angegeben ist. Die Kästchen in Abb. 1.6 stellen jeweils die Orbitale dar (ein s-Orbital, drei p-Orbitale, fünf d-Orbitale, sieben f-Orbitale). Diese können mit jeweils zwei Elektronen entgegengesetzten Spins (gekennzeichnet durch nach oben oder unten weisende Pfeile) besetzt werden. Der Energieinhalt der Elektronenorbitale wird von unten nach oben immer größer. Die Energiedifferenzen zwischen den einzelnen Orbitalen sind jedoch nicht maßstäblich eingezeichnet: Tatsächlich sind die Energiedifferenzen zwischen den unteren Energieniveaus im Atom größer und werden von unten nach oben immer geringer. Dies kann man dem Aussehen der Linienspektren von Atomen entnehmen (Abschn. 11.2.1.1). Beim Einbau von Elektronen in die höheren Schalen kommen vereinzelt geringe Abweichungen von dem hier angegebenen Schema vor. Als Beispiel sei die Einbaureihenfolge (siehe Abb. 1.6) bei den Elementen 77–80 erwähnt: Der Elektronenzustand bei Platin (Ordnungszahl 78) mit neun d-Elektronen in der fünften Schale und einem s-Elektron in der sechsten Schale ist energieärmer als eine Elektronenanordnung mit acht d-Elektronen in der fünften Schale und zwei s-Elektronen in der sechsten Schale.

Eine ganz **besonders stabile Elektronenanordnung** liegt dann vor, wenn die erste Elektronenschale zwei Elektronen enthält, oder wenn ab der zweiten Elektronenschale die jeweils äußerste Elektronenschale gerade acht Elektronen (= zwei s- und sechs p-Elektronen) hat. Dies ist die Elektronenanordnung der **Edelgase**.

Beispiele

- Das Element **Argon** mit der Ordnungszahl 18 hat die Elektronenstruktur $1s^2$, $2s^2$, $2p^6$, $\mathbf{3s^2}$, $\mathbf{3p^6}$,
- das Element **Krypton** mit der Ordnungszahl 36 hat die Elektronenstruktur $1s^2$, $2s^2$, $2p^6$, $3s^2$, $3p^6$, $3d^{10}$, $\mathbf{4s^2}$, $\mathbf{4p^6}$ (siehe Abb. 1.6).

Die Elektronenstrukturen der Elemente sind auch im Periodensystem eingezeichnet, welches diesem Buch beigefügt ist. Die stabile Elektronenanordnung der äußersten Schale wird auch als **Edelgaskonfiguration** bezeichnet. Die Orbitale 6d, 7p und 8s schließen sich sinngemäß an, jedoch sind entsprechende Elemente mit derartigen Elektronenstrukturen jenseits der Elemente 103 (Lawrencium) bzw. 104 (Rutherfordium) nur extrem kurzlebig und ohne praktische Bedeutung.

1.4 Das Periodensystem der Elemente

Im Jahr 1869 haben der russische Chemiker Mendelejeff und der deutsche Chemiker Lothar Meyer aufgrund der periodischen Wiederkehr ähnlicher chemischer Eigenschaften in der Reihe der chemischen Elemente mit steigender Ordnungszahl unabhängig voneinander eine Systematik entdeckt, die wir das **Periodensystem der Elemente** nennen.

Die heute allgemein übliche Darstellungsweise dieses Periodensystems der Elemente befindet sich am Anfang dieses Buches. Die waagerechten Zeilen der chemischen Elemente in diesem Periodensystem werden **Perioden** genannt. In diesen Perioden sind die Elemente mit steigenden Ordnungszahlen nebeneinander angeordnet.

Bricht man die Reihe jedes Mal ab, sobald ein Edelgas erscheint, und beginnt eine neue Periode, so stehen die Elemente mit ähnlichen chemischen und physikalischen Eigenschaften untereinander. Diese senkrechten Spalten des Periodensystems werden **Gruppen** genannt. Das Periodensystem hat

- eine sehr kurze Periode mit zwei Elementen (H; He) = 1. Periode,
- zwei kurze Perioden mit je acht Elementen = 2. und 3. Periode,
- zwei lange Perioden mit je 18 Elementen = 4. und 5. Periode,
- eine sehr lange Periode mit 32 Elementen = 6. Periode,
- eine unvollständige Periode = 7. Periode.

Die Elemente auf der linken Seite und in der Mitte des Periodensystems sind **Metalle** (Metalle zeigen hohe elektrische Leitfähigkeit, die mit steigender Temperatur sinkt, außerdem gute Wärmeleitfähigkeit, metallischen Glanz und plastische Verformbarkeit). Die Elemente auf der rechten Seite des Periodensystems sind **Nichtmetalle** (Nichtleiter für den elektrischen Strom). Die Grenze zwischen Metallen und Nichtmetallen verläuft etwa vom Bor (B) bis zum Tellur (Te). Die Elemente in der Nähe dieser Grenze sind **Halbmetalle** oder **Halbleiter**.

1.4.1
Die Elektronenstrukturen der Elemente

Entscheidend für das chemische Verhalten der Elemente sind ihre Elektronenstrukturen (Elektronenkonfigurationen). Sie bedingen auch die Stellung der einzelnen Elemente im Periodensystem.

Die **Edelgase** (Helium He, Neon Ne, Argon Ar, Krypton Kr, Xenon Xe, Radon Rn) haben eine stabile Elektronenkonfiguration (Edelgaskonfiguration), die dadurch gekennzeichnet ist, dass die äußerste Elektronenschale beim Helium zwei (= zwei s-Elektronen), bei allen anderen Edelgasen jeweils acht Elektronen (= zwei s- und sechs p-Elektronen) enthält.

Die auf die Edelgase folgenden Elemente Lithium Li, Natrium Na, Kalium K, Rubidium Rb, Caesium Cs, Francium Fr werden **Alkalimetalle** (al kalja, arabisch = die Pflanzenasche) genannt. Sie haben ein einzelnes, leicht abspaltbares s-Elektron auf der über die Edelgaskonfiguration hinausgehenden, neu gebildeten Außenschale.

Die auf die Alkalimetalle folgenden Elemente Beryllium Be, Magnesium Mg, Calcium Ca, Strontium Sr, Barium Ba und das Radium Ra haben auf der äußersten Schale je zwei s-Elektronen. Calcium, Strontium und Barium nennt man **Erdalkalimetalle**, weil ihre „Erden“ – die alte Bezeichnung für Oxide – basisch reagieren. Der Ausdruck Erdalkalimetalle wird häufig auf alle Elemente der Gruppe, d. h. auch auf Beryllium und Magnesium ausgedehnt.

Bei den auf das Be und Mg folgenden Elementen ist die äußere Schale mit immer jeweils einem p-Elektron mehr besetzt bis schließlich mit zwei s- und sechs p-Elektronen – somit insgesamt acht Außenelektronen – die stabile Elektronenkonfiguration von Edelgasen erreicht wird. Elemente, die sich vom jeweils vorhergehenden Element durch ein s- oder ein p-Elektron unterscheiden, werden als **Hauptgruppenelemente** bezeichnet.

Die Elemente der siebten Hauptgruppe des Periodensystems Fluor F, Chlor Cl, Brom Br und Iod I, sowie das radioaktive Astat At werden als **Halogene** (hals, gr. = Salz; gennan, gr. = erzeugen; Halogene = Salzbildner) bezeichnet.

Die Elemente der sechsten Hauptgruppe (Sauerstoff O, Schwefel S, Selen Se, Tellur Te) nennt man **Chalkogene** (chalkos, gr. = Erz; Chalkogene = Erzbildner).

In der vierten Periode wird nach dem Element Calcium, in der fünften Periode nach dem Element Strontium die jeweils zunächst noch unvollständige zweitäußere Schale mit d-Elektronen aufgefüllt. Elemente, die sich voneinander durch d-Elektronen unterscheiden, nennt man **Nebengruppenelemente** oder **Übergangselemente**.

In der sehr langen Periode werden bei den 14 auf das Lanthanium La folgenden metallischen Elemente, die man als **Lanthanoide** (früher Lanthanide) bezeichnet, die noch unvollständige drittäußere Schale mit vierzehn f-Elektronen aufgefüllt. So hat schließlich die N-Schale (Hauptquantenzahl 4) insgesamt 32 Elektronen, also zwei s-Elektronen, sechs p-Elektronen, zehn d-Elektronen und 14 f-Elektronen. Die Lanthanoide unterscheiden sich voneinander nur durch die Elektronenanordnung in der drittäußeren Schale. Sie zeigen daher ähnliche chemische Eigenschaften und können nur schwierig voneinander getrennt bzw. rein gewonnen werden. Der Einbau der Elektronen bei den Elementen der siebten Periode nach dem Actinium Ac (diese radioaktiven Elemente bezeichnet man als **Actinoide**) erfolgt ähnlich wie bei denen der sechsten Periode.

Man fasst also die Gruppen im Periodensystem wie folgt zusammen:

1. **Hauptgruppenelemente**: Diese unterscheiden sich in ihrem Elektronenaufbau von den vorhergehenden Elementen durch zusätzliche s- oder p-Elektronen.
2. **Nebengruppenelemente** oder (äußere) Übergangselemente: Das Unterscheidungsmerkmal ist hier gegenüber dem um eine Ordnungszahl kleineren Element jeweils ein zusätzliches d-Elektron.
3. **Lanthanoide und Actinoide**: Bei diesen wird die drittäußere Schale mit f-Elektronen aufgefüllt. Sie werden auch als innere Übergangselemente bezeichnet.

1.4.2 Die Periodizität der Eigenschaften

Viele Eigenschaften der Elemente hängen von ihren Elektronenstrukturen ab. Elemente, die im Periodensystem untereinander stehen haben in der jeweils äußersten Elektronenschale eine gleiche Elektronenanordnung und haben deshalb auch ähnliche Eigenschaften. Innerhalb einer Gruppe verändern sich die Eigenschaften in regelmäßiger Weise, denn im Periodensystem nimmt die Anzahl der Elektronenschalen von oben nach unten zu. Die Periodizität der Eigenschaften soll an den Beispielen

- der **Ionisierungsenergie**,
- der **Elektronenaffinität**,
- der **Elektronegativität** sowie
- der **Atom**- und **Ionendurchmesser** gezeigt werden.

Auch die Einteilung der Elemente in **Metalle**, **Halbmetalle** und **Nichtmetalle** wird durch die Elektronenstrukturen bedingt.

1.4.2.1 Die Ionisierungsenergie

Der Energiebetrag, der aufzuwenden ist, um ein einzelnes (das am schwächsten gebundene) Elektron aus einem Atom abzuspalten, wird als Ionisierungsenergie bezeichnet.

Solche den Energieniveaus der Elektronen entsprechende Beträge kann man experimentell mithilfe der Spektralanalyse ermitteln (Kapitel 11).

Zur Wort- und Begriffserklärung: **Ionen** sind elektrisch geladene Teilchen, die aufgrund ihrer elektrischen Ladung die Fähigkeit besitzen, im elektrischen Feld zu wandern. Man unterscheidet dabei zwischen **Kationen** = positiv geladene Ionen (durch Abspaltung von Elektronen), die zur negativen Elektrode wandern (kata, gr. = hinab, d. h. von der positiven zur negativen Elektrode), und **Anionen** = negativ geladene Ionen (durch Aufnahme von Elektronen), die zur positiven Elektrode wandern (ana, gr. = hinauf, d. h. von der negativen zur positiven Elektrode).

Die Ionisierungsenergie zur Abspaltung eines Elektrons aus einem Atom (wobei ein positiv geladenes Ion entsteht),

- nimmt mit steigender Kernladungszahl zu (stärkere Anziehungskräfte auf die Elektronen durch die größere Anzahl von Protonen im Kern, wobei jedoch die Elektronen der inneren Schalen die Wirkung der Kernladung stark abschirmen),
- wird mit größer werdendem Atomradius kleiner (geringer werdende Anziehungskraft durch die größere räumliche Distanz; über Atomradien siehe Abschn. 1.4.2.4),
- nimmt bei den Elektronenorbitalen einer Schale in folgender Reihenfolge ab: $s > p > d > f$ (ein s-Elektron ist schwerer abzuspalten als ein p-Elektron, da das s-Orbital im Mittel eine größere Kernnähe aufweist als das p-Orbital, entsprechendes gilt für die d- und f-Orbitale).

Die Abb. 1.7 zeigt, dass bei den Alkalimetallen das Außenelektron am leichtesten abzuspalten ist, wobei die Abspaltbarkeit (Ionisierung) mit zunehmendem Atomradius, also im Periodensystem von oben nach unten, vom Lithium zum Cäsium

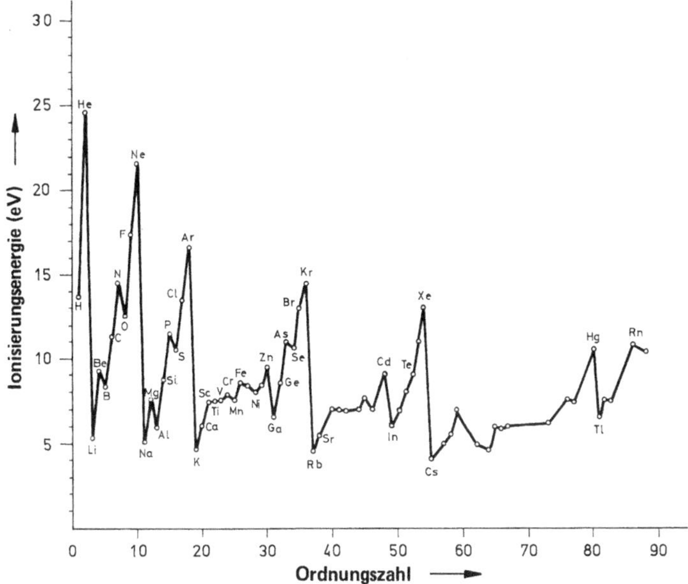

Abb. 1.7 Ionisierungsenergien zur Abspaltung eines Elektrons.

leichter wird. Die größten Ionisierungsenergien benötigen die Edelgase. Das bedeutet, es ist sehr schwierig, aus den Edelgasatomen ein Elektron herauszuschlagen. Die kleine Spitze beim Beryllium (Ordnungszahl vier) zeigt, dass s-Elektronen schwerer als p-Elektronen herauszuschlagen sind. Die Spitze beim Stickstoff (Ordnungszahl sieben) kommt daher, dass einfach besetzte p-Orbitale schwieriger zu ionisieren sind als die doppelt besetzten Orbitale. Der Aufwand an Ionisierungsenergie zur Abspaltung eines zweiten Elektrons aus dem Atom ist wesentlich größer als beim ersten; er steigt für jedes weitere abgespaltene Elektron beträchtlich an, wie Tab. 1.3 zeigt.

Besonders stark steigt die Ionisierungsenergie an, wenn nach Abspaltung aller Elektronen einer Schale ein Elektron aus der nächst inneren Schale entfernt werden muss. Diese nächst innere Schale hat Edelgasstruktur (acht Elektronen, bzw. zwei Elektronen beim Helium). Es wird deswegen verständlich, dass die auf die Edelgase folgenden Elemente, die Metalle der ersten und zweiten Hauptgruppen (Alkali- und Erdalkalimetalle) sowie der Nebengruppen IIIa und IVa relativ leicht die Elektronen der äußersten Schale abgeben können, dass dann aber eine weitere Ionisierung unterbleibt. Diese Metalle bilden also relativ leicht Ionen mit einer Elektronenstruktur wie die Edelgase. In der Tab. 1.3 ist eine starke Zunahme der Ionisierungsenergie (wenn die äußerste Schale Edelgasstruktur hat) durch die Treppenlinie gekennzeichnet.

Tab. 1.3 Ionisierungsenergien der Elemente mit den Ordnungszahlen (Z) 1–12.

Z	Element	Ionisierungsenergie in eV zur Abtrennung des *x*-ten Elektrons						
		1	2	3	4	5	6	7
1	H	13,6						
2	He	24,6	54,4					
3	Li	5,4	75,6	122,4				
4	Be	9,3	18,2	153,9	217,7			
5	B	8,3	25,1	37,9	259,3	340,1		
6	C	11,3	24,4	47,9	64,5	391,9	489,8	
7	N	14,5	29,6	47,4	77,5	97,9	551,9	666,8
8	O	13,6	35,2	54,9	77,4	113,9	138,1	739,1
9	F	17,4	35,0	62,6	87,2	114,2	157,1	185,1
10	Ne	21,6	41,0	64,0	97,1	126,4	157,9	207,0
11	Na	5,1	47,3	71,6	98,9	138,6	172,4	208,4
12	Mg	7,6	15,0	80,1	109,3	141,2	186,7	225,3

1.4.2.2 **Die Elektronenaffinität**

Als Elektronenaffinität bezeichnet man den Energiebetrag, der mit der **Aufnahme von Elektronen** durch ein neutrales Atom verbunden ist.

Besonders große Elektronenaffinitäten haben die Halogene. Die Halogenatome gehen durch Aufnahme jeweils eines Elektrons in negativ geladene Ionen über, welche dann Elektronenstrukturen von Edelgasen aufweisen. Dass beim Übergang von Halogenatomen in einfach negativ geladene Halogenidionen große Energiebeträge frei werden (hohe Elektronenaffinität) deutet auch darauf hin, dass die dabei entstehenden Edelgasstrukturen sehr stabile Elektronenanordnungen darstellen.

1.4.2.3 **Die Elektronegativität**

Die Elektronegativität ist eine Maßzahl für die Anziehungskraft, die ein neutrales Atom auf Elektronen ausübt, und zwar die Anziehungskraft eines neutralen Atoms in einer sogenannten kovalenten chemischen Bindung (Abschn. 2.4).

Diese von Pauling (Linus Carl Pauling, 1901–1994) definierte dimensionslose Maßzahl ist eine wertvolle Hilfe zur Charakterisierung des **chemischen Verhaltens** der einzelnen Elemente. Man kann die Elektronegativität nach Mulliken (Robert Sanderson Mulliken, 1896–1986) durch das Mittel zwischen der Ionisierungsenergie (beim Vorgang $X \rightarrow X^+ + e^-$) und der Elektronenaffinität (beim

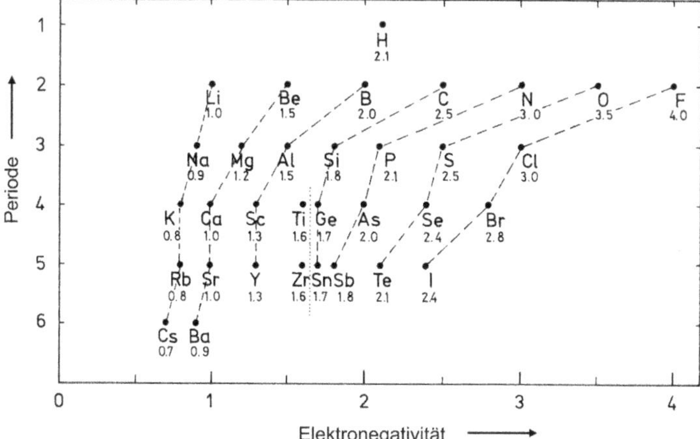

Abb. 1.8 Die Elektronegativitätsskala.

Vorgang $X + e^- \rightarrow X^-$) berechnen. Die Abb. 1.8 zeigt auch bei den Elektronegativitäten eine Periodizität.

Die Elektronegativität des Elements Fluor F mit der stärksten Anziehungskraft auf Elektronen wird definitionsgemäß = 4,0 (dimensionslose Zahl) gesetzt. In Abb. 1.8 ist deutlich zu erkennen, dass die Elektronegativität mit steigender Kernladungszahl zunimmt (im Periodensystem innerhalb einer Periode von links nach rechts) und mit zunehmendem Atomradius abnimmt (im Periodensystem innerhalb einer Gruppe von oben nach unten). Einen besonders starken Abfall kann man beim Übergang von der zweiten zur dritten Periode beobachten. In der Gegend der punktiert gezeichneten senkrechten Linie sind die Metalle der meisten Nebengruppenelemente anzusiedeln.

1.4.2.4 Die Atom- und Ionendurchmesser

Die Orbitale der Elektronenhüllen haben nach außen hin keine scharfe Begrenzung. Dennoch kann man die Atome in angenäherter Weise als starre Kugeln auffassen, denn die Elektronenhüllen von Atomen und Ionen durchdringen sich im Idealfall nicht (Idealfall soll bedeuten, dass sie untereinander nicht verbunden sind).

Auf die Größe der Elektronenhüllen und damit der Atom- bzw. Ionenradien wirken im Wesentlichen zwei Faktoren:

- die **Kernladungszahl** und
- die Anzahl der vorhandenen Elektronen bzw. **Elektronenschalen**.

Daher nehmen die Atom- und Ionendurchmesser innerhalb einer Periode von links nach rechts ab (Zunahme der Kernladungszahl bei gleicher Anzahl der Elektronenschalen) und in einer Gruppe von oben nach unten zu (Zunahme der Anzahl der Elektronenschalen), wie es die Abb. 1.9 zeigt.

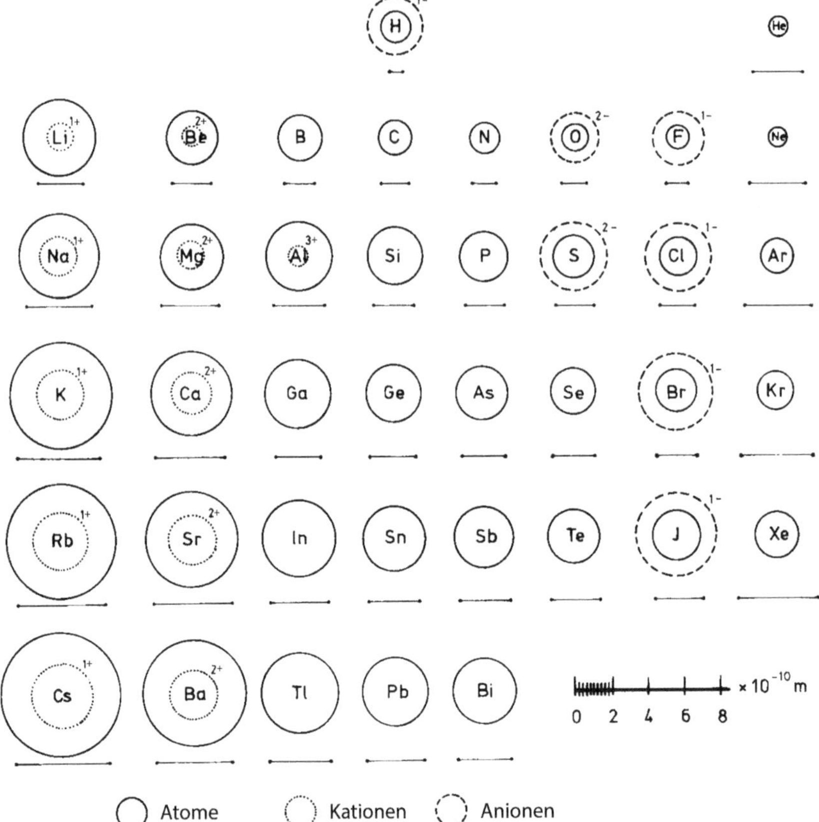

Abb. 1.9 Atom- und Ionendurchmesser der Hauptgruppenelemente.

In Abb. 1.9 sind die Atomdurchmesser nach den von J. B. Mann[6] aus sogenannten Hartree-Fock-Wellenfunktionen berechneten Werten angegeben. In der Literatur und in Lehrbüchern leitet man (nicht ganz zu Recht) den Atomdurchmesser meist von experimentell gefundenen kürzesten Atomabständen ab, die zwischen je zwei Atomkernen des gleichen chemischen Elements möglich sind. Es sind diejenigen Distanzen, die in Abb. 1.9 durch waagerechte Strecken wiedergegeben sind. Wie man sieht, zeigen besonders die Edelgase erhebliche Differenzen zwischen den Atomradien (in Abb. 1.9 Kreise) und den kürzesten Atomabständen (in Abb. 1.9 waagerechte Striche). Das ist leicht verständlich, da sich die Atome der einzelnen chemischen Elemente mit verschiedenartigen Bindungskräften gegenseitig anziehen (wie im zweiten Kapitel gezeigt wird, auf der linken Seite des Periodensystems durch metallische Bindung und bei den Edelgasen durch die nur sehr schwachen Van-der-Waals-Kräfte). Die Edelgasatome können sich auch im

6) Joseph B. Mann: „Atomic Structure Calculations II. Hartree-Fock Wavefunctions and Radial Expectation Values." Los Alamos Scientific Lab., New Mexico, 1968, LA-3691.

festen Zustand (infolge nur schwacher gegenseitiger Anziehungskräfte) mit ihren sich gegenseitig abstoßenden Elektronenhüllen weit weniger einander nähern als die Atome anderer chemischer Elemente, bei denen die unvollständigen Elektronenhüllen noch eine gegenseitige Bindung ermöglichen. Zum Zeichnen der Ionendurchmesser wurden wegen gut vergleichbarer Bindungskräfte die in der Literatur üblichen, experimentell ermittelten Werte verwendet.

1.4.2.5 Die metallischen Eigenschaften

Mit zunehmendem Atomradius wird die Ionisierungsenergie geringer und damit die Abspaltbarkeit der äußeren Elektronen leichter. Die aus dem Einflussbereich eines Atoms abgespaltenen Elektronen können sich dann im elektrischen Feld bewegen und damit eine elektrische Leitfähigkeit verursachen. Da aber die **elektrische Leitfähigkeit** ein Hauptkriterium für den metallischen Charakter eines Elements ist, nimmt der metallische Charakter mit geringer werdender Ionisierungsenergie und größer werdenden Atomradien, also in den Gruppen von oben nach unten zu. Innerhalb einer Periode ist der metallische Charakter auf der linken Seite größer als bei den weiter rechts stehenden Elementen (größere Atomradien und kleinere Ionisierungsenergien). Die Grenze zwischen Metallen und Nichtmetallen verläuft vom Bor über das Silicium, Germanium, Arsen, Selen zum Tellur. Diese Elemente sind elektrische Halbleiter oder Halbmetalle. Einige Elemente in der Nähe dieser Grenze kommen, wie später gezeigt wird, in mehreren Modifikationen[7)], z. B. als Metalle, Halbmetalle oder Nichtmetalle vor (z. B. Phosphor, Abschn. 6.3.3; Zinn, Abschn. 6.5.8).

7) modificatio, lat. = Abänderung. Als Modifikationen bezeichnet man Zustandsformen von Elementen, die aus den gleichen Atomarten (chemischen Elementen) aufgebaut sind, sich aber in den physikalischen Eigenschaften voneinander unterscheiden (z. B. Leitfähigkeit, Kristallform, Härte, Farbe usw.).

2
Die chemische Bindung

In diesem Kapitel werden die verschiedenen chemischen Bindungsarten und die zwischenmolekularen Wechselwirkungen behandelt. Wenn sich Atome miteinander verbinden, treten Veränderungen in der Elektronenverteilung auf; die Atome gehen chemische Bindungen ein. Diese wurden früher auch als Hauptvalenzen bezeichnet. Je nach Art der Elektronenverteilung wird zwischen drei Arten der chemischen Bindung unterschieden:

1. *Atombindung (auch kovalente oder homöopolare Bindung genannt),*
2. *Ionenbindung (auch heteropolare Bindung oder Ionenbeziehung genannt),*
3. *metallische Bindung.*

Diese drei Bindungsarten sind jedoch nur Grenztypen der chemischen Bindung, die selten in reiner Form auftreten. Viele Verbindungen weisen Übergangsformen dieser Bindungstypen auf. Viel schwächere Bindungskräfte als bei den chemischen Bindungen treten bei den zwischenmolekularen Wechselwirkungen (auch intermolekulare Wechselwirkungen genannt) auf, die den „Zusammenhalt" zwischen den Molekülen[1)] bewirken. Sie wurden früher auch als Nebenvalenzen bezeichnet. Die zwischenmolekularen Wechselwirkungen beruhen im Wesentlichen auf elektrostatischen Wechselwirkungskräften und bewirken bei den Stoffen z. B. das Auftreten der verschiedenen Aggregatzustände. Die Stärke dieser Wechselwirkungen beeinflusst viele physikalische Stoffeigenschaften, wie z. B. die Schmelz- und Siedepunkte, Verdampfungsenthalpien und Viskositäten. Bei den zwischenmolekularen Wechselwirkungen werden unterschieden:

1. *die Dipol-Wechselwirkungen,*
2. *die Van-der-Waals-Wechselwirkung,*
3. *die Wasserstoffbrücken.*

Weiterhin wird in diesem Kapitel die in der Chemie wichtige Mengenangabe das „Mol" vorgestellt.

1) molecula, lat. = kleine Masse. Moleküle oder Molekeln sind die kleinsten, durch kovalente Bindung zusammengeschlossenen Teilchen aus zwei oder mehreren Atomen.

Chemie für Ingenieure, 14. Auflage. Jan Hoinkis.
©2016 WILEY-VCH Verlag GmbH & Co. KGaA. Published 2016 by WILEY-VCH Verlag GmbH & Co. KGaA.

2.1 Die Atombindung (kovalente Bindung)

Die Edelgase haben besonders **stabile Elektronenstrukturen**. Man kann dies daraus schließen, dass die Abspaltung eines Elektrons aus einem Edelgasatom einen sehr hohen Energiebetrag erfordert (hohe Ionisierungsenergie, Abschn. 1.4.2.1). Dass die Edelgaskonfiguration eine besonders bevorzugte Elektronenanordnung im Atom bedeutet, erkennt man auch an der leichten Abspaltbarkeit des einen Außenelektrons in einem Alkalimetall, das dann als einfach positiv geladenes Ion eine Edelgas-Elektronenstruktur (acht Außenelektronen = zwei s- und sechs p-Elektronen) zurückbehält, sowie an der hohen Elektronenaffinität der Halogene (Abschn. 1.4.2.2).

Atome können zu stabilen Edelgas-Elektronenstrukturen gelangen, indem sie ihre Außenelektronen gegenseitig ergänzen und die bindenden Elektronenpaare gemeinsam haben.

Gemäß der **Oktettregel** streben die Atome danach, eine stabile Konfiguration von *acht* Elektronen auf der Außenschale zu erreichen.

Diese Regel gilt jedoch streng nur in der zweiten Periode[2]. Diese Gesetzmäßigkeiten sollen an typischen Beispielen mit wellenmechanischen Atommodellen erklärt werden, und zwar zunächst durch eine einfache Betrachtungsweise, die in die Literatur unter der Bezeichnung **Valence-Bond-Theorie** (VB) eingegangen ist. Später – im Abschn. 6.2.3.5 – soll der gleiche Sachverhalt mit einer anderen Näherungsmethode, die man als **Molekülorbitaltheorie** (MO) bezeichnet, betrachtet werden, weil man mit dem MO-Verfahren Phänomene erklären kann, auf die die VB-Theorie keine befriedigende Antwort gibt.

2.1.1 Das Wasserstoffmolekül

Zwei Wasserstoffatome vereinigen sich durch Überlagerung ihrer 1s-Orbitale in einem gemeinsamen Molekülorbital durch eine **Atombindung** zu einem Wasserstoffmolekül. Die Abb. 2.1a soll diesen Sachverhalt mit Querschnittszeichnungen durch die Elektronenwolken verdeutlichen. Da in dieser Zeichnung die Quadrate der entsprechenden Wellenfunktionen wiedergegeben werden, deuten die Schwärzungen die Aufenthaltswahrscheinlichkeit der Elektronen oder die Dichte der negativen Elektronenladung an.

Die Abb. 2.1b zeigt die entsprechende Elektronenwolke eines Heliumatoms, das die gleiche Elektronenstruktur wie das Wasserstoffmolekül besitzt, nämlich $1s^2$; der Unterschied zwischen Wasserstoffmolekül und Heliumatom besteht dar-

2) In der ersten Periode ist die Schale bereits mit *zwei* Elektronen abgeschlossen. Ab der dritten Periode können *mehr* als acht Elektronen um ein Atom herum angeordnet werden, da unbesetzte d-Orbitale vorhanden sind.

in, dass sich die beiden Protonen beim Heliumatom in einem Kern befinden, während sie sich beim Wasserstoffmolekül auf zwei, einander abstoßende, jedoch durch die Bindungselektronen zusammengehaltene Kerne verteilen.

Den Vorgang der Wasserstoffmolekülbildung kann man symbolisch auch durch **Elektronenformeln** wiedergeben. Man kennzeichnet hierbei ein Elektron durch einen Punkt und ein Elektronenpaar (zwei Elektronen mit unterschiedlichem Spin bei sonst gleichen Quantenzahlen) durch einen Strich am Elementsymbol:

$$\mathrm{H}\cdot + \cdot\mathrm{H} \rightarrow \mathrm{H}:\mathrm{H} \quad \text{oder} \quad \mathrm{H{-}H}$$

Der Strich zwischen beiden Wasserstoffatomen in der Bedeutung eines gemeinsamen Elektronenpaares für beide Wasserstoffatome symbolisiert darüber hinaus eine einfache Atombindung, die man auch kovalente Bindung oder homöopolare Bindung nennt. Diese Darstellung wird als **Valenzstrichformel** oder auch als **Lewis-Formel** bezeichnet, da sie von G. N. Lewis im Jahr 1916 entwickelt wurde. Den gleichen Sachverhalt kann man vereinfacht durch folgende chemische Reaktionsgleichung schreiben:

$$2\mathrm{H} \rightarrow \mathrm{H_2}$$

Die vor dem Elementsymbol H stehende Zahl gibt die Anzahl der an der chemischen Reaktion beteiligten gleichartigen Reaktionspartner (in diesem Fall sind es einzelne Wasserstoffatome) an. Die unten rechts am Elementsymbol geschriebene Zahl gibt die Anzahl der in einem Molekül vorhandenen, gleichartigen Atome (im vorliegenden Falle sind es zwei Wasserstoffatome) wieder.

2.1.2
σ-Bindungen

σ-Bindungen entstehen durch Überlagerung von zwei Atomorbitalen zu einem Molekülorbital in der direkten Verbindungslinie zwischen zwei Atomen.

Solche Bindungen können sich zwischen folgenden Orbitalen bilden:

- s-Orbital und s-Orbital beim Wasserstoffmolekül (Abb. 2.1a),
- s-Orbital und p-Orbital beim Chlorwasserstoffmolekül (Abb. 2.6),

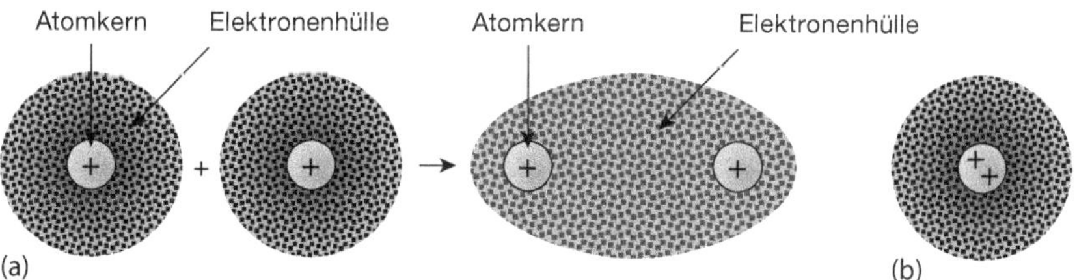

Abb. 2.1 $1s^2$-Orbitale: (a) Bildung eines Wasserstoffmoleküls, (b) Heliumatom.

- p-Orbital und p-Orbital bei der Bildung eines Chlormoleküls aus zwei Chloratomen:

$$|\overline{\underline{Cl}}\cdot + \cdot\overline{\underline{Cl}}| \rightarrow |\overline{\underline{Cl}}-\overline{\underline{Cl}}| \quad \text{oder}$$

$$2Cl \rightarrow Cl_2$$

Bei Komplexverbindungen (Abschn. 5.4) sind auch σ-Bindungen zwischen folgenden Orbitalen möglich:

- s-Orbital + d-Orbital,
- p-Orbital + d-Orbital,
- d-Orbital + d-Orbital.

2.1.3 π-Bindungen

Besteht bereits eine σ-Bindung zwischen zwei Atomen, wie es in Abb. 2.2a für das Stickstoffmolekül N_2 dargestellt ist (diese in Abb. 2.2a gezeichnete σ-Bindung ist in Abb. 2.2b und c nur noch durch einen dicken Verbindungsstrich zwischen den beiden N-Atomen angedeutet), so kann bei Atomen mit kleinem Durchmesser noch eine weitere, schwächere Bindung entstehen.

π-Bindungen kommen durch Überlappen von zwei senkrecht zur σ-Bindung stehenden p-Orbitalen zustande (Abb. 2.2b).

Wie in Abb. 2.2b ersichtlich, addieren sich dabei die Orbitalteile mit gleichem Vorzeichen, denn hier wurden zweckmäßigerweise die Wellenfunktionen selbst und nicht wie in Abb. 2.1 die Quadrate der Wellenfunktionen gezeichnet (siehe hierzu den Abschn. 1.3.2.2 mit den Abb. 1.4 und 1.5).

Schließlich kann noch eine zweite, zur ersten π-Bindung senkrecht stehende π-Bindung entstehen (Abb. 2.2c). Die beiden N-Atome sind dann durch eine dreifache Bindung (eine σ-Bindung, zwei π-Bindungen) miteinander verbunden. Alle drei p-Orbitale eines Stickstoffatoms p_x, p_y, p_z gehen über gemeinsame Elektronenpaare kovalente Bindungen mit einem Nachbaratom ein.

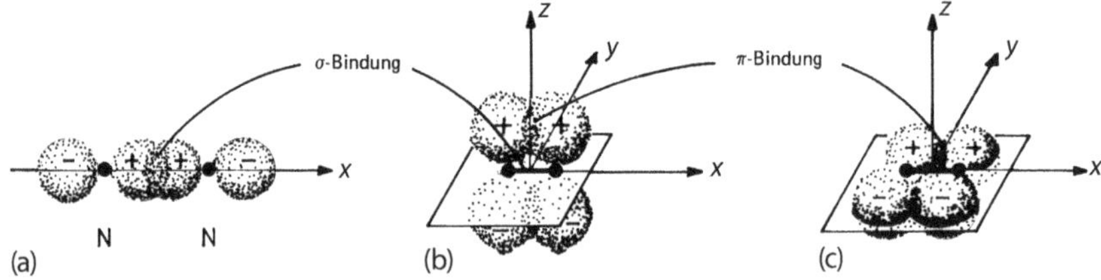

Abb. 2.2 Die Dreifachbindung beim Stickstoffmolekül N_2: (a) σ-Bindung, (b) erste π-Bindung, (c) zweite π-Bindung.

In der Lewis-Formel wird die Dreifachbindung (eine σ- und zwei π-Bindungen) durch drei **Valenzstriche** (= gemeinsame Elektronenpaare) gezeichnet, also ist die Bildung eines Stickstoffmoleküls aus zwei Stickstoffatomen wie folgt zu schreiben:

$$|\dot{\underset{\cdot}{N}}\cdot + \cdot\dot{\underset{\cdot}{N}}| \rightarrow |N{\equiv}N|$$

Die beiden s-Elektronen der zweiten Schale im Stickstoffatom beteiligen sich nicht an der Bindung (es sind **nicht bindende** oder **einsame** Elektronenpaare; sie sind an den Stickstoffatomen und am Stickstoffmolekül durch die senkrechten Striche gekennzeichnet). Jedes Stickstoffatom hat Anteil an vier Elektronenpaaren (= acht Elektronen), die Oktettregel ist damit erfüllt.

Vereinfacht kann man diese Reaktion auch schreiben:

$$2N \rightarrow N_2$$

Eine Doppelbindung (= eine σ- und eine π-Bindung) wird durch einen Doppelstrich gekennzeichnet, z. B. in der im Abschn. 8.1.2 ausführlich beschriebenen **chemischen Verbindung** Ethen mit der Formel:

```
H\     /H
  C = C
H/     \H
```

Die beiden Kohlenstoffatome sind durch eine Doppelbindung, die vier Wasserstoffatome mit den Kohlenstoffatomen jeweils durch eine Einfachbindung (σ-Bindung) verbunden.

Als **chemische Verbindungen** bezeichnet man solche homogenen, reinen Stoffe, die aus zwei oder mehreren Atomarten (aus chemischen Elementen) in bestimmten, genau definierten zahlenmäßigen Verhältnissen zusammengesetzt sind (und zwar durch chemische Bindungen aneinander gebunden).

Solche Verbindungen unterscheiden sich naturgemäß in allen Eigenschaften erheblich von (physikalischen) Gemengen bzw. Gemischen, die aus gleichen Anteilen der sie aufbauenden Elemente bestehen. In unserem Beispiel hat die Verbindung Ethen grundlegend andere Eigenschaften als die dieser Verbindung zugrunde liegenden Elemente Kohlenstoff und Wasserstoff.

2.2
Die Ionenbindung

Metallatome können relativ leicht Elektronen abgeben und auf diese Weise zu **positiv geladenen Ionen** werden (geringe Ionisierungsenergie, Abschn. 1.4.2.1). Die Elemente auf der rechten Seite des Periodensystems (z. B. die Halogene) können leicht durch Aufnahme von Elektronen **negativ geladene** Ionen bilden

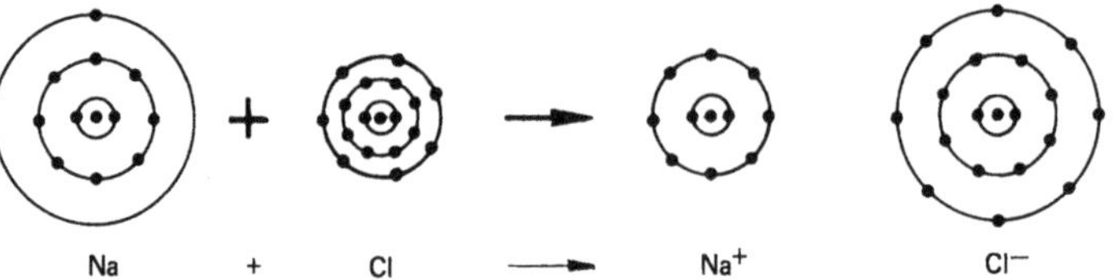

Abb. 2.3 NaCl – Bildung.

(große Elektronenaffinität, Abschn. 1.4.2.2). Die Elektronenstrukturen dieser Ionenarten haben dann meistens Edelgaskonfiguration (in der äußersten Schale acht Elektronen = zwei s-Elektronen und sechs p-Elektronen). Ionen mit solchen Edelgas-Elektronenstrukturen haben aber im Unterschied zu den Edelgasen positive oder negative elektrische Ladungen.

Der Elektronenübergang vom Metallatom zum Nichtmetallatom lässt sich ohne Schwierigkeit mit dem **Bohr'schen Atommodell** verdeutlichen. Abbildung 2.3 zeigt den Elektronenübergang von einem Natriumatom zu einem Chloratom, der schließlich zu einer Ionenbindung (oder heteropolare Bindung) führt. Man beachte dabei die Größenverhältnisse der Atom- und Ionendurchmesser.

In Elektronenformeln (Punkt = Elektron; Strich = Elektronenpaar, d. h. Elektronen mit unterschiedlichem Spin, sonst gleichen Quantenzahlen) wird dieser Vorgang durch folgende Gleichung verdeutlicht:

$$\mathrm{Na}\cdot + \cdot\underline{\overline{\mathrm{Cl}}}| \rightarrow \mathrm{Na}^{+}\left[|\underline{\overline{\mathrm{Cl}}}|\right]^{-}$$

Vereinfacht geschrieben lautet diese chemische Reaktionsgleichung (die zusammengeschriebenen Elementsymbole deuten eine chemische Verbindung an):

$$\mathrm{Na} + \mathrm{Cl} \rightarrow \mathrm{NaCl}$$

Da das zu dieser Reaktion verwendete Chlorgas aus Cl_2-Molekülen besteht (Abschn. 2.1.2 und 6.2.2), schreibt man die Gleichung für die Reaktion von Natrium mit Chlor in folgender Weise:

$$2\mathrm{Na} + \mathrm{Cl}_2 \rightarrow 2\mathrm{NaCl}$$

In dieser Schreibweise kann man es der Formel NaCl nicht ansehen, dass diese chemische Verbindung aus Ionen aufgebaut ist.

Die elektrischen Ladungen der Natrium- und Chloridionen sind nach allen Seiten gleich stark wirksam. Daher umgeben sich die positiv geladenen Natriumionen allseitig mit negativ geladenen Chloridionen und umgekehrt die negativen Chloridionen allseitig mit positiven Natriumionen. Gleichartig geladene Ionen hingegen stoßen sich ab. In der Wechselwirkung der elektrischen Anziehungs- und Abstoßungskräfte ordnen sich die Ionen zu sehr regelmäßig gebauten **Kristallgittern** zusammen, wie es beispielsweise für die chemische Verbindung **Natriumchlorid** NaCl (Kochsalz) in Abb. 2.4 veranschaulicht ist. In Abschn. 3.3.1 wird noch genauer auf die Symmetrie von Kristallstrukturen eingegangen.

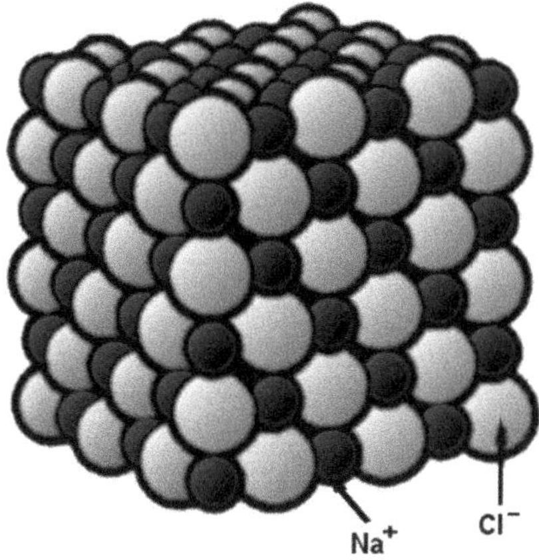

Abb. 2.4 NaCl-Kristallgitter.

Im Gegensatz zu den Atombindungen, die zu Molekülen definierter Größe aus einer bestimmten Anzahl von Atomen führen, liegen bei Ionenbindungen keine eigentlichen Moleküle vor. Es wird deswegen vielfach auch für diese Bindungsart der Ausdruck **Ionenbeziehung** verwendet, der das Entstehen von Kristallen durch Zusammenlagerung von einzelnen Ionen sinngemäß besser wiedergibt.

NaCl zeigt als **typischer Vertreter einer Ionenverbindung** folgende Eigenschaften:

- **Relativ hoher Schmelz- und Siedepunkt**
  Natriumchlorid schmilzt bei 808 °C. Beim Erhitzen einer Natriumchloridschmelze (Kochsalz) auf 1465 °C verdampft das Salz; die Salzdämpfe enthalten größtenteils miteinander verbundene Ionenpaare, NaCl-„Moleküle". Dennoch kann man die in der chemischen Formel NaCl zu erkennende chemische Verbindung nicht als eigentliches Molekül ansehen. Die Formel NaCl gibt zunächst einmal das zahlenmäßige Verhältnis von Natriumionen zu Chloridionen im Natriumchlorid an (es ist wie 1 : 1).
- **Relativ hart und spröde**
  Aufgrund der starken Anziehungskräfte im Ionengitter ist Kochsalz sehr hart, und die Sprödigkeit entsteht bei der Verformung durch Abstoßungskräfte gleichartiger Ladungen (Abschn. 6.5.1.5, Abb. 6.18).
- **Elektrische Leitfähigkeit in der Schmelze und in der wässrigen Lösung**
  In der Schmelze gewinnen die Ionen Bewegungsfreiheit, die Schmelze leitet deswegen den elektrischen Strom. Beim Anlegen einer Gleichspannung wandern die positiven Ionen (Kationen) zur negativen Elektrode (Kathode) und die negativen Ionen (Anionen) zur positiven Elektrode (Anode). Wenn sich Kochsalz in Wasser löst, wird der Gitterzusammenhang der Ionen ebenfalls aufgehoben, und in der wässrigen Lösung liegen die Natrium- und die Chloridionen als voneinander getrennte, im Wasser bewegliche Teilchen vor.

Ähnlich wie Natrium und Chlor bilden viele andere Metalle zusammen mit Nichtmetallen Ionenbindungen. Diese zeigen in vielem ähnliche Eigenschaften wie das Kochsalz NaCl und werden deshalb in der Stoffklasse der **Salze** zusammengefasst: Salze sind Ionenverbindungen, die in Kristallgittern negativ geladene **Anionen** und positiv geladene **Kationen** enthalten. Eine noch präzisere Definition für Salze wird in Abschn. 4.5.4 erläutert.

Die **Ionenladung** hängt von der Stellung des Atoms im Periodensystem ab:

- Die Atome der Alkalimetalle (= erste Hauptgruppe im Periodensystem) geben ihr einziges Außenelektron ab und zeigen dann als Ionen einfach positive Ladung.
- Die Metalle der zweiten Hauptgruppe (Erdalkalimetalle) bilden nach Abgabe der beiden Außenelektronen doppelt positiv geladene Ionen.
- Beide Ionentypen haben dann als äußere Begrenzung stabile Elektronenschalen mit Edelgasstruktur.

Die Elemente auf der rechten Seite des Periodensystems neigen dazu, durch Aufnahme von Elektronen ebenfalls stabile Edelgas-Elektronenstrukturen anzunehmen. So entstehen aus Halogenatomen einfach negativ geladene Halogenidionen, aus Chalkogenatomen zweifach negativ geladene Anionen. Außer Edelgasstrukturen können viele stabile Ionen (hauptsächlich von den Metallen der Nebengruppenelemente) auch andere Elektronenkonfigurationen haben.

Beim Eindampfen von wässrigen Salzlösungen werden häufig kristalline Substanzen erhalten, in denen die Wassermoleküle im Kristall eingebaut sind. Kristalle, die diese Art Wassermoleküle enthalten, werden **Kristallhydrate** genannt; das eingebaute Wasser ist das sogenannte **Kristallwasser**. Ein Beispiel hierfür ist das Salz $CuSO_4$ (Abschn. 5.4.2).

2.3 Die metallische Bindung

Metalle haben nur wenige, meist relativ leicht abspaltbare Elektronen in der äußersten Schale. Bei einer Verbindung von Metallatomen untereinander kann es somit nicht zur Auffüllung von Elektronenschalen bis zur Edelgasstruktur kommen. Für die metallische Bindung, d. h. für das Phänomen des festen Zusammenhaltes der Metallatome in metallischen Werkstoffen, sind verschiedene, im Folgenden beschriebene Modelle entwickelt worden.

2.3.1 Das „Elektronengasmodell"

Beim sogenannten Elektronengasmodell bilden die Metallatome nach Abgabe der Bindungselektronen positiv geladene Ionen und die abgegebenen Bindungselektronen sind im Metall wie ein Gas („Elektronengas") frei beweglich und bewirken durch ihre negative Ladung einen Zusammenhalt der positiv geladenen Metallionen.

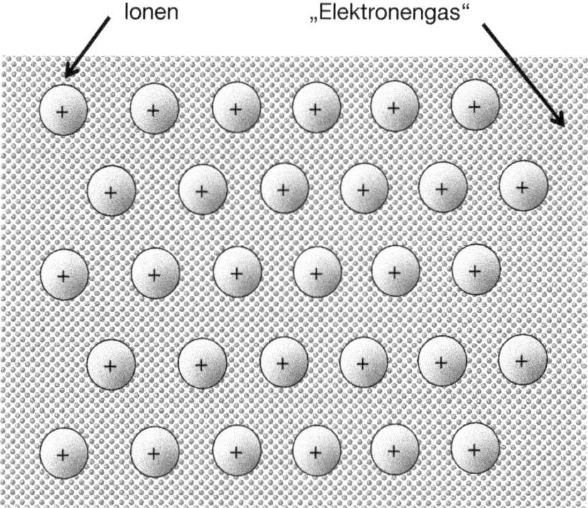

Abb. 2.5 „Elektronengasmodell" der Metalle.

Die positiv geladenen Ionen kann man sich als Kugeln vorstellen, die übereinandergestapelt eine dichteste Packung darstellen und welche durch das Elektronengas als „Kittsubstanz" zusammengehalten werden. Dabei ergeben sich sehr regelmäßige Anordnungen der Metallionen (Abb. 2.5). Mithilfe dieses einfachen Modells lassen sich anschaulich die gute elektrische Leitfähigkeit sowie die mechanischen Eigenschaften (Abschn. 6.5.1) der Metalle erklären.

2.3.2 Das Energiebändermodell

Dieses Modell, das in Abschn. 6.4.1 vorgestellt wird, geht von den Energieniveaus der Elektronenstrukturen in den Metallatomen aus und erklärt noch besser die elektrische Leitfähigkeit der Metalle.

2.4 Übergangsformen zwischen den Bindungsarten

Zwischen den drei Hauptbindungsarten (Atombindung, Ionenbindung, metallische Bindung) gibt es Übergangsformen. Elemente, die im Übergangsbereich zwischen der metallischen Bindung und der Atombindung liegen, werden als **Halbmetalle** oder **Halbleiter** bezeichnet und in Abschn. 6.4 behandelt.

Übergangsformen zwischen Atombindungen und Ionenbindungen zeigen eine mehr oder weniger starke Polarisierung der positiven und negativen elektrischen Ladungen innerhalb der Bindung. Es bilden sich **polare Atombindungen** aus, deren Entstehung im Folgenden erklärt wird.

Im Abschn. 1.4.2.3 wurde die Elektronegativität als Anziehungskraft der Atome auf Elektronen innerhalb einer Bindung definiert. Sie ist, wie in Abb. 1.8 ersichtlich, für die einzelnen Elemente verschieden groß. Wenn beide Verbindungspartner eine gleich große Elektronegativität haben, so ziehen sie die Bindungselektronen gleichmäßig stark an: Die Bindungselektronen verteilen sich dann gleichmäßig auf beide Atome und gehören beiden Atomen zu gleichen Teilen. Es liegt eine rein kovalente Bindung bzw. **unpolare Bindung** vor. Beispiele hierfür sind die Moleküle H_2, N_2 und Cl_2.

Bei sehr großen Unterschieden in der Elektronegativität werden die Bindungselektronen der Einflusssphäre des Elements mit schwacher Elektronegativität praktisch vollständig entzogen und vom Atom mit stärkerer Elektronegativität aufgenommen; es liegt dann eine **Ionenbindung** vor. Hierbei muss festgestellt werden, dass die reine Ionenbindung eine Idealvorstellung ist. Jede Ionenbindung hat einen mehr oder weniger starken kovalenten Anteil. Man kann nur von einer Bindung mit überwiegend ionischem Charakter sprechen, wenn die Differenz der Elektronegativitäten der beteiligten Atome größer als zwei Einheiten ($\geq 2{,}0$) ist. Beispiel für eine typische Ionenbindung ist NaCl (Abschn. 2.2). Hier beträgt die Differenz der Elektronegativitäten von Na und Cl 2,1 (Elektronegativität des Chlors = 3,0; Elektronegativität des Natriums = 0,9; Abb. 1.8).

Ist jedoch der Unterschied der Elektronegativität zweier miteinander verbundener Atome nicht so groß wie bei der Ionenbindung, so werden in einer solchen Atombindung gemeinsame Bindungselektronen vom Atom größerer Elektronegativität nicht vollständig aufgenommen, sondern nur stärker angezogen. Die Aufenthaltswahrscheinlichkeit der Bindungselektronen ist dann in der Nähe des Atoms mit der stärkeren Elektronegativität größer. Dieser Teil des Moleküls zeigt infolgedessen eine negative elektrische Ladung, und es bilden sich keine Ionen, sondern lediglich eine **polare Atombindung**.

Ein Beispiel für ein Molekül mit polarer Atombindung ist das Chlorwasserstoffmolekül HCl. In diesem Molekül ist die Seite des Chloratoms (Elektronegativität des Chlors = 3,0) stärker elektrisch negativ geladen als die Seite des Wasserstoffatoms (Elektronegativität des Wasserstoffs = 2,1). Deshalb besitzt das HCl-Molekül eine polare Atombindung.

Bei *zweiatomigen* Molekülen führt die polare Atombindung immer zur Entstehung von **Dipolmolekülen,** wobei die Differenz der Elektronegativitäten der miteinander verbundenen Atome ein Maß für die **Polarität der Bindung** ist. Aus diesem Grund nimmt die Polarität der Bindungen bei den Halogenwasserstoffen vom HF bis HI ab (Tab. 2.1).

Es gibt mehrere Möglichkeiten, polare Atombindungen bzw. den Dipolcharakter in einem Molekül in der Formel anzudeuten oder bildlich darzustellen, wie es die Abb. 2.6 zeigt.

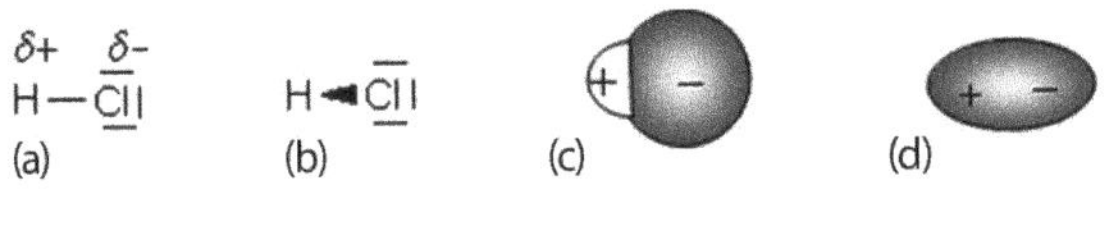

Abb. 2.6 Das Dipolmolekül HCl.

Tab. 2.1 Elektronegativitätsunterschiede bei den Halogenwasserstoffen.

	Elektronegativitäts-unterschied	
HF	1,9	abnehmende Polarität ↓
HCl	0,9	
HBr	0,7	
HI	0,3	

Der griechische Buchstabe δ in Verbindung mit dem Vorzeichen über der Formel in Abb. 2.6a soll die elektrische Teilladung andeuten; (c) gibt eine Abbildung des Kalottenmodells[3] wieder; (d) zeigt das Molekül als einen einfachen elektrischen Dipol.

Bei Molekülen, welche aus mehr als zwei Atomen bestehen, hat neben der Polarität der Bindungen zusätzlich die **Molekülsymmetrie** Einfluss darauf, ob das gesamte Molekül ein Dipolmolekül ist.

Beispiele für Moleküle mit unterschiedlicher Molekülsymmetrie (Abb. 2.7):

- Das dreiatomige, lineare **Molekül CO_2** (Kohlendioxid) ist trotz seiner polaren C–O Atombindungen kein Dipolmolekül (Abschn. 7.2.1). Bei diesem Molekül sind die beiden durch Doppelbindungen gebundenen Sauerstoffatome auf der genau gegenüberliegenden Seite des Kohlenstoffatoms angeordnet, die positiv und negativ polarisierten Molekülteile kompensieren sich gegenseitig, das Molekül zeigt nach außen keinen Dipolcharakter.
- Das **Molekül H_2O** (Wasser) besitzt eine gewinkelte Struktur (Abschn. 7.1.1 und 7.1.2). Das Wassermolekül hat Dipolcharakter, weil die beiden Wasserstoffatome mit den positiven Teilladungen auf einer Seite des Sauerstoffatoms gebunden sind, sodass die Ladungen der polarisierten Molekülteile sich nicht gegenseitig kompensieren.
- Beim **Molekül NH_3** (Ammoniak) liegt eine sogenannte pyramidale Struktur vor (Abschn. 7.1.1 und 7.1.5). Auch hier werden die Ladungen der polarisierten Molekülteile nicht gegenseitig kompensiert.
- Beim **Molekül CH_4** (Methan) tritt eine tetraedrische Struktur auf (Abschn. 7.1.1 und 8.1.1). Hier fallen die Schwerpunkte der positiven und negativen Ladungen infolge des symmetrischen Baus des Moleküls im Kohlenstoffatom zusammen. Es ergibt sich kein Dipolmolekül. So wie Methan sind alle **Kohlenwasserstoffe** typische Vertreter von unpolaren Molekülen. Auf die Gruppe der Kohlenwasserstoffe wird in Abschn. 8.1 noch ausführlich eingegangen.

3) Kalotte = Kugelkappe, abgeleitet von calot, fr. = Kappe, flache Mütze. Mit dem Kalottenmodell werden die Atome als Kugeln dargestellt. An den Stelle, an denen sich eine Atombindung befindet, ist eine Kugelkappe abgeschnitten (Abschn. 7.1.1, Abb. 7.4).

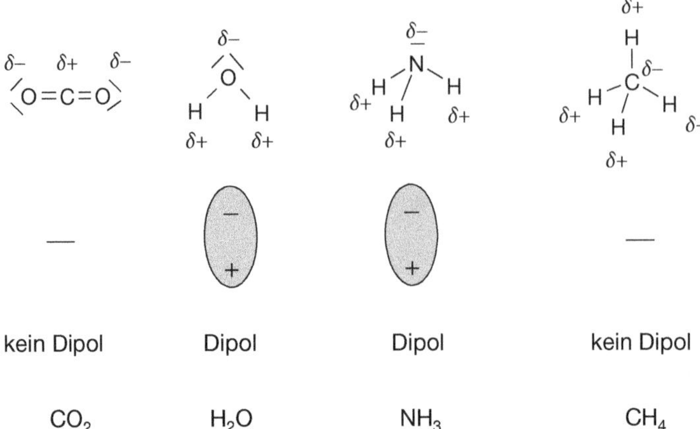

Abb. 2.7 Beispiele für Moleküle mit unterschiedlicher Molekülsymmetrie.

2.5
Die zwischenmolekularen Wechselwirkungen

Die in Abschn. 2.1–2.4 betrachteten chemischen Bindungen weisen einen sehr festen Zusammenhalt zwischen den Atomen in einem Molekül bzw. zwischen den Ionen in einem Salzkristall auf. Dagegen ist der Zusammenhalt, die sogenannte **zwischenmolekulare Wechselwirkung** (oft auch intermolekulare Wechselwirkung genannt) zwischen den einzelnen Molekülen sehr viel geringer. Dass zwischen einzelnen Molekülen auch anziehende Wechselwirkungen auftreten müssen, zeigt die Tatsache, dass bei Stoffen in der Gasphase Abweichungen von den Gesetzen der idealen Gase auftreten (Abschn. 3.1.2). Außerdem lassen sich alle gasförmigen Stoffe bei genügend tiefen Temperaturen zu Flüssigkeiten kondensieren bzw. werden bei noch tieferen Temperaturen fest (Kapitel 3). Viele physikalische Eigenschaften von Stoffen wie z. B. der Schmelz- und Siedepunkt, die Verdampfungswärme bzw. Verdampfungsenthalphie (Abschn. 3.6.1) oder auch die Viskosität hängen von der Stärke der zwischenmolekularen Wechselwirkung ab (Abschn. 3.2). Bei den zwischenmolekularen Wechselwirkungen lassen sich unterscheiden:

- Dipol-Wechselwirkungen,
- Van-der-Waals-Wechselwirkungen,
- Wasserstoffbrücken.

2.5.1
Die Dipol-Wechselwirkungen

Dipolmoleküle können mit ihren elektrischen Ladungen von Ionen entgegengesetzter Ladung angezogen werden. Dies bezeichnet man als **Ion-Dipol-Wechselwirkung.**

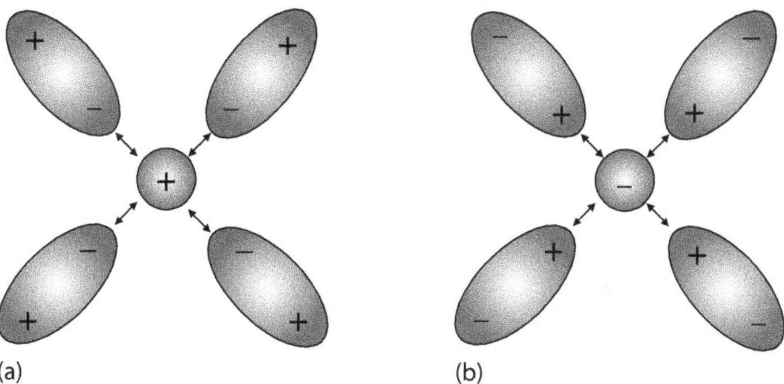

Abb. 2.8 Ion-Dipol-Wechselwirkung: (a) am Kation, (b) am Anion.

Abb. 2.9 Dipol-Dipol-Wechselwirkung.

Die Ion-Dipol-Wechselwirkung spielt beim Lösen von Salzen wie z. B. NaCl in Wasser eine wichtige Rolle (Abb. 2.8). Auf die Lösungsvorgänge von Salzen in Wasser wird in Abschn. 3.5.3 noch näher eingegangen.

Wird eine elektrostatische Anziehung zwischen negativen und positiven Polen von Dipolen hervorgerufen (siehe Abb. 2.9), bezeichnet man dies als **Dipol-Dipol-Wechselwirkung**. Diese Dipolkräfte sind wesentlich schwächer als die zuvor beschriebenen chemischen Bindungsarten (Abschn. 2.1–2.3). Die Wechselwirkungskräfte betragen hier nur wenige Prozent einer chemischen Bindung. Allgemein lässt sich festhalten:

Je größer die Polarität im Dipolmolekül, umso stärker ist die zwischenmolekulare Dipol-Dipol-Wechselwirkung.

2.5.2
Die Van-der-Waals-Wechselwirkung

Van-der-Waals-Wechselwirkungen – benannt nach dem holländischen Chemiker J. D. van der Waals – sind schwache zwischenmolekulare Kräfte. Sie wirken sich erst dann aus, wenn die einzelnen Atome oder Moleküle einander sehr nahe kommen. Sie spielen also hauptsächlich in festen und flüssigen Stoffen oder bei Gasen in der Nähe des Kondensationspunktes eine Rolle. Die Wechselwirkungsenergien sind größenordnungsmäßig um bis zu zwei Zehnerpotenzen geringer als bei kovalenten Bindungen.

Auch hier handelt es sich um Anziehungskräfte zwischen elektrisch verschieden geladenen Molekülteilen. Zum Unterschied von den unter Abschn. 2.5.1 erwähnten Dipolen entstehen hier die elektrischen Polarisierungen infolge kurzzeitiger Ladungsverschiebungen innerhalb der Moleküle. Befindet sich im Moment

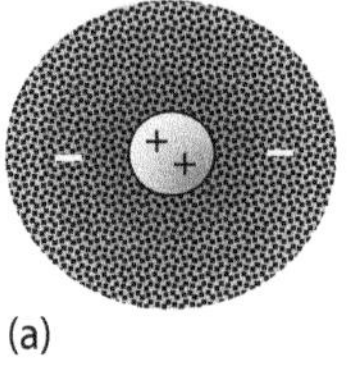

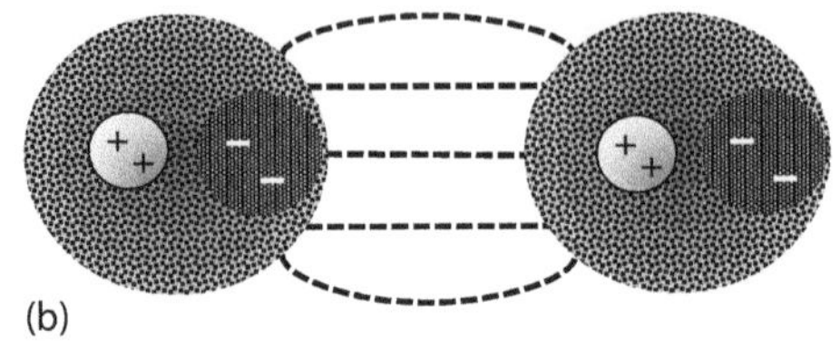

Abb. 2.10 Van-der-Waals-Kräfte zwischen zwei Heliumatomen: (a) He nicht polarisiert, (b) He polarisiert.

der Ladungsverschiebung gerade ein anderes Atom oder Molekül in der Nähe, so wird dieses Atom oder Molekül zu einer Polarisierung veranlasst oder nach dem in Abb. 2.10 dargestellten Schema induziert.

Man spricht deswegen von **induzierten Dipolen** (im Gegensatz zu den permanenten Dipolen = dauerhafte Dipole aufgrund verschiedener Elektronegativität). Auch bei den Van-der-Waals-Kräften ziehen sich die elektrisch entgegengesetzt geladenen Teile beider kurzzeitig polarisierten Moleküle an. Bei eng nebeneinanderliegenden Molekülen oder Atomen stellt sich dann ein gewisser Gleichtakt der Ladungsverschiebungen ein, was zu einer ständigen gegenseitigen Anziehung der induzierten Dipole führt.

Da alle Atome und Moleküle über polarisierbare Elektronen verfügen, treten die Van-der-Waals-Kräfte prinzipiell immer auf (auch bei polaren Molekülen). Bei unpolaren Atomen bzw. Molekülen sind sie der alleinige Beitrag zur gesamten zwischenmolekularen Wechselwirkung. Die Van-der-Waals-Kräfte sind umso größer,

- je größer die Oberfläche der Atome oder Moleküle ist und
- je leichter die Ladungen eines Atoms oder Moleküls durch Nachbarladungen polarisiert werden können.

Daher nehmen die Van-der-Waals-Kräfte mit steigender Elektronenzahl im Atom bzw. Molekül zu.

Übungsbeispiel 2.1

Man erkläre den Zusammenhang zwischen den zwischenmolekularen Wechselwirkungen und den Schmelz- und Siedepunkten bei den Edelgasen.

Lösung Bei den unpolaren Edelgasen treten ausschließlich Van-der-Waals-Wechselwirkungen auf. Die Schmelzpunkte und die Siedepunkte nehmen in der Reihenfolge He, Ne, Ar, Kr, Xe, Rn zu, da die Van-der-Waals-Wechselwirkungen mit zunehmender Elektronenzahl stärker werden. Dies ist in Abb. 2.11 dargestellt. Der Zahlenwert in der Klammer entspricht der jeweiligen Ordnungszahl bzw. der Anzahl der Elektronen. Die genauen Zahlenwerte für die Schmelz- und Siedepunkte finden sich in Abschn. 6.2.5 (siehe Tab. 6.9).

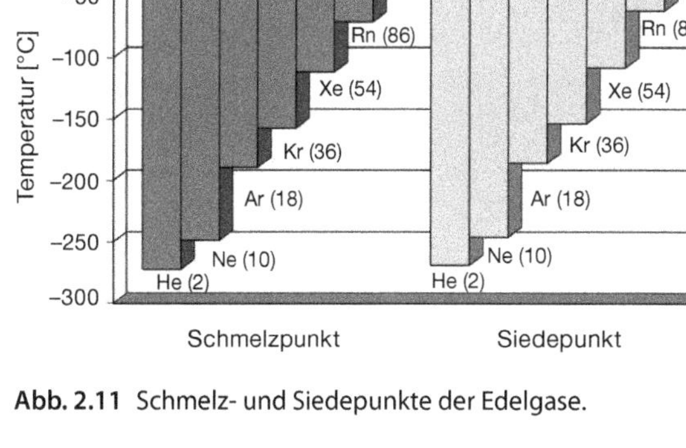

Abb. 2.11 Schmelz- und Siedepunkte der Edelgase.

Auch die Zunahme der Schmelz- und Siedepunkte der **Kohlenwasserstoffe** in der Alkanreihe mit steigender Molekülgröße lässt sich mit stärker werdenden Van-der-Waals-Wechselwirkungen erklären (Abschn. 8.1.1).

2.5.3 Wasserstoffbrücken

Neben den Dipol- und den Van-der-Waals-Wechselwirkungen gibt es noch eine zwischenmolekulare Wechselwirkung, die als **Wasserstoffbrücke** bezeichnet wird. Wasserstoffbrücken treten auf zwischen einem stark positiv polarisierten Wasserstoffatom und einem stark elektronegativen Atom eines benachbarten Moleküls. Dies sind insbesondere die Atome N, O und F.

Das Auftreten dieser Wechselwirkung erkennt man am besten, wenn man die Siedepunkte der Wasserstoffverbindungen der Elemente der vierten, fünften, sechsten und siebten Hauptgruppe darstellt (Abb. 2.12).

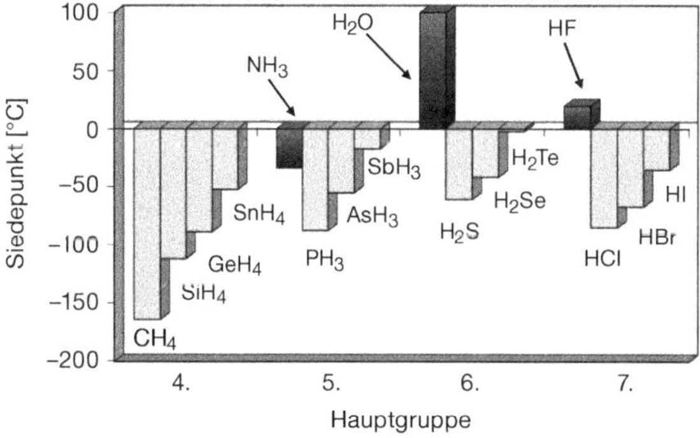

Abb. 2.12 Siedepunkte der Wasserstoffverbindungen der Elemente der vierten, fünften, sechsten und siebten Hauptgruppe.

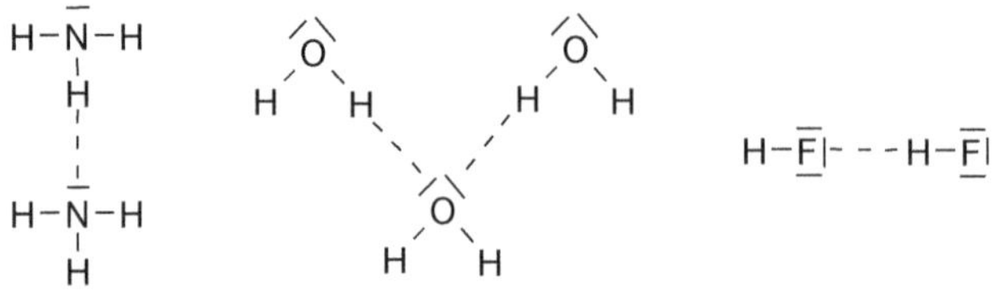

Abb. 2.13 Wasserstoffbrücken bei den Molekülen NH_3, H_2O und HF.

In allen Gruppen steigt der Siedepunkt der Verbindungen gleichmäßig an, da die Van-der-Waals-Wechselwirkungen mit steigender Elektronenzahl größer werden. Lediglich die besonders hohen Siedepunkte für die Stoffe Wasser H_2O, Ammoniak NH_3 und Fluorwasserstoff HF passen nicht in diese Reihe. Beim Molekül H_2O liegt der Siedepunkt sogar um etwa 180 °C höher, als man es aus dem Vergleich mit den Wasserstoffverbindungen der sechsten Hauptgruppe erwarten sollte. Bei diesen Stoffen spielen die Wasserstoffbrücken eine besondere Rolle.

Das Auftreten von Wasserstoffbrücken ist für die Moleküle NH_3, H_2O und HF in Abb. 2.13 durch die gestrichelten Linien dargestellt.

Die Wasserstoffbrücke kann auch als Spezialfall einer besonders starken Dipol-Dipol-Wechselwirkung betrachtet werden. Die anziehende Wechselwirkung einer Wasserstoffbrücke ist deutlich stärker als die „normalen" Dipol-Dipol-Kräfte sowie die Van-der-Waals-Wechselwirkung (deshalb werden sie häufig auch als Wasserstoffbrücken*bindung* bezeichnet). Im Vergleich zu den „echten" chemischen Bindungen sind sie jedoch sehr schwach, da die Wechselwirkungsenergie nur etwa 5–10 % der Bindungsenergie einer kovalenten Bindung beträgt. Nicht nur die physikalischen Eigenschaften der Moleküle H_2O, HF und NH_3 werden durch die Bildung von Wasserstoffbrücken beeinflusst. Auf die Eigenschaften der Moleküle H_2O und NH_3 wird in Abschn. 7.1.2 bzw. 7.1.5 noch näher eingegangen. Diese Art der Wechselwirkung spielt auch eine große Rolle in der Molekularbiologie (Abschnitt 12.2) und für die Eigenschaften einiger Kunststoffpolymere (Abschn. 9.4.1).

Übungsbeispiel 2.2

Man schätze qualitativ die Lage von Siedepunkten und Verdampfungswärmen aufgrund der Bindungsart bzw. von zwischenmolekularen Wechselwirkungen ab. Hierbei sollen die Substanzen NH_3, KCl, NO, N_2 und Ne nach steigendem Siedepunkt bzw. nach steigender Verdampfungswärme geordnet werden.

Lösung Es ergibt sich die Reihenfolge:

$$KCl > NH_3 > NO > N_2 > Ne$$

KCl Verbindung mit überwiegend ionischem Charakter, da der Elektronegativitätsunterschied zwischen K und Cl > 2,0 beträgt, höchster Siedepunkt bzw. Verdampfungswärme,

NH_3 polares Dipolmolekül (Elektronegativitätsunterschied 0,9) bei dem Wasserstoffbrücken auftreten,

NO schwach polares Dipolmolekül (Elektronegativitätsunterschied 0,5), Dipol-Dipol-Wechselwirkung, Van-der-Waals-Wechselwirkungen ähnlich wie bei N_2, da 15 Elektronen,

N_2 unpolares Molekül mit ausschließlich Van-der-Waals-Wechselwirkungen, 14 Elektronen,

Ne unpolares Atom mit ausschließlich Van-der-Waals-Wechselwirkungen, zehn Elektronen (→ weniger als bei N_2).

2.6 Mengenangaben

2.6.1 Die Gesetze von den konstanten und multiplen Proportionen

Das Gesetz der konstanten Proportionen wurde Anfang des 19. Jahrhunderts entdeckt und vom französischen Chemiker Proust formuliert. Es besagt, dass chemische Elemente sich zu einer chemischen Verbindung immer in bestimmten, konstanten, genau definierten „Gewichtsverhältnissen" verbinden. Diese Gesetzmäßigkeit ist heute leicht einzusehen, da wir wissen, dass die Stoffe aus Atomen aufgebaut sind und die verschiedenen Atomarten sich in genau **definierten Zahlenverhältnissen** miteinander verbinden. Wenn nun die einzelnen Atomarten durch ihre Massen charakterisiert werden können, folgt daraus, dass die chemischen Elemente in einer Verbindung immer in einem genau berechenbaren Massenverhältnis zueinander stehen müssen.

Bilden chemische Elemente miteinander mehrere verschiedenartige Verbindungen (z. B. bildet Kohlenstoff mit Sauerstoff die Verbindungen CO und CO_2), so verhalten sich die Massen eines Elements (im gegebenen Beispiel die Massen des Elements Sauerstoff), die sich mit einer gegebenen Masse des anderen Elements verbinden (im Beispiel also mit jeweils den gleichen Mengen des Elements Kohlenstoff), zueinander im Verhältnis einfacher Zahlen (im erwähnten Beispiel wie 1 : 2). Dieses Gesetz der **multiplen Proportionen** (d. h. der vielfachen Verhältnisse) wurde vom englischen Naturforscher Dalton ebenfalls Anfang des 19. Jahrhunderts gefunden.

Tab. 2.2 Wägebereiche von Waagen.

Waagenart	Wägebereich in g
Ultrawaage für Mikroanalysen[a)]	$\sim 10^{-6}$ bis ~ 5
Waagen für normale Analysen	$\sim 10^{-4}$ bis ~ 200
Waagen für präparatives[b)] Arbeiten	$\sim 10^{-1}$ bis $\sim 10^{3}$
Waagen für halbtechnische Reaktionen	$\sim 10^{2}$ bis $\sim 10^{5}$
Waagen für großtechnische Ansätze	$\sim 10^{3}$ bis $\sim 10^{8}$

a) Analyse (von analysis, gr. = Trennung, Auflösung) ist das Verfahren zur Ermittlung der Art und Menge von Einzelbestandteilen (Elemente, Ionen, Verbindungen) in Stoffen und Stoffgemischen.

b) Präparat (praeparatum, lat. = Vor- oder Zubereitung) ist eine in relativ kleinen Mengen und möglichst hoher Reinheit hergestellte oder gehandelte chemische Substanz.

2.6.2
Die relative Atommasse

Zur Durchführung chemischer Reaktionen sollten die Reaktionspartner bereits in den richtigen Mengenverhältnissen vorgelegt werden. Da sich die Atome der einzelnen chemischen Elemente durch ihre Masse voneinander unterscheiden, ist es naheliegend, die richtigen Dosierungen durch Wägungen vorzunehmen. Einzelne Atome haben sehr kleine Massen, die zwischen $1{,}6783 \cdot 10^{-24}$ g (Nuklid H 1) und etwa $4 \cdot 10^{-22}$ g liegen. Diese wahren Atommassen sind als Maßzahlen viel zu gering, denn bei chemischen Stoffumsetzungen arbeitet man mit den in Tab. 2.2 angegebenen Substanzmengen.

Man kann aber dann durch Wägung die Reaktionspartner in den gewünschten jeweiligen Mengenverhältnissen dosieren, wenn man mit relativen Atommassen arbeitet. Denn jeweils genau definierte Quantitäten von Atomen verschiedener chemischer Elemente müssen sich zueinander wie ihre wahren Atommassen verhalten. Entscheidend ist nur, welche Mengen, d. h. Anzahl von Atomen man vereinbart (Näheres hierzu steht in Abschn. 2.6.4 über das Mol) und welche Größe hierfür als Bezugs- und Vergleichswert dienen kann; dieses soll im Folgenden beschrieben werden.

Die heute gültige Bezugseinheit wurde 1961 von der IUPAC[4)] auf genau 1/12 der Atommasse des Kohlenstoffnuklids C 12 festgelegt und wird auch atomare Masseneinheit u (Abkürzung aus dem Englischen – unit = Einheit) genannt. Sie entspricht einer Masse von $1{,}660\,53 \cdot 10^{-27}$ kg (= 1 u). Auf diese Einheit werden die für Rechnungen wichtigen **relativen Atommassen** bezogen.

4) IUPAC ist die Abkürzung für International Union of Pure and Applied Chemistry. Eine internationale Kommission der IUPAC überprüft in turnusmäßigen Abständen von zwei bis drei Jahren die jeweils neuesten relativen Atommassen und gibt entsprechende Tabellen heraus.

Die relative Atommasse A_r eines Elements gibt an, wie groß die Masse eines Atoms dieses Elements im Vergleich zu einem Zwölftel der Masse des Kohlenstoffnuklids C 12 ist.

Die relativen Atommassen sind somit dimensionslose Größen. Der früher häufig gebrauchte Begriff „Atomgewicht" ist im deutschen Sprachraum kaum noch gebräuchlich (in der englischen Sprache verwendet man noch den Begriff „atomic weight").

Beispiele für relative Atommassen

- Na: 22,9898
- Cl: 35,4527

Im Anhang A.4 sind die relativen Atommassen der chemischen Elemente aufgelistet. In dieser Tabelle fällt auf, dass sich bei vielen Elementen zum Teil erhebliche Abweichungen von ganzzahligen Werten zeigen. Dafür sind hauptsächlich zwei Effekte verantwortlich:

- Die meisten Elemente bestehen aus **Isotopengemischen**, also aus Atomarten mit verschiedenen Massenzahlen (Abschn. 1.2).
- Bei der Zusammenlagerung der Nukleonen zu Atomkernen macht sich ein **Massendefekt** bemerkbar, der folgendermaßen zu erklären ist:
  Die Kernbestandteile werden durch starke Kernbindungsenergien zusammengehalten. Beim Aufbau größerer Atomkerne aus einzelnen Nukleonen werden große Energiemengen frei, denn man müsste einen entsprechenden Energiebetrag aufwenden, um die Nukleonen wieder voneinander zu trennen.
  Nach der Einstein'schen Beziehung

$$E = m \cdot c^2$$

  (E = Energie, m = Masse, c = Lichtgeschwindigkeit) entspricht aber der Bindungsenergie ein bestimmter Massenwert, daher stellt man beim Aufbau der Atomkerne einen Massendefekt fest. Das bedeutet, die tatsächlich feststellbare Kernmasse ist dann kleiner als die Summe der Einzelmassen aller Nukleonen, die solche Kerne bilden. Näheres über Kernbindungsenergien findet sich im Abschn. 6.1.3.4.

Bei den relativen Atommassen der Elemente, welche aus Isotopengemischen bestehen, handelt es sich um einen arithmetischen Mittelwert, der sich aus dem auf der Erde vorhandenen natürlichen Isotopenmischungsverhältnis berechnet.

2.6.3 Die relative Molekülmasse und die Formelmasse

Analog zu den relativen Atommassen bei den chemischen Elementen lässt sich für jede chemische Verbindung eine **relative Molekülmasse** berechnen.

Die relative Molekülmasse M_r (oft auch kurz Molekülmasse genannt) einer chemischen Verbindung gibt an, wie groß die Masse eines Moleküls dieser Verbindung im Vergleich zu einem Zwölftel der Masse des Kohlenstoffnuklids C 12 ist.

Die relative Molekülmasse ergibt sich aus der Summe der relativen Atommassen A_r der im Molekül enthaltenen Atome. Hierbei werden für die Berechnung die relativen Atommassen meist auf ganzzahlige Werte oder auf Halbzahlenwerte (z. B. Chlor) gerundet. Der früher verwendete Begriff „Molekulargewicht" ist heute kaum mehr gebräuchlich.

Beispiele zur Berechnung von relativen Molekülmassen

- H_2O: $M_r(H_2O) = 2A_r(H) + A_r(O) = 2 \cdot 1 + 16 = 18$
- HCl: $M_r(HCl) = A_r(H) + A_r(Cl) = 1 + 35{,}5 = 36{,}5$

Bei Ionenverbindungen kann man nicht von eigentlichen „Molekülen" sprechen (siehe Modell vom Natriumchlorid, Abb. 2.4). Hier gibt die chemische Formel (z. B. für Natriumchlorid = NaCl) das kleinste, ganzzahlige Verhältnis der in diesem Stoff aneinandergebundenen Materieteilchen wieder, nämlich die aus den Elementen Natrium und Chlor gebildeten Ionen. Anstelle des Begriffs „relative Molekülmasse" wird bei solchen Verbindungen der Begriff **„relative Formelmasse"** verwendet. Diese relative Formelmasse enthält dabei keinerlei Aussagen über das tatsächliche Vorhandensein oder die Größe von Molekülen. Als Formelzeichen wird auch hier M_r verwendet.

Beispiel zur Berechnung einer relativen Formelmasse

- NaCl: $M_r(NaCl) = A_r(Na) + A_r(Cl) = 23 + 35{,}5 = 58{,}5$

2.6.4
Das Mol und die molare Masse

Die Einheit der Stoffmenge n in der Chemie ist das Mol (Einheitenzeichen: mol).[5)]

Ein Mol ist diejenige Stoffmenge in Gramm, welche durch die relative Atommasse, die relative Molekülmasse oder durch die relative Formelmasse angegeben wird.

Die Masse eines Mols wird auch als **molare Masse** M (oder **Molmasse**) bezeichnet (übliche Einheit: g/mol; SI-Einheit: kg/kmol).

Die Stoffmenge 1 mol soll an einem Beispiel erläutert werden. Nimmt man eine beliebige Zahl von Wasserstoffatomen ($A_r = 1$) und eine gleich große Zahl von Chloratomen ($A_r = 35{,}5$), so wird die Gesamtmasse der Chloratome immer 35,5-mal größer sein als die der Wasserstoffatome. Dies ist auch dann erfüllt, wenn man 1 g Wasserstoffatome und 35,5 g Chloratome nimmt. Dies bedeutet,

5) Das Mol wurde 1971 als Basiseinheit in das Internationale Einheitensystem (SI) aufgenommen.

dass die Menge eines Elements in Gramm, die dem Zahlenwert der relativen Atommasse entspricht, immer die gleiche Anzahl an Atomen enthält.

Ein Mol eines Stoffes bestimmter Zusammensetzung enthält dann jeweils so viele Teilchen, wie Atome in 12 g des Nuklids C 12 enthalten sind. Unter „Teilchen" kann man entweder Atome, Moleküle, Ionen, Elektronen oder bei ionischen Verbindungen auch die durch eine chemische Formel wiedergegebene Einheit verstehen.

Ein Mol eines Stoffes enthält jeweils $6{,}022\,1367 \cdot 10^{23}$ Teilchen (also Atome, Moleküle, Ionen usw., je nachdem wie groß man die betreffenden, durch chemische Formeln zum Ausdruck kommenden Teilchen gewählt hat). Dieser Zahlenwert ist durch eine ganze Reihe von verschiedenen, voneinander unabhängigen Bestimmungsmethoden ermittelt worden; er wird als **Avogadro-Konstante** N_A (Lorenzo Avogadro 1776–1856) oder in der deutschsprachigen Literatur auch als **Loschmidt'sche Zahl** L (Joseph Loschmidt 1821–1895) bezeichnet.

Beispiele zur Ermittlung molarer Massen

Natrium	relative Atommasse $A_r = 22{,}9898$ (Abschn. 2.6.2), molare Masse $M = 22{,}9898$ g/mol
H_2O	relative Molekülmasse $M_r = 18$ (Abschn. 2.6.3), molare Masse $M = 18$ g/mol
NaCl	relative Formelmasse $M_r = 58{,}5$ (Abschn. 2.6.3), molare Masse $M = 58{,}5$ g/mol

3
Die Aggregatzustände

Alle Stoffe können je nach Temperatur- und Druckbedingungen prinzipiell in den drei Aggregatzuständen fest, flüssig und gasförmig auftreten. Außerdem gibt es noch den plasmatischen Zustand (aus ionisierter Materie), der jedoch hier nicht behandelt wird. Wie bereits im zweiten Kapitel erwähnt, sind die Art der chemischen Bindung bzw. die zwischenmolekularen Wechselwirkungen dafür verantwortlich, in welchem Aggregatzustand ein Stoff bei gewöhnlicher Temperatur vorliegt. Ein aus einzelnen Atomen oder aus kleinen und leichten Molekülen bestehender Stoff mit nur geringen zwischenmolekularen Wechselwirkungen ist gasförmig; große und schwere Moleküle oder in Ionen- und Metallgittern chemisch aneinandergebundene Ionen oder Atome bilden feste Körper. Der Aggregatzustand gibt somit Hinweise für den inneren Aufbau der verschiedensten Stoffe. Nach der Beschreibung von Gesetzmäßigkeiten für die drei Aggregatzustände gasförmig, flüssig und fest werden auch Stoffmischungen und Lösungen eingehender behandelt. Ausgehend von Lösungs- und Verdünnungsvorgängen wird anhand anschaulicher Beispiele eine Antwort auf die Frage gegeben, welche treibenden Kräfte zum Ablauf chemischer Reaktionen führen. Bei der Beschreibung von Aggregatzustandsänderungen werden insbesondere die technisch wichtigen, weit verbreiteten Anwendungen der Kälteerzeugung und der Destillation zur Reinigung von Flüssigkeiten näher erläutert.

3.1
Der gasförmige Aggregatzustand

3.1.1
Ideale Gase

Gase füllen das ihnen zur Verfügung stehende Volumen so aus, dass die Atome oder Moleküle gleichmäßig im Raum verteilt sind. Sind die zwischen den einzelnen Molekülen wirkenden zwischenmolekularen Kräfte so gering, dass man sie vernachlässigen kann, so bezeichnet man solche Stoffe als **ideale Gase**. Auf diese

Chemie für Ingenieure, 14. Auflage. Jan Hoinkis.
©2016 WILEY-VCH Verlag GmbH & Co. KGaA. Published 2016 by WILEY-VCH Verlag GmbH & Co. KGaA.

lässt sich folgende Zustandsgleichung anwenden:

$$p \cdot V = n \cdot R \cdot T$$

Darin bedeuten:

p Druck
n Stoffmenge, umgerechnet in mol
T Temperatur in Kelvin
R molare oder allgemeine Gaskonstante = 8,3145 J K^{-1} mol^{-1}

Die folgenden (zeitlich früher entdeckten) Gasgesetze sind Spezialfälle dieser allgemeinen Gasgleichung.

1. Das **Boyle-Mariotte'sche Gesetz** (Robert Boyle, 1627–1691; Edme Mariotte 1620–1684) gilt für den Fall, dass die Gasmenge und die Temperatur konstant sind. Hierbei ist das Produkt aus Druck und Volumen bei konstanter Temperatur und konstanter Gasmenge konstant:

   $$p \cdot V = \text{konst. bei } T = \text{konst. und } n = \text{konst.}$$

2. Das **Gesetz von Gay-Lussac** (Louis-Joseph Gay-Lussac, 1778–1850): Bei konstantem Druck und konstanter Gasmenge ändert sich das Gasvolumen proportional zur absoluten Temperatur:

   $$V \sim T \text{ bei } p = \text{konst. und } n = \text{konst.}$$

   Ähnliches gilt für die Druckabhängigkeit eines idealen Gases von der absoluten Temperatur:

   $$p \sim T \text{ bei } V = \text{konst. und } n = \text{konst.}$$

3. Das **Gesetz von Avogadro**: Es gilt für den Fall, dass Druck und Temperatur konstant sind:

   $$V \sim n \text{ bei } p = \text{konst. und } T = \text{konst. oder } \frac{V}{n} = \text{konst.}$$

Unter gleichen Bedingungen von Druck und Temperatur ist das Gasvolumen proportional der Anzahl der Moleküle. Es enthalten also gleiche Volumina idealer Gase stets die gleiche Anzahl von Molekülen, unabhängig von der Art des Gases. Das bedeutet, 1 Mol Wasserstoffgas (H_2) erfüllt bei gleicher Temperatur und bei gleichem Druck das gleiche Volumen wie 1 Mol des Edelgases Helium (He) oder 1 Mol des Gases Stickstoff (N_2).

Für den Normzustand, also für den Spezialfall, dass p_n = 1,013 25 bar (= 1 atm = 760 Torr) und T_n = 273,15 K = 0 °C ist, erhält man die Definition für das **Molvolumen** oder molare Normvolumen:

$$\frac{V^\circ}{n} = V_M^\circ = \text{konst.} = 22{,}414\,\text{l/mol oder m}^3\text{/kmol}$$

1 Mol eines beliebigen Gases nimmt im Normzustand, also bei Normtemperatur $T_n = 273{,}15\,\mathrm{K} = 0\,°\mathrm{C}$ und Normdruck $p_n = 1{,}013\,25\,\mathrm{bar}$ (= 1 atm) ein Volumen von 22,414 l ein. Das Molvolumen ist also unabhängig von der Zusammensetzung des idealen Gases.

Übungsbeispiel 3.1 Berechnung von Stoffmengen in Druckbehältern für ideale Gase

Ein Drucktank für ein mit Erdgas (Methan, CH_4) betriebenes Automobil hat ein Volumen von 80 l. Wie viel kg Erdgas können bei 20 °C höchstens eingefüllt werden,wenn der Behälterdruck maximal 200 bar betragen darf?

Lösung Aus der Gleichung für ideale Gase ergibt sich die Stoffmenge in Mol:

$$n = \frac{p \cdot V}{R \cdot T}$$

Hiermit ergibt sich:

$$n = \frac{200 \cdot 10^5 \frac{\mathrm{N}}{\mathrm{m}^2}\ 0{,}08\,\mathrm{m}^3}{8{,}3143 \frac{\mathrm{J}}{\mathrm{mol \cdot K}}\ 293\,\mathrm{K}} = 656{,}8\,\mathrm{mol}$$

Unter Berücksichtigung der molaren Masse von CH_4 (= 16 g/mol) ergibt: $m = 656{,}8\,\mathrm{mol} \cdot 16\,\mathrm{g/mol} = 10\,508{,}8\,\mathrm{g} =$ **10,51 kg**.

3.1.2
Reale Gase

Die in Abschnitt 3.1.1 genannten Gasgesetze gelten nur für ideale Gase, d. h., wenn die gegenseitigen zwischenmolekularen Anziehungskräfte zwischen den Gasmolekülen vernachlässigbar gering sind und wenn das Eigenvolumen der Gasmoleküle gegenüber dem Gasvolumen so klein ist, dass es nicht zu berücksichtigen ist. Diese Bedingungen treffen für die meisten Gase bei niederen Drücken ($\ll$ 1 bar) zu und bei Temperaturen, die beträchtlich über dem Kondensationspunkt[1)] liegen.

Gase unter höheren Drücken und Temperaturen in der Nähe des Kondensationspunktes zeigen teilweise erhebliche Abweichungen von der allgemeinen Zustandsgleichung für ideale Gase. Man muss bei diesen Gasen dann das **Eigenvolumen** der Gasmoleküle und vor allem ihre gegenseitigen **Anziehungskräfte** berücksichtigen. Es gibt viele unterschiedliche Ansätze, die Zustandsgleichung für ideale Gase so zu verändern, dass diese Effekte realer Gase berücksichtigt wer-

1) Unter Kondensationspunkt versteht man die Temperatur, bei der ein Gas durch Zusammenlagerung vieler Gasmoleküle (verursacht durch zwischenmolekulare Wechselwirkungen) zu einer Flüssigkeit kondensiert. Diese Temperatur entspricht auch dem Siedepunkt, siehe Abschn. 3.2.

den. Einer der ersten Ansätze, die gut mit den experimentell gefundenen Werten übereinstimmten, war die **Van-der-Waals-Zustandsgleichung** (Abschn. 2.5.2):

$$\left(p + \frac{a \cdot n^2}{V^2}\right) \cdot (V - n \cdot b) = n \cdot R \cdot T$$

Die Konstante ***a*** ist ein Maß für die anziehenden Wechselwirkungen der Gasmoleküle, während die Konstante ***b*** ein Maß für das Eigenvolumen der Moleküle ist. Für den Grenzfall des *idealen* Gases sind a und b gleich null, sodass die Van-der-Waals-Gleichung in die Gleichung für ideale Gase übergeht. In der Praxis werden die Konstanten a und b so variiert bzw. angepasst, bis die Van-der-Waals-Gleichung die experimentellen Werte für p, V, T und n möglichst gut beschreibt (zur Durchführung dieser Anpassung gibt es entsprechende Computerprogramme).

3.1.3
Gasverflüssigung, der Joule-Thomson-Effekt

Lässt man ein reales Gas sich durch Vermindern des Drucks auf ein größeres Volumen ausdehnen, so müssen die Moleküle einen bestimmten Arbeitsbetrag aufwenden, um sich entgegen den schwachen gegenseitigen Anziehungskräften weiter voneinander zu entfernen; sie verlieren daher etwas von ihrer kinetischen Energie. Das bedeutet, die Geschwindigkeit der Gasmoleküle muss sich verringern und damit die Temperatur des Gases auf einen tieferen Wert sinken. Man bezeichnet diese Erscheinung als **Joule-Thomson-Effekt** (James Prescott Joule, 1818–1889; William Thomson, 1824–1907). Wiederholt man diesen Vorgang der Entspannung eines realen Gases (plötzliche Verminderung des Drucks), indem man das Gas dann mit der dabei „gewonnenen Kälte“ auf jeweils immer tiefere Temperaturen vorkühlt, so wird der Abkühlungseffekt (Joule-Thomson-Effekt) immer größer, bis schließlich die immer geringere Geschwindigkeit der Moleküle (geringere Temperatur) nicht mehr ausreicht, um die gegenseitigen Anziehungskräfte der Gasmoleküle zu überwinden. Die Moleküle bleiben dann durch zwischenmolekulare Wechselwirkungen aneinandergebunden; aus dem Gas ist eine Flüssigkeit entstanden. Auf diese Weise kann man z. B. auch Luft verflüssigen (Abb. 3.1). Dieses Verfahren heißt **Linde-Verfahren** (Carl von Linde, 1842–1934).

Das Kondensat kann anschließend durch fraktionierte Destillation (Abschn. 3.6.4) in seine Bestandteile zerlegt werden, sodass aus der flüssigen Luft Stickstoff, Sauerstoff und die einzelnen Edelgase gewonnen werden (Abschn. 6.2.3.7 und 6.2.5).

Man muss aber zur Verflüssigung eines Gases mindestens die **kritische Temperatur** (Abschn. 3.6.2.1c) unterschreiten. Denn die kritische Temperatur ist diejenige Temperatur, oberhalb der sich ein Gas durch keinen noch so hohen Druck verflüssigen lässt.

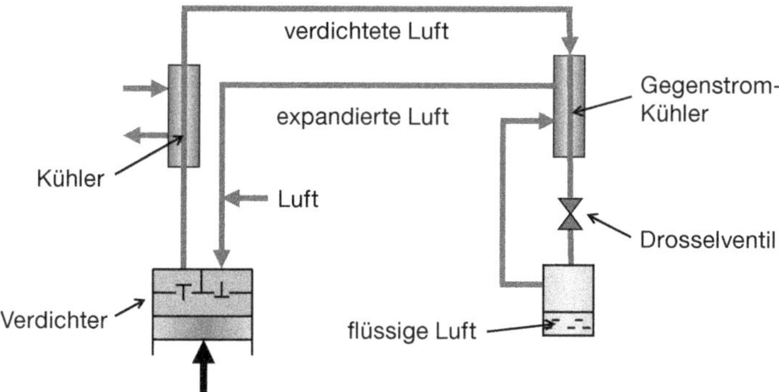

Abb. 3.1 Schema einer Anlage zur Luftverflüssigung nach dem Linde-Verfahren.

3.2 Der flüssige Aggregatzustand

Im flüssigen Zustand werden die einzelnen Moleküle durch zwischenmolekulare Wechselwirkungen (Van-der-Waals-Kräfte, Dipol-Dipol-Wechselwirkung oder Wasserstoffbrücken, Abschn. 2.5) in einem bestimmten Volumen „zusammengehalten". Der Ort eines bestimmten Moleküls ist jedoch im Gegensatz zum Festkörper nicht fixiert, da infolge der Wärmebewegung die Moleküle eine gewisse Beweglichkeit, eine gewisse **Translationsenergie** bzw. Fortbewegungsenergie innerhalb einer solchen Flüssigkeit besitzen. Die Beweglichkeit der Moleküle verursacht dann auch die Beweglichkeit der gesamten Flüssigkeit.

Im zeitlichen Mittel besitzt immer ein gewisser Anteil der Moleküle eine so große Geschwindigkeit, dass die Energie ausreicht, die zwischenmolekularen Bindungskräfte zu überwinden. Diese Moleküle verlassen (von der Oberfläche der Flüssigkeit) den Verband der Moleküle, d. h. sie **verdampfen**. Umgekehrt werden zu langsame (energiearme) Moleküle aus der Gasphase an der Flüssigkeitsoberfläche wieder eingefangen. Zwischen der Dampfphase und der Flüssigkeit besteht dann ein **dynamisches Gleichgewicht**. Als Folge dieses ständigen Verdampfens und Rückkondensierens der Moleküle stellt sich über einer Flüssigkeit ein bestimmter, temperaturabhängiger, mit steigender Temperatur größer werdender **Dampfdruck** ein (Abschn. 3.6.2). Ist der Dampfdruck schließlich so groß wie der äußere Druck, so siedet die Flüssigkeit, und es bilden sich jetzt auch Dampfblasen in der gesamten Flüssigkeit: Der Anteil der ständig in die Dampfphase übergehenden Moleküle steigt sprunghaft an. Erfolgt der (meist allmähliche) Übergang in die Dampfphase nur von der Flüssigkeitsoberfläche aus, so bezeichnet man dies als Verdunstung.

Vergleichbar mit den zuvor beschriebenen Flüssigkeiten, in denen die Moleküle durch zwischenmolekulare Wechselwirkungen zusammengehalten werden, sind sogenannte **Schmelzen**. In Schmelzen, die durch Erhitzen von Metallen oder Salzen entstehen, halten die metallischen Bindungen bzw. Ionenbindungen die einzelnen Bestandteile noch zusammen, obwohl infolge einer starken Wärmebewe-

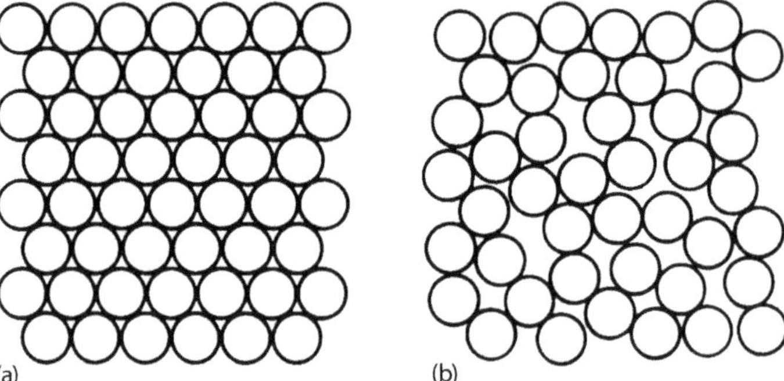

Abb. 3.2 Schematischer Aufbau von Kristall und Flüssigkeit: (a) Kristall, (b) Flüssigkeit.

gung sich der starre Gitterverband bereits aufgelöst hat. Anstelle einer Fernordnung, wie sie bei den Kristallen vorliegt, ist allenfalls noch eine gewisse „Nahordnung" von einzelnen, nahe beieinanderliegenden Bruchstücken einer kristallinen Struktur zu erkennen, wie es in Abb. 3.2 bei der Gegenüberstellung von kristallinen Stoffen und Flüssigkeiten angedeutet ist. Metalle und Salze lassen sich erst bei sehr hohen Temperaturen verdampfen (Tab. 6.14).

Bestehen feste Stoffe aus kovalenten Verbindungen begrenzter Molekülgröße (z. B. viele organische Verbindungen, Kapitel 8), so werden dann beim Aufschmelzen die einzelnen Moleküle durch die relativ schwachen Van-der-Waals-Kräfte zusammengehalten. Solche Schmelzen lassen sich dann in der Regel viel leichter verdampfen als Salze und Metalle.

Eine besondere Form des flüssigen Zustandes, welcher in der Chemie von großer Bedeutung ist, ist die **Lösung**. Sie liegt dann vor, wenn ein fester Stoff in einer Flüssigkeit gelöst ist. Einiges Grundsätzliches über Lösungen enthält der Abschn. 3.5.

3.3 Der feste Aggregatzustand

Stoffe im festen Aggregatzustand sind in den meisten Fällen entweder kristallin oder amorph. In einigen Fällen sind auch Übergangszustände möglich (z. B. teilkristalline Kunststoffe, Abschn. 9.1.1).

3.3.1 Die Kristallsysteme

Kristallisierte feste Stoffe zeigen eine *regelmäßige* Anordnung der sie aufbauenden Atome, Ionen oder Moleküle. Die Anordnung und die Lage dieser einzelnen Bestandteile zueinander in einem Kristall bezeichnet man als Struktur oder **Kristallstruktur**. Der regelmäßige Aufbau spiegelt sich dann auch in einer gesetzmäßigen äußeren Kristallgestalt wieder. Diese ist dadurch gekennzeichnet, dass vergleichbare Flächen verschiedener Exemplare ein und derselben Kristallart stets die gleichen Winkel untereinander bilden. Dieses **Gesetz der Winkelkonstanz** zeigt sich besonders dann, wenn man einen Kristall in kleinere Stücke spaltet: Die Bruchstücke weisen wiederum die gleichen Winkelverhältnisse auf wie der ursprüngliche Kristall. Die Spaltung erfolgt immer parallel zu den Kristallflächen.

Kristalle zeigen die Erscheinung der **Anisotropie**, d. h., sie haben *nicht* in allen Richtungen gleiche Eigenschaften (z. B. Härte, Spaltbarkeit, Wärmeleitfähigkeit, Lichtabsorption, Lichtbrechung usw.).

Eine in Gedanken immer weiter vorgenommene Spaltung eines Kristalls führt schließlich zu den kleinsten, sich in einem Kristall stets wiederholenden Grundeinheiten, die man als **Elementarzellen** bezeichnet. Die laufende Aneinanderreihung solcher Elementarzellen ergibt dann das **Kristallgitter**, Raumgitter oder auch kurz Gitter genannt (Tab. 3.1). Ein solches Gitter kann man sich auch zusammengesetzt denken aus einer regelmäßigen, dreidimensionalen Anordnung von

Tab. 3.1 Die Kristallsysteme.

Kristall-system	Achsenkreuz	Beispiele der Kristallformen	Gittertypen		
			Zahl	Art	Name und Beispiele
kubisch	$a_1=a_2=a_3$; $\sphericalangle a_1a_2$, $\sphericalangle a_1a_3$, $\sphericalangle a_2a_3$ = 90°	Kochsalz $NaCl$ (Würfel)	3		kubisch primitiv $NaCl$ (Na^+ und Cl^- gleichberechtigt, s. Abb. 2.4)
					kubisch flächenzentriert γ-Eisen, Cu, viele andere Metalle
		Diamant (C) (Oktaeder)			kubisch innenzentriert α- und δ-Eisen, viele andere Metalle
tetragonal	$a_1=a_2\neq c$; $\sphericalangle a_1a_2$, $\sphericalangle a_1c$, $\sphericalangle a_2c$ = 90°	β-Zinn	2	Für die Praxis des Ingenieurs von geringer Bedeutung	
hexagonal	$a_1=a_2=a_3\neq c$; $\sphericalangle a_1c$, $\sphericalangle a_2c$, $\sphericalangle a_3c$ = 120°	Mg, Zn, Cd und viele andere Metalle	1		
trigonal, rhomboedrisch	$a_1=a_2=a_3=c$; $\sphericalangle a_1a_2$, $\sphericalangle a_1a_3$, $\sphericalangle a_2a_3$ = 120°	Kalkspat $CaCO_3$	1		
rhombisch	$a\neq b\neq c$; $\sphericalangle ab$, $\sphericalangle ac$, $\sphericalangle bc$ = 90°	α-Schwefel (Abb.) oder Zementit Fe_3C	4		
monoklin	$a\neq b\neq c$; $\sphericalangle ab$, $\sphericalangle bc$ = 90°; $\sphericalangle ac \neq 90°$	Gips $CaSO_4 \cdot 2H_2O$	2		
triklin	$a\neq b\neq c$; $\sphericalangle ab$, $\sphericalangle ac$, $\sphericalangle bc$ ≠ 90°	Kupfersulfat $CuSO_4 \cdot 5H_2O$ od. Kaliumdichromat (Abb.)	1		

Punkten, die die Ecken und charakteristischen Stellen der Elementarzellen markieren und als Gitterpunkte bezeichnet werden. Solche Gitterpunkte brauchen nicht immer Atome oder Ionen darzustellen, sie können auch kleine Moleküleinheiten (z. B. H_2O = Wassermoleküle) sein; in diesem Fall sind die Gitterpunkte als Molekülschwerpunkte aufzufassen.

Durch jede Elementarzelle kann man **Symmetrieachsen** legen. Die Form und die Größe einer Elementarzelle kann man dann kennzeichnen durch die Längenverhältnisse dieser Symmetrieachsen zueinander (als a, b, c bzw. als a_1, a_2, a_3 bezeichnet, Tab. 3.1) und durch die Winkel, die sie miteinander bilden. Alle in der Natur vorkommenden Kristalle lassen sich in sieben Kristallsysteme einteilen mit den in Tab. 3.1 angegebenen Kriterien. Die tatsächliche Ausprägung der Kristalle ein und desselben Kristallsystems (z. B. hinsichtlich der Lage der einzelnen Kristallflächen zueinander) kann ganz verschieden ausfallen. Beispiele hierfür zeigt die dritte Spalte von Tab. 3.1; im kubischen System ein Würfel und ein Oktaeder.

Im einfachsten Fall hat ein Kristallgitter so viele Elementarzellen wie Gitterpunkte, was am Beispiel des kubischen Systems (Würfel als Elementarzelle) erklärt werden soll. Ein Gitterpunkt in der Ecke eines Würfels (einer Elementarzelle) gehört in einem Raumgitter den angrenzenden acht Nachbarelementarzellen an. Auf eine Elementarzelle entfällt deswegen nur ein Achtel des Gitterpunktes, andererseits hat jede Elementarzelle (Würfel) acht Gitterpunkte, die ihr jeweils zu ein Achtel angehören. Man spricht hier von einem einfachen oder **primitiven Gitter**. Beim kubischen System sind noch folgende zwei andere Gitter möglich, die vor allem als Gittertypen von Metallen sehr häufig vorkommen. Dies sind **das kubisch-flächenzentrierte** und das **kubisch-innenzentrierte** Gitter, wie es aus der letzten Spalte der Tabelle ersichtlich ist. Die Tabelle zeigt auch an, wie viele Gittertypen in den anderen Kristallsystemen möglich sind. Alle in der Natur vorkommenden Kristalle lassen sich auf diese 14 Gittertypen, auch Bravais-Gitter genannt, zurückführen.

3.3.2
Die Eigenschaften von Kristallen

Die Bestandteile eines Kristalls werden durch chemische Bindungskräfte oder zwischenmolekulare Wechselwirkungen zusammengehalten. Die Eigenschaften von Kristallen werden deswegen verschieden ausfallen, wie es die Tab. 3.2 zeigt. In der letzten Spalte dieser Tabelle sind einige Beispiele angegeben, die teilweise in späteren Kapiteln noch genauer besprochen werden.

Der Einfluss der chemischen Bindung auf die Eigenschaften der Kristalle soll am Beispiel der Salze erläutert werden. Die Stärke der Anziehungskräfte zwischen den elektrisch verschieden geladenen Ionen bezeichnet man als **Gitterenergie**. Die physikalischen Eigenschaften von Salzen mit der gleichen Kristallstruktur ändern sich regelmäßig in Abhängigkeit von der Gitterenergie. Wie die Tab. 3.3 zeigt, nehmen bei vergleichbaren Ionenverbindungen mit abnehmender Gitterenergie

- die Höhe der Schmelz- und Siedepunkte ab,
- der thermische Ausdehnungskoeffizient und der Kompressibilitätskoeffizient zu und
- die Härte ab.

Viele der Messwerte lassen sich am besten an großen Kristallen ermitteln. Man stellt dabei fest, dass Eigenschaften, wie z. B. die Härte, von der Richtung abhängig sind (Anisotropie). Bestehen kristalline Feststoffe aus vielen regellos angeordneten kleinsten **Kristalliten** (= außerordentlich kleine Kristalle), die dann durch chemische Bindung fest miteinander verbunden sind, so kann infolge der regello-

Tab. 3.2 Typen kristalliner Feststoffe.

	Bindungskräfte	Kristallart	Bestandteile	Eigenschaften	Beispiele
chemische Bindungen	Atombindung	Atomkristall	Atome	• sehr hoher Smp. • sehr hart • elektr. Nichtleiter	Diamant (chem. = C)
	Ionenbindung	Ionenkristall	positive und negative Ionen	• hoher Smp. • hart, spröde • schlechter bis kein elektr. Leiter	NaCl (Steinsalz) $CaCO_3$ (Kalkspat) CaF_2 (Flussspat) Al_2O_3 (Korund)
	metallische Bindung	Metall	positive Atomrümpfe und „Elektronengas“	• ziemlich hoher Smp. • weich bis hart • duktil[a)] • sehr guter elektr. Leiter	Na; Mg; Al; Fe; Cr; W
zwischenmolekulare Wechselwirkungen	Dipol-Dipol-Kräfte	polar-molekular	polare Moleküle	• niederer Smp.[b)] • weich • kaum elektr. Leiter	HCl; SO_2; NO
	Van-der-Waals-Kräfte	unpolar-molekular	unpolare Moleküle	• niederer Smp.[b)] • sehr weich • elektr. Nichtleiter	H_2; N_2; O_2; CH_4
	Wasserstoff-brücken	polar-molekular	polare Moleküle mit Wasserstoff-brücken	• höherer Smp. als bei Dipol-Dipol- und Van-der-Waals-Kräften • weich • kaum elektr. Leiter	H_2O; NH_3; HF

Smp. = Schmelzpunkt

a) lat. ductilis = dehnbar, streckbar; über die Duktilität von Metallen, Abschn. 6.5.1.5.

b) Die Schmelzpunkte liegen oft weit unter 0 °C!

Tab. 3.3 Abhängigkeit der physikalischen Eigenschaften von der Gitterenergie bei vergleichbaren Ionenkristallen.

Kristall	Ionen-abstand 10^{-10} (m)	Gitter-energie (kJ/mol)	Schmelz-punkt (°C)	Siede-punkt (°C)	Therm. Ausdehn.-Koeffizient $\alpha \cdot 10^6$ (1/K)[a)]	Kompress.-Koeffizient $k \cdot 10^6$ (cm^2/kg)	Ritzhärte nach Mohs[b)]
NaF	2,31	909	992	1695	108	2,11	3,2
NaCl	2,76	766	808	1465	120	4,26	2,5
NaBr	2,90	737	747	1393	129	5,07	2,4
NaI	3,11	687	662	1300	145	7,07	
KF	2,69	808	857	1505	110	3,30	2,7
KCl	3,14	703	772	1417	115	5,62	2,2
KBr	3,28	674	742	1381	120	6,70	
KI	3,51	632	682	1331	135	8,53	

a) Der thermische Ausdehnungskoeffizient α gilt im Bereich von 30–70 °C.

b) Unter der Ritzhärte versteht man den Widerstand, den ein Körper beim Ritzen dem Eindringen eines anderen Körpers entgegensetzt. Von zwei Kristallen ist derjenige der härtere, der den anderen zu ritzen vermag. Um den Grad der Härte feststellen zu können, hat Mohs (Friedrich Mohs, 1773–1839) die folgende Reihe von Vergleichsmineralien mit steigender Härte von 1–10 benannt: 1. Talkum, 2. Steinsalz, 3. Kalkspat, 4. Flussspat, 5. Apatit, 6. Feldspat, 7. Quarz, 8. Topas, 9. Korund, 10. Diamant. Zwischenhärten werden durch eine Dezimale hinter dem Komma angegeben.

sen Anordnung der Einzelkriställchen eine statistische Isotropie (gleiche Eigenschaften in allen Richtungen) resultieren.

3.3.3 Amorphe Feststoffe

Neben den kristallinen gibt es noch amorphe (gr. amorphos = gestaltlos) Feststoffe. Sie zeigen aufbaumäßig Ähnlichkeiten mit Flüssigkeiten (Abb. 3.2), nur besitzen die einzelnen Bestandteile eines amorphen festen Stoffes keine Translationsenergie. Man kann amorphe feste Stoffe als **unterkühlt erstarrte Flüssigkeiten** ansehen. Beispiele für amorphe feste Stoffe sind Gläser (Abschn. 7.2.4) und viele Kunststoffe (Abschn. 9.1.1).

3.4 Mischungen

Mischt man zwei oder mehrere verschiedene Stoffe zusammen, so können entweder **heterogene Mischungen** oder **homogene Mischungen** bzw. Lösungen entstehen.

3.4.1 Homogene Mischungen

Gase sind in jedem Verhältnis miteinander mischbar und ergeben immer homogene Mischungen. Dennoch muss man mit einer Anreicherung von schweren Gasen in Bodennähe, von leichten Gasen in oberen Luftschichten rechnen. Ob Gase oder Dämpfe bevorzugt nach oben steigen oder absinken, kann man aus ihren molaren Massen schließen. Da Luft zu etwa 80 % aus Stickstoff und zu etwa 20 % aus Sauerstoff besteht, ist ihr eine durchschnittliche Molekülmasse von ca. 29 zuzurechnen, denn:

$$0{,}8 \cdot (N_2 = 28) + 0{,}2 \cdot (O_2 = 32) = 28{,}8$$

Gase, die eine geringere molare Masse als Luft haben, steigen nach oben; Gase mit einer größeren molaren Masse sinken zu Boden. Dieses mit dem Gesetz von Avogadro (Abschn. 3.1.1) begründbare Verhalten der Gase sollte man beachten bei der Entscheidung, ob man Absaugvorrichtungen zur Entfernung von Fremdgasen aus Räumen oben oder unten anbringen soll.

Die verschieden schweren Gase vermischen sich aber bald wieder durch Diffusion infolge der Wärmebewegung der Gasmoleküle, sodass man nach einiger Zeit mit der Anwesenheit des betreffenden Gases im gesamten Raum rechnen muss, bis dann schließlich der gesamte Raum von einer homogenen Gasmischung erfüllt ist.

Ähnlich wie bei Gasen können sich auch zwei oder mehrere Flüssigkeiten in jedem Verhältnis miteinander mischen und eine einheitliche Phase bilden, die überall die gleiche Zusammensetzung hat. Man gibt die Zusammensetzung eines solchen Flüssigkeitsgemisches meist in „Volumenprozent" (Vol.-%) an (z. B. Getränke mit einem Alkoholgehalt von 40 Vol.-%; d. h., der im Getränk enthaltene Alkohol würde als reine chemische Substanz ein Volumen ausfüllen, das 40 % vom Gesamtvolumen des Getränkes ausmacht). Anstelle dieser bisher üblichen Bezeichnung Vol.-% sollte man nach DIN 1310 besser den sprachlich korrekteren Ausdruck Volumengehalt in % verwenden (Abschn. 3.5.1, unter dem Stichwort „Gehalt").

3.4.2 Heterogene Mischungen

In der Einleitung wurden Beispiele für heterogene Mischungen erwähnt. Entscheidend ist bei heterogenen Mischungen, dass die verschiedenen Stoffe in dem Gemisch eigene Phasen bilden. Oft findet man in der Literatur den Ausdruck „physikalisches Gemenge" und versteht hierunter eine Mischung von zwei oder mehreren Stoffen, die jeweils eigene Phasen bilden und sich meist durch geeignete (physikalische) Operationen wieder auseinandertrennen lassen.

Einige Arten von heterogenen flüssig-flüssigen und fest-flüssigen Mischungen führen spezielle Bezeichnungen:

- **Emulsionen:** Zwei miteinander nicht oder nur geringfügig mischbare Flüssigkeiten ergeben eine milchig bzw. trübe aussehende Flüssigkeit, wobei die eine der beiden Flüssigkeiten in der anderen in Form von kleinen Tröpfchen eingebettet ist. Beispiel: Milch = Tropfen von Milchfett, in der wässrigen Phase eingebettet.
- **Suspensionen:** Unlösliche Feststoffteilchen mit Durchmessern größer als 10^{-7} m (die also größer sind als etwa das Tausendfache eines Atomdurchmessers) sind in einer Flüssigkeit fein verteilt. Je größer die Teilchen sind, desto schneller setzen sie sich in der Flüssigkeit ab. Beispiel: Aufschlämmung von Lehm[2] in Wasser.
- **Kolloide Systeme:** Unlösliche Feststoffteilchen mit Durchmessern zwischen ca. 10^{-7} m und ca. 10^{-9} m sind in einer Flüssigkeit fein verteilt. Sind die Teilchen kleiner als 10^{-9} m, so liegen schließlich „echte Lösungen" (Abschn. 3.5) vor. Kolloide Systeme zeigen in vielem ähnliche Eigenschaften wie echte Lösungen und werden deswegen auch als **kolloide Lösungen** bezeichnet.

Kolloide Lösungen trennen sich beim Stehenlassen *nicht* durch Absetzen in feste und flüssige Anteile, da die kolloiden Teilchen durch die Wärmebewegung der Moleküle des Lösungsmittels in der Schwebe gehalten werden. Man bezeichnet die kolloiden Lösungen auch als **Dispersionen** und die meist im Überschuss vorhandene, zusammenhängende flüssige Phase, in der die festen Teilchen „dispergiert" sind, als Dispersionsmittel.

Die in der Lösung dispergierten kolloiden Teilchen sind sowohl mit dem bloßen Auge als auch unter dem Mikroskop nicht zu sehen, da ihre Durchmesser kleiner sind als die Wellenlängen des Lichtes, die zwischen $3{,}6 \cdot 10^{-7}$ und $7{,}8 \cdot 10^{-7}$ m liegen. Sehr stark verdünnte kolloide Lösungen sehen oft vollkommen klar aus, konzentrierte zeigen meist eine schwache Trübung, weil das Licht beim Auftreffen auf diese kleinsten Teilchen abgelenkt und in alle Richtungen gestreut wird.

Eine vollkommen klar aussehende Flüssigkeit kann als kolloide Lösung durch den sogenannten **Tyndall-Effekt** (John Tyndall, 1820–1893) erkannt werden: Die Bahn eines Lichtstrahls in einer kolloiden Lösung erscheint von der Seite her betrachtet als leuchtender Kegel, da das Licht beim Auftreffen auf kolloide Teilchen seitlich gestreut und damit vom Beobachter wahrgenommen werden kann.

Eine Zusammenlagerung vieler kolloider Teilchen zu größeren Gebilden führt schließlich zur **Ausflockung**, d. h. zum Absinken der Teilchen in der Lösung. Ein solches Zusammenwachsen zum oberflächen- und energieärmeren[3] Zustand größerer Teilchen verhindern entgegengesetzt gerichtete Kräfte, z. B. gleichnamige elektrische Ladungen oder Schutzschichten an der Kolloidoberfläche.

2) Lehm enthält als Hauptbestandteile Tone, Sand und Eisenoxide. Bei der Aufschlämmung von Lehm in Wasser setzt sich der Sand (als Suspension) je nach Teilchengröße mehr oder weniger rasch ab, während die Tone meist in kolloider Verteilung vorliegen und darum wesentlich langsamer oder kaum zu Boden sinken. Durch Brennen (chemische Wasserabspaltung) von Lehm stellt man Ziegelsteine her (Abschn. 7.2.5).

3) Dass ein Stoff bei kleinster Zerteilung in einem energiereicheren Zustand vorliegen muss, wird einleuchten, wenn man bedenkt, dass man zur Zerteilung größerer Stücke in kleinere Teilchen (z. B. in Kolloide) die erforderliche Spaltungsenergie aufwenden muss.

3.5 Lösungen

Lösungen sind im weitesten Sinn einphasige, homogene Mischungen zweier oder mehrerer Stoffe, wobei die Homogenität der Mischung bis in den molekularen Bereich hineinreicht. Dies sind z. B. Mischkristalle, die zwei oder mehrere Metalle miteinander bilden, oder es sind feste Lösungen (Abschn. 6.5.3.2). Das Metall Palladium löst große Mengen des Gases Wasserstoff und bildet eine feste Lösung. Im engeren Sinne versteht man jedoch meist unter einer Lösung eine Flüssigkeit, in der ein fester Stoff (gelöster Stoff) molekulardispers verteilt ist.

Für die Löslichkeit einer Substanz in einem Lösungsmittel gilt allgemein die Regel **„Gleiches löst Gleiches"**:

- Polare Lösungsmittel lösen überwiegend **hydrophile** (wasserfreundliche) Substanzen.
- Unpolare Lösungsmittel lösen überwiegend **hydrophobe** oder **lipophile** (wasserabweisende oder fettfreundliche) Stoffe.

Zu einer solchen homogenen Verteilung kommt es, wenn zwischen dem gelösten Stoff und dem Lösungsmittel eine gewisse **chemische Ähnlichkeit** besteht. Denn dann sind die zwischenmolekularen Kräfte zwischen den Molekülen des Lösungsmittels von der gleichen Größenordnung wie die gegenseitigen Bindungskräfte zwischen dem gelösten Stoff und dem Lösungsmittel. So löst sich z. B. das unpolare Iod (I_2) gut in organischen Lösungsmitteln (z. B. Toluol oder Hexan), jedoch nur sehr wenig in Wasser. Auch lassen sich, wie im Kapitel 8 noch genauer besprochen wird, viele organische feste Stoffe (z. B. Fette) in organischen Lösungsmitteln lösen, während sie so gut wie nicht in Wasser löslich sind. Dagegen lösen sich Ionenverbindungen (z. B. das Kochsalz, NaCl) häufig gut in Wasser, das aus Dipolmolekülen besteht. Hierbei bilden sich Ion-Dipol-Wechselwirkungen, indem sowohl die positiven als auch die negativen Ionen sich allseitig mit den Dipolmolekülen des Wassers umgeben (Abb. 2.8).

Bei organischen Stoffen spielt das Verhältnis des unpolaren Anteils zum polaren Anteil im Molekül eine Rolle für das Lösungsverhalten. So sind z. B. die Alkohole Methanol, Ethanol und Propanol mit Wasser vollständig mischbar, da der organische, unpolare Kohlenwasserstoffteil im Molekül im Vergleich zur polaren OH-Gruppe klein ist. Je länger der organische Rest, umso geringer wird die Löslichkeit in Wasser (Tab. 3.4 und Abschn. 8.4.1.3).

Auch die organischen Zuckermoleküle sind gut in Wasser löslich, dagegen in Kohlenwasserstoffen praktisch unlöslich, da sie eine Reihe von polaren OH-Gruppen enthalten (Abschn. 8.7.1).

Tab. 3.4 Löslichkeiten von Alkoholen in Wasser.

Formel	Name	Löslichkeit in Wasser bei 20 °C (g je 100 g Wasser)
CH_3OH	Methanol	in jedem Verhältnis mischbar
CH_3CH_2OH	Ethanol	in jedem Verhältnis mischbar
$CH_3CH_2CH_2OH$	1-Propanol	in jedem Verhältnis mischbar
$CH_3CH_2CH_2CH_2OH$	1-Butanol	7,9

3.5.1 Angaben über die Zusammensetzung von Lösungen

Für Mengenangaben kann man folgende Größen verwenden: die Masse m, das Volumen V oder die Stoffmenge n (in Mol). Die Zusammensetzung von Lösungen wird üblicherweise durch den Gehalt, die Konzentration oder die Molalität angegeben.

3.5.1.1 Gehalt

Bei Lösungen kann man die Zusammensetzung durch den **Massengehalt** (Massenbruch) = Massenanteil des gelösten Stoffes in der Gesamtmasse der Lösung kennzeichnen. Anstelle der heute vielfach noch üblichen Angabe „Massenprozent" sollte der korrektere Ausdruck „Massengehalt in Prozent" verwendet werden; das gleiche gilt für die heute noch meist gebräuchlichen Gehaltsangaben von Flüssigkeitsmischungen in „Volumenprozent", die nach DIN 1310 korrekter „Volumengehalt in %" genannt werden sollten (Abschn. 3.4.1).

Beispiel für Massengehalt

$0{,}135\,\mathrm{g/g} = 13{,}5\,\% = 135\,\mathrm{mg/g} = 135\,\mathrm{g/kg}$

Stoffmengengehalt

(Stoffmengenbruch, früher auch als Molenbruch bezeichnet) = Anteil des gelösten Stoffes in Mol, bezogen auf die Gesamtzahl der in der Lösung vorhandenen Mole, d. h. des Lösungsmittels und des gelösten Stoffes, beides in Mol ausgedrückt. Ist die Stoffmenge in Mol des gelösten Stoffs n_2, die des Lösungsmittels n_1, so ist der Stoffmengengehalt des gelösten Stoffs

$$x_2 = \frac{n_2}{n_1 + n_2}$$

Man kann den Gehalt entweder mit gleichen oder verschiedenen Einheiten für die Zähler- und Nennergröße oder auch in Prozent, Promille oder in ppm (parts per million, engl. = Teile auf eine Million Teile) angeben.

Beispiel für Stoffmengengehalt

$0{,}000\,73\,\mathrm{mol/mol} = 730\,\mathrm{ppm} = 0{,}73\,\mathrm{mol/kmol}$

3.5.1.2 Konzentration

Man versteht unter Konzentration eine Zusammensetzungsangabe, bezogen auf das *Volumen* der Lösung. Dabei sind folgende Konzentrationsangaben üblich:

- **Massenkonzentration** bedeutet Masse des gelösten Stoffes pro Volumen der Lösung (Lösung = gelöster Stoff + Lösungsmittel).
- **Stoffmengenkonzentration** bedeutet Molzahl des gelösten Stoffes pro Volumen der Lösung. Diese Konzentrationsangabe wurde früher auch Molarität genannt.

Wenn der gelöste Stoff in einer Stoffmengenkonzentration von einem Mol pro Liter vorliegt, spricht man in der Chemie auch von einer *einmolaren* Lösung. Zum Beispiel hat eine Kochsalzlösung mit der Massenkonzentration von 58,5 g/l eine Stoffmengenkonzentration von 1 mol/l, das ist eine einmolare Kochsalzlösung, abgekürzt 1 M NaCl-Lösung oder 1 M NaCl (früher im Deutschen auch klein geschrieben: 1 m NaCl-Lösung).

Der **Gehalt von Schadstoffen** in der Luft (z. B. SO_2, siehe Abschn. 13.4.1) wird neben der Angabe in der Massenkonzentration (z. B. mg/m^3 im Normzustand bei 0 °C und 1,013 25 bar) häufig auch in der Volumenkonzentration cm^3/m^3 (z. B. ppm/parts per million) angegeben. Für die Umrechnung gilt:

$$1\,\text{mg/m}^3 = 1\,\text{cm}^3/\text{m}^3\,(\text{ppm}) \cdot \frac{\text{Molmasse g/mol}}{22{,}414\,\text{l/mol}}$$

Übungsbeispiel 3.2

Der SO_2-Gehalt eines Gases beträgt 10 ppm. Wie groß ist die Konzentration in mg/m^3 (Molmasse von SO_2 = 64,07 g/mol; Molvolumen = 22,414 l/mol)?

Lösung

$$10\,\text{cm}^3/\text{m}^3 \cdot \frac{64{,}07\,\text{g/mol}}{22{,}414\,\text{l/mol}} = 28{,}6\,\text{mg/m}^3$$

3.5.1.3 Molalität

Wenn Temperaturschwankungen bei Lösungen den Bezug auf das Volumen der Lösung erschweren, kann man zweckmäßig die Molzahl des gelösten Stoffes auf die Masse des *reinen* Lösungsmittels beziehen. Eine *einmolale* Lösung wäre dann eine solche, die 1 Mol des gelösten Stoffes in 1000 g des Lösungsmittels enthält; eine 1-molale Kochsalzlösung ist demnach durch Lösen von 1 mol = 58,5 g NaCl in 1000 g Wasser herzustellen.

Generell sollte man stets Angaben über die Zusammensetzung von Lösungen genau kennzeichnen, also z. B. nicht schreiben: eine 20 %ige Kochsalzlösung, sondern vielmehr eine Kochsalzlösung mit dem Massengehalt = 20 %; Konzentrationsangaben kennzeichnet man am besten durch Angabe der Maßeinheiten, z. B. 120 g/l.

3.5.1.4 Verdünnungen

Oft besteht die Notwendigkeit, vorhandene Lösungen auf bestimmte Zusammensetzungen zu verdünnen.

In einer Lösung mit der Konzentration c_1 und dem Volumen V_1 ist die Masse des gelösten Stoffes

$$m = c_1 \cdot V_1$$

Wird die Lösung mit reinem Wasser verdünnt, so nimmt das Volumen auf V_2 zu, während die darin gelöste Masse des Stoffes unverändert bleibt. Die neue Konzentration c_2 ergibt sich zu:

$$c_2 = \frac{m}{V_2} = \frac{c_1 \cdot V_1}{V_2}$$

Übungsbeispiel 3.3

180 ml einer Kochsalzlösung der Konzentration 120 g/l soll mit Wasser auf eine Konzentration von 30 g/l verdünnt werden. Wie viel Wasser ist zuzugeben?

Lösung

$$V_2 = \frac{c_1 \cdot V_1}{c_2}$$

Aus obiger Gleichung folgt durch Umformung:

$$V_2 = \frac{120\,\mathrm{g/l} \cdot 180\,\mathrm{ml}}{30\,\mathrm{g/l}} = 720\,\mathrm{ml} \quad V_2 - V_1 = 720\,\mathrm{ml} - 180\,\mathrm{ml} = 540\,\mathrm{ml}$$

Es müssen **540 ml** Wasser zugegeben werden.

3.5.1.5 Dichtebestimmungen

Zur praktischen Ermittlung von Konzentrationen dienen Dichtemessungen. Unter der Dichte ρ versteht man das Verhältnis von der Masse m zum Volumen V einer Flüssigkeit, angegeben in $\mathrm{kg/m^3}$ oder in $\mathrm{g/cm^3}$:

$$\rho = \frac{m}{V}$$

Man kann die Dichte einer Flüssigkeit am einfachsten mit einem **Pyknometer** oder mit einem **Aräometer** bestimmen. Ein Pyknometer ist ein volumengeeichtes Glasgefäß, in dem man die Flüssigkeit bei einer bestimmten Temperatur wiegt. Einfacher ist es, eine Flüssigkeit zu „Spindeln“. Man versteht hierunter das Messen der Dichte durch Eintauchen eines Aräometers, einer sogenannten Spindel oder Senkwaage. Die Eintauchtiefe einer solchen Vorrichtung, abgelesen an dem herausragenden schmalen Stab, ist ein Maß für die Dichte der Flüssigkeit. Damit kann man z. B. die Dichte der Schwefelsäure zur Ermittlung des Ladungszustandes in einem Bleiakku bestimmen (Abschn. 10.3.2.1).

3.5.2 Diffusion und Osmose

Unter **Diffusion** versteht man die gleichmäßige Durchmischung von Gasen oder Flüssigkeiten aufgrund der Wärmebewegung der Moleküle, dabei werden anfängliche Konzentrationsunterschiede ausgeglichen.

Wenn man beispielsweise eine Lösung vorsichtig mit dem Lösungsmittel überschichtet, verteilt sich allmählich der gelöste Stoff im gesamten Volumen der Flüssigkeit.

Bei der **Osmose** (osmos, gr. = das Eindringen) wird die Ausbreitung des gelösten Stoffes durch eine sogenannte **semipermeable** (= halbdurchlässige) **Membran** behindert. Diese Membran ist für den gelösten Stoff undurchlässig. Sie lässt jedoch die wesentlich kleineren Moleküle des Lösungsmittels passieren. Hierbei wird ein Ausgleich der Konzentrationsunterschiede in der Flüssigkeit nur dann stattfinden können, wenn das Lösungsmittel durch die Membran in die Lösung eindiffundiert. Dieses Phänomen kann man sich mit der in Abb. 3.3 dargestellten Versuchsanordnung veranschaulichen. Wenn das Lösungsmittel durch die Membran in die Lösung eindiffundiert, wird die bewegliche Membran so lange den Raum der Lösung vergrößern, bis die verdünnte Lösung schließlich das gesamte Flüssigkeitsvolumen eingenommen hat. Hält man die bewegliche Membran fest, wird durch das Hereindiffundieren des Lösungsmittels allmählich ein Überdruck erzeugt, der dem Verdünnungsbestreben entgegenwirkt. Man bezeichnet den durch die gelösten Teilchen verursachten Druck als **osmotischen Druck**. Die gelösten Teilchen verhalten sich in der Lösung so, als erfüllten sie gasförmig das Volumen der gesamten Lösung gleichmäßig; nur ist bei Gasen der Raum zwischen den Molekülen leer, während bei der Lösung dieser Zwischenraum durch die Moleküle des Lösungsmittels ausgefüllt ist.

Die Analogie zwischen dem gelösten Stoff und einem idealen Gas zeigt sich auch in der folgenden **Van't-Hoff-Gleichung** (Jacobus Hendricus van't Hoff, 1852–1911):

$$\pi \cdot V = n \cdot R \cdot T$$

π = osmotischer Druck, V = Volumen der Lösung, n = Anzahl der Mole des gelösten Stoffes, T = Temperatur in Kelvin, R = Gaskonstante (siehe Abschn. 3.1.1).

Es ist deshalb nicht verwunderlich, dass eine Konzentration von 1 Mol des gelösten Stoffes in 22,4 l des Lösungsmittels gerade einen osmotischen Druck von 1,013 25 bar (= 1 atm) bei 0 °C besitzt (siehe auch Abschn. 3.1.1).

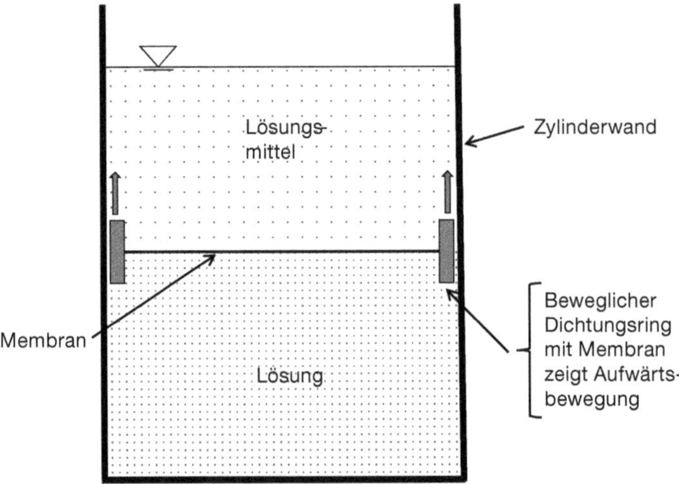

Abb. 3.3 Das Phänomen der Osmose.

Den osmotischen Druck kann man in einer sogenannten **Pfeffer'schen Zelle** mit einem porösen Tonzylinder, in welchem sich eine semipermeable Membran befindet, mithilfe eines Manometers messen.

Das Messprinzip für den osmotischen Druck soll mit einer vereinfachten Versuchsanordnung, wie sie in Abb. 3.4 angegeben ist, verdeutlicht werden. Es wird infolge der Verdünnungstendenz solange das Lösungsmittel durch die semipermeable Membran in die Lösung eindiffundieren können, bis der im Steigrohr aufsteigende Flüssigkeitsspiegel mit seinem immer größer werdenden hydrostatischen Druck[4)] sich mit dem entgegengesetzt wirkenden osmotischen Druck gerade die Waage hält. In diesem Falle wird sich ein Gleichgewicht einstellen, indem genauso viele Lösungsmittelmoleküle aus der Lösung hinausdiffundieren, wie Moleküle in die Lösung hineingelangen. Erhöht man dagegen den Druck im Steigrohr, so werden so lange Lösungsmittelmoleküle durch die semipermeable Membran aus der Lösung hinausgedrängt, bis der hydrostatische Druck wieder genauso groß ist wie der osmotische Druck, bis also das Gleichgewicht, diesmal von der anderen Seite her, sich wie vorher eingestellt hat. Man bezeichnet letzteren Vorgang als **Umkehrosmose** und nutzt diese Gesetzmäßigkeit (einer solchen „Hyperfiltration") zur Meereswasserentsalzung (Hindurchdrücken des salzfreien oder wenigstens salzarmen Wassers mittels hoher Drücke durch semipermeable Wände) und auch zur Behandlung von Abwässern (Abschn. 13.2.5.4) aus. Das Verfahren ist ferner geeignet für die Herstellung von entsalztem Wasser im Labor.

Die Osmose spielt auch bei den lebenden Zellen in Pflanzen und Tieren eine wichtige Rolle. So sind beispielsweise rote Blutkörperchen Zellen mit semiper-

4) Der hydrostatische Druck ist gleich der Dichte der Flüssigkeit mal dem Niveauunterschied zwischen dem Flüssigkeitsspiegel im Steigrohr und dem Flüssigkeitsspiegel außerhalb der Zelle.

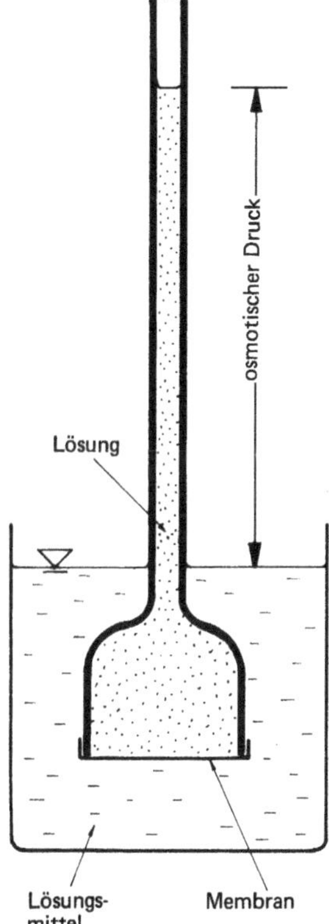

Abb. 3.4 Der osmotische Druck.

meablen Wänden. Werden sie in reines Wasser gebracht, dringen Wassermoleküle in die Zelle ein und bringen sie zum Platzen. Deshalb müssen Infusionen (z. B. bei intravenöser Ernährung) den gleichen osmotischen Druck aufweisen wie das Blut; sie werden auch **isotonische Lösungen** genannt.

Man hat festgestellt, dass der osmotische Druck nur abhängig ist von der Teilchenzahl, nicht aber von der Teilchenart oder von der Teilchengröße des gelösten Stoffes (Ähnlichkeit mit dem Gesetz von Avogadro, Abschn. 3.1.1). Der osmotische Druck kann, weil man mit ihm die Anzahl der Teilchen in einer Lösung experimentell ermittelt, zur Bestimmung der relativen Molekülmasse von gelösten Stoffen verwendet werden.

Übungsbeispiel 3.4

Berechnung des osmotischen Drucks von Meerwasser (Massenkonzentration an NaCl: $c_{NaCl} = 30\,g/l$; $T = 25\,°C$).

Lösung Nach der **Van't-Hoff-Gleichung** gilt:

$$\pi = \frac{n}{V} \cdot R \cdot T \,; \quad \text{mit} \quad \frac{n}{V} = \text{Stoffmengenkonzentration}$$

a) Umrechnung der Massenkonzentration von NaCl in eine Stoffmengenkonzentration:
molare Masse von NaCl = 58,5 g/mol.
30 g/l entsprechen 30/58,5 mol/l = 0,513 mol/l.

b) Berücksichtigung der Teilchenzahl der gelösten Ionen:
1 mol NaCl ergibt 2 mol gelöster Ionen (1 mol Na^+-Ionen und 1 mol Cl^--Ionen) → Teilchenmenge 2 mol.
0,513 mol/l NaCl-Lösung besitzt also eine *Teilchenkonzentration* von 1,026 mol/l.
Mit obiger Gleichung ergibt sich:

$$\pi = 1{,}026 \cdot 10^3 \,\frac{\text{mol}}{\text{m}^3} \cdot 8{,}3145 \,\frac{\text{J}}{\text{K} \cdot \text{mol}} \cdot 298\,\text{K} = 25{,}4 \cdot 10^5 \,\frac{\text{N}}{\text{m}^2} = 25{,}4\,\text{bar}$$

Es ergibt sich ein osmotischer Druck von **25,4 bar**. Dies ist der Mindestdruck, der zur Meerwasserentsalzung mittels Umkehrosmose aufgebracht werden muss.

3.5.3
Lösungsenthalpie und Entropie

Damit ein fester Stoff sich in einer Flüssigkeit lösen und gleichmäßig verteilen kann, müssen zuerst die Gitterenergien, die die Bestandteile eines festen Stoffes zusammenhalten, überwunden werden. Die hierzu notwendigen Energiebeträge liefert die **Solvationsenthalpie**, auch Solvatationsenthalpie[5)] genannt. Ist das Lösungsmittel Wasser, so spricht man von **Hydrationsenthalpie** bzw. Hydratationsenthalpie. Diese Energiebeträge werden frei, wenn sich die gelösten Teilchen mit den Molekülen des Lösungsmittels durch zwischenmolekulare Wechselwirkungen verbinden.

Besonders groß sind diese Bindungskräfte, wenn Salze in Wasser gelöst werden: Es entstehen sowohl aus den positiven wie aus den negativen Ionen und den Dipolen der Wassermoleküle Ion-Dipol-Wechselwirkungen, wie es in Abb. 2.8 anschaulich wiedergegeben wurde. Man bezeichnet diese „hydratisierten" Ionen auch als **Aquakomplexe** und kann dies durch ein unten rechts an der Ionenformel stehendes aq (Abkürzung für aqua, lat. = Wasser) kennzeichnen. Eine genauere Deutung dieser Bindungen wird im Abschn. 5.4 über Komplexverbindungen gegeben.

Beispiel für Aquakomplexe

$Na^+_{(aq)}$ und $Cl^-_{(aq)}$.

5) Energieumsätze, die bei *konstantem Druck* ablaufen, werden *Enthalpie*änderungen genannt (Abschn. 4.2). In diesem Buch wird der im anglo-amerikanischen Sprachgebrauch übliche, kürzere Ausdruck Solvation anstelle des in deutschen Lehrbüchern meist verwendeten, schwerfälligeren Wortes Solvatation verwendet. Gleiches gilt für das Wort Hydration anstelle von Hydratation.

Tab. 3.5 Berechnung der Lösungswärme beim Lösen von Salzen in Wasser.

Salz	Gitterenergie (kJ/mol)	Hydrationsenergie (kJ/mol)	Lösungswärme (kJ/mol)	Lösungsvorgang
KCl	703	690	+13	endotherm
AgCl	874	845	+29	schwer löslich
$CaCl_2$	2148	2330	−182	exotherm

Überwiegt die Hydrationsenthalpie über die Gitterenergie, so löst sich der Stoff unter Wärmeentwicklung (**exothermer Vorgang**), ist jedoch die Hydrationsenthalpie geringfügig kleiner als die Gitterenergie, so erfolgt die Lösung unter Wärmeverbrauch (**endothermer Vorgang**). Ist die Gitterenergie wesentlich größer als die Hydrationsenthalpie, so gelingt es nur sehr energiereichen Ionen, den Gitterverband des Ionenkristalls zu verlassen und in Lösung zu gehen. Das Salz ist dann schwer löslich. Über schwer löslichen Kristallen bleibt die Konzentration der Ionen in der Lösung konstant, und es stellt sich ein Gleichgewicht ein, denn es gehen im Durchschnitt immer so viele Ionen in Lösung, wie Ionen sich wieder auf dem Kristall abscheiden.

Die Tab. 3.5 enthält drei typische Beispiele für die eben erwähnten Reaktionsmöglichkeiten verschiedener Salze mit dem Dipol Wasser. Anhand dieser Beispiele soll der Frage nachgegangen werden, welche Triebkräfte für den Ablauf von Lösungsvorgängen (oder verallgemeinert von chemischen Reaktionen überhaupt) verantwortlich sind.

Wir beobachten allgemein, dass Vorgänge in der Natur nur dann freiwillig ablaufen, wenn sie durch Energieabgabe erfolgen können, d. h. wenn der Energieinhalt nach dem Vorgang einen tieferen Wert als zuvor einnehmen kann. So fällt ein Stein zu Boden, weil er damit die tiefstmögliche Lage potenzieller Energie erreichen kann. Der umgekehrte Vorgang, dass nämlich ein Stein von selbst, d. h. freiwillig, z. B. durch Aufnahme von Wärmeenergie aus der Umgebung (Abkühlung der Unterlage) sich in die Höhe hebt, wird niemals eintreffen.

Man sollte nach diesen grundsätzlichen Überlegungen erwarten, dass chemische Reaktionen nur dann freiwillig ablaufen, wenn dabei Energie freigesetzt werden kann, wenn also die Produkte nach der Reaktion infolge von Energieabgabe durch einen exothermen Vorgang ein tieferes Energieniveau einnehmen können (**Prinzip vom Energieminimum**). Es erscheint deswegen verständlich (Tab. 3.5), dass sich das Salz Calciumchlorid $CaCl_2$ unter exothermer Reaktion in Wasser löst und das Salz Silberchlorid AgCl keine nennenswerte Löslichkeit in Wasser aufweist und wegen des Überwiegens der Gitterenergie über die Hydrationsenthalpie sogar aus wässriger Lösung festes AgCl ausfällt, sobald man zu einer Lösung, die Silberionen enthält, Chloridionen hinzugibt, entsprechend folgender Reaktionsgleichung:

$$Ag^+ + Cl^- \rightarrow AgCl\downarrow$$

Denn diese in umgekehrter Richtung zum Auflösevorgang verlaufende Reaktion ist exotherm, weil die Gitterenergie bei der Zusammenlagerung von Silber- und Chloridionen frei wird und dabei nur der kleinere Betrag zur Entfernung der Aquakomplexe von den Ionen (entsprechend dem Wert für die Hydrationsenthalpie) aufgewendet werden muss. Nähere Einzelheiten und Gesetzmäßigkeiten beim Zustandekommen schwer löslicher Verbindungen werden in Abschn. 5.3 ausführlich behandelt.

Wenn sich das Salz Kaliumchlorid KCl unter Abkühlung, also unter Energieverbrauch freiwillig in Wasser löst (Tab. 3.5), ist dies ein Hinweis, dass neben dem Prinzip vom Energieminimum noch ein anderer Effekt am Lösevorgang beteiligt sein muss. Es ist die Tendenz, dass die Moleküle und Ionen infolge ihrer ständigen Wärmebewegung eine intensive Durchmischung, eine möglichst gleichmäßige Zerstreuung aller Materieteilchen, einen Zustand möglichst geringer molekularer Ordnung herbeizuführen suchen. Ein Maß für den „Unordnungsgrad" ist die **Entropie**. Die Entropie bezeichnet einen Vorgang, der freiwillig nur in einer Richtung abläuft, und zwar „hingewendet" zu einem Zustand größerer Unordnung.

Lösevorgänge – allgemeiner gesprochen alle chemischen Reaktionen – verlaufen so, dass sie sowohl einem **Energieminimum** als auch einem **Maximum an Entropie** zustreben.

Erst die Verknüpfung von Enthalpie und Entropie ermöglicht, eine Aussage darüber zu machen, ob ein Vorgang freiwillig, von selbst ablaufen kann, in unserem Beispiel, ob sich ein Salz in Wasser löst. Es gilt der von Josiah Willard Gibbs um 1875 gefundene Zusammenhang von Enthalpie ΔH und Entropie ΔS in der sogenannten **Gibbs'schen Gleichung**:

$$\Delta G = \Delta H - T \cdot \Delta S$$

ΔH: bei einer chemischen Reaktion messbare Enthalpieänderung (Abschn. 4.2) in (kJ).
ΔS: Entropieänderung bei einer chemischen Reaktion in (kJ/K).
T: Temperatur in Kelvin.

Der Term $T \cdot \Delta S$ hat also die Dimension einer Energie; es ist die durch eine ungeordnete Wärmebewegung der Moleküle bei einer chemischen Reaktion gebundene Energie. ΔG wird als Änderung der **freien Enthalpie** bezeichnet. Man kann die freie Enthalpie ΔG deuten als das Vermögen eines Systems, Arbeit zu leisten (in unserem Beispiel ist es das System, bestehend aus der festen Ionenverbindung und der Dipolverbindung Wasser). Wenn ein solches System in der Lage ist, Arbeit zu leisten, d. h., Energie abzugeben, wenn also ΔG negativ ist (das System wird um diesen Arbeitsbetrag ΔG ärmer, daher das negative Vorzeichen!), läuft der Vorgang freiwillig ab. Man bezeichnet Vorgänge mit negativem ΔG als **exergonisch** und solche mit positivem ΔG als **endergonisch**. Letztere sind Vorgänge, die nicht freiwillig ablaufen können, sondern durch Energieaufwand erzwungen werden müssen.

Beim Salz Calciumchlorid $CaCl_2$ (Tab. 3.5) ist der Auflösungsvorgang exotherm, d. h., ΔH ist negativ. Außerdem nimmt die Entropie beim Lösevorgang zu (ΔS = positiv), sodass der stark exergonische Vorgang (ΔG = negativ) freiwillig abläuft.

Beim Kaliumchlorid KCl ist der Auflösungsvorgang endotherm (Gitterenergie größer als Hydrationsenergie), also ΔH = positiv. Die Zunahme der Entropie kann aber diesen positiven Wert überkompensieren, sodass ΔG noch negativ ist und die Auflösung von KCl in H_2O freiwillig abläuft.

Beim Salz Silberchlorid AgCl ist die Gitterenergie gegenüber der Hydrationsenergie sehr viel größer (ΔH = stark positiv). Der Zuwachs an Entropie durch einen theoretisch angenommenen Lösevorgang könnte jedoch diesen positiven Wert von ΔH nicht ausgleichen, so dass $\Delta G = \Delta H - T \cdot \Delta S$ insgesamt positiv bleibt: Der Vorgang der Auflösung von AgCl in Wasser läuft nicht von selbst ab – diese Ionenverbindung löst sich nicht in Wasser. Der umgekehrte Vorgang, die Vereinigung von Silber mit Chloridionen zu schwer löslichem Silberchlorid läuft hingegen beim Zusammenfügen von Lösungen mit diesen beiden Ionenarten freiwillig ab.

Das, was hier am Lösevorgang von Ionenverbindungen in Wasser verdeutlicht wurde, gilt allgemein für alle chemischen Reaktionen. Man kann grundsätzlich festhalten: Eine chemische Reaktion kann dann freiwillig ablaufen (falls sie nicht durch Energiebarrieren daran gehindert wird, siehe hierzu die Anmerkungen zur Aktivierungsenergie im Abschn. 4.2), wenn dabei die nach der Formel $\Delta G = \Delta H - T \cdot \Delta S$ feststellbare Änderung der freien Enthalpie exergonisch ist, wenn also ΔG negativ ist, wenn die Endprodukte energieärmer als die Ausgangsstoffe sind. Formen wir die Gibbs'sche Gleichung in folgender Weise um,

$$\Delta H = \Delta G + T \cdot \Delta S$$

so kann man erkennen, dass die bei einer chemischen Reaktion zu beobachtende Reaktionswärme ΔH sich zusammensetzt aus der freien, in eine andere Energieform umwandelbare Enthalpie ΔG und aus der als Entropie gebundenen Energie $T \cdot \Delta S$.

In Kraftwerken kann von der dort freigesetzten Reaktionswärme nur die freie Enthalpie in elektrische Energie überführt werden, während die Entropie der „Abfallwärme" entspricht (Abschn. 3.6.3).

Ist ΔG positiv, die Reaktionsgleichung endergonisch, sind also die Produkte auf der rechten Seite einer chemischen Reaktion reicher an freier Enthalpie, so läuft nur die entgegengesetzte Reaktion, der Vorgang von rechts nach links freiwillig ab, denn dieser entgegengesetzte Teilvorgang ist dann exergonisch; z. B. bei der Gleichung

$$AgCl = Ag^+_{(aq)} + Cl^-_{(aq)}$$

Ist die Änderung der freien Enthalpie ΔG für eine chemische Reaktionsgleichung gleich null, so sind beide Teilreaktionen (von links nach rechts und von rechts nach links) energetisch gleich; es herrscht dann ein **dynamisches Gleichgewicht**.

Als Beispiel hierfür kann gelten eine gesättigte Kaliumchloridlösung[6] im Gleichgewicht mit einem Bodensatz von nicht mehr löslichem, festem Salz. In einem dynamischen Gleichgewichtszustand werden in einer bestimmten Zeiteinheit im statistischen Mittel genauso viele Ionen den Kristall verlassen, hydratisiert in Lösung gehen, wie umgekehrt sich Ionen aus der Lösung auf dem Kristall niederschlagen.

Freiwillig ablaufende chemische Reaktionen, erzwungene chemische Prozesse und chemische Gleichgewichtslagen sind an wichtigen Vorgängen beteiligt, mit denen ein Ingenieur in seinem Tätigkeitsbereich konfrontiert werden kann. Einige technisch wichtige Beispiele werden ausführlich in Kapitel 5 behandelt.

3.6 Aggregatzustandsänderungen

3.6.1 Das Temperatur-Energie-Diagramm

Führt man einem Stoff Wärmeenergie zu, so steigt die Temperatur an; die Atome, Moleküle oder Ionen in diesem Stoff führen eine immer stärker werdende Eigenbewegung aus, die Entropie nimmt zu. Eine besonders starke Zunahme der Entropie bringen Aggregatzustandsänderungen. Bei diesen wird die gesamte vom Stoff aufgenommene Wärmeenergie verbraucht, um von einem Zustand höherer Ordnung zu einem niederen Ordnungszustand zu gelangen. Während der Aggregatzustandsänderung steigt die Temperatur solange nicht an, bis die gesamte Phase in eine andere umgewandelt ist.

Die zum Schmelzen einer Substanz erforderliche Wärmeenergie heißt Schmelzwärme und wird, da der Schmelzvorgang in der Regel unter konstantem Druck erfolgt, als **Schmelzenthalpie** ΔH_s gemessen. Die Schmelzenthalpie wird dazu gebraucht, dass die kleinsten Masseteilchen den festen Verband des Kristallgitters verlassen und sich mit einer gewissen Bewegungsenergie (Translationsenergie) in der Schmelze bewegen können.

Zum Verdampfen einer Flüssigkeit benötigt man die Verdampfungswärme, die für den Fall, dass die Verdampfung bei einem konstanten Druck erfolgt, als **Verdampfungsenthalpie** ΔH_v bezeichnet wird. Damit eine Flüssigkeit verdampfen kann, müssen die kleinsten Stoffteilchen (Moleküle) die gegenseitigen zwischenmolekularen Anziehungskräfte überwinden. Die Verdampfungsenthalpie ist deswegen meist wesentlich größer als die Schmelzenthalpie. Besonders groß aber ist die Verdampfungsenthalpie beim Verdampfen von Flüssigkeiten, bei welchen

6) Dass die freie Enthalpie offenbar auch von der Konzentration der gelösten Teile abhängt, darf nicht verwundern. Wohl ist die Lösungsenthalpie ΔH von der Konzentration der gelösten Ionen unabhängig, nicht aber die Entropie, denn die Konzentration ist ja auch ein Maß für den unterschiedlichen Ordnungsgrad, also auch für die Entropie. In dem Maße, wie sich Kochsalz im Wasser löst, ändert sich das Entropieglied, bis schließlich bei einer gesättigten Lösung der ursprünglich negative ΔG-Wert zu null wird, sich also ein Gleichgewicht einstellt.

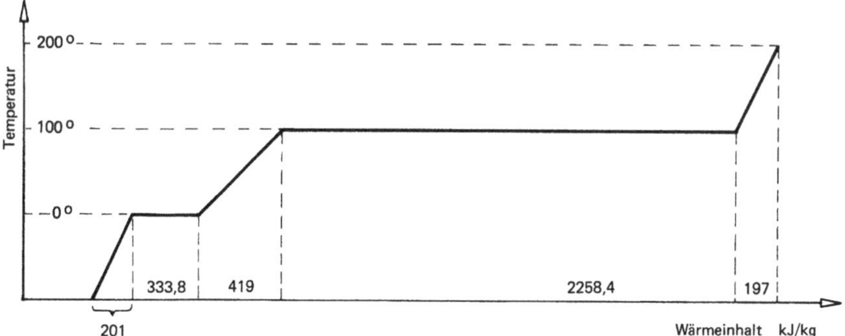

Abb. 3.5 Energie-Temperatur-Diagramm für 1 kg H_2O unter Normdruck.

Wasserstoffbrücken auftreten (z. B. Wasser). Die Abb. 3.5 zeigt maßstäblich die zum Erwärmen und für die Phasenumwandlungen notwendigen Energiebeträge bei einer Menge von 1 kg Wasser (H_2O) unter Normdruck, d. h. bei einem Druck von 1,013 25 bar (Atmosphärendruck). Bei den waagerechten Kurvenabschnitten werden jeweils zwei Phasen ineinander umgewandelt, und zwar Eis in Wasser und Wasser in Wasserdampf. Durch Energieentzug (Abkühlung) wird exakt der gleiche Weg in umgekehrter Richtung beschritten, also Abkühlung von +200 bis auf −100 °C mit zwei Phasenumwandlungen (Dampf in Wasser und Wasser in Eis).

Abbildung 3.5 zeigt, dass für je 1 kg H_2O folgende Energiebeträge benötigt werden:

- zur Erwärmung um jeweils 100 °C:
  - von Eis: ca. 201 kJ
  - von Wasser: ca. 419 kJ
  - von Wasserdampf 197 kJ
- zum Schmelzen: 333,8 kJ
- zum Sieden: 2258,4 kJ

3.6.2 Das Phasendiagramm

Über Flüssigkeiten ist ein temperaturabhängiger **Dampfdruck** messbar (Abschn. 3.2); desgleichen kann man über festen Stoffen einen Dampfdruck feststellen, besonders dann, wenn die Temperatur nicht allzu weit unter dem Schmelzpunkt liegt. Die Abhängigkeit des Dampfdrucks von der Temperatur und die wechselseitigen Beziehungen der einzelnen Phasen eines Stoffes werden in einem **Phasendiagramm** wiedergegeben. Die Abb. 3.6 zeigt das Phasendiagramm der Verbindung H_2O.

Im Phasendiagramm sind längs der eingezeichneten Linien jeweils zwei Phasen nebeneinander beständig, und zwar unter den Bedingungen von Druck und Temperatur, die durch die Koordinatenwerte angegeben werden.

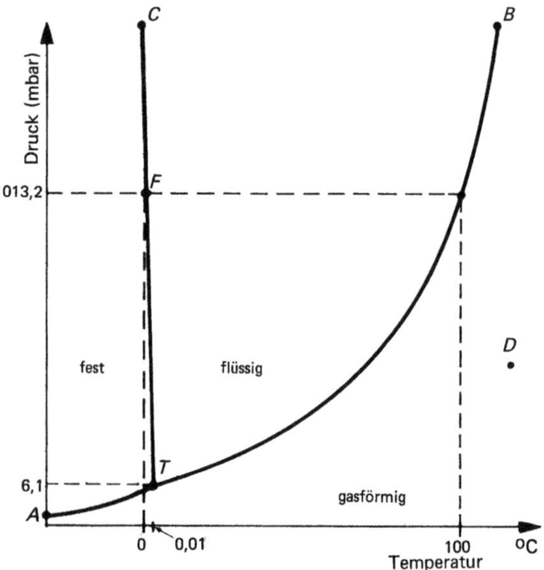

Abb. 3.6 Das Phasendiagramm der Verbindung H_2O.

Der Kurvenabschnitt *AT* gibt die Temperatur- und Druckwerte des Dampfes über Eis an; es ist die sogenannte **Sublimationsdruckkurve**. Unter Sublimation (sublimare, lat. = emporheben) versteht man den Übergang eines festen Stoffes unter Umgehung der flüssigen Phase unmittelbar in den gasförmigen Zustand. Man gebraucht den Vorgang der Sublimation, um verschiedene Stoffe (z. B. Iod, Abschn. 6.3.1) zu reinigen. Eine besonders interessante Anwendung der Sublimation ist die „Gefriertrocknung", bei der in einem schonenden Verfahren medizinische Präparate oder auch Lebens- und Genussmittel entwässert werden. Das Eis wird bei Temperaturen von −20 bis zu −60 °C im Vakuum bei etwa 1–0,01 mbar aus dem Produkt heraussublimiert.

Den Kurvenabschnitt *TB* nennt man die **Dampfdruckkurve** der Flüssigkeit oder auch die **Siedekurve**. Sie zeigt den Dampfdruck über der wässrigen Phase in Abhängigkeit von der Temperatur an. Wenn der äußere Druck bei einer bestimmten Temperatur auf den zugehörigen, aus der Siedekurve ersichtlichen Wert abgesenkt wird, siedet die Flüssigkeit (über den Vorgang des Siedens siehe Abschn. 3.2).

Zum Verdampfen und Sieden einer Flüssigkeit ist die Verdampfungsenthalpie notwendig. Wird diese Energie nicht von außen zugeführt und sorgt man durch ständiges Absaugen des Wasserdampfes für ein weiteres Sieden des Wassers, so wird dem Wasser die Verdampfungswärme entzogen. Die Temperatur sinkt dann entlang der Siedekurve in dem Maße, wie der Dampfdruck durch den Absaugvorgang erniedrigt wird.

Das bedeutet, solange zwei Phasen vorhanden sind (Wasser und Wasserdampf), wird sich durch die Vorgabe des Drucks die Temperatur (Siedetemperatur) einstellen. Legt man andererseits die Siedetemperatur fest, so erhält man dabei immer den eindeutig bestimmten, dazugehörigen Druckwert.

Man hat also nur eine einzige Möglichkeit, eine der beiden Zustandsvariablen festzulegen, die andere wird sich dann nach der vorgegebenen einstellen, wird durch sie eindeutig bestimmt sein. Das bedeutet, es besteht nur eine „Freiheit", die Zustandsvariablen zu verändern, wie es auch aus der im Folgenden beschriebenen **Gibbs'schen Phasenregel** hervorgeht. Diese lautet:

Zahl der Phasen + Zahl der Freiheiten = Zahl der Bestandteile + 2

abgekürzt:

$$P + F = B + 2$$

3.6.2.1 Einkomponentensysteme

Beim Zustandsdiagramm der Abb. 3.6 liegt nur ein Bestandteil vor ($B = 1$), nämlich die chemische Verbindung H_2O; es ist dann $P + F = 3$. Daraus ergeben sich für das Phasendiagramm der Abb. 3.6 die folgenden charakteristischen Bedingungen:

a) Tripelpunkt und Schmelzkurve

Im „Tripelpunkt" T liegen drei Phasen nebeneinander vor, nämlich Eis, Wasser und Wasserdampf, folglich besteht keine Freiheit ($F = 0$), denn gemäß der Gibbs'schen Phasenregel ist 3 + 0 = 3. Der Tripelpunkt ist also nach Druck und Temperatur eindeutig bestimmt, d. h., es gibt nur einen einzigen Punkt im Phasendiagramm, in dem Eis, Wasser und Wasserdampf nebeneinander beständig sind, und zwar beim Wasserdampfdruck von 6,106 mbar (= 4,58 Torr) und einer Temperatur von ca. 0,01 °C. Verändert man die Temperatur nur geringfügig, so verschwindet eine Phase. Entweder schmilzt alles Eis, oder es gefriert alles Wasser. Dass Eis unter gewöhnlichen Bedingungen nicht bei 0,01 °C, sondern exakt bei 0 °C schmilzt, bedeutet keinen Widerspruch zu den Aussagen des Phasendiagramms der Abb. 3.6. Denn der Wasserdampfdruck über dem Eis-Wasser-Gemisch beträgt nur 6,106 mbar. Man muss in diesem Fall außerdem den erheblichen Luftdruck[7] hinzurechnen, der zusätzlich auf dem Eis-Wasser-Gemisch lastet. Infolge der Einwirkung dieses Drucks verlagert sich der Schmelzpunkt zum Punkt F, zu einer Temperatur von 0 °C.

Erhöht man bei gleichbleibender Temperatur von 0 °C den Druck, z. B. durch Belasten des Eises, so schmilzt das Eis. Im Zustandsdiagramm gelangt man bei 0 °C von der Zweiphasenlinie fest-flüssig in das Einphasengebiet der Flüssigkeit. Grund hierfür ist die schwache Neigung der Linie TC zur linken Seite. Zur Verdeutlichung dieses Sachverhaltes wurde diese Neigung in der Abb. 3.6 stark übertrieben gezeichnet. Man kann also das Eis bei 0 °C allein durch Druckeinwirkung zum Schmelzen bringen. So gelingt es, einen mit Gewichten belasteten Drahtbü-

7) Am Gesamtluftdruck sind die einzelnen Luftbestandteile gemäß der Zusammensetzung mit folgenden Teildrücken (Partialdrücken) beteiligt: Wasserdampf ca. 6,1 mbar; Stickstoff ca. 786,5 mbar; Sauerstoff ca. 211,0 mbar; Edelgase ca. 9,4 mbar und Kohlendioxid ca. 0,3 mbar.

gel durch ein Stück Eis bei 0 °C „durchwachsen" zu lassen; denn unter dem Drahtbügel schmilzt das belastete Eis. Das dabei entstehende Wasser gefriert sofort wieder über dem Drahtbügel und schließt somit wieder den Spalt. Auch das Phänomen des **Gleitens auf Schlittschuhen** liegt daran, dass das Eis durch den Druck unter den schmalen Kufen schmilzt und das Gleiten auf einem dünnen Wasserfilm ermöglicht wird. Die Ursache für diese Erscheinung wird im Abschn. 7.1.2 näher erläutert. Sie ist eine Folge des Phänomens, dass das Wasser eine größere Dichte als Eis hat, denn beim Zusammendrücken wird der Aggregatzustand begünstigt, der das geringere Volumen benötigt. Ein ähnliches Verhalten wie Wasser zeigen nur sehr wenige Stoffe. Ein derartiger Stoff ist beispielsweise die bei 130 °C schmelzende Legierung aus je einem Teil Blei, Bismut und Zinn, die sich beim Erstarren etwas ausdehnt und wegen dieser Eigenschaft zur Herstellung von Abgüssen (z. B. von Münzen, Holzschnitten usw.) verwendet wird. Außerdem zeigen die Elemente Silicium, Germanium, Gallium, Antimon und Bismut eine Volumenverringerung beim Schmelzen.

In der Regel jedoch hat der feste Stoff („normale" Stoffe) eine größere Dichte als die Schmelze, die Zweiphasenlinie zwischen fest und flüssig ist dann also schwach von links unten nach rechts oben geneigt (z. B. Abb. 7.8 im Abschn. 7.2.1.1). Deshalb kann man meist durch Druckanwendung eine Kristallisation begünstigen. So gelingt es, das Edelgas Helium in der Nähe des absoluten Nullpunktes, bei 1,05 K unter einem Druck von ca. 24,7 bar vom flüssigen in den festen Aggregatzustand zu überführen – eine Temperatur, die dem Schmelzpunkt des Heliums entspricht.

b) Einphasengebiet Wasserdampf

In einem Einphasengebiet ($P = 1$), z. B. im Bereich für den Wasserdampf der Abb. 3.6, ist nach der Gibbs'schen Phasenregel die Zahl der Freiheiten gleich 2. Man kann also z. B. im Punkt D den Druck und die Temperatur beliebig und unabhängig voneinander ändern, solange man mit den Werten noch innerhalb des Einphasengebietes bleibt.

c) Dampfdruckkurven

Längs der Kurven, dort wo zwei Phasen nebeneinander beständig sind, hat man dagegen nur eine Freiheit, denn es ist $(P = 2) + (F = 1) = 3$. Man kann also in einem Zweiphasenbereich nur eine Zustandsvariable verändern, die andere Zustandsvariable stellt sich dann zwangsläufig auf den durch die Kurve vorgegebenen Wert ein, solange beide Phasen vorhanden sind. Der Kurvenabschnitt TB ist zum Verständnis der Kälteerzeugung (Abschn. 3.6.3) wichtig; er ist unter anderem auch von Bedeutung für Trocknungsvorgänge oder für die Erzeugung von Dampf in Dampfkesseln.

Die Siedetemperatur von Wasser beträgt bei 1,013 25 bar genau 100 °C. Wenn man den äußeren Druck erhöht, muss die Siedetemperatur ansteigen, wie dies beim sogenannten **Dampfkochtopf** der Fall ist (ca. 115 °C bei 1,69 bar). Hierbei nutzt man die schnellere Garzeit bei der höheren Temperatur aus. Bei geringerem äußerem Druck sinkt die Siedetemperatur (z. B. auf Bergen). So beträgt die Siedetemperatur auf dem Mount Everest nur etwa 71 °C.

Die Dampfdruckkurve endet für H_2O bei 220,9 bar und 374 °C. Dieser Punkt der Dampfdruckkurve wird auch **kritischer Punkt** genannt (mit dem dazugehörigen kritischen Druck p_K und der kritischen Temperatur T_K). Er tritt prinzipiell bei allen Stoffen auf, seine Lage ist vom jeweiligen Stoff abhängig. Oberhalb der kritischen Temperatur kann ein Stoff durch Anwendung noch so hoher Drücke nicht mehr verflüssigt werden. Der Bereich oberhalb von p_K und T_K wird auch **überkritisches Zustandsgebiet** genannt. Überkritisches Kohlendioxid dient in der Technik als gutes Lösungsmittel für organische Substanzen. Hiermit wird beispielsweise Koffein aus Kaffee extrahiert (Abschn. 7.2.1.1).

3.6.2.2 Mehrkomponentensysteme

Liegen zwei Bestandteile vor, z. B. Kochsalz NaCl und H_2O, so erhöht sich die Zahl der möglichen Freiheiten um jeweils 1, nämlich um die Einflussgröße der Konzentration. Denn nach der Gibbs'schen Phasenregel ist:

$$P + F = B + 2\,, \quad \text{also für} \quad B = 2 \quad \text{ist dann} \quad P + F = 4$$

Für solche Zweikomponentensysteme ist der sogenannte **Quadrupelpunkt** von besonderer Bedeutung; bei ihm sind vier Phasen nebeneinander beständig, nämlich die beiden festen Phasen Eis und Kochsalz, als flüssige Phase eine Kochsalzlösung und als gasförmige Phase der Wasserdampf über dem Gemisch. Nach der Gibbs'schen Phasenregel ist dort die Zahl der Freiheiten gleich null:

$$(P = 4) + (F = 0) = 4$$

Dies bedeutet, man kann keine der Einflussgrößen (Wasserdampfdruck, Temperatur oder Salzkonzentration in der Lösung) variieren, ohne dabei eine Phase zum Verschwinden zu bringen. Der Quadrupelpunkt ist also eindeutig bestimmt durch Wasserdampfdruck, Temperatur und Salzkonzentration.

Man kann diese Gesetzmäßigkeit zur Herstellung von **Kältegemischen** mit konstant bleibender Temperatur ausnutzen. Solange noch die festen Phasen Eis und Kochsalz vorhanden sind, bleibt die Temperatur des Kältegemisches konstant auf −21,2 °C, vorausgesetzt, man sorgt z. B. durch Rühren dafür, dass die Salzkonzentration der Lösung stets konstant bleibt. Eine andere häufig verwendete Kältemischung ist Eis + Calciumchlorid ($CaCl_2$) mit einer konstanten Temperatur von −55 °C.

3.6.3 Das Prinzip der Kälteerzeugung

Technisch nutzbare Kälte erhält man beim Verdampfen von Kältemitteln. Bringt man nämlich solche Flüssigkeiten ohne Energiezufuhr, nur durch Vermindern des Drucks zum Sieden, so wird die Verdampfungsenthalpie dem Kältemittel entzogen. Einer Flüssigkeit Wärme zu entziehen, bedeutet aber, sie abzukühlen: Es sinkt

Tab. 3.6 Wichtige Kältemittel.

Kältemittel	Formel	Symbol[a]	Schmelzpunkt (°C)	Siedepunkt bei 1 bar (°C)	Verdampfungswärme bei 1 bar (kJ/kg)	Anwendung im Temp.-Bereich (°C)
Wasser	H_2O	R 718	0	+100	2258	über 0
Ammoniak	NH_3	R 717	−77,9	−33,3	1368	−65 bis +10
Dichlordifluormethan	CCl_2F_2	R 12	−158	−30	167	−50 bis +20
Chlortrifluormethan	$CClF_3$	R 13	−181	−81,5	150	−100 bis −60
Chlordifluormethan	$CHClF_2$	R 22	−160	−40,8	234	−70 bis +20
1,1,1,2-Tetrafluorethan	$CH_2F{-}CF_3$	R 134a	−101	−26,5	215	−10 bis +10
Propan	C_3H_8	R 290	−190	−42	458	−100 bis −42
Isobutan[a] (Methylpropan)	C_4H_{10}	R 600a	−159,6	−11,9	367	−50 bis −12

a) Die Bezeichnung ist nicht systematisch, wird aber häufig verwendet.

die Temperatur beim Vermindern des Drucks entlang der Dampfdruckkurve (das entspricht der Linie TB im Phasendiagramm für die Verbindung H_2O, Abb. 3.6).

Zur **Kälteerzeugung** mit Kältemaschinen nutzt man den Abkühleffekt beim Verdampfen einer Flüssigkeit (des Kältemittels). Wasser hat zwar eine sehr hohe Verdampfungsenthalpie von 2258,4 kJ pro kg, ist aber zur Verwendung in Kältemaschinen ungeeignet, da es bei 0 °C fest wird. Die heute gebräuchlichsten Kältemittel haben zwar eine geringere Verdampfungsenthalpie als das Wasser, werden aber erst bei sehr tiefen Temperaturen fest. Diese Kältemittel sind unter normalen Bedingungen (20 °C, 1 bar) meist Gase; sie lassen sich jedoch durch Druckanwendung bei gewöhnlicher Temperatur leicht zu Flüssigkeiten kondensieren.

Die Schmelz- und Siedepunkte unter Normdruck (= 1,013 25 bar) sowie die Verdampfungsenthalpien von einigen bisher gebräuchlichen Kältemitteln und von Ersatzprodukten enthält die Tab. 3.6. Auf die chemische Zusammensetzung und die mit der Verwendung verbundenen Probleme wird in den Abschn. 7.1.5 (Ammoniak) und 8.2.3–8.2.5 (Frigene) näher eingegangen.

Ammoniak besitzt eine hohe Verdampfungswärme, denn die Ammoniakmoleküle verlieren beim Verdampfen viel kinetische Energie, weil die Wasserstoffbrücken-Wechselwirkungen des flüssigen Zustandes überwunden werden müssen. Wegen der hohen Verdampfungsenthalpie verwendet man Ammoniak trotz der nicht gefahrlosen Handhabung (giftig, mit 15,5–28 Vol-% in Luft explosibel) hauptsächlich in Großkältemaschinen.

Für kleinere Anlagen (z. B. auch für Haushaltskühlschränke) wurden früher **Fluorchlorkohlenwasserstoffe** (FCKW) verwendet, die mit ihrer geringen Kälteleistung sogar eine bessere Regulierung ermöglichten (Tab. 3.6). Diese haben aber zwei Nachteile: Sie zerstören die Ozonschutzschicht in der Stratosphäre und tragen als langlebige „Spurengase" zum Treibhauseffekt bei, sodass diese Stoffe durch alternative Kältemittel ersetzt werden (Abschn. 8.2.4). Kältemittel ohne Ozonabbaupotenzial sind z. B. Fluorkohlenwasserstoffe (FKW) wie etwa R 134a oder reine Kohlenwasserstoffe wie R 290.

Erklärung der Bezeichnungen für Kältemittel

Die gebräuchlichen Bezeichnungen (R 12, R 22, R 114 usw.) geben verschlüsselt die chemische Zusammensetzung wieder. R bedeutet refrigerant (engl. = Kältemittel).

- Bei allen nicht von Kohlenwasserstoffen abgeleiteten Kältemitteln (in Tab. 3.6, R 718 und R 717) steht hinter dem Buchstaben R und der Ziffer 7 die Molmasse, also 18 für H_2O und 17 für NH_3.
- Bei den von den Kohlenwasserstoffen abgeleiteten „Frigenen" gibt die letzte Ziffer die Anzahl der Fluoratome im Molekül an; die vorletzte Ziffer zeigt die um 1 erhöhte Anzahl der Wasserstoffatome; die drittletzte Ziffer (wenn sie zu null wird, wird sie nicht geschrieben) bedeutet die um 1 verminderte Anzahl der Kohlenstoffatome. Die restlichen, dann noch verbleibenden Atome in solchen gesättigten Molekülen bestehen aus Chlor (falls nicht ein dahintergestellter Buchstabe ein anderes Element anzeigt, z. B. Brom = B):

  $$Rabc$$

  a = Anzahl der Kohlenstoffatome -1, b = Anzahl der Wasserstoffatome $+1$, c = Anzahl der Fluoratome.

  Beispiele

  $$\text{R 22} = CHClF_2$$
  $$\text{R 114} = CClF_2{-}CClF_2$$
  $$\text{R 13 B 1} = \text{Formel } CBrF_3$$

- Zur Unterscheidung von **isomeren Verbindungen** (Abschn. 8.1.1.3) hängt man an das Kältemittelsymbol mit zunehmender Molekülasymmetrie die kleinen Buchstaben a, b an. Beispielsweise R 134a für $CH_2F{-}CF_3$ oder R 142b für $CH_3{-}CClF_2$.
- Es werden auch Kältemittelmischungen mit einheitlichem Siedepunkt verwendet, welche auch als **azeotrope Mischungen** bezeichnet werden. Sie lassen sich beim Sieden nicht auftrennen und verhalten sich deshalb wie einheitliche Stoffe. Sie tragen Bezeichnungen wie z. B. R 500, R 502 oder MP bzw. HP mit zwei angehängten Ziffern.

Die Arbeitsweise einer Kältemaschine soll am Beispiel einer einstufigen **Kompressionskältemaschine** mit der Funktionsskizze der Abb. 3.7 erklärt werden.

Am **Regelventil** (3) wird das flüssige Kältemittel beim Durchtritt durch eine enge Öffnung von einem höheren Druck auf einen niederen Druck entspannt; dabei verdampft ein Teil des Kältemittels und entzieht dem Rest der Flüssigkeit die für die Verdampfung notwendige Wärme. Dadurch kühlt das Kältemittel spontan ab. Es entstehen die tiefen Temperaturen der Kältemaschine.

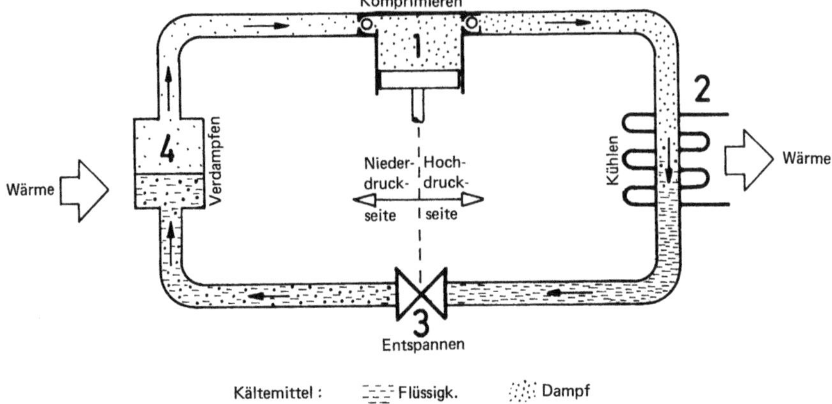

Abb. 3.7 Funktionsprinzip einer Kältemaschine.

Der **Verdampfer** (4) stellt einen Wärmeaustauscher dar. Wenn man Räume oder Produkte kühlt, geht dabei Wärme auf das Kältemittel über, wodurch das flüssige Kältemittel bei den dort herrschenden verminderten Drücken siedet. Die aufgenommene Wärme bewirkt also eine Aggregatzustandsänderung, während die Temperatur des Kältemittels sich entsprechend den Druckverhältnissen auf der Niederdruckseite einstellt. Im **Kompressor** (1) wird das verdampfte Kältemittel auf höhere Drücke komprimiert, dabei entsteht Kompressionswärme.

Dieser zum Joule-Thomson-Effekt entgegengesetzte Vorgang kann zu erheblichen Erwärmungen führen. Bei einer einmaligen Kompression der Ammoniakdämpfe von −20 °C können z. B. Temperaturen von etwa +130 °C entstehen! Diese Kompressionswärme wird durch Kühlung abgeführt; dabei verflüssigt sich das Kältemittel, denn bei den nunmehr tieferen Temperaturen haben die Kältemittelmoleküle geringere kinetische Energie, sodass sie unter dem Einfluss von zwischenmolekularen Wechselwirkungen (Dipol-Dipol-, Van-der-Waals-Kräfte oder Wasserstoffbrücken) wieder zu Flüssigkeiten kondensieren, womit der Kreislauf geschlossen ist.

Noch tiefere Temperaturen, z. B. –40 bis –50 °C kann man mit einer **zweistufigen Kältemaschine** erreichen. Eine solche besteht aus zwei ineinander- bzw. hintereinandergeschalteten Kältemittelkreisläufen, aus einer Niederdruck- und einer Hochdruckstufe, wobei die Kompressionswärme der Niederdruckstufe vom Verdampfer der Hochdruckstufe abgeführt wird.

Absorptionskältemaschinen (meist kleine Aggregate mit geringen Kälteleistungen) haben anstelle des Kompressors ein Absorbersystem. Das Kältemittel, z. B. Ammoniak wird in Wasser absorbiert (Abschn. 7.1.5) und durch Erhitzen aus dem Absorptionsmittel wieder ausgetrieben. Diese Vorgänge entsprechen also dem Ansaugen und dem Ausstoßen des Kältemittels durch einen Kompressor. Sie haben den Vorteil, keine beweglichen Teile wie beim Kompressor zu besitzen; nachteilig ist der geringere Wirkungsgrad. Daher werden Absorptionskältemaschinen hauptsächlich in Kleinkältemaschinen verwendet.

Nach dem Prinzip der Kältemaschine arbeitet auch die **Wärmepumpe**, nur verfolgt man mit dieser, wie der Name sagt, einen anderen Zweck, nämlich Wärmeenergie von einem tieferen Niveau (z. B. Umgebungswärmequelle wie Wasser, Erdreich oder Abfallwärme von industriellen Prozessen) auf ein höheres, technisch nutzbares Niveau hinaufzupumpen. Man bringt diese Abfallwärme auf der Verdampferseite (bei 4 in der Abb. 3.7) in die Wärmepumpe ein und gewinnt die nutzbare Wärme auf der Kompressionsseite (bei 2 in der Abb. 3.7). Hierzu muss man mechanische Kompressionsenergie aufwenden, jedoch kann man bei gut arbeitenden Wärmepumpen etwa den fünffachen Wert dieser zugefügten Kompressionsenergie als Wärmeenergie nutzen, d. h., bis zu vier Fünftel der nutzbaren Wärmeenergie stammen dann aus der Abfallwärme. Der Einsatz einer Wärmepumpe ist dann besonders vorteilhaft, wenn mit ihr nur eine relativ geringe Temperaturdifferenz überbrückt werden muss, z. B. bei industriellen Eindampfungsanlagen.

In **Kraftwerken** zur Erzeugung elektrischer Energie wird meist nur etwa 40 % der eingebrachten Wärmeenergie in elektrische Energie umgewandelt, der Rest geht als sogenannte Abfallwärme bei relativ niederen Temperaturen verloren. Diese Abfallwärme in Kraftwerken wird heute vielfach noch direkt in Flüsse abgeleitet oder aber in Kühltürmen „beseitigt". In „Nasskühltürmen" wird bei der in ihnen stattfindenden Wasserverdunstung die Verdampfungsenthalpie verbraucht und damit ein Kühleffekt erzielt. Nachteilig an dieser Methode ist, dass den Kühltürmen weithin sichtbare weiße Dampfwolken entweichen; diese entstehen durch Abkühlung und damit durch Kondensation der entweichenden wasserdampfreichen, erwärmten Luft. Ein Nachteil, den man durch Trockenkühltürme (mit allerdings wesentlich geringerem Wirkungsgrad) zu umgehen versucht. Der weitaus gravierendere Nachteil hingegen ist, dass der größere Teil der aufgebrachten Wärmeenergie nutzlos vertan wird – eine Verschwendung, die auf lange Sicht wegen der begrenzten Vorräte der Erde, insbesondere an fossilen Brennstoffen, nicht zu verantworten ist. Eine sehr sinnvolle Nutzung der Restwärme für Heizzwecke bringt die sogenannte **Kraft-Wärme-Kopplung** (KWK). Dies kann zum einen in Heizkraftwerken geschehen, wobei ein Wärmeträgermedium erwärmt wird, welches dann als **Fernwärme** den Verbrauchern zugeführt wird. Eine weitere Möglichkeit sind die sogenannten **Blockheizkraftwerke** (BHKW), welche hauptsächlich als kleine Kraftwerke zur dezentralen Energieversorgung eingesetzt werden. Bei diesen treiben Verbrennungsmotoren Generatoren zur Stromerzeugung an, wobei die Abwärme teilweise zu Heizzwecken genutzt wird. Der Gesamtwirkungsgrad (elektrische und thermische Energie) liegt hier bei etwa 85 %.

3.6.4 Destillation

Flüssigkeiten können durch Destillation gereinigt werden; d. h., man überführt die Flüssigkeit durch Erhitzen in den dampfförmigen Zustand und kondensiert dann den Dampf durch Abkühlen wieder zu einer Flüssigkeit. So kann man Wasser

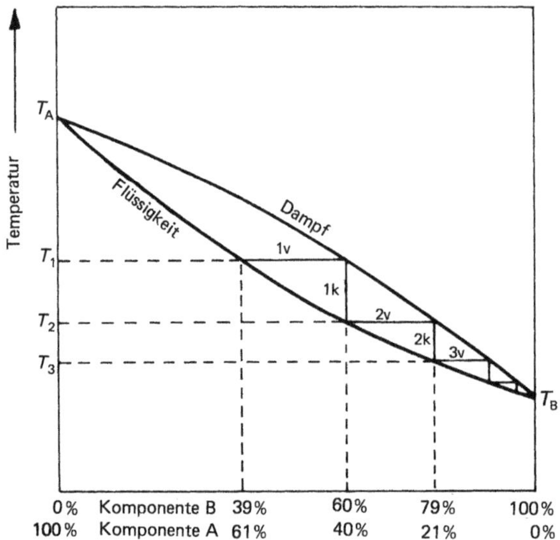

Abb. 3.8 Siedediagramm für ein ideales zweikomponentiges Flüssigkeitsgemisch.

von allen festen Bestandteilen reinigen, die chemische Reaktionen stören könnten. Deswegen wurde früher im chemischen Laboratorium **destilliertes Wasser** („aqua destillata") verwendet. Heute werden die festen (salzartigen) Bestandteile durch Ionenaustauscher oder Umkehrosmose entfernt (Abschn. 5.3.2.2 und 13.3). Das so erhaltene entmineralisierte oder entsalzte Wasser hat eine dem destillierten Wasser entsprechende Qualität.

Liegt eine Mischung von zwei oder mehreren Flüssigkeiten vor, so kann man mithilfe einer **fraktionierten Destillation** eine Trennung oder wenigstens eine Anreicherung der Einzelflüssigkeiten herbeiführen. Dies soll am Beispiel einer idealen Mischung aus den beiden Flüssigkeiten A und B erläutert werden. Ideale Mischung soll bedeuten, dass die Anziehungskräfte zwischen den Molekülen in den beiden reinen Flüssigkeiten A und B etwa genauso groß sind wie die gegenseitigen Anziehungskräfte zwischen den Molekülen in der Mischung. Man erhält dann bei einem konstant bleibenden äußeren Luftdruck das in Abb. 3.8 wiedergegebene **Siedediagramm**. Darin bedeuten T_A die Siedetemperatur des schwerer siedenden Stoffes A und T_B die Siedetemperatur des leichter siedenden Stoffes B. Die untere Kurve zeigt die Siedetemperaturen für Gemische mit der jeweils angegebenen Zusammensetzung; der oberen Kurve kann man die Anteile der beiden Komponenten A und B in der Dampfphase bei den entsprechenden Siedetemperaturen entnehmen.

Besteht z. B. die Flüssigkeitsmischung aus 39 Mol-% der bei der tieferen Temperatur siedenden Komponente B und aus 61 Mol-% der höher siedenden Komponente A, so kann man in der Dampfphase eine Anreicherung der Komponente B von 39 auf 60 Mol-% feststellen (Kurvenabschnitt 1v). Wird dieser Dampf durch Abkühlen auf die Temperatur T_2 vollständig kondensiert, so ändert sich die Zusammensetzung nicht (Kurvenverlauf von 1k). Bei einer anschließenden erneuten Destillation des Kondensats würde sich die Zusammensetzung und die Temperatur entlang den Kurven 2v (Verdampfung) und 2k (Kondensation) ändern. Nach etwa fünfmaliger Destillation könnte man nach einer stufenweisen Anreicherung schließlich die reine Komponente B erhalten. Beim bevorzugten Entweichen der leichter siedenden Komponente aus der Mischung ändert sich allmählich die Zusammensetzung der Flüssigkeit und damit auch des Dampfes. Man muss dann rechtzeitig die Destillation abbrechen bzw. die Vorlage wechseln, um eine Trennwirkung zu erhalten; der Name fraktionierte Destillation für ein solches Verfahren deutet dies an.

Zur Auftrennung einer Mischung zweier (oder mehrerer) Flüssigkeiten in die reinen Komponenten sind somit mehrmalige Destillationsvorgänge notwendig. Diese können in sogenannten **Rektifizierkolonnen** mit einem Minimum an Energieaufwand gleichzeitig erfolgen: Durch Erhitzen der Flüssigkeit im „Sumpf" treibt man die letzten Reste der leichter siedenden Komponente aus (Abb. 3.9). Die im Wesentlichen aus der schwerer siedenden Komponente bestehenden Dämpfe kondensieren beim Durchleiten durch die Flüssigkeitsmischung auf dem ersten Boden. Die bei der Kondensation frei werdende Wärme lässt die auf diesem Boden befindliche Flüssigkeitsmischung verdampfen; die aufsteigenden Dämpfe kondensieren auf dem zweiten Boden und veranlassen die dort befindliche Flüssigkeit wiederum zur Destillation. In einer solchen Rektifizierkolonne wird eine Flüssigkeitsmischung von unten nach oben immer weiter an der leichter siedenden Komponente angereichert, denn der aufsteigende Dampf hat immer einen höheren Anteil an der leichter siedenden Komponente als die dazugehörige Flüssigkeit. Am „Kopf" der Kolonne kann dann schließlich die reine, leichter siedende Komponente als **Destillat** abgezogen werden. Ein erheblicher Anteil des im oberen Kühler (dem Dephlegmator) kondensierten Dampfes muss als sogenannter **Rücklauf** in die Kolonne zurückgeführt werden, damit sich in der Kolonne ein Verdampfungsgleichgewicht einstellen kann. Durch einen Überlauf fließt ständig Flüssigkeit vom höheren auf den jeweils tieferen Boden; je weiter diese nach unten kommt, desto ärmer wird sie an der leichter siedenden Flüssigkeit, bis dann schließlich die schwerer siedende Komponente im Sumpf der Kolonne abgezogen und durch Destillation gereinigt erhalten werden kann. Eine solche Rektifizierkolonne arbeitet dann kontinuierlich, wenn die aufzutrennende Flüssigkeitsmischung in der Mitte der Kolonne eingespeist wird (Abb. 3.9).

Auf den Böden muss eine intensive Berührung des aufsteigenden Dampfes mit der dort befindlichen Flüssigkeit erfolgen können. In nicht allzu großen technischen Anlagen kann man dies durch Siebböden entsprechender Maschenweite erreichen. Größere technische Rektifizierkolonnen mit Böden von einigen Metern Durchmesser leiten die aufsteigenden Dämpfe durch sogenannte **Glockenböden** (Abb. 3.9a, b) in die Flüssigkeit ein. Ein einziger Glockenboden enthält eine große Vielzahl solcher Einzelglocken. In sehr kleinen technischen Kolonnen oder in Laborkolonnen erreicht man eine intensive Berührung des aufsteigenden Dampfes mit der hinuntertropfenden Flüssigkeit an der Oberfläche von verschiedenen Füllkörpern (aus widerstandsfähigem Material wie Glas, Keramik,

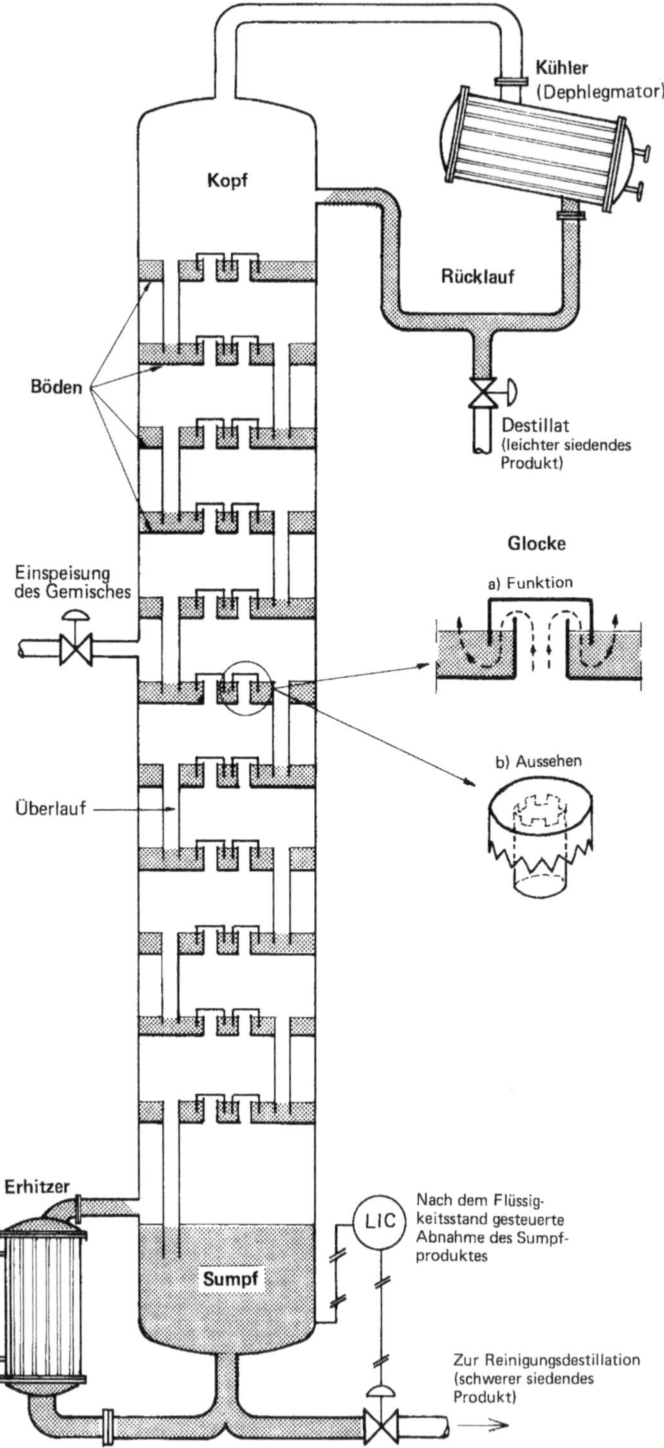

Abb. 3.9 Schema einer Rektifikationskolonne.

Edelstahl usw.), mit denen der gesamte Kolonnenraum angefüllt ist. Sehr häufig verwendet man hierfür sogenannte **Raschig-Ringe**. Raschig-Ringe sind Rohrabschnitte aus Glas, Keramik oder Metall, bei denen Höhe und Durchmesser etwa gleich sind. In anderen Fällen verwendet man z. B. auch Spiralen. Die Trennwirkung solcher als **Füllkörperkolonnen** bezeichneten Apparaturen kann man durch die Anzahl „theoretischer Böden", die den gleichen Trenneffekt hätten, angeben.

Wie viele Böden bzw. theoretische Böden eine Kolonne für ein bestimmtes Trennverfahren haben muss, kann man aus dem Siedediagramm und aus der zu erwartenden Durchsatzgeschwindigkeit ermitteln. Besteht zwischen den verschiedenartigen Stoffen eine stärkere oder schwächere Wechselwirkung als sie zwischen den Molekülen der reinen Stoffe vorhanden ist, so haben die Siedediagramme ein anderes Aussehen. Trennungen von Mischungen in die reinen Komponenten sind nur dann möglich, wenn die Zusammensetzung in der Dampfphase anders als in der flüssigen Phase bei der gleichen Temperatur ist. Eine Trennung ist dann besonders leicht, wenn die Anreicherung einer Komponente in der Dampfphase jeweils besonders groß ist. Zur Ermittlung der notwendigen Bodenzahl verwendet man ein **McCabe-Thiele-Diagramm**, in welchem die Anteile der leichter siedenden Komponente in der Gasphase in Abhängigkeit von der flüssigen Phase aufgetragen ist.

4
Chemische Reaktionen

In diesem Kapitel werden grundlegende Kenntnisse über chemische Reaktionen vermittelt. Chemische Reaktionsgleichungen bilden die Basis für Stoff- und Energiebilanzen in der Chemie. Die Stoffbilanz wird durch sogenannte stöchiometrische Berechnungen ermittelt, wie anhand von Beispielen gezeigt wird. Die energetischen Vorgänge werden durch die Angabe der Reaktionsenthalpie dargestellt. Hierbei gibt es exotherme Reaktionen, d. h. solche, bei denen Reaktionswärme abgegeben wird, und endotherme Reaktionen, bei denen Reaktionswärme zugeführt werden muss. Die häufigsten und wichtigsten Reaktionen in der Chemie sind die Redoxreaktionen, bei welchen Elektronen übertragen werden. Diese Reaktionen spielen eine bedeutende Rolle in der Chemie- und Umwelttechnik. Hierbei ist die Betrachtung der Oxidationszahlen von Bedeutung. Neben den Redoxreaktionen kommen häufig auch Säure-Base-Reaktionen vor. Bei diesem Reaktionstyp werden Protonen übertragen. Bei Säure-Base-Reaktionen ist der pH-Wert eine wichtige Größe.

4.1
Reaktionsgleichungen und stöchiometrische Berechnungen

Eine chemische Reaktion wird durch eine Reaktionsgleichung beschrieben. Die Ausgangsstoffe einer Reaktion stehen auf der linken Seite und werden als **Edukte** bezeichnet. Die entstehenden Stoffe stehen auf der rechten Seite und heißen **Produkte**. In chemischen Gleichungen werden stets molare Mengen angegeben.

So besagt beispielsweise die in Abschn. 2.2 beschriebene Reaktionsgleichung

$$2Na + Cl_2 \rightarrow 2NaCl$$

dass *zwei* Atome Natrium mit *einem* Molekül Chlor, bestehend aus *zwei* Atomen Chlor (Chlor ist bei Raumtemperatur ein Gas, Abschn. 6.2.2), zu jeweils *zwei* Natriumionen und *zwei* Chloridionen reagieren. Die Zahlen vor den Formeln werden als **stöchiometrische Faktoren** oder **stöchiometrische Koeffizienten** bezeichnet. Durch Multiplikation mit der Avogadro-Konstanten N_A (Abschn. 2.6.4)

Chemie für Ingenieure, 14. Auflage. Jan Hoinkis.
©2016 WILEY-VCH Verlag GmbH & Co. KGaA. Published 2016 by WILEY-VCH Verlag GmbH & Co. KGaA.

erhält man eine Aussage über die Änderung der molaren Stoffmengen. Somit besagt die Gleichung auch, dass sich zwei Mol Natrium mit einem Mol Chlor, das aus Chlormolekülen Cl_2 besteht, zu zwei Mol der Verbindung Natriumchlorid (Kochsalz) verbinden:

$$2\,\text{mol Na} + 1\,\text{mol Cl}_2 \rightarrow 2\,\text{mol NaCl}$$

Beim Aufstellen der chemischen Reaktionsgleichungen muss das **Gesetz der Erhaltung der Massen** eingehalten werden. Dies bedeutet, dass die Anzahl der Atome auf der linken Seite gleich der Anzahl der Atome auf der rechten Seite ist.

Im obigen Beispiel sind das jeweils zwei Atome Na und zwei Atome Cl. Durch chemische Reaktionen werden die Atome lediglich umgruppiert und wechseln hierbei ihren Bindungspartner. Damit sind auch die Summe der Massen der Edukte und die Summe der Massen der Produkte gleich. Falls notwendig, kann in chemischen Gleichungen auch der Aggregatzustand der beteiligten Stoffe angegeben werden; (g) für gasförmig, (l) liquidus (lat. = flüssig) für flüssig und (s) solidus (lat. = fest) für fest:

$$2\text{Na(s)} + \text{Cl}_2\text{(g)} \rightarrow 2\text{NaCl(s)}$$

Unter Verwendung der molaren Massen (Abschn. 2.6.4) kann die Stoffbilanz der chemischen Reaktion in Gramm umgerechnet werden.

$$2 \cdot 23\,\text{g Na} + 2 \cdot 35{,}5\,\text{g Cl}_2 \rightarrow 2 \cdot (23 + 35{,}5)\,\text{g NaCl}$$
$$46\,\text{g Na} + 71\,\text{g Cl}_2 \rightarrow 117\,\text{g NaCl}$$

Es ist zu erkennen, dass die Summe der Massen der Edukte und Produkte gleich ist: Aus 46 g Na und 71 g Cl_2 entstehen 117 g NaCl.

Ein weiteres Beispiel für eine chemische Reaktion ist die Umsetzung von Eisen mit Schwefel (vorzugsweise werden beide Stoffe hierbei als Pulver eingesetzt):

$$\text{Fe} + \text{S} \rightarrow \text{FeS}$$

Die Gleichung besagt, dass ein Mol Eisenpulver mit einem Mol Schwefel zu einem Mol der chemischen Verbindung Eisensulfid FeS reagiert (die Namensgebung für diese Verbindung wird in Abschn. 4.5.4 erklärt). Unter Verwendung der molaren Massen ergibt sich als Massenbilanz für diese Reaktion:

$$56\,\text{g Fe} + 32\,\text{g S} \rightarrow (56 + 32)\,\text{g FeS}$$

Wenn man 56 g Eisen mit 32 g Schwefel reagieren lässt, liegen nach der Reaktion 88 g Eisensulfid vor.

Bei chemischen Umsetzungen im Labor oder im Bereich der Technik müssen in der Praxis sehr häufig mengenmäßige Kalkulationen durchgeführt werden. Sie werden auch als **stöchiometrische Berechnungen** bezeichnet (stoicheion, gr. = Elementarbestandteil, metrein; gr. = messen). Diese Bilanzierungen sind für den Ingenieur sehr wichtig und werden im Folgenden und auch an anderen Stellen in diesem Buch an verschiedenen Beispielen (siehe auch Kapitel 13) erläutert.

Übungsbeispiel 4.1

Wie viel Eisen und wie viel Schwefel sind zur Herstellung von 1000 g Eisensulfid notwendig?

Lösung Aus der obigen Gleichung entnimmt man die Information: 56 g Fe reagieren mit 32 g S zu 88 g FeS. Gesucht sind jetzt die Massen an Fe und S für 1000 g FeS, hierbei gilt: x g Fe reagieren mit y g S zu 1000 g FeS.
Es folgt:

$$x = \frac{1000\,\text{g}}{88\,\text{g}} \cdot 56\,\text{g} = 636{,}4\,\text{g Fe} \quad \text{und} \quad y = \frac{1000\,\text{g}}{88\,\text{g}} \cdot 32\,\text{g} = 363{,}6\,\text{g S}$$

Somit werden **636,4 g Eisen** und **363,6 g Schwefel** benötigt, und es entstehen (636,4 + 363,6) g = 1000 g Eisensulfid. Diese Mengen an Eisen und Schwefel sind somit die optimalen Mengenverhältnisse und werden auch **stöchiometrische Verhältnisse** genannt. Verwendet man ein anderes Verhältnis an Eisen und Schwefel für die Reaktion, so liegt ein Teil der Edukte nach der Reaktion unverändert vor.

Übungsbeispiel 4.2

Bei der Verbrennung von Methan (Hauptbestandteil von Erdgas) mit Sauerstoff entsteht Kohlendioxid und Wasser:

$$CH_4 + 2O_2 \rightarrow CO_2 + 2H_2O$$

Wie viel m³ Kohlendioxid und wie viel kg Wasser entstehen bei der Verbrennung von 1 m³ Methangas? Die Gase sollen hierbei als ideales Gas betrachtet werden und im Normzustand vorliegen (siehe Abschn. 3.1.1).

Lösung Aus obiger Gleichung entnimmt man die Information:
1 mol CH_4 reagiert zu 1 mol CO_2 und 2 mol H_2O.
Unter Berücksichtigung des Molvolumens idealer Gase (siehe Abschn. 3.3.1) gilt:

$$22{,}4\,\text{l}\ CH_4 \text{ reagieren zu } 22{,}4\,\text{l}\ CO_2 \text{ und } 36\,\text{g}\ H_2O\ ,$$
$$1000\,\text{l}\ CH_4 \text{ reagieren zu } x\,\text{l}\ CO_2 \text{ und } y\,\text{g}\ H_2O\ .$$

Es folgt:

$$x = 1000\,\text{l}\ CO_2 \text{ und } y = \frac{1000\,\text{l}}{22{,}4\,\text{l}} \cdot 36\,\text{g} = 1607\,\text{g}\ H_2O$$

Es entsteht somit **1 m³ Kohlendioxid** und **1,607 kg Wasser**.

4.2
Energieumsätze bei chemischen Reaktionen

Chemische Stoffumsetzungen sind mit Energieumsetzungen verbunden. Die am häufigsten auftretende Energieform ist die Reaktionswärme.

Exotherme Prozesse sind solche chemischen Reaktionen, bei denen Wärme frei wird. Bei **endothermen Prozessen** wird zum Ablauf einer chemischen Reaktion Wärme verbraucht.

Die an der Reaktion beteiligte Wärme wird in vielen älteren Lehrbüchern als Wärmetönung bezeichnet. Sie bezieht sich immer auf die durch die Formel zum Ausdruck kommende Anzahl Mol.

In der physikalischen Chemie wird bei thermodynamischen Berechnungen[1] unterschieden zwischen der Änderung der **inneren Energie** ΔU = Reaktionswärme bei konstantem Volumen und der häufiger gebrauchten **Reaktionsenthalpie** ΔH = Reaktionswärme bei konstantem Druck. Hierbei wird nach internationaler Vereinbarung mit dem umgekehrten Vorzeichen gerechnet. Es ist also ΔU bzw. ΔH bei exothermen Reaktionen *negativ*, bei endothermen Reaktionen *positiv*, zu verstehen als Wärmeabgabe = negativ oder Wärmeaufnahme = positiv vom System aus betrachtet. ΔU bzw. ΔH schreibt man hinter die Reaktionsgleichung.

Da die meisten Reaktionen in offenen Gefäßen bei konstantem Druck durchgeführt werden, wird bei Reaktionsgleichungen üblicherweise die Reaktionsenthalpie angegeben. Der Unterschied zwischen ΔU und ΔH ist insbesondere bei chemischen Reaktionen, bei denen Feststoffe und Flüssigkeiten beteiligt sind (diese sind nur wenig kompressibel) nur sehr gering. Die Reaktionsenthalpie hängt von der Temperatur, dem Druck und dem Aggregatzustand der an der Reaktion beteiligten Stoffe ab. Üblicherweise beziehen sich die Werte für ΔH auf einen **Standardzustand** von 25 °C und 1,013 bar (= 1 atm). Dies wird durch den hochgestellten Index o gekennzeichnet: ΔH°. Man kann die Reaktionsenthalpie auch auf andere Zustände umrechnen. Dies muss aber gesondert gekennzeichnet werden.

Beispiel für eine exotherme Reaktion

$$\mathrm{Fe(s) + S(s) \rightarrow FeS(s)} \quad \Delta H^\circ = -96{,}3\,\mathrm{kJ}$$

Dies bedeutet, dass bei der Reaktion von einem Mol Eisen (56 g) mit einem Mol Schwefel (32 g) unter Standardbedingungen (25 °C; 1,013 bar) 96,3 kJ freigesetzt werden.

Fügt man, wie es in der Reaktionsgleichung für die exotherme Reaktion angedeutet ist, Eisenpulver mit Schwefelpulver durch intensives Mischen zusam-

1) Die chemische Thermodynamik befasst sich mit allen chemischen Vorgängen, bei denen Arbeits- bzw. Wärmewirkungen auftreten.

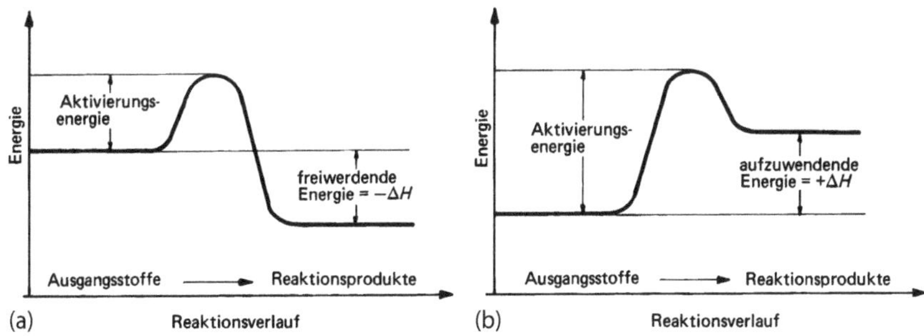

Abb. 4.1 Energiediagramme beim Ablauf chemischer Reaktionen: (a) exotherm, (b) endotherm.

men, so entsteht noch kein Eisensulfid FeS. Man kann die beiden ursprünglichen Substanzen durch relativ einfache physikalische Operationen wieder voneinander trennen, z. B. das Eisenpulver durch einen Magneten aus der Mischung herausziehen oder den Schwefel mit einem Lösungsmittel herauslösen und nach Verdampfen des Lösungsmittels als reine Substanz zurückerhalten. Erst wenn man das Gemisch erhitzt, reagieren Schwefel und Eisen miteinander.

Dieser Tatbestand leuchtet ein, wenn man bedenkt, dass sowohl im Eisen als auch im Schwefel die einzelnen Atome miteinander durch chemische Bindung verknüpft sind (im Eisen durch metallische Bindung, im Schwefel durch kovalente Bindung). Damit eine Reaktion zwischen Eisen- und Schwefelatomen eintreten kann, müssen erst die alten Bindungen gelöst werden, was Energie erfordert. Diese Energie wird auch als **Aktivierungsenergie** bezeichnet. Man muss, wie in Abb. 4.1a veranschaulicht, zuerst einen **Energiewall** überwinden, um bei der exothermen Reaktion durch Energieabgabe vom energetisch höheren zum energetisch tieferen Niveau zu gelangen.

Beispiel für eine endotherme Reaktion

$$C(s) + 2S(s) \rightarrow CS_2(l) \quad \Delta H^\circ = +89\,\text{kJ}$$

Dies bedeutet, dass bei der Reaktion von einem Mol Kohlenstoff (12 g) mit zwei Mol Schwefel (64 g) unter Standardbedingungen 89 kJ zugeführt werden müssen.

Bei einer endothermen Reaktion muss neben der Aktivierungsenergie noch zusätzlich ein bestimmter Energiebetrag aufgewendet werden, um die Stoffe in das höhere Energieniveau der Endprodukte (Abb. 4.1b) hinaufzuheben. Viele chemische Stoffe liegen bei gewöhnlicher Temperatur in einem **metastabilen** Zustand vor, d. h., sie könnten durch eine chemische Reaktion in andere energieärmere Stoffe (exotherme Reaktion!) überführt werden, jedoch fehlt hierzu die nötige Anregungsenergie. Deswegen bleiben diese Stoffe auf dem energetisch höheren Zwischenzustand.

Dass die Angabe des Aggregatzustandes der an der Reaktion beteiligten Stoffe notwendig ist, soll anhand der Verbrennungsreaktion von Übungsbeispiel 4.2

verdeutlicht werden:

$$CH_4(g) + 2O_2(g) \rightarrow CO_2(g) + 2H_2O(\mathbf{g}) \qquad \Delta H° = -802\,kJ \quad (1)$$

$$CH_4(g) + 2O_2(g) \rightarrow CO_2(g) + 2H_2O(\mathbf{l}) \qquad \Delta H° = -890\,kJ \quad (2)$$

Wenn bei der Reaktion Wasserdampf anstelle von flüssigem Wasser entsteht, ist die Reaktionsenthalpie um 87 kJ kleiner. Dies entspricht genau dem Energiebetrag, der bei der Kondensation von 2 mol Wasser (36 g) abgegeben wird und ist zahlenmäßig gleich der Verdampfungsenthalpie, da die zum Verdampfen einer Flüssigkeit benötigte Verdampfungsenthalpie bei der Kondensation wieder frei wird (Abschn. 3.6.1). Die Verbrennungsenthalpie von Brennstoffen, bei denen Wasser als Wasserdampf entweicht, wird auch als **Heizwert** bezeichnet (Abschn. 8.8.1). Wenn bei Verbrennungsreaktionen Wasser nach der Reaktion in flüssiger Form vorliegt, spricht man vom **Brennwert**. Den zusätzlichen Energiebetrag des Brennwerts nutzt man in Heizkesseln mit sogenannter **Brennwerttechnik** aus. Im Falle des Methans lassen sich gemäß den Gleichungen (1) und (2) theoretisch etwa 11 % mehr Energie gewinnen, indem man die Abgase nach der Verbrennung soweit abkühlt, dass der Wasserdampf als Wasser auskondensiert.

Übungsbeispiel 4.3

Berechnung des a) Heizwerts und b) Brennwerts von 1 m^3 Methan.

Lösung

a) Aus Gleichung (1) ergibt sich: Bei der Verbrennung von 1 mol (= 22,4 l) CH_4 beträgt die Wärmetönung 802 kJ. Bei der Verbrennung von 1000 l beträgt die Wärmetönung:

$$\Delta H = \frac{1000\,l}{22{,}4\,l} \cdot 890\,kJ = 39\,732\,kJ = \text{Brennwert}$$

b) Aus Gleichung (2) ergibt sich: Bei der Verbrennung von 1 mol (= 22,4 l) CH_4 beträgt die Wärmetönung 890 kJ. Bei der Verbrennung von 1000 l beträgt die Wärmetönung:

$$\Delta H = \frac{1000\,l}{22{,}4\,l} \cdot 802\,kJ = 35\,804\,kJ = \text{Heizwert}$$

Der Energieverbrauch wird weltweit zu mehr als 90 % durch Verbrennung von fossilen Energieträgern (Kohle, Erdöl und Erdgas) gedeckt. Bei der Verbrennung entsteht hierbei stets CO_2 (wie bereits am Beispiel CH_4 gezeigt wurde), welches zur Erwärmung der Atmosphäre dem sogenannten **Treibhauseffekt** beiträgt (Abschn. 13.1.3.1). Die Mengen an CO_2, welche dabei zur Erzeugung gleicher Energiemengen freigesetzt werden, sind, wie anhand der Berechnung in Übungsbeispiel 4.4 gezeigt wird, unterschiedlich.

Übungsbeispiel 4.4

Berechnung der CO_2-Mengen, welche zur Erzeugung gleicher Reaktionsenthalpie durch vollständige Verbrennung von a) Kohle und b) Erdgas freigesetzt werden. Zur Vereinfachung soll Kohle als reiner Kohlenstoff und Erdgas als reines Methan (CH_4) betrachtet werden.

$$C(s) + O_2(g) \rightarrow CO_2(g) \qquad \Delta H^\circ = -393\,\text{kJ}$$

$$CH_4(g) + 2O_2(g) \rightarrow CO_2(g) + 2H_2O(g) \qquad \Delta H^\circ = -802\,\text{kJ}$$

Lösung Anhand der beiden Gleichungen ist zu erkennen, dass bei beiden Reaktionen jeweils ein Mol CO_2 erzeugt wird. Jedoch ist bei der Verbrennung von Kohle die Verbrennungsenthalpie nur etwa halb so groß. Zur Erzeugung der gleichen Reaktionsenthalpie wird also beim Verbrennen von Kohlenstoff etwa die doppelte Menge an CO_2 (genauer Faktor: $802/393 = 2{,}04$) freigesetzt. Somit ist die Verwendung von Erdgas als Energieträger insgesamt „umweltfreundlicher" bezüglich des Treibhauseffekts. Hierbei ist für CH_4 in diesem Beispiel lediglich der Heizwert berücksichtigt (H_2O wird gasförmig freigesetzt). Durch Einsatz der Brennwerttechnik lässt sich der CO_2-Ausstoß nochmals um etwa 11 % senken (Übungsbeispiel 4.3). Methan ist der Kohlenwasserstoff mit der **geringsten CO_2-Emission** bei der Energieerzeugung. Je größer die Anzahl der Kohlenstoffatome im Kohlenwasserstoffmolekül, desto mehr CO_2 wird bei gleicher Energieproduktion freigesetzt (zu Kohlenwasserstoffen siehe Abschn. 8.1).

4.3 Der Verlauf chemischer Reaktionen

4.3.1 Reversible und irreversible Prozesse

Chemische Reaktionen können **irreversibel**, d. h. nicht mehr umkehrbar sein. Eine solche irreversible Reaktion ist z. B. das Verbrennen einer kompliziert aufgebauten organischen Verbindung, wie Cellulose (Abschn. 8.7.1), durch Reaktion mit Sauerstoff. Der umgekehrte Vorgang, dass sich aus den Verbrennungsprodukten CO_2 und H_2O wieder Cellulose und Sauerstoff durch eine einfache chemische Reaktion zurückbilden könnten, ist nicht möglich.

Es ist aber eine große Zahl von chemischen Reaktionen bekannt, die **reversibel**, also umkehrbar sind. Vor allem bei einfachen Verbindungen kann man feststellen, dass sich aus den Reaktionsprodukten bei Änderung der äußeren Bedingungen in Umkehrung der Reaktionsgleichung wiederum die Ausgangsstoffe zurückbilden können. So entsteht durch Reaktion von Kohlenmonoxid mit Wasserdampf bei

500 °C Wasserstoff und Kohlendioxid:

$$CO + H_2O \xrightarrow{500\,°C} CO_2 + H_2$$

Es ist eine Reaktion, die zur großtechnischen Herstellung von Wasserstoffgas verwendet wird (Abschn. 6.2.1). Ändert man die Temperatur auf 2000 °C, so verläuft die Reaktion hauptsächlich in umgekehrter Richtung, also von rechts nach links:

$$CO + H_2O \xleftarrow{2000\,°C} CO_2 + H_2$$

Zur Symbolisierung der Hin- und Rückreaktion verwendet man bei reversiblen Reaktionen einen Doppelpfeil in der Reaktionsgleichung:

$$CO + H_2O \rightleftarrows CO_2 + H_2$$

Alle reversiblen Prozesse tendieren zum Erreichen eines **Gleichgewichtszustandes**. Bei einer chemischen Reaktion wird der Gleichgewichtszustand erreicht, wenn die Reaktion in der einen Richtung (Hinreaktion) genauso schnell abläuft wie in der umgekehrten Richtung (Rückreaktion). Auf chemische Gleichgewichte wird in Kapitel 5 anhand zahlreicher Beispiele noch genauer eingegangen.

4.3.2 Reaktionsgeschwindigkeit

Man kann die Reaktionsgeschwindigkeit, die als Abnahme der Ausgangsstoffe oder Zunahme der Reaktionsprodukte pro Zeiteinheit zu verstehen ist, durch **Temperaturänderung**, durch die **Konzentrationsänderung** der Reaktionspartner und durch **Katalysatoren** beeinflussen.

4.3.2.1 Einfluss der Temperatur

Eine Erhöhung der Temperatur macht sich (infolge stärkerer Wärmebewegung der Moleküle) durch eine Steigerung der Reaktionsgeschwindigkeit bemerkbar. Wenn man von der Tatsache absieht, dass sich chemische Reaktionen durch sehr starke Temperaturänderungen umkehren können und die Ausgangsprodukte bevorzugt wieder bilden können (Abschn. 4.3.1), so gilt folgende wichtige, allgemein gültige Faustregel:

Durch eine Temperaturerhöhung um 10 °C wird die Reaktionsgeschwindigkeit auf das Doppelte bis Dreifache gesteigert.

4.3.2.2 Einfluss der Konzentration

Eine eingehendere mathematische Formulierung dieser Einflussgröße gibt der Abschn. 5.1.1. Grundsätzlich kann aber festgestellt werden, dass die Reaktionsgeschwindigkeit umso größer ist, je mehr Reaktionspartner miteinander reagieren können, je größer also die Konzentration der Ausgangsstoffe ist.

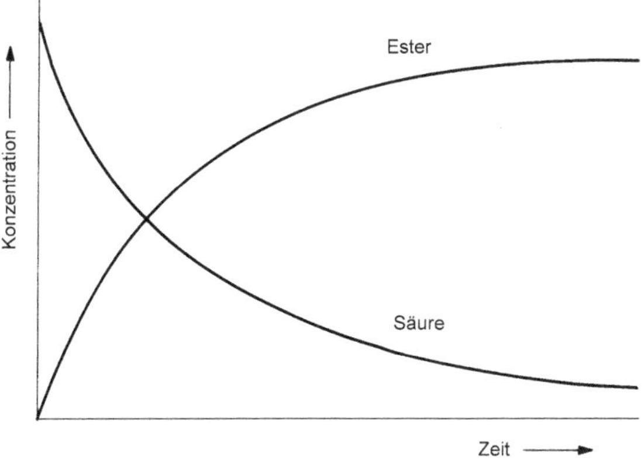

Abb. 4.2 Konzentrationsänderungen bei der Reaktion einer organischen Säure zu einem Ester.

Dies soll am Beispiel einer Reaktion aus dem Bereich der organischen Chemie (Abschn. 8.4.7) erläutert werden. Eine organische Säure reagiert mit einem Alkohol zu einem sogenannten Ester. Wie in Abb. 4.2 veranschaulicht, sinkt bei der Reaktion im Reaktionsgemisch die Konzentration der eingesetzten Säure am Anfang schnell, da die Säurekonzentration sehr hoch ist (in ähnlicher Weise sinkt auch die Konzentration des Alkohols). Sie nimmt dann mit abnehmender Säurekonzentration immer langsamer ab. Umgekehrt entsteht im Anfang zunächst sehr viel Ester, während im Verlauf der Reaktion der Anteil des sich zusätzlich bildenden Esters immer geringer wird. Die Reaktion mündet schließlich in einer Gleichgewichtslage, in der sich die Konzentrationen nicht mehr ändern (waagerechter Verlauf der Reaktionskurven).

4.3.2.3 **Einfluss von Katalysatoren**

Katalysatoren sind Stoffe, die eine chemische Reaktion beschleunigen, da sie die notwendige Aktivierungsenergie verringern. Sie gehen unverändert aus der Reaktion hervor.

Es genügt bereits eine kleine Menge eines Katalysators, um die Reaktionsgeschwindigkeit einer großen Menge reagierender Stoffe zu erhöhen. Katalysatoren können dabei aber nicht die Richtung, in welcher chemische Reaktionen ablaufen, verändern, da sowohl die Hin- als auch die Rückreaktion gleichermaßen beschleunigt werden (Abschn. 5.1.1).

Die Wirkungsweise von Katalysatoren kann man anhand von Abb. 4.3 veranschaulichen: Reaktionen laufen nur ab, wenn dabei die Änderung der freien Enthalpie ΔG_R negativ ist (Begründung im Abschn. 3.5.3). Oft sorgt ein relativ hoher „Energiewall" dafür, dass solche an sich mögliche Reaktionen nicht stattfinden. Damit die Reaktionspartner neue Verbindungen eingehen, müssen zuerst die bestehenden Bindungen gelöst werden (Abb. 4.1 in Abschn. 4.2). Katalysatoren setzen den Betrag der zu überwindenden Aktivierungsenergie beträchtlich herab,

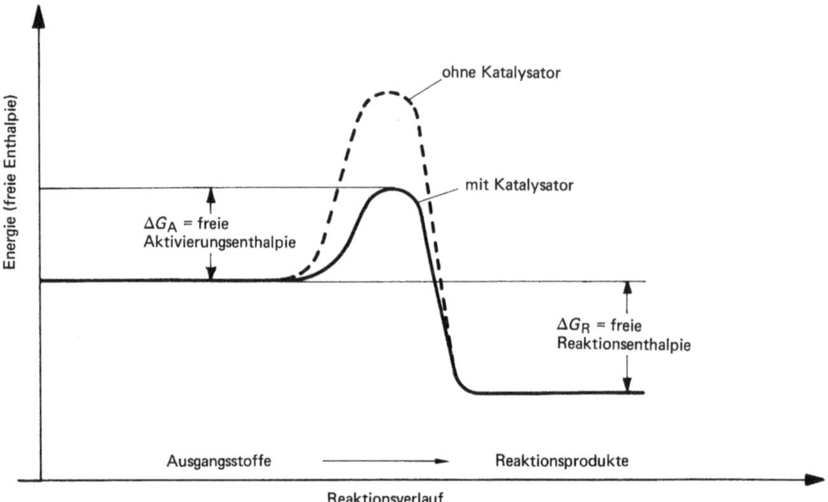

Abb. 4.3 Wirkungsweise von Katalysatoren.

sodass solche katalytischen Prozesse, wie es in Abb. 4.3 angedeutet ist, mit einer relativ geringen **freien Aktivierungsenthalpie** ΔG_A auskommen.

Man unterscheidet zwischen **homogener** und **heterogener Katalyse**. Bei der **homogenen Katalyse** gehört der Katalysator der gleichen Phase an wie die Reaktionspartner. Der Katalysator bildet mit einem der reagierenden Stoffe eine labile Zwischenverbindung, die dann rasch mit dem zweiten Reaktionspartner weiterreagiert.

Der Umweg über Zwischenverbindungen mit dem Katalysator verläuft wesentlich schneller als die direkte Reaktion zwischen den beiden Reaktionspartnern. Der Katalysator geht aus allen Reaktionen unverändert in der ursprünglichen Zusammensetzung wieder hervor, also schematisch:

$$A + K + B \rightarrow AK + B \rightarrow K + AB\,A, \quad B = \text{Reaktionspartner}\,; \; K = \text{Katalysator}$$

Ein Beispiel für eine Reaktion mit homogener Katalyse ist die Oxidation von SO_2 zu SO_3 durch den Katalysator NO; eine Reaktion, die früher für die Herstellung von Schwefelsäure H_2SO_4 Verwendung fand (heute wird die Reaktion als heterogene Reaktion mit festen Katalysatoren durchgeführt, siehe nächste Seite):

$$2SO_2 + O_2 + 4NO \rightarrow 2SO_2 + 2N_2O_3 \rightarrow 2SO_3 + 4NO$$

Bei der **heterogenen Katalyse** liegen die Katalysatoren meist als fein verteilte feste Stoffe vor, an deren Oberfläche die Reaktionspartner adsorbieren und in eine aktivere, leichter reagierende Form gebracht werden, indem durch die Adsorption die Molekülbindungen geschwächt oder sogar aufgebrochen werden. Man spricht hierbei auch von einer chemischen Adsorption oder **Chemisorption**.

Die heterogene Katalyse wird in der chemischen Technik sehr häufig eingesetzt. Hierbei kommen als Katalysatoren häufig Edelmetalle (z. B. Platin und Palladium) sowie Oxide von Nebengruppenmetallen (z. B. V_2O_5, TiO_2, Cr_2O_3) zum Einsatz. Beispiele hierfür sind:

- V_2O_5 für die Oxidation von SO_2 zu SO_3 (Abschn. 7.2.1.4),
- Pt im Abgaskatalysator bei Automobilen (Abschn. 13.4.4) und
- modifiziertes TiO_2 in Katalysatoren zur Rauchgasreinigung in Kraftwerken (Abschn. 13.4.3.2).

In diesem Buch wird auch auf zahlreiche andere Beispiele eingegangen.

Katalysatorgifte sind Substanzen, die die Wirksamkeit eines Katalysators unterbinden. Dabei werden die aktiven Stellen der Katalysatoroberfläche blockiert. So können etwa Blei bzw. Bleiverbindungen den Abgaskatalysator bei Automobilen vergiften (Abschn. 13.4.4).

Für die chemischen Prozesse in Lebewesen spielen biochemische Katalysatoren, welche auch **Enzyme** genannt werden, eine wichtige Rolle (Abschn. 12.1.3.2).

Es gibt auch Substanzen, die den Ablauf chemischer Reaktionen bremsen, d. h., die Reaktionsgeschwindigkeit herabsetzen. Man bezeichnet sie als **Inhibitoren** oder Stabilisatoren oder negative Katalysatoren.

4.4 Redoxreaktionen

4.4.1 Die Definition von Oxidation und Reduktion

Unter Oxidation (von Oxygenium, lat. = Sauerstoff) verstand man früher die chemische Vereinigung eines Elements mit dem Element Sauerstoff (Oxygenium). Die dabei entstehenden Verbindungen werden **Oxide** genannt. Da Sauerstoff nach dem Fluor das Element mit der stärksten Elektronegativität ist, werden bei einer solchen Reaktion die Bindungselektronen des betreffenden Elements entweder vollständig an den Sauerstoff abgegeben oder wenigstens in Richtung Sauerstoffatom verlagert, was einer partiellen Abgabe der Elektronen entspricht (eine Ausnahme bildet nur die Reaktion von Sauerstoff mit Fluor). Daher gilt heute als erweiterte Definition:

Oxidation ist die Abspaltung von Elektronen aus Atomen oder Molekülen. Man macht keinen Unterschied, ob die Elektronen vollständig oder nur partiell abgegeben werden. Der zur Oxidation entgegengesetzte Vorgang wird als Reduktion bezeichnet.
Reduktion ist die Aufnahme von Elektronen durch Atome oder Moleküle. Auch hier wird nicht unterschieden zwischen vollständiger oder nur partieller Aufnahme von Elektronen.

Man nennt den Stoff, der einen anderen zur Abgabe der Elektronen veranlasst, ein **Oxidationsmittel** und den, der einen anderen (nämlich das Oxidationsmittel) zur Aufnahme der Elektronen veranlasst, ein **Reduktionsmittel**. Es gilt folgende Beziehung:

$$\text{Reduktionsmittel} \underset{\text{Reduktion}}{\overset{\text{Oxidation}}{\rightleftarrows}} \text{Oxidationsmittel} + \text{Elektronen}$$

Unter normalen Bedingungen werden Oxidationsprozesse (Abgabe von Elektronen) stets von Reduktionsprozessen (Aufnahme von Elektronen) begleitet. Die wechselseitige Abhängigkeit von Oxidation und Reduktion beruht auf einem Austausch von Elektronen zwischen dem Reduktions- und dem Oxidationsmittel. Man bezeichnet solche gekoppelten Reaktionen von ***Red***uktion und ***Ox***idation auch kurz als ***Redox***reaktionen. Redoxreaktionen sind somit Reaktionen, bei denen Elektronen übertragen werden. Dies soll am Beispiel der folgenden, bereits im Abschn. 2.2 erwähnten Reaktionsgleichung verdeutlicht werden:

$$\text{Na}\cdot + \cdot\overline{\underline{\text{Cl}}}| \rightarrow \text{Na}^+|\overline{\underline{\text{Cl}}}|^-$$

Das Natrium ist Reduktionsmittel und wird unter Abgabe von jeweils einem Elektron (e^-) pro Natriumatom zum Natriumion oxidiert, also

$$\text{Na} \xrightarrow{\text{Oxidation}} \text{Na}^+ + e^-$$

Das Chlor ist Oxidationsmittel und wird unter Aufnahme von jeweils einem Elektron pro Chloratom zum Chloridion Cl^- reduziert, also

$$\text{Cl} + e^- \xrightarrow{\text{Reduktion}} \text{Cl}^-$$

4.4.2
Die Definition der Oxidationszahl

Die Oxidationszahl gibt die elektrischen Ladungen an, welche die Atome in Verbindungen besitzen würden, wenn man sich diese nur aus Ionen aufgebaut denkt.

Die Oxidationszahl gibt also nicht die tatsächlichen Bindungsverhältnisse wieder, vielmehr stellt sie nur eine Hilfe zum Aufstellen chemischer Formeln und Gleichungen dar. Sie steht inhaltlich dem alten Begriff der „Wertigkeit" sehr nahe. Da aber die Wertigkeit durch das neuere Verständnis der chemischen Bindung zu vieldeutig geworden ist, wird der Begriff der Wertigkeit heute meistens vermieden und durch die schärfer umrissene Oxidationszahl ersetzt.

4.4.3
Schreibweise von Oxidationszahl und Ladungszahl

Die **Oxidationszahl** wird *über* das chemische Symbol geschrieben, und zwar *zunächst das Vorzeichen*, dann die Größe der Ladung. Es folgen Beispiele, dargestellt an einigen chemischen Formeln, die später ausführlicher besprochen werden:

$$\overset{+1\,-1}{\mathrm{HCl}}\,,\quad \overset{+3\,-1}{\mathrm{FeCl_3}}\,,\quad \overset{+1\;\,-2}{\mathrm{H_2O}}\,,\quad \overset{0}{\mathrm{Cl_2}}$$

Bisweilen werden die Oxidationszahlen auch in römischen Ziffern geschrieben:

$$\overset{+\mathrm{I}\,-\mathrm{I}}{\mathrm{HCl}}\,,\quad \overset{+\mathrm{III}\,-\mathrm{I}}{\mathrm{FeCl_3}}\,,\quad \overset{+\mathrm{I}\;\,-\mathrm{II}}{\mathrm{H_2O}}\,,\quad \overset{0}{\mathrm{Cl_2}}$$

Die **Ladungszahl** ist von der Oxidationszahl in der Bedeutung und in der Schreibweise streng zu unterscheiden. Ladungszahlen geben die tatsächlich messbaren elektrischen Ladungen von Ionen wieder, sie werden *rechts oben neben* das chemische Symbol geschrieben. Zur Unterscheidung von den Oxidationszahlen wird *zuerst die Zahl,* dann die Ladungsart angeführt, also z. B.:

$$\mathrm{Ca^{2+}}\;;\quad \mathrm{Fe^{3+}}\;;\quad \mathrm{SO_4^{2-}}\;;\quad \mathrm{PO_4^{3-}}$$

Während aber die Oxidationszahl eine Schreibhilfe zum Aufstellen chemischer Formeln bedeutet, stellt die Ladungszahl einen wesentlichen Bestandteil einer Ionenformel dar und muss immer dann geschrieben werden, wenn das durch die Formel dargestellte Teilchen nach außen hin elektrisch nicht neutral ist.

4.4.4
Regeln für die Festlegung der Oxidationszahlen

1. Die Oxidationszahl der Atome in elementaren Substanzen (= Stoffe, die nur aus einer Elementart bestehen) ist gleich null.
2. Bei einatomigen Ionen ist die Oxidationszahl gleich der Ladungszahl.
3. Bei mehratomigen Ionen ist die Summe der Oxidationszahlen aller Atome gleich der tatsächlichen elektrischen Ionenladung; bei neutralen Molekülen ist die Summe der Oxidationszahlen gleich null.
4. Verbindungen werden so behandelt, als bestünden sie nur aus Ionen, und zwar mit der Annahme, dass dann die Bindungselektronen von den Elementen schwächerer Elektronegativität abgegeben und von den Elementen stärkerer Elektronegativität aufgenommen würden. Man verwendet dabei folgende Oxidationszahlen:
   - Alkalimetalle +1,
   - Erdalkalimetalle +2,
   - Wasserstoff in Verbindungen mit Elementen stärkerer Elektronegativität +1, Sauerstoff in den meisten Verbindungen −2 (lediglich in den nicht sehr häufigen, als Peroxide bezeichneten Verbindungen erhält der Sauerstoff die Oxidationszahl −1, was leicht am Beispiel des Wasserstoffperoxids (Abschn. 7.1.3) mit der Struktur H–O–O–H als Verlagerung jeweils nur eines Bindungselektrons von einem Wasserstoffatom zu einem Sauerstoffatom zu verstehen ist),
   - Fluor, das elektronegativste Element, hat in allen Verbindungen −1.

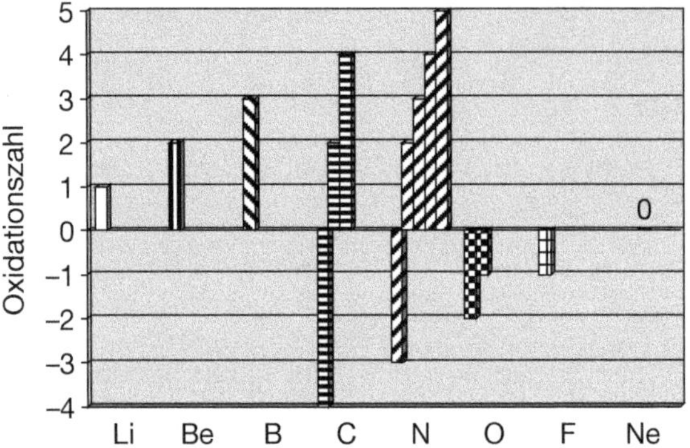

Abb. 4.4 Wichtige Oxidationszahlen von Elementen der zweiten Periode des Periodensystems.

Übungsbeispiel 4.5

Ermittlung der Oxidationszahlen in der Verbindung HNO_3 (Salpetersäure).

Lösung Nach den oben genannten Regeln besitzt Wasserstoff die Oxidationszahl +1, Sauerstoff die Oxidationszahl −2. Multipliziert man mit der Anzahl der in der Formel enthaltenen Atome, kann die Oxidationszahl des Stickstoffs berechnet werden (unter der Annahme, dass bei Salpetersäure als insgesamt neutralem Molekül die Summe der Oxidationszahlen gleich null ist):

Wasserstoff	H :	$1 \cdot (+1)$
Sauerstoff	O :	$3 \cdot (-2)$
Stickstoff	N :	$1 \cdot (+5)$
Summe		0

Ein Element kann in verschiedenen Verbindungen unterschiedliche Oxidationszahlen besitzen. In Abb. 4.4 sind wichtige Oxidationszahlen für die Elemente der zweiten Periode des Periodensystems aufgetragen. So treten beispielsweise beim **Stickstoff** neben der Oxidationszahl +5 häufig auch die folgenden Oxidationszahlen auf: +4 (in der Verbindung NO_2), +3 (in der Verbindung HNO_2), +2 (in der Verbindung NO) und −3 (in der Verbindung NH_3).

Die Oxidationszahlen des jeweiligen Atoms müssen stets unter Berücksichtigung der oben genannten Regeln ermittelt werden. Bei den Atomen der *Hauptgruppen* kann jedoch aus der Stellung im Periodensystem die *maximale* und die *minimale* Oxidationszahl angegeben werden (Abb. 4.4). Beispielsweise steht Stickstoff in der fünften Hauptgruppe, somit beträgt die maximale Oxidationsstufe +5 (*formal* sind alle Elektronen auf der Außenschale „abgegeben"). Die minimale Oxidationsstufe beträgt −3 (formal sind drei „aufgenommen“ und somit eine abgeschlossene Schale erreicht).

4.4.5 Beispiele für wichtige Redoxreaktionen in der Chemietechnik

Redoxreaktionen gehören zu den **häufigsten** und **wichtigsten Reaktionen** in der Chemie. Deshalb werden in diesem Abschnitt einige Beispiele aus der Praxis erläutert. Redoxreaktionen werden auch anhand anderer Beispiele in diesem Buch behandelt (Kapitel 10 und 13).

Zu den wichtigen Redoxreaktionen in der chemischen Technik gehört die Gewinnung von Metallen oder Halbmetallen aus Erzen. Erze sind meist Oxide oder Sulfide der entsprechenden Metalle. Die Lehre der Gewinnung von Metallen aus ihren Erzen wird Hüttenkunde oder **Metallurgie** genannt. Der größte Teil der Metalle wird durch Reduktionsprozesse bei hoher Temperatur gewonnen, bei denen das Metall in flüssiger Form anfällt (Tab. 4.1). Als Reduktionsmittel wird häufig preiswerter Kohlenstoff eingesetzt. Die Reduktion kann aber auch mittels Wasserstoff H_2, Aluminium oder durch Elektrolyse erfolgen (zu Elektrolyse siehe auch Abschn. 10.4.2).

Die Gewinnung von metallischem **Eisen**, dem wichtigsten Gebrauchsmetall, erfolgt in einem kontinuierlichen Betrieb im **Hochofen** mittels Kohlenstoff in Form von Koks (Abschn. 5.5.2.1). Das eigentliche Reduktionsmittel ist hierbei das Kohlenmonoxid CO, welches bei diesem Prozess gebildet wird (Abschn. 5.5.2.1). Die Gleichung hierfür kann zunächst *ohne* Berücksichtigung der korrekten stöchiometrischen Faktoren formuliert werden:

$$\overset{+3}{Fe_2}O_3 + \overset{+2}{C}O \rightarrow \overset{0}{Fe} + \overset{+4}{C}O_2$$

Fe mit der Oxidationszahl +3 nimmt Elektronen auf (Oxidationsmittel) und wird zu metallischem Eisen (Oxidationszahl 0) reduziert. C mit der Oxidationszahl +2 gibt Elektronen ab (Reduktionsmittel) und wird zu C (Oxidationszahl +4) reduziert. Die Ermittlung der *korrekten* stöchiometrischen Faktoren kann bei Redoxgleichungen durch Formulierung der **Teilgleichungen** für die Oxidation und Re-

Tab. 4.1 Beispiel für die Gewinnung von Metallen und Halbmetallen durch Reduktion.

	Erz	Reduktionsmittel
Eisen (Fe)	Fe_2O_3; Fe_3O_4	Kohlenstoff
Silicium (Si)	SiO_2	Kohlenstoff
Aluminium (Al)	Al_2O_3	Kathode (Elektrolyse)
Chrom (Cr)	Cr_2O_3	Aluminium
Wolfram (W)	WO_3	Wasserstoff
Germanium (Ge)	GeO_2	Wasserstoff

duktion vereinfacht werden:

$$\textbf{Oxidation:}\quad \overset{+2}{C} \rightarrow \overset{+4}{C} + 2e^- \quad \bullet\mathbf{3}$$

$$\textbf{Reduktion:}\quad 2\overset{+3}{Fe} + 6e^- \rightarrow 2\overset{0}{Fe}$$

Damit die Bilanz der abgegebenen und aufgenommenen Elektronen korrekt ist, muss die Teilgleichung der Oxidation mit drei multipliziert werden. Somit ergibt sich für die Gesamtreaktion:

$$\overset{+3}{Fe_2}O_3 + 3\overset{+2}{C}O \rightarrow 2\overset{0}{Fe} + 3\overset{+4}{C}O_2$$

Metallisches Eisen kann aus Fe_2O_3 auch durch Reduktion mit Aluminium hergestellt werden:

$$\overset{+3}{Fe_2}O_3 + 2\overset{0}{Al} \rightarrow 2\overset{0}{Fe} + \overset{+3}{Al_2}O_3 \quad \Delta H^\circ = -852\,kJ$$

Diese Reaktion wird auch als **aluminothermische Reaktion** bezeichnet. Sie kann zur Herstellung von kohlenstofffreiem Eisen genutzt werden, da bei Reduktion mit Kohlenstoff nicht vollständig umgesetzter Kohlenstoff im Eisen verbleibt und es sehr spröde macht (Abschn. 6.5.12). Da die Reaktion stark exotherm ist und Temperaturen bis über 2000 °C erreicht werden, wird sie auch zum Schweißen von Schienen oder großen Röhren eingesetzt („**Thermit-Schweißen**“).

Das Halbmetall **Silicium** (Abschn. 6.4.2), welches als Rohstoff für die Mikroelektronik bedeutsam ist, wird durch Reduktion mit Kohlenstoff in einem Schmelzofen bei etwa 2000 °C gewonnen:

$$\overset{+4}{Si}O_2 + 2\overset{0}{C} \rightarrow \overset{0}{Si} + 2\overset{+2}{C}O \quad \Delta H^\circ = +695\,kJ$$

4.5 Säure-Base-Reaktionen

4.5.1 Säuren

Früher wurden Stoffe, die nach unserem Geschmack als „sauer“ empfunden werden, als Säuren bezeichnet. Man hat festgestellt, dass alle diese Stoffe in wässriger Lösung Wasserstoffionen[2)] aufweisen. In einer für die meisten Fälle ausreichenden, auf **Arrhenius** (Svante Arrhenius, 1859–1927, Nobelpreis 1903) zurückgehenden Definition kann man formulieren:

2) Diese Wasserstoffionen (Protonen) sind in wässriger Lösung an Wassermoleküle gebunden, sodass man richtiger von Oxoniumionen (Hydroniumionen) H_3O^+ sprechen müsste (Abschn. 7.1.2.2d).

Stoffe, die in wässrigem Medium unter Bildung von Wasserstoffionen dissoziieren, werden Säuren genannt.

Säuren können u. a. daran erkannt werden, dass sie die Farbe verschiedener pflanzlicher und auch synthetischer Farbstoffe in charakteristischer Weise verändern. Ein bekanntes Beispiel hierfür ist der Lackmus-Farbstoff, der bei Anwesenheit von Säuren von Blau nach Rot umschlägt. Solche Stoffe, durch deren Farbänderung man Säuren erkennen kann, bezeichnet man als **Farbindikatoren**. Ausführliche Begründungen für diese Eigenschaft der Farbindikatoren bringen die Abschn. 5.2.6 und 11.7.4. Charakteristisch ist ferner für Säuren, dass sie verschiedene Metalle wie z. B. Zink unter Wasserstoffentwicklung auflösen:

$$Zn + 2HCl \rightarrow Zn^{2+} + H_2\uparrow + 2Cl^-$$

Der Säurebegriff wurde 1923 von **Brönsted** (Johannes Nikolaus Brönsted, 1879–1947) allgemeiner formuliert:

Säuren sind Stoffe, die imstande sind, Protonen abzugeben; es sind „Protonendonatoren".

Chlorwasserstoff gibt Protonen an die Wassermoleküle ab, ist demnach als Säure zu bezeichnen:

$$HCl + H_2O \rightarrow H_3O^+ + Cl^-$$

Die Brönsted'sche Formulierung hat den Vorteil, dass man die Säureeigenschaft auch unabhängig vom wässrigen Medium definieren kann und damit entsprechende Phänomene in nicht wässrigen Medien erklären kann. Auch kann man mit ihr die sauren und basischen Reaktionen von Ionen beschreiben (über Kationsäuren bzw. Anionbasen siehe Abschn. 5.2.8). Die Brönsted'sche Säure-Base-Theorie ist die heute in der Chemie übliche Säure-Base-Theorie. Beispiel für wichtige Sauerstoffsäuren sind in Abschn. 7.2.2 aufgeführt.

Starke Säuren dissoziieren in wässriger Lösung praktisch vollständig in Ionen, ergeben also hohe H^+-Ionen-Konzentrationen. Schwache Säuren liegen dagegen in wässriger Lösung überwiegend als undissoziierte Moleküle vor, und nur ein geringer Prozentsatz zerfällt in elektrisch geladene Ionen. Die Charakterisierung als starke und schwache Säuren erfolgt also nach dem Dissoziationsverhalten (Abschn. 5.2.3). Die wässrige Lösung von Chlorwasserstoff HCl wird als **Chlorwasserstoffsäure**, häufiger jedoch als **Salzsäure** bezeichnet. Sie ist eine starke Säure. Schwefelwasserstoff H_2S ist hingegen eine sehr schwache Säure, die in wässriger Lösung nur zu einem sehr kleinen Anteil dissoziiert.

4.5.2
Basen

Genauso wie bei Redoxvorgängen immer Oxidationsprozesse jeweils mit Reduktionsprozessen gekoppelt sind, findet bei der Abgabe von Protonen an anderer Stelle gleichzeitig eine Aufnahme von Protonen statt.

Stoffe, die Protonen aufnehmen können, werden in der Brönsted'schen Terminologie als Basen bezeichnet; es sind Protonenakzeptoren.

So kann man Ammoniak als Base bezeichnen, weil sich an das freie Elektronenpaar des Stickstoffs ein Proton anlagern kann:

$$NH_3 + H_2O \longrightarrow [NH_4]^+ + [OH]^-$$

Ammoniumion Hydroxidion

Bei dieser Reaktion entstehen in wässriger Lösung OH^--Ionen.

Dies besagt auch die ältere, häufiger gebrauchte und auf **Arrhenius** zurückgehende Definition, welche für die Praxis meist hinreichend ist:

Basen sind Stoffe, die in wässrigen Lösungen OH^--Ionen bilden. Die wässrigen Lösungen von Basen werden auch als Laugen bezeichnet.

4.5.3
Der Ampholyt „Wasser" und der pH-Wert (1. Teil)

Da das Wasser in der Reaktionsgleichung von Abschn. 4.5.2

$$NH_3 + H_2O \rightarrow NH_4^+ + OH^-$$

der Protonendonator ist, übernimmt es in diesem Fall die Rolle einer Säure. Umgekehrt hat bei der Reaktion von Abschn. 4.5.1

$$HCl + H_2O \rightarrow H_3O^+ + Cl^-$$

das Wasser basische Funktionen, es nimmt aus dem Chlorwasserstoffmolekül ein Proton auf. Stoffe, die wie das Wassermolekül die Rolle sowohl einer Säure als auch einer Base übernehmen können, heißen **Ampholyte** (ein Ampholyt zeigt sowohl basische als auch saure Merkmale). Das wird verständlich, da (wie in Abschn. 5.2.1 beschrieben) Wasser in einer sehr geringen Eigendissoziation sowohl Wasserstoffionen (Oxoniumionen) als auch OH^--Ionen bildet:

$$H_2O \rightarrow H^+ + OH^- \quad \text{bzw.} \quad 2H_2O \rightarrow H_3O^+ + OH^-$$

Die quantitativen Aspekte dieser Dissoziation werden in Abschn. 5.2.1 ausführlich erörtert. Dort wird gezeigt, dass die Wasserstoffionenkonzentration (und die

OH^--Ionenkonzentration) in reinem Wasser 10^{-7} mol/l beträgt, ferner, dass das Produkt aus der Wasserstoffionenkonzentration und der Hydroxidionenkonzentration stets einen konstanten Wert ergibt, und zwar ist bei 25 °C:

$$c_{H^+} \cdot c_{OH^-} = 10^{-14}\,mol^2/l^2$$

Es wird dann verständlich, dass beim Zusammenbringen einer Säure (Stoff, der in wässriger Lösung eine große H^+-Ionenkonzentration aufweist) mit einer Base (die wässrige Lösung enthält eine hohe OH^--Ionenkonzentration) in Umkehrung der obigen Dissoziationsgleichung die Wasserstoffionen mit den Hydroxidionen so lange undissoziiertes Wasser bilden

$$H^+ + OH^- \rightarrow H_2O \quad \Delta H^\circ = -55{,}9\,kJ$$

bis das Produkt aus beiden Ionenkonzentrationen, das man als **Ionenprodukt** des Wassers bezeichnet, gerade wieder den Wert

$$c_{H^+} \cdot c_{OH^-} = 10^{-14}\,mol^2/l^2$$

erreicht. Man bezeichnet diese Aufhebung der Säure-Eigenschaften mithilfe einer Base und umgekehrt die Beseitigung der basischen Eigenschaften durch eine Säure als **Neutralisation**.

Bei dieser exothermen Reaktion wird die sogenannte Neutralisationswärme frei. In neutralem und auch in chemisch reinem Wasser ist dann die Wasserstoffionenkonzentration genauso groß wie die Hydroxidionenkonzentration, nämlich:

$$c_{H^+} = 10^{-7}\,mol/l$$

In sauren Lösungen ist die Wasserstoffionenkonzentration größer als 10^{-7} mol/l, alkalische Lösungen enthalten wegen der relativ hohen OH^--Ionenkonzentration und der Abhängigkeit vom Ionenprodukt des Wassers eine H^+-Ionenkonzentration, die kleiner als 10^{-7} mol/l ist. Die Wasserstoffionenkonzentration ist also ein Maß dafür, ob eine Lösung sauer, neutral oder alkalisch reagiert. Da diese Konzentrationsangabe sehr häufig verwendet wird, jedoch als Maßzahl mit einem negativen Exponenten etwas zu umständlich zu schreiben ist, hat man eine einfachere Bezeichnung gewählt und diese als **pH-Wert**[3)] bezeichnet. Dieser hat die Bedeutung des **negativen Exponenten der Wasserstoffionenkonzentration**. Bei einer Wasserstoffionenkonzentration von 10^{-7} mol/l wäre dann der pH-Wert = 7.

Der pH-Wert kann, wie später gezeigt wird, experimentell durch verschiedene Methoden bestimmt werden. Man hat dabei die Beobachtung gemacht, dass in einer konzentrierten Ionenlösung die tatsächlich gemessenen Werte von denen der eigentlichen Wasserstoffionenkonzentration abweichen. Das ist verständlich, denn die Beweglichkeit der Wasserstoffionen wird durch die Anwesenheit von anderen Ionen in der wässrigen Lösung behindert, die Messwerte fallen dann deswegen zu tief aus. Da aber nicht die eigentlichen Wasserstoffionenkonzentrationen,

3) pH ist die Abkürzung von pondus (lat. = Menge, Masse) Hydrogenii (lat. = des Wasserstoffs, der Wasserstoffionen).

Tab. 4.2 Die pH-Skala und die pH-Werte einiger Lösungen.

a_{H^+} (mol/l)	a_{OH^-} (mol/l)	pH-Wert	Lösung	Reaktion
10^{0}	10^{-14}	0		stark
10^{-1}	10^{-13}	1		sauer
10^{-2}	10^{-12}	2	Magensaft	
10^{-3}	10^{-11}	3	Essig, Coca-Cola	
10^{-4}	10^{-10}	4	Bier	
10^{-5}	10^{-9}	5	Kaffee	schwach
10^{-6}	10^{-8}	6		sauer
10^{-7}	10^{-7}	7	Blut (7,41)	neutral
10^{-8}	10^{-6}	8	Meerwasser	schwach
10^{-9}	10^{-5}	9		basisch
10^{-10}	10^{-4}	10	Waschmittel	
10^{-11}	10^{-3}	11		
10^{-12}	10^{-2}	12	Salmiakgeist[a)]	
10^{-13}	10^{-1}	13		stark
10^{-14}	10^{0}	14		basisch

a) Lösung von Ammoniak in Wasser.

sondern die tatsächlich gemessenen Werte, die man als **Wasserstoffionenaktivitäten** bezeichnet, den pH-Messungen und pH-Wert-Angaben zugrunde liegen, formuliert man in einer präziseren Definition:

Der pH-Wert ist der negative dekadische Logarithmus der Wasserstoffionenaktivität, also $\mathrm{pH} = -\lg a_{H^+}$.

Eine ausführliche Unterscheidung zwischen Konzentrationen und Aktivitäten gibt der Abschn. 5.2.3, ferner wird im Abschn. 5.2.2 das Thema pH-Wert weitergeführt.

Reines und neutrales Wasser haben den pH-Wert 7 (dimensionslose Zahl); bei Säuren ist der pH-Wert kleiner als 7, und zwar umso kleiner, je stärker die saure Reaktion ist; bei Basen ist der pH-Wert größer als 7 (Tab. 4.2). Zusätzlich sind in Tab. 4.2 beispielhaft die pH-Werte einiger charakteristischen wässrigen Lösungen angegeben.

4.5.4 Salze

Bei der **Neutralisation** von Säuren mit Basen entsteht aus Wasserstoff- und Hydroxidionen undissoziiertes Wasser; die mit der Säure bzw. Base eingebrachten

Ionen bilden dann meistens eine wässrige **Salzlösung**. Beispiel:

$$\underbrace{NH_4^+ + OH^-}_{\text{Base}} + \underbrace{H^+ + Cl^-}_{\text{Säure}} \rightarrow H_2O + \underbrace{NH_4^+ + Cl^-}_{\text{Salzlösung}}$$

Aus der Salzlösung kann dann das betreffende Salz (Definition in Abschn. 2.2) durch Verdampfen des Wassers in kristallisierter Form erhalten werden. Von daher ist auch der Name **Base** zu verstehen, denn Basen bilden die Grundlagen (Grundlage heißt im Altgriechischen „basis"), aus denen man mithilfe von Säuren verschiedene Salze herstellen kann.

In einer präziseren Definition werden unter Salzen nur diejenigen Ionenverbindungen verstanden, deren Kristallgitter aus mindestens einer von H^+-Ionen verschiedenen Kationenart und mindestens aus einer von OH^--Ionen oder O^{2-}-Ionen verschiedenen Anionenart bestehen, also weder eine kristallisierte Säure, Base noch ein Oxid darstellen.

An der Neutralisationsreaktion beteiligen sich, wie die obige Reaktionsgleichung zeigt, nur die H^+-Ionen und die OH^--Ionen, während die anderen Ionen (wenn man von schwer löslichen Salzen absieht; Abschn. 5.3) sowohl vor als auch nach der Reaktion in gelöster Form vorliegen.

Enthält eine wässrige Lösung eine Reihe verschiedener Kationen und verschiedener Anionen, so existieren diese, jeweils von Wasserdipolen umgeben (hydratisiert), unabhängig voneinander, wobei nur durch Kompensation der positiven durch die negativen Ionenladungen nach außen hin die Elektroneutralität der gesamten Salzlösung gewahrt bleibt. Daher werden bei Analysenangaben von Mineralwässern die Ionen einzeln (Kationen und Anionen getrennt) und nicht verschiedene Salzarten aufgeführt. Erst beim Eindampfen von solchen Salzlösungen kristallisieren dann verschiedene, konkrete Salze (z. B. NaCl) entweder in reiner Form oder als Mischkristalle aus.

Neutralisationsreaktionen spielen u. a. in der Praxis des chemischen Labors und der Umwelttechnik eine wichtige Rolle, z. B.:

- Analyse von Säuren und Basen mittels **Maßanalyse** bzw. **Titration** (Abschn. 5.2.7),
- Neutralisation **industrieller Abwässer** vor der Einleitung in die biologische Kläranlage (Übungsbeispiel 4.6),
- Neutralisation saurer und basischer **Abluftinhaltsstoffe** (Abschn. 13.4.2, Übungsbeispiel 13.6).

Man kennzeichnet die Salze der Nichtmetallwasserstoffsäuren durch einen Namen, der sich zusammensetzt aus der Kationenbezeichnung und dem (oft abgekürzten lateinischen) Nichtmetallnamen, dem man die Endung **-id** anhängt, also z. B.:

NaCl	Natriumchlorid	=	Natriumsalz der Chlorwasserstoffsäure,
KBr	Kaliumbromid	=	Kaliumsalz der Bromwasserstoffsäure,
$(NH_4)_2S$	Ammoniumsulfid	=	Ammoniumsalz der Schwefelwasserstoffsäure.

Die Nomenklaturen (nomenclatio, lat. = Benennung mit Namen) anderer Salze werden in den Abschn. 7.2.2 und 5.4.2 erklärt.

Übungsbeispiel 4.6 Neutralisation eines industriellen Abwassers

Aus einem chemischen Prozess fällt pro Stunde 1 m^3 eines HCl-haltigen Abwassers an (pH-Wert = 3), welches vor dem Einleiten in die biologische Reinigungsanlage neutralisiert werden muss. Wie viel kg Natronlauge mit einem Massengehalt von 10 % werden hierzu pro Stunde benötigt?

Lösung Neutralisationsreaktion:

$$HCl + NaOH \rightarrow NaCl + H_2O$$

Die Gleichung besagt, dass zur Neutralisation von einem Mol HCl ein Mol NaOH benötigt wird.
Nach der Definition des pH-Werts enthält das Abwasser bei pH = 3 eine H^+-Ionenkonzentration von 10^{-3} mol/l, diese ist gleich der HCl-Konzentration ($c_{HCl} = 10^{-3}$ mol/l).
Pro m^3 liegt somit $1000 \cdot 10^{-3}$ mol = 1 mol HCl vor.
Nach obiger Gleichung ist pro m^3 1 mol NaOH (= 40 g) zur Neutralisation notwendig.
Bei einem Massengehalt von 10 % sind somit **400 g NaOH-Lösung** notwendig.

5
Chemische Gleichgewichte

Am Anfang dieses Kapitels wird eine wichtige, allgemeingültige Gesetzmäßigkeit zur Beschreibung chemischer Gleichgewichte, das sogenannte Massenwirkungsgesetz eingeführt. Hiermit sind Aussagen über die Konzentrationsverhältnisse der Edukte und Produkte im Gleichgewichtszustand möglich. Diese Gesetzmäßigkeit wird dann anhand von wichtigen chemischen Reaktionen im wässrigen Medium näher erläutert: so z. B. am Ionenprodukt des Wassers, an Farbindikatoren, an schwachen Säuren und Basen sowie am Löslichkeitsprodukt des Calciumcarbonats (Kesselsteinbildung). Auch die Bildung von „Komplexsalzen" stellt wichtige Beispiele für chemische Gleichgewichte dar.
Chemische Gasgleichgewichte spielen in der Chemietechnik bei der Herstellung von Grundstoffen wie beispielsweise Ammoniak oder Wasserstoff eine wichtige Rolle. Heterogene Gasgleichgewichte treten bei der Eisenherstellung im Hochofen oder beim oberflächlichen Aufkohlen von Stahl auf.
An Oberflächen fester Stoffe können sich Adsorptionsgleichgewichte einstellen. Bei der Chromatografie, einer häufig angewandten Analysenmethode, werden solche Adsorptionsvorgänge zur Auftrennung von Stoffgemischen genutzt.

5.1
Das Massenwirkungsgesetz

5.1.1
Die mathematische Formulierung des Massenwirkungsgesetzes

Wie bereits unter Abschn. 4.3.2.2 erwähnt, ändert sich die Geschwindigkeit, mit der eine chemische Reaktion abläuft, proportional mit den Konzentrationen der beteiligten Stoffe. Dies ist auch leicht einzusehen. Wenn nämlich zwei Stoffe miteinander reagieren und eine Verbindung bilden sollen, also in allgemeiner Schreibweise, wenn aus Stoff A und Stoff B eine Verbindung AB entstehen soll,

$$A + B \rightarrow AB$$

Chemie für Ingenieure, 14. Auflage. Jan Hoinkis.
©2016 WILEY-VCH Verlag GmbH & Co. KGaA. Published 2016 by WILEY-VCH Verlag GmbH & Co. KGaA.

so kann das nur eintreten, wenn jeweils ein Molekül des Stoffes A mit jeweils einem Molekül des Stoffes B zusammenstößt. Die Wahrscheinlichkeit, dass die Moleküle zusammentreffen, ist aber proportional den Konzentrationen. Hält man die Temperatur konstant, so ist die **Bildungsgeschwindigkeit** v_1 für die Verbindung AB proportional dem Produkt der Konzentrationen beider Ausgangsstoffe, daher:

$$v_1 \sim c_A \cdot c_B \quad \text{also} \quad v_1 = k_1 \cdot c_A \cdot c_B$$

v_1 = Bildungsgeschwindigkeit von AB, k_1 = Proportionalitätskonstante, c = Konzentration des Stoffes A bzw. B in mol/l.

Bei der Reaktionsgleichung soll es sich um ein chemisches Gleichgewicht handeln, bei dem eine ständige Neubildung von AB und ein Zerfall von AB in die Ausgangskomponenten stattfinden kann. Für die Verbindung AB soll also bei der gewählten, konstanten Temperatur die Bedingung gelten, dass sie teilweise in umgekehrter Richtung der Bildungsreaktion wieder in die Ausgangskomponenten A und B zerfällt, also:

$$AB \rightarrow A + B$$

Für die Geschwindigkeit dieser **Zerfallsreaktion** (Rückreaktion) gilt dann entsprechend:

$$v_2 \sim c_{AB} \quad \text{also} \quad v_2 = k_2 \cdot c_{AB}$$

v_2 = Zerfallsgeschwindigkeit von AB, k_2 = Proportionalitätskonstante, c_{AB} = Konzentration von AB in mol/l.

Zu Beginn einer chemischen Reaktion, wenn nur A und B vorhanden sind, ist die Bildungsgeschwindigkeit v_1 von AB groß (Bildungsgeschwindigkeit verstanden als Konzentrationsänderung der Reaktionspartner pro Zeitintervall). Im Verlauf der Reaktion werden A und B verbraucht, also ihre Konzentrationen geringer; dementsprechend sinkt auch die Bildungsgeschwindigkeit (Abb. 5.1). Umgekehrt wächst die Konzentration des Reaktionsproduktes AB und dementsprechend auch die Zerfallsgeschwindigkeit v_2 von AB. Nach einer gewissen Zeit stellt sich eine Gleichgewichtslage ein, bei der die Bildungs- und Zersetzungsgeschwindigkeiten gleich groß sind.

Wenn also $v_1 = v_2$, so werden pro Zeiteinheit gleich viele Moleküle AB aus A und B gebildet, wie auch wieder die Moleküle AB in die Stoffe A und B zerfallen. Das bedeutet: Die Konzentrationen der am Gleichgewicht beteiligten Stoffe bleiben konstant; es liegt ein sogenanntes **chemisches Gleichgewicht** vor. Da dieses Gleichgewicht von einer ständigen Bildungs- und Zersetzungsreaktion begleitet ist, spricht man von einem **dynamischen Gleichgewicht**.

Im Gleichgewichtszustand einer chemischen Reaktion, wenn also:

$$v_1 = v_2 \quad \text{ist folglich} \quad k_1 \cdot c_A \cdot c_B = k_2 \cdot c_{AB}$$

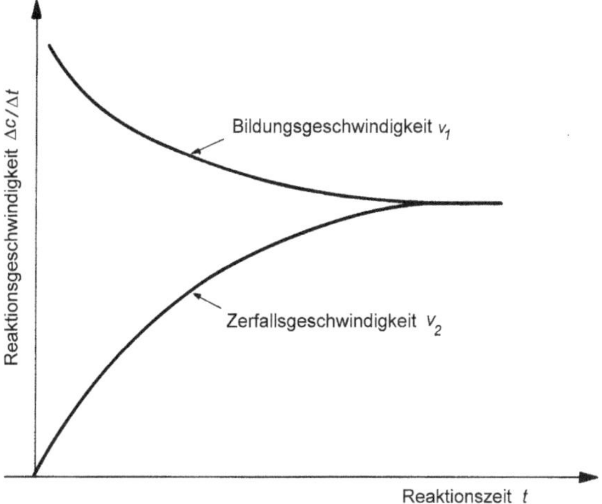

Abb. 5.1 Einstellung einer chemischen Gleichgewichtslage.

Oder es gilt dann die als Massenwirkungsgesetz[1] bezeichnete Formel, wobei man verschiedentlich die eingesetzten Stoffmengenkonzentrationen (mol/l) auch durch die in eckige Klammern gefassten chemischen Formeln kennzeichnet:

$$\frac{c_{\mathrm{AB}}}{c_{\mathrm{A}} \cdot c_{\mathrm{B}}} = \frac{k_1}{k_2} = K_{\mathrm{c}}(T) \quad \text{oder} \quad \frac{[\mathrm{AB}]}{[\mathrm{A}] \cdot [\mathrm{B}]} = K_{\mathrm{c}}(T)$$

Es ist dabei gleichgültig, von welcher Seite her, also entweder von den Ausgangsstoffen oder dem Endprodukt her, man sich dem Gleichgewicht nähert. Man gelangt immer wieder zu derselben Gleichgewichtseinstellung, d. h., durch chemische Reaktionsabläufe verändern sich die Konzentrationen so lange, bis der Quotient aus den Konzentrationen den für die Temperatur charakteristischen Wert K_{c} erreicht.

Im Gleichgewichtszustand einer chemischen Reaktion besitzt der Quotient aus den Konzentrationen der End- und der Ausgangsstoffe bei gegebener Temperatur einen bestimmten, konstanten, für die Reaktion charakteristischen Wert K_{c}, der auch **Gleichgewichtskonstante** genannt wird.

Im Massenwirkungsgesetz werden die Konzentrationen der Reaktionsprodukte (in einer Reaktionsgleichung die Stoffe auf der rechten Seite!) in den Zähler, die der Ausgangsstoffe in den Nenner geschrieben und multiplikativ verknüpft. Die stöchiometrischen Koeffizienten treten als Exponenten der Konzentrationen auf. Für die allgemein geschriebene Reaktionsgleichung

$$a\mathrm{A} + b\mathrm{B} \rightleftarrows c\mathrm{C} + d\mathrm{D}$$

1) Cato Maximilian Guldberg (1836–1902) und Peter Waage (1833–1900) entdeckten 1867 diese Gesetzmäßigkeiten. Die Bezeichnung „Massenwirkungsgesetz“ ist so zu verstehen, dass die Konzentrationen der Reaktionspartner als aktive, wirksame Massen in die Gleichung eingehen.

gilt

$$K_c(T) = \frac{[C]^c \cdot [D]^d}{[A]^a \cdot [B]^b}$$

Jede Reaktion hat ihre eigene charakteristische Gleichgewichtskonstante K_c, deren Wert von der Temperatur abhängt. Der Zahlenwert von K_c muss experimentell ermittelt werden.

Katalysatoren können die Geschwindigkeit beim Ablauf chemischer Reaktionen bis zur Einstellung des Gleichgewichtes beeinflussen, jedoch die Lage des chemischen Gleichgewichtes *nicht* verändern. Das bedeutet: Man kann durch Katalysatoren keine Reaktion erzwingen oder auch keine chemischen Gleichgewichte verschieben, wenn dies nicht auch ohne Katalysatoren möglich wäre. Der Einfluss eines Katalysators besteht nur darin, dass die Reaktionsgeschwindigkeit bis zur Einstellung des Gleichgewichtes erhöht wird.

Für die Reaktionsgleichung (Dissoziationsgleichung der schwefligen Säure)

$$H_2SO_3 \rightleftarrows 2H^+ + SO_3^{2-}$$

lautet z. B. das Massenwirkungsgesetz:

$$K_c(T) = \frac{c^2_{H^+} \cdot c_{SO_3^{2-}}}{c_{H_2SO_3}} \quad \text{oder} \quad K_c(T) = \frac{[H^+]^2 \cdot [SO_3^{2-}]}{[H_2SO_3]}$$

5.1.2
Das Prinzip von Le Chatelier

Das **Prinzip vom kleinsten Zwang** oder das Prinzip der Flucht vor dem Zwang, auch Prinzip von Le Chatelier genannt, besagt:

Übt man auf ein System, das sich im chemischen Gleichgewicht befindet, durch Änderung der äußeren Bedingungen einen Zwang aus, verschiebt sich das chemische Gleichgewicht derart, dass dieser äußere Zwang vermindert wird.

Die Folgerungen, die sich aus diesem Prinzip bei Änderung der äußeren Reaktionsbedingungen ergeben, zeigen sich z. B. deutlich an folgendem anschaulichen Experiment:

Anthracen, ein fester, weißer organischer Stoff (Abschn. 8.1.5.4) bildet mit der hellgelben Pikrinsäure (Abschn. 8.5.5) eine nicht sehr beständige, dunkelrote Verbindung. Die Reaktion kann man symbolisch durch folgende Gleichung veranschaulichen:

$$A + P \rightleftarrows AP$$

A = Anthracen, P = Pikrinsäure, AP = Verbindung aus Anthracen und Pikrinsäure (Anthracenpikrat).

Die Reaktion spielt sich im flüssigen Medium ab. Hierbei dient eine organische Substanz (z. B. Chloroform) als Lösungsmittel. Man erhält durch Vereinigen der beiden nahezu farblosen Lösungen von A und P eine die Verbindung AP enthaltende, rote Lösung, in der aber auch noch die Ausgangskomponenten A und P vorhanden sind. Alle an der obigen Reaktionsgleichung beteiligten Stoffe (also A, P und AP) liegen in einem dynamischen Gleichgewicht nebeneinander vor. Für dieses chemische Gleichgewicht lautet dann das Massenwirkungsgesetz:

$$K_c = \frac{c_{AP}}{c_A \cdot c_P}$$

Es ist dabei gleichgültig, von welcher Seite man sich dem Gleichgewicht nähert. Man erhält die gleiche Gleichgewichtseinstellung und damit die gleiche Farbintensität ebenso, wenn man in umgekehrter Richtung die vorher hergestellte Verbindung AP im Lösungsmittel auflöst, wobei diese teilweise wieder in die Komponenten A und P zerfällt.

Für die Wirkung des Prinzips vom kleinsten Zwang sind folgende drei Fälle charakteristisch:

- **Veränderung der Konzentration eines Reaktionspartners**
  Fügt man zu dem im Gleichgewicht befindlichen System

  $$A + P \rightleftarrows AP$$

  weitere Mengen des Stoffes A hinzu, so verschiebt sich das Gleichgewicht unter diesem „äußeren Zwang" so lange zugunsten von AP (nach rechts, d. h., die Lösung muss sich bei Zugabe der weißen Verbindung A stärker rot färben!), bis der Quotient aus den sich neu einstellenden Konzentrationen wieder den Wert K_c der Massenwirkungskonstanten erreicht (K_c = konst. bei gleicher Temperatur). Das Gleiche geschieht beim Zufügen weiterer Mengen des Stoffes P.
- **Einfluss der Verdünnung bzw. des Reaktionsdrucks**
  Bei der Reaktion

  $$A + P \rightleftarrows AP$$

  vereinigen sich zwei Moleküle (nämlich A und P) zu einem Molekül der Verbindung AP, die Anzahl der Teilchen in der Lösung nimmt also bei der Hinreaktion (von links nach rechts) ab, beim Zerfall von AP hingegen steigt die Zahl der Teilchen an.
  Wird nun die Lösung der im Gleichgewicht befindlichen Stoffe mit weiterem Lösungsmittel (z. B. Chloroform) verdünnt, so verschiebt sich das Gleichgewicht unter diesem „äußeren Zwang" der Verdünnung in Richtung der Ausgangsstoffe A und P (also nach links). Durch den Zerfall der Verbindung und damit durch das Entstehen zusätzlicher Moleküle wird dem Verdünnungseffekt entgegengewirkt, d. h., der äußere Zwang wird dadurch vermindert, dass das System dem äußeren Zwang ausweicht. Beim Aufkonzentrieren dagegen verschiebt sich das Gleichgewicht in umgekehrter Richtung nach rechts.

Einen ähnlichen Effekt bewirkt bei Reaktionen in der Gasphase die Veränderung des Reaktionsdrucks, denn nach der allgemeinen Zustandsgleichung für ideale Gase

$$p \cdot V = n \cdot R \cdot T$$

ist der Druck proportional der Konzentration, also

$$p \sim \frac{n}{V} \quad (\text{bei } T = \text{konst.})$$

Beim Erhöhen des Drucks wird damit bei Gasen die Reaktion bevorzugt, die unter Verminderung der Molekülzahl verläuft. Beim Vermindern des Drucks verschiebt sich das Gleichgewicht zugunsten der Reaktionspartner mit der größeren Anzahl von Molekülen (Beispiele in Abschn. 5.5.1).
Bleibt bei einer chemischen Reaktion die Molekülzahl gleich, also schematisch

$$\mathrm{A + B \rightleftarrows C + D}$$

so wird weder durch Veränderung des Reaktionsdrucks (bei gasförmigen Produkten) noch durch Variieren des Verdünnungsgrades das chemische Gleichgewicht beeinflusst. Ein Beispiel hierfür ist die Gleichgewichtsreaktion:

$$\mathrm{CO + H_2O \rightleftarrows CO_2 + H_2}$$

- **Veränderung der Reaktionstemperatur**
  Bei Temperaturerhöhung verschiebt sich das chemische Gleichgewicht in Richtung der Komponenten, die unter Wärmeverbrauch entstehen, beim Abkühlen zugunsten der exothermen Teilreaktion.
  Die Bildung von Anthracenpikrat (AP) aus Anthracen (A) und Pikrinsäure (P) ist eine sehr schwach exotherme Reaktion, also

$$\mathrm{A + P \rightleftarrows AP} \quad \Delta H^\circ = -x\,\mathrm{kJ}$$

  Beim Erwärmen wird darum die Färbung der Lösung heller; denn das Gleichgewicht verschiebt sich dabei zugunsten der schwach gefärbten Verbindungen A und P. Bei Temperaturerniedrigung (Kältebad) färbt sich die Lösung dunkler rot, weil sich das Gleichgewicht nach rechts, zugunsten des dunkelroten AP verschiebt.
  Ganz allgemein sind bei tiefen Temperaturen exotherme, bei hohen Temperaturen endotherme Reaktionen bevorzugt. In der Nähe des absoluten Nullpunktes könnten sich demnach nur exotherme Reaktionen abspielen. Bei gewöhnlichen Temperaturen (T = ca. 300 K) verlaufen die meisten Reaktionen noch exotherm, jedoch kommen bereits auch endotherme Reaktionen vor; bei Temperaturen des elektrischen Lichtbogens ($T > 2000$ K) laufen praktisch nur endotherme Reaktionen ab.

Tab. 5.1 Konzentrationen der H^+- und OH^--Ionen in reinem Wasser.

Temperatur (°C)	0	18	25	50	100
c_{H^+} bzw. c_{OH^-} ($\cdot 10^{-7}$ mol/l)	0,34	0,78	1,05	2,44	7,7

5.2 Gleichgewichte in wässrigen Lösungen

5.2.1 Das Ionenprodukt des Wassers

Wasser dissoziiert zu einem sehr geringen Teil in die Ionen H^+ und OH^- (Abschn. 4.5.3). In wässriger Lösung liegt das H^+-Ion eigentlich als sogenanntes **Oxoniumion** (Hydroniumion) H_3O^+ vor (Abschn. 7.1.2.2d). Die umgekehrte Reaktion, also die Vereinigung von H^+ und OH^- zu H_2O ist exotherm. Man kann dies leicht durch die starke Temperaturerhöhung feststellen, wenn man eine H^+-Ionen enthaltende Verbindung (also eine Säure) mit einer OH^--Ionen enthaltenden Verbindung (Base) zusammenfügt:

$$H^+ + OH^- \rightarrow H_2O \quad \Delta H^\circ = -55{,}9\,\text{kJ}$$

Eine Temperaturerhöhung (Erhitzen von chemisch reinem Wasser) bewirkt nach dem Prinzip des kleinsten Zwanges (Abschn. 5.1.2) eine Verschiebung des Gleichgewichtes in Richtung einer stärkeren Dissoziation von H_2O in H^+- und OH^--Ionen. Die Temperaturabhängigkeit der H^+-Ionen und damit auch der OH^--Ionenkonzentration in reinem Wasser ist in Tab. 5.1 veranschaulicht.

Auf die Gleichung für die elektrolytische Dissoziation des Wassers lässt sich auch das Massenwirkungsgesetz anwenden. Die experimentell z. B. durch Leitfähigkeitsmessungen mit sehr reinem Wasser für das Gleichgewicht

$$H_2O \rightleftarrows H^+ + OH^-$$

ermittelte Massenwirkungskonstante beträgt bei 25 °C

$$K_c = \frac{c_{H^+} \cdot c_{OH^-}}{c_{H_2O}} \approx 1{,}8 \cdot 10^{-16}\,\text{mol/l}$$

Die Konzentration des undissoziierten Wassers c_{H_2O} ist um viele Zehnerpotenzen größer als die Konzentration der Ionen c_{H^+} und c_{OH^-}, aus diesem Grunde kann man folgende Vereinfachungen vornehmen:

1. Die Konzentration des undissoziierten Wassers c_{H_2O} kann man innerhalb der Messgenauigkeit ausdrücken durch die Menge des insgesamt vorhandenen Wassers (also einschließlich der mit einer Waage nicht erfassbaren Mengen von H^+- und OH^--Ionen). Da aber 1 l Wasser bei 25 °C eine Masse von 997 g

besitzt, beträgt die auf 1 l entfallende Anzahl von Mol H_2O:

$$c_{H_2O} = \frac{997\,g/l}{18\,g/mol} = 55{,}4\,mol/l$$

2. Der Nenner in der Gleichung für das Massenwirkungsgesetz c_{H_2O} kann mit 55,4 mol/l als konstant angesehen und in die Massenwirkungskonstante einbezogen werden. Man erhält daher:

$$c_{H^+} \cdot c_{OH^-} = 55{,}4\,mol/l \cdot 1{,}8\,mol/l \cdot 10^{-16} = 1 \cdot 10^{-14}\,mol^2/l^2$$

Dies bezeichnet man auch als das **Ionenprodukt des Wassers**. Der Zahlenwert gilt aber nur für 25 °C (Tab. 5.1).

5.2.2
Der pH-Wert (2. Teil)

Bei reinem Wasser ist die Konzentration der H^+- und OH^--Ionen gleich groß, da jeweils ein Wassermolekül in diese beiden Ionenarten dissoziiert. Wenn man also für reines Wasser die Bedingung

$$c_{H^+} = c_{OH^-}$$

voraussetzt, lässt sich aus dem Ionenprodukt die Wasserstoffionenkonzentration berechnen. Dann ist für reines (ebenso für neutrales) Wasser, bei dem also weder H^+-Ionen noch die OH^--Ionen im Überschuss vorhanden sind, durch Einsetzen der Gleichung $c_{H^+} = c_{OH^-}$ in das Ionenprodukt des Wassers:

$$c_{H^+} \cdot c_{H\pm} = c^2_{H^+} = 10^{-14}\,mol^2/l^2$$

also die H^+-Ionenkonzentration

$$c_{H^+} = 10^{-7}\,mol/l$$

und damit der pH-Wert 7 (Abschn. 4.5.3). In reinem und neutralen Wasser ist auch die OH^--Ionenkonzentration 10^{-7} mol/l.

Dissoziiert ein Stoff in Wasser unter Bildung von H^+-Ionen (z. B. HCl in H_2O, Abschn. 4.5.1), so wird damit die Wasserstoffionenkonzentration in der wässrigen Lösung erhöht. Da aber das Ionenprodukt des Wassers konstant bleibt, muss bei Erhöhung der Wasserstoffionenkonzentration die Konzentration der OH^--Ionen kleiner werden.

Der pH-Wert einer Säurelösung lässt sich theoretisch berechnen. Wenn man annimmt, dass **HCl** als **starke Säure** (Abschn. 5.2.3) in Wasser vollständig in H^+- und Cl^--Ionen zerfällt, erhält man beim Lösen von einem Mol HCl in einem Liter Wasser eine H^+-Ionenkonzentration von 1 mol/l = 10^0 mol/l; der pH-Wert ist somit 0; die OH^--Ionenkonzentration ist dann 10^{-14} mol/l. Bei Basen berechnet man den pH-Wert, ausgehend von einer bekannten OH^--Ionenkonzentration, über das Ionenprodukt des Wassers.

Übungsbeispiel 5.1

Berechnung des pH-Werts und der OH^--Konzentration einer 0,1-molaren wässrigen HCl-Lösung.

Lösung HCl dissoziiert als starke Säure in wässriger Lösung praktisch vollständig in die Ionen H^+ und Cl^- (das Gleichgewicht liegt praktisch vollständig auf der rechten Seite):

$$HCl \rightarrow H^+ + Cl^-$$

Eine 0,1-molare Lösung von HCl in H_2O hätte bei vollständiger Dissoziation eine Wasserstoffionenkonzentration von 10^{-1} mol/l und damit einen pH-Wert von 1. Die OH^--Ionenkonzentration der 0,1-molaren Salzsäure wäre dann

$$c_{OH^-} = \frac{10^{-14}\,\text{mol}^2/\text{l}^2}{c_{H^+}} = \frac{10^{-14}\,\text{mol}^2/\text{l}^2}{10^{-1}\,\text{mol/l}} = 10^{-13}\,\text{mol/l}$$

Die Tab. 5.2 zeigt eine Gegenüberstellung von theoretisch berechneten und tatsächlich gefundenen pH-Werten. Bei Salzsäure und Natronlauge kann man eine vollständige Dissoziation in Ionen annehmen, während die **Essigsäure** als **schwache Säure** nur zu etwa 1,3 % in Ionen zerfällt (Abschn. 5.2.3), deswegen ist der pH-Wert einer 0,1-molaren Essigsäure nicht wie bei einer 0,1-molaren Salzsäure ca. 1, sondern ca. 3. Die Wasserstoffionenkonzentration einer 0,1-molaren Essigsäure ist demnach geringer: $10^{-2,9}$ mol/l statt 10^{-1} mol/l (Tab. 5.2).

Wie bereits in Abschn. 4.5.3 beschrieben, haben Säuren pH-Werte < 7, Basen > 7, neutrales und reines Wasser pH = 7,0. Hinsichtlich des Dissoziationsverhaltens kann man zwischen starken und schwachen Elektrolyten unterscheiden, wie es der folgende Abschn. 5.2.3 näher beschreibt.

Tab. 5.2 pH-Werte verschiedener wässriger Lösungen.

In Wasser gelöster Stoff bzw. Dissoziationsreaktion	Konzentration (mol/l)	Dissoziierter Anteil	c_{H^+} (mol/l)	c_{OH^-} (mol/l)	pH-Wert berechnet	pH-Wert aus Experiment
$HCl \rightleftarrows H^+ + Cl^-$	1	100 %	10^0	10^{-14}	0	0,1
	0,1	100 %	10^{-1}	10^{-13}	1	1,1
	0,0001	100 %	10^{-4}	10^{-10}	4	4,0
$HAc \rightleftarrows H^+ + Ac^-$	0,1	1,3 %	$10^{-2,9}$	$10^{-11,1}$	2,9	2,9
$NaOH \rightleftarrows Na^+ + OH^-$	0,01	100 %	10^{-12}	10^{-2}	12	12,1

5.2.3
Die elektrolytische Dissoziation

Für die elektrolytische Dissoziation einer Säure (HA) nach der allgemeinen Gleichung

$$HA \rightleftarrows H^+ + A^-$$

gilt dann gemäß dem Massenwirkungsgesetz:

$$K_D = \frac{c_{H^+} \cdot c_{A^-}}{c_{HA}}$$

Die Gleichgewichtskonstante K_D heißt **Dissoziationskonstante** und wird bei Säuren auch kurz als **Säurekonstante** mit der Abkürzung K_S bezeichnet. Wie beim pH-Wert wird häufig auch der negative dekadische Logarithmus von K_S, der sogenannte **pK_S-Wert** angegeben. Der Zahlenwert des pK_S-Werts ist ein Maß für die Stärke einer Säure. Je kleiner der pK_S-Wert, desto stärker ist die Säure. Säuren mit einem p$K_S < 0$ sind sehr *starke* Säuren, solche mit p$K_S > 3$–4 werden als *schwache* Säuren betrachtet. Beispielsweise hat HCl hat einen pK_S-Wert von −6 und Essigsäure von 4,75. Entsprechend wurde für Basen eine Basenkonstante pK_B eingeführt. Je kleiner der pK_B-Wert, umso stärker ist die jeweilige Base.

Oft wird die Stärke der Säure auch durch den **Dissoziationsgrad** α ausgedrückt, der angibt, welche Anteile der in Wasser gelösten Säure in Ionen dissoziieren.

Essigsäure als schwache Säure ist in wässriger Lösung zu weniger als 1 % ($\alpha <$ 0,01) dissoziiert, HCl als sehr starke Säure ist praktisch zu 100 % ($\alpha = 1$) in Ionen dissoziiert.

Neben den **einprotonigen** Säuren, d. h. solche, die *ein* H^+-Ion abgeben, gibt es auch **mehrprotonige** Säuren, welche mehr als ein dissoziierbares Proton abgeben können. Ein Beispiel für eine *zwei*protonige Säure ist die Schwefelsäure:

$$H_2SO_4 \overset{K_{D1}}{\rightleftarrows} H^+ + HSO_4^- \overset{K_{D2}}{\rightleftarrows} 2H^+ + SO_4^{2-}$$

Mehrprotonige Säuren dissoziieren schrittweise, wobei jeder Schritt seine eigene Dissoziationskonstante besitzt. Für eine 0,1-molare Schwefelsäure gilt für den ersten Dissoziationsschritt $\alpha = 1$, für den zweiten Dissoziationsschritt beträgt $\alpha =$ 0,3. HSO_4^- ist somit nur noch eine mittelstarke Säure. Phosphorsäure (H_3PO_4) ist ein Beispiel für eine *drei*protonige Säure.

Das Massenwirkungsgesetz in der obigen Form gilt nur in verdünnten Lösungen (schwache Elektrolyten < 0,1 – molar; starke Elektrolyten < 0,001 – molar). Denn erst bei diesen großen Verdünnungen sind die Ionen soweit voneinander getrennt, dass eine gegenseitige Beeinflussung kaum noch vorhanden ist.

Bei höheren Konzentrationen machen sich die Anziehungskräfte zwischen den verschieden geladenen Ionen so deutlich bemerkbar, dass dadurch eine jeweils geringere Konzentration vorgetäuscht wird. Die tatsächlich gemessene Wasserstoffionenkonzentration ist dann geringer, sodass es scheint, dass eine starke Säure,

Tab. 5.3 Aktivitätskoeffizienten von wässrigen Lösungen bei 25 °C.

mol/1000 g H_2O	0,001	0,01	0,1	1,0
HCl	0,965	0,905	0,794	0,809
NaCl	0,965	0,902	0,778	0,657
NaOH	0,964	0,905	0,766	0,679

z. B. eine 1-molare oder 0,1-molare HCl-Lösung nicht vollständig in die Ionen H^+ und Cl^- zerfallen wäre. Man weiß aber aus anderen Beobachtungen (z. B. Spektroskopie), dass verdünnte Salzsäure in Wasser vollständig in Ionen zerfällt. Die bei Messungen von nicht sehr stark verdünnten Lösungen feststellbaren, scheinbar geringeren Ionenkonzentrationen bezeichnet man als **Aktivitäten**. Die Aktivität ist definiert als:

$$a = f \cdot c$$

wobei der Faktor f als **Aktivitätskoeffizient** bezeichnet wird. Er ist kleiner als 1 und nähert sich bei hinreichender Verdünnung dem Grenzwert 1 (Aktivität a = Konzentration c). Durch pH-Messgeräte (Abschn. 10.2.3) wird die Wasserstoffionenaktivität ermittelt und angegeben. Zur Definition der Bezugspotenziale in der elektrochemischen Spannungsreihe verwendet man ebenfalls die Wasserstoffionenaktivität. Die Tab. 5.3 enthält einige Aktivitätskoeffizienten in Abhängigkeit von der Ionenkonzentration. In den meisten Fällen zieht man es jedoch vor, mit den Ionenkonzentrationen, nicht mit den Ionenaktivitäten zu rechnen.

5.2.4 Das Kohlensäuregleichgewicht

Kohlendioxid (CO_2) löst sich in Wasser unter schwach saurer Reaktion. Nur ein sehr kleiner Anteil des eingeleiteten Kohlendioxids bildet Kohlensäure, die unter Abspaltung von H^+-Ionen dissoziiert, und zwar zunächst unter Bildung von Hydrogencarbonationen und in noch weit geringerem Maße schließlich unter Bildung von Carbonationen:

$$H_2O + CO_2 \rightleftarrows H_2CO_3 \rightleftarrows H^+ + HCO_3^- \rightleftarrows 2H^+ + CO_3^{2-}$$

Es handelt sich um ein vom **pH-Wert abhängiges Gleichgewicht.** Durch Zugabe von starken Säuren (= Erhöhen der Wasserstoffionenkonzentration) wird die Kohlensäure wieder aus dem Wasser verdrängt. Das CO_2 entweicht dann aus der wässrigen Phase (Verlagerung des Kohlensäuregleichgewichtes bei Zugabe von Wasserstoffionen nach links). Umgekehrt wird durch Laugen (d. h. durch Verminderung der H^+-Ionenkonzentration) das Gleichgewicht nach rechts verschoben. Es bilden sich Carbonate (Zunahme der CO_3^{2-}-Ionen). Daher nehmen Laugen beim Stehen an der Luft (die immer Kohlendioxid enthält) leicht Kohlensäure an.

Regenwasser, normales Leitungswasser und auch destilliertes Wasser zeigen häufig wegen eines gewissen Kohlensäuregehaltes eine schwach saure Reaktion (pH-Wert ~ 5–6).

Ähnlich wie die Kohlensäure werden auch andere schwache Säuren (wenig dissoziierende Säuren, wie z. B. Essigsäure, Schwefelwasserstoffsäure) durch starke Säuren (= stark dissoziierende Säuren) aus der wässrigen Phase und aus Verbindungen, den entsprechenden Salzen, verdrängt.

5.2.5 Pufferlösungen

Charakteristisch für Pufferlösungen ist ihre **pH-Stabilität**. Gibt man nämlich zu einer solchen Lösung eine kleine Menge einer starken Säure oder Base, so ändert sich der pH-Wert nicht oder nur geringfügig.

Pufferlösungen werden deshalb überall dort eingesetzt oder kommen dort vor, wo es darauf ankommt, einen möglichst konstanten pH-Wert zu erhalten oder beizubehalten. Besonders wichtig sind Puffersysteme in der Biologie. So ist beispielsweise das menschliche Blut auf einen pH-Wert 7,35–7,45 gepuffert. Pufferlösungen mit bestimmten pH-Werten werden auch zur Kalibration von pH-Messgeräten eingesetzt (Abschn. 10.2.3).

Damit der pH-Wert auch bei Säure- oder Basezusatz annähernd konstant bleibt, müssen Pufferlösungen zwei Stoffe enthalten:

- einen Stoff, der eventuell hinzukommende Wasserstoffionen bindet und
- einen anderen Stoff, der hineingelangende Hydroxidionen bindet.

Als solche OH^--Ionen bindende Stoffe kann man schwache Säuren verwenden, denn schwache Säuren dissoziieren nur zu einem geringen Anteil in Wasserstoffionen und Säurerestanionen. Hinzukommende OH^--Ionen bilden sofort mit den aus der Säure stammenden, schon dissoziiert vorliegenden Wasserstoffionen undissoziiertes Wasser. Die dabei verbrauchten Wasserstoffionen werden durch weitere Dissoziation von Molekülen der schwachen Säure nachgeliefert, da folgendes Gleichgewicht besteht:

$$HA \rightleftarrows H^+ + A^-$$

und das Massenwirkungsgesetz gültig ist:

$$K = \frac{c_{H^+} \cdot c_{A^-}}{c_{HA}}$$

Die mit den OH^--Ionen der Base ebenfalls hinzugefügten Kationen bilden mit den durch die Säure entstehenden Anionen eine Salzlösung, die den pH-Wert jedoch nicht beeinflusst.

Eventuell in die Pufferlösung gelangende H^+-Ionen werden durch einen Stoff gebunden, der in wässriger Lösung eine große Anzahl von Anionen einer schwachen Säure aufweist. Dies ist das Salz einer schwachen Säure mit einer starken

Tab. 5.4 Beispiele für häufig gebrauchte Pufferlösungen.

Name	H^+-Ionen-Fänger	OH^--Ionen-Fänger	pH-Pufferbereich
Acetatpuffer	CH_3COO^-	CH_3COOH	ca. 5
Phosphatpuffer	HPO_4^{2-}	$H_2PO_4^-$	ca. 7
Ammoniumpuffer	NH_3	NH_4^+	ca. 9

Base; ein Salz, das in wässriger Lösung nahezu vollständig in die betreffenden Ionen zerfällt, z. B.: $NaA \rightarrow Na^+ + A^-$ (A^- = Anion einer schwachen Säure).

Diese Anionen A^- bilden mit den hinzukommenden H^+-Ionen wieder undissoziierte Säure, sodass die Säurezugabe keine spürbare pH-Änderung bewirkt.

Eine Pufferlösung besteht somit – je nach pH-Bereich, welcher gepuffert werden soll – entweder aus:

- einer schwachen Säure (OH^--Ionen-Fänger) und einem Salz dieser schwachen Säure mit einer starken Base (H^+-Ionen-Fänger),
- einer schwachen Base (H^+-Ionen-Fänger) und einem Salz dieser schwachen Base mit einer starken Säure (OH^--Ionen-Fänger).

Beispiele für wichtige Puffersysteme sind in Tab. 5.4 aufgeführt.

Die experimentellen pH-Messungen ergeben nur geringfügige Änderungen des pH-Werts, selbst bei einer großen Änderung des Verhältnisses der beiden in der Pufferlösung vorhandenen Komponenten, z. B. der schwachen Säure (undissoziierte Form HA) und des Salzes dieser schwachen Säure (dissoziierte Form A^-), wie es aus der Abb. 5.2 ersichtlich ist. Ähnliches gilt für die Kombination einer schwachen Base und dem Salz einer schwachen Base.

Das waagerecht gestreifte Gebiet deutet die undissoziierte Form HA, das senkrecht gestreifte Gebiet die dissoziierte Form A an; die Zone mit schräger Schraffur den pH-Bereich, in dem sich trotz großer Änderung der Stoffmengenanteile der dissoziierten und der undissoziierten Form nur eine geringe pH-Änderung ergibt.

5.2.6 pH-Farbindikatoren

Zur Messung des pH-Werts können **Farbindikatoren** verwendet werden. Diese sind schwache Säuren oder Basen, deren Ionen eine andere Farbe haben als die undissoziierten Moleküle. Da den Farbindikatoren schwache Säuren zugrunde liegen (analoges gilt für Indikatoren, die aus schwachen Basen bestehen), kann ihre Wirkungsweise ebenfalls durch Abb. 5.2 veranschaulicht werden: Im Gebiet HA herrscht die Farbe der undissoziierten Säure vor, im Gebiet A^- die der Säureanionen.

In einem verhältnismäßig engen pH-Bereich tritt der Farbwechsel ein. Da immer nur äußerst geringe Mengen des Indikators verwendet werden, erfolgt der „Umschlag" der Farbe des Indikators schon bei Zugabe verhältnismäßig kleiner

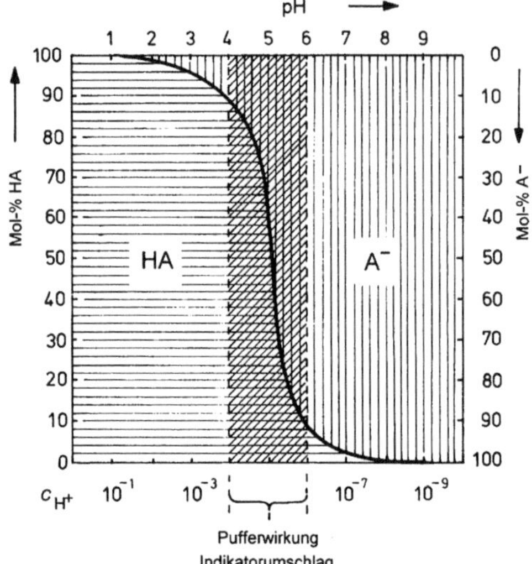

Abb. 5.2 Pufferwirkung und Indikatorumschlag.

Tab. 5.5 pH-Farbindikatoren.

Indikator	Grenzfarbe bei niedrigem pH (sauer)	Grenzfarbe bei höherem pH (basisch)	Umschlagsbereich bei pH
Thymolblau (1. Umschlag)	rot	gelb	1,2–2,8
Methylorange	rot	gelb	3,1–4,5
Methylrot	rot	gelb	4,2–6,3
Lackmus	rot	blau	6,0–8,0
Thymolblau (2. Umschlag)	gelb	blau	8,0–9,6
Phenolphthalein	farblos	rot	8,3–10,0
Thymolphthalein	farblos	blau	9,3–10,5
Alizaringelb	gelb	violett	10,0–12,1

Säuren- bzw. Laugenmengen (bei sehr großen Indikatormengen bestünde Pufferwirkung, Abschn. 5.2.5). Man kann daher an der Farbe des Indikators den pH-Wert der betreffenden Lösung erkennen.

Die wichtigsten Farbindikatoren sind in der Tab. 5.5 zusammengestellt. Auf die Ursache der Farbänderung wird in Abschn. 11.7.4 näher eingegangen. Zur pH-Messung werden oft **Indikatorpapiere** verwendet, bei denen der Indikator auf einem Papierstreifen aufgetragen ist. Die Färbung des betreffenden Indikatorpapiers beim Eintauchen in die zu prüfende Lösung zeigt dann den pH-Wert an. **Universalindikatorpapiere** enthalten mehrere Farbindikatoren und ermöglichen pH-Messungen in einem weiten Bereich, weil die darin enthaltenen Farbindikatoren verschiedene Farbumschlagsbereiche haben.

Heute werden pH-Wert-Messungen im Laborbereich sowie in der industriellen Anwendung üblicherweise mit **elektrochemischen pH-Messgeräten** (Abschn. 10.2.3) durchgeführt, da sie den Vorteil haben, dass die pH-Werte elektronisch erfasst und weiterverarbeitet werden können.

5.2.7 Maßanalyse

Säure-Base-Titration

Farbindikatoren können dazu benutzt werden, um die Menge der in einer Lösung vorhandenen Säure oder Lauge zu bestimmen (Säure-Base-Titration oder Neutralisationstitration). Dem hierbei gebräuchlichen, als **Maßanalyse** oder auch **Titration** bezeichneten Verfahren liegt folgendes Prinzip zugrunde:

Man gibt zu einer zu bestimmenden Lösung, die einige Tropfen einer stark verdünnten Indikatorlösung enthält, nach und nach aus einer **Bürette**[2)] genau dosiert eine Reagenzlösung bekannter Konzentration. Dabei erfolgt die Neutralisation nach der Gleichung $H^+ + OH^- \rightarrow H_2O$. Wie man aus Abb. 5.3 ersehen kann, erfolgt in der Nähe des Äquivalenzpunktes (z. B. pH = 7) bei geringer Laugenzugabe eine große Änderung des pH-Werts, die durch den zugefügten Indikator gut erkannt werden kann.

Wie aus Abb. 5.3 hervorgeht, ist die Titration von starken Säuren mit starken Basen unproblematisch. Werden schwache Säuren oder Basen titriert, so ist darauf zu achten, dass der Indikatorumschlag innerhalb der senkrecht verlaufenden „Titrationskurve“ erfolgt, wo schon sehr geringe Mengen der zugefügten Reagenzlösung eine große Änderung des pH-Werts hervorrufen.

Im waagerecht verlaufenden Kurvenast entsteht die unter Abschn. 5.2.5 beschriebene Pufferwirkung (dieser Teil der Kurve entspricht dem senkrechten Teil der um 90° gedrehten Kurve der Abb. 5.2).

5.2.7.1 Normallösungen

Wie im Abschnitt zuvor gezeigt, kommt es bei den Lösungen in der Bürette darauf an, die Konzentration der H^+ und OH^--Ionen genau zu kennen. Die Stoffmengenkonzentration des gelösten Stoffes entspricht hierbei nicht immer der Konzentration der Ionen, auf die es bei der Neutralisation ankommt. So kann z. B. die Schwefelsäure bei der Neutralisation zwei Protonen abgeben:

$$H_2SO_4 \rightarrow 2H^+ + SO_4^{2-}$$

Zur Titration verwendet man deshalb sogenannte Normallösungen. Eine **Normallösung** ist eine Lösung, deren Konzentration als **Äquivalentkonzentration** angegeben wird. Die Äquivalentkonzentration (früher auch als Normalität bezeichnet) ist die Stoffmengenkonzentration bezogen auf Äquivalente, d. h. die Anzahl der Mole von Äquivalentteilchen (H^+- oder OH^--Ionen) pro Liter Lösung.

2) burette, fr. = kleines Gefäß. Als Bürette bezeichnet man ein kalibriertes, zylindrisches Glasrohr mit einem Auslaufhahn am unteren Ende (Abb. 5.4).

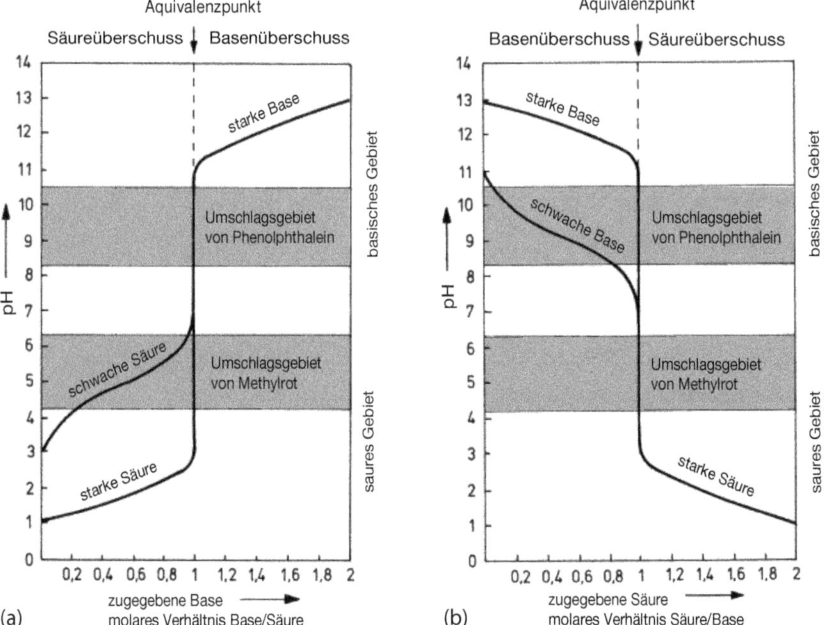

Abb. 5.3 Titrationskurven: (a) Titration einer Säure mit einer Base, (b) Titration einer Base mit einer Säure.

Zur Herstellung von Schwefelsäure mit der Äquivalentkonzentration 1 mol (d. h. einer H^+-Konzentration = 1 mol/l) muss nur eine Stoffmengenkonzentration von H_2SO_4 von 0,5 mol eingestellt werden, da Schwefelsäure zwei Protonen abgeben kann ($H_2SO_4 \rightarrow 2H^+ + SO_4^{2-}$). Man muss also 0,5 mol H_2SO_4 (= 49 g) in Wasser lösen und das Volumen der Lösung bei der Arbeitstemperatur, z. B. 20 °C, auf genau 1 l einstellen. Teilweise wird eine Lösung mit der Äquivalentkonzentration 1 mol auch als **1-normale** Lösung bezeichnet (im Deutschen teils 1 n abgekürzt, nach den Empfehlungen der IUPAC 1 N geschrieben). Die 0,5-molare Lösung einer zweiprotonigen Säure (z. B. H_2SO_4) ergibt somit eine 1-normale Lösung.

Die Verwendung von Normallösungen vereinfacht die Berechnungen für die in der Lösung zu ermittelnden Stoffanteile, denn zur vollständigen Neutralisation wird pro Äquivalent einer beliebigen Säure genau ein Äquivalent einer beliebigen Lauge gebraucht. Durch Multiplikation mit den Äquivalentmassen können dann schließlich auch die mengenmäßigen Anteile der zu bestimmenden Substanzen berechnet werden.

Zur Ermittlung der Konzentration einer Säure bzw. Base wird ein bestimmtes Volumen dieser Lösung mit einer **Pipette**[3] genau abgemessen und in einem **Er-**

3) pipette, fr. = Pfeifchen. Pipetten sind dünne, in der Mitte meist ausgebauchte Glasröhrchen (Abb. 5.4), in die eine abzumessende Flüssigkeit mit einer Pipettierhilfe hochgesaugt und an einer Eichmarke genau abgemessen und anschließend ausgefüllt wird.

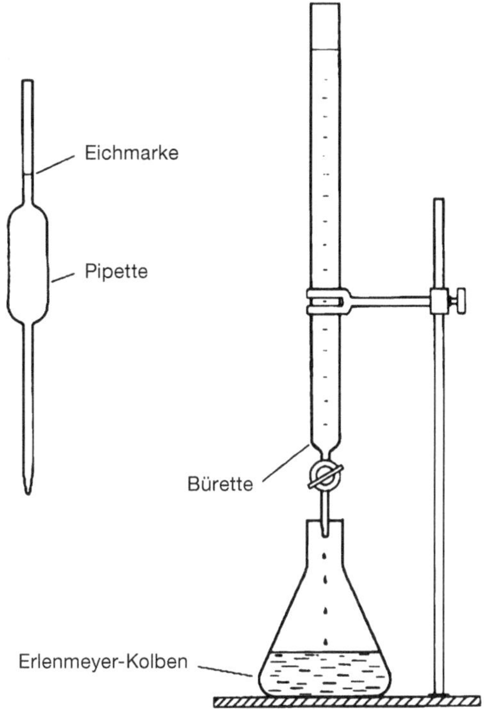

Abb. 5.4 Geräte zur Maßanalyse.

lenmeyerkolben (benannt nach Emil Erlenmeyer, 1825–1909) vorgelegt. Nach Zugabe eines Farbindikators lässt man solange eine Säure bzw. Base bekannter Normalität unter ständigem Umschwenken eintropfen, bis die Säure bzw. Base neutralisiert ist (Farbumschlag des Indikators).

Neben einer solchen Säure-Base-Titration kann die Maßanalyse auch auf andere chemische Reaktionen angewendet werden, wie z. B. auf die im folgenden Abschn. 5.2.7.2) beschriebenen Redoxreaktionen. Wichtig ist nur, dass bei Titrationen entweder durch **Farbänderungen von Indikatoren** oder auch durch **elektrochemische Messungen** der Äquivalenzpunkt genau bestimmt werden kann (Abschn. 10.7.1). Denn es muss genau der Endpunkt der Zugabe einer Reagenzlösung ermittelt werden können, bei dem die zudosierte Reagenzlösung genau äquivalent der in der Lösung zu bestimmenden Substanz ist. Elektrische Messungen bieten den Vorteil, dass man sie zur elektronischen Steuerung der Titration verwenden und damit eine maßanalytische Bestimmung vollautomatisch oder wenigstens halbautomatisch ablaufen lassen kann. In Prüflabors mit hohem Durchsatz an Analysen wird heute üblicherweise mit automatisierten Titratoren gearbeitet.

Übungsbeispiel 5.2 Konzentrationsbestimmung durch Titration

Die Konzentration einer stark verdünnten Schwefelsäure soll ermittelt werden (in mg/l). Hierzu werden 100 ml dieser Schwefelsäure vorgelegt und mit einer 0,1-normalen NaOH-Lösung nach Zugabe eines Farbindikators (z. B. Methylrot) bis zum Farbumschlag titriert:

$$H_2SO_4 + 2NaOH \rightarrow Na_2SO_4 + 2H_2O$$

Es wurden 14,2 ml 0,1-normale NaOH-Lösung verbraucht.

Lösung Aus der dabei verbrauchten Titrationslösung (Titrans) kann man die Konzentration der vorgelegten Säure berechnen:

- 1 ml der 0,1-normalen NaOH enthält $0{,}1 \cdot 10^{-3} = 10^{-4}$ mol OH^--Ionen.
- 14,2 ml enthalten somit: $14{,}2 \cdot 10^{-4}$ mol OH^--Ionen.
- Zur Neutralisation werden äquivalent $14{,}2 \cdot 10^{-4}$ mol H^+-Ionen benötigt.
- Pro mol H_2SO_4 liegen 2 mol der Äquivalentteilchen H^+-Ionen vor.
- Somit beträgt die Stoffmenge H_2SO_4 *pro ml* vorgelegte Lösung:

$$n = \frac{0{,}5 \cdot 14{,}2 \cdot 10^{-4}}{100\,\text{mol}} = 7{,}1 \cdot 10^{-6}\,\text{mol}$$

- Die Stoffmengenkonzentration der Schwefelsäure beträgt $7{,}1 \cdot 10^{-3}$ mol/l.

Die Konzentration in mg/l ergibt sich mit der molaren Masse von H_2SO_4 zu:

$$7{,}1 \cdot 10^{-3}\,\text{mol/l} \cdot 98\,\text{g/mol} = 0{,}6958\,\text{g/l} \quad \text{bzw.} \quad \mathbf{695{,}8\,mg/l}$$

5.2.7.2 Redoxtitrationen (Oxidimetrie)

Während bei der Säure-Base-Titration die Wasserstoffionenkonzentration von Bedeutung ist, werden bei der **Redoxtitration** Reduktions- und Oxidationsprozesse, sogenannte Redoxsysteme zur stöchiometrischen Bestimmung ausgenutzt. Das bekannteste oxidimetrische Bestimmungsverfahren ist die **Manganometrie**, bei der das Oxidationsvermögen des violetten Permanganations MnO_4^- ausgenutzt wird. Durch das Permanganation MnO_4^- kann man verschiedene Stoffe oxidieren und damit mengenmäßig bestimmen, so z. B. organische Stoffe in Wasserproben, Fe^{2+}-Ionen (die zu Fe^{3+}-Ionen oxidiert werden), den Wasserstoffperoxidgehalt H_2O_2 usw. In saurer Lösung wird bei diesem Redoxvorgang das violette Permanganation MnO_4^- mit der Oxidationszahl +7 zum fast farblosen, zweiwertigen Manganion Mn^{2+} reduziert:

$$\overset{+7}{Mn}O_4^- + 8H^+ + 5e^- \rightarrow Mn^{2+} + 4H_2O$$

Der Äquivalenzpunkt ist dann erreicht, wenn die zugegebene Titrationslösung von Kaliumpermanganat gerade nicht mehr entfärbt wird. Die für die Reaktion benötigten Elektronen ($5e^-$) werden solange anderen Ionen oder Molekülen entrissen (d. h. die betreffenden Stoffe werden oxidiert, Abschn. 4.4.1), bis diese vollständig in die andere Oxidationsstufe überführt sind; z. B.

$$Fe^{2+} \rightarrow Fe^{3+} + e^- \quad \text{oder} \quad H_2\overset{-1}{O_2} \rightarrow \overset{0}{O_2} + 2H^+ + 2e^-$$

Als reduzierend wirkende Gegenreagenzlösung verwendet man Oxalsäurelösungen bekannter Konzentration, wobei die Kaliumpermanganatlösung die Oxalsäure zu Kohlendioxid oxidiert, bzw. genauer gesagt wird der Kohlenstoff von der Oxidationsstufe +3 nach +4 oxidiert:

$$(\overset{+3}{C}OO)_2^{2-} \rightarrow 2\overset{+4}{C}O_2 + 2e^-$$

In alkalischer Lösung geht die Reduktion des Permanganats nur bis zum „Braunstein" (Oxidationszahl +4):

$$\overset{+7}{Mn}O_4^- + 2H_2O + 3e^- \rightarrow \overset{+4}{Mn}O_2 + 4OH^-$$

5.2.8 Saure und alkalische Reaktionen von Salzen

Viele Salze enthalten in ihrer Formel entweder einen sauren oder alkalischen Bestandteil. Als Beispiele seien genannt:

- $NaHSO_4$, das man wegen des in diesem Salz enthaltenen Wasserstoffs als ein saures Salz bezeichnen kann,
- $Fe(OH)_2Cl$, das wegen der OH^--Ionen als basisches Eisensalz betrachtet wird.

Andere Salze können formelmäßig neutral erscheinen, z. B. $FeCl_3$ oder $Al_2(SO_4)_3$. Die Summenformel sagt jedoch nichts über die tatsächliche Reaktion, die solche Salze beim Auflösen in Wasser zeigen. So können formelmäßig neutral erscheinende Salze beim Auflösen in Wasser saure oder alkalische Reaktionen zeigen. Dieses Phänomen beruht auf einer sauren oder basischen Reaktion entweder der Kationen oder Anionen mit dem Wasser. Denn nicht nur neutrale Moleküle können mit Wasser als Säuren oder Basen reagieren, sondern auch Kationen und Anionen können im Brönsted'schen Sinne (Abschn. 4.5.1) Protonendonatoren bzw. Protonenakzeptoren sein und damit zur Säure bzw. zur Base werden.

5.2.8.1 Beispiel einer alkalischen Reaktion (Anionbase)

Natriumcarbonat Na_2CO_3 löst sich in Wasser unter alkalischer Reaktion. Der Grund für dieses Verhalten ist die Eigenschaft der CO_3^{2-}-Ionen, durch Aufnahme von H^+-Ionen aus dem Wasser entweder in HCO_3^--Ionen oder in undissoziierte Kohlensäure (H_2CO_3) überzugehen:

$$CO_3^{2-} + H_2O \rightleftarrows HCO_3^- + OH^-$$
$$CO_3^{2-} + 2H_2O \rightleftarrows H_2CO_3 + 2OH^-$$

CO_3^{2-}-Ionen wirken nach der Brönsted'schen Theorie als Protonenakzeptoren und sind somit als Basen zu bezeichnen. Werden aber Wasserstoffionen des Wassers gebunden, so bleibt in der Lösung ein Überschuss von OH^--Ionen zurück: Die Lösung von Na_2CO_3 in Wasser reagiert deswegen alkalisch, der pH-Wert kann z. B. Werte von 11 ergeben. CO_3^{2-} ist deswegen als Anionbase zu bezeichnen.

Bildet also eine *starke* Base (Natronlauge NaOH) mit einer *schwachen* Säure (Kohlensäure H_2CO_3) ein Salz, so ergibt sich beim Lösen in Wasser eine basische Reaktion.

5.2.8.2 Beispiel einer sauren Reaktion (Kationsäure)

Löst man Aluminiumsulfat, das Salz der *schwachen* Base $Al(OH)_3$ mit der *starken* Säure H_2SO_4 in Wasser, so entsteht eine saure Reaktion. Nach dem Brönsted'schen Säurebegriff ist das hydratisierte Aluminiumion als Säure anzusehen, denn es spaltet (in Verbindung mit Wasser) Protonen ab, gemäß folgender Reaktionsgleichung:

$$[Al(H_2O)_6]^{3+} \rightleftarrows [Al(H_2O)_5OH]^{2+} + H^+$$

Die entstehenden H^+-Ionen ergeben eine saure Reaktion der Lösung. Werden in sehr starker Verdünnung aus den $[Al(H_2O)_5OH]^{2+}$-Ionen weitere H^+-Ionen abgespalten, so fällt schließlich Aluminiumhydroxid $Al(OH)_3$ als schwer löslicher Niederschlag aus. Dieser sich bildende voluminöse Niederschlag reißt alle im Wasser schwebenden Teilchen mit oder bindet sie an der Oberfläche. Die Fällung von $Al(OH)_3$, die beim „Impfen" von stark verschmutztem Wasser mit Aluminiumsalzen entsteht, wird u. a. bei der **Aufbereitung** z. B. von **Kühlwasser** oder **Kesselspeisewasser** dazu benutzt, die sonst schwer filtrierbaren Schwebeteilchen oder suspendierte Öltröpfchen aus dem Wasser zu entfernen.

Zur Ausflockung von schwer filtrierbaren Bestandteilen aus Brauchwasser[4)] verwendet man heute vielfach auch sogenannte **Polyelektrolyte** in geringer Dosierung. Das sind organische Polymerisate, die mit ihren aktiven Gruppen (kationisch, anionisch, teilweise nicht ionisch) die kolloiddispersen Teilchen zu größeren Verbänden zusammenlagern, wodurch eine leichte Sedimentation[5)] gegeben ist. Polyelektrolyte sind beispielsweise unter dem Handelsnamen Sedipur® (BASF) erhältlich (Abschn. 13.2.5.1b).

4) Als Brauchwasser bezeichnet man das nur technisch verwertbare, nicht trinkbare Grund- oder Oberflächenwasser.

5) sedere, lat. = sitzen, sich senken. Als Sedimentation bezeichnet man das (langsame) Absetzen (als Bodensatz) von fein verteilten Stoffen in einer Lösung oder in einem Gas unter der Einwirkung der Schwerkraft.

5.3 Das Löslichkeitsprodukt

Feste Stoffe lösen sich meistens nur bis zu einem bestimmten Maximalwert in einer Flüssigkeit. Wird dieser Maximalwert bei einer bestimmten Temperatur erreicht, so liegt eine **gesättigte Lösung** vor, beispielsweise eine gesättigte Rohrzuckerlösung in Wasser. Fügt man zu einer solchen gesättigten Lösung weitere Mengen des festen Stoffes, so erhöht sich seine Konzentration in der Lösung nicht mehr. Entfernt man einen Teil des Lösungsmittels (z. B. durch Verdampfen), so fällt so lange fester Stoff aus, bis sich die maximale Konzentration der gesättigten Lösung wieder eingestellt hat.

Zwischen der gesättigten Lösung und dem festen, ungelösten Bodenkörper stellt sich ein **dynamisches Gleichgewicht** ein, bei dem gerade so viele Teile des festen Stoffes in Lösung gehen können, wie sich jeweils auf den festen Kristallen wieder niederschlagen.

Entstehen aus einem Salz beim Lösen unter Dissoziation verschiedene, elektrisch geladene Ionenarten, so zeigt sich, dass der Maximalwert der Löslichkeit dem Produkt aus den Konzentrationen der das Salz bildenden Ionen entspricht. Diesen Maximalwert der Löslichkeit bezeichnet man als das **Löslichkeitsprodukt**.

Für das Salz MA, das aus den Metallionen M^+ und den Anionen A^- besteht, berechnet man das Löslichkeitsprodukt wie folgt:

$$c_{M^+} \cdot c_{A^-} = L_{MA} \quad \text{bzw.} \quad [M^+] \cdot [A^-] = L_{MA}$$

Besondere Bedeutung hat das Löslichkeitsprodukt von sehr schwer löslichen Salzen, denn es bilden sich entsprechende „Salzniederschläge“ (d. h. spontane Salzausscheidungen), wenn man durch Vereinigen von zwei Lösungen mit leicht löslichen Salzen, die ein schwer lösliches Salz bildenden Ionen zusammenbringt. Vereinigt man eine Bleisalzlösung wie z. B. das leicht lösliche Bleinitrat $Pb(NO_3)_2$ mit einer Lösung, die Iodidionen enthält (z. B. eine Kaliumiodidlösung KI), so fällt spontan ein gelber Niederschlag von Bleiiodid PbI_2 aus:

$$Pb^{2+} + 2I^- \rightarrow PbI_2\downarrow$$

5.3.1 Mathematische Ableitung des Löslichkeitsproduktes

Gibt man ein schwer lösliches Salz, z. B. das in zuvor beschriebener Weise ausgefällte Bleiiodid PbI_2 in Wasser, so wird sich ein **dynamisches Gleichgewicht** ausbilden. Dabei wird nach intensivem Verrühren der überwiegende Teil dieses Salzes als fester Bodenkörper ungelöst bleiben. Der Bodenkörper steht dabei in Wechselwirkung mit einem sehr kleinen Anteil des in Form von Ionen (Pb^{2+} und $2I^-$) in Lösung gegangenen Salzes. Es gilt also folgende Beziehung:

$$PbI_2(s) \rightleftarrows Pb^{2+}(aq) + 2I^-(aq)$$

Das Massenwirkungsgesetz für die Anteile des Salzes, die sich in der wässrigen Lösung befinden, lautet dann:

$$K_c = \frac{c_{Pb^{2+}} \cdot c_{I^-}^2}{c_{PbI_2}}$$

Da die Konzentration im reinen Feststoff $PbI_2(s)$ konstant ist, kann c_{PbI_2} in die Gleichgewichtskonstante einbezogen werden. Man erhält dann die Gleichung:

$$L_{PbI_2} = c_{Pb^{2+}} \cdot c_{I^-}^2$$

Hierbei bedeutet L_{PbI_2} das Löslichkeitsprodukt für Bleiiodid, welches bei konstanter Temperatur einen konstanten Wert darstellt; z. B. für das schwer lösliche Salz PbI_2 bei 25 °C: $L = 1{,}4 \cdot 10^{-8}\ \text{mol}^3/\text{l}^3$. Für weitere Beispiele schwer löslicher Salze sind Zahlenwerte für das Löslichkeitsprodukt im Anhang A.5 aufgelistet. Da das Löslichkeitsprodukt temperaturabhängig ist, ändert sich auch der Zahlenwert von L mit der Temperatur.

Das Löslichkeitsprodukt gilt nur für **gesättigte** Lösungen, d. h. für Lösungen, die sich im Gleichgewicht mit einem festen, ungelösten Bodenkörper befinden. Es stellt einen Höchstwert dar, der nicht überschritten werden kann. Bei ungesättigten Lösungen kann das Produkt aus den verschiedenen Ionenkonzentrationen jeden beliebigen, unterhalb der Höchstgrenze des Löslichkeitsproduktes liegenden Wert annehmen.

Bisweilen kommt es vor, dass Lösungen **übersättigt** sind. Solche Lösungen sind instabil, denn beim Hinzufügen von Kristallkeimen fällt aus solchen Lösungen so viel des schwer löslichen Salzes aus, bis die Lösung gesättigt ist. Eine Übersättigung einer Lösung wird damit auch durch die Anwesenheit von festen ungelösten Salzen verhindert.

Die Gesetzmäßigkeiten zum Löslichkeitsprodukt lauten dann in allgemeiner Formulierung:

Befindet sich ein Niederschlag eines (schwer löslichen) Salzes im Gleichgewicht mit den Ionen dieses Salzes in einer darüberstehenden, wässrigen Phase, so ist das Produkt aus den Ionenkonzentrationen bei einer konstanten Temperatur eine Konstante, die man das **Löslichkeitsprodukt** nennt.

Erhöht man nun in einer solchen *gesättigten* Lösung die Konzentration einer Ionenart (im obigen Versuch z. B. die Konzentration der Iodidionen durch Zugabe einer Kaliumiodidlösung), so fällt so lange ein fester Niederschlag des (schwer löslichen) Salzes aus, bis das Produkt aus den Ionenkonzentrationen sich wieder auf den Zahlenwert des Löslichkeitsproduktes eingestellt hat. Es entsteht also so lange festes Bleiiodid PbI_2, d. h., es vereinigen sich so lange Bleiionen mit den zugefügten Iodidionen zu unlöslichem Bleiiodid, bis das Löslichkeitsprodukt gerade wieder erreicht ist.

Wird ein sehr großer Überschuss an Iodidionen hinzugegeben, so wird die oben angegebene Fällungsreaktion durch eine andere Reaktion überlagert: Der Niederschlag löst sich wieder auf, da ein anderes, diesmal in Wasser leicht lösliches Salz, und zwar eine Komplexverbindung $K[PbI_3]$ entsteht (Komplexverbindungen siehe Abschn. 5.4).

Die Dissoziation des komplexen Anions $[PbI_3]^-$ nach der Gleichung

$$[PbI_3]^- \rightleftarrows PbI_2 + I^- \rightleftarrows Pb^{2+} + 3I^-$$

ist nämlich so schwach, dass die Blei- und Iodidionenkonzentrationen nicht ausreichen, um durch Überschreiten des Löslichkeitsproduktes einen schwer löslichen Niederschlag von PbI_2 zu bilden. Im Gegenteil, die Konzentrationen sind sogar so gering, dass durch In-Lösung-gehen von Blei- und Iodidionen der Niederschlag aufgelöst wird (siehe Abschn. 5.3.3.2).

Übungsbeispiel 5.3 Berechnung der Löslichkeit eines Salzes aus seiner Löslichkeitskonstanten

Wie viel Gramm PbI_2 lösen sich in einem Liter Wasser, wenn die Löslichkeitskonstante von PbI_2 bei 25 °C: $L = 1{,}4 \cdot 10^{-8}\,\text{mol}^3/\text{l}^3$ beträgt?

Lösung Reaktionsgleichung:

$$PbI_2(s) \rightleftarrows Pb^{2+}(aq) + 2I^-(aq)$$

Die Gleichung besagt, dass beim Lösen von 1 mol PbI_2 jeweils 1 mol Pb^{2+} und 2 mol I^- gebildet werden. Bezeichnet man die Löslichkeit mit x, gilt daher im Gleichgewicht:

$$c_{Pb^{2+}} = x \quad \text{und} \quad c_{I^-} = 2x$$

Eingesetzt in die Gleichung für das Löslichkeitsprodukt folgt:

$$L = c_{Pb^{2+}} \cdot c_{I^-}^2 = x \cdot (2x)^2 = 4x^3$$

$$x = \sqrt[3]{\frac{L}{4}}$$

Mit $L = 1{,}4 \cdot 10^{-8}\,\text{mol}^3/\text{l}^3$ folgt:

$$x = \sqrt[3]{\frac{1{,}4 \cdot 10^{-8}\,\text{mol}^3/\text{l}^3}{4}}$$

$$x = 1{,}5 \cdot 10^{-3}\,\text{mol/l}$$

Unter Verwendung der molaren Masse von PbI_2 = 461 g/mol ergibt sich:

$$x = 1{,}5 \cdot 10^{-3}\,\text{mol/l} \cdot 461\,\text{g/mol} = \mathbf{0{,}69\,g/l}$$

5.3.2 Das Löslichkeitsprodukt des Calciumcarbonats

Für die Praxis ist das Löslichkeitsprodukt des Calciumcarbonats von besonderer Bedeutung.

5.3.2.1 Die Abscheidung von Kesselstein und die Wasserhärte

Die Bildung eines schwer löslichen Niederschlages durch Überschreiten des Löslichkeitsproduktes von Calciumcarbonat $CaCO_3$ (der Niederschlag wird in speziellen Fällen auch als „Kesselstein" bezeichnet) wird durch folgende *drei* Gleichgewichte beeinflusst:

$$\mathbf{Ca^{2+} + CO_3^{2-} \rightleftarrows CaCO_3} \tag{5.1}$$

und davon abgeleitet das Löslichkeitsprodukt des Calciumcarbonats:

$$L = c_{Ca^{2+}} \cdot c_{CO_3^{2-}} = L_{CaCO_3} = 4{,}7 \cdot 10^{-9}\,\mathrm{mol^2/l^2} \tag{5.1a}$$

$$\mathbf{H_2O + CO_2 \rightleftarrows H_2CO_3 \rightleftarrows H^+ + HCO_3^- \rightleftarrows 2H^+ + CO_3^{2-}} \tag{5.2}$$

Wichtig für das Löslichkeitsprodukt des $CaCO_3$ ist vor allem der rechte Teil des Kohlensäuregleichgewichtes, also die Dissoziation des Hydrogencarbonations:

$$\mathbf{HCO_3^- \rightleftarrows H^+ + CO_3^{2-}} \tag{5.2a}$$

Das Massenwirkungsgesetz für diese Gleichung beträgt:

$$K_{HCO_3^-} = \frac{c_{H^+} \cdot c_{CO_3^{2-}}}{c_{HCO_3^-}} = 4{,}84 \cdot 10^{-11}\,\mathrm{mol/l} \tag{5.2b}$$

$$\mathbf{H_2O \rightleftarrows H^+ + OH^-} \tag{5.3}$$

bzw. das Ionenprodukt des Wassers

$$c_{H^+} \cdot c_{OH^-} = 1 \cdot 10^{-14}\,\mathrm{mol^2/l^2} \tag{5.3a}$$

Den Schlüssel zum Verständnis der Besonderheiten beim Löslichkeitsprodukt des Calciumcarbonats liefert das Kohlensäuregleichgewicht (5.2):

Natürliches Wasser nimmt durch die Passage durch die Böden und aus der Atmosphäre CO_2 auf. Beim Lösen von CO_2 in Wasser tritt eine schwach saure Reaktion auf, die hauptsächlich durch die erste Dissoziationsstufe $H_2CO_3 \rightleftarrows H^+ + HCO_3^-$ hervorgerufen wird.

Von den dabei entstehenden Hydrogencarbonationen dissoziiert zwar noch ein äußerst geringer Anteil weiter in H^+- und CO_3^{2-}-Ionen gemäß Gl. (5.2a), jedoch ist das Gleichgewicht dabei so stark auf der linken Seite, dass diese Reaktion vernachlässigt werden kann (kleiner Zahlenwert von K in Gl. (5.2b)). Der pH-Wert wird also praktisch *ausschließlich* durch die Wasserstoffionenkonzentration der ersten Dissoziationsstufe bestimmt.

Enthält das Wasser viel gelöstes CO_2, so ist die Konzentration an Wasserstoffionen und Hydrogencarbonationen infolge der ersten Dissoziationsstufe relativ hoch und damit die Carbonationenkonzentration (zweite Dissoziationsstufe = Gl. (5.2a)) verhältnismäßig gering. Somit kann das Wasser auch relativ viel Ca^{2+}-Ionen aufnehmen, da $Ca(HCO_3)_2$ in Wasser leicht löslich ist.

Wird im Wasser, welches gelöstes $Ca(HCO_3)_2$ enthält (was bei gewöhnlichem Leitungswasser immer der Fall ist), die Wasserstoffionenkonzentration vermindert, so verschiebt sich das Gleichgewicht (5.2a) nach rechts, d. h., nach Gl. (5.2b) muss sich die Konzentration der Carbonationen erhöhen. Dabei kann die Konzentration der CO_3^{2-}-Ionen so weit ansteigen, dass das Löslichkeitsprodukt von $CaCO_3$ (Gl. (5.1a)) überschritten wird und $CaCO_3$ ausfällt.

Ursachen für eine Verminderung der Wasserstoffionenkonzentration können sein:

- **Erhitzen von Wasser:** Beim Erhitzen entweicht CO_2, damit sinkt aber auch die Wasserstoffionenkonzentration! Als Folge davon steigt gemäß Gl. (5.2b) jetzt die CO_3^{2-}-Ionenkonzentration (trotz nunmehr geringeren Gehaltes an Kohlensäure!), sodass schließlich $CaCO_3$ ausfällt (Kesselsteinbildung).
- **Vergrößerung der OH^--Ionenkonzentration:** Wegen des Zusammenhangs über das Ionenprodukt des Wassers nach Gl. (5.3a) fällt z. B. bei Zugabe von Laugen festes Calciumcarbonat aus.

Das normale Leitungswasser enthält in wechselnden Mengen Ca^{2+}-Ionen. Diese verursachen (zusammen mit den Ionen der Erdalkalimetalle, hauptsächlich Mg^{2+}, seltener Sr^{2+} und Ba^{2+}) die sogenannte **Härte** des Wassers. Man unterscheidet dabei zwischen temporärer und permanenter Härte.

Bei der **temporären** oder vorübergehenden **Härte**, die auch Carbonathärte genannt wird, fallen die Härtebildner beim Erhitzen des Wassers als schwer lösliche Salze aus (Kesselstein). Es handelt sich dabei um den Anteil der Erdalkaliionen, der den in Wasser gelösten Hydrogencarbonationen äquivalent ist.

Bei der **permanenten** Härte bleiben die Härtebildner auch beim Erhitzen in Lösung, da sie mit den in der Lösung vorhandenen Säureresten keine unlöslichen Niederschläge bilden.

Die praktische Maßeinheit für die Wasserhärte ist der „deutsche Härtegrad“ (Abkürzung: °d). 1 °d entspricht genau 10,0 mg CaO bzw. 0,18 mmol (Millimol) CaO pro Liter. In Tab. 5.6 ist die heute übliche Einteilung von Leitungswasser in Härtebereiche aufgeführt.

Im Ausland sind andere Härteeinheiten gebräuchlich. Diese sind anhand einiger Zahlenwerte im Vergleich zur deutschen Wasserhärte in Tab. 5.7 aufgeführt.

5.3.2.2 Die Verhinderung von Kalkabscheidungen

Um eine Kesselsteinbildung, d. h. eine Abscheidung von fest haftendem Kalkniederschlag auf Heizflächen von Dampfkesseln zu verhindern, kann man folgende Maßnahmen ergreifen:

Tab. 5.6 Einteilung der Wasserhärte.

Grad deutscher Härte (°d)	Erdalkalimetallionen (mmol/l)	Benennung des Härtebereiches
< 7	< 1,3	weich
7–14	1,3–2,5	mittelhart
14–21	2,5–3,8	hart
> 21	> 3,8	sehr hart

Tab. 5.7 Ausländische Einheiten der Wasserhärte.

Erdalkalimetallionen (mmol/l)	Grad deutscher Härte (°d) 10 mg CaO in 1 l Wasser	Grad englischer Härte (°e) 1 grain $CaCO_3$ per gallon =10 mg $CaCO_3$ in 0,7 l Wasser	Grad französischer Härte (°f) 10 mg $CaCO_3$ in 1 l Wasser	Grad amerikanischer Härte (°US) 1 mg $CaCO_3$ in 1 l Wasser
1,0	5,6	7,02	10,0	100,0
0,5	2,8	3,51	5,0	50,0
0,18	1,0	1,25	1,78	17,8
0,01	0,056	0,0702	0,1	1,3

a) Vorheriges Ausfällen von $CaCO_3$

Durch Erhöhen der OH^--Ionenkonzentration gelingt es, die Calciumionen vorher auszufällen und aus dem Wasser zu entfernen. Man erreicht dies durch Zugabe von NaOH, $Ca(OH)_2$, insbesondere auch durch Na_2CO_3 oder Na_3PO_4. Die beiden letztgenannten Salze reagieren mit ihren Anionenbasen (Abschn. 5.2.8.1) deutlich alkalisch. Das Natriumphosphat erzeugt in Dampfkesseln zusätzlich noch eine Korrosionsschutzschicht aus Eisenphosphat (Abschn. 10.6.2.2d).

b) Verwendung von Komplexbildnern

Man verwendet Komplexbildner, die die Calciumionen in Form leicht löslicher Komplexe binden (über Komplexsalze siehe Abschn. 5.4), auf diese Weise aus dem Gleichgewicht entfernen und somit in Lösung halten. Geeignet hierfür sind die mittel- bis hochmolekularen (Poly-)**Metaphosphate** (Abschn. 7.2.2) oder gewisse organische Komplexbildner wie die **Ethylendiamintetraessigsäure** (EDTA)[6] oder **Nitrilotriacetat** (NTA). Dieses Verfahren, hauptsächlich mithilfe von Metaphosphaten, wird häufig bei Haus-Zentralheizungen angewendet.

Pentanatriumtriphosphat ($Na_5P_3O_{10}$) wurde früher in großen Mengen Waschmitteln zugesetzt. Ein hoher Gehalt an Phosphaten im Abwasser führt

6) EDTA hat gegenüber NTA den Nachteil, dass es biologisch schwer abbaubar ist (Abschn. 12.5.3.2).

in Gewässern jedoch zur Überdüngung (Eutrophierung) und unter Umständen zum „Umkippen" des Gewässers (Abschn. 13.1.3.2). Aus diesem Grund werden seit einigen Jahren als Phosphatersatzstoffe Zeolithe (Alumosilicate) eingesetzt, welche als Ionenaustauscher wirken (Abschn. 5.3.2.2c und 7.2.5).

c) Selektiver Calciumionenaustausch

Man ersetzt die Calciumionen der Lösung durch die „unschädlichen" Natriumionen. Technisch lässt sich dieses durch eine Reihe verschiedener **Ionenaustauscher** durchführen. Es sind meist Alumosilicate, die als Zeolithe oder Permutite (Abschn. 7.2.5) bezeichnet werden. Diese in Wasser unlöslichen, aber quellbaren, in der Natur vorkommenden, auch technisch herstellbaren hochmolekularen Substanzen (Kunstharze) sind in der Lage, ihre Alkalikationen gegen Calciumionen auszutauschen. Leitet man Wasser durch solch einen „Ionenaustauscher", so werden die schädlichen Calciumionen aus der Lösung durch diesen herausgeholt und durch Natriumionen ersetzt. Ist solch ein Ionenaustauscher „erschöpft", so kann man ihn durch konzentrierte Natriumsalzlösungen (z. B. NaCl-Lösungen) wieder „regenerieren", indem die Natriumionen die Calciumionen aus dem Ionenaustauscher verdrängen (Verschiebung des Gleichgewichtes im Ionenaustauscher wegen der hohen Na^+-Ionenkonzentration zugunsten der Na^+-Ionen). Zeolithe werden heute als Phosphatersatzstoffe in Waschmitteln eingesetzt.

d) Verwendung von vollentsalztem Wasser

Am gebräuchlichsten für Großkesselanlagen ist jedoch die Verwendung von vollentsalztem Wasser, das man auch mithilfe von Ionenaustauschern gewinnen kann. Hierfür sind Ionenaustauscher notwendig, die alle im Wasser gelösten Kationen durch H^+-Ionen („Kationenaustauscher") und alle vorhandenen Anionen durch OH^--Ionen („Anionenaustauscher") ersetzen. Solche Ionenaustauscher sind Kunstharze, die an den organischen Makromolekülen entweder saure ($-SO_3H$) oder basische ($-NH_2$) Gruppen enthalten. Lässt man solche Austauscher in Wasser quellen, so bilden die sauren Austauscherharze H^+-Ionen, die basischen Austauscher OH^--Ionen:

$$\mathrm{R{-}SO_3H} \xrightarrow{(+\mathrm{H_2O})} \mathrm{R{-}SO^-H^+} \quad \text{und} \quad \mathrm{R{-}NH_2} \xrightarrow{(+\mathrm{H_2O})} \mathrm{R{-}NH_3^+OH^-}$$

Die H^+- bzw. OH^--Ionen, die infolge ihrer Ladung an das Kunststoffgerüst des Austauscherharzes gebunden sind, können gegen andere gleichsinnig geladene Ionen ausgetauscht werden:

- **Kationenaustauscher:** $\mathrm{R{-}SO_3^-H^+ + M^+ \rightleftarrows R{-}SO_3^-M^+ + H^+}$
- **Anionenaustauscher:** $\mathrm{R{-}NH_3^+OH^- + A^- \rightleftarrows R{-}NH_3^+A^- + OH^-}$

Dieser Ionenaustausch ist umkehrbar; „erschöpfte", d. h. vollkommen mit Kationen beladene Kationenaustauscher können durch starke Säuren, erschöpfte Anionenaustauscher durch starke Basen wieder „regeneriert" werden (Abb. 5.5).

Mithilfe solcher Ionenaustauscher wird heute in der Regel alles für Betriebe oder Laboratorien benötigte entsalzte (meist fälschlicherweise als „destilliertes

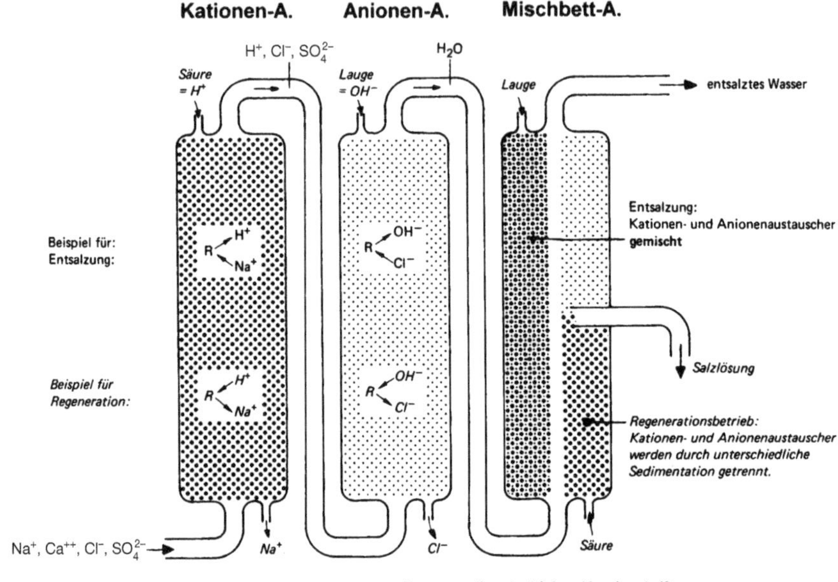

Abb. 5.5 Funktionsweise von Ionenaustauschern.

Wasser" bezeichnete) Wasser hergestellt. Handelsnamen für Austauscherharze: Amberlite, Levatite, Permutite, Wofatite.

Ionenaustauscheranlagen enthalten hintereinandergeschaltet einen Kationenaustauscher, einen Anionenaustauscher und schließlich einen Mischbettaustauscher. Letzterer soll die durch die beiden ersten Austauscher eventuell hindurchgegangenen Ionen zurückhalten. Die Abb. 5.5 zeigt die Funktionsweise beim Entsalzungsbetrieb und beim Regenerationsbetrieb. Zum Regenerieren muss man beim Mischbettaustauscher das schwerere Kationen- vom leichteren Anionenaustauscherharz durch geeignetes Aufwirbeln trennen und nach dem Regenerieren wieder vermischen.

5.3.3 Weitere Anwendungsbeispiele aus der Praxis

Man kann nun bei der Ausnutzung der Gesetzmäßigkeiten, die sich aus dem Löslichkeitsprodukt (Abschn. 5.3) mit der allgemeinen Gleichung $M^+ + A^- \rightleftarrows MA\downarrow$ ergeben, in der Praxis drei verschiedene Ziele verfolgen, die durch die folgenden Punkte charakterisiert werden:

5.3.3.1 Konstanz von Ionenkonzentrationen

Man will, dass eine Ionenart möglichst konstant bleibt; also entweder M^+ oder A^- soll möglichst keine Konzentrationsänderung erfahren. Dieses Prinzip spielt eine Rolle bei den sogenannten **Elektroden zweiter Art**, die in Abschn. 10.2.2 besprochen werden.

5.3.3.2 Auflösung eines Niederschlages

Man will erreichen, dass die Konzentration einer der beiden am Löslichkeitsprodukt beteiligten Ionenarten (entweder M^+ oder A^-) in der Lösung möglichst stark vergrößert wird, um auf diesem Weg schließlich den gesamten Niederschlag eines schwer löslichen Salzes aufzulösen.

Man kann aber nur dann die Konzentration der einen Ionenart stark vergrößern, wenn man die der anderen Ionenart entsprechend vermindert. Ein bekanntes Beispiel hierfür ist das Auflösen von **Kesselstein** durch starke Säuren, denn nach Gl. (5.2a) aus Abschn. 5.3.2.1 wird durch eine hohe H^+-Ionenkonzentration die CO_3^{2-}-Ionenkonzentration stark zurückgedrängt; durch Entweichen von CO_2 in stark saurem Medium wird außerdem die Kohlensäure aus dem Gleichgewicht entfernt und damit die Ca^{2+}-Ionenkonzentration in der Lösung entsprechend vergrößert, bis sich schließlich der gesamte Niederschlag aus $CaCO_3$ aufgelöst hat. Zum Schutze des Eisens werden der Säure (meistens Salzsäure) **Inhibitoren** (Abschn. 4.3.2.3) zugesetzt. Als Inhibitoren werden häufig verschiedene kolloide organische Stoffe verwendet, die sich als Gele auf der blanken Metalloberfläche niederschlagen und sie vor dem Säureangriff schützen. Handelsnamen solcher als **Sparbeizen** bezeichneten Produkte: z. B. Brindiharz, Corresin, Golpanol u. a.

5.3.3.3 Ausfällen von schwer löslichen Salzen

Man möchte die Konzentration einer Ionenart möglichst stark vermindern. Man kann dies erreichen, indem man die Konzentration der anderen am Löslichkeitsprodukt beteiligten Ionenart stark vergrößert. Aus der Fülle der Anwendungsmöglichkeiten für dieses Prinzip seien nur die folgenden Beispiele genannt:

a) Das Ausfällen von schädlichen Komponenten

Durch Erhöhen des pH-Werts auf etwa 9–10 und damit Erhöhen der CO_3^{2-}-Ionenkonzentration kann man $CaCO_3$ ausfällen und damit die temporäre Härte beseitigen (Abschn. 5.3.2.2a). Auf diese Weise können auch toxische Schwermetallionen aus Abwässern entfernt werden (Abschn. 13.2.5.1a).

b) Erhöhung der Ausbeute

Man kann durch Anwendung eines Überschusses einer preisgünstigen Ionenart ein möglichst vollständiges Ausfällen einer teureren Ionenart erreichen.

c) Aussalzen und Umkristallisieren

Durch Zusatz eines anderen Stoffes, der mit dem auszufällenden Salz eine Ionenart gemeinsam hat, kann man Salze ausfällen und damit abtrennen. Dies wird beim sogenannten **Aussalzen** ausgenutzt und kann folgendermaßen erklärt werden: Erhöht man die Konzentration einer Ionenart durch Zugabe eines entsprechenden zweiten Elektrolyts, so muss die Konzentration des Gegenions erniedrigt werden, damit das Löslichkeitsprodukt konstant bleibt. Dies bedeutet, der Elektrolyt fällt aus der gesättigten Lösung so lange aus, bis der Wert des Löslichkeitsproduktes wieder erreicht ist. Dies wird rechnerisch in Übungsbeispiel 5.4

erläutert. Üblicherweise wendet man das Verfahren des Aussalzens bei Stoffen mit relativ großem Löslichkeitsprodukt an.

Der Effekt des Aussalzens kann auch beim **Umkristallisieren** von Stoffen ausgenutzt werden. Durch Umkristallisieren können Stoffe gereinigt werden. Üblicherweise wird hierbei der zu reinigende Stoff mit den Verunreinigungen in der Wärme in einem Lösungsmittel gelöst. Beim Erkalten der Lösung kristallisiert der reine Stoff aus, während die Verunreinigung in Lösung bleibt. Ist die Temperaturabhängigkeit der Löslichkeit des Stoffes im Lösungsmittel jedoch nur gering, so kann der zu reinigende Stoff durch Zusatz eines gemeinsamen Ions „ausgesalzen" werden.

Beispiele aus der Praxis

- Umkristallisieren von NaCl, dessen Löslichkeit sich in Wasser mit der Temperatur kaum ändert, durch Einleiten von HCl in eine konzentrierte Kochsalzlösung,
- „Aussalzen" von Natriumseifen aus der Reaktionslösung nach dem Verseifen (Abschn. 8.4.8) mithilfe von NaCl.

Übungsbeispiel 5.4 Bestimmung der Löslichkeit eines Salzes in Gegenwart eines gemeinsamen Ions

Um welchen Faktor ändert sich die Löslichkeit von PbI_2 aus Übungsbeispiel 5.3, wenn es in einer 0,1-molaren Bleinitratlösung $Pb(NO_3)_2$ vorliegt (Bleinitrat ist ein in Wasser gut lösliches Salz)?

Lösung Reaktionsgleichung:

$$PbI_2(s) \rightleftarrows Pb^{2+}(aq) + 2I^-(aq)$$

Durch die Anwesenheit von Bleinitrat wird die Löslichkeit des schwer löslichen PbI_2 herabgesetzt, da das gemeinsame Kation Pb^{2+} das Gleichgewicht in Richtung des Eduktes (ungelöstes Salz) verschiebt. Bezeichnet man die molare Löslichkeit wie in Übungsbeispiel 5.3 mit x, gilt jetzt im Gleichgewicht:

$$c_{Pb^{2+}} = x + 0{,}1 \quad \text{und} \quad c_{I^-} = 2x$$

Durch die Anwesenheit des Bleinitrats erhöht sich im Gleichgewicht die Konzentration der Pb^{2+}-Ionen um 0,1 mol. Eingesetzt in die Gleichung für das Löslichkeitsprodukt folgt:

$$L = c_{Pb^{2+}} \cdot c_{I^-}^2 = (x + 0{,}1) \cdot (2x)^2$$

Da die Konzentration der Pb^{2+}-Ionen im Gleichgewicht viel kleiner ist als die molare Anfangskonzentration von 0,1 mol/l, kann x im ersten Term vernachlässigt werden, und es ergibt sich:

$$L = c_{Pb^{2+}} \cdot c_{I^-}^2 = 0{,}1 \cdot (2x)^2$$

$$x = \sqrt{\frac{L}{0{,}4}}$$

Mit $L = 1{,}4 \cdot 10^{-8}\ \text{mol}^3/\text{l}^3$ folgt:

$$x = \sqrt{\frac{1{,}4 \cdot 10^{-8}\ \text{mol}^3/\text{l}^3}{0{,}4}}$$

$$x = \mathbf{1{,}9 \cdot 10^{-4}\ mol/l}$$

Im Vergleich zum Ergebnis von Übungsaufgabe 5.3 ($x = 1{,}5 \cdot 10^{-3}$ mol/l) wird die Löslichkeit also etwa um den **Faktor 8** verringert.

d) Qualitative Analyse

Das Ausfällen von schwer löslichen Salzen nach Zugabe von geeigneten Reagenzien kann man zur Identifizierung von Ionen benutzen. Da die einzelnen Ionen (Kationen oder Anionen) bei spezifischen Fällungsbedingungen (z. B. hinsichtlich des pH-Werts) bestimmte, häufig auch **farbige Niederschläge** bilden, wird die Bildung von schwer löslichen Verbindungen sehr häufig als Nachweisreaktion verwendet. Diese Fällungsanalysen werden im Labor meist nach einer bestimmten Reihenfolge, dem sogenannten **Trennungsgang** durchgeführt. Man macht sich hierbei die sehr unterschiedlichen Löslichkeiten bzw. Löslichkeitskonstanten verschiedener Verbindungen zunutze, um eine selektive Fällung zu erzielen. Einige Beispiele für qualitative Nachweisreaktionen von Kationen und Anionen sind in Tab. 5.8 aufgelistet. Diese Reaktionen können auch zur quantitativen Analyse verwendet werden (Abschn. 5.3.3.3e).

e) Quantitative Analyse

Salze mit einem sehr kleinen Löslichkeitsprodukt können aus Lösungen praktisch vollständig abgeschieden werden. Wenn die dann noch in der Lösung verbleibenden Ionen keine wägbaren Mengen mehr ergeben und der Niederschlag eine exakt definierte Zusammensetzung aufweist, kann man durch Abtrennung (Filtrieren) der Niederschläge und Wägung nach dem Trocknen die Menge der in Lösung ursprünglich vorhandenen Ionenkonzentration mit solchen quantitativen Bestimmungsmethoden ermitteln (Beispiele siehe Tab. 5.8).

Tab. 5.8 Beispiele für qualitative und quantitative Nachweisreaktionen durch Bildung schwer löslicher Salze.

Ion	Reagenz	Reaktion	Farbe des Niederschlages	Bemerkungen
Ag^+	HCl	$Ag^+ + Cl^- \rightleftarrows AgCl\downarrow$	Weiß, durch Licht dunkelnd	
Fe^{3+}	NH_4OH	$Fe^{3+} + 3OH^- \rightleftarrows Fe(OH)_3\downarrow$	Rotbraun, voluminös	nach Trocknung und Glühen quantitative Bestimmung als Fe_2O_3
Ni^{2+}	Diacetyl-dioxim	$Ni^{2+} + 2C_4H_7N_2O_2^- \rightleftarrows Ni(C_4H_7N_2O_2)_2\downarrow$	Himbeerrot, voluminös	
Cr^{3+}	NH_4OH	$Cr^{3+} + 3OH^- \rightleftarrows Cr(OH)_3\downarrow$	Graugrün, voluminös	nach Trocknung und Glühen quantitative Bestimmung als Cr_2O_3
Al^{3+}	$(NH_4)_2HPO_4$	$Al^{3+} + HPO_4^- \rightleftarrows AlPO_4\downarrow + H^+$	Weiß	
Cl^-	$AgNO_3 +$ HNO_3	$Cl^- + Ag^+ \rightleftarrows AgCl\downarrow$	Weiß, durch Licht dunkelnd	
SO_4^{2-}	$BaCl_2$	$Ba^{2+} + SO_4^{2-} \rightleftarrows BaSO_4\downarrow$	Weiß, feinkörnig	

5.4 Komplexverbindungen

Komplexverbindungen sind dadurch gekennzeichnet, dass um ein Zentralatom oder -ion in regelmäßiger Anordnung eine bestimmte Anzahl von **Liganden** aus Atomen oder Atomgruppen angeordnet und chemisch gebunden ist. Bindungen dieser Art bezeichnet man als **koordinative Bindungen**.

Je nachdem, wie das Zentralatom beschaffen ist, kann man zwischen einer Komplexbildung an einem Anion, einem Kation oder an einem neutralen Atom unterscheiden. Solche Komplexbildungen können verschieden stabil sein, also in Umkehrung der Bildungsreaktion auch wieder in die einzelnen, ursprünglichen Ausgangskomponenten zerfallen. Die Bildungs- und Zerfallsreaktionen solcher Komplexverbindungen unterliegen den Gesetzen chemischer Gleichgewichte.

5.4.1 Komplexbildung am Anion

Viele chemische Verbindungen, so z. B. die in Abschn. 7.2.2 erwähnten Sauerstoffsäuren, enthalten komplexe Anionen. Der Aufbau solcher Komplexe soll am Beispiel der Anionen der Sauerstoffsäuren des Chlors erläutert werden.

Das Chloridanion mit einer einfachen negativen Ladung ist nach außen durch eine Achter-Elektronenschale mit Edelgaskonfiguration begrenzt. An die vorhandenen vier Elektronenpaare des Chloridions können sich Atome, die keine vollständige Achterschale haben, anlagern. Es kommt zu einer chemischen Bindung, die der kovalenten Bindung ähnlich ist, nur dass hier die Bindungselektronen allein vom zentralen Anion beigesteuert werden. Hierbei spielt das Zentralion die Rolle eines **Elektronendonators**.

Die Gesamtladung des komplexen Anions bleibt dabei immer einfach negativ, denn die hinzukommenden, ungeladenen Sauerstoffatome steuern zum Komplex keine Ladung bei. Auf diese Weise kann man, wie es im Folgenden angedeutet ist, ausgehend vom Chloridion durch sukzessive Anlagerung von Sauerstoffatomen zum Hypochlorit, Chlorit, Chlorat und schließlich zum Perchlorat gelangen (bei Chlorat und Perchlorat ist neben der Lewisformel auch die räumliche Struktur angedeutet):

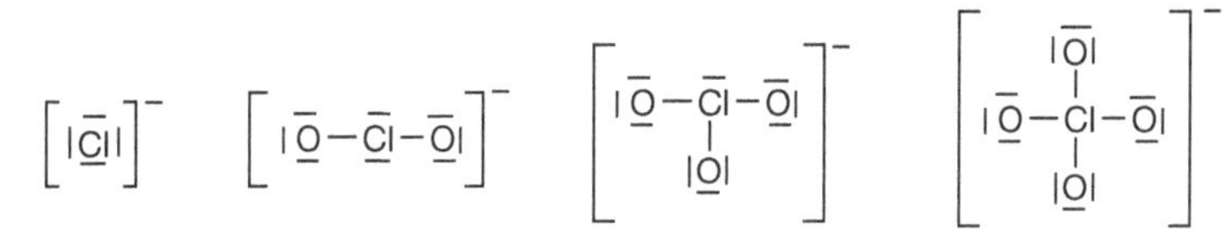

Chlorid, Cl^- Chlorit, ClO_2^- Chlorat, ClO_3^- Perchlorat, ClO_4^-

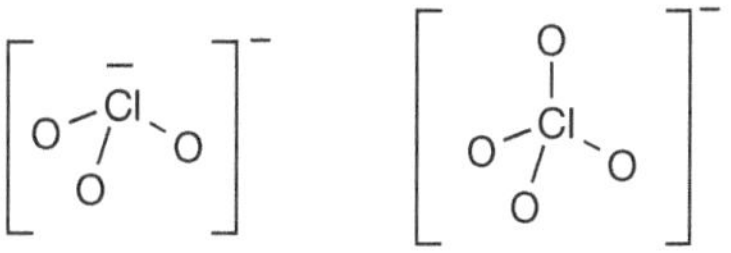

Ähnlich sind die Sauerstoffsäuren des Elements Schwefel aufzufassen:

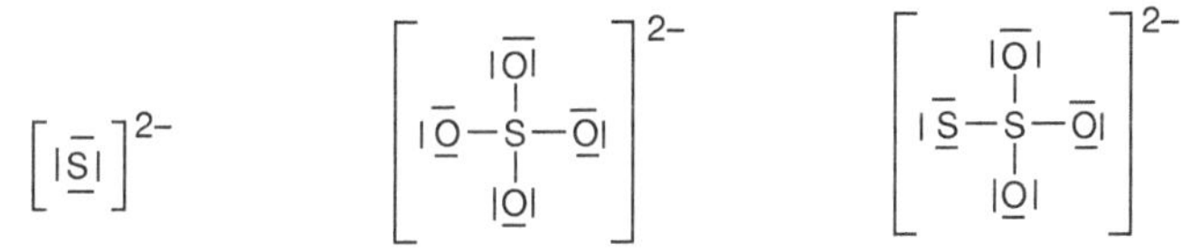

Sulfid, S^{2-} Sulfat, SO_4^{2-} Thiosulfat, $S_2O_3^{2-}$

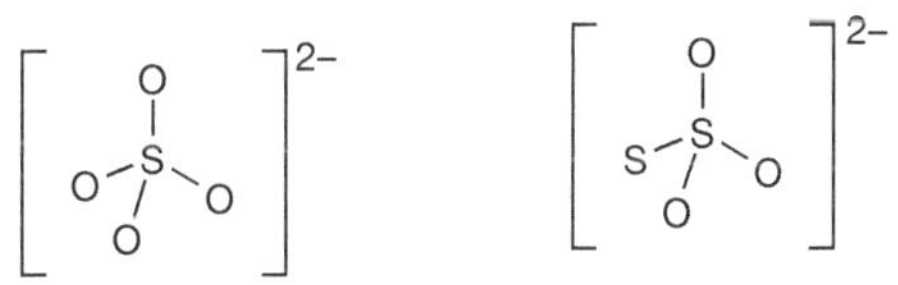

Das Natriumsalz des Thiosulfations ($Na_2S_2O_3$) findet Verwendung als **Fixiersalz** beim fotografischen Entwicklungsprozess. Es dient dazu, nach dem Entwickeln restliches lichtempfindliches AgBr aus der Gelatineschicht des Films herauszulösen:

$$Ag^+ + 2S_2O_3^{2-} \rightleftarrows [Ag(S_2O_3)_2]^{3-}$$

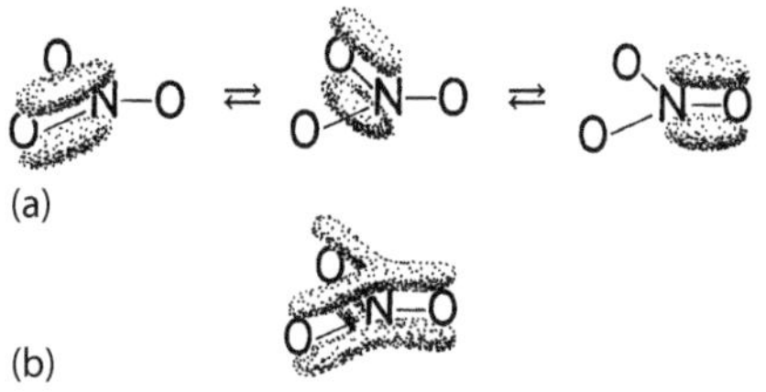

(a)

(b)

Abb. 5.6 Das Nitratanion: (a) Grenzstrukturen, (b) Mesomerie.

Der dabei entstehende wasserlösliche Komplex $[Ag(S_2O_3)_2]^{3-}$ kann aus der Filmschicht ausgewaschen werden.

Beim Nitration (Tab. 7.7 in Abschn. 7.2.2) sind drei Sauerstoffatome gleich stark an den zentralen Stickstoff gebunden. Die formal zu schreibende Doppelbindung ist delokalisiert (ähnlich wie beim Benzol beschrieben; Abschn. 8.1.5) und bewirkt infolge **Mesomerie** zwischen folgenden Grenzzuständen eine Stabilisierung des Anions:

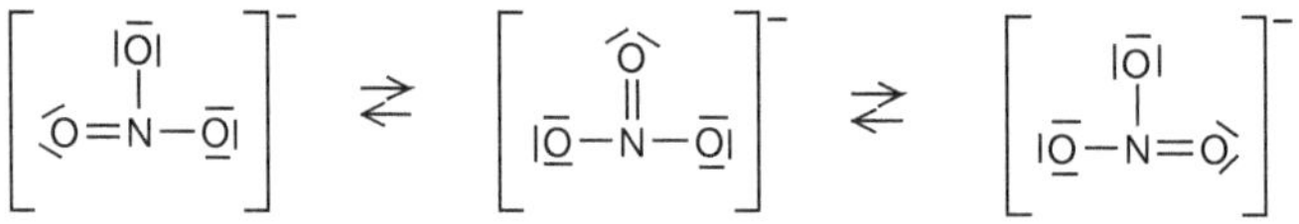

In wellenmechanischen Vorstellungen kann man diesen Resonanzzustand als π-Molekülorbital wiedergeben (Abb. 5.6b), dieses stellt sich ein als Mesomerie zwischen den drei Grenzformeln der Abb. 5.6a.

5.4.2
Komplexbildung am Kation

Ein Kation, also ein positiv geladenes Ion, kann entweder negativ geladene Liganden (Anionen) oder auch neutrale, aber in sich polarisierte Moleküle binden. Bei diesem Vorgang werden im Kation freie Energieniveaus durch Elektronen der Liganden besetzt. Das Zentralatom spielt dabei die Rolle eines **Elektronenakzeptors**. Die vom Kation gebundenen Liganden haben abgeschlossene Achterschalen (Edelgas-Elektronenkonfigurationen), z. B. F^-, Cl^-, CN^-, H_2O, NH_3. Komplex gebundene Anionen bringen ihre negative Ladung in den Komplex ein; beim Überwiegen der negativen Ladungen wird aus dem Kation des Zentralatoms ein komplexes Anion mit negativer Gesamtladung:

$$\text{z. B.} \quad Fe^{2+} + 6CN^- \rightleftarrows [Fe(CN)_6]^{4-}$$

Bei Anlagerung von neutralen Molekülen behält das Kation seine ursprüngliche Ladung bei:

$$\text{z. B.} \quad Cu^{2+} + 4NH_3 \rightleftarrows [Cu(NH_3)_4]^{2+}$$

Maßgebend dafür, wie viele solcher Liganden an das zentrale Kation gebunden werden können, sind die räumlichen Platzverhältnisse um das Kation und die Tendenz des Kations, durch die zusätzlich von Liganden beigebrachten Elektronen die nächsthöhere Edelgaskonfiguration zu erreichen.

Nomenklatur der Komplexverbindungen:
Zur Kennzeichnung komplexer Salze wird zuerst der Name des Kations, dann der des Anions genannt. Bei komplexen Ionen werden dabei die Bestandteile in folgender Reihenfolge angegeben:

1. **Zahl der Liganden**, und zwar in griechischen Zahlenwörtern,[7)]
2. **Art der Liganden**, bei anionischen Liganden durch Anhängen der Endung -o an den betreffenden Namen in alphabetischer Reihenfolge (**Cyano** CN^-, **Chloro** Cl^-, **Sulfato** SO_4^{2-}, **Hydroxo** OH^-); beim neutralen Ammoniakmolekül mit der Bezeichnung Amin NH_3, bei Anlagerung von Wasser durch die Bezeichnung aqua,
3. **Bezeichnung des Zentralions**, komplexe Anionen werden durch Anhängen der Silbe „-at“ an den lateinischen Namen gekennzeichnet; bei neutralen Koordinationseinheiten wird der unveränderte deutsche Namen verwendet,
4. Angabe der **Oxidationszahl** des Zentralions in nachgestellten römischen Zahlen.

Die einfachen Sauerstoffsäuren und deren Anionen kennzeichnet man jedoch nicht als Oxokomplexe, sondern verwendet für diese die im Abschn. 7.2.2 angegebenen Trivialnamen (Tab. 7.6 bzw. 7.7).

Beispiele

$K_4[\overset{+2}{Fe}(CN)_6]$	Kaliumhexacyanoferrat(II) mit dem Trivialnamen „gelbes Blutlaugensalz“
$K_3[\overset{+3}{Fe}(CN)_6]$	Kaliumhexacyanoferrat(III) mit dem Trivialnamen „rotes Blutlaugensalz“
$[Cu(H_2O)_4]SO_4 \cdot H_2O$	Tetraaquakupfer(II)-sulfat-Hydrat mit dem Trivialnamen „Kupfervitriol“

Salze, in denen Wasser an Ionen gebunden wird, bezeichnet man oft auch als **Hydrate**. Kristallisieren solche Salze aus wässriger Lösung aus, so enthalten sie dieses sogenannte **Kristallwasser** in genau stöchiometrischen Mengen (Abschn. 2.2). Man gibt die betreffende Menge Kristallwasser meist hinter der Salzformel durch einen Punkt getrennt an, also z. B. $CuSO_4 \cdot 5H_2O$ = Kupfersulfat-Pentahydrat. Dabei werden vier Wassermoleküle vom Kupferion und ein Wassermolekül über eine Wasserstoffbrücke vom Sulfation gebunden. In *wässriger Lösung* sind an das

7) Die in der Chemie häufig gebrauchten Zahlenwörter für die ersten zehn Zahlen lauten in Anlehnung an die altgriechische Sprache: 1 = mono; 2 = di; 3 = tri; 4 = tetra; 5 = penta; 6 = hexa; 7 = hepta; 8 = octo; 9 = nona; 10 = deca. Vor „Thio-" oder Liganden, die selbst schon Zahlwörter enthalten, verwendet man die adjektivischen Zahlwörter: bis, tris, tetrakis (zweimal, dreimal, viermal) usw. und setzt den Ligandennamen dahinter in Klammern.

Tab. 5.9 Hydrate der Schwefelsäure.

Hydrat	Schmelzpunkt (°C)
$H_2SO_4 \cdot H_2O$	8,6
$H_2SO_4 \cdot 2H_2O$	−39,5
$H_2SO_4 \cdot 3H_2O$	−36
$H_2SO_4 \cdot 4H_2O$	−28
$H_2SO_4 \cdot 6H_2O$	−54
$H_2SO_4 \cdot 8H_2O$	−62

Kupferion noch zwei weitere Wassermoleküle gebunden, allerdings schwächer als die vier in einer Ebene angeordneten Wassermoleküle, sodass dann die Wassermoleküle das Kupferion in Form einer tetragonalen Bipyramide (verzerrtes Oktaeder) umgeben.

Die Anlagerung von komplex gebundenem Wasser (Hydratwasser) erfolgt unter Wärmeentwicklung (exothermer Vorgang); dabei färbt sich das im wasserfreien Zustand weiße Salz infolge dieser Hydratbildung blau. Man kann deswegen diese Reaktion auch als Reagenz zum Nachweis von Wasser (z. B. in verschiedenen organischen Lösungsmitteln) benutzen:

$$\underset{\text{weiß}}{CuSO_4} + 5H_2O \rightleftarrows \underset{\text{blau}}{CuSO_4 \cdot 5H_2O}$$

Durch Erhitzen und Verdampfen des Wassers kann man das Gleichgewicht wiederum nach links verschieben und damit wasserfreies Kupfersulfat herstellen.

Die im Abschn. 7.2.2 erwähnte starke Wärmeentwicklung beim Vermischen von konzentrierter Schwefelsäure mit Wasser beruht auf einer solchen Hydratbildung, und zwar bilden sich nacheinander die bei sehr tiefen Temperaturen auskristallisierenden Hydrate (siehe Tab. 5.9).

Neben dem chemisch gebundenen Wasser haben die Ionen in wässriger Lösung außerdem noch eine Wasserhülle von „lose" gebundenen Wassermolekülen (Ion-Dipol-Wechselwirkung), was man meist durch die Bezeichnung aq = aqua ausdrückt, also z. B. $Ca^{2+}(aq)$. In diesem Falle werden die komplex gebundenen Wassermoleküle meist nicht geschrieben (Abschn. 2.5.1).

Es bestehen Unterschiede in der **Stabilität** solcher Komplexverbindungen. Die Festigkeit der Bindungen wird durch die Art des Zentralatoms und der Liganden bestimmt. Auch kann eine Ligandenart eine andere aus der Komplexverbindung verdrängen, wobei auch hier die Gesetzmäßigkeiten für chemische Gleichgewichte gelten.

Ein bekanntes Beispiel hierfür ist die Überführung des hellblauen Komplexes $[Cu(H_2O)_4]^{2+}$ durch Zufügen von NH_3 im neutralen oder alkalischen Gebiet in den tiefblauen Komplex $[Cu(NH_3)_4]^{2+}$. Im sauren Gebiet zerfällt jedoch dieser

Komplex[8] wieder, da dort die Konzentration des Ammoniaks (NH_3) wegen des folgenden pH-abhängigen Gleichgewichtes zu gering ist:

$$NH_3 + H^+ \rightleftarrows NH_4^+$$

Die intensive Blaufärbung dieses Tetramminkupfer(II)-Komplexes dient zum Nachweis von Kupfer.

Die Farbänderung bei der Hydratbildung von **Cobaltsalzen** hat interessante Anwendungen: Das wasserfreie Cobaltchlorid $CoCl_2$ hat eine intensiv **blaue Farbe**, während das wasserhaltige Salz $CoCl_2 \cdot 6H_2O$ **schwach rosafarben** ist. Schon bei Erwärmen auf ca. 35 °C verliert das wasserhaltige Cobaltsalz das chemisch gebundene Wasser. Dies kann zur Herstellung einer kaum sichtbare Schrift („Geheimschrift") ausgenutzt werden. Die Schrift wird bei gelindem Erwärmen leuchtend blau. Die Blaufärbung erfolgt auch an sehr trockener Luft; der Grad der Verfärbung zeigt somit auch die Luftfeuchtigkeit an. Je weiter sich das Cobaltchlorid schwach rosa färbt (= entfärbt), desto feuchter ist die Luft, desto größer die Wahrscheinlichkeit der Regenbildung (Verwendung des Cobaltsalzes für „Wetterblumen" oder „Wetterbilder", die bei trockenem Wetter leuchtend blau werden). Im Kieselgel („Blaugel", Abschn. 7.2.2) zeigt das Cobaltsalz das momentane Wasseraufnahmevermögen dieses Trocknungsmittels an.

5.4.3
Komplexbildung an neutralen Atomen

Verschiedene Metalle der fünften bis achten Nebengruppe bilden mit Kohlenmonoxid eine Reihe von Komplexverbindungen, die als **Carbonyle** bezeichnet werden. In diesen Verbindungen haben die Metalle formal die Oxidationszahl 0 (wie im metallischen Zustand). Die Verbindungsbildung hat ihre Ursache im Bestreben dieser Metalle, durch Einbau freier Elektronenpaare die Elektronenschale des nächsthöheren Edelgases zu erreichen. Im Falle der Carbonyle werden die freien Elektronenpaare am Kohlenstoffatom des CO in das zentrale Metallatom eingebaut.

Das Kohlenmonoxid hat die Elektronenformel |C≡O|, Kohlenstoff und Sauerstoff sind durch eine Dreifachbindung miteinander verknüpft; die drei gemeinsamen Elektronenpaare entstehen aus zwei Elektronen des Kohlenstoffs und vier Elektronen des Sauerstoffs. Kohlenstoff hat als Element mit der geringeren Elektronegativität durch die Beisteuerung von zwei Elektronen zu den gemeinsamen Elektronenpaaren die Oxidationszahl +2, Sauerstoff −2. Beide Atome erhalten infolge der drei gemeinsamen Elektronenpaare Edelgas-Elektronenkonfiguration, dabei zeigt das C-Atom infolge der um zwei Einheiten kleineren positiven Kernladung gegenüber dem O-Atom ein geringes Überwiegen der negativen Ladungen, d. h., die Kohlenstoffseite ist negativ polarisiert. Mit dieser negativen Molekülseite, die noch ein freies Elektronenpaar enthält, wird bei den Carbonylen das

8) An den Tetramminkupfer(II)-Komplex lagern sich in wässriger Lösung zusätzlich zwei schwächer gebundene Wassermoleküle an.

Kohlenmonoxid an ein zentrales Metallatom gebunden, welches die Rolle eines Elektronenakzeptors spielt.

Von den vielen bekannten Carbonylen sollen hier nur das **Eisenpentacarbonyl $Fe(CO)_5$** und das **Nickeltetracarbonyl $Ni(CO)_4$** erwähnt werden. Die Herstellung dieser Carbonyle geschieht durch direkte Einwirkung von Kohlenmonoxid auf die feinverteilten, in „aktiver" Form vorliegenden Metalle bei wenig erhöhter Temperatur (z. B. für Nickeltetracarbonyl bei Temperaturen von 60–80 °C). Auch durch Reduktion der betreffenden Metallsalze kann man unter gleichzeitiger Einwirkung von CO Carbonyle erhalten. Die Carbonyle sind meist Flüssigkeiten:

$Ni(CO)_4$: Smp.: – 19,3 °C ; Sdp.: 42 °C

$Fe(CO)_5$: Smp.: – 20,5 °C ; Sdp.: 103 °C

Sie zerfallen beim stärkeren Erhitzen wieder in Kohlenmonoxid und in die betreffenden, dann in sehr feiner Verteilung vorliegenden Metalle (z. B. das sogenannte Carbonyleisen). Insgesamt ergibt sich ein temperaturabhängiges Gleichgewicht zwischen Bildungs- und Zersetzungsreaktion (vorausgesetzt, dass das CO nicht aus dem Gleichgewicht entfernt wird):

$$\overset{0}{Ni} + 4CO \rightleftarrows \overset{0}{Ni}(CO)_4$$

Das Nickel lässt sich als leicht flüchtiges Carbonyl von fast allen seinen Begleitmetallen trennen und durch Zersetzung des Carbonyls in sehr reiner Form herstellen (sogenanntes **Mondverfahren**).

5.4.4
Eigenschaften häufig gebrauchter Komplexe

Die Stabilität von Komplexen hängt ab von der Bindungsstärke, mit der die Liganden an das Zentralatom gebunden sind. Eine erste, einfache Charakterisierung der Bindungsverhältnisse lieferten die früher verwendeten Bezeichnungen **Anlagerungs-** und **Durchdringungskomplexe**. Der Ausdruck „Durchdringungskomplex" soll besagen, dass dabei gemeinsame Elektronenpaare zwischen Zentralatom und Liganden vorliegen, also Bindungsarten, wie sie bei Atombindungen auftreten; „Anlagerungskomplexe" bedeutet in erster Linie eine gegenseitige Bindung durch Anziehungskräfte der elektrisch geladenen Ionen auf die entgegengesetzt geladenen Molekülteile polarisierter Liganden (Ion-Dipol-Wechselwirkungen).

Bessere Beschreibungen der Bindungsarten sind mithilfe der **Valence-Bond-Theorie** und der **Ligandenfeldtheorie** möglich. In der Valence-Bond-Theorie wird die Bindung der Liganden an das Zentralatom durch Ausbildung gemeinsamer Elektronenpaare dargestellt. Dabei können sich auch die d-Elektronen an der Bindung beteiligen. Die Ligandenfeldtheorie beschreibt die Wechselwirkung der d-Elektronen mit den Liganden des Zentralatoms und zwar in verschiedener Weise bei oktaedrischer, tetraedrischer oder quadratischer Anordnung der Liganden.

Durch dieses Verhalten können viele Eigenschaften der Komplexe erklärt werden, wie die Absorptionsspektren, das häufige Auftreten bestimmter Oxidationszahlen und das magnetische Verhalten.[9)]

In der Analytik verwendet man Cyanidkomplexe des Eisens, die man früher durch Erhitzen von Blut mit Laugen gewonnen hat und die deswegen als **Blutlaugensalze** bezeichnet werden. Der vom Eisenzentralatom mit der Oxidationszahl +3 abgeleitete Komplex ist ein nicht stabiler, giftige Blausäure abspaltender Komplex; das Kaliumsalz dieses Komplexes, Kaliumhexacyanoferrat(III), $K_3[Fe(CN)_6]$ wird als rotes Blutlaugensalz bezeichnet und dient zum Nachweis von Fe^{2+}-Ionen, denn es ergibt mit diesen eine intensiv blaue Färbung (sogenanntes Turnbulls Blau).

Hat das Eisenzentralatom die Oxidationszahl +2, so resultiert der sehr stabile, darum ungiftige Komplex $K_4[Fe(CN)_6]$, der den Trivialnamen gelbes Blutlaugensalz trägt. Kaliumhexacyanoferrat(II) ergibt mit Fe^{3+}-Ionen den gleichen blauen Komplex, der unter dem Namen **Berlinerblau** als Malerfarbe verwendet und zur Herstellung blauer Tinten benutzt wird. Diese Farbreaktionen werden in der Analytik zur Identifizierung der Oxidationsstufe von Eisenionen benutzt.

Viele Komplexverbindungen zeigen intensive Färbungen; sie dienen als Erkennungsreaktionen zum Nachweis verschiedener Ionen in der qualitativen Analyse. Sie werden auch in quantitativen Bestimmungsmethoden verwendet (z. B. in fotometrischen Bestimmungen, Abschn. 11.5.1). Die Ursachen für solche Farbeffekte werden in Abschn. 11.7.1 näher erklärt.

In der Galvanik (Abschn. 10.5) werden einige sehr giftige Cyanidkomplexsalze verwendet. Zum Auflösen bzw. zur Verhinderung von festen Niederschlägen (siehe Löslichkeitsprodukt, Abschn. 5.3) kann man ebenfalls Komplexbildner benutzen. So wird z. B. zum Fixieren von fotografischen Aufnahmen das schwer lösliche, nicht reduzierte Silbersalz aus der Gelatineschicht durch Komplexbildung als leicht lösliches Silbersalz entfernt (siehe Abschn. 5.4.1).

5.5 Gasgleichgewichte

Das Massenwirkungsgesetz kann man auch auf Gasgleichgewichte anwenden. Je nachdem, ob an den Gleichgewichten nur gasförmige Stoffe oder gasförmige und feste Stoffe beteiligt sind, spricht man von **homogenen** oder **heterogenen** Gleichgewichten.

9) Detaillierte Informationen zur Valence-Bond-Theorie und Ligandenfeldtheorie findet man u. a. im Lehrbuch von Atkins, P.W. (2006) *Chemie einfach alles*, Wiley-VCH.

5.5.1 Homogene Gasgleichgewichte

Homogene Gasgleichgewichte spielen in der chemischen Technik eine wichtige Rolle. In diesem Abschnitt wird eine Auswahl typischer Beispiele vorgestellt.

5.5.1.1 Die Herstellung von Ammoniak

Ammoniak wird heute üblicherweise nach dem sogenannten **Haber-Bosch-Verfahren** hergestellt. Hierbei werden Wasserstoff und Stickstoff mithilfe von Katalysatoren (Fe_3O_4 mit Zusätzen kleiner Mengen von K_2O, Al_2O_3 und CaO) umgesetzt:

$$N_2 + 3H_2 \rightleftarrows 2NH_3 \quad \Delta H° = -91{,}8\,\text{kJ}$$

Der Wasserstoff wird gemäß den Reaktionen unter Abschn. 5.5.1.2 und 5.5.1.3 unmittelbar vor der NH_3-Synthese gewonnen. Die Reaktionskomponente Stickstoff entstammt der Luft. Die Ammoniaksynthese (1913) stellt einen Meilenstein in der chemischen Technik dar. Ammoniak ist heute eine wichtige Grundchemikalie, insbesondere zur Herstellung von Kunstdünger. Außerdem war die Ammoniaksynthese zur damaligen Zeit in technologischer Hinsicht ein Novum, da sie den Beginn der chemischen Hochdruckchemie darstellt. Aus diesem Grund wurde die Haber-Bosch-Synthese auch mit zwei Nobelpreisen gewürdigt.

Da an dieser Reaktion nur Gase beteiligt sind, wird das Massenwirkungsgesetz zweckmäßigerweise mit den sogenannten **Partialdrücken** (= Druckanteile, die die Einzelkomponenten am Gesamtdruck haben) anstelle der Konzentrationen aufgestellt, da nach den allgemeinen Gasgesetzen (Abschn. 3.1.1) der Partialdruck proportional der Konzentration ist; $p \sim n/V = c$:

$$K_p = \frac{p^2_{NH_3}}{p_{N_2} \cdot p^3_{H_2}}$$

Die Lage des Gleichgewichtes kann, wie bereits in Abschn. 5.1.2 beschrieben – entsprechend dem **Prinzip von Le Chatelier** –, durch Veränderung

- der Konzentrationen der Edukte und Produkte,
- des Drucks und
- der Temperatur

beeinflusst werden.

Durch Zugabe von N_2 oder H_2 wird das Gleichgewicht nach rechts, d. h. zu mehr NH_3 verschoben. Auch die Entfernung von Ammoniak aus dem Gleichgewichtsgemisch führt dazu, dass mehr N_2 und H_2 zu NH_3 umgesetzt wird. Zur Erzielung eines möglichst hohen Umsatzes sollte diese Reaktion bei möglichst *niedriger* Temperatur (exotherme Reaktion) und *hohem* Druck (Verringerung der Anzahl der Moleküle) durchgeführt werden (Tab. 5.10). Das Problem bei dieser Reaktion ist, dass eine ausreichende Reaktionsgeschwindigkeit durch Temperaturerhöhung erst bei Temperaturen erreicht wird, bei denen die NH_3-Ausbeute

Tab. 5.10 Temperatur- und Druckabhängigkeit des prozentualen Stoffmengenanteils an Ammoniak, ausgehend vom Stoffmengenverhältnis $H_2 : N_2 = 3 : 1$.

Temperatur (°C)	Gesamtdruck (bar)			
	200	300	400	500
400	38,2	47,2	54,2	59,8
450	27,0	35,4	42,3	48,2
500	18,6	25,7	31,8	37,3
600	8,7	12,7	16,7	20,5

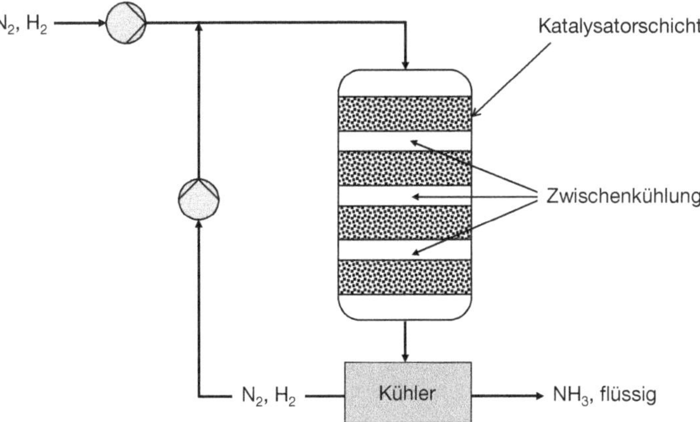

Abb. 5.7 Vereinfachte Darstellung eines Reaktors zur Ammoniaksynthese.

aufgrund der Gleichgewichtslage fast null ist. Deshalb muss bei dieser Reaktion mit **Katalysatoren** gearbeitet werden. Da Katalysatoren erst ab 400 °C genügend beschleunigend wirken, wird die technische Synthese bei etwa 500 °C durchgeführt. Aus Gründen der Wirtschaftlichkeit wird bei 250–350 bar gearbeitet.

Wie in Abb. 5.7 stark vereinfacht dargestellt, wird hierbei das Gemisch aus H_2 und N_2 durch mehrere Katalysatorschichten geleitet (sogenannter **Abschnitts- oder Hordenreaktor**). Da sich aufgrund der exothermen Reaktion das Gemisch stark erwärmt, wird zwischen den Katalysatorschichten direkt durch Zumischung von Kaltgas (H_2, N_2) oder indirekt durch Wärmeübertrager gekühlt. Das gebildete NH_3 wird durch Kondensation entfernt und das nicht umgesetzte H_2/N_2-Gemisch im Kreislauf geführt.

5.5.1.2 Dampfreformierung von Erdgas

Bei dieser Reaktion, die auch **Steam-Reforming** (steam, engl. = Dampf) genannt wird, wird Methan (Erdgas) mit Wasserdampf an einem Ni-Katalysator umgesetzt:

$$CH_4 + H_2O \rightleftarrows CO + 3H_2 \quad \Delta H^\circ = +205\,\text{kJ}$$

Hierbei entsteht ein Gemisch aus Kohlenmonoxid und Wasserstoff, welches als **Synthesegas** bezeichnet wird und zur Herstellung vieler wichtiger Rohstoffe in der chemischen Technik dient (z. B. Alkohole, Aldehyde). Es dient außerdem als Rohstoffquelle zur Gewinnung von reinem Kohlenmonoxid und reinem Wasserstoff (Abschn. 5.5.1.3).

Das Massenwirkungsgesetz formuliert mit den Partialdrücken lautet (Abschn. 5.5.1.1):

$$K_p = \frac{p_{CO} \cdot p_{H_2}^3}{p_{CH_4} \cdot p_{H_2O}}$$

Da es sich um eine *endotherme* Reaktion mit *Vergrößerung* der Molekülzahl (aus zwei Molekülen entstehen vier) handelt, sollte zur Erzielung eines möglichst großen Umsatzes nach dem Prinzip von Le Chatelier (Abschn. 5.1.2) bei möglichst hoher Temperatur und geringem Druck gearbeitet werden. Dieser Prozess wird üblicherweise bei 850 °C und 25 bar in außenbefeuerten Röhrenreaktoren durchgeführt. Eine entsprechende Reaktion kann auch mit anderen niedrig siedenden Kohlenwasserstoffen („Benzinkomponenten") durchgeführt werden.

5.5.1.3 Das Wassergasgleichgewicht

Zur Herstellung von reinem **Wasserstoff** wird das unter Abschn. 5.5.1.2 entstandene CO mit Wasser an einem Cu-Katalysator zu Kohlendioxid und Wasserstoff umgesetzt. Diese Gleichgewichtsreaktion wird auch **Wassergasreaktion** genannt:

$$CO + H_2O \rightleftarrows CO_2 + H_2 \quad \Delta H° = -41{,}2\,kJ$$

Das Massenwirkungsgesetz (mit den Partialdrücken) lautet:

$$K_p = \frac{p_{CO_2} \cdot p_{H_2}}{p_{CO} \cdot p_{H_2O}}$$

Die Massenwirkungskonstante K_p ist bei 830 °C gleich 1; das bedeutet, dass bei dieser Temperatur je 1 mol der an der Reaktion beteiligten Stoffe sich im Gleichgewicht befinden würden. Da es sich um eine exotherme Reaktion handelt, verschiebt sich das Gleichgewicht gemäß dem Gesetz von Le Chatelier bei höheren Temperaturen zugunsten von CO und H_2O, bei tieferen Temperaturen zugunsten von CO_2. Die Lage des Gleichgewichtes ist vom Gesamtdruck unabhängig, da auf der linken und auf der rechten Seite der Gleichung die gleiche Anzahl von Molekülen steht. Die Reaktion wird technisch bei 200–300 °C und etwa 70 bar durchgeführt.

Weltweit wird der größte Teil des Wasserstoffs aus fossilen Quellen gemäß der Reaktion unter Abschn. 5.5.1.2 und anschließender Umsetzung gemäß der Wassergasreaktion gewonnen. Zur Gewinnung von reinem H_2 wird das mitentstandene CO_2 mittels einer Waschlösung (z. B. eine wässrige K_2CO_3- oder Methyldiethanolamin (MDEA)-Lösung absorbiert).

5.5.1.4 Die Fischer-Tropsch-Synthese

Die Fischer-Tropsch-Synthese ist ein Verfahren zur Gewinnung von Kohlenwasserstoffen aus Synthesegas (Abschn. 5.5.1.2). Hierbei entsteht ein Gemisch aus verschiedenen Alkanen bzw. Alkenen (Abschn. 8.1.1 und 8.1.2):

$$n\mathrm{CO} + (2n+1)\mathrm{H_2} \rightleftarrows \mathrm{C}_n\mathrm{H}_{2n+1} + n\mathrm{H_2O}\ \text{(Alkane)} \qquad \Delta H^\circ = -X\,\mathrm{kJ}$$

$$n\mathrm{CO} + 2n\mathrm{H_2} \rightleftarrows \mathrm{C}_n\mathrm{H}_{2n} + n\mathrm{H_2O}\ \text{(Alkene)} \qquad \Delta H^\circ = -Y\,\mathrm{kJ}$$

Die Massenwirkungsgesetze (mit den Partialdrücken) lauten:

$$K_p = \frac{p_{\mathrm{C}_n\mathrm{H}_{2n+1}} \cdot p^n_{\mathrm{H_2O}}}{p^n_{\mathrm{CO}} \cdot p^{2n+1}_{\mathrm{H_2}}} \qquad K_p = \frac{p_{\mathrm{C}_n\mathrm{H}_{2n}} \cdot p^n_{\mathrm{H_2O}}}{p^n_{\mathrm{CO}} \cdot p^{2n}_{\mathrm{H_2}}}$$

Da es sich um eine *exotherme* Reaktionen mit *Verringerung* der Molekülzahl handelt, sollte zur Erzielung eines möglichst großen Umsatzes nach dem Prinzip von Le Chatelier (Abschn. 5.1.2) bei möglichst niedriger Temperatur und hohem Druck gearbeitet werden. Die Reaktion wird technisch typischerweise bei 200–350 °C und 25 bar mithilfe von Eisen- und Cobaltkatalysatoren durchgeführt. Hierbei werden entweder Rohrbündelreaktoren mit Katalysatorfestbett oder sogenannte Flugstaubreaktoren eingesetzt. In Letzteren kommt der Katalysator fein verteilt in fluidisierter Form zum Einsatz.

Diese Synthese war insbesondere für Deutschland während des zweiten Weltkrieges von enormer Bedeutung, da der Bedarf an Kraftstoffen aus einheimischer Kohle gedeckt werden konnte. Momentan ist Südafrika weltweit das einzige Land, welches einen großen Teil seines Kraftstoffbedarfs ausgehend von Kohle deckt. Aufgrund der stark gestiegenen Erdölpreise hat die Fischer-Tropsch-Synthese in jüngster Zeit wieder an Bedeutung gewonnen, da hierdurch die Rohstoffe Erdgas, Kohle oder auch Biomasse indirekt über die Herstellung von Synthesegas in Kraftstoffe umgewandelt werden können (Abschn. 8.8.2.3).

5.5.1.5 Die thermische Dissoziation von Wasserdampf

Die Vereinigung von Wasserstoff und Sauerstoff zu Wasserdampf erfolgt als stark exotherme Reaktion und wird im sogenannten **Knallgasgebläse** zur Erzeugung sehr hoher Temperaturen ausgenutzt:

$$2\mathrm{H_2} + \mathrm{O_2} \rightleftarrows 2\mathrm{H_2O(g)} \qquad \Delta H^\circ = -484\,\mathrm{kJ}$$

Mit dem Knallgasgebläse kann man bei Verbrennung von H_2 mit reinem Sauerstoffgas Temperaturen von ca. 3000 °C erreichen. Bei stärkerer Temperaturzufuhr würde die Reaktion gemäß dem Prinzip von Le Chatelier (siehe Abschn. 5.1.2) unter Energieverbrauch schon merklich in umgekehrter Richtung (von rechts nach links) verlaufen, sodass man zu der aufgrund der Verbrennungswärme zunächst erwarteten Temperatur von ca. 4840 °C nicht gelangen kann. Schon bei ca. 2700 °C ist bereits etwa ein Drittel des vorhandenen Wasserdampfes thermisch dissoziiert.

Dabei treten nicht nur die Ausgangsprodukte H_2 und O_2 wieder auf, sondern es können auch Radikale (OH·) sowie atomarer Sauerstoff und Wasserstoff entstehen. Beim Knallgasgebläse werden die unter Druck stehenden Gase entweder unmittelbar an der Flamme (**Daniell'scher Hahn**, Abb. 5.8) oder in einem

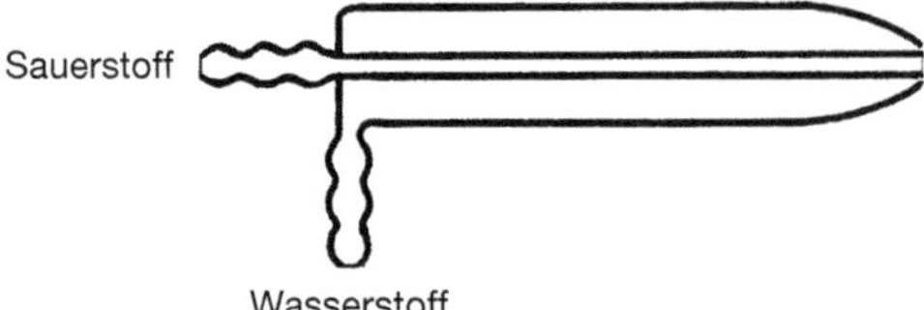

Abb. 5.8 Der Daniell'sche Hahn.

Mischraum unmittelbar vor der Austrittsöffnung (Abb. 5.15, Mundstück eines Mischdüsen-Schweißbrenners) zusammengeführt. Die höchste Temperatur erreicht man, wenn Wasserstoff und Sauerstoff im Verhältnis 2 : 1 verbrannt werden. Um beim Schweißen eine reduzierende Flamme zu erhalten, verwendet man einen Überschuss von Wasserstoff (Verhältnis zu Sauerstoff etwa 4 : 1 bis 5 : 1), die erzielte Temperatur beträgt aber dann nur 2100 °C.

5.5.1.6 Die thermische Dissoziation von Kohlendioxid

Ähnlich wie Wasserdampf zerfällt auch das Kohlendioxid bei hohen Temperaturen, da die entgegengesetzt verlaufende Oxidation von CO zu CO_2 eine exotherme Reaktion ist:

$$2CO + O_2 \rightleftarrows 2CO_2 \quad \Delta H° = -566{,}4\,\text{kJ}$$

Deshalb kann auch beim Verbrennen von CO die Flammentemperatur eine obere Grenze nicht überschreiten.

5.5.1.7 Die Bunsenbrennerflamme

Aus einer Düse ausströmendes Erdgas (CH_4) verbrennt beim Anzünden mit *leuchtender* Flamme, da sich durch thermische Zersetzung und eine zunächst im Innern der Flamme unvollständige Verbrennung elementarer Kohlenstoff bildet, der in der Flamme aufglüht. Diesen Kohlenstoff kann man als Ruß auf einem kalten, in die leuchtende Flamme gehaltenen Gegenstand abscheiden.

Wird dem Leuchtgas im sogenannten **Bunsenbrenner** vorher Luft beigemischt, so kann man bei der als *nichtleuchtend* bezeichneten Flamme einen dunklen Innenkegel, der von einem blaugrün leuchtenden Saum begrenzt ist, und einen bläulichen Außenkegel unterscheiden (Abb. 5.9).

Am Rande des verhältnismäßig kalten (ca. 300 °C) Innenkegels verbrennt das frische Leuchtgas-Luft-Gemisch. Es entstehen dabei an den Kegelrändern Temperaturen von ca. 1500 °C. Da die am unteren Schornsteinende angesaugte **Primärluft** zur vollständigen Verbrennung des Leuchtgases nicht ausreicht, enthält der Außenkegel noch Kohlenmonoxid und Wasserstoff. Diese noch unverbrannten Anteile befinden sich mit dem Kohlendioxid und Wasserdampf im „Wassergasgleichgewicht" und werden erst am Rande des Außenkegels mit der von außen kommenden **Sekundärluft** verbrannt, denn durch den Überschuss an Sauerstoff und durch die Berührung mit der kalten Außenluft werden die unter Abschn. 5.5.1.4 und 5.5.1.5 beschriebenen Gleichgewichte ganz auf die Seite der Verbrennungsprodukte verschoben.

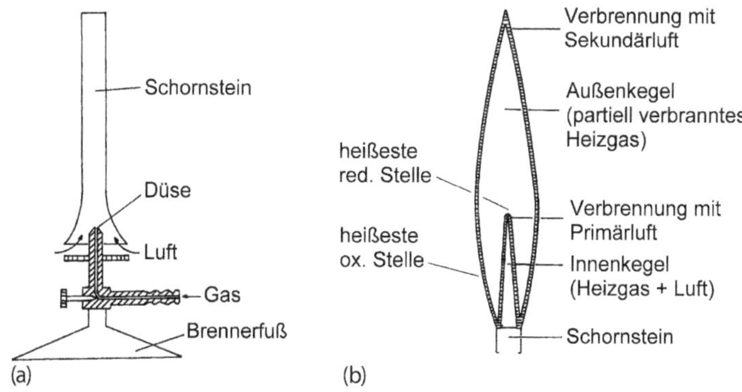

Abb. 5.9 Bunsenbrenner: (a) Brenner, (b) Flamme.

Wegen des Gehaltes an den reduzierenden Gasen H_2 und CO und des Fehlens von Sauerstoff wirkt der innere Teil des Außenkegels reduzierend („Reduktionszone"), während der Mantel des Außenkegels infolge des hier vorhandenen Sauerstoffüberschusses Oxidationswirkung zeigt („Oxidationszone"). Die heißeste (reduzierende) Stelle im Bunsenbrenner ist dicht oberhalb des blaugrün leuchtenden Innenkegels; eine heiße oxidierende Stelle ist am Außensaum (Abb. 5.9).

Beim Bunsenbrenner ist die Ausströmgeschwindigkeit des Gases gleich seiner Zündgeschwindigkeit (d. h. gleich der Geschwindigkeit, mit der sich die Zündung in einem ruhenden Gasgemisch fortpflanzen würde). Vermindert man die Ausströmgeschwindigkeit, so „schlägt der Brenner durch", d. h., es wandert die Flamme durch den „Schornstein" und brennt an der Düse weiter. Vergrößert man die Austrittsgeschwindigkeit, so kann die Flamme ausgeblasen werden.

5.5.1.8 Die Schweißbrennerflamme

Ähnlich liegen die Verhältnisse bei den Schweißbrennern, wo das brennbare Gas in einem Mischkanal mit Sauerstoff vermischt und am Ende der Düsenspitze gezündet wird. Man verwendet hierzu Mischdüsenbrenner, zu denen die beiden unter Druck stehenden Gase durch getrennte Schläuche geführt werden und im Mischraum des Brenners vor Austritt aus dem Mundstück (Abb. 5.10) gemischt werden.

$$2C_2H_2 + 5O_2 \rightleftarrows 4CO_2 + 2H_2O \quad \Delta H^\circ = -2600\,\text{kJ}$$

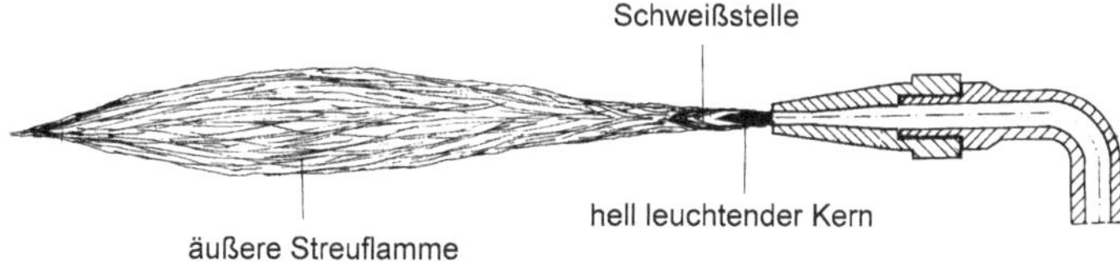

Abb. 5.10 Die Schweißbrennerflamme.

Die Acetylen-Sauerstoff-Flamme hat einen hell leuchtenden Kern mit einer vorgelagerten, bereits teilweise mit Sekundärluft brennenden Flammenzone und schließlich die äußere durch Sekundärluft brennende Streuflamme. Das zu schweißende Metall wird im reduzierenden Bereich der Flamme erhitzt (Abb. 5.10). Die Flammentemperatur beträgt ca. 3100 °C. Wesentlich höhere Temperaturen sind auch hier nicht zu erreichen. Nach theoretischen Berechnungen aus den Verbrennungswärmen müsste im Falle von stöchiometrischen Acetylen- und Sauerstoffanteilen die Temperatur bei der vollständigen Verbrennung bis auf ca. 7000 °C ansteigen! Denn je höher die Temperatur würde, desto stärker würde auch hier die Wärme verbrauchende, endotherme Teilreaktion des Wassergasgleichgewichtes sowie der Gleichgewichte Abschn. 5.5.1.5 und 5.5.1.6 wirksam werden.

5.5.2 Heterogene Gasgleichgewichte

An heterogenen Gleichgewichten sind nicht nur gasförmige, sondern auch feste Stoffe beteiligt.

5.5.2.1 Das Boudouard-Gleichgewicht

Ein technisch wichtiges Beispiel ist das Boudouard-Gleichgewicht mit der Reaktion:

$$CO_2 + C \rightleftarrows 2CO \quad \Delta H° = +172{,}2\,\text{kJ}$$

Wenn man den äußerst geringfügigen Dampfdruck des festen Kohlenstoffs und damit seine Konzentration in der Gasphase als konstant annimmt und in die Massenwirkungskonstante (mit den Partialdrücken) einbezieht, erhält man:

$$K_p = \frac{p_{CO}^2}{p_{CO_2}}$$

Die Massenwirkungskonstante K_p hat bei etwa 700 °C den Wert 1. Bei höheren Temperaturen ist CO, bei tieferen Temperaturen CO_2 vorherrschend. Bei 400 °C liegt im Gleichgewicht praktisch nur noch CO_2, bei 1000 °C praktisch nur noch CO vor. Abbildung 5.11 gibt die Gaszusammensetzung aufgrund des Boudouard-Gleichgewichtes an.

Das Boudouard-Gleichgewicht stellt sich überall dort ein, wo Kohlendioxidgase über glühenden Koks geführt werden. Es spielt beispielsweise eine wesentliche Rolle beim **Hochofenprozess** zur Gewinnung von Roheisen (Abschn. 4.4.5). Die Reaktionen im Hochofenprozess sind in Abb. 5.12 vereinfacht dargestellt. Bei den im unteren Teil des Hochofens herrschenden Temperaturen entsteht durch Verbrennen von Koks mit eingeblasenem Luftsauerstoff fast ausschließlich CO. Dieses reduziert das Eisenoxid über mehrere Zwischenstufen zum metallischen Eisen und wird dabei selbst zum CO_2 oxidiert gemäß folgender Gesamtgleichung:

$$Fe_2O_3 + 3CO \rightleftarrows 2Fe + 3CO_2 \quad \Delta H° = -26{,}8\,\text{kJ}$$

Das entstehende Kohlendioxid wird in der darüberliegenden Koksschicht wieder zu CO reduziert (der Hochofen wird abwechselnd mit übereinander angeordneten Erz- und Koksschichten beschickt).

In den weniger heißen (500–900 °C) Schichten des Hochofens zerfällt umgekehrt das CO gemäß dem Boudouard-Gleichgewicht unter Abscheidung von festem Kohlenstoff und Bildung von Kohlendioxid. Der entstehende fein verteilte Kohlenstoff reduziert dabei ebenfalls das Eisenoxid:

$$Fe_2O_3 + 3C \rightleftarrows 2Fe + 3CO \quad \Delta H° = +490{,}1\,\text{kJ}$$

5.5.2.2 Kohlevergasung

Bei der Kohlevergasung wird Kohlenstoff (Kohle, Koks) in brennbare gasförmige Verbindungen überführt. Bei der Herstellung von **Wassergas** wird der Kohlenstoff bei etwa 800–1000 °C mit Wasserdampf umgesetzt:

$$C + H_2O \rightleftarrows CO + H_2 \quad \Delta H° = +131\,\text{kJ}$$

Die Massenwirkungskonstante (mit den Partialdrücken) ergibt sich zu:

$$K_p = \frac{p_{CO} \cdot p_{H_2}}{p_{H_2O}}$$

Nach dem Prinzip von Le Chatelier (Abschn. 5.1.2) kann das Gleichgewicht durch hohe Temperatur (endotherm) und niedrigen Druck (Molzahlerhöhung bei den Gasen) auf die Produktseite verschoben werden. Zur Wassergasherstellung werden in der Technik im Allgemeinen Wirbelschichtverfahren mit fein verteilter Kohle eingesetzt.

Wassergas kann beispielsweise zur Herstellung von Wasserstoff nach dem sogenannten Wassergasgleichgewicht verwendet werden (Abschn. 5.5.1.3), oder es

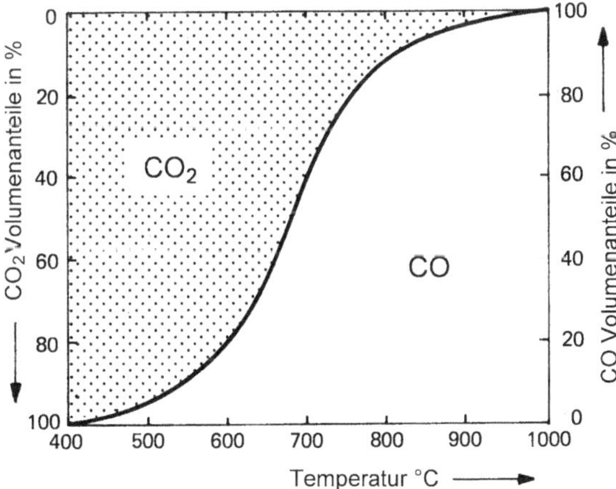

Abb. 5.11 Das Boudouard-Gleichgewicht.

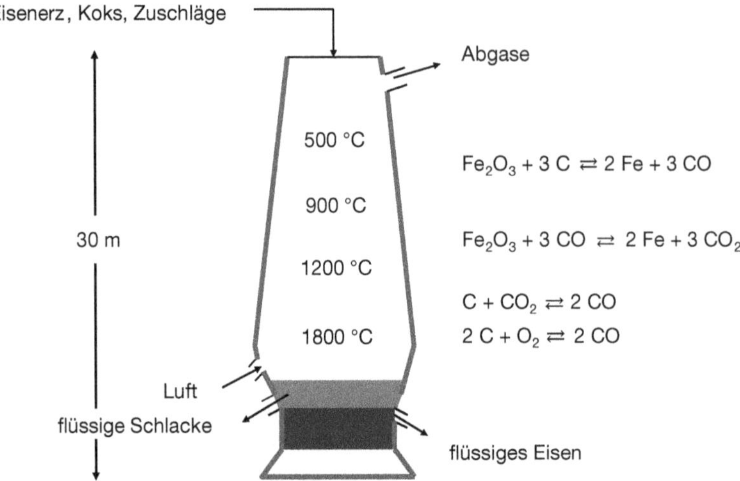

Abb. 5.12 Vereinfachte Darstellung der Reaktionen beim Hochofenprozess.

dient zur Herstellung von Kohlenwasserstoffen nach dem Fischer-Tropsch-Verfahren (Herstellung von Kraftstoffen aus Kohle, Abschn. 8.8.2).

5.5.2.3 **Das Gaszementieren oder Einsatzhärten**

Sollen Maschinenteile im Kern zäh sein, aber an den Verschleißstellen eine gute Oberflächenhärte aufweisen, so werden sie zunächst aus den relativ weichen und zähen, kohlenstoffarmen sogenannten **Einsatzstählen** (bis 0,2 % Kohlenstoff) gefertigt. Durch Aufkohlen auf ca. 0,8 % Kohlenstoff kann man die Randschichten härtbar machen. Zum Aufkohlen von Stählen sind verschiedene Verfahren gebräuchlich. Neben dem Erhitzen in Holzkohle („**Pulverzementieren**“) oder in Kohlenstoff abgebenden, geschmolzenen Cyanidsalzen („**Badzementieren**“) kann man auch Gase verschiedener Kohlenstoffverbindungen zum Aufkohlen des Stahls verwenden („**Gaszementieren**“). Solche Bäder enthalten die äußerst giftigen Cyanide (Kaliumcyanid und Natriumcyanid), die durch Abgabe von Kohlenstoff und Stickstoff im Stahl Carbide und Nitride entstehen lassen. Unbrauchbar gewordene Cyanidsalze dürfen wegen der Umweltgefährdung nicht auf Deponien abgelagert werden.

Beim Gaszementieren bildet der Kohlenstoff, welcher sich in den Oberflächenschichten des Stahls abscheidet, mit den gasförmigen Kohlenstoffverbindungen jeweils heterogene Gleichgewichte. Zum Aufkohlen werden verschiedene gasförmige bzw. leicht verdampfende Kohlenwasserstoffe eingesetzt. Sie dürfen alle zur Vermeidung von „Verzunderung“ kein O_2 oder H_2O (Dampf) enthalten. Der Aufkohlungsgrad und die Dicke der zementierten Schicht hängen dabei von der Gaszusammensetzung, der Temperatur und der Härtungszeit ab.

5.5.3 Der Heß'sche Satz

In vielen Fällen ist es infolge Ausbildung von chemischen Gleichgewichten nicht möglich, die Änderung der inneren Energie oder der Enthalpie (Abschn. 3.5.3) bei einer chemischen Reaktion direkt zu bestimmen. So ist es z. B. experimentell kaum möglich, eine vollständige Umsetzung unter gleichzeitiger Messung der Reaktionswärme für folgende Gleichung zu erreichen:

$$2C + O_2 \rightleftarrows 2CO$$

In solchen Fällen kann man aber auf dem Umweg über zwei andere, experimentell realisierbare Reaktionen genaue Werte erhalten – in vorliegendem Fall über die Verbrennung von Kohlenstoff zu Kohlendioxid (1) und die Oxidation von CO zu CO_2 (2), also:

(1)	$2C + 2O_2 \rightleftarrows 2CO_2$	$\Delta H° = -787{,}6\,kJ$
(2)	$2CO_2 \rightleftarrows 2CO + O_2$	$\Delta H° = +566{,}4\,kJ$
(1) + (2)	$2C + O_2 \rightleftarrows 2CO$	$\Delta H° = -221{,}2\,kJ$

Diese Methode ist eine Anwendung der Gesetzmäßigkeiten, die unter der Bezeichnung **Heß'scher Satz** bekannt geworden sind:

Die beim Übergang eines chemischen Systems von einem bestimmten Anfangs- in einen bestimmten Endzustand abgegebene oder aufgenommene Wärmemenge ist unabhängig vom Wege der Umsetzung.

Schematisch wird dies durch Abb. 5.13a ausgedrückt und für das Beispiel der CO-Bildung in Abb. 5.13b veranschaulicht. Demnach sind die beiden, auf verschiedenen Wegen entwickelten (oder verbrauchten) Wärmemengen einander gleich, also

$$\Delta H_A = \Delta H_B$$

Der Heß'sche Satz ist ein Spezialfall des **Satzes von der Erhaltung der Energie** (erster Hauptsatz der Thermodynamik). Er gilt nicht nur für die Reaktionen von Gasen, sondern ist allgemein auf alle chemischen Reaktionen anwendbar.

5.6 Adsorptionsvorgänge

5.6.1 Adsorptionsgesetze

An der Oberfläche von festen Stoffen können verschiedene Stoffe in Form einer dünnen Schicht festgehalten werden. Man spricht hierbei von ***Ad*sorption**. Im

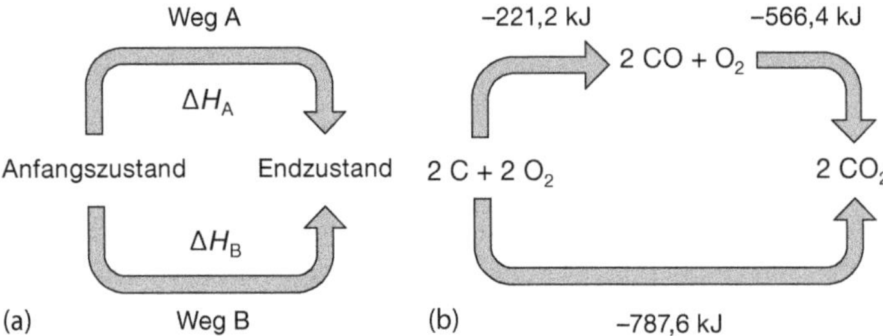

Abb. 5.13 Schematische Darstellung des Heß'schen Satzes: (a) allgemeine Darstellung, (b) Oxidation des Kohlenstoffs.

Gegensatz dazu wird bei der ***Absorption*** der Stoff gleichmäßig in einer Flüssigkeit oder einem Festkörper aufgenommen (Abschn. 13.4.2.2).

Bei den Wechselwirkungskräften, die für eine Adsorption verantwortlich sind, unterscheidet man:

- chemische Bindungskräfte (auch als **Chemisorption** bezeichnet) und
- zwischenmolekulare Wechselwirkungen (auch **Physisorption** genannt). Hierbei können Dipol-Dipol-, Van-der-Waals- oder Wasserstoffbrücken-Wechselwirkungen auftreten (Abschn. 2.5).

Die Stärke der Wechselwirkung zwischen dem adsorbierten Stoff und der Oberfläche des Festkörpers bei der Chemisorption ist wesentlich größer als bei der Physisorption. Bei der Adsorption stellt sich ein Gleichgewicht zwischen adsorbiertem und nicht adsorbiertem Stoff ein. Neben der Stärke der Wechselwirkungskräfte ist die Lage des Gleichgewichtes abhängig von

- Konzentration
- Temperatur und
- Druck

Zur quantitativen Beschreibung der Adsorption gibt es unterschiedliche Modellvorstellungen[10]. Nach der Modellvorstellung von **Langmuir** werden Stoffe so lange an der Oberfläche adsorbiert, bis diese vollständig von einer monomolekularen Schicht des betreffenden gasförmigen oder des in einer Flüssigkeit gelösten Stoffes besetzt ist. Es ist dann die Sättigungsgrenze erreicht. Die Beziehung zwischen der adsorbierten Menge a und der Konzentration des Stoffes c im Gleichgewicht bei konstant gehaltener Temperatur wird **Adsorptionsisotherme** genannt. Die Isothermen in Abb. 5.14 zeigen, dass prinzipiell niedrige Temperaturen die Adsorption begünstigen, während durch hohe Temperaturen der betreffenden Stoff wieder in Freiheit gesetzt wird (sogenannte **Desorption**). Dies ist damit zu erklären, dass die Adsorption einen exothermen Vorgang darstellt und nach dem Prinzip von Le Chatelier das Gleichgewicht auf die linke Seite verschoben wird. Bei Adsorption aus der Gasphase wird die Adsorption auch durch einen höheren

10) siehe z. B. Atkins, P.W. und de Paula, J. (2013): *Physikalische Chemie*, Wiley-VCH.

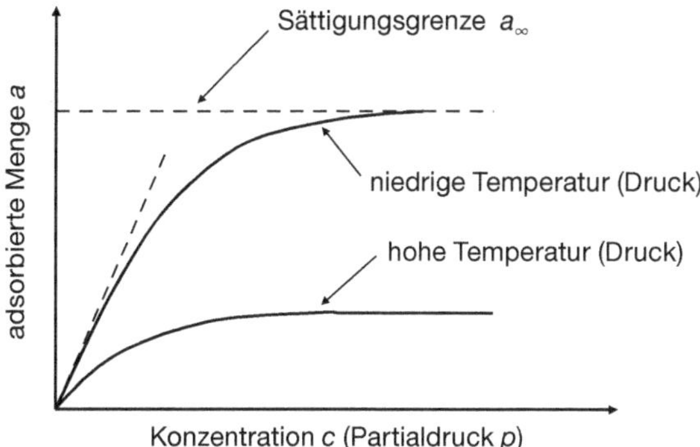

Abb. 5.14 Adsorptionsisothermen nach der Theorie von Langmuir.

Gesamtdruck begünstigt (Abb. 5.14):

$$\text{Stoff (desorbiert)} \rightleftarrows \text{Stoff (adsorbiert)}$$

Die **Langmuir'sche Adsorptionsisothermen** können durch folgende Gleichung beschrieben werden:

$$a = a_\infty(T) \cdot \frac{c}{k + c}$$

a = adsorbierte Menge; a_∞ = maximal adsorbierbare Menge; c = Konzentration; k = Konstante.

Für *kleine* Konzentrationen ($c \ll k$) erhält man eine Proportionalität zwischen Konzentration und adsorbierter Menge (Abb. 5.14):

$$a = \frac{a_\infty}{k} \cdot c$$

Für *große* Konzentrationen ($c \gg k$) ist $a \approx a_\infty$ (Abb. 5.14).

Adsorptionsvorgänge spielen in der Technik und im täglichen Leben eine wichtige Rolle:

- Bei der heterogenen Katalyse (z. B. Ammoniaksynthese) werden die Reaktanten an der Katalysatoroberfläche durch Chemisorption festgehalten (Abschn. 5.5.1).
- Abwasser und Abluft können durch Physisorption an Aktivkohle von Schadstoffen gereinigt werden (Abschn. 13.2.5.3).
- Enzymreaktionen treten bei biologischen Prozessen auf.
- Bei Chromatografie werden Stoffe durch unterschiedliche Physisorption getrennt (Abschn. 5.6.2).

5.6.2 Chromatografie

Ein besonders wirkungsvolles Verfahren zur Trennung kleiner Mengen von Stoffgemischen in die Einzelkomponenten ist die **Chromatografie**. Die Möglichkeit, die durch dieses Verfahren aufgetrennte Stoffe entweder aufgrund ihrer Eigenfärbung oder durch Einfärbung mit spezifischen Reagenzien sichtbar zu machen, hat der Chromatografie ihren Namen gegeben (chroma, gr. = Farbe; graphein = schreiben). Alle chromatografischen Trennverfahren nutzen eine unterschiedliche (physikalische) Adsorption der zu trennenden Stoffe an Trägersubstanzen aus. Durch eine **mobile Phase** (Schleppmittel) wird das Stoffgemisch an der Trägersubstanz vorbeigeführt; bei einer verschieden starken Adsorption werden die einzelnen Bestandteile sich mit unterschiedlicher Geschwindigkeit über die **stationäre Phase** (Trägersubstanz) hinwegbewegen, wobei Adsorption, Desorption (Ablösung des adsorbierten Stoffes durch die mobile Phase) und gegenseitige Verdrängung von der Oberfläche der Trägersubstanz nebeneinander herlaufen. Daraus ergibt sich eine unterschiedliche Wanderungsgeschwindigkeit der einzelnen Komponenten mit der mobilen Phase über die Trägersubstanz. Dies ist schematisch in Abb. 5.15 dargestellt.

Je nachdem, welcher Art die Trägersubstanz und die mobile Phase sind, unterscheidet man verschiedene Arten der Chromatografie. Nach der Art des Schleppmittels gibt es **Flüssigkeits-** und **Gaschromatografie.**

5.6.2.1 Flüssigkeitschromatografie

Bei der Flüssigkeitschromatografie besteht die mobile Phase meist aus einer *hydrophoben* Flüssigkeit (z. B. Hexan, Alkohole). Als stationäre Phase bzw. Trägersubstanz kann man ein feinkörniges, *hydrophiles* Material mit sehr großer Oberfläche (z. B. Kieselgel, Aluminiumoxid usw.) verwenden. Ein solches Trägermaterial füllt man entweder in eine (Glas-)Röhre (**Säulenchromatografie**, Abb. 5.16a) oder man lässt bei der **Dünnschichtchromatografie** die dünne Schicht einer Aufschlämmung dieses feinkörnigen Materials auf einer Glasplatte antrocknen (Abb. 5.16b). Diese sind heute als fertig beschichtete Platten im Handel erhältlich. Bei der Säulenchromatografie bietet sich auch die Möglichkeit, durch Wechseln der Vorlage verschiedene Fraktionen voneinander zu trennen, wobei jedoch eine präparative Isolierung der Komponenten nur im kleinsten Rahmen möglich ist. Früher wurde auch Papier mit großer Adsorptionswirkung als Trägersubstanz für die Chromatografie verwendet (**Papierchromatografie**).

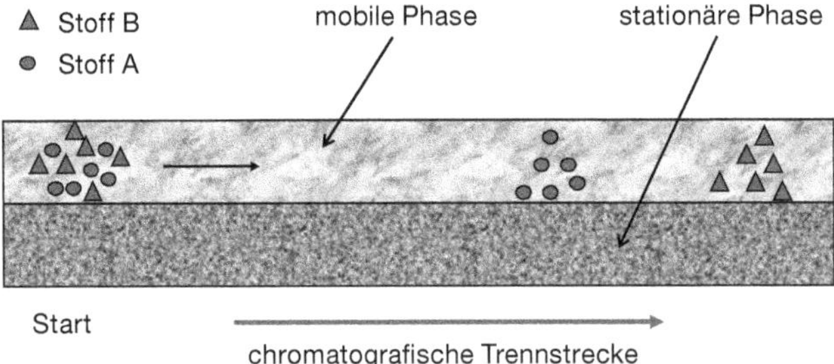

Abb. 5.15 Schematische Darstellung der Vorgänge bei der Chromatografie.

Der Transport der mobilen Phase über die stationäre Phase erfolgt entweder wie bei der Säulenchromatografie mithilfe der Schwerkraft, oder man nutzt wie häufig bei der Dünnschichtchromatografie oder Papierchromatografie die durch Kapillarwirkung (Saugwirkung) hochsteigende Bewegung der Flüssigkeit aus. Die voneinander getrennten Substanzen können entweder an ihrer Eigenfarbe erkannt, mit UV-Licht oder chemischen Reagenzien sichtbar gemacht und der Menge nach bestimmt werden.

Im heutigen Analyselabor wird meist eine besonders leistungsfähige Variante der Säulenchromatografie mit sehr guten Trenneffekten angewendet. Sie ergibt sich bei Verwendung von sehr feinem Trägermaterial und hohen Drücken zum Transport der mobilen Phase und wird **als Hochdruck-** oder **Hochleistungsflüssigkeitschromatografie** bezeichnet (**HPLC** = vom englischen **H**igh **P**ressure oder **H**igh **P**erformance **L**iquid **C**hromatography).

Ein HPLC-Gerät besteht aus vier Hauptteilen: Pumpe, Einspritzsystem, Trennsäule und Detektor mit Auswertesystem (Abb. 5.17). Die Probe wird im Lösungsmittelstrom unter hohem Druck (bis etwa 300 bar) durch die mit Trägermaterial gefüllte Trennsäule, meist aus Edelstahl (Innen Ø = 2–6 mm), geschickt. Als Detektor werden üblicherweise UV/VIS-Spektrometer eingesetzt (Abschn. 11.5.1), wobei die erhaltenen Absorptionskurven der einzelnen Komponenten mittels Computer ausgewertet und gespeichert werden.

5.6.2.2 **Gaschromatografie**

Bei der Gaschromatografie (GC) handelt es sich um einen Spezialfall der Säulenchromatografie. Die mobile Phase bildet hierbei ein inertes Gas (N_2, He), welches ein Rohr durchströmt, in dem sich die stationäre Phase befindet. Ein Gaschromatograf besteht prinzipiell aus den gleichen Komponenten wie ein HPLC (Pumpe, Einspritzsystem, Trennsäule und Detektor mit Auswertesystem; Abb. 5.17).

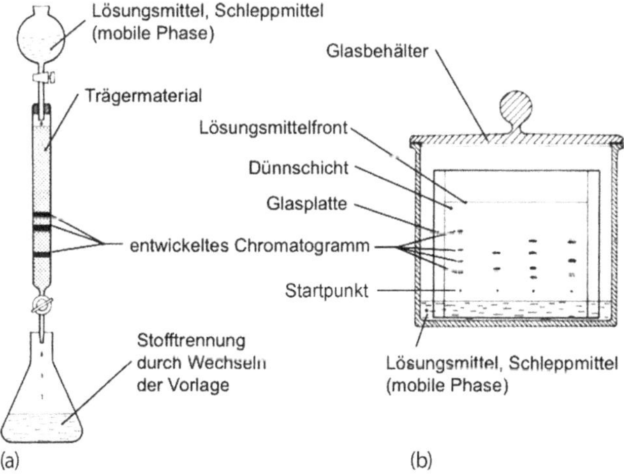

Abb. 5.16 (a) Säulenchromatografie und (b) Dünnschichtchromatografie.

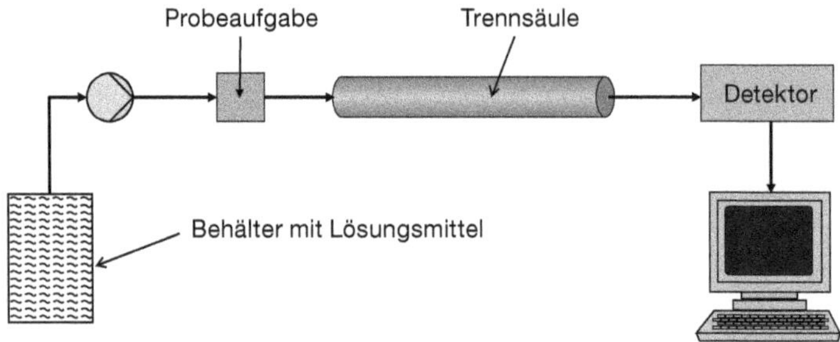

Abb. 5.17 Schematische Darstellung eines Hochdruckflüssigkeitschromatografen (HPLC).

Die Trennsäulen sind im Gegensatz zur Flüssigkeitschromatografie heute in den meisten Fällen keine gepackten Säulen, sondern sogenannte **Kapillarsäulen** (Innen ∅ = 0,2–1 mm, Länge bis zu 100 m). Die stationäre Phase befindet sich als dünne Schicht (Schichtdicke 1–3 µm) auf der Innenseite der Kapillare (hierbei werden z. B. Siliconöle hoher Viskosität eingesetzt). Befindet sich die stationäre Phase als Flüssigkeitsfilm in der Kapillare, so ist nicht die unterschiedliche Adsorption, sondern die unterschiedliche Löslichkeit der Komponenten in der Gasphase und im Flüssigkeitsfilm für eine Trennung verantwortlich. Als Detektoren werden üblicherweise Wärmeleitfähigkeitszellen oder **F**lammen**i**onisations**d**etektoren **FID** (Abschn. 11.6). eingesetzt.

Mit Gaschromatografie können nur Substanzen analysiert werden, die einen ausreichenden Dampfdruck besitzen (Siedepunkt < ca. 450 °C) und sich ohne Zersetzung verdampfen lassen. Thermisch empfindliche Substanzen mit hohen Siedepunkten können z. B. mittels HPLC bestimmt werden.

Eine besonders wirkungsvolle und eindeutige Identifizierung der getrennten Substanzen bietet die Verwendung eines Massenspektrometers (Abschn. 11.6). Die Kombination von Gaschromatografen mit **Massenspektrometern** gehört zu den besten, genauesten und wirksamsten Methoden, um geringste Mengen in Stoffgemischen qualitativ und quantitativ zu erfassen. So konnte man z. B. im Tabakrauch knapp 1000 verschiedene (teilweise auch kanzerogene) Stoffe identifizieren und mengenmäßig bestimmen.

6
Die Elemente

Im sechsten Kapitel werden die chemischen Elemente, die als Grundbausteine an der Bildung aller Stoffe beteiligt sind, vorgestellt, wobei in erster Linie die für den Ingenieur wichtigen Elemente und deren Verwendung in der Technik ausführlicher behandelt werden. Ein umfangreiches Unterkapitel befasst sich mit Silicium und Germanium als Grundstoffe der Halbleitertechnologie. Einen relativ breiten Raum nehmen auch die Metalle ein, obwohl hier weitestgehend auf sehr viele Teilaspekte, die ausführlich in der Werkstoffkunde behandelt werden, verzichtet wird. Auch die radioaktiven Elemente werden berücksichtigt.
Ein Verstehen verschiedener Stoffeigenschaften, so z. B. des für die messtechnische Erfassung von elementarem Sauerstoff wichtigen Paramagnetismus, macht es erforderlich, eingehender ein Modell zu behandeln, das unter der Bezeichnung Molekülorbitaltheorie bekannt geworden ist.
Da ein Lehrbuch dieses Umfanges nicht nur als Studienbegleiter, sondern auch als erstes Nachschlagewerk in der Praxis gedacht ist, werden verschiedene für die Praxis interessante Daten und Stoffeigenschaften in einer Reihe von Tabellen und Abbildungen wiedergegeben, wobei der Schwerpunkt auf dem Verstehen der inneren Zusammenhänge und der Gesetzmäßigkeiten in der uns umgebenden materiellen Welt liegt.

6.1
Allgemeines

6.1.1
Einteilung der Elemente

6.1.1.1 Einteilung nach dem Aggregatzustand

Im Normzustand, d. h. bei 0 °C und 1,013 25 bar (1 atm) sind:

- elf Elemente **gasförmig**, und zwar die Edelgase Helium, Neon, Argon, Krypton, Xenon, Radon; außerdem die Elemente Wasserstoff, Stickstoff, Sauerstoff, Fluor, Chlor,

Chemie für Ingenieure, 14. Auflage. Jan Hoinkis.
©2016 WILEY-VCH Verlag GmbH & Co. KGaA. Published 2016 by WILEY-VCH Verlag GmbH & Co. KGaA.

- zwei Elemente **flüssig**, und zwar das Brom und das Quecksilber;
- alle anderen Elemente sind feste Stoffe.

Der Aggregatzustand der Elemente kann einen Hinweis auf den atomaren Aufbau geben, denn große Moleküle mit hoher Molekülmasse oder in Metallgittern angeordnete Atome ergeben im Normzustand feste Körper. Gasförmige Stoffe hingegen bestehen aus kleinen Atomen oder Molekülen mit geringer Molekülmasse.

6.1.1.2 Einteilung nach der elektrischen Leitfähigkeit

Alle gasförmigen Elemente, das flüssige Brom und die festen Elemente Kohlenstoff, Phosphor, Schwefel und Iod sind Nichtmetalle. Zu den Halbmetallen kann man die Elemente Bor, Silicium, Germanium, Arsen, Selen und Tellur rechnen. Alle übrigen Elemente sind Metalle. Einige Elemente haben sowohl eine metallische wie eine nichtmetallische Modifikation, z. B. Phosphor, Arsen, Selen und Zinn.

Dieser Einteilung der Elemente in **Nichtmetalle** und **Metalle** mit den Übergangsstufen der **Halbmetalle** liegt die unterschiedliche elektrische Leitfähigkeit zugrunde: Metalle sind gute Leiter des elektrischen Stromes; die elektrische Leitfähigkeit nimmt mit steigender Temperatur ab (Abschn. 6.5.1). Die Halbmetalle zeigen eine zwar messbare, aber doch sehr begrenzte elektrische Leitfähigkeit, die aber mit steigender Temperatur zunimmt. Die Nichtmetalle hingegen sind elektrische Isolatoren.

Zwischen diesen Typen gibt es fließende Übergänge. Die folgende Tab. 6.1 zeigt die Werte der elektrischen Leitfähigkeit von einigen Elementen und Stoffen.

6.1.2 Die Häufigkeit der Elemente und die Rohstoffprobleme

Die meisten Elemente kommen in der Natur nicht in freier Form vor, sondern nur in **chemischen Verbindungen** mit anderen Elementen. Nur wenige Elemente findet man in der Natur im elementaren Zustand, d. h., die betreffenden Stoffe

Tab. 6.1 Beispiel für elektrische Leitfähigkeit verschiedener Stoffe bei Raumtemperatur.

Metalle $(\Omega\,cm)^{-1}$		Halbleiter $(\Omega\,cm)^{-1}$		Isolatoren $(\Omega\,cm)^{-1}$	
Na	$2{,}2 \cdot 10^5$	Si	$2{,}0 \cdot 10^{-5}$	Diamant	$1{,}0 \cdot 10^{-16}$
Al	$4{,}0 \cdot 10^5$	Ge	$2{,}0 \cdot 10^{-2}$	Quarz	$3{,}0 \cdot 10^{-17}$
Fe	$1{,}0 \cdot 10^5$	Se	$1{,}0 \cdot 10^{-6}$	Glas	$1{,}0 \cdot 10^{-11}$
Cu	$6{,}0 \cdot 10^5$	FeO[a)]	$1{,}0 \cdot 10^{-4}$	PTFE[b)]	$1{,}0 \cdot 10^{-18}$
Ag	$6{,}7 \cdot 10^5$	CuO[a)]	$2{,}0 \cdot 10^{-7}$	PE[b)]	$1{,}0 \cdot 10^{-17}$

a) Siehe Kapitel 7.
b) Kunststoffe; siehe Kapitel 9.

Tab. 6.2 Verbreitung der Elemente auf der Erde[a].

a) Massenanteile in %		b) Atomare Häufigkeit in %	
Sauerstoff	50,50	Sauerstoff	54,34
Silicium	27,50	Wasserstoff	17,42
Aluminium	7,30	Silicium	16,86
Eisen	3,38	Aluminium	4,66
Calcium	2,79	Natrium	1,64
Kalium	2,58	Calcium	1,20
Natrium	2,19	Kalium	1,14
Magnesium	1,29	Eisen	1,04
Wasserstoff	1,02	Magnesium	0,91
Titan	0,43	Titan	0,15
übrige Elemente	1,02	übrige Elemente	0,64
	100,00		100,00

a) Bei der Aufstellung wurden die Lufthülle, das Meer und eine etwa 16 km dicke Schicht der Erdrinde berücksichtigt. Eine Tiefe von 16 km entspricht einer Schichtdicke von 2,5 mm, wenn man die Erdkugel mit einem Radius von 1 m verkleinert darstellt.

sind nur aus diesen Elementen aufgebaut. Hierzu zählt hauptsächlich der Schwefel, außerdem geringe Mengen der Edelmetalle wie z. B. Gold und Platin; ferner ist die Luft ein Gemisch der gasförmigen Elemente Stickstoff und Sauerstoff sowie der Edelgase; in hohen Luftschichten findet sich außerdem auch das Element Wasserstoff.

Für die uns zugängliche Schicht der Erdrinde bis zu etwa 16 km Tiefe einschließlich der Weltmeere und der Lufthülle liegen Berechnungen zur Häufigkeitsverteilung der Elemente vor. In der Tab. 6.2 sind die zehn häufigsten Elemente angegeben. Wegen der unterschiedlichen Atommassen weichen die atomaren Häufigkeiten von den massemäßigen Anteilen teilweise erheblich ab, wie ein Vergleich von Tab. 6.2a mit b zeigt.

Viele technisch wichtige Elemente stehen auf der Erde nur in begrenztem Maße zur Verfügung. Aber auch die sehr häufig vorkommenden Elemente wie Eisen oder Aluminium zeigen nur begrenzte Vorkommen von **Erzen**[1] oder **Mineralien**, welche die betreffenden Elemente in angereicherter Form enthalten. Vom **Club of Rome**[2] wurde im Jahre 1972 erstmals einer breiten Öffentlichkeit klar gemacht, dass uns bei dem heute ständig steigenden Bedarf viele der gebräuchlichen Rohstoffe voraussichtlich nur noch für einige Jahrzehnte in gewohnter Weise

1) Erze sind Gesteine oder Mineralien (meist Oxide oder Sulfide), aus denen Metalle in technischem Maßstab gewonnen werden können.

2) Der Club of Rome ist ein internationaler Zusammenschluss von Wissenschaftlern, der es sich zur Aufgabe gemacht hat, die sich immer stärker abzeichnenden Gefahren für die gesamte Menschheit zu analysieren, um eine möglichst breite Öffentlichkeit zu Gegenmaßnahmen zu mobilisieren (www.clubofrome.org, 28.5.2015).

Tab. 6.3 Geschätzte Rohstoffvorräte der Erde.

Rohstoff	Vorräte (in 1000 t)	Weltförderung pro Jahr (in 1000 t)	Reichdauer in Jahren bei gleich bleibenden Vorräten u. Förderung
Bauxit (Al_2O_3)	29 000 000	220 000	132
Blei	80 000	4 100	20
Chrom	> 480,000	24 000	> 20
Eisenerz	170 000 000	2 800 000	61
Gold	51	2,7	19
Grafit	77 000	925	83
Kupfer	630 000	16 200	39
Nickel	75 000	1 940	39
Rutil (TiO_2)	42 000	580	72
Platinmetalle	66	0,4	165
Silber	530	23,8	22
Wolfram	2 900	61	48
Zink	250 000	12 000	21
Zinn	4 900	230	21

Quelle: US Geological Survey (USGS), 2011.

und ausreichender Menge zur Verfügung stehen (eigentlich eine Selbstverständlichkeit!). Die damaligen Prognosen sind inzwischen durch neue Berechnungen korrigiert worden. Prinzipiell hat sich aber an der Endlichkeit der Rohstoffvorräte nichts geändert. In Tab. 6.3 sind bekannte Reserven von wichtigen Elementen und Schätzungen für die Reichdauer aufgelistet.

Auch wenn man immer wieder neue Rohstoffvorkommen entdeckt und neuartige Methoden verwendet (z. B. „Fracking-Technik", d. h. Gas- und Ölgewinnung aus Gesteinsschichten mit geringer Durchlässigkeit), werden viele Rohstoffe bald sehr knapp werden. Deshalb sind neben Einsparungen (z. B. dünnere Wandstärken, Verkleinerungen usw.) von besonderer Bedeutung:

- **Recycling**, d. h. Verwerten von Abfällen oder nicht mehr verwendungsfähigen Produkten zur Herstellung neuer Industriegüter (Abschn. 13.5.3),
- **Substitution**, d. h. Ersetzen knapper Rohstoffe durch andere, reichlich vorhandene.

Außerdem erhält man eine bedeutende Erweiterung der Rohstoffbasis durch Verwendung von weniger ergiebigen Mineralien, z. B. von Tonen (Abschn. 7.2.5) anstelle von Bauxit (= Aluminium, Abschn. 6.5.7). Dadurch würde uns Aluminium als eines der häufigsten Elemente in der Erdrinde (siehe Tab. 6.2) für alle Zeiten zur Verfügung stehen; hierzu sind aber aufwendigere Methoden und ein viel höherer Energieeinsatz erforderlich.

Es ist nützlich, zwischen drei Ordnungen von **Ressourcen**[3] zu unterscheiden:

- Ressourcen erster Ordnung: Wissen, Kenntnisse,
- Ressourcen zweiter Ordnung: Infrastrukturen, welche notwendig sind, um Kenntnisse in die Tat umzusetzen, d. h. Industrieanlagen, Kapital, Energieversorgung, Verkehrswesen, besonders aber auch Menschen, welche mit ihrem „Know-how“ unterschiedlichste Aufgaben erfüllen können,
- Ressourcen dritter Ordnung: mineralische Rohstoffe und Naturschätze.

Durch Erweiterung der Ressourcen erster und zweiter Ordnung können bestimmte Ressourcen dritter Ordnung entbehrlich werden (z. B. kann die Nachrichtenübermittlung mithilfe der Glasfasern anstelle von Kupferkabeln erfolgen; dadurch kann Kupfer substituiert werden). Die Industrienationen verfügen heute über ein hohes Maß an Ressourcen erster und zweiter Ordnung, sodass sie am schnellsten den Weg zu neuartigen umweltverträglichen und ressourcenschonenden Technologien beschreiten können. Dadurch entstehen ihnen auch große Verpflichtungen, um mithilfe der Technik ein möglichst menschenwürdiges Leben auf der gesamten Erde zu sichern.

6.1.3 Elementumwandlungen

Elemente sind die auf chemischem Wege nicht mehr weiter zerlegbaren oder ineinander umwandelbaren Bestandteile der Materie.

Dennoch kann man auf andere Weise die Elemente ineinander überführen. Solche Elementumwandlungen erfolgen durch **Kernreaktionen**, und zwar entweder als freiwillig ablaufende Vorgänge (natürliche Radioaktivität) oder als künstlich herbeigeführte Prozesse. Beide Vorgänge sind begleitet von **radioaktiver Strahlung**. Darunter versteht man die Aussendung von Teilchen, wie Heliumkerne = **α-Strahlen** und Elektronen = **β-Strahlen** oder von sehr energiereichen elektromagnetischen Strahlen = **γ-Strahlen** aus den Atomkernen. Dass Elektronen (e^-) aus den elektrisch positiv geladenen Atomkernen freigesetzt werden, liegt an einem Übergang von Neutronen in Protonen gemäß der folgenden Gleichung (hierbei werden 0,783 MeV freigesetzt):

$$n \rightarrow p^+ + e^- + \bar{\nu}$$

Nach dieser Gleichung entstehen aus einem Neutron ein Proton und ein Elektron sowie ein masseloses Teilchen, Antineutrino genannt. Die bei solchen Kernumwandlungen frei werdende Energie wird als kinetische Energie vom Elektron und einem praktisch masselosen und ladungsfreien Antineutrino übernommen. Das

3) ressource, fr. = Mittel, Bodenschätze. Bei den *mineralischen* Rohstoffen unterscheidet man zwischen Ressourcen und Reserven. Als Reserven bezeichnet man die geologisch eindeutig identifizierten, technisch und wirtschaftlich abbaubaren Vorräte. Ressourcen sind alle vermuteten und aufgrund geologischer Bedingungen zu erwartenden Vorräte, deren Abbau aber zum Teil unwirtschaftlich oder nur mit neuen Techniken möglich ist.

Antineutrino wurde zunächst von Pauli und Fermi hypothetisch angenommen und konnte erst im Jahr 1956 experimentell nachgewiesen werden.

Umgekehrt kann sich ein Proton durch vorherige Energiezufuhr (= künstlich erzeugte, erzwungene Kernreaktion) in ein Neutron und ein Positron (e^+, ein dem Elektron hinsichtlich der Masse entsprechendes, jedoch elektrisch positiv geladenes Teilchen) umwandeln. Dabei wird zusätzlich ein Neutrino freigesetzt. Die Kernreaktion benötigt 1,805 MeV und erfolgt nach folgender Gleichung:

$$p^+ \rightarrow n + e^+ + \nu$$

Bei Elementumwandlungen sind im Prinzip die im Folgenden beschriebenen, teilweise auch technisch genutzten Typen von **Kernreaktionen** möglich.

6.1.3.1 Einfache Kernreaktionen

Beschießt man Atomkerne mit Teilchen verhältnismäßig geringer Bewegungsenergie (Energien bis zu einigen 10 MeV), wie z. B. Kerne der Elemente Wasserstoff (Protonen), Helium (α-Strahlen), Elektronen (β-Strahlen) oder Neutronen, so findet eine einfache Kernumwandlung statt: Die Geschossteilchen werden vom Kern aufgenommen. Dabei werden meistens ein bis zwei andere Teilchen und eine energiereiche Strahlung (γ-Strahlung) aus dem Kern ausgestoßen; es entsteht ein anderes Nuklid. Reaktionen dieser Art macht man sich zunutze, um Elemente mit höheren Ordnungszahlen als das Uran, die sogenannten **Transurane** herzustellen, ferner z. B. um radioaktive Markierungsnuklide für die technische und medizinische Forschung herzustellen.

Auch in der Natur ereignen sich solche Elementumwandlungen. So entsteht das schwach radioaktive **Kohlenstoffisotop C 14**, das zur **Altersbestimmung** von abgestorbenen tierischen und pflanzlichen Organismen oder deren Verarbeitungsprodukten z. B. in der Archäologie herangezogen werden kann. Dies kann folgendermaßen erklärt werden:

Das Nuklid C 14 bildet sich in der Atmosphäre bei der Einwirkung der durch kosmische Strahlung entstehenden Neutronen auf Stickstoffatome, und zwar unter Aussendung von Wasserstoffkernen (Protonen) nach folgender Kernreaktion:

$$^{14}_{7}N + ^{1}_{0}n \rightarrow ^{1}_{1}H + ^{14}_{6}C$$

Da das Kohlenstoffisotop C 14 ein weicher β-Strahler ist, zerfällt es durch Aussendung von Elektronen wieder in das Ausgangsnuklid N 14 nach folgender Gleichung:

$$^{14}_{6}C \rightarrow e^- + ^{14}_{7}N$$

Die **Halbwertszeit** des Nuklids C 14 beträgt 5730 Jahre. Das bedeutet, nach Ablauf einer Halbwertszeit sinkt die Menge des ursprünglichen Nuklids immer jeweils auf die Hälfte ab. Nach 5730 Jahren ist nur die Hälfte, nach weiteren 5730 Jahren nur ein Viertel etc. des Nuklids C 14 vorhanden.

Aufgrund der ständigen Zu- und Abfuhr an C 14 (Fotosynthese, Nahrungsaufnahme, Ausscheidungen) enthalten alle Pflanzen und Lebewesen in ihrem Gewebe ein konstantes Verhältnis von C 14- zu C 12-Atomen von etwa 1 zu 10^{12}. Wenn ein Lebewesen stirbt, tauscht es keinen Kohlenstoff mehr mit seiner Umgebung aus. Die C 14-Kerne zerfallen aber weiterhin mit konstanter Halbwertszeit. Daher nimmt das Verhältnis C 14 zu C 12 nach dem Absterben ab. Dies erlaubt die Altersbestimmung von Geweben in einer Zeitspanne zwischen 400 und 30 000 Jahren mit einer Fehlergrenze von etwa 5 %.

Aus dem Stickstoff in der Atmosphäre kann sich aber auch **Tritium** nach folgender Kernreaktion bilden:

$$^{14}_{7}\mathrm{N} + ^{1}_{0}\mathrm{n} \rightarrow ^{3}_{1}\mathrm{H} + ^{12}_{6}\mathrm{C}$$

Im atmosphärischen Wasser hat sich ein Gleichgewicht eingestellt, indem dort gerade soviel Tritium neu gebildet wird, wie durch weiche β-Strahlung nach folgender Gleichung wieder zerfällt:

$$^{3}_{1}\mathrm{H} \rightarrow ^{3}_{2}\mathrm{He} + \mathrm{e}^{-}$$

Die Halbwertszeit beträgt 12,262 Jahre. Tritiumbestimmungen in Wasser erlauben es, Aussagen darüber zu machen, wann sich dieses Wasser vom atmosphärischen Kreislauf abgetrennt hat („Tritiumuhr", z. B. zur Altersbestimmung von Wasser in unterirdischen, abgeschlossenen Reservoiren oder von Weinen).

6.1.3.2 Kernzersplitterung

Der Beschuss von Atomkernen mit sehr energiereichen (bis zu einigen 100 MeV), also auf hohe Geschwindigkeiten beschleunigten Elementarteilchen kann zu einer Kernzersplitterung führen, d. h., aus dem Kern wird eine ganze Reihe verschiedenster Bruchstücke und einzelner Elementarteilchen herausgeschlagen. Auf diese Weise kann ein Kern z. B. 40 und mehr Masseeinheiten (Nukleonen) verlieren.

6.1.3.3 Kernspaltung

Zu dieser Art von Kernreaktionen neigen besonders sehr schwere Atomkerne. Diese zerfallen nach Aufnahme von Neutronen in zwei, meist ungleich große Bruchstücke. Von besonderer Bedeutung ist die Kernspaltung des Nuklids U 235. Sie wird durch die Aufnahme von langsamen, **thermischen Neutronen** in den Kern des U 235 ausgelöst. Thermische Neutronen bedeuten, dass die Neutronen nach elastischen Stößen mit anderen Atomen auf Geschwindigkeiten abgebremst wurden, die der kinetischen Energie von Atomen unter den üblichen Reaktortemperaturen entsprechen (Geschwindigkeit < 4400 m/s, Energie $< 0{,}1$ eV). Bei der folgenden Kernspaltung entstehen zwei, meist verschieden große, in der Regel dann auch radioaktive Bruchstücke aus Elementen mit den Ordnungszahlen von 30–60 (Massenzahlen von 72–161). Außerdem werden noch Neutronen freigesetzt, die in einer „Kettenreaktion" weitere Urankerne spalten. Die Kernspaltung ist mit einer sehr großen Wärmeentwicklung verbunden, die zur Erzeugung von elektrischem Strom ausgenutzt werden kann.

6.1.3.4 Kernverschmelzung oder Kernfusion

Auch bei der Vereinigung von zwei leichten Kernen werden sehr große Energiemengen frei. Kernverschmelzungen dieser Art sind die Energie liefernden Vorgänge in den **Fixsternen**. Die Sonnenenergie entsteht bei der Fusion von vier Wasserstoffkernen (Protonen) zu Heliumkernen unter Aussendung von zwei Positronen (e^+). Dabei werden gewaltige Mengen von Energie frei:

$$4\,{}^{1}_{1}H^{+} \rightarrow {}^{4}_{2}He^{2+} + 2e^{+} + 2\nu \quad \Delta E = -26{,}7\,\text{MeV}\ (-2{,}58 \cdot 10^{9}\,\text{kJ/mol})$$

Diese Kernverschmelzung erfolgt nur bei sehr hohen Temperaturen (über 10^7 °C). Man versucht, ähnliche Kernverschmelzungsreaktionen zur Erzeugung von Wärme und schließlich von elektrischer Energie nutzbar zu machen. Erfolgversprechend ist die Verschmelzung von Deuterium- und Tritiumkernen nach folgender Gleichung:

$${}^{2}_{1}H^{+} + {}^{3}_{1}H^{+} \rightarrow {}^{4}_{2}He^{2+} + {}^{1}_{0}n \quad \Delta E = -17{,}6\,\text{MeV}\ (-1{,}7 \cdot 10^{9}\,\text{kJ/mol})$$

Die Hauptschwierigkeiten bestehen darin, dass bei den hierzu notwendigen hohen Reaktionstemperaturen kein Werkstoff beständig ist. Da aber die Atome bei Temperaturen von einigen Tausend Grad Celsius ihre Elektronenhülle verlieren (ionisieren), kann man sie in diesem **plasmatischen Zustand** (Drittes Kapitel „Übersicht“) durch starke Magnetfelder („magnetische Käfige“) einschließen. Man hofft, dass es gelingen wird, eine kontrollierte Kernfusion zur Erzeugung von elektrischem Strom schon in den nächsten Jahrzehnten nutzbar zu machen. Dies wäre eine weitere Möglichkeit, elektrische Energie ohne fossile Brennstoffe oder ohne Kernspaltung des nicht sehr reichlich vorhandenen Urans zu gewinnen.

Das Deuterium bildet zwar nur einen geringen Isotopenanteil des natürlichen Wasserstoffs (145 ppm), es ist jedoch wegen der großen Wasservorkommen auf unserem Planeten in ausreichender Menge vorhanden. Das Tritium kann durch Neutronenbeschuss von Lithium gewonnen werden:

$${}^{6}_{3}Li + {}^{1}_{0}n \rightarrow {}^{3}_{1}H + {}^{4}_{2}He$$

Die zur Kernverschmelzung notwendigen hohen Temperaturen werden auch in den unkontrollierten Kernverschmelzungsvorgängen der „Wasserstoffbombe“ erreicht. Durch einen atomaren Sprengsatz einer Uran- oder Plutoniumbombe wird eine Kernverschmelzung von Lithiumdeuterid (LiD) zu Helium nach folgendem Schema eingeleitet (die zur Reaktion notwendigen Neutronen stammen aus dem atomaren Zündsatz):

$${}^{6}_{3}Li + {}^{1}_{0}n \rightarrow {}^{3}_{1}T + {}^{4}_{2}He \quad \text{und} \quad {}^{3}_{1}T + {}^{2}_{1}D \rightarrow {}^{4}_{2}He + {}^{1}_{0}n$$

Die dabei frei werdenden Energiebeträge übersteigen die chemische Reaktionsenergie um einige Zehnerpotenzen. Während z. B. bei der Vereinigung von zwei Mol Wasserstoffatomen zu einem Mol von Wasserstoffmolekülen 436,2 kJ entstehen,

$$2H \rightarrow H_2 \quad \Delta H^\circ = -436{,}2\,\text{kJ}$$

liefert die Vereinigung von zwei Mol Wasserstoffkernen (nimmt man die Isotopen des Wasserstoffs Deuterium und Tritium) zu Heliumkernen den enormen

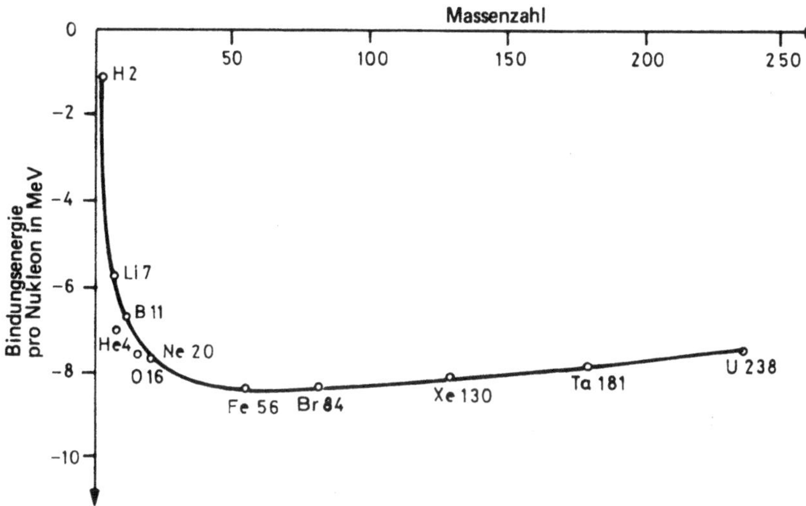

Abb. 6.1 Kernbindungsenergien.

Energiebetrag von $1{,}7 \cdot 10^9$ kJ:

$$^{2}_{1}\mathrm{H} + ^{3}_{1}\mathrm{H} \rightarrow ^{4}_{2}\mathrm{He} + ^{1}_{0}\mathrm{n} \quad \Delta E = -1{,}7 \cdot 10^9\ \mathrm{kJ} \quad (\text{pro 2 mol H-Atome})$$

Sowohl bei der Kernverschmelzung als auch bei der Kernspaltung wird dann Energie frei, wenn die neu entstehenden Kerne energieärmer als die ursprünglichen sind. Die Unterschiede im Energieinhalt lassen auf unterschiedlich große Bindungskräfte zwischen den Nukleonen bei den verschiedenen Kernen schließen.

Trägt man die Bindungsenergie pro Nukleon in Abhängigkeit von der Massenzahl auf, so erhält man die in Abb. 6.1 wiedergegebenen Werte. Die meisten Atomkerne haben Bindungsenergien pro Nukleon von ungefähr 8 MeV. Die geringeren Kernbindungsenergien bei den sehr schweren und den sehr leichten Elementen sind die Ursache dafür, dass bei Spaltungen von sehr schweren und bei der Fusion von sehr leichten Kernen große Energien frei werden. Bei der Verschmelzung von einzelnen Elementarteilchen zu leichten Kernen wird Masse nach der bekannten **Einstein'schen Gleichung**

$$E = m \cdot c^2 \quad E = \text{Energie},\ m = \text{Masse und } c = \text{Lichtgeschwindigkeit}$$

in Energie umgewandelt, sodass die Atomkerne dann eine geringere Masse als die Summe der in ihnen enthaltenen Elementarteilchen haben. Man bezeichnet dies als **Massendefekt** (Abschn. 2.6.2).

Der **Massendefekt** soll an einem **Beispiel** verdeutlicht werden:
Ein einzelner Heliumkern besteht aus zwei Protonen und zwei Neutronen und müsste bei Addition ihrer Einzelmassen folgende Gesamtmasse haben (Tab. 1.1):

$$\begin{array}{r} 2 \cdot 1{,}672\,61 \cdot 10^{-27}\,\text{kg} \\ +2 \cdot 1{,}674\,92 \cdot 10^{-27}\,\text{kg} \\ \hline 6{,}695\,06 \cdot 10^{-27}\,\text{kg} \end{array}$$

Genaue Messungen haben jedoch ergeben, dass ein Heliumkern die Masse $6{,}6446 \cdot 10^{-27}$ kg besitzt. Bei der Vereinigung von zwei Protonen und zwei Neutronen zu Heliumkernen würde also der als „Massendefekt" bezeichnete Anteil von

$$\begin{array}{r} 6{,}695\,06 \cdot 10^{-27}\,\text{kg} \\ -6{,}644\,60 \cdot 10^{-27}\,\text{kg} \\ \hline 0{,}050\,46 \cdot 10^{-27}\,\text{kg} \end{array}$$

in Form von Energie abgegeben werden, was nach der Einstein'schen Gleichung einer Energie von

$$\begin{aligned} E &= m \cdot c^2 = (0{,}050\,46 \cdot 10^{-27}) \cdot (2{,}997\,925 \cdot 10^{-8})\,\text{kg}\,\text{m}^2\,\text{s}^{-2} \\ &= 4{,}5351 \cdot 10^{-12}\,\text{J} = 28{,}306\,\text{MeV} \end{aligned}$$

entspricht. Das ergibt pro Mol Heliumatome den großen Energiebetrag von $27{,}3 \cdot 10^9\,\text{J} = 27{,}3\,\text{GJ}$.

Den gleichen Energiebetrag müsste man aufwenden, um Heliumkerne in die Einzelbestandteile aufzuspalten. Dann würde die aufgewendete Trennungsenergie wieder in Form von Masse erscheinen. Da der Energiebetrag besonders hoch ist, werden bei verschiedenen radioaktiven Zerfällen oft Heliumkerne, sogenannte α-Strahlen, jedoch nicht die einzelnen Neutronen und Protonen separat ausgestoßen.

Bei diesen kernenergetischen Betrachtungen zeigt sich wieder das **Prinzip des Energieminimums**. Danach laufen Vorgänge in der Natur so ab, dass sie einem möglichst tiefen Energieniveau zustreben (Abschn. 3.5.3). Auch die Vereinigung von Heliumkernen zu Kohlenstoffkernen und Sauerstoffkernen nach den Gleichungen

$$3\,{}^{4}_{2}\text{He}^{2+} \rightarrow {}^{12}_{6}\text{C}^{6+} \quad \text{und} \quad {}^{12}_{6}\text{C}^{6+} + {}^{4}_{2}\text{He}^{2+} \rightarrow {}^{16}_{8}\text{O}^{8+}$$

sind ebenso wie die Entstehung von noch höheren Elementkernen (bis etwa zum Element Eisen Fe 56) freiwillig ablaufende Kernverschmelzungsreaktionen. Sie sind die Energie liefernden Reaktionen in den als rote Riesen bezeichneten Fixsternen. Damit eine solche Kernverschmelzung ablaufen kann, sind jedoch sehr hohe Temperaturen im Inneren dieser Fixsterne notwendig.

Der Aufbau aller heute in der Natur vorkommenden schweren Elemente (mit Kernen, die größer als beim Eisen sind) konnte nur stattfinden, da für diese Energie verbrauchenden Kernreaktionen gleichzeitig andere Energie spendende Vorgänge abliefen (so die gewaltige Urexplosion bei der Entstehung des Weltalls vor etwa 15 Milliarden Jahren oder auch die Supernovaexplosionen).

Kernumwandlungen sind wichtige, in den Sternen vorkommende Reaktionen; durch sie sind überhaupt erst die heute bekannten chemischen Elemente entstanden. Auf unserer Erde ist jedoch nicht mit der Möglichkeit zu rechnen, dass Kernumwandlungen technisch dazu genutzt werden könnten, um fehlende oder zu Ende gehende Rohstoffvorkommen bestimmter chemischer Elemente im großen Maßstab zu ersetzen. Einmal sind die entstehenden Stoffe meist über lange Zeit radioaktiv, zum Zweiten kann man auf diese Weise nur sehr kleine Stoffmengen gewinnen, und dies nur unter sehr hohem Energie- und Kostenaufwand. Wohl aber werden durch künstlich herbeigeführte Kernumwandlungen technisch genutzte radioaktive Nuklide gewonnen. Diese bieten aufgrund ihrer radioaktiven Strahlung vielfältige Anwendungsmöglichkeiten in der Forschung, speziell in der Medizin, aber auch bei vielen technischen Methoden und Verfahren.

Man bezeichnet das Arbeitsgebiet, welches sich mit Produkten befasst, die bei Kernreaktionen entstehen, als **Kernchemie**. Wichtige Aufgabenbereiche der technischen Kernchemie sind u. a. die Gewinnung und Reindarstellung von Kernbrennstoffen sowie deren Aufarbeitung nach ihrer Verwendung in Kernkraftwerken. Hierfür sind umfangreiche Strahlenschutzmaßnahmen (z. B. Fernbedienung) notwendig. Das Arbeiten mit extrem geringen Mengen radioaktiver Stoffe (z. B. für die medizinische und industrielle Forschung), also mit Radionuklidmengen, die nicht mehr mit Waagen, sondern nur durch die radioaktive Strahlung zu erfassen sind, zählt zum Gebiet der **Radiochemie**.

6.2 Die gasförmigen Elemente

6.2.1 Wasserstoff

Wasserstoff (Hydrogen) bildet unter gewöhnlichen Bedingungen **zweiatomige Moleküle**. Die beiden Wasserstoffatome sind miteinander kovalent verbunden, wie ausführlich unter Abschn. 2.1.1 beschrieben. Die Verbindung mit einem mittleren Kernabstand von $0{,}74 \cdot 10^{-10}$ m wird durch Zufuhr von 436,2 kJ/mol in Form von Wärme oder Strahlungsenergie wiederum gelöst. Dadurch bricht das Wasserstoffmolekül in zwei Atome auseinander. Die gleiche Energie wird frei, wenn sich zwei Mol Wasserstoffatome zu einem Mol von Wasserstoffmolekülen vereinigen. Es gilt also folgende Beziehung:

$$2H \rightleftarrows H_2 \quad \Delta H° = -436{,}2\,\text{kJ}$$

Wasserstoff ist das (massenbezogen) leichteste Gas, denn 22,4 l (Molvolumen, Abschn. 3.1.1) wiegen nur etwa 2 g. Es wird daher zum Füllen von Ballonen verwendet, wenn man nicht das teurere, dafür aber unbrennbare Helium bevorzugt. Wasserstoffgas ist farb- und geruchlos und verbrennt leicht mit Sauerstoff (bzw. Luft) zu Wasser. Mischungen von Wasserstoff und Sauerstoff (bzw. Luft) explodieren beim Zünden mit heftigem Knall. Daher wird eine Mischung von Wasser-

Tab. 6.4 Physikalische Eigenschaften von Wasserstoff und Deuterium.

	Wasserstoff	Deuterium
Schmelzpunkt	−259,20 °C (13,95 K)	−254,43 °C (18,72 K)
Siedepunkt	−252,77 °C (20,38 K)	−249,49 °C (23,66 K)
Dichte (gasförmig) bei 0 °C, 1 atm	0,0899 g/l	0,1797 g/l
Dichte (flüssig) beim Siedepunkt	0,070 99 g/cm^3	0,1630 g/cm^3
kritische Temperatur	−240,00 °C (33,15 K)	−234,80 °C (38,35 K)
kritischer Druck	12,7 bar	16,1 bar

stoffgas mit Luft bzw. Sauerstoff als **Knallgas** bezeichnet. Eine Verflüssigung des Wasserstoffgases gelingt erst bei sehr tiefen Temperaturen. Die Tab. 6.4 zeigt die physikalischen Eigenschaften von beiden Wasserstoffisotopen H 1 und Deuterium (D oder H 2), deren natürliches atomares Mischungsverhältnis H : D sich wie $1 : 1{,}45 \cdot 10^{-4}$ verhält.

Der weltweit größte Teil des industriell hergestellten Wasserstoffs wird aus fossilen Quellen (Erdgas, Erdöl) gewonnen. Hierbei wird Wasserstoff zu etwa 60 % durch **Dampfreforming** und anschließende **Wassergasreaktion** hergestellt (Abschn. 5.5.1.2 und 5.5.1.3):

$$CH_4 + H_2O \rightleftarrows CO + 3H_2$$
$$CO + H_2O \rightleftarrows CO_2 + H_2$$

Daneben fällt ein wesentlicher Anteil des Wasserstoffs auch als Nebenprodukt und beim **Cracken von Erdöl** (Abschn. 8.1.2.4) an. Nur ein sehr kleiner Teil des industriell verwendeten Wasserstoffs von etwa 2 % wird durch **Chlor-Alkali-Elektrolyse** gewonnen (Abschn. 10.4.2).

Im Laboratorium kann Wasserstoff in kleinen Mengen durch Reaktion von unedlen Metallen mit Säuren (z. B. Zn + Salzsäure) erzeugt werden (Abschn. 4.5.1).

Für technische Zwecke kann Wasserstoff auch durch katalytische Umsetzung von **Methanol** mit Wasserdampf hergestellt werden (T = 250–300 °C):

$$CH_3OH + H_2O \rightleftarrows CO_2 + 3H_2 \quad \Delta H^\circ = +50{,}7\,\text{kJ/mol}$$

Diese Reaktion kann beispielsweise zur Herstellung von Wasserstoff zum Betrieb von Brennstoffzellen genutzt werden (Abschn. 10.3.3). Hierbei wird die Umsetzung von Methanol zu Wasserstoff und Kohlendioxid in einem der Brennstoffzelle vorgeschalteten Reaktor, häufig auch Reformer genannt, durchgeführt.

Wasserstoff wird häufig als **Reduktionsmittel** gebraucht (Abschn. 4.4.5). Große Mengen werden bei verschiedenen technischen Hydrierverfahren[4] (Abschn. 8.1.2 und 8.4.8) und zur Ammoniaksynthese (Abschn. 5.5.1.1) verwendet. Bei den steigenden Erdölpreisen könnte in Zukunft die Kohlehydrierung wieder an Bedeu-

4) Hydrieren = chemisch mit Wasserstoff verbinden (Hydrogenium = Wasserstoff).

tung gewinnen; eine Möglichkeit, die im Erdöl enthaltenen Kohlenwasserstoffverbindungen (Abschn. 8.1) aus den Elementen Kohlenstoff (Kohle) und Wasserstoff zu synthetisieren.

Wasserstoff hat von allen Brenn- und Treibstoffen die höchste **massenbezogene Energiedichte**: 1 kg Wasserstoff enthält ebenso viel Energie wie 2,1 kg Erdgas oder 2,8 kg Benzin. Die **volumenbezogene Energiedichte** beträgt jedoch nur etwa ein Drittel derjenigen von Erdgas und ein Viertel derjenigen von Benzin.

In Zukunft dürfte Wasserstoff als **Sekundärenergieträger** eine wichtige Rolle spielen, da bei der Verbrennung mit Luft in Verbrennungsmotoren bei geeigneter Verbrennungsführung nur sehr geringe bis vernachlässigbare Emissionen an Schadstoffen entstehen (im Wesentlichen entsteht H_2O, in geringen Mengen Stickstoffoxide). Außerdem ist die Verwendung von Wasserstoff zur Erzeugung von elektrischer Energie in **Brennstoffzellen** aufgrund des hohen Wirkungsgrades interessant (Abschn. 10.3.3).

Bei der Verwendung von Wasserstoff muss jedoch zur Beurteilung der **Umweltrelevanz** die gesamte Brennstoffkette von der Primärenergie bis zur Endanwendung betrachtet werden. Bei der Wasserstoffgewinnung aus fossilen Quellen wird letztendlich immer gleichzeitig das „Treibhausgas“ Kohlendioxid freigesetzt. Die umweltfreundlichste Lösung wäre die Speicherung von Sonnenenergie durch Aufspaltung von Wasser in Wasserstoff und Sauerstoff mittels Elektrolyse. Der Wasserstoff könnte dann z. B. in Pipelines von Gebieten starker Sonneneinstrahlung zu Regionen mit großem Energieverbrauch transportiert werden.

Kleine Mengen industriell gebrauchter Gase werden in Stahlflaschen unter Druck aufbewahrt und in den Handel gebracht. Die Stahlflaschen, in denen Wasserstoffgas z. B. unter Drücken von etwa 150 bar aufbewahrt werden, sind mit Linksgewinden ausgestattet, um Verwechslungen mit anderen Gasen zu vermeiden.

6.2.2 Die gasförmigen Halogene

Die Halogene bilden zweiatomige Moleküle. Im Unterschied zu den Wasserstoffmolekülen entsteht bei den Halogenen die σ-Bindung durch Überlappung von zwei p-Elektronenorbitalen (Abschn. 2.1.2). Mit ihren kleinen, zweiatomigen Molekülen liegen die leichten Halogene Fluor (F_2) und Chlor (Cl_2) unter Normbedingungen im gasförmigen Aggregatzustand vor, während Brom (Br_2) bereits flüssig ist und Iod (I_2) schon Kristalle bildet.

Fluor ist das Element mit der größten Elektronegativität. Es verbindet sich mit mehr oder weniger heftiger Reaktion, teilweise sogar explosionsartig, mit fast allen Elementen. Einige Metalle, z. B. das Kupfer oder Magnesium, werden nur oberflächlich angegriffen; die entstehende zusammenhängende Schicht der betreffenden Fluor-Metall-Verbindung schützt das darunterliegende Metall vor einem weiteren Angriff.

Chlor ist ein gelbgrünes, stark ätzendes Gas. Es löst sich in Wasser, dabei entstehen gleichzeitig Salzsäure HCl und unterchlorige Säure HClO (Abschn. 7.2.2).

Tab. 6.5 Physikalische Eigenschaften von Chlor.

Schmelzpunkt	−101 °C
Siedepunkt	−34,1 °C
kritische Temperatur	143,5 °C
kritischer Druck	77,0 bar
Löslichkeit in Wasser bei 20 °C	0,09 mol/l

Die wässrige Lösung von Chlorgas wird wegen der bakterientötenden (bakteriziden) Wirkung zum **Entkeimen von Trinkwasser** oder von Wasser für Schwimmbecken benutzt.

Meist werden die Säuren des „Chlorwassers" durch Laugen (Abschn. 4.5.2) neutralisiert und als Chlorkalk Ca(ClO)Cl oder als Eau de Javelle NaCl · NaClO (in der Praxis häufig, chemisch nicht ganz korrekt als Javelle-Lauge oder als Bleichlauge bezeichnet) verwendet. Man kann damit z. B. Farbstoffe bleichen. Als Oxidationsmittel zum Bleichen von Zellstoff für Papier oder zur Abwasserreinigung ersetzt man Chlor, weil es umweltkritische organische Chlorverbindungen bildet. Heute wird typischerweise H_2O_2 (Wasserstoffperoxid) oder Ozon (O_3) verwendet (Abschn. 13.2.5.7).

In Gegenwart von Wasser wirkt Chlor korrodierend auf Metalle. Im wasserfreien Zustand hingegen greift es normales Eisen bzw. Stahl nicht an, weshalb trockenes Chlor (verflüssigt) unter einem Druck von ca. 7 bar in Stahlflaschen aufbewahrt wird.

6.2.3
Stickstoff und Sauerstoff

6.2.3.1 Das Stickstoffmolekül

Beim Stickstoffmolekül (Nitrogen) sind zwei Atome durch drei kovalente Bindungen, d. h. durch drei gemeinsame Elektronenpaare miteinander verknüpft (Abschn. 2.1.3). Bei der Entstehung von einem Mol Stickstoffmolekülen aus zwei Mol Stickstoffatomen werden 946,04 kJ frei:

$$|\dot{\underset{\cdot}{N}}\cdot + \cdot\dot{\underset{\cdot}{N}}| \rightleftarrows |N{\equiv}N| \quad \Delta H^\circ = 946{,}04\,\text{kJ}$$

Wegen dieser hohen Bindungsenergie ist Stickstoff ein reaktionsträges, inertes Gas.

6.2.3.2 Die Doppelbindungsregel

Die Elemente der zweiten Periode können Doppel- oder Dreifachbindungen mit ihren p-Elektronen eingehen, weil sich bei diesen Elementen die Atome infolge des relativ kleinen Atomdurchmessers soweit nähern können, dass sich neben einer bereits bestehenden σ-Bindung jeweils zwei p-Orbitale zu π-Bindungen überlappen. Bei den Elementen der dritten und der folgenden Perioden ist dies wegen eines **größeren Atomradius** nicht mehr so leicht möglich (Abb. 6.2). Dennoch

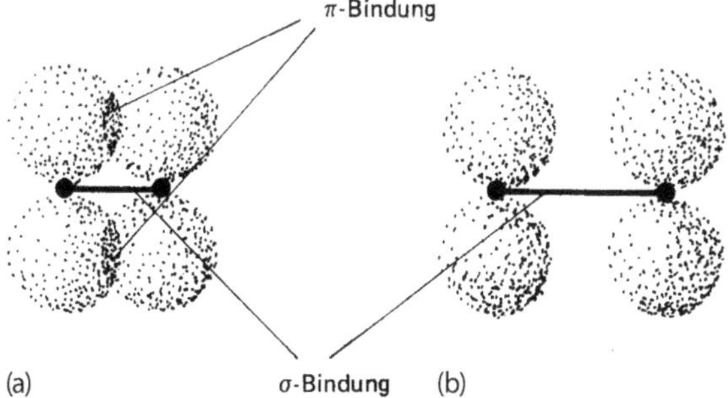

Abb. 6.2 Die Doppelbindungsregel: (a) Element der 2. Periode, (b) Element der 3. Periode.

gibt es auch Ausnahmen, wo Doppelbindungen von Elementen der dritten Periode bekannt sind. Solche Bindungen werden aber durch andere Effekte stabilisiert, so dass die hier gegebene Regel trotzdem Gültigkeit behält. Ferner können sich auch bei den Elementen mit noch größerem Atomradius (z. B. bei der vierten Periode) Doppelbindungen durch Beteiligung der d-Elektronen ergeben (Abschn. 5.4.4).

6.2.3.3 **Magnetische Eigenschaften der Stoffe**

Verschiedene Messgeräte zur Sauerstoffbestimmung nutzen das **paramagnetische Verhalten** von Sauerstoffmolekülen aus. Zum Verständnis dieser Stoffeigenschaft soll vor der Besprechung der Sauerstoffmolekülstruktur zunächst das magnetische Verhalten verschiedener Stoffe erläutert werden.

Wenn sich elektrische Ladungen bewegen, bilden sich Magnetfelder. Bei den Bewegungen der Elektronen in den Atomhüllen entsteht auf der einen Seite das magnetische Bahnmoment (durch die Bewegung der Elektronen um den Kern innerhalb der Orbitale, entsprechend der Richtungsquantenzahl m, die auch als magnetische Quantenzahl bezeichnet wird) und auf der anderen Seite ein Spinmoment (Spinquantenzahl s).

In einem äußeren Magnetfeld werden diese magnetischen Momente der Elektronen beeinflusst. Die **Bahnmomente** der Elektronen erfahren dabei eine Ausrichtung, die man als antiparallel zum äußeren Magnetfeld bezeichnet; dadurch wird das äußere Magnetfeld geschwächt, die Atome werden aus dem Magnetfeld hinausgedrängt. Stoffe, bei denen diese Art magnetischer Eigenschaften vorherrscht, werden als **diamagnetisch** bezeichnet.

Anders verhält es sich mit den **Spinmomenten**. Bei ihnen ist eine Paralleleinstellung zum Magnetfeld energetisch begünstigt. Solche magnetische Spinmomente verstärken dann das äußere Magnetfeld. Stoffe, bei denen dieses magnetische Moment überwiegt, werden in das äußere Magnetfeld hineingezogen; man bezeichnet sie als **paramagnetisch**.

Bei Atomen oder Molekülen mit abgeschlossenen Elektronenschalen bzw. mit nur jeweils gepaarten Elektronen kompensieren sich die magnetischen Spinmomente gegenseitig, sodass nach außen hin dann keine paramagnetischen Momente vorhanden sind, hingegen nur der diamagnetische Anteil aus den magnetischen

Bahnmomenten der Elektronen in Erscheinung tritt. Zu dieser diamagnetischen Gruppe gehören die meisten Stoffe. Diese haben also die Tendenz aus dem Magnetfeld herauszuwandern. Bei genügend starkem Magnetfeld (etwa 15 Tesla) ist es sogar möglich Wasser und sogar Lebewesen schweben zu lassen (diamagnetische Levitation).

Besitzen Stoffe dagegen **ungepaarte Elektronen**, so können sie dann nach außen hin paramagnetisch erscheinen, wenn der paramagnetische Anteil der Elektronenspinmomente den diamagnetischen Anteil der Bahnmomente überkompensiert. Solche paramagnetischen Stoffe werden in ein äußeres Magnetfeld hineingezogen, das magnetische Feld wird durch einen paramagnetischen Stoff verstärkt.

Bei **ferromagnetischen** Stoffen sind diese magnetischen Eigenschaften noch viel stärker ausgeprägt, und zwar abhängig vom äußeren Magnetfeld. Der Ferromagnetismus kommt dadurch zustande, dass sich die paramagnetischen Momente der einzelnen Atome innerhalb großer Bereiche in der Größenordnung von 10^{-4}–10^{-7} m, innerhalb der sogenannten **Weiß'schen Bezirke** (Pierre Weiß, 1865–1940) oder Domänen, parallel stellen und sich deshalb gegenseitig verstärken. Bei gewöhnlicher Temperatur sind hauptsächlich die Metalle Eisen, Cobalt, Nickel, verschiedene Lanthanoide (Abschn. 6.5.14), einige Manganlegierungen, aber auch die Oxide CrO_2, Fe_3O_4 oder eine bestimmte Kristallstruktur des Fe_2O_3 ferromagnetisch. Diese verlieren jedoch oberhalb der **Curie-Temperatur** (Pierre Curie, 1859–1906) die ferromagnetischen Eigenschaften, bleiben aber dann paramagnetisch.

6.2.3.4 Das Sauerstoffmolekül O_2

Nach der Doppelbindungsregel (Abschn. 6.2.3.2) sollte ein Sauerstoffmolekül eine Doppelbindung, also nur gepaarte Elektronen enthalten, deswegen diamagnetisch sein und folgende Elektronenstruktur besitzen:

$$\langle O=O \rangle$$

Man hat aber festgestellt, dass molekularer Sauerstoff paramagnetisch ist und deswegen ungepaarte Elektronen enthalten muss. Wollte man die Bildung von Sauerstoffmolekülen aus Atomen in einer Reaktionsgleichung mit Elektronenformeln wiedergeben, so müsste man folgerichtig schreiben:

$$|\dot{\underline{O}}\cdot + \cdot\overline{\underset{\cdot}{O}}| \rightleftarrows |\dot{\underline{O}}-\overline{\underset{\cdot}{O}}| \quad \Delta H^\circ = -498{,}7\,\mathrm{kJ}$$

Die in der Reaktionsgleichung angegebene relativ hohe Reaktionsenthalpie deutet aber darauf hin, dass die Sauerstoffatome stärker als durch eine Einfachbindung aneinander gebunden sind. Damit wird deutlich, dass die bisher zur Beschreibung von kovalenten Verbindungen benutzte **Valence-Bond-Theorie** (VB) die Bindungsverhältnisse im Sauerstoffmolekül nicht richtig wiedergeben kann. Schreibt man nämlich O=O, mit Doppelbindung, so kann man damit nicht die paramagnetischen Eigenschaften erklären. Schreibt man wie in der Reaktionsgleichung eine Einfachbindung, so widerspricht das dem relativ hohen Energieaufwand, der zur Spaltung von Sauerstoffmolekülen erforderlich ist. Da die Eigenschaften des molekularen Sauerstoffs mit der VB-Theorie nicht erklärt werden können, soll hier eine andere Theorie für die kovalente Bindung vorgestellt werden, die diese speziellen Eigenschaften des Sauerstoffmoleküls richtig wiedergibt.

Diese als **Molekülorbitaltheorie** (MO) bezeichnete Betrachtungsweise der chemischen Bindung ermöglicht es auch, verschiedene andere Phänomene besser erklären und verstehen zu helfen.

6.2.3.5 Die Molekülorbitaltheorie

Eine kovalente Bindung wurde in Abschn. 2.1 nach der Valence-Bond-Theorie (VB) durch jeweils ein gemeinsames Elektronenpaar beschrieben. Eine andere Darstellungsmöglichkeit für die kovalente Bindung ist die Molekülorbitaltheorie (MO). Beide Theorien gestatten es sogar, die Bindungsverhältnisse annäherungsweise zu berechnen.

Während aber bei der Valence-Bond-Theorie die Atome ihre Individualität behalten und nur über gemeinsame Elektronenpaare ein Molekül bilden, werden bei der Molekülorbitaltheorie alle Elektronen einem einheitlichen System zugerechnet, wobei im gesamten Molekül entsprechend dem Pauli-Prinzip (Abschn. 1.3.2.4) jeder Elektronenzustand nur ein einziges Mal vertreten sein darf.

Die Molekülorbitaltheorie soll an einigen typischen Fällen erläutert werden.

Bei der Vereinigung von zwei s-Atomorbitalen zu Molekülorbitalen sind nach Berechnungen zwei energetisch verschiedene Elektronenzustände möglich. Davon hat gegenüber den ursprünglichen Atomorbitalen das eine **Molekülorbital** ein tieferes, das andere ein höheres Energieniveau (Abb. 6.3). Da aber alle Naturvorgänge nur dann freiwillig ablaufen, wenn sie einem tieferen Energieniveau zustreben können (Abschn. 3.5.3), wird das tiefere Energieniveau der Elektronen im Molekülorbital die Atome in eine chemische Bindung führen (**bindendes Molekülorbital**). Dagegen würde ein höherer Energiezustand des Molekülorbitals (**antibindendes Molekülorbital**) umgekehrt die Atome zum Verlassen der Bindung bringen, wobei die Elektronen dann in die energetisch tiefer liegenden Atomorbitale zurückkehren könnten. Hätte das Molekülorbital hingegen genau das gleiche Energieniveau wie die Orbitale in den isolierten Atomen, so könnte man es konsequenterweise dann als **„nicht bindendes Molekülorbital“** bezeichnen. Die Abb. 6.3 zeigt die Energieniveaus der Atomorbitale (AO) und der Molekülorbitale (MO) beim Zustandekommen von vier verschiedenen Molekülarten, und zwar bei

- Wasserstoff H_2,
- Stickstoff N_2,
- Sauerstoff O_2,
- Fluor F_2 und der
- theoretisch zu untersuchenden Kombination von zwei Heliumatomen zu einem hypothetisch angenommenen Heliummolekül der Formel He_2.

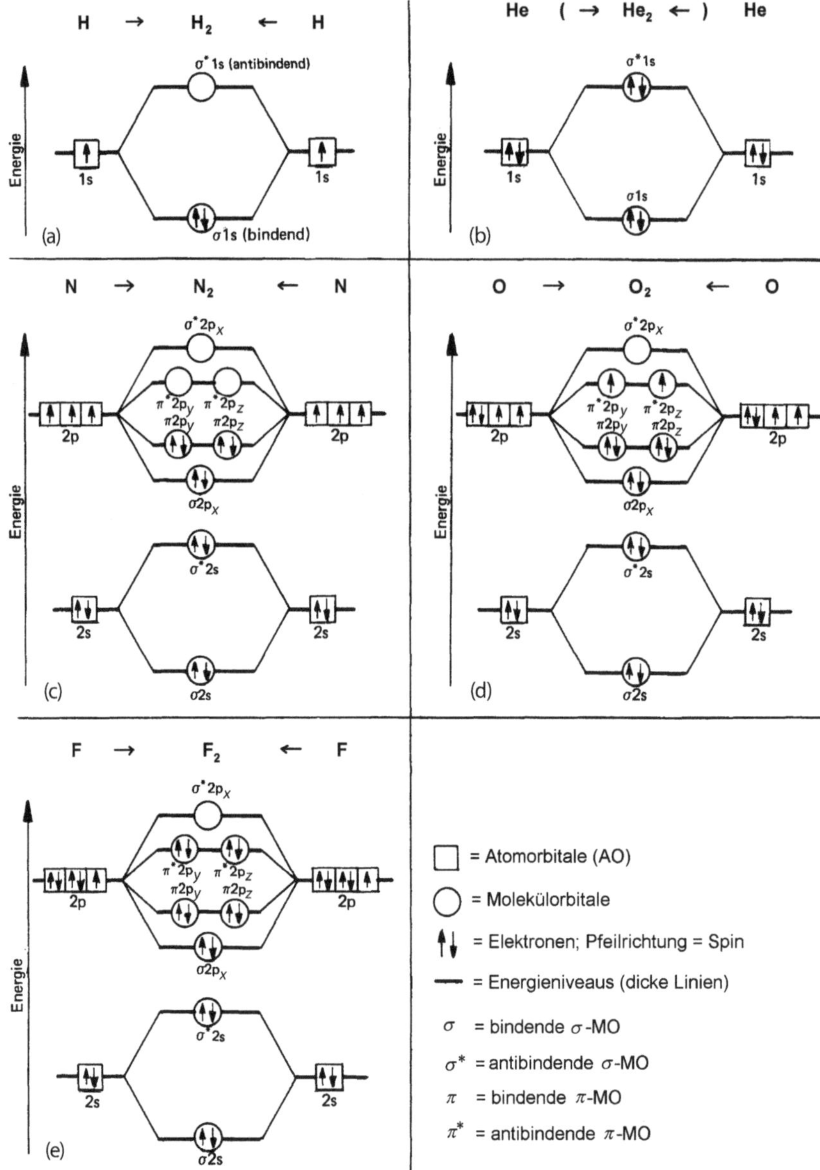

Abb. 6.3 MO-Energieniveaus für (a) H_2, (b) „He_2", (c) N_2, (d) O_2, (e) F_2.

Beim **Wasserstoffmolekül** besetzen die beiden Elektronen das bindende MO. Da das Energieniveau tiefer als bei den Atomorbitalen liegt, wird bei der Bildung des Wasserstoffmoleküls aus zwei Wasserstoffatomen Energie frei (Abschn. 6.2.1).

Eine Kombination zweier **Heliumatome** zu einem zunächst einmal angenommenen Heliummolekül He_2 müsste zu einer Auffüllung sowohl des bindenden als auch des antibindenden MO führen, was bedeuten würde, dass eine Verbindung zweier Heliumatome gegenüber zwei einzelnen Heliumatomen energetisch nicht begünstigt wäre. Der Gewinn beim Entstehen des bindenden MO ginge bei der Bildung des antibindenden MO wieder verloren, weshalb eine chemische Bindung nicht zustande kommt. Wohl aber sind in Gasentladungsröhren kurzzeitig Ionen der Formel He_2^+ nachgewiesen worden. Eine solche Verbindung wäre nach der Molekülorbitaltheorie auch möglich, denn eine Kombination von zwei bindenden und einem antibindenden MO ergibt eine bindende Resultierende, d. h. einen Energiegewinn beim Zustandekommen eines Heliumions mit obiger Formel.

Beim **Stickstoffmolekül** sind die bindenden und antibindenden MO, die man durch die Kombination jeweils der beiden $2s^2$-Elektronenorbitale (= insgesamt vier Elektronen) erhält, voll besetzt, und ihre Wirkungen heben sich gegenseitig auf. Hingegen besetzen die p-Elektronen der zweiten Schale beider Stickstoffatome alle bindenden MO. Ein Molekülorbital liegt in Richtung der Molekülachse. Dieses wird als $\sigma 2p_x$-Orbital bezeichnet (entsprechend der σ-Bindung in der Valence-Bond-Darstellung, Abb. 2.2a). Die beiden anderen p-Elektronenpaare bilden die energetisch höher liegenden, ebenfalls bindenden π-MO (als $\pi 2p_y$ und $\pi 2p_z$ bezeichnet). Die antibindenden MO σ^* und π^* dagegen bleiben unbesetzt; es resultiert eine Dreifachbindung.

Ein Sauerstoffatom hat gegenüber dem Stickstoffatom jeweils ein Elektron mehr. Im **Sauerstoffmolekül** sind dementsprechend zusätzlich noch die beiden nächsthöheren Energieniveaus der antibindenden MO $\pi^* 2p_y$ und $\pi^* 2p_z$ je einfach besetzt. Auch hier kann man die Hund'sche Regel (Abschn. 1.3.2.4e) anwenden, nach der die Orbitale zunächst einfach besetzt werden. Beim Fluormolekül sind schließlich die beiden antibindenden MO $\pi^* 2p_y$ und $\pi^* 2p_z$ voll besetzt, das antibindende $\sigma^* 2p_x$ jedoch unbesetzt.

Die Bindungskräfte berechnen sich jeweils aus der Anzahl der überschüssigen bindenden Elektronen, wie es aus Tab. 6.6 ersichtlich ist. Demnach ist dem Sauerstoff mit vier überschüssigen bindenden Elektronen eine doppelte Bindung (je zwei bindende Elektronen pro Atom) zuzurechnen, dem Fluor nur eine einfache Bindung. Die bei der Vereinigung von jeweils zwei Atomen zu einem Molekül frei werdende Bindungsenergie ist in der Tab. 6.6 als Bindungsenthalpie angegeben, wobei das negative Vorzeichen für den exothermen Vorgang der Verbindungsbildung steht (Abschn. 4.2).

Eine Erklärung für das Entstehen von bindenden und antibindenden MO kann man auch in anschaulicher Weise mit den Modellen der Elektronenorbitale geben, was am Beispiel der p-Elektronen gezeigt werden soll. Die Wellenfunktion der Elektronen in der Schrödinger-Gleichung (Abschn. 1.3.2.2) liefert für p-Elektronen eine positive und eine negative Hälfte des hantelförmigen Orbitals. Eine Vereinigung zu MO kommt nur zwischen je zwei negativen oder zwischen zwei positiven Orbitalhälften zustande, wie es die Abb. 6.4 zeigt.

Die Addition von zwei Orbitalhälften mit verschiedenen Vorzeichen ergibt keine Überlappung, sondern ein **antibindendes Elektronenpaar**. Wegen dieses für das Verständnis der chemischen Bindung wichtigen Sachverhalts bevorzugt man

Tab. 6.6 Der Bindungscharakter in zweiatomigen Molekülen.

Molekül	Anzahl der Elektronen		Überschuss bindender Elektronen		Bindungen nach der Valence-Bond-Theorie	Bindungs-enthalpie (kJ/mol)
	bindend	antibindend	insgesamt	pro Atom		
H_2	2	–	2	1	1	−436,2
He_2	2	2	0	0	–	–
He_2^+	2	1	1	1/2	unklar	
N_2	8	2	6	3	1σ; 2π	−946,0
O_2	8	4	4	2	unklar	−498,7
F_2	8	6	2	1	1σ	−158,1

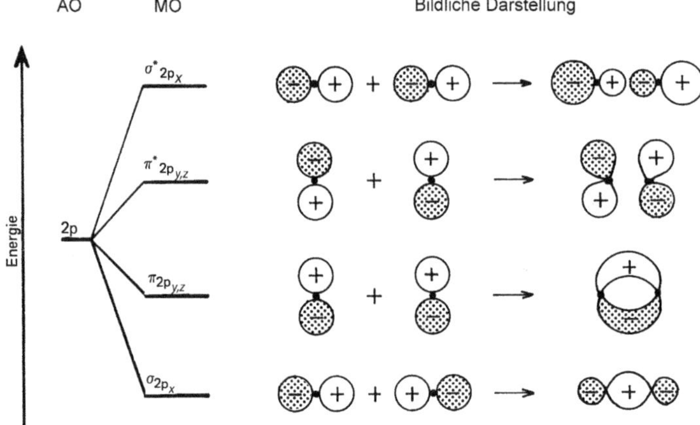

Abb. 6.4 Bindende und antibindende Molekülorbitale bei p-Elektronen.

in der Chemie die Wellenfunktion φ der Elektronen, die man als Orbitale mit verschiedenen Vorzeichen anschaulich machen kann. Dagegen gibt das Quadrat der Wellenfunktion φ^2 (Abb. 1.4 und 1.5) die Aufenthaltswahrscheinlichkeit der Elektronen oder Ladungsdichte der Elektronenwolken wieder.

6.2.3.6 **Sauerstoffmessgeräte**

Beim Sauerstoff zeigt die Elektronenstruktur zwei einfach besetzte Molekülorbitale. Die Spinmomente dieser beiden Elektronen heben sich *nicht* gegenseitig auf. Der Sauerstoff ist deswegen **paramagnetisch**. Die paramagnetische Eigenschaft des molekularen Sauerstoffs wird bei verschiedenen Messgeräten benutzt, um den Sauerstoffgehalt in Gasen zu bestimmen.

Die Messung erfolgt bei diesen Geräten nach folgendem Prinzip:
Die Sauerstoffmoleküle werden aufgrund ihres paramagnetischen Verhaltens in das Feld eines starken permanenten Magneten hineingezogen. Eine solche Luftströmung („magnetischer Wind"), deren Stärke vom Sauerstoffgehalt des zu messenden Gases abhängt, verursacht eine partielle Abkühlung eines elektrisch beheizten Widerstandes. Die hierdurch entstehende Temperaturabsenkung der Heizspirale ist ein Maß für den Sauerstoffgehalt. Der Sauerstoff wird bei diesem Vorgang erwärmt und verliert dadurch etwas von seiner paramagnetischen Eigenschaft. Als Folge davon verlässt er wieder das Magnetfeld, wodurch erneut kaltes sauerstoffhaltiges Gas nachströmen kann. Man kann nämlich beobachten, dass der Paramagnetismus mit zunehmender Temperatur geringer wird. Grund hierfür ist die mit steigender Temperatur stärker werdende Wärmebewegung der Moleküle, die einer Ausrichtung der paramagnetischen Sauerstoffmoleküle im äußeren magnetischen Feld entgegenwirkt.

6.2.3.7 **Eigenschaften von Sauerstoff und Stickstoff**

Staubfreie, trockene Luft besteht im Wesentlichen aus molekularem Stickstoff und molekularem Sauerstoff (Tab. 6.7).

Durch Verflüssigung der Luft (Abschn. 3.1.3) und anschließende fraktionierte Destillation (Abschn. 3.6.4) kann man die Gase in reiner Form gewinnen. Tabelle 6.8 zeigt die physikalischen Eigenschaften von Sauerstoff und Stickstoff.

Handelsformen für Sauerstoff und Stickstoff sind Stahlflaschen, die die Gase unter Drücken von z. B. 150 bar enthalten, ferner die verflüssigten reinen Gase und flüssige Luft. Die verflüssigten Gase können unter normalem Luftdruck und bei Temperaturen, die den Siedepunkten (Tab. 6.8) entsprechen, in wärmeisolierten Tankwagen oder in entsprechenden anderen kleinen Gefäßen, den sogenannten Dewar-Gefäßen[5] transportiert und begrenzte Zeit gelagert werden.

Bei Verwendung von Sauerstoff sind Vorsichtsmaßnahmen zu beachten. Denn sowohl flüssiger Sauerstoff als auch das unter Druck stehende Gas reagieren heftig mit brennbaren Stoffen, oft explosionsartig. Solche Stoffe entflammen dann häufig ohne äußere Zündquelle. Es ist deshalb wegen Unfallgefahr verboten, bei

Tab. 6.7 Bestandteile der Luft.

Gas	Volumenanteil in %	Massenanteil in %
Stickstoff	78,08	75,51
Sauerstoff	20,95	23,16
Edelgase	0,935	1,28
Kohlendioxid	0,035	0,05
insgesamt	100,00	100,00

5) James Dewar (1842–1923). Die nach ihm benannten Dewar-Gefäße sind Glasbehälter mit versilbertem oder verkupfertem Vakuumdoppelmantel (wie Thermosflaschen).

Tab. 6.8 Physikalische Eigenschaften von Stickstoff und Sauerstoff.

	Stickstoff	**Sauerstoff**
Schmelzpunkt	−209,99 °C (63,16 K)	−218,75 °C (54,40 K)
Siedepunkt	−195,82 °C (77,33 K)	−182,97 °C (90,18 K)
Dichte (flüssig) beim Siedepunkt	0,8076 g/cm³	1,118 g/cm³
kritische Temperatur	−147 °C (K)	−119 °C (K)
kritischer Druck	33,9 bar	51 bar

Verwendung von reinem Sauerstoff Fette, Öle oder Glycerin, auch schon in geringen Spuren, z. B. als Schmiermittel zu benutzen. Die beim Verbrennen solcher Stoffe entstehende Wärme kann unter gewissen Umständen sogar eine Reaktion des Sauerstoffs, z. B. mit Stahl oder Eisen einleiten, wobei dann unter heftiger Wärmeentwicklung ein Sauerstoffdruckbehälter zerstört werden kann.

6.2.4 Ozon

Sauerstoff kann auch Moleküle mit drei Atomen bilden. Ein aus solchen Molekülen bestehender Stoff wird als Ozon bezeichnet (früher auch Trisauerstoff genannt). Ozon entsteht, wenn molekularer Sauerstoff durch Energiezufuhr (z. B. durch ultraviolette Strahlung oder durch elektrische Entladung) gespalten wird. Die dabei entstehenden Sauerstoffatome können sich dann mit weiteren Sauerstoffmolekülen zu Ozon verbinden, entsprechend den folgenden Reaktionsgleichungen:

$$\mathrm{O_2} \rightarrow 2\mathrm{O} \quad \Delta H^\circ = +498{,}7\,\mathrm{kJ} \quad \text{und} \quad 2\mathrm{O} + 2\mathrm{O_2} \rightarrow 2\mathrm{O_3} \quad \Delta H^\circ = -213{,}1\,\mathrm{kJ}$$

Ozon kann man im Laboratorium dadurch erzeugen, dass man Luft oder besser Sauerstoff zwischen zwei unter hoher elektrischer Spannung von etwa 15 000 V stehenden Metallplatten hindurchleitet. Dies sind beim „Siemens'schen Ozonisators" zwei konzentrisch ineinandergesteckte Rohre, zwischen denen die elektrische Spannung erzeugt wird.

In Umkehrung der Bildungsgleichung zerfallen Ozonmoleküle leicht wieder in Sauerstoffmoleküle und Atome. Wegen des dabei entstehenden atomaren Sauerstoffs ist Ozon ein **sehr starkes Oxidationsmittel**. Bisweilen wird Ozon wegen seiner oxidierenden und damit auch bakterientötenden Eigenschaft zur Entkeimung von Trinkwasser (anstelle von Chlor) verwendet. Es kommt auch als Oxidationsmittel in der Abwasserreinigung zum Einsatz (Abschn. 13.2.5.7)

Die Struktur des Ozonmoleküls kann man in der Auffassung der Valence-Bond-Theorie durch einen schnellen Wechsel einer Doppelbindung zwischen je zwei Sauerstoffatomen charakterisieren. Formelmäßig lässt sich eine solche als **Mesomerie** bezeichnete **Resonanzstruktur** als Zwischenzustand zwischen zwei Grenzstrukturen wiedergeben:

Dabei sind die Sauerstoffatome in gewinkelter Anordnung miteinander verbunden. Die Resonanzstruktur ist energieärmer als die beiden angegebenen Grenzformeln. Das Phänomen der Mesomerie ist auch bei vielen anderen chemischen Verbindungen anzutreffen (siehe z. B. Grafitstruktur, Abschn. 6.3.4.2; oder Nitration, Abschn. 5.4.1) und wird am Beispiel des Benzolmoleküls noch einmal ausführlicher mit der Valence-Bond-Theorie und mit der Molekülorbitaltheorie erklärt (Abschn. 8.1.5).

Wie beim Sauerstoff mit seinen beiden Molekülarten O_2 und O_3 findet man auch bei einigen anderen Elementen verschiedenartige Molekülgrößen oder Gitterformen, so z. B. bei den Elementen C, P, S, Se oder Sn.

6.2.5
Die Edelgase

Edelgase haben eine stabile Außenelektronenschale. Diese ist beim Helium mit zwei s-Elektronen besetzt, während die äußersten Schalen aller anderen Edelgase jeweils zwei s- und sechs p-Elektronen enthalten. Sie zeigen deshalb keine Tendenz, sich mit anderen Atomen zu verbinden und kommen in der Natur nur als einzelne, für sich **isolierte Atome** vor.

Seit 1962 sind jedoch einige **Edelgasverbindungen** bekannt. Diese können hergestellt werden durch Reaktion von Fluor, das Element mit der größten Elektronegativität, mit dem schweren Edelgas Xenon. Das Xenon mit seinem relativ großen Atomradius bildet mit Fluor die verhältnismäßig stabilen Verbindungen

XeF_2, XeF_4 und XeF_6,

während die Verbindungen des Xenons mit Elementen geringerer Elektronegativität, nämlich mit Chlor und Sauerstoff schon instabiler sind und das Edelgas Krypton mit kleinerem Atomradius nur noch mit Fluor instabile Verbindungen eingeht. Der Verbindungscharakter des XeF_2 lässt sich am besten mit der Molekülorbitaltheorie erklären. Ein Elektronenpaar des 5p-Niveaus im Xenonatom bildet mit beiden Fluoratomen ein für alle drei Atome gemeinsames dreizentrisches Molekülorbital, wie es die Abb. 6.5 zeigt, während die p-Elektronen des Fluors weitgehend auf den Fluoratomen verbleiben.

Daher wird es verständlich, dass eine solche stabile kovalente Verbindung nur deswegen zustande kommen kann, weil

- das Fluor eine sehr große Elektronegativität hat, und
- die Außenelektronen des Xenons nicht mehr sehr fest an das Xenon-Atom gebunden werden.

Bei Edelgasen treten als zwischenmolekulare Wechselwirkungen nur die **Van-der-Waals-Kräfte** auf. Diese sind aber so gering, dass die Edelgase erst bei sehr tiefen Temperaturen verflüssigt werden können oder kristallisieren, wie es die

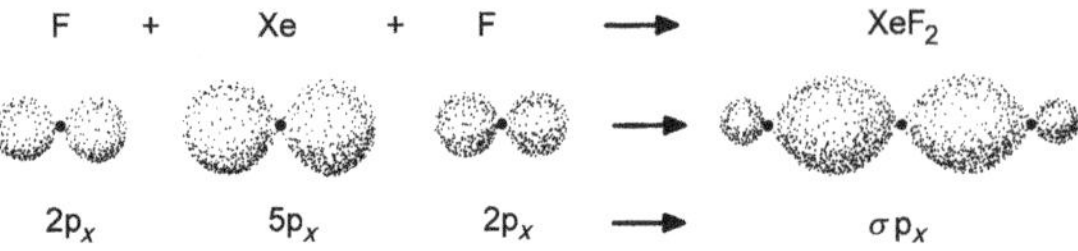

Abb. 6.5 Entstehung eines bindenden MO beim XeF_2.

Tab. 6.9 Physikalische Eigenschaften der Edelgase.

	relative Atommasse	Schmelzpunkt	Siedepunkt
Helium	4,000 26	−272,1 °C (0,05 K)[a]	−268,94 °C (4,21 K)
Neon	20,179	−248,60 °C (24,55 K)	−246,08 °C (27,07 K)
Argon	39,948	−189,37 °C (83,78 K)	−185,88 °C (87,27 K)
Krypton	83,800	−157,20 °C (115,95 K)	−153,35 °C (119,80 K)
Xenon	131,300	−111,80 °C (161,35 K)	−108,10 °C (165,05 K)
Radon	222,000	−71,00 °C (202,15 K)	−62,00 °C (211,15 K)

a) bei 24,7 bar.

Tab. 6.10 Edelgasvorkommen in der Luft.

Edelgas	Volumenanteil in %	Massenanteil in %
Helium	0,000 46	0,000 072
Neon	0,001 61	0,0013
Argon	0,9327	1,285
Krypton	0,000 108	0,000 29
Xenon	0,000 009	0,000 036
Radon	$6 \cdot 10^{-18}$	$4{,}6 \cdot 10^{-18}$
insgesamt	0,934 887	1,286 698

Tab. 6.9 zeigt. Die Polarisierbarkeit der Moleküle und damit die Wirksamkeit der Van-der-Waals-Kräfte nehmen mit steigender Atommasse zu, und entsprechend steigen auch die Siede- und Schmelzpunkte an (Abschn. 2.5.2).

In der Luft beträgt der Volumenanteil der Edelgase knapp 1 %. Die Tab. 6.10 zeigt, welche Anteile auf die einzelnen Edelgase entfallen. Aus flüssiger Luft lassen sich die Edelgase durch fraktionierte Destillation rein darstellen. Die unterschiedlichen Siedepunkte kann man Tab. 6.8 und 6.9 entnehmen.

Einige wichtige **technische Anwendungsgebiete** seien im Folgenden genannt:

- **Argon**, das am häufigsten vorkommende und damit billigste Edelgas, wird als **Schutzgas** zum Schweißen verwendet, um die an der Schweißstelle geschmolzenen Metalle vor der Oxidation durch Luftsauerstoff zu schützen.

- Edelgase werden in **Leuchtstoffröhren** und **Energiesparlampen** verwendet. Bei der elektrischen Entladung unter geringem Druck werden von den Edelgasatomen charakteristische Spektrallinien (Abschn. 11.1) ausgesendet. So ergibt Neon ein leuchtend rotes, in der Lichtreklame häufig verwendetes Licht („Neonlicht"). Die anderen Edelgase liefern ein anderes Licht, so z. B. Helium ein elfenbeinfarbenes. Auch bei den Quecksilberdampf- und Natriumdampflampen besteht die Grundfüllung aus Argon oder Neon. Quecksilberdampflampen senden einen hohen Anteil an ultraviolettem Licht aus („Höhensonne"), Natriumdampflampen ein zur Warnung an gefährlichen Kreuzungen häufig verwendetes gelbes Licht (Abschn. 11.2.1.2). Das ultraviolette Licht von Quecksilberdampfentladungen kann durch Leuchtstoffe (z. B. Calciumwolframat oder Zinksilicat), mit denen die Glasinnenwand ausgekleidet ist, in sichtbares Licht umgesetzt werden. Solche „Neonröhren" (also Gasentladungsröhren, die ein Edelgas und Quecksilberdampf enthalten) werden in großem Maße in der Beleuchtungstechnik verwendet. Sie haben gegenüber den herkömmlichen Glühlampen den Vorteil einer wesentlich **besseren Lichtausbeute** (bezogen auf die benötigte elektrische Energie) und bringen damit einen deutlichen Vorteil der Energieeinsparung (etwa 80 % gegenüber der Glühlampe). Aufgrund ihres Quecksilbergehalts dürfen Leuchtstoffröhren nicht im Hausmüll entsorgt, sondern müssen zu speziellen Sammelstellen gebracht werden.
- **Helium** wird als sehr leichtes, unbrennbares Gas z. B. als Füllgas für Luftschiffe und Ballone verwendet. Der Auftrieb ist erheblich; er berechnet sich nach Avogadro (siehe Abschn. 3.1.1.3) aus dem Verhältnis der relativen Atommasse bzw. der Molekülmasse zu Stickstoff bzw. Sauerstoff. In dieser Hinsicht wird Helium nur noch vom Wasserstoff übertroffen (Molekülmasse von Wasserstoff: 2, Atommasse von Helium: 4). Helium ist dafür aber gegenüber dem feuergefährlichen Wasserstoff unbrennbar.
- **Helium** wird auch in der Tiefsttemperaturtechnik verwendet (Siedepunkt von Helium = −268,94 °C (4,21 K), z. B. um die Supraleitfähigkeit (siehe Abschn. 6.5.1.2) einiger Metalle zu nutzen.

6.3 Die übrigen Nichtmetalle

6.3.1 Brom und Iod

Brom, das Halogen der vierten Periode, mit einer Molekülmasse von ca. 2 × 80 = 160 g/mol ist unter Normbedingungen bereits eine Flüssigkeit mit intensiv brauner Färbung. Iod, das Halogen der fünften Periode (Molekülmasse ca. 2 × 127 = 254 g/mol), ist ein fester Stoff von violetter bis schwarzer Farbe. Beide Elemente bilden kleine, zweiatomige Moleküle, also Br_2 und I_2. Die Polarisierbarkeit der

Tab. 6.11 Physikalische Daten von Brom und Iod.

	Brom	Iod
Schmelzpunkt	−7,3 °C	113,7 °C
Siedepunkt	58,8 °C	184,5 °C
Dichte (bei 25 °C)	3,14 g/cm^3	4,93 g/cm^3

Elektronenhüllen bei diesen schweren Halogenen ist schon so stark, dass sich solche Moleküle bei Raumtemperatur durch relativ starke **Van-der-Waals-Kräfte** zu einer Flüssigkeit bzw. zu einem festen Stoff zusammenlagern. Der Dampfdruck, d. h., das Vermögen der Moleküle in die Gasphase überzugehen, ist aber noch recht groß, und so liegen die Siedepunkte relativ niedrig, wie die Tab. 6.11 zeigt.

Brom und Iod zeigen ähnliche Eigenschaften wie das Chlor, sind aber, da sie eine geringere Elektronegativität aufweisen (Abb. 1.8), weniger reaktionsfähig als Chlor.

Iod, in alkoholischer Lösung mit brauner Färbung gelöst, wird in der Medizin wegen seiner oxidierenden und damit bakterientötenden Wirkung als **Antiseptikum** verwendet („Iodtinktur“).

Alle gasförmigen Nichtmetalle und die Halogene Brom und Iod werden in chemischen Reaktionsformeln in ihrer tatsächlichen Molekülgröße angegeben, z. B.:

$$Cl_2, Br_2, O_2, N_2, H_2 \text{ usw.}$$

Dies hat seine Berechtigung, da bei den Umsetzungen oft die Gasvolumina berücksichtigt werden müssen (siehe Gesetz von Avogadro, Abschn. 3.1.1). Alle anderen Nichtmetalle, Halbmetalle und Metalle werden in Reaktionsformeln unabhängig von ihrer wahren Molekülgröße nur durch ihre Elementsymbole gekennzeichnet. Dabei hat dann das Elementsymbol die Bedeutung von je einem Mol des betreffenden Stoffes (Abschn. 2.6.4).

Durch Verwendung von **Halogenlampen** kann die Lichtausbeute von Glühlampen gesteigert werden. Beim Erhitzen des Glühfadens (z. B. aus Wolfram) verdampfen Metallatome von der Oberfläche und lassen so nach einer gewissen Betriebsdauer den Metallfaden „durchbrennen“. Während sich nämlich bei normalen Glühbirnen das verdampfende Wolfram mit der Zeit an der Glasinnenwand als dunkler, metallischer Belag niederschlägt, kann man bei der Halogenlampe erreichen, dass das verdampfte Wolfram wieder auf dem Wolframfaden abgeschieden wird. Damit erhöht man nicht nur die Lebensdauer der Glühlampen, sondern man kann auch gleichzeitig die Glühdrahttemperatur und damit die Lichtausbeute steigern. Halogenlampen enthalten nämlich im Gasraum des Glaskolbens meist Iod, das sich mit den verdampfenden Wolframatomen zur chemischen Verbindung Wolframiodid WI_2 verbindet:

$$W + I_2 \rightleftarrows WI_2$$

Der nur wenige Millimeter große Lampenkörper besteht aus Quarzglas. Ein nur geringer Abstand vom Wolframfaden ermöglicht es, dass die Innenoberfläche des Lampenkörpers auf Temperaturen weit über 250 °C ansteigt. Dann kann sich das Wolframiodid nicht auf der Glasinnenwand niederschlagen, sondern es erfüllt den Gasraum im Kolben. Gelangt es dann in die heißen Zonen, in unmittelbare Nähe des Fadens (mit Temperaturen über 1450 °C), so zersetzt sich das Wolframiodid in Umkehrung der obigen Reaktionsgleichung wieder in Wolfram und Iod. Das so entstehende Wolfram schlägt sich wieder auf dem Wolframfaden nieder, leider nicht immer auf den Stellen, von denen es verdampft ist, sodass mit der Zeit auch hier der Metallfaden einmal durchbrennt.

6.3.2 Schwefel

Schwefel (Sulfur) als Element der dritten Periode vermeidet „Doppelbindungen" (siehe Doppelbindungsregel, Abschn. 6.2.3.2). Zu einer Edelgaskonfiguration der Elektronenhülle können Schwefelatome stattdessen durch kovalente Bindung mit je zwei Nachbaratomen gelangen, und zwar vereinigen sich Schwefelatome zu **S_8-Ringen**, die bis zu Temperaturen dicht oberhalb des Schmelzpunktes stabil bleiben. Bei noch höheren Temperaturen brechen diese Ringe auseinander; es bilden sich durch Vereinigung der Bruchstücke lange Molekülketten mit wechselnden Längen bis zu vielen Tausend Atomen.

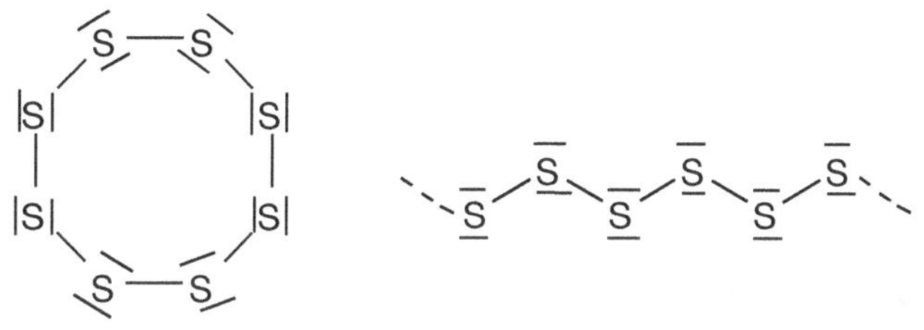

S_8-Ringe

S_x-Ketten

Je höher der Gehalt an solchen langen Schwefelketten ist, desto zähflüssiger ist die Schmelze. Daher nimmt die Zähflüssigkeit (Viskosität) der Schmelze mit steigender Temperatur sehr stark zu, um dann bei weiterer Temperatursteigerung infolge der immer stärker werdenden Wärmebewegung wieder etwas abzunehmen. Kühlt man die Schmelze, z. B. durch Eingießen in kaltes Wasser rasch ab, so haben die langkettigen Moleküle keine Zeit, sich zu Ringen zu formen. Der erstarrte Schwefel bleibt plastisch, kautschukartig, amorph, um erst nach einigen Tagen durch langsame Umwandlung in S_8-Ringe auszukristallisieren.

Oberhalb des Siedepunktes (444,6 °C) liegen in der Dampfphase zunächst S_8-Ringe vor, die mit steigender Temperatur über mehrere Zwischenstufen schließlich in S_2-Bruchstücke zerfallen. Die Phasenumwandlungen können durch folgendes Schema veranschaulicht werden:

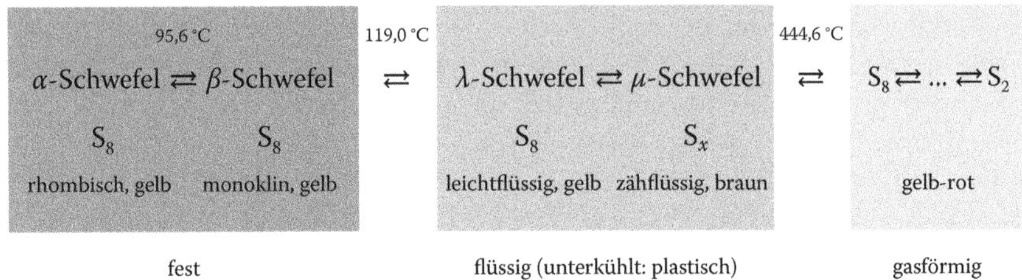

Aus den hier angegebenen Umwandlungsreaktionen ist ersichtlich, dass fester Schwefel in zwei verschiedenen kristallinen (rhombisch und monoklin) und einer amorphen (plastischen) festen Form auftreten kann. Man bezeichnet dies als **Polymorphie**. Diese Erscheinung zeigen auch einige andere Elemente wie z. B. C, P, As, Se und Sn.

Alle Schwefelmodifikationen zeigen keine elektrische Leitfähigkeit. Schwefel verbrennt in exothermer Reaktion zu SO_2 (Abschn. 7.2.1.4). Sowohl der elementare Schwefel als auch die Verbrennungsprodukte haben bakterizide (bakterientötend) Eigenschaften und werden für diese Zwecke verwendet, z. B. Schwefelpulver im Weinbau zur Schädlingsbekämpfung und das SO_2 zum Ausschwefeln von Weinfässern (durch Abbrennen von Schwefel). Elementarer Schwefel wird zur Herstellung von Reifengummi gebraucht (Abschn. 9.2.2).

Schwefel kommt in der Natur außer in verschiedenen Verbindungen und Erzen auch in elementarer Form vor und braucht in diesem Falle dann nur durch Umschmelzen gereinigt zu werden. Kohle und Erdöl enthalten Schwefel in Form von Verbindungen. Bei der Verarbeitung und beim Verbrennen dieser Rohstoffe wird als Nebenprodukt teilweise auch elementarer Schwefel gewonnen.

6.3.3
Phosphor

Im Gegensatz zu Schwefel kommt Phosphor in der Natur nicht in elementarer Form, sondern nur in verschiedenen Verbindungen vor. Das Element selbst kann man aus solchen Verbindungen je nach Arbeitsbedingungen in **drei verschiedenen Modifikationen** gewinnen, und zwar als roten, weißen und schwarzen Phosphor. Die Eigenschaft des weißen Phosphors, durch langsame Oxidation mit dem Luftsauerstoff im Dunkeln zu leuchten (Abgabe von Reaktionsenergie als Licht), hat dem Element den Namen gegeben. Die **weiße Form** besteht aus kleinen Molekülen zu je vier Phosphoratomen und hat darum einen niederen Schmelzpunkt von nur 44 °C. Sie ist ein Nichtmetall, das in Schwefelkohlenstoff und einigen anderen organischen Lösungsmitteln löslich sowie giftig und selbstentzündlich ist. Der **schwarze Phosphor** hingegen bildet hochmolekulare Schichtengitter aus vielen Phosphoratomen und hat bereits metallische Eigenschaften. Bei der stabilen **roten Modifikation** sind viele Phosphoratome zu langen Röhren zusammengeschlossen. Diese Modifikation ist ungiftig, in Lösungsmitteln unlöslich und wird in der Reibfläche von Streichholzschachteln verwendet.

Der Vorgang beim Anzünden von **Streichhölzern** läuft folgendermaßen ab: Die Streichholzköpfe der Sicherheitszündhölzer enthalten einen brennbaren Stoff, das Antimonsulfid Sb_2S_3, und einen Sauerstoffspender (Oxidationsmittel), das Kaliumchlorat $KClO_3$, in der Reibfläche befindet sich roter Phosphor und Glaspulver. Beim Streichen des Zündholzkopfes über die Reibfläche reagiert der Phosphor (erhitzt durch die entstehende Reibung) mit dem Kaliumchlorat; die bei der Oxidation des Phosphors frei werdende Reaktionswärme bringt dann das Antimonsulfid im Streichholzkopf und schließlich das Streichholz selbst zum Entflammen.

6.3.4 Kohlenstoff

Dem atomaren Aufbau nach existieren vom Kohlenstoff (Carbon) typischerweise zwei Modifikationen, und zwar **Diamant** und **Grafit** (Abschn. 6.3.4.1 und 6.3.4.2). Beide kommen vereinzelt in dieser elementaren, relativ reinen Form in der Natur vor. Seit 1985 wurden weitere Klassen von Kohlenstoffmodifikationen entdeckt: die sogenannten **Fullerene**[6], **Kohlenstoff-Nanoröhrchen** sowie das **Graphen** (Abschn. 6.3.4.4–6.3.4.6). Durch ihre außergewöhnlichen Eigenschaften lassen sich zahlreiche neue maßgeschneiderte Werkstoffe herstellen.

Anthrazit und Steinkohlen enthalten den Kohlenstoff mit stark gittergestörter Grafitstruktur. In der Technik werden zahlreiche **Kohlenstoff-basierte Werkstoffe** eingesetzt, welche sich ebenfalls von der Grafitstruktur ableiten (Abschn. 6.3.4.7–6.3.4.13). Dass der Kohlenstoff grundverschiedene Modifikationen bilden kann, liegt an den unterschiedlichen Bindungsverhältnissen (Abschn. 7.1.1 und 8.1.5). Denn die unterschiedlichen Gitterstrukturen haben extrem verschiedene Stoffeigenschaften zur Folge, wie der Vergleich von Diamant und Grafit zeigt (Abschn. 6.3.4.1 und 6.3.4.2).

6.3.4.1 Diamant

Diamantkristalle haben meist die Form von Oktaedern (Tab. 3.1). Parallel zu diesen Flächen sind die sehr harten, aber dabei noch spröden Kristalle am ehesten zu spalten. Der Gitteraufbau (Unterschied zwischen Kristallform und Gitteraufbau: siehe Abschn. 3.3.1) von Diamantkristallen ist aus Abb. 6.6 ersichtlich.

Im Diamantgitter bildet ein Kohlenstoffatom im Zentrum eines Tetraeders mit den vier benachbarten Kohlenstoffatomen in den Ecken dieses Tetraeders fest fixierte, sehr starke kovalente Bindungen. Jedes Kohlenstoff-Tetraederatom in diesen Tetraederecken bildet wiederum den Mittelpunkt eines weiteren Tetraeders, wie man es im Gitterausschnitt der Abb. 6.6 anhand der nummerierten Kohlenstoffatome (1, 2 und 3) verfolgen kann. Die nach allen Richtungen gleich starken, sehr festen kovalenten Bindungen mit einem Abstand der Kohlenstoffatome von 0,154 nm bedingen die **Härte** des Diamanten. Gemäß der Mohs'schen Härteska-

6) Die Fullerene sind nach dem Architekten Buckminster Fuller benannt, der 1967 in Montreal eine Kuppelkonstruktion aus sechseckigen und fünfeckigen Zellen gebaut hat.

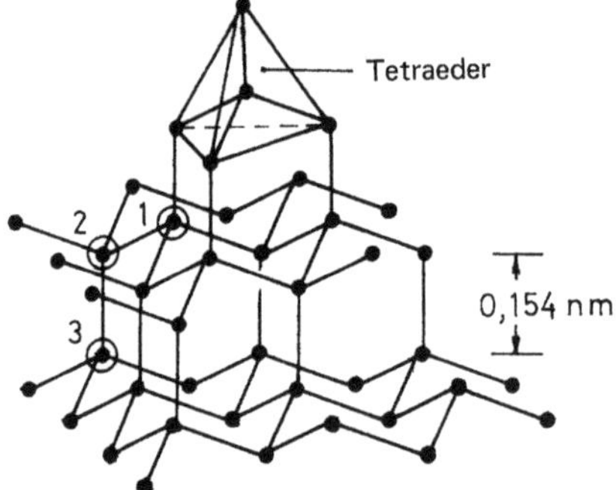

Abb. 6.6 Das Diamantgitter.

la ist Diamant mit dem Wert 10 der härteste in der Natur vorkommende Stoff (Abschn. 3.3.2). Der Diamant ist ein **elektrischer Nichtleiter**, weil die Bindungselektronenpaare immer nur zwei Kohlenstoffatomen angehören, zwischen diesen fixiert sind und sich im Gitter nicht frei bewegen können.

6.3.4.2 Grafit

Grafit kristallisiert hexagonal (Tab. 3.1). Das Grafitgitter besteht aus übereinanderliegenden, ebenen Schichten, welche sich aus gleichseitigen Sechsecken aufbauen (Abb. 6.7a). In diesen Schichten haben die Kohlenstoffatome jeweils drei Nachbaratome, mit denen sie kovalent durch σ-Bindungen verknüpft sind. Mit dem vierten Bindungselektron bilden die Kohlenstoffatome innerhalb einer Schicht fluktuierende, frei bewegliche π-Bindungen (Doppelbindungen), wie es in Abb. 6.7b angedeutet ist.

Diese schon beim Ozon (Abschn. 6.2.4) erwähnte Erscheinung der frei beweglichen, **delokalisierten π-Elektronen** wird im Abschn. 8.1.5 an dem sehr bekann-

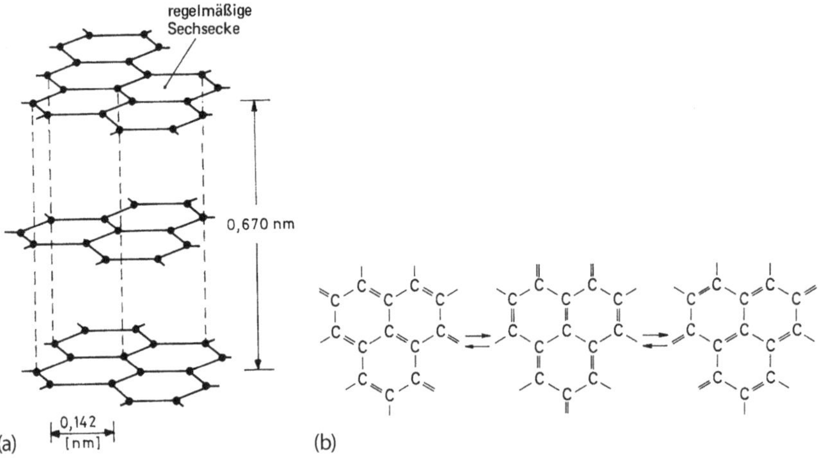

Abb. 6.7 Das Grafitgitter.

ten Beispiel des Benzolmoleküls ausführlicher erklärt. Beim Grafit verursachen diese frei beweglichen Elektronen die **elektrische Leitfähigkeit** parallel zu den Schichten des Grafitgitters. Senkrecht zu den Schichten ist die elektrische Leitfähigkeit bedeutend geringer. Auch der metallische Glanz größerer Grafitkriställchen bzw. das tiefschwarze Aussehen von fein verteiltem Grafit wird durch die delokalisierten Elektronen verursacht.

Die einzelnen Schichten werden durch die relativ schwachen **Van-der-Waals-Kräfte** zusammengehalten. Das erklärt die leichte Spaltbarkeit des Grafits parallel zu den Schichtebenen und damit auch seine geringe Härte (Mohs-Härte 1). Grafit findet Verwendung bei der Herstellung von **Bleistiften**, wobei man dessen Härte durch Zugabe von Tonen variieren kann. Grafit eignet sich auch vorzüglich als **hitzebeständiges Trockenschmiermittel**, weil infolge des Übereinandergleitens der Schichtebenen im Grafitgitter die Reibung zwischen zwei festen Körpern verringert werden kann.

Die Grafitstruktur findet sich auch bei vielen weiteren Erscheinungsformen des Kohlenstoffs, so z. B. Ruß oder Koks, dann aber mehr oder weniger stark verunreinigt und gittergestört.

6.3.4.3 Herstellungsverfahren für Grafit und Diamant

Diamant und Grafit sind ineinander umwandelbar. Wie aus der Abb. 6.8 hervorgeht, ist Grafit bei gewöhnlicher Temperatur und Normdruck die beständigste Modifikation des Kohlenstoffs. Diamant ist unter diesen Bedingungen jedoch metastabil, d. h., er wandelt sich nicht in Grafit um. Wird dagegen Diamant unter Luftabschluss auf Temperaturen über 1500 °C erhitzt, so entsteht in schwach exothermer Reaktion Grafit:

$$\text{Diamant} \rightleftarrows \text{Grafit} \quad \Delta H^\circ = -1{,}897\,\text{kJ/mol}$$

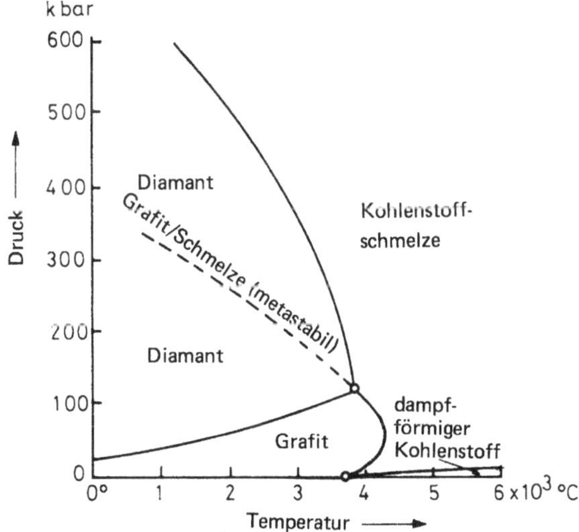

Abb. 6.8 Das Zustandsdiagramm des Kohlenstoff.

Umgekehrt gelingt es, Grafit durch Anwendung von sehr hohen Drücken und Temperaturen in **Diamant** zu verwandeln. Man muss dabei auf Temperatur-Druck-Werte kommen, bei denen Grafit schmilzt, Diamant jedoch in festem Aggregatzustand vorliegt, was der gestrichelten Linie in Abb. 6.8 entspricht. Dass zur Umwandlung von Grafit in Diamant hohe Drücke erforderlich sind, leuchtet ein, da infolge des Gitteraufbaus Diamant eine größere Dichte (3,51 g/cm^3) als Grafit (2,22 g/cm^3) hat und gewissermaßen auf die Diamantmodifikation zusammengedrückt wird. Die industrielle Herstellung von Diamanten (sie können infolge von Verunreinigung nicht als Schmucksteine verwendet werden) ist zur Gewinnung eines sehr harten Schleifmaterials von großer Bedeutung.

Auch Grafit wird in großen Mengen künstlich hergestellt, da die natürlichen Grafitvorkommen den industriellen Bedarf nicht decken können. Man erhitzt relativ reinen Kohlenstoff (z. B. Petrolkoks, Koks, Anthrazit) längere Zeit unter Luftabschluss auf Temperaturen über 2000 °C. Dabei wachsen die feinkristallinen Bezirke in diesen Produkten zu größeren Grafitkristallen zusammen.

6.3.4.4 Fullerene

Während Grafit und Diamant C–C-Bindungen aufweisen, die sich in den Raum erstrecken, sind die Fullerene aus Molekülen mit Hohlkugelgestalt aufgebaut. Besonders stabil sind hierbei C_{60}-Moleküle, die aufgrund ihrer Molekülstruktur auch als **„Fußball"-Moleküle** bezeichnet werden (Abb. 6.9). Die Moleküloberfläche ist die eines 60-eckigen Fußballs. Die Moleküle haben einen Durchmesser von etwa einem Nanometer, und es sind sozusagen Nanofußbälle. Größenmäßig verhält sich dieser „Nanofußball" zu einem Fußball wie ein Fußball zur Weltkugel. Die Oberfläche der Kugel ist mit π-Elektronenwolken bedeckt. Diese Elektronen sind aber nicht wie im Grafit delokalisiert, sondern sind bevorzugt lokalisiert zwischen den Bindungen, die die Sechsecke bilden. Die Fullerene bestehen aus plättchenförmigen Kristallen mit metallischem Glanz.

Fullerene können durch **Erhitzen von Grafit** durch eine elektrische Lichtbogenentladung hergestellt werden. Es kann anschließend durch Extraktion mit einem Lösungsmittel wie z. B. Toluol vom Ruß abgetrennt werden.

Fullerene sind typische Vertreter aus dem Gebiet der **Nanotechnologie** (Abschn. 7.4). Momentan befinden sich die meisten kommerziellen Anwendungen

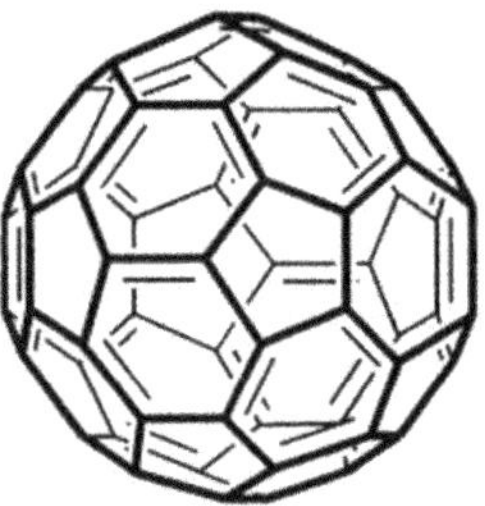
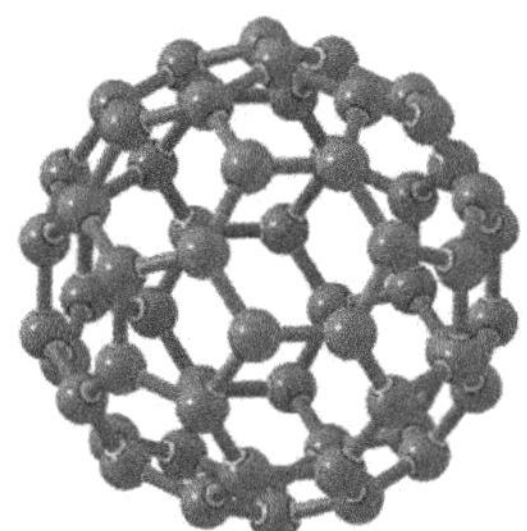

Abb. 6.9 Das C_{60}-Fullerenmolekül als Valenzstrich- und Kugelmodell.

von Fullerenen noch im Entwicklungsstadium. Fullerene könnten zukünftig in folgenden Produkten Anwendung finden:

- **Pigmente** für hochauflösende Lasertoner, da sie fast runde Molekülgestalt besitzen,
- als **Katalysatorträger** oder Kohleelektroden, da sie im Gegensatz zu Grafit nur wenig zum Verkleben neigen,
- **Antioxidationsmittel** in der Medizin, da Fullerene aufgrund der lokalisierten Elektronenpaare in der Lage sind, Radikale mit ungepaarten Elektronen zu binden (Abschn. 8.1.1.1). Da Fullerene hydrophobe Eigenschaften besitzen, müssen sie allerdings durch eine kovalente Bindung mit einem wasserlöslichen Molekül verbunden werden. Beim Einsatz im medizinischen Bereich müssen Fullerenverbindungen allerdings noch auf ihre unerwünschten Nebenwirkungen untersucht werden.
- Bestimmte Verbindungen der Fullerene sind **Hochtemperatursupraleiter** (Abschn. 6.5.1.2).

6.3.4.5 Kohlenstoff-Nanoröhrchen

Kohlenstoff-Nanoröhrchen bzw. Carbon Nanotubes (CNT) sind mikroskopisch kleine röhrenförmige Kohlenstoffverbindungen. Ihre Wände bestehen wie die der Fullerene oder wie die Ebenen des Grafits nur aus Kohlenstoff, wobei die Kohlenstoffatome eine wabenartige Struktur mit Sechsecken einnehmen (Abb. 6.10). Der Durchmesser der Röhren liegt typischerweise im Bereich von 1–50 nm, es wurden aber auch Röhren mit deutlich größerem Durchmesser hergestellt. Die Längen der Röhren reichen von mehreren Millimetern für einzelne Röhren bis zu 20 cm für Röhrenbündel. Man unterscheidet zwischen **Einfach-Nanoröhrchen** (Single-Wall Nanotubes, SWNT) und **Vielfach-Nanoröhrchen** (Multi-Wall Nanotubes, MWNT); Letztere bestehen aus mehreren ineinandergeschachtelten konzentrischen Zylindern.

Kohlenstoff-Nanoröhrchen können durch Erhitzen von Grafit mit Katalysatoren in einer elektrischen Lichtbogenentladung hergestellt werden. Außerdem entstehen Nanoröhren bei der katalytischen Zersetzung von Kohlenwasserstoffen. Bei dieser **chemischen Gasphasenabscheidung** (sogenannte Chemical Vapour Deposition, CVD) kann man ganze Felder von weitgehend parallelen Röhren erzeugen. Dabei wird ein Kohlenwasserstoff wie etwa Methan in eine geheizte Kammer geleitet, in der sich eine mit Katalysator (z. B. Eisen) beschichtete Fläche befindet. Dabei wird der Kohlenwasserstoff gecrackt (Abschn. 8.1.2.4), und die Kohlenstoffatome lagern sich an der Katalysatoroberfläche in Form von Nanoröhrchen ab.

Wie bei den Fullerenen befinden sich viele kommerzielle Anwendungen noch im Entwicklungsstadium. Es sind jedoch bereits einige Anwendungen für Nanoröhrchen in der industriellen Produktion. Werkstoffe aus Nanoröhrchen besitzen außergewöhnliche Materialeigenschaften. Die Zugfestigkeit (Abschn. 9.1.5) von Kohlenstoff-Nanoröhrchen ist etwa hundertmal größer, das E-Modul (Abschn. 9.1.5) etwa fünfmal größer als das von Stahl mit gleichem Durchmesser. Dies

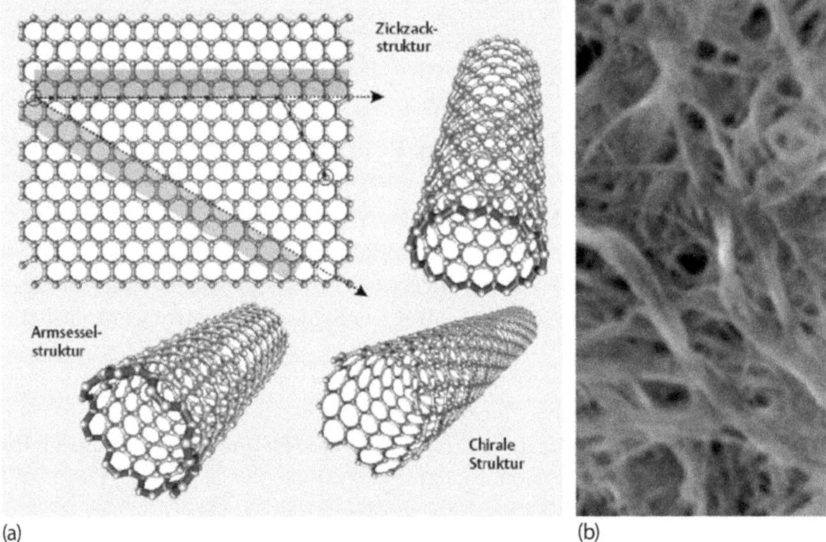

Abb. 6.10 (a) Unterschiedliche Arten von Einfach-Kohlenstoff-Nanoröhrchen durch „Aufrollen" der Grafitebenen in verschiedenen Winkeln, (b) Rasterelektronenmikroskopaufnahme.

erklärt sich dadurch, dass Nanoröhrchen durch die kovalenten Bindungen zwischen den C-Atomen zusammengehalten werden und somit ein einziges Molekül darstellen. Daher gibt es keine Schwachstellen durch Gitterbaufehler, wie etwa die Korngrenzen bei Materialien wie Stahl. Neben der großen Festigkeit weisen Nanoröhrchen auch eine hohe Elastizität und eine geringe Dichte von nur 1,3–1,4 g/cm^3 auf (etwa ein Viertel der Dichte von Stahl). Aufgrund der Steifigkeit der Kohlenstoffbindungen können sich Gitterschwingungen schnell ausbreiten, was eine hohe thermische Leitfähigkeit bewirkt. Nanoröhrchen sind entweder gut elektrisch leitend (wie Metalle) oder weisen Halbleitereigenschaften auf, je nachdem wie stark ihre Gitterstruktur verdreht ist. Ein Nanoröhrchen ist halbleitend, wenn das Energieniveau des Leitungsbandes so hoch ist, dass eine Energielücke zwischen ihm und dem Valenzband besteht (Abschn. 6.4.2.2).

Aus den genannten Eigenschaften von Nanoröhrchen ergeben sich mannigfaltige **Anwendungen**, welche zurzeit in der Entwicklung sind:

- Gut elektrisch leitende Nanoröhrchen können zu einem Draht versponnen werden, womit sich sehr leichte **Kabel** für elektrische Leitungen herstellen lassen.
- Werden Nanoröhren mit herkömmlichen Kunststoffen gemischt, werden die mechanischen Eigenschaften der Kunststoffe stark verbessert (besser wie die kohlefaserverstärkten Kunststoffe). Außerdem ist es so möglich, **elektrisch leitende Kunststoffe** herzustellen. Solche Kunststoffe werden bereits im **Fahrzeugbau** eingesetzt (z. B. Kraftstofffiltergehäuse) und haben auch eine große Zukunft im Flugzeugbau.

- Werden Nanoröhrchen in bestimmter Weise mit Titan beschichtet, können sie eine etwa 8 % ihrer Masse entsprechende Menge Wasserstoff aufnehmen. Dies wäre ein interessanter **Wasserstoffspeicher** für Fahrzeuge mit Brennstoffzellen (Abschn. 10.3.3).
- Aus **Halbleiter**-Nanoröhrchen kann man elektronische Bauelemente wie etwa Transistoren und Speicherzellen mit nur einem Nanometer Durchmesser herstellen.
- **Gassensoren** mit hoher Empfindlichkeit mit denen sich Konzentrationen im parts per billion (ppb)-Bereich nachweisen lassen. Dies lässt sich folgendermaßen erklären: Treffen Gasmoleküle auf die Oberfläche der Nanoröhrchen, können sich kovalente Bindungen ausbilden, welche zu einer Erhöhung bzw. Verringerung der Anzahl an delokalisierten Elektronen führen, die für die elektrische Leitfähigkeit zur Verfügung stehen. Damit ändert sich die Leitfähigkeit des Materials ähnlich wie bei den sogenannten Metalloxid-Halbleitersensoren (siehe Abschn. 6.4.3). Schon geringste Mengen von Chemikalien können die Leitfähigkeit verändern, da die volumenbezogene Oberfläche von Nanoröhren viel größer ist als von den herkömmlichen Materialien. Um die Nanoröhren für bestimmte Gase selektiv zu machen, können sie mit bestimmten Polymeren beschichtet werden, welche es nur bestimmten Molekülen erlaubt, an die Kohlenstoffoberfläche zu gelangen.

6.3.4.6 Graphen

Graphen ist eine Modifikation des Kohlenstoff mit **zweidimensionaler Struktur** und kann als einlagige Schicht von Grafit (Abschn. 6.3.4.2) betrachtet werden. Ähnlich wie Einfach-Kohlenstoff-Nanoröhrchen, welche als aufgerolltes Stück Graphen betrachtet werden können, hat Graphen ebenso ungewöhnliche Eigenschaften. Sein E-Modul ist nahezu so groß wie das von Diamant und seine Zugfestigkeit ist 125-mal größer als die von Stahl. Zudem ist es sehr gut elektrisch und thermisch leitend.

Graphen kann ähnlich wie die Kohlenstoff-Nanoröhrchen durch chemische Gasphasenabscheidung (CVD) oder durch thermische Zersetzung eines Siliciumcarbidkristalls (Abschn. 7.3.3) bei ca. 1000 °C hergestellt werden.

Auch die **Anwendungen** des Graphen bzw. von modifiziertem Graphen sind zum Teil ähnlich wie für die Kohlenstoff-Nanoröhrchen bzw. Fullerene:

- mechanisch verstärkte Verbundmaterialien,
- nanostrukturierte elektronische Bauelemente,
- Trägermaterial für Katalysatoren, aufgrund seiner großen Oberfläche,
- (bio)chemische Sensoren und
- Elektroden in Brennstoffzellen.

6.3.4.7 Retortenkohle

Dieses auch als Retortengrafit bezeichnete Produkt entsteht durch Zerfall von Kohlenstoffverbindungen an sehr heißen Wänden (1500 °C). Es ist sehr hart, denn hier behindern die regellos und dicht ineinander verwachsenen, allerkleinsten Grafitkriställchen sich gegenseitig, sodass ein Übereinandergleiten der einzelnen Schichtebenen nicht mehr möglich ist.

6.3.4.8 **Koks**

Koks wird als Rückstand beim Erhitzen von **Steinkohle** erhalten und ist dem atomaren Aufbau nach Grafit, der durch Bestandteile, die nach dem Verbrennen in der Schlacke oder Asche zu finden sind, verunreinigt ist. Mit diesen Bestandteilen bildet Koks eine harte, scharfkantige Masse.

In ähnlicher Weise kann man die Rückstände der Erdöldestillation durch Erhitzen von allen flüchtigen Bestandteilen befreien („trockene Destillation"). Man erhält dann einen besonders reinen Koks, den man als **Petrolkoks** bezeichnet und zur Herstellung von Kohleelektroden und künstlichem Grafit benutzt.

6.3.4.9 **Ruß**

Ruß ist Kohlenstoff in Grafitstruktur mit besonders geringer Dichte (ca. 1,85 g/cm^3). Man erhält dieses als Schwärzungsmittel und als Zusatzstoff für Reifengummi häufig verwendete Produkt bei der unvollständigen Verbrennung von Kohlenstoffverbindungen und beim Abkühlen der Flamme an gekühlten Metallwänden.

6.3.4.10 **Aktivkohle**

Aktivkohle kann durch Adsorption an ihrer Oberfläche störende, toxische Bestandteile aus Flüssigkeiten oder Gasen binden (Abschn. 13.2.5.3 und 13.4.2.2). Bei der Herstellung sucht man deshalb eine möglichst große (aktive) Oberfläche zu erhalten. Dies gelingt durch Verkohlen von organischen Stoffen, wie Holz, Zucker oder tierischen Abfällen, wenn man diese mit Stoffen tränkt, die beim Verkohlungsprozess ein Zusammensintern der Kohle verhindern. Nachträglich werden diese Zusätze wieder herausgelöst. Auch durch ein teilweises Oxidieren (z. B. $2C + O_2 \rightarrow 2CO$ oder $C + H_2O \rightarrow CO + H_2$) gelingt es, die Oberfläche der Aktivkohle auf chemischem Wege zu vergrößern.

6.3.4.11 **Kohlenstofffasern**

Kohlenstofffasern gewinnt man durch Verkohlen von Fasern aus langkettigen Kohlenstoffverbindungen, wie z. B. Cellulose (Abschn. 8.7.1) oder Kunststofffasern, insbesondere Polyacrylnitril (Abschn. 9.3.13). Fäden dieser Verbindungen werden nach einer nur teilweisen Oxidation durch Luft bei 200–300 °C zunächst unter Stickstoffatmosphäre bei ca. 1000 °C beim Verkohlungsprozess verstreckt und anschließend bei 1500–3000 °C grafitiert. Kohlenstofffasern finden wegen ihres sehr guten Wärmedämmvermögens in der Hochtemperaturisoliertechnik Verwendung, ferner gebraucht man sie als flexible Heizleiter und wegen ihrer hohen Zugfestigkeit ähnlich wie Glasfasern zur Verstärkung von Kunststoffen (Abschn. 9.4.3.4).

6.3.4.12 Kohlenstoffglas

Erhitzt man einen räumlich vernetzten, ein dichtes Kohlenstoffgerüst enthaltenden Kunststoff (z. B. Phenol-Formaldehyd-Harz, Abschn. 9.4.2.1) unter Stickstoffatmosphäre auf ca. 1000 °C, so werden die an das Kohlenstoffgerüst chemisch gebundenen Wasserstoff- und Sauerstoffatome abgespalten, und es bleibt das Kohlenstoffgerüst mit Grafitstruktur zurück. Dieser glasartige Kohlenstoff besitzt eine viel höhere Härte und Festigkeit als Retortenkohle und findet wegen seiner Korrosionsbeständigkeit, hohen Gasdichte und Abriebfestigkeit mannigfaltige Verwendung, so z. B. für Tiegel, Rohre, Auskleidungen oder Laborgeräte.

6.3.4.13 Kohlenstoffschaum

Verkohlt man einen geschäumten Kunststoff (wie z. B. geschäumtes Phenol-Formaldehyd-Harz, Abschn. 9.4.2.1), so entsteht ein offenporiger Kohlenstoffschaum (Porendurchmesser 20–100 µm) geringer Dichte (0,1–0,05 g/cm^3) von guter mechanischer Festigkeit, der als hervorragender Isolierstoff in Gegenwart von Luft bis zu einer Temperatur von ca. 350 °C, unter Stickstoffatmosphäre sogar bis zu 4000 °C beständig ist.

6.4 Halbleiter

Eine Zusammenstellung der als Halbleiter zu bezeichnenden chemischen Elemente findet sich unter Abschn. 6.1.1.2. Von diesen haben das **Silicium** und **Germanium** vor allem in der Mikroelektronik und in Fotoelementen (Solarzellen zur Umwandlung von Sonnenenergie in elektrischen Strom) eine verbreitete technische Verwendung gefunden.

6.4.1 Die elektrische Leitfähigkeit in festen Stoffen

Leitet ein fester Stoff den elektrischen Strom, so verschieben sich Elektronen innerhalb des Raumgitters. Im Bereich von Atomen, die die Gitterpunkte von festen Stoffen bilden, können die Elektronen nur ganz bestimmte Energiezustände einnehmen, die im Abschn. 1.3.2.4e durch Elektronenenergieniveaus beschrieben wurden. Will man das unterschiedliche Verhalten fester Stoffe beim Leiten des elektrischen Stromes besser verstehen, so ist die Betrachtung solcher Energieniveaus sehr nützlich.

In Einzelatomen (das sind solche, die nicht durch chemische Bindungen miteinander verbunden sind) nehmen die Elektronen die durch Haupt- und Nebenquantenzahlen bestimmten, spezifischen Energieniveaus ein (Abb. 1.6). Bilden zwei Atome miteinander eine kovalente Bindung, so ergeben sich nach der Molekülorbitaltheorie (Abschn. 6.2.3.5) zwei neue Energieniveaus für die Bindungselektronen, von denen eins einen etwas geringeren, das andere einen etwas

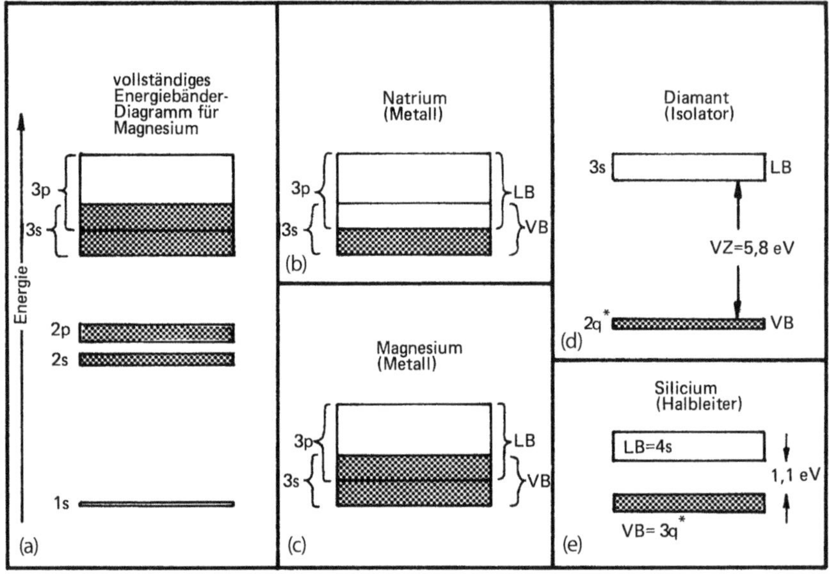

Abb. 6.11 Energiebänderdiagramme.

höheren Energiewert einnimmt. Beim Ozon (Abschn. 6.2.4) stehen drei Atome miteinander in Wechselwirkung. Dort ergeben die drei fluktuierenden, delokalisierten π-Elektronen (jedes der drei Sauerstoffatome trägt hierzu ein Elektron bei) drei Molekülorbitale mit drei voneinander verschiedenen Energieniveaus. Betrachtet man einen kristallinen Festkörper, wie z. B. das Grafit, so wechselwirken nun eine Vielzahl von Atomen. Dies führt zu dicht nebeneinanderliegenden Energieniveaus, die zusammen dann zu einem Energieband verschmelzen. Das bedeutet, die scharf begrenzten Elektronenenergieniveaus einzelner, isolierter Atome der Abb. 1.6 weiten sich durch die Wechselwirkung vieler Atome zu **Energiebändern** aus.

Die Abb. 6.11a zeigt ein solches Energiebänderdiagramm des Magnesiums. Auch die Elektronen der tieferen Energieniveaus (innere, voll besetzte Elektronenschalen in den Atomen) werden durch die Wechselwirkung der Außenelektronen beeinflusst, was dann ebenfalls eine wenn auch schwächere Aufweitung auch dieser sonst scharf begrenzten Energieniveaus zu Energiebändern zur Folge hat.

Das oberste, mit den Valenzelektronen besetzte Energieband bezeichnet man als **Valenzband**. Das darüberliegende, nicht mehr mit Elektronen besetzte Energieband bezeichnet man als **Leitungsband**. In dieses können Elektronen hineingehoben werden, wenn sie eine entsprechende Anregungsenergie aufnehmen. Die in den Abbildungen 6.11b–e schematisch gezeichneten Diagramme der jeweils obersten Energiebänder sollen den Unterschied von Metallen, Halbmetallen und Isolatoren deutlich machen.

Tab. 6.12 Breite der „verbotenen Zone" in eV.

Kristall	Diamant	Si	Ge	Se	B	I_2	GaAs	InAs	CdS	ZnO
Breite der verb. Zone	5,8	1,1	0,7	1,6	1,45	1,3	1,4	0,33	2,48	3,2

Bei den **Metallen** ist entweder das Valenzband mit Elektronen nicht voll besetzt (Beispiel Na, Abb. 6.11b), oder es überlappt sich das gefüllte Valenzband mit dem Leitungsband (Beispiel Mg, Abb. 6.11c); meist treffen sogar diese beiden Fälle gleichzeitig zu. Beim Anlegen einer Spannung können die Elektronen sich innerhalb von solchen nur teilweise gefüllten Valenzbändern oder innerhalb von solchen gemeinsamen Valenz- und Leitungsbändern frei bewegen, d. h., von Atom zu Atom innerhalb des Gitters gelangen, ohne dass die Elektronen dabei eine besondere Anregungsenergie erhalten müssten; denn nach dem Pauli-Prinzip (Abschn. 1.3.2.4) können diese jeweils noch nicht besetzten Energiezustände mit Elektronen aufgefüllt werden. Das Metall leitet also den elektrischen Strom.

Bei den **Isolatoren** (Abb. 6.11d) ist das Valenzband infolge kovalenter Bindungen mit den Nachbaratomen durch Elektronen voll besetzt. Die gemeinsamen Elektronenpaare sind dabei immer zwischen jeweils zwei Atomen fixiert (Abschn. 2.1), können also innerhalb des Gitters nicht verschoben werden, sodass keine nennenswerte elektrische Leitfähigkeit auftritt. Die nächsthöheren, möglichen Energiezustände für Elektronen im Leitungsband sind durch eine breite verbotene Zone vom Valenzband getrennt, sodass die Elektronen erst unter extrem starker Energiezufuhr in dieses Leitungsband gelangen könnten, um dann eine Leitfähigkeit hervorzurufen.

Bei den **Halbleitern** (Abb. 6.11e) ist diese verbotene Zone zwischen Valenzband und Leitungsband relativ klein, so dass hier schon geringere Anregungsenergien zum Überspringen dieser Energielücken genügen. Tabelle 6.12 gibt die Breite der verbotenen Zonen vom Isolator Diamant (Abschn. 6.3.4.1) und von einigen halbmetallischen Elementen an. Den Charakter von Halbleitern weisen auch die weiter unten näher erläuterten Verbindungen aus Gallium und Arsen, Indium und Arsen, Cadmium und Schwefel oder das Zinkoxid auf.

In das Leitungsband hineingelangte Elektronen können beim Anlegen einer geringen elektrischen Spannung innerhalb des Kristallgitters verschoben werden, außerdem ermöglichen dann die im Valenzband freigewordenen Plätze dort ebenfalls eine Verschiebung von Elektronen im Gitter. Der Kristall zeigt deswegen eine gewisse elektrische Leitfähigkeit. Die in das Leitungsband hinaufgehobenen Elektronen fallen anschließend wieder in die Leerstellen des Valenzbandes zurück und geben dabei die vorher aufgenommene Energie wieder ab.

Bei einer bestimmten Temperatur stellt sich ein Gleichgewicht zwischen den ständig in das Leitungsband gehobenen und von diesem in das Valenzband wieder zurückfallenden Elektronen ein, sodass die Anzahl der Träger elektrischer Leitfähigkeit (Elektronen im Leitungsband und Leerstellen im Valenzband) im statistischen Mittel konstant bleibt. Mit zunehmender Temperatur steigt die Anzahl der Elektronen, die einen entsprechenden Energiebetrag zum Überspringen der verbotenen Zone erhalten. Es stehen dann mehr Ladungsträger im Valenz- und Leitungsband zum Stromtransport zur Verfügung, deswegen nimmt die **Leitfähigkeit von Halbleitern** mit Ansteigen der Temperatur zu. Ähnlich wie die Wärme können aber auch andere Energieformen, wie z. B. elektromagnetische Wellen (Licht) oder radioaktive Strahlung eine starke Zunahme der elektrischen Leitfähigkeit von solchen Halbleitern bewirken. Halbleiter, bei denen eine elektrische Leitfähigkeit ohne notwendige Anwesenheit von Fremdstoffen lediglich durch Elektronenübergänge in höhere Energiebänder zustande kommt, bezeichnet man als **Eigenhalbleiter**. Neben diesen Eigenhalbleitern gibt es noch die große Gruppe der **Störstellenhalbleiter**, die ausführlich am Beispiel des Siliciums erläutert werden.

6.4.2 Silicium und Germanium

6.4.2.1 Eigenschaften

Silicium und Germanium kristallisieren im Diamantgitter. Als Halbmetalle weisen sie ein graues, metallähnliches Aussehen auf, sind jedoch sehr spröde. Diese beiden Elemente haben ausgedehnte Verwendung in der **Halbleitertechnik** gefunden. Dabei hat das Silicium eine wesentlich größere Bedeutung als das Germanium erlangt, weswegen hier hauptsächlich das Silicium in seinen Halbleitereigenschaften beschrieben werden soll. Analoges gilt jedoch auch für das Germanium.

Silicium ist eines der häufigsten Elemente (Tab. 6.2), während die Massenanteile des Germaniums in der Erdrinde auf nur etwa 10^{-3}–10^{-4} % geschätzt werden. Beide Elemente kommen nicht in elementarer Form, sondern nur als Verbindungen vor. Sand ist mehr oder weniger reines Siliciumdioxid SiO_2. Das elementare Silicium wird daraus durch Reduktion, üblicherweise durch Erhitzen mit Kohle in einem Elektroofen bei etwa 2000 °C gewonnen (Abschn. 4.4.5):

$$SiO_2 + 2C \rightarrow Si + 2CO \quad \Delta H^\circ = +695\,kJ$$

Das hierbei erhaltene technische Silicium hat lediglich einen Gehalt von 98 %. Für die Herstellung von Halbleitern ist ein Silicium von sehr hoher Reinheit erforderlich[7)]. Hierzu wird das technische Silicium zu einer leicht flüchtigen Silicium-Halogen-Verbindung umgesetzt, die man durch fraktionierte Destillation (Abschn. 3.6.4) von den Verunreinigungen abtrennen und anschließend durch Zersetzung der Verbindung bei hohen Temperaturen als ein schon relativ reines **polykristallines** Silicium abscheiden kann. Meist dient als flüchtige Verbindung das sogenannte Trichlorsilan ($HSiCl_3$) mit einem Siedepunkt bei Normaldruck

7) Der elektrische Widerstand des Siliciums ist stark von Verunreinigungen durch andere Elemente abhängig. Sehr reines Silicium zeigt einen hohen elektrischen Widerstand und ist hochohmig, während der elektrische Widerstand von verunreinigtem Silicium wesentlich geringer ist (niederohmig).

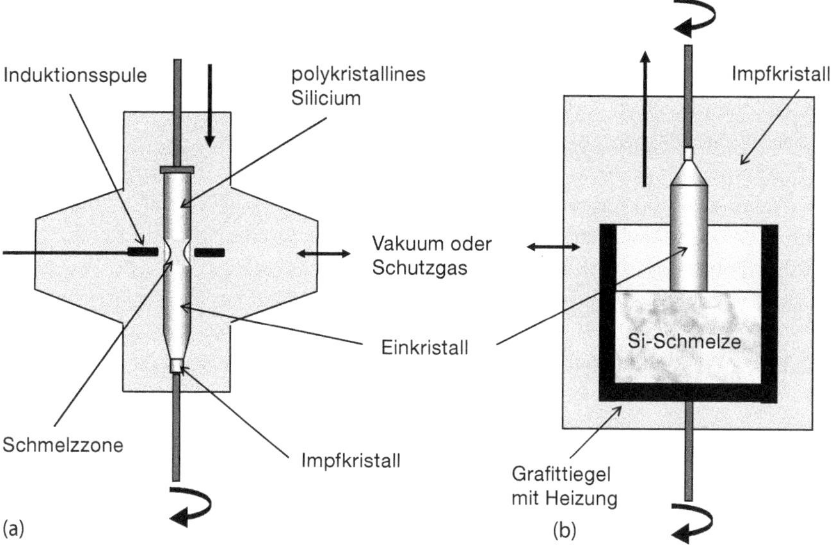

Abb. 6.12 Einkristallherstellung durch (a) Zonenschmelzen und (b) Tiegelziehen.

von 32 °C:

$$\mathrm{Si} + 3\mathrm{HCl} \underset{1000\,^\circ\mathrm{C}}{\overset{300\,^\circ\mathrm{C}}{\rightleftarrows}} \mathrm{HSiCl_3} + \mathrm{H_2}$$

In der Halbleiterindustrie wird nun dieses polykristalline Silicium in einem weiteren Schritt nochmals gereinigt und gleichzeitig in einen **Einkristall** (Kristallgitter hat überall dieselbe Orientierung) umgewandelt. Für diesen Schritt gibt es zwei Verfahren:

- das Zonenschmelzen und
- das Tiegelziehen.

Beim **Zonenschmelzen** (siehe Abb. 6.12a) wird eine kleine Zone eines Siliciumstabes mithilfe einer Induktionsspule zum Schmelzen gebracht. Man bewegt nun diese Schmelzzone langsam durch den ganzen Stab hindurch (im Bereich von wenigen mm/s). Dabei wandern die Verunreinigungen in der Schmelze mit, denn ihre Löslichkeit ist in der Schmelze größer als im Siliciumkristall. Sie werden damit schließlich zu einem Ende des Siliciumstabes befördert. Außerdem verdampfen leicht flüchtige Verunreinigungen wie z. B. Phosphor im dabei angewendeten Hochvakuum. So können Einkristalle bis zu 50 kg hergestellt werden.

Beim **Tiegelziehen** wird Silicium in einem Tiegel bei 1415 °C aufgeschmolzen (Abb. 6.12b). In diese Schmelze wird ein kleiner Impfkristall mit einer vorgegebenen Kristallorientierung eingebracht. Der Impfkristall wird langsam unter Rotation herausgezogen, wobei die Schmelze zu einem Einkristall erstarrt. Mit diesem Verfahren können Einkristalle mit einem Gewicht von 100 kg hergestellt werden.

Für die Herstellung von **Halbleiterbauelementen** werden Siliciumscheiben mit genau definierten Abmessungen (Dicke ca. 0,7 mm; Ø bis zu 20 cm), sogenannte **Wafer** benötigt. Diese werden aus den Einkristallzylindern abgesägt und anschließend poliert. Auf diese Wafer werden dann die integrierten Schaltkreise aufgebracht. Dies wird in Abschn. 6.4.2.4 näher beschrieben.

Silicium wird von heißen Laugen angegriffen, ist aber beständig gegen alle Säuren, auch gegen Flusssäure HF (nur ein Gemisch von Salpetersäure und Flusssäure vermag es zu lösen). Hingegen bildet das Siliciumdioxid mit Flusssäure die leicht flüchtige Verbindung SiF_4 (bzw. H_2SiF_6). Das unterschiedliche Verhalten von Silicium und Siliciumdioxid gegenüber Flusssäure – ein ähnliches Verhalten zeigt auch Germanium – ist bei der Herstellung von Silicium- bzw. Germanium-Halbleiterelementen, dem Ätzen von Bedeutung (Abschn. 6.4.2.4).

6.4.2.2 n-dotierte Siliciumhalbleiter

Beim Silicium ist durch kovalente Bindung das Valenzband mit Elektronen voll besetzt. Zwischen ihm und dem noch unbesetzten Leitungsband (der 4s-Elektronen) liegt eine Energiedifferenz, eine sogenannte **verbotene Zone** von 1,1 eV. Erhalten Elektronen eine derartige Anregungsenergie, dass sie in das Leitungsband gelangen können, so wird das Silicium als Eigenhalbleiter elektrisch leitend (Abb. 6.11e). Diese Anregungsbeträge sind noch relativ hoch.

Eine erheblich geringere Aktivierungsenergie reicht aus, wenn das Silicium durch eingelagerte Störstellen elektrisch leitend wird. Hierbei wird es mit äußerst geringen Spuren von Elementen der fünften Hauptgruppe, also von Elementen, die ein Außenelektron mehr als das Silicium, also fünf Außenelektronen haben, wie z. B. Arsen **dotiert**. Das Silicium wird dann infolge eines Überschusses von Elektronen im Gitter zum **Störstellenhalbleiter**.

Man bezeichnet das Arsen auch als **Elektronendonator**, weil es zusätzlich Elektronen liefert. Diese überschüssigen Elektronen der Arsenatome haben ein höheres Energieniveau als die Elektronen im Valenzband des Siliciums. Das Energieniveau liegt aber noch unterhalb des Leitungsbandes. Da die Donatoratome nur an einigen Stellen im Gitter lokalisiert sind und nicht in Wechselwirkung mit allen Atomen stehen, müssen ihre Energieniveaus als scharf begrenzte Linien und nicht als Bänder dargestellt werden. Damit nun solche Donatorelektronen in das Leitungsband gehoben werden, ist weniger Energie notwendig als zur Anregung der wesentlich fester gebundenen Valenzelektronen des Siliciums. Wie aus Abb. 6.13a ersichtlich, ist dazu nur eine Energie von 0,04 eV notwendig. Man bezeichnet solche Halbleiter, die mit Elektronendonatoren dotiert sind, als negativ leitend, n-leitend oder **n-dotiert**, weil sie Fremdatome enthalten, die ein Außenelektron (negativ) mehr als die Halbleiter haben. Die Leitfähigkeit des Halbmetalls wird hier durch Elektronen verursacht, die bei Energiezufuhr in das Leitungsband hineingehoben werden.

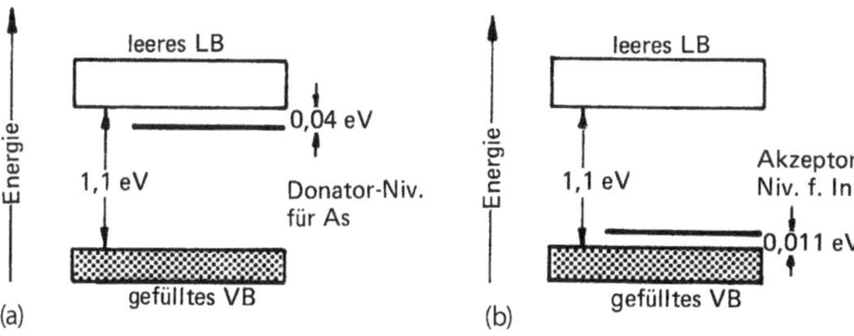

Abb. 6.13 Energiebänderdiagramm für (a) n-dotiertes Silicium (b) p-dotiertes Silicium.

6.4.2.3 p-dotierte Siliciumhalbleiter

Man kann aber auch umgekehrt im Valenzband durch Herausheben von Elektronen Leerstellen schaffen und damit die Elektronen dann innerhalb des Valenzbandes beim Anlegen einer äußeren Spannung verschieben. In diesem Fall würden sich dann die Leerstellen im Gitter in entgegengesetzter Richtung zur Elektronenbewegung verlagern. Zu einer solchen Halbleiterart gelangt man, wenn man das Silicium mit geringen Spuren eines Elements dotiert, das weniger Außenelektronen hat als die Siliciumatome, also mit Elementen der dritten Gruppe des Periodensystems, wie z. B. Indium oder Aluminium. Diese Atome können dann durch Aufnahme eines zusätzlichen Außenelektrons die gleiche Elektronenaußenschale wie das Silicium erhalten. Sie sind dann aber einfach negativ geladen. Man bezeichnet diese Art von Fremdatomen wegen der Aufnahmefähigkeit für Elektronen auch als **Elektronenakzeptoren.**

Für diesen Elektronenübergang wird nur ein geringer Energiebetrag benötigt. Bei Anwesenheit von Indium im Gitter genügt bereits eine Energiezufuhr von 0,011 eV, damit ein Elektron aus dem voll besetzten Siliciumvalenzband in das leere Akzeptorniveau (Abb. 6.13b) gelangt. Je mehr Energiebeträge, die größer sind als der Schwellenwert von 0,011 eV, zugeführt werden, umso mehr Elektronen werden in die leeren Akzeptorniveaus hineingehoben und umso mehr Leerstellen entstehen im Valenzband des Siliciums. Somit steigt die Leitfähigkeit in Abhängigkeit von der Energiezufuhr.

Solche mit Elektronenakzeptoren versehenen Halbmetalle werden als positiv dotiert, positiv leitend oder **p-leitend** bezeichnet, da die Leitfähigkeit innerhalb des Valenzbandes auf leicht verschiebbaren positiven Leerstellen beruht.

6.4.2.4 Herstellung von Halbleiterbauelementen

Die in der Halbleitertechnik verwendeten Bauelemente aus Halbmetallen müssen hohen Anforderungen bezüglich der Reinheit genügen. So darf z. B. das Silicium für hochohmige Halbleiterelemente nicht mehr als ein Fremdatom auf 10^{10} Siliciumatome, d. h. 0,1 ppb (parts per billion = ein Teil auf eine Milliarde Teile) enthalten. Diesen Reinheitsgrad, den man nicht mehr mit chemischen Mitteln, sondern nur noch durch Messungen des spezifischen elektrischen Widerstandes kontrollieren kann, erreicht man durch Reinigungsverfahren, die in Abschn. 6.4.2.1 beschrieben wurden. Für solche Messungen der elektrischen Leit-

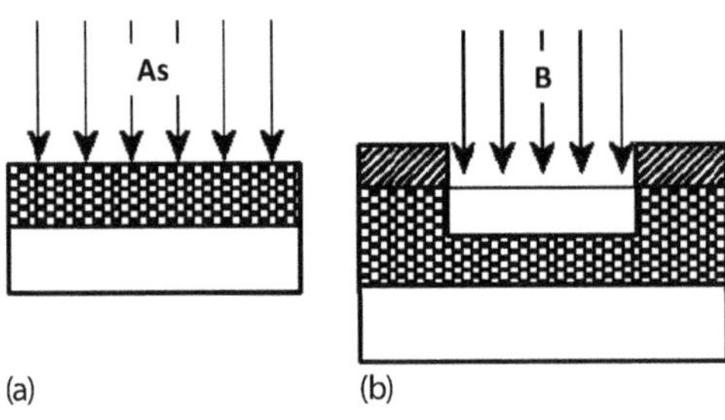

Abb. 6.14 (a) n-Dotierung eines p-Halbleiters und (b) Bildung einer p-Insel in der n-Schicht.

fähigkeit muss das Silicium mit regelmäßigem Gitteraufbau als gezüchteter, gut ausgebildeter Einkristall vorliegen. Dem hochreinen Silicium werden dann gezielt bestimmte Anteile von **Fremdatomen** zugegeben, um den Leitfähigkeitspegel zu erhöhen. Die Dotierung mit Fremdatomen kann beim Prozess des Zonenschmelzens oder beim Tiegelziehen geschehen, indem man gezielt eine gasförmige, thermisch spaltbare Dotierstoffverbindung in die Schmelz- bzw. Ziehkammer einlässt. Der Reinheitsgrad beträgt dann bei hochohmigen Siliciumkristallen immer noch etwa 0,5 ppb (fünf Fremdatome auf zehn Milliarden Siliciumatome) mit einem spezifischen elektrischen Widerstand von etwa 200 Ωcm, während niederohmige Siliciumkristalle z. B. mit 0,001 Ωcm nur einen Reinheitsgrad von etwa 2000 ppm aufzuweisen brauchen und deswegen nicht den extremen Reinigungsprozessen unterzogen werden müssen. Will man auf einem Kristall sowohl p- als auch n-dotierte Bezirke haben, so kann man diese z. B. durch Eindiffundieren von Elektronendonatoren (P; As) in den p-leitenden Kristall bei hohen Temperaturen erreichen (Abb. 6.14a).

Sollen dann einige Bezirke dieser n-leitenden Schicht p-dotierte Inseln erhalten, so oxidiert man zunächst die gesamte Oberfläche zu SiO_2 und entfernt mit Flusssäure (HF) diese Schutzschicht wieder an den Stellen, die mit Fremdatomen bedampft werden sollen, indem man vor der Flusssäureätzung die Stellen, wo die Schutzschicht nicht abgeätzt werden soll, durch einen „Fotolack" geschützt hat. Beim anschließenden Dotieren, z. B. mit einem Elektronenakzeptor wie Bor, dringt dieser nur an den von SiO_2 befreiten Stellen in den Kristall, während die Oxidschicht „diffusionsdicht" bleibt. Man erhält dann ein Bauelement, wie es in Abb. 6.14b angedeutet ist.

Teilbezirke der so gebildeten p-leitenden Schicht kann man nach analogen Verfahren durch Eindampfen von Elektronendonatoren erneut in n-leitende Bereiche überführen. Schließlich werden mit bestimmten Stellen der p- bzw. n-dotierten Bezirke durch oberflächliches Aufdampfen von feinsten Metallbahnen elektrische Kontaktstellen hergestellt (in der Abb. 6.15a–c als elektrische Anschlüsse symbolisiert), während die übrige Halbleiteroberfläche durch eine dünne, isolierende SiO_2-Schicht geschützt bleibt. Man erhält auf diese Weise verschiedene Halbleiterbauelemente, die in Abb. 6.15a–c schematisch dargestellt sind.

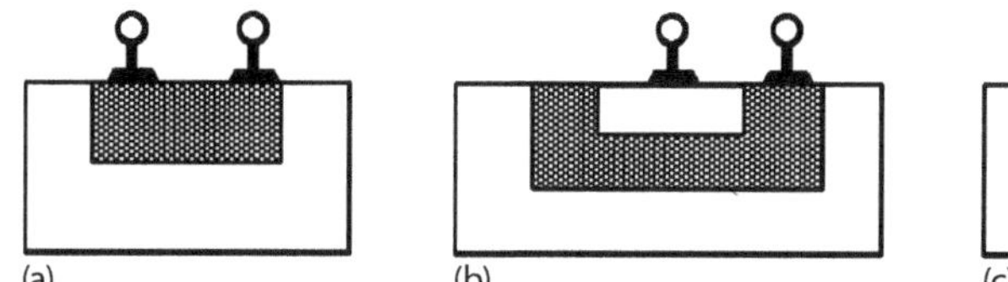
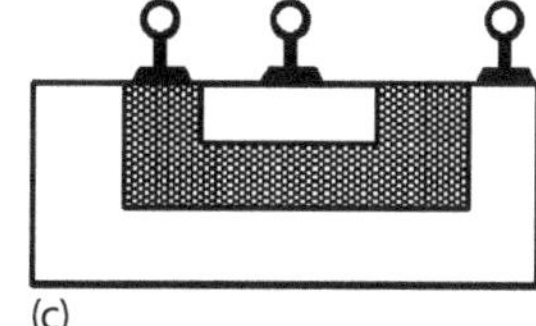

Abb. 6.15 Halbleiterbauelemente: (a) Widerstand, (b) Kondensator, (c) Transistor.

6.4.2.5 n-p-Grenzschichteffekte; Siliciumgleichrichter

An den Grenzschichten zwischen den p- und n-dotierten Bezirken eines Siliciumhalbleiterkristalls gleichen sich die zunächst bestehenden Potenzialunterschiede aus, indem Elektronen von den höheren Donatorenergieniveaus des n-dotierten Bezirks zu den tieferen Akzeptorniveaus des p-leitenden Teils fließen. So werden an der Grenzschicht die Elektronenleerstellen im positiv dotierten Halbleiter aufgefüllt und dabei gleichzeitig der Elektronenüberschuss auf der negativ dotierten Seite etwas abgebaut. Dieser Vorgang kommt bald zum Stillstand, und es stellt sich ein Gleichgewicht ein, sodass in dieser Grenzschicht kein Elektronenstrom mehr fließt.

Legt man nun an den negativ dotierten Bezirk eine negative elektrische Spannung an, so fließen in einem geschlossenen Stromkreis ständig Elektronen von der negativ dotierten Schicht in die positiv dotierten Bezirke. In umgekehrter Richtung wirkt die Grenzschicht jedoch als Stromsperre, weil die Elektronen vom tieferen Valenzband bzw. vom Akzeptorniveau des p-dotierten Teils erst auf das höhere Donatorniveau bzw. in das Leitungsband des n-dotierten Bezirks gehoben werden müssten, was einen zusätzlichen Energiebetrag erfordert. Erst wenn durch Anlegen einer entsprechend hohen elektrischen Spannung den Elektronen die hierzu notwendige Energie mitgegeben wird, kann auch in umgekehrter Richtung, also vom positiv zum negativ dotierten Teil ein Elektronenstrom fließen. Unterhalb dieses Spannungswerts wirkt die Grenzschicht als **Gleichrichter**, indem diese **Halbleiterdiode** den elektrischen Strom nur in einer Richtung durchlässt.

6.4.2.6 Fotoelektrischer Effekt

Treffen Lichtstrahlen auf einen Halbleiter, so werden, falls der Energiebetrag hierzu ausreicht, Elektronen vom voll besetzten Valenzband in das leere Leitungsband gehoben. Auf diese Weise werden paarweise elektrische Ladungsträger erzeugt, und zwar im Valenzband Leerstellen und im Leitungsband Elektronen. Beim Silicium sind hierzu Anregungsenergien von mindestens 1,1 eV notwendig (Tab. 6.12 und Abb. 6.11e), entsprechend einer Wellenlänge von 1,13 μm.

Erfolgt dieser Fotoeffekt an einer Sperrschicht, also direkt an einem p-n-Übergang, so wandern wegen der dort bestehenden Potenzialunterschiede die Elektronen in die n-Schicht, die positiven Leerstellen in die p-Schicht. Es entsteht so eine elektrische Spannung, die dann einen elektrischen Strom hervorruft, wenn man diese beiden Gebiete über einem Stromkreis miteinander verbindet. Man kann auf diese Weise Lichtenergie direkt in elektrischen Strom verwandeln. Es ist ein Vorgang, der bei **Fotoelementen** (Solarzellen, Photovoltaik) ausgenutzt wird. Hierzu wird eine etwa 0,01–0,001 cm dicke p-Schicht auf einem n-dotierten Bezirk erzeugt; eine Schichtdicke, die von Lichtstrahlen noch durchdrungen werden kann. Der Wirkungsgrad solcher Energieumwandler aus Silicium beträgt bis etwa 20 %.

6.4.2.7 Die Bedeutung von Silicium- und Germaniumhalbleitern

Halbleiterbauelemente sind die wichtigsten Bestandteile der Elektronik. Sie haben kleinste Abmessungen, und man kommt mit äußerst geringen Stromstärken und Spannungen aus. Heute werden fast ausschließlich Silicium-basierte Bauelemente verwendet, während Germanium-Halbleiterbauelemente nur in geringem Umfang eingesetzt werden, da sie eine geringere Temperaturbeständigkeit aufweisen. Germaniumhalbleiter arbeiten höchstens bis zu einer Temperatur von etwa 70 °C, Siliciumhalbleiter bis etwa 80 °C. Germanium-Halbleiterdioden eignen sich jedoch besser zur Gleichrichtung sehr hoher Frequenzen (bis 10 GHz).

6.4.3 Chemische Verbindungen als Halbleiter

In einem Silicium- oder Germaniumkristall ergänzen die Atome durch **kovalente Bindungen** ihre jeweils äußerste Schale zu acht Außenelektronen. Die gleiche Wirkung kann eintreten, wenn Elemente der dritten Hauptgruppe (z. B. Ga oder In, die drei Außenelektronen haben) mit Elementen der fünften Hauptgruppe (z. B. As oder Sb mit fünf Außenelektronen) binäre Verbindungen eingehen. Auch hier können sich aus den Außenelektronen beider Atomarten jeweils vier Elektronenpaare (= acht Bindungselektronen) bilden. Ersetzt man daher in einem Germaniumkristall die eine Hälfte der Germaniumatome durch Atome der dritten Hauptgruppe und die andere Hälfte der Germaniumatome durch Atome der fünften Hauptgruppe, so erhält man Stoffe mit ähnlichen Halbleitereigenschaften wie beim Germanium; es sind Halbleiter vom Typ $A^{III}B^{V}$ (A^{III} = Element der dritten Hauptgruppe, B^{V} = Element der fünften Hauptgruppe), z. B. GaAs, InAs oder InSb. Der bedeutendste Halbleiter dieses Typs ist das GaAs, da elektronische Bauteile dieses Typs zehnmal schneller schalten als Silicium-basierte Bauelemente. Sie werden auch für **Leuchtdioden (LED = light emitting diode)** verwendet (GaAs, GaP, GaN). Diese sind prinzipiell wie Halbleiterdioden aufgebaut (Abschn. 6.4.2.5), wobei bei Stromfluss in Durchlassrichtung je nach Halbleitermaterial und Dotierung sichtbares Licht, Infrarotstrahlung oder ultraviolettes Licht emittiert wird.

In ähnlicher Weise erhält man auch Halbleiter vom Typ $A^{II}B^{VI}$ durch Kombination von Elementen der zweiten Nebengruppe mit Elementen der sechsten Hauptgruppe, z. B. ZnO, ZnS oder CdSe. Wichtigster Halbleiter dieser Gruppe ist das Cadmiumsulfid, CdS; es kann u. a. zur fotoelektrischen Energieumwandlung verwendet werden.

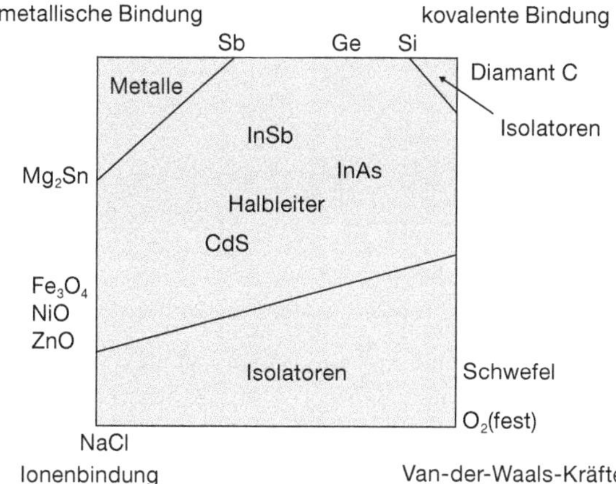

Abb. 6.16 Abgrenzung des Halbleitergebietes.

Mit zunehmender Differenz der Elektronegativität beider Verbindungspartner wird der ionische Charakter stärker, bis schließlich bei Verbindungen zwischen den Elementen der ersten und siebten Hauptgruppe Ionenkristalle (z. B. Natriumchlorid, NaCl) vorliegen, die als Kristalle keine nennenswerte elektrische Leitfähigkeit zeigen, also als Isolatoren zu bezeichnen sind. Halbleiter stellen also nicht nur Übergangsstufen zwischen Metallen und Nichtmetallen dar, sondern es sind kristalline Stoffe, die auch in den Übergängen von kovalenten zu ionischen Verbindungen anzusiedeln sind. In diesem Übergangsbereich bilden, wie früher beschrieben wurde, kleine, aus zwei oder aus nur wenigen Atomen bestehende Moleküle elektrische Dipole (Abschn. 2.4), hingegen haben dann aus Kristallgittern aufgebaute Stoffe Halbleitereigenschaften.

Die Abb. 6.16 zeigt, dass sich das Gebiet der Halbleiter auch auf kristallisierte Verbindungen erstreckt, die man als Übergangsstufen zwischen kovalenten Verbindungen und den zwischenmolekularen Wechselwirkungen der Van-der-Waals-Kräfte auffassen kann. Während die Kohlenstoffatome im Diamantgitter nur durch kovalente Bindungen aneinandergebunden sind, werden im kristallisierten Sauerstoff (also bei Temperaturen unter −219 °C) oder im kristallisierten Chlor (Temperaturen unter −101 °C) die jeweils aus zwei kovalent gebundenen Atomen bestehenden Moleküle ihrerseits durch Van-der-Waals-Kräfte zu Kristallen zusammengehalten.

Beim **Iod** mit einem ähnlichen molekularen Aufbau wie bei den Chlorkristallen sind die Außenelektronen nicht mehr so stark an die einzelnen Moleküle gebunden, sodass innerhalb eines bei gewöhnlicher Temperatur im festen Aggregatzustand vorliegenden Iodkristalls, in dem die Gitterbausteine aus jeweils zweiatomigen Iodmolekülen bestehen, die durch Van-der-Waals-Kräfte im Gitter zusammengehalten werden, vor allem bei Zufuhr von Anregungsenergie schon Elektronenübergänge zwischen diesen einzelnen Iodmolekülen stattfinden. Dadurch wird eine **geringfügige elektrische Leitfähigkeit** hervorgerufen. Das an metallischen Glanz erinnernde Aussehen der Iodkristalle zeigt ebenfalls, dass die-

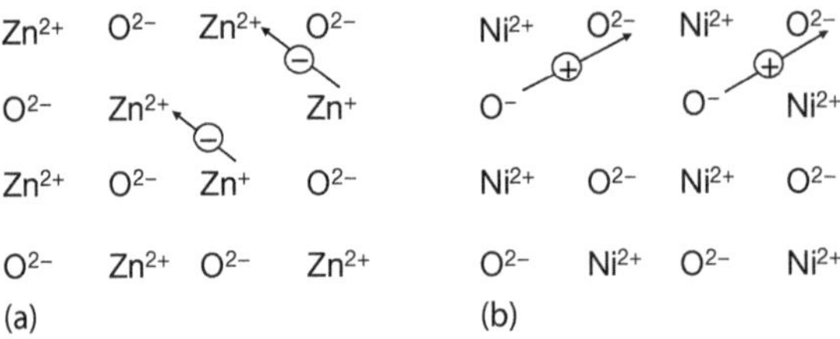

Abb. 6.17 Ionenkristalle als Halbleiter: (a) n-Typ, (b) p-Typ.

se in ein Übergangsgebiet mit Halbleitercharakter (in diesem Fall im Übergangsgebiet zwischen kovalenter Bindung und den Van-der-Waals-Kräften) anzuordnen sind. Wie die Tab. 6.12 zeigt, hat die verbotene Zone beim Iod eine Breite von 1,3 eV; sie ist also etwa gleich groß wie bei einigen anderen Halbleitern.

Besonders interessante Halbleiter-Übergangsformen finden wir zwischen der metallischen Bindung und der Ionenbindung (Abb. 6.16). Viele Sauerstoffverbindungen der Metalle (Oxide) leiten als Halbleiter mehr oder weniger gut den elektrischen Strom. Eine elektrische Leitfähigkeit wird in solchen aus Metallionen und zweifach negativ geladenen Sauerstoffionen aufgebauten Ionenkristallen dadurch begünstigt, dass viele Metallionen ihre Oxidationszahl verändern und damit Elektronen im Gitter transportieren können. In den Ionenkristallen der Metalloxide begünstigt ferner das Vorhandensein von **Störstellen** die Leitung des elektrischen Stromes. Solche Störstellen können durch Lücken im Ionengitter entstehen, d. h., es fehlt dort entweder ein Sauerstoffion oder ein Metallion. Wegen eines im Kristall erfolgenden Ladungsausgleiches, also eines gegenseitigen Ergänzens aller positiven und negativen elektrischen Ladungen zu einer elektrischen Gesamtladung von null, müssen dann die Nachbarionen jeweils eine geringere positive oder negative elektrische Ladung aufweisen als die übrigen Ionen. Diese fehlende Ladung kann dann von den Nachbarionen aufgefüllt werden. Dabei wandert dann das Ladungsdefizit zunächst zu den Ladungsspendern, wie es in Abb. 6.17 angedeutet ist; von da aus bewegt es sich schließlich beim Anlegen einer äußeren elektrischen Spannung durch das gesamte Gitter. Je nachdem, ob die Störstellen auf Elektronenüberschuss oder Elektronenmangel (Elektronenlöcher) zurückzuführen sind, erhält man Halbleiter vom n-Typ (Abb. 6.17a) oder vom p-Typ (Abb. 6.17b).

Bei den halbleitenden Verbindungen sind die Möglichkeiten zu **Fehlordnungen** sehr groß und mannigfaltig, und zwar dadurch, dass

- durch Abweichungen von genauen stöchiometrischen Verbindungsverhältnissen Störstellen entstehen,
- wie in Abb. 6.17a, b Fremdatome mit anderen Oxidationszahlen in das Gitter eingebaut werden oder
- ein Metallion mit verschiedenen Oxidationszahlen auftreten kann.

Bei den aufgezeigten Möglichkeiten wird klar, dass eine genaue Abgrenzung des Halbleitergebietes schwierig ist, denn es handelt sich hier um fließende Übergänge zwischen verschiedenen Strukturen und Bindungsarten. Während die Abgrenzung gegenüber den Metallen klar durch das Vorhandensein einer verbotenen Zone zwischen einem gefüllten Valenzband und dem leeren Leitungsband angegeben werden kann (Abb. 6.11), ist die Unterscheidung gegenüber den Isolatoren der anderen drei Bindungsarten wie der kovalenten Bindung, der Ionenbindung und den Van-der-Waals-Kräften schwieriger (Abb. 6.16). Die Grenze zwischen Halbleitern und Isolatoren wird oft mit spezifischen elektrischen Widerständen von 10^{12} Ωcm bei Raumtemperatur angegeben (Tab. 6.1).

Metalloxidhalbleiter vom n-Typ wie etwa SnO_2, ZnO, TiO_2 oder Fe_2O_3 lassen sich auf der Basis der Messung von Leitfähigkeitsänderungen als **Gassensoren** für oxidierend oder reduzierend wirkende Gase einsetzen. Infolge der Anlagerung der Gasmoleküle auf der Oberfläche der Halbleiter erhöht oder verringert sich die Oberflächenleitfähigkeit, je nachdem, ob dabei freie Elektronen erzeugt (reduzierend wirkende Gase) oder entfernt (oxidierend wirkende Gase) werden. Mit diesen sogenannten **Halbleitersensoren** können beispielsweise Konzentrationsmessungen der Gase H_2, NH_3, CO, CH_4, NO_2 oder O_2 durchgeführt werden.

6.5 Metalle

6.5.1 Allgemeine metallische Eigenschaften

Metalle zeichnen sich durch folgende gemeinsame Eigenschaften aus:

- Sie leiten den elektrischen Strom,
- die elektrische Leitfähigkeit sinkt mit zunehmender Temperatur,
- sie besitzen eine gute Wärmeleitfähigkeit,
- sie zeigen „Metallglanz“,
- sie sind plastisch verformbar.

Diese allgemeinen metallischen Eigenschaften lassen sich vom atomaren Aufbau der Metalle leicht verständlich ableiten.

6.5.1.1 Die elektrische Leitfähigkeit

In den Abschn. 2.3.1, 2.3.2 und 6.4.1 wurde das Phänomen der elektrischen Leitfähigkeit von Metallen durch verschiedene Modelle erklärt, nämlich durch das **Elektronengasmodell** oder mithilfe von **Energiebänderdiagrammen**. Diese Modelle zeigen, dass die Bindungselektronen im Metallgitter frei beweglich sind, sodass sie beim Anlegen einer äußeren Spannung im Metallgitter verschoben werden können und damit eine Leitfähigkeit für den elektrischen Strom hervorrufen.

Berühren sich zwei Metalle, so kann das „Elektronengas“ vom Gitter des einen zum Gitter des anderen Metalls gelangen; das bedeutet, über den Kontakt zweier Metalle fließt ein elektrischer Strom. Viele Metalle haben, wie später näher erörtert wird, an ihrer Oberfläche durch Reaktion mit dem Luftsauerstoff eine mehr oder weniger dicke Oxidschicht. Metalloxide sind bezüglich der elektrischen Leitfähigkeit Isolatoren oder höchstens Halbleiter (Abschn. 6.4.3). Beim Vorhandensein von sehr dicken Oxidschichten ist in der Regel der elektrische Kontakt unterbrochen, und es fließt kein Strom. Sehr dünne Oxidschichten stören meist den metallischen Kontakt nicht, weil sie entweder bei der Berührung zweier Metalle verletzt werden, oder weil sich durch sogenannte **Frittung** eine metallische Brücke ausbilden kann. Unter Frittung versteht man einen elektrischen Durchschlagsvorgang bei punktförmig auftretenden hohen Stromdichten mit einer so starken lokalen Erwärmung, dass durch geringfügiges, kaum wahrzunehmendes Aufschmelzen des Metalls schließlich eine metallische Brücke an der Kontaktstelle entsteht. Zum ersten Durchschlagen der (meist halbleitenden) Oxidschicht sind elektrische Felder in der Größenordnung von 10^6 V/cm notwendig, wozu bei den meisten Oxidschichten Spannungsunterschiede an der Kontaktstelle von nur einem Volt bis zu wenigen Volt erforderlich sind.

6.5.1.2 Die Temperaturabhängigkeit der elektrischen Leitfähigkeit

Nach dem **Elektronengasmodell** (Abschn. 2.3.1) besteht das Metall aus einem Gitter positiv geladener Metallionen, die vom Elektronengas der Bindungselektronen umflossen werden. Aus verschiedenartigen Untersuchungsverfahren (z. B. durch röntgenografische Bestimmung der Elektronendichte oder durch Vergleich mit dem Metallionenvolumen in Salzen) konnte man darauf schließen, dass die Metallionen vom Gesamtvolumen des Metalls nur einen erstaunlich kleinen Teil beanspruchen. Beispielsweise erfüllt beim Magnesium das Elektronengas der beiden äußeren Valenzelektronen etwa 86 % des gesamten Metallvolumens, während nur 14 % von den immerhin noch zehn Elektronen enthaltenden Magnesiumionen Mg^{2+} beansprucht werden.

Der Gitteraufbau der Metalle wurde im Abschn. 2.3.1 durch den Ausdruck „dichteste Kugelpackungen" beschrieben. Es wird hier jedoch deutlich, dass damit nicht die Metallionen gemeint sein können, denn im Metallgitter berühren sich die positiv geladenen Metallionen nicht gegenseitig; sie sind vielmehr infolge gegenseitiger Abstoßung relativ weit voneinander entfernt und werden durch das elektrisch negativ geladene Elektronengas zusammengehalten. Die als Kugeln dargestellten Atome muss man sich dann durch die äußersten, sehr stark aufgeweiteten Schalen der Bindungselektronen begrenzt denken.

Beim Elektronengasmodell muss als Einschränkung gelten, dass Elektronen nicht die volle Bewegungsfreiheit wie Gaspartikel besitzen können, denn nach dem Pauli-Prinzip (Abschn. 1.3.2.4) können Elektronen in der Nähe eines Atoms nur ganz bestimmte, durch die Quantenzahlen definierte Energiezustände einnehmen.

Der **Einfluss der Temperatur** wird sich in einer zusätzlichen, sich auf Metallionen und Elektronen verteilenden kinetischen Energie bemerkbar machen. Der auf die Elektronen fallende Anteil der kinetischen Wärmeenergie, gleichbedeutend mit dem Anteil, den die Elektronen zur spezifischen Wärme eines Metalls beisteuern, ist um zwei Größenordnungen kleiner als bei den Metallionen. Diese

Tatsache ist mit der Vorstellung von Elektronen als kleinste Teilchen nicht erklärbar. Sie deutet vielmehr darauf, dass Elektronen auch als **Materiewellen** im Kristallgitter aufgefasst werden müssen. Da aber die ungeordnete Wärmebewegung der Elektronen im zeitlichen Mittel in allen Richtungen gleich groß ist, kann durch diese Bewegung kein Strom fließen. Erst beim Anlegen einer elektrischen Spannung erfolgt eine Wanderung der Elektronen durch das Metall. Mit zunehmender Temperatur wird die Wärmebewegung der Metallionen um ihre Gitterplätze immer stärker; durch diese Schwingungen werden aber die Elektronen in ihrer Bewegung (Driftung) durch das Metall behindert. Die elektrische Leitfähigkeit nimmt deswegen mit zunehmender Temperatur ab. Ist die Wärmebewegung von Ionen und Elektronen eines Metalls sehr groß, so kann es zunächst einmal zum „Ausschwitzen" von Elektronen aus dem Metallverband kommen. Beim **Siedepunkt** wird der Zusammenhalt zwischen den Metallatomen vollständig gelöst und das geschmolzene Metall geht in den gasförmigen, dann aber **atomaren Zustand** über.

Fasst man die Bewegung der Elektronen als Ausbreitung von Elektronenwellen im Metallgitter auf, so erfährt eine solche Ausbreitung gegenüber einem idealen, ungestörten Gitter zusätzliche Behinderungen, und zwar hauptsächlich durch

- thermische Gitterschwingungen,
- Gitterverzerrungen infolge zulegierter Fremdatome und
- Unregelmäßigkeiten im Kristallgitteraufbau, z. B. durch Versetzungen der Gitterebenen gegeneinander, Leerstellen usw.

Daher ist die elektrische Leitfähigkeit bei sehr tiefen Temperaturen, bei reinen Metallen (oder zumindest exakt stöchiometrisch aufgebauten Legierungen) und bei idealen Einkristallen am größten.

Einige der metallischen Elemente zeigen in der Nähe des absoluten Nullpunktes, und zwar unterhalb einer charakteristischen Temperatur, die man als **Sprungtemperatur** bezeichnet, die Erscheinung der **Supraleitfähigkeit**. Der elektrische Widerstand fällt unterhalb dieser Temperatur auf null ab, und ein einmal in Gang gesetzter Gleichstrom fließt nach Abschalten der Gleichspannung verlustlos weiter.

Nach der **BCS-Theorie**[8], die hier stark vereinfacht angedeutet werden soll, kann man sich dieses Phänomen dadurch erklären, dass Wechselwirkungen zwischen den positiv geladenen Metallionen und den zu Paaren zusammengeschlossenen Elektronen beim Stromfluss periodische Gitterdeformationen verursachen. Dies führt dann infolge einer Resonanz der Elektronenbewegung mit der geringfügigen, über das ganze Gitter gekoppelten Schwingung der Metallionen um ihre Ruhelage zu keinerlei Behinderung des Elektronenflusses. Solche über das gesamte Gitter gehende, gekoppelte Schwingungen der Metallionen um ihre Ruhelage zeigen jeweils ganz bestimmte Frequenzen. Sind die Schwingungsausschläge der Ionen sehr klein, so machen sich ähnlich wie bei anderen atomaren Vorgängen

8) BCS sind die Anfangsbuchstaben der Autorennamen dieser Theorie, nämlich Bardeen, Cooper und Schrieffer.

(Abschn. 1.3.2.4) auch hier exakte Energiequantelungen bemerkbar, auf die dann die bekannte Beziehung: $E = h \cdot \nu$ (E = Energie, ν = Frequenz, h = Planck'sches Wirkungsquantum, siehe 1.3.2.1) anzuwenden ist. Diesen Schwingungszuständen mit bestimmten Wellenlängen entsprechen wie bei den elektromagnetischen Wellen des Lichtes ganz bestimmte Energiequanten oder Quasiteilchen, die man als **Phononen** oder Schallquanten (in Analogie zu den Lichtquanten oder Photonen) bezeichnet. Den Schwingungszahlen (Frequenzen) nach kann man zwischen niederfrequenten (im subakustischen und akustischen Bereich), hochfrequenten und ultrahochfrequenten (bis zu 10^{13} Hz) Phononen unterscheiden.

Die Erscheinung der Supraleitfähigkeit findet man bei 28 metallischen Elementen, außerdem bei ca. 900 verschiedenen Legierungen und Verbindungen. Wichtige **supraleitende Metalle** sind folgende Elemente (in Klammern sind jeweils die Sprungtemperaturen angegeben): Al (1,17 K), Pb (7,19 K), Hg (4,15 K), Zn (0,85 K) oder das Element mit der höchsten Sprungtemperatur Nb (9,09 K).

Vor dem Jahr 1987 waren nur Stoffe bekannt, die ihre Sprungtemperatur nahe des absoluten Nullpunktes haben. 1987 wurden die ersten **Hochtemperatursupraleiter** entdeckt, welche bis zu Temperaturen von über 100 K supraleitend sind. Es sind jedoch keine Elemente, sondern komplizierte ionische Oxide. Beinahe alle diese Stoffe besitzen Schichten aus Kupfer- und Sauerstoffatomen, die zwischen Schichten von Kationen oder einer Kombination von Kationen und Sauerstoffatomen eingelagert sind. Ein Beispiel für einen Hochtemperatursupraleiter ist die Verbindung $YBa_2Cu_3O_7$ mit einer Sprungtemperatur von 94 K. Die Entdeckung der Hochtemperatursupraleiter war deshalb so bedeutsam, da es zum ersten Mal möglich war, mit billigem flüssigem Stickstoff (Siedepunkt: ca. 77 K) anstelle von teurem flüssigen Helium (Siedepunkt: ca. 4 K) zu kühlen. Es ist jedoch technisch schwierig, aus diesen keramischen Materialien lange Leitungen herzustellen.

6.5.1.3 Die Wärmeleitfähigkeit der Metalle

Die im Verhältnis zu anderen Stoffen sehr gute Wärmeleitfähigkeit der Metalle beruht auf einer sehr starken Beweglichkeit der Elektronen im Metallgitter. Der elektrischen Leitfähigkeit und dem guten Wärmeleitvermögen der Metalle liegen also die gleichen Ursachen zugrunde. Man kann dies daran erkennen, dass bei gleicher Temperatur für alle Metalle das Verhältnis von Wärmeleitfähigkeit λ zur elektrischen Leitfähigkeit κ nahezu konstant ist. Außerdem ändert sich dieses Verhältnis proportional zur absoluten Temperatur; es gilt dann gemäß dem **Wiedemann-Franz-Lorenz'schen Gesetz**:

$$\frac{\lambda}{\kappa} = \text{Konst.} \cdot T$$

Der Zahlenwert für die Konstante liegt mit relativ geringen Abweichungen bei $2{,}2–2{,}6 \cdot 10^{-8}\ \text{W}\Omega/\text{K}^2$ oder V^2/K^2. Metalle mit besonders guter elektrischer Leitfähigkeit, wie z. B. Kupfer sind damit auch gleichzeitig besonders gute Wärmeleiter.

6.5.1.4 Metallglanz

Metalle zeigen im Infrarotbereich und im sichtbaren Licht ein sehr starkes Reflexionsvermögen. Das Licht hat nur eine geringe Eindringtiefe von etwa 10^{-5} cm und wird fast vollständig (bis zu 99 %) von der Metalloberfläche reflektiert.

Im Ultraviolettbereich absorbieren die Metalle bereits erhebliche Teile der Strahlen, sodass z. B. beim Silber hier eine mehr als 20-fach geringere Reflexion vorhanden ist. Die Absorptionszone beginnt für Silber unterhalb der Wellenlänge 200 nm, beim Gold bereits < 600 nm. Gold absorbiert also bereits einen erheblichen Teil des blauen sichtbaren Lichtes, weswegen das reflektierte übrige Licht dann einen gelben Metallglanz erhält. Bei dieser Lichtabsorption werden die Elektronen der äußersten Schale in höhere Anregungszustände versetzt, d. h., auf höhere Energieniveaus gehoben.

Energiereiche elektromagnetische Strahlen können aus Metalloberflächen Elektronen herausschlagen. Die Ergebnisse quantitativer Untersuchungen dieses Phänomens ließen 1905 Albert Einstein zum Schluss kommen, dass das Licht auch korpuskulare Natur haben müsse, dass es aus kleinsten Lichtquanten bestehen müsse, die man Photonen nennt (Abschn. 1.3.2.1). Diesen **fotoelektrischen Effekt** kann man beobachten, wenn die Energie der auf das Metall auftreffenden elektromagnetischen Strahlen größer ist als die aufzuwendende Austrittsarbeit für die Elektronen aus der Metalloberfläche. Bei den meisten Metallen ist dies erst mit der energiereichen ultravioletten Strahlung möglich. Bei den Alkalimetallen sind die Außenelektronen nur relativ schwach gebunden (geringe Ionisierungsenergie, siehe Abschn. 1.4.2.1), sodass hierfür schon die schwächere Energie des sichtbaren Lichtes ausreicht. Dieses Verhalten wird wird **äußerer Fotoeffekt** genannt (im Gegensatz zum *inneren* Fotoeffekt der Halbleiter, siehe Abschn. 6.4.2.6).

6.5.1.5 Die plastische Verformbarkeit der Metalle

Metalle lassen sich durch Einwirkung äußerer Kräfte im festen Zustand bleibend verformen (spanlose oder plastische Umformung). Diese Eigenschaft der Metalle lässt sich mit dem Elektronengasmodell gut erklären: Wirken nämlich Schubkräfte auf die Metallionen im Gitter, so verschieben sich die einzelnen Gitterebenen gegeneinander. Während dieses Vorganges bleibt der Zusammenhalt der Ionen durch das gemeinsame Elektronengas stets gewahrt. Deshalb sind Metalle **duktil**, sie lassen sich plastisch verformen (Abb. 6.18a–c). Ionenkristalle (Salze) zerplatzen jedoch bei einer raschen[9] mechanischen Belastung, weil bei einer Verschiebung der Gitterebenen gegeneinander die gleichnamig elektrisch geladenen Ionen sich gegenseitig abstoßen und damit der Zusammenhalt verloren geht, wie es die Abb. 6.18d andeutet.

9) Bei einer extrem langsam erfolgenden mechanischen Belastung können auch Ionenkristalle plastisch verformt werden. In diesem Fall wechseln jeweils nur einzelne Ionen ihre Position im Gitter, ohne dass dabei das Ionengitter auseinanderbricht. Deformationen dieser Art erleiden Gesteine bei der Faltung von Gebirgen.

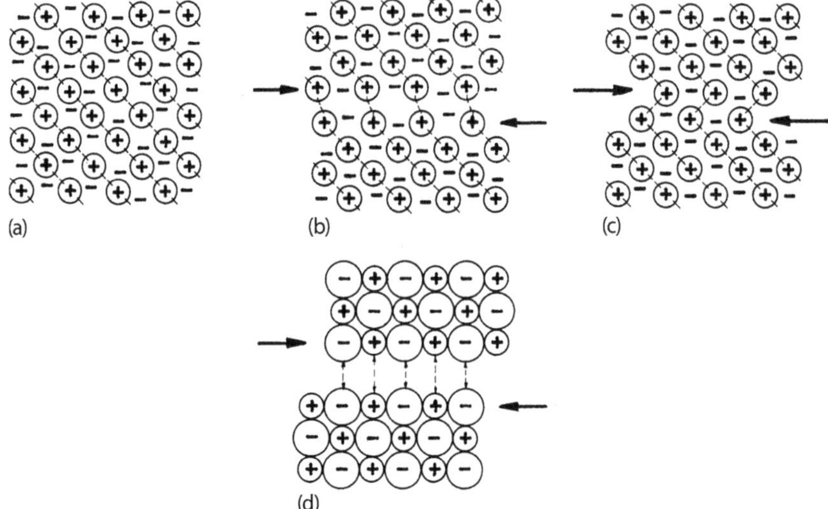

Abb. 6.18 (a) Grundzustand bei Metallen, (b) elastische Verformung bei Metallen, (c) plastische Verformung bei Metallen, (d) Sprödigkeit von Salzen.

Die seitliche Verschiebbarkeit der Gitterebenen wird bei den Metallen durch Verzerrungen im Gitteraufbau (sogenannte Versetzungen) und durch unbesetzte Gitterplätze (Fehlstellen im Metallgitter) begünstigt. Denn durch Hineingleiten von Metallionen in freie Gitterplätze und Nachrücken der folgenden Metallionen verschieben die Ionen ihre Lage längs einer Gleitebene gegeneinander, wobei die Fehlstellen in entgegengesetzter Richtung wandern.

Das Vorhandensein von Versetzungen und Fehlstellen im Metallgitter erklärt, warum die Metalle reale Festigkeitswerte besitzen, die in der Größenordnung etwa nur ein Tausendstel der theoretisch berechneten Beträge ausmachen.

Ist andererseits die Anzahl der Versetzungen im Metallgitter sehr groß, so wird das Übereinandergleiten der einzelnen Gitterebenen erschwert. Deswegen beobachtet man bei einigen Metallen nach einer plastischen Verformung infolge einer sehr starken Vermehrung der Anzahl von Versetzungsstellen eine Zunahme der Festigkeit. Dies wird auch als **Kaltverfestigung** bezeichnet. Das Übereinandergleiten der Gitterebenen kann aber auch durch eingelagerte Fremdatome stark behindert werden, deswegen haben Legierungen meist höhere Festigkeitswerte als die reinen Metalle.

Um zu Werkstoffen möglichst hoher Festigkeit zu gelangen, kann man im Prinzip zwei Wege gehen:

1. Züchtung von Kristallen mit sehr wenig Störstellen, z. B. dünne fadenförmige Kristalle, die man als **Whisker** in Verbundwerkstoffen verwendet,
2. Erzeugung von sehr vielen Störungen im Metallgitterbau, z. B. durch Zulegieren von Fremdatomen oder durch Kaltverfestigung.

6.5.2
Einteilung der Metalle

Gewöhnlich unterscheidet man zwischen Leicht- und Schwermetallen. Die Einteilung in **Leichtmetalle** und **Schwermetalle** ist willkürlich und nicht einheitlich. Die Grenze zwischen diesen beiden Gruppen wird bei einer Dichte von 4 oder von 5 g/cm^3 gezogen. Das Kriterium hierfür, die unterschiedliche Dichte der Metalle, hängt hauptsächlich vom Atomradius und von der Atommassenzahl der Metallatome ab.

Metalle mit großen Atomradien sind auf der linken Seite des Periodensystems zu finden. Innerhalb einer Periode nimmt der Atomradius von links nach rechts ab, da mit steigender Kernladungszahl die Elektronen fester an den Kern gebunden werden und damit die räumliche Ausdehnung der Elektronenschalen kleiner wird. Die im Periodensystem in der ersten Hauptgruppe stehenden Alkalimetalle besitzen von allen Metallen den größten Atomradius, sind also durchweg Leichtmetalle. Innerhalb einer Gruppe nimmt die Dichte infolge der größer werdenden Atommassenzahl von oben nach unten zu (eine Ausnahme bildet Kalium). Auch die Metalle der zweiten Hauptgruppe mit Ausnahme des Radiums sind Leichtmetalle. In der folgenden dritten Hauptgruppe des Periodensystems ist nur noch das Aluminium, in der dritten Nebengruppe sind Scandium und Yttrium, in der folgenden vierten Nebengruppe allenfalls noch Titan mit einer Dichte von 4,51 g/cm^3 in die Klasse der Leichtmetalle einzureihen.

Ein weiteres Einteilungskriterium für Metalle ist die **Oxidierbarkeit**. Leicht oxidierbare Metalle werden als **unedle Metalle** bezeichnet, während **Edelmetalle** sich viel schwerer oxidieren lassen und unter normalen Bedingungen sehr beständig gegen Luftsauerstoff sind. Sie bilden höchstens eine sehr dünne, durchsichtige Oxidschicht auf ihrer Oberfläche. Zu den Edelmetallen zählen die Elemente Gold, Silber, Quecksilber, Rhenium und die Platinmetalle (Ruthenium, Rhodium, Palladium, Osmium, Iridium und Platin).

Ferner kann man, wie es in den folgenden Abschnitten beschrieben wird, die Metalle nach den Gruppen des Periodensystems einteilen (Abschn. 6.5.4 bis 6.5.14) und auch zwischen reinen Metallen und Legierungen (Abschn. 6.5.3) unterscheiden.

6.5.3
Legierungen

Legierungen werden durch Zusammenschmelzen zweier oder mehrerer Metalle gewonnen. Man unterscheidet drei Grundtypen von Legierungen, nämlich die **eutektischen Legierungen**, **Mischkristalllegierungen** und **intermetallische Verbindungen**.

6.5.3.1 Eutektische Legierungen

Zwei oder mehrere Metalle, die in der Schmelze miteinander mischbar sind, kristallisieren beim Abkühlen in eigenen, kleinsten **Kristalliten** mit verschiedenen Gittern getrennt voneinander aus. Die separat voneinander auskristallisierten, verschiedenen Metalle sind in der erstarrten Legierung an den **Korngrenzen** durch metallische Bindung fest aneinandergebunden. Derartige Legierungen haben sehr oft ein feines Gefüge aus sehr vielen kleinsten Kristalliten. Wegen ihrer meist guten Bearbeitbarkeit und des relativ niederen Schmelzpunktes, der tiefer als die der reinen Einzelkomponenten liegt, werden sie als eutektische Legierungen bezeichnet.

6.5.3.2 Mischkristalllegierungen

Wenn die Metalle nicht nur im flüssigen, sondern auch im festen Zustand unbegrenzt ineinander löslich sind, so können im Metallgitter die Atome des einen Metalls diejenigen des anderen Metalls in jedem Mischungsverhältnis ersetzen. Voraussetzung dafür ist aber eine nahe chemische Verwandtschaft. Dies ist ein ähnlicher, höchstens um 15 % unterschiedlicher Atomradius und ferner, dass die betreffenden Metalle den gleichen Gittertypen angehören. Man bezeichnet diese Art von Legierungen als **Substitutionsmischkristalle**. Es handelt sich hier um eine statistische Verteilung der betreffenden Komponenten über das ganze Gitter ohne ein gesetzmäßiges Verteilungsschema.

Zwischen den als Idealfällen beschriebenen Typen der eutektischen Legierungen und der Mischkristalle gibt es fließende Übergänge, z. B. wenn zwei Metalle im festen Zustand nur innerhalb beschränkter Bereiche Mischkristalle miteinander bilden, in den dazwischenliegenden Konzentrationsbereichen existiert jedoch eine Mischungslücke.

Eine besondere Art beschränkter Löslichkeit im festen Zustand liegt dann vor, wenn sehr kleine Atome auf Zwischengitterplätzen des Wirtsgitters mit relativ großen Atomen eingelagert sind. Besonders wichtig sind solche **Einlagerungsmischkristalle** von den relativ kleinen Kohlenstoffatomen im Gitter der wesentlich größeren Eisenatome (Abschn. 6.5.12).

6.5.3.3 Intermetallische Verbindungen

Zwei Metalle können im festen Zustand genau definierte, durch einfache Zahlenverhältnisse beschreibbare, also exakt stöchiometrische, intermetallische Verbindungen bilden. Solche Verbindungen verhalten sich ähnlich wie reine Metalle.

Auf solche intermetallischen Verbindungen lässt sich entweder das Zahlenverhältnis der Valenzelektronen zu den vorhandenen Metallatomen durch die Kombination von 21 : 14; 21 : 13 bzw. 21 : 12 ausdrücken. Diesem Zahlenverhältnis entspricht dann nach der **Regel von Hume-Rothery** eine bestimmte Gitterstruktur, wie es die Tab. 6.13 zeigt (die römischen Zahlen rechts über den Elementsymbolen geben die Anzahl der Valenzelektronen an). Alternativ lässt sich ein genaues Zahlenverhältnis der Atomradien beider Verbindungspartner angeben; die sogenannten **Laves-Phasen**. Schließlich können intermetallische Verbindungen

Tab. 6.13 Intermetallische Verbindungen (Regel von Hume-Rothery).

Verhältnis Leitungselektronen : Ionen	Gitterstruktur	Intermetallische Verbindungen
21 : 14 (3 : 2)	kubisch raumzentriert	$Cu^{I}Zn^{II}$; $Cu^{I}_{5}Sn^{IV}$
21 : 13	kubisch kompliziert	$Cu^{I}_{5}Zn^{II}_{8}$; $Cu^{I}_{9}Al^{II}_{4}$
21 : 12 (7 : 4)	hexagonal	$Cu^{I}Zn^{II}_{3}$; $Cu^{I}_{3}Sn^{IV}$

noch als Übergangsformen zu ionischen Verbindungen aufgefasst werden. Dies tritt dann auf, wenn die Elektronegativität schon gewisse Unterschiede aufweist, wie z. B. bei den als **Zintl-Phasen** bezeichneten intermetallischen Verbindungen Mg_2Sn, Mg_3Bi_2 oder BaTe.

Neben den Legierungen spielen die intermetallischen Verbindungen in der Technik eine wichtige Rolle. Sie werden als sehr harte und widerstandsfähige Materialien eingesetzt (z. B. Ni_3Al in Düsentriebwerken). Die Verbindung Co_5Sm zeigt bereits bei kleinen Massen einen starken Magnetismus. Sie findet Verwendung in sehr leichten Kopfhörern, z. B. für tragbare CD-Player.

6.5.3.4 Zustandsdiagramme

Welche Legierungsarten vorliegen, lässt sich anhand von Zustandsdiagrammen entscheiden, in denen die Temperaturbereiche für die einzelnen Phasen in Abhängigkeit von der Zusammensetzung eingetragen sind.

Abbildung 6.19a zeigt ein solches für ein binäres System aus Cadmium und Bismut mit **Eutektikum**. In der Schmelze sind beide Metalle unbegrenzt miteinander mischbar, im festen Zustand, d. h. unterhalb der Temperatur 144 °C besteht die Legierung aus metallisch fest miteinander verbundenen Kristalliten der reinen Metalle Bismut und Cadmium. Hatte zuvor die Schmelze eine Zusammensetzung von 40 % Cadmium und 60 % Bismut, so erstarrt die gesamte Schmelze

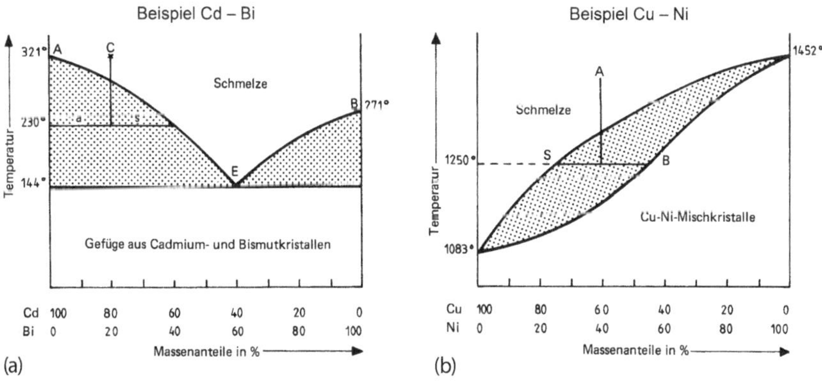

Abb. 6.19 Zustandsdiagramm für (a) eutektische Legierungen und (b) Mischkristalllegierungen.

bei 144 °C (im eutektischen Punkt E) zu dieser Legierung. Kühlt man hingegen eine Schmelze der Zusammensetzung C (80 % Cadmium und 20 % Bismut) auf 230 °C ab, so bilden sich in der Schmelze Kristallite von reinem Cadmium, während die Schmelze deswegen reicher an Bismut wird. Das bedeutet: In den punktiert gezeichneten Gebieten findet ein Zerfall in Bestandteile statt, die durch die ausgezogenen Linien bei der gleichen Temperatur angegeben werden, so wie es die Pfeile a und s andeuten. Senkt man die Temperatur weiter ab, kristallisiert so lange noch reines Cadmium aus, bis die dann noch verbleibende Restschmelze die Zusammensetzung des Punktes E erreicht und dann insgesamt als eutektische Legierung erstarrt.

Dann besteht das Metallgefüge aus einer eutektischen Grundmasse (die aus Cadmium- und Bismutkristalliten zusammengesetzt ist), in der dann zusätzlich Kristalle reinen Cadmiums eingelagert sind.

Ein Zustandsdiagramm für **Mischkristallbildung** ist für das Beispiel Kupfer-Nickel in Abb. 6.19b dargestellt. Bei diesem Legierungstyp zeigen sowohl die Schmelze als auch die feste Phase eine vollständige Mischbarkeit beider Metalle. Gelangt man beim Abkühlen einer Schmelze der Zusammensetzung A in das punktiert gezeichnete Gebiet, so bilden sich z. B. bei einer Temperatur von 1250 °C in der Schmelze Mischkristalle der Zusammensetzung B, während der Schmelze dann die Zusammensetzung S verbleibt. In den punktiert gezeichneten Gebieten bekommen wir also eine Auftrennung in Bestandteile, die sich durch die Schnittpunkte der waagerechten mit den nächstliegenden Linien ergeben.

Intermetallische Verbindungen zeigen im Schmelzverhalten gewisse Ähnlichkeiten mit reinen Komponenten, sodass man sich das Zustandsdiagramm der Abb. 6.20a aus zwei Teildiagrammen zusammengesetzt denken kann. Die intermetallische Verbindung erkennt man an einem Schmelzpunktmaximum. Beim Abkühlen einer Schmelze mit exakt dieser Zusammensetzung erstarrt sie vollständig im Punkt C zu einer intermetallischen Verbindung, also im Zustandsdiagramm Zn-Mg der Abb. 6.20a bei einer Temperatur von 590 °C. Die intermetallische Verbindung ($MgZn_2$) kann also als reiner Stoff aufgefasst werden, der mit den beiden Komponenten jeweils eutektische Teilzustandsdiagramme liefert. Beim Zustandsdiagramm für Legierungen mit **Mischungslücke** (Abb. 6.20b) erkennt man eine Kombination der Diagramme von Legierungen mit Eutektikum und Mischkristallbildung. Diese Legierung wird im eutektischen Gemisch (64 % Zinn, 36 % Blei) als **Lötzinn** mit einer Schmelztemperatur von 181 °C eingesetzt.

6.5.3.5 Physikalische Eigenschaften von Legierungen

Legierungen unterscheiden sich in ihren Eigenschaften meist erheblich von den reinen Komponenten. So ist die **elektrische Leitfähigkeit** meist **geringer**, die **Härte** jedoch **größer** als bei den reinen Metallen. Letzteres wird verständlich, weil ein Übereinandergleiten der Gitterebenen durch eingelagerte Fremdmetallionen stärker behindert werden kann (Abschn. 6.5.1.5 und Abb. 6.18a–c).

Eine ausführliche Beschreibung der Eigenschaften sowie der Verarbeitungs- und Verwendungsmöglichkeiten von Legierungen ist Lehrgegenstand des Faches

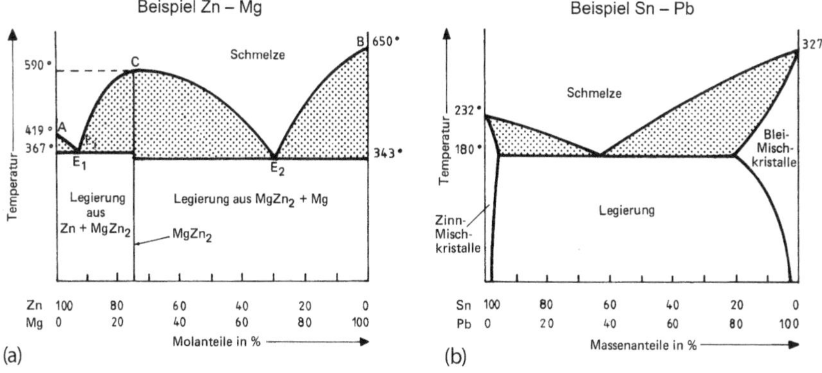

Abb. 6.20 Zustandsdiagramm für (a) intermetallische Legierungen und (b) Legierungen mit Mischungslücke.

Werkstoffkunde. Ergänzend zur Werkstoffkunde werden in der nun folgenden Besprechung von chemischen und physikalischen Eigenschaften der einzelnen Metalle und Metallgruppen auch einige Legierungen erwähnt. Zu den physikalischen Eigenschaften zählen z. B. die Dichte, der Schmelz- oder Siedepunkt, die elektrische Leitfähigkeit, die mechanische Festigkeit usw. Die chemischen Eigenschaften sind solche, die das Verhalten bei chemischen Stoffumsetzungen charakterisieren.

6.5.4 Die Alkalimetalle

Die Gruppe der Alkalimetalle umfasst die Elemente Lithium Li, Natrium Na, Kalium K, Rubidium Rb und Caesium Cs. Diese haben auf der äußersten Schale ein **leicht abspaltbares Elektron**. Da die Alkalimetalle an feuchter Luft leicht oxidieren, werden sie unter einer wasserfreien Sperrflüssigkeit wie Xylol (Abschn. 8.1.5.3) aufbewahrt. Mit Wasser reagieren die Alkalimetalle unter Oxidation sehr heftig, wobei die Alkalimetallkationen sowie Hydroxidionen OH^- entstehen und Wasserstoff aus der chemischen Verbindung Wasser H_2O zum Gas H_2 reduziert wird, also z. B.:

$$2Na + 2H_2O \rightarrow 2Na^+ + 2OH^- + H_2\uparrow$$

Die metallische Bindung bei den Alkalimetallen kommt nur durch jeweils ein Elektron auf der äußersten Schale zustande. Deshalb zeigen die Alkalimetalle eine geringe Härte und Festigkeit. Sie lassen sich leicht mit dem Messer schneiden. Die Dichten, Schmelzpunkte und Siedepunkte sind in Tab. 6.14 aufgelistet.

Chemische Verbindungen der beiden wichtigsten Alkalimetalle Natrium und Kalium sind in der Natur weit verbreitet und finden eine vielseitige Verwendung. Aber auch einige Alkalimetalle selbst sind von technischer Bedeutung. Natrium wird u. a. eingesetzt in Natriumdampf-Entladungslampen sowie als Kühlmittel in Kernreaktoren. Lithium wird in Hochleistungsbatterien und Akkus mit hoher spezifischer Energie eingesetzt (Abschn. 10.3.1.3 und 10.3.2.4).

Tab. 6.14 Dichten, Schmelz- und Siedepunkte der wichtigsten Metalle.

Metall	Symbol	Dichte (g/cm^3)	Schmelzpunkt (°C)	Siedepunkt (°C)
Aluminium	Al	2,70	660,2	2330
Beryllium	Be	1,85	1285	2477
Blei	Pb	11,34	327,43	1751
Cadmium	Cd	8,64	320,9	767,3
Calcium	Ca	1,54	845	1483
Chrom	Cr	7,14	1903	2640
Cobalt	Co	8,89	1492	3100
Eisen	Fe	7,87	1536	3070
Gold	Au	19,32	1063	2660
Iridium	Ir	22,65	2454	~ 4530
Kalium	K	0,86	63,6	753,8
Kupfer	Cu	8,92	1083	2595
Lithium	Li	0,53	180,5	1340
Magnesium	Mg	1,74	650	1105
Mangan	Mn	7,44	1247	2030
Molybdän	Mo	10,28	2620	4825
Natrium	Na	0,97	97,8	881,3
Nickel	Ni	8,91	1452	2730
Palladium	Pd	12,02	1552	2930
Platin	Pt	21,45	1769	~ 3830
Quecksilber	Hg	13,55	−38,84	356,95
Rhodium	Rh	12,42	1960	~ 3670
Silber	Ag	10,49	960,5	2212
Tantal	Ta	16,68	2996	5425
Titan	Ti	4,51	1677	3262
Vanadium	V	6,09	1919	3400
Wolfram	W	19,26	3410	~ 5700
Zink	Zn	7,14	419,4	908,5
β-Zinn	Sn	7,29	231,91	2687

Metallisches Lithium und Natrium werden durch **Schmelzflusselektrolyse** von LiCl bzw. NaCl hergestellt.

6.5.5 Die Erdalkalimetalle

Hierunter versteht man im engeren Sinne nur die Metalle Calcium Ca, Strontium Sr und Barium Ba. Mitunter wird auch das Magnesium Mg zu dieser Gruppe gezählt. Die eigentlichen drei Erdalkalimetalle Ca, Sr und Ba zeigen ähnliche Eigenschaften wie die Alkalimetalle. Sie können leicht zwei Außenelektronen abspalten, bilden die entsprechenden Oxide und Hydroxide und reagieren lebhaft mit Wasser. Da aber jeweils zwei Elektronen die metallische Bindung bewirken, sind diese Metalle wesentlich härter als die Alkalimetalle. Calcium ist sogar härter als Blei. Weitere Daten über Calcium finden sich in Tab. 6.14. Die Erdalkalimetalle sind zusammen mit den Alkalimetallen in sehr geringen Mengenanteilen Bestandteil verschiedener Legierungen, vor allem von Lagermetallen. Weit wichtiger ist jedoch die Verwendung der Erdalkaliverbindungen (hauptsächlich die von Calcium).

6.5.6 Beryllium und Magnesium

Diese beiden Metalle überziehen sich an der Luft leicht mit einer zusammenhängenden Oxidschicht, die dann das darunterliegende Metall vor weiterer Oxidation schützt. Erhitzt man Magnesium an der Luft auf etwa 800 °C, so verbrennt es unter außerordentlich hoher Wärmeentwicklung mit grellem Licht zu Magnesiumoxid:

$$2Mg + O_2 \rightarrow 2MgO \quad \Delta H^\circ = -1204{,}2\,\text{kJ}$$

Wegen der geringen Dichte (Tab. 6.14) und der verhältnismäßig guten Beständigkeit finden Beryllium und Magnesium in reiner Form, häufig als Legierungsbestandteile in der Technik Verwendung. Insbesondere Magnesium wird aufgrund seiner geringen Dichte von 1,74 g/cm^3 zunehmend in der Automobilindustrie interessant (z. B. Lenkrad, Karosserieteile, Motor- und Getriebegehäuse). Da **Magnesium** jedoch sehr **korrosionsanfällig** ist, sind entweder schützende Überzüge notwendig, oder es wird durch Zusätze von Aluminium und Mangan legiert. Nur 1 % Aluminium in der Legierung macht das Material sogar gegen Salzwasser widerstandsfähig. Magnesium wird in der Technik entweder durch **Schmelzflusselektrolyse** von $MgCl_2$ oder durch Reduktion von Magnesiumerzen hergestellt. Das Beryllium zeigt ähnliche Eigenschaften wie das Aluminium.

Insgesamt kann bei vielen Elementen des Periodensystems eine Ähnlichkeit mit den schräg rechts unter ihnen stehenden Elementen festgestellt werden, was zum Teil auf eine ähnliche Elektronegativität (Abb. 1.8) zurückzuführen ist (sogenannte **Schrägbeziehung** im Periodensystem).

6.5.7 Aluminium und die Metalle der dritten Hauptgruppe

Das wichtigste Leichtmetall ist das **Aluminium** (Tab. 6.14). Es bildet mit Sauerstoff oder Wasser oberflächlich eine zusammenhängende Oxidschicht, die das Metall vor der weiteren Oxidation schützt. Diese Oxidschicht auf dem Aluminium besitzt keine nennenswerte elektrische Leitfähigkeit. Daher ist es oft schwierig, elektrische Kontakte mit dem Aluminium-Metall herzustellen. Man kann dies aber durch Verletzen der Oxidschicht erreichen. Um diesen Mangel auszugleichen, werden Aluminiumdrähte heute oft mit Nickel plattiert, d. h. mit einer dünnen Nickelschicht überzogen. Das Leichtmetall Aluminium wird aufgrund seiner geringen Dichte von 2,7 g/cm^3 im Flugzeugbau und vor allem in der Automobilindustrie eingesetzt (Karosserie, Motor- und Getriebegehäuse). Die Herstellung von Aluminium erfolgt durch **Schmelzflusselektrolyse** von Al_2O_3 (Abschn. 10.4.2).

Die übrigen Metalle der dritten Hauptgruppe (**Gallium, Indium, Thallium**) haben wegen des selteneren Vorkommens geringe technische Bedeutung. Das metallische Gallium findet wegen seines niedrigen Schmelzpunktes von ca. 30 °C und seines hohen Siedepunktes (2400 °C) Verwendung als Thermometerfüllung mit großem Temperaturbereich (bis 1200 °C). Die Legierung mit Vanadium (V_3Ga) ist ein Supraleiter mit relativ hoher Sprungtemperatur von 16,8 K. Durch Legierung mit geringen Mengen Aluminium kann der Schmelzpunkt des Galliums soweit erniedrigt werden, dass das Metall bei gewöhnlicher Temperatur flüssig bleibt. Solche Legierungen können das giftige flüssige Quecksilber ersetzen.

6.5.8
Die Metalle der vierten und fünften Hauptgruppe

Die Elemente in den ersten Perioden der vierten und fünften Hauptgruppe sind **Nichtmetalle** oder **Halbmetalle**. Die untersten Perioden enthalten in diesen Gruppen bereits Metalle, da infolge des größeren Atomradius die Außenelektronen leichter abgespalten werden können und damit als Elektronengas im Gitter beweglich werden. Der metallische Charakter der Elemente in den einzelnen Gruppen nimmt von oben nach unten hin zu.

In der vierten Hauptgruppe steht im Periodensystem unter dem Halbmetall Germanium das Element **Zinn** (Sn = Stannum). Die bei Raumtemperatur beständige Modifikation hat metallischen Charakter und wird als β-Zinn bezeichnet. Die physikalischen Eigenschaften sind in Tab. 6.14 aufgelistet. Bei Temperaturen unter 13,2 °C kann sich das β-Zinn in die halbmetallische, im Diamantgitter kristallisierende Modifikation, das α-Zinn umwandeln. Die normalerweise sehr langsam erfolgende Umwandlung kann bei anhaltend großer Kälte ausgelöst und durch einmal gebildete Kristallkeime beschleunigt werden. Die das ursprüngliche Metallgefüge zerstörende Umwandlung des β-Zinns in das graue, pulvrige, halbmetallische α-Zinn kann sich dann wie eine ansteckende Krankheit weiter ausbreiten. Dies kann zur Zerstörung von Orgelpfeifen in unbeheizten Kirchen führen. Daher auch die Bezeichnung „**Zinnpest**".

Blei (Pb = Plumbum), ein weiches, niedrig schmelzendes (Smp. 327,43 °C), schweres (Dichte 11,34 g/cm^3), giftiges Metall überzieht sich an der Luft rasch mit einer zusammenhängenden Oxidschicht, die dem sonst silbergrauen Metall ein mattgraues Aussehen verleiht. In normalem (kalkhaltigem) Wasser bildet das Blei mit den Anionen der Kohlensäure und Schwefelsäure schwer lösliche Salze, die sich als Schutzschicht auf das Blei legen. Durch stark kohlensäurehaltiges Wasser kann sich die Schutzschicht aus Bleicarbonat (= schwer lösliches Salz des Bleis mit der Kohlensäure) auflösen. Deshalb besteht bei Verwendung von verbleiten Wasserleitungsrohren für solch „aggressives" Wasser dann die Gefahr, Bleivergiftungen zu erleiden. Auch destilliertes Wasser in Gegenwart von Luftsauerstoff ist in der Lage, das Blei vollständig zu oxidieren, wenn es keine Schutzschicht aus einem schwer löslichen Bleisalz besitzt. Die Bleisulfatschutzschicht (Sulfat = Salz der Schwefelsäure, Abschn. 7.2.2) ist sogar sehr säurebeständig, weswegen Blei häufig in der chemischen Industrie als Schutzauskleidung verwendet wird. Blei findet u. a. zur Herstellung von **Akkumulatoren** Verwendung (Abschn. 10.3.2). Wegen seiner leichten Verformbarkeit und der hohen Dichte gebraucht man Blei zur Herstellung von Geschossprojektilen und als Massenausgleichstücke beim Auswuchten von Rädern. Auf die Giftigkeit von Blei wird in Abschn. 12.5.2 eingegangen.

Während in der fünften Hauptgruppe des Periodensystems das **Arsen** noch zu den Halbmetallen gehört, hat das im Periodensystem darunterliegende **Antimon** (Sb = Stibium) schon ausgeprägte metallische Eigenschaften. Im Unterschied zu dem als „Weichblei" bezeichneten reinen Blei, nennt man das durch Antimon gehärtete Blei auch Hartblei. Hartblei wird beispielsweise in Form von Gitterplatten bei Bleiakkus eingesetzt (Abschn. 10.3.2).

Bismut (früher Wismut genannt), Bi, ist ein bei niedrigen Temperaturen (271 °C) unter Volumenkontraktion schmelzendes, sprödes Metall, dessen elektrische Leitfähigkeit unter Einwirkung von Magnetfeldern stark abnimmt. Bismut zeigt wie nur sehr wenige Stoffe die Eigenschaft, sich beim Schmelzen zusammenzuziehen und sich beim Erstarren auszudehnen (Abschn. 3.6.2.1a). Einige Bismutlegierungen haben besonders tiefe Schmelztemperaturen, so das **Rose'sche Metall** (zwei Massenteile Bi, ein Teil Pb, ein Teil Sn) vom Schmelzpunkt 94 °C, das **Wood'sche Metall** (vier Massenteile Bi, zwei Teile Pb, ein Teil Sn, ein Teil Cd) vom Schmelzpunkt 70 °C und die **Lipowitz-Legierung** (fünfzehn Massenteile Bi, acht Teile Pb, vier Teile Sn, drei Teile Cd) vom Schmelzpunkt 60 °C. Man kann diese Legierungen für Sicherheitsverschlüsse, elektrische Sicherungen und für Abgüsse verwenden.

6.5.9 Zink, Cadmium, Quecksilber

Zink, Zn, ist ein bläulich-weißes, bei Raumtemperatur ziemlich sprödes, bei Temperaturen über 100 °C jedoch weiches Metall, das bei 419,4 °C schmilzt. Eine zusammenhängende, relativ beständige Schutzschicht aus Zinkoxid verleiht dem Metall eine gewisse Beständigkeit. Zinkmetallüberzüge dienen zum Korrosionsschutz von Eisen (Abschn. 10.6.2.1). Die bei der Oxidation von Zink zu Zinkionen frei werdende Energie nutzt man in Batterien zur elektrischen Stromerzeugung aus (Abschn. 10.3.1).

Cadmium, Cd, ist ein dem Zink ähnliches, silberweißes, ziemlich weiches, bei 320,9 °C schmelzendes, giftiges Metall (über die Giftigkeit siehe Abschn. 12.5.2). Nickel-Cadmium-Akkumulatoren ermöglichen die Speicherung von elektrischer Energie (Abschn. 10.3.2). Etwa ein Drittel des insgesamt verarbeitenden Cadmiums wird zur Herstellung von Akkumulatoren verwendet. Es kann ähnlich wie Zink als Korrosionsschutz von Eisen dienen und wird auch zur Herstellung von Farbpigmenten verwendet. Aufgrund seiner Giftigkeit wird Cd in der Technik mehr und mehr durch Alternativstoffe ersetzt (z. B. Nickel-Metallhydrid-Akkumulator, Abschn. 10.3.2). So verbietet ein 2009 erlassenes Batteriegesetz das Inverkehrbringen von cadmiumhaltigen Akkus mit Ausnahme des Einsatzes für Not-, Alarm- und medizinische Systeme.

Quecksilber, Hg = Hydrargyrum, ist das einzige unter Normbedingungen flüssige Metall (Smp. −38,84 °C). Der Dampfdruck dieses bei etwa 357 °C siedenden Metalls ist mit 0,0013 mbar bei Raumtemperatur zwar sehr gering, jedoch noch so hoch, dass man sich bei ständigem Aufenthalt in mangelhaft belüfteten Räumen durch verspritztes Quecksilber Vergiftungen zuziehen kann. Eingeatmete Quecksilberdämpfe können sich im Körper anreichern, weil die Folgeprodukte nur sehr langsam durch den Harn wieder ausgeschieden werden (Abschn. 12.5.2).

Das Hantieren mit Quecksilber sollte nur über Auffangwannen erfolgen; Böden und Tische sollten fugenlos sein! Bei Arbeiten mit Quecksilber sind die Merkblätter der „gewerblichen Berufsgenossenschaften" zu beachten (Abschn. 12.5.1.4). Verspritztes Quecksilber kann man mit einer „Quecksilberzange" aufnehmen oder z. B. aus schwerer zugänglichen Stellen mittels Vakuum in eine Saugflasche saugen. Echte Stanniolfolie (aus Stannum, lat. = Zinn) legiert sich mit Hg und kann auch zur Entfernung von Quecksilber dienen. Ferner ist das Auslegen von Iodkohle, Schwefelpulver oder von speziellen Absorptionspulvern zur chemischen Bindung von Quecksilber gebräuchlich. In den Rauchgasen von Müllverbrennungsanlagen können hohe Gehalte an Quecksilber bzw. Quecksilberverbindungen vorliegen. Diese werden dort üblicherweise durch Adsorption an speziellem Aktivkoks entfernt.

Das Metall wurde früher in vielen Messgeräten, z. B. in Thermometern und Barometern, ferner als Absperrflüssigkeit sowie in Quecksilbergleichrichtern und in Quecksilberdampflampen verwendet. Große Mengen werden in der Chlor-Alkali-Elektrolyse nach dem Amalgamverfahren benötigt (Abschn. 10.4.2). Aufgrund seiner großen Giftigkeit wurde und wird Quecksilber heute in den meisten Anwendungen durch andere Materialien ersetzt.

Viele Metalle lösen sich in Quecksilber unter Bildung von Legierungen, die **Amalgame** genannt werden. Da auch die Edelmetalle leicht Amalgame bilden, sind Schmuckgegenstände, Ringe usw. vor dem Arbeiten mit Quecksilber abzulegen. Eisen bildet mit Quecksilber kein Amalgam, daher kann man Quecksilber auch in Eisengefäßen aufbewahren. Amalgame sind im frisch bereitenden Zustand weich und sehr leicht plastisch verformbar, was auch durch den Namen zum Ausdruck kommt (amalos, gr. = weich). Nach kurzer Zeit erhärten sie dann. Man nutzt diese Eigenschaft in der Zahnmedizin zur Herstellung von Zahnfüllungen. Hierbei werden hauptsächlich Silberamalgame eingesetzt. In den Verbindungen erscheint Quecksilber meist mit der Oxidationszahl +2, seltener, wie z. B. in dem in Abschn. 10.2.2.2 beschriebenen Kalomel, mit der Oxidationszahl +1.

6.5.10 Kupfer, Silber, Gold

Diese drei, schon aus vorgeschichtlicher Zeit bekannten, wegen der häufigen Verwendung in Geldstücken als Münzmetalle bezeichneten Elemente haben in der äußersten Schale nur ein Elektron (siehe Elektronenstrukturen im Periodensystem, am Anfang des Buches). Dieses s-Orbital-Außenelektron wird aber im Gegensatz zu dem leicht abspaltbaren Außenelektron der Alkalimetalle durch eine relativ hohe Kernladungszahl fester an den Kern gebunden und liegt auf einem ähnlichen Energieniveau wie die d-Elektronen der nächsttieferen Schale. Darum können diese Metalle nicht so leicht oxidiert werden.

Von den Oxidationsprodukten sind beim Kupfer die zweifach positiv geladenen Ionen Cu^{2+} (Abspaltung des 4s-Elektrons und eines 3d-Elektrons), beim Silber die einfach positiv geladenen Ionen Ag^{+} (Abspaltung des 5s-Elektrons) und beim Gold die dreifach positiven Ionen Au^{3+} (durch Abspaltung des 6s-Elektrons und zweier 5d-Elektronen) am stabilsten; d. h., bei der Oxidation werden meistens diese Oxidationsstufen angestrebt.

An der Luft oxidieren **Silber** und **Gold** nicht, weshalb man diese beiden **Edelmetalle** gern zu Schmuckgegenständen verarbeitet (quantitative Aussagen über Oxidierbarkeit der Metalle, siehe Abschn. 10.1.3). Kupfer hingegen überzieht sich in Gegenwart von feuchter Luft mit einer zusammenhängenden, das darunterliegende Metall schützenden, grünen sogenannten Patinaschicht. Dies ist eine sich in Gegenwart von Luftsauerstoff, Wasser, Kohlensäure, Schwefelsäure oder Salzsäure bildende Salzschicht etwa der Zusammensetzung $CuCO_3 \cdot Cu(OH)_2$ oder $CuSO_4 \cdot Cu(OH)_2$ oder $CuCl_2 \cdot 3Cu(OH)_2$.

Kupfer, Cu, ein hellrotes, glänzendes, infolge einer meist vorhandenen, dünnen Oxidschicht mattrot aussehendes Metall ist sehr duktil und lässt sich deshalb zu dünnen Folien auswalzen. Das Metall hat eine außerordentlich gute elektrische Leitfähigkeit, die nur noch vom Silber übertroffen wird (Tab. 6.15). Es wird deshalb zur Herstellung von elektrischen Leitungen verwendet. Entsprechend gut ist auch die thermische Leitfähigkeit, weshalb es als Material für Wärmeaustauschflächen eingesetzt wird (Tab. 6.15).

Legierungen mit Zink werden als **Messing**, die mit Zinn als **Bronze** bezeichnet. Weiterhin sind Kupfer-Aluminium-Legierungen von Bedeutung, die man als

Tab. 6.15 Physikalische Eigenschaften von Kupfer, Silber und Gold.

	Kupfer	Silber	Gold
Schmelzpunkt (°C)	1083	960,5	1063
Dichte (g/cm^3)	8,92	10,49	19,32
Elektr. Leitfähigkeit $(\Omega cm)^{-1}$ (bei 20 °C)	$5{,}6 \cdot 10^5$	$6{,}3 \cdot 10^5$	$4{,}1 \cdot 10^5$
Wärmeleitfähigkeit (W/(mK))	401	429	314

Aluminiumbronzen bezeichnet, ferner verschiedene Kupfer-Nickel-Legierungen, von denen das sogenannte **Konstantan** mit Massenanteilen von 60 % Kupfer und 40 % Nickel einen von der Temperatur nahezu unabhängigen elektrischen Widerstand aufweist.

Silber (Ag = Argentum), das weißglänzende Metall ist der beste elektrische Leiter unter allen Metallen (Tab. 6.15). Es lässt sich zu dünnsten Folien von ca. 2 µm aushämmern. Schwefelwasserstoff (Abschn. 7.1.7), der durch Zersetzung schwefelhaltiger Eiweißstoffe (Abschn. 8.7.2) entsteht, verursacht eine allmähliche Schwärzung der Silberoberfläche. Da das reine Silber zur Herstellung von Schmuckgegenständen und Münzen zu weich ist, wird ihm durch Zulegieren von Kupfer eine größere Härte verliehen. Man gibt dabei meist den Silbergehalt in Promille-Zahlenwerten an.

Silbergegenstände mit einer eingedruckten Zahl von 800 haben einen Massengehalt von 800 ‰ Silber. Da Silber mit ebener Oberfläche praktisch alles auffallende Licht reflektiert, wird es zur Herstellung von Spiegeln benutzt, indem man auf einer fehlerfrei ebenen Glasoberfläche durch chemische Reduktion metallisches Silber aus seinen Verbindungen abscheidet.

Gold (Au = Aurum), das prächtig „gold"-gelb glänzende, den Menschen seit jeher faszinierende Metall hat gegenüber dem Silber eine ungleich höhere Dichte (Tab. 6.15). Dieses erklärt sich daraus, dass Goldatome eine sehr hohe Nukleonenzahl (Massenzahl) aufweisen (197 gegenüber 107 und 109 bei Ag), dass aber beide Elemente etwa den gleichen Atomdurchmesser haben; eine Erscheinung, die ebenfalls bei den anderen Nebengruppenelementen der sechsten Periode mit Dichten von 20 g/cm^3 gegenüber den entsprechenden Metallen der fünften Periode mit Dichten von rund 10 g/cm^3 auftritt. Diese Tatsache wird dadurch verständlich, dass innerhalb der sechsten Periode bei den Lanthanoiden zunächst einmal die drittäußere Elektronenschale (die N-Schale) mit f-Elektronen aufgefüllt wird. Mit einer damit verbundenen steigenden Kernladungszahl werden aber die Elektronen der Hülle immer stärker vom Kern gebunden. Dadurch werden die Durchmesser der Elektronenschalen entsprechend verkleinert, sodass die hinter den Lanthanoiden stehenden Elemente sehr hohe Dichten aufweisen. Man bezeichnet dieses Phänomen als **Lanthanoidenkontraktion**.

Der Goldgehalt von Schmuckgegenständen und Münzen wird wie beim Silber durch Zahlen gekennzeichnet, die den Massengehalt in Promille bedeuten. Die frühere Kennzeichnung durch Karat (wobei 24-karätiges Gold reines Gold und entsprechend 12-karätiges dann 500 ‰ Gold bedeuteten) soll nicht mehr verwendet werden, um Verwechslungen mit dem im Einheitssystem zugelassenen metrischen Karat (Kt), eine Masseneinheit von 0,2 g, die nur zur Bewertung von Edelsteinen benutzt wird, zu vermeiden. Die zulegierten Metalle (meist Kupfer oder Silber) verleihen dem in reiner Form sehr weichen Metall eine größere Härte. **Doublé** ist goldplattiertes Messing und wird meist für billige Schmuckgegenstände verwendet. Während die elektrische Leitfähigkeit und das Wärmeleitvermögen gegenüber dem Silber etwa um den Faktor 0,7 geringer sind, übertrifft das Gold hinsichtlich seiner **Duktilität** alle anderen Metalle. Man kann es bis zu Blattstär-

Tab. 6.16 Dichten und Schmelzpunkte der Platinmetalle.

	Platin	Palladium	Rhodium	Ruthenium	Iridium	Osmium
Dichte (g/cm^3)	21,45	12,02	12,42	12,37	22,65	22,59
Schmelzpunkt (°C)	1769	1552	1960	2450	2454	3050

ken von 0,08 μm auswalzen, was ungefähr 1/10 der Wellenlänge des roten Lichtes oder einer Folienstärke von rund 300 Goldatomdurchmessern entspricht.

6.5.11 Die Platinmetalle

Zu dieser Gruppe zählt man die leichten Platinmetalle Ruthenium Ru, Rhodium, Rh, Palladium Pd mit einer Dichte um 12 g/cm^3 und die schweren Platinmetalle Osmium Os, Iridium Ir und Platin Pt mit einer Dichte um 22 g/cm^3 (Tab. 6.16). Iridium hat mit 22,65 g/cm^3 die größte Dichte von allen Stoffen überhaupt.

Alle Platinmetalle zeigen in ihrem Aussehen und in ihren Eigenschaften eine gewisse Ähnlichkeit. Es sind chemisch sehr beständige, korrosionsfeste Edelmetalle mit hohem Schmelzpunkt (Tab. 6.16).

Iridium ist das härteste und chemisch widerstandsfähigste der Platinmetalle und wird deswegen z. B. zur Herstellung von Schreibfedern, Spitzen zur Auflage von Kompassnadeln und in Legierung mit Platin für sehr widerstandsfähige Laborgeräte (Tiegel, Schalen, Elektroden usw.) benutzt.

Palladium und **Platin** lösen sehr große Mengen Wasserstoff, so z. B. kompaktes Palladium bei Raumtemperatur etwa das 600-fache, kolloidal verteiltes Palladium sogar das 3000-fache seines eigenen Volumens. Der Wasserstoff wird bei diesem Lösungsvorgang in einen besonders reaktionsfähigen Zustand versetzt und kann dann leicht mit anderen Stoffen zur Reaktion gebracht werden (z. B. Hydrieren von ungesättigten organischen Verbindungen, siehe Abschn. 8.1.2.2). Durch ein dünnes Palladiumblech kann Wasserstoff bei höheren Temperaturen praktisch ungehindert diffundieren. Da alle anderen Gase durch das Blech zurückgehalten werden, kann man diesen Effekt zur Abtrennung und Reindarstellung von Wasserstoff benutzen. Palladium und Platin werden häufig (teilweise auch in Form von Verbindungen) als Katalysatoren (Abschn. 13.4.4) verwendet, da sie in der Lage sind, chemische Reaktionen zu beschleunigen. Überzüge von Platinmetallen (z. B. aus Osmium) verwendet man für bestimmte elektrische Kontakte, da diese Metalle nicht oxidieren und damit einen einwandfreien Stromfluss ermöglichen.

6.5.12 Eisen, Cobalt, Nickel

Das Element **Eisen** in seinen verschiedensten Legierungsarten und Bearbeitungsformen ist Hauptgegenstand des Faches Werkstoffkunde. Hier soll nur eine knappe Auswahl wichtiger mit Stahl und Eisen zusammenhängender Gesichtspunkte erwähnt werden. Nähere Einzelheiten sind den Lehrbüchern über Werkstoffkunde oder den entsprechenden DIN-Blättern zu entnehmen.

Reines Eisen ist ein silberweißes, relativ weiches, plastisch verformbares Metall. Es ist in der bei normaler Temperatur vorliegenden Kristallform des α-Eisens (kubisch raumzentriert, Tab. 3.1) bis zu einer Temperatur von 769 °C **ferromagnetisch**. Oberhalb dieser Temperatur, des **„Curie-Punktes"** (Abschn. 6.2.3.3) verliert es diese ferromagnetische Eigenschaft und ist dann paramagnetisch. Bei 911 °C wird es in das kubisch flächenzentrierte Gitter (Tab. 3.1) des γ-Eisens umgewandelt. Bei 1392 °C entsteht das kubisch raumzentrierte Gitter des δ-Eisens, und bei 1536 °C schmilzt das Eisen.

Geringe Mengen Kohlenstoff verändern drastisch die Eigenschaften des Eisens. Der Kohlenstoff liegt dabei als **Zementit** mit der chemischen Formel Fe_3C vor. Es ist ein als intermetallische Verbindung aufzufassendes Eisencarbid (Abschn. 6.5.3.3). Zementit ist eine sehr harte und spröde Eisen-Kohlenstoff-Verbindung. Eisen mit Massengehalten[10)] des Kohlenstoffs bis zu etwa 1,7 % (entsprechend einem Zementitgehalt bis zu 25 %) wird als **Stahl** bezeichnet.

Wenn nur die beiden Bestandteile Eisen und Kohlenstoff vorliegen, ergibt sich das in Abb. 6.21 gezeigte Zustandsdiagramm, das auf der rechten Seite einem eutektischen Schmelzdiagramm entspricht (Abb. 6.19). Die linke Seite enthält im oberen Teil, wenn man von der technisch bedeutungslosen Besonderheit des δ-Eisens absieht, das Zustandsdiagramm einer begrenzten Mischkristallbildung, also ein Schmelzdiagramm, wie es in Abb. 6.20 am Beispiel Sn–Pb gezeigt wurde.

Im unteren Teil auf der linken Seite der sogenannten Stahlecke enthält das Eisen-Kohlenstoff-Diagramm noch eine Umwandlung im festen Zustand, die einen Linienverlauf wie bei eutektischen Schmelzdiagrammen aufweist und deswegen als **eutektoide Umwandlung** bezeichnet wird. In dem Mischkristallgebiet, das nur im angegebenen Bereich höherer Temperaturen existenzfähig ist, liegt das Eisen im kubisch flächenzentrierten Gitter vor. Es kann dabei bis zu 2,1 % Kohlenstoff enthalten; man bezeichnet dieses kohlenstoffhaltige Eisen als γ-Mischkristall oder als **Austenit**.

Beim Abkühlen von γ-Mischkristallen mit einem Kohlenstoffgehalt von 0,8 % auf Temperaturen unter 723 °C entstehen aus diesen in sich einheitlichen Mischkristallen gesondert nebeneinander, durch metallische Bindungskräfte an den Grenzflächen zusammengehaltene Kristallschichten. Diese bestehen zum einen aus fast reinem Eisen (mit maximal bis zu 0,02 % Kohlenstoff), das man als **Ferrit** bezeichnet, sowie reinem Eisencarbid Fe_3C. Dieses Gefüge des Stahls aus Ferrit und Zementit wird als **Perlit** bezeichnet. Die Bezeichnung „Perlit" rührt her von einem perlmuttartigen Farbschimmer dieses Bestandteils im Schliffbild nach dem Anätzen. Denn beim Abkühlen des γ-Mischkristalls diffundiert der Kohlenstoff aus den entstehenden Ferritkristallen und bildet, wie es die Abb. 6.22

10) Alle im folgenden Text dieses Abschnittes 6.5.12 genannten Prozentwerte geben jeweils den Massengehalt in % an.

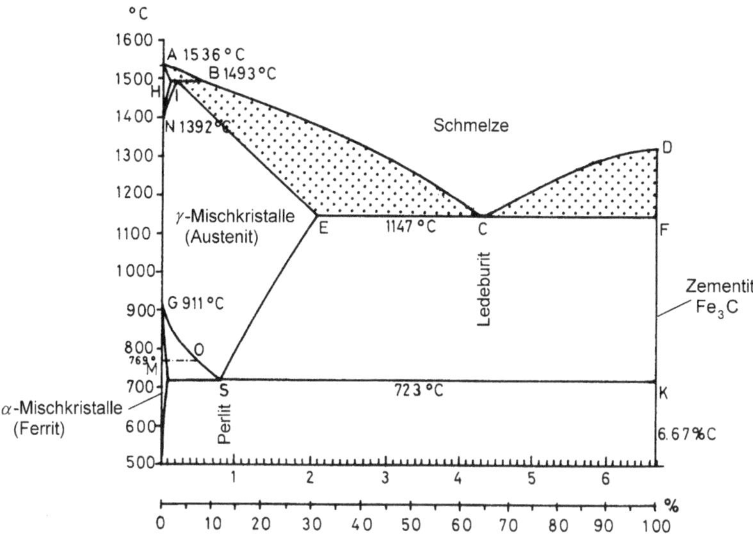

Abb. 6.21 Eisen-Kohlenstoff-Diagramm.

zeigt, schichtweise lamellenartig angeordnete Bereiche aus Zementit und Ferrit. Beim Anätzen wird nur der Ferritbestandteil, jedoch nicht der Zementit herausgelöst. Das auffallende und reflektierende Licht zeigt dann durch Reflexion und Interferenz einen perlmuttartigen Glanz, denn die Lamellenabstände liegen in der Größenordnung der Wellenlänge bestimmter Spektralfarben des sichtbaren Lichtes (Abb. 6.22).

Bei Kohlenstoffgehalten unter 0,8 % bildet sich, sobald man beim Abkühlen auf Temperaturen unterhalb der Kurve GS gelangt, innerhalb des Gefüges aus dem γ-Mischkristall zunächst Ferrit (Eisenkristalle). Dabei wird der restliche γ-Mischkristall an Eisen ärmer, also an Kohlenstoff reicher bis schließlich bei Erreichen der Temperatur von 723 °C (Perlitlinie) der restliche, dann noch vorhandene γ-Mischkristall, der sich inzwischen auf einen Kohlenstoffgehalt von 0,8 % angereichert hat, zu Perlit umkristallisiert. Kohlenstoffreichere γ-Mischkristalle, also mit Kohlenstoffgehalten von 0,8–2,1 % scheiden beim Abkühlen an den Korngrenzen zunächst Zementit aus, und zwar so lange, bis sich der an Kohlenstoff ärmer werdende Restmischkristall bei 723 °C schließlich mit einem Gehalt von 0,8 % Kohlenstoff vollständig in Perlit umwandelt.

Erfolgt das Abkühlen sehr rasch (z. B. durch Abschrecken des glühenden Stahles in Wasser), so kann diese Umwandlung des γ-Mischkristalls in die gesonderten Bestandteile Ferrit und Zementit, durch Wanderung des Kohlenstoffs im Gitter nicht mehr stattfinden. Die Eisen-Kohlenstoff-Legierung des γ-Mischkristalls ist so aufzufassen, dass der Kohlenstoff mit seinem sehr kleinen Atomradius sich in dem aus den sehr viel größeren Eisenatomen bestehenden Gitter frei bewegen kann (Einlagerungsmischkristall; siehe Abschn. 6.5.3.2). Beim Umklappen des kubisch flächenzentrierten Gitters des γ-Eisens in das kubisch raumzentrierte Gitter des α-Eisens (Abb. 6.23) verbleibt der Kohlenstoff eingepfercht in das neue, dich-

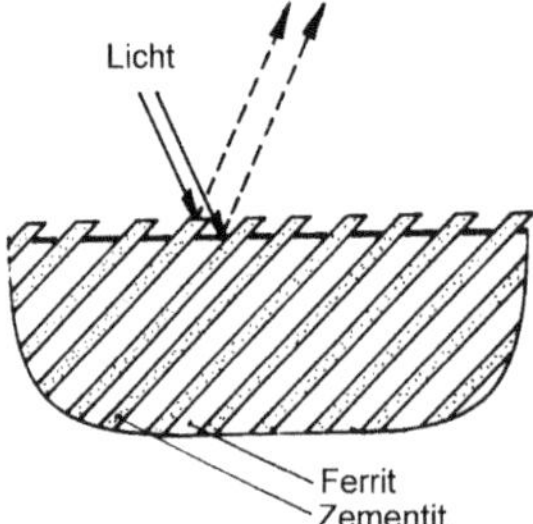

Abb. 6.22 Struktur des Perlits.

tere Gitter und verursacht dort innere Spannungen sowie eine geringfügige Aufweitung des α-Eisengitters. Das im kubisch flächenzentrierten Gitter des γ-Eisens bereits vorgebildete (dicke Linie im linken Teil von Abb. 6.23) kubisch raumzentrierte Gitter des α-Eisens entsteht durch geringfügige Änderung der Gitterabmessungen (rechter Teil von Abb. 6.23, Abstände in Ångström).

Das hat dann erhebliche Auswirkungen auf die Eigenschaften des Stahles: Das als **Martensit** bezeichnete Gefüge zeigt sehr große Härte und Sprödigkeit. Den Vorgang selbst bezeichnet man als **Härten von Stahl**.

Beim Abkühlen einer Schmelze mit dem Kohlenstoffgehalt von 4,3 % kristallisiert im eutektischen Punkt C bei 1147 °C die Schmelze vollständig, und zwar zunächst als eutektisches Gemisch aus Zementit und γ-Mischkristallen. Die γ-Mischkristalle scheiden beim weiteren Abkühlen an den Korngrenzen Zementit aus, werden darum immer ärmer an Kohlenstoff, bis schließlich bei Durchlaufen der Perlitlinie, d. h. der Temperatur von 723 °C die restlichen γ-Mischkristalle sich in Perlit (= Ferrit + Zementit) umwandeln. Das mit eutektischer Zusammensetzung entstehende Gefüge aus Zementit und Perlit bezeichnet man als **Ledeburit**. Bei der Herstellung von Stahlgusswerkstücken geht man von wesentlich niederen Kohlenstoffgehalten aus, um in die „Stahlecke" des Eisen-Kohlenstoff-Diagramms hineinzugelangen. Man braucht hierfür jedoch recht hohe Schmelztemperaturen. Beim **Temperguss** nutzt man die Schmelzpunkterniedrigung durch höhere Kohlenstoffgehalte aus, muss aber den Kohlenstoff durch anschließendes Oxidieren (z. B. durch Glühen in entkohlender Atmosphäre) aus dem Werkstoff entfernen.

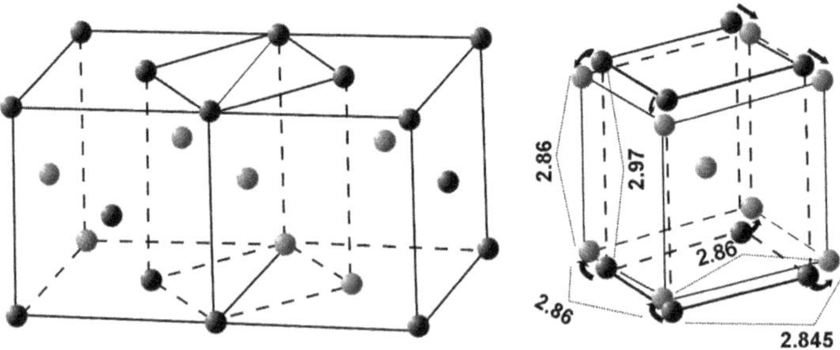

Abb. 6.23 Umwandlung des γ-Eisens in α-Eisen.

Aus verschiedenen Eisen-Kohlenstoff-Schmelzen scheidet sich beim Abkühlen nicht Zementit, sondern elementarer Grafit aus. In diesen Fällen ergibt das Schmelzdiagramm mit geringeren Kohlenstoffgehalten als im eutektischen Punkt C einen nur geringfügig andersartigen Verlauf als in Abb. 6.21. Wegen des grauen Aussehens beim Bruch bezeichnet man solche (kohlenstoffreiche) Gusswerkstoffe als **Grauguss**.

Stahlsorten mit niedrigem Kohlenstoffgehalt sind verformungsfähig. Bei Kohlenstoffgehalten unter 0,1 % sind sie auch kalt verformbar und werden als **Tiefziehstahl** bezeichnet. Stähle mit hohem Kohlenstoffgehalt und Gusseisenwerkstoffe sind spröde und lassen sich auch in der Hitze nicht verformen.

Verschiedene andere **Legierungsbestandteile**, z. B. Chrom, Nickel, Mangan und Silicium können die Lage der Linien im Zustandsdiagramm Abb. 6.21 und die Eigenschaften der Stähle erheblich verändern. So bewirken Anteile von Silicium, Chrom und Mangan eine Erhöhung der Festigkeit. Silicium erhöht den elektrischen Widerstand, was solche Legierungen zur Verwendung für Dynamo- und Transformatorenstähle geeignet macht, da damit im Stahl auch die Verluste durch Wirbelströme und Hysteresiseffekte sinken.

Gussstähle mit Massengehalten von 12–15 % Silicium sind säurebeständig, jedoch nicht verformbar. Chromgehalte über 12 % erbringen gute Korrosionsbeständigkeit, wobei die Widerstandsfähigkeit mit steigendem Chromgehalt zunimmt. Beim Vorhandensein von viel Kohlenstoff kann jedoch infolge von Chromcarbidbildung (Abschn. 7.3.2) die Korrosionsbeständigkeit stark abnehmen (Ursache siehe Abschn. 10.6.1.3a). **Chromnickelstähle** sind besonders hart, zäh und widerstandsfähig. Der häufig verwendete V2A-Stahl enthält folgende Massenanteile: 73 % Eisen, 18 % Chrom, 8 % Nickel und etwa je 0,2 % Silicium, Kohlenstoff und Mangan. Er liegt bei Raumtemperatur in der Kristallisationsform des γ-Eisens vor (austenitischer Stahl), ist infolgedessen nicht ferromagnetisch, sondern nur paramagnetisch.

Reines Eisen wird aufgrund seiner ferromagnetischen Eigenschaft bei Raumtemperatur von einem Magnetfeld angezogen und wird dabei magnetisiert. Es verliert jedoch sofort wieder diesen Magnetismus, sobald man das Feld entfernt. Stahl hingegen (also mit entsprechenden Anteilen Kohlenstoff), insbesondere mit bestimmten Legierungsanteilen von Aluminium, Nickel und Titan behält diese gewonnenen magnetischen Eigenschaften auch außerhalb des Magnetfeldes bei. Es kann daher als Material für Dauermagneten dienen.

Cobalt, Co, ist ein stahlgraues, **Nickel**, Ni, ein silberweißes Metall. Diese beiden Metalle, deren physikalische Daten in Tab. 6.14 aufgelistet sind, gehören zur Eisengruppe. Sie sind ebenfalls **ferromagnetisch** und werden hauptsächlich als Legierungsbestandteile für Stähle verwendet. Von Bedeutung sind diese beiden Metalle auch als Katalysatoren; am bekanntesten ist der **Raney-Nickel**-Katalysator. Man erhält ihn aus einer Legierung von 30 % Nickel und 70 % Aluminium durch Herauslösen des Aluminiums mithilfe einer Lauge (Abschn. 7.2.3) als feinverteilten, hochaktiven Katalysator.

6.5.13
Metalle der vierten bis siebten Nebengruppe

Metalle der Nebengruppen IVa bis VIIa sind wichtige Legierungsbestandteile für verschiedenste Stahlsorten und finden teilweise im metallischen Zustand, noch häufiger jedoch in Form vieler Verbindungen als Katalysatoren Verwendung.

Titan, Ti, hat etwa die gleiche Festigkeit wie Stahl, ist aber korrosionsbeständiger und viel leichter, allerdings auch sehr viel teurer als dieser. Es wird als Werkstoff für spezielle Zwecke im Flugzeugbau, der Raumfahrt und der chemischen Industrie verwendet. **Chrom,** Cr, ist besonders gut als Überzug für den metallischen Korrosionsschutz geeignet (galvanische Verchromung, Abschn. 10.6.2.1).

Die Tab. 6.14 enthält einige physikalische Eigenschaften der wichtigsten Metalle in den Nebengruppen IVa bis VIIa.

6.5.14
Metalle der dritten Nebengruppe und die Lanthanoide

Die Metalle der dritten Nebengruppe Scandium, Yttrium und Lanthanium ähneln in ihren Eigenschaften dem Aluminium. Yttrium hat eine größere Bedeutung als Material zur Aufnahme von Uran-Kernbrennstoffen in der Reaktortechnik gewonnen. Eine Legierung von Yttrium und Cobalt ist ein ausgezeichnetes Material zur Herstellung von Permanentmagneten. Sc, Y und La werden zusammen mit den Lanthanoiden auch **Seltenerdmetalle** genannt.

Als **Lanthanoide** bezeichnet man die 14 auf das Lanthanium folgenden Elemente, bei denen zunächst die drittäußere Schale (vierte Schale) mit d-Elektronen aufgefüllt wird. Den häufig verwendeten Namen „**seltene Erden**" tragen diese Metalle nicht zu Recht, da das häufigste unter diesen Metallen (das Cer) in der Erdrinde weiter verbreitet ist als z. B. das Blei und sogar das seltenste unter ihnen (das Thulium) häufiger verbreitet ist als z. B. das Silber. In ihren Eigenschaften erinnern diese, sich häufig ähnlich verhaltenden Metalle teils an die Metalle der dritten Nebengruppe, teils sogar an die Erdalkalimetalle, z. B. hinsichtlich der Eigenschaft mit Wasser zu reagieren. Das Metall **Cer** findet als Eisenlegierung (mit den Massenanteilen 70 % Ce und 30 % Fe) für Feueranzünder Verwendung, da die beim Reiben abgeschabten Teile infolge heftiger Oxidation Funken bilden. Die Seltenerdmetalle haben heute große Bedeutung, da sie in vielen **Schlüsseltechnologien** eingesetzt werden. **Neodym** und **Praseodym** werden in Legierungen mit Eisen für starke Dauermagnete in Windkraftanlagen und für Elektromotoren verwendet. **Yttrium** findet Verwendung für LCD- und Plasmabildschirme sowie LEDs. Eine **Lanthan**-Nickel-Legierung wird als Wasserstoffspeicher in Nickel-Metallhydrid-Akkus eingesetzt (Abschn. 10.3.2.3).

6.6 Radioaktive Elemente

Radioaktive Elemente haben keine stabilen Isotope, d. h., alle überhaupt möglichen Isotope dieser Elemente zeigen eine mehr oder weniger starke Tendenz, sich unter Aussendung von radioaktiven Strahlen in andere Elemente umzuwandeln. Haben radioaktive Elemente genügend lange Halbwertszeiten (Abschn. 6.1.3.1), die in der Größenordnung des Alters der Erde (ca. fünf Milliarden Jahre) liegen, so kann man damit rechnen, diese Elemente in Mineralien zu finden. Die wichtigsten, in abbauwürdigen Mengen vorkommenden radioaktiven Elemente sind **Uran** und **Thorium** mit ihren sich durch radioaktiven Zerfall bildenden Folgenukliden. Elemente, deren sämtliche Isotope relativ kurze Halbwertszeiten aufweisen, sind in der Natur nicht mehr zu finden, so das Element 43 = Technetium (Isotope mit Halbwertszeiten zwischen 5,3 s und $2{,}6 \cdot 10^6$ Jahren), das Element 61 = Prometium (Halbwertszeiten bis zu 17,7 Jahren) und die **Transurane**. Sie können aber durch Kernreaktionen künstlich hergestellt werden. Von Interesse sind ferner radioaktive Isotope stabiler Elemente, von denen in Abschn. 6.6.2 das Co 60 und das Sr 90 näher besprochen werden.

6.6.1 Natürliche radioaktive Elemente

Die beiden wichtigsten in der Natur vorkommenden Elemente mit natürlicher Radioaktivität sind das Uran und das Thorium.

6.6.1.1 Uran

Uranerze enthalten folgende drei Isotope U 238, U 235 und U 234 im Mischungsverhältnis 99,2739 : 0,7205 : 0,0056.

a) Das Nuklid U 235

U 235, ein wichtiger **Kernbrennstoff** für Atomkraftwerke, war auch Bestandteil der im zweiten Weltkrieg über Hiroshima abgeworfenen Atombombe. Dieses Nuklid zeigt normalerweise einen Zerfall, der unter Aussendung von α-, β- und γ-Strahlen über zehn Zwischennuklide schließlich zum Pb 207 führt. Der Zerfall zur ersten Zwischenstufe (unter Aussendung von α-Strahlen zum Nuklid Th 231) hat eine Halbwertszeit von $6{,}96 \cdot 10^8$ Jahren.

Neben diesem natürlichen Zerfall ist noch eine **Spaltung** des U 235-Kernes (Abschn. 6.1.3.3) festzustellen, und zwar kommt durchschnittlich auf 270 Millionen Zerfälle etwa eine Spaltung vor. Otto Hahn (Nobelpreis 1944) entdeckte 1938, dass Spaltungen von U 235-Kernen künstlich durch den Einfang von Neutronen ausgelöst werden können.

Damit aber Neutronen von Urankernen eingefangen werden können, darf ihre Geschwindigkeit nicht zu groß sein. Zu schnelle Neutronen werden nicht eingefangen, sondern am Kern reflektiert. Schnelle Neutronen kann man durch Ab-

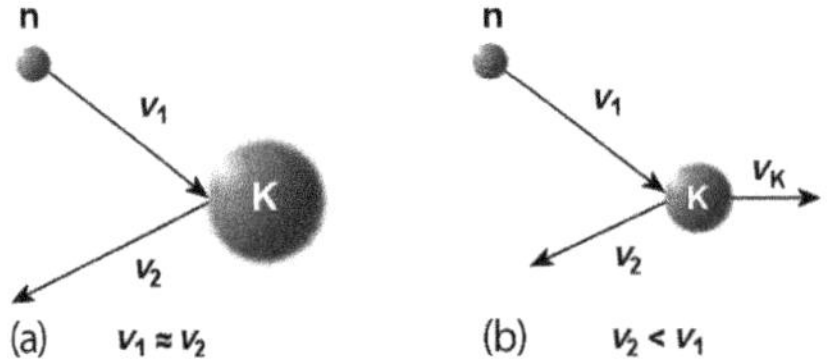

Abb. 6.24 Neutronenstöße: (a) mit schweren Kernen, (b) mit leichten Kernen.

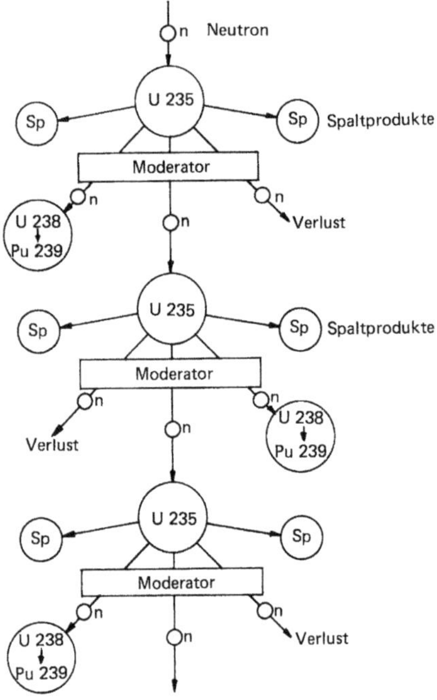

Abb. 6.25 Kettenreaktion bei der Uranspaltung.

bremsen auf eine geringere Geschwindigkeit bringen, wenn man sie mit leichten Atomen zusammenstoßen lässt. Bei der Reflexion an sehr massenreichen Atomen jedoch behalten die Neutronen praktisch ihre ursprüngliche Geschwindigkeit bei, wie aus Abb. 6.24 deutlich wird.

Als Bremssubstanzen, auch **Moderatoren** genannt, eignen sich z. B. schweres Wasser D_2O oder normales Wasser H_2O. Bei der Spaltung von Urankernen entstehen zwei bis drei neue Neutronen, die dann, falls sie durch Moderatoren abgebremst werden, eine Kettenreaktion hervorrufen können, wie in Abb. 6.25 angedeutet ist.

Ein großer Anteil der Neutronen verlässt das Uranstück ohne mit Atomkernen zusammenzustoßen. Der Anteil an Neutronen, die ins Freie gelangen, ist umso geringer, je größer die Masse und je kleiner die Oberfläche des Uranstückes ist. Da pro Urankernspaltung jeweils zwei bis drei neue Neutronen entstehen, kann

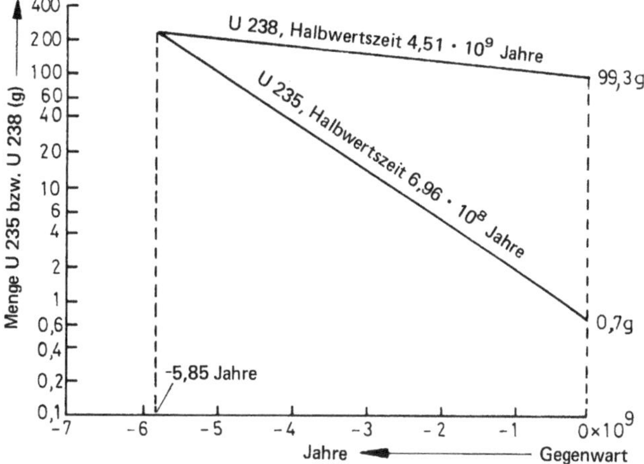

Abb. 6.26 Bestimmung des Erdalters.

ab einer bestimmten Uranmenge, der sogenannten **kritischen Masse**, der Anteil der eingefangenen, Urankerne spaltenden Neutronen ständig anwachsen, sodass in sehr kurzer Zeit die bei der Spaltung frei werdenden Energien das Uranstück zur Explosion bringen (Atombombenexplosion). Ist die Uranmenge kleiner als die kritische Masse, so gehen mehr Neutronen verloren als durch Spaltung neue gebildet werden. Es nimmt also im Laufe der Zeit die Anzahl der Urankernspaltungen ständig ab und die Kettenreaktion klingt ab und hört schließlich praktisch auf. In **Atomkraftwerken** wird die Uranspaltung gerade auf dem kritischen Wert gehalten, und es werden gerade so viele Neutronen neu gebildet, dass die Anzahl der Spaltungen pro Zeiteinheit konstant bleibt. Man erreicht dies durch Ein- und Ausfahren von Regelstäben. Sie bestehen aus Substanzen, die Neutronen absorbieren (z. B. Cadmium oder Bor).

b) Das Nuklid U 238

U 238 zerfällt unter Aussendung von α-, β- und γ-Strahlen und ergibt schließlich das stabile Nuklid Pb 206. Die Halbwertszeit des ersten Zerfallschrittes von U 238 zum Th 234 beträgt $4{,}51 \cdot 10^9$ Jahre. Dies entspricht etwa dem Alter der Erde. Das Isotopenverhältnis der beiden Uranisotope U 235 und U 238 kann zur **Bestimmung des Erdalters** verwendet werden (Abb. 6.26). Wenn sich die beiden Uranisotope U 235 und U 238 zu etwa gleichen Teilen vor der Entstehung der Erde gebildet haben, müsste beim heutigen Isotopenverhältnis die Erde ein Alter von weniger als $5{,}85 \cdot 10^9$ Jahre haben.

Durch schnelle Neutronen mit entsprechend hoher kinetischer Energie können Urankerne des U 238 gespalten werden, während langsame, thermische Neutronen eingefangen werden und den Urankern unter Aussendung von zwei Elektronen (β-Strahlen) in einen Plutoniumkern umwandeln:

$$^{238}_{92}\text{U} + ^{1}_{0}\text{n} \rightarrow ^{239}_{92}\text{U} \xrightarrow{-\beta} ^{239}_{93}\text{Np} \xrightarrow{-\beta} ^{239}_{94}\text{Pu}$$

6.6.1.2 Thorium

Es ist neben dem Uran ein wichtiges, in der Natur vorkommendes radioaktives Element. Der Zerfall des Th 232 unter Aussendung von α-, β-und γ-Strahlen führt schließlich zum stabilen Blei Pb 208. Die Halbwertszeit der ersten Zerfallstufe beträgt $1{,}40 \cdot 10^{10}$ Jahre. Thorium ist ein wichtiger **Kernbrennstoff**, da es sich durch Neutroneneinfang in das spaltbare U 233 umwandeln lässt.

$$^{232}_{90}\mathrm{Th} + ^{1}_{0}\mathrm{n} \rightarrow ^{233}_{90}\mathrm{Th} \xrightarrow{-\beta} ^{233}_{91}\mathrm{Pa} \xrightarrow{-\beta} ^{233}_{92}\mathrm{U}$$

6.6.2
Künstlich hergestellte radioaktive Elemente

6.6.2.1 Plutonium

Das Nuklid Pu 239 entsteht durch Einfang thermischer Neutronen aus dem U 238 (Abschn. 6.6.1.1a und b) und kann in Kernreaktoren zur Energieerzeugung verwendet werden. Pu 239 ist radioaktiv und wandelt sich mit einer Halbwertszeit von 24 360 Jahren unter Aussendung von α-Strahlen in U 235 um.

Da Plutonium sich aus Urankernen bildet, kommt es in geringen Mengen auch in Uranerzen vor. Inkorporiertes Plutonium wird hauptsächlich in die Knochen eingebaut, wo es Schäden infolge seiner radioaktiven Strahlen hervorrufen kann. Plutonium ist nicht nur durch seine Radioaktivität gefährlich, sondern auch durch seine chemischen Eigenschaften. Es gehört mit einem LD_{50}-Wert (= letale Dosis 50 %; Definition siehe Abschn. 12.5.1) von 1 mg/kg zu den giftigsten Elementen des Periodensystems.

6.6.2.2 Cobalt Co 60

Durch Bestrahlen von Cobalt mit Neutronen entsteht das radioaktive Co 60, ein sehr harter γ-Strahler (1,33 MeV) mit einer Halbwertszeit von 5,26 Jahren. Co 60 wird häufig als γ-Strahlenquelle in Forschung und Technik oder z. B. zur Strahlentherapie (bei Krebs) verwendet.

6.6.2.3 Strontium Sr 90

Bei der Kernspaltung von U 235 oder Pu 239 entsteht u. a. das Radionuklid Sr 90. Das Erdalkalimetall Strontium kann wegen ähnlicher chemischer Eigenschaften anstelle von Calcium vom Organismus aufgenommen werden. Beim Menschen wird es hauptsächlich in die Knochensubstanz eingebaut. Das Sr 90 hat nur eine sehr weiche β-Strahlung (0,54 MeV), die deswegen auch nicht sehr tief in Materieschichten eindringen kann. Die Ablagerung dieses radioaktiven Strahlers mit einer relativ langen Halbwertszeit (28 Jahre) in unmittelbarer Nähe des blutbildenden Knochenmarks lässt das Sr 90 aber zu einem sehr gefährlichen Folgeprodukt von Kernspaltungsreaktionen werden.

6.6.3 Kernreaktoren

In Kernreaktoren nutzt man die bei der Spaltung schwerer Kerne frei werdende Energie zur Erzeugung elektrischen Stromes aus. Kernbrennstoffe können sein:

- **U 235**; da sein Isotopenanteil in den Uranerzen zu gering ist, muss das U 235 durch aufwendige Isotopentrennverfahren erst angereichert werden (für Leichtwasserreaktoren auf Massenanteile von 2,5–3,3 %),
- **Pu 239**, welches durch Neutroneneinfang aus U 238 gebildet wird (Abschn. 6.6.2.1),
- **U 233**, welches durch Neutroneneinfang aus Thorium entsteht (Abschn. 6.6.1.2).

Aus 1 kg U 235 werden Energien frei, die etwa drei Millionen (!) kg Steinkohle (kg SKE[11)]) oder etwa 24 Millionen kWh entsprechen. Damit lassen sich mehr als 2000 durchschnittliche Haushalte ein Jahr mit elektrischer Energie versorgen (bei elektrischem Wirkungsgrad von 30 %). Die im Reaktorkern produzierte Wärme wird mittels eines Wärmeträgermediums zu einem Dampferzeuger transportiert. Als Wärmeträger wird Helium, Wasser oder flüssiges Natrium eingesetzt. Mit dem so erzeugten Wasserdampf wird ein Generator betrieben, der elektrischen Strom erzeugt. In einem Kernreaktor wird jedoch meist nur 30–40 % dieser Energie ausgenutzt, der Rest wird an die Umgebung abgegeben (Flüsse, Kühltürme).

11) kg SKE = kg Steinkohleeinheit ist eine häufig gebrauchte Maßeinheit zum Vergleich des Energieinhaltes von Primärenergieträgern und entspricht der Energiemenge, welche bei der Verbrennung von 1 kg Steinkohle entsteht (ca. 29,3 MJ).

7
Anorganische Verbindungen

Chemische Verbindungen werden nach der traditionellen Gliederung in organische und anorganische Stoffe eingeteilt. Während man die Kohlenstoffverbindungen (von wenigen Ausnahmen abgesehen – eine genauere Abgrenzung wird zum Beginn des achten Kapitels gegeben) zum Gebiet der organischen Chemie zählt, fasst man alle übrigen chemischen Verbindungen unter der Sammelbezeichnung der anorganischen (nicht organischen) Stoffe zusammen. Zahlreiche anorganische Verbindungen haben eine weitverbreitete technische Verwendung gefunden. Besondere Bedeutung kommt den Wasserstoff- und Sauerstoffverbindungen vieler Elemente, vor allem auch der Verbindung H_2O (Wasser) zu. Dieses Kapitel gibt eine eingehende Beschreibung solcher Verbindungen. Aus der großen Zahl der heute bekannten anorganischen Verbindungen werden hier nur einige wenige, technisch wichtige, wie z. B. keramische Werkstoffe und Gläser näher beschrieben. Am Ende dieses Kapitels werden Beispiele von anorganischen Verbindungen behandelt, welche in der Nanotechnologie eine wichtige Rolle spielen.

7.1
Wasserstoffverbindungen der Elemente

Der Wasserstoff steht in der Mitte der Elektronegativitätsskala (Abb. 1.8). In Verbindungen mit Elementen geringer Elektronegativität erhält er daher die Oxidationszahl −1. Insbesondere die Metalle der ersten und zweiten Hauptgruppe bilden mit Wasserstoff diese als **salzartige Metallhydride** bezeichneten Verbindungen (z. B. LiH, Lithiumhydrid). Sie sind jedoch für einen Ingenieur von geringem Interesse und werden deswegen hier nicht näher besprochen.

Technisch bedeutsamer sind die **Metallhydride**, welche durch Reaktion von Wasserstoff mit Übergangsmetallen (z. B. Ti, V, Ni, Pd) gebildet werden. Bei diesen Verbindungen werden die relativ kleinen H-Atome in die Hohlräume des Metallgitters eingelagert und heißen deshalb auch **Einlagerungshydride** (zu Einlagerungsverbindungen siehe Abschn. 6.5.3.2). Palladium kann z. B. ein Gasvolumen an Wasserstoff aufnehmen, das bis zu 900-mal größer ist als sein eigenes Volu-

Chemie für Ingenieure, 14. Auflage. Jan Hoinkis.
©2016 WILEY-VCH Verlag GmbH & Co. KGaA. Published 2016 by WILEY-VCH Verlag GmbH & Co. KGaA.

men. In ihren Eigenschaften sind diese Hydride den Metallen ähnlich. Sie leiten beispielsweise den elektrischen Strom. In der Technik ist das Lösen von Wasserstoff in Platin oder Palladium wichtig für katalytische Reaktionen. Metallhydride werden auch als **Wasserstoffspeicher** eingesetzt, da die H-Atome reversibel in das Metallgitter eingebracht und wieder entnommen werden können. Hierbei wird häufig die Legierung $LaNi_5$ eingesetzt, welche etwa 1,8 Massenprozent Wasserstoff aufnehmen kann. Gegenüber den alternativen Speichermöglichkeiten für Wasserstoff (Drucktanks, Flüssigwasserstoff) haben die Metallhydridspeicher den Nachteil einer geringeren Speicherdichte, zudem sind sie relativ teuer. Metallhydride werden auch in den **Nickel-Metallhydrid-Akkumulatoren** verwendet (Abschn. 10.3.2.3).

Mit Kohlenstoff (etwa gleiche Elektronegativität) bildet Wasserstoff eine vielfältige Reihe von wichtigen Verbindungen. Dies sind die **Kohlenwasserstoffe**, die im Kapitel 8 (organische Chemie) ausführlich beschrieben werden.

Von großer Bedeutung sind einige Verbindungen des Wasserstoffs mit den **Nichtmetallen** größerer Elektronegativität. Diese werden in den folgenden Abschn. 7.1.2–7.1.8 behandelt.

7.1.1 Das Tetraedermodell für Moleküle

Die Eigenschaften sehr wichtiger Wasserstoffverbindungen des Kohlenstoffs, Stickstoffs und Sauerstoffs lassen sich aus der Molekülstruktur, d. h. aus der räumlichen Anordnung der einzelnen Atome im Molekül ableiten. Daher soll vor der genaueren Beschreibung dieser Stoffe zunächst etwas Grundsätzliches über den Bau der ihnen zugrunde liegenden Moleküle vorausgestellt werden.

Viele Moleküle von Wasserstoffverbindungen lassen in ihrem Aufbau eine tetraedrische Grundstruktur erkennen. Das hat folgende Ursache:
Die Elektronen in einzelnen, isolierten Atomen wurden mit ihren verschiedenen energetischen Zuständen durch mathematische Berechnung der Schrödinger-Gleichung als s-, p-, d- und f-Orbitale beschrieben (Abschn. 1.3.2.4). Gehen Atome sowohl mit ihren s-Elektronen als auch mit den p-Elektronen kovalente Verbindungen ein, so bilden sich dabei aus diesen s- und p-Atomorbitalen andere, energetisch begünstigte **Hybridorbitale**. Dies wird auch allgemein Hybridisierung genannt. Dabei führt die Kombination eines s-Orbitals und dreier p-Orbitale zu vier neuen, einander völlig gleichwertigen sogenannten q-Orbitalen, die auch als **sp^3-Hybridorbitale** bezeichnet werden. Es sind hantelähnliche Orbitale, deren größere Hantelhälfte jeweils in eine Ecke eines Tetraeders weist, wie es Abb. 7.1 verdeutlicht. In Abb. 7.1a ist ein einzelnes Hybridorbital dargestellt. Die stärker ausgebildete (positive) Orbitalhälfte weist dabei in Richtung des Verbindungspartners. Abbildung 7.1b zeigt die vier sp^3-Hybridorbitale des Methanmoleküls. Die einzelnen Orbitale sind durch verschiedenartige Punkte gekennzeichnet.

Bei der Verbindung CH_4, dem Methan, wäre dann in jeder Ecke dieses Tetraeders je ein Wasserstoffatom an das in der Tetraedermitte anzunehmende Koh-

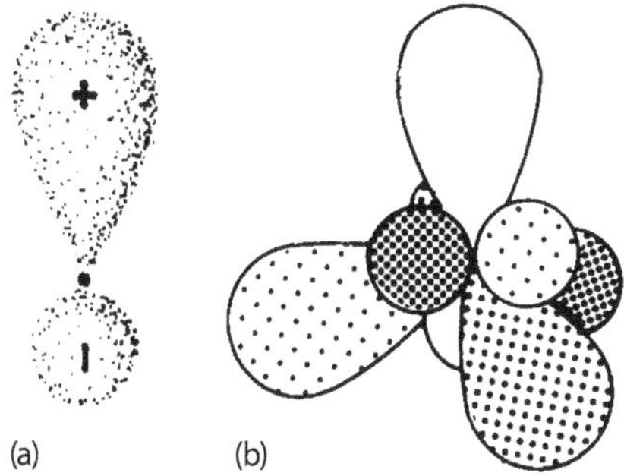

Abb. 7.1 Bildung von sp^3-Hybridorbitalen: (a) einzelnes Hybridorbital, (b) vier Hybridorbitale beim Methan CH_4.

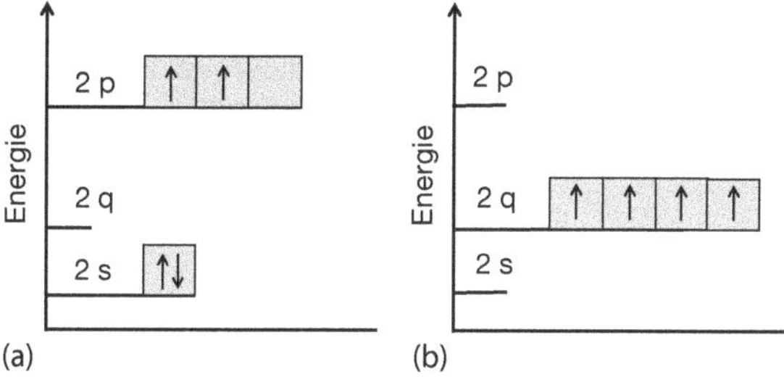

Abb. 7.2 Energieniveauschemas der zweiten Elektronenschale beim Kohlenstoff: (a) einzelnes Kohlenstoffatom, (b) Kohlenstoff im Methanmolekül CH_4.

lenstoffatom gebunden, wie es Abb. 7.3a verdeutlicht. Während die s-Elektronen kugelförmige Orbitale und die p-Elektronen hantelförmige Orbitale ergeben, sind bei den hybridisierten, hantelförmigen q-Orbitalen die Aufenthaltsräume der Elektronen in Richtung Verbindungspartner (Wasserstoff) verschoben, d. h., dieser Teil des hantelförmigen Orbitals ist stark vergrößert.

Die energetischen Verhältnisse bei der **Hybridisierung** sind in Abb. 7.2 dargestellt. Aus dem Energieniveauschema der Elektronen im einzelnen, isolierten Kohlenstoffatom der Abb. 7.2a ergibt sich in der Verbindung CH_4 das Energieniveauschema der Abb. 7.2b mit vier energetisch gleichen q-Orbitalen (sp^3-Hybridorbitale). Hierbei ist zu beachten, dass die Hybridisierung des s- und der drei p-Orbitale zu den vier gleichwertigen q-Orbitalen für das einzelne Kohlenstoffatom zunächst Energie erfordert. Durch den Energiegewinn bei der Verbindungsbildung mit den H-Atomen wird dieser Energiebetrag aber überkompensiert.

Die Winkel zwischen den Bindungsrichtungen im Methanmolekül, d. h. die Winkel vom Kohlenstoffatom in der Mitte des Tetraeders zu jeweils zwei Wasserstoffkernen, betragen wie im regelmäßigen Tetraeder 109° (Abb. 7.3a).

Eine Hybridisierung erfahren auch die Elektronen des Stickstoffatoms in der Verbindung $\mathbf{NH_3}$ (Ammoniak) und die des Sauerstoffs in der Verbindung $\mathbf{H_2O}$ (Wasser), nur sind in der Stickstoffverbindung eine Ecke, in der Sauerstoffverbindung zwei Ecken des Tetraeders nicht durch Wasserstoffatome besetzt. In

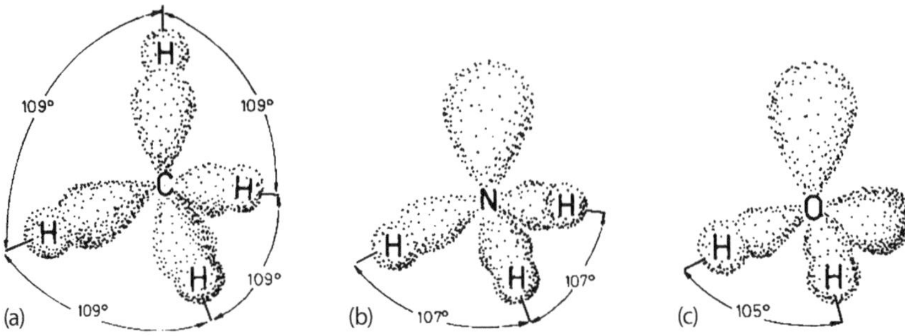

Abb. 7.3 Strukturen und Bindungswinkel: (a) Methan, (b) Ammoniak, (c) Wasser.

diese freien Tetraederecken weisen jedoch Hybridelektronenpaare ohne Bindungsfunktion (einsame, freie Elektronenpaare). Ansonsten enthalten aber alle drei Verbindungen gleich viele Elektronen. Dies sind außer den beiden Elektronen in der ersten Schale des Zentralatoms noch jeweils acht Elektronen, die zu vier Elektronenpaaren in den tetraedrisch ausgerichteten Hybridorbitalen angeordnet sind. Die zu den Wasserstoffatomen gerichteten Hybridorbitale werden aber durch die positive Kernladung der Wasserstoffkerne stärker zusammengezogen als die freien Elektronenpaare. So können die räumlich weiter ausgedehnten Orbitale der freien Elektronenpaare dann die Bindungswinkel zwischen den Wasserstoffatomen beim Ammoniak auf 107°, beim Wassermolekül sogar auf 105° zusammendrängen, wie ein Blick auf Abb. 7.3b und c zeigt.

In den Verbindungen NH_3 und H_2O befinden sich die Elemente mit der größeren Elektronegativität (N und O) auf der einen Molekülseite, hingegen die Wasserstoffatome mit ihrer geringeren Elektronegativität auf der anderen Seite. Daher sind diese beiden Molekülarten in sich polarisiert; es sind elektrische Dipole. Das Methanmolekül CH_4 dagegen ist nicht polar (Abschn. 2.4). Dies hat entscheidende Auswirkungen auf die Eigenschaften dieser Stoffe, z. B. das Lösungsvermögen oder die Mischbarkeit, wie bereits in Abschn. 3.5 erwähnt und noch im achten Kapitel diskutiert wird (Abschn. 8.4.1.3). Aus den eben beschriebenen Molekülstrukturen folgen auch die speziellen Eigenschaften des Wassers und des Ammoniaks. Hiervon handeln die folgenden Abschn. 7.1.2 und 7.1.5.

Die häufig gebrauchte Darstellung durch **Kalottenmodelle** lässt ebenfalls den polaren Charakter von Ammoniak- und von Wassermolekülen erkennen, wie ein Blick auf Abb. 7.4 zeigt.

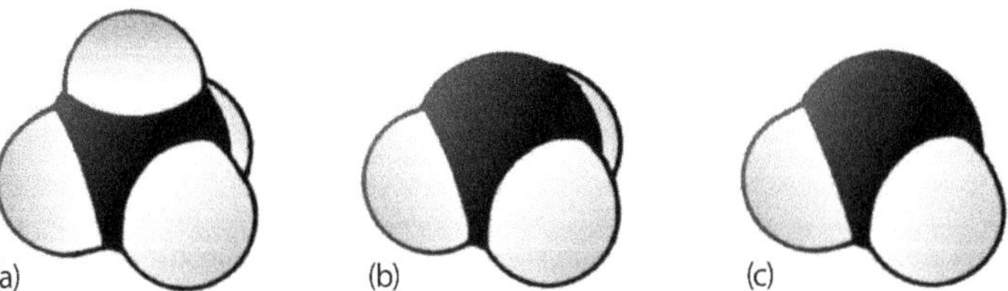

Abb. 7.4 Kalottenmodelle: (a) Methan CH_4, (b) Ammoniak NH_3, (c) Wasser H_2O.

7.1.2
Wasser H_2O

7.1.2.1 Das Wassermolekül

Wie im Abschn. 7.1.1 beschrieben, sind im Wassermolekül die elektrischen Ladungen nicht symmetrisch verteilt. Die Wasserstoffatome liegen beide auf derselben Seite des Sauerstoffatoms, der Winkel zwischen den beiden Bindungen beträgt ca. 105°. Sauerstoff, das Element mit der größeren Elektronegativität zieht die Bindungselektronen viel stärker an als der Wasserstoff. Als Folge davon wird die Sauerstoffseite des Moleküls elektrisch negativ, die Wasserstoffseite elektrisch positiv polarisiert. Das Wassermolekül hat also ein elektrisches Dipolmoment (Abschn. 2.4).

Dieser Aufbau des Wassermoleküls bedingt eine Reihe von Phänomenen, die man gewöhnlich als die Anomalien des Wasser bezeichnet.

7.1.2.2 Die Anomalien des Wassers

a) Der abnorm hohe Schmelz- und Siedepunkt

Aufgrund der bei den Wassermolekülen vorhandenen **Wasserstoffbrücken** (Abschn. 2.5.3) und der damit sehr starken zwischenmolekularen Wechselwirkungen liegt der Schmelzpunkt des Wassers um 100 °C, der Siedepunkt sogar um 180 °C höher, als man es beim Vergleich mit den Wasserstoffverbindungen der sechsten Hauptgruppe erwarten sollte (Abb. 2.12).

Ohne diese ungewöhnliche Eigenschaft des Wassers wäre ein Leben auf der Erde undenkbar, denn Leben ist auf die Existenz von flüssigem H_2O bei gewöhnlicher Temperatur angewiesen.

b) Die Ausdehnung des Wassers beim Gefrieren

Im Abschn. 3.6.2.1a wurde erwähnt, dass die Verbindung H_2O zu den äußerst seltenen Stoffen gehört, die im flüssigen Zustand, knapp oberhalb des Schmelzpunktes eine größere Dichte aufweisen als im festen, kristallisierten Aggregatzustand. Bei 4 °C hat das Wasser ein Dichtemaximum, der Volumenbedarf zeigt bei dieser Temperatur ein Minimum, wie es aus Abb. 7.5 ersichtlich ist. Dieses Phänomen lässt sich damit erklären, dass die Wassermoleküle im Eiskristall zu einem sehr voluminösen Gitter zusammengefügt sind. Wenn nun beim Schmelzpunkt dieses Gitter zusammenbricht, beanspruchen die Bruchstücke ein wesentlich kleineres Volumen als das Kristallgitter. Denn im Eiskristall ist ein Sauerstoffatom jeweils von vier Wasserstoffatomen (in Richtung von Tetraederecken) verbunden; zwei davon sind kovalent gebunden, die beiden anderen führen über Wasserstoffbrücken zu der Wasserstoffseite benachbarter Wassermoleküle. Mit zunehmender Temperatur über dem Schmelzpunkt werden die Gitterbruchstücke immer weiter abgebaut, daher die Volumenverminderung oberhalb 0 °C, bis schließlich bei 4 °C die normale Wärmeausdehnung mit steigender Temperatur überwiegt.

Diese Anomalie des Wassers beim Gefrieren hat zur Folge, dass ein See im Winter nicht von unten her und vollständig zufriert, sondern sich nur eine mehr oder

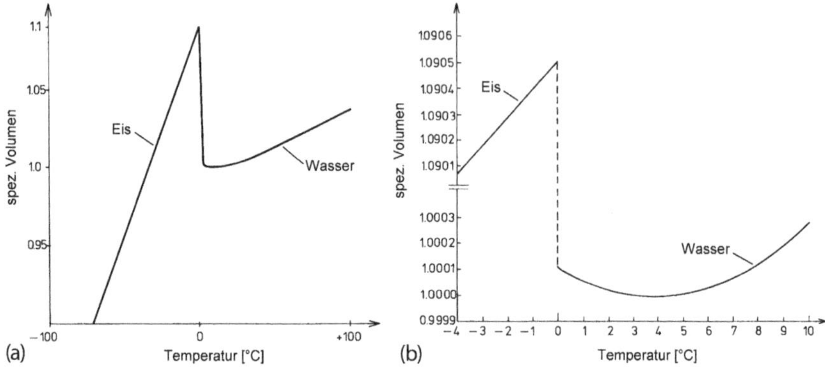

Abb. 7.5 Temperaturabhängigkeit des Volumens von Eis und Wasser.

weniger dicke Eisschicht auf der Oberfläche bildet, sodass die im Wasser lebenden Tiere im Winter überleben können.

Die beim Gefriervorgang auftretenden Ausdehnungskräfte sind derart stark, dass selbst sehr dicke Stahlmäntel oder Rohre gesprengt werden können. Diese Sprengwirkung des gefrierenden Wassers ist Ursache für die Verwitterung von Gesteinen, die im Verlauf der Erdgeschichte schließlich zu dem für die Vegetation erforderlichen, lockeren Erdboden geführt hat.

Flüssiges Wasser hat bei 4 °C eine Dichte von 1,0 g/cm^3, bei 0 °C von 0,9999 g/cm^3, während die Dichte des Eises bei 0 °C nur 0,9168 g/cm^3 beträgt. Beim Gefrieren dehnt sich Wasser also um ca. 1/11 seines Volumens aus. Es besitzt also nach dem Gefrieren 12/11 des ursprünglichen Volumens. Ein auf dem Wasser schwimmendes Eisstück taucht demnach zu 11/12 in das Wasser und ragt zu 1/12 aus dem Wasser heraus. Wegen der größeren Dichte des salzigen Meerwassers ist dann etwa 1/10 eines Eisberges über der Wasseroberfläche sichtbar.

c) Die ungewöhnlich hohe Dielektrizitätskonstante des Wassers

Der Dipolcharakter des Wassermoleküls und die Verbindung solcher Wassermoleküle untereinander durch **Wasserstoffbrücken** bewirken, dass die Dielektrizitätskonstante[1)] bei 25 °C den sehr hohen Wert von 78,3 erreicht. Denn die Dipolmoleküle richten sich im elektrischen Feld aus und kompensieren dann mit ihren elektrisch polarisierten Molekülteilen die Ladung des äußeren Feldes, sodass die messbare Spannung zwischen beiden Platten entsprechend geringer erscheint als im Vakuum. Dieser Effekt ist noch stärker, wenn zwei oder mehrere Dipolmoleküle durch Dipolwechselwirkung zusammengelagert sind, weil sie dann ein erhöhtes Dipolmoment aufweisen; denn das Dipolmoment ist nicht nur von der Ladung, sondern auch von der Länge der Dipole abhängig.

1) Die Dielektrizitätskonstante, eine dimensionslose Zahl, zeigt an, um welchen Faktor die gegenseitige Anziehungskraft elektrisch geladener Platten geringer wird, wenn man zwischen diese anstelle von Vakuum den betreffenden Stoff bringt.

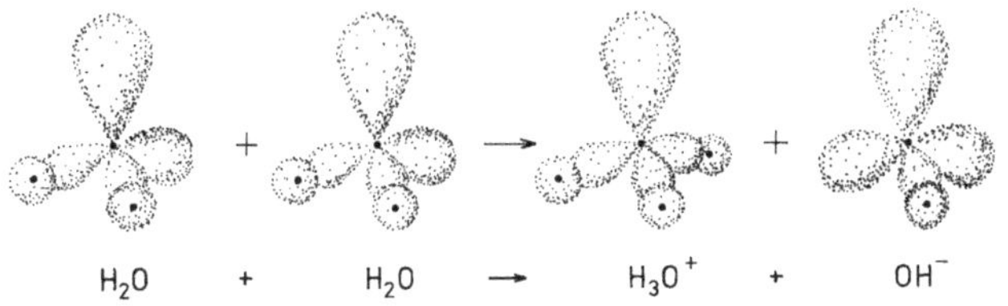

H_2O + H_2O → H_3O^+ + OH^-

Abb. 7.6 Die elektrolytische Dissoziation von Wasser.

d) Die elektrolytische Dissoziation des Wassers

Die Wärmebewegung der Moleküle und als Folge davon die sehr große Zahl von gegenseitigen Zusammenstößen kann zu einer Umorientierung der Bindungsverhältnisse führen, in dem Sinne, dass z. B. ein Wasserstoffatomkern sich von einem Wassermolekül lösen und unter Zurücklassung der Bindungselektronen zu einem anderen Wassermolekül überwechseln kann (Abschn. 5.2.1). Die Abb. 7.6 deutet diesen Vorgang an.

Mit Elektronenformeln geschrieben, lautet diese Reaktionsgleichung:

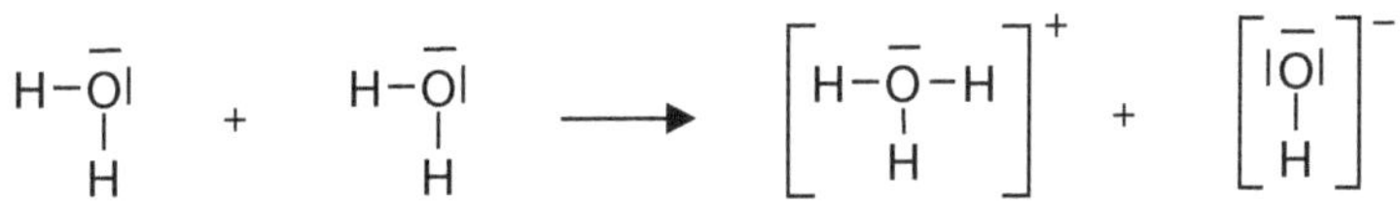

$$\mathrm{H{-}\overline{O}|{-}H} + \mathrm{H{-}\overline{O}|{-}H} \longrightarrow \left[\mathrm{H{-}\overline{O}{-}H}\atop\mathrm{H}\right]^+ + \left[|\overline{O}|{-}\mathrm{H}\right]^-$$

Hydroniumion Hydroxidion

Das entstehende sogenannte **Oxoniumion** (ältere Bezeichnung: **Hydroniumion**) ist dann elektrisch positiv, das **Hydroxidion** elektrisch negativ geladen. Diesen Vorgang stellt man oft vereinfacht durch die folgende Reaktionsgleichung als Zerfall von Wassermolekülen in positiv geladene Wasserstoffionen (Protonen) und in negativ geladene Hydroxidionen dar:

$$H_2O \rightleftarrows H^+ + OH^-$$

Ein Doppelpfeil in der Reaktionsgleichung soll andeuten, dass im Wasser auch die umgekehrte Reaktion, die Vereinigung von Wasserstoff- und Hydroxidionen zu Wassermolekülen vorkommt (Abschn. 5.2.1). Bei einer ständig nebeneinander einhergehenden Dissoziation und Rekombination, entsprechend dieser Gleichung, ist im zeitlichen Mittel immer ein bestimmter Anteil dissoziiert. Der Dissoziationsgrad hängt dabei von der Temperatur ab (bedingt durch die mittlere Geschwindigkeit der Moleküle). Wie bereits in Abschn. 5.2.1 erwähnt, liegen bei 25 °C in reinem Wasser rund 10^{-7} mol/l H^+-Ionen und ebenfalls 10^{-7} mol/l OH^--Ionen vor. Infolge dieser geringen sogenannten **Eigenionisation** leitet auch reines Wasser in sehr geringem Maße den elektrischen Strom. Die spezifische elektrische Leitfähigkeit des vollkommen reinen Wassers hat bei 18 °C den äußerst niedrigen Wert von $4 \cdot 10^{-8}\ \Omega^{-1}\ \mathrm{cm}^{-1}$.

Kupfer hat zum Vergleich mit $6 \cdot 10^5\ \Omega^{-1}\ \mathrm{cm}^{-1}$ einen 15 billionenfach größeren Wert der spezifischen Leitfähigkeit. Das bedeutet, absolut reines Wasser würde in einer Schichthöhe von nur 1 mm dem elektrischen Strom den gleichen Wider-

Tab. 7.1 Eigenschaften von normalem und schwerem Wasser.

Eigenschaften	H_2O	D_2O
Dichte bei 20 °C	0,9982 g/cm^3	1,1059 g/cm^3
Temperatur des Dichtemaximums	4,0 °C	11,6 °C
Schmelzpunkt	0,0 °C	3,82 °C
Siedepunkt	100,0 °C	101,43 °C
kritische Temperatur	374,1 °C	371,5 °C
kritischer Druck	221,4 bar	217,8 bar
Schmelzwärme beim Gefrierpunkt	6,012 kJ/mol	6,343 kJ/mol
Verdampfungswärme beim Sdp.	40,692 kJ/mol	41,701 kJ/mol

stand entgegensetzen, wie eine Kupferleitung gleichen Querschnitts von 15 Millionen Kilometern Länge, was der 40-fachen Entfernung von der Erde zum Mond entspricht.

Es ist jedoch äußerst schwierig, Wasser mit solch extremer Reinheit herzustellen. Schon geringste Anteile anderer im Wasser gelöster Ionen steigern die elektrische Leitfähigkeit erheblich. Ein für Leitfähigkeitsmessungen als Testlösung ausreichend reines Wasser („Leitfähigkeitswasser") zeigt mit einer spezifischen Leitfähigkeit von $1 \cdot 10^{-6}\ \Omega^{-1}\ cm^{-1}$ bei 25 °C (25-facher Wert von absolut reinem Wasser!) noch eine ausreichend geringe Leitfähigkeit.

7.1.2.3 **Eigenschaften**

Wasser, die auf der Erde weit verbreitete, lebensnotwendige Flüssigkeit, dient mit den spezifischen Eigenschaften als Bezugseinheit für viele Messgrößen und als Vergleichssubstanz zur Charakterisierung von Stoffeigenschaften. So dienen der Siedepunkt und der Gefrierpunkt des Wassers zur Eichung der Temperaturskala nach Celsius (Anders Celsius, 1701–1744). Auch die Masseneinheit Kilogramm ist vom Wasser abgeleitet worden: 1 dm^3 Wasser hat bei 4 °C (Dichtemaximum) eine Masse von etwa 1,0 kg (genau 0,999 972 kg).

Die **Kalorie** diente lange Zeit als Einheit der Wärmemenge. Eine Kalorie (cal) ist diejenige Wärmemenge, die nötig ist, um 1 g Wasser von 14,5 auf 15,5 °C zu erwärmen. Wärmemengen werden jetzt in **Joule** angegeben. Weitere wichtige vom Wasser und seinen Bestandteilen abgeleitete Messgrößen sind der pH-Wert (Abschn. 4.5.3 und 5.2.2) und das elektrochemische Potenzial (Abschn. 10.1.2).

Tabelle 7.1 enthält einige wichtige Daten für **normales** und **schweres Wasser** (Deuteriumoxid). Es ist ersichtlich, dass die deutlichen Unterschiede in den Molmassen (18 bzw. 20 g/mol) bereits einige Differenzen in den Eigenschaften bei diesen beiden Verbindungen hervorrufen. Schweres Wasser wird in der Forschung und in großem Maßstab in **Schwerwasser-Kernreaktoren** als Moderator und Kühlmittel eingesetzt (Abschn. 6.6.1.1a).

7.1.3 Wasserstoffperoxid H_2O_2

Wasserstoffperoxid, mit der älteren Bezeichnung Wasserstoffsuperoxid, hat die Strukturformel H–O–O–H. In reinem Zustand ist H_2O_2 eine blassblaue relativ zähe Flüssigkeit, die sich beim Erwärmen und in Gegenwart von Katalysatoren (z. B. Braunstein, Staub oder Teile mit rauer Oberfläche) rasch zersetzt:

$$2H_2\overset{-1}{O}_2 \rightarrow 2H_2\overset{-2}{O} + \overset{0}{O}_2 \quad \Delta H^\circ = -196\,\text{kJ}$$

Diese Zersetzung kann oft sehr stürmisch erfolgen und bei hohen Konzentrationen auch explosionsartig verlaufen. In den Handel kommt Wasserstoffperoxid deshalb gewöhnlich als 30 %ige wässrige Lösung unter dem Namen Perhydrol oder noch weiter verdünnt als 3 %ige wässrige Lösung.

Tab. 7.2 Eigenschaften von Wasserstoffperoxid.

Schmelzpunkt	−0,4 °C
Siedepunkt	150,2 °C
Dichte (bei 25 °C)	1,448 g/cm^3

Im H_2O_2 tritt der Sauerstoff mit der Oxidationszahl −1 auf (siehe Gleichung oben). Üblicherweise dient Wasserstoffperoxid als starkes **Oxidationsmittel** und wird zum Bleichen, z. B. von Papierrohstoffen, Geweben, Haaren usw. oder als Desinfektionsmittel benutzt. Da bei der Oxidation mit H_2O_2 keine gefährlichen Nebenprodukte entstehen, findet es als „umweltfreundliches" Oxidationsmittel auch zunehmend Einsatz in der Umwelttechnik (Abschn. 13.2.5.7). Gegenüber starken Oxidationsmitteln (wie z. B. dem Permanganation) kann Wasserstoffperoxid auch als **Reduktionsmittel** wirken:

$$2\overset{+7}{Mn}O_4^- + 6H_3O^+ + 5H_2\overset{-1}{O}_2 \rightarrow 2Mn^{2+} + 14H_2O + 5\overset{0}{O}_2$$

Wasserstoffperoxid wird heute üblicherweise durch Reaktion mithilfe der organischen Substanz Anthrachinon (A) hergestellt (Abschn. 11.7.1.2). Hierbei wird im ersten Schritt das Anthrachinon katalytisch hydriert (d. h., mit gasförmigem Wasserstoff umgesetzt):

$$A + H_2 \rightarrow AH_2$$

Im zweiten Schritt wird die Verbindung mit Luftsauerstoff zu Wasserstoffperoxid und Anthrachinon umgesetzt:

$$AH_2 + O_2 \rightarrow A + H_2O_2$$

Das Anthrachinon kann erneut eingesetzt und somit im Kreislauf geführt werden.

7.1.4
Chlorwasserstoff HCl

Chlorwasserstoff ist ein farbloses, stechend riechendes Gas, das sich bei tiefen Temperaturen oder unter Druck zu einer Flüssigkeit verdichtet, die den elektrischen Strom nicht leitet, da die Dipolmoleküle HCl keinen Ionencharakter haben. Auch beim Einleiten von Chlorwasserstoff in ein unpolares Lösungsmittel (wie z. B. Toluol, siehe Abschn. 8.1.5.3) ist keine elektrische Leitfähigkeit feststellbar.

Tab. 7.3 Eigenschaften von Chlorwasserstoff.

Schmelzpunkt	−114,22 °C
Siedepunkt	−85,05 °C
kritische Temperatur	+51,3 °C
Dichte (fl.) beim Sdp.	1,187 g/cm^3

Eine Lösung von HCl-Gas in Wasser dagegen leitet den elektrischen Strom sehr gut. HCl-Gas löst sich sehr leicht in Wasser. Unter Normbedingungen löst 1 l Wasser ca. 500 l HCl-Gas. Die HCl-Moleküle reagieren hierbei in einer Säure-Base-Reaktion mit den Wassermolekülen zu Oxonium- und Chloridionen (Abschn. 4.5.1):

$$H_2O + HCl \rightarrow H_3O^+ + Cl^-$$

Vereinfacht wird dieser Sachverhalt oft auch durch folgende Reaktionsgleichung ausgedrückt:

$$HCl \xrightarrow{H_2O} H^+ + Cl^-$$

Legt man eine Gleichspannung an eine solche Lösung, so tritt **Elektrolyse** auf (Abschn. 10.4.2). Es werden von der positiven Elektrode die überschüssigen Elektronen der Chloridionen aufgenommen. Dabei entstehen zunächst elektrisch neutrale Chloratome, aus denen sich die Moleküle des **Chlorgases** bilden:

$$2Cl^- \rightarrow 2Cl + 2e^- \rightarrow Cl_2 + 2e^-$$

An der negativen Elektrode werden die positiv geladenen Oxoniumionen unter Aufnahme von Elektronen entladen:

$$2H_3O^+ + 2e^- \rightarrow 2H + 2H_2O \rightarrow H_2 + 2H_2O$$

Dabei entsteht **Wasserstoffgas** und Wasser. Zieht man hier die entstehenden Wassermoleküle (= Lösungsmittel) von vornherein von den Oxoniumionen ab, so lautet die Gleichung für die Entladungsvorgänge an der negativen Elektrode vereinfacht:

$$2H^+ + 2e^- \rightarrow 2H \rightarrow H_2$$

Die Lösung von Chlorwasserstoff in Wasser nennt man **Salzsäure** oder **Chlorwasserstoffsäure** (über Säuren siehe Abschn. 4.5.1). Der Salzsäuregehalt ist aus der Dichte ersichtlich, denn es besteht zufällig folgender einfach zu merkender Zusammenhang, dass bei der Dichte die mit zwei multiplizierten beiden ersten Stellen hinter dem Komma den Salzsäuregehalt ergeben. So hat also eine Lösung mit der Dichte 1,06 g/l einen Salzsäuregehalt von 12 g pro 100 g Lösung. Die im Handel erhältliche **konzentrierte Salzsäure** mit einer Dichte von 1,19 g/l und einem Salzsäuregehalt von 38 % (Massengehalt) raucht unter Abgabe von Chlorwasserstoff an feuchter Luft sehr stark („rauchende Salzsäure“).

7.1.5 Ammoniak NH_3

Ammoniak ist ein farbloses, zu Tränen reizendes Gas, das sich leicht verflüssigen lässt und wegen der hohen Verdampfungswärme als **Kältemittel** in Großkälteanlagen (Abschn. 3.6.3) verwendet wird. Ammoniak ist brennbar. Luft-Ammoniak-Gemische sind mit Volumenanteilen von 15,5–28 % NH_3 sogar explosibel. Daher sind in Räumen mit Ammoniakkältemaschinen zur Vermeidung von Zündfunken elektrische Anlagen in explosionsgeschützter Ausführung zu installieren.

Tab. 7.4 Eigenschaften von Ammoniak.

Schmelzpunkt	−77,76 °C
Siedepunkt	−33,43 °C
kritische Temperatur	+132,4 °C
kritischer Druck	109,8 bar
Dichte (fl.) beim Sdp.	0,681 g/cm³
Verdampfungswärme bei −33 °C	1370,3 kJ/kg

Ammoniak wird im großtechnischen Maßstab aus Luftstickstoff und Wasserstoff nach dem sogenannten **Haber-Bosch-Verfahren** gewonnen (Abschn. 5.5.1.1):

$$N_2 + 3H_2 \rightleftarrows 2NH_3 \quad \Delta H^\circ = -91{,}8\,\text{kJ}$$

Die Hauptmengen des industriell hergestellten Ammoniaks werden zur Herstellung von **Stickstoffdüngemitteln** verwendet.

Ammoniakgas ist sehr leicht in Wasser löslich. Bei 20 °C lösen sich 702 l Ammoniak in 1 l Wasser. Das Lösen von Ammoniakgas in Wasser erfolgt so heftig, dass das Wasser durch eine enge Rohrmündung wie ein Springbrunnen in eine mit Ammoniakgas gefüllte Flasche einschießt (Abb. 7.7). Diese rasche Absorption von Ammoniakgas durch Wasser kann man nutzen, um große Mengen von

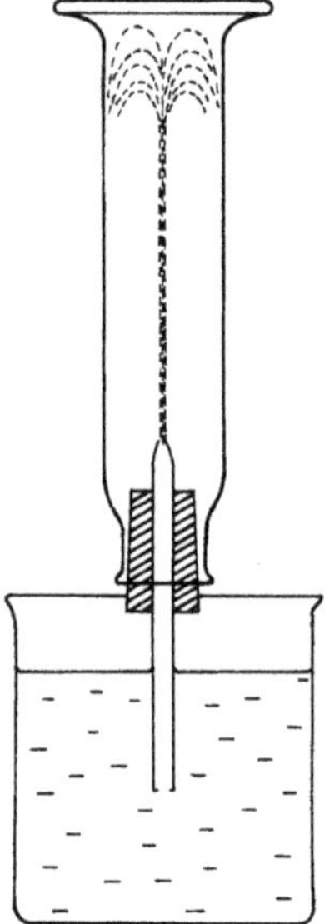

Abb. 7.7 Ammoniak„springbrunnen".

ausgeströmtem Ammoniak niederzuschlagen oder um beim Entlüften[2] von Ammoniakkälteanlagen das mitgeführte Ammoniakgas aus den entweichenden Luftanteilen zu absorbieren.

Beim Lösen von Ammoniak in Wasser entstehen über Wasserstoffbrücken (Abschn. 2.5.3) Zusammenlagerungen von Ammoniak- und Wassermolekülen, welche auch als **Ammoniakhydrate** bezeichnet werden:

$$NH_3 + H_2O \rightarrow NH_3 \cdot H_2O$$

Nur etwas weniger als 1 % bildet durch Protonenübergang vom Wassermolekül zum Ammoniakmolekül (ähnlich wie in Abb. 7.6 bei der Eigendissoziation des Wassers) nach der folgenden Reaktionsgleichung Ammonium- und Hydroxidionen:

$$\underset{\text{Ammoniak}}{NH_3} + \underset{\text{Wasser}}{H_2O} \rightarrow \underset{\text{Ammoniumion}}{NH_4^+} + \underset{\text{Hydroxidion}}{OH^-}$$

Da aber der Anteil der Hydroxidionen in der wässrigen Lösung nicht sehr groß ist, wird eine wässrige Ammoniaklösung (auch Salmiakgeist genannt) als schwache Base oder Lauge bezeichnet (näheres über Basen siehe Abschn. 4.5.2).

2) Als Entlüften bezeichnet man das Entfernen von Luft aus dem Ammoniakkältemittelkreislauf einer Kältemaschine. Es geschieht durch zeitweiliges, leichtes Öffnen eines Ventils auf der Hochdruckseite hinter dem Kondensator („Kühlen" in Abb. 3.7), dort, wo das Ammoniak in flüssiger Form, die zu entfernende Restluft unter Druck vorliegt.

7.1.6
Hydrazin N_2H_4

Reines Hydrazin ist eine farblose, bei 113,5 °C siedende, bei 1,5 °C kristallisierende Flüssigkeit, die bei sehr starkem Erhitzen explosionsartig in Ammoniak und Stickstoff zerfallen kann:

$$3\overset{-2}{N}_2H_4 \rightarrow 4\overset{-3}{N}H_3 + \overset{0}{N}_2 \quad \Delta H° = -336{,}5\,\text{kJ}$$

Die stark exotherme Reaktion mit Sauerstoff, wobei Stickstoff und Wasserdampf entstehen

$$N_2H_4 + O_2 \rightarrow N_2 + 2H_2O \quad \Delta H° = -622{,}7\,\text{kJ}$$

dient dazu, den Korrosion verursachenden Sauerstoff aus Kesselspeisewasser (für die Dampferzeugung in Kraftwerken) zu entfernen. Hierzu verwendet man stark verdünnte wässrige Lösungen von Hydrazin oder deren Verbindungen. Die Verbrennung von Hydrazin mit Sauerstoffspendern, insbesondere mit Wasserstoffperoxid H_2O_2, kann man zum Antreiben von Raketen ausnutzen.

7.1.7
Schwefelwasserstoff H_2S

Bei Zersetzungsprozessen von schwefelhaltigen organischen Stoffen unter Luftabschluss (anaerobe Prozesse, siehe Abschn. 13.1.2) entsteht Schwefelwasserstoff. Dieses nach faulen Eiern riechende, farblose, sehr giftige, bei −60,75 °C kondensierende Gas löst sich ein wenig in Wasser und dissoziiert dabei zu einem sehr geringen Anteil zu Hydrogensulfid- und schließlich zu Sulfidionen:

$$H_2S \rightarrow H^+ + HS^- \rightarrow 2H^+ + S^{2-}$$

7.1.8
Phosphorwasserstoff PH_3

Phosphorwasserstoff, PH_3, ein farbloses, sehr giftiges Gas, wird in geringer Menge bei der Herstellung von Acetylen aus Calciumcarbid CaC_2 infolge von Verunreinigungen des Carbids mit Phosphorverbindungen gebildet und verursacht den bekannten Knoblauch-ähnlichen Carbidgeruch.

7.2
Sauerstoffverbindungen der Elemente

7.2.1
Nichtmetalloxide

In diesem Abschnitt werden aus der Fülle der bekannten Nichtmetalloxide nur einige wichtige Verbindungen näher charakterisiert. Es sind Oxide, die entweder als

Schadstoffe in der Luft auftreten oder aber in der Technik sehr häufig verwendet werden.

7.2.1.1 **Kohlenstoffdioxid CO_2**

Dieses farblose und geruchlose Gas lässt sich unter Druck leicht verflüssigen und in Stahlflaschen aufbewahren. Um Kohlenstoffdioxid oder kurz Kohlendioxid in flüssiger Form erhalten zu können, muss man mindestens einen Druck von 5,1 bar aufwenden, wie man aus dem Phasendiagramm (Abb. 7.8) ersehen kann. Bei diesem Druck hat Kohlendioxid (im Tripelpunkt, siehe dazu die Erklärungen zu Abb. 3.6 im Abschn. 3.6.2.1a) den Schmelzpunkt von −56,7 °C.

Bei +20 °C steht, wie man ebenfalls aus Abb. 7.8 erkennen kann, dann das flüssige Kohlendioxid unter einem Dampfdruck von 55,7 bar. Unter gewöhnlichem Luftdruck ist jedoch flüssiges Kohlendioxid nicht existenzfähig. Lässt man nämlich flüssiges Kohlendioxid durch das nach unten gehaltene Ventil aus einer Stahlflasche ausströmen, so verdampft sofort ein Teil der Flüssigkeit. Durch die dabei verbrauchte Verdampfungswärme (ΔH_v bei 20 °C = 152 kJ/kg) kühlt sich der Rest sehr stark ab, und geht in den festen Aggregatzustand über. Man erhält den „Kohlensäureschnee" mit einem Sublimationspunkt bei Normdruck von −78,5 °C. Dieses feste Kohlendioxid ist als sogenanntes **Trockeneis** im Handel erhältlich.

Wasser löst unter gewöhnlichem Druck bei 20 °C etwa so viel gasförmiges Kohlendioxid, wie dem Flüssigkeitsvolumen entspricht, nämlich 0,9 l Kohlendioxid pro 1 l Wasser. Die Löslichkeit steigt unter Druckanwendung erheblich an.

Kohlendioxid, das Endprodukt der Oxidation des Kohlenstoffs, ist nicht mehr brennbar und unterhält auch die Verbrennung nicht. Aus diesem Grunde wird

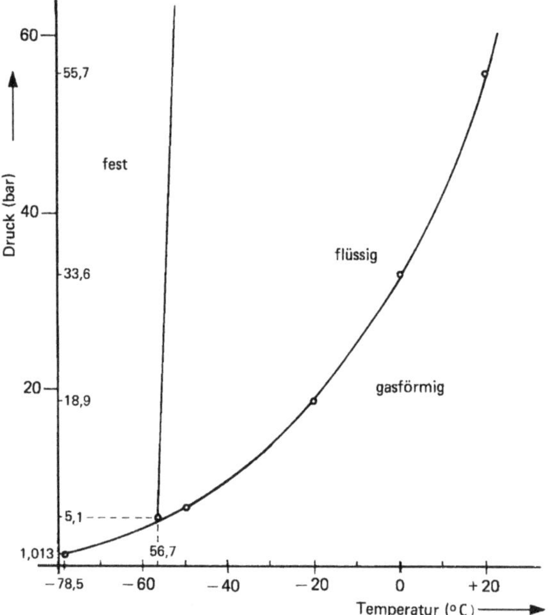

Abb. 7.8 Phasendiagramm von CO_2.

es als **Feuerlöschmittel** eingesetzt. Löschgeräte enthalten entweder in Druckbehältern flüssiges Kohlendioxid oder sie entwickeln CO_2-Gas bei Gebrauch durch Einwirkung einer Säure auf Natriumhydrogencarbonat (ein Salz der Kohlensäure, siehe Abschn. 7.2.2).

Kohlendioxid im **überkritischen Zustand** (Abschn. 3.6.2.1c) wird heute in der Technik als Extraktions- und Lösungsmittel für organische Substanzen verwendet. Es hat gegenüber den meisten organischen Lösungsmitteln den Vorteil, dass geringe Reste im Produkt nicht gesundheitsschädlich oder giftig sind. So wird bereits seit vielen Jahren Kaffee mit überkritischem Kohlendioxid entkoffeiniert.

In hohen Konzentrationen ist Kohlendioxid ein **Atemgift**, denn dann kann das im Blut als Stoffwechselprodukt enthaltene Kohlendioxid nicht mehr an die Luft abgegeben werden. Es würde sich im Gegenteil wegen des zu hohen Anteils in der Atemluft umgekehrt zusätzlich Kohlendioxid im Blut lösen (Abschn. 12.5.2.1c). Das Kohlendioxid ist Hauptverursacher des sogenannten **Treibhauseffektes** in der Erdatmosphäre (Abschn. 13.1.3.1). Weitere Angaben über das Kohlendioxid sind in Tab. 7.5 aufgelistet.

7.2.1.2 Kohlenstoffmonoxid CO

Bei der **unvollständigen Verbrennung** von Kohlenstoff oder anderen Kohlenstoff enthaltenden Produkten (wie z. B. beim Glimmen von Tabak) entsteht Kohlenstoffmonoxid oder kurz Kohlenmonoxid. Dieses bildet sich auch durch Reaktion von Kohlendioxid mit Kohlenstoff bei höheren Temperaturen nach der Reaktionsgleichung (Boudouard-Gleichgewicht, siehe Abschn. 5.5.2.1):

$$CO_2 + C \rightleftarrows 2CO \qquad \Delta H^\circ = +172{,}2\,\mathrm{kJ}$$

Bei der Verbrennung von Kraftfahrzeugbenzin in Ottomotoren entstehen erhebliche Mengen Kohlenmonoxid. Kohlenmonoxid, ein farbloses, geruchloses, giftiges und brennbares Gas ist ein entscheidender Schadstoff, hauptsächlich in verkehrsreichen Großstädten. Deshalb wird es mittels des Automobilkatalysators durch Oxidation zu Kohlendioxid aus den Autoabgasen entfernt. Die Vorgänge im Automobilkatalysator werden ausführlich in Abschn. 13.4.4 diskutiert. Die **Giftwirkung von CO** beruht darauf, dass es vom Hämoglobin des Blutes stärker als der Sauerstoff gebunden wird. Das mit CO beladene Blut kann dann keine ausreichenden Sauerstoffmengen mehr transportieren (Abschn. 12.5.2.1c). Das Kohlenmonoxid ist zwar fester als der Sauerstoff an das Hämoglobin gebunden, es lässt sich aber in umgekehrter Richtung wieder vom Hämoglobin trennen, wenn man einen großen Überschuss von Sauerstoff einwirken lässt (Sauerstoffbeatmung).

Eine Vergiftung durch Kohlenmonoxid kann aber schon mit relativ geringen CO-Konzentrationen in der Atemluft eintreten. So wird etwa 50 % des für den Sauerstofftransport im Körper notwendigen Hämoglobins bereits durch den sehr geringen Volumenanteil von 0,1 % CO in der Luft gebunden.

Kohlenmonoxid lässt sich schon in relativ geringen Konzentrationen durch wässrige Palladiumsalzlösungen nachweisen. Ein mit Palladiumchlorid getränktes, feuchtes Filterpapier färbt sich infolge Abscheidung metallischen Palladiums

Tab. 7.5 Gasförmige Nichtmetalloxide.

	CO	CO_2	NO	NO_2	N_2O	SO_2
Schmelzpunkt (°C)	−205,1	a)	−163,7	−11,20	−102,4	−72,5
Siedepunkt (°C)	−191,5	a)	−151,8	21,15	−88,5	−10,02
krit. Temp. (°C)	−140,2	31,0	−92,9	158,2	36,5	157,2
krit. Druck (°C)	33,9	73,8	63,4	155,2	71,7	76,2
Lösl. in 1 l H_2O bei 0 °C	0,033	1,7	0,07	1,26	1,31	80

a) sublimiert bei Normaldruck, Abschn. 7.2.1.1.

dunkel:

$$Pd^{2+} + CO + H_2O \rightarrow Pd + 2H^+ + CO_2$$

Einige Eigenschaften des Kohlenmonoxids sind in Tab. 7.5 aufgelistet.

7.2.1.3 Stickstoffoxide

Stickstoff bildet mit Sauerstoff eine Reihe verschiedener Oxide. Hier sollen nur die wichtigen Oxide

- Stickstoffmonoxid NO,
- Stickstoffdioxid NO_2 und
- Distickstoffmonoxid N_2O

erwähnt werden.

Das Stickstoffmonoxid NO, ein farbloses Gas, geht durch Einwirkung von Sauerstoff (z. B. durch Luftsauerstoff) leicht in das rotbraune Gas Stickstoffdioxid NO_2 über:

$$2NO + O_2 \rightleftarrows 2NO_2 \quad \Delta H^\circ = -114\,\text{kJ}$$

Da die beiden Gase NO und NO_2 häufig im Gemisch auftreten, werden sie oft auch kurz als NO_X bezeichnet. Durch viele Messgeräte wird der Gesamtgehalt an Stickoxiden bestimmt; es werden also gleichzeitig NO und NO_2 erfasst und dann als NO_X angegeben.

Beide Gase sind giftig und entstehen mit einer endothermen Reaktion durch Oxidation von Stickstoff mit Luftsauerstoff bei sehr hohen Temperaturen:

$$N_2 + O_2 \rightleftarrows 2NO \quad \Delta H^\circ = +180\,\text{kJ}$$

Nach dem **Prinzip von Le Chatelier** (Abschn. 5.1.2) verschiebt sich die Gleichgewichtszusammensetzung bei steigender Temperatur zum NO. Allerdings ist im Gleichgewicht bei 2000 °C nur ein Volumenanteil von etwa 1 % NO vorhanden. NO kann auf diese Weise z. B. im elektrischen Lichtbogen oder in Gewitterblitzen gebildet werden. Im Umweltschutz ist die Tatsache wichtig, dass NO und NO_2

auch bei allen Verbrennungsreaktionen, insbesondere bei hohen Verbrennungstemperaturen > 1200 °C entsteht (in Kraftwerken, Hausfeuerungsanlagen und vor allem in Kraftfahrzeugmotoren, sogenanntes **thermisches NO**). Die Entstehung von Stickstoffoxiden kann durch Senkung der Verbrennungstemperaturen als Primärmaßnahme vermindert werden.

NO_2 reagiert mit Wasser zu **Salpetersäure** HNO_3:

$$3NO_2 + H_2O \rightarrow 2HNO_3 + NO$$

Deshalb trägt NO_2 (wie auch SO_2, Abschn. 7.2.1.4) zum sogenannten **sauren Regen** bei. Stickstoffdioxid führt außerdem, insbesondere im Sommer zur **Ozon-Smogbildung**[3]. Durch die Einwirkung von Sonnenlicht (insbesondere der UV-Strahlungsanteil mit einer Wellenlänge < 400 nm) wird das NO_2-Molekül in NO und ein O-Atom gespalten. Dies kann vereinfacht durch folgende Gleichungen dargestellt werden:

$$NO_2 \xrightarrow{\text{UV-Strahlung}} NO + O$$

Das hochreaktive O-Atom reagiert mit einem Sauerstoffmolekül zu Ozon:

$$O + O_2 \rightarrow O_3$$

Da die Reaktion vor allem bei intensiver Sonneneinstrahlung stattfindet, wird sie auch als **Los-Angeles-Smog** bezeichnet. Da der größte Teil der Stickstoffoxide durch den Straßenverkehr verursacht wird, sind die Automobile somit auch die Hauptverursacher des Ozon-Smogs (Abschn. 13.4.1). Die Bildung von Ozon aus NO_2 ist ein viel komplizierterer Reaktionsmechanismus als oben dargestellt; hierbei wird die Ozonbildung auch durch die Anwesenheit von Kohlenwasserstoffen unterstützt. Es ist auffallend, dass die höchsten Ozonwerte in den Sommermonaten häufig nicht in den verkehrsreichen Ballungsgebieten, sondern fern davon in den Reinluftgebieten auftreten. Dies ist damit zu erklären, dass in den Ballungsgebieten neben der Ozonbildung gleichzeitig durch Vorhandensein von NO eine Ozonabbaureaktion stattfindet:

$$NO + O_3 \rightarrow NO_2 + O_2$$

Durch Luftbewegungen wird das NO_2 in die Reinluftgebiete transportiert und kann hier zur Ozonbildung führen. Es fehlt allerdings die in den Ballungsräumen durch Anwesenheit des NO vorliegende Ozonsenke.

In der Technik wird NO bzw. NO_2 zur Herstellung von **Salpetersäure** verwendet. Dabei wird NO wegen der geringen Ausbeuten nicht durch Reaktion von N_2 und O_2 gewonnen, sondern durch katalytische Reaktion von O_2 mit Ammoniak NH_3 bei 800 °C hergestellt:

$$4NH_3 + 5O_2 \xrightarrow{\text{Pt-Katalysator}} 4NO + 6H_2O$$

3) smog, engl. = Wortkombination aus smoke, engl. = Rauch und fog, engl. = Nebel. Diese Wortkombination wurde zuerst für den sich vor allem in der nebligen Zeit bildenden sogenannten Wintersmog gebraucht (Abschn. 7.2.1.4).

Die Eigenschaften der beiden wichtigsten Stickoxide NO und NO_2 finden sich in Tab. 7.5.

Distickstoffmonoxid N_2O ist ein farbloses Gas und wird häufig auch als **Lachgas** bezeichnet. Es wird in der Medizin als Narkosemittel eingesetzt (physikalische Daten siehe Tab. 7.5). Da es geschmacklos ist, nicht giftig und sich außerdem gut in Fetten löst, dient es als Treibgas für Schlagsahne in Dosen. Bei der Verwendung von z. B. CO_2 als Treibgas würde sich Kohlensäure bilden und der Sahne einen sauren Geschmack verleihen.

7.2.1.4 Schwefeloxide

Schwefeldioxid SO_2 ist ein gasförmiges, farbloses, stechend riechendes, giftiges Gas. Es entsteht bei der **Verbrennung von Schwefel** oder organischer Schwefelverbindungen (physikalische Daten siehe Tab. 7.5):

$$S + O_2 \rightarrow SO_2 \quad \Delta H^\circ = -297\,\text{kJ}$$

In fossilen Brennstoffen (Kohle, Erdölprodukte) sind wechselnde Mengen von Schwefelverbindungen enthalten.

Das bei Verbrennungsprozessen entstehende Schwefeldioxid ist ein häufig vorkommender gasförmiger Umweltschadstoff und meist auch der wichtigste Indikator für den Grad der Verschmutzung der Atemluft. Es reagiert mit Wasser und Luftsauerstoff zu **Schwefelsäure**:

$$2SO_2 + 2H_2O + O_2 \rightarrow 2H_2SO_4$$

Dies führt zum sogenannten sauren Regen (Hauptursache für Waldschäden!) und zum sogenannten **Winter-** oder **London-Smog** (Abschn. 13.4.1). Diese Art von Smog wurde im Dezember 1952 in London bei dichtem Nebel erstmals einer breiten Bevölkerung bewusst. Der schwefelsaure Nebel führte bei vielen Menschen zu Atembeschwerden und die Zahl der Todesfälle stieg deutlich an. Zusätzlich wurde die obige Reaktion von SO_2 zu Schwefelsäure durch die gleichzeitig vorhandenen Rußpartikel katalytisch beschleunigt, da es zur damaligen Zeit noch viele Kohleofenheizungen gab. Schon ab sehr geringen Konzentrationen rufen Schwefeloxide Schädigungen am Menschen (Abschn. 12.5.2.1c) und in der Natur hervor und bewirken Korrosionen an Metallen und Zerstörungen an Baustoffen. Aus diesem Grunde werden Benzine und Heizöle heute weitgehend entschwefelt. Auch die Rauchgase von Kraftwerken werden heute üblicherweise mittels Umsetzung des SO_2 zu Gips entschwefelt (Abschn. 13.4.3).

Ein noch sauerstoffreicheres Schwefeloxid, das **Schwefeltrioxid** $\mathbf{SO_3}$ entsteht durch Vereinigung von Schwefeldioxid mit Sauerstoff bei relativ niederen Temperaturen (400–600 °C) mithilfe von Vanadiumpentoxid (V_2O_5)-Katalysatoren:

$$2SO_2 + O_2 \rightleftarrows 2SO_3 \quad \Delta H^\circ = -193\,\text{kJ}$$

Nach diesem Verfahren gewinnt man großtechnisch SO_3 zur anschließenden industriellen Herstellung von **Schwefelsäure** H_2SO_4 (Abschn. 7.2.2).

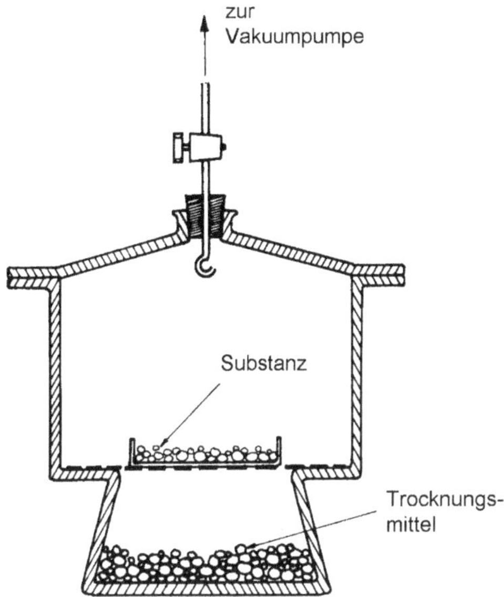

Abb. 7.9 Schematische Darstellung eines Exsikkators.

Beim Verbrennen von Schwefel mit einem Überschuss von Luftsauerstoff bildet sich viel Schwefeldioxid, jedoch nur wenig Schwefeltrioxid, da bei den normalen (hohen) Verbrennungstemperaturen das SO_3 thermisch leicht in SO_2 und Sauerstoff dissoziiert. Dies entspricht der Umkehrung der obigen exothermen Reaktion (Prinzip von Le Chatelier, Abschn. 5.1.2). Die übrigen Schwefeloxide sowie andere Nichtmetalloxide sind von geringerer Bedeutung und werden daher hier nicht erwähnt.

7.2.1.5 **Phosphorpentoxid P_2O_5**

Das Phosphorpentoxid mit der chemischen Formel P_2O_5 besteht in Wirklichkeit aus Molekülen der Formel P_4O_{10}. Die gebräuchliche Formel P_2O_5 gibt jedoch nur das Zahlenverhältnis von Phosphor und Sauerstoff, nicht jedoch die wahre Molekülgröße wieder. P_2O_5 hat als wasserentziehendes Mittel besondere Bedeutung erlangt. Es ist das stärkste bekannte **Trocknungsmittel** und findet als solches häufig Verwendung in sogenannten **Exsikkatoren** (exsiccare, lat. = austrocknen). Exsikkatoren sind evakuierbare Glasbehälter, in denen Proben während der Aufbewahrung (oft unter Vakuum) dadurch entwässert werden, dass ein Trocknungsmittel (P_2O_5) den Wasserdampf in dem Gefäß und letztendlich aus der Probe an sich zieht und bindet (Abb. 7.9).

Phosphorpentoxid ist ein weißes, geruchloses Pulver, das bei 358,9 °C sublimiert und unter einem Druck von ca. 5 bar bei 422 °C zum Schmelzen gebracht werden kann. Durch Wasseraufnahme geht das Phosphorpentoxid erst in die ***meta***-Phosphorsäure HPO_3, dann nach mehreren Zwischenstufen (z. B. die Diphosphorsäure $H_4P_2O_7$) in die ***ortho***-Phosphorsäure H_3PO_4 über (Abschn. 7.2.2):

$$P_2O_5 \xrightarrow{+H_2O} 2HPO_3 \xrightarrow{+H_2O} H_4P_2O_7 \xrightarrow{+H_2O} 2H_3PO_4$$

Andere häufig verwendete Trocknungsmittel sind das in Abschn. 7.2.2 beschriebene Silicagel bzw. konzentrierte Schwefelsäure und wasserfreies Calciumchlorid, das unter Hydratbildung in $CaCl_2 \cdot 6H_2O$ übergeht.

7.2.1.6 Siliciumdioxid SiO_2

Formelmäßig entspricht das Siliciumdioxid dem Kohlendioxid. Im Gegensatz zum gasförmigen Kohlendioxid ist jedoch Siliciumdioxid ein **fester, schwer schmelzbarer Stoff.** Dieser gravierende Unterschied lässt sich mit der **Doppelbindungsregel** erklären (Abschn. 6.2.3.2). Während nämlich Kohlenstoff und Sauerstoff miteinander Doppelbindungen und damit kleine (dreiatomige) Moleküle bilden können, was einen gasförmigen Stoff zur Folge hat, führt beim Silicium, einem Element der dritten Periode, erst eine räumliche Vernetzung zur Edelgaskonfiguration der Außenelektronenschalen. Die sich daraus ergebenden unterschiedlichen Strukturen können durch folgende Formeln angedeutet werden (beim SiO_2 liegt eine räumliche Vernetzung vor, was jedoch durch zweidimensionale Formeln nicht wiedergegeben werden kann):

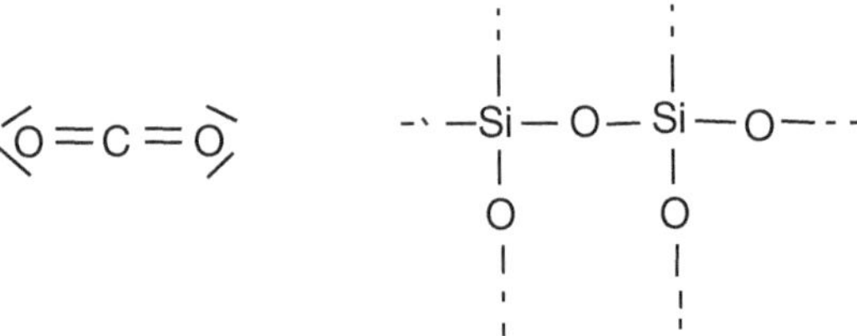

Siliciumdioxid kommt in der Natur in verschiedenen Kristallarten vor, z. B. als Quarz, Tridymit und Cristobalit. Außerdem findet man amorphe Formen (z. B. verschiedene Opalarten) oder Kieselgur als erdiges Produkt (Überreste vorzeitlicher Kieselalgen oder Aufgusstierchen). **Sand** ist Siliciumdioxid mit geringfügigen Verunreinigungen. Kieselgur verwendet man als saugfähiges Füllmaterial und als Wärmedämmstoff. Es wird auch bei der HPLC-Chromatografie eingesetzt (Abschn. 5.6.2.1).

Quarz zeigt das Phänomen der **Piezoelektrizität**, das bedeutet, bei äußerer mechanischer Belastung von Quarzkristallen laden sich die Kristallflächen elektrisch auf. Dieser Effekt kann dadurch erklärt werden, dass sich bei Druckanwendung auf solche Kristalle, die aus Ionengittern bestehen und nicht in allen Richtungen symmetrisch aufgebaut sind, die Ladungsschwerpunkte gegeneinander verschieben, sodass elektrische Dipolmomente entstehen. Dabei laden sich die Grenzflächen der Kristalle elektrisch auf. Man kann die Piezoelektrizität nutzen, um mechanische Drücke oder Schwingungen in elektrische Ladungen oder Schwingungen umzuwandeln oder umgekehrt elektrische Schwingungen in mechanische umzuformen. Piezoquarze oder Schwingquarze lassen sich durch elektrische Wechselspannungen, die mit den Eigenschwingungen des Quarzes übereinstimmen, zu hochfrequenten, konstanten Resonanzschwingungen anregen (Quarzuhren oder Quarzoszillatoren).

Die einzelnen Siliciumdioxidkristallarten sind ineinander umwandelbar. Bei Raumtemperatur ist Quarz die stabile Form, während die anderen Formen metastabil, aber als solche doch beständig sind. Bei hohen Temperaturen ist β-Cristobalit die beständige Form; diese schmilzt schließlich bei 1705 °C. Amorph erstarrte Schmelzen werden in der Technik als **Quarzglas** eingesetzt und zu klar und durchsichtig erscheinenden Gegenständen erschmolzen. **Quarzgut** wird meist aus Quarzsand durch Sintern hergestellt (zur Erklärung des Begriffs „Sintern" siehe Abschn. 7.2.3). Das Endprodukt enthält noch viele kleine Glasbläschen und sieht deswegen milchig-trüb bis seidenglänzend aus. Quarzglas ist im Gegensatz zu gewöhnlichem Glas für ultraviolette Strahlen durchlässig (Verwendung z. B. für UV-Lampen) und zeigt nur geringe thermische Ausdehnungskoeffizienten. Es springt deswegen beim Abkühlen, z. B. in kaltem Wasser nicht. Quarzglas und Quarzgut sind chemisch sehr widerstandsfähig und dienen zur Herstellung von Laborgeräten und großtechnischen Apparaturen. Das Siliciumdioxid ist ein wesentlicher Bestandteil von **Gläsern** (Abschn. 7.2.4) und verschiedener **Silicate** (Abschn. 7.2.2 und 7.2.5).

7.2.2 Sauerstoffsäuren

Die Oxide der Nichtmetalle sowie die Oxide einiger Metalle in hohen Oxidationsstufen ergeben mit Wasser Säuren, d. h., sie bilden Moleküle, die in wässriger Lösung unter Abspaltung von H^+-Ionen dissoziieren. So entsteht durch Lösen von CO_2 in Wasser die schwach dissoziierende **Kohlensäure** nach folgendem Schema:

$$H_2O + CO_2 \rightleftarrows H_2CO_3 \rightleftarrows H^+ + HCO_3^- \rightleftarrows 2H^+ + CO_3^{2-}$$

Hydrogencarbonation: HCO_3^-, Carbonation: CO_3^{2-}.

Die Regeln für die Nomenklatur zeigt Tab. 7.6 am Beispiel der Sauerstoffsäuren des Elements Chlor.

Tab. 7.6 Die Sauerstoffsäuren des Chlors.

Formel	Name	Säurenstärke	Anion	Salz
$H\overset{+7}{Cl}O_4$	**Per**chlor**säure**	stark	ClO_4^-	**Per**chlor**at**
$H\overset{+5}{Cl}O_3$	Chlor**säure**	stark	ClO_3^-	Chlor**at**
$H\overset{+3}{Cl}O_2$	chlor**ige Säure**	mittelstark	ClO_2^-	Chlor**it**
$H\overset{+1}{Cl}O$	**hypo**chlorige **Säure**	schwach	ClO^-	**Hypo**chlor**it**

Tab. 7.7 Wichtige Sauerstoffsäuren.

Formel	Name	Säurenstärke	Anion	Salz
H_2SO_4	Schwefelsäure	stark	SO_4^{2-}	Sulfat
H_2SO_3	schweflige Säure	mittelstark	SO_3^{2-}	Sulfit
HNO_3	Salpetersäure	stark	NO_3^-	Nitrat
HNO_2	salpetrige Säure	mittelstark	NO_2^-	Nitrit
H_3PO_4	(*ortho*-)Phosphorsäure	mittelstark	PO_4^{3-}	(*ortho*-)Phosphat
H_2CO_3	Kohlensäure	sehr schwach	CO_3^{2-}	Carbonat
H_4SiO_4	(*ortho*-)Kieselsäure	sehr schwach	SiO_4^{4-}	(*ortho*-)Silicat
$HMnO_4$	Permangansäure	stark	MnO_4^-	Permanganat
H_2CrO_4	Chromsäure	stark	CrO_4^{2-}	Chromat

Es werden hierbei in Abhängigkeit von der Oxidationsstufe die fett gedruckten Silben oder Wörter an den deutschen oder lateinischen Namen, der das Element charakterisiert, angehängt oder ihm vorangestellt.

Die technisch bedeutungsvollste Sauerstoffsäure des Chlors ist die **hypochlorige Säure**, die als solche oder meist in Form ihrer Salze (Hypochlorite) zu Oxidationszwecken (Bleichlauge) verwendet wird. Man gewinnt die hypochlorige Säure (gleichzeitig mit der Salzsäure) durch Einleiten von Chlorgas in Wasser (in Laugen entstehen Hypochlorite zusammen mit Chloriden), wobei das Chlor unter Veränderung der Oxidationszahlen nach folgender Gleichung reagiert:

$$\overset{0}{Cl_2} + HOH \rightarrow H\overset{+1}{Cl}O + H\overset{-1}{Cl}$$

Eine Redoxreaktion, bei der ein Stoff oxidiert und gleichzeitig reduziert wird, nennt man auch **Disproportionierung**.

Von den anderen Nichtmetallen sowie von einigen Metallen ist eine große Zahl von verschiedenen Sauerstoffsäuren bekannt. Zur Unterscheidung der Säuren geht man in der Bezeichnung ähnlich vor wie beim Chlor. Hier sollen nur einige wenige, wichtige Sauerstoffsäuren genannt werden (Tab. 7.7).

Eine der am häufigsten gebrauchten Sauerstoffsäuren ist die **Schwefelsäure**. Sie ist eines der wichtigsten großtechnischen Produkte. Sie wird beispielsweise für die Produktion von Düngemitteln, Farben und Gläsern verwendet. Schwefelsäure wird durch Reaktion von SO_3 (Abschn. 7.2.1.4) mit H_2O hergestellt:

$$SO_3 + H_2O \rightarrow H_2SO_4$$

Durch Dichtebestimmungen (z. B. mithilfe von Aräometern, Abschn. 3.5.1.5) kann man sehr rasch den ungefähren Schwefelsäuregehalt ermitteln. Hundertprozentige Schwefelsäure ist eine farblose, ölig-dicke Flüssigkeit (Dichte: 1,8305 g/cm^3). Sie erstarrt unterhalb von etwa 10 °C. Der Erstarrungspunkt wird durch geringe Mengen Wasser sehr stark erniedrigt. Er liegt bei der handelsüblichen, ca. 98 %igen Schwefelsäure in der Nähe von 0 °C. Konzentrierte Schwefelsäure zeigt ein außerordentlich starkes Bestreben, sich mit Wasser zu verbinden, und kann deswegen in Exsikkatoren (Abb. 7.9 in Abschn. 7.2.1.5) zum Trocknen von Substanzen verwendet werden. Schwefelsäure kann organischen Stoffen Bestandteile entreißen, aus denen sich Wasser bilden kann (OH-Gruppen und H-Atome). Hierbei bleibt dann oft nur Kohlenstoff zurück. Die Folge ist dann eine Zerstörung des organischen Materials, z. B. können Schwefelsäurespritzer in kürzester Zeit Löcher in Kleidungsstücke fressen.

Die Reaktion von konzentrierter Schwefelsäure mit Wasser ist *stark exotherm*. Deswegen darf konzentrierte Schwefelsäure nur in der Weise verdünnt werden, dass man sie mit dünnem Strahl unter ständigem Umrühren, nötigenfalls unter Kühlung, in eine ausreichende Menge Wasser gießt (Schutzbrille tragen!). Füllt man umgekehrt Wasser zur konzentrierten Säure, so kann es infolge der starken Wärmeentwicklung zu einer spontanen Verdampfung von Wasser und damit zu einem Verspritzen der Schwefelsäure kommen.

Eine große Zahl von Sauerstoffsäuren bildet unter intermolekularer[4)] Wasserabspaltung **kondensierte Säuren** (bzw. deren Salze). So entstehen beim Ansäuern von gelb aussehenden Chromatlösungen orangefarbene Dichromationen:

$$\underset{\text{Chromat}}{2\overset{+6}{\mathrm{Cr}}\mathrm{O}_4^{2-}} + 2\mathrm{H}^+ \rightleftarrows \underset{\text{Dichromat}}{\overset{+6}{\mathrm{Cr}}_2\mathrm{O}_7^{2-}} + \mathrm{H_2O}$$

Dieser Vorgang ist umkehrbar: Durch Zugabe einer Lauge entsteht aus dem Dichromat wiederum das gelbe Chromat.

Andere bekannte kondensierte Säuren sind die durch Lösen von SO_3 in H_2SO_4 entstehende **Dischwefelsäure** $H_2S_2O_7$, die **Tetraborsäure** und deren Natriumsalz **Borax** $Na_2B_4O_7$, die Diphosphorsäure (oder Pyrophosphorsäure) $H_4P_2O_7$, die *meta*-Phosphorsäure HPO_3 und die Polykieselsäuren.

Die ***meta***-Phosphorsäure HPO_3 ist zwar formelmäßig mit der Salpetersäure HNO_3 vergleichbar, besteht jedoch entsprechend der unter Abschn. 6.2.3.2 beschriebenen Doppelbindungsregel (Phosphor bildet als Element der dritten Periode mit dem Sauerstoff nicht mehr so leicht Doppelbindungen) aus vielen aneinandergereihten HPO_3-Molekülgruppen, denn so werden Doppelbindungen vermieden. Hochmolekulare Phosphorsäure besteht aus etwa 16–90 Gruppen. Anstelle eines monomeren Moleküls mit einer Doppelbindung (Formel a der Salpetersäure) liegt bei der *meta*-Phosphorsäure HPO_3 ein Polymerisationsprodukt der Formel b vor (über Polymerisation siehe Abschn. 9.3.1). Die Formel müsste also lauten $(HPO_3)_n$.

4) inter, lat. = zwischen; *inter*molekulare Wasserabspaltung: Das abgespaltene Wasser entstammt aus Bestandteilen zweier verschiedener Moleküle; im Gegensatz dazu entsteht bei der *intra*molekularen Wasserabspaltung das Wasser aus Bestandteilen ein und desselben Moleküls (intra, lat. = innerhalb).

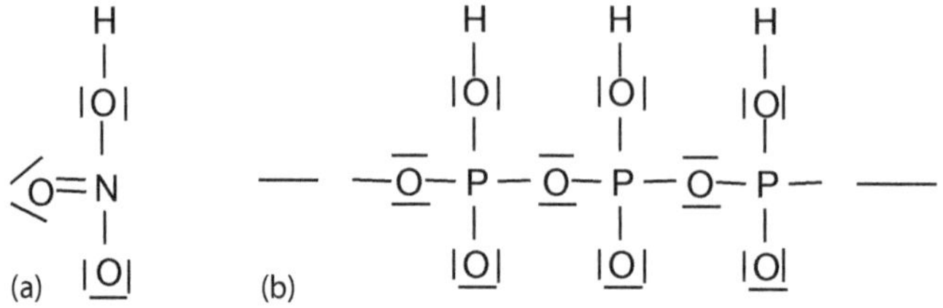

(a) (b)

Das Natriumsalz der *meta*-Phosphorsäure mit Ketten, die ca. 30–90 Phosphoratome enthalten (Natriummetaphosphate sind Verbindungen der Formel b, bei denen die Wasserstoffionen durch Natriumionen ersetzt sind), dient unter dem Handelsnamen Calgon® zur „Wasserenthärtung". Es wird z. B. in vielen Waschmitteln oder als Zusatz für Warmwasserheizungen verwendet. Diese Natriummetaphosphate tauschen ihre Natriumionen gegen die Calciumionen des Wassers aus, d. h., sie binden diese kleinen Ca^{2+}-Ionen mit größerer Ladung fester als vorher die Na^{+}-Ionen. Die aus dem Wasser entfernten Calciumionen können dann keine Kalkniederschläge mehr bilden (Abschn. 5.3.2.2b).

Bei der ***ortho***-Kieselsäure H_4SiO_4 oder $Si(OH)_4$ führt eine intermolekulare Wasserabspaltung zu Makromolekülen[5] mit Kettenstruktur (Formel c), zur Blattstruktur (Formel d) und schließlich als Endprodukt zu räumlich vernetztem Siliciumdioxid SiO_2 (Abschn. 7.2.1.6).

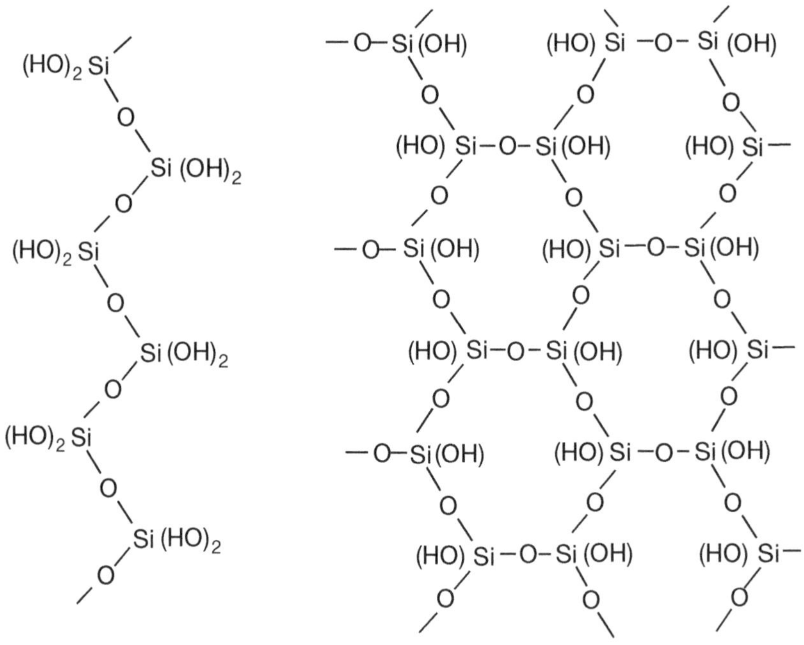

(a) $(H_2SiO_3)_n$ = Kette (b) $(H_2Si_2O_5)_n$ = Blattstruktur

5) makros, gr. = groß; Makromoleküle bestehen aus sehr vielen einzelnen Atomen.

Die Kondensation erfolgt unter ständiger Teilchenvergrößerung. Dabei wird das Gebiet der kolloiden Teilchengrößen durchlaufen.

Als Trocknungsmittel verwendet man häufig ein hydrophiles **Silicagel**, das sich von einer wasserreichen Kieselsäure mit Blattstruktur ableitet, in der man durch ein schonendes Trocknungsverfahren das adsorptiv gebundene Wasser entfernt hat. Dieses Silicagel nimmt begierig wieder Wasser auf (indem es der Umgebung das Wasser entzieht) und wirkt somit als **Trocknungsmittel**. Damit man erkennt, ob ein solches Trocknungsmittel noch wasseraufnahmefähig ist, enthält das Silicagel ein Cobaltsalz, das bei Abwesenheit von Wasser leuchtend blau, im wasserhaltigen Zustand jedoch schwach rosafarben ist. Man bezeichnet deswegen das wasserfreie Silicagel (Kieselgel) auch als sogenanntes **Blaugel** (Abschn. 5.4.2).

Das adsorbierte Wasser kann man durch schwaches Erhitzen auf Temperaturen wenig über 100 °C wieder entfernen. Somit ist es möglich, das Trocknungsmittel zu regenerieren und danach erneut zu verwenden. Beim Erhitzen auf wesentlich höhere Temperaturen als 100 °C kann es durch chemische Veränderung der Kieselsäure, infolge weiterer Kondensation nach dem Schema:

$$\equiv Si-OH + HO-Si\equiv \longrightarrow \equiv Si-O-Si\equiv + H_2O$$

zu einer Zerstörung des hydrophilen Charakters und damit zu einem Verlust der Trocknungseigenschaften kommen.

Blaugel wird sehr häufig in Exsikkatoren (Abb. 7.9) verwendet. Silicagel verwendet man abgefüllt in kleine Patronen oder Leinensäckchen zur Trockenhaltung von empfindlichen Apparaturen oder Messgeräten.

7.2.3 Metalloxide und Metallhydroxide

Die Oxide der Metalle schmelzen im Allgemeinen erst bei hohen Temperaturen. Dies ist damit zu erklären, dass bei ihnen im Gegensatz zu den meisten Nichtmetalloxiden, die kleine, begrenzte Moleküle bilden, Ionenbindungen vorliegen und sie aus großen zusammenhängenden Ionengittern bestehen.

Die Oxide der Alkalimetalle und der Erdalkalimetalle reagieren mit Wasser durch eine exotherme Reaktion unter Bildung von Hydroxiden. Während die Alkalihydroxide in Wasser leicht löslich sind, ist die Löslichkeit der Erdalkalihydroxide in Wasser stark begrenzt. Die betreffenden gelösten Hydroxide sind dabei praktisch vollständig dissoziiert und bilden starke Basen, wobei die wässrigen Lösungen von NaOH als **Natronlauge**, von KOH als **Kalilauge** und von $Ca(OH)_2$ als **Kalkwasser** bezeichnet werden:

$$Na_2O + H_2O \rightarrow 2NaOH \rightarrow 2Na^+(aq) + 2OH^-(aq)$$
$$CaO + H_2O \rightarrow Ca(OH)_2 \rightarrow Ca^{2+}(aq) + 2OH^-(aq)$$

Die untere Reaktion findet beim sogenannten **Kalklöschen** statt. Die Hydroxide der meisten Schwermetalle sind in Wasser nicht löslich, sie zeigen daher auch keine basische Reaktion, sind aber wegen ihres sonstigen Verhaltens (z. B. können sie mit Säuren Salze bilden) trotzdem als Basen anzusehen. Durch Wasserabspaltung kann man aus den Hydroxiden die betreffenden Oxide erhalten, die dann auch als **basische Oxide** bezeichnet werden.

Verschiedene Metalloxide oder Hydroxide können je nach Wasserstoffionenkonzentration entweder basischen oder sauren Charakter haben, zum Beispiel das Aluminiumhydroxid $Al(OH)_3$ oder das Chrom(III)-hydroxid $Cr(OH)_3$. Sie werden als **amphotere Hydroxide** bezeichnet, denn mit Säuren übernehmen sie die Rolle einer Base, und mit Basen bilden sie Salze, in denen sie die einer Säure zuzuschreibenden Anionen liefern:

$$Al^{3+} + 3H_2O + 3Cl^- \xleftarrow{+3HCl} Al(OH)_3 \xrightarrow{+NaOH} Na^+ + [Al(OH)_4]^-$$

$$Cr^{3+} + 3H_2O + 3Cl^- \xleftarrow{+3HCl} Cr(OH)_3 \xrightarrow{+NaOH} Na^+ + [Cr(OH)_4]^-$$

Aluminiumhydroxid $Al(OH)_3$ ist in Wasser schwer löslich, kann jedoch nach obiger Reaktionsgleichung in Säuren oder Laugen gelöst werden. Es neigt leicht zu intermolekularer Wasserabspaltung, d. h., das frisch hergestellte Aluminiumhydroxid geht durch sogenannte Alterung (ähnlich wie beim $Si(OH)_4$ beschrieben) allmählich in eine nicht mehr so leicht lösliche Form über. Besonders durch Glühen (und damit Entfernen des restlichen, chemisch gebundenen Wassers) entsteht das schwer wieder in eine lösliche Form überzuführende Al_2O_3. In der Natur vorkommende Edelsteine aus Al_2O_3 (wie der Korund, Rubin oder Saphir) sind äußerst hart und vollkommen wasserunlöslich.

Al_2O_3 und andere Metalloxide wie ZrO_2, TiO_2 oder MgO werden häufig als **keramische Werkstoffe** eingesetzt. Man bezeichnet sie im Gegensatz zu den „normalen" tonkeramischen Erzeugnissen (auch Silicatkeramik genannt, Abschn. 7.2.5) als oxidische **Hochleistungskeramik**. Bei diesen Stoffen liegen **Ionenbindungen** vor, da eine hohe Elektronegativitätsdifferenz zwischen dem Metallatom und dem Sauerstoffatom vorhanden ist (Abschn. 2.2). Sie zeigen aufgrund der hohen Bindungsenergie große Härte, Druckfestigkeit sowie hohe Schmelzpunkte und sind elektrisch isolierend. Wie alle keramischen Werkstoffe sind sie sehr spröde und besitzen eine hohe Korrosionsbeständigkeit. In Tab. 7.8 sind einige Eigenschaften dieser Stoffe aufgetragen, wobei zu beachten ist, dass die Werte in Abhängigkeit des Herstellungsverfahrens variieren können. Sie werden als feuerfeste Materialien, Schneidwerkzeuge und Schleifmittel eingesetzt. Neben der Oxidkeramik gibt es auch noch Hochleistungskeramik auf der Basis nicht oxidischer Materialien (Abschn. 7.3).

Alle keramischen Materialien werden pulverförmig durch **Sintern** zu Kompaktkörpern verarbeitet. Unter Sintern versteht man die Formgebung und Verdichtung des Pulvers bei etwa 2/3–3/4 der absoluten Schmelztemperatur, wodurch sie oberflächlich miteinander verkleben und nach dem Abkühlen eine feste Masse bilden.

Tab. 7.8 Schmelzpunkt und Dichte einiger oxidkeramischer Stoffe.

	Schmelzpunkt (°C)	Dichte (g/cm³)	Mohs-Härte	E-Modul (N/mm²)
Al_2O_3	2050	3,9	9	$3{,}8 \cdot 10^5$
ZrO_2	2700	5,9	6,5	$2 \cdot 10^5$
TiO_2	1840	4,2	5,5–6	
MgO	2800	3,6	6	$2 \cdot 10^5$

7.2.4 Glas

Glas ist ein aus einer Schmelze **amorph** erstarrtes Reaktionsprodukt aus basischen und sauren Oxiden. Das Normalglas hat z. B. die ungefähre Zusammensetzung (mit wechselnden Mengen Na_2O und CaO):

$$Na_2O \cdot CaO \cdot 6SiO_2$$

Es stellt jedoch keine exakte chemische Verbindung dar und ist vielmehr eine erstarrte Schmelze von Alkali- und Erdalkalisilicaten in einem Überschuss von SiO_2. Da Glas keine einheitliche chemische Verbindung ist, hat es auch keinen genau begrenzten Schmelzpunkt, sondern einen weiten **Erweichungsbereich**.

Neben dem hauptsächlich verwendeten sauren Oxid SiO_2 werden in Spezialgläsern noch P_2O_5 und B_2O_3 eingesetzt, beide in Form ihrer Salze, also z. B. als Calciumphosphat oder Natriumtetraborat (Abschn. 7.2.2).

Die am meisten verwendeten basischen Oxide sind Na_2O und CaO. Bei der Glasherstellung verwendet man meist die billigeren Carbonate, wobei sich in der Glasschmelze nach Entweichen des Kohlendioxids die betreffenden Silicate bilden. Während Alkalisilicate in Wasser löslich sind (die wässrige Lösung von Natriumsilicat in Wasser heißt Natronwasserglas, die entsprechende Kaliumlösung Kaliwasserglas), neigen die in Wasser sehr schwer löslichen Calciumsilicate leicht zur Kristallisation. Erst ein ausgewogenes Mengenverhältnis dieser beiden basischen Oxide ergibt zusammen mit einem Überschuss von Siliciumdioxid das wasserunlösliche, amorphe, Glas genannte Produkt.

Die beiden basischen Bestandteile können ganz oder teilweise durch andere Oxide ersetzt sein, so z. B. in schwer schmelzenden Gläsern das Na_2O durch K_2O oder in Bleigläsern das CaO durch das basische Bleioxid PbO. Durch Zusatz verschiedener Schwermetalloxide können Gläser gefärbt werden, so enthält das dunkelblaue **Cobaltglas** Cobaltoxid.

Emaille ist ein meist mit Zinndioxid SnO_2 getrübter und mit Metalloxiden gefärbter, auf Metall aufgeschmolzener Glasüberzug.

Gläser haben die Eigenschaft, an ihrer Oberfläche eine dünne Wasserhaut zu adsorbieren. Diese Wasserhaut zeigt eine geringe elektrische Leitfähigkeit, weil in ihr aus dem Glas stammende Bestandteile, z. B. Natriumionen, beweglich sind. Quarzglas hingegen, das durch Schmelzen und amorphes Erstarren von ursprünglich kristallisiertem Quarz (SiO_2) erhalten wird (Abschn. 7.2.1.6), zeigt diese Eigenschaften kaum. Durch Glasmembranen können somit schwache elektrische Ströme fließen. Dies ist ein Effekt, der die Verwendung von Glaselektroden zur pH-Messung ermöglicht (Abschn. 10.2.3). Den Stromtransport durch das Glas besorgen die im Glas vorhandenen Ionen, ähnlich wie es bei verschiedenen Halbleiterverbindungen im Abschn. 6.4.3 beschrieben wurde. Man kann Glas auch als **Festelektrolyt** auffassen.

Sicherheitsgläser sind entwickelt worden, um die gefährliche Splitterwirkung von Glas stark herabzumindern. Man unterscheidet zwei verschiedene Arten von Sicherheitsgläsern:

- **Verbundgläser oder Mehrschichtengläser:** Bei ihnen werden zwei oder mehrere Glasschichten durch elastische Zwischenschichten aus Celluloid, Acrylglas oder einem Kunstharz zusammengehalten.
- **Einschichtsicherheitsgläser:** Bei diesen werden die Glasoberflächen nach der Formgebung durch Aufblasen von Pressluft rasch abgekühlt. Dadurch entstehen innere Spannungen im Glas, und zwar stehen die Oberflächenschichten unter Druck, die Kernschicht unter Zugspannung. Beim Zerbrechen solcher Einschichtsicherheitsgläser entstehen keine scharfkantigen Splitter, sondern das Glas zerspringt in eine Vielzahl meist stumpfkantiger, kleiner Teilchen. Damit wird die Gefahr der Verletzung geringer.

Bei der sogenannten **Glaskeramik** wird eine Glasschmelze (Lithium-Alumosilicate) unter Zusatz von hochschmelzenden Keimbildnern (TiO_2, ZrO_2) gebildet und bei höherer Temperatur wärmebehandelt. Hierbei entstehen in eine Glasmatrix eingebettete Kristalle, wobei die Glasphase und die kristalline Phase ein feinkörniges Gefüge bilden. Glaskeramische Werkstoffe besitzen insbesondere einen sehr geringen Wärmeausdehnungskoeffizienten und haben deshalb eine hohe Temperaturwechselbeständigkeit. Glaskeramik wird als Wärmeschutzschicht für Raumfahrzeuge und für Kochfelder eingesetzt.

7.2.5 Alumosilicate

Bei den Alumosilicaten ist im Silicatgitter eine gewisse Anzahl von Siliciumatomen durch Aluminiumatome ersetzt. Die Aluminiumatome haben aber eine positive Ladung im Kern und eine negative Ladung in der Elektronenhülle weniger als die Siliciumatome. Dennoch können solche Alumosilicate und entsprechende Silicate gleiche Elektronenstrukturen haben, und zwar dann, wenn die jeweils fehlende negative Ladung durch ein zusätzliches Elektron am Aluminiumatom und die jeweils fehlende positive Ladung durch ein im Gitter anwesendes positiv geladenes Kation, z. B. ein Alkaliion oder durch die Hälfte des doppelt positiv geladenen Erdalkaliions (z. B. Ca^{2+}) ausgeglichen wird.

Technisch wichtige Alumosilicate finden unter der Bezeichnung **Zeolithe** oder Permutite Verwendung als **Ionenaustauscher**. Diese sind in der Lage, Calciumionen, die Verursacher der Wasserhärte (Abschn. 5.3.2.2c) aus dem Wasser her-

Abb. 7.10 Kristallstruktur des Molekularsiebes UTD-1.

auszuholen, an das Permutitgitter zu binden und dafür Natriumionen in die Lösung abzugeben. Zeolithe werden in Deutschland heute in Waschmitteln als „umweltfreundliche" Ersatzstoffe für die früher gebräuchlichen Waschmittelphosphate eingesetzt (Abschn. 13.2.2.1). Mit Calciumionen beladene, erschöpfte Ionenaustauscher können anschließend durch Natriumchlorid (Kochsalz) wieder regeneriert werden (Abschn. 5.3.2.2c).

Zeolithe bestimmter Zusammensetzung benutzt man als **Molekularsiebe**. Sie ermöglichen die Trennung von Molekülen verschiedener Größe und Gestalt, denn diese „Molekularsiebe" bekommen bei ihrer Herstellung durch Entwässern kleinste Hohlräume, zu denen dann durch genau definierte Öffnungen nur Moleküle bestimmter Größe und Art Zugang haben. Solche Moleküle werden dann durch schwache zwischenmolekulare Wechselwirkungen in diesen Molekularsieben gebunden und damit aus Stoffgemischen abgetrennt (Abb. 7.10). Die abgetrennten Stoffe kann man anschließend wieder aus den Molekularsieben zurückgewinnen. Da die Wasseraufnahme bei Zeolithen ein exothermer Vorgang ist und das Wasser durch Erhitzen wieder ausgetrieben werden kann, können sie auch als **Sorptionsspeicher** (z. B. für Heizsysteme) eingesetzt werden.

Alumosilicate sind in der Natur weit verbreitet. Ionenaustauschvorgänge ähnlich wie bei den Zeolithen ermöglichen den Pflanzen, wichtige, nach der Düngung im Ackerboden gebundene Ionen aus dem Boden aufzunehmen. Von besonderer technischer Bedeutung sind die wasserhaltigen Alumosilicate Kaolinit $Al_2(OH)_4[Si_2O_5]$ und Montmorillonit $Al_2(OH)_2[Si_4O_{10}]$, die sich von der Kieselsäure mit Blattstruktur ($H_2Si_2O_5$) ableiten (Abschn. 7.2.2). Sie bilden die Hauptbestandteile von Tonen und Lehm. Kaolin (Porzellanerde), Tone und Lehm verlieren beim Brennen ihr chemisch gebundenes Wasser und ergeben dadurch **keramische Erzeugnisse**. Je nach Art des verwendeten Rohstoffs und je nach Verarbeitungsweise erhält man:

- **Tongut**: Diese Produkte werden aus Tonen, die neben Kaolinit und Montmorillonit noch andere Stoffe und Verunreinigungen enthalten, durch Zugabe von sogenannten Magerungsmitteln gefertigt und bei relativ niederen Temperaturen (900–1100 °C) zu porösen Erzeugnissen gebrannt (z. B. Ziegel oder „Römertopf", glasiert: Steinguttöpfe).
- **Steinzeug (Tonzeug)**: Hierunter versteht man Tonerzeugnisse, die beim Brennen bis zum Sintern (Temperatur ca. 1100–1300 °C) erhitzt werden (zu Sintern siehe Abschn. 7.2.3). Beispiele: Klinkersteine (unglasiert) oder glasiert als Trinkkrüge, Einmachtöpfe, Schalen und Geschirr.
- **Porzellan**: Es sind aus Kaolin, Quarz und Feldspat hergestellte Gegenstände, die beim Brennen (1300–1450 °C) gesintert und meist mit einer Glasur versehen werden.

Keramische Erzeugnisse dieser verschiedenen Arten können sowohl mit dünner Wandstärke als Geschirr als auch in kompakter Form als Baustoff verwendet werden.

7.2.6 Baustoffbindemittel

7.2.6.1 Kalkmörtel

Als Bindemittel für Baustoffe eignet sich **gelöschter Kalk** $Ca(OH)_2$, den man mit Sand vermischt. Durch Aufnahme von Kohlendioxid aus der Luft geht das Calciumhydroxid allmählich in Calciumcarbonat über und verbindet dadurch die Baustoffe fest miteinander:

$$Ca(OH)_2 + CO_2 \rightarrow CaCO_3 + H_2O$$

Wie die Reaktionsformel zeigt, wird bei diesem Abbindevorgang Wasser frei. Um in frisch bezogenen Neubauten durch diese Abbindereaktion keine unerträglich hohen Feuchtigkeitswerte zu erhalten, kann man durch Anwendung von Kohlendioxid für eine möglichst rasche Umwandlung des Calciumhydroxids in Calciumcarbonat sorgen. Dies kann z. B. durch Abbrennen kohlenstoffhaltiger Brennstoffe in den noch nicht bezogenen Gebäuden geschehen.

7.2.6.2 Zement

Durch Brennen von **Tonen** und **Kalkstein** ($CaCO_3$) und anschließendes Zerkleinern gewinnt man ein Produkt, das als Zement bezeichnet wird. Zement erhärtet bei Zugabe von Wasser unter Bildung von Calciumsilicat- und -aluminat-Hydraten. Die beiden wichtigsten dabei entstehenden hydratisierten Salze werden in der Bauchemie meist durch die folgenden Formeln beschrieben:

$$3CaO \cdot 2SiO_2 \cdot 3H_2O \quad \text{(Tricalcium-Disilicat-Hydrat)},$$
$$3CaO \cdot 2Al_2O_3 \cdot 6H_2O \quad \text{(Tricalcium-Aluminat-Hydrat)}.$$

In Vermischung mit Kies erhält man dabei den als **Beton** bekannten Baustoff.

7.2.6.3 Gips

Das in der Natur in großen Mengen als Gips $CaSO_4 \cdot 2H_2O$ vorkommende Calciumsulfat verliert durch Erhitzen, z. B. auf 120–130 °C einen großen Teil seines **Kristallwassers** und geht in einen wasserärmeren Zustand etwa der chemischen Zusammensetzung $CaSO_4 \cdot 1/2H_2O$ (das sogenannte Halbhydrat oder gebrannter Gips) über. Durch Wasserzufuhr kristallisiert ziemlich schnell wieder Gips mit der Formel $CaSO_4 \cdot 2H_2O$ aus, wodurch sich das Produkt verfestigt (**Baugips**):

$$2[CaSO_4 \cdot 1/2H_2O] + 3H_2O \rightarrow 2[CaSO_4 \cdot 2H_2O]$$

Wie solches Kristallwasser gebunden wird, wird im Abschn. 5.4.2 näher erläutert. Zu einer Verfestigung kommt es dadurch, dass sich die körnige Kristallstruktur des $CaSO_4 \cdot 1/2H_2O$ beim Abbinden in eine Kristallstruktur aus feinen Nadeln beim $CaSO_4 \cdot 2H_2O$ ändert. Diese Nadeln neigen untereinander stark zum Verfilzen, wodurch die Versteifung bewirkt wird.

Durch die Erhitzungstemperatur bei der Herstellung kann man die Abbindungseigenschaften beeinflussen. So erhält man beispielsweise beim Entwässern auf 130–180 °C einen in ca. zehn Minuten abbindenden Stuckgips, der nach dem Abbinden fester als der Baugips ist. Beim Erhitzen auf 800–900 °C entsteht ein praktisch wasserfreies Produkt, das langsam (in ca. 24 h) abbindet und als **Estrichgips** bezeichnet wird. Bei Brenntemperaturen von 1000–1200 °C entsteht ein „totgebrannter Gips“, der praktisch nicht mehr mit Wasser abbindet.

Lässt man Calciumsulfat aus wässrigen Lösungen auskristallisieren, so erhält man Kristalle der Zusammensetzung $CaSO_4 \cdot 2H_2O$ (Gips). Erfolgt die Kristallisation bei Temperaturen oberhalb 66 °C, so erhält man Kristalle ohne Kristallwasser, die man als **Anhydrit** $CaSO_4$ bezeichnet.

In der Bauindustrie wird heute mehr und mehr der Naturgips durch den sogenannten **Rauchgasentschwefelungsgips** (auch kurz REA-Gips genannt) ersetzt. Er fällt als Nebenprodukt bei der Rauchgasreinigung in Kraftwerken an (Abschn. 13.4.3).

7.2.7 Asbest

Unter der Gruppenbezeichnung „Asbest“ fasst man verschiedene Silicate des Magnesiums zusammen. Zu den wichtigsten dieser Mineralien gehört der Krysotil-Asbest, der lange, spinnbare Fasern bildet, die jedoch eine gewisse Säureempfindlichkeit zeigen. Asbest ist beständig gegen Feuer und extreme Hitze. Die chemische Formel lautet $Mg_3[Si_4O_{11}] \cdot 3Mg(OH)_2 \cdot H_2O$. Es wurde früher zu Geweben, Pappe, Filtern usw. verarbeitet. Heute ist Asbest als krebserzeugender Gefahrstoff eingestuft. Deshalb ist das Herstellen und Inverkehrbringen der meisten Asbestprodukte verboten.

7.3 Carbide und Nitride

Carbide sind Verbindungen des Kohlenstoffs mit Metallen oder Halbmetallen. Nitride sind Verbindungen des Stickstoffs mit Metallen und Halbmetallen. Nach der Struktur und den Eigenschaften kann man drei Arten von Verbindungen unterscheiden:

- **Salzartige Verbindungen:** Hier haben der Kohlenstoff bzw. der Stickstoff wesentlich größere Elektronegativität als der metallische Bindungspartner. Man kann solche Carbide und Nitride als Salze auffassen, wobei der Kohlenstoff bzw. der Stickstoff mit negativen Oxidationszahlen zu belegen ist.
- **Einlagerungsverbindungen:** Hier besetzen die C- bzw. N-Atome die Lücken zwischen den Metallatomen (ähnlich wie die H-Atome bei den Hydriden, Abschn. 7.1).
- **Kovalente Verbindungen:** Hier sind die C- bzw. N-Atome mit einem Bindungspartner durch kovalente Bindungen verbunden.

7.3.1 Salzartige Carbide

Sie werden meist von Metallen der ersten und zweiten Hauptgruppe gebildet. Die betreffenden Metalle haben somit eine wesentlich geringere Elektronegativität als der Kohlenstoff bzw. der Stickstoff, also zum Beispiel:

$$\overset{+2}{\mathrm{Ca}}\overset{-1}{\mathrm{C}}_2 \quad \text{oder} \quad \overset{+2}{\mathrm{Ca}}_3\overset{-3}{\mathrm{N}}_2$$

Carbide dieser Art ergeben mit Wasser die betreffenden Metallhydroxide und einen Kohlenwasserstoff. Nitride reagieren zum entsprechenden Metallhydroxid und Ammoniak. Das bekannteste Beispiel für solche Verbindungen ist das **Calciumcarbid** CaC_2, das früher fast ausschließlich zur Herstellung des technisch wichtigen Kohlenwasserstoffs **Acetylen** C_2H_2 (Abschn. 8.1.3) verwendet wurde:

$$CaC_2 + 2H_2O \rightarrow Ca(OH)_2 + C_2H_2$$

7.3.2 Einlagerungsverbindungen

Bei den Einlagerungsverbindungen zwingen die in das Metallgitter eingelagerten C- bzw. N-Atome die Metallatome in eine feste Struktur. Diese Anordnung hat äußerst **harte Substanzen** mit **hohem Schmelzpunkt** zur Folge, die außerordentlich reaktionsträge sind. Sie besitzen aber auch hohe elektrische und thermische Leitfähigkeit.

Wichtige Beispiele für diese Verbindungen sind:

- **Zementit**, Fe_3C, der eine wesentliche Rolle bei der Metallurgie des Eisens spielt und die Härte und Festigkeit des Stahles und mancher Gusseisensorten bedingt (Abschn. 6.5.12).
- **Wolframcarbid**, W_2C, bildet neben den Carbiden von Chrom, Vanadin und Molybdän einen wesentlichen Bestandteil der Wolframstähle oder Schnellarbeitsstähle, die ihre Festigkeit und Härte auch bei erhöhter Temperatur nicht verlieren.
- **Tantalcarbid**, TaC, hat den höchsten Schmelzpunkt aller bekannten festen Stoffe, nämlich 3909 °C und besitzt fast die Härte von Diamant.
- **Eisennitride**, Fe_2N und Fe_4N, spielen beim **Nitrierhärten** von Stahl eine Rolle. Sie bilden sich, wenn Stickstoff bei höherer Temperatur (> 500 °C) in den Stahl eindiffundieren kann. Als Stickstoffquellen werden Gase (wie Ammoniak) oder Salzschmelzen (Cyanidschmelzen) verwendet. Ebenso bilden sich im Stahl Nitride von Chrom, Molybdän usw.

7.3.3 Kovalente Verbindungen

Diese Verbindungen werden häufig als **nicht oxidische keramische Werkstoffe** eingesetzt und wie oxidische Keramik auch als Hochleistungskeramik bezeichnet (Abschn. 7.2.3). Sie besitzen hohe Schmelzpunkte, hohe Festigkeiten (E-Module), Chemikalienbeständigkeit und Härte. Die Eigenschaften variieren wie bei den oxidkeramischen Werkstoffen je nach Herstellungsverfahren (Eigenschaften siehe Tab. 7.9).

Beispiele für diese Verbindungen sind:

- **Carborund**, SiC, wird für Schleifgeräte eingesetzt. Die Struktur entspricht der Struktur von Diamant (Abschn. 6.3.4.1), in dem jedes zweite C-Atom durch ein Si-Atom ersetzt ist (C und Si stehen in der gleichen Hauptgruppe!). Es erreicht nahezu die Härte des Diamanten.
- **Siliciumnitrid**, Si_3N_4, besitzt eine gute Temperaturwechselbeständigkeit und wird z. B. für Tiegel und Gleitdichtungen eingesetzt. Dieser Werkstoff wird auch für extrem verschleißfreie und hitzebeständige Ventile in Automotoren

Tab. 7.9 Eigenschaften einiger nicht oxidischer keramischer Stoffe.

	Schmelzpunkt bzw. Zersetzungstemperatur (°C)	Dichte (g/cm^3)	E-Modul (N/mm^2)
SiC	2300	3,2	$4 \cdot 10^5$
Si_3N_4	2170	3,4	$3 \cdot 10^5$
BN	3000	2,3	$0,9 \cdot 10^5$

getestet. Günstig ist vor allem sein geringes spezifisches Gewicht, sodass die Ventile rund zwei Drittel leichter sind als herkömmliche.
- **Bornitrid**, BN, kann in einer dem Grafit ähnlichen und einer dem Diamant ähnlichen Kristallstruktur auftreten. Die diamantähnliche Struktur wird für keramische Gegenstände unterschiedlicher Art, wie z. B. Schleifmaterialien oder Wärme- und chemikalienfeste Filtermaterialien eingesetzt.

7.4 Nanotechnologie

Die Nanotechnologie zählt zu den **Schlüsseltechnologien** des 21. Jahrhunderts. Das Gebiet der Nanotechnologie bewegt sich in einem Größenbereich, der mehr als zehntausendfach kleiner ist als ein Millimeter. Sie befasst sich mit der Untersuchung, Herstellung und Anwendung von Strukturen mit einer Größe von weniger als 100 nm ($100\,nm = 100 \cdot 10^{-9}\,m = 10^{-7}\,m$). Die Nanotechnologie spielt sich dabei im Bereich zwischen den einzelnen Atomen bzw. deren Verbindungen (Molekülen) und größeren Atom- oder Molekülgruppen ab. Ein menschliches Haar beispielsweise hat einen Durchmesser von etwa 50 000 nm. Die Durchmesser von Atom- und Ionenradien sind typischerweise kleiner als ein Nanometer (Abschn. 1.4.2.4).

Das Gebiet der Nanotechnologie ist eigentlich nicht neu, so enthalten beispielsweise farbige Fenster, wie man sie in mittelalterlichen Kirchen findet, Gold-Nanoteilchen, die in das Glas eingebettet sind. Die Größe dieser Teilchen bestimmt die Farbe des Glases von Orange über Purpur, Rot nach Grün. Neu ist heute, dass die Nanotechnologie systematisch erforscht und entwickelt wird; dabei ist sie eine typische **interdisziplinäre Wissenschaft**. Chemiker, Physiker, Biologen, Mediziner und Ingenieure arbeiten zusammen, um die Richtung der Entwicklung und Anwendung dieser Technologie zu bestimmen. Bisher ist die Entwicklung und Anwendung der Nanotechnologie im Bereich der anorganischen Stoffe am weitesten fortgeschritten, sie ist allerdings nicht auf diesen Bereich beschränkt. Gerade auch im Bereich der organischen Chemie und Biologie gibt es in der Forschung viele aussichtsreiche Ansätze für zukünftige Anwendungen vor allem in der Medizintechnik.

Es stellt sich die Frage, was die Nanotechnologie so bedeutsam und aussichtsreich macht. Man bewegt sich hier in einem Grenzbereich, in dem vor allem zwei Effekte eine Rolle spielen:

- die Oberflächeneigenschaften dominieren gegenüber den Volumeneigenschaften der Materialien und
- es müssen zunehmend quantenphysikalische Effekte berücksichtigt werden (zu Quantenphysik siehe Abschn. 1.3.2.2).

Nanoobjekte können somit physikalische oder chemische Eigenschaften besitzen, die man bei größeren Objekten nicht kennt. So besitzen Gold-Nanoteilchen an-

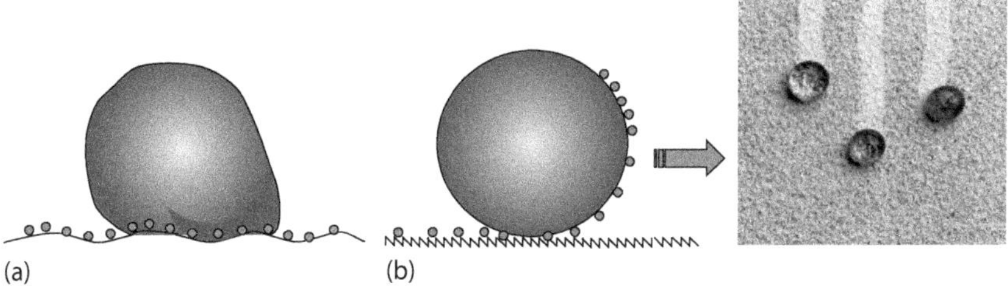

Abb. 7.11 Wassertropfen auf (a) glatter und (b) nanostrukturierter Oberfläche.

dere Eigenschaften (z. B. Farbe) als makroskopische Goldbarren. Somit werden völlig neue Anwendungen erschlossen, wie schon die farbigen mittelalterlichen Fenster zeigen.

Nanostrukturen lassen sich auch als Beschichtung auf Oberflächen aufbringen. Diese Oberflächen werden dadurch superhydrophob, d. h. stark wasserabweisend. Wenn man diese Nanostrukturen auf bereits entsprechend mikrostrukturierte Oberflächen aufbringt, kann ein sehr stark wasserabweisender Effekt erzielt werden, welcher auch als **Lotuseffekt**[6] bezeichnet wird. Diese so behandelten Flächen weisen auch Fette, Öle und Säuren ab und sind chemisch sehr beständig. Dies ist schematisch in Abb. 7.11 dargestellt. Auf glatten Flächen liegen starke Wechselwirkungen zwischen den Tropfen bzw. den Schmutzteilchen und der Oberfläche – sogenannte Adhäsionskräfte – vor. Die Schmutzteilchen können vom Tropfen nicht aufgenommen werden. Bei den nanostrukturierten Oberflächen sind die Adhäsionskräfte minimal; der Tropfen nimmt fast ideale kugelige Gestalt an. Aufliegende Schmutzpartikel – die ebenfalls nur eine kleine Kontaktfläche besitzen – werden dadurch mitgerissen und weggespült. Aus diesem Grund sind nanostrukturierte Oberflächen selbstreinigend (Abb. 7.11b). Nanobeschichtungen werden beispielsweise im Sanitärbereich, bei Implantaten, als selbstreinigende Hausfassade oder als Lackschutz für Autos eingesetzt.

Zu den anorganischen Materialien, welche häufig in Form von Nanopartikeln hergestellt werden, gehört **Titandioxid** (TiO_2). Es wird technisch schon seit langer Zeit als Weißpigment mit hoher Deckkraft eingesetzt (Abschn. 11.7.2). Nanopartikel von Titandioxid werden zum **Schutz vor UV-Strahlen**, z. B. in Sonnencremes verwendet. Sie haben den Vorteil der hohen Transparenz gegenüber sichtbarem Licht (aufgrund der kleinen Partikeldurchmesser) bei gleichzeitig hoher UV-Absorption. In Sonnencremes wirken die TiO_2-Partikel nur oberflächlich auf der Haut und werden nicht durch die Haut aufgenommen wie die organischen UV-Filtersubstanzen, welche in Sonnencremes auch verwendet werden. Inzwischen gibt es kaum noch einen Sonnenblocker mit einem Lichtschutzfaktor über 20 ohne solche Zusätze. Des Weiteren können diese UV-Schutzeigen-

6) Der Lotuseffekt tritt vor allem bei Pflanzenoberflächen auf (auch bei der Lotuspflanze) und bewirkt aufgrund der geringen Benetzung ein Abperlen der Wassertropfen. Die biologische Bedeutung dieses Effektes liegt für die Pflanze im Schutz vor einer Besiedlung durch Mikroorganismen, Krankheitserreger oder Keime.

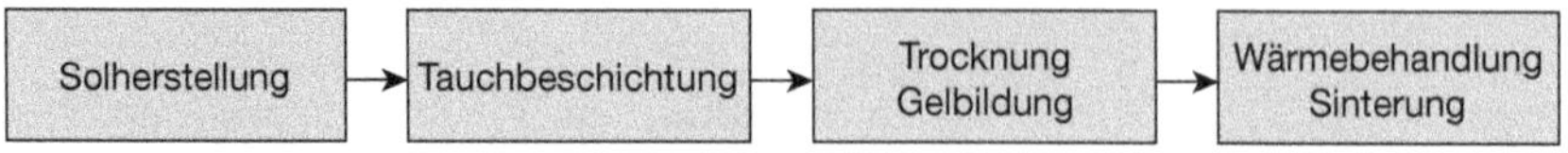

Abb. 7.12 Verfahrensschritte beim sogenannten Sol-Gel-Prozess.

schaften auch durch Zusatz in Klarsichtfolien im Nahrungsmittelbereich oder in Holzschutzmitteln ausgenutzt werden.

Nanopartikel aus Titandioxid haben auch eine ausgeprägte **fotokatalytische Wirkung**, denn durch die Absorption von UV-Strahlung können durch eine Reaktion aus Wassermolekülen hochreaktive OH-Radikale entstehen. Diese haben eine desinfizierende Wirkung und können auch organische Schadstoffe in Wasser oder Luft oxidativ zersetzen. Aufgrund ihres hohen Oberflächen-zu-Volumen-Verhältnisses sind Nanopartikel hierbei besonders wirksam. Auf diese Weise können entsprechend beschichtete Oberflächen unter Einfluss von Sonnenlicht zur Reinigung von Abwässern mit biologisch schwer abbaubaren Inhaltsstoffen verwendet werden (Abschn. 13.2.5). Auch Nanopartikel aus anderen Materialien können sehr effektiv zur Desinfektion oder als Katalysatoren eingesetzt werden. Beispielsweise wirkt Silber schon ab Konzentrationen von 10^{-9} mol/l antibakteriell. Nanopartikel aus Silber können das Wachstum von Bakterien auf den Oberflächen von medizinischen Geräten hemmen. Diese Schichten weisen zudem eine hohe Transparenz auf.

Durch Auftragung von nanostrukturierten Schichten aus **Siliciumdioxid** SiO_2 kann Glas entspiegelt werden. Entspiegeltes Glas hat eine große Bedeutung in der Fotovoltaik (fotoelektrischer Effekt, siehe Abschn. 6.4.2.6), da durch Reflexion an der Glasoberfläche bis zu acht Prozent an Strahlung verloren gehen kann. Ursache der Reflexion an einer Glasoberfläche ist der Unterschied im Brechungsindex zwischen Luft und Glas. Bringt man eine Antireflexschicht auf beiden Seiten des Glases auf, kann deutlich mehr Lichtenergie durch die Scheibe gelangen, und die Lichtausbeute des Solarmodules wird erhöht. Solche Nanoschichten können durch ein sogenanntes **Sol-Gel-Verfahren** aufgebracht werden (Abb. 7.12).

Hierbei besteht das Sol aus SiO_2 Kügelchen mit einem Durchmesser von 20–50 nm, die in einem Lösungsmittelgemisch verteilt (dispergiert) sind. Die gereinigte Glasfläche wird in das Solbad getaucht. Über die Geschwindigkeit, mit der die Glasplatte aus dem Bad gezogen wird, kann die Schichtdicke eingestellt werden. Beim Trocknen der Platten bildet sich durch Vernetzung der Teilchen aus dem Sol ein Gel. Dieses wird anschließend bei 650 °C fest in das Glas eingebrannt. Die Schicht ist wegen der Zwischenräume zwischen den Nanoteilchen porös, wobei die Poren nur wenige Nanometer groß sind. Durch diese Struktur besitzt die Schicht einen wesentlich geringeren Brechnungsindex als die unbehandelte Glasfläche.

Neben den genannten anorganischen Verbindungen gibt es natürlich noch viele andere Materialien, welche im Bereich der Nanotechnologie eingesetzt werden können. Elementarer Kohlenstoff spielt eine besondere Rolle in Form von sogenannten Fullerenmolekülen oder Nanoröhrchen (Abschn. 6.3.4.3 und 6.3.4.12). Auch im Bereich der Medikamentenentwicklung in der **pharmazeutischen In-**

dustrie spielen Nanopartikel eine immer bedeutendere Rolle. Hierbei können Nanopartikel helfen, die Bioverfügbarkeit (d. h., wie gut ein Medikament bestimmte Zellen erreichen kann) von Medikamenten zu erhöhen. Die lokale Verabreichung von Medikamenten im Nanomaßstab bietet zum einen den Vorteil des gezielten Ansprechens nur bestimmter Zellen und zum anderen die kontrollierte Freisetzung der Wirkstoffe. Im Bereich der Tumortherapie werden bereits eisenoxidhaltige Nanopartikel (ca. 15 nm Durchmesser) eingesetzt. Diese Nanopartikel werden in Tumore eingebracht und anschließend durch ein magnetisches Wechselfeld in Schwingung versetzt. Dabei entsteht Wärme und der Tumor kann entweder irreparabel geschädigt oder empfindlicher gegenüber anderen Therapieformen werden.

Die Nanotechnologie eröffnet wie jede andere Zukunftstechnologie nicht nur weit reichende Chancen, sie kann auch Risiken bergen. Die Erforschung der Risiken der Nanotechnologie findet auf nationaler und internationaler Ebene statt. Hierbei stehen mögliche negative Auswirkungen von Nanopartikeln auf die menschliche Gesundheit im Mittelpunkt. Durch ihr großes Oberfläche-zu-Volumen-Verhältnis sind sie chemisch und physikalisch reaktiver als größere Teilchen. Man weiß seit Langem, dass feine und ultrafeine Stäube bei Menschen gesundheitliche Schäden hervorrufen können. Die Erfahrungen mit den gesundheitlichen Auswirkungen dieser Stoffe sind noch sehr eingeschränkt, und sie müssen weiter erforscht werden.

8 Organische Verbindungen

Unter organischen Verbindungen verstand man ursprünglich solche Stoffe, die sich mithilfe von Lebensprozessen bilden und deshalb nur in Organismen, in Zellen von Lebewesen vorkommen. Im Jahre 1828 gelang es Wöhler (Friedrich Wöhler, 1800–1882) den bis dahin nur als Stoffwechselprodukt bekannten Harnstoff durch chemische Reaktionen aus anorganischen Stoffen, in letzter Konsequenz aus Kohlendioxid und Ammoniak, im Laboratorium, ohne die Hilfe einer bis dahin vermuteten „Lebenskraft" herzustellen. Es wurde damit deutlich, dass sich organische Verbindungen auch außerhalb von Organismen bilden können. Trotz dieser Erkenntnis hat man die Bezeichnung organische Verbindungen beibehalten. Heute gilt in erheblicher Abweichung des ursprünglichen Bedeutungsinhaltes die folgende Definition:
Die organische Chemie ist die Chemie der Kohlenstoffverbindungen. *Diese Definition hat insofern eine Berechtigung, da man weiß, dass das Leben an Verbindungen des Kohlenstoffs gebunden ist. Das Gebiet der organischen Chemie umfasst aber auch eine Vielzahl von Kohlenstoffverbindungen, die in lebenden Organismen nicht vorkommen. Andererseits werden die einfachen Kohlenstoff-Sauerstoff-Verbindungen (Kohlenmonoxid, Kohlendioxid, Kohlensäure und ihre Salze) sowie die Carbide zum Gebiet der anorganischen Chemie gezählt.*
Die heutige Abgrenzung des Gebietes der organischen Chemie kann man auch damit rechtfertigen, dass Kohlenstoffverbindungen grundsätzlich andere Eigenschaften als die meisten anorganischen Verbindungen zeigen. Stark vereinfachend lässt sich der Unterschied durch die in Tab. 8.1 angegebenen Merkmale verdeutlichen.
Ursache für die Andersartigkeit der Kohlenstoffverbindungen ist die Fähigkeit des Kohlenstoffs, sich mit anderen Kohlenstoffatomen zu sehr beständigen Molekülketten oder Ringen zu vereinen und den Wasserstoff kovalent zu binden. Die Zahl der heute bekannten organischen Verbindungen ist (mehr als $5 \cdot 10^6$ Verbindungen) etwa zehnmal so groß wie die der anorganischen, obwohl an den organischen Verbindungen außer dem Kohlenstoff meist nur wenige andere Elemente, vor allem H, O, N, S und die Halogene beteiligt sind.

Chemie für Ingenieure, 14. Auflage. Jan Hoinkis.
©2016 WILEY-VCH Verlag GmbH & Co. KGaA. Published 2016 by WILEY-VCH Verlag GmbH & Co. KGaA.

Tab. 8.1 Unterschiede zwischen organischen und anorganischen Verbindungen.

Unterscheidungsmerkmal	***Organische Verbindung***	***Anorganische Verbindung***
Bindungsart	*vorwiegend kovalent*	*vorwiegend ionisch und metallisch*
Aggregatzustand	*niedermolekular: gasförmig und flüssig* *höhermolekular: fest, meist niedriger Schmelzpunkt*	*vorwiegend fest mit hohen Schmelzpunkten*
Flüchtigkeit	*groß, niedere Siedepunkte*	*gering, hohe Siedepunkte*
Löslichkeit in Wasser	*meist unlöslich, bei Löslichkeit keine Dissoziation in Ionen*	*häufig löslich unter elektrolytischer Dissoziation in Ionen*
Löslichkeit in organischen Lösungsmitteln	*meist löslich*	*meist unlöslich*

Für diese große Zahl aller organischen Verbindungen gibt es jedoch ein sehr einfaches Einteilungsschema, das aus der Abb. 8.1 ersichtlich ist. Die in diesem Einteilungsschema angegebenen Grundgerüste organischer Verbindungen erhält man, wenn man in den Strukturformeln alle Nicht-Kohlenstoffatome abstreicht, sofern sie nicht wie bei den heterocyclischen Verbindungen Bestandteil des Grundgerüstes selbst sind.
Der Überblick über das umfangreiche Gebiet der organischen Verbindungen erfolgt in diesem Lehrbuch mit folgenden Schwerpunkten: Es werden in erster Linie die in der Technik sehr häufig verwendeten organischen Stoffe wie z. B. Erdgas, Ethylen, Fettlösungsmittel, Kältemittel, Seifen, Ester, Cyanide oder Kraftstoffe und Schmieröle ausführlicher beschrieben. Ferner werden besondere Stoffe erwähnt, die zum Aufbau und zur Herstellung von Kunststoffen verwendet werden. Schließlich sollen noch solche Stoffe bzw. Stoffklassen berücksichtigt werden, die für die biologischen Vorgänge notwendig sind.

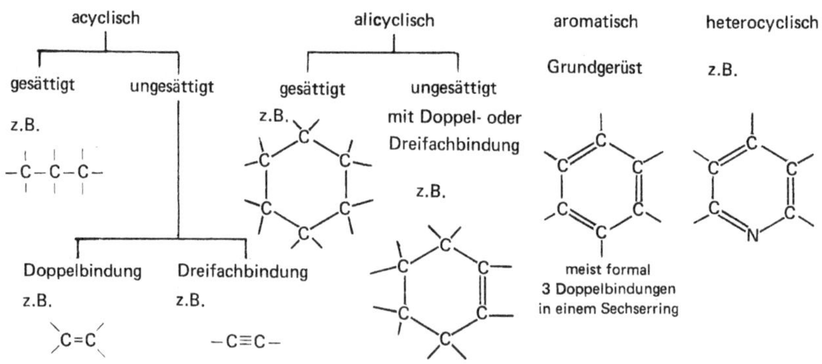

Abb. 8.1 Einteilungsschema für organische Verbindungen.

8.1 Kohlenwasserstoffe

Kohlenwasserstoffe sind kovalente Verbindungen von Kohlenstoff und Wasserstoff. Entsprechend dem Einteilungsschema von Abb. 8.1 kann man zwischen den folgenden wichtigsten Gruppen von Kohlenwasserstoffen unterscheiden:

- gesättigte acyclische (aliphatische[1], kettenförmige) Kohlenwasserstoffe, auch **Alkane** oder **Paraffine** genannt,
- ungesättigte acyclische Kohlenwasserstoffe; es sind kettenförmige Kohlenwasserstoffe mit Doppelbindungen (**Olefine** oder **Alkene**) oder Dreifachbindungen (**Acetylene** oder **Alkine**),
- **alicyclische** (ringförmige) **Kohlenwasserstoffe**, entweder gesättigt (Cycloparaffine oder Cycloalkane) oder ungesättigt (Cycloalkene bzw. Cycloalkine) und
- **aromatische Kohlenwasserstoffe** (mit speziellen Elektronenresonanzstrukturen).

8.1.1 Alkane oder Paraffine

Alkane sind Kohlenwasserstoffe, bei denen die Kohlenstoffatome in kettenförmiger Anordnung durch kovalente Einfachbindungen miteinander verbunden sind. Sie sind chemisch reaktionsträge und werden auch als **Paraffine** bezeichnet. Der chemische Name wird gebildet durch Anhängen der Silbe „**an**" an den Wortstamm, der die Anzahl der Kohlenstoffatome im Molekül kennzeichnet. Die Summenformel der Alkane errechnet sich allgemein aus der Formel C_nH_{2n+2} (Tab. 8.2).

8.1.1.1 Methan

Der molekulare Aufbau dieser einfachsten Kohlenwasserstoffverbindung wurde bereits im Abschn. 7.1.1 ausführlich beschrieben und durch Abb. 7.3a und 7.4a veranschaulicht. Methan kommt in der Natur als Erdgas, Grubengas und Sumpfgas vor. Das in Faultürmen von Kläranlagen durch anaerobe Verwesungsprozesse entstehende Faul- oder **Biogas** besteht zum größten Teil aus Methan (Abschn. 13.2.3.4). Man verbrennt dieses Faulgas und verwendet die dabei gewonnene Wärmeenergie zum Heizen und zur Erzeugung elektrischer Energie. Methan verbrennt in stark exothermer Reaktion zu Kohlendioxid und Wasserdampf:

$$CH_4 + 2O_2 \rightarrow CO_2 + 2H_2O \quad \Delta H° = -802{,}9\,\text{kJ}$$

Die hierzu notwendige, relativ hohe Zündtemperatur von 650 °C, die diese exotherme Verbrennungsreaktion erst in Gang bringt, ist erforderlich, um die ziem-

1) aleiphar, gr. = Fett; die Fette (Abschn. 8.4.8) als typische Vertreter kettenförmiger Kohlenstoffverbindungen haben allen acyclischen organischen Verbindungen (nicht nur den Kohlenwasserstoffen) diesen Klassennamen gegeben.

Tab. 8.2 Physikalische Eigenschaften einiger geradkettiger Alkane.

Verbindung	Formel	Summenformel	Schmelzpunkt (°C)	Siedepunkt (°C)
Methan	CH_4	CH_4	−182,5	−164
Ethan	$CH_3{-}CH_3$	C_2H_6	−172	−88,6
Propan	$CH_3{-}CH_2{-}CH_3$	C_3H_8	−190	−42,1
n-Butan	$CH_3{-}[CH_2]_2{-}CH_3$	C_4H_{10}	−135,0	−0,5
n-Pentan	$CH_3{-}[CH_2]_3{-}CH_3$	C_5H_{12}	−129,7	+36,1
n-Hexan	$CH_3{-}[CH_2]_4{-}CH_3$	C_6H_{14}	−95,3	68,7
n-Heptan	$CH_3{-}[CH_2]_5{-}CH_3$	C_7H_{16}	−90,6	98,4
n-Oktan	$CH_3{-}[CH_2]_6{-}CH_3$	C_8H_{18}	−56,8	125,7
n-Nonan	$CH_3{-}[CH_2]_7{-}CH_3$	C_9H_{20}	−51,0	150,8
n-Dekan	$CH_3{-}[CH_2]_8{-}CH_3$	$C_{10}H_{22}$	−29,7	174,1
n-Hexadekan	$CH_3{-}[CH_2]_{14}{-}CH_3$	$C_{16}H_{34}$	+18,1	286,5

lich stabile Wasserstoff-Kohlenstoff-Bindung zu lösen. Wegen dieser festen Wasserstoff-Kohlenstoff-Bindung sind Kohlenwasserstoffe chemisch reaktionsträge (= Paraffine).

Beim Erhitzen von Methan unter Luftabschluss kann diese Bindung zwischen Kohlenstoff und Wasserstoff gelöst werden. Durch Abspaltung eines Wasserstoffatoms entsteht zunächst aus dem Methan das **Radikal** $CH_3\cdot$, das als **Methyl**(radikal) bezeichnet wird. Radikale sind Atome, Moleküle oder Ionen, die über mindestens ein **ungepaartes Elektron** verfügen. Die meisten Radikale sind **sehr reaktiv** und existieren unter Normalbedingungen nur sehr kurze Zeit. Radikale spielen in der Chemie der oberen Atmosphäre eine wichtige Rolle, wo sie zur Bildung und zum Abbau von Ozon beitragen (Abschn. 8.2.4). Durch Vereinigung zweier Methylradikale kann der Kohlenwasserstoff Ethan $CH_3{-}CH_3$ (frühere Schreibweise Äthan) entstehen.

8.1.1.2 **Geradkettige Paraffine**

Eine in Gedanken immer weiter fortgeführte Abspaltung von Wasserstoffatomen aus Kohlenwasserstoffen und das Ersetzen des abgespalteten Wasserstoffs durch organische Radikale führt schließlich zu einer großen Anzahl von möglichen Kohlenwasserstoffen, wie es im Folgenden angedeutet werden soll.

Die Abspaltung eines Wasserstoffatoms aus dem **Ethan** $CH_3{-}CH_3$ und die Vereinigung des dadurch entstehenden Ethylradikales mit einem Methylradikal führen zu einem Kohlenwasserstoff mit drei Kohlenstoffatomen, den man **Propan** nennt. Aus dem Propan erhält man entweder das normale Propylradikal oder das Isopropylradikal:

$CH_3-CH_2-CH_2\cdot$ *n*-Propyl-

$CH_3-\dot{C}H-CH_3$ iso-Propyl-

Durch Vereinigung mit Methylradikalen entstehen aus diesen das normale Butan (*n*-Butan) und das Isobutan:

$H_3C-CH_2-CH_2-CH_3$ *n*-Butan

$CH_3-CH(CH_3)-CH_3$ iso-Butan

Auf diese Weise gelangt man zu geradkettigen und verzweigtkettigen höheren Kohlenwasserstoffen. Die physikalischen Eigenschaften einiger geradkettiger oder normaler Alkane sind aus Tab. 8.2 ersichtlich.

Bei Raumtemperatur sind die Alkane bis zum Butan gasförmig, vom Pentan bis zum geradkettigen Hexadekan flüssig und ab *n*-Heptadekan fest. Je höher die Molmasse, desto höher liegt aufgrund der zunehmenden **Van-der-Waals-Wechselwirkungen** auch der Schmelz- und Siedepunkt der Verbindung (Abschn. 2.5.2).

8.1.1.3 Paraffine mit Seitenverzweigungen

Die Alkane mit Seitenverzweigungen haben ebenfalls die Summenformel $C_nH_{2n} + 2$; sie sind mit den geradkettigen Paraffinen **isomer**.

Man bezeichnet Moleküle, die in Art und Anzahl der sie aufbauenden Atome übereinstimmen, die jedoch infolge einer unterschiedlichen Anordnung der Atome verschiedenartige Strukturformeln besitzen, als **Strukturisomere**.

Die Lage und Art der Seitenketten bei den Isomeren werden so gekennzeichnet, dass man die Kohlenstoffatome in der Hauptkette mit fortlaufenden Nummern beziffert und durch eine (oder mehrere) vor den chemischen Namen gestellte Zahl angibt, an welchem nummerierten Kohlenstoffatom der Hauptkette die Seitenkette jeweils gebunden ist. Die Zusammensetzung der Seitengruppe wird durch den Radikalnamen für den betreffenden Kohlenwasserstoffrest angegeben, d. h., man hängt die Endung -yl an den betreffenden Wortstamm, der die Anzahl der Kohlenstoffatome in der Seitenkette kennzeichnet, also z. B. Methyl- für CH_3-, Ethyl- für C_2H_5-, Propyl- für C_3H_7- usw.

Tab. 8.3 Physikalische Eigenschaften einiger isomerer Oktane.

Verbindung	Formel	Schmelzpunkt (°C)	Siedepunkt (°C)
n-Oktan	$CH_3{-}[CH_2]_6{-}CH_3$	−56,8	125,7
2-Methylheptan	$(CH_3)_2CH{-}[CH_2]_4{-}CH_3$	−109,2	117,6
3-Methylheptan	$CH_3{-}CH_2{-}CH(CH_3){-}[CH_2]_3{-}CH_3$	−120,6	118,9
2,2-Dimethylhexan	$(CH_3)_3C{-}[CH_2]_3{-}CH_3$	−121,2	106,8
2,5-Dimethylhexan	$(CH_3)_2CH{-}[CH_2]_2{-}CH(CH_3)_2$	−91,4	109,1
2,2,4-Trimethylpentan	$(CH_3)_3C{-}CH_2{-}CH(CH_3)_2$	−107,6	99,1
2,2,3,3-Tetramethylbutan	$(CH_3)_3C{-}C(CH_3)_3$	+100,7	106,3

runde Klammer = Anzahl der an einem Kohlenstoffatom gebundenen Atomgruppen; eckige Klammer = Anzahl der zu Ketten aneinandergehängten Atomgruppen.

Beispiel

```
       H   CH3  H   CH3  H
       |    |   |    |   |
       | 1  | 2 | 3  | 4 | 5
   H — C —  C — C —  C — C — H
       |    |   |    |   |
       H   CH3  H    H   H
```

2,2,4-Trimethylpentan
Trivialname: „Isooctan“

Das 2,2,4-Trimethylpentan ist eine wichtige Vergleichssubstanz zur Bestimmung der **Oktanzahl** von Kraftfahrzeugbenzinen für Ottomotoren (Abschn. 8.8.2.1). Die Anzahl der möglichen Isomere wächst mit steigender Kohlenstoffzahl rasch an. Während bei Alkanen mit fünf Kohlenstoffatomen drei Isomere möglich sind, existieren von Hexan fünf Isomere, von Heptan neun Isomere, von Oktan 18 und von Dekan bereits 75 Isomere. Die Schmelz- und Siedepunkte dieser Isomere unterscheiden sich oft erheblich voneinander. Die Siedepunkte liegen meist umso höher, je langgestreckter der Molekülbau ist, d. h., je stärker die Van-der-Waals-Kräfte zwischen den Molekülen wirksam werden können (Tab. 8.3).

8.1.2 Alkene oder Olefine

Aliphatische Kohlenwasserstoffe mit mindestens einer Doppelbindung pro Molekül werden Alkene oder Olefine genannt.

8.1.2.1 Ethylen oder Ethen

Das einfachste Olefin ist das Ethylen oder Ethen (die früher im Deutschen übliche Schreibweise Äthylen oder Äthen wurde der internationalen angeglichen, nämlich mit „E“ statt mit „Ä“). Die Formel lautet:

$$\begin{matrix} H & & & & H \\ & \diagdown & & \diagup & \\ & & C{=}C & & \\ & \diagup & & \diagdown & \\ H & & & & H \end{matrix} \quad \text{oder} \quad CH_2{=}CH_2 \quad \text{oder} \quad C_2H_4$$

Ethylen (Smp. = −169,2 °C; Sdp. = −103,7 °C), ein farbloses, etwas süßlich riechendes, mit rußender Flamme brennendes Gas, ist einer der bedeutendsten Rohstoffe in der organisch-chemischen Großindustrie. Es ist auch Ausgangsprodukt zur Herstellung vieler Kunststoffe (Kapitel 9).

8.1.2.2 Nomenklatur und Eigenschaften der Olefine

Die Namen für die einfachen Olefine (mit nur einer Doppelbindung im Molekül) werden durch Anhängen der Endung -**en** oder -**ylen** an den Wortstamm gebildet, also z. B. Propen oder Propylen, Buten oder Butylen usw. Die Summenformel für die Olefine berechnet sich allgemein gemäß C_nH_{2n}.

Die Stellung der Doppelbindung in der Kohlenstoffkette kann durch eine Zahl bezeichnet werden, die man dem Namen des Olefins voranstellt. Die Zahl gibt das Kohlenstoffatom an, von dem die Doppelbindung zum nächsten, höher nummerierten Atom ausgeht.

Beispiel
1-Buten

$$\overset{4}{CH_3}{-}\overset{3}{CH_2}{-}\overset{2}{CH}{=}\overset{1}{CH_2}$$

Olefine sind chemisch reaktionsfähiger als die Paraffine, weil die π-Bindungen nicht so stabil sind wie die σ-Bindungen. Durch geeignete Reagenzien können die π-Bindungen gelöst und durch Anlagerung von anderen Atomen in stabilere σ-Bindungen umgewandelt werden. So reagieren Olefine z. B. leicht mit elementarem Brom:

$$CH_2{=}CH_2 + Br_2 \rightarrow CH_2Br{-}CH_2Br$$

Da Olefine durch Anlagerung anderer Stoffe an die Doppelbindung noch abgesättigt werden können, bezeichnet man sie auch als **ungesättigte Verbindungen**. Die Reaktion mit Brom oder Bromwasser (= Lösung von Brom in Wasser) kann zur qualitativen und quantitativen Bestimmung der Olefine benutzt werden, denn Brom oder Bromwasser haben eine deutlich braune Farbe, die sich bildenden Brom-Kohlenwasserstoffe sind jedoch farblos. Deswegen können Olefine durch Entfärben von Bromwasser erkannt und bestimmt werden.

Bei der Reaktion von Ethylen mit Brom entsteht aus dem bei Raumtemperatur gasförmigen Alken eine farblose, ölige Flüssigkeit, das 1,2-Dibromethan. Das Ethylen ist deshalb ein ölbildendes Gas. Von dieser Eigenschaft haben schließlich die Kohlenwasserstoffe mit Doppelbindung ihre Stoffklassenbezeichnung **Olefine** erhalten.

Tab. 8.4 Physikalische Eigenschaften wichtiger Diolefine.

Verbindung	Formel	Schmelzpunkt (°C)	Siedepunkt (°C)
1,3-Butadien	$CH_2{=}CH{-}CH{=}CH_2$	−108	−4,5
2-Methyl-1,3-butadien („Isopren")	$CH_2{=}C(CH_3){-}CH{=}CH_2$	−120	+34

Das Anlagern von Wasserstoff an Doppelbindungen heißt **Hydrieren**, der umgekehrte Vorgang, die Abspaltung von Wasserstoff wird **Dehydrieren** genannt.

Beispiel

$$\underset{\text{Ethen}}{CH_2{=}CH_2} + H_2 \underset{\text{Dehydrieren}}{\overset{\text{Hydrieren}}{\rightleftarrows}} \underset{\text{Ethan}}{CH_3{-}CH_3}$$

Das Dehydrieren wird großtechnisch angewandt, um die als Ausgangsprodukte für viele Kunststoffe wichtigen Olefine zu gewinnen.

8.1.2.3 **Diolefine**

Diolefine enthalten zwei Doppelbindungen im Molekül. Als Rohstoffe für verschiedene Kunststoffe sind vor allem 1,3-Butadien und 2-Methyl-1,3-butadien („Isopren") wichtig (Tab. 8.4).

8.1.2.4 **Cracken von Paraffinen**

Die zur Herstellung von Kunststoffen in großem Maße benötigten Olefine und Diolefine werden durch Cracken (to crack, engl. = spalten, zerbrechen) von Erdölprodukten gewonnen. Bei diesen Verfahren werden Paraffine durch **kurzzeitiges Erhitzen** in Röhrenreaktoren gespalten. Je nach den gewünschten Crackprodukten wendet man dabei Temperaturen von 300–900 °C und Drücke bis zu 80 bar an. Der Crackprozess kann auch mithilfe von Katalysatoren, wie z. B. Zeolithen (Abschn. 7.2.5) durchgeführt werden (katalytisches Cracken). Infolge der starken Wärmebewegung der Moleküle brechen die Paraffine auseinander. Die frei werdenden Bindungen wandern unter Ausbildung von Doppelbindungen und unter Wasserstoff-Abspaltung ins Innere der Moleküle. Die abgespaltenen Wasserstoffatome können sich entweder zu Wasserstoffmolekülen vereinigen oder mit Kohlenwasserstoffresten Paraffine bilden. Beim Cracken von Paraffinen bildet sich somit ein Gemisch von Olefinen (hauptsächlich Ethylen, Propylen), Diolefinen, niederen Paraffinen (hauptsächlich Methan) und Wasserstoff; ferner entstehen auch ringförmige Kohlenwasserstoffe.

Im folgenden Formelbeispiel entstehen durch das Cracken des Paraffins *n*-Dekan die Olefine Ethylen, Propylen, Butadien, außerdem Methan und Wasserstoff:

Cracken

H_2

8.1.3
Alkine oder Acetylene

Aliphatische Kohlenwasserstoffe mit mindestens einer Dreifachbindung pro Molekül werden Alkine genannt und der jeweilige Name durch Anhängen der Endung -**in** oder -**ylen** an den Wortstamm gebildet.

Das einfachste Alkin hat die Formel HC≡CH. Es wird **Ethin** oder **Acetylen** genannt und findet eine verbreitete Verwendung in der Technik zum Schweißen von Metallen. Die höheren Homologen (homologos, gr. = übereinstimmend) des Acetylens erhält man durch sukzessives Einfügen von $-CH_2$-Gruppen, ähnlich wie bei den Alkanen. Da diese von geringerer Bedeutung sind, wird an dieser Stelle nur das Acetylen selbst ausführlich besprochen. Acetylene oder Alkine tragen die Endung -**in**, z. B. Propin.

8.1.3.1 **Die Stabilität des Acetylenmoleküls**
Beim Acetylen sind zwei benachbarte Kohlenstoffatome durch eine **Dreifachbindung** miteinander verbunden. Die Dreifachbindung besteht aus einer σ- und zwei aufeinander senkrecht stehenden π-Bindungen (Abschn. 2.1.3).

Die Bindungsenergie liegt bei der Acetylendreifachbindung HC≡CH in der gleichen Größenordnung wie beim Stickstoffmolekül N≡N. Beim Stickstoff ist das N_2-Molekül die energieärmste Stickstoffverbindung. Um diese Dreifachbindung zu spalten, muss ein Energiebetrag aufgewendet werden, der mindestens so groß wie die Bindungsenergie ist. Es entstehen dabei die energiereicheren Stickstoffatome, die sich bald wieder unter Abgabe der Bindungsenergie zu N_2-Molekülen vereinigen.

Bei Gegenwart von Sauerstoff können sich auch Stickstoffoxide bilden. Der dabei frei werdende Energiebetrag ist aber geringer als bei der Bildung der N_2-Moleküle, die Verbindung NO ist energiereicher als das Stickstoffmolekül. Die Bildung von NO aus N_2 und O_2 erfolgt daher insgesamt als endothermer Vorgang unter Wärmeverbrauch (Abschn. 4.2).

Aus dem Acetylen hingegen können durch Spaltung der Verbindung auch energieärmere Stoffe entstehen, und zwar Kohlenstoff in Grafitmodifikation und molekularer Wasserstoff. Bei der thermischen Dissoziation des Moleküls wird dann zwar Energie verbraucht (endotherme Teilreaktion), jedoch fällt die Gesamtenergiebilanz beim Zerfall exotherm aus, wenn man auch die **stark exothermen Reaktionen** bei der Bildung von Grafit und Wasserstoffmolekülen aus den Zerfallsprodukten berücksichtigt:

$$C_2H_2 \rightleftarrows 2C + H_2 \quad \Delta H^\circ = -226{,}9\,\text{kJ}$$

Die frei werdende Energie beim Zerfall von Acetylen wird bei hohen Acetylenkonzentrationen (flüssiges Acetylen oder auch gasförmiges Acetylen mit Drücken höher als 2,5 bar) rasch auf andere Moleküle übertragen. Es kommt zur Spaltung weiterer Acetylenmoleküle und schließlich durch Kettenreaktion zum explosionsartigen Zerfall des gesamten Acetylens. Acetylengasentwickler sind deswegen durch Sicherheitsventile gegen Überdruck geschützt.

Bei gewöhnlichem Druck kommt es bald zum Abbruch der Kettenreaktionen, sodass ein solcher, lokal einsetzender Acetylenzerfall nach kurzem Aufglühen des sich abscheidenden Kohlenstoffs sehr bald zum Stillstand kommt. Unter höheren Drücken jedoch kann es dann zu einer gefährlich verlaufenden Acetylenexplosion kommen.

8.1.3.2 Herstellungsmöglichkeiten von Acetylen

Acetylen lässt sich in Umkehrung der oben angegebenen Zersetzungsreaktion auch aus den Elementen Kohlenstoff und Wasserstoff durch Zufuhr großer Energiemengen gewinnen. So entsteht z. B. Acetylen, wenn man Wasserstoffgas durch einen elektrischen Lichtbogen bei hoher Temperatur zwischen zwei Kohleelektroden (Anwesenheit von Kohlenstoff!) strömen lässt. Industriell wurde das Acetylen früher hauptsächlich durch Zersetzen von **Calciumcarbid** CaC_2 mit Wasser gewonnen (Abschn. 7.3.1). Heute wird es meist durch partielle Oxidation oder durch thermische Umwandlung von Kohlenwasserstoffen (z. B. von Methan oder Erdölprodukten) gewonnen, wobei man die Reaktionsgase mit Wasser abschrecken muss, damit das gebildete, unstabile Acetylen nicht wieder zerfällt:

$$2CH_4 \xrightarrow{1400\,°C} C_2H_2 + 3H_2$$

$$4CH_4 + O_2 \rightarrow C_2H_2 + 2CO + 7H_2$$

8.1.3.3 Eigenschaften des Acetylens

Acetylen ist ein farbloses, fast geruchloses Gas. Aus Calciumcarbid hergestelltes Acetylen enthält als Verunreinigungen Phosphor- und Schwefelwasserstoff und riecht deswegen unangenehm. Wegen der narkotischen Eigenschaften wurde früher reines Acetylen als Narkosemittel (= Narcylen) verwendet. Acetylen ist leicht entflammbar; es liefert eine hohe Verbrennungswärme und wird aus diesem Grund zum **Schweißen von Metallen** benutzt. Acetylen-Luft-Gemische sind mit Volumengehalten von 3–70 % Acetylen explosibel, wobei die Explosion bei der Zündung sehr heftig ist. Acetylen kann transportiert und gelagert werden, wenn man es in Aceton löst, so z. B. unter Drücken bis zu ca. 18 bar in den zum Schweißen verwendeten Stahlflaschen. Diese enthalten als Füllkörper noch Kieselgur (Abschn. 7.2.1.6), denn bei diesen Drücken ist reines Acetylen wegen möglicher **Zerfalls-Kettenreaktionen** sehr gefährlich (Abschn. 8.1.3.1). In ordnungsgemäß gefüllten Stahlflaschen würde jedoch die Reaktionsenergie beim Acetylenzerfall an die anderen Stoffe abgegeben und somit die Kettenreaktion dann sehr bald abgebrochen werden. Gefährlich ist es, wenn durch unsachgemäße Acetylenentnahme das Füllmaterial aus der Flasche geschleudert würde. Deshalb darf man Acetylen nur mit der Mündung nach oben und mit einer maximal zulässigen Strömungsgeschwindigkeit aus solchen Stahlflaschen entnehmen.

Acetylen zeigt **schwach saure Eigenschaften**, d. h., es lässt sich der im Molekül gebundene Wasserstoff unter Zurücklassung der Elektronen, also als Protonen abspalten:

$$\mathrm{H{-}C{\equiv}C{-}H} \rightarrow [|\mathrm{C{\equiv}C}|]^{2-} + 2\mathrm{H}^+$$

Diese merkwürdige Eigenschaft des Acetylens kann folgendermaßen erklärt werden. Infolge der Dreifachbindung kommt es nur noch zu einer teilweisen Hybridisierung der s- und p-Elektronen (Hybridisierungsgrad 50 %, gegenüber dem Methan mit 100 %), d. h., die Dreifachbindung ist eher (wie beim Stickstoffmolekül angegeben, siehe Abb. 2.2) als Überlagerung von 3p-Elektronenpaaren aufzufassen, während der s-Elektronen-Anteil an der Wasserstoff-Kohlenstoff-Bindung sehr groß ist. Da ein s-Orbital eine größere Aufenthaltswahrscheinlichkeit in der Nähe des Kohlenstoffkernes besitzt, als ein q-Orbital, wird das s-Elektronenpaar stärker an den Kohlenstoffkern gebunden, als es bei einem hybridisierten Orbital der Fall ist. Somit kann das Proton (= ein Wasserstoffion) leichter vom Kohlenstoffkern abgestoßen, d. h., aus dem Molekülorbital verdrängt werden. Die C–H-Bindung im Acetylen zeigt also in sich eine gewisse Polarisierung; sie bewirkt, dass das Acetylen als eine schwache Säure dissoziieren kann.

Die **Acetylidionen** (C_2^{2-}) bilden mit Kupferionen ein schwer lösliches Salz, das Kupferacetylid, das im trockenen Zustand durch Schlag leicht zur Explosion gebracht werden kann. Deshalb soll man für Acetylen kein Kupfer und keine Kupferlegierungen verwenden. Eine Ausnahme bilden besondere für Acetylen geeignete und zugelassene Spezialmessingsorten, die kein Kupferacetylid bilden.

8.1.4
Alicyclische Verbindungen

Als alicyclische Kohlenwasserstoffe bezeichnet man diejenigen Verbindungen, die aus **ringförmigen Molekülen** bestehen, aber keine aromatische (Abschn. 8.1.5) oder heterocyclische Grundstruktur besitzen.

Das einfachste Cycloparaffin ist das Cyclopropan mit nur drei Kohlenstoffatomen. Die Ringe aus drei und vier Kohlenstoffatomen stehen wegen der räumlichen Verhältnisse unter relativ starken inneren Spannungen, während die Ringe mit sechs Kohlenstoffatomen praktisch spannungsfrei sind. Deshalb bestehen die im Erdöl (besonders im kaukasischen Erdöl) enthaltenen alicyclischen Verbindungen größtenteils aus sechs- und fünfgliedrigen Ringen. Man bezeichnet diese Verbindungen als **Naphthene**. Cycloolefine enthalten Doppelbindungen im Ring. Beispiele für alicyclische Verbindungen sind:

Cyclohexan Cyclohexen Cyclopentadien

8.1.5
Aromatische Kohlenwasserstoffe

Der bedeutendste aromatische Kohlenwasserstoff ist das **Benzol**. Der Ausdruck „aromatisch" kommt daher, dass viele aromatisch riechende Kohlenstoffverbindungen (z. B. Vanillin, Bittermandelöl, Kümmelöl, Tolubalsam usw.) Molekülstrukturen haben, in denen Benzolkerne enthalten sind. Man hat dann zunächst alle Verbindungen, die in ihren Strukturen Benzolkerne enthielten, unter dem Sammelbegriff der **Aromaten** zusammengefasst und diese Bezeichnung bis heute beibehalten, obwohl nicht alle Benzolabkömmlinge einen aromatischen Geruch zeigen. Später erkannte man, dass **besondere Elektronenstrukturen** in solchen ringförmigen Kohlenstoffverbindungen vorliegen. Heute definiert man die Stoffklasse der Aromaten nach der Regel, wie sie in Abschn. 8.1.5.2 beschrieben wird.

Das Benzolmolekül besteht aus sechs Kohlenstoff- und sechs Wasserstoffatomen. Die sechs Kohlenstoffatome bilden dabei ein ebenes, regelmäßiges Sechseck, die sechs Wasserstoffatome weisen in der gleichen Ebene radial nach außen (Abb. 8.2a).

Jedes Kohlenstoffatom ist mit drei anderen Atomen (zwei C-Atome, ein H-Atom) durch σ-Bindungen verknüpft. Alle Kohlenstoffatome sollten dann noch eine vierte Bindung haben. Diese müsste man dann als π-Bindung zwischen

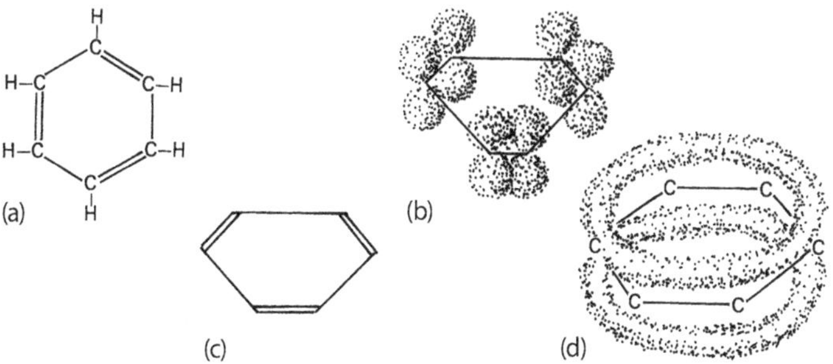

Abb. 8.2 Struktur des Benzolmoleküls.

je zwei benachbarten Kohlenstoffatomen annehmen, wie es in der auf **Kekulé** (Auguste Kekulé von Stradonitz, 1829–1869) zurückgehenden, heute noch gebräuchlichen Formel der Abb. 8.2a zum Ausdruck kommt. Da aber eine Doppelbindung zwei Kohlenstoffatome stärker als eine Einfachbindung miteinander verknüpft (Abb. 8.2b), sollte man dann für das Benzolmolekül ein ungleichseitiges Sechseck vermuten, wie es die Abb. 8.2c andeutet. Durch röntgenografische Strukturanalysen konnte man jedoch nachweisen, dass der Abstand aller Kohlenstoffatome im Benzol exakt gleich ist. Diese Tatsache ist damit zu erklären, dass die π-Elektronen in Molekülorbitalen über dem gesamten Benzolring frei beweglich sind. Sie bilden, wie in Abb. 8.2d angedeutet, eine geschlossene Elektronenwolke mit maximaler Ladungsdichte oberhalb und unterhalb der Ringebene und bedingen dadurch eine gleichmäßig starke Bindung aller Kohlenstoffatome. Die daraus resultierenden gleichmäßigen Abstände der Kohlenstoffatome im aromatischen Benzolring ($1{,}39 \cdot 10^{-10}$ m) liegen zwischen denen der Einfachbindung ($1{,}54 \cdot 10^{-10}$ m) und denen einer Doppelbindung ($1{,}34 \cdot 10^{-10}$ m). Man spricht in diesem Fall von **delokalisierten π-Elektronen**.

Im Benzolkern liegen ähnlich delokalisierte π-Elektronen vor, wie es beim Grafit beschrieben wurde, mit dem Unterschied, dass die π-Elektronen im Grafit (Abschn. 6.3.4b) innerhalb der gesamten Schichtebene beweglich sind, während sie beim Benzol nur innerhalb eines einzigen Sechserrings fluktuieren. Den unterschiedlichen Strukturen der beiden Kohlenstoffmodifikationen Diamant und Grafit entsprechen hinsichtlich der Bindungsverhältnisse die beiden Stoffklassen von Kohlenstoffverbindungen, nämlich die Aliphaten einerseits und die Aromaten andererseits. Die Verschmelzung der π-Orbitale zu gemeinsamen, über den gesamten Benzolkern gehenden Molekülorbitalen ist ein energetisch begünstigter Vorgang. Das bedeutet, das Benzolmolekül ist energieärmer und darum stabiler[2)] als ein hypothetisch angenommenes, in Wirklichkeit jedoch nicht existierendes Cyclohexatrien. Man kann den theoretischen Energieinhalt eines solchen hypothetischen Cyclohexatriens berechnen, da man den Energieinhalt des real

2) Beim Ablauf von Reaktionen wird ein möglichst tiefer Energieinhalt angestrebt (Abschn. 3.5.3); darum sind energieärmere Elektronenstrukturen begünstigt und stabiler als solche mit höheren Energiewerten.

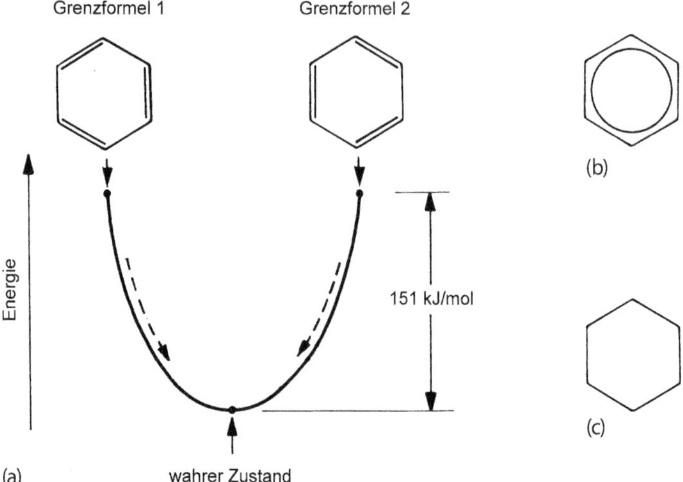

Abb. 8.3 Mesomerie beim Benzolmolekül.

existierenden Cyclohexans (Abschn. 8.1.4) genau messen kann und da man weiß, welche Energiebeträge für drei starr fixierte Doppelbindungen in Rechnung zu stellen wären. Der Energieunterschied ist beträchtlich; er beträgt pro Mol Benzol 151 kJ.

Moleküle mit fluktuierenden, delokalisierten Elektronensystemen können mit den gebräuchlichen Valenzstrichformeln nicht wiedergegeben werden. Denn hier handelt es sich um einen energieärmeren Zwischenzustand zwischen zwei energiereicheren Strukturen, entsprechend den Grenzformeln 1 und 2 in Abb. 8.3a für ein hypothetisches Cyclohexatrien, das es jedoch in Wirklichkeit nicht gibt. Diesen energetisch begünstigten Zwischenzustand bezeichnet man als **Mesomerie** oder **Resonanz** (Abschn. 6.2.4). Zur Darstellung dieses mesomeren Zustandes gibt man als Verständnishilfe oft einen schnellen Wechsel zwischen den beiden in Abb. 8.3a angegebenen Grenzformeln 1 und 2 an. Diesen Grenzformeln kommt aber ebenso wenig wie den Grenzformeln vom Grafit (Abb. 6.7b) irgendeine reale Bedeutung zu. Denn der wahre Zustand ist nicht ein Pendeln zwischen zwei energetisch höheren Grenzzuständen, sondern ein Verharren auf dem energetisch tiefstmöglichen mesomeren Grundzustand. Dies soll in Abb. 8.3a durch die beiden zu diesem Grundzustand weisenden, gestrichelten Pfeile angedeutet werden.

Der Benzolkern wird dennoch häufig durch die Kekulé'sche Grenzformel wiedergegeben. Gebräuchlicher ist hingegen heute die Darstellungsweise von Abb. 8.3b, wo der Kreis den aromatischen Charakter des π-Molekülorbitales andeuten soll. Die Wiedergabe des aromatischen Benzolkernes durch ein schlichtes

Sechseck wie in Abb. 8.3c sollte man vermeiden, da hier Missverständnisse und Verwechslungen mit der alicyclischen Verbindung Cyclohexan möglich sind.

8.1.5.1 Eigenschaften des Benzols

Benzol ist eine farblose, sehr giftige Flüssigkeit, die bei 80,1 °C siedet und bei 5,5 °C erstarrt (Benzol ist auch krebserregend, Abschn. 12.5.2.2a). Wegen des energieärmeren, aromatischen Charakters des Benzolkernes sind Reaktionen, die zur Erkennung von Doppelbindungen dienen, wie z. B. die Addition von Brom an eine Doppelbindung (Abschn. 8.1.2.2), beim Benzol nicht möglich. Man muss Benzol mithilfe eines Katalysators (z. B. $FeBr_3$) mit Brom zur Reaktion bringen. Hierbei entstehen **Substitutionsprodukte**, in denen jeweils Brom anstelle von Wasserstoffatomen tritt:

$$+ \quad Br_2 \xrightarrow{+\,FeBr_3} \quad -Br \quad + \quad HBr$$

Im Allgemeinen werden als **Substitutionsprodukte** solche chemische Substanzen bezeichnet, die durch wechselseitigen Austausch von Atomen oder Atomgruppen als neue chemische Stoffe entstehen.

8.1.5.2 Andere aromatische Ringsysteme

Der Benzolring ist das wichtigste, jedoch nicht das einzig mögliche aromatische Grundgerüst in organischen Verbindungen. Eine ähnliche aromatische Elektronenstruktur wie beim Benzol findet man bei einigen heterocyclischen Verbindungen, wie z. B. **Pyridin, Triazin** (Abschn. 8.6.1), wo anstelle jeweils einer CH-Gruppe ein N-Atom im Ring eingebaut ist. Auch **Furan**, ein Fünferring mit vier CH-Gruppen und einem Sauerstoffatom (Abschn. 8.6.2) zeigt eine aromatische Elektronenstruktur, denn hier ergeben die vier p-Elektronen der Kohlenstoffatome und die zwei p-Elektronen des Sauerstoffatoms wie beim Benzolkern insgesamt sechs delokalisierte π-Elektronen, die sich in diesem Fall allerdings auf fünf Ringatome verteilen. Auch isocyclische (nur aus Kohlenstoffatomen aufgebaute Ringe), aus fünf und sieben Kohlenstoffatomen bestehende Ringsysteme können dann aromatischen Charakter aufweisen, wenn die Anzahl der delokalisierten Elektronen sechs beträgt. Das ist der Fall, wenn ein Fünferring als Anion eine zusätzliche negative (Cyclopentadienyl-Anion) oder ein Siebenerring als Kation eine positive Ladung aufweist.

Außerdem zeigt sich bei eben gebauten Ringsystemen, in denen insgesamt $4n + 2$ Elektronen gemeinsame π-Molekülorbitale mit Resonanzstruktur ausbilden können, der beim Benzol beschriebene aromatische Verbindungscharakter. Da jedoch solche Verbindungen keine technische Bedeutung haben, soll hierauf nicht näher eingegangen werden.

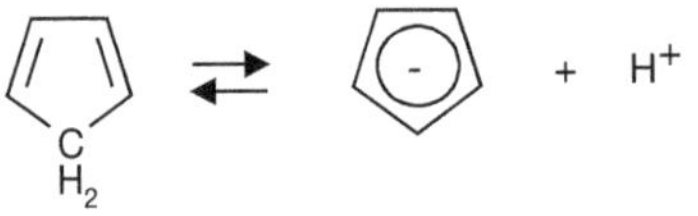

Cyclopentadienyl-Anion

$(C_5H_5)^-$

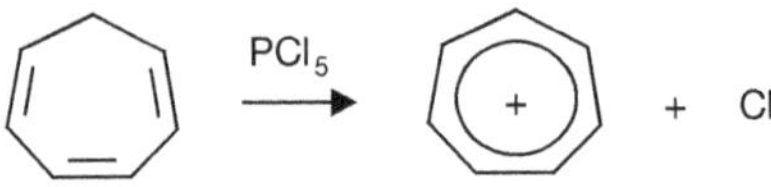

$\xrightarrow{PCl_5}$ + Cl^-

Cycloheptatrienylium-Kation

$(C_7H_7)^+$

8.1.5.3 **Benzol-Kohlenwasserstoffe mit Seitenketten**

Ersetzt man im Benzolring die Wasserstoffatome durch Kohlenwasserstoffreste, so erhält man verschiedene **Benzolderivate**. Derivate sind Verbindungen, die sich aus anderen dadurch ableiten lassen, dass man in der chemischen Formel einzelne Atome durch andere Atome oder Atomgruppen ersetzt. Wird in ein Benzolmolekül anstelle eines Wasserstoffatoms eine Methylgruppe eingeführt, so heißt der Stoff **Methylbenzol**, mit dem Trivialnamen **Toluol** und der Formel:

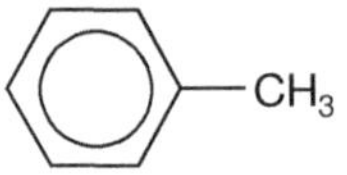

C_6H_5—CH_3

Zur Kunststoffherstellung wird ein Benzolderivat verwendet, das anstelle eines Wasserstoffatoms einen Ethylenrest enthält. Da dieser Ethylenrest (Ethenrest) mit der Formel CH_2=CH– in der Genfer Nomenklatur[3] (nomenclatio, lat. = Benennung mit Namen) als Ethenyl-, in der gebräuchlichen Bezeichnungsweise Vinyl- benannt wird, heißt die Verbindung Ethenylbenzol, Vinylbenzol oder mit dem Trivialnamen **Styrol**. Sie hat dann die Formel:

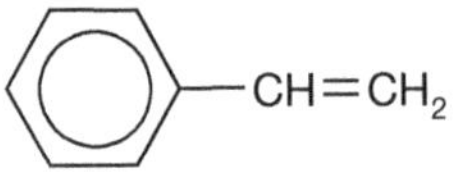

C_6H_5—CH=CH_2

Enthält ein Benzolmolekül zwei Methylgruppen, so sind drei stellungsisomere Verbindungen (Dimethylbenzole, Trivialname: **Xylol**) möglich, nämlich:

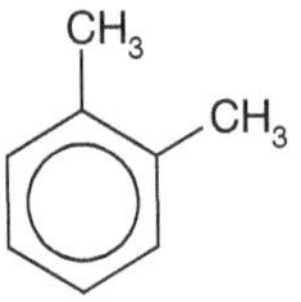

1,2-Dimethylbenzol ortho-Xylol (o-Xylol)	1,3-Dimethylbenzol meta-Xylol (m-Xylol)	1,4-Dimethylbenzol para-Xylol (p-Xylol)

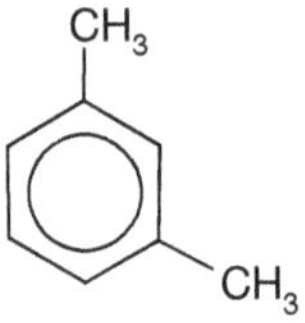

3) Die Vielzahl von möglichen organischen Verbindungen erforderte eine systematische, international einheitliche Benennung, damit man aus dem Namen auch eindeutig auf die Struktur schließen kann. Erstmalig wurde auf dem internationalen Chemiker-Kongress von 1892 in Genf eine solche Nomenklatur entworfen, die dann bis heute dem Stand der wissenschaftlichen Entwicklung angepasst wurde. Ein Nomenklaturausschuss der IUPAC (International Union of Pure and Applied Chemistry) befasst sich speziell mit diesen Fragen der Namensgebung und veröffentlicht sie in der Zeitschrift „Pure and Applied Chemistry“.

Tab. 8.5 Schmelz- und Siedepunkte der Dimethylbenzole.

Verbindung	Schmelzpunkt (°C)	Siedepunkt (°C)
1,2-Dimethylbenzol (o-Xylol)	−25	144
1,3-Dimethylbenzol (m-Xylol)	−48	139
1,4-Dimethylxylol (p-Xylol)	+13	138

Stellungsisomere Verbindungen enthalten die gleichen Bestandteile am aromatischen Kern gebunden, jedoch in verschiedener Stellung zueinander. Bei der ***ortho***-Stellung sind die beiden Methylgruppen benachbart, bei der ***para***-Stellung nehmen sie die gegenüberliegende Position ein, dazwischen liegt die ***meta***-Stellung. Diese Bezeichnungsweisen gelten für alle Substitutionsprodukte des Benzols.

8.1.5.4 **Kondensierte Aromaten**

Diese Verbindungen werden auch als **polycyclische aromatische Kohlenwasserstoffe** (abgekürzt **PAK**) bezeichnet. Bei kondensierten oder anellierten aromatischen Verbindungen sind immer mindestens zwei aromatische Ringe über zwei gemeinsame Kohlenstoffatome miteinander verbunden. Beispiele dieser kondensierten aromatischen Verbindungen sind:

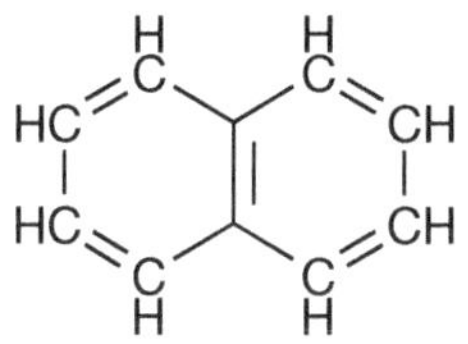

Naphthalin
(Smp. 80 °C, Sdp. 218 °C)

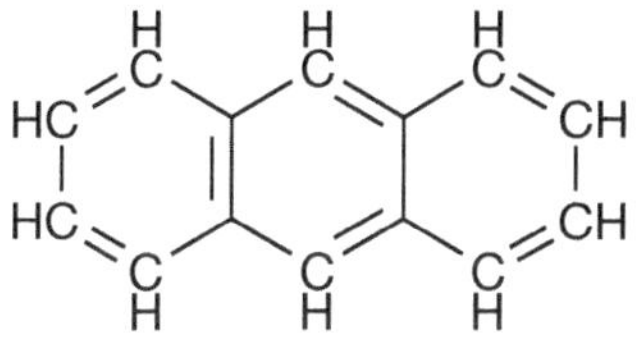

Anthracen
(Smp. 217 °C, Sdp. 342 °C)

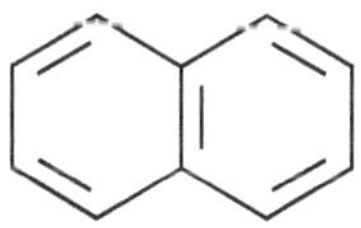

vereinfachte Schreibweise

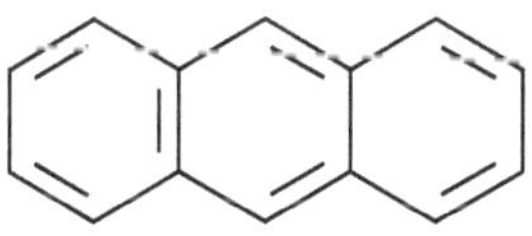

Eine Vielzahl kondensierter Aromaten findet sich im Steinkohlenteer. Dieser wird beim Verkoken von Steinkohle gewonnen (Abschn. 6.3.4.6) und stellte früher die wichtigste Quelle für aromatische Verbindungen dar. Heute werden Aromaten aus Erdöl durch Platforming gewonnen (Abschn. 8.8.1). **Naphthalin**, eine weiße Substanz von charakteristischem Geruch (früher ein häufig verwendetes Mottenschutzmittel) kann teilweise oder vollständig hydriert werden. Man erhält dabei die oft gebrauchten Lösungsmittel Tetralin (Siedepunkt 206 °C) und Dekalin:

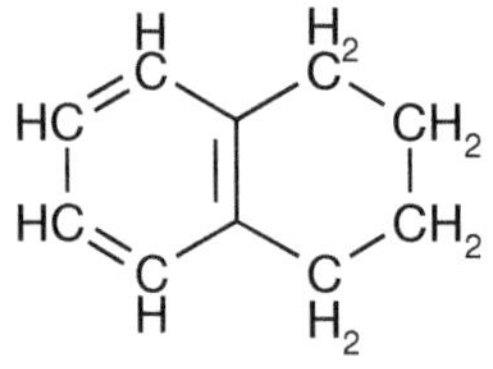

Tetralin

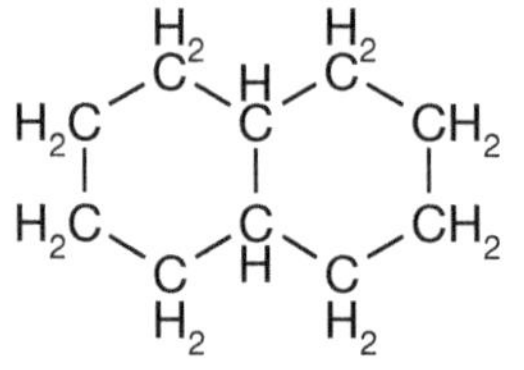

Dekalin

Bei mehrkernigen kondensierten Aromaten zeigen sich gegenseitige Beeinträchtigungen in den aromatischen Elektronenstrukturen der jeweils angrenzenden Benzolkerne. Dies äußert sich in einer Abnahme des aromatischen und einer Zunahme des ungesättigten Charakters solcher Verbindungen. Deswegen werden in den Formeln meist die Doppelbindungen eingezeichnet und nicht die kreisförmigen Symbole für die Molekülorbitale wie beim Benzol (Abb. 8.3b) verwendet.

PAK entstehen bei der unvollständigen Verbrennung praktisch aller organischen Stoffe; so beispielsweise in Tabakrauch oder beim Grillen. In Autoabgasen von Dieselfahrzeugen stellen die meist an Rußteilchen gebundenen PAK ein großes Umweltproblem dar. Wegen ihrer stark hydrophoben Eigenschaften werden sie stark in Fettgeweben angereichert (Abschn. 12.5.3.3). Viele Vertreter der polyaromatischen Kohlenwasserstoffe sind als **krebserregend** (Abschn. 12.5.1.3c) eingestuft.

Das **1,2-Benzpyren** (korrekte Bezeichnung 1,2-Benzo[a]pyren), eine der am längsten bekannten und bestuntersuchten krebserregenden Substanzen, gilt als der Prototyp eines PAK. Häufig findet man (mit der früheren Zählweise) hierfür noch die Bezeichnung 3,4-Benzpyren. Bei der heute gültigen Nummerierung ist beim Pyren (links) an den Stellen 1 und 2 ein Benzolmolekül ankondensiert; das ergibt (von der Rückseite her betrachtet) das Benzpyrenmolekül mit der angegebenen Bezifferung der C-Atome. 1, 2, 3 … zeigt hierbei die Nummerierung der mit Wasserstoff verbundenen Kohlenstoffatome (zur Angabe von Substitutionsprodukten) an. 1′, 2′, 3′ … zeigt die Nummerierung der Kohlenstoffatome des Pyrengerüstes im 1,2-Benzpyren an.

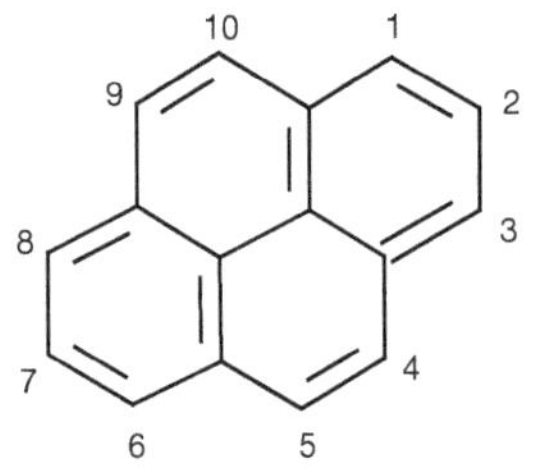

Pyren

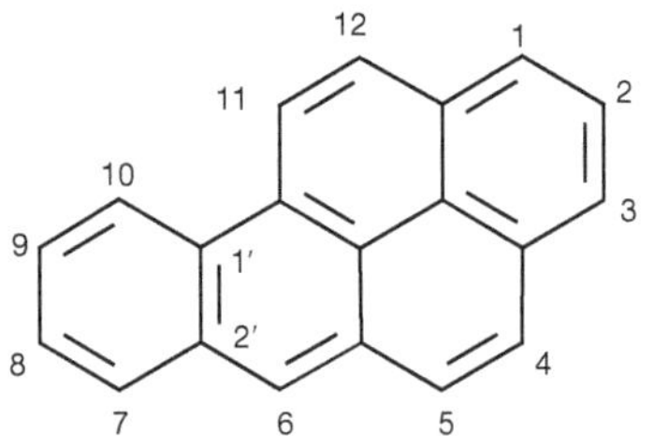

1,2-Benzpyren

8.2 Halogenabkömmlinge der Kohlenwasserstoffe

In den Molekülen von Halogenabkömmlingen der Kohlenwasserstoffe finden sich teilweise oder vollständig Halogenatome anstelle von Wasserstoffatomen.

8.2.1 Chlorierte Kohlenwasserstoffe

Die Tab. 8.6 enthält Angaben über einige **Chlorkohlenwasserstoffe** (**CKW**); die vier ersten Stoffe zeigen die Systematik, technische Bedeutung haben die beiden letzten Verbindungen.

Ethylchlorid wurde früher zur „Lokalvereisung" in der Medizin verwendet. Das in kleinen Glasampullen unter geringem Überdruck stehende flüssige Ethylchlorid wird auf die Haut gespritzt; durch die Verdampfung kühlt das Ethylchlorid die Körperoberfläche und macht sie schmerzunempfindlich. Methylchloroform und „Per" werden noch als **Fettlösungsmittel** zum Reinigen von Metallen und Kleidungsstücken (chemische Reinigung) verwendet. Aufgrund der toxischen Wirkung und der Umweltproblematik (Abschn. 13.2.2.2d) wurden in der Industrie chlorierte Kohlenwasserstoffe meist durch Ersatzstoffe ersetzt.

Chlorkohlenwasserstoffe haben allgemein eine narkotische Wirkung, denn sie sind fettlöslich, reichern sich in den fetthaltigen Nervenzellen an und beeinträchtigen deren Funktionsweise (Abschn. 12.5.2.2a). Die Brennbarkeit von CKW nimmt mit steigendem Chlorgehalt ab. Beim Arbeiten mit allen, auch mit unbrennbaren CKW besteht Rauchverbot, weil sich bei den Glimmtemperaturen des Tabaks in Gegenwart von Luftsauerstoff das sehr giftige Phosgen mit der Formel Cl–CO–Cl bilden kann, das im ersten Weltkrieg als Kampfgas verwendet wurde.

Tab. 8.6 Chlorierte Kohlenwasserstoffe.

Formel	Systematischer Name	Trivialname	Schmelzpunkt (°C)	Siedepunkt (°C)
CH_3Cl	Monochlormethan	Methylchlorid	−97,7	−23,8
CH_2Cl_2	Dichlormethan	Methylenchlorid	−96,8	+39,8
$CHCl_3$	Trichlormethan	Chloroform	−63,5	+61,2
CCl_4	Tetrachlormethan	Tetrachlorkohlenstoff	−22,9	+76,7
C_2H_5Cl	Monochlorethan	Ethylchlorid	−136,4	+12,3
$CH_3{-}CCl_3$	1,1,1-Trichlorethan	Methylchloroform	−32,0	+74,0
$CCl_2{=}CCl_2$	Tetrachloreth(yl)en	Perchlorethylen („Per")	−22,4	+121,0

8.2.2 Polychlorierte Biphenyle (PCB)

Diese Verbindungen leiten sich vom sogenannten **Biphenyl** ab, bei dem zwei Benzolringe über die C-Atome verknüpft sind. Hierbei ist mindestens ein oder sind meist mehrere H-Atome durch Chloratome ersetzt:

Cl_x — Biphenyl — Cl_y

Theoretisch sind 209 verschiedene Verbindungen möglich. PCB wurden früher wegen ihrer Unbrennbarkeit, Chemikalienresistenz und thermischen Stabilität häufig verwendet, beispielsweise in Hydraulikflüssigkeiten, als Imprägniermittel für Holz oder um Lacke feuersicherer und witterungsbeständiger zu machen. Wegen ihrer guten Isoliereigenschaften wurden sie auch in Kondensatoren und Hochspannungstransformatoren benutzt.

PCB sind nicht akut toxisch, sie haben sich in Tierversuchen allerdings als **krebserregend** erwiesen (Tab. 12.2 in Abschn. 12.5.1). Außerdem sind sie biologisch schwer abbaubar und reichern sich beim Menschen vor allem im Fettgewebe an. In Deutschland wurde die Produktion von PCB 1983 eingestellt.

8.2.3 Frigene (Freone) und Halone

Frigene (deutsches Warenzeichen der früheren Farbwerke Hoechst) oder **Freone** (amerikanisches Warenzeichen der Fa. DuPont; weltweit gibt es noch viele andere Handelsnamen) sind meist chlor- und fluorhaltige (in seltenen Fällen auch bromhaltige) niedere gesättigte Kohlenwasserstoffe. Sie werden unter der Sammelbezeichnung **Fluorchlorkohlenwasserstoffe (FCKW)** geführt. Man unterscheidet hierbei vollhalogenierte Vertreter (eigentliche FCKW) von den teilhalogenierten (H-FCKW). Sie werden als Kältemittel, Treibgase, Schäumungsmittel für Kunststoffe und als fettlösende Reinigungsmittel verwendet. Es sind leicht kondensierbare, farblose, meist geruchlose und unbrennbare, nicht (oder nur wenig) giftige Gase, die sich bei normaler Temperatur durch geringen Überdruck verflüssigen lassen. Wichtige Daten einiger Frigene enthält die Tab. 3.6.

Aufgrund ihrer schädigenden Wirkung in der Erdatmosphäre (Ozonabbau und Treibhauseffekt, siehe Abschn. 8.2.4) sind die vollhalogenierten FCKW in Deutschland seit 1995 verboten. Als Ersatzstoff werden entweder Kohlenwasserstoffe ohne Halogenatome oder Verbindungen, bei denen ausschließlich Fluoratome vorkommen (sogenannte **Fluorkohlenwasserstoff, FKW**) verwendet.

Die gebräuchlichen Bezeichnungen (R 12, R 22, R 114 usw.) geben verschlüsselt die chemische Zusammensetzung wieder (R bedeutet refrigerant, engl. = Kältemittel). Diese Bezeichnungen werden ausführlich in Abschn. 3.6.3 erklärt.

Neben den Frigenen hatten die **Halone** (die außer Fluor- und Chloratomen noch die besonders wirksamen Bromatome enthalten) eine gewisse Bedeutung für die Feuerlöschung und Explosionsunterdrückung erlangt. Halone haben wie die FCKW schädigende Wirkung für die Erdatmosphäre (Abschn. 8.2.4) und dürfen deshalb in Deutschland seit 1994 in Feuerlöschern nicht mehr verwendet werden. Eine Ausnahme für den Einsatz bilden kritische Einsatzbereiche wie z. B. die Zivilluftfahrt.

Bei der Kennzeichnung der Halone geben die vier Ziffern nacheinander die Anzahl der C-, F-, Cl- und Br-Atome an. Halon 1211 hat also die Formel CF_2ClBr, Halon 2402 die Formel $C_2F_4Br_2$. Das Feuer kann bereits mit Halonkonzentrationen von 5–7 % sofort gelöscht werden, ohne dass im Raum sich noch aufhaltende Menschen gefährdet würden, während man zum Löschen mit CO_2 schon tödliche Konzentrationen von 30–40 % benötigt.

8.2.4 Umweltaspekte von halogenierten Kohlenwasserstoffen

Chlorkohlenwasserstoffe und Frigene haben zwei schwerwiegende Folgen für die Umwelt:

- Sie erhöhen als „Spurengase" den **„Treibhauseffekt"**, und zwar durch die Absorption von Infrarotstrahlen (Abschn. 13.1.3.1).
- Sie zerstören die **Ozonschicht** in der Stratosphäre in 25 km Höhe. Die Ozonschutzschicht der Stratosphäre ist aber notwendig zum Schutz des Lebens auf der Erde vor schädlichen kurzwelligen UV-Strahlen (Wellenlänge < 325 nm).

Der zweite Effekt entsteht, wenn die chemisch stabilen Verbindungen in die Stratosphäre gelangen und erst dort durch UV-Strahlen (Wellenlänge: 190–220 nm) zersetzt werden. Hierbei sind insbesondere die *vollhalogenierten, chlorhaltigen* Alkane für die Zerstörung der Ozonschicht verantwortlich. Die dabei entstehenden Chloratome (Radikale) reagieren mit Ozon zu O_2 und ClO; Letzteres wird wiederum in ein Chlorradikal zurückverwandelt, das dann weiteres Ozon zersetzt:

Beispiel

$$CFCl_3 \xrightarrow{\text{UV-Strahlung}} CFCl_2\cdot + Cl\cdot$$

$$Cl\cdot + O_3 \rightarrow ClO + O_2$$

$$ClO + O\cdot \rightarrow Cl\cdot + O_2$$

usw.

So kann ein einziges Chlorradikal Tausende von Ozonmolekülen zerstören. Als Maß für die ozonschädigende Wirksamkeit eines Spurengases wurde der sogenannte **ODP-Wert** (vom Englischen **o**zone **d**epletion **p**otential) eingeführt (Tab. 8.7). Er gibt an, wievielmal der Ozonabbau des Stoffes höher ist im Vergleich zur „Referenz", dem Kältemittel R 11. Teilhalogenierte FCKW, wie z. B.

Tab. 8.7 Atmosphärenrelevante Daten einiger Kältemittel und Halone.

Stoff	Formel	Atmosphärische Lebensdauer (Jahre)	ODP-Wert[a)]	GWP-Wert[b)]
R 11	CCl_3F	50	1,0	3800
R 12	CCl_2F_2	102	1,0	8100
R 13	$CClF_3$	640	1,0	11 700
R 22	$CHClF_2$	13,3	0,05	1500
R 134a	$CH_2F{-}CF_3$	14,6	0	1300
R 717	NH_3		0	0
R 290	C_3H_8	12	0	3
R 600a	C_4H_{10}	12	0	3
Halon 1301	CF_3Br	110	13,2	5800
Halon 1211	CF_2ClBr	19	2,2	1890

a) Ozon Depletion Potential bezogen auf R 11;
b) Greenhouse Warming Potential bezogen auf CO_2 (Zeithorizont 100 Jahre).

R 22 haben einen deutlich geringeren ODP-Wert als die vollhalogenierten Verbindungen. Bei den FKW, wie z. B. R 134a ist der ODP-Wert stets null, da Fluor keine ozonabbauende katalytische Wirkung besitzt (Tab. 8.7).

Für die Ausbildung des „Ozonlochs" sind besonders tiefe Temperaturen (z. B. −80 °C) erforderlich. An der Oberfläche der sich bei diesen Temperaturen bildenden Salpetersäure-Eis-Kristalle wird das in „Senken" gefangene Chlor wieder freigesetzt und danach durch die langwelligen Strahlen der „Frühjahrssonne" in aktive Chlorradikale umgewandelt, die wiederum einen rasanten Ozonabbau bewirken. So entsteht das „Ozonloch" im antarktischen Winter.

Alle FCKW und FKW tragen aber in erheblichem Maße zum Treibhauseffekt bei. Als Maß hierfür wurde der sogenannte **GWP-Wert** (vom Englischen **g**reenhouse **w**arming **p**otential) eingeführt. Er gibt als Referenz an, wievielmal stärker ein Spurengas zur Temperaturerhöhung beiträgt. Als Referenzgas wird typischerweise CO_2 angegeben (Tab. 8.7).

8.2.5
Substitutionsmöglichkeiten von Halogenkohlenwasserstoffen

Als erste Maßnahme zum Schutz der Ozonschicht wurden zunächst vollhalogenierte durch wasserstoffhaltige (auch vollfluorierte) Verbindungen ersetzt. Diese verstärken zwar den Treibhauseffekt, zerstören aber nicht die Ozonschicht. Als Kältemittel sollte man vor allem reine **Kohlenwasserstoffe** (Propan, Butan) oder **Ammoniak** verwenden, da diese keinen Beitrag zur Zerstörung der Ozonschicht leisten und nicht oder nur sehr wenig zum Treibhauseffekt beitragen (Tab. 8.7). Auch **Kohlendioxid** (R 744) wird zunehmend als alternatives Kältemittel – insbesondere für Autoklimaanlagen – betrachtet. Es ist nicht brennbar, trägt nicht zum Ozonabbau bei und hat einen GWP-Wert von nur 1. Die Frigene müssen aus nicht mehr gebrauchten Kältemaschinen und Kühlschränken (auch aus den geschäumten Wärmeisolierungen) zurückgewonnen werden. Zum Schäumen von Kunststoffen und für Reinigungslösungen sollten u. a. wieder Kohlenwasserstoffe (Nachteil: Brennbarkeit) eingesetzt werden, falls man zum Entfetten nicht auf wässrige, tensidhaltige Lösungen ausweichen kann. Auch die wahrscheinlich nicht am Abbau der Ozonschicht beteiligten Reinigungsmittel „Per" und Methylchloroform sollten aber wegen anderer umweltrelevanter Nachteile nach und nach substituiert werden. Halone sollen nur noch wenigen Anwendungsfällen (z. B. in Flugzeugen) vorbehalten bleiben.

8.3 Metallorganische Verbindungen

Bei metallorganischen Verbindungen sind Metalle direkt mit Kohlenstoffatomen verbunden. Als Antiklopfmittelzusätze (Abschn. 8.8.2.1) zu Kraftfahrzeugbenzinen haben früher Bleitetramethyl und Bleitetraethyl Verwendung gefunden. Von technischer Bedeutung sind **Aluminiumalkyle**, die als Katalysatoren zur Herstellung von Niederdruckpolyethylen (Abschn. 9.3.2.2) und ähnlichen Kunststoffen verwendet werden. Es sind farblose Flüssigkeiten, die mit Luftsauerstoff so heftig reagieren, dass sie sich entzünden. Mit Wasser explodieren sie, wobei sich Aluminiumhydroxid und die an der Luft verbrennenden Kohlenwasserstoffe bilden, z. B.:

$$Al(C_2H_5)_3 + 3H_2O \rightarrow Al(OH)_3 + 3C_2H_6$$

Da sich Aluminiumalkyle aus Aluminium und chlorhaltigen Kohlenwasserstoffen bilden können, darf man diese beiden Stoffklassen nicht zusammenbringen.

8.4 Sauerstoffverbindungen

Während die Kohlenwasserstoffe chemisch sehr reaktionsträge sind, führt der Einbau anderer Elemente (z. B. Sauerstoff oder Stickstoff) in organische Moleküle zu einer größeren chemische Reaktionsbereitschaft der betreffenden Verbindungen. Der in bestimmten Atomgruppierungen vorliegende Sauerstoff (das Gleiche gilt für Stickstoff oder andere Elemente) prägt dann entscheidend die chemischen und physikalischen Eigenschaften der Verbindung. Man bezeichnet solche Atomgruppen als **funktionelle Gruppen**. Wichtige Stoffklassen, die Sauerstoff in funktionellen Gruppen enthalten, sind: Alkohole, Phenole, Ether, Ketone, Säuren und Ester.

8.4.1 Alkohole

Funktionelle Gruppe

–OH, an einem aliphatischen Kohlenstoffatom gebunden.

Nomenklatur

Endung: -**ol**, z. B. Methanol.

Demnach ist die Verbindung mit der Formel

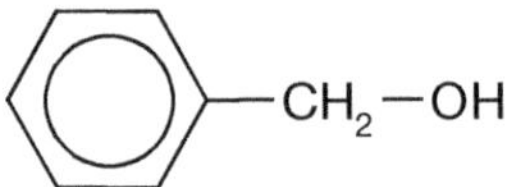

auch ein Alkohol, und zwar **Benzylalkohol**, weil hier die OH-Gruppe an der aliphatischen **Methylengruppe –CH_2–** und nicht am aromatischen Benzolkern gebunden ist. Man unterscheidet ein- und mehrwertige Alkohole danach, ob ein Alkoholmolekül eine oder mehrere OH-Gruppen enthält. Dabei enthält ein Kohlenstoffatom in der Regel immer nur eine OH-Gruppe. Außerdem kann man zwischen **primären, sekundären** und **tertiären Alkoholen** unterscheiden. Diese Einteilung richtet sich danach, wie das Kohlenstoffatom, das die OH-Gruppe trägt, im Molekül gebunden ist. Ist dieses Kohlenstoffatom mit nur einem einzigen anderen Kohlenstoffatom verbunden, so bezeichnet man es als primär gebunden. Ist es mit zwei anderen Kohlenstoffatomen verknüpft, wird es sekundär genannt, ist es mit drei anderen Kohlenstoffatomen verbunden, spricht man von einem tertiären Kohlenstoffatom, bzw. wenn dieses Kohlenstoffatom dann eine OH-Gruppe enthält, ist die Verbindung ein tertiärer Alkohol. Die Tab. 8.8 enthält die Eigenschaften der wichtigsten Alkohole.

8.4.1.1 Einwertige Alkohole

Der **Ethylalkohol** (frühere Schreibweise Äthylalkohol), C_2H_5OH, ist Bestandteil der „alkoholischen" Getränke, wie z. B. Wein, Bier, Likör oder Whisky. Er entsteht neben Kohlendioxid bei der Vergärung von Zuckern durch Hefe. Großtechnisch wird Ethylalkohol synthetisch aus Ethen hergestellt. Brennspiritus ist (z. B. mit Methylethylketon, Toluol und Cyclohexan) vergällter und damit für Genusszwecke unbrauchbar gemachter Ethylalkohol.

Ein besonders starkes Gift ist **Methanol** CH_3OH. Man sollte daher die verführerischen Namen Methylalkohol oder Holzgeist vermeiden. Der Name Holzgeist kommt daher, dass Methanol auch bei der trockenen Destillation von Holz, d. h. beim Erhitzen des Holzes entsteht. Methanol kann in geringen Mengen zur Erblindung, in größeren Mengen zum Tode führen. Die letale (= tödliche) Dosis beim Menschen beträgt 25 g.

Auch alle anderen einwertigen Alkohole sind ungenießbar. Die beiden möglichen **Propanole** sind: primäres (oder normales) Propanol CH_2CH_2CHOH und sekundäres Propanol (Trivialname „Isopropanol") $CH_2CHOHCH_2$. Sie werden häufig als Lösungsmittel verwendet, Isopropanol z. B. als Zusatz zu Kraftfahr-

Tab. 8.8 Wichtige Alkohole.

Formel	Systematischer Name	Häufige Bezeichnung	Schmelzpunkt (°C)	Siedepunkt (°C)	Bemerkungen
$CH_3{-}OH$	Methanol	Methylalkohol, Holzgeist	−97	64,5	sehr giftig
$CH_3{-}CH_2{-}OH$	Ethanol	Ethylalkohol, Weingeist	−114	78,4	Genussmittel
$CH_3{-}CH_2{-}CH_2{-}OH$	1-Propanol	(prim.) *n*-Propanol	−126	97,2	
$CH_3{-}CHOH{-}CH_3$	2-Propanol	(sek.) Isopropanol	−90	82,4	
$(CH_3)_2CH{-}CH_2{-}CH_2OH$	3-Methyl-1-butanol	Isoamylalkohol	−78,5	132	im „Fuselöl“
$CH_2OH{-}CH_2{-}OH$	Ethandiol	Ethylenglykol („Glykol“)	−11,5	198	giftig
$CH_2OH{-}CHOH{-}CH_2OH$	Propantriol	Glycerin	+18	290	ungiftig

zeugbenzinen, um eine Abscheidung von eventuell vorhandenem Wasser bei sehr starker Abkühlung zu verhindern.

Als Nebenprodukte bei der Vergärung von verschiedenen stärkehaltigen Ausgangsmaterialien, wie Kartoffeln oder Getreide, entstehen aus unterschiedlichen Eiweißprodukten **Amylalkohole**, die man als „Fuselöle“ bezeichnet. Sie zeigen stärkere Giftwirkung als der Ethylalkohol und wirken stark gesundheitsschädigend. Im Bienenwachs ist ein höherer Alkohol mit der Formel $C_{31}H_{63}OH$ (Myricylalkohol) enthalten.

8.4.1.2 Mehrwertige Alkohole

Ethylenglykol, $CH_2OH{-}CH_2OH$, mit dem rationellen Namen 1,2-Ethandiol, verwendet man als Frostschutzmittel für Kühlwasser und zur Herstellung von Polyesterfasern. Die sirupartige, farb- und geruchlose, giftige Flüssigkeit ist mit Wasser in jedem Verhältnis mischbar.

Glycerin mit der Formel $CH_2OH{-}CHOH{-}CH_2OH$ ist der dreiwertige Alkohol 1,2,3-Propantriol. In den Fetten (Abschn. 8.4.8) liegt Glycerin chemisch gebunden vor. Glycerin ist eine sirupartige, farb- und geruchlose, süß schmeckende, mit Wasser in jedem Verhältnis mischbare, brennbare, aber schwer entflammbare Flüssigkeit, die in der Hydraulik als Bremsflüssigkeit, ferner zur Herstellung von Alkydharzen, in Verdünnung mit Wasser als Frostschutzmittel (z. B. für Kraftfahrzeugkühler oder für Gasuhren) und in der Kosmetik verwendet wird. Große Mengen von Glycerin werden zur Herstellung von Nitroglycerin (Abschn. 8.4.7) verwendet. Wichtige Daten für Glycerin und Ethylenglykol sind in Tab. 8.8 aufgelistet.

8.4.1.3 Die Wasserlöslichkeit von Alkoholen

Unter den polaren OH-Gruppen der Alkoholmoleküle treten **Wasserstoffbrückenwechselwirkungen**, ähnlich wie bei den Wassermolekülen auf (Abschn. 2.5.3). Dies ist der Grund, dass Methanol bei Raumtemperatur flüssig ist, während das Methylchlorid CH_3Cl (Abschn. 8.2.1), welches eine höhere Molmasse besitzt, dann noch gasförmig ist.

Die Verwandtschaft der Alkohole mit dem Wasser ist leicht einzusehen; sie ergibt sich, wenn man sich im Wassermolekül ein Wasserstoffatom durch einen Kohlenwasserstoffrest ersetzt denkt. Wegen der chemischen Verwandtschaft ist die OH-Gruppe des Alkohols hydrophil, d. h. wasseranziehend, während der Kohlenwasserstoffrest hydrophob, d. h. wasserabstoßend ist. Überwiegen beim Alkohol die hydrophilen Gruppen, so ist er mit Wasser unbegrenzt mischbar. Beispiele hierfür sind Methanol, Ethanol und die mehrwertigen Alkohole Glycerin oder 1,3-Butandiol. Ist jedoch der hydrophobe Anteil, d. h. der Kohlenwasserstoffrest größer, so besteht nur noch eine geringe Löslichkeit in Wasser (Abschn. 3.5). So lösen sich maximal 7,9 g *n*-Butanol oder nur maximal 2 g Isoamylalkohol in 100 g Wasser. Alkohole mit überwiegend hydrophoben Gruppen sind aber in anderen organischen Lösungsmitteln löslich.

8.4.2 Phenole

Funktionelle Gruppe

–OH, an einem Kohlenstoffatom eines **aromatischen** Ringes gebunden.

Chemische Formel

OH

Phenole zeigen **schwach saure Eigenschaften**, d. h., der Wasserstoff kann als Proton viel leichter als bei den Alkoholen abgespalten werden. Ursache hierfür ist das tiefere Elektronenenergieniveau des Benzolkernes, in das die Elektronen der OH-Gruppe durch Resonanz teilweise hineingezogen werden, sodass der Wasserstoffkern (= Proton) leichter aus der Bindung an den Sauerstoff gelöst werden kann.

Das Phenol ist eine farblose, an der Luft sich schwach rötlich färbende, giftige Substanz. In Gegenwart von wenig Wasser liegt sie in flüssigem Zustand vor, während sie im wasserfreien Zustand kristallisiert (Smp. 43 °C, Sdp. 181 °C). Phenol ist in Wasser teilweise löslich und wird hauptsächlich zur Herstellung von Kunststoffen verwendet (Abschn. 9.4.2.1). Eine ca. 5 %ige wässrige Phenollösung wurde früher unter der Bezeichnung Carbolsäure als Desinfektionsmittel verwendet.

Hydrochinon mit dem chemisch korrekten Namen 1,4-Dihydroxybenzol bildet farblose, bei 172 °C schmelzende, nadelförmige Kristalle und wird wegen seiner reduzierenden Eigenschaften als **fotografischer Entwickler** verwendet. Es reduziert leicht andere Substanzen, indem es selbst zu Chinon (1,4-Benzochinon) oxidiert wird:

$$HO{-}C_6H_4{-}OH \rightleftharpoons O{=}C_6H_4{=}O + 2e^- + 2\,H^+$$

Hydrochinon Chinon

8.4.3
Ether (frühere Schreibweise Äther)

Funktionelle Gruppe

R1–**O**–R2, d. h. zwei (gleiche oder verschiedene) Kohlenwasserstoffreste, die man gewöhnlich mit R abkürzt, sind über ein Sauerstoffatom miteinander verbunden; die Kohlenwasserstoffreste können aliphatischer oder aromatischer Natur sein.

Den molekularen Aufbau der Ether kann man auch so deuten, dass die beiden Wasserstoffatome eines Wassermoleküls durch organische Reste ersetzt sind. Bei Ethern können sich keine Wasserstoffbrücken mehr ausbilden, wie es bei Alkoholen oder Wasser der Fall ist. Daher haben Ether relativ niedere Siedepunkte bzw. hohe Dampfdrücke und sind deswegen auch leicht entflammbar.

Oft meint man mit der Bezeichnung Ether die spezielle Verbindung **Diethylether** mit der Formel $C_2H_5{-}O{-}C_2H_5$, die wegen der Herstellung aus Ethylalkohol und dem wasserentziehenden Mittel Schwefelsäure auch Schwefelether genannt wird.

Diethylether ist eine farblose, leicht bewegliche, angenehm süßlich riechende, narkotisierende Flüssigkeit, die unter Normdruck einen sehr niedrigen Siedepunkt von 34,6 °C hat (Smp. –16 °C). Sie ist deswegen **sehr leicht entflammbar** und bildet mit Luft extrem explosible Gemische. Mit Wasser ist Ether teilweise mischbar (Löslichkeit in Wasser 2 g je 100 g Wasser), denn hier können sich Wassermoleküle durch Wasserstoffbrückenbildung an die freien Elektronenpaare des Sauerstoffatoms anlagern. Der schon relativ große hydrophobe Anteil der Kohlenwasserstoffreste verhindert aber eine vollständige Mischbarkeit. Beim Stehen an der Luft bildet Ether sehr gefährliche Peroxide:

$$C_2H_5{-}O{-}C_2H_5 \xrightarrow{+O_2} C_2H_5{-}O{-}O{-}C_2H_5$$

Da solche Peroxide, vor allem bei Anreicherung in den Destillationsrückständen, zu schweren Explosionen führen können, unterschichtet man den Ether im Destillationsgefäß mit einer ausreichenden Menge Wasser, das diese Peroxide aufnehmen kann.

8.4.4 Ketone

Funktionelle Gruppe

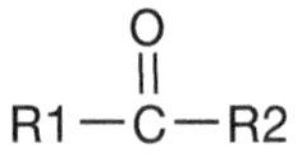

$$R1-\overset{\overset{\displaystyle O}{\|}}{C}-R2$$

d. h. die Gruppe **–CO–** zwischen zwei Kohlenwasserstoffresten.

Nomenklatur

Endung -**on**

Ketone können als Dehydrierungsprodukte (Oxidationsprodukte) sekundärer Alkohole aufgefasst werden:

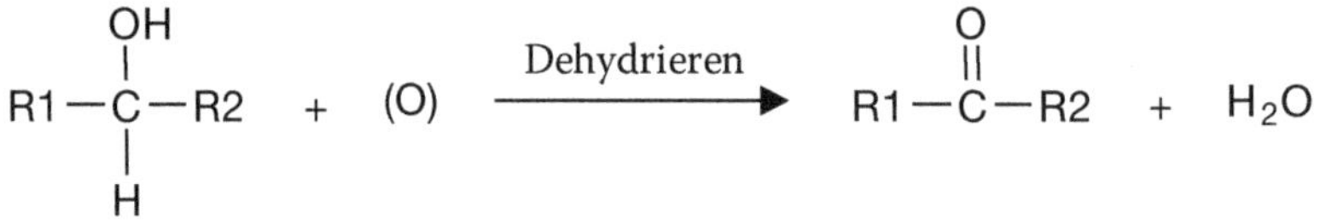

$$\underset{\text{sekundärer Alkohol}}{R1-\underset{\underset{\displaystyle H}{|}}{\overset{\overset{\displaystyle OH}{|}}{C}}-R2} + (O) \xrightarrow{\text{Dehydrieren}} \underset{\text{Keton}}{R1-\overset{\overset{\displaystyle O}{\|}}{C}-R2} + H_2O$$

Die Ketone erhalten in der systematischen Bezeichnung die Endung -on am Wortstamm, der die Anzahl der Kohlenstoffatome bezeichnet oder das restliche Molekül näher beschreibt. Gemischte Ketone enthalten verschiedene Kohlenwasserstoffreste (R1 bzw. R2) Beispiel: Methylethylketon.

Aceton, $CH_3-CO-CH_3$, heißt mit systematischem Namen Propanon. Es wird aber fast ausschließlich der Trivialname Aceton verwendet. Aceton ist das wichtigste Keton. Es ist eine farblose, leicht entflammbare, beliebig mit Wasser mischbare Flüssigkeit von charakteristischem Geruch, die häufig als Lösungsmittel, z. B. für Acetylen oder verschiedene Kunststoffe verwendet wird. Der Schmelzpunkt liegt bei −95 °C, der Siedepunkt bei 56 °C. Da Aceton sowohl in Wasser als auch in organischen Lösungsmitteln löslich ist, benutzt man es gern, um Reste organischer, wasserunlöslicher Verbindungen aus Gefäßen herauszulösen, damit man diese anschließend mit wässrigen Lösungen reinigen kann. Wegen des niedrigen Siedepunktes kann man gereinigte Gefäße nach kurzem Durchspülen mit wenig Aceton in wenigen Sekunden trocknen.

8.4.5 Aldehyde

Funktionelle Gruppe

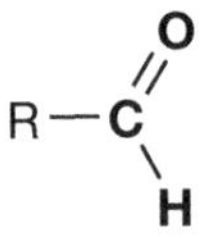

$$R-C\begin{matrix}{}^{\displaystyle /\!\!/ O}\\{}_{\displaystyle \backslash H}\end{matrix}$$

Nomenklatur

Endung -**al**, Methanal

Aldehyd ist die Abkürzung für Alkohol dehydrogenatum (lat. = Alkohol, dem Wasserstoff entzogen wurde). Aldehyde sind **Dehydrierungsprodukte** (Oxidationsprodukte) primärer Alkohole:

$$CH_3{-}CH_2{-}OH + (O) \xrightarrow{\text{Dehydrieren}} CH_3{-}CHO + H_2O$$

Ethanol Acetaldehyd

Aldehyde zeigen reduzierende Eigenschaften. Sie reduzieren z. B. Silberionen zu metallischem Silber und werden dabei selbst zu einer Carbonsäure (Abschn. 8.4.6) oxidiert. Man kann diese Reaktion ausnutzen, um Silberspiegel auf Glas zu erzeugen. Meist verwendet man als Reduktionsmittel Traubenzucker, der als Aldose (Abschn. 8.7.1) im Molekül eine Aldehydgruppe enthält.

Die Benennung des Aldehyds mit dem Trivialnamen erfolgt nach dem lateinischen Namen der Carbonsäure, die sich durch Oxidation aus dem betreffenden Aldehyd bildet. Im folgenden Abschn. 8.4.6 wird dies für die beiden Verbindungen Formaldehyd und Acetaldehyd gezeigt. Den systematischen Namen bildet man durch Anhängen von -al an den Wortstamm, der die Kohlenstoffzahl bzw. -anordnung kennzeichnet, also z. B. Methanal für HCHO, Ethanal für CH_3CHO usw.

Formaldehyd, HCHO, ist ein farbloses, stechend riechendes, giftiges, brennbares Gas, Smp. −92 °C, Sdp. −21 °C. Es wird zur Herstellung verschiedener Kunststoffe benötigt (Abschn. 9.4.2). Die wässrige Lösung (meist mit einem Massengehalt von 40 %) heißt Formalin und dient als Desinfektionsmittel sowie als Härtungs- bzw. Konservierungsmittel für anatomische und biologische Präparate, denn hierbei bilden sich mit den Eiweißstoffen unlösliche, haltbare Reaktionsprodukte.

Benzaldehyd, mit unten stehender Formel, eine nach bitteren Mandeln riechende Flüssigkeit (Smp. −56 °C, Sdp. 178 °C), wird als Aromastoff (Bittermandelöl) z. B. für Kuchen verwendet.

$$C_6H_5{-}CHO$$

8.4.6 Carbonsäuren

Funktionelle Gruppe

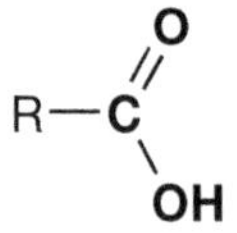

$$R-C(=O)-OH$$

Bei den bekannten und am häufigsten gebrauchten Carbonsäuren verwendet man fast ausschließlich die Trivialnamen. Nach der Genfer Nomenklatur kann man die Carbonsäuren auch durch Anhängen der Endung -säure an den Wortstamm, der die Gesamtzahl der Kohlenstoffe angibt, benennen.

Schließlich kann man organische Säuren durch Anhängen des Wortes -carbonsäure an Namen für die Kohlenstoffverbindung, die mit der –COOH-Gruppe verbunden ist, kennzeichnen. Die Nomenklatur der Carbonsäuren soll an drei Beispielen verdeutlicht werden:

CH_3COOH	Essigsäure	Ethansäure	Methancarbonsäure
$CH_2{=}CHCOOH$	Acrylsäure	Propensäure	Vinylcarbonsäure
$CH_3CH_2CH_2COOH$	Buttersäure	Butansäure	Propancarbonsäure

Carbonsäuren kann man durch Oxidation von primären Alkoholen gewinnen. Die dabei als Zwischenverbindung auftretenden Aldehyde werden nach den sich bildenden Carbonsäuren benannt:

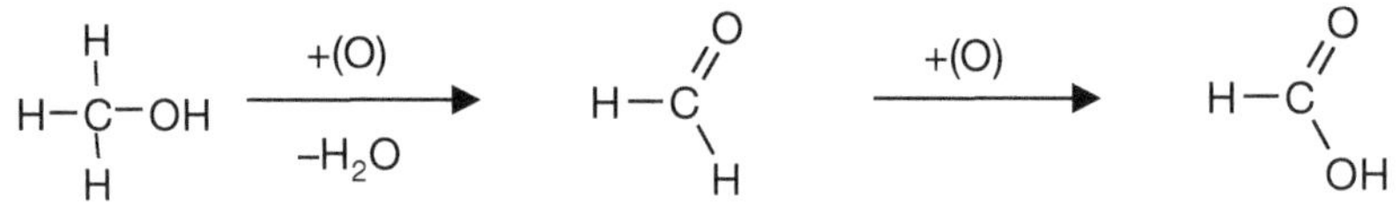

$$H-CH_2-OH \xrightarrow[-H_2O]{+(O)} H-C(=O)-H \xrightarrow{+(O)} H-C(=O)-OH$$

Methanol — Formaldehyd — Ameisensäure

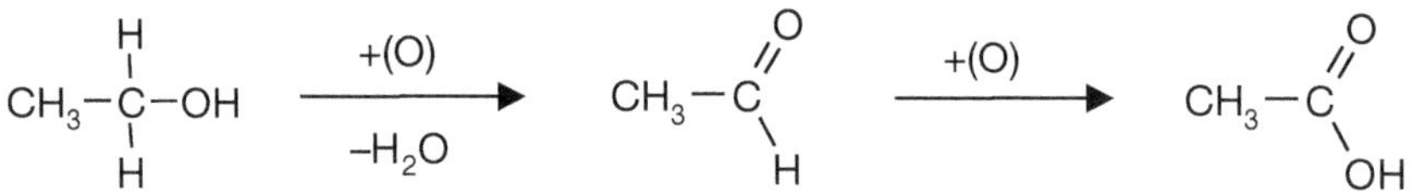

$$CH_3-CH_2-OH \xrightarrow[-H_2O]{+(O)} CH_3-C(=O)-H \xrightarrow{+(O)} CH_3-C(=O)-OH$$

Ethanol — Acetaldehyd — Essigsäure

Carbonsäuren sind **schwache Säuren**, d. h., sie dissoziieren in wässriger Lösung nur zu einem geringen Teil (Abschn. 5.2.3). Die Wasserlöslichkeit der Carbonsäuren nimmt wie bei den Alkoholen mit Ansteigen der Kohlenstoffzahl ab. Die *n*-Buttersäure zeigt keine vollständige Mischbarkeit mit Wasser, die höheren Fett-

Tab. 8.9 Wichtige Carbonsäuren.

Name	Formel	Smp. (°C)	Sdp. (°C)	Name des Salzes
Ameisensäure	H–COOH	8	100,5	Formiat
Essigsäure	CH_3–COOH	16,6	118	Acetat
Buttersäure	CH_3–$[CH_2]_2$–COOH	–6	164	Butyrat
Palmitinsäure	CH_3–$[CH_2]_{14}$–COOH	63	390	Palmitat
Stearinsäure	CH_3–$[CH_2]_{16}$–COOH	71	360	Stearat
Benzoesäure	C_6H_5–COOH	122	250	Benzoat
Acrylsäure	CH_2=CH–COOH	13	141	Acrylat
Sorbinsäure	CH_3–CH=CH–CH=CH–COOH	134	228^z	Sorbat
Ölsäure	CH_3–$[CH_2]_7$–CH=CH–$[CH_2]_7$–COOH	16	286 (101)	Oleat
Oxalsäure	HOOC–COOH	189	157 (subl.)	Oxalat
Adipinsäure	HOOC–$[CH_2]_4$–COOH	153	205 (10)	Adipat
DL-Milchsäure	CH_3–CH(OH)–COOH	18	122 (15)	Lactat
D-Weinsäure	HOOC–CH(OH)–CH(OH)–COOH	170	z	Tartrat
Citronensäure	HOOC–CH_2–C(OH)–CH_2–COOH | COOH	155	z	Citrat

z = zersetzt sich vor dem Sieden; subl. = Sublimation; Zahl in Klammer beim Sdp. = Siededruck (mbar).

säuren mit zehn und mehr Kohlenstoffatomen sind feste, weiße, wasserunlösliche, paraffinähnliche Massen.

Die unverdünnten Säuren haben einen höheren Siedepunkt als man ihn nach der Molmasse erwarten würde, was auf eine Assoziation nach folgendem Schema zurückzuführen ist:

```
           O----HO
          //       \
CH3 — C             C — CH3
          \        //
           OH----O
```

Die Tab. 8.9 enthält die chemischen Formeln und Daten von einigen Carbonsäuren.

Essigsäure, CH_3–COOH, ist die wichtigste organische Säure. Sie entsteht entsprechend der oben beschriebenen Oxidation von Ethylalkohol mithilfe der Enzyme von Essigsäurebakterien (Herstellung von Weinessig durch bakterielle Oxidation von Wein). Diese Oxidation kann jedoch nur bei Anwesenheit von genügend Luftsauerstoff erfolgen; sie unterbleibt bei Luftabschluss. Wasserfreie Essigsäure erstarrt bereits bei 16,6 °C zu einer eisartigen, festen Masse (Eisessig). Sie riecht stechend und wirkt stark ätzend. Essigessenz enthält einen Massenanteil von etwa 20 % Wasser. Speiseessig ist stark verdünnte Essigsäure (Massengehalt von 5–10 % Essigsäure).

Buttersäure, $CH_3{-}[CH_2]_2{-}COOH$, liegt in chemisch gebundener Form im Butterfett vor. Der Geruch beim Ranzigwerden von Butter rührt von der Buttersäure her, die durch bakterielle Reaktion freigesetzt wird.

Sorbinsäure, Benzoesäure und **Ameisensäure** werden wegen ihrer bakteriziden Eigenschaften als Konservierungsmittel[4] verwendet.

Die höheren ***gesättigten*** Fettsäuren (z. B. Palmitin- oder Stearinsäure) und die ***ungesättigten*** Fettsäuren Ölsäure, Linolsäure und Linolensäure

Linolsäure $CH_3{-}[CH_2]_4{-}CH{=}CH{-}CH_2{-}CH{=}CH{-}[CH_2]_7{-}COOH$
Linolensäure

$$CH_3{-}CH_2{-}CH{=}CH{-}CH_2{-}CH{=}CH{-}CH_2{-}CH{=}CH{-}[CH_2]_7{-}COOH$$

kommen in chemisch gebundener Form (als Ester mit dem Alkohol Glycerin, Abschn. 8.4.8) in den Fetten und fetten Ölen als wichtige Bestandteile unserer Nahrung vor. Während die gesättigten Fettsäuren im menschlichen Körper aus Kohlenhydraten aufgebaut werden können, müssen die mehrfach ungesättigten Fettsäuren, also vor allem Linolsäure und Linolensäure in der Nahrung in geringer Menge enthalten sein. Es sind die **essenziellen Fettsäuren**, die nicht vom menschlichen Organismus synthetisch aufgebaut werden können. Beim Fehlen dieser essenziellen Fettsäuren entstehen Mangelkrankheiten (Folgerungen für die Fetthydrierung, Abschn. 8.4.8).

Viele organische Säuren kommen als solche oder in gebundener Form in mannigfaltiger Weise in der Natur in verschiedensten Organismen vor. Daran erinnern auch die Trivialnamen der Säuren, wie z. B. Citronensäure, Weinsäure.

Eine besonders interessante Säure ist die **Milchsäure**, die in saurer Milch und bei der sauren Vergärung verschiedener pflanzlicher Produkte entsteht (Milchsäurevergärung) und ferner auch im Muskelsaft des tierischen und menschlichen Organismus vorkommt. Am Beispiel der Milchsäure soll das zur analytischen Bestimmung häufig ausgenutzte Phänomen der **optischen Aktivität** (der Drehung der Polarisationsebene des Lichtes durch organische Substanzen) erläutert werden.

Milchsäure mit der chemischen Formel $CH_3{-}CHOH{-}COOH$ wird mit dem systematischen Namen als α-Hydroxypropionsäure bezeichnet. Dabei kennzeichnet das vorangestellte α die Stellung der OH-Gruppe im Verhältnis zur Säuregruppe COOH. Bei der α-Stellung sind beide am gleichen, bei einer β-Stellung sind beide am benachbarten Kohlenstoff gebunden; die folgenden griechischen Buchstaben geben einen immer weiteren Abstand der OH-Gruppe von der COOH-Gruppe an.

Milchsäure enthält, wie man aus Abb. 8.4 ersehen kann, ein mit *vier verschiedenen* Bindungspartnern verknüpftes Kohlenstoffatom, welches auch als **asymme-**

4) Die nach dem deutschen Lebensmittelgesetz zugelassenen Konservierungsstoffe sind 1.) Sorbinsäure; 2.) Benzoesäure; 3.) Ameisensäure; 4.) PHB-Ester = Ester der *para*-Hydroxybenzoesäure mit Ethyl- oder Propylalkohol.

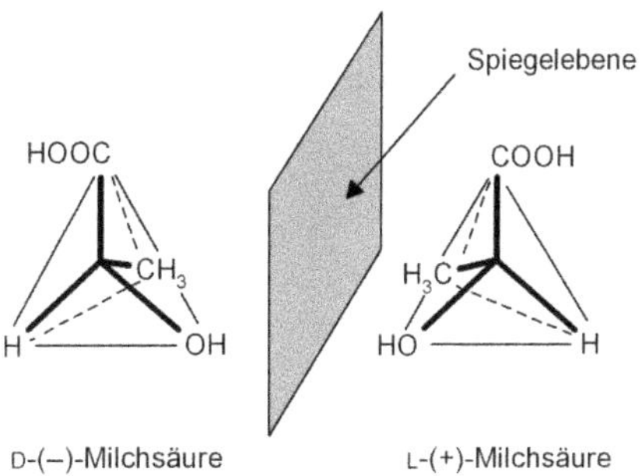

Abb. 8.4 Optische Antipoden der Milchsäure.

trisches C-Atom bezeichnet wird. Daher lassen sich die zwei spiegelbildlichen Isomere der Milchsäure miteinander nicht zur Deckung bringen, in Analogie zur rechten und linken Hand. Zwei Moleküle, die sich wie Bild und Spiegelbild verhalten, werden auch **Enantiomere** genannt. Im obigen Beispiel bezeichnet man diese als D-Milchsäure[5] und L-Milchsäure.

Wässrige Lösungen von Milchsäure, die jeweils immer nur eine dieser Spiegelbildisomeren enthalten, drehen die Ebene von polarisiertem Licht, und zwar die L-Milchsäure im Uhrzeigersinn, also nach rechts herum. Man kennzeichnet dies durch ein eingefügtes (+), also L-(+)-Milchsäure. Die D-Milchsäure dreht die Polarisationsebene des Lichtes im entgegengesetzten Uhrzeigersinn, also links herum, und wird durch ein Minuszeichen gekennzeichnet: D-(−)-Milchsäure. Viele solcher optisch aktiven, d. h. die Polarisationsebene des Lichtes drehender Substanzen finden wir in organischen Naturprodukten, wie z. B. bei Kohlenhydraten oder Aminosäuren (siehe Abschn. 8.7.1 und 8.7.2).

Geräte zur Messung der optischen Aktivität von Lösungen arbeiten nach folgendem Prinzip

Ein monochromatischer Lichtstrahl (man nimmt hierfür gewöhnlich die gelbe Spektrallinie des Natriums, siehe Abschn. 11.2.1.2; sie wird meist noch durch Zwischenschaltung einer Kaliumdichromatlösung gefiltert) wird durch einen Polarisator[6] geleitet, der das Licht nur einer Schwingungsrichtung durchlässt. Das so erhaltene „linear polarisierte Licht" wird durch ein Polarisationsrohr geleitet, welches die zu untersuchende Lösung enthält. Ist diese optisch aktiv, so dreht sie die Polarisationsebene des Lichtes entweder im Uhrzeigersinn (rechts) oder entgegengesetzt (links). Ein dahinter geschalteter Analysator (ebenfalls ein Nicol'sches Prisma) wird so lange gedreht, bis er das Licht der neuen Schwingungsrichtung

5) D bedeutet dextro, lat. = rechts und L entsprechend laevo, lat. = links. Das soll heißen, die D-Milchsäure hat eine entsprechende räumliche Anordnung der funktionellen Gruppen wie eine vereinbarte Standardbezugssubstanz, nämlich D-Glycerinaldehyd $CH_2OH{-}CHOH{-}CHO$; denn man kann die Aldehydgruppe leicht zur Säure oxidieren und CH_2OH zur CH_3-Gruppe reduzieren. Der D-Glycerinaldehyd dreht aber die Ebene des linear polarisierten Lichtes rechts, der L-Glycerinaldehyd links herum.

durchlässt. Die hierzu erforderliche Drehung des Analysators zeigt den Drehwert der Lösung an. Dabei ermöglicht die Verwendung eines Hilfsprismas eine sehr genaue Einstellung des Analysators auf den exakten Drehwert. Denn durch dieses Hilfsprisma, das gegenüber dem Polarisator etwas verdreht ist, wird das beobachtete Gesichtsfeld in zwei Hälften mit verschiedenen Helligkeitswerten geteilt, und erst bei der exakten Einregulierung des Analysators auf den richtigen Drehwert stimmen die Helligkeitswerte beider Gesichtsfelder exakt überein.

Die Drehung der Polarisationsebene ist abhängig von der optisch aktiven Substanz, dem Lösungsmittel, von der Temperatur und von der Wellenlänge des verwendeten Lichtes. Die spezifische Drehung α gibt den Winkel an, den 1 g Substanz in 1 ml Lösung in einem Rohr von 10 cm Länge hätte. Die Messtemperatur von 25 °C und die Verwendung der gelben D-Linie des Natriums (Wellenlänge 589,3 nm) kennzeichnet man wie folgt:

$$[\alpha]_{\mathrm{D}}^{25} \quad \text{oder} \quad [\alpha]_{589,3}^{25}$$

Von spiegelbildlich aufgebauten Molekülen mit asymmetrischen Kohlenstoffatomen dreht die eine Molekülart das linear polarisierte Licht rechts (im Uhrzeigersinn), die andere links herum. Eine Mischung dieser beiden Molekülarten, dieser optischen Antipoden, ergibt zusammen keine Drehung des linear polarisierten Lichtes. Solche Mischungen werden als **Racemate** bezeichnet und meist durch vorangesetztes DL- gekennzeichnet; Beispiel: DL-Milchsäure. Der Name Racemat kommt daher, dass Louis Pasteur (1822–1895) erstmals die „Traubensäure" (acidum racemicum) durch separate Kristallbildung in die beiden optischen Antipoden spalten konnte. Nämlich in die als Naturprodukt bekannte rechtsdrehende und die in der Natur nicht vorkommende linksdrehende Weinsäure.

Die L(+)-Milchsäure kommt im Muskelsaft vor und wird daher auch Fleischmilchsäure genannt. Sie hat ebenso wie die D(−)-Milchsäure einen Schmelzpunkt von 25 °C. Die Fleischmilchsäure kann sich in größeren Mengen als Zwischenprodukt beim Abbau von Zucker zu Kohlendioxid und Wasser bilden, nämlich dann, wenn rasch viel Energie für die Bewegung der Muskeln verbraucht wird. Im ungeübten Muskel, vor allem bei ungenügender Sauerstoffzufuhr, geht der Abbau der Kohlenhydrate dann nicht bis zum CO_2, sondern vielmehr unter Bildung von Milchsäure vonstatten (Abb. 12.3 in Abschn. 12.1.3). Allmählich wird aber auch die Milchsäure schließlich zu Kohlendioxid verbrannt.

Die DL-Milchsäure findet sich z. B. in saurer Milch, im Magensaft oder in sauren Gurken. Sie ist eine sirupartige, bei 18 °C, also bei tieferer Temperatur als die beiden optischen Antipoden (siehe Schmelzpunkterniedrigung bei eutektischen Gemischen, Abschn. 6.5.3.1) erstarrende Flüssigkeit.

6) Als Polarisator verwendet man ein Nicol'sches Prisma (William Nicol, 1768–1851), einen unter einem bestimmten Winkel zerschnittenen und mit sogenanntem Kanadabalsam wieder zusammengekitteten Kalkspatkristall, der nur linear polarisiertes Licht (Licht einer Schwingungsrichtung) durchlässt.

8.4.7 Ester

Funktionelle Gruppe

$$R1-\overset{\overset{\displaystyle O}{\|}}{C}-O-R2$$

Ester sind Reaktionsprodukte zwischen Alkoholen und (anorganischen oder organischen) Säuren.

Die Reaktion findet als Gleichgewichtsreaktion (Kapitel 5) unter Wasserabspaltung statt:

$$CH_3-C(=O)-OH + HO-CH_3 \underset{\text{Verseifung}}{\overset{\text{Veresterung}}{\rightleftharpoons}} CH_3-C(=O)-O-CH_3 + H_2O$$

Essigsäure Methanol Essigsäuremethylester Wasser

Den umgekehrten Vorgang, die Aufspaltung eines Esters in eine Säure und einen Alkohol durch Einwirkung von Wasser, bezeichnet man als **Verseifung**. Der Ausdruck Verseifung ist einem Reaktionsvorgang entlehnt, bei dem aus Fetten (diese sind chemisch Ester des Alkohols Glycerin mit Fettsäuren, Abschn. 8.4.8) durch Einwirkung von Laugen die Salze der betreffenden Säuren (= Seifen) und der Alkohol Glycerin entstehen. Man hat die Bezeichnung Verseifung schließlich auf alle Vorgänge ausgedehnt, wo organische Verbindungen durch Anlagerung von Wasser zur Reaktion bzw. zur Aufspaltung gebracht werden (z. B. Abschn. 8.5.4).

Die Namengebung der Ester erfolgt durch Angabe der betreffenden Säure, dann des Alkyls vom Alkohol und schließlich durch Anhängen des Wortes „ester“, z. B. Essigsäuremethylester. Häufig erfolgt die Bezeichnung der Ester auch in Analogie zu den Salzen, also z. B. Methylacetat, Ethylbutyrat usw.

Ester der niederen Carbonsäuren mit niederen Alkoholen sind farblose, meist angenehm fruchtartig riechende, leicht entflammbare Flüssigkeiten, die in der Natur als **Fruchtaromastoffe** weit verbreitet sind. Beispiele: Essigsäureisoamylester riecht nach Birnen, Buttersäureethylester riecht nach Ananas und Isovaleriansäureisoamylester[7] riecht nach Äpfeln.

Einige Ester der niederen Fettsäuren werden als Lösungsmittel und Lackverdünnungsmittel verwendet, so z. B. Essigsäuremethylester oder Essigsäureethylester.

Bienenwachs enthält Palmitinsäureester der höheren Alkohole $C_{30}H_{61}OH$, $C_{32}H_{65}OH$ und $C_{34}H_{69}OH$. Die Ester von meist höheren Fettsäuren mit dem Alkohol Glycerin bilden die Stoffklasse der **Fette** bzw. **fetten Öle** (Abschn. 8.4.8).

7) Isovaleriansäure hat die Formel $(CH_3)_2CH-CH_2-COOH$; sie kommt als Ester auch in der Baldrianwurzel (Valeriana officinalis) vor.

Tab. 8.10 Physikalische Daten von technisch wichtigen Estern.

Name	Schmelzpunkt (°C)	Siedepunkt (°C)	Dichte (g/cm³)
Essigsäuremethylester	−98,1	57,0	0,9338
Essigsäureethylester	−83,6	77,2	0,900

Der Trisalpetersäureglycerinester wird durch Reaktion von Glycerin mit der anorganischen Salpetersäure gebildet (siehe Reaktionsgleichung nächste Seite) und ist unter der Bezeichnung **Nitroglycerin** bekannt. Es handelt sich um eine farblose, ölige Flüssigkeit. Sie bildet mit Kieselgur eine **Dynamit** genannte, teigige Masse, die man als Sprengstoff verwendet.

$$\begin{matrix} CH_2-OH \\ | \\ CH-OH \\ | \\ CH_2-OH \end{matrix} + 3\ H-O-NO_2 \longrightarrow \begin{matrix} CH_2-O-NO_2 \\ | \\ CH-O-NO_2 \\ | \\ CH_2-O-NO_2 \end{matrix} + 3\ H_2O$$

Glycerin — Salpetersäure — Trisalpetersäure-glycerinester

8.4.8 Fette und fette Öle

Fette oder fette Öle sind Ester des Alkohols Glycerin mit meist höheren gesättigten oder ungesättigten Fettsäuren.

Die am häufigsten vorkommenden **Fettsäuren** (Abschn. 8.4.6) sind Ölsäure, Palmitinsäure und Stearinsäure. Die einzelnen Fette unterscheiden sich hinsichtlich ihres Gehaltes an diesen Fettsäuren. Häufig enthalten sie noch eine Reihe anderer Fettsäuren, so z. B. die Butter noch einen Anteil von 3–4 % Buttersäure. Bei Ölen findet man größtenteils ungesättigte Säuren, und zwar in erster Linie Ölsäure, daneben auch mehrfach ungesättigte („essenzielle", Abschn. 8.4.6) Fettsäuren. Die folgende Reaktionsgleichung zeigt ein Fett, das je ein Molekül Palmitin-, Stearin- und Ölsäure enthält; es entsteht durch Veresterung mit dem Alkohol Glycerin. Der umgekehrte Vorgang, die **Verseifung** führt zur Aufspaltung des Fettes in Glycerin und die entsprechenden Fettsäuren:

$$\begin{matrix} CH_2-O-OC-C_{15}H_{31} \\ | \\ CH-O-OC-C_{17}H_{35} \\ | \\ CH_2-O-OC-C_{17}H_{33} \end{matrix} + 3\ H_2O \longrightarrow \begin{matrix} CH_2-OH \\ | \\ CH-OH \\ | \\ CH_2-OH \end{matrix} + \begin{matrix} HOOC-C_{15}H_{31} \\ HOOC-C_{17}H_{35} \\ HOOC-C_{17}H_{33} \end{matrix}$$

Fett — Wasser — Glycerin — Fettsäuren

Die Verseifung wurde früher durch Kochen mit Laugen vorgenommen und führte unmittelbar zu den entsprechenden Seifen (Abschn. 8.4.9). Da aber dabei das Glycerin nicht vollständig abgetrennt werden kann, wird die Verseifung heute hauptsächlich durch Wasserdampf von etwa 180 °C oder durch Schwefelsäure durchgeführt. Die betreffenden Seifen erhält man dann nach Abtrennung des Glycerins durch Zugabe der basischen Bestandteile.

Fette Öle mit einem Gehalt an mehrfach ungesättigten Fettsäuren (Leinöl) neigen dazu, durch räumliche Vernetzung der Moleküle harzartige Produkte zu bilden, die als Firnisse und Ölfarben (trocknende Öle) verwendet werden. Die räumliche Vernetzung ereignet sich unter Einwirkung von Luftsauerstoff an den Stellen, wo sich die Doppelbindungen befinden. Beim Ranzigwerden der Fette werden die Fettsäuremoleküle durch Einfluss von Licht und Luftsauerstoff neben den Doppelbindungen zu ranzig riechenden Produkten, z. B. Fettsäuren gespalten.

Bei der Herstellung von **Margarine** ist es notwendig, flüssige pflanzliche Öle in feste Fette umzuwandeln. Dies geschieht durch Hydrierung, d. h. Anlagerung von Wasserstoff an die Doppelbindungen (Abschn. 8.1.2.2). Da aber mehrfach ungesättigte Fettsäuren lebensnotwendig sind, diese aber bei der Hydrierung in gesättigte Fette umgewandelt werden, ist es üblich, nur einen Teil der Pflanzenöle zu härten, das übrige Öl jedoch im ursprünglichen Zustand zu belassen. So enthält die Margarine stets ausreichende Mengen von ungehärteten essenziellen Fettsäuren.

8.4.9 Seifen und Waschmittel

Seifen sind Alkalisalze höherer Fettsäuren. Sie werden heute größtenteils durch **Verseifung** von Fetten oder Ölen gewonnen (Abschn. 8.4.8). Die Natriumsalze *gesättigter* Fettsäuren haben eine härtere, die der *ungesättigten* Fettsäuren eine weichere Beschaffenheit. Die Kaliseifen ergeben die sehr weichen „Schmierseifen".

Die **Reinigungswirkung** der Seifen lässt sich folgendermaßen erklären:

In wässriger Lösung zeigen die Alkaliseifen eine gewisse Dissoziation in die betreffenden Kationen und die Fettsäureanionen. Letztere enthalten je eine **hydrophile**, also vom Wasser angezogene Gruppe, nämlich die ionische Carboxylgruppe $-COO^-$ und einen **hydrophoben**, also vom Wasser abgestoßenen Molekülteil, nämlich den Kohlenwasserstoffrest:

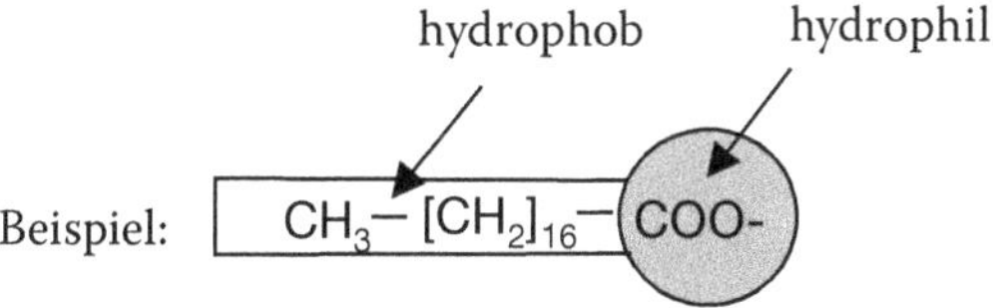

Wegen dieses Anteils an hydrophoben Gruppen reichern sich die Seifenmoleküle an der Oberfläche des Wassers an, wobei sich die Seifenmoleküle derart ausrich-

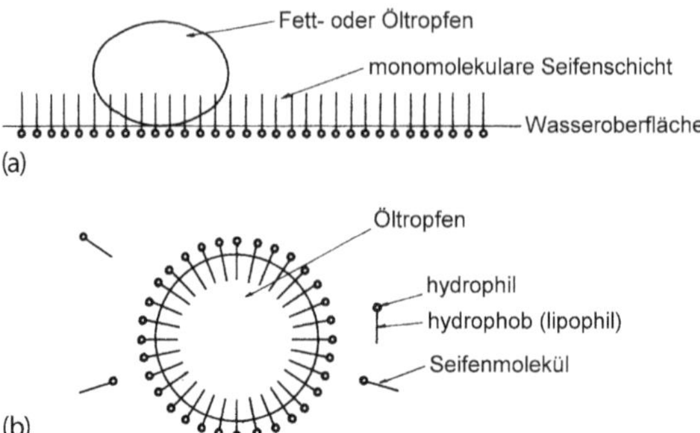

Abb. 8.5 Die Wasch- und Emulgierwirkung von Seifen: (a) Benetzungswirkung von Seifen, (b) Emulgierwirkung von Seifen.

ten, dass die hydrophile Gruppe dem Wasser zugekehrt, die hydrophobe Gruppe dem Wasser abgekehrt ist (Abb. 8.5). Eine durch Blasenbildung vergrößerte Grenzschicht Wasser-Luft wird durch diese „oberflächenaktiven" Stoffe stabilisiert (Seifenschaumbildung), da dann mehr Seifenmoleküle die vergrößerte Oberfläche besetzen können.

Da die Anziehungskräfte zwischen den Kohlenwasserstoffresten der Fettsäureanionen kleiner sind als zwischen den durch Wasserstoffbrücken zusammengehaltenen Wassermolekülen, hat eine Seifenlösung eine geringere **Oberflächenspannung** als reines Wasser, denn die Oberflächenspannung wird durch gegenseitige und nach innen gerichtete Kräfte der Flüssigkeitsmoleküle hervorgerufen. Eine Flüssigkeit mit geringer Oberflächenspannung dringt leicht in kapillare Zwischenräume ein. Die hydrophoben Gruppen verbinden sich gut mit fettigen Bestandteilen (Schmutzteilchen, Hautfett usw.). Deshalb sind Seifen in der Lage, solche wasserunlöslichen Stoffe zu lösen und an das Wasser zu binden. Auch können fetthaltige Stoffe in die wässrige Phase nach Art von **Emulsionen** (Abschn. 3.4.2) aufgenommen werden, denn die feinsten fettigen Teilchen werden von solchen Seifenmolekülen allseitig umgeben, bei denen der hydrophobe Kohlenwasserstoffrest auf das Fett, die hydrophile Carboxygruppe zum Wasser weist (Abb. 8.5b). Man bezeichnet den fettlöslichen Molekülteil auch als **lipophil**. Organische Verbindungen sind im Allgemeinen lipophil.

Die Salze von Fettsäureanionen mit fast allen Metallionen sind in Wasser schwer löslich. Insbesondere die im normalen Leitungswasser vorhandenen Calcium- und Magnesiumionen verhindern wegen der Schwerlöslichkeit ihrer Fettsäuresalze das Emulgiervermögen, d. h. die Herabsetzung der Oberflächenspannung und die Waschwirkung der Seifen.

Um auch in hartem, d. h. Calciumionen enthaltenden Wasser (Abschn. 5.3.2.1) eine gute Waschwirkung zu haben, enthalten heute Waschmittel synthetische waschaktive Substanzen, sogenannte **Detergentien** bzw. **Tenside**. Diese werden neben den Seifen in allen Waschmitteln verwendet.

Die Moleküle von synthetischen waschaktiven Substanzen sind ähnlich aufgebaut wie die Seifenmoleküle, enthalten aber anstelle der Carboxylgruppe folgende Gruppen:

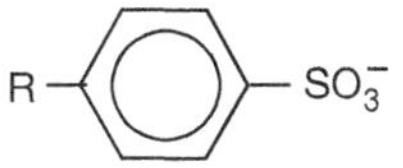

$R-C_6H_4-SO_3^-$ $R-OSO_3^-$ R = längere Kohlenwasserstoffkette

Alkylbenzolsulfonate Alkylsulfate (Ester höherer Alkohole mit Schwefelsäure)

Die Kohlenwasserstoffreste sollten nur aus *unverzweigten* Ketten bestehen, da die *verzweigten* Ketten durch die Bakterien in den Kläranlagen nicht abgebaut werden und deswegen zu Schaumbergen an Wehren führen würden. Als Detergentien werden auch quartäre Ammoniumionen (Abschn. 8.5.1) und Polyalkohole (viele Alkoholgruppen enthaltende Moleküle) verwendet, die dann neben diesen hydrophilen Gruppen immer eine längere Kohlenwasserstoffkette als hydrophoben Molekülteil enthalten.

Neben den waschaktiven Substanzen enthalten die heutigen Waschmittel auch noch eine Reihe von Hilfsstoffen. Die sogenannten **Gerüststoffe** (oder aus dem Englischen auch Builder genannt) stellen mengenmäßig im Waschmittel den Hauptanteil dar. Sie dienen in erste Linie dazu, die für den Waschvorgang schädlichen Ca^{2+}- und Mg^{2+}-Ionen zu binden. Früher wurden vorrangig in Haushaltswaschmitteln **Polyphosphate**, meist das Pentanatriumtriphosphat $Na_5P_3O_{10}$, eingesetzt (Abschn. 7.2.2). Der Nachteil dieser Substanzen ist, dass sie in Gewässern zur sogenannten Eutrophierung führen (Abschn. 13.1.3). Deshalb wurden vor einigen Jahren diese Polyphosphate durch die umweltneutralen **Zeolithe** ersetzt, welche die härtebildenden Ionen durch Ionenaustausch binden (Abschn. 7.2.5).

8.4.10
Zusammenfassender Überblick

Sauerstoff mit großer Elektronegativität führt in organischen Verbindungen zu einer teilweisen Polarisierung der Moleküle, d. h., das Sauerstoffatom trägt eine negative Teilladung, andere Molekülteile haben dann eine positive Teilladung. Durch sauerstoffhaltige funktionelle Gruppen wird eine Löslichkeit der sonst hydrophoben organischen Moleküle in Wasser ermöglicht. Chemische Reaktionen der sonst chemisch reaktionsträgen organischen Verbindungen ereignen sich in der Regel an den Molekülteilen, die die charakteristischen Atome (in diesem Fall Sauerstoffatome) enthalten. Diese Molekülteile nennt man deswegen **funktionelle Gruppen** (Beispiele in Tab. 8.11).

Tab. 8.11 Übersicht der sauerstoffhaltigen funktionellen Gruppen.

Funktionelle Gruppen		**Verbindungen**	
Namen	**Formeln**	**Namen**	**Eigenschaften**
Hydroxylgruppe	$(R_{aliph.})$–**OH**	Alkohole	hydrophil
Hydroxylgruppe	$(R_{arom.})$–**OH**	Phenole	schwach sauer
Ethergruppe	R1–**O**–R2	Ether	lipophil
Ketogruppe	R1–**CO**–R2	Ketone	hydrophil
Aldehydgruppe	R–**CHO**	Aldehyde	reduzierend
Carboxylgruppe	R–**COOH**	Carbonsäuren	hydrophil, schwach sauer
Estergruppe	R1–**CO–O**–R2	Ester	kurzkettige Moleküle eher hydrophil; langkettige Moleküle eher lipophil

8.5 Stickstoffverbindungen

8.5.1 Amine

Man unterscheidet ähnlich wie bei den Alkoholen zwischen **primären, sekundären** und **tertiären Aminen**; außerdem gibt es (ähnlich wie beim Ammoniak) noch **quartäre Ammoniumionen.**

Funktionelle Gruppen

$R1{-}NH_2$ — primäres Amin

R1–HN–R2 — sekundäres Amin

R1–N(–R3)–R2 — tertiäres Amin

$[R1{-}N(R3)(R4){-}R2]^+$ — quartäres Ammoniumion

Amine reagieren (ähnlich wie Ammoniak) mit Wasser als Basen, und zwar nimmt die Basenstärke mit steigender Alkylzahl zu. Mit Säuren bilden Amine Salze.

Die einfachsten **Alkylamine** sind die nach Fisch riechenden Gase Methylamin $CH_3{-}NH_2$, Dimethylamin $(CH_3)_2NH$ und Trimethylamin $(CH_3)_3N$; vom Letzteren stammt der typische Fischgeruch der Heringslake oder der Seefische.

Hexamethylendiamin $H_2N{-}[CH_2]_6{-}NH_2$ mit dem Schmelzpunkt 42 °C wird zur Herstellung von **Polyamiden** (Nylon, Abschn. 9.4.1) verwendet. Die Verbindung Aminobenzol, mit der Formel

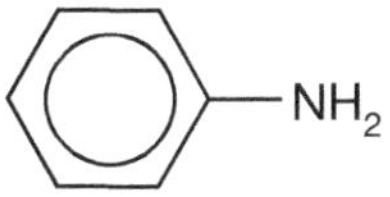

$$C_6H_5{-}NH_2$$

eine farblose, an der Luft sich braun verfärbende, giftige, bei 185 °C siedende Flüssigkeit, trägt den Trivialnamen **Anilin** und kann auch als Phenylamin bezeichnet werden.

8.5.2 Aminosäuren

Aminosäuren enthalten sowohl Amino- als auch Carboxylgruppen. Die Aminosäuren sind von großer Bedeutung, weil sie die Bausteine der **Eiweiße bzw. Proteine** darstellen (Abschn. 8.7.2).

Am Aufbau der natürlichen Proteine sind 20 verschiedene α-Aminosäuren beteiligt. Der griechische Buchstabe bezeichnet hierbei den Abstand der Aminogruppe von der Carboxylgruppe; bei α sind beide mit dem gleichen Kohlenstoffatom verknüpft.

Die in den Eiweißstoffen vorkommenden Aminosäuren sind **optisch aktiv**, denn sie besitzen ein asymmetrisches Kohlenstoffatom, gekennzeichnet durch einen Stern (Abschn. 8.4.6).

Beispiele für α-Aminosäuren

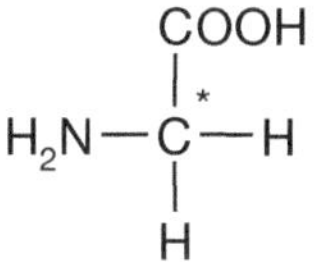

$$H_2N{-}\overset{\overset{\displaystyle COOH}{|}}{\underset{\underset{\displaystyle H}{|}}{C^*}}{-}H \qquad\qquad H_2N{-}\overset{\overset{\displaystyle COOH}{|}}{\underset{\underset{\displaystyle CH_3}{|}}{C^*}}{-}H$$

Glycin 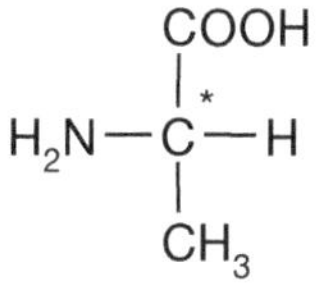 Alanin

8.5.3 Amide

Amide oder Säureamide entstehen durch die Reaktion von Ammoniak oder eines Amins mit einer Carbonsäure.

Ähnlich wie bei den Estern findet die Reaktion unter Wasserabspaltung statt. Neben Ammoniak können primäre und sekundäre Amine mit Carbonsäuren reagieren.

Beispiel

$$CH_3{-}C(=O){-}OH \; + \; H_2N{-}CH_3 \; \underset{+H_2O}{\overset{-H_2O}{\rightleftharpoons}} \; CH_3{-}C(=O){-}NH{-}CH_3 \; + \; H_2O$$

Essigsäure Methylamin Essigsäuremethylamid (Amidgruppe) Wasser

Polyamide spielen bei den Kunststoffen eine wichtige Rolle (Nylon, Perlon; Abschn. 9.4.1).

Das Diamid der Kohlensäure kommt als Abbauprodukt von Eiweiß im menschlichen und tierischen Harn vor. Es trägt den Trivialnamen **Harnstoff** und hat die chemische Formel $H_2N{-}CO{-}NH_2$ (Formel für Kohlensäure HO-CO-OH).

8.5.4 Nitrile

Funktionelle Gruppe

−C≡N oder in einfacher Schreibweise **−CN**

Nitrile lassen sich durch Wasserabspaltung aus Carbonsäuren und Ammoniak gewinnen. Dabei wird die Zwischenstufe der Säureamide (Abschn. 8.5.3) durchschritten.

Beispiel

$$H_3C{-}C(=O){-}OH \; + \; H{-}NH_2 \; \underset{+H_2O}{\overset{-H_2O}{\rightleftharpoons}} \; H_3C{-}C(=O){-}NH_2 \; \underset{+H_2O}{\overset{-H_2O}{\rightleftharpoons}} \; CH_3{-}C{\equiv}N$$

Essigsäure Essigsäureamid Essigsäurenitril

Die umgekehrte Reaktion, also die Verseifung (Wasseranlagerung, Abschn. 8.4.7) der Nitrile führt über die Säureamide zu den organischen Säuren. Daher werden die Nitrile (und Amide) nach den betreffenden Säuren benannt.

Das Nitril der Ameisensäure trägt den Trivialnamen **Blausäure**.

$$H{-}C(=O){-}OH \; + \; H{-}NH_2 \; \underset{+H_2O}{\overset{-H_2O}{\rightleftharpoons}} \; H{-}C(=O){-}NH_2 \; \underset{+H_2O}{\overset{-H_2O}{\rightleftharpoons}} \; H{-}C{\equiv}N$$

Ameisensäure acidum formicum — Ameisensäureamid Formamid — Ameisensäurenitril Blausäure

Blausäure ist eine farblose, nach bitteren Mandeln riechende, sehr giftige, bei Raumtemperatur siedende (Sdp. 26 °C) Flüssigkeit. Die letale Dosis beim Menschen beträgt ca. 50 mg, eine Menge, die schon durch wenige Atemzüge aufgenommen werden kann.

Die Salze der Blausäure heißen **Cyanide**[8]. Sie werden zum Aufkohlen von Stahl (Badzementieren, Abschn. 5.5.2.2) und als Komplexsalze zum Galvanisieren (Abschn. 10.5.3) verwendet. Da die Cyanidionen ähnliche Eigenschaften haben wie die Halogenionen, wird die CN-Gruppe auch als „**Pseudohalogen**" bezeichnet.

Für die Kunststoffherstellung hat das Nitril der Acrylsäure (Abschn. 8.4.6), das **Acrylnitril** Bedeutung (Abschn. 9.3.13).

8.5.5 Nitroverbindungen

Funktionelle Gruppe
$-NO_2$ (Nitrogruppe)

Einige Nitroverbindungen haben technische Bedeutung. An dieser Stelle seien folgende Verbindungen genannt (Tab. 8.12):

NO_2 CH_3, O_2N, NO_2, NO_2 OH, O_2N, NO_2, NO_2

Nitrobenzol   2,4,6-Trinitrotoluol (TNT)   Pikrinsäure
2,4,6-Trinitrophenol

Nitrobenzol, eine gelbliche, nach bitteren Mandeln riechende, giftige Flüssigkeit, dient in der Industrie als Zwischenprodukt für zahlreiche Verbindungen (z. B. Anilin). Sie zeigt die Eigenschaft der **elektrischen Doppelbrechung**, d. h., dieser Stoff ist in der Lage, bei Vorhandensein eines elektrischen Feldes linear polarisiertes Licht in elliptisch polarisiertes Licht zu verwandeln. Man kann dann durch diesen Effekt mit der Änderung des elektrischen Feldes die Intensität des Lichtes steuern. Zellen dieser Art, die **Kerrzellen** (John Kerr, 1824–1907), können in der **Optoelektronik** zur Erfassung sehr schnell ablaufender Vorgänge oder für Steuerungsvorgänge wie optische Schalter ausgenutzt werden.

Eine solche Kerrzelle enthält Nitrobenzol zwischen zwei Kondensatorplatten; sie wird von linear polarisiertem Licht durchstrahlt. Senkrecht zueinander stehende Nicol'sche Prismen (Fußnote 6) vor und hinter dem Nitrobenzol lassen dann kein Licht durch, wenn kein elektrisches Feld vorhanden ist. Beim Anlegen eines elektrischen Feldes wird jedoch das linear polarisierte Licht im Nitrobenzol elliptisch polarisiert und dann teilweise durch die senkrecht zueinander stehen-

8) Cyanide (kyaneos, gr. = blau) bilden mit Eisenionen komplexe Salze von intensiver Blaufärbung (Abschn. 5.4.4). Diesem Umstand verdanken die Säure und ihre Salze ihren Trivialnamen.

Tab. 8.12 Schmelz- und Siedepunkte von Nitrobenzol, Trinitrotoluol und Pikrinsäure.

	Schmelzpunkt (°C)	Siedepunkt (°C)
Nitrobenzol	5,7	211
Trinitrotoluol	81	240 (Zersetzung)
Pikrinsäure	122	> 300 (Zersetzung)

den Nicol'schen Prismen durchgelassen. Die Eigenschaft der elektrischen Doppelbrechung ist eine Folge der Dipoleigenschaft des Nitrobenzolmoleküls, das auf einer Seite die Sauerstoffatome mit einer großen Elektronegativität, auf der anderen Seite den Benzolkern enthält. Diese Moleküle richten sich im elektrischen Feld aus und zeigen dann wie anisotrope Festkörper unterschiedliche Eigenschaften gegenüber dem Licht, verhalten sich wie „Flüssigkristalle", während beim Fortfall des elektrischen Feldes das Nitrobenzol wieder zur isotropen Flüssigkeit wird und damit nach allen Richtungen gleiche Eigenschaften aufweist, denn dann haben die Moleküle eine regellose Anordnung ohne Vorzugsrichtung.

Trinitrotoluol (TNT) wird als Sprengstoff verwendet. **Pikrinsäure**, eine hellgelbe, giftige, in Wasser sauer reagierende Substanz mit stark bitterem Geschmack, wird in der Metallurgie als Ätzmittel zur Herstellung von Metallschliffen gebraucht. Auch die Pikrinsäure oder ihr Ammoniumsalz finden als Sprengstoff Verwendung.

8.6 Heterocyclische Verbindungen

Aus der Fülle der heterocyclischen Verbindungen sollen hier nur einige wichtige stickstoff- und sauerstoffhaltige Heterocyclen erwähnt werden.

8.6.1 Stickstoffhaltige Heterocyclen

Die formal mit drei kovalenten Bindungen im Benzolkern verknüpfte Gruppe =CH– kann durch Stickstoffatome gleicher Bindungszahl ersetzt werden. Solche Heterocyclen besitzen ebenfalls **aromatischen Charakter**, wenngleich auch das Stickstoffatom infolge einer stärkeren Elektronegativität die Elektronen stärker bindet und damit die Elektronendichte im aromatischen Ring vermindert. Das freie Elektronenpaar am Stickstoffatom ist in der Lage, Wasserstoffbrücken mit Wassermolekülen auszubilden, deswegen sind stickstoffhaltige Heterocyclen mit Wasser mischbar. Beispiele für stickstoffhaltige Heterocyclen sind **Pyridin** und das **1,3,5-Triazin**, dessen Triamin mit dem Trivialnamen **Melamin** zur Herstellung des Kunststoffs Melamin-Formaldehyd-Harz (Abschn. 9.4.2.3) verwendet wird.

Pyridin, eine farblose, unangenehm riechende, mit Wasser in jedem Verhältnis mischbare Flüssigkeit (Sdp. 115 °C), verwendet man als Lösungsmittel und ist ein wichtiger Grundstoff in der chemischen Industrie (Pharmazie, Pflanzenschutzmittel).

Pyridin | 1,3,5-Triazin | Melamin

8.6.2 Sauerstoffhaltige Heterocyclen

Die sechs- und fünfgliedrigen sauerstoffhaltigen Heterocyclen sind am beständigsten und daher auch am häufigsten; sie haben keinen aromatischen Charakter mehr. Verschiedene Zucker („Pyranosen" und „Furanosen") enthalten Pyran- und Furangerüste.

4H-Pyran | Pyrangerüst | Furan | Furangerüst

Zu den stärksten Giften gehören Polychlordibenzodioxine (PCDD) und Polychlordibenzofurane (PCDF) kurz auch als **Dioxine** und **Furane** bezeichnet, von denen es 75 bzw. 135 Einzelverbindungen mit unterschiedlicher Giftigkeit gibt. Das berüchtigte „Seveso-Gift" mit der stärksten Giftwirkung ist das 2,3,7,8-Tetrachlordibenzo-1,4-dioxin, denn es leitet sich vom 1,4-Dioxin ab, einem sechsgliedrigen Ring mit zwei Sauerstoffatomen in *para-* oder 1,4-Stellung (siehe Formel); an den Stellen 2,3,7,8 sind beim TCDD die H-Atome durch Chlor ersetzt. Das Grundgerüst der Dibenzofurane ist ebenfalls abgebildet.

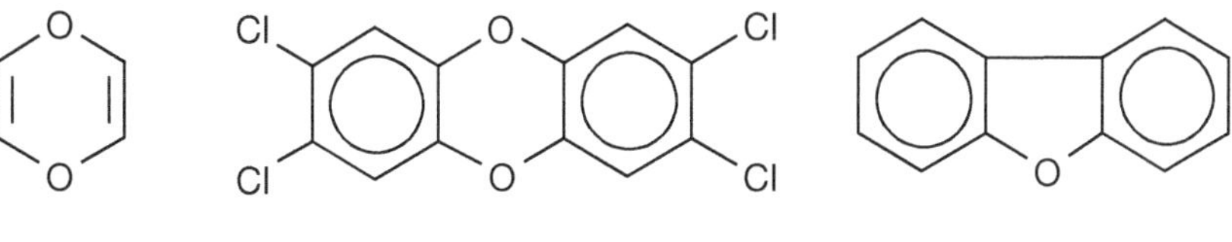

1,4-Dioxin | 2,3,7,8-Tetrachlordibenzo-1,4-dioxin | Dibenzofuran

Dioxine und Furane wurden nie gezielt kommerziell hergestellt, sondern sind Neben- und Abfallprodukte der chemischen Industrie (z. B. bei der Herstellung von chlororganischen Chemikalien). Die Bildung von Dioxinen und Furanen ist grundsätzlich bei allen Verbrennungsprozessen chlorhaltiger organischer Verbindungen möglich, insbesondere bei aromatischen Verbindungen, beispielsweise bei Kabelschmorbränden (PVC-Kunststoff, Abschn. 9.3.10) oder in Müllverbrennungsanlagen (Abschn. 13.5.2.1). Als Primärmaßnahme zur Vermeidung von Dioxinen und Furanen ist für einen optimalen Ausbrand durch ausreichende Verweilzeit bei Temperaturen > 900 °C zu sorgen. Insbesondere bei den Rauchgasen von Müllverbrennungsanlagen ist zu beachten, dass sich Dioxine beim Abkühlen im Temperaturbereich zwischen 250–400 °C erneut bilden können (sogenannte De-Novo-Synthese, Abschn. 13.5.2.1).

Zur Entfernung von Dioxinen in Rauchgasen werden zwei Verfahren angewendet:

- Adsorption an Aktivkohle und Aktivkoks bei 100–130 °C. Dieses Verfahren wird häufig in Müllverbrennungsanlagen verwendet (Abschn. 13.5.2.1).
- Katalytische Oxidation z. B. mit H_2O_2. Dieses Verfahren hat den Vorteil, dass nur unschädliche Oxidationsprodukte entstehen und eine Reststoffbehandlung entfällt.

8.7 Organische Naturprodukte

Von den vielen bei Lebensprozessen entstehenden organischen Naturprodukten sollen hier nur die Kohlenhydrate und Eiweißstoffe (Proteine) behandelt werden.

8.7.1 Kohlenhydrate

Kohlenhydrate (häufig auch als Kohlehydrate bezeichnet) sind organische Verbindungen aus den Elementen C, H und O, die Wasserstoff und Sauerstoff im Verhältnis 2 : 1, d. h. im gleichen Verhältnis wie im Wasser enthalten und daher früher als „Hydrate“ des Kohlenstoffs aufgefasst wurden.

Man unterscheidet zwischen Monosacchariden, Disacchariden und Polysacchariden. Zu den Monosacchariden zählen die verschiedensten **Zucker**, von denen diejenigen mit fünf und hauptsächlich mit sechs Kohlenstoffatomen am häufigsten vorkommen. Enthalten diese Kohlenhydrate Ketogruppen (>C=O), so werden sie als **Ketosen** bezeichnet; **Aldosen** hingegen haben eine Aldehydgruppe (–HC=O). Die reduzierenden Eigenschaften der Aldehydgruppe kann man bei der Herstellung von Silberspiegeln (Abschn. 8.4.5) ausnutzen und zum Nachweis von (Trauben-)Zucker im Urin (Zuckerkrankheit) verwenden. Dabei wird ein Cu(II)-Salz (Fehling'sche Lösung = alkalische Lösung von Kupfersulfat und

Seignettesalz (Kalium-Natrium-Salz der Weinsäure)) zum schwer löslichen, roten Kupfer(I)-oxid reduziert:

$$2Cu^{2+} + 2e^{-} + 2OH^{-} \rightarrow \overset{+1}{Cu_2}O + H_2O$$

Aldehyd- und Ketogruppen enthalten Doppelbindungen jeweils zwischen einem Kohlenstoff- und einem Sauerstoffatom. Diese reaktionsfähigen Doppelbindungen können durch Aufklappen und innermolekulare Reaktion zu einem Ringschluss und damit zu heterocyclischen Verbindungen führen. Als Beispiel für ein Monosaccharid sei hier der Traubenzucker (Glucose) genannt. Diese Aldose ergibt bei der innermolekularen Umlagerung eine heterocyclische Verbindung, die ein Pyrangerüst enthält und deshalb als **Pyranose** bezeichnet wird. Von dieser gibt es zwei isomere Verbindungen, die sich durch die räumliche Anordnung der Atome an dem mit einem Stern bezeichneten Kohlenstoffatom (C*) unterscheiden. Diese beiden optisch aktiven (Abschn. 8.4.6) isomeren Verbindungen können durch die auf der nächsten Seite dargestellten Formeln veranschaulicht werden.

Entstehen bei solch einem innermolekularen Ringschluss fünfgliedrige heterocyclische Ringe, die dann ein Furangerüst (Abschn. 8.6.2) besitzen, so werden diese Zucker als **Furanosen** bezeichnet. Eine solche Verbindung ist der Fruchtzucker, die **Fructose**.

Durch Zusammenschluss von zwei Monosacchariden entstehen unter intermolekularer Wasserabspaltung (Kondensation) **Disaccharide**. Der **Rohrzucker** ist ein solches Disaccharid, das als Kondensationsprodukt der beiden Monosaccharide Glucose (= Traubenzucker, eine Pyranose) und Fructose (= Fruchtzucker, eine Furanose) aufzufassen ist. **Milchzucker** (Lactose) ist ein Disaccharid aus Glucose und Galactose.

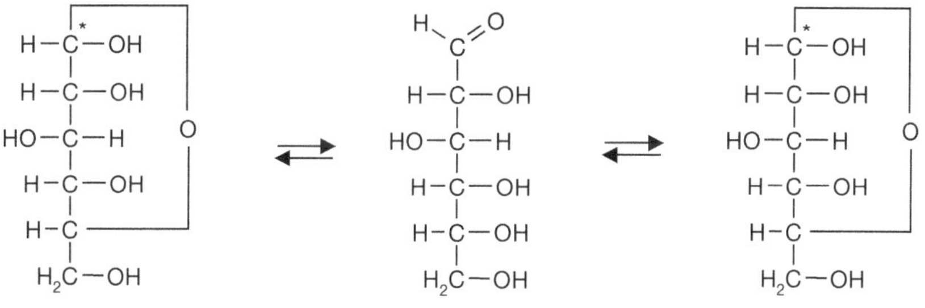

α-Glucose ⇄ Aldehyd-Form ⇄ β-Glucose

Aldehyd-Form wie oben

Die wichtigsten Polysaccharide sind **Stärke** und **Cellulose**. Sie lassen sich beide von der Glucose ableiten. Stärke findet sich in verschiedenen Pflanzenteilen, z. B. in den Wurzelknollen von Kartoffeln oder in den Mehlkörpern aller Getreidearten. Sie besteht aus vielen aneinandergehängten, d. h. polykondensierten[9] α-Glucosemolekülen. Cellulose hingegen ist eine polykondensierte β-Glucose, sie bildet die Zellsubstanz in allen Pflanzen. Während die Stärke unentbehrlich für die Ernährung des Menschen ist, kann die Cellulose vom Menschen nicht abgebaut, d. h. verdaut werden. Sie dient jedoch vielen Tieren wie Pferden, Rindern oder Schnecken als Nahrung. Eine verhältnismäßig reine Cellulose ist die Baumwolle. Stroh besteht zu etwa 30 % aus Cellulose. Holz setzt sich im Wesentlichen aus Cellulose und dem eigentlich holzigen Bestandteil Lignin zusammen. Diese Celluloserohstoffe dienen zur Herstellung von Kunststoffen (Abschn. 9.2.1). Cellulose hat folgende Struktur:

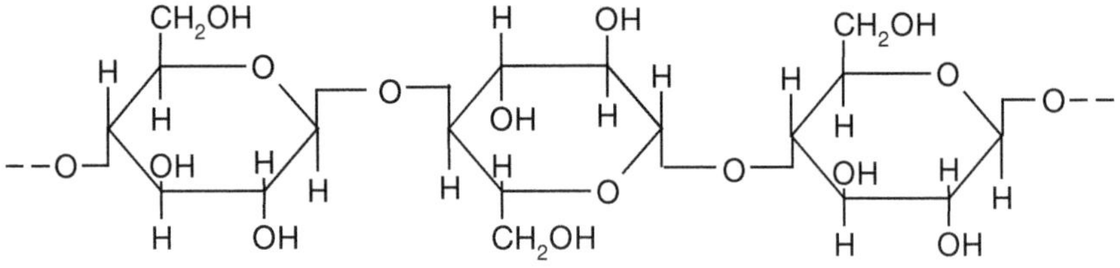

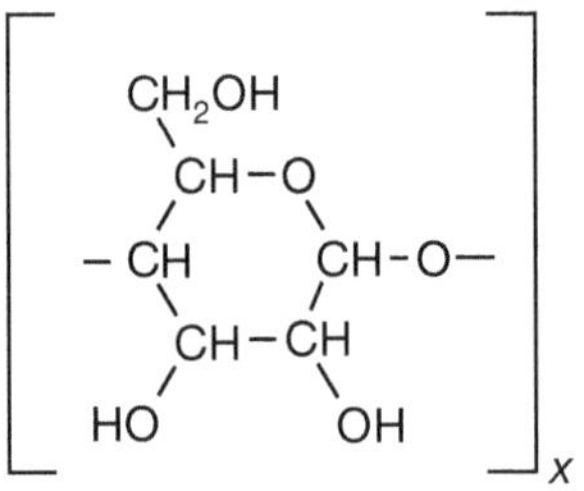

vereinfachte Darstellung

Bemerkenswert ist dabei, dass in der Cellulosemolekülkette jeder (Glucose-)Baustein jeweils drei OH-Gruppen enthält. In den Cellulosefäserchen sind sehr viele gebündelte Cellulosemoleküle durch Wasserstoffbrücken über diese OH-Gruppen miteinander verbunden. Infolge der regelmäßigen, relativ dichten Verknüpfung durch diese zwischenmolekularen Wechselwirkungen ist Cellulose in Wasser und den meisten organischen Lösungsmitteln unlöslich. Durch Säuren lässt sich die Cellulose in einzelne Zuckermoleküle spalten. Ein auf diese Weise hergestellter, als menschliches Nahrungsmittel nicht geeigneter Zucker wurde früher (durch Vergären) zu **Ethanol** und Futterhefe verarbeitet. Dieser Prozess ist heute wieder interessant zur Herstellung von Ethanol aus Biomasse (sogenannter Bioethanol, Abschn. 12.3.3). Cellulose kann auch als Grundstoff zur Kunststoffherstellung verwendet werden (z. B. Celluloseacetat, Abschn. 9.2.1.1).

9) Unter Polykondensation versteht man die Zusammenlagerung vieler Einzelmoleküle (Monomere) unter intermolekularer Abspaltung von Wasser (Abschn. 9.4).

8.7.2 Eiweißstoffe (Proteine)

In den Eiweißstoffen sind verschiedene **Aminosäuren** (Abschn. 8.5.2) durch Säureamidbildung (Abschn. 8.5.3) miteinander zu langkettigen Makromolekülen verknüpft.

Man unterscheidet zwischen einfachen Eiweißstoffen (= **Proteine**), an deren Aufbau nur Aminosäuren beteiligt sind, und zusammengesetzten Eiweißstoffen (= **Proteide**), bei denen Eiweißkörper an nicht eiweißartige Stoffe gebunden sind. Am Aufbau der meisten Eiweißstoffe sind nur 20 verschiedenartige Aminosäuren beteiligt. Die einzelnen Eiweißarten unterscheiden sich dann in den Mengenanteilen und in der Reihenfolge, wie diese Aminosäuren miteinander verknüpft sind.

Ein Proteinmolekül kann z. B. durch folgende Formel verdeutlicht werden, wobei die Zahl der möglichen Kombinationen und der auftretenden Kettenlängen und damit die Anzahl der verschiedenen Eiweißverbindungen unermesslich groß ist:

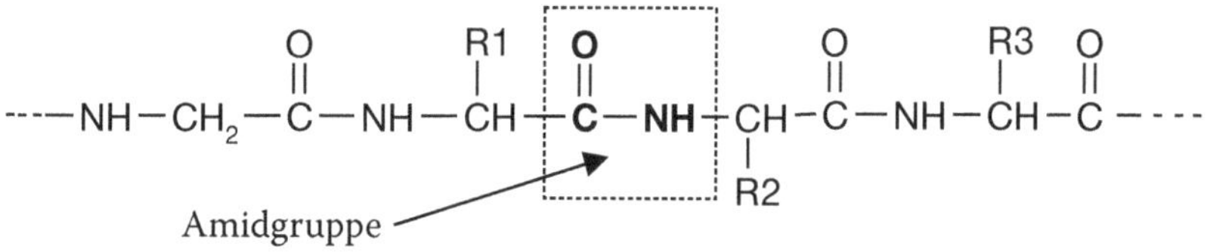

$$\cdots - NH - CH_2 - \overset{\overset{O}{\|}}{C} - NH - \overset{\overset{R1}{|}}{CH} - \boxed{\overset{\overset{\mathbf{O}}{\|}}{\mathbf{C}} - \mathbf{NH}} - \underset{\underset{R2}{|}}{CH} - \overset{\overset{O}{\|}}{C} - NH - \overset{\overset{R3}{|}}{CH} - \overset{\overset{O}{\|}}{C} - \cdots$$

Amidgruppe

Eiweißstoffe, die für die Ernährung von Tier und Mensch notwendig sind, werden bei der Verdauung zunächst zu den Aminosäuren abgebaut und dann zu körpereigenen Eiweißtypen wieder zusammengefügt. Die spezifischen Eigenschaften und damit die besonderen Funktionen der Eiweißstoffe im Organismus ergeben sich aus einer genauen Aufeinanderfolge der verschiedensten Aminosäuren, einer exakten „**Aminosäurensequenz**". Ein großer Teil der Aminosäuren kann im menschlichen Organismus durch Abänderung vorhandener Aminosäuren selbst aufgebaut werden. Acht essenzielle Aminosäuren müssen jedoch in ausreichender Menge im Nahrungseiweiß vorhanden sein, da der menschliche Körper diese Aminosäuren durch Umbau aus anderen Aminosäuren nicht bilden kann. Diese Aminosäuren (Leucin, Isoleucin, Lysin, Methionin, Phenylalanin, Threonin, Tryptophan, Valin) müssen in ausreichender Menge mit der Nahrung zugeführt werden. Besonders tierische Eiweißarten und Eiweiß von Sojabohnen enthalten diese Aminosäuren in günstigen Mengenverhältnissen. Es sind deswegen hochwertige Proteine.

8.8 Brennstoffe, Kraftstoffe, Schmierstoffe

Kohlenstoff und fossile organische Verbindungen dienen als Brennstoffe zur Erzeugung von Wärme und elektrischer Energie. Kohle, Erdgas und insbesondere Erdöl werden andererseits als wichtige Rohstoffe zur Synthese organischer Verbindungen und zur Herstellung von Kraftstoffen und Schmierstoffen gebraucht.

8.8.1 Brennstoffe

Kohlen sind durch Verkohlungsprozesse aus pflanzlichen Rückständen entstanden. Man kann nach zunehmendem Verkohlungsgrad unterscheiden zwischen Braunkohlen, hochflüchtigen, mittelflüchtigen und niederflüchtigen Steinkohlen, Magerkohlen und Anthrazit. Zu den hochflüchtigen Steinkohlen zählt man Flamm-, Gasflamm- und Gaskohlen. Diese lassen sich leicht entzünden und verbrennen mit langer Flamme. In die mittelflüchtigen Steinkohlen sind die Fettkohlen, in die niederflüchtigen Steinkohlen die Esskohlen einzuordnen. Mit abnehmendem Gehalt an flüchtigen Bestandteilen nehmen die Länge der Flamme und die Rauchentwicklung beim Verbrennen ab. Beim Erhitzen unter Luftabschluss entweichen die flüchtigen Bestandteile. Anthrazit verbrennt mit sehr kurzer, rauchloser Flamme.

Erdöl ist aus abgestorbenen Meeresorganismen entstanden; es enthält hauptsächlich Kohlenwasserstoffe. **Erdgas**, das zusammen mit dem Erdöl vorkommt, besteht hauptsächlich aus Methan und einigen anderen leichtflüchtigen Kohlenwasserstoffen.

Das aus der Erde geförderte Rohöl wird durch fraktionierte Destillation nach verschiedenen Siedebereichen aufgetrennt (Abschn. 3.6.4). Der tatsächliche Bedarf von Erdölprodukten unterscheidet sich mengenmäßig erheblich von dem Mengenanfall in den einzelnen Siedebereichen. Besonders groß ist die Nachfrage nach leichter siedenden Komponenten sowie nach ungesättigten und aromatischen Kohlenwasserstoffen. Deswegen werden die höher siedenden Komponenten durch verschiedene Verfahren, wie z. B. **Cracken** (Abschn. 8.1.2.4), **Reformieren** oder **Platformieren** in andere Verbindungen umgewandelt. Beim Reformieren entstehen durch Erhitzen mit Katalysatoren aus n-Paraffinen verzweigte Kohlenwasserstoffe und Olefine; aus isocyclischen Verbindungen bilden sich Aromaten. Beim Platformieren (**Plat**in-Re**for**mieren) entstehen mit Platinkatalysatoren insbesondere aromatische Kohlenwasserstoffe.

Eine Übersicht über wichtige Erdölprodukte enthält Tab. 8.13. Da die Erdölprodukte jeweils eine sehr große Anzahl der verschiedensten chemischen Verbindungen enthalten, haben sie sehr weite Siedebereiche.

Zur Charakterisierung und zum Vergleich von Brennstoffen dienen der **Heizwert** (früher als unterer Heizwert H_u bezeichnet) und der **Brennwert** (früher als oberer Heizwert H_0 bezeichnet). Sie sind Maßzahlen für die beim Verbrennen der betreffenden Stoffe frei werdende, nutzbare Wärmemenge (siehe Tab. 8.14).

Tab. 8.13 Erdölprodukte.

Bezeichnung	Siedebereich	Verwendung
Flüssiggas	unter 20 °C	Treib- und Brenngas in Stahlflaschen unter Druck
Benzin	30–200 °C	• Autobenzin für Ottomotoren (siehe Abschn. 8.8.2) • Flugbenzin (mit hohem Aromatenanteil) • technische Benzine mit verschiedenen, eng begrenzten Siedebereichen
Petroleum	140–280 °C	• Leuchtpetroleum (verbrennt rauchlos, schadstoffarm) • Kerosin für Strahltriebwerke • Flugbenzin mit hohem Energieinhalt
Schweröl	180–370 °C	Dieselkraftstoff (siehe Abschn. 8.8.2); leichtes Heizöl für Kleinfeuerungen; schweres Heizöl für Großfeuerungen
Schmieröle	über 300 °C	Schmierung (siehe Abschn. 8.8.3)
Bitumen	fest	im Straßenbau, zum Imprägnieren und Isolieren

Der Heizwert berücksichtigt, dass das im Brennstoff vorhandene und beim Verbrennen entstehende Wasser bei Feuerungsanlagen dampfförmig entweicht, denn die zum Verdampfen des Wassers notwendige Verdampfungsenthalpie geht beim Verbrennungsvorgang ungenutzt verloren. Der Brennwert ist um den Betrag der Verdampfungsenthalpie des bei der Reaktion freigesetzten Wassers und der während der Abkühlung auf 25 °C (Bezugstemperatur) frei werdenden Wärme *höher* als der Heizwert (Abschn. 4.2, Übungsbeispiel 4.3). Um diese Wärmemenge freizusetzen, müssen die Abgase unterhalb des sogenannten Taupunktes abgekühlt werden. Der Taupunkt ist die Temperatur, bei der das in den Abgasen enthaltene Wasser infolge Abkühlung zu kondensieren beginnt. Der Brennwert von Brennstoffen wird in sogenannten **Brennwertkesseln** ausgenutzt. Hierbei werden die Abgase unter ihren Taupunkt abgekühlt. So lässt sich in der Praxis gegenüber dem Heizwert bis zu etwa 10 % mehr Wärmeenergie gewinnen.

Der überwiegende Teil von Erdölprodukten, aber auch von Kohlen und Erdgas, wird zur Heizung und Energiegewinnung verbraucht. Jedoch sind diese nicht sehr reichlichen, langsam zur Neige gehenden Rohstoffe, die für viele Industriegüter (Kunststoffe, organisch-chemische Verbindungen) und zur Stahlerzeugung auch in fernerer Zukunft benötigt werden, zum Verbrennen zu wertvoll und tragen zum Treibhauseffekt bei (Abschn. 13.1.3.1). Deswegen sind der Ausbau von alternativen Energiequellen und die Steigerung der Energieeffizienz wichtigste Gegenwartsaufgaben aller Industrienationen.

Tab. 8.14 Brennstoffe.

	Flüchtige Bestandteile (%)	C (%)	H (%)	O (%)	S (%)	Heizwert (MJ/kg)	Brennwert (MJ/kg)
Holz (trocken)	ca. 80	ca. 50	ca. 6,0	ca. 44	< 0,03	18,8	20,2
Torf (trocken)	65–70	55–60	ca. 6,0	ca. 35	~ 1	22,0	23,2
Braunkohle	45–65	60–75	6,0–5,8	34–17	0,5–3	25,6	26,8
Gasflammkohle	35–40	82–85	5,8–5,6	9,8–7,3	~ 1	33,2	34,4
Fettkohle	19–28	87,5–89,5	5,0–4,5	4,5–3,2	~ 1	35,1	36,1
Esskohle	14–19	89,5–90,5	4,5–4,0	3,2–2,8	~ 1	35,4	36,4
Magerkohle	10–14	90,5–91,5	4,0–3,75	2,8–2,5	~ 1	35,3	36,2
Anthrazit	7–12	> 91,5	< 3,75	< 2,5	~ 1	35,1	35,9
Heizöle							
extra leichtflüssig	100	86,0	13,3	< 0,1	0,05	42,7	45,5
mittelflüssig	100	84,9	12,0	< 0,6	2,5	40,7	43,3
schwerflüssig	100	84,0	11,0	< 1,5	3,5	40,2	42,7
Erdgas		% CH_4	% C_2H_6	% (N_2 + CO_2)	% Rest		
methanreich	100	94,8	3	1,2	1	48,6	53,8
ethanreich	100	85,8	8,3	2,0	3,9	47,0	52,0

8.8.2 Kraftstoffe

In Verbrennungsmotoren wird die Wärmeausdehnung (Temperatur bis 2200 °C!) der Verbrennungsgase in mechanische Arbeit, z. B. zum Antreiben eines Kraftfahrzeugs umgesetzt.

8.8.2.1 Verbrennungsvorgänge im Ottomotor

Beim Ottomotor wird das im Zylinder komprimierte Kraftstoff-Luft-Gemisch durch einen Zündfunken an der „Zündkerze“ zur Explosion gebracht. Die Verbrennungsfront pflanzt sich dann durch das komprimierte Gas mit einer Geschwindigkeit von 50–100 cm/s fort. Bei der Verbrennung entstehen hohe Drücke im Zylinder, und durch die sich rasch (Geschwindigkeiten von 1–3 km/s) ausbreitende Druckwelle kann sich das restliche Gasgemisch im Zylinder spontan entzünden. Die dann schlagartig erfolgende **Detonation** ist als Klopfgeräusch zu vernehmen und ist für den Motor sehr schädlich. Als Detonation bezeichnet man eine Explosion, die sich durch Druckübertragung (Druckwelle) und nicht durch Wärmeübertragung (Verbrennungsfront) und deswegen mit sehr hoher Geschwindigkeit ausbreitet.

Eine wichtige Größe bei der Verbrennung ist der Luftbedarf. Er wird als sogenannter **Lambda-Wert** angegeben. Dieser ist ein Maß für das Verhältnis der in den Verbrennungsraum zugeführten, zu der zur vollständigen Verbrennung *theoretischen* Luftmenge. Die theoretische Luftmenge üblicher Kraftstoffe beträgt etwa 14,6 kg Luft je kg Kraftstoff. Der theoretisch benötigte Luftbedarf kann bei bekannter Zusammensetzung des Kraftstoffs auch stöchiometrisch berechnet werden (Übungsbeispiel 8.1). Der Lambda-Wert hat Einfluss auf die Leistung und den Wirkungsgrad eines Motors. Außerdem ist er wichtig für den optimalen Betrieb der katalytischen Abgasreinigung (Abschn. 13.4.4).

Übungsbeispiel 8.1

Berechnung der theoretischen Luftmenge zur Verbrennung von 1 kg Benzin (Benzin, ein Gemisch aus unterschiedlichen Kohlenwasserstoffen, soll zur Vereinfachung nur aus Oktan (C_8H_{18}) bestehend angenommen werden).

Lösung Die Reaktionsgleichung lautet:

$$2C_8H_{18} + 25O_2 \rightarrow 16CO_2 + 18H_2O$$

Aus obiger Gleichung entnimmt man die Information:

$$2\,\text{mol}\ C_8H_{18}\ \text{benötigen}\ 25\,\text{mol}\ O_2$$

Unter Berücksichtigung der molaren Massen (Abschn. 2.6.4) gilt:

$$2 \cdot 114\,\text{g} (= 228\,\text{g})\ C_8H_{18}\ \text{benötigen}\ 25 \cdot 32\,\text{g} (= 800\,\text{g})\ O_2$$

1 kg C_8H_{18} benötigt somit x kg Sauerstoff:

$$x = \frac{1\,\text{kg}}{0{,}228\,\text{kg}} \cdot 0{,}8\,\text{kg} = 3{,}51\,\text{kg}\ O_2$$

Der Massengehalt an Sauerstoff in der Luft beträgt 23,2 % (Abschn. 6.2.3, Tab. 6.7), damit ergibt sich:

$$x = \frac{100}{23{,}2} \cdot 3{,}51\,\text{kg} = 15{,}12\,\text{kg Luft}$$

Es werden somit zur sogenannten stöchiometrischen Verbrennung von 1 kg Oktan **15,12 kg Luft** benötigt.

Hinsichtlich ihres Verbrennungsverhaltens im Ottomotor unterscheiden sich die einzelnen Kraftfahrzeugbenzine erheblich voneinander. Zur Charakterisie-

Tab. 8.15 Mindestoktanzahlen.

Benzinart		ROZ	MOZ
Unverbleit nach DIN 51 607	Normal	91	82,5
	Super	95	85
	Super Plus	98	88
Verbleit (DIN 51 600)	Super	98	88

rung dieser Eigenschaft hat man zwei genau definierte Vergleichssubstanzen ausgewählt. Zum einen das 2,2,4-Trimethylpentan (häufig mit dem Trivialnamen Isooktan bezeichnet (Abschn. 8.1.1.3), einen klopffesten Kohlenwasserstoff mit sehr günstigen Verbrennungseigenschaften im Ottomotor, dem man die Gütezahl 100 gegeben hat. Zum anderen das *n*-Heptan, das wegen des vorzeitigen Zündens und starker Klopfneigung die Gütezahl 0 erhalten hat. Man definiert nun die **Oktanzahl** als Maß für die Klopffestigkeit eines Kraftstoffs. Der Zahlenwert dieser Oktanzahl (dimensionslose Vergleichszahl) gibt nun an, dass der betreffende Kraftstoff die gleichen Verbrennungseigenschaften in einem genormten Ottomotor hat wie ein Prüfgemisch aus *n*-Heptan und so viel Massenprozent 2,2,4-Trimethylpentan, wie die Oktanzahl angibt. Man unterscheidet dabei im Einzelnen noch zwischen **Motoren-Oktanzahl (MOZ)** und **Research-Oktanzahl (ROZ)**, die beide im gleichen Prüfmotor bestimmt werden. Die Bestimmung der Motoren-Oktanzahl erfolgt unter Kraftstoffvorwärmung, hoher Motordrehzahl und veränderlicher Zündpunkteinstellung, wodurch sich insgesamt eine hohe thermische Beanspruchung des zu untersuchenden Kraftstoffs ergibt, während die Research-Oktanzahl unter milderen Bedingungen ermittelt wird. Oktanzahlen über 100 ermittelt man nach DIN 51 756 durch Zugabe von Bleitetraethyl (siehe unten). Ottomotorkraftstoffe sollen die in Tab. 8.15 aufgeführten Mindestoktanzahlen aufweisen.

Das unterschiedliche Verbrennungsverhalten zwischen geradkettigen (*n*-Heptan) und verzweigtkettigen (Isooktan) Kohlenwasserstoffen kann man folgendermaßen erklären:

Damit ein Kraftstoff verbrennen, d. h., mit Sauerstoff reagieren kann, müssen zunächst die sehr stabilen Bindungen zwischen den Kohlenstoffatomen bzw. zwischen Kohlenstoff und Wasserstoff gelöst werden (siehe Aktivierungsenergie, Abschn. 4.2). Deswegen erfordert der Verbrennungsvorgang eine Mindesttemperatur (Zündtemperatur). Aus den Kohlenwasserstoffen entstehen dann (wie beim Cracken von Paraffinen, Abschn. 8.1.2.4) Radikale, an die sich zunächst Sauerstoffmoleküle anlagern, um dann anschließend Oxide zu bilden. Man kann im Einzelnen dabei eine sehr große Anzahl sowie vielfältige Möglichkeiten von Teilschritten unterscheiden, wie es am einfachen Beispiel der Methanoxidation durch folgende Reaktionsgleichungen angedeutet werden soll:

$$CH_4 \underset{\downarrow}{\rightarrow} H\cdot + \cdot CH_3 \xrightarrow{+O_2} \cdot O{-}O{-}CH \rightarrow H_2O + \cdot OCH \rightarrow CO \underset{\downarrow +O_2}{+} \cdot H$$

über mehrere Stufen zu H_2O — H_2O

Bei den geradkettigen (z. B. *n*-Heptan) und verzweigtkettigen (z. B. Isooktan) Paraffinen sind die Geschwindigkeiten, mit denen die einzelnen Teilschritte ablaufen, verschieden schnell. Normale Kohlenwasserstoffe bilden schwerer Radikale als entsprechende Isomere mit Seitenketten, weil die Bindung zwischen zwei primären (Abschn. 8.4.1.1) Kohlenstoffatomen fester ist als bei sekundären oder tertiären Kohlenstoffatomen, also:

Stärke der Bindungsenergien zwischen den C-Atomen

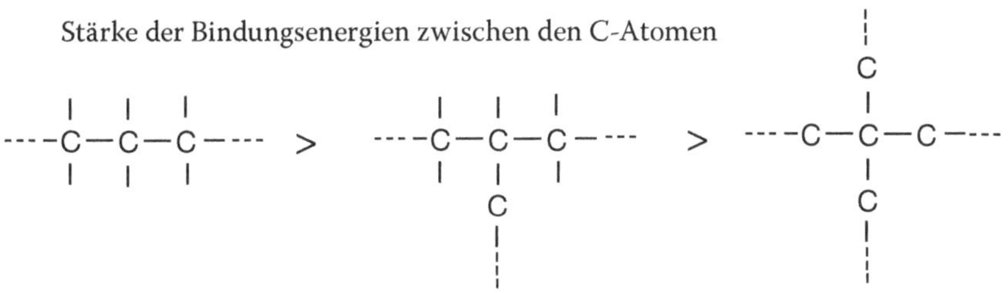

```
                                                        ¦
                                                        C
  |   |   |              |   |   |                      |
---C---C---C---    >   ---C---C---C---    >    ---C---C---C---
  |   |   |              |   |   |                      |
                             C                          C
                             |                          |
                             ¦                          ¦
 primär                   sekundär                   tertiär
```

Dafür haben aber die radikalen Zwischenprodukte der geradkettigen Kohlenwasserstoffe eine kürzere Lebensdauer, zerfallen also schneller als entsprechende Radikale mit tertiären Kohlenstoffatomen. So kommt die Oxidation von geradkettigen Paraffinen zwar später in Gang, verläuft aber dann umso schneller, während bei den Kohlenwasserstoffen mit vielen Seitenverzweigungen die Reaktion früher einsetzt, dann aber langsamer verläuft. Deswegen neigen geradkettige Kohlenwasserstoffe zum Klopfen im Ottomotor, während die Verbindungen mit vielen Seitenverzweigungen gute Klopffestigkeit aufweisen.

Insgesamt kann man die bei der Verbrennung stattfindende Oxidation der Kohlenwasserstoffe als sehr schnelle Aufeinanderfolge verschiedenster Teilschritte, also als eine **Kettenreaktion** begreifen. Das Wort Kettenreaktion besagt, dass im Verlauf der einmal in Gang gekommenen Reaktion sich so lange kurzlebige Zwischenprodukte (d. h. die oben beschriebenen Radikale) immer wieder neu bilden, bis die Ausgangsprodukte vollständig verbraucht sind. Solche Reaktionsketten kann man durch **Antiklopfmittel** zum Abbruch bringen. Als Antiklopfmittel wurde früher hauptsächlich Bleitetraethyl verwendet (Abschn. 8.3). Bei Temperaturen oberhalb von 380 °C, wie sie durch die Kompression im Zylinder auch vorliegen, beginnt Bleitetraethyl in Blei- und Ethylradikale zu zerfallen. Trifft nun eine Reaktionskette auf das abgeschiedene Blei, so bricht sie ab; auf diese Weise wird die Reaktionsgeschwindigkeit der Verbrennung verlangsamt. Wegen der Umweltbelastung durch toxische Bleiverbindungen wurde in Deutschland der Bleigehalt von Ottokraftstoffen seit 1976 stufenweise reduziert. Heute sind alle Ottokraftstoffe bleifrei. Auch der Einsatz der Katalysatoren zur Abgasentgiftung machte die Verwendung von bleifreien Benzinen erforderlich, da Blei und Bleiverbindungen starke Katalysatorgifte sind (Abschn. 13.4.4).

Die Verminderung und schließlich Ausschaltung des Bleitetraethyls war möglich, weil die Kraftstoffe durch Platformieren (Abschn. 8.8.1) infolge der Zunahme des Aromatenanteils klopffester gemacht wurden. Nachteilig ist hierbei, dass insbesondere Benzol stark giftig bzw. krebserregend ist (Abschn. 12.5.2.2a). Deshalb darf der Benzolanteil im Benzin nach DIN EN 228 nur noch maximal 1 Vol% betragen. Daher haben andere Antiklopfzusätze wie Methyl-tertiär-butyl-ether (MTBE) oder Tertiär-butyl-alkohol (TBA) an Bedeutung gewonnen.

In letzter Zeit werden auch zunehmend alternative Kraftstoffe zum Betreiben von Kraftfahrzeugmotoren eingesetzt (Abschn. 8.8.2.3).

8.8.2.2 **Kraftstoffe für Dieselmotoren**

Beim Dieselmotor erfolgt im Normalbetrieb die Zündung des Kraftstoffs durch die Kompressionswärme, also nicht durch einen Zündfunken wie beim Ottomotor. Der in den heißen Verbrennungsraum kurz vor dem Zeitpunkt größter Kompression eingespritzte Kraftstoff muss also durch Eigenzündung zur Verbrennung geführt werden. Dieselkraftstoffe müssen deswegen zündfreudig sein. Ein Maß für die Zündwilligkeit und damit für die Brauchbarkeit eines Dieselkraftstoffs ist die **Cetanzahl**. Ähnlich wie bei der Oktanzahlbestimmung für Ottomotorbenzine wird die Cetanzahl durch Vergleich mit Prüfgemischen ermittelt, die man durch Zusammenmischen von zwei sehr unterschiedlichen Kohlenwasserstoffen herstellen kann, nämlich dem zündwilligen Cetan (= *n*-Hexadekan) und dem zündträgen *α*-Methylnaphthalin:

$CH_3-[CH_2]_{14}-CH_3$

n-Hexadekan ($C_{16}H_{34}$)

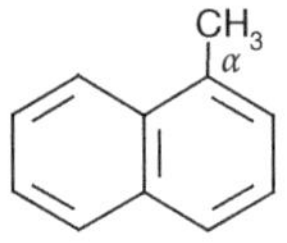

CH_3 / *α*

α-Methylnaphthalin ($C_{11}H_{10}$)

α gibt die Nachbarstellung der Methylgruppe zur Kondensationsstelle im Naphthalinmolekül an; an den Kondensationsstellen sind die beiden Benzolringe miteinander verknüpft.

Die Cetanzahl (CZ) zeigt nun an, dass sich ein Dieselkraftstoff hinsichtlich der Zündeigenschaften im Dieselmotor genauso verhält wie ein Prüfgemisch aus Cetan und *α*-Methylnaphthalin mit einem Massenanteil von Cetan, der durch die Cetanzahl angegeben wird. Die Cetanzahl für Dieselkraftstoffe sollte mindestens 45 betragen, die optimale Cetanzahl liegt bei 50.

Als Dieselkraftstoffe werden in der Regel direkte Destillationsprodukte des Erdöls (Fraktionen zwischen 200 und 350 °C) ohne weitere Bearbeitung verwendet. Wenn dabei die Cetanzahl zu gering ist, kann man als Zündbeschleuniger Amylnitrit $CH_3-[CH_2]_4-O-NO$ oder Amylnitrat $CH_3-[CH_2]_4-O-NO_2$ zusetzen. Im Abschn. 13.4.4 werden die Probleme der Abgase und Schadstoffemissionen von Ottomotoren und Dieselmotoren näher behandelt.

8.8.2.3 Alternative Kraftstoffe

Da es durch die Verbrennung von Benzin- und Dieselkraftstoffen zu erheblichen Schadstoffemissionen kommt, welche nur durch aufwändige Abgasreinigungssysteme vermindert werden können (Abschn. 13.4.4), werden heute verstärkt Anstrengungen unternommen, alternative Kraftstoffe einzusetzen. Zudem haben Kraftstoffe, die aus **regenerativen Energiequellen** (z. B. Biomasse) gewonnen werden, den Vorteil, nicht zum Treibhauseffekt beizutragen, da bei Treibstoffen aus Biomasse das bei der Verbrennung freigesetzte CO_2 wieder im natürlichen Kreislauf durch die Pflanzen aufgenommen wird (Abschn. 13.1.3.1). Bereits seit einiger Zeit werden Kraftstoffe wie **Methanol**, **Ethanol**, **Erdgas** (*CNG* = Compressed Natural Gas), **Flüssiggas** (*LPG* = Liquified Petroleum Gas) oder **Biodiesel** eingesetzt.

Biodiesel wird aus Biomasse (Rapsöl) hergestellt. Rapsöl ist ein fettes Öl, welches aus höheren Fettsäuren besteht, die mit Glycerin verestert sind (Abschn. 8.4.8). Durch eine Umesterungsreaktion wird der dreiwertige Alkohol gegen Methanol ausgetauscht, und es bildet sich der sogenannte Rapsölmethylester, welcher als Biodiesel in den Handel kommt.

$$\begin{array}{l} CH_2-O-OC-R1 \\ | \\ CH-O-OC-R2 \\ | \\ CH_2-O-OC-R3 \end{array} + 3\ CH_3OH \longrightarrow \begin{array}{l} CH_2-OH \\ | \\ CH-OH \\ | \\ CH_2-OH \end{array} + \begin{array}{l} CH_3OOC-R1 \\ CH_3OOC-R2 \\ CH_3OOC-R3 \end{array}$$

Rapsöl Methanol Glycerin Rapsölmethylester

Methanol und Ethanol können durch Fermentation (Abschn. 12.3.3) aus Biomasse gewonnen werden. Ethanol, welches aus Biomasse hergestellt ist, wird auch als **Bioethanol** bezeichnet. Chemisch ist dieser Stoff allerdings identisch mit Ethanol, welches synthetisch hergestellt wird (Abschn. 8.4.1.1). Auf dem Kraftstoffmarkt wird Bioethanol häufig herkömmlichem Benzin in verschiedenen Mischungsverhältnissen zugesetzt, z. B. E-50 (50 %) und E-85 (85 %). Allerdings müssen hierbei die herkömmlichen Benzinmotoren umgestellt werden. Ab 2007 ist in Deutschland eine geringe Beimischung von regenerativen Kraftstoffen (Biodiesel, Bioethanol) verbindlich vorgeschrieben. Die zugesetzten Mengen betragen hierbei maximal 10 % (E-10), sodass keine Umstellung der Motoren erforderlich ist. Insbesondere in Brasilien hat Bioethanol (aus Zuckerrohr) schon einen großen Marktanteil.

Mit **Flüssiggas** betriebene Fahrzeuge haben in den Niederlanden bereits einen Anteil von mehr als 10 %. Flüssiggas wird als flüssige Phase unter einem Druck von 5–10 bar gespeichert und getankt. In Deutschland wird vor allem der Einsatz von **Erdgas** für Fahrzeuge forciert. Erdgastankstellen entnehmen das Gas dem Erdgasnetz und komprimieren es auf einen Druck von 200 bar. Erdgas wird in den Kraftfahrzeugen bei einem entsprechenden Druckniveau in einem Drucktank gespeichert.

Wasserstoff wird als Treibstoff bisher im Wesentlichen nur in Testfahrzeugen verwendet, entweder in Verbrennungsmotoren, welche entsprechend umgerüs-

Tab. 8.16 Eigenschaften alternativer Kraftstoffe im Vergleich zu Benzin und Diesel.

Kraftstoff	Siedepunkt bzw. Siedebereich bei Normaldruck (°C)	Massenbez. Heizwert (MJ/kg)	Volumenbez. Heizwert (MJ/Liter)	ROZ
Benzin	30–200	42,5	31,2	91–98
Diesel	180–370	43,0	34,7	
Biodiesel	ca. 300	37	32,7	
Methanol	64,5	19,7	15,9	115
Ethanol	78,4	26,8	21,1	114
Erdgas (Methan)	−162	36	7,2 (gasf. 200 bar)	ca. 140
Flüssiggas (Butan, Propan)	−40–0	45,8	25,0 (flüssig)	> 90
Wasserstoff	−252,8	119	1,9 (gasf. 200 bar) 8,5 (flüssig)	

tet sind, oder in Fahrzeugen mit Brennstoffzellen. Problematisch ist vor allem die Speicherung von Wasserstoff in Kraftfahrzeugen. Er wird entweder in Drucktanks oder als flüssiger Wasserstoff gespeichert. Bei den Drucktanks gibt es bereits Straßenzulassungen für Drücke bis zu 700 bar. Die Speicherdichte ist beim flüssigen Wasserstoff deutlich höher, allerdings muss er aufgrund seines tiefen Siedepunktes (Abschn. 6.2.1) auf −253 °C abgekühlt werden. Zur Abkühlung muss viel Energie aufgewendet werden, zudem entleert sich der Tank auch bei sehr guter Wärmeisolation, allein wenn das Fahrzeug steht.

Tabelle 8.16 gibt einen Überblick über Eigenschaften dieser häufig verwendeten alternativen Kraftstoffe im Vergleich zu Benzin und Diesel. Die wesentlichen Vor- und Nachteile sind in Tab. 8.17 aufgelistet.

In jüngster Zeit werden sogenannte **Designerkraftstoffe** für den Kraftstoffmarkt interessant. Hierbei gibt es im Prinzip drei Gruppen:

- **BtL-Kraftstoffe** (Biomass to Liquid, deutsch: Biomasse zu Flüssigkeit), die aus Biomasse synthetisiert werden. Hierbei wird durch Pyrolyse (Abschn. 13.5.2.1) Synthesegas hergestellt (Abschn. 5.5.1.2), welches dann nach der Fischer-Tropsch-Synthese (Abschn. 5.5.1.4) zu flüssigen Kohlenwasserstoffen umgewandelt wird. Gegenwärtig liegt der Schwerpunkt der BtL-Entwicklung praktisch ausschließlich auf der Entwicklung und Herstellung von Dieselkraftstoffen. Sie werden unter Bezeichnungen wie SunFuel, SunDiesel oder Eco-Par vermarktet. SunDiesel besteht aus relativ wenigen Kohlenwasserstoffkomponenten, während herkömmlicher Diesel aus bis zu 400 unterschiedlichen Kohlenwasserstoffverbindungen besteht. Sie verbrennen wesentlich schadstoffärmer als vergleichbare Kraftstoffe (Schadstoffreduktion von etwa 35–55 %). So sind sie vollständig schwefelfrei und frei von aromatischen Verbindungen. Ein weiterer Vorteil ist die hohe Cetanzahl von über 70 (Abschn. 8.8.2.2). Aus 4 kg Holz kann etwa 1 l BtL-Kraftstoff gewonnen werden.

Tab. 8.17 Vor- und Nachteile alternativer Kraftstoffe.

Kraftstoff	Vorteile	Nachteile
Methanol, Ethanol	• herkömmliche Motoren lassen sich gut umrüsten • geringe Schadstoffemission an unverbranntem Treibstoff durch effiziente Verbrennung • können aus Biomasse hergestellt werden → regenerative Kraftstoffe • sind unter Normaldruck flüssig → derzeitiges Tankstellennetz kann leicht umgerüstet werden	• niedriger Heizwert • Methanol ist giftig • hohe Verdampfungswärme (intensivere Gemischvorwärmung) • Methanol und Ethanol sind korrosiv • bei Methanol ist im Abgas ein relativ hoher Gehalt an giftigem Formaldehyd
Biodiesel	• Herstellung aus Biomasse → regenerativer Kraftstoff • geringe Rußemission • bei Leckagen weniger umweltbelastend als herkömmlicher Diesel	• hoher Flächenbedarf beim Rapsanbau • Verwendung von Pflanzenschutzmitteln beim Rapsanbau
Flüssiggas (Propan, Butan)	• herkömmliche Motoren lassen sich gut umrüsten • flüssige Speicherung bei relativ niedrigem Druck (8–10 bar) • etwa 50 % weniger Schadstoffemission im Vergleich zu Benzinfahrzeugen • bivalenter Betrieb (im Wechsel mit Benzin) ist möglich	• Umrüstung des herkömmlichen Tankstellennetzes ist notwendig • geringere Reichweite gegenüber Benzinfahrzeugen
Erdgas (Methan)	• etwa 80 % weniger Schadstoffemission im Vergleich zu Benzinfahrzeugen • spezifische CO_2-Emission geringer als bei Benzin- und Dieselfahrzeugen • extrem klopffest	• Speicherung bei 200 bar in Hochdruckbehältern → geringe Reichweite pro Tankfüllung • Umrüstung des herkömmlichen Tankstellennetzes ist notwendig
Wasserstoff	• fast ausschließlich Ausstoß von H_2O, nur geringe NO_x-Emissionen • kann auch regenerativ hergestellt werden → z. B. durch solar betriebene Wasserelektrolyse	• hoher Aufwand bei Umstellung konventioneller Kraftfahrzeuge • aufwändige Speicherung (unter Druck oder flüssig) • Umrüstung des herkömmlichen Tankstellennetzes ist notwendig • Wasserstofferzeugung ist lediglich *Sekundärenergieträger* (siehe Abschn. 6.2.1)

- **GtL-Kraftstoffe** (Gas-to-Liquid, deutsch: Gas zu Flüssigkeit): Hierbei wird zunächst Erdgas durch Dampfreformierung in Synthesegas (Abschn. 5.5.1.2) umgewandelt und dieses anschließend – wie bei den BtL-Kraftstoffen – durch die Fischer-Tropsch-Synthese (Abschn. 5.5.1.4) zu flüssigen Kohlenwasserstoffen umgesetzt. Daraus kann durch fraktionierte Destillation (Abschn. 3.6.4) u. a.

ein hochwertiger Kraftstoff für Diesel- und Ottomotoren gewonnen werden. Auch bei diesen Kraftstoffen sind – wie bei den BtL-Kraftstoffen – die Schadstoffemissionen wesentlich geringer als bei den herkömmlichen Treibstoffen, und sie haben ähnlich hohe Cetanzahlen wie die Dieselkraftstoffe. Die Kraftstoffe sind unter der Bezeichnung SynFuel auf dem Markt.

- **CtL-Kraftstoffe** (Coal-to-Liquid, deutsch: Kohle zu Flüssigkeit): Dies ist das schon länger bekannte Verfahren der Kohleverflüssigung. Hierbei wird die Kohle zunächst mit Wasserdampf zu Wassergas umgesetzt (Abschn. 5.5.2.2) und anschließend werden daraus nach der Fischer-Tropsch-Synthese (Abschn. 5.5.1.4) flüssige Kohlenwasserstoffe hergestellt. Auch diese Kraftstoffe werden unter der Bezeichnung SynFuel angeboten. Im Gegensatz zu den BtL-Kraftstoffen sind die CtL- und die GtL-Treibstoffe keine regenerativen Kraftstoffe, da sie aus fossilen Rohstoffen synthetisiert werden.

Für die Zukunft wird es bei den alternativen Kraftstoffen keinen „Königsweg" geben. Es werden zwar insgesamt zunehmende Marktanteile für diese Kraftstoffe erwartet, aber auch eine starke Diversifizierung. Hierbei wird in Zukunft auch das Konzept der sogenannten **Hybridfahrzeuge** eine größere Rolle spielen. Diese besitzen zwei Energieumwandlungsmaschinen: einen Verbrennungsmotor und einen Elektromotor. Die Speicherung der elektrischen Energie erfolgt mittels Sekundärelementen, beispielsweise mit Nickel-Metallhydrid- oder Lithium-Ionen-Akkus (Abschn. 10.3.2). Diese Fahrzeuge haben den Vorteil eines geringeren Kraftstoffverbrauchs, u. a. weil die Bremsenergie wiedergewonnen wird. Die Energieumwandlung erfolgt über ein ausgeklügeltes Rückspeisesystem, welches ähnlich dem eines Generators funktioniert.

8.8.3
Schmierstoffe

Schmierstoffe sollen die Reibung zwischen festen Körpern herabsetzen. Hierzu dienen in erster Linie Öle auf der Basis von hochsiedenden Kohlenwasserstoffen. Daneben verwendet man auch feste Schmierstoffe, die man als Trockenschmiermittel bezeichnet.

8.8.3.1 Schmieröle

Zur Herstellung von Schmierölen verwendet man Erdölfraktionen, die bei Temperaturen über 350 °C sieden. Schmieröle enthalten darüber hinaus noch andere wichtige Bestandteile, die als **Additive** bezeichnet werden und folgende Funktionen haben:

a) Verhinderung einer direkten metallischen Reibung

Der Ölfilm darf auch bei starker Belastung nicht abreißen, denn dann würden die Metallteile direkt aufeinander reiben und durch die starke Wärmeentwicklung miteinander verschweißen. Um das zu verhindern, werden dem Öl Stoffe zugesetzt, die sich chemisch mit dem Metall an seiner Oberfläche verbinden

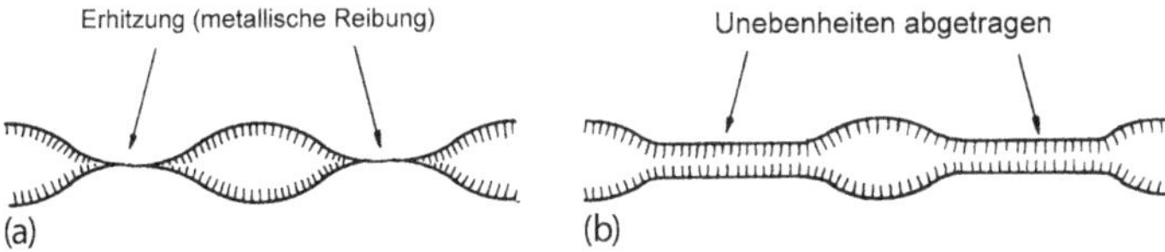

Abb. 8.6 Wirkung von Hochdruckzusätzen: (a) vorher, (b) nachher.

können. Diese Stoffe verankern dann gewissermaßen den Ölfilm auf der gesamten Metalloberfläche. Geeignet für diese Zwecke sind hauptsächlich Zusätze von organischen Säuren, deren polare Säuregruppen (–COOH) sich mit dem Metall verbinden, während die organischen Molekülteile die chemisch verwandten Kohlenwasserstoffe des Schmieröls anziehen und damit für die Ausbildung eines gut haftenden Ölfilms sorgen.

Darüber hinaus enthalten Schmieröle noch Zusätze für extreme Bedingungen (Hochdruckzusätze). Wie in Abb. 8.6 angedeutet, könnten sich nämlich infolge von kleinsten Unebenheiten auf eng begrenzten Bezirken sehr hohe Drücke einstellen. Wenn aber dadurch der Fettsäurefilm verletzt wird und Metall auf Metall reibt, entstehen dort relativ hohe Temperaturen. Bei diesen Temperaturen werden dann die Hochdruckzusätze thermisch gespalten. Die Spaltprodukte, meistens Chlor-, Schwefel- oder Phosphoratome reagieren dann an den betreffenden Stellen mit dem Metall, führen gewissermaßen zur eng begrenzten, gezielten Korrosion des Metalls, bis sich schließlich durch Materialabtragung die Unebenheiten ausgeglichen haben, wie die Abb. 8.6b andeutet.

b) Alterungsschutzmittel

Bei den meist relativ hohen Betriebstemperaturen, insbesondere im Verbrennungsmotor, könnten Öle rasch ungünstige Veränderungen erleiden, denn durch Oxidationsvorgänge kann der Gehalt an korrodierenden (organischen) Säuren zunehmen, ferner können primär entstehende organische Radikale durch Zusammenlagerung größere Teilchen, harzartige Produkte oder verkokende Bestandteile bilden. Um die Folgen solcher Veränderungen möglichst gering zu halten, werden dem Öl **Antioxidantien** oder Oxidationsinhibitoren beigefügt, die die primär entstehenden Radikale, insbesondere Peroxidradikale, binden und damit unschädlich machen.

c) Emulgatoren (HD-Zusätze)

Im Öl reichern sich während des Gebrauchs, verursacht durch Metallabrieb oder durch Verharzungsvorgänge, allmählich immer mehr verschiedene feste Partikel an. Diese neigen dazu, unter Zusammenballung und Teilchenvergrößerung im stehenden Motor als Schlamm abzusinken (Kaltschlamm). Sie könnten dann, falls sie zur Gleitfläche gelangen, die Schmiereigenschaften des Öls erheblich beeinträchtigen. Um ein Zusammenballen solcher Fremdteilchen zu verhindern, werden dem Öl Emulgatoren beigefügt, die die kleinsten Partikel in der Schwebe halten und eine Zusammenlagerung zu größeren Teilchen verhindern. Solche Emulgatoren haben auf der einen Seite eine lipophile Gruppe, auf der anderen

Seite eine aktive Gruppe, die sich an die Schmutzteilchen bindet. Die Wirkungsweise solcher Tenside ähnelt denen der Waschmittel (Abschn. 8.4.9), jedoch liegt hier eine andere Phasenzusammensetzung vor. Die Emulgatoren haben weiterhin auch noch die Funktion, Ablagerungen auf den Metallteilen abzulösen. Viele der heute verwendeten Tenside, die alkalische Gruppen aufweisen, können darüber hinaus auch noch die im Verbrennungsmotor oder bei der Öloxidation entstehenden sauren Bestandteile (schwefelige Säure, Schwefelsäure) neutralisieren. Solche Tenside werden als **H**eavy-**D**uty- (engl. = starke Beanspruchung) oder kurz **HD-Additive** bezeichnet; sie sind in Massenanteilen von 3–5 %, bei besonderen Ölsorten sogar bis zu 20 % enthalten.

d) Korrosionsinhibitoren

Öle sollen dem Metall Korrosionsschutz gewähren. Das ist besonders wichtig für Öle, die in Verbrennungsmotoren verwendet werden. Denn bei der Verbrennung von Kraftstoffen entstehen geringe Mengen von schwefeliger Säure und Schwefelsäure, die sehr bald das Metall angreifen und Korrosionsschäden im Motor hervorrufen könnten. Deswegen werden dem Öl Substanzen beigemischt, die eine zusammenhängende Schutzschicht auf der Metalloberfläche ausbilden. Es sind meist organische Verbindungen, die die Elemente Stickstoff, Schwefel oder Phosphor enthalten.

e) Viskositätsverbesserer

Das Schmieröl darf weder zu dick- noch zu dünnflüssig sein. Da aber mit steigender Temperatur die Viskosität abnimmt, könnte es bei erhöhter Temperatur zu Beeinträchtigungen der Schmiereigenschaften kommen. Deswegen werden dem Öl Stoffe zugesetzt, die die Änderung der Viskosität mit der Temperatur möglichst gering halten. Solche Stoffe sind einige Polymerisationsprodukte, wie sie im neunten Kapitel beschrieben werden. Gegenüber den eigentlichen Polymerisationskunststoffen (insbesondere Polyisobutylen oder Polymethacrylsäureester) weisen sie aber relativ niedere Molmassen, etwa von 10 000–20 000 auf.

8.8.3.2 Schmierfette

Durch Verseifung von Fett-Mineralöl-Gemischen gewonnene Schmierfette enthalten Gerüste der betreffenden Fettsäuresalze (Na-, Ca-, Li-Seifen), die von Mineralöl umgeben sind. Natronfette haben einen relativ hohen Tropfpunkt, sind jedoch wasserlöslich. Die Calciumfette sind zwar wasserunlöslich, haben aber Tropfpunkte nicht über 100 °C und sind deswegen für erhöhte Temperaturen nicht brauchbar. Lithiumfette weisen die Vorteile von thermischer Belastbarkeit und Wasserunlöslichkeit auf, sind aber teurer als Natron- oder Calciumfette.

8.8.3.3 Feststoffschmiermittel

Beim Versagen von Schmierölen und Schmierfetten können für extreme Temperaturbedingungen Feststoffschmiermittel eingesetzt werden. Ähnliche Schmierwirkung wie Grafit (Abschn. 6.3.4.2) zeigt Molybdänsulfid MoS_2, ein ungiftiger, chemisch sehr beständiger Stoff, der aber bei Überhitzung infolge lokaler Metall-auf-Metall-Reibung ähnlich wie bei den Hochdruckzusätzen (Abschn. 8.8.3.1a) zu einem gezielten Metallangriff nach folgender Reaktion führen kann:

$$MoS_2 + 2Fe \rightarrow 2FeS + Mo$$

wodurch ein Verschweißen der Metallteile vermieden wird.

Auch Phosphate zeigen als Trockenschmiermittel einen geringen Reibungskoeffizienten; sie sind für Temperaturen von 500–1200 °C einsetzbar. Bei Verwendung solcher Gleitmittel wird die Metalloberfläche phosphatiert (Abschn. 10.6.2.2d).

8.8.4 Sicherheitsvorschriften

Die **Verordnungen über brennbare Flüssigkeiten (VbF)** und die **Technischen Regeln für brennbare Flüssigkeiten (TRbF)** enthalten verschiedene Vorschriften für die Lagerung, den Transport und die Verwendung von brennbaren Flüssigkeiten. Betriebe, die regelmäßig größere Mengen brennbarer Flüssigkeiten lagern oder verwenden, sollten diese Verordnungen z. B. als Loseblattsammlungen[10] im Originaltext besitzen und immer auf dem neuesten Stand halten. Deswegen soll hier auf die Wiedergabe einer Reihe von Einzelheiten dieser Sicherheitsvorschriften verzichtet werden.

Brennbare Flüssigkeiten werden nach dem **Flammpunkt** eingeteilt. Der Flammpunkt ist die niedrigste Temperatur, bei der sich unter normalem Luftdruck aus einer Flüssigkeit Dämpfe in solcher Menge entwickeln, dass diese in den durch die DIN-Vorschriften genau beschriebenen Prüfgeräten mit Luft durch Fremdzündung entflammbare Gemische bilden. Hierbei ergibt sich eine Einteilung in folgende verschiedene Gefahrenklassen:

Gruppe A Flüssigkeiten, die einen Flammpunkt nicht über 100 °C haben und in Wasser nicht oder nur wenig löslich sind. Bei diesen gibt es drei Gefahrenklassen:

- **Gefahrenklasse I** Flüssigkeiten mit Flammpunkten unter 21 °C (z. B. Diethylether, Ottokraftstoff, Toluol)
- **Gefahrenklasse II** Flüssigkeiten mit Flammpunkten von 21–55 °C (z. B. *n*-Butanol, Xylol)
- **Gefahrenklasse III** Flüssigkeiten mit Flammpunkten von 55–100 °C (z. B. Heizöl, Anilin, Phenol)

Gruppe B Flüssigkeiten mit einem Flammpunkt unter 21 °C, die sich bei 15 °C in jedem beliebigen Verhältnis mit Wasser mischen (z. B. Methanol, Ethanol, Aceton).

Flüssigkeiten der Gefahrenklasse A sind gefährlicher als die der Klasse B, weil sie nicht mit Wasser gelöscht werden können. Beim Löschen mit Wasser würde

10) Die Gesetzestexte werden durch den Forkel Verlag, Hüthig GmbH, Heidelberg, herausgegeben.

sich der Brand flächenmäßig vergrößern, da sie auf Wasser schwimmen. Daneben werden Flüssigkeiten mit einem Flammpunkt < 0 °C und einem Siedepunkt von höchstens 35 °C (z. B. Diethylether) mit dem Gefahrensysmbol **hochentzündlich** gekennzeichnet (Gefahrensysmbole, Anhang A.7). Flüssigkeiten mit einem Flammpunkt < 21 °C, welche nicht hochentzündlich sind, werden als **leichtentzündlich** gekennzeichnet (z. B. Ethanol, Methanol, Toluol).

Beim Umfüllen größerer Flüssigkeitsmengen kann es infolge innerer Reibung zu **elektrostatischen Aufladungen** kommen. Überspringende Funken können dann diese brennbaren Flüssigkeiten zur Entflammung bringen. Deswegen ist beim Umfüllen von brennbaren Flüssigkeiten für eine ausreichende **Erdung** der Behälter zur Vermeidung von elektrostatischen Aufladungen zu sorgen.

In geschlossenen Behältern können auch schwerer entflammbare Flüssigkeiten, z. B. höhersiedende Kohlenwasserstoffe zündfähige Gasgemische bilden, da solche Flüssigkeiten trotz hoher Siedepunkte doch so hohe Dampfdrücke aufweisen können, dass die Explosionsgrenze erreicht wird. Müssen Schweißarbeiten an solchen Behältern vorgenommen werden, sind diese vorher mit Wasser zu füllen. Falls dies nicht möglich ist, kann man auch durch die Abwesenheit von Luftsauerstoff, z. B. durch Füllen des Behälters mit Stickstoff oder Kohlendioxid, die Gefahr einer Explosion ausschalten.

9
Kunststoffe

Kunststoffe sind hochmolekulare organische Verbindungen, die entweder durch chemische Veränderung natürlicher Makromoleküle (abgewandelte Naturprodukte) oder durch Synthese aus niedermolekularen chemischen Verbindungen (vollsynthetische Kunststoffe) hergestellt werden. Die molaren Massen liegen etwa zwischen 8000 und 6 000 000 g/mol.
Ein wissenschaftlicher Sammelname für Kunststoffe ist das Wort Polymere[1]*. Im angloamerikanischen Sprachbereich werden Kunststoffe als „plastics" bezeichnet.*
Man kann Kunststoffe nach verschiedenen Gesichtspunkten einteilen, z. B. nach der Verwendung (Lackkunstharze, Synthesefasern, Verpackungsfolien, Isolierstoffe, Kunstharzkleber, Kunststoffe für Formteile usw.) oder nach der Verarbeitungsart. Bei der letzteren Einteilung unterscheidet man grundsätzlich zwischen Formmassen, die erst durch Spritzgussmaschinen, Extruder oder Pressen die gewünschte Form erhalten, und Halbzeugen, d. h. schon halb vorgeformten Teilen wie Folien, Platten usw., die dann entweder thermoplastisch oder spangebend weiterverarbeitet werden.
Am häufigsten jedoch und auch speziell in diesem Kapitel werden die Kunststoffe klassifiziert nach ihrem

- *mechanisch-thermischen Verhalten und*
- *nach ihren Entstehungsreaktionen bzw. ihrem chemischen Aufbau.*

Da Kunststoffe im Verlauf der Zeit oft Veränderungen ihrer Eigenschaften zeigen, befasst sich der Abschn. 9.7 mit solchen „Alterungsvorgängen". Die beiden Abschnitte am Ende des Kapitels befassen sich mit dem Kunststoffrecycling sowie biologisch abbaubaren Kunststoffen.

1) Polymere sind große Moleküle, die aus vielen kleinen Molekülen („Monomeren") zusammengesetzt sind. Eine spezielle Art von Polymeren sind die Polymerisate, die durch eine bestimmte Reaktionsart hergestellt werden (Polymerisationskunststoffe, Abschn. 9.3). Man beachte stets den Unterschied zwischen Polymeren und Polymerisaten!

Chemie für Ingenieure, 14. Auflage. Jan Hoinkis.
©2016 WILEY-VCH Verlag GmbH & Co. KGaA. Published 2016 by WILEY-VCH Verlag GmbH & Co. KGaA.

9.1 Mechanisch-thermische Eigenschaften

Hinsichtlich des mechanisch-thermischen Verhaltens unterscheidet man folgende vier Gruppen von Kunststoffen:

1. Thermoplaste,
2. Duroplaste,
3. Elastomere,
4. Fluidoplaste.

9.1.1 Thermoplaste

Thermoplaste, auch Plastomere genannt, können oberhalb einer bestimmten Temperatur, dem Fließtemperaturbereich, plastisch verformt werden. Sie bestehen aus langkettigen, linearen, nur durch **zwischenmolekulare Wechselwirkungen** (nicht durch chemische Bindungen) miteinander verbundenen Makromolekülen.

Das thermische Verhalten der Thermoplaste wird in Abb. 9.1 verdeutlicht.

Im plastischen Bereich können diese Kunststoffe durch formgebende Maschinen bearbeitet werden. Nach dem Abkühlen erhalten die Thermoplaste die ursprünglichen zähelastischen Eigenschaften wieder zurück. Durch starkes Un-

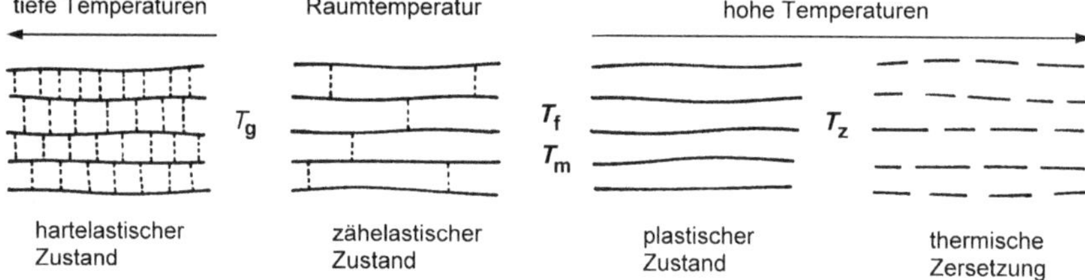

Abb. 9.1 Thermisches Verhalten von Thermoplasten. ***Hartelastischer Zustand:*** **spröde, glasartig**; keine Beweglichkeit der linearen Makromoleküle, die durch zwischenmolekulare Wechselwirkungen (Dipol-Dipol-Kräfte, Van-der-Waals-Kräfte, Wasserstoffbrücken) engmaschig miteinander verknüpft sind. ***Zähelastischer Zustand:*** **weichelastisch**, teilweise gummielastisch; durch weitmaschige Verknüpfung mit zwischenmolekularen Wechselwirkungen werden die Molekülketten noch zusammengehalten. ***Plastischer Zustand:*** **Aneinander-vorbeigleiten** der Molekülketten; praktisch keine zwischenmolekularen Wechselwirkungen mehr wirksam; beim Abkühlen reversibel, d. h., umkehrbar in den zähelastischen Zustand zurückführbar. ***Thermische Zersetzung:*** **Zerreißen** der Molekülketten infolge sehr starker thermischer Bewegung = Zerstörung des Kunststoffs (T_g = Glastemperatur, Glasübergangstemperatur, Einfriertemperatur; T_f = Fließtemperatur, Fließtemperaturbereich; T_m = Kristallitschmelztemperatur bei teilkristallinen Thermoplasten (s. u.); T_z = Zersetzungstemperatur).

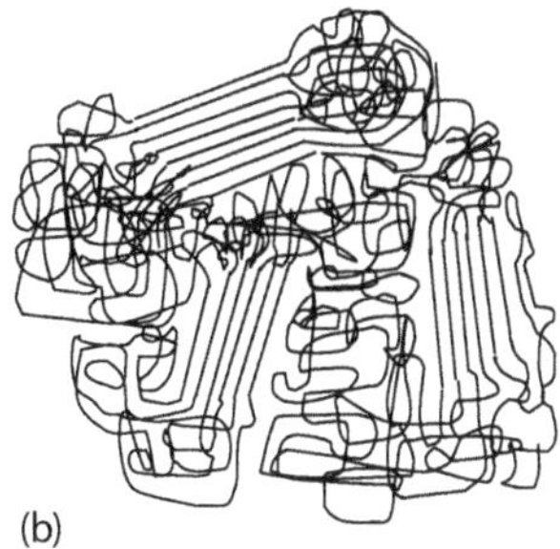

Abb. 9.2 Strukturen von thermoplastischen Kunststoffen: (a) amorph, (b) teilkristallin.

terkühlen (bei sehr großer Kälte, z. B. in flüssiger Luft) werden sie glashart und spröde.

Die Molekülketten können in völliger Unordnung verknäuelt und miteinander verfilzt sein (**amorpher Thermoplast**, Abb. 9.2a) oder bei **teilkristallinen Thermoplasten** (Abb. 9.2b) Kristallgitter durch parallele Lagerung der Molekülketten aufbauen; es bleiben aber amorphe Bereiche an Falten und Fehlordnungen zurück. Der Kristallinitätsgrad kann z. B. 80 % betragen. An den kristallinen Bezirken wird das Licht gestreut, deswegen sind teilkristalline Kunststoffe im Gegensatz zu amorphen Kunststoffen nicht durchsichtig, sondern nur durchscheinend.

Der Kristallinitätsgrad ist im Allgemeinen umso größer,

- je gestreckter die Molekülketten im Durchschnitt vorliegen,
- je kleiner die vorhandenen Seitenketten sind,
- je regelmäßiger die räumliche Anordnung der Seitenketten an der Hauptkette ist,
- je stärker die zwischenmolekularen Wechselwirkungen zwischen den Molekülketten wirksam sind.

Der Gebrauchsbereich von *amorphen* Thermoplasten liegt *unterhalb* der „Glastemperatur". Er ist aber meist *oberhalb* einer „Nebenerweichstemperatur" im hart-elastisch-zähen und deswegen auch nicht im allzu spröden Zustand. Die Verwendung von *teilkristallinen* Thermoplasten liegt *oberhalb* der Glastemperatur im zähelastischen Zustand. Dabei ist der Zusammenhalt durch zwischenmolekulare Wechselwirkungen in den kristallinen Bezirken fest und formsteif, während die amorphen Bereiche dem teilkristallinen Thermoplast Flexibilität und Zähigkeit verleihen.

Durch geeignete Lösungsmittel können thermoplastische Kunststoffe als Kolloide in Lösung gebracht werden. Reicht die Lösungsmittelmenge hierzu nicht aus, so tritt wenigstens eine **Quellung** des Kunststoffs ein. Eine ähnliche Quellwirkung auf Thermoplaste haben **Weichmacher**. Diese sind niedermolekulare Substanzen mit relativ hohem Siedepunkt, damit sie sich nicht zu schnell aus dem Kunststoff verflüchtigen. Sie lagern sich gewissermaßen als Gleitmittel zwischen die Molekülketten der Thermoplaste und machen so den Kunststoff flexibler und elastischer.

9.1.2
Elastomere

Sie besitzen die Eigenschaft der **Gummielastizität** mit niederem Elastizitätsmodul und extrem starkem Dehnvermögen (Abschn. 9.1.5). Elastomere bestehen aus verknäuelten Molekülketten, die durch chemische Bindungen **weitmaschig** miteinander **vernetzt** sind.

Wenn man ein Stück Gummi dehnt, so werden die Molekülketten aus einer ungeordneten und daher nach statistischen Gesetzen wahrscheinlicheren Position in eine geordnetere, infolge der Wärmebewegung statistisch unwahrscheinlichere Lage gebracht (Abb. 9.3). Bei Fortfall der äußeren Kraft nehmen die Moleküle infolge der Wärmebewegung wieder die statistisch wahrscheinlichere, ungeordnete Lage ein, d. h., das Gummi verkürzt sich wieder auf seine ursprüngliche Länge. Da die Entropie (Abschn. 3.5.3) ein Maß für die ungeordnete Lage der Molekülketten ist, wird die Gummielastizität auch als **Entropieelastizität** bezeichnet.

Neben den Elastomeren mit Vernetzung durch chemische Bindungen gibt es auch solche mit einer reversiblen Vernetzung durch physikalische, zwischenmolekulare Kräfte, welche **thermoplastische Elastomere** (auch Elastoplaste) genannt werden. Die reversible Vernetzung wird durch den zweiphasigen Aufbau dieser Elastomere erzeugt (diese sind sogenannte **Block-Copolymere**, Abschn. 9.3.1). Die thermoplastischen Elastomere haben den Vorteil, dass sie oberhalb einer Übergangstemperatur wie Thermoplaste verarbeitet werden können. Dies führt auch zu Vorteilen beim materiellen Recycling (Abschn. 9.8). Allerdings sind die elastischen Eigenschaften etwas schlechter als bei den durch chemische Bindungen vernetzten Elastomeren, da sie ihre elastischen Eigenschaften unter Belastung durch allmähliche Formänderungen einbüßen („kalter Fluss", Abschn. 9.7.1.1).

Infolge der geringfügigen, räumlichen Vernetzung durch starke kovalente Bindungen (Hauptbindungskräfte) sind Elastomere in allen Lösungsmitteln unlöslich, jedoch können verschiedene Lösungsmittel sich zwischen die Molekülketten lagern und auf diese Weise Elastomere zum Quellen bringen. Besonders stark ausgeprägt ist dieses Quellungsvermögen bei Gummi gegenüber aromatischen Kohlenwasserstoffen.

Bei tiefen Temperaturen, unterhalb der sogenannten Glasübergangstemperatur wird Gummi spröde und kann wie Glas zerbrechen. Insgesamt wird das thermische Verhalten der Elastomere durch das in Abb. 9.4 wiedergegebene Schema symbolisiert.

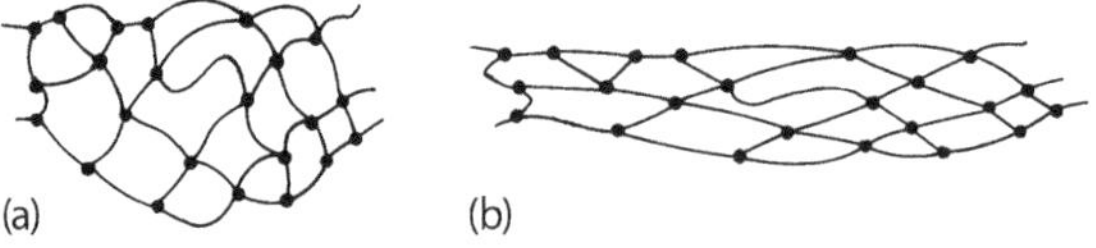

Abb. 9.3 Prinzip der Gummielastizität: (a) im ungedehnten, (b) im gedehnten Zustand.

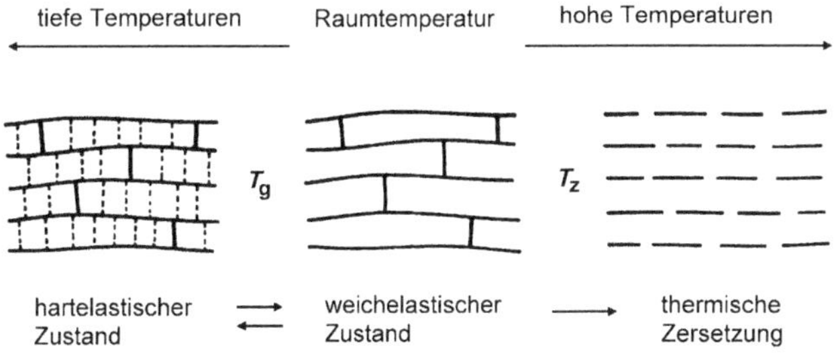

tiefe Temperaturen ← Raumtemperatur → hohe Temperaturen

T_g T_z

hartelastischer Zustand ⇄ weichelastischer Zustand → thermische Zersetzung

Abb. 9.4 Thermisches Verhalten von Elastomeren. ***Hartelastischer Zustand:*** **spröde, glasartig**; keine Beweglichkeit der Molekülketten, die durch wenige chemische Bindungen, aber viele zwischenmolekulare Wechselwirkungen (meist Van-der-Waals-Kräfte) engmaschig miteinander verknüpft sind. ***Weichelastischer Zustand:*** **gummielastisch**; Zusammenhalt der Molekülketten durch weitmaschige kovalente Verknüpfung (gummiartiger Zustand bei Raumtemperatur). ***Thermische Zersetzung:*** **Zerstörung** des Kunststoffs durch Auseinanderreißen der chemischen Bindungen infolge starker Wärmebewegung (T_g = Glastemperatur, Glasübergangstemperatur, Einfriertemperatur; T_z = Zersetzungstemperatur).

9.1.3 Duroplaste

Duroplaste (auch Duromere oder Thermodure genannt) bestehen aus Makromolekülen, die durch chemische Bindungen (kovalente Bindungen) räumlich **engmaschig** miteinander **vernetzt** sind (Abb. 9.5).

Sie sind amorph und wegen der starken Vernetzung in keinem Lösungsmittel löslich, deshalb zeigen sie auch keinerlei Quellungserscheinungen mit Weichmachern. Beim Erhitzen gehen sie vom hartelastischen Zustand durch irreversible thermische Abspaltung von Atomen oder Molekülgruppen unmittelbar in die Zersetzung über. Deshalb können sie nicht durch spanlose, thermische Verformung bearbeitet werden.

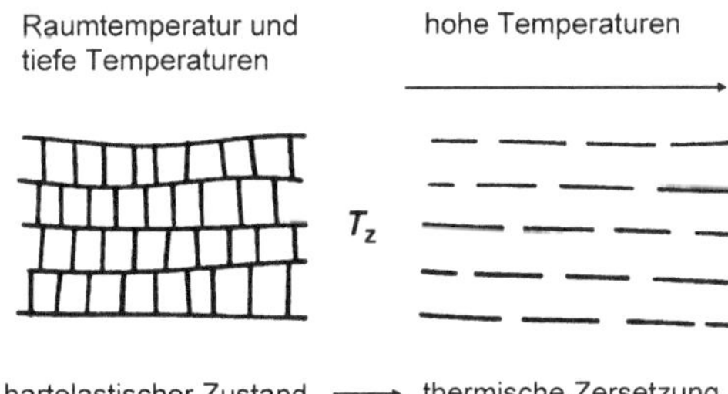

Abb. 9.5 Thermisches Verhalten von Duroplasten. ***Hartelastischer Zustand:*** **spröde**; keine Beweglichkeit der engmaschig durch kovalente Bindungen miteinander verknüpften Makromoleküle. ***Thermische Zersetzung:*** thermische Abspaltung von Molekülteilen durch **Zerstörung** der chemischen Bindungen.

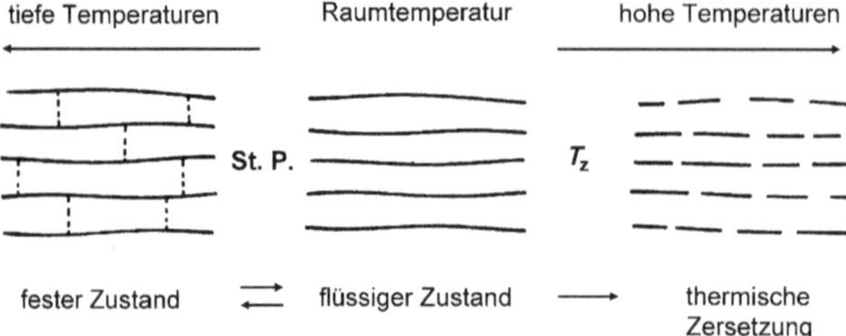

Abb. 9.6 Thermisches Verhalten von Fluidoplasten. **St. P.** = **Stockpunkt**: Bei Temperaturen unterhalb des Stockpunktes werden Fluidoplaste (Öle) mit zunehmenden zwischenmolekularen Wechselwirkungen so steif, dass sie bei Einwirkung der Schwerkraft nicht mehr fließen.

9.1.4 Fluidoplaste

Fluidoplaste bestehen aus **kurzkettigen Makromolekülen**. Man zählt zu dieser Kunststoffklasse alle Produkte, die bei Raumtemperatur noch flüssig sind, also z. B. Siliconöle (Abschn. 9.6) oder kurzkettige Polymerisate vom Polyisobutylen (Abschn. 9.3.5).

Die wichtigsten Fluidoplaste Siliconöl und Polyisobutylenöl haben gemeinsam, dass ihre relativ kurzen Ketten jeweils von Methylgruppen umgeben sind, sodass sich bei Raumtemperatur nur schwache Van-der-Waals-Kräfte als zwischenmolekulare Wechselwirkungen ausbilden können. Das mechanisch-thermische Verhalten der Fluidoplaste ist in Abb. 9.6 wiedergegeben.

9.1.5 Spannungs-Dehnungs-Diagramme

Der Unterschied im mechanischen Verhalten bei Raumtemperatur zwischen den genannten Kunststoffgruppen kann am besten durch Spannungs-Dehnungs-Diagramme verdeutlicht werden. Als **Spannung** σ bezeichnet man dabei die im „Kurzzeitversuch" auftretende Kraft F pro Anfangsquerschnitt A_0, als **Dehnung** ε die auf die ursprüngliche Längeneinheit bezogene Verlängerung des Probestabes:

$$\sigma = \frac{F}{A_0}\left[\frac{\mathrm{N}}{\mathrm{mm}^2}\right], \quad \varepsilon = \frac{L - L_0}{L_0}\,[\%]$$

Der Anstieg im linearen Bereich[2)] wird auch als **Elastizitätsmodul** oder kurz **E-Modul** bezeichnet:

$$E = \frac{\sigma}{\varepsilon}\left[\frac{\mathrm{N}}{\mathrm{mm}^2}\right]$$

2) In diesem Bereich gilt das sogenannte Hooke'sche Gesetz (σ proportional ε), für Kunststoffe gilt dies bestenfalls bis $\varepsilon \approx 0{,}5\,\%$.

Je größer das E-Modul, umso mehr Widerstand setzt der Werkstoff einer Dehnung durch Zugkräfte entgegen. Die **Zugfestigkeit** Z (N/mm^2) ist die Zugspannung bei Höchstkraft, d. h. am höchsten Punkt der Spannungs-Dehnungs-Kurve. Typische „Zerreißdiagramme" enthält die Abb. 9.7. Duroplaste (aber auch spröde Thermoplaste wie z. B. Polystyrol, Abschn. 9.3.8) zerreißen schon bei geringer Dehnung, wozu relativ hohe Spannungen erforderlich sind. Elastomere haben ein extrem hohes Dehnvermögen bei niederen Spannungen. Thermoplaste zeigen unterschiedliche Spannungs-Dehnungs-Diagramme. In der Abb. 9.7 sind zwei typische Zerreißdiagramme von Thermoplasten wiedergegeben, und zwar der Typ verformungsfähiger Thermoplaste (z. B. Polyvinylchlorid, Abschn. 9.3.10) im thermoelastischen Zustand, und der Typ eines reckbaren Kunststoffs, z. B. Polyethylen (Abschn. 9.3.2) oder wasserhaltiges Polyamid (Abschn. 9.4.1).

Typische Bereiche für E-Module und Zugfestigkeiten sind für die unterschiedlichen Kunststoffgruppen in Tab. 9.1 aufgelistet.

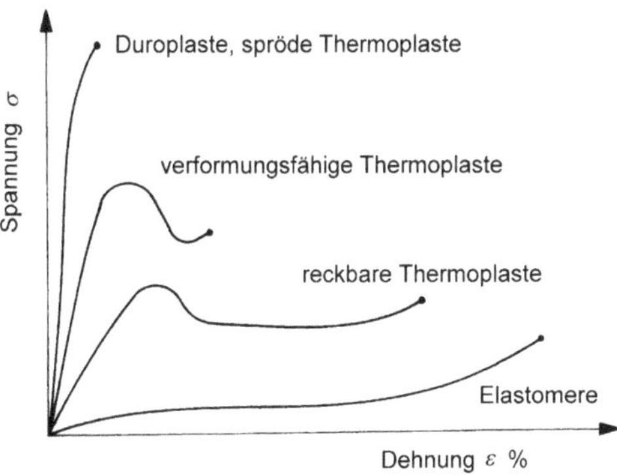

Abb. 9.7 Spannungs-Dehnungs-Diagramme von Kunststoffen.

Tab. 9.1 Bereiche für E-Module und Zugfestigkeiten von unterschiedlichen Kunststoffgruppen.

Kunststoffgruppe	E-Modul (N/mm^2)	Zugfestigkeit (N/mm^2)
Thermoplaste	200–4000	10–60
Elastomere	–[a)]	5–20
Duroplaste[b)]	3000–8000	50–80

a) Bei Elastomeren kann kein E-Modul angegeben werden, da im Spannungs-Dehnungs-Diagramm auch bei kleinen Dehnungen kein linearer Bereich vorliegt.

b) Unverstärkt.

9.2
Abgewandelte Naturprodukte

9.2.1
Kunststoffe auf Cellulosebasis

Die in der Natur vorkommende Cellulose besteht aus Makromolekülen, die – durch Wasserstoffbrücken miteinander verbunden – zu größeren Aggregaten, d. h. zu Cellulosefasern zusammengelagert sind (Abschn. 8.7.1). Die Cellulosefasern sind in Wasser unlöslich. Bei der Kunststoffherstellung werden diese Wasserstoffbrücken durch chemische Veränderungen an den OH-Gruppen der Cellulose entweder vorübergehend oder dauerhaft gelöst. Die OH-Gruppen können beispielsweise durch **Veresterung** oder **Veretherung** dauerhaft gelöst werden. Hiermit hat man die Möglichkeit, Kunststoffe aus der Cellulose zu synthetisieren. Bereits im letzten Jahrhundert wurden die ersten Kunststoffe aus abgewandelter Cellulose produziert (Cellulosenitrat, Celluloseacetat). **Cellulosenitrat** (Kurzzeichen: CN), synthetisiert durch die Veresterung von Cellulose mit Salpetersäure, ist der älteste formbare Kunststoff (1865). Er wird wegen der leichten Brennbarkeit aber nur noch sehr selten eingesetzt. In den letzten Jahren wurden die Kunststoffe aus Cellulose meist durch die vollsynthetischen Kunststoffe ersetzt. Kunststoffe auf Cellulosebasis könnten zukünftig aber wieder an Bedeutung gewinnen, da sie zum Teil leicht biologisch abbaubar sind (Abschn. 9.9). Diese Kunststoffe sind momentan aber noch recht teuer. Im Folgenden wird noch genauer auf Celluloseacetat eingegangen.

9.2.1.1 Celluloseacetat

Kurzzeichen: **CA**

Cellulose lässt sich mit Essigsäure verestern.

$$\mathrm{H{-}\overset{|}{\underset{|}{C}}{-}OH} \;+\; \mathrm{HO{-}\overset{\overset{\displaystyle O}{\|}}{C}{-}CH_3} \longrightarrow \mathrm{H{-}\overset{|}{\underset{|}{C}}{-}O{-}\overset{\overset{\displaystyle O}{\|}}{C}{-}CH_3}$$

Essigsäure

Die maximal veresterte Cellulose, das Triacetat, wird nur für fotografische Filme, elektrische Isolierfolien und Triacetatfasern verwendet. Die etwas weniger stark veresterte Cellulose (mit ca. 2,5 statt 3 Acetat pro Glucoseeinheit) findet wegen der guten mechanischen Eigenschaften des Kunststoffs Verwendung für die Herstellung von Formteilen, Folien, Rohren (beständig auch gegen Mineralöle), von Gebrauchsgegenständen wie z. B. transparente Werkzeuggriffe, Rahmen für Brillen, Zahnbürsten, Füllfederhalter, Knöpfe sowie glasklaren Behältern für Öl- und Wasserabscheider. Ferner wird CA wegen der ausgezeichneten Licht- und Wetterbeständigkeit und Transparenz, des guten Oberflächenglanzes, der Unempfindlichkeit gegen elektrostatische Aufladung (Staubfreiheit!) und der hervorragenden mechanischen Beständigkeit für Lichtkuppeln, Reklameschilder sowie LCD Bildschirme verwendet.

Celluloseacetat lässt sich in gelöster Form (z. B. in Aceton) zu Fäden verspinnen und nach Entfernen des Lösungsmittels als **Kunstseide** (Acetatseide) gewinnen.

9.2.2 Gummi aus Naturkautschuk

Naturkautschuk wird durch Koagulation des Milchsaftes („Latex") vom Kautschukbaum mithilfe von Säuren (z. B. Essigsäure) gewonnen. Er ist dem chemischen Aufbau nach ein Polymerisationsprodukt von **Isopren**

$$CH_2{=}C(CH_3){-}CH{=}CH_2$$

(Abschn. 8.1.2), und zwar des Poly-*cis*-1,4-isopren. 1,4 bedeutet, dass die Kette jeweils an den Kohlenstoffatomen 1 und 4 des Isopren fortgeführt wird (Abschn. 8.1.2); **cis** bedeutet, dass an der nicht drehbaren Doppelbindung die Kohlenwasserstoffkette auf der gleichen Seite gebunden ist (auf der gegenüberliegenden Seite spricht man von **trans**-Anordnung).

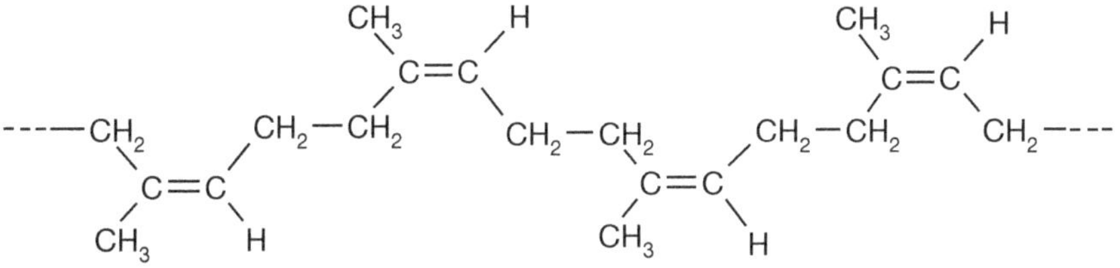

```
                       CH3      H                           CH3      H
                          \    /                               \    /
                           C=C                                  C=C
                          /    \                               /    \
----CH2          CH2—CH2        CH2—CH2          CH2—CH2        CH2----
       \        /                      \        /
        C=C                             C=C
       /    \                          /    \
    CH3      H                      CH3      H
```

Rohkautschuk, eine elastische, fast geruchsfreie Masse, enthält noch viele Doppelbindungen, die zur starken Alterung, d. h. zum Hartwerden der Substanz in Gegenwart von Luftsauerstoff, bevorzugt bei Wärmeeinwirkung führen. Er ist in diesem Zustand noch nicht als Gummi verwendbar. Die Kettenmoleküle können aber durch elementaren Schwefel miteinander vernetzt werden, indem sich der **Schwefel** an die Doppelbindungen anlagert:

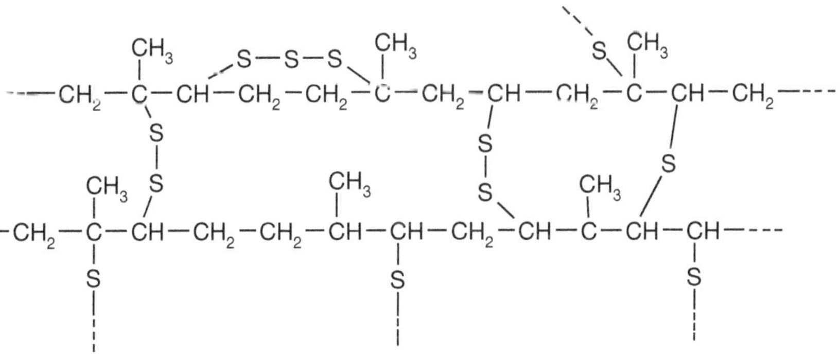

```
                                                             \
                                                              \
           CH3        S—S—S      CH3                          S  CH3
           |       ,-'      \    |                              \ |
---CH2—C—CH—CH2—CH2—C—CH2—CH—CH2—C—CH—CH2----
           \                          |                 |
            S                         S                 |
            |                         |                 S
       CH3  S           CH3           S       CH3      /
        |  /             |             \       |      /
—CH2—C—CH—CH2—CH2—CH—CH—CH2—CH—C—CH—CH----
        |                   |                       |
        S                   S                       S
        |                   |                       |
        :                   :                       :
```

Ist diese Vernetzung gering (ca. 3 % Schwefelgehalt), erhält man Gummi mit großer Elastizität. Mit zunehmender Vernetzung, d. h. mit zunehmendem Schwefelgehalt, nimmt die Elastizität ab. Bei stark vernetztem Gummi ist die Beweglichkeit der Moleküle gering. Man erhält dann den wenig elastischen „**Hartgummi**", ein duroplastisches Produkt. Hartgummi enthält nur noch wenige Doppelbindungen und ist deswegen auch wesentlich alterungsbeständiger als nur schwach vernetzter Gummi.

Außer dem Vernetzungsmittel werden in den Kautschuk je nach Verwendungszweck noch verschiedene Füllstoffe eingearbeitet wie z. B. Ruß, Zinkoxid oder Alterungsschutzmittel (Amine oder Phenolverbindungen). Die so vorbereitete Masse wird durch **Vulkanisieren** (= Erhitzen unter Druck, z. B. auf 140 °C) *weitmaschig* vernetzt, d. h., in Gummi umgewandelt. Dabei verbindet der Schwefel, wie oben gezeigt, die Kautschukmoleküle miteinander.

Gewöhnlicher Gummi ist beständig gegen Wasser, Alkohol, verdünnte Säuren oder Laugen, kann aber sehr große Mengen von unpolaren organischen Lösungsmitteln (insbesondere aromatische Kohlenwasserstoffe) durch Quellen aufnehmen (Abschn. 9.1.2). Niedrig vernetzter Gummi kann durch Einwirkung von Luftsauerstoff, vornehmlich bei gleichzeitiger Energiezufuhr (Wärme, Licht), unter Aufspaltung der Kettenmoleküle im Laufe der Zeit verspröden. Bei Einwirkung von Ozon tritt dieser Effekt sofort auf.

Die Doppelbindungen im Kautschuk können auch durch Salzsäure oder Chlor abgesättigt werden. Beim sogenannten **Salzsäurekautschuk** wird der Kautschuk mit Salzsäure zur Reaktion gebracht:

$$\text{---}\overset{\overset{CH_3}{|}}{C}=\overset{\overset{H}{|}}{C}\text{---} + HCl \longrightarrow \text{---}\underset{\underset{H}{|}}{\overset{\overset{CH_3}{|}}{C}}-\underset{\underset{Cl}{|}}{\overset{\overset{H}{|}}{C}}\text{---}$$

Beim **Chlorkautschuk** werden durch entsprechende Reaktionen je zwei Chloratome angelagert. Chlorkautschuk und Salzsäurekautschuk enthalten keine Doppelbindungen mehr, sind daher unempfindlich gegen Alterung, Luftsauerstoff und viele Chemikalien.

9.3 Polymerisationskunststoffe

9.3.1 Allgemeines

Bei der Polymerisation werden monomere Moleküle mit **Doppelbindungen** durch chemische Verknüpfung zu polymeren Makromolekülen zusammengelagert. Der Polymerisationsprozess ist durch folgende drei Stufen charakterisiert: (a) Startreaktion, (b) Kettenwachstum, (c) Kettenabbruchreaktion.

a) **Startreaktion:** Sie wird durch Initiatoren ausgelöst. Dabei entstehen entweder Radikale, durch deren freie Valenzen ein Kettenwachstum eingeleitet wird

(Radikalkettenpolymerisation), ionenartige Wachstumsenden (Ionenkettenpolymerisation), oder die Polymerkette wächst aus einem Metallkomplex (Abschn. 5.4.2) heraus (katalytische Polymerisation; Beispiel PE-Synthese mit Ziegler-Katalysatoren, wie in Abschn. 9.3.2.2 beschrieben).

b) **Kettenwachstum:** An das bei der Startreaktion aktivierte Molekül lagern sich die Monomere unter Aufspaltung der Doppelbindung zu Ketten aneinander. Am Ende der Kette bleibt dabei der aktive Zustand erhalten.

c) **Kettenabbruchreaktion**: Treffen auf die aktiven Gruppen am Ende der Kette andere Moleküle als die Monomere mit Doppelbindungen, so kann es durch Absättigung der aktiven Gruppen zu einem Kettenabbruch kommen.

An der Polymerisation kann entweder nur eine Molekülart beteiligt sein, oder es können auch zwei bzw. mehrere verschiedenartige chemische Verbindungen miteinander polymerisieren. Ist das Letztere der Fall, so spricht man von einem **Mischpolymerisat** oder **Copolymerisat**.

Werden die verschiedenen Komponenten mit etwa der gleichen Reaktionsgeschwindigkeit an die Molekülkette angelagert, so enthält das Polymer die einzelnen monomeren Molekülteile in statistischer Verteilung, auch **statistische Copolymerisation** genannt:

$$\cdots -A-B-B-A-B-B-B-A-A-B-A-B-A-B-A- \cdots$$

Erfolgt die Polymerisation einer Komponente wesentlich schneller als die der anderen oder liegen die beiden Polymerisationen zeitlich getrennt hintereinander, so kommt es zu einer **Block-Copolymerisation**. Die Makromoleküle enthalten dann streckenweise polymerisierte Blöcke der einen Komponente, zwischen denen sich dann Blöcke des anderen Polymerisats befinden:

$$\cdots -A-A-A-A-A-B-B-B-B-B-A-A-A-A-A- \cdots$$

Wenn die zweite Komponente auf die Makromoleküle der ersten Komponente als Seitenverzweigungen aufpolymerisiert wird, erhält man eine **Pfropf-Copolymerisation:**

```
        B—B—B— ···
        |
··· —A—A—A—A—A—A—A—A—A—A—A—A— ···
                       |
                       B—B—B—B—B— ···
```

Die verschiedenartigen Molekülgruppen können aber auch so polymerisieren, dass aus den zunächst linearen, thermoplastischen Makromolekülen durch gegenseitige Vernetzungen Duroplaste entstehen (Beispiel hierzu: Abschn. 9.4.3.3).

Bei der Polymerisation entstehen keine Nebenprodukte, daher weist das Polymer die gleichen chemischen Bestandteile wie das monomere Ausgangsprodukt auf. Es hat sich nur die Molekülgröße durch die Polymerisation verändert.

Polymerisationsreaktionen sind **exotherm**, d. h., bei der Reaktion wird Wärme frei. Man muss dafür sorgen, dass diese Wärme abgeführt wird, damit die für die Polymerisation günstigste Temperatur eingehalten werden kann. Am schwierigsten ist die Temperatur zu beherrschen, wenn das unverdünnte Monomer polymerisiert wird (**Substanzpolymerisation**), wie z. B. bei Acrylglas, Polystyrol, Polyethylen mit niedriger Dichte. Andere leichter regulierbare Verfahren arbeiten z. B. mit Lösungsmitteln (**Lösungspolymerisation**). Wenn das Polymer im Lösungsmittel nicht mehr löslich ist und ausfällt, kommt es zur **Fällungspolymerisation**, einem Spezialfall der Lösungsmittelpolymerisation, wie ihn die Synthese für Polyethylen mit hoher Dichte darstellt. Man kann auch das Monomer in Wasser dispergieren oder emulgieren (**Dispersions- oder Emulsionspolymerisation**).

9.3.2 Polyethylen

Kurzzeichen: **PE**
Chemische Formel: $[-CH_2-CH_2-]_x$

Der einfachste Polymerisationskunststoff ist das Polyethylen, das durch **Polymerisation von Ethylen** hergestellt wird. Die Polymerisation kann durch folgende Reaktionsgleichung wiedergeben werden:

$$xCH_2{=}CH_2 \rightarrow [-CH_2-CH_2-]_x$$

Üblicherweise macht man über die Endgruppen keine Aussagen und schreibt wie in obiger Gleichung die sich wiederholenden Monomere in Klammern. PE ist ein wachsähnlich aussehender, flexibler, thermoplastischer Kunststoff. Heute wird die Klassifikation des PE meistens nach der Dichte vorgenommen. Man unterscheidet dabei zwischen den beiden Grundtypen **PE-LD** (Low-Density-PE, d. h. PE niederer Dichte von ca. 0,92 g/cm^3) und **PE-HD** (hoher Dichte; ca. 0,96 g/cm^3).

9.3.2.1 Low-Density-Polyethylen (PE-LD)

Es wird durch Substanzpolymerisation (Abschn. 9.3.1) hergestellt, und zwar durch radikalische Polymerisation in der Gasphase bei hohen Drücken (Druck bis 2000 bar, Temperatur ca. 200 °C, geringe Spuren von Sauerstoff als Katalysator für die Startreaktion). Es wird deshalb häufig auch als **Hochdruckpolyethylen** bezeichnet. Es entsteht eine Paraffinkette mit vielen Seitenverzweigungen und wechselnden molaren Massen (z. B. 10 000–50 000 g/mol). Die Molekülstruktur ist vereinfacht in Abb. 9.8a dargestellt. Seitenverzweigungen bilden sich, wenn freie Radikale am Kettenende auf bereits gebildete Polyethylenketten treffen und dort Wasserstoffatome herausschlagen. Dabei sättigen sich die Radikale mit diesen Waserstoffatomen ab. Mitten in der Polyethylenkette entstehen aber dadurch neue radikale Wachstumsstellen, aus denen sich dann durch weitere Anlagerung von monomeren Molekülen Seitenketten bilden:

$$
\text{---}CH_2{-}CH_2{-}CH_2^{\bullet} \; + \; \begin{array}{c} \vdots \\ | \\ CH_2 \\ | \\ CH_2 \\ | \\ CH_2 \\ | \\ \vdots \end{array} \; \longrightarrow \; \text{---}CH_2{-}CH_2{-}CH_3 \; + \; \begin{array}{c} \vdots \\ | \\ CH_2 \\ | \\ {}^{\bullet}CH \\ | \\ CH_2 \\ | \\ \vdots \end{array}
$$

$$
\begin{array}{c} \vdots \\ | \\ CH_2 \\ | \\ {}^{\bullet}CH \\ | \\ CH_2 \\ | \\ \vdots \end{array} \; + \; CH_2{=}CH_2 \; \longrightarrow \; {}^{\bullet}CH_2{-}CH_2{-}\begin{array}{c} \vdots \\ | \\ CH_2 \\ | \\ CH \\ | \\ CH_2 \\ | \\ \vdots \end{array}
$$

Wegen der vielen *Seitenverzweigungen* haben die einzelnen Polyethylenmoleküle einen relativ großen Abstand voneinander und damit auch eine relativ große Beweglichkeit, sodass PE-LD im Vergleich zu PE-HD (Abschn. 9.3.2.2) einen geringeren Kristallinitätsgrad besitzt (Tab. 9.2). Daher ist PE-HD vergleichsweise weich und hat niedrige Festigkeit. Außerdem ist die Dichte verhältnismäßig gering. Die Neigung zur Kristallisation ist nicht groß, der Erweichungsbereich liegt relativ niedrig. Das Hochdruckverfahren wurde zuerst von der ICI (Imperial Chemical Industry, London) eingeführt. Die wichtigste Anwendung von PE-LD sind Folien im Verpackungsbereich.

9.3.2.2 High-Density-Polyethylen (PE-HD)

Hierbei wird Ethylen mithilfe von **Katalysatoren** bei Normaldruck oder nur geringem Überdruck (etwa 5 bar) und Temperaturen unter 100 °C zu *geradlinigen* Molekülketten ohne Seitenverzweigung polymerisiert (Abb. 9.8b). Heute werden üblicherweise sogenannte **Ziegler-Katalysatoren** (Karl Ziegler 1898–1973, Nobelpreis 1963) eingesetzt. Diese Katalysatoren sind Reaktionsprodukte zwischen aluminium-organischen Verbindungen und Verbindungen einiger Übergangselemente, wie z. B. Ti (Polymerisation an Metallkomplexen). Neuere Verfahren arbeiten mit anderen Metallkomplexkatalysatoren, den **Metallocenkatalysatoren**. High-Density-Polyethylen wird aufgrund des Herstellungsverfahrens auch als **Niederdruckpolyethylen** bezeichnet. Die Polymerisation wird meist als Fällungspolymerisation durchgeführt. Beim Einleiten von Ethylengas in Dieselöl, das den Katalysator enthält, fällt das Polyethylen in Form von weißen Flocken aus. Die geradlinigen Ketten des Niederdruckpolyethylens neigen viel stärker

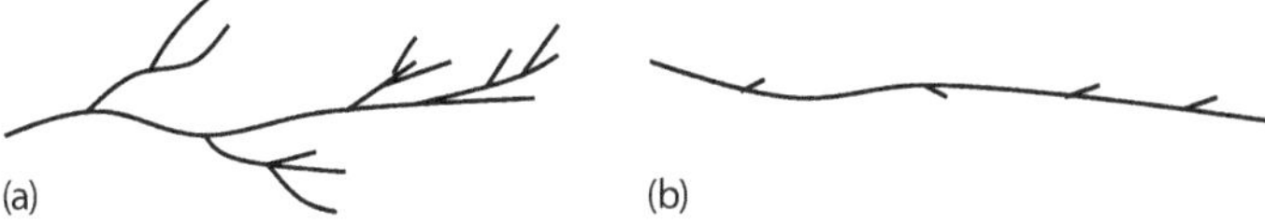

Abb. 9.8 Schematische Darstellung der Molekülstrukturen von Polyethylen-Grundtypen: (a) Polyethylen mit niedriger Dichte (PE-LD), (b) Polyethylen mit hoher Dichte (PE-HD).

Tab. 9.2 Eigenschaften von Polyethylen-Grundtypen.

Eigenschaft	**Low-Density-Polyethylen (PE-LD)**	**High-Density-Polyethylen (PE-HD)**
Dichte (g/cm^3)	0,92	0,94–0,96
Kristallinität (%)	40–50	60–80
Beginn der Erweichung (°C)	105–115	125–135
Zugfestigkeit (N/mm^2)	10–15	20–30
E-Modul (aus Zugversuch) (N/mm^2)	200	1000
Chemikalienbeständigkeit	gut	besser

zum Kristallisieren als die Moleküle des PE-LD. Wie aus Tab. 9.2 zu erkennen ist, hat PE-HD eine höhere Dichte, größere mechanische Festigkeit und einen höheren Erweichungsbereich als PE-LD. PE-HD ist der bevorzugte Werkstoff für das Spritzgießen von Haushaltswaren sowie für Lager- und Transportbehälter. Aufgrund seines hohen Kristallinitätsgrades ist es u. a. auch für die Herstellung von Kraftstofftanks in Automobilen geeignet.

9.3.2.3 **Modifizierte Verfahren**

Jeder der beiden Polyethylen-Grundtypen hat Vorteile, aber auch Nachteile. Starke Seitenverzweigungen haben geringe Kristallinität, Dichte und Härte sowie einen niederen Erweichungsbereich zur Folge, während bei geradlinigen Ketten Kristallinität, Dichte, Härte und Erweichungsbereich höher liegen. Ein höherer Erweichungsbereich, größere Dichte und Kristallinität bewirken zwar größere Festigkeit und auch chemische Widerstandsfähigkeit, dafür ist die Verarbeitung (z. B. in Spritzgussmaschinen) umso schwieriger. Für spezielle Zwecke kann hartes, für andere ein weiches Polyethylen von Vorteil sein. Auch die Kettenlänge hat einen Einfluss auf die äußeren Eigenschaften des Kunststoffs. Bei langen Ketten liegt der Erweichungspunkt höher als bei kurzen Ketten.

Ein häufig verwendetes modifiziertes Polyethylen ist **PE-LLD** (Linear-Low-Density-Polyethylen). Dies ist ein lineares PE niederer Dichte mit genau definierten Seitenkettenverzweigungen, das durch Copolymerisation mit höheren Olefinen (z. B. 1-Buten oder 1-Hexen) erhalten wird. Damit ist es gelungen, ein PE mit den Eigenschaften des PE-LD bei niedrigem Druck herzustellen. PE-LLD wird meist für Folien verwendet, es findet aber auch Anwendung für Ampullen in der Medizintechnik.

PE lässt sich auch chemisch abwandeln, z. B. räumlich vernetzen (mithilfe von Peroxiden oder durch γ-Strahlen) für Schrumpffolien oder zum Zweck einer größeren Zeitstandsfestigkeit. Für eine bessere chemische Widerstandsfähigkeit wird PE chloriert oder sulfochloriert.

9.3.3 Polypropylen

Kurzzeichen: **PP**
Chemische Formel:

$$\left[-CH_2-\underset{\displaystyle CH_3}{\underset{|}{CH}}- \right]_x$$

Wird Propylen polymerisiert, so können die Methylseitengruppen entweder **isotaktisch** (gleichsinnig), **syndiotaktisch** (alternierend, gr., wörtlich übersetzt = im Zweierrhythmus angeordnet) oder **ataktisch** (regellos) eingebaut werden, wie es die Abb. 9.9 zeigt.

Von besonderem Interesse ist *isotaktisch* polymerisiertes Polypropylen, das von Natta (Giulio Natta, 1903–1979, Nobelpreis 1963) mithilfe von Ziegler-Katalysatoren, deshalb auch **Ziegler-Natta-Katalysatoren** genannt, erstmalig hergestellt wurde. Die streng stereoreguläre Anordnung der Methylseitengruppe verursacht einen relativ **hohen Kristallinitätsgrad** und einen hohen Erweichungsbereich (165–170 °C). Nachteilig ist jedoch eine Erhöhung der Sprödigkeit schon bei Temperaturen um 0 °C. Durch Recken des Materials unterhalb des Erweichungsbereiches werden die Molekülketten in Zugrichtung ausgerichtet. Auf diese Weise kann man nach dem Abkühlen eine hohe Reißfestigkeit erreichen (z. B. für Kordeln und Verpackungsbänder).

Bemerkenswert ist noch, dass der Volumenbedarf infolge der vielen, regelmäßigen Methylseitenketten relativ groß ist. Aus diesem Grunde ist Polypropylen der Kunststoff mit besonders niederer Dichte (0,90–0,91 g/cm^3). Eine noch geringere Dichte (0,83 g/cm^3) hat der ähnlich aufgebaute Kunststoff Poly-4-Methylpenten-1 (PMP) mit einer hohen Schmelztemperatur von 240 °C. Er hat anstelle der $-CH_3$-Seitengruppe des PP die längere Kette $-CH_2CH(CH_3)_2$.

Polypropylen ist in seinen Eigenschaften dem Polyethylen ähnlich; es wird anstelle des Polyethylens überall dort verwendet, wo es besonders auf gute Wärmebeständigkeit (Heizkanäle, Heizdüsen), hohe Schlagzähigkeit (Haushaltsgeräte), Formstabilität – auch bei Wärmebeanspruchung (Behälter!) – oder besonders niedrige Dichte ankommt. Während sich Polyethylen in seiner wachsartigen Beschaffenheit mit dem Fingernagel ritzen lässt, zeigt das Polypropylen eine glänzende, härtere, nicht so leicht ritzbare Oberfläche.

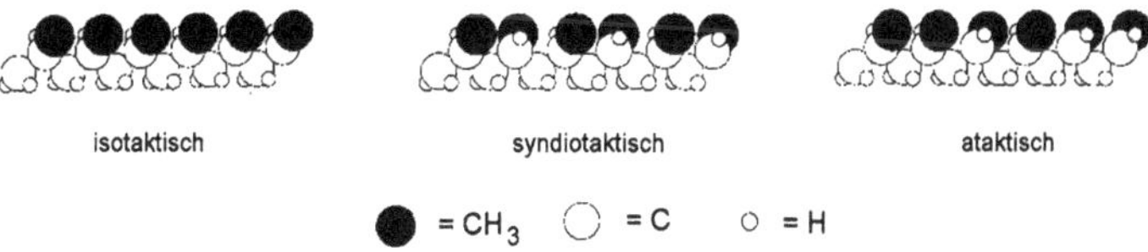

Abb. 9.9 Stereospezifische Polymerisation.

9.3.4
Polybuten-1

Kurzzeichen: **PB**
Chemische Formel:

$$\left[-CH_2-\underset{\substack{|\\C_2H_5}}{CH}- \right]_x$$

Es kann ähnlich wie Polypropylen als isotaktisches Polymerisat aus 1-Buten mithilfe von Ziegler-Katalysatoren erhalten werden. Es ähnelt in seinen Eigenschaften dem PE-HD, zeichnet sich aber durch besondere Schlagzähigkeit auch bei tieferen Temperaturen (es ist dann weniger spröde) und durch geringe Kriechneigung aus. Es findet Verwendung für Spritzgussteile, Rohre, Behälterauskleidungen, Platten, Folien.

9.3.5
Polyisobutylen

Kurzzeichen: **PIB**
Chemische Formel:

$$\left[-CH_2-\overset{\substack{CH_3\\|}}{\underset{\substack{|\\CH_3}}{C}}- \right]_x$$

Polyisobutylene sind je nach Polymerisationsgrad mehr oder weniger zähflüssige Substanzen. Die Viskosität ist abhängig vom Molekulargewicht, d. h. vom Polymerisationsgrad des Polymers. Bei Raumtemperatur sind niedermolekulare Polyisobutylene noch viskose Flüssigkeiten, während die höhermolekularen dem Kautschuk ähnlich sind, aber bei Dauerbelastung noch einen „kalten Fluss“ aufweisen. Am bekanntesten ist die Verwendung als Auskleidungsfolien zum Korrosionsschutz und als Folien für den Grundwasserschutz von Gebäuden. Es wird auch für Dichtungsmassen verwendet.

Mischpolymerisate mit geringen Mengen Butadien oder Isopren sind sehr elastisch und besonders gasdicht und finden Verwendung für Autoschläuche (Butylkautschuk).

9.3.6
Synthetischer Kautschuk

Brauchbare synthetische Kautschuke wurden zunächst durch Polymerisation von ***Bu***tadien $CH_2{=}CH{-}CH{=}CH_2$ mithilfe von ***Na***trium als Katalysator (daher der

Name ***Buna***) hergestellt. Dabei wurde das Butadien hauptsächlich in 1,2-Stellung (ca. 70 %) polymerisiert, der Rest (ca. 30 %) in 1,4-Stellung.

$$\left[\begin{array}{c} C{=}CH_2 \\ | \\ -CH-CH_2- \end{array}\right]_x \qquad \left[-CH_2-CH{=}CH-CH_2-\right]_x$$

1,2-Stellung 1,4-Stellung

Heute nimmt man für die Polymerisation von Butadien Ziegler-Natta-Katalysatoren, die vorwiegend (z. B. zu 80 %) eine 1,4-Addition ermöglichen und damit ein hochwertiges Produkt liefern (Kurzzeichen: **BR**). Infolge der im Polymerisationsprodukt noch vorhandenen Doppelbindungen können auch Seitenverzweigungen und Vernetzungen der Molekülketten miteinander vorkommen, jedoch treten bei den heute verwendeten Katalysatoren diese Reaktionen in den Hintergrund. Auch die Polymerisation von Isopren liefert kein einheitliches Produkt.

Naturkautschuk dagegen liegt bis zu 98 % als 1,4-Additionsverbindung des Isoprens vor, und zwar ausschließlich in der cis-Form, während beim synthetischen Kautschuk sowohl cis- als auch trans-Polymerisation vorkommt. Deswegen unterscheiden sich Butadien- und Isoprenpolymerisate in ihrem Verhalten von Naturkautschuk.

Heute werden am häufigsten Mischpolymerisate als synthetische Kautschukarten verwendet:

- Das als **Styrol-Butadien-Kautschuk** bekannte Produkt (Kurzzeichen: **SBR**) ist ein Copolymerisat von Butadien und Styrol (ca. 25 %).
- **Acrylnitril-Butadien-Kautschuk** (Kurzzeichen: **NBR**), auch Nitrilkautschuk genannt, ist ein Copolymerisationsprodukt von Butadien mit Acrylnitril (20–40 %) und zeichnet sich durch hohe Beständigkeit gegen Benzin und Öl aus.

9.3.7 Ethylen-Propylen-Kautschuk

Polymerisiert man ein Gemisch von Ethylen und Propylen mit Ziegler-Katalysatoren, so erhält man ein Produkt, das ähnlich wie Kautschuk aufgebaut ist, jedoch keine Doppelbindungen enthält:

$$\left[\begin{array}{c} \quad CH_3 \\ \quad | \\ -CH_2-CH-CH_2-CH_2- \end{array}\right]_x$$

Das Polymerisat (Kurzzeichen: **EPM**) ist trotz Anwendung von Ziegler-Katalysatoren (= stereospezifische Katalysatoren) im Allgemeinen unregelmäßig, also ataktisch aufgebaut. Die Molekülketten sind in Knäuelform angeordnet und neigen nicht zur Kristallisation. Das Produkt ist amorph und zeigt ausgesprochene Kautschukelastizität.

Gibt man zum Gemisch vor der Polymerisation als dritte Komponente (Tertiärkomponente) noch ein Diolefin (z. B. Hexadien) in genauer Dosierung, so erhält man ein Polymerisationsprodukt mit einer gewünschten, genau dosierten Anzahl von Doppelbindungen (Kurzzeichen: **EPDM**). Die Doppelbindungen werden dann beim Vulkanisieren vollständig mit Schwefel vernetzt (Abschn. 9.2.2). Der Ethylen-Propylen-Kautschuk enthält nach der Vernetzung keine freien Doppelbindungen mehr, ist daher gegen Witterungseinflüsse, Sauerstoff, Chemikalien und selbst gegen Ozon beständig. Er weist aber wegen der relativ geringen Vernetzung die gleichen günstigen Eigenschaften wie normaler Gummi auf, ohne dessen Nachteile der Alterung zu besitzen.

9.3.8
Polystyrol

Kurzzeichen: **PS**
Chemische Formel:

$$\left[-CH_2-CH(C_6H_5)-\right]_x$$

Polystyrol ist neben Polyethylen und Polyvinylchlorid einer der am häufigsten gebrauchten thermoplastischen Kunststoffe.

Das Reinpolymerisat ist aufgrund seiner amorphen Struktur glasklar, hat eine glänzende Oberfläche und hohe Steifigkeit, ist jedoch schlagempfindlich und neigt leicht zu Spannungsrissbildung (Abschn. 9.7.3). Es zeichnet sich aus durch gute elektrische Isolationseigenschaften und lässt sich durch thermische Verformung leicht verarbeiten. Deswegen finden Gegenstände aus PS einen sehr weiten Anwendungsbereich. Mischpolymerisate mit **Methylstyrol** mit dem Kurzzeichen **SMS** und der Formel

$$\left[-CH_2-C(CH_3)(C_6H_5)-\right]_x$$

haben höhere Erweichungstemperaturen als Reinpolymerisate.

Die sogenannten **schlagfesten Polystyrole** bestehen aus Mischpolymerisaten, von denen die ABS-Kunststoffe am wichtigsten sind:

1. Acrylnitril-Butadien-Styrol-Polymerisat; Kurzzeichen: **ABS**
2. Styrol-Acrylnitril-Polymerisat; Kurzzeichen: **SAN**;
3. Styrol-Butadien-Polymerisat; Kurzzeichen: **SB**;

Die Mischpolymerisate haben ähnliche Eigenschaften wie das Reinpolymerisat, zeichnen sich aber durch eine größere Beständigkeit gegen mechanische Beanspruchung aus. Alle Polystyrolkunststoffe können u. a. an ihrem klirrenden, blechernen Klang beim Anstoßen erkannt werden.

PS, SMS, ABS, SAN und SB finden u. a. Verwendung für: Radiogehäuse, Telefonapparate, Kämme, Bestecke, Küchenmaschinengehäuse, Innenteile von Kühlschränken, Becher, Kfz-Armaturenbretter, Blinkleuchten.

Auf ABS-Pfropfpolymerisate (Abschn. 9.3.1) kann man durch Spezialverfahren besonders fest haftende Metallschichten **galvanisch abscheiden**. Solche „Verbundwerkstoffe" vereinigen in sich die Vorteile beider Werkstoffgruppen, und zwar die leichte Verarbeitbarkeit, Ausformung und das niedere spezifische Gewicht des Kunststoffs mit der widerstandsfähigeren, verschleißfesteren alterungs- und hitzebeständigeren metallisch glänzenden Schutzschicht. Gegenüber den durch galvanische Überzüge geschützten, unedlen Metallen kommt noch der Vorteil hinzu, dass bei solchen Verbundwerkstoffen keine Untergrundkorrosion (Abschn. 10.6.1.2) zu befürchten ist. Die innige Verbindung zwischen dem Kunststoff und dem Metall kommt dadurch zustande, dass vorher aus dem Kunststoff die Butadienkomponente herausgelöst wird und in den so entstehenden Kanälen und Kavernen das Metall durch geeignete Abscheidungsvorgänge fest verankert wird. Dies geschieht zuerst stromlos durch chemische Reduktion von Metallsalzen, danach durch Galvanisieren auf die leitend gemachte Oberfläche.

Neben dem hier erwähnten Verfahren hat das Bedampfen von Kunststoffen im Hochvakuum (Abschn. 10.6.2.1e) mit verschiedenen Metallen (z. B. Al, Cu, Au) eine gewisse Bedeutung erlangt. Geeignet hierfür sind die Kunststoffe PS, PC, ABS, Polymethacrylsäuremethylester, Polyoxymethylen und Polyester.

Polystyrol lässt sich auch zu einem porösen, **geschäumten Material** verarbeiten. Wird dem Polymerisat ein leicht siedendes Lösungsmittel (z. B. Pentan) hinzugefügt, so bilden sich beim Erhitzen des Kunststoffs durch das beigemengte Treibmittel feine Blasen oder Poren, die nach dem Abkühlen ihre Form beibehalten. Durch dieses einfache Verfahren der Schaumbildung gelingt es, Kunststoffe bis zu Dichten von 0,03 g/cm^3 herzustellen. Verschäumtes Polystyrol wird als Wärmeisolierstoff und leichtes Verpackungsmaterial verwendet (typischer Handelsname: Styropor).

In diesem Zusammenhang seien hier die von der Fa. BASF entwickelten **Brandschutzplatten** erwähnt: Sie bestehen hauptsächlich aus geschäumtem Polystyrol und wasserhaltigem Natriumsilicat und sind gegen das Austrocknen durch eine wasserdichte Epoxidharzschicht geschützt. Die nur wenige Millimeter dicken Platten blähen sich bei Hitzeeinwirkung durch Feuer (infolge Schäumung und Zersetzung des Polystyrols und hauptsächlich wegen des Freiwerdens von

Wasserdampf) auf und bilden eine poröse, unbrennbare, auf ein Vielfaches der ursprünglichen Stärke anwachsende Brandschutzschicht. Mit diesen Brandschutzplatten kann man nicht nur Wände oder Holztüren, sondern sogar Glastüren (die dann noch durchscheinend bleiben) zu Brandschutzsperren machen.

9.3.9 Polyvinylcarbazol

Kurzzeichen: **PVK**
Chemische Formel:

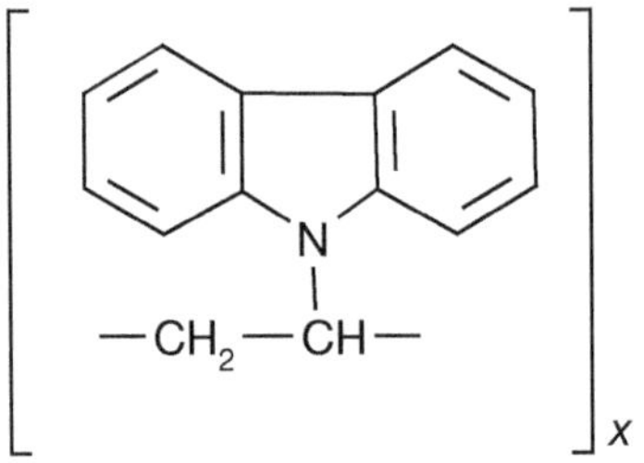

$$\left[-CH_2-\underset{\underset{\text{Carbazol-N}}{|}}{CH}- \right]_x$$

Einen wärmebeständigen Kunststoff erhält man durch Einbau von Carbazolseitengruppen in die Polymerkette. Die vergleichsweise sperrigen Carbazolseitengruppen führen neben der hohen Erweichungstemperatur zu hoher Härte und Steifheit. Dieser glasklare thermoplastische Kunststoff beginnt erst oberhalb von 200 °C zu erweichen und liegt bei Raumtemperatur bis in die Nähe des Erweichungspunktes im hartelastischen Zustand vor. Wegen seiner Wärmebeständigkeit und seiner guten dielektrischen Eigenschaften wird Polyvinylcarbazol im Apparatebau und insbesondere in der Elektrotechnik (Hochfrequenz-, TV-Technik) verwendet. Die Verarbeitungstemperatur beim Spritzgießen beträgt 350 °C!

9.3.10 Polyvinylchlorid und Polyvinylacetat

Kurzzeichen: **PVC** bzw. **PVAC**
Chemische Formeln:

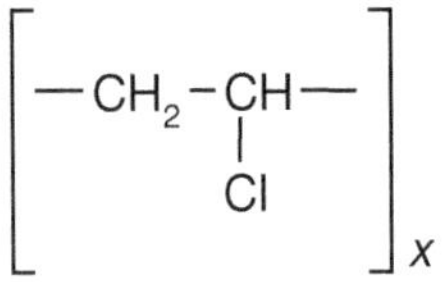

$$\left[-CH_2-\underset{\underset{Cl}{|}}{CH}- \right]_x \qquad \left[-CH_2-\underset{\underset{O-CO-CH_3}{|}}{CH}- \right]_x$$

PVC 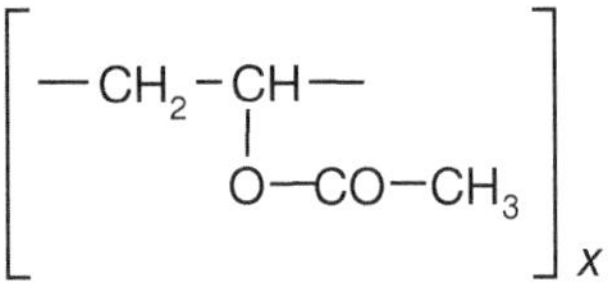 PVAC

PVC kann durch verschiedene Polymerisationsverfahren aus dem monomeren **Vinylchlorid** $CH_2{=}CHCl$ hergestellt werden. Das *monomere* Vinylchlorid zeigt sehr starke Giftwirkung, es führt zu Krebsgeschwülsten in der Leber, zur Knochenerweichung und anderen Schädigungen mit tödlichen Folgen. Der Kunststoff Polyvinylchlorid hingegen ist ungiftig.

Durch **Emulsionspolymerisation** gewonnenes PVC enthält Feuchtigkeit bindende Emulgatoren, sodass es z. B. für elektrische Isolierungen nicht geeignet ist. Diesen Nachteil weist das durch **Suspensionspolymerisation** oder das sehr reine, durch Massenpolymerisation (Substanzpolymerisation) hergestellte PVC nicht auf.

Polyvinylchlorid wird entweder als Reinpolymerisat oder als Mischpolymerisat in Verbindung mit Polyvinylacetat verwendet.

Durch Verseifen von PVAC mit NaOH kann man **Polyvinylalkohol** (PVAL) herstellen. Aufgrund der darin enthaltenen polaren OH-Gruppen ist dieses Polymer wasserlöslich und kann deswegen als Schutzkolloid (hydrophile und hydrophobe Gruppen enthaltend) und als Klebstoff verwendet werden. Weitere Anwendungen: Glanzbildnerzusatz für Galvanikbäder, Verwendung zur Herstellung gestrichener Papiere, zur Modifizierung von Anstrichmitteln.

9.3.10.1 Hart-PVC

Das Reinpolymerisat liefert einen harten, zähen, thermoplastischen Kunststoff mit amorpher Struktur, der wegen seiner mechanischen Eigenschaften als Hart-PVC oder **PVC-U** (vom englischen unplasticized = unplastifiziert, d. h. ohne Weichmacher) bezeichnet wird und hohe Chemikalienbeständigkeit aufweist. PVC-U ist aufgrund der am Molekül vorhandenen Chloratome schwer entflammbar, da sich beim Erhitzen HCl bildet, welches die Verbrennung unterdrückt (Flammschutzmittel, Abschn. 9.7.6).

Hart-PVC beginnt bei etwa 80 °C zu erweichen (unter mechanischer Beanspruchung schon bei 50–60 °C), es lässt sich jedoch erst bei 160–180 °C thermoplastisch verarbeiten. Dabei kann sogar schon eine Abspaltung der Korrosion verursachenden Salzsäure auftreten, denn die Zersetzungstemperatur von PVC liegt nur wenig höher. Die Abspaltung von Chlorwasserstoff, die durch Spuren von Eisen katalytisch beschleunigt wird und dann sich sogar schon bei Temperaturen von ca. 100 °C bemerkbar macht, kann durch Stabilisatoren weitgehend zurückgedrängt werden.

Weil PVC mechanisch und chemisch sehr beständig ist, sich leicht einfärben lässt und leicht zu bearbeiten ist (spangebende Verarbeitung, thermoplastische Verformung, Möglichkeiten zum Verschweißen oder zum Kleben), findet es eine mannigfache Verwendung vor allem in der Bauindustrie, z. B. für Fenster und Türrahmen, Rolladenleisten, Dachrinnen, Wasserabflussleitungen. Es wird auch für Apparateteile in der chemischen Industrie eingesetzt.

9.3.10.2 Weich-PVC

Polyvinylchlorid lässt sich wie kaum ein anderer Kunststoff mit **Weichmachern** modifizieren. Weichmacher sind organische Verbindungen mit hohem Siedepunkt, die in den Kunststoff eindringen und sich zwischen die Polymerketten einlagern. Hierdurch werden die starken zwischenmolekularen Kräfte (Dipol-

Dipol-Wechselwirkungen) reduziert. Der Weichmacher wirkt dadurch als eine Art „Gleitmittel“ zwischen den Polymerketten.

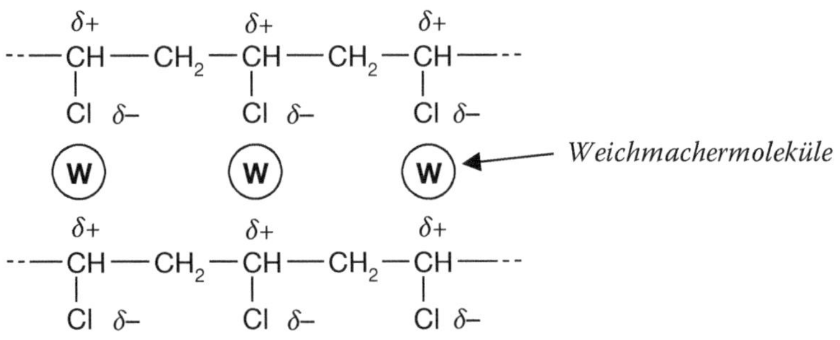

$$
\begin{array}{c}
\cdots-\overset{\delta+}{\underset{\underset{\text{Cl}\ \delta-}{|}}{\text{CH}}}-\text{CH}_2-\overset{\delta+}{\underset{\underset{\text{Cl}\ \delta-}{|}}{\text{CH}}}-\text{CH}_2-\overset{\delta+}{\underset{\underset{\text{Cl}\ \delta-}{|}}{\text{CH}}}-\cdots \\
\text{(W)}\qquad\qquad \text{(W)}\qquad\qquad \text{(W)} \leftarrow \textit{Weichmachermoleküle} \\
\cdots-\overset{\delta+}{\underset{\underset{\text{Cl}\ \delta-}{|}}{\text{CH}}}-\text{CH}_2-\overset{\delta+}{\underset{\underset{\text{Cl}\ \delta-}{|}}{\text{CH}}}-\text{CH}_2-\overset{\delta+}{\underset{\underset{\text{Cl}\ \delta-}{|}}{\text{CH}}}-\cdots
\end{array}
$$

Das so gewonnene Weich-PVC wird auch mit dem Kurzzeichen **PVC-P** abgekürzt (vom englischen plasticized = plastifiziert, d. h. mit Weichmacher). Es findet eine vielseitige Verwendung z. B. für Kabelummantelungen für elektrische Leitungen, Dekorationsfolien, Ledererersatz, Polsterbezüge, Fußbodenbeläge, Schläuche, Folien.

Materialien aus PVC-P dürfen im Verpackungsbereich nicht für fetthaltige Nahrungsmittel verwendet werden, da die gesundheitsschädlichen, lipophilen Weichmacher „herausgelöst“ werden können.

Bei höherem Weichmachergehalt ist PVC auch leichter brennbar. Prinzipiell sind PVC-Kunststoffe, wenn sie erhitzt (z. B. bei Bränden oder in Müllverbrennungsanlagen) werden, nicht unproblematisch, da hierbei das korrosive und ätzende HCl-Gas entsteht. Weiterhin kann es auch zur Bildung von hochtoxischen Dioxinen und Furanen kommen (Abschn. 8.6.2). Bei Weich-PVC werden die gleichen Handelsnamen wie bei Hart-PVC verwendet.

9.3.11 Polyvinylidenchlorid

Kurzzeichen: **PVDC**
Chemische Formel:

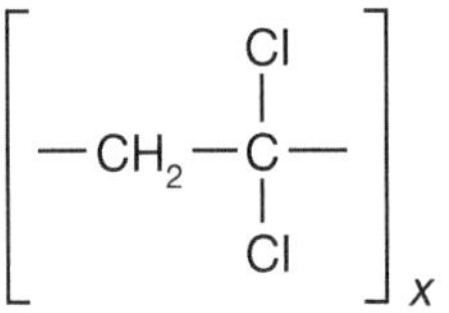

$$
\left[-\text{CH}_2-\underset{\underset{\text{Cl}}{|}}{\overset{\overset{\text{Cl}}{|}}{\text{C}}}- \right]_x
$$

Dieser sehr widerstandsfähige, unbrennbare, schmutzabweisende und daher leicht zu reinigende thermoplastische Kunststoff lässt sich bis auf das Drei- bis Vierfache recken und erhält dadurch hohe mechanische Festigkeiten in Zugrichtung. Er wird meist zu Geweben verarbeitet (Handelsname: Saran-Gewebe) und findet Anwendung z. B. als Filtergewebe und Bezugsstoff für Autositze.

Die gereckte PVDC-Folie hat die Eigenschaft, bei erhöhter Temperatur wieder auf die ursprünglichen Abmessungen zu schrumpfen („Rückerinnerungsvermögen“ der Moleküle, die beim Erwärmen in die statistisch wahrscheinlichste, ungeordnete Lage der Molekülketten zurückkehren; Abschn. 9.1.2). Dieser Effekt wird bei den bekannten **Schrumpfpackungen** (Cryovac-Verfahren) bzw. **Schrumpfschläuchen** ausgenutzt. Heute werden die Schrumpffolien häufig auch aus schwach vernetztem PE hergestellt.

9.3.12
Polytetrafluorethylen

Kurzzeichen: **PTFE**
Chemische Formel:

$$\left[\begin{array}{c} \mathrm{F} \quad \mathrm{F} \\ | \qquad | \\ -\mathrm{C}-\mathrm{C}- \\ | \qquad | \\ \mathrm{F} \quad \mathrm{F} \end{array}\right]_x$$

PTFE (häufiger Handelsname: „Teflon“)ist ein nahezu unverzweigtes, linear aufgebautes Polymer. Dies lässt eine fast ideale Ordnung der Molekülketten zu und führt zu sehr hohen Kristallinitätsgraden von > 90 %. Obwohl PTFE aus linearen, chemisch nicht vernetzten Kettenmolekülen besteht, zeigt es keine ausgesprochenen thermoplastischen Eigenschaften. Es lässt sich nicht in üblicher Weise thermoplastisch verarbeiten. Dass es sich bei diesem Kunststoff dennoch um einen Thermoplast handelt, geht aus der Tatsache hervor, dass er sich durch **Sintern** verarbeiten lässt (zu „Sintern“ siehe Abschn. 7.2.3). Zur Herstellung von Formteilen aus PTFE wird das Polymerisat als Pulver unter hohem Druck in die gewünschte Form kalt eingepresst und dann bei Temperaturen um 380 °C gesintert.

Oberhalb von 327 °C geht PTFE in eine amorphe Form mit geringer Dichte über. Das PTFE wird gummiartig. Beim schnellen Abkühlen auf Raumtemperatur bleiben die amorphen Eigenschaften weitgehend erhalten. Der Kunststoff wird zähelastisch, etwas flexibel und durchscheinend und hat eine Dichte von nur 2,14 g/cm^3. Kühlt man langsam ab, so entsteht ein kristallines Produkt mit der höheren Dichte von 2,15–2,20 g/cm^3, mit höherer Druckfestigkeit und geringerer Gasdurchlässigkeit. Wegen dieses Umwandlungspunktes ist der thermische Anwendungsbereich für PTFE mit ca. 280 °C nach oben hin begrenzt. Nach unten besteht jedoch keine Grenze für die Verwendbarkeit. Das Polymerisat wird auch bei sehr tiefen Temperaturen (z. B. in flüssiger Luft) nicht spröde.

PTFE wird nur von elementarem Fluor und Chlortrifluorid bei höheren Temperaturen und Drücken sowie von schmelzenden Alkalimetallen angegriffen. Sonst ist es gegen alle Chemikalien beständig. Lösungsmittel und Weichmacher sind für PTFE nicht bekannt. Bei 400 °C tritt Zersetzung ein, bei der sehr giftige und Korrosion erzeugende, gasförmige Fluorkohlenstoffverbindungen abgespalten werden.

Außer der hohen **Thermoresistenz** und einer fast absoluten **Chemikalienfestigkeit** weist PTFE ein weiteres extremes Merkmal auf: den **niedrigsten Reibungskoeffizienten** aller Feststoffe (Anwendung z. B. für trocken laufende Lager). Wegen seiner geringen Affinität zu klebrigen Stoffen findet PTFE bei Beschichtung und Auskleidung von Bratpfannen, Gefäßen, Silos, Transportbändern und Rutschen Anwendung. Aufgrund seiner ausgezeichneten elektrischen und dielektrischen Eigenschaften wird es u. a. bei Verkabelungen in der Computer- und Weltraumtechnik sowie im Flugzeugbau eingesetzt.

Diese Anhäufung von extremen Eigenschaften kann durch die Molekularstruktur des Polytetrafluorethylens erklärt werden. Die Makromoleküle liegen in völlig unverzweigter Form vor und weisen eine fast ideale Ordnung der Molekülketten auf. Deshalb sind zur Auflösung dieses durch zwischenmolekulare Wechselwirkungen stark verfestigten Kristallverbandes hohe Energien erforderlich. Das erklärt den hohen Schmelzpunkt. Die sehr starke **Kohlenstoff-Fluor-Bindung** erklärt die Thermoresistenz und die Chemikalienfestigkeit. Die Kohlenstoffkette ist durch die Fluoratome sozusagen wie durch einen „Panzer" geschützt. Da aber die Molekülketten sehr lang sind, entsteht oberhalb des Schmelzpunktes lediglich eine hochviskose, gummiartige Masse, die die Anwendung des billigen Spritzgussverfahrens nicht mehr zulässt.

Bei der serienmäßigen, meist spangebenden Verarbeitung dieses sehr teuren Kunststoffs fallen größere Mengen von PTFE-Abfällen an. Aus Gründen einer erheblichen Kostenersparnis ist es üblich, diese Abfälle wieder aufarbeiten zu lassen. Die einzige europäische Firma, die solche Arbeiten ausführt, ist die Mikro-Technik GmbH, 63897 Miltenberg/Main. Das chemisch gereinigte, pulverförmige und zu Halbzeugen (Stäbe, Rohre, Platten, Folien) verarbeitete Produkt (Handelsname: Reproflon) hat gegenüber dem ursprünglichen PTFE zwar eine etwas geringere Zugfestigkeit, dafür liegt aber die Druckfestigkeit höher.

Will man die schwierige thermische Bearbeitbarkeit nicht in Kauf nehmen, aber dennoch einen Kunststoff mit ähnlichen Eigenschaften wie das PTFE verwenden, so kann man auf folgende zwei Typen ausweichen:

1. Polychlortrifluorethylen (Kurzzeichen: **PCTFE**) $[-CF_2-CFCl-]_x$. Es kann thermoplastisch verarbeitet, jedoch höchstens bis 200 °C belastet werden (ab 300 °C tritt bereits Zersetzung ein).
2. Mischpolymerisat aus perfluoriertem Ethylen und Propylen (Kurzzeichen: **FEP**) mit der ungefähren Zusammensetzung $[-CF_2-CF_2-CF(CF_3)-CF_2-]_x$.

In beiden Fällen wird durch Ersatz jeweils eines Fluoratoms durch andere Atome oder Atomgruppen (–Cl- oder eine $-CF_3$-Gruppe) die enge Zusammenlagerung der Molekülketten und damit der Kristallinitätsgrad bzw. die Ausbildung starker zwischenmolekularer Kräfte vermindert. Diese Kunststoffe sind deswegen unterhalb des Zersetzungspunktes thermoplastisch verarbeitbar, jedoch nicht ganz so stabil wie PTFE.

Weitere fluorhaltige Kunststoffe sind Mischpolymerisate (z. B. Tetrafluorethylen-Ethylen-Copolymer = ETFE), Polyvinylfluorid (PVF) oder Polyvinylidenfluorid (PVDF). **PVDF** ist zehnfach stärker piezoelektrisch als Quarz (Abschn. 7.2.1.6) und wird deshalb auch für **Drucksensoren** eingesetzt.

9.3.13 Polyacrylnitril

Kurzzeichen: **PAN**
Chemische Formel:

$$\left[\begin{array}{c} -CH_2-\underset{\displaystyle CN}{\underset{|}{CH}}- \end{array} \right]_x$$

PAN lässt sich (als Lösung in Dimethylformamid) zu Fäden verspinnen, die nach dem Verdampfen des Lösungsmittels eine knitterfreie, kochfeste, leicht waschbare, schnell trocknende, lösungsmittel- und alterungsbeständige, auch gegen Hitze und Termiten resistente Faser liefert. Erst bei ca. 225 °C beginnt die Faser klebrig zu werden. Es findet Verwendung beispielsweise für Zeltplanen, Segeltücher, Filter und Seile.

9.3.14 Polymethacrylsäuremethylester

Andere Namen: Polymethylmethacrylat, Acrylglas
Kurzzeichen: **PMMA**
Chemische Formel:

$$\left[\begin{array}{c} -CH_2-\overset{\displaystyle CH_3}{\overset{|}{\underset{\displaystyle CO-OCH_3}{\underset{|}{C}}}}- \end{array} \right]_x$$

Niederpolymerisiertes PMMA (häufiger Handelsname: Plexiglas) kann in Spritzgussmaschinen verarbeitet werden, das höher polymerisierte Produkt dagegen lässt sich im Allgemeinen wegen der bei relativ tiefen Temperaturen eintretenden Zersetzung besser durch thermoplastische Formung von Halbzeugen (bei Temperaturen ab 100 °C, z. B. heiße Luft) oder aber auch spangebend verarbeiten. Bei thermoplastischer Formung besteht die Gefahr der Rückverformung beim Erwärmen durch das sogenannte Rückerinnerungsvermögen der Moleküle.

Das Produkt ist glasklar und wird anstelle von Glas verwendet. Es ist halb so schwer wie Fensterglas, nicht splitternd und durchlässig für UV-Licht und Röntgenstrahlen. PMMA wird u. a. für Sicherheitsglas, Behälter, Apparate, Modelle und Uhrgläser eingesetzt. Auch in der Medizin hat PMMA Eingang gefunden, so z. B. als Knochenersatz oder für Zahnprothesen. Bei Letzteren wird das vorpolymerisierte Produkt mit Monomeren angeteigt und mittels UV-Licht auspolymerisiert.

Zum Verkleben von PMMA benutzt man einen ähnlichen Vorgang. Man lässt die Klebeflächen zunächst mit monomerem Methylmethacrylat anquellen und stellt anschließend durch Polymerisation (Hitze, UV-Licht oder Katalysatoren) eine feste Verbindung her.

Nicht nur die Ester der Methacrylsäure, sondern auch die Monomere der Acrylsäure selbst werden polymerisiert:

$$\left[\begin{array}{c} \quad\quad \mathrm{H} \\ \quad\quad | \\ -\mathrm{CH_2}-\mathrm{C}- \\ \quad\quad | \\ \quad\quad\quad \mathrm{CO{-}OCH_3} \end{array}\right]_x$$

Diese Polymerisate haben ein weites Anwendungsgebiet: Sie werden gebraucht als Lackrohstoffe, Bindemittel, Zwischenschichten z. B. für Sicherheitsglas (Verbundglas, Abschn. 7.2.4) und zur Kunstlederbeschichtung. PMMA wird neuerdings auch zur Herstellung von Lichtwellenleitern eingesetzt.

9.3.15 Polyoxymethylen

Kurzzeichen: **POM**
Chemische Formel:

$$[-\mathrm{CH_2}-\mathrm{O}-]_x$$

POM, auch Acetalharz genannt, entsteht durch Polymerisation von Formaldehyd:

$$x\mathrm{CH_2{=}O} \rightarrow [-\mathrm{CH_2}-\mathrm{O}-]_x$$

Dieser Thermoplast bildet gerade Ketten und neigt daher beim Erstarren leicht zum Kristallisieren. Er weist einen ziemlich scharfen Schmelzpunkt von ca. 175 °C auf. Aus POM können Formteile gefertigt werden, die sich durch eine gute thermische Beständigkeit auszeichnen. Der Gebrauchstemperaturbereich erstreckt sich von −40 bis +95 °C. POM wird von Säuren angegriffen, gegen andere Chemikalien oder Lösungsmittel ist es jedoch beständig.

Es wird ähnlich wie die Polyamide (Abschn. 9.4.1) für hochbeanspruchte Konstruktionselemente (wie Zahnräder, Nockenscheiben, Lagerschalen usw.) verwendet. Auch ganze Konstruktionen wie Pumpen oder Lüfter werden aus POM gefertigt.

9.4 Polykondensationskunststoffe

Bei der Polykondensation verbinden sich monomere Moleküle durch Reaktion verschiedenartiger funktioneller Gruppen unter Abspaltung von kleinen Molekülen als Nebenprodukte (meistens von Wasser, seltener von HCl oder von CH_3OH) zu linearen oder räumlich vernetzten Makromolekülen.

9.4.1 Polyamide

Polyamide, mit dem Kurzzeichen **PA**, entstehen durch Polykondensation unter gleichzeitiger Abspaltung von Wasser. Hierbei können entweder Dicarbonsäuren mit Diaminen (sogenannter **Nylontyp**) reagieren, oder es vereinigen sich Aminosäuren, also Monomere, die an einem Ende der Kohlenwasserstoffkette eine Carbonsäuregruppe, am anderen Ende eine Aminogruppe enthalten (sogenannter **Perlontyp**).

Nylontyp:

$$x\ HOOC-(CH_2)_4-COOH + x\ H_2N-(CH_2)_6-NH_2 \xrightarrow{-H_2O} \left[-CO-(CH_2)_4-CO-NH-(CH_2)_6-NH- \right]_x$$

Adipinsäure Hexamethylendiamin Polyamid 6,6 (Nylon)

Perlontyp:

$$x/2\ H_2N-(CH_2)_5-COOH + x/2\ H_2N-(CH_2)_5-COOH \xrightarrow{-H_2O} \left[-NH-(CH_2)_5-CO- \right]_x$$

ε-Caprolactam Polyamid 6 (Perlon)

Die Anzahl der Kohlenstoffatome (in den Methylenketten einschließlich der Säureamidgruppe) wird zur Kennzeichnung der Polyamidarten herangezogen. Eine einfache Zahl kennzeichnet den Perlontyp, z. B. PA 6, PA 9, PA 11, PA 12 usw., eine doppelte Zahl den Nylontyp, z. B. PA 6,6, PA 6,10 (gebildet aus Hexamethylendiamin und Sebacinsäure).

Polyamide sind zähe, feste, farblose bis schwach gelblich gefärbte Thermoplaste. Eine charakteristische Eigenschaft von PA ist, dass sie im Gegensatz zu den meisten anderen Thermoplasten keinen breiten Erweichungsbereich, sondern ähnlich wie POM einen ziemlich eng begrenzten Schmelzpunkt haben, der kaum von der Makromolekülgröße (Polykondensationsgrad), wohl aber hauptsächlich von der Art der Bestandteile des Polykondensats abhängt (Übungsbeispiel 9.1).

Polyamide können aufgrund der Amidgruppen zwischen zwei benachbarten Molekülketten **Wasserstoffbrücken** ausbilden:

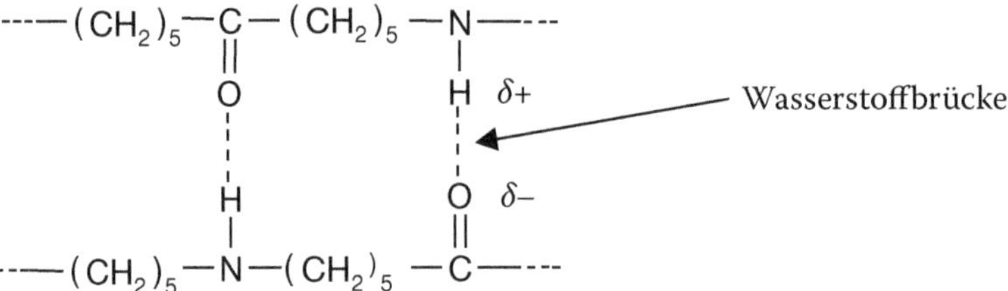

Diese sehr starken zwischenmolekularen Wechselwirkungen führen dazu, dass Polyamide relativ **hohe Festigkeiten** und **hohe Schmelzpunkte** besitzen. Durch die polaren Amidgruppen haben Polyamide auch eine starke Aufnahmefähigkeit für wechselnde Mengen an Wasser. Bei einigen Sorten kann der Wassergehalt bis zu 10 % betragen. Durch die Aufnahme von Wasser haben Polyamide die Neigung zu quellen. Bei wechselnden äußeren Feuchtigkeitsbedingungen können PA-Werkstücke ihr Volumen mehr oder weniger stark verändern. Je höher hierbei die Wasseraufnahmefähigkeit, umso geringer ist die Maßgenauigkeit. Ein gewisser Mindestgehalt (ca. 2–3 %) ist aber erforderlich, da wasserfreie Polyamide hart und spröde sind. Das Wasser erfüllt somit die Funktion eines Weichmachers. Ein zu hoher Wassergehalt beeinträchtigt jedoch die mechanischen Eigenschaften, vor allem die Zerreißfestigkeit der Polyamide.

In den üblichen organischen Lösungsmitteln sind die Polyamide aufgrund ihrer hydrophilen Amidgruppen unlöslich. Gegen Säuren sind sie jedoch nicht beständig, da es sich bei der Bildung von Polyamiden um eine Gleichgewichtsreaktion handelt (Kapitel 5), welche durch starke Säuren wieder rückgängig gemacht werden kann. Auch gegen starke Oxidationsmittel sind sie nicht beständig. Polyamide sind bereits gegenüber Luftsauerstoff bei höheren Temperaturen (schon ab 90–100 °C) empfindlich, was sich in einer braunen Färbung des Kunststoffs äußert.

Besonders günstige Eigenschaften der Polyamide sind ihre **Zähigkeit**, hohe Biegefestigkeit und Oberflächenhärte. Man kann außerdem durch Recken im kalten Zustand die Moleküle in Zugrichtung ausrichten und damit die Zerreißfestigkeit um ein Vielfaches steigern. Beim Entlasten behält der Faden seine neue Länge bei; er ist „kalt verstreckbar“, weil die parallel ausgerichteten Molekülfäden durch die Wasserstoffbrücken zwischen den polaren CO- und NH-Gruppen miteinander verknüpft werden. Unter dem Einfluss stärkerer Erwärmung werden diese zwischenmolekularen Wechselwirkungen wieder gelöst, der Faden schrumpft wieder auf seine ursprüngliche Länge („Rückerinnerungsvermögen der Moleküle“).

Polyamide finden Verwendung für: Gehäuse für Haushaltsgeräte, elektrische Schaltelemente, Zahnräder, Reißverschlüsse, Dichtungen, Treibriemen, Siebgewebe, Schnüre, Taue, Borsten, Folien, Bänder und Strümpfe.

Übungsbeispiel 9.1

Vergleichen Sie qualitativ die beiden Polyamidkunststoffe PA 6 und PA 11 hinsichtlich:

- Schmelztemperatur,
- Dichte,
- E-Modul und
- Maßgenauigkeit.

Lösung PA 6 und PA 11 haben folgende Struktur:

$$\left[-NH-(CH_2)_5-\overset{O}{\overset{\|}{C}}- \right]_x \qquad \left[-NH-(CH_2)_{10}-\overset{O}{\overset{\|}{C}}- \right]_x$$

Polyamid 6 Polyamid 11

Wie aus den Formeln zu erkennen ist, ist das Verhältnis der unpolaren (CH_2)-Gruppen zu den polaren –CONH-Amidgruppen bei PA 11 doppelt so groß wie bei PA 6. Aus diesem Grund sind die zwischenmolekularen Wechselwirkungen bei PA 6 wesentlich größer, da die Amidgruppen durch starke Wasserstoffbrücken zusammengehalten werden, während zwischen den (CH_2)-Gruppen lediglich schwache Van-der-Waals-Kräfte wirken (siehe Abschn. 2.5). Dies führt dazu, dass PA 6 eine höhere Dichte, Schmelztemperatur und ein höheres E-Modul besitzt.
Aufgrund der relativ größeren Anzahl an polaren Amidgruppen kann jedoch PA 6 mehr (polare) Wassermoleküle aufnehmen. Dies führt dazu, dass PA 6 stärker „quillt" als PA 11 und damit eine deutlich geringere Maßgenauigkeit besitzt. Die genauen Daten sind in Tab. 9.3 aufgelistet.

Tab. 9.3 Vergleich der Eigenschaften von PA 6 und PA 11.

Eigenschaft	**PA 6**	**PA 11**
Dichte (g/cm^3)	1,14	1,04
Schmelztemperatur (°C)	220	185
E-Modul (N/mm^2)	1400	1000
Wasseraufnahme (%)	1,3	0,3

9.4.2 Formaldehydkondensationsprodukte

9.4.2.1 Phenol-Formaldehyd-Harz

Phenol-Formaldehyd-Harze (Kurzzeichen: **PF**) entstehen durch Einwirkung von Formaldehyd auf Phenol unter Erwärmen in Gegenwart von geringen Säuremengen. Es bilden sich zunächst durch intermolekulare Abspaltung von Wasser Molekülketten nach folgendem Schema:

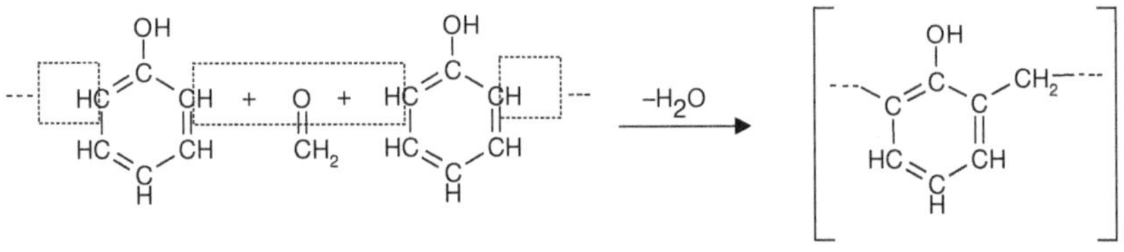

OH OH OH
HC=C–CH + O + HC=C–CH –H_2O→ [–C=C–C–CH_2–]$_x$
HC–C–CH CH_2 HC–C–CH HC–C–CH
H H H

Diese als **Resole** bezeichneten, zähflüssigen bis festen, noch thermoplastischen Massen werden mit Füllstoffen (Holzmehl, Textilfasern, Papier, Gesteinsmehl, Glasfasern usw.) versehen und mithilfe von Vernetzungsmitteln bei Druck und Hitzeeinwirkung verpresst. Dabei werden die Molekülketten räumlich vernetzt, indem auch die H-Atome in *para*-Stellung zur Phenolgruppe reagieren. Es bildet sich das duroplastische **Resit**, das durch folgende Strukturformel veranschaulicht werden kann:

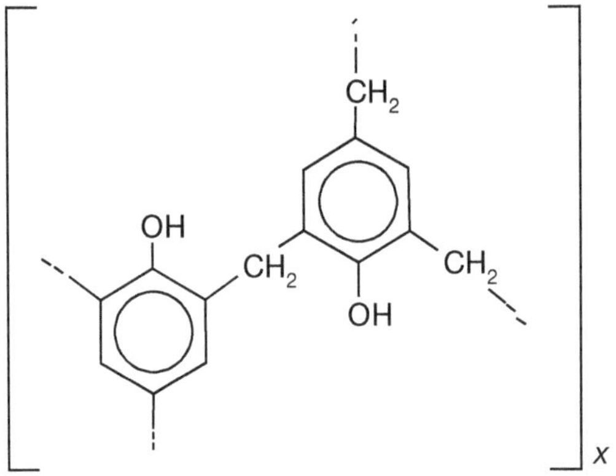

CH_2
OH CH_2 CH_2
OH
x

Die Füllstoffe haben zwei Funktionen:

- die Verbilligung des Kunststoffs und die
- Verbesserung der mechanischen Eigenschaften der Duroplaste.

Phenol-Formaldehyd-Kunststoffe haben den Nachteil, dass sie im Laufe der Zeit nachdunkeln. Aus diesem Grunde werden sie von vornherein mit dunkelfärbenden Farbstoffen versehen, also meist braun oder schwarz gefärbt.

Phenol-Formaldehyd-Harz war einer der ersten und zeitweise einer der wichtigsten Kunststoffe und wurde nach seinem Erfinder **Bakelit** genannt (Leo Hendrik Baekeland, 1863–1944). Wegen der nachteiligen Eigenschaft des Nachdunkelns ist PF teilweise durch andere Kunststoffe verdrängt worden. Dennoch werden Phenol-Formaldehyd-Harze auch heute noch vielseitig eingesetzt, z. B. für elektrische Schaltelemente, Schalttafeln, Leiterplatten (meist glasfaserverstärkt) und Spulenkörper.

Ein wichtiges Anwendungsgebiet sind die **Schichtpressstoffe**, wo mit Phenolharz getränkte Trägerstoffe, wie Holzfurniere, Papierbahnen, Textilgewebe, Glasfasern nach dem Aushärten stabile Pressplatten ergeben.

Phenol-Formaldehyd-Harze können auch als säure- und korrosionsfeste Auskleidungen und Spachtelmassen verwendet werden.

9.4.2.2 **Harnstoff-Formaldehyd-Harz**

Harnstoff-Formaldehyd-Harz, auch Carbamidharz oder auch **U**rea-**F**ormaldehyd-Harz genannt (Kurzzeichen: **UF**), wird zunächst als Vorkondensationsprodukt von Harnstoff mit Formaldehyd gewonnen:

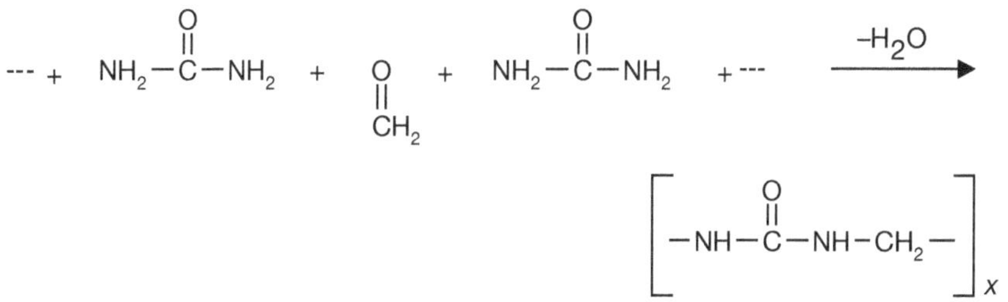

$$\cdots + NH_2-\overset{\overset{\displaystyle O}{\|}}{C}-NH_2 + \underset{\underset{\displaystyle CH_2}{\|}}{O} + NH_2-\overset{\overset{\displaystyle O}{\|}}{C}-NH_2 + \cdots \xrightarrow{-H_2O} \left[-NH-\overset{\overset{\displaystyle O}{\|}}{C}-NH-CH_2-\right]_x$$

Dieses Vorkondensationsprodukt wird mit Füllstoffen versehen und ähnlich wie das Phenol-Formaldehyd-Harz durch Erhitzen unter Druck räumlich vernetzt. Der voll ausgehärtete Kunststoff hat die Strukturformel:

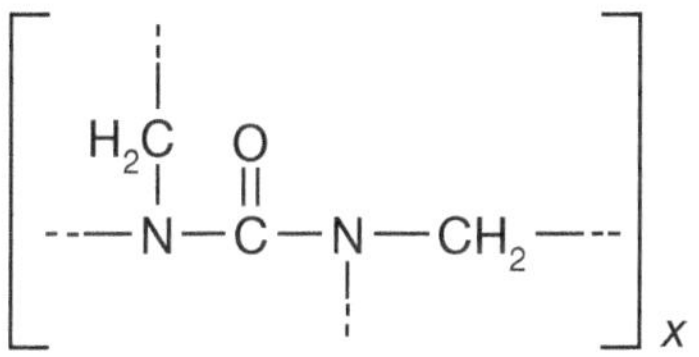

$$\left[\cdots-\underset{}{\overset{\overset{\vdots}{\overset{|}{H_2C}}}{\underset{}{\overset{|}{N}}}}-\overset{\overset{\displaystyle O}{\|}}{C}-\underset{\underset{\vdots}{|}}{N}-CH_2-\cdots\right]_x$$

Im Gegensatz zu den Phenol-Formaldehyd-Harzen sind Harnstoff-Formaldehyd-Harze lichtbeständig und können, da das Harz selbst farblos ist, in beliebigen, vor allem hellen Farbtönen hergestellt werden.

Harnstoffharzpressmassen werden für Formteile in der Elektrotechnik insbesondere dort verwendet, wo helle Farben bevorzugt werden (z. B. für Schalter oder Steckdosenplatten).

9.4.2.3 Melamin-Formaldehyd-Harz

Melamin-Formaldehyd-Kunststoffe, mit dem Kurzzeichen **MF**, werden ähnlich den Harnstoffharzen zunächst durch Vorkondensation und anschließende räumliche Vernetzung (zusammen mit Füllmaterial) als Duroplaste hergestellt. Die Strukturformel ist dann (Melamin, Abschn. 8.6.1):

Die Eigenschaften sind ähnlich denen der Harnstoff-Formaldehyd-Harze. Sie weisen gegenüber diesen jedoch eine bessere Wärmebeständigkeit, bessere elektrische Eigenschaften (hauptsächlich Kriechstromfestigkeit), hervorragende Feuchtigkeitsbeständigkeit und vor allem völlige Geruchsfreiheit und physiologische Unbedenklichkeit auf. Daher haben Melamin-Formaldehyd-Kunststoffe ein breites Anwendungsgebiet in der Elektrotechnik gefunden und werden auch für verschiedene Gebrauchsgegenstände (z. B. Ess- und Trinkgeschirrteile) verwendet.

Noch bekannter ist die Verwendung von Melaminharz als Schichtpressstoff. Die unter dem Handelsnamen **„Resopal"** vielseitig verwendeten Tisch- oder Dekorationsplatten enthalten in der obersten Deckschicht meist Melamin-Formaldehyd-Harz, bestehen aber in den darunterliegenden Schichten wegen der günstigeren Herstellungskosten aus Phenol-Formaldehyd-Harz. Die unterste Schicht enthält meist Harnstoff-Formaldehyd-Harz. Bei der Herstellung solcher Platten werden diese verschiedenen Schichten (Harz + Trägermaterial) beim Aushärten durch chemische Vernetzung innig miteinander verbunden.

9.4.3 Polyesterharze oder Alkydharze

9.4.3.1 Lineare Polyester

Durch Polykondensation von zweibasigen organischen Säuren mit zweiwertigen Alkoholen entstehen die Molekülketten eines thermoplastischen Kunststoffs. Am bekanntesten ist der Polyterephthalsäureglykolester, meist **Polyethylenterephthalat** (Kurzzeichen **PET**) genannt. Diesen Kunststoff kann man sich durch Polykondensation aus Terephthalsäure und Glykol denken (tatsächlich wird er jedoch durch Methanolabspaltung aus dem Terephthalsäuredimethylester und Glykol gebildet):

$$x\ HOOC{-}C_6H_4{-}COOH + x\ HO{-}CH_2{-}CH_2{-}OH \xrightarrow{-H_2O}$$

Terephthalsäure   Glykol

$$\left[{-}CO{-}C_6H_4{-}CO{-}O{-}CH_2{-}CH_2{-}O{-}\right]_x$$

Polyethylenterephthalat (PET)

Auf ähnliche Weise wird **Polybutylenterephthalat** (Kurzzeichen: **PBT**) hergestellt.

PET, ein thermoplastischer Kunststoff, wird sehr häufig zu Kunstfasern für Textilien und Vliesstoffe (auch Mikrofasern) sowie zu Folien verarbeitet. Aber auch als Spritzgussmasse werden Terephthalsäureglykolester zur Herstellung von Zahnrädern, Lagern, Schrauben und anderen Maschinenelementen verwendet.

Durch Recken solcher Fasern auf das Vier- bis Sechsfache werden die Molekülketten in Zugrichtung orientiert, womit eine hohe Reißfestigkeit erreicht wird. Auch die Folien erlangen durch Recken eine hohe Reißfestigkeit. Sie können sehr dünn ausgezogen werden (0,01–0,05 mm) und übertreffen anderes Folienmaterial hinsichtlich der mechanischen Eigenschaften.

Die „**PET-Flasche**" für Getränke hat als Mehrwegflasche gegenüber den Glasflaschen größere Bedeutung, da sie aufgrund ihres geringeren Gewichtes in der Handhabung für den Kunden günstiger ist und zu Energieeinsparungen beim Transport, vor allem über große Distanzen führt.

9.4.3.2 Vernetzte Polyester

Wird anstelle des zweiwertigen Alkohols ein dreiwertiger (z. B. Glycerin, siehe Abschn. 8.4.1.2) Alkohol eingesetzt, dann verestern zunächst die beiden endständigen OH-Gruppen des Glycerins zu linearen Polyestern. Die etwas schwieriger zu veresternde dritte OH-Gruppe reagiert dann, z. B. durch Erhitzen des Produktes auf Temperaturen um 200 °C mit weiterer Dicarbonsäure und ergibt eine räumliche Vernetzung (Glyptalharze). Durch die großen Variationsmöglichkeiten bei der Verwendung verschiedener mehrwertiger Carbonsäuren und Alkohole sowie anderer Zusatzstoffe ist die Palette der insgesamt herstellbaren Polyester sehr groß. Man fasst diese Polyester unter der Sammelbezeichnung **Alkydharze** zusammen und verwendet sie hauptsächlich in den verschiedensten Lacken.

9.4.3.3 Ungesättigte Polyester

Kurzzeichen: **UP**

Werden ungesättigte zweibasische Säuren mit zweiwertigen Alkoholen (meist mit Glykol) verestert, so enthalten die linearen Makromoleküle der Polyester noch Doppelbindungen, die dann durch Styrol miteinander vernetzt werden können (Pfropf-Copolymerisation, Abschn. 9.3.1). Man bezeichnet solche Polyester auch als UP-Harze oder styrolisierte Alkydharze. Die Aushärtung kann je nach Art der zugesetzten Katalysatoren entweder bei höheren Temperaturen oder auch bei Normaltemperatur erfolgen.

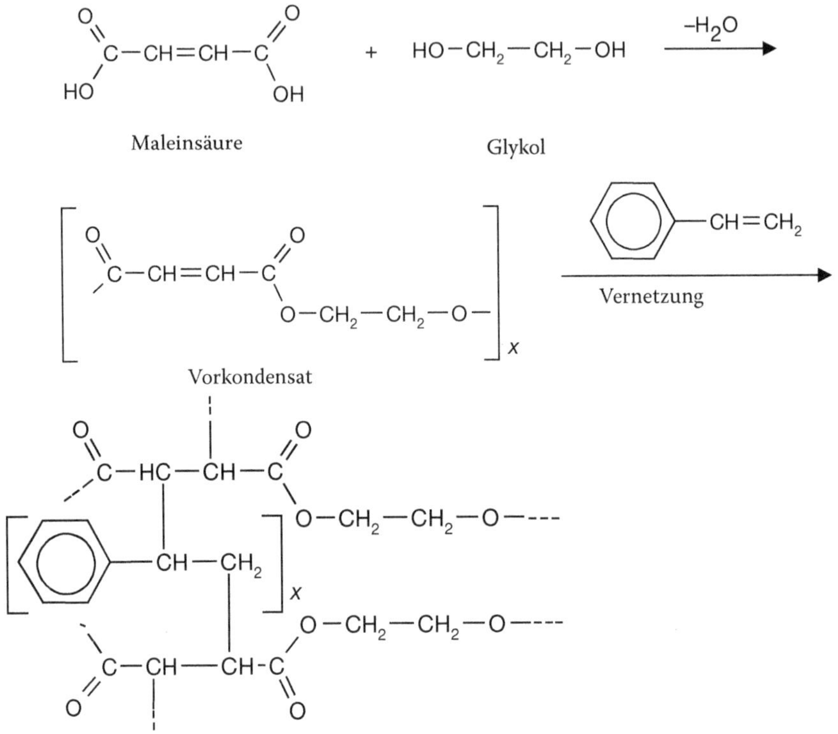

$HOOC{-}CH{=}CH{-}COOH + HO{-}CH_2{-}CH_2{-}OH \xrightarrow{-H_2O}$

Maleinsäure   Glykol

$[{-}CO{-}CH{=}CH{-}CO{-}O{-}CH_2{-}CH_2{-}O{-}]_x \xrightarrow[\text{Vernetzung}]{C_6H_5{-}CH{=}CH_2}$

Vorkondensat

vernetztes UP-Harz

Vernetzte Polyester sind gegen die meisten organischen Lösungsmittel, verdünnte Säuren, Alkalien und Salzlösungen beständig und finden u. a. Verwendung als Zweikomponentenlacke. Die Harze sind farblos, erlauben jede Art von Einfärbung und ergeben sehr harte und haltbare Schichten. Besonders vielseitige Anwendungsmöglichkeiten haben die ungesättigten Polyester durch Verstärkung mit Glasfaser erhalten (Abschn. 9.4.3.4).

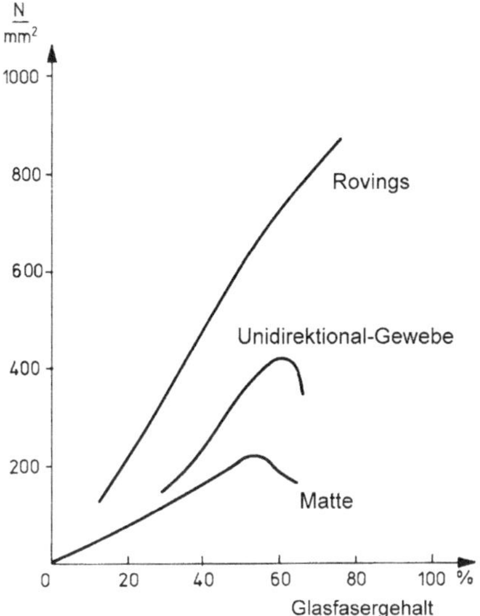

Abb. 9.10 Zugfestigkeit glasfaserverstärkter Kunststoffe.

9.4.3.4 Glasfaserverstärkte ungesättigte Polyester

Kurzzeichen: **GUP**

Durch die Glasfaserverstärkung kann die mechanische Festigkeit der Polyester um ein Vielfaches gesteigert werden. Während die reinen vernetzten ungesättigten Polyester eine Zugfestigkeit von nur 30–50 N/mm^2 haben, kann bei GUP die Zugfestigkeit Werte bis zu 800 N/mm^2 erreichen, wie aus Abb. 9.10 ersichtlich ist.

Da erst die Glasfasern dem Kunststoff die eigentliche Festigkeit verleihen, wird man diese im Formteil so anordnen, dass sie in der Richtung der zu erwartenden Zugbeanspruchung liegen. Je nach Verwendungszweck wird man deswegen:

- Matten,
- Vliese (nicht gewebte, flächenhaft miteinander verfilzte Fasermatten),
- Unidirektionalgewebe (in einer Richtung verstärktes Gewebe) und
- Rovings (einseitig ausgerichtete dünnste Glasfasern)

mit Polyesterharz tränken und aushärten lassen.

Ähnlich wie die ungesättigten Polyester können sehr viele andere Kunststoffe durch Verstärkung mit Glasfasern oder Kohlenstofffasern (Abschn. 6.3.4.9) sehr gute mechanische Festigkeiten erlangen. Als Kurzzeichen für **glasfaserverstärkte Kunststoffe** verwendet man: **GFK**. Kohlefaserverstärkte Kunststoffe erreichen höhere Festigkeiten als glasfaserverstärkte Kunststoffe. Hierbei können Zugfestigkeiten > 1000 N/mm^2 erzielt werden. Als Kurzzeichen für **kohlefaserverstärkte Kunststoffe** wird **CFK** verwendet. Die Verwendung von CFK-Werkstoffen im Flugzeugbau ist aufgrund des Potenzials zur Gewichtsreduzierung in den letzten

Jahren deutlich angestiegen. So besteht die Hülle der Boeing 787 („Dreamliner“) zu mehr als 50 % aus CFK-Werkstoffen.

9.4.4
Polycarbonat

Kurzzeichen: **PC**

Der Kunststoff Polycarbonat entsteht durch Polykondensation von „Dian“ (Dihydroxydiphenylpropan) mit Phosgen Cl–CO–Cl, dem Dichlorid der Kohlensäure:

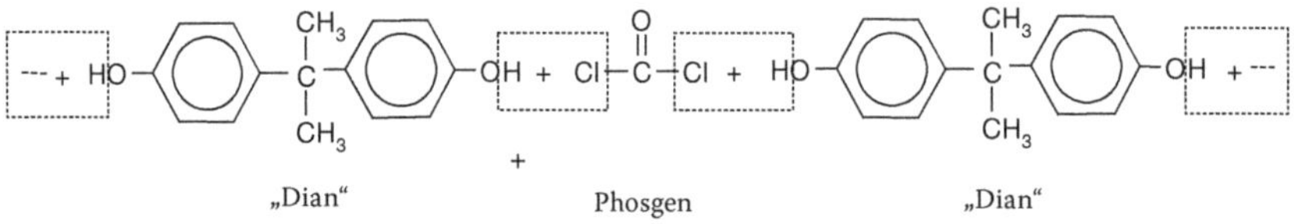

„Dian“ + Phosgen „Dian“

Man erhält – unter Abspaltung von HCl – einen linear gebauten, nicht zur Kristallisation neigenden und darum klaren, durchsichtigen und farblosen thermoplastischen Kunststoff mit folgender Formel:

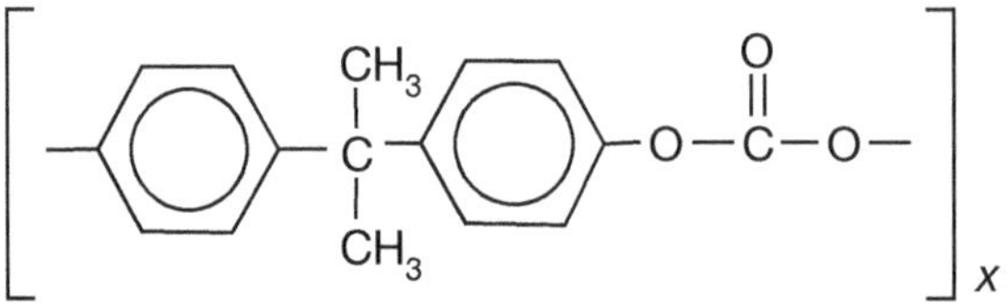

Polycarbonat (PC)

Wegen der Gruppierung –O–CO–O– werden diese Kunststoffe auch Polycarbonate genannt. Die mechanischen, thermischen und elektrischen Eigenschaften sind günstiger als bei den meisten anderen Kunststoffen. Polycarbonate haben hohe mechanische Festigkeit, sie sind hart, maßbeständig, duktil (können z. B. genagelt werden) und hinab bis zu etwa –100 °C schlagzäh. Sie können wegen des hoch liegenden Erweichungsbereiches (meist über 200 °C) auch bei relativ hohen Betriebstemperaturen (etwa bis 130 °C) eingesetzt werden.

Polycarbonat findet Verwendung für mechanisch, thermisch und dielektrisch hoch beanspruchte Teile und für heißsterilisierbare medizinische Geräte. Außerdem wird es für Gebrauchs- und Haushaltsgegenstände sowie aufgrund seiner Transparenz als Kunststoffglas eingesetzt. Auch die CD-Audioplatten (Compact Discs) und CD-ROM-Speicherplatten werden aus PC hergestellt. Hierdurch hat PC in den letzten Jahren hohe Zuwachsraten erzielt. PC eignet sich auch zum Einsatz als **Kunststoff-Lichtwellenleiter**, allerdings ist die Lichtdämpfung höher als bei PMMA.

9.4.5 Hochtemperaturbeständige Polykondensationskunststoffe

In der Praxis besteht ein sehr großer Bedarf an hochtemperaturbeständigen Kunststoffen. Deshalb galten viele Bemühungen der Entwicklung solcher Werkstoffe. Als besonders günstig erwies sich dabei die Herstellung verschiedener Kunststoffe mit sehr hohen Anteilen an aromatischen Ringen in der Polymerkette („Doppelführung" der Polymerkette!). Beispielsweise kann man Benzolringe über Sauerstoff- oder Schwefelatome verknüpfen. Dies führt zu der Gruppe der **Polyphenylenether** (Kurzzeichen: **PPE**) bzw. **Polyphenylensulfide** (Kurzzeichen: **PPS**):

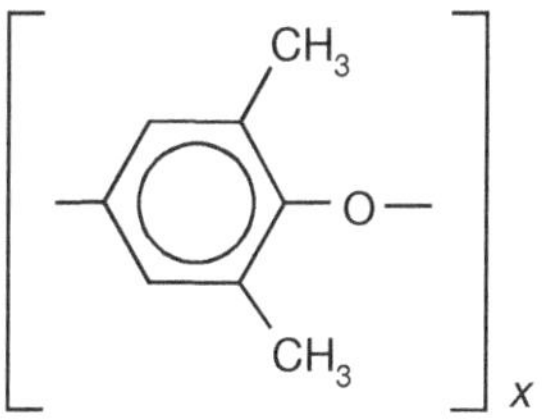

Poly(2,6-dimethyl-1,4-)phenylenether (PPE)

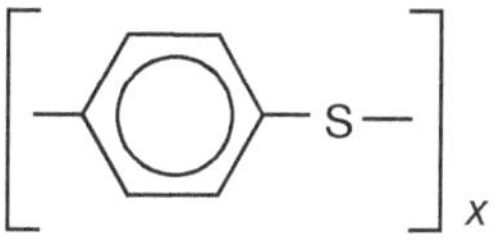

Polyphenylensulfid (PPS)

PPE hat einen Erweichungspunkt um 230 °C und zeigt hohe Zugfestigkeit in weiten Temperaturbereichen. PPE wird meist nicht direkt, sondern in modifizierter Form als Copolymerisat (z. B. mit Styrol) eingesetzt, da an der Luft bei höheren Temperaturen ein beschleunigter oxidativer Abbau stattfindet. Durch die Copolymerisation wird jedoch die Erweichungstemperatur erniedrigt (Abb. 9.11). PPE wird wegen guter elektrischer Eigenschaften in Elektrogeräten verwendet und dient auch als Konstruktionswerkstoff für Apparate.

PPS, einen thermisch noch stärker belastbaren Kunststoff, erhält man, wenn man die Benzolkette durch Schwefelbrücken miteinander verknüpft. Es hat eine Erweichungstemperatur von ca. 250 °C und einen Schmelzpunkt von ca. 290 °C und ist in allen Lösungsmitteln unlöslich. Bei den thermisch ebenfalls stabilen **Polyetherketonen** (Kurzzeichen: **PEK**) bzw. den **Polyethersulfonen** (Kurzzeichen: **PES**) sind aromatische Ringe über Sauerstoffatome und die Gruppen –CO– bzw. $-SO_2-$ miteinander verbunden:

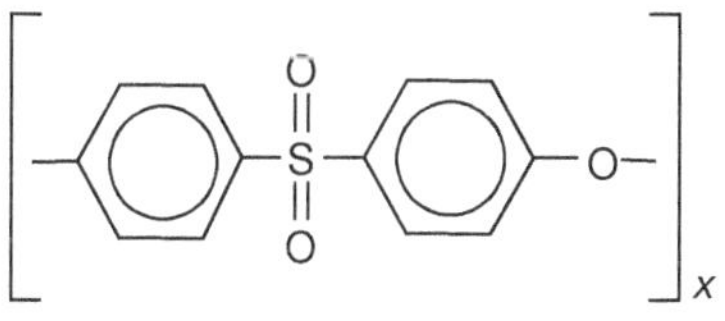

Polyethersulfon (PES)

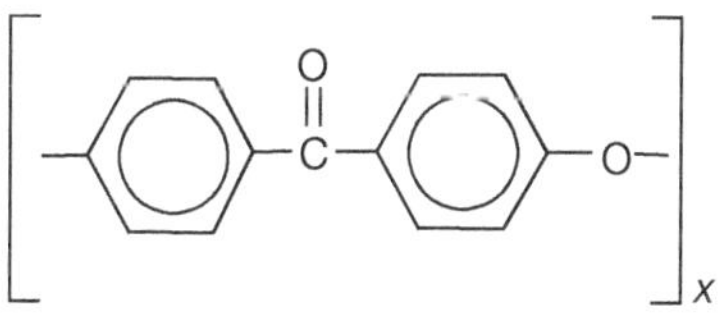

Polyetherketon (PEK)

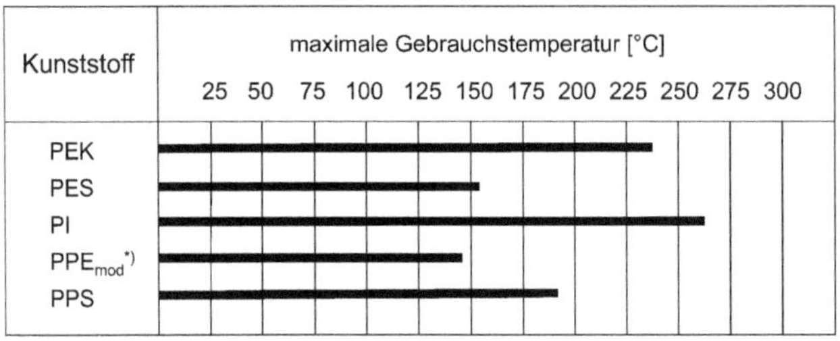

Kunststoff

maximale Gebrauchstemperatur [°C]

25 50 75 100 125 150 175 200 225 250 275 300

PEK
PES
PI
PPE_{mod}*)
PPS

*) modifiziert: Copolymerisat mit PS

Abb. 9.11 Maximale Gebrauchstemperatur von hochtemperaturbeständigen Polykondensationskunststoffen.

Besonders thermisch stabil sind die als **Polyimide** (Kurzzeichen: **PI**) bezeichneten Polykondensate. Sie zeigen eine starke Anhäufung von ringförmigen organischen Verbindungen in der Polymerkette, wie die folgende Formel zeigt:

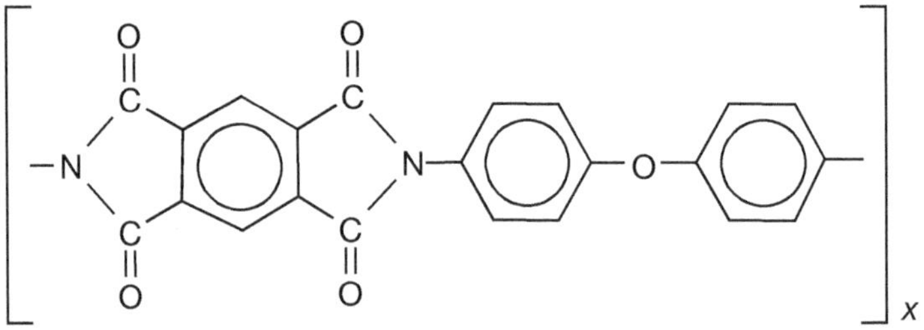

Die Temperaturbeständigkeit von Polyimiden reicht bis über 250 °C. Verwendung findet dieser Kunststoff wegen guter elektrischer Eigenschaften als temperaturbeständiges Elektroisoliermaterial, außerdem im Maschinenbau für Dichtungselemente. Ein bedeutendes Anwendungsgebiet hierbei sind Dichtungen in Strahltriebwerken (z. B. bei der Boeing 747). In Verbindung mit Grafit und PTFE wird PI auch für selbstschmierende Lagerteile eingesetzt.

9.5 Polyadditionskunststoffe

Bei der Polyaddition werden Polymere durch fortlaufende „Addition" von jeweils zwei verschiedenen Monomerarten gebildet. Bei diesem Vorgang entstehen durch Aufklappen von Bindungen an einer der Monomerarten freie Valenzen, an die sich Bestandteile der anderen Monomerart anlagern können. Die andere freie Stelle der aufgeklappten Bindung wird dabei immer durch ein dorthin wanderndes Wasserstoffatom besetzt.

Dies wird in Abschn. 9.5.1 am Beispiel von Polyurethan und in Abschn. 9.5.2 am Beispiel der Aushärtung von Epoxidharzen verdeutlicht. Wie bei der Polymerisation fallen auch bei der Polyaddition keine Nebenprodukte an.

9.5.1 Polyurethane

Kurzzeichen: **PUR**

Bei den Polyurethanen addieren sich Isocyanate der Formel R–N=C=O mit der OH-Gruppe eines Alkohols, wobei der Wasserstoff der Hydroxidgruppe seinen Platz wechselt, entsprechend folgendem Schema:

$$R1-N=C=O \quad + \quad H{-}O-R2 \longrightarrow R1-\underbrace{\overset{H}{\overset{|}{N}}-\overset{O}{\overset{\|}{C}}-O}_{\text{Urethangruppe}}-R2$$

Je nach der Zahl der funktionellen Gruppen in den Reaktionspartnern entstehen lineare oder vernetzte Makromoleküle. Ein **lineares Polyurethan** hat folgende Struktur:

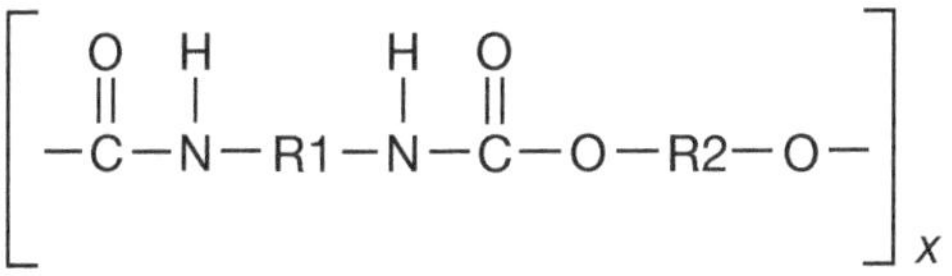

$$\left[-\overset{O}{\overset{\|}{C}}-\overset{H}{\overset{|}{N}}-R1-\overset{H}{\overset{|}{N}}-\overset{O}{\overset{\|}{C}}-O-R2-O- \right]_x$$

Die Anwendungsmöglichkeiten für diese Kunststoffe sind sehr vielfältig, da hinsichtlich des Vernetzungsgrades und der Kohlenwasserstoffreste (R1 bzw. R2) große Variationsmöglichkeiten bestehen. Wegen eines ähnlichen Aufbaus haben linear aufgebaute Polyurethane den Polyamiden verwandte Eigenschaften und finden auch eine entsprechende Verwendung wie diese.

Vernetzte Polyurethane benutzt man als härtende Lackharze und Klebemittel. Man kann aus ihnen auch Duroplaste gewinnen. Je nach Reaktionsführung kann man solche Kunststoffe hart bis gummielastisch einstellen. Sie werden beispielsweise zum Vergießen von Kabelgarnituren und Transformatoren verwendet.

Polyurethane werden sehr häufig zu **Schaumstoffen** verarbeitet. Man kann hierbei die verschiedensten Typen herstellen, angefangen vom Hartschaum für Wärmeisolierungen und zur Schalldämmung bis zum weichelastischen Polstermaterial. Das Aufschäumen wird dabei durch die Verwendung wasserhaltiger Alkoholkomponenten erreicht, da hierbei das Wasser mit einem Teil des Isocyanats unter Bildung von Kohlendioxid reagiert und dieses als Treibgas wirkt:

$$R{-}NCO + H_2O \rightarrow R{-}NH_2 + CO_2\uparrow$$

9.5.2 Epoxidharze

Kurzzeichen: **EP**

Epoxidharze entstehen durch Polyaddition an Epoxiden. Der Name „Epoxid“ ist eine Bezeichnung für organische Verbindungen, in denen ein Sauerstoffatom an zwei direkt miteinander verknüpfte Kohlenstoffatome gebunden ist. Epoxide enthalten also die Atomgruppierung:

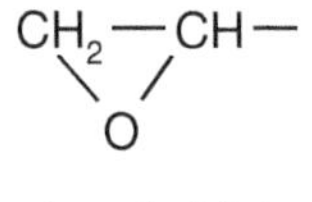

$$\underset{\diagdown\ O\ \diagup}{CH_2-CH-}$$

Man unterscheidet zwischen den kalt härtenden und den in der Hitze härtenden Epoxidharzen. In beiden Fällen lässt man Epoxide mit anderen Reaktionspartnern (Härter) unter Polyaddition reagieren und erhält auf diese Weise in flüssiger Form verarbeitbare und zu stabilen Formteilen aushärtbare Gießharze, die man auch als Metallklebstoffe verwenden kann (Zweikomponentenkleber). Epoxidharze werden aus zwei Komponenten hergestellt, dem eigentlichen **Epoxid** (Abschn. 9.5.2.1) und dem **Härter** (Abschn. 9.5.2.2). Die Eigenschaften solcher Epoxidharze werden im Abschn. 9.5.2.3 beschrieben.

9.5.2.1 Die Epoxidgrundmasse

Sie besteht aus Molekülketten, bei denen einzelne Grundbausteine, wie sie in den eckigen Klammern der folgenden Formel angegeben sind, durch Polyaddition zu Ketten zusammengeknüpft wurden. Die Enden der Molekülketten enthalten jeweils noch freie Epoxidgruppen, die dann mit den unter Abschn. 9.5.2.2 genannten Härtern reagieren:

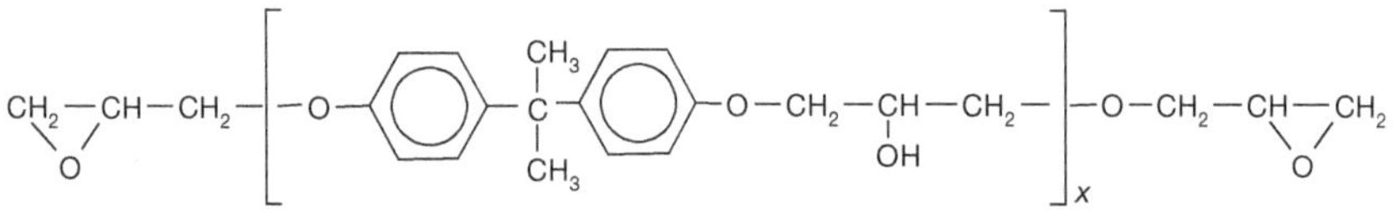

$$\underset{\diagdown O \diagup}{CH_2-CH}-CH_2-\left[-O-C_6H_4-\overset{CH_3}{\underset{CH_3}{C}}-C_6H_4-O-CH_2-\underset{OH}{CH}-CH_2-\right]_x-O-CH_2-\underset{\diagdown O \diagup}{CH-CH_2}$$

9.5.2.2 Härter

Für Härtungsreaktionen bei normaler Temperatur verwendet man gewöhnlich Amine, die nach folgendem Schema reagieren (kalt härtende Epoxidharze):

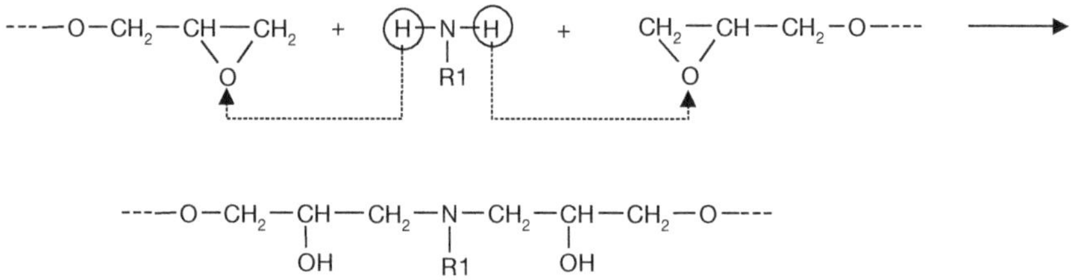

$$\text{---}-O-CH_2-\underset{\diagdown O \diagup}{CH-CH_2} + H-\underset{R1}{N}-H + \underset{\diagdown O \diagup}{CH_2-CH}-CH_2-O-\text{----} \longrightarrow$$

$$\text{----}-O-CH_2-\underset{OH}{CH}-CH_2-\underset{R1}{N}-CH_2-\underset{OH}{CH}-CH_2-O-\text{----}$$

Sollen Epoxidharze nur durch Erhitzen (z. B. auf Temperaturen von 160–200 °C) aushärten, so nimmt man zur Vernetzung zweibasige organische Säureanhydride.

Epoxidharze, deren Grundbestandteile mehr als jeweils zwei reagierende funktionelle Gruppen enthalten, führen zur räumlichen Vernetzung.

9.5.2.3 Eigenschaften der gehärteten Harze

Epoxidharze sind **chemisch sehr beständig**, haben eine **hohe mechanische Festigkeit**, eine besonders hohe Härte, Schlagzähigkeit und Abriebfestigkeit. Sie werden meist mit Glas- oder Kohlefasern verstärkt zur Herstellung von Booten, Karosserien, Tragflächen von Segelflugzeugen, Badewannen usw. verwendet.

Im Unterschied zu ähnlich verwendeten Polyestern zeigen sie den erheblichen Vorteil, dass sie beim Erhärten keinen Schwund aufweisen und sich daher auch spannungsfrei und formgenau verfestigen.

Wegen ihres ausgezeichneten Haftvermögens, auch auf Metallen und glatten Flächen, finden sie Verwendung als **Klebstoffe** und Kitte für Metalle. Epoxide finden ferner Verwendung als widerstandsfähige Lacke.

9.6 Silicone

Bei den Siliconen wird die Polymerkette nicht durch Kohlenstoffatome, sondern durch abwechselnd hintereinanderfolgende Silicium- und Sauerstoffatome gebildet. Die restlichen Valenzen sind durch Kohlenwasserstoffreste abgesättigt. Systematisch richtig müssten die Silicone als **Polysiloxane** bezeichnet werden.

Kurzzeichen: **SI**

Nach der Entstehungsreaktion könnte man die Silicone zu den Polykondensationskunststoffen zählen, indem z. B. Dimethyldichlorsilan mit Wasser unter Austritt von HCl polykondensiert:

$$\cdots + Cl-\underset{CH_3}{\overset{CH_3}{Si}}-Cl + H-O-H + Cl-\underset{CH_3}{\overset{CH_3}{Si}}-Cl + \cdots \xrightarrow{-HCl} \left[-\underset{CH_3}{\overset{CH_3}{Si}}-O- \right]_x$$

Trichlorsilane würden eine räumliche Vernetzung mit anderen Molekülketten ergeben. Je nach dem Mengenverhältnis der eingesetzten Silane erhält man Silicone mit verschiedenem Molekülaufbau und damit Silicone gewünschter Eigenschaften. Man kann außerdem die Kohlenwasserstoffreste der Seitengruppen variieren.

9.6.1 Siliconöle und -fette

Silicone mit kettenförmigem Aufbau sind Öle (Fluidoplaste), die in einem weiten Temperaturbereich eine verhältnismäßig flache Viskositätskurve haben. Außerdem liegt der Stockpunkt mit −50 bis −70 °C sehr niedrig. Der Stockpunkt ist die Temperatur, bei der das Öl so steif wird, dass es unter der Einwirkung der Schwerkraft nicht mehr fließt (Abschn. 9.1.4). Die Viskosität der Siliconöle ist weitgehend temperaturunabhängig. So können Siliconöle bei Temperaturen von −60 bis +300 °C eingesetzt werden (Schmiermittel, Hydrauliköle, auch Transformatorenöle).

Da Siliconöle keine Affinität zu allen anderen Kunststoffen zeigen, werden sie bei der Kunststoffverarbeitung als Schmier- und Trennmittel eingesetzt.

Nachteilig kann sein, dass Silicone „Kriecheffekte" zeigen, d. h., sie breiten sich auf Oberflächen (z. B. von Metallen) aus und können so zu Stellen wandern, wo sie unerwünscht sind.

Siliconfette haben ähnliche Eigenschaften wie Siliconöle. Sie entstehen durch Mischen von ölartigen Siliconen mit Füllstoffen wie Kieselgel und Metallsalzen höherer Fettsäuren.

9.6.2
Siliconkautschuk

Siliconkautschuk entsteht durch weitmaschige Vernetzung infolge chemischer Bindungen zwischen den organischen Seitengruppen der Siliconketten. Wie bei anderem Kautschuk werden diesem noch Füllstoffe wie Silicatpulver, Ruß usw. beigemischt. Siliconkautschuk ist sehr temperaturbeständig und findet entsprechende Verwendung als Isolier- und Dichtungsmaterial. Außerdem wird es zur Herstellung von Schläuchen oder von Transportbändern verwendet, auf denen das Fördergut nicht haften soll. Er ist physiologisch unbedenklich.

9.6.3
Siliconharze

Siliconharze sind **räumlich vernetzte Silicone**. Die Vernetzung geschieht meist beim Erwärmen entsprechender Silicone auf höhere Temperaturen (z. B. 160–170 °C) und durch chemische Reaktionen an den organischen Seitenketten. Es sind harte, wasserabweisende, temperatur- und chemikalienbeständige Lacke. Sie werden für Wicklungen von Elektromotoren verwendet und können als solche bis zu 200 °C belastet werden.

Wasserabweisende Schichten kann man auf Glas oder Keramikmaterial erzeugen, wenn man Methylsilandämpfe auf Glasoberflächen einwirken lässt. Die auf der Glasoberfläche vorhandene Wasserhaut (Abschn. 7.2.4) hydrolysiert diese Silane. So werden Siliconschichten direkt auf der Glasoberfläche polykondensiert.

9.7
Alterung und Zerstörung von Kunststoffen

Kunststoffe können durch physikalische und chemische Einflüsse (z. B. Wärme, Strahlung, mechanische Belastung, Lösungsmittel, aggressive Stoffe) ungünstige Veränderungen erfahren, die die Eigenschaften und Festigkeitswerte vermindern und im Verlaufe der Zeit schließlich zu einer Zerstörung des Kunststoffs führen.

9.7.1
Thermische Einflüsse

9.7.1.1 Thermische Stabilität von Kunststoffen

Durch Abschrecken auf sehr tiefe Temperaturen können infolge des geringen Wärmeleitvermögens starke innere Spannungen auftreten, sodass schließlich ein Kunststoff oberflächliche Risse erhalten kann. Bei Thermoplasten und Elastomeren tritt bei tiefen Temperaturen eine nur vorübergehende Versprödung auf (Abschn. 9.1.1 und 9.1.2), die beim Erwärmen auf Normaltemperatur wieder verschwindet.

Die thermische Bewegung der Atome bei normaler Temperatur kann dazu führen, dass die Molekülketten in einem thermoplastischen Kunststoff allmählich ihre Position ändern („**gebundene Diffusion**") und dann hauptsächlich bei einer mechanischen Belastung eine Verformung, ein Fließen des Kunststoffs („**kaltes Fließen**") ergeben. Die Wärmebewegung bei erhöhter Temperatur kann ausreichen, um Polymerketten auseinanderbrechen zu lassen oder um einzelne Bestandteile (z. B. HCl aus PVC) abzuspalten. Daher dürfen Kunststoffe über eine maximal zulässige Temperatur nicht erhitzt werden. Die Abb. 9.12 zeigt die maximale Gebrauchstemperatur einiger wichtiger Kunststoffe. Dabei spielt auch der Anteil und die Art der verwendeten Füllstoffe (z. B. bei PF und GUP) eine gewisse Rolle, wie aus den grau unterlegten Balken ersichtlich wird. Bei den angegebenen Temperaturen können Kunststoffe jedoch auch langsam erweichen und damit keine Dauerformbeständigkeit aufweisen (langsames Fließen unter Druckbelastung). Durch stabilisierende Zusätze ist es möglich, diese maximale Gebrauchstemperatur bei einigen Kunststoffen zu erhöhen.

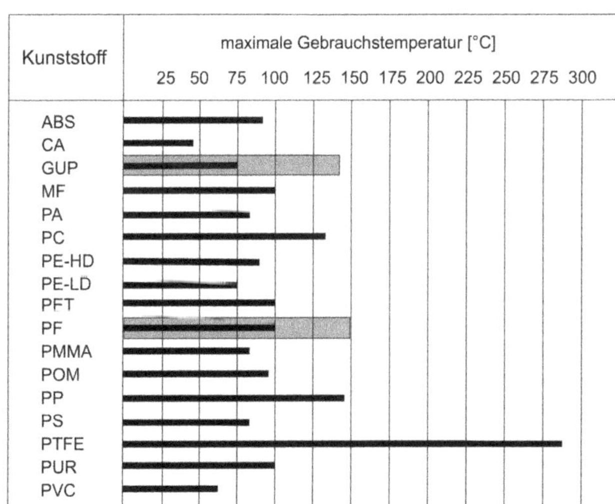

Abb. 9.12 Maximale Gebrauchstemperatur wichtiger Kunststoffe.

9.7.1.2 Pyrolysieren

Kunststoffe zersetzen sich wie alle organischen Stoffe bei sehr starkem Erhitzen. Der Prozess der thermischen Zersetzung von organischen Stoffen unter Luft- bzw. Sauerstoffausschluss wird – im Gegensatz zur Verbrennung – **Pyrolyse** genannt (Abschn. 13.5.2.1). Besonders problematisch hierbei sind halogenhaltige Kunststoffe (insbesondere solche, welche das Element Chlor enthalten). Hierbei entstehen bei der Zersetzung ätzende und korrosive Halogenwasserstoffe. Außerdem können sich hochtoxische Dioxine und Furane bilden (Abschn. 8.6.2).

Man kann aus den Zersetzungsprodukten die einzelnen Kunststoffe identifizieren. Oft genügt schon das Anbrennen mit kleiner Flamme (Streichholz), um Kunststoffe erkennen zu können, wobei man nach dem Ausblasen der Flamme durch den Geruch der Schwaden weitere wichtige Anhaltspunkte über den Kunststoff erhält[3].

Ein schneller und einfacher Test zum qualitativen Nachweis von halogenhaltigen Kunststoffen ist der sogenannte **Beilstein-Test**. Bei diesem wird der Kunststoff auf einen ausgeglühten Kupferdraht gebracht und in eine Flamme gehalten. Die entstehenden flüchtigen Kupferhalogenide verleihen der Flamme eine **grünblaue Färbung**.

9.7.2 Einfluss von energiereicher Strahlung

Ultraviolette Strahlung ist in der Lage, die Kohlenstoffbindungen der Kunststoffketten zu lösen (Tab. 9.4 sowie Abschn. 11.4.3). Dabei bilden sich, ähnlich wie beim Crackprozess (Abschn. 8.1.2.4), Doppelbindungen, was meist mit einem **Vergilben** des Kunststoffes einhergeht oder es entstehen Radikale, die dann zu

Tab. 9.4 Strahlenresistenz von Kunststoffen.

Kunststoff	Schädlicher Dosisbereich (J/kg) leichte Schäden	schwere Schäden
PTFE	0,01–0,1	ab 0,1
PP	0,02–0,1	ab 0,1
PMMA	0,08–0,8	ab 0,8
MF-Harz	0,2–20	ab 20
PA	0,2–20	ab 20
PF-Harz	2–20	ab 20
PS	1–300	ab 300

3) Literatur zur Kunststoffanalyse siehe z. B.: Dietrich Braun: Erkennen von Kunststoffen – Qualitative Kunststoffanalyse mit einfachen Mitteln, Hanser Verlag (2012), ISBN (E-Book): 978-3-446-43322-9.

einer räumlichen Vernetzung und damit zu einer **Versprödung** der Kunststoffe führen können.

Insbesondere können Röntgenstrahlen und radioaktive Strahlen einen Kunststoff rasch zerstören, jedoch zeigen dabei die einzelnen Kunststoffe unterschiedliche Empfindlichkeiten. Aus Tab. 9.4 ist ersichtlich, dass Kunststoffe, die aromatische Bestandteile enthalten, wie PS und PF, eine relativ hohe Strahlenresistenz aufweisen, denn die Benzolkerne sind in der Lage, mit ihren Resonanzstrukturen die energiereiche Strahlung abzufangen und dadurch unschädlich zu machen. In Tab. 9.4 ist die Strahlendosis in J/kg angegeben, d. h. in einer der Strahlung äquivalenten Wärmemenge (J), die auf 1 kg Kunststoff einwirkt.

9.7.3 Spannungsrissbildung

Bei mechanischen Zugbelastungen oder bei vorhandenen Eigenspannungen[4)] im Kunststoff können auf der Kunststoffoberfläche kleine Risse entstehen, die dann auch zu Verminderung der Festigkeitswerte führen können. Solche Rissbildungen können sich schon bei viel geringeren Zugspannungen zeigen, wenn flüssige oder gasförmige Stoffe zusätzlich auf den Kunststoff einwirken. Dabei kann der Kunststoff oft dem Medium selbst gegenüber beständig sein, in Verbindung mit Zugspannung bilden sich jedoch Risse. So können z. B. PE-Rohre bei Druckprüfungen mit Wasser wegen Spannungsrissbildung geringere Festigkeitswerte aufweisen als in Gegenwart von Druckluft. Bei Belastungsproben in Natronlauge oder Salpetersäure kann das Werkstück bei noch geringeren Drücken zerstört werden, obwohl PE gegen solche Chemikalien beständig ist. Bei transparenten Kunststoffen (z. B. PS oder PMMA) kann man besonders gut solche Spannungsrisse erkennen.

9.7.4 Einfluss von Lösungsmitteln

Lösungsmittel können, falls keine sehr engmaschige Vernetzung durch chemische Bindungen vorliegt, in den Kunststoff eindiffundieren, diesen zum **Quellen** bringen und somit seine Eigenschaften erheblich verändern. Eine erste grundsätzliche Unterscheidung im Verhalten von Thermoplasten, Elastomeren und Duroplasten wurde in Abschn. 9.1 gegeben. Für das Verhalten gegenüber Lösungsmitteln spielen im Wesentlichen zwei Faktoren eine Rolle:

- die chemische Struktur des Kunststoffmoleküls und
- der Kristallinitätsgrad (Abschn. 9.1.1).

Für den erstgenannten Punkt gilt die Regel, dass unpolare Lösungsmittel wie Benzin oder Benzol leicht in unpolare Kunststoffe eindringen können, die nur aus Kohlenstoff und Wasserstoff aufgebaut sind, während Kunststoffe mit po-

4) Kunststoffe können z. B. beim Spritzgießen Eigenspannungen erhalten, dann nämlich, wenn die heiße Schmelze oberflächlich bei Berührung mit der kälteren Form rasch erstarrt.

Tab. 9.5 Dichten und Chemikalienbeständigkeit von Kunststoffen.

Kunststoff	Kurzzeichen nach DIN 7728	Dichte (g/cm^3)	Wasseraufnahme nach DIN 53472 (mg)
Celluloseacetat	CA	1,3	< 160
Polybutadien-Kautschuk	BR	0,94[a]	
Ethylen-Propylen-Dien-Kautschuk	EPDM	0,86[a]	
Epoxidharze[b]	EP	1,2	< 10
Harnstoffharz-Pressstoffe	UF	1,5	300–400
Melaminharz-Pressstoffe	MF	1,5	200–300
Phenolharz(-Schicht)-Pressstoffe	PF	1,25	50–1500
Polyethylen, niedere Dichte	PE-LD	0,92	~ 0
Polyethylen, hohe Dichte	PE-HD	0,96	~ 0
Polyethylenterephthalat[c]	PET	1,38	~ 20
Polybutylenterephthalat[c]	PBT	1,30	~ 20
Polyamid 6	PA 6	1,14	
Polycarbonat	PC	1,2	10
Polyesterharze[b]	UP	1,2	~ 20
Polyisobutylen	PIB	0,93	~ 0
Polymethylmethacrylat	PMMA	1,18	45
Polyoxymethylen	POM	1,4	20
Polypropylen	PP	0,9	~ 0
Polystyrol	PS	1,05	~ 0
– mit Acrylnitril	SAN	1,08	10
– mit Butadien	SB	1,04	20
– ABS-Kunststoff	ABS	1,05	70
Polytetrafluorethylen	PTFE	2,2	~ 0
Polychlortrifluorethylen	PCTFE	2,1	~ 0
Polyurethane (linear)	PUR		
Polyurethane (vernetzt)	PUR		
Polyvinylcarbazol	PVK	1,19	~ 0
Polyvinylchlorid, hart	PVC	1,38	10–20
PVC +40 % Weichmacher	PVC		
Polyvinylidenchlorid	PVDC		
Silicon	SI		

a) unvulkanisiert;
b) ohne Füllstoffe;
c) teilkristallin.

Schwache Säuren	Starke Säuren	Oxidierende Säuren	Flusssäure	Starke org. Säuren	Schwache Laugen	Starke Laugen	Aliph. Kohlenwasserstoffe	Arom. Kohlenwasserst.	Chlorkohlenwasserstoffe	Alkohole	Ether	Ketone	Ester	Benzin	Treibstoffgemisch	Mineralöl	Fette, Öle	Unges. Chlor-KW-Stoffe	Terpentin	Kurzzeichen nach DIN 7728
○	−	−	−	+	−	−	+	○	−	−	+	−	−	+	○	+	+	−	+	CA
+		−	−		+		−	−	−	+	−	+	+	−	−	−		−	−	BR
+		+	−		+		−	−	−	+	○	+	○	−	−	−		−	−	EPDM
+	−	−	⊕	−	⊕	⊕	+	+	○	+	+	⊕	○	+	+	+	+	−	○	EP
○	−	−	−	○	+	○	+	+	+	+	+	+	+	+	+	+	+			UF
○	−	−	−	○	+	−	+	+		+	+	+	+	+	+	+	+			MF
+	−	−	−	○	+	−	+	+		+	+	+	+	+	+	+	+		○	PF
+	⊕	−	⊕	+	+	+	+	○	−	○	○	○	○	−	−	○	⊕	−	−	PE-LD
+	+	−	⊕	+	+	+	+	○	−	+	⊕	+	+	⊕	⊕	⊕	+	−	−	PE-HD
+	○	○	+	+	○	−	+	⊕	○	+	+	−	⊕	+	+	+	+	○	○	PET
○	−	○	+	○	+	+	+	○	○	+	+	−	○	+	+	+	+	○	○	PBT
−	−	−	−	−	+	○	+	+	⊕	+	+	+	+	+	+	+	+	○	○	PA 6
+	+	○	−	−	−	−	+	○	−	⊕	−	−	−	+	+	+	+	−	+	PC
+	○	−	−	−	○	−	+	−	−	⊕	−	−	−	+	+	+	+	−	○	UP
+	+	○	+	○	+	+	−	−	−	+	−	○	−	−	−	−		−	−	PIB
+	+	○	○	−	+	+	+	−	−	○	○	−	−	+	−	+	+	−	+	PMMA
⊕	−	−	−	+	+	+	+	+	+	+	+	+	+	+	+	+	+	+	○	POM
+	+	−	○	+	+	+	+	−	−	+	○	⊕	⊕	⊕	○	+	+	−	−	PP
+	⊕	○	⊕	⊕	+	+	○	−	−	+	−	−	−	−	−	○	+	−	−	PS
+	○	−	−	⊕	+	+	+	−	−	○	−	−	−	+	○	+	+	−	−	SAN
+	○	−	○	○	+	+	○	−	−	⊕	−	−	−	○	−	○	+	−	−	SB
+	○	−	−	⊕	+	+	+	−	−	−	−	−	−	+		+	+	−	−	ABS
+	+	+	+	+	+	+	+	+	+	+	+	+	+	+	+	+	+	+	+	PTFE
+	+	⊕	+	+	+	+	+	⊕	○	+	−	+	−	+	+	+	+	−	○	PCTFE
⊕	−	−	−	○	+	+	+	+	−	+	+	+	+	+	⊕	⊕	+	○		PUR
○	−	○	−	○	+	−		+	○	⊕	+	−	○	+	○	+	○	−	○	PUR
+	⊕	○	+	+	+	+	+	−	−	+	+	+	+	+	−	+	+	−	○	PVK
+	+	⊕	⊕	⊕	+	+	+	−	−	+	−	−	−	+	−	+	+	−	−	PVC
+	⊕	○	○	⊕	+	○	−	−	−	○	−	−	−	−	−	○	○	−	−	PVC
+	+			+	+		+	+		+		−	+				+			PVDC
+	−	−	−	⊕	+	⊕	−	−	−	−	−	+	−	○	○	○	⊕	−	−	SI

+ beständig, ⊕ im Allgemeinen ausreichend beständig, ○ bedingt beständig, – unbeständig.

laren Gruppen weit empfindlicher gegen Lösungsmittel sind, die in ihrem Molekülaufbau eine gewisse Polarität aufweisen („Gleiches löst sich in Gleichem", Abschn. 3.5).

Bei gleicher chemischer Struktur ist die Beständigkeit gegen unpolare Lösungsmittel umso größer, je höher der Kristallinitätsgrad ist. So ist beispielsweise PE-LD nicht beständig gegen Benzin, wohingegen PE-HD im Allgemeinen ausreichend beständig ist (Tab. 9.5). Üblicherweise werden sogar Kraftstoffbehälter in Autos aus PE-HD hergestellt.

Wasser kann in verschiedene Kunststoffe, insbesondere in Polyamide eindringen und damit die Maßgenauigkeit reduzieren und ihre mechanischen Eigenschaften entscheidend verändern (Weichmachereffekt). Aus diesem Grunde wird die Kunststoffprüfung zur Ermittlung mechanischer Festigkeiten grundsätzlich in klimatisierten Räumen durchgeführt. Für Kunststoffe gelten nach DIN 50 014 im Allgemeinen folgende Prüfungsbedingungen:

23/50; das bedeutet: 23 ± 2 °C und 50 ± 3 % relative Luftfeuchtigkeit.

Die Tab. 9.5 gibt einige Anhaltspunkte über das Verhalten der wichtigsten Kunststoffe gegenüber organischen Lösungsmitteln und anorganischen Flüssigkeiten.

9.7.5 Chemische Zerstörung von Kunststoffen

Kohlenstoff-Wasserstoff-Bindungen und insbesondere Kohlenstoff-Fluor-Bindungen, aber auch größtenteils Kohlenstoff-Chlor-Bindungen sind beständig gegen Säuren und Basen. Enthalten Kunststoffe funktionelle Gruppen mit Sauerstoff- und Stickstoffatomen, so sind solche Polymere meistens mehr oder weniger stark anfällig gegen starke Säuren oder Laugen. Insbesondere wird ein Kunststoff dann schnell zerstört, wenn sich solche funktionellen Gruppen in der Hauptkette befinden, wie dies z. B. bei den Polyestern oder den Polyamiden der Fall ist. Gegen Sauerstoffeinwirkung sind vor allem Kunststoffe mit Doppelbindungen empfindlich. Besonders stark sind die Schädigungen, wenn verschiedene Stoffe und Einflüsse (z. B. Wärme, UV-Licht) gleichzeitig einwirken.

9.7.6 Feuerbeständigkeit von Kunststoffen

Man kann die Brennbarkeit von Kunststoffen durch Zusätze von sogenannten **Flamm-** oder **Brandschutzmitteln** wesentlich vermindern. Bei den Flammschutzmitteln gibt es prinzipiell zwei Gruppen:

- Halogenhaltige Flammschutzmittel; bei diesen wirken die bei der Verbrennung freigesetzten Halogenwasserstoffverbindungen (HCl, HBr) als **Radikalfänger**, indem sie die die Verbrennung unterhaltenden, sehr reaktionsfähigen Radikale

(insbesondere OH-Radikale, Abschn. 8.8.2.1) abfangen und die Kettenreaktion zum Abbruch kommt.
- Flammschutzmittel, die durch die Verkohlung eine **Sperrschicht** bilden, welche als Hitzeschild und Sauerstoffbarriere wirkt.

Halogenhaltige Flammschutzmittel (z. B. bromierte Diphenylether) haben den Nachteil, dass die beim Brand bzw. der Verschwelung gebildeten Halogenwasserstoffe ätzend und korrosiv sind. Deshalb setzt man dem Kunststoff noch sogenannte Synergisten, z. B. Sb_2O_3 oder Antimonverbindungen zu, welche die Halogenwasserstoffsäuren binden (z. B. als SbOCl oder $SbOCl_3$). Außerdem bergen halogenhaltige Flammschutzmittel das Risiko der Bildung toxischer Dioxine und Furane. Aus diesem Grund werden heute vorwiegend halogenfreie Flammschutzmittel eingesetzt.

Bei den **Sperrschicht bildenden Flammschutzmitteln** werden meist Phosphor oder Phosphorverbindungen eingesetzt. Bei der Verbrennung bildet sich eine Sperr- bzw. Versiegelungsschicht aus glasartiger Phosphatschmelze. Flammwidrig ausgerüstete Kunststoffe werden in der Bauindustrie sowie für Elektrogeräte und im Bereich der Elektronik (z. B. Leiterplatten) eingesetzt, da Werkstoffe dort unmittelbar Kontakt zu spannungsführenden Teilen haben. Schon relativ geringe Zusätze können die Brandgefährlichkeit eines Kunststoffs wesentlich herabmindern.

9.8 Kunststoffrecycling

Die meisten vollsynthetischen Kunststoffe sind unverrottbar (biologisch nicht abbaubar, Abschn. 9.9). Dies ist für den Gebrauch meistens erwünscht, führt aber zum Problem bei der Entsorgung bzw. Recycling. Auch bei den Kunststoffen gilt die allgemeine **Recyclingrangfolge**, auf welche in Abschn. 13.5.3 näher eingegangen wird:

1. Produktrecycling
2. Materialrecycling
3. thermische Verwertung

Speziell bei den Kunststoffen unterscheidet man beim Materialrecycling:

- **stoffliches Recycling** (Kunststoff wird meist eingeschmolzen und bleibt erhalten),
- **chemisches Recycling** (Kunststoff wird durch eine chemische Abbaureaktion in niedermolekulare Bestandteile gespalten).

Durch Wiedereinschmelzen können nur *thermoplastische* Kunststoffe recycelt werden. Hierbei ist eine **Sortenreinheit** sehr wichtig, da sonst nur ein minderwertiges Material erhalten wird, welches nur sehr beschränkt Verwendung findet (z. B. Parkbänke, Lärmschutzwälle). Aus diesem Grund kommt der Trennung der verschiedenen Kunststoffsorten vor dem Wiedereinschmelzen eine große Bedeutung zu. Zur **Trennung** der Kunststoffarten werden unterschiedliche Verfahren eingesetzt, wobei die Kunststoffteile meistens zuvor zerkleinert werden. An dieser Stelle sollen lediglich ein paar wichtige Beispiele vorgestellt werden:

- **Auslese von Hand**: Diese älteste Methode ist sehr aufwendig und kostenintensiv und wird meist vor dem Zerkleinern durchgeführt.
- **Sensorgesteuerte Auslese**: Technisch am weitesten fortgeschritten sind die Auslese- und Sortierverfahren mit sogenannten NIR-Detektoren (NIR = nahes Infrarot, Abschn. 11.4.5). Hierbei werden die Kunststoffteile mit NIR-Strahlung bestrahlt. Die auftretende Strahlungsabsorption bzw. -reflexion ist charakteristisch für jeden Kunststoff. Die Daten werden mit Computern ausgewertet, sodass mehr als 20 Kunststoffsorten in Bruchteilen einer Sekunde identifiziert werden können. Über eine geeignete Einrichtung (z. B. mittels Pressluft) können die unterschiedlichen Teile von einem Förderband in getrennte Sammelbehälter geworfen werden.
- **Schwimm-Sink-Verfahren**: Die Sortierung beruht auf den Dichteunterschieden der Kunststoffe (Angaben über die Dichte: Tab. 9.5). Als Trennmedium wird überwiegend Wasser verwendet. Ist der Trennungsschnitt bei Dichten $> 1\,g/l$ gewünscht, werden Salzlösungen eingesetzt (z. B. mit $CaCl_2$).
- **Hydrozyklone**: Sie arbeiten prinzipiell wie Zyklone im Abluftbereich (Abschn. 13.4.2.1a), lediglich besteht das Fließmedium hier aus Wasser.

Die Verfahren des **chemischen Recyclings** sind insbesondere für die Duroplaste und Elastomere wichtig, da sich diese nicht durch Umschmelzen recyceln lassen (stoffliches Recycling nur durch die Verwendung von Mahlgut). Wichtige Verfahren des chemischen Recyclings sind die **Pyrolyse** und die **Hydrolyse bzw. Alkoholyse**.

Bei der **Pyrolyse** werden die Kunststoffabfälle unter Ausschluss von Luft bzw. Sauerstoff auf etwa 500–800 °C erhitzt (Abschn. 9.7.1.2). Hierdurch erhält man niedermolekulare Stoffe (Pyrolysegas bzw. -öl), welche als Rohstoffe wieder eingesetzt werden können. Prinzipiell lassen sich alle Kunststoffe durch Pyrolyse recyceln, allerdings werden momentan keine großtechnischen Anlagen betrieben, da das Verfahren nicht wirtschaftlich ist (hohe Energie- und Investitionskosten).

Polykondensations- und Polyadditionskunststoffe können durch **Hydrolyse** (Erhitzen in wässrigen Säuren oder Basen) gespalten werden. Dieses Verfahren findet insbesondere bei Polyamiden und Polyestern Anwendung, da diese bei relativ „milden“ Bedingungen gespalten werden können (Umkehrung der Gleichgewichtsbildungsreaktion, Abschn. 9.4.1). Teilweise kann die Aufspaltung auch mit niedermolekularen Alkoholen (z. B. Methanol) durchgeführt werden. Dann spricht man statt von Hydrolyse von **Alkoholyse**. Die so gewonnenen Monomere können nach einer Reinigung wieder zum Aufbau von Polymeren verwendet werden. Ein Beispiel hierfür ist die Alkoholyse von PET.

Bei der **thermischen Verwertung** oder Verbrennung wird der Energieinhalt der Kunststoffe genutzt. Der Heizwert von Kunststoffen liegt mit etwa 35 MJ/kg so hoch wie bei fossilen Brennstoffen (Tab. 8.13). Kunststoffe können auch zusammen mit Hausmüll verbrannt werden (Müllverbrennung, Abschn. 13.5.2.1). Neben der Verbrennung werden Kunststoffe vermehrt auch als **Reduktionsmittel** in Hochöfen zur Eisenherstellung verwendet.

9.9 Biologisch abbaubare Kunststoffe

Da die meisten vollsynthetischen Kunststoffe nicht biologisch abbaubar sind, müssen sie aufwendig getrennt, gesammelt und recycelt werden (Abschn. 9.8). Um diesen Nachteil zu umgehen, wird bereits seit vielen Jahren an biologisch abbaubaren Kunststoffen entwickelt. Diese Kunststoffe lassen sich zusammen mit dem normalen **Biomüll** kompostieren und sind daher besonders für Wegwerfartikel (Verpackung oder Müllbeutel) oder als Abdeckfolien im Bereich der Landwirtschaft interessant. Im Vergleich zu den konventionellen Kunststoffen ist der Marktanteil der biologisch abbaubaren Kunststoffe zwar noch gering (< 1 %), aber sie verzeichnen in den letzten Jahren große Zuwachsraten.

Momentan gibt es zwei Gruppen an biologisch abbaubaren Kunststoffen:

- abgewandelte Naturprodukte und
- vollsynthetische Produkte.

Mengenmäßig bedeutend unter den biologisch abbaubaren Kunststoffen sind modifizierte Naturstoffe, insbesondere Kunststoffe auf Basis von **Cellulose**. Cellulose selbst ist biologisch leicht abbaubar, zunehmende Substituenten an der OH-Gruppe erschweren jedoch die biologische Abbaubarkeit. Unter den modifizierten Naturprodukten findet die **Polymilchsäure** oder Polylactid (Kurzzeichen: **PLA**) und das sogenannte **Poly-3-hydroxybutyrat** (Kurzeichen: **PHB**; formal Polykondensationsprodukt) häufig Verwendung:

$$\left[\overset{O}{\overset{\|}{C}}\text{—CH—}\underset{}{\overset{CH_3}{\overset{|}{CH}}}\text{—O—} \right]_x$$

Polylactid (PLA)

$$\left[\overset{O}{\overset{\|}{C}}\text{—CH—}CH_2\text{—}\overset{CH_3}{\overset{|}{CH}}\text{—O—} \right]_x$$

Poly 3-hydroxybutyrat (PHB)

PLA und PHB sind formal **Polykondensationsprodukte**, welche aus bifunktionellen Monomeren der Milchsäure (Abschn. 8.4.6) bzw. der 3-Hydroxybuttersäure (jeweils mit einer –OH- und einer –COOH-Gruppe am selben Molekül) aufgebaut sind. Beides sind Thermoplaste, die sich wie vergleichbare vollsynthetische Kunststoffe verarbeiten lassen. Der Erweichungspunkt von PLA liegt jedoch bereits bei ca. 60 °C, wodurch der Gebrauchsbereich eingeschränkt ist.

PLA wird durch Polykondensation von Milchsäure oder durch Reaktion des entsprechenden Dimers (Lactid) hergestellt. PHB wird auf biotechnologischem

Wege aus Glucose hergestellt. Bakterien vom Stamme der *Alcaligenes eutrophus* können bis zu 75 % ihrer Trockenmasse als Speicherstoff in Form von PHB anreichern. Am Ende des Fermentationsprozesses werden die Zellen abgetötet und das PHB mit organischen Lösungsmitteln extrahiert. PHB wird als Mischpolymerisat mit Poly-3-hydroxyvaleriat unter dem Handelsnamen Biopol (Fa. Monsanto) angeboten.

Nach Gebrauch verrotten diese Kunststoffe bei der Kompostierung vollständig innerhalb von wenigen Monaten.

Bei den vollsynthetischen, biologisch abbaubaren Kunststoffen wurde von der Fa. Bayer ein **Polyesteramid** entwickelt:

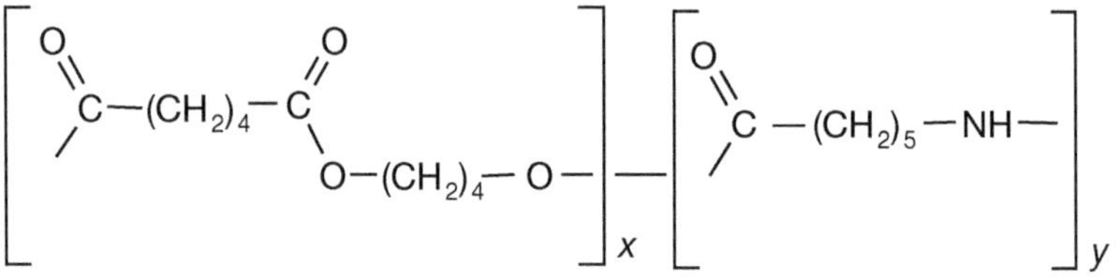

$$\left[-\overset{\displaystyle O}{\overset{\|}{C}}-(CH_2)_4-\overset{\displaystyle O}{\overset{\|}{C}}-O-(CH_2)_4-O- \right]_x - \left[-\overset{\displaystyle O}{\overset{\|}{C}}-(CH_2)_5-NH- \right]_y$$

Polyesteramid

Dies ist ein thermoplastischer Kunststoff mit ähnlichen Eigenschaften wie PE-LD. Er kann nach Gebrauch entweder durch Umschmelzen recycelt werden oder wird mit dem Biomüll kompostiert und verrottet hierbei innerhalb von zwei Monaten.

10 Elektrochemie

Viele in der Praxis wichtige Vorgänge beruhen auf elektrochemischen Reaktionen. Zu Beginn dieses Kapitels werden zuerst die Grundlagen, die zum Verständnis elektrochemischer Vorgänge notwendig sind, beschrieben.
Elektrochemische Stoffumsetzungen kann man zur Erzeugung oder Speicherung von elektrischer Energie in Batterien, Akkumulatoren oder Brennstoffzellen nutzbar machen. Diese Möglichkeit der Energieerzeugung hat heute große Bedeutung, zum einen für Kleinverbraucher (z. B. Notebooks, Handys) oder zum Betrieb von umweltfreundlichen Elektroautomobilen.
Bei der Elektrolyse können durch erzwungene elektrochemische Vorgänge technisch wichtige Produkte hergestellt werden (z. B. Metalle, Wasserstoff, Chlor).
Ungewollte elektrochemische Prozesse können zur Korrosion und damit zur Zerstörung von Werkstücken führen. Für den Korrosionsschutz kann man sich elektrochemischer Verfahren bedienen, um z. B. metallische Schutzschichten auf dem korrosionsgefährdeten Werkstück zu erzeugen.
Einer Reihe von Messmethoden liegen elektrochemische Funktionsprinzipien zugrunde. Entsprechende Messgeräte haben oft den Vorteil, dass sie Messwerte kontinuierlich erfassen und sich damit viele verfahrenstechnische Prozesse automatisieren lassen. Auch das Messprinzip vieler bei technischen Prozessen eingesetzten Sensoren beruht auf elektrochemischen Vorgängen.

10.1 Elektrochemische Potenziale

10.1.1 Galvanische Elemente

Chemische Reaktionen sind mit Energieänderungen verbunden. Außer der thermischen Energie (Abschn. 4.2) ist die elektrische Energie von besonderer Bedeutung. Anordnungen, bei denen die chemische Reaktionsenergie in elektrische umgewandelt wird, bezeichnet man nach ihrem Entdecker als **galvanische Ele-**

Chemie für Ingenieure, 14. Auflage. Jan Hoinkis.
©2016 WILEY-VCH Verlag GmbH & Co. KGaA. Published 2016 by WILEY-VCH Verlag GmbH & Co. KGaA.

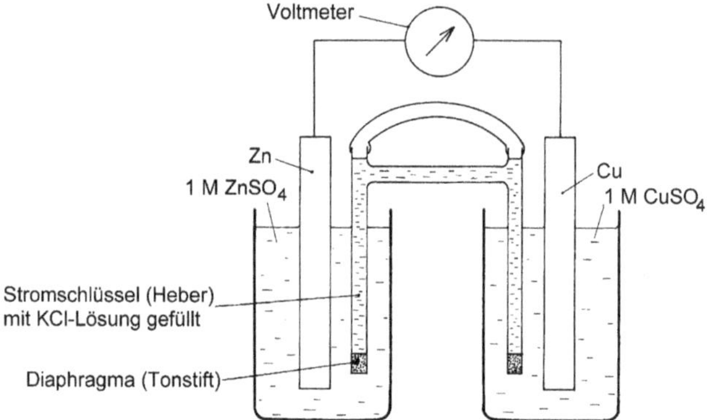

Abb. 10.1 Schematische Darstellung eines galvanischen Elements (Daniell-Element).

mente (Luigi Galvani 1737–1798). Solche galvanische Elemente können elektrischen Strom liefern. Die dabei auftretenden Phänomene sollen an einem Beispiel erläutert werden.

Das in Abb. 10.1 wiedergegebene galvanische Element besteht aus zwei elektrisch leitend miteinander verbundenen Einzelzellen, die man als **Halbelemente** oder Halbzellen bezeichnet. Hierbei taucht in der einen Zelle ein Kupferstab in eine Kupfersalzlösung (z. B. $CuSO_4$-Lösung), in der anderen Zelle befindet sich ein Zinkstab in einer Zinksalzlösung (z. B. eine $ZnSO_4$-Lösung). Die Salzlösungen werden auch als **Elektrolyte** bezeichnet. Die beiden Halbzellen sind durch einen **Stromschlüssel** elektrisch leitend miteinander verbunden. Als Stromschlüssel verwendet man ein Glasrohr, das mit einer gesättigten Kaliumchloridlösung gefüllt und an beiden Seiten mit ionendurchlässigen Diaphragmen (diaphragma, gr. = Scheidewand; z. B. poröse Tonstifte) verschlossen ist. Werden beide Metallstäbe in jeweils 1-molare Kupfer- bzw. Zinksulfatlösungen getaucht und über ein Messinstrument miteinander verbunden, so lässt sich im ***stromlosen*** Zustand bei 25 °C eine Spannung von etwa 1,1 V messen (Abschn. 10.4.1). Dieses galvanische Element wird auch nach seinem Erfinder dem Briten John Daniell, als **Daniell-Element** bezeichnet.

Ein **galvanisches Element** besteht aus zwei unterschiedlichen Elektroden, welche elektrisch leitend über Elektrolyte verbunden sind.

Die Ursache für den Stromfluss ist eine verschieden starke Oxidationstendenz der beiden Metalle Kupfer und Zink, d. h., diese beiden Metalle haben eine verschieden starke Tendenz nach folgenden Oxidationsgleichungen

$$Zn \rightleftarrows Zn^{2+} + 2e^-$$
$$Cu \rightleftarrows Cu^{2+} + 2e^-$$

als Ionen in Lösung zu gehen. Dieses Auflösebestreben der einzelnen Metalle ist als absolute Größe für sich allein nicht ohne Weiteres messbar; wohl kann man aber die Tendenz zur Auflösung des einen Metalls mit der eines anderen vergleichen, z. B. durch die Höhe der elektrischen Spannung der beiden miteinander verbundenen Halbelemente.

Da sich bei der Versuchsanordnung der Abb. 10.1 der Zinkstab negativ und der Kupferstab positiv auflädt, muss beim Zink die erste Teilreaktion bevorzugt ablaufen, indem Zinkatome unter Zurücklassung der Elektronen (negative Aufladung) als positiv geladene Ionen in Lösung gehen. Beim Kupfer führt die Abscheidung von Cu^{2+}-Ionen unter Elektronenaufnahme zu einer Elektronenverarmung, also zu einer positiven Aufladung des Kupferstabes. Die sich zwischen den Metallstäben ausbildende Spannungsdifferenz charakterisiert die unterschiedlichen Lösungs- bzw. Abscheidungstendenzen der beiden Metalle. Um solche elektrochemischen Eigenschaften der Metalle charakterisieren zu können, hat man ein genau definiertes Bezugspotenzial vereinbart, gegen das man die Spannungswerte der einzelnen Metalle vergleichsweise messen kann: Es ist die **Normal-Wasserstoffelektrode** (Abschn. 10.1.2).

Werden die beiden Halbzellen mit einem **elektrischen Verbraucher** verbunden, so können an den Grenzflächen der Metalle mit den Metallsalzlösungen folgende, einander entgegengesetzte chemische Teilreaktionen ablaufen:

- In-Lösung-gehen von Metallatomen als Ionen unter Zurücklassung von Elektronen auf dem Metall: $M \rightarrow M^{2+} + 2e^-$;
- Abscheidung von Metallionen auf der Metallelektrode unter Aufnahme von Elektronen, also in Umkehrung dieser Reaktionsgleichung: $M \leftarrow M^{2+} + 2e^-$.

Das bedeutet, dass sich beim Daniell-Element der Zinkstab durch In-Lösung-gehen von Zinkionen langsam auflöst und der Kupferstab durch die Abscheidung von metallischem Kupfer wächst. Somit „verbraucht“ sich das galvanische Element bei Nutzung der elektrischen Energie.

10.1.2
Die Normal-Wasserstoffelektrode

Das Wasser mit seinem Bestandteil der H^+-Ionen dient auch hier als Bezugsgröße zur Charakterisierung von Stoffeigenschaften. Wasserstoffionen können nämlich Elektronen aufnehmen und Wasserstoffgas bilden, wie folgende Gleichgewichtsreaktion zeigt:

$$H_2 \rightleftarrows 2H^+ + 2e^-$$

Eine solche Gleichgewichtsreaktion lässt sich in elektrochemischer Hinsicht auch als Halbelement realisieren: Man lässt ein Platinblech von Wasserstoffgas umspülen und in eine Säure tauchen (Abb. 10.2). Wasserstoffgas löst sich im Platin und steht mit den Wasserstoffionen und den das elektrochemische Potenzial verursachenden Elektronen in einem Gleichgewicht.

Für die Normal-Wasserstoffelektrode wurden folgende Bedingungen vereinbart: Ein Platinblech wird in einer Lösung mit einer Wasserstoffionenaktivität von 1 mol/l (Abschn. 5.2.3) bei 25 °C von Wasserstoffgas unter Atmosphären-

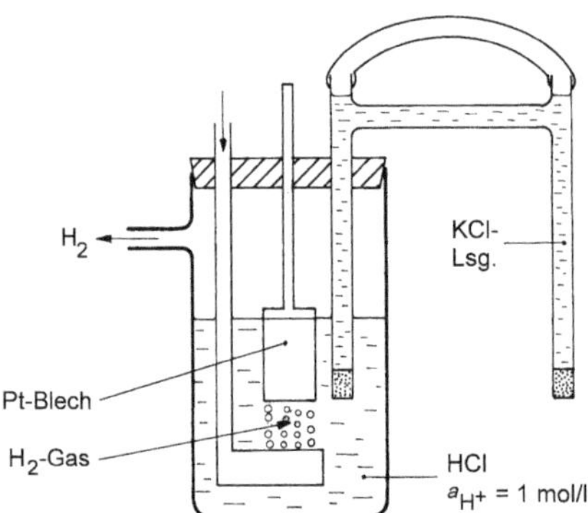

Abb. 10.2 Die Normal-Wasserstoffelektrode.

druck (1,013 25 bar) umspült. Zur Herstellung einer Säure mit der Wasserstoffionenaktivität 1 mol/l muss man z. B. eine Salzsäure der Konzentration 1,235 mol/l herstellen. Der Normal-Wasserstoffelektrode wird in der elektrochemischen Spannungsreihe (Abschn. 10.1.3) definitionsgemäß das Normalpotenzial $E_0 = 0\,\mathrm{V}$ zugeordnet.

10.1.3
Die Normalpotenziale (elektrochemische Spannungsreihen)

Von Metallen lassen sich Halbelemente herstellen, wenn man ein Metall in eine Lösung seiner eigenen Ionen tauchen lässt. Wählt man die Metallionenkonzentration von genau 1 mol/l (die Ionenaktivitäten werden in diesen Fällen nicht berücksichtigt) und die Temperatur von 25 °C und misst die dabei im stromlosen Zustand auftretende Spannung zur Normal-Wasserstoffelektrode (Abschn. 10.1.2), so erhält man das Normalpotenzial des betreffenden Metalls.

Die auf diese Weise gewonnenen Normalpotenziale charakterisieren das Reduktions- und Oxidationsvermögen der Metalle bzw. ihrer Ionen, denn beim elektrochemischen Vorgang im betreffenden Halbelement handelt es sich um einen Redoxprozess der allgemeinen Formel

$$\mathrm{M} \rightleftarrows \mathrm{M}^{z+} + ze^-$$

auf den die im Abschn. 4.4.1 angegebene allgemeine Reaktionsgleichung zutrifft:

$$\text{Reduktionsmittel} \underset{\text{Reduktion}}{\overset{\text{Oxidation}}{\leftrightarrows}} \text{Oxidationsmittel} + \text{Elektronen}$$

Ordnet man solche Redoxpaare nach abnehmendem Reduziervermögen, so erhält man die **elektrochemische Spannungsreihe** der Metalle (Tab. 10.1).

Die in Tab. 10.1 angegebenen Normalpotenziale sind Spannungswerte, die die betreffenden Metalle in saurer Lösung gegenüber der Normal-Wasserstoffelektrode haben, wenn die betreffende Metallionenkonzentration jeweils 1 mol/l beträgt. Die Grundbedingung einer sauren Lösung ist deswegen notwendig, da viele

Tab. 10.1 Elektrochemische Spannungsreihe von Metallen in saurer Lösung.

Reduzierte Form	$\rightleftarrows$	**Oxidierte Form**	$+xe^-$	E_0 **(Volt)**
Li	$\rightleftarrows$	Li^+	$+e^-$	−3,05
K	$\rightleftarrows$	K^+	$+e^-$	−2,93
Ca	$\rightleftarrows$	Ca^{2+}	$+2e^-$	−2,87
Na	$\rightleftarrows$	Na^+	$+e^-$	−2,71
Mg	$\rightleftarrows$	Mg^{2+}	$+2e^-$	−2,37
Be	$\rightleftarrows$	Be^{2+}	$+2e^-$	−1,85
Al	$\rightleftarrows$	Al^{3+}	$+3e^-$	−1,66
Mn	$\rightleftarrows$	Mn^{2+}	$+2e^-$	−1,19
Zn	$\rightleftarrows$	Zn^{2+}	$+2e^-$	−0,76
Cr	$\rightleftarrows$	Cr^{3+}	$+3e^-$	−0,74
Fe	$\rightleftarrows$	Fe^{2+}	$+2e^-$	−0,44
Cd	$\rightleftarrows$	Cd^{2+}	$+2e^-$	−0,40
Co	$\rightleftarrows$	Co^{2+}	$+2e^-$	−0,28
Ni	$\rightleftarrows$	Ni^{2+}	$+2e^-$	−0,23
Sn	$\rightleftarrows$	Sn^{2+}	$+2e^-$	−0,14
Pb	$\rightleftarrows$	Pb^{2+}	$+2e^-$	−0,13
H_2	$\rightleftarrows$	$2H^+$	$+2e^-$	±0,00
$Sb + H_2O$	$\rightleftarrows$	$SbO^+ + 2H^+$	$+3e^-$	+0,21
$Bi + H_2O$	$\rightleftarrows$	$BiO^+ + 2H^+$	$+3e^-$	+0,32
Cu	$\rightleftarrows$	Cu^{2+}	$+2e^-$	+0,34
Ag	$\rightleftarrows$	Ag^+	$+e^-$	+0,80
Hg	$\rightleftarrows$	Hg^{2+}	$+2e^-$	+0,85
Pd	$\rightleftarrows$	Pd^{2+}	$+2e^-$	+0,99
Pt	$\rightleftarrows$	Pt^{2+}	$+2e^-$	+1,20
Au	$\rightleftarrows$	Au^{3+}	$+3e^-$	+1,50

Metallionen in neutraler Lösung als schwer lösliche Niederschläge ausfallen (Abschn. 5.3.3c).

In der elektrochemischen Spannungsreihe zeigen die Metalle mit starker Oxidationstendenz stark *negative* Spannungswerte gegenüber der Normal-Wasserstoffelektrode. Sie besitzen eine starke Neigung, von der reduzierten Form in die oxidierte Form überzugehen. Je geringer dieser negative Spannungswert ist, desto schwächer wirkt es als Reduktionsmittel beim Übergang von der reduzierten in die oxidierte Form.

Redoxpaare mit einem *positiven* Potenzial gegenüber der Normal-Wasserstoffelektrode zeigen umgekehrt die Tendenz, von der oxidierten Form in die reduzierte Form überzugehen; dabei werden Elektronen aufgenommen. Diese Elektronen müssen anderen Stoffen entrissen werden (Oxidationswirkung auf andere Stoffe). Die oxidierte Form wirkt als umso stärkeres Oxidationsmittel, je positiver der betreffende Normalpotenzialwert ist.

Übungsbeispiel 10.1 Berechnung der maximalen elektrischen Spannung, welche unter Standardbedingungen (saure Lösung) auftritt

a) Beim Daniell-Element (siehe Abschn. 10.1.1),
b) bei einem galvanischen Element bestehend aus den beiden Halbzellen $Ni|Ni^{2+}$ und $Zn|Zn^{2+}$.

Lösung Aus der elektrochemischen Spannungsreihe entnimmt man:

a)

$$E_0(Cu|Cu^{2+}) = +0{,}34\,V$$
$$E_0(Zn|Zn^{2+}) = -0{,}76\,V$$
$$\Rightarrow U = |+0{,}34 - (-0{,}76)|\,V = 1{,}1\,V$$

b)

$$E_0(Ni|Ni^{2+}) = -0{,}23\,V$$
$$E_0(Zn|Zn^{2+}) = -0{,}76\,V$$
$$\Rightarrow U = |-0{,}23 - (-0{,}76)|\,V = 0{,}53\,V$$

Auch von Nichtmetallen mit ihren Redoxgleichungen kann man solche Normalpotenziale angeben; einige Werte für das Redoxpotenzial in sauren Lösungen sind in Tab. 10.2 enthalten.

In gleicher Weise sind bei Ionenumladungen und bei komplizierten chemischen Reaktionen, an denen Elektronen beteiligt sind (Redoxsysteme), Normalpotenziale messbar. Hierbei werden die Spannungen ermittelt, die wässrige Lösungen von solchen Redoxsystemen gegenüber der Normal-Wasserstoffelektrode haben, wenn man eine chemisch beständige Platinelektrode in diese Lösungen taucht und die Konzentrationen dann jeweils auf 1 mol/l einstellt (Tab. 10.3).

Die **Normalpotenziale** in elektrochemischen Spannungsreihen von Redoxsystemen charakterisieren die Wirkung von Oxidations- bzw. Reduktionsmitteln in wässrigen Lösungen.

Tab. 10.2 Elektrochemische Spannungsreihe von Nichtmetallen in saurer Lösung.

Reduzierte Form	$\rightleftarrows$	Oxidierte Form	$+xe^-$	E_0 (Volt)
$2I^-$	$\rightleftarrows$	I_2	$+2e^-$	+0,54
$2Br^-$	$\rightleftarrows$	Br_2	$+2e^-$	+1,07
$2H_2O$	$\rightleftarrows$	$O_2 + 4H^+$	$+4e^-$	+1,23
$2Cl^-$	$\rightleftarrows$	Cl_2	$+2e^-$	+1,36
$2F^-$	$\rightleftarrows$	F_2	$+2e^-$	+3,06

Tab. 10.3 Elektrochemische Spannungsreihe von Redoxsystemen in saurer Lösung.

Reduzierte Form	⇄	Oxidierte Form	$+xe^-$	E_0 (Volt)
$H_2SO_3 + H_2O$	⇄	$SO_4^{2-} + 4H^+$	$+2e^-$	+0,17
Fe^{2+}	⇄	Fe^{3+}	$+e^-$	+0,77
$NO + 2H_2O$	⇄	$NO_3^- + 4H^+$	$+3e^-$	+0,96
$Cr^{3+} + 4H_2O$	⇄	$CrO_4^{2-} + 8H^+$	$+3e^-$	+1,36
$Pb^{2+} + 2H_2O$	⇄	$PbO_2 + 4H^+$	$+2e^-$	+1,46
$Cl^- + H_2O$	⇄	$ClO^- + 2H^+$	$+2e^-$	+1,50
$Mn^{2+} + 4H_2O$	⇄	$MnO_4^- + 8H^+$	$+5e^-$	+1,51
$O_2 + H_2O$	⇄	$O_3 + 2H^+$	$+2e^-$	+2,07

Auch im alkalischen Medium sind viele Metalle als Hydroxide oder Salze mit komplexen Anionen löslich. Dabei kann das elektrochemische Normalpotenzial andere Werte aufweisen als in saurer Lösung. Die Tab. 10.4 enthält einige solcher Angaben.

Die **elektrochemischen Spannungsreihen** geben Auskunft über den möglichen Verlauf von chemischen Reaktionen.

Grundsätzlich gelten dabei folgende Gesetzmäßigkeiten:

Ein Oxidationsmittel kann einen anderen Stoff nur dann oxidieren, wenn sein Oxidationspotenzial größer (positiver) ist als das Redoxpotenzial des oxidierten Stoffes. In Tab. 10.1–10.4 nimmt die oxidierende Wirkung von oben nach unten zu, wobei das Oxidationsmittel während der Reaktion von der oxidierten Form in die reduzierte Form (unter Aufnahme von Elektronen = es wird selbst reduziert!) übergeht.

Die reduzierende Wirkung ist umso größer, je negativer das Potenzial ist, wobei das Reduktionsmittel von der reduzierten Form in die oxidierte Form übergeht. Diese Gesetzmäßigkeiten sollen im Folgenden an einigen Beispielen verdeutlicht werden.

10.1.3.1 Reaktion mit Wasserstoffionen

a) Wirkung von nicht oxidierenden Säuren

Alle Metalle, die in saurer Lösung ein negatives elektrochemisches Potenzial haben, lösen sich in Säuren unter Bildung von Metallionen auf; denn eine Säure mit der H^+-Ionenaktivität 1 mol/l hat das elektrochemische Potenzial ±0 V und kann alle Metalle mit negativem Potenzial oxidieren. Oftmals können aber zusammenhängende Schutzschichten aus den betreffenden Metalloxiden oder die Entstehung von **Überspannungen** (Abschn. 10.4.5.2b) eine solche Reaktion verhindern. Edle Metalle mit positiven elektrochemischen Potenzialen hingegen lösen sich nicht in 1-normalen Säuren auf; sie sind gegen diese beständig (Abschn. 10.1.3).

Tab. 10.4 Elektrochemische Spannungsreihe von Metallen in basischer Lösung.

Reduzierte Form	$\rightleftarrows$	Oxidierte Form	$+xe^-$	E_0 (Volt)
K	$\rightleftarrows$	K^+	$+e^-$	−2,93
$Mg + 2OH^-$	$\rightleftarrows$	$Mg(OH)_2$	$+2e^-$	−2,69
$Al + 4OH^-$	$\rightleftarrows$	$[Al(OH)_4]^-$	$+3e^-$	−2,35
$Mn + 2OH^-$	$\rightleftarrows$	$Mn(OH)_2$	$+2e^-$	−1,55
$Zn + 4OH^-$	$\rightleftarrows$	$[Zn(OH)_4]^{2-}$	$+2e^-$	−1,22
$Cr + 4OH^-$	$\rightleftarrows$	$[Cr(OH)_4]^-$	$+3e^-$	−1,20
$Sn + 3OH^-$	$\rightleftarrows$	$[Sn(OH)_3]^-$	$+2e^-$	−0,91
$Fe + 2OH^-$	$\rightleftarrows$	$Fe(OH)_2$	$+2e^-$	−0,89
$Cd + 2OH^-$	$\rightleftarrows$	$Cd(OH)_2$	$+2e^-$	−0,81
$Co + 2OH^-$	$\rightleftarrows$	$Co(OH)_2$	$+2e^-$	−0,72
$Ni + 2OH^-$	$\rightleftarrows$	$Ni(OH)_2$	$+2e^-$	−0,72
$Sb + 4OH^-$	$\rightleftarrows$	$[Sb(OH)_4]^-$	$+3e^-$	−0,66
$Pb + 3OH^-$	$\rightleftarrows$	$[Pb(OH)_3]^-$	$+2e^-$	−0,54
$2Bi + 6OH^-$	$\rightleftarrows$	$Bi_2O_3 + 3H_2O$	$+6e^-$	−0,46
$Cu + 2OH^-$	$\rightleftarrows$	$Cu(OH)_2$	$+2e^-$	−0,22
$Pd + 2OH^-$	$\rightleftarrows$	$Pd(OH)_2$	$+2e^-$	+0,07
$Hg + 2OH^-$	$\rightleftarrows$	$HgO + H_2O$	$+2e^-$	+0,10
$Pt + 2OH^-$	$\rightleftarrows$	$Pt(OH)_2$	$+2e^-$	+0,15
$2Ag + 2OH^-$	$\rightleftarrows$	$Ag_2O + H_2O$	$+2e^-$	+0,34
$Au + 4OH^-$	$\rightleftarrows$	$[H_2AuO_3]^- + H_2O$	$+3e^-$	+0,70

So löst sich beispielsweise das unedle Zn in 1-normaler Salzsäure unter Bildung von Wasserstoffgas auf,

$$\overset{0}{Zn} + 2H\overset{+1}{Cl} \rightarrow \overset{+2}{Zn}Cl_2 + \overset{0}{H_2} \uparrow$$

während Cu von dieser Säure nicht angegriffen wird.

b) Reaktion der Wasserstoffionen in neutralem Wasser

In neutralem Wasser ist die Wasserstoffionenaktivität 10^{-7} mol/l (Abschn. 5.2.3), also wesentlich geringer als in einer 1-normalen Säure. Deswegen muss nach dem Prinzip von Le Chatelier (Abschn. 5.1.2) die Tendenz des Wasserstoffs, in Ionenform überzugehen, größer sein: Wird eine Wasserstoffelektrode (Platinblech von Wasserstoffgas umspült) nicht von einer Säure, sondern von neutralem Wasser umgeben, so misst man dann gegenüber der Normal-Wasserstoffelektrode einen Spannungswert von −0,414 V. Diesen Wert kann man auch rechnerisch aus der in Abschn. 10.2.1 beschriebenen sogenannten **Nernst'schen Gleichung** ermitteln. Wenn das Redoxpotenzial der Reaktion

$$H_2 \rightleftarrows 2H^+ + 2e^-$$

beim neutralen Wasser –0,414 V beträgt, so können durch die Wasserstoffionen des neutralen Wassers alle Metalle zu Ionen oxidiert werden, deren Potenzial stärker negativ als –0,414 V ist. So wird es verständlich, dass Eisen in Gegenwart von Wasser rostet (oxidiert) oder dass Natrium unter Wasserstoffentwicklung mit den Wasserstoffionen reagiert:

$$2Na + 2H^+ \rightarrow 2Na^+ + H_2\uparrow$$

Dass einige Metalle wie Mg, Al, Mn, Zn oder Cr durch Wasser nicht angegriffen werden, obwohl eine solche Reaktion nach der elektrochemischen Spannungsreihe zu erwarten wäre, hat seinen Grund in dem Vorhandensein von zusammenhängenden, schützenden Oxidschichten, die sich in neutralem Medium, manchmal sogar in schwach saurem Medium nicht lösen.

10.1.3.2 Reaktionen von edlen Metallen und deren Metallionen

a) Oxidierende Säuren

Edle Metalle lösen sich zwar nicht in 1-normalen nicht oxidierenden Säuren (Abschn. 10.1.3.1a), sie können jedoch durch oxidierende Säuren oxidiert, d. h. in Lösung gebracht werden. Das Oxidationspotenzial muss jedoch ausreichen, es muss also einen positiveren Wert als das der betreffenden Metalle aufweisen. Beim Vergleich der Potenziale in den Tab. 10.1 und 10.3 wird es verständlich, dass sich die Metalle Quecksilber, Silber und Kupfer in Salpetersäure lösen. Wegen des geringen Potenzialunterschieds löst sich das Quecksilber in der verdünnten (ca. 20 %igen) Salpetersäure beim Reinigungsprozess nur sehr langsam und nur zu einem geringen Anteil auf, sodass man die Salpetersäure zum Reinigen von Quecksilber benutzen kann.

Gold und Platin werden jedoch durch Salpetersäure nicht gelöst. Man benutzt deshalb ca. 50 %ige Salpetersäure, die „Scheidewasser" genannt wird, um Gold (unlöslich) von Silber (löslich) zu trennen. Gold mit einem sehr positiven Normalpotenzial kann durch **„Königswasser"** („aqua regia", das den „König der Metalle" löst), einem Gemisch von konzentrierter Salpetersäure und konzentrierter Salzsäure (im Volumenverhältnis 1 : 3) gelöst werden. Durch Salpetersäure werden Metalle wie Aluminium, Chrom oder Eisen durch Ausbildung von schützenden, zusammenhängenden Oxidschichten passiviert und damit in der oxidierenden Säure unlöslich gemacht.

b) Reaktion von Ionen edler Metalle mit unedlen Metallen

Ionen edler Metalle werden durch unedle Metalle reduziert, dabei gehen die unedlen Metalle als Ionen in Lösung. So kann Gold, Silber, Quecksilber oder Kupfer aus Salzlösungen durch Zugabe von Zink oder Eisen abgeschieden werden. Bekannt ist die als sogenanntes **Zementieren** genannte Reaktion von Kupferionen mit Eisenmetall:

$$Fe + Cu^{2+} \rightarrow Fe^{2+} + Cu$$

Diese Reaktion kann mitunter zu schweren Korrosionsschäden am Eisen Anlass geben (Abschn. 10.6.1.1). Sie kann beispielsweise aber auch im Umweltschutz verwendet werden um toxische Cu^{2+}-Ionen aus Abwässern zu entfernen bzw. gegen harmlose Fe^{2+}-Ionen zu tauschen.

Durch Ionenumladungen von Fe^{3+} zu Fe^{2+} kann Kupfer oxidiert werden, wie man durch Vergleich der Normalpotenziale in Tab. 10.1 und 10.3 erkennen kann:

$$\mathrm{Cu} \rightleftarrows \mathrm{Cu}^{2+} + 2\mathrm{e}^- \qquad E_0 = +0{,}34\,\mathrm{V}$$
$$\mathrm{Fe}^{2+} \rightleftarrows \mathrm{Fe}^{3+} + \mathrm{e}^- \qquad E_0 = +0{,}77\,\mathrm{V}$$

Man nutzt diese Reaktion des Kupfers mit $FeCl_3$-Lösungen zur Herstellung von **gedruckten elektrischen Schaltungen** (siehe Abschn. 10.1.5):

$$\mathrm{Cu} + 2\mathrm{Fe}^{3+} \rightarrow \mathrm{Cu}^{2+} + 2\mathrm{Fe}^{2+}$$

10.1.3.3 **Einfluss des pH-Werts**

Der pH-Wert kann das elektrochemische Potenzial eines Metalls (oder einer Redoxreaktion) erheblich verändern. Durch Vergleich von Tab. 10.1 mit 10.4 erkennt man, dass im alkalischen Medium Platin viel unedler wird ($E_0 = +0{,}15$ V!). Es besteht die Gefahr, dass sich Platinmetall im stark alkalischen Medium auflöst. Deswegen darf man in Platinschalen keine alkalischen Medien schmelzen! In basischen Lösungen sind z. B. Aluminium und Zink wesentlich stärkere Reduktionsmittel als in saurer Lösung.

10.1.3.4 **Oxidationswirkung von Nichtmetallen**

Die elektrochemische Spannungsreihe von Nichtmetallen zeigt ebenfalls große Unterschiede in den Normalpotenzialen (Tab. 10.2). Dabei gehen die Nichtmetalle von der oxidierten Form (von der elementaren Form) in die (reduzierte) Ionenform über. Besonders starke Oxidationsmittel sind elementares Fluor und Ozon. Chlor oxidiert Bromid- oder Iodidionen zu den Elementen und wird dabei selbst zu Chloridionen reduziert. Diese Reaktion wird großtechnisch zur **Gewinnung von elementarem Brom** und **Iod** aus Meerwasser und Salzsolen genutzt:

$$\mathrm{Cl}_2 + 2\mathrm{Br}^- \rightarrow 2\mathrm{Cl}^- + \mathrm{Br}_2$$
$$\mathrm{Cl}_2 + 2\mathrm{I}^- \rightarrow 2\mathrm{Cl}^- + \mathrm{I}_2$$

Das so entstandene elementare Brom bzw. Iod wird durch Einblasen von Wasserdampf oder Luft ausgetrieben.

Übungsbeispiel 10.2

Untersuchen Sie, ob die folgenden Reaktionen (unter Standardbedingungen) in der angegebenen Richtung ablaufen!

a) $Cl_2 + 2F^- \rightarrow 2Cl^- + F_2$
b) $Cu + 2AgNO_3 \rightarrow Cu(NO_3)_2 + 2Ag$

Lösung Aus der elektrochemischen Spannungsreihe ergibt sich:

a)
$$E_0(2Cl^-|Cl_2) = +1{,}36\,\mathrm{V}$$
$$E_0(2F^-|F_2) = +3{,}06\,\mathrm{V}$$

⇒ *nicht* möglich, da Cl_2 gegenüber F^- nicht als Oxidationsmittel wirken kann.

b)
$$E_0(Cu|Cu^{2+}) = +0{,}34\,\mathrm{V}$$
$$E_0(Ag|Ag^+) = +0{,}80\,\mathrm{V}$$

⇒ möglich, da Ag^+ gegenüber Cu als Oxidationsmittel wirken kann. Ein Kupferblech überzieht sich beim Eintauchen in eine Silbernitratlösung mit schwarzem, fein verteiltem Silber.

10.1.4 Praktische Spannungsreihen

Die Normalpotenziale werden bei einer Temperatur von 25 °C und bei Ionenkonzentrationen von 1 mol/l ermittelt. Diese Bedingungen werden in der Praxis jedoch kaum anzutreffen sein. Daher hat man insbesondere bei Metallen Spannungsreihen mit praxisnäheren Elektrolyten ermittelt, die z. B. bei Korrosionsfragen (Abschn. 10.6) bessere Voraussagen ermöglichen. Tabelle 10.5 zeigt das Verhalten einiger Metalle und häufig vorkommender Legierungen gegenüber einem Elektrolyten, der in der Zusammensetzung etwa dem Meerwasser entspricht.

Die Tab. 10.6 enthält Potenziale, die sich bei einem pH-Wert von 6,0 einstellen. Sie wurden ermittelt mit einer luftgesättigten Phthalatpufferlösung bei 25 °C.

Höhere Temperaturen können unter Umständen die Stellung der Metalle in den Spannungsreihen erheblich verändern. So ist z. B. das Zink oberhalb 63 °C edler als Eisen. Wird verzinktes Eisen, z. B. für Warmwasserbereiter verwendet, so könnte es bei einer Verletzung der Schutzschicht zu einer **Untergrundkorrosion** (Abschn. 10.6.1.2) des Eisens kommen; d. h., bei höheren Temperaturen bietet Zink keinen geeigneten Schutz für Eisen.

Tab. 10.5 Praktische Spannungsreihe in künstlichem Meerwasser (Bedingungen: pH 7,5; 25 °C, luftgesättigt, bewegt).

Metall	E_R (Volt)	Metall	E_R (Volt)
Elektron AM 503	−1,34	Zinn (Anodenmetall)	−0,18
Zinn SN 98	−0,81	Titan	(−0,11)[a)]
Zinküberzug auf Stahl	−0,80	V2A-Stahl	−0,05
Aluminium Al 99,5	−0,67	Kupfer	+0,01
Cadmium (Anodenmaterial)	−0,52	Messing MS 63	+0,01
Hartchromüberzug (50 μm)	−0,29	Nickel Ni 99,6	+0,05
Zink Zn 98,5	−0,28	Silber	+0,15
Blei Pb 99,9	−0,26	Gold	(+0,24)[a)]

a) Eingeklammerte Werte ändern im Verlaufe der Zeit das Ruhepotenzial E_R zu positiveren Werten.

Tab. 10.6 Praktische Spannungsreihe bei pH 6,0 (Phthalatpufferlösung; 25 °C, luftgesättigt, bewegt).

Metall	E_R (Volt)	Metall	E_R (Volt)
Elektron AM 503	−1,46	V2A-Stahl	(−0,08)[a)]
Zinküberzug auf Stahl	−0,79	Nickel Ni 99,6	+0,12
Cadmium (Anodenmaterial)	−0,57	Kupfer	+0,14
Blei Pb 99,9	(−0,28)[a)]	Messing MS 63	+0,15
Zinn Sn 98	(−0,27)[a)]	Titan	(+0,18)[a)]
Hartchromüberzug (50 μm)	(−0,25)[a)]	Silber	+0,19
Aluminium Al 99,5	(−0,17)[a)]	Gold	+0,31

a) Eingeklammerte Werte ändern im Verlaufe der Zeit das Ruhepotenzial E_R zu positiveren Werten.

10.1.5 Herstellung von Leiterplatten

Komplizierte elektrische Schaltungen, die viele Bauteile (wie z. B. Widerstände, Kondensatoren, Transistoren usw.) enthalten, fertigt man auf Schaltkarten, auf denen die verschiedenen Bauteile durch elektrisch leitende Bahnen aus dünn aufgetragenem Kupfermetall miteinander verbunden sind.

Die Herstellung solcher Leiterplatten erfolgt durch gezielte Ablösung von Kupfermetall aus Kupferfolien an den Stellen, die nicht zum Schaltbild gehören. Auf eine Grundplatte aus Kunststoff (z. B. Phenolformaldehydharz, Polyesterharz oder Epoxidharz, glasfaserverstärkt), die ein- oder beidseitig mit dünner Kupferschicht überzogen ist, wird entweder durch Aufdrucken des gewünschten Schaltbilds mit einem säurefesten Lack oder mithilfe eines **Fotolacks** durch Be-

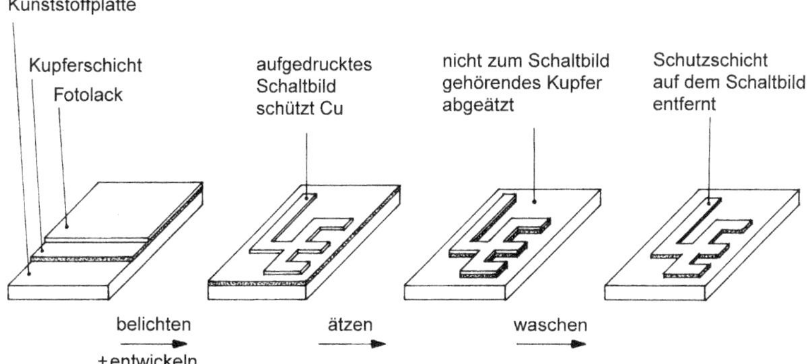

Abb. 10.3 Herstellung von Leiterplatten.

lichten und nachheriges Entwickeln der lichtempfindlichen Schicht (Abb. 10.3) das Kupfer nur an den Stellen geschützt, die zum Schaltbild gehören sollen. Der Fotolack wird entweder durch Belichten mit UV-Strahlen in einem spezifischen organischen Lösungsmittel löslich (positiv arbeitender Lack) oder wird in einer anderen Ausführungsart gerade erst durch das Belichten ausgehärtet und dann an den UV-exponierten Stellen unlöslich (negativ arbeitender Lack).

Um die gewünschte Schutzschicht auf der Kupferfolie zu erzeugen, muss man im ersten Fall eine Fotomaske verwenden, die ein Positiv des Schaltbilds enthält, im zweiten Fall muss ein Negativ des Schaltbilds (Schaltbahnen transparent, die nicht zum Schaltbild gehörenden Teile schwarz) beim Belichten auf den Fotolack gelegt werden.

Zum Schluss wird die Lackschutzschicht von der Kupferoberfläche entfernt und die vorgesehenen Bauteile auf der Leiterplatte befestigt.

Als **Ätzlösungen** verwendet man:

- **Eisen(III)-chlorid**

$$\overset{0}{Cu} + 2\overset{+3}{Fe}Cl_3 \rightarrow \overset{+2}{Cu}Cl_2 + 2\overset{2+}{Fe}Cl_2$$

- **Wasserstoffperoxid und Schwefelsäure**

$$\overset{0}{Cu} + H_2\overset{-1}{O_2} + H_2SO_4 \rightarrow \overset{+2}{Cu}SO_4 + 2H_2\overset{-2}{O}$$

- **Kupfer(II)-chlorid**

$$Cu + Cu^{2+} \rightarrow 2Cu^{+}$$

Von diesen hat das Eisen(III)-chlorid die größte Ätzrate (schnellste Reaktion), jedoch zeigt es Schwierigkeiten bei der Aufbereitung der gebrauchten Ätzlösungen (Mischung von Eisen- und Kupfersalz). Deshalb ist diese Anwendung meist auf den Laborbereich beschränkt, und es wird im Bereich der industriellen Leiterplattenherstellung nicht verwendet. Am günstigsten ist die Verwendung von

Kupfer(II)-chlorid, da hier die gebrauchten Ätzbäder entweder elektrolytisch regeneriert werden können oder eine Gewinnung von metallischem Kupfer möglich ist:

- **elektrolytische Regenerierung** (an der Anode):

$$Cu^{+} \rightarrow Cu^{2+} + e^{-}$$

- **Cu-Abscheidung bei hohen Stromdichten** (an der Kathode):

$$Cu^{+} + e^{-} \rightarrow Cu$$

10.2 Die Konzentrationsabhängigkeit der elektrochemischen Potenziale

Die in Abschn. 10.1.3 angeführten Zahlenwerte der Normalpotenziale gelten nur für die Temperatur von 25 °C und den Spezialfall, dass die jeweiligen Stoffkonzentrationen genau 1 mol/l betragen (nur bei der Normal-Wasserstoffelektrode verwendet man die *Aktivität* 1 mol/l). Eine mathematische Formulierung der Temperatur- und Konzentrationsabhängigkeit ist durch die sogenannte **Nernst'sche Gleichung** gegeben.

10.2.1 Die Nernst'sche Gleichung

Nernst (Walther Nernst, 1864–1941, Nobelpreis 1920) fand für die Abhängigkeit des elektrochemischen Potenzials von der Temperatur und den Konzentrationen der Reaktionspartner folgende mathematische Beziehung:

$$E = E_0 + \frac{R \cdot T}{z \cdot F} \cdot \ln \frac{c_{\mathrm{Ox}}}{c_{\mathrm{Red}}}$$

Darin bedeutet E = gemessenes Einzelpotenzial, E_0 = das Normalpotenzial für die betreffende Reaktion, R = die universelle Gaskonstante (Abschn. 3.1.1), T = die Temperatur in Kelvin, z = Anzahl der abgegebenen oder aufgenommenen Elektronen, F = die Faraday-Konstante = elektrische Ladung für 1 mol Elektronen bzw. 1 mol einwertiger Ionen = $6{,}0221 \cdot 10^{23} \cdot 1{,}602\,18 \cdot 10^{-19} = 96\,485$ A s oder Coulomb (Abschn. 2.6.4 und Tab. 1.1 in Abschn. 1.1), c = die Konzentration für das Oxidationsmittel (c_{Ox}) und das Reduktionsmittel (c_{Red}) in mol/l.

Für den Fall, dass eine Metallelektrode von der entsprechenden Metallsalzlösung umgeben ist, vereinfacht sich die Nernst'sche Gleichung dadurch, dass die Konzentration des reinen Metalls als Festkörper eine konzentrationsunabhängige Größe ist und = 1 gesetzt wird.

Es gilt dann, wenn das Oxidationsmittel die Metallionen darstellt, also wenn $\mathrm{Ox} = M^{z+}$:

$$E = E_0 + \frac{R \cdot T}{z \cdot F} \cdot \ln c_{M^{z+}}$$

Setzt man die Zahlenwerte für die Konstanten ein und bezieht die Gleichung auf eine Temperatur von 25 °C, so ergibt sich unter gleichzeitigem Übergang auf dekadische Logarithmen die Gleichung:

$$E = E_0 + \frac{0{,}059\,16}{z} \cdot \lg c_{M^{z+}}$$

Aus diesen Gesetzmäßigkeiten ergibt sich, dass zwischen zwei Elektroden aus dem gleichen Metall, die von verschiedenen Metallionenkonzentrationen (c_1 und c_2) umgeben sind, sich ein messbarer Potenzialunterschied einstellt, den man als **Konzentrationskette** bezeichnet.

Die Potenzialdifferenz ist dann:

$$\Delta E = E_1 - E_2 = \left[E_0 + \frac{0{,}059\,16}{z} \lg c_1\right] - \left[E_0 + \frac{0{,}059\,16}{z} \lg c_2\right]$$
$$= \frac{0{,}059\,16}{z} \lg \frac{c_1}{c_2}$$

Diese Potenzialdifferenz kann bei großen Konzentrationsunterschieden erheblich sein, wie das Übungsbeispiel 10.3 zeigt (siehe auch Übungsbeispiel 10.4).

In neutralem Wasser sollten daher nur unedle Metalle, die ein negativeres Potenzial als ca. –0,42 V haben, durch die Wasserstoffionen oxidiert werden. Im schwach sauren Gebiet (kohlensäurehaltiges Wasser) ist diese Oxidationswirkung durch die höhere H^+-Ionenkonzentration noch größer. Aus diesem Grund ist vor allem das Eisen korrosionsgefährdet ($E_0 = -0{,}44$ V).

Bei vielen Metallen, die sich nach ihrem elektrochemischen Potenzial entweder in reinem Wasser oder wenigstens in verdünnten Säuren auflösen sollten, ist jedoch die Oxidationswirkung der Wasserstoffionen wegen verschiedenartiger Hemmungserscheinungen (z. B. zusammenhängende Oxidschichten oder Überspannung des Wasserstoffs an diesen Metallen, siehe Abschn. 10.4.5.2b) unterbunden. Diese Metalle sind dann trotz ihrer Stellung in der Spannungsreihe der Metalle gegenüber Wasser, zum Teil auch gegenüber verdünnten Säuren beständig.

Übungsbeispiel 10.3

Berechnung des elektrochemischen Potenzials einer Wasserstoffelektrode bei pH = 7.

Lösung Eine in neutrales Wasser ($a_{H^+} = 10^{-7}$ mol/l; pH = 7) tauchende Wasserstoffelektrode hat gemäß der Nernst'schen Gleichung folgendes elektrochemische Potenzial:

$$E = E_0 + \frac{0{,}059\,16}{1} \lg a_{H^+}$$
$$= 0 + 0{,}059\,16 \cdot \lg 10^{-7} = 0{,}059\,16 \cdot (-7) = -0{,}414\,\text{V}$$

10.2.2 Elektroden zweiter Art

Vergleichselektroden mit **konstantem elektrochemischen Potenzial** werden Elektroden zweiter Art genannt.

Ein konstantes Potenzial erreicht man durch eine sehr gute Konstanz der die Elektrode umgebenden Metallionenkonzentration, die sich selbst bei geringem Stromfluss während einer Messung nicht ändert, obwohl eigentlich jeder Stromfluss die Metallionenkonzentration beeinflussen müsste, nach folgender Redoxgleichung:

$$\mathrm{M} \rightleftarrows \mathrm{M}^{z+} + ze^-$$

Im Gegensatz zu den **Elektroden erster Art**, bei denen Metalle in Metallsalzlösungen tauchen, die die Ionen des Elektrodenmaterials in Form *leicht löslicher* Salze enthalten, bestehen Elektroden zweiter Art aus einem Metall, das in die gesättigte Lösung eines seiner *schwer löslichen* Salze eintaucht. Hierbei bleibt die Metallionenkonzentration dieses Salzes (infolge des Löslichkeitsproduktes und der Anwesenheit einer hohen Konzentration eines zweiten Salzes der gleichen Anionenart) stets konstant. Der Grund hierfür und die Funktionsweise einer solchen Elektrode zweiter Art soll am Beispiel der Silber/Silberchlorid-Elektrode erläutert werden.

10.2.2.1 Die Silber/Silberchlorid-Elektrode (Ag/AgCl-Elektrode)

Diese besteht aus einer metallischen Silberelektrode, die von einer Aufschlämmung des schwer löslichen Salzes AgCl umgeben ist (Abb. 10.4). Außerdem enthält die mit dem schwer löslichen Salz AgCl gesättigte Lösung noch Kaliumchlorid in genau definierter Konzentration (z. B. eine gesättigte oder eine 1-molare KCl-Lösung). Silberchlorid und Kaliumchlorid haben die gleiche Ionenart, nämlich Chloridionen. Die Silberionenkonzentration in der Lösung ergibt sich aus dem Löslichkeitsprodukt des Silberchlorids (Abschn. 5.3) und der Konzentration der Kaliumchloridlösung.

Mit (Löslichkeitsprodukt aus Anhang A.5)

$$c_{\mathrm{Ag}^+} \cdot c_{\mathrm{Cl}^-} = L_{\mathrm{AgCl}} = 1{,}7 \cdot 10^{-10}\,\mathrm{mol}^2/\mathrm{l}^2$$

folgt

$$c_{\mathrm{Ag}^+} = \frac{L_{\mathrm{AgCl}}}{c_{\mathrm{Cl}^-}}$$

Die molare Konzentration der Chloridionen ist praktisch identisch mit der Konzentration der Kaliumchloridlösung, da c_{Cl^-} aus KCl $\gg$ c_{Cl^-} aus AgCl. Bei Verwendung einer 1-molaren KCl-Lösung wäre dann

$$c_{\mathrm{Ag}^+} = \frac{L_{\mathrm{AgCl}}}{c_{\mathrm{Cl}^-}} = \frac{1{,}7 \cdot 10^{-10}}{1} = 1{,}7 \cdot 10^{-10}\,\mathrm{mol/l}$$

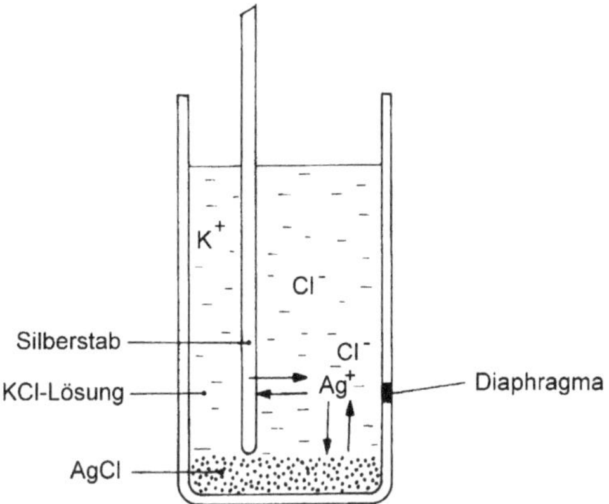

Abb. 10.4 Funktionsschema einer Silber/Silberchlorid-Elektrode.

Das elektrochemische Potenzial ergibt dann bei 25 °C, wie im Übungsbeispiel 10.4 gezeigt, durch Berechnung mit der Nernst'schen Gleichung einen Spannungswert von +0,220 V gegenüber der Normal-Wasserstoffelektrode. Wenn eine gesättigte Kaliumchloridlösung verwendet wird, hat die Silberchloridelektrode ein Potenzial von +0,1958 V.

Wird die Silberchloridelektrode als Bezugselektrode zur Bestimmung von elektrochemischen Potenzialen verwendet, so könnte während der Messung ein geringer elektrischer Strom fließen und damit Veränderungen an der Silberelektrode und in der die Elektrode umgebenden Lösung nach folgender Gleichung hervorrufen:

$$Ag \rightleftarrows Ag^+ + e^-$$

Eventuell neu entstehende Ag^+-Ionen, die das Potenzial der Messelektrode gemäß der Nernst'schen Gleichung verändern könnten, werden aber wegen der Überschreitung des Löslichkeitsproduktes durch die in der Lösung in großem Überschuss vorhandenen Chloridionen als fester AgCl-Niederschlag ausgefällt. Würde umgekehrt metallisches Silber aus Silberionen abgeschieden, so könnten die Ag^+-Ionen sofort wieder durch In-Lösung-gehen einer entsprechenden kleinen Menge von festem AgCl (das als schwer lösliches Salz die Elektrode umgibt) ergänzt werden. Da die Konzentration der Chloridionen um viele Zehnerpotenzen größer ist als die sich eventuell ändernden Mengen, bleibt die Chloridionenkonzentration praktisch konstant und wegen des Zusammenhangs mit dem Löslichkeitsprodukt muss auch die Silberionenkonzentration somit konstant bleiben.

Eine konstante Silberionenkonzentration gewährleistet somit ein konstantes Bezugspotenzial der Messelektrode.

Übungsbeispiel 10.4

Berechnung des elektrochemischen Potenzials einer Silber/Silberchlorid-Elektrode.

Lösung Das Normalpotenzial der Silberelektrode beträgt laut Tab. 10.1 in saurer Lösung +0,80 V. Wenn eine Silberelektrode von Silberionen der Konzentration von $1{,}7 \cdot 10^{-10}$ mol/l umgeben ist, so wie es bei einer Silber/Silberchlorid-Elektrode der Fall ist, dann berechnet sich das elektrochemische Potenzial gegenüber der Normalwasserstoffelektrode zu +0,22 V:

$$E = E_0 + \frac{0{,}059\,16}{1} \lg c_{Ag^+} = +0{,}80 + 0{,}059\,16 \cdot \lg(1{,}7 \cdot 10^{-10})\,V$$
$$= 0{,}80 - 0{,}059\,16 \cdot 9{,}77 = 0{,}22\,V$$

10.2.2.2 Die Kalomelelektrode

Diese Bezugselektrode besteht aus Quecksilbermetall, das von dem schwer löslichen Quecksilbersalz Kalomel[1] Hg_2Cl_2 und einer Kaliumchloridlösung definierter Konzentration umgeben ist.

Die Funktionsweise ist analog der Silberchloridelektrode; das Potenzial der Kalomelelektrode wird durch die Konzentration der Hg_2^{2+} Ionen bestimmt, die wiederum wegen des Löslichkeitsproduktes von der Konzentration der verwendeten Kaliumchloridlösung (Cl^--Ionenkonzentration!) abhängt:

$$c_{Hg_2^{2+}} \cdot c_{Cl^-}^2 = L_{Hg_2Cl_2}$$

Das Potenzial beträgt bei einer 1-molaren KCl-Lösung $E = +0{,}2802$ V.

Kalomelelektroden wurden früher im Labor häufig eingesetzt, heute werden aufgrund der Toxizität des Quecksilbers (Abschn. 12.5.2.1a) Ag/AgCl-Elektroden bevorzugt.

10.2.3 pH-Messungen

Zur elektrochemischen Messung des pH-Werts kann man jede Elektrode verwenden, an der eine Redoxreaktion unter Beteiligung von Wasserstoffionen stattfindet. Wie leicht einzusehen ist, könnte es eine Wasserstoffelektrode (ein von Wasserstoffgas umspültes Platinblech) sein, die in die Lösung mit der un-

1) Das weiße, schwer lösliche Salz Kalomel wird beim Übergießen mit Ammoniak durch Abscheidung von fein verteiltem Quecksilbermetall schwarz (zum Unterschied von sich in Ammoniak auflösendem, sonst jedoch ähnlich aussehendem Silberchlorid AgCl): $Hg_2Cl_2 + 2NH_3 \rightarrow Hg + Hg(NH_2)Cl + NH_4Cl$. Dieses unterschiedliche Verhalten dient zur Identifizierung von Quecksilber und hat zur Namensgebung des Quecksilbersalzes beigetragen: kalos, gr. = schön; melas, gr. = schwarz.

bekannten, zu bestimmenden H^+-Ionenkonzentration eintaucht. Die zu einer Vergleichselektrode (z. B. Ag/AgCl-Elektrode) auftretende elektrische Spannung gibt Auskunft über den pH-Wert, da das elektrochemische Potenzial der Wasserstoffelektrode infolge der Redoxreaktion nach Nernst'schen Gleichung von der H^+-Ionenkonzentration abhängig ist:

$$H_2 \rightleftarrows 2H^+ + 2e^-$$

Wegen eines ständigen Verbrauchs von Wasserstoffgas und einer nicht ungefährlichen Handhabung wird die Wasserstoffelektrode jedoch nicht verwendet. Außerdem könnte die Anwesenheit anderer Ionen das elektrochemische Potenzial der Wasserstoffelektrode beeinflussen. Deshalb werden pH-Wert-Messungen üblicherweise mittels **Glaselektroden** durchgeführt, welche einfach zu handhaben sind und nur spezifisch auf Wasserstoffionen reagieren.

Sie besteht aus einer dünnwandigen Glaskugel (Wandstärke bis hinab zu 0,001 mm), die mit einer Pufferlösung von bekanntem und konstantem pH-Wert gefüllt ist (Innenlösung). Mit der Außenseite taucht die Glaselektrode in die Lösung, deren pH-Wert gemessen werden soll (Außenlösung). Die Leitung des elektrischen Stromes durch die Glasmembran hindurch ist möglich, da das Glas als „Festelektrolyt" Halbleitereigenschaften aufweist (Abschn. 7.2.4).

Die Glasoberfläche nimmt gegenüber einer Lösung ein reproduzierbares Potenzial an, das sich gesetzmäßig mit der H^+-Ionenkonzentration in der Lösung ändert. Man nimmt an, dass sich das Potenzial durch Ionenaustauschvorgänge an der Glasoberfläche ausbildet. Die Glaselektrode ist für den Dauergebrauch im pH-Bereich von 0–10 einsetzbar; im stärker alkalischen Bereich und in Gegenwart von Fluoridionen wird die Glasoberfläche angegriffen.

Zur pH-Messung werden meistens Einstabelektrodenkombinationen verwendet (Abb. 10.5). Diese enthalten am unteren Ende die Glaselektrode; die Bezugselektrode (heute meistens eine Silber/Silberchlorid-Elektrode) ist im äußeren Mantel untergebracht. Diese Einstabmessketten lassen sich sehr weit miniaturisieren. Zur pH-Messung an Oberflächen gibt es Messketten, die beide Elektroden in einer kleinen Aufsatzfläche enthalten.

Man muss die Glaselektrode regelmäßig nachkalibrieren, d. h., das Messgerät mithilfe von zwei Pufferlösungen in den zu erwartenden pH-Messbereich genau einstellen. Wenn bei der Wartung die Kaliumchloridlösung erneuert werden muss (Nachfüllöffnung, siehe Abb. 10.5), ist darauf zu achten, dass das schwer lösliche Salz (Silberchlorid) dabei nicht entfernt wird!

Neben den Glaselektroden werden heute auch **ionensensitive Feldeffekttransistoren** (ISFET) zur pH-Wert-Messung eingesetzt. Dies sind chemische Sensoren auf Halbleiterbasis (Abschn. 6.4.2.4), welche eine sensitive Schicht für H^+-Ionen besitzen. Die Vorteile dabei sind kleine Abmessungen und kurze Ansprechzeiten. Sie lassen sich sehr gut in **Lab-on-Chip-Systeme** integrieren.

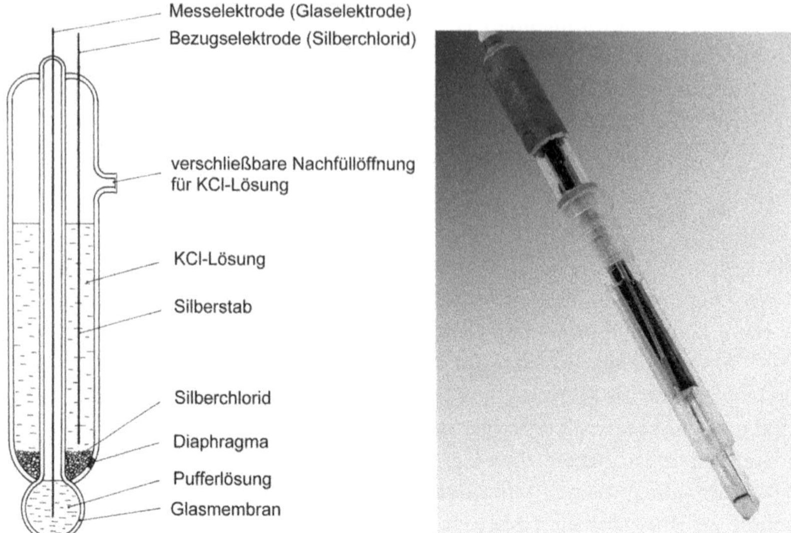

Abb. 10.5 Glaselektrode zur Messung von pH-Werten.

10.3 Elektrochemische Stromerzeugung

Die galvanische Stromerzeugung kann mit nicht wiederaufladbaren sogenannten **Primärelementen**, mit wiederaufladbaren **Sekundärelementen** (Akkumulatoren) oder durch **Brennstoffzellen** erfolgen.

Im Folgenden werden zunächst die wichtigsten gebräuchlichen Primär- und Sekundärelementtypen sowie Brennstoffzellen näher beschrieben. Typische Eigenschaften wichtiger Primär- und Sekundärelemente sind in den Tab. 10.7 und 10.8 zusammengefasst.

10.3.1 Primärelemente

10.3.1.1 Zink-Braunstein-Elemente

Eine der am häufigsten gebrauchten Batterien ist das nach dem französischen Ingenieur Georges Leclanché (1839–1882) benannte **Leclanché-Element**. Dieser Batterietyp wurde im Jahre 1860 zum Patent angemeldet. Es enthält als Anode einen Zinkbecher, als Kathode[2] einen Kohlestab, der von einem fein verteilten

2) Kathode ist diejenige Elektrode, zu der die positiv geladenen Kationen wandern. Will man eine solche Wanderung der Kationen erzwingen (z. B. bei der Elektrolyse), so muss die Kathode eine negative Ladung erhalten. Bei einem freiwillig ablaufenden Vorgang (z. B. galvanisches Element) lädt sich die Kathode positiv auf, da sich an ihr die positiv geladenen Kationen abscheiden und zu einer Elektronenverarmung der Elektrode führen.

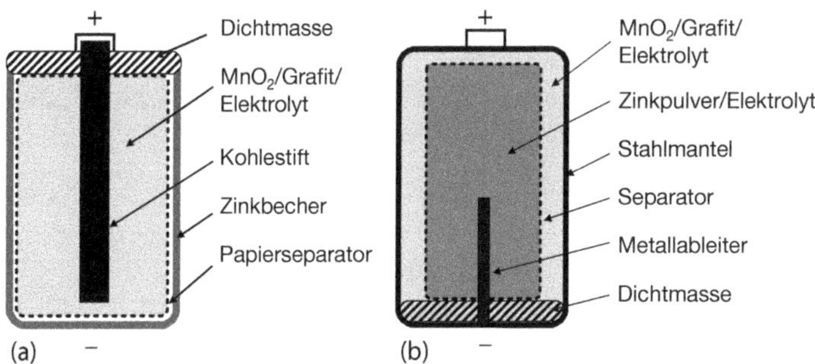

Abb. 10.6 Schnittbild eines (a) Leclanché-Elements und (b) einer Zink-Alkali-Zelle.

Gemisch aus Braunstein (MnO_2) und Grafitpulver (zur Erhöhung der Leitfähigkeit) getränkt mit Elektrolyt, umgeben ist (Abb. 10.6a). Als Elektrolyt wird eine 20–30 %ige Ammoniumchloridlösung (NH_4Cl) verwendet. Damit beim Undichtwerden der Batterie der Elektrolyt nicht ausläuft, wird dieser durch Quellmittel (z. B. Methylcellulose) zu einer Paste verdickt (daher die Bezeichnung „Trockenelement"). Zur Erhöhung der Auslaufsicherheit ist der Zinkbecher zusätzlich von einem Stahlmantel umgeben.

Früher wurde die Zinkoberfläche, um gleichmäßige Abtragung und lange Haltbarkeit zu erreichen, oft mit etwas Amalgam überzogen. Da Quecksilber ein sehr toxisches Schwermetall darstellt (Abschn. 12.5.2.1a), sind heute die meisten Zink-Braunstein-Elemente vollständig **quecksilberfrei**. Um eine lange Haltbarkeit ohne Quecksilberzusätze zu erreichen, wird hierbei ultrareines, eisenfreies Zink mit geringen Legierungszusätzen von Indium oder Bismut verwendet.

Bei der Stromentnahme laufen beim Leclanché-Element folgende Reaktionen ab:

$$\text{Anode (– Pol):} \quad Zn \rightarrow Zn^{2+} + 2e^-$$

$$\text{Kathode (+ Pol):} \quad 2\overset{+4}{Mn}O_2 + 2H_2O + 2e^- \rightarrow 2\overset{+3}{Mn}OOH + 2OH^-$$

$$\text{Elektrolyt:} \quad Zn^{2+} + 2NH_4Cl + 2OH^- \rightarrow Zn(NH_3)_2Cl_2 + 2H_2O$$

Der Braunstein (MnO_2), der die Kathode umgibt, verhindert die Entstehung von Wasserstoffgas, denn ohne Anwesenheit dieses „Depolarisators" würde es an der Kathode zur Bildung von Wasserstoff kommen:

$$2H^+ + 2e^- \rightarrow H_2$$

Ein gasförmiges Produkt ist jedoch für dicht abgeschlossene Batterien unerwünscht.

Die **Nachteile des Leclanché-Elements** sind seine relativ geringe spezifische Energie bzw. Leistung (siehe Tab. 10.7) aufgrund

- der geringen Fläche der Zinkelektrode und
- der relativ geringen Leitfähigkeit des NH_4Cl-Elektrolyten.

Deutliche Verbesserungen in Hinblick auf spezifische Leistung und Energie wurden durch die sogenannten **Alkali-Mangan-Zellen (Alkalinezellen)**, welche seit etwa 1950 auf dem Markt sind, erzielt (siehe Tab. 10.7). Die wesentlichen Veränderungen bei diesem Batterietyp sind (Abb. 10.6b):

- Zink befindet sich als Paste in fein verteilter Form im Inneren der Zelle (Vergrößerung der Oberfläche!).
- Als Elektrolyt wird Kalilauge (KOH) eingesetzt.

In der Alkali-Mangan-Zelle laufen folgende Reaktionen ab:

$$\text{Anode (– Pol):} \quad Zn \rightarrow Zn^{2+} + 2e^-$$

$$\text{Kathode (+ Pol):} \quad \overset{+4}{Mn}O_2 + H_2O + e^- \rightarrow \overset{+3}{Mn}OOH + OH^-$$

Zink-Braunstein-Zellen finden üblicherweise bei elektrischen Kleinverbrauchern wie Taschenlampen etc. Verwendung. Bei der Lagerung laufen bei den Zink-Braunstein-Elementen wie bei allen galvanischen Elementen, aufgrund elektrochemischer Korrosionsprozesse, die Strom liefernden Reaktionen auch ohne Stromentnahme sehr langsam ab, sodass die verfügbare Strommenge im Laufe der Zeit durch Alterung immer weiter abnimmt. Dieser Vorgang wird auch als **Selbstentladung** bezeichnet. Unbefriedigend ist ferner, dass bei den Primärelementen die ausgebrauchten Batterien nach einmaligem Gebrauch verloren gehen. In Deutschland werden Batterien getrennt gesammelt und die Rohstoffe einem Recycling zugeführt.

10.3.1.2 Silberoxid- und Quecksilberoxidzellen

Quecksilber- und Silberoxidzellen sind prinzipiell gleich aufgebaut und werden fast ausschließlich als sogenannte **Knopfzellen,** z. B. für Armbanduhren verwendet. Aufgrund der Toxizität des Quecksilbers ist die Herstellung und Einfuhr dieser Zellen in Europa verboten, und sie haben deshalb keine Bedeutung mehr. Die Reaktionen bei der Stromentnahme lauten für die Silberoxidelemente:

$$\text{Anode (– Pol):} \quad Zn + 2OH^- \rightarrow Zn(OH)_2 + 2e^-$$

$$\text{Kathode (+ Pol):} \quad \overset{+1}{Ag_2}O + 2e^- + H_2O \rightarrow 2\overset{0}{Ag} + 2OH^-$$

Die Zellen mit Ag_2O-Elektroden haben gegenüber den Zink-Braunstein-Elementen den Vorteil, dass die Spannung über den gesamten Entladungsvorgang konstant bleibt. Bei ihnen tritt auch praktisch keine Selbstentladung ein, sodass diese Zellen dort angebracht sind, wo nach langer Lagerzeit eine Zuverlässigkeit erforderlich ist.

Obwohl bei einigen Zellen eine Wiederaufladung prinzipiell möglich wäre, werden diese Zellen fast ausschließlich als Primärelemente eingesetzt. Die Verwendung der wertvollen Silberverbindung ist nur dann vertretbar, wenn ein vollständiges Recycling der aufgebrauchten Batterien erfolgt.

Tab. 10.7 Typische Daten wichtiger Primärelemente.

	+ Pol	- Pol	Klemmenspannung (Volt)	Spezifische Energie[a] (Wh/kg)	Spezifische Leistung[a] (W/kg)
Leclanché	MnO_2	Zn	1,5	50–80	10–20
Alkaline	MnO_2	Zn	1,5	70–100	30
Quecksilberoxid-Zink	HgO	Zn	1,35	100–120	10
Silberoxid-Zink	Ag_2O	Zn	1,55	100–140	50–500
Lithium-Mangandioxid	MnO_2	Li	3,0	200–300	20–100

a) Werte hängen ab

- von Entladebedingungen (Entladestrom),
- von der Größe der Batterie: Je kleiner die Batterie, desto größer wird der Gewichtsanteil von Gehäuse und Ableitern, die nichts zur Energieproduktion beitragen.

10.3.1.3 **Lithiumzellen**

Lithiumzellen sind besonders langlebige und leistungsstarke Batterien und haben heute trotz ihres relativ hohen Preises große Bedeutung in der mobilen Energieversorgung. Die wesentlichen Vorteile von metallischem Lithium als Anodenmaterial sind:

- sein geringes spezifisches Gewicht (0,53 g/cm^3) und
- seine hohe negative Normalspannung (–3,05 V).

Bei Lithiumzellen werden meist organische Verbindungen als Elektrolyte eingesetzt, da Lithium heftig mit Wasser reagieren würde. Als Kathodenmaterial können verschiedene Stoffe eingesetzt werden. Sehr häufig wird Braunstein (MnO_2) verwendet. Hierbei laufen folgende Reaktionen ab:

$$\text{Anode (– Pol):} \quad Li \rightarrow Li^+ + e^-$$

$$\text{Kathode (+ Pol):} \quad \overset{+4}{Mn}O_2 + e^- \rightarrow \overset{+3}{Mn}O_2^-$$

Es gibt mehrere Typen und ein breites Größenspektrum von Lithiumprimärzellen (z. B. Rund- und Knopfzellen). Sie liefern sehr hohe spezifische Energien und Leistungen und werden u. a. zur Versorgung von Computerspeichern („Memorybackup“), Satelliteninstrumenten, Signalbojen und Herzschrittmachern eingesetzt.

10.3.2 **Sekundärelemente**

Akkumulatoren lassen sich durch einen elektrischen Gleichstrom aufladen, und sie können nach einer Speicherung die aufgenommene Elektrizitätsmenge zu einer gewünschten Zeit wieder abgeben.

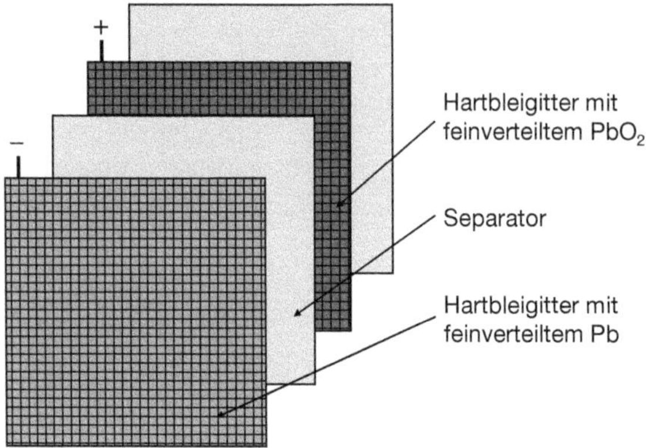

Abb. 10.7 Schematische Darstellung eines Bleiakkumulators.

10.3.2.1 **Bleiakkumulator**

Beim Bleiakkumulator bestehen die aktiven Massen aus fein verteiltem Blei (Pb) bzw. Bleidioxid (PbO_2), welche in Gitterplatten aus sogenanntem Hartblei (es ist durch Legierungszusätze gehärtet) eingestrichen sind. Die Gitterplatten dienen auch als Stromkollektoren. Als Elektrolyt wird eine 27–38 %ige Schwefelsäure verwendet. Innerhalb eines Bleiakkus werden mehrere Platten in kompakter Form zu einem Plattensatz zusammengeschaltet. Zwischen den Anoden- und Kathodenplatten befindet sich ein Separator, welcher meist aus einem porösen Kunststoff besteht (Abb. 10.7).

Beim Lade- bzw. Entladevorgang laufen folgende Reaktionen ab (die Bezeichnungen Anode bzw. Kathode gelten für den Entladungsvorgang):

$$\text{Anode:} \quad Pb + SO_4^{2-} \underset{\text{Laden}}{\overset{\text{Entladen}}{\rightleftarrows}} \overset{+2}{Pb}SO_4 + 2e^-$$

$$\text{Kathode:} \quad \overset{+4}{Pb}O_2 + 4H^+ + SO_4^{2-} + 2e^- \underset{\text{Laden}}{\overset{\text{Entladen}}{\rightleftarrows}} \overset{+2}{Pb}SO_4 + 2H_2O$$

$$\text{Gesamtreaktion:} \quad Pb + PbO_2 + 2H_2SO_4 \underset{\text{Laden}}{\overset{\text{Entladen}}{\rightleftarrows}} 2PbSO_4 + 2H_2O$$

Beim Strom liefernden Entladungsvorgang entsteht aus dem metallischen Blei und dem schwarzen Bleidioxid das schwer lösliche $PbSO_4$ als weißer Belag auf den Elektroden. Außerdem bildet sich Wasser, d. h., die Dichte der im Bleiakku als Elektrolyt verwendeten Schwefelsäure nimmt ab. Man kann daher den Ladungszustand des Akkus an der Farbe der Elektroden erkennen und durch eine Dichtemessung des Elektrolyten kontrollieren. Die Dichte beträgt im geladenen Zustand je nach verwendeter Schwefelsäure 1,20–1,28 g/cm^3. Im entladenen Zustand sinkt sie je nach Akkutyp um 0,05–0,13 g/cm^3 ab.

Eine Verwendung der oben angegebenen Materialien ist deshalb möglich, weil PbO_2 und $PbSO_4$ sehr geringe Löslichkeiten in verdünnter Schwefelsäure besitzen und weil sich das metallische Blei trotz seines unedlen Normalpotenzials nicht durch Ausbildung einer zusammenhängenden Bleisulfatschicht (Abschn. 6.5.8) in verdünnter Schwefelsäure auflöst.

Die Spannung des Bleiakkus im geladenen Zustand von etwa 2,1 V errechnet sich aus der Differenz der Einzelpotenziale beider Elektrodenarten: Bleielektrode = −0,4 V und Bleidioxidelektrode = +1,7 V. Die Bleielektrode, umgeben vom schwer löslichen Bleisulfat und einer hohen Schwefelsäurekonzentration, ist eine **Elektrode zweiter Art** (Abschn. 10.2.2).

Beim Ladungsvorgang sollte nach der elektrochemischen Spannungsreihe zunächst der edlere Wasserstoff abgeschieden werden. Diese Reaktion wird jedoch wegen der **Überspannung** des Wasserstoffs am Blei (Abschn. 10.4.5.2b) unterdrückt, sodass zumeist die Bleiionen zu metallischem Blei reduziert werden. Trotzdem entstehen beim Ladungsvorgang geringe Mengen Wasserstoff, für dessen gefahrlose Beseitigung man sorgen muss (Entlüftung!). Heute werden meist verschlossene (Sicherheitsventil ist aber vorhanden!), praktisch wartungsfreie Bleiakkus verwendet. Ist am Ende des Ladevorgangs alles Bleisulfat in Blei und Bleidioxid umgewandelt, so würde zur Fortsetzung eines Ladestromes eine etwas höhere Spannung benötigt, durch die dann eine Zersetzung des Elektrolyten einsetzen würde. Der **Wirkungsgrad** bezüglich zugeführter bzw. entnommener Energie beträgt unter den Bedingungen von langsamen und schonenden Ladungs- und Entladungsvorgängen etwa 80 % (bei höherer Stromdichte entsprechend weniger). Bleiakkus werden meist als **Starterbatterien** in Kraftfahrzeugen verwendet.

10.3.2.2 Nickel-Cadmium-Akkumulator

Die Robustheit und Belastbarkeit des Nickel-Cadmium-Akkus wird von keinem anderen elektrochemischen System übertroffen. Deshalb wurde er früher sehr häufig eingesetzt und wird heute aufgrund des toxischen Cadmiums (Abschn. 12.5.2) allerdings nur noch in geringem Umfang verwendet. Die aktiven Massen bestehen aus feinkörnigem Nickelhydroxid und metallischem Cadmium. Bei Kleinakkus werden die aktiven Massen häufig in perforierte Metallbleche eingestrichen. Die durch Separatoren getrennten Elektrodenbleche werden dann ähnlich einem „gefüllten Pfannkuchen" zu Rundzellen zusammengerollt. Als Elektrolyt dient 20 %ige Kalilauge (KOH).

Die Strom liefernden Reaktionen lauten (die Bezeichnung Anode bzw. Kathode gilt für den Entladungsvorgang):

$$\text{Anode:} \quad Cd + 2OH^- \underset{\text{Laden}}{\overset{\text{Entladen}}{\rightleftarrows}} \overset{+2}{Cd}(OH)_2 + 2e^-$$

$$\text{Kathode:} \quad 2\overset{+3}{Ni}OOH + 2H_2O + 2e^- \underset{\text{Laden}}{\overset{\text{Entladen}}{\rightleftarrows}} 2\overset{+2}{Ni}(OH)_2 + 2OH^-$$

$$\text{Gesamtreaktion:} \quad Cd + 2NiOOH + 2H_2O \underset{\text{Laden}}{\overset{\text{Entladen}}{\rightleftarrows}} Cd(OH)_2 + 2Ni(OH)_2$$

Die Spannung zwischen den geladenen Elektroden beträgt bei der unbelasteten Zelle etwa 1,3 V. Der Nickel-Cadmium-Akku hat zwar gegenüber dem Bleiakku einen geringeren Wirkungsgrad (ca. 65 % gegenüber 80 % beim Bleiakku), hat aber die Vorteile eines geringeren Gewichts, einer längeren Lebensdauer und einer langen Lagerfähigkeit. Der Nickel-Cadmium-Akku benötigt praktisch keine Wartung und verträgt eine vollständige Entladung, während der Bleiakku diese Vorzüge nicht aufweist. Da sich beim Nickel-Cadmium-Akku eine Gasentwicklung durch entsprechende Zusätze in den Elektroden vollständig unterdrücken lässt, kann dieser gasdicht abgeschlossen werden.

Beim Nickel-Cadmium-Akku tritt bei häufiger Überladung und mangelnder Entladung eine Verringerung der zur Verfügung stehenden Kapazität auf. Dies wird häufig auch als **Memory-Effekt** bezeichnet. Die Ursache hierfür ist die Bildung größerer Kristalle der aktiven Cadmiummasse an der Anode (Vergrößerung der Oberfläche!) und die Bildung einer oxidischen Passivierungsschicht, welche den Innenwiderstand erhöht.

10.3.2.3 Nickel-Metallhydrid-Akkumulator

Nickel-Metallhydrid-Akkumulatoren haben auf dem Batteriemarkt in den letzten Jahren die Nickel-Cadmium-Akkus praktisch vollständig ersetzt. Die Hauptvorteile sind, dass sie **cadmiumfrei** sind (Cadmium ist ein sehr toxisches Schwermetall, Abschn. 12.5.2.1a) und sie pro Gewichtseinheit **mehr Energie speichern** (Tab. 10.8), außerdem tritt bei ihnen praktisch **kein Memory-Effekt** auf. Nachteile gegenüber dem Nickel-Cadmium-Akku zeigen sie nur bei extrem hohen Entladeströmen und bei tiefen Temperaturen.

Nickel-Metallhydrid-Akkus sind ähnlich aufgebaut wie Nickel-Cadmium-Akkus. Die Anode besteht jedoch aus einer Wasserstoff speichernden Nickellegierung (zu Metallhydriden siehe Abschn. 7.1). Die Strom liefernden Reaktionen lassen sich formal folgendermaßen formulieren (MH = Metallhydrid):

$$\text{Anode:}\quad \overset{0}{\mathrm{M}}\mathrm{H} + \mathrm{OH^-} \underset{\text{Laden}}{\overset{\text{Entladen}}{\rightleftarrows}} \mathrm{M} + \overset{+1}{\mathrm{H}}_2\mathrm{O} + \mathrm{e^-}$$

$$\text{Kathode:}\quad \overset{+3}{\mathrm{Ni}}\mathrm{OOH} + \mathrm{H_2O} + \mathrm{e^-} \underset{\text{Laden}}{\overset{\text{Entladen}}{\rightleftarrows}} \overset{+2}{\mathrm{Ni}}\mathrm{(OH)_2} + \mathrm{OH^-}$$

$$\text{Gesamtreaktion:}\quad \mathrm{MH} + \mathrm{NiOOH} \underset{\text{Laden}}{\overset{\text{Entladen}}{\rightleftarrows}} \mathrm{M} + \mathrm{Ni(OH)_2}$$

Nickel-Metallhydrid-Akkus können die Nickel-Cadium-Akkus überall dort ersetzen, wo es nicht auf extrem hohe Entladeströme ankommt, aber eine Vergrößerung der spezifischen Energie Vorteile bringt. Dies ist insbesondere bei mobilen Verbrauchern wie beispielsweise Videokameras, Modellbau sowie Elektrofahrzeuge von Vorteil.

10.3.2.4 Lithiumionenakku

Beim Lithiumionenakku besteht die Anode aus Grafit. Lithiumatome werden reversibel zwischen die Schichten des Grafitgitters eingebaut, da die recht kleinen Lithiumionen (Ø 0,12 nm) zwischen die Schichtgitterebenen der Grafitstruktur passen (Abstände der Kohlenstoffschichten 0,335 nm, siehe Abschn. 6.3.4,

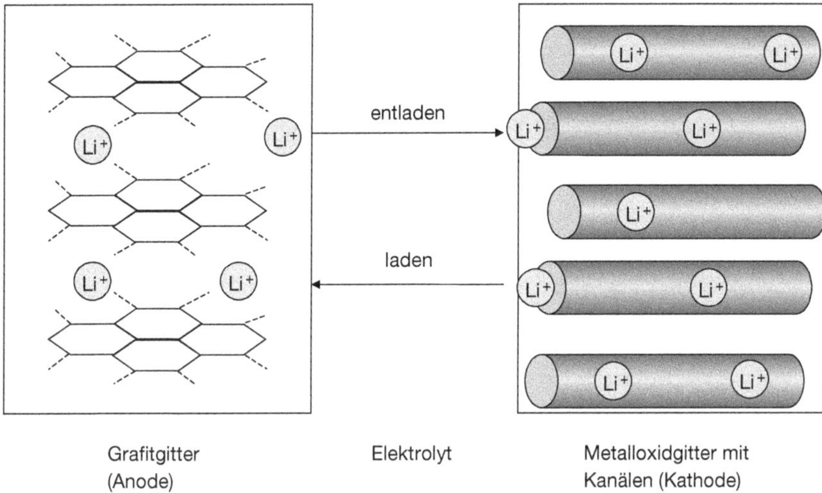

Abb. 10.8 Vereinfachte Darstellung der Vorgänge beim Entladen und Laden eines Lithiumionenakkus.

Abb. 6.7). Hierbei verbinden sich die Lithiumionen mit den umliegenden Kohlenstoffatomen; Letztere tragen dabei die negative Ladung. Diese Einlagerungsverbindung wird auch **Interkalationsverbindung** genannt. Die Kathode besteht aus einer Interkalationsverbindung von Übergangsmetalloxiden (häufig Cobaltoxid), welches „Hohlräume" besitzt, in denen ein Teil der Lithiumionen reversibel eingelagert werden können. Wie bei den Lithiumprimärelementen werden als Elektrolyt meist organische Verbindungen verwendet.

Die Vorgänge beim Entlade- und Ladevorgang sind in Abb. 10.8 stark vereinfacht dargestellt. Beim Entladen werden Lithiumionen aus dem Grafitgitter in den Elektrolyten freigesetzt. Die im Grafitgitter verbleibende negative Ladung wird durch die Abgabe von Elektronen neutralisiert. An der Kathode wird beim Entladen im komplexen Mischoxid $Li_{0,5}CoO_2$ das Übergangsmetall Cobalt von der vierwertigen zur dreiwertigen Stufe reduziert. Die gebrochene Oxidationszahl +3,5 soll andeuten, dass auch vor dem Entladen bereits ein Teil der Cobaltionen in der Oxidationsstufe +3 vorliegt. Gleichzeitig wird ein Lithiumion aus dem Elektrolyt in das Gitter eingebaut, damit die Ladungsneutralität erhalten bleibt. Bei den Reaktionen an der Kathode soll der gebrochene tiefgestellte Faktor 0,5 am Lithium andeuten, dass nur ein Teil der Lithiumionen beim Lade- und Entladeprozess ausgetauscht wird.

Tab. 10.8 Typische Eigenschaften wichtiger Sekundärelemente.

	+ Pol	- Pol	Klemmenspannung (Volt)	Spezifische Energie[a)] (Wh/kg)	Spezifische Leistung[a)] (W/kg)
Blei-Bleidioxid	PbO_2	Pb	2,1	30–35	50–100
Nickel-Cadmium	NiOOH	Cd	1,3	45–50	150–200
Nickel-Metallhydrid	NiOOH	MeH	1,3	50–70	100–150
Lithiumionenakku	$LiCoO_2$	Li (Grafit)	3,6	100–180	100–200
Lithium-Polymer-Akku	$LiCoO_2$	Li (Grafit)	3,7	140–150	200–300

a) Werte hängen ab

- von Entladebedingungen (Entladestrom),
- von der Größe des Akkus: Je kleiner der Akku desto größer wird der Gewichtsanteil von Gehäuse und Ableitern, die nichts zur Energieproduktion beitragen.

Hierbei laufen folgende Reaktionen ab:

$$\text{Anode:}\quad LiC \underset{\text{Laden}}{\overset{\text{Entladen}}{\rightleftarrows}} Li^+ + C + e^-$$

$$\text{Kathode:}\quad 2Li_{0,5}\overset{+3,5}{Co}O_2 + Li^+ + e^- \underset{\text{Laden}}{\overset{\text{Entladen}}{\rightleftarrows}} 2Li\overset{+3}{Co}O_2$$

$$\text{Gesamtreaktion:}\quad LiC + 2Li_{0,5}CoO_2 \underset{\text{Laden}}{\overset{\text{Entladen}}{\rightleftarrows}} 2LiCoO_2 + C$$

Lithiumionenakkus werden in den meisten Fällen für Kleinverbraucher in gewickelter Struktur (ähnlich wie beim Nickel-Cadmium-Akku) eingesetzt. Der Hauptvorteil sind neben der hohen Zellspannung und der hohen spezifischen Energie (Tab. 10.8), die geringe Selbstentladung. Lithiumionenakkus werden hauptsächlich für Notebooks, Videokameras und Mobiltelefone, aber auch Elektrofahrzeuge eingesetzt.

Der **Lithium-Polymer-Akku** („Li-Po") ist eine Weiterentwicklung des Lithiumionenakkus. Wie beim Lithiumionenakku besteht die Anode aus Grafit und die Kathode aus dem Mischoxid $Li_{0,5}CoO_2$. Er enthält jedoch keinen flüssigen Elektrolyten. Als Elektrolyt werden feste bzw. gelartige Folien auf Polymerbasis verwendet. Alle Komponenten lassen sich als dünne Folien (Dicke $< 100\ \mu m$) herstellen. Dies ist sehr vorteilhaft für die Formgebung. Er weist sehr hohe spezifische Energien und Leistungen auf und wird in der Praxis für ähnliche Einsatzgebiete wie der Lithiumionenakku verwendet.

10.3.3 Brennstoffzellen

Im Gegensatz zu den in den Abschn. 10.3.1 und 10.3.2 betrachteten Primär- bzw. Sekundärelementen werden bei Brennstoffzellen die aktiven Stoffe einem galva-

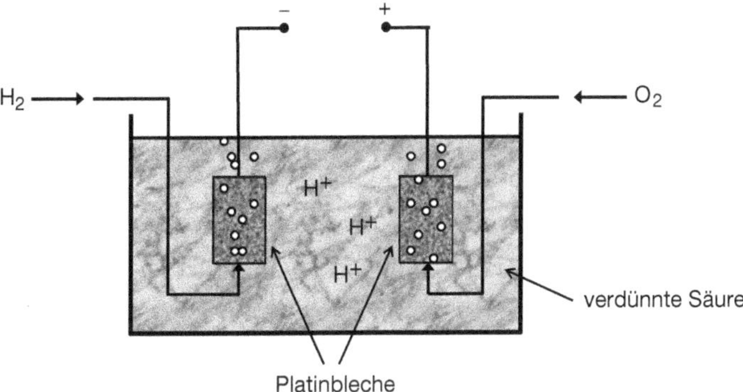

Abb. 10.9 Einfache Wasserstoff-Sauerstoff-Brennstoffzelle.

nischen Element kontinuierlich zugeführt, sodass elektrische Energie im Prinzip beliebig lang entnommen werden kann (bis der Rohstoffvorrat im Tank erschöpft ist). In den Brennstoffelementen werden brennbare Stoffe, meist Wasserstoff, aber auch Kohlenwasserstoffe oder Kohlenmonoxid mit Sauerstoff auf elektrochemische Weise „verbrannt" und die dabei frei werdende Reaktionsenergie als elektrische Energie gewonnen. Prinzipiell arbeiten diese Zellen so, dass der zugeführte Brennstoff an einer beständigen, einen Katalysator enthaltenden Anode unter Elektronenabgabe oxidiert wird. An der Kathode wird Sauerstoff (das in reiner Form oder als Luft zugeführte Oxidationsmittel) umgesetzt, und zwar wird der Sauerstoff unter Elektronenaufnahme reduziert. Auf diese Weise erreicht man die in zwei Teilschritte aufgegliederte elektrochemische Oxidation des Brennstoffs. Als **Elektrolyt** werden entweder Flüssigkeiten (Kalilauge, Phosphorsäure oder Salzschmelzen) oder ionenleitende Feststoffe (Polymere, keramische Materialien) verwendet.

Das Prinzip der Brennstoffzelle wurde bereits um 1840 vom britischen Wissenschaftler William Grove entdeckt. Seine Brennstoffzelle bestand aus Platinblechstreifen, die in angesäuertem Wasser standen und von Wasserstoffgas bzw. Sauerstoffgas umspült wurden (siehe Abb. 10.9). Hierbei konnte an den beiden Blechen eine Spannung von etwa 1 V abgegriffen werden. Diese Brennstoffzelle stellt die Umkehrung der Wasserelektrolyse dar.

Die Brennstoffzellen wurden aber lange Zeit nicht technisch genutzt, da sich nur Ströme in der Größenordnung einiger mA entnehmen ließen und sie zudem weniger praktisch zu nutzen waren als Batterien. Die konsequente Weiterentwicklung der Brennstoffzellen bis zum technischen Einsatz erfolgte erst im Zuge der Weltraumtechnik in den 50er- und 60er-Jahren. Bei den Apollo-Missionen zum Mond wurden Wasserstoff-Sauerstoff-Brennstoffzellen mit speziellen Katalysatorelektroden und alkalischem Elektrolyt (KOH) eingesetzt. Neben der elektrischen Energie konnte bei den Raumflügen auch das bei der Reaktion entstehende Wasser als Trinkwasser genutzt werden.

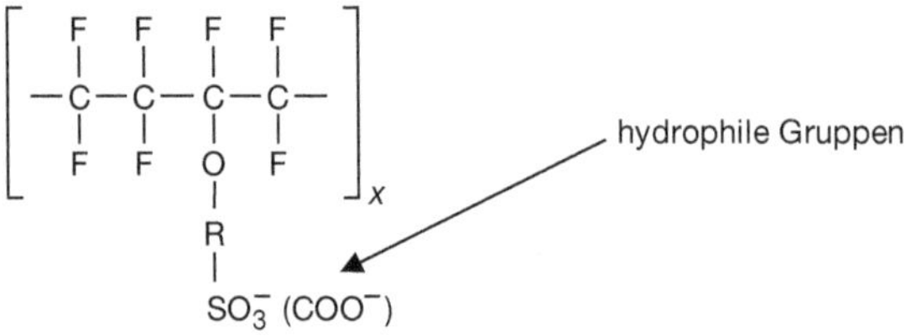

hydrophile Gruppen

SO_3^- (COO^-)

Abb. 10.10 Molekülstruktur einer protonenleitenden Polymermembranfolie (Nafion).

Die Strom liefernden Reaktionen mit alkalischem Elektrolyt lauten:

Anode:	$2H_2 + 4OH^- \rightarrow 4H_2O + 4e^-$
Kathode:	$O_2 + 2H_2O + 4e^- \rightarrow 4OH^-$
Gesamtreaktion:	$2H_2 + O_2 \rightarrow 2H_2O$

Brennstoffzellen, die mit Wasserstoff und Sauerstoff arbeiten, können z. B. im Dauerbetrieb bei einer Betriebstemperatur von 80–90 °C Spannungen von etwa 1 V pro Zelle liefern, bei mit Luft betriebenen Brennstoffzellen ist die Spannung etwas kleiner als 1 V. Der Hauptvorteil der Brennstoffzellen ist, dass sie im Gegensatz zu Wärmekraftanlagen wesentlich höhere Wirkungsgrade (etwa 55–60 %) aufweisen. Zudem gibt es bei Verwendung von Wasserstoff-Sauerstoff (oder Luft)-Zellen, zumindest am Ort der Energieproduktion keine Emissionen an Schadstoffen (die Frage ist, wie der benötigte Wasserstoff hergestellt wird, Abschn. 6.2.1).

In den letzten Jahren wurden die Forschungs- und Entwicklungsarbeiten an Brennstoffzellen intensiviert. Der Schwerpunkt hierbei ist, die spezifische Energie und Leistung der Zellen zu erhöhen und die Herstellungs- und Betriebskosten zu senken. Dabei wurde eine bereits bei den Gemini-Raumflügen verwendete Zelle mit protonenleitenden Polymeren als Elektrolyt (sogenannte **PEM-Zellen = Polymerelektrolytmembran**) weiterentwickelt. Bei diesen Zellen wird anstatt eines flüssigen Elektrolyten eine protonenleitende Kunststoffolie (Nafion®-Folie, Fa. Du Pont) mit einer Stärke von lediglich 0,1 mm verwendet. Dieser Kunststoff ist wie PTFE (Abschn. 9.3.12) ein fluoriertes Polymer, wobei allerdings einige Fluoratome durch ionische, hydrophile meist SO_3^- oder teilweise COO^--Gruppen ersetzt sind (Abb. 10.10). Diese hydrophilen Gruppen bewirken eine starke Wasseraufnahmefähigkeit (PTFE selbst ist völlig wasserabstoßend!), sodass die Folie H^+-Ionen leitend wird.

Die Folie wird beidseitig mit fein verteiltem Platin als Katalysator beschichtet (Abb. 10.11). Wie in Abb. 10.11 schematisch dargestellt, wird zur Stromableitung auf die Katalysatorschicht eine poröse Schicht für den Stofftransport und die Stromableitung (meist aus feinfasrigem Grafitfilz) gepackt. Diese poröse Schicht steht in Kontakt mit leitfähigen, von Kanälen durchzogenen Platten zur Stromabnahme und für die Zufuhr der Gase Wasserstoff und Sauerstoff bzw. Luft.

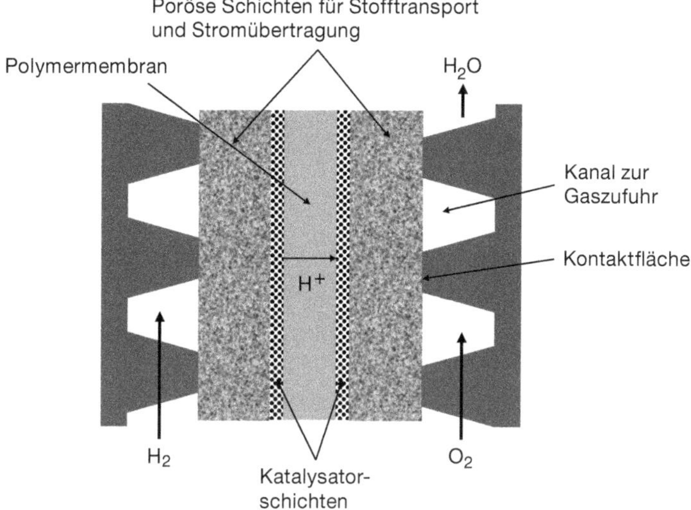

Abb. 10.11 Schematische Darstellung einer Polymerelektrolytmembranbrennstoffzelle (PEM).

Bei der Polymerelektrolytbrennstoffzelle laufen folgende Reaktionen ab:

Anode:	$2H_2 \rightarrow 4H^+ + 4e^-$
Kathode:	$O_2 + 4H^+ + 4e^- \rightarrow 2H_2O$
Gesamtreaktion:	$2H_2 + O_2 \rightarrow 2H_2O$

Mehrere dieser Membranzellen werden zu Modulen in Serie geschaltet. Mit solchen Polymerelektrolytmembranmodulen wurden bisher die höchsten spezifischen Energien bei Brennstoffzellen erzielt. Sie werden derzeit für verschiedene mobile und stationäre Anwendungen getestet (Elektrofahrzeuge, U-Boote, Inselbetrieb zur Hausenergieversorgung). Bei den mobilen Anwendungen ist die Speicherung von Wasserstoff problematisch (in Druckbehältern oder in flüssiger Form). Deshalb ist beim Einsatz in Elektromobilen eine mögliche Variante, den Wasserstoff in Form von **Methanol** mitzuführen und durch eine chemische Umsetzung daraus Wasserstoff zu gewinnen (Abschn. 6.2.1). Der Vorteil dieses Konzepts gegenüber der Verwendung von Wasserstoff wäre, dass sich das derzeitige Tankstellennetz relativ leicht umstellen ließe (Siedepunkt von Methanol 65 °C).

Neben den bisher erwähnten Niedertemperaturbrennstoffzellen mit einer Arbeitstemperatur < 100 °C werden derzeit auch **Hochtemperaturbrennstoffzellen** (T > 600–1000 °C) entwickelt und getestet. Sie enthalten als Elektrolyt entweder Salzschmelzen oder ionenleitende keramische Feststoffe. Diese sollen zukünftig insbesondere zur stationären Energieversorgung (Kraftwerke) eingesetzt werden.

10.4
Erzwungene elektrochemische Vorgänge

An zwei Elektroden, die in einen Elektrolyten tauchen, kann man eine Gleichspannung anlegen. Man bezeichnet solche Spannungen als sogenannte **Zwangsspannungen** oder als äußere Spannungen.

10.4.1
Messung einer galvanischen Spannung

Ist die angelegte Spannung genauso groß, aber entgegengesetzt einer vorhandenen galvanischen Spannung zwischen zwei Elektroden mit verschiedenem Potenzial, so fließt kein Strom. Man kann auf diese Weise nach der bekannten Kompensationsmethode mit einer von außen angelegten Spannung das elektrochemische Potenzial eines galvanischen Elements bzw. das Potenzial zwischen zwei Elektroden bestimmen.

Man bezeichnet diese maximale Potenzialdifferenz eines galvanischen Elements, die man misst, wenn kein Strom fließt, als **elektromotorische Kraft**, abgekürzt **EMK**.

10.4.2
Die Elektrolyse

Ist die von außen angelegte elektrische Spannung größer als ein entgegengesetzt gerichtetes elektrisches Potenzial oder wird eine Gleichspannung an zwei Elektroden mit gleichem elektrochemischen Potenzial angelegt, so fließt Strom, indem die Kationen im Elektrolyten zur negativen Elektrode (Kathode), die Anionen zur positiven Elektrode (Anode) wandern.

An der Kathode scheidet sich je nach dem Abscheidungspotenzial entweder ein Metall aus seinen Ionen ab

$$M^{z+} + ze^- \rightarrow M$$

oder es bildet sich H_2-Gas:

$$2H^+ + 2e^- \rightarrow H_2$$

An der Anode kann sich entweder das Anodenmaterial durch In-Lösung-gehen von Metallionen auflösen

$$M \rightarrow M^{z+} + ze^-$$

oder es können sich an widerstandsfähigen Elektroden (z. B. aus Platin oder Kohle) gasförmige Produkte aus dem Elektrolyten abscheiden:

1. Beispiel

$$2Cl^- \rightarrow Cl_2 + 2e^-$$

2. Beispiel

$$2SO_4^{2-} \rightarrow 2[SO_4] + 4e^- \qquad \text{(elektrische Entladung)}$$

$$2[SO_4] + 2H_2O \rightarrow 4H^+ + 2SO_4^{2-} + O_2\uparrow \qquad \text{(Folgereaktion)}$$

Man bezeichnet einen Vorgang, bei dem durch eine von außen angelegte Spannung elektrochemische Reaktionen erzwungen werden, als **Elektrolyse**.

Sind in einer Lösung verschiedenartige Kationen und Anionen vorhanden, so werden beim Anlegen einer Gleichspannung nur diejenigen Ionen entladen, deren Potenzial gemäß der elektrochemischen Spannungsreihe und der Nernst'schen Gleichung (Konzentrationsabhängigkeit, Abschn. 10.2) geringer ist als die angelegte äußere Spannung. In einer Natriumchloridlösung werden daher nur die Wasserstoffionen und die Chloridionen, nicht jedoch die Natriumionen und die OH^--Ionen entladen, da das Abscheidungspotenzial von Sauerstoff aus OH^--Ionen gemäß der Gleichung

$$4OH^- \rightleftarrows O_2 + 2H_2O + 4e^-$$

in neutraler Lösung an Platinelektroden infolge Überspannung (Abschn. 10.4.5.2b) größer als 1,8 V ist, sodass es nicht zur Entladung der OH^--Ionen kommt. Es können nur Elektrolysevorgänge ablaufen, wenn die Summe der Abscheidungspotenziale kleiner als die angelegte äußere Spannung ist. Dies ist am Beispiel der Elektrolyse einer wässrigen NaCl-Lösung in Abb. 10.12 dargestellt. Hierbei laufen folgende Reaktionen ab:

Kathode (– Pol):	$2H_2O + 2e^- \rightarrow H_2 + 2OH^-$
Anode (+ Pol):	$2Cl^- \rightarrow Cl_2 + 2e^-$
Gesamt:	$2Na^+ + 2Cl^- + 2H_2O \rightarrow H_2 + Cl_2 + 2Na^+ + 2OH^-$

Es entstehen Wasserstoff, Chlor und Natronlauge. Diese Elektrolyse wird auch **Chlor-Alkali-Elektrolyse** genannt und ist in der Technik wichtig zur Herstellung von Chlor und Natronlauge (etwa 97 % der weltweiten Chlorproduktion werden durch Elektrolyse erzeugt).

Neben der Chlor-Alkali-Elektrolyse findet in der Technik die Elektrolyse Verwendung

- zur Herstellung von **metallischen Schutzschichten** auf korrosionsgefährdeten Metallen (Galvanisieren, siehe Abschn. 10.5),
- zur **elektrolytischen Metallgewinnung**
  - aus wässriger Lösung: bei Metallen, die gegenüber Wasser stabil sind[3)], wie Kupfer, Zink, Nickel, Zinn,
  - aus Salzschmelzen, z. B. Aluminium, Magnesium, Natrium, Kalium, Calcium,

3) Die Abscheidung solcher Metalle aus wässrigen Lösungen ist möglich, weil der Wasserstoff an diesen Metallen eine Überspannung (Abschn. 10.4.5.2b) aufweist und daher nicht entsprechend der Spannungsreihe (Abschn. 10.1.3) schon vor den Metallen abgeschieden wird.

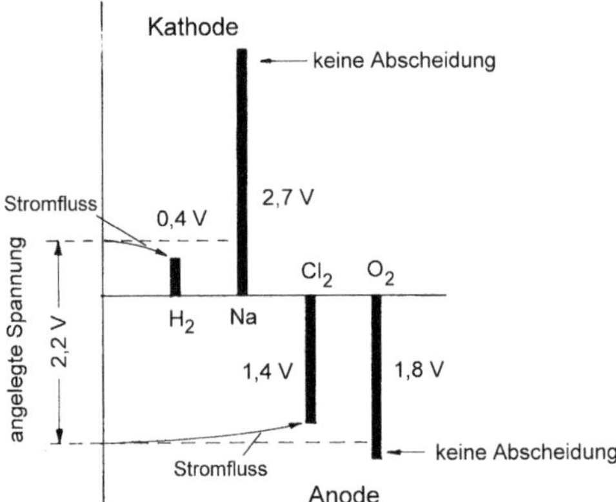

Abb. 10.12 Elektrolyse am Beispiel einer wässrigen NaCl-Lösung.

- zur **elektrolytischen Reinigung** von Metallen
  - in wässriger Lösung (Kupfer, Silber, Gold, Platinmetalle, Nickel) oder
  - durch Elektrolyse von Salzschmelzen (Aluminium).

Eine wichtige technische Anwendung der Elektrolyse ist die Herstellung von **Aluminium** aus geschmolzenem Al_2O_3. Ausgangsmaterial ist hierbei **Bauxit** (Al_2O_3 verunreinigt mit Fe_2O_3), welches zunächst zu reinem Al_2O_3 aufgearbeitet wird. Da Al_2O_3 einen sehr hohen Schmelzpunkt von 2050 °C besitzt, wird der Schmelzpunkt durch Zugabe von **Kryolith** (Na_3AlF_6) herabgesetzt. Kryolith bildet mit Al_2O_3 ein Eutektikum (Abschn. 6.5.3d) und bewirkt dadurch eine Schmelzpunkterniedrigung auf 960 °C. In Abb. 10.13 ist ein Elektrolyseofen zur Herstellung von Aluminium schematisch dargestellt. Aluminium scheidet sich an der Kathode ab und sammelt sich am Boden des Elektrolyseofens, da es spezifisch schwerer als die Al_2O_3-Kryolith-Schmelze ist. An den Kohleanoden scheidet sich Sauerstoff ab, der sofort mit Kohlenstoff zu Kohlenmonoxid reagiert (bei 960 °C liegt aufgrund

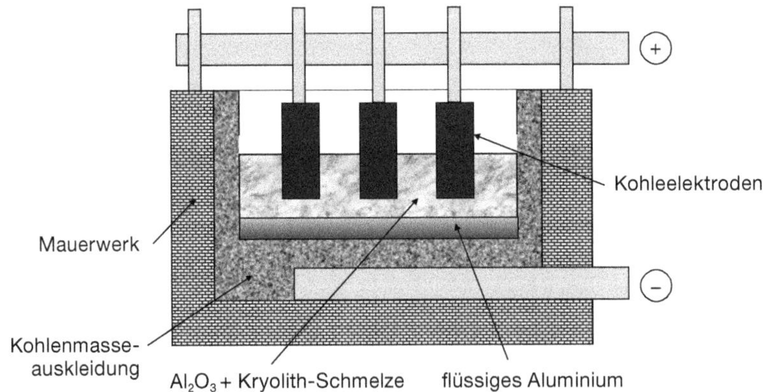

Abb. 10.13 Schematische Darstellung einer Elektrolysezelle zur Herstellung von Aluminium.

des Boudouard-Gleichgewichtes kein CO_2, sondern fast ausschließlich CO vor, Abschn. 5.5.2a). Dadurch „brennen" die Kohleanoden mit der Zeit ab und müssen erneuert werden. Vereinfacht dargestellt spielen sich folgende Reaktionen ab:

Kathode (– Pol): $4Al^{+3} + 12e^- \rightarrow 4Al$

Anode (+ Pol): $6O^{2-} \rightarrow 3O_2 + 12e^-$ $\quad 3O_2 + 6C \rightarrow 6CO\uparrow$

Die Elektrolysespannung beträgt 4,2 V; die Gesamtstromaufnahme eines Elektrolyseofens kann bis zu 200 kA betragen.

10.4.3 Die Faraday'schen Gesetze

Die Faraday'schen Gesetze (Michael Faraday, 1791–1867) zeigen den Zusammenhang zwischen der Ladungsmenge, die durch den Elektrolyten geflossen ist, und der abgeschiedenen Stoffmenge.

1. Faraday'sches Gesetz:
Die bei der Elektrolyse abgeschiedenen Stoffmengen sind proportional den durch den Elektrolyten geflossenen Ladungsmengen: $m \sim Q$ bzw. $m \sim I \cdot t$.
2. Faraday'sches Gesetz:
Die durch gleiche Strommengen abgeschiedenen Stoffmengen verhalten sich zueinander wie ihre Äquivalentmassen.

Zur Abscheidung eines Äquivalents (siehe Abschn. 5.2.7b) einer Ionenart sind 96 485 C = 96 485 As erforderlich. Die Ladungsmenge von 96 485 C ergibt sich auch aus dem Produkt der Loschmidt'schen Zahl (Abschn. 2.6.4) und der Elementarladung (siehe Tab. 1.1, Abschn. 1.1), also $6{,}0221 \cdot 10^{23} \cdot 1{,}602\,18 \cdot 10^{-19}$ As = 96 485 As, entspricht also der Ladungsmenge eines unter normalen Bedingungen für sich allein nicht isolierbaren „Mol" Elektronen oder auch ein Mol von ebenfalls für sich allein nicht isolierbaren, einfach negativ (oder positiv) geladenen Ionen.

Durch 96 485 As werden also z. B. folgende Metallmassen abgeschieden:

- 107,868 g Silber (Ag aus Ag^+-Salz abgeschieden); relative Atommasse von Ag = 107,868,
- 31,773 g Kupfer (Cu aus Cu^{2+}-Salz abgeschieden); relative Atommasse von Cu = 63,546,
- 29,345 g Nickel (Ni aus Ni^{2+}-Salz abgeschieden); relative Atommasse von Ni = 58,69.

Allgemein lässt sich das 2. Faraday'sche Gesetz folgendermaßen formulieren:

$$m = \frac{M \cdot Q \cdot a}{z \cdot F}$$

m = abgeschiedene Masse, M = molare Masse, Q = Ladungsmenge, z = Ionenladung, F = Faraday'sche Konstante, a = Stromausbeute (ist nur im Idealfall = 1;

im Realfall ist $a < 1 \rightarrow$ Berücksichtigung von Ausbeuteverluste z. B. durch Nebenreaktionen).

Übungsbeispiel 10.5

a) Berechnung der pro Sekunde abgeschiedenen *maximalen* Aluminiummenge in einer Al_2O_3-Schmelzflusselektrolysezelle (Stromstärke: 200 kA).
b) Berechnung der elektrischen Energie (in kWh), welche zur Abscheidung von 1 kg Aluminium *mindestens* erforderlich ist (Elektrolysespannung 4,2 V).

Lösung

a) 2. Faraday'sches Gesetz:

$$m = \frac{M \cdot Q \cdot a}{z \cdot F}$$
$$M = 27\,\text{g/mol}$$
$$Q = 200\,000\,\text{As}$$
$$z = 3$$
$$F = 96\,485\,\text{As/mol}$$
$$a = 1 \quad \text{(Idealfall)}$$
$$m = \frac{27\,\text{g/mol} \cdot 200\,000 \cdot 1}{3 \cdot 96\,485\text{As/mol}} = 18{,}7\,\text{g}$$

Es werden pro Sekunde maximal 18,7 g Aluminium abgeschieden. In der Praxis beträgt die Stromausbeute a etwa 95 %, sodass etwa 5 % weniger abgeschieden werden.

b) Die benötigte Energie ergibt sich aus der Elektrolysespannung und der Ladungsmenge:

$$E = U \cdot Q$$

Aus dem 2. Faraday'schen Gesetz ergibt sich:

$$Q = \frac{m \cdot z \cdot F}{M \cdot a} \Rightarrow E = U \cdot \frac{m \cdot z \cdot F}{M \cdot a}$$
$$E = 4{,}2\,\text{V} \cdot \frac{1000\,\text{g} \cdot 3 \cdot 96\,485\,\text{As}}{27\,\text{g/mol} \cdot 1} = 45{,}03\,\text{MJ} = 12{,}5\,\text{kWh}$$

Zur Herstellung von 1 kg Aluminium werden mindestens **12,5 kWh** an elektrischer Energie benötigt. Bei einer Stromausbeute von 95 % werden etwa 5 % mehr Energie benötigt.

10.4.4 Die elektrische Leitfähigkeit von Elektrolyten

Die Leitfähigkeit eines Elektrolyten beruht auf der Beweglichkeit und der Wanderung der elektrisch geladenen Ionen. Die spezifischen Leitfähigkeitswerte von wässrigen Elektrolytlösungen sind bei Raumtemperatur kleiner als $1\,\Omega^{-1}\,\text{cm}^{-1}$, bei Salzschmelzen liegen sie etwa um eine Zehnerpotenz höher. Bei Metallen sind sie etwa 100 000-mal größer als bei wässrigen Elektrolytlösungen.

Während aber die Metalle umso besser leiten, je tiefer die Temperatur ist (Abschn. 6.5.1.2), wächst bei den Elektrolyten die elektrische Leitfähigkeit mit steigender Temperatur. Man bezeichnet die Elektrolyte als **Leiter zweiter Klasse**, Metalle werden Leiter erster Klasse genannt.

Wenn man von verschiedenen Erscheinungen absieht, die hauptsächlich auf Vorgänge an den Elektroden beruhen (Abschn. 10.4.5), gilt in weiten Bereichen das Ohm'sche Gesetz, d. h., die Stromstärke steigt proportional zur angelegten Spannung. Die Leitfähigkeit eines Elektrolyten hängt ab

- von der Zahl der vorhandenen Ionen,
- von der Ladungszahl der Ionen und
- von der Wanderungsgeschwindigkeit der Ionen in Feldrichtung.

10.4.5 Die elektrochemische Polarisation

Bei Elektrolysen treten an den Elektroden infolge des Stromflusses Veränderungen auf, die ein der angelegten Zwangsspannung entgegengesetztes Potenzial erzeugen. Man bezeichnet solche Veränderungen in der Grenzschicht zwischen Elektrolyt und Elektrode als elektrochemische Polarisation. Die Polarisationserscheinungen lassen sich an den **Stromstärke-Spannungs-Kurven** erkennen, d. h., man ermittelt experimentell das Ansteigen der Stromstärke in Abhängigkeit von der angelegten Spannung. Eine nicht polarisierte Elektrodenkette zeigt von

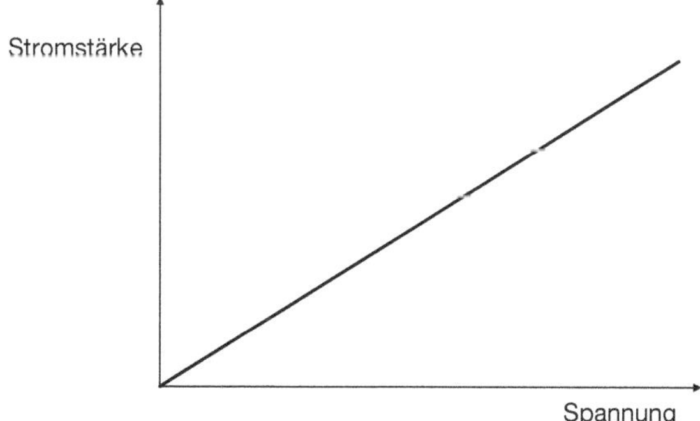

Abb. 10.14 Stromstärke-Spannungs-Kurve.

Anfang an eine geradlinig ansteigende Stromstärke-Spannungs-Kurve, wie sie in Abb. 10.14 wiedergegeben ist.

Ein Beispiel hierfür ist eine aus zwei Silberelektroden und einer Silbersalzlösung bestehende Zelle, die mit hinreichend geringen Stromstärken betrieben wird und eine genügend große Silberionenkonzentration in der Lösung enthält. Denn wird Strom durch diese Zelle geschickt, so geht an der Anode Silber in Lösung, an der Kathode scheidet sich die gleiche Menge Silber wieder ab. Da die Elektroden aus Silber bestehen, ändert sich die chemische Zusammensetzung der Elektroden nicht. Auch die Elektrolytzusammensetzung ändert sich nicht, wenn man die Ausbildung von Konzentrationsunterschieden durch gutes Rühren zu verhindern sucht.

10.4.5.1 Chemische Polarisation

Es gibt elektrochemische Vorgänge, bei denen die chemische Zusammensetzung der Elektrodenoberfläche verändert wird, wie dies bei den Akkumulatoren der Fall ist (Abschn. 10.3.2). Die auf diese Weise veränderten Elektroden erzeugen ein elektrochemisches Potenzial, das der angelegten äußeren Spannung entgegengesetzt ist. Man bezeichnet Polarisationen, die auf Veränderungen der chemischen Zusammensetzung von Elektrodenoberflächen beruhen, als chemische Polarisationen.

10.4.5.2 Die Abscheidungspolarisation

a) Die Zersetzungsspannung

Entstehen an den Elektroden gasförmige Produkte, wie z. B. beim Elektrolysieren von Salzsäure mit zwei Platinelektroden, so erhält man eine Stromstärke-Spannungs-Kurve, wie sie in Abb. 10.15 durch die ausgezogene Linie wiedergegeben wird. Man kann dabei beobachten, dass erst von ca. 1,5 V an die Stromstärke-Spannungs-Kurve einen Verlauf zeigt, wie er sich aus dem Ohm'schen Gesetz ergibt. Dabei kann man deutlich eine Entwicklung von Wasserstoffgas an der Kathode und von Chlorgas an der Anode beobachten. Durch rückwärtiges Verlängern des linear ansteigenden Kurvenastes erhält man beim Schnittpunkt mit der waagerechten Achse (Stromstärke = 0 A) die **„Zersetzungsspannung"**. Es ist zahlenmäßig der gleiche Wert wie die Differenz zwischen den beiden elektrochemischen Normalpotenzialen einer Wasserstoff- und einer Chlorelektrode (Tab. 10.1 und 10.2), wenn man bei 25 °C, Normdruck und Ionenkonzentrationen von jeweils 1 mol/l arbeitet. Denn auch für die Bestimmung der Normalpotenziale werden Platinelektroden verwendet.

Bei niederen Spannungen (unterhalb der Zersetzungsspannung) fließt nur ein geringfügiger Strom. Dabei beladen sich die Elektroden mit den Abscheidungsprodukten Wasserstoff und Chlor; die Mengen sind aber so gering, dass diese Gase nicht entgegen dem äußeren Atmosphärendruck entweichen können. Nur in dem Maße, wie die Abscheidungsprodukte von den Elektroden in die Lösung hineindiffundieren, können sich Wasserstoff und Chlor erneut auf den Elektroden bilden und dabei einen geringen Stromfluss hervorrufen.

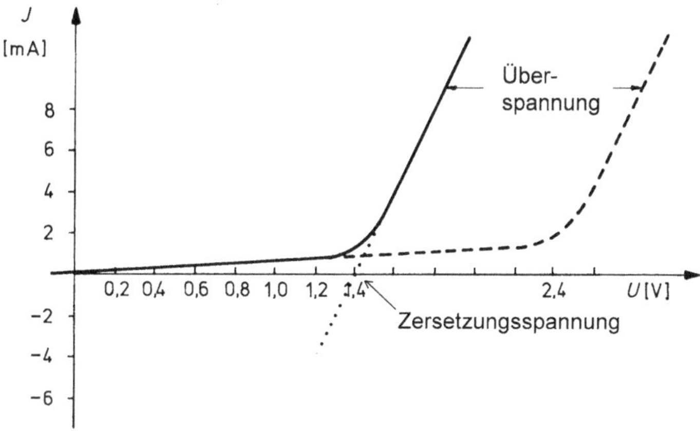

Abb. 10.15 Abscheidungspolarisation und Überspannung.

Durch die Abscheidungsprodukte werden die Platinelektroden jeweils in eine Wasserstoff- und in eine Chlorelektrode umgewandelt; die dadurch entstehenden Elektrodenpotenziale zeigen eine galvanische Spannung, die der äußeren Spannung entgegengesetzt ist und als **Polarisationsspannung** bezeichnet wird; sie hängt vom Gasdruck, den die abgeschiedenen Stoffe besitzen, ab. Bei 1,013 25 bar (Atmosphärendruck), 1 mol/l und 25 °C entspricht die Polarisationsspannung gleich dem Normalpotenzial.

Ließe man die Platinelektroden jeweils von Wasserstoffgas bzw. von Chlorgas umspülen, so bewegte man sich beim Vermindern der Spannung entlang der punktiert gezeichneten Linie in Abb. 10.15. Ist die äußere Spannung gleich, aber entgegengesetzt der galvanischen Spannung (1,36 V), so fließt kein Strom (Schnittpunkt mit der waagerechten Achse). Ist die angelegte Spannung kleiner als die galvanische Spannung, so fließt ein Strom in umgekehrter Richtung, d. h., die dann stärkere Spannungsquelle der beiden Elektroden (H_2 und Cl_2) zwingt der äußeren Spannungsquelle die Stromflussrichtung auf.

b) Überspannung

Zersetzungsspannungen, die über das elektrochemische Potenzial der betreffenden Redoxreaktion hinausgehen, bezeichnet man als **Überspannung**.

Die Überspannung wird von der chemischen Zusammensetzung und von der Oberflächenbeschaffenheit der Elektrode beeinflusst und hängt außerdem noch von der Stromdichte an der Elektrode ab. Die gestrichelte Linie in Abb. 10.15 zeigt den Verlauf der Stromstärke-Spannungs-Kurve, wenn man anstelle der Platinkathode eine Bleikathode verwendet. Die hierbei beobachtete Polarisationsspannung baut sich aus verschiedenen Teilbeträgen auf, bei denen die folgenden

Tab. 10.9 Überspannung des Wasserstoffs.

Kathodenmaterial	Überspannung (V)
Platin	0,0–0,4
Eisen	0,4–0,8
Blei	0,6–1,2
Quecksilber	0,2–1,4

Effekte wirksam werden:

- Diffusion der Ionen in und durch die Grenzschicht an den Elektroden,
- Dehydration der Ionen (sie geben ihre Wasserhülle ab),
- Entladung an der Elektrode,
- Vereinigung der entladenden Atome zu Molekülen,
- Ablösung (Desorption) des Gases von der Elektrode und Austritt aus der Lösung. Dabei liefert meist einer dieser Teilreaktionsschritte den eigentlichen, Energie verbrauchenden Hauptbetrag.

Zwischen Zersetzungsspannung und Überspannung besteht kein prinzipieller Unterschied: Zersetzungsspannung ist die tiefste gemessene Spannung, meist gemessen an Platinelektroden, Überspannung ist die an anderem Elektrodenmaterial notwendige zusätzliche Spannung.

Wegen der Überspannung laufen viele Redoxvorgänge, die aufgrund der elektrochemischen Potenziale auftreten sollten, normalerweise nicht ab. Beispiele hierfür sind die Stabilität von verschiedenen „unedlen" Metallen gegenüber Wasser (siehe Abschn. 10.1.3) oder die Vorgänge beim Bleiakku (siehe Abschn. 10.3.2.1).

Tabelle 10.9 enthält einige Überspannungswerte von Wasserstoff an verschiedenen Elektroden. Den tiefsten Spannungswert (Zersetzungsspannung) zeigt Wasserstoff an **platinierten Platinelektroden** (d. h., die Platinelektroden enthalten fein verteiltes, auf der Elektrodenoberfläche abgeschiedenes Platinmetall). Glatte Platinoberflächen können dagegen bereits eine Überspannung aufweisen.

Auch bei der Abscheidung fester Stoffe kann es bei Anwendung verschiedenartiger Elektrodenmaterialien zur sogenannten **Kristallisationsüberspannung** kommen, und zwar dann, wenn der Einbau der abgeschiedenen Atome in den Kristallverbund des Elektrodenmaterials behindert wird.

Diffusions- oder Konzentrationspolarisation Beim Elektrolysieren von Metallsalzlösungen tritt an der Kathode infolge der Abscheidung von Metallionen eine Verarmung und an der Anode infolge des In-Lösung-gehens von Metallionen eine Anreicherung des Elektrolyten an Metallionen auf. Es ist also:

$$c_{M^{z+}}\,(\text{Anode}) > c_{M^{z+}}\,(\text{Lösung}) > c_{M^{z+}}\,(\text{Kathode}) \tag{10.1}$$

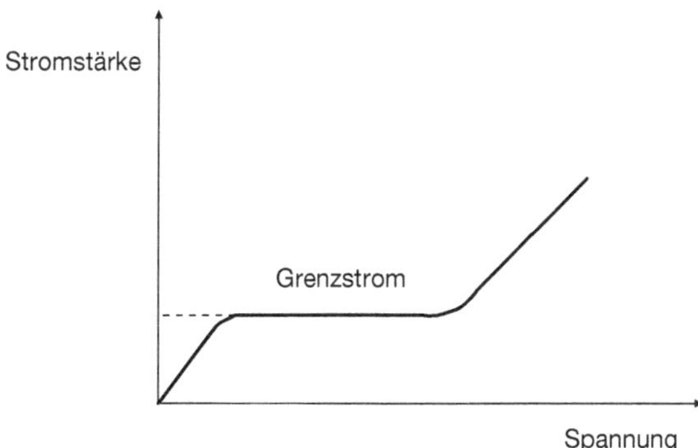

Abb. 10.16 Konzentrationspolarisation.

Die Konzentrationsunterschiede bedingen nun eine der angelegten elektrischen Spannung entgegengesetzt gerichtete „Polarisationsspannung“. Gemäß der Nernst'schen Gleichung (Abschn. 10.2.1) ist diese Spannung:

$$\Delta E = E_{\text{Anode}} - E_{\text{Kathode}} = \frac{0{,}059\,16}{z} \lg \frac{c_{\text{M}^{z+}}\ (\text{Anode})}{c_{\text{M}^{z+}}\ (\text{Kathode})}$$

Zur Verminderung der Diffusionspolarisation und damit zur Vermeidung ungünstiger Effekte bezüglich der Qualität von elektrolytisch abgeschiedenen Metallschutzschichten werden z. B. Nickelbäder beim Galvanisieren beheizt (50–60 °C) und mechanisch gerührt, bzw. es werden die als Kathoden geschalteten Werkstücke während des Galvanisierens im Bad bewegt.

Ist bei hinreichend verdünnten Metallsalzlösungen die Diffusion der Metallionen der geschwindigkeitsbestimmende Teilprozess der Elektrolyse, so kann trotz Vergrößerung der angelegten Spannung keine Zunahme der Stromstärke erfolgen: Die Stromstärke-Spannungs-Kurve zeigt dann einen waagerechten Verlauf (siehe Abb. 10.16).

Erst wenn die Spannung zwischen den Elektroden soweit gesteigert wird, dass auch die Abscheidungspotenziale für andere in der Elektrolytlösung vorhandene Ionen überschritten werden, steigt die Stromstärke weiter an, diesmal infolge Beteiligung einer neuen Ionenart am Stromfluss. Den Effekt der Konzentrationspolarisation kann man zur quantitativen Bestimmung von Metallionen in Lösungen ausnutzen (Polarografie, siehe Abschn. 10.7.5).

10.5 Galvanisieren

Unter Galvanisieren versteht man das Aufbringen von **metallischen Schutzschichten** mithilfe des elektrischen Stromes.

Man schaltet das Werkstück als Kathode und elektrolysiert eine Metallsalzlösung, indem man meistens die kathodisch abgeschiedenen Metallionen durch Auflösung einer entsprechenden Anode im Elektrolyt laufend ergänzt. Damit die galvanisch aufgetragenen Metallschichten fest auf dem zu schützenden Metall haften können, ist eine einwandfrei gereinigte, fett- und oxidfreie Metalloberfläche erforderlich. Nach einer mechanischen Vorbehandlung der Oberfläche, einer Entfettung mit wässrigen Tensidlösungen und einer Reinigung mit Ultraschall wird elektrolytisch entfettet, poliert und entgratet.

10.5.1 Die elektrolytische Entfettung

Die Reinigungsbäder bestehen meist aus alkalischen Elektrolyten (z. B. Natronlauge und Natriumsilicat oder Trinatriumphosphat), in denen durch den elektrischen Strom anodisch Sauerstoffgas und kathodisch Wasserstoffgas (Explosionsgefahr!) gebildet wird. Neben einer chemischen Wirkung der stark alkalischen Bäder sind die elektrolytisch erzeugten Gase für die Ablösung der Rückstände und damit für den Reinigungsprozess notwendig. Eisen wird meist erst kathodisch, anschließend kurz anodisch entfettet, Aluminium muss kathodisch entfettet werden. Durch nachfolgendes **Dekapieren** (decapere, lat. = wegnehmen, entfernen) wird mit einer verdünnten Säure der in den Poren haftende alkalische Elektrolyt entfernt.

10.5.2 Elektropolieren und Elektroentgraten

Besonders glatte Metalloberflächen kann man durch Elektropolieren und Elektroentgraten erzeugen. Durch diesen Vorgang werden Unebenheiten der Metalloberfläche abgetragen, denn an Spitzen und Graten bilden sich besonders hohe Stromdichten aus, sodass diese sich bevorzugt auflösen. Als Elektrolytbäder eignen sich Säuregemische, z. B. aus Phosphorsäure und Schwefelsäure, wobei man organische Stoffe (wie z. B. Glycerin) zusetzt, um ein chemisches Anätzen der Oberfläche zu verhindern.

Zum Elektropolieren von Aluminium verwendet man alkalische Elektrolyte, z. B. Lösungen aus Na_2CO_3 und Na_3PO_4 (Abschn. 5.2.8). Elektropoliertes Aluminium weist einen höheren Glanz und besseres Reflexionsvermögen als mechanisch poliertes auf.

10.5.3 Die gebräuchlichsten Metallschutzschichten

Kupfer ist als Endüberzug bedeutungslos, wird jedoch als sehr dünne, 0,3–2 µm, häufig auch ca. 20 µm dicke Grundschicht („Unterkupferung“) aufgalvanisiert, denn sie verbessert die Haftfestigkeit der galvanischen Schutzschichten und schließt das Untergrundmaterial dicht ab. So wird Untergrundkorrosion vermieden. Die galvanischen Bäder enthalten meistens cyanidische Komplexsalze, z. B. $Na_3[Cu(CN)_4]$ oder $Na[Cu(CN)_2]$.

Nickel ergibt harte, glänzende Überzüge; da diese jedoch sehr bald ihren metallischen Glanz durch oberflächliche Oxidation („Anlaufen") verlieren, werden sie durch Endverchromung geschützt. Man verwendet Nickel in der Regel als Zwischenschicht vor der Endverchromung, meist auf eine Kupfergrundschicht aufgalvanisiert. Bei der sogenannten **Duplex-Vernickelung** trägt man zuerst eine zusammenhängende, dichte, schwefelfreie Mattnickelschicht auf und scheidet darauf eine Hochglanznickelschicht ab. Als galvanische Nickelbäder verwendet man meistens Nickelsulfat $NiSO_4$, Nickelchlorid $NiCl_2$ oder auch Nickelsulfamat $Ni(H_2NSO_3)_2$.

Chrom wird häufig wegen seines Glanzes und seiner relativ guten Beständigkeit nach Unterkupferung und Zwischenvernicklung als äußere Schutzschicht verwendet. Obwohl das Metall ein negativeres Normalpotenzial als Eisen hat, bietet es mit seiner passivierenden Oxidschicht einen guten Korrosionsschutz. Diese Oxidschicht kann jedoch von Chloridionen (Streusalz!) durchdrungen und damit zerstört werden. Während das Glanzverchromen mit seinen meist nur sehr dünnen Schichten von 0,5–2 µm dekorativen Zwecken dient, erzeugt man beim **Hartverchromen** durch Aufgalvanisieren direkt auf dem Grundmetall bis zu 0,4 mm dicke Schichten, die durch ihre Härte, Verschleißfestigkeit und einen geringen Reibungskoeffizienten die mechanischen Eigenschaften von Maschinenteilen verbessern (Verwendung bei Messwerkzeugen, Kurbelwellen, Zapfen usw.). Das Chrom wird bei beiden Verfahren aus Chromsäure H_2CrO_4 (in der es als CrO_4^--Anion vorliegt!) abgeschieden. Als Anodenmaterial verwendet man Bleilegierungen, die sich mit einer Bleidioxidschicht überziehen und beim Betrieb gegen das Bad beständig sind. Beim Galvanisieren wird das Chromat an der Kathode durch den sich dort abscheidenden Wasserstoff zum metallischen Chrom reduziert. Das kathodisch abgeschiedene Chrom muss laufend durch Zugabe von Chromsalzen im Elektrolyt ersetzt werden.

Zinn, auf Stahlblech elektrolytisch abgeschieden, ergibt das sogenannte **Elektroweißblech**. Das galvanische Verzinnen wird heute meist anstelle des Tauchverfahrens bevorzugt, denn Schichtdicken von 1–2 µm gegenüber 10–25 µm beim Tauchverfahren ermöglichen eine wesentliche Einsparung des wegen des seltenen Vorkommens knappen Metalls. Durch Erhitzen auf den Schmelzpunkt des Zinns erreicht man das Schließen eventuell noch vorhandener Poren und damit einen glänzenden Überzug. Die galvanischen Bäder bestehen entweder aus Zinnsulfat $SnSO_4$, Zinnfluoroborat $Sn(BF_4)_2$ oder Natriumstannat Na_2SnO_3.

Zink wird häufig als Korrosionsschutz für Eisen verwendet. Es ist durch eine zusammenhängende Oxidschicht trotz des relativ unedlen Potenzials korrosionsbeständig und damit gut als Korrosionsschutz geeignet. Auch beim Zink bietet das Galvanisieren den Vorteil wesentlich dünnerer Überzüge, als bei der „**Feuerverzinkung**" im Schmelztauchverfahren. Als Elektrolyten werden das cyanidische Bad mit $Na_2[Zn(CN)_4]$, ferner Zinksulfat $ZnSO_4$ im sauren Bad oder Zinktetrafluoroborat $Zn(BF_4)_2$ verwendet.

10.6 Korrosion und Korrosionsschutz

Korrosion ist die Reaktion eines metallischen Werkstoffs mit seiner Umgebung, die eine messbare Veränderung des Werkstoffs bewirkt und zu einem Korrosionsschaden führen kann. Die Reaktion ist in den meisten Fällen elektrochemischer Art, es kann sich aber auch um chemische oder metallphysikalische Vorgänge handeln.

10.6.1 Korrosionsarten

Neben der elektrochemischen Korrosion gibt es auch eine rein chemische und eine mechanische Korrosion (Abb. 10.17).

In der Praxis ist die **elektrochemische Korrosion** am wichtigsten. Die Ursache ist das Vorhandensein von **unterschiedlichen elektrochemischen Potenzialen** bei gleichzeitiger Anwesenheit eines **Elektrolyten.** Bei einem sich daraus ergebenden elektrischen Stromfluss korrodieren die anodischen Bezirke des Werkstücks.

10.6.1.1 Lochfraß (punktförmige Korrosion)

Eine gefährliche Korrosionsart ist der Lochfraß, da bei dieser punktförmigen Korrosion Durchlöcherungen oder auch Querschnittsschwächungen am Werkstück auftreten können. Ausgelöst wird der Lochfraß durch örtlich dicht nebeneinanderliegende elektrochemische Potenzialdifferenzen und die Anwesenheit eines Elektrolyten. Solche örtliche Potenzialdifferenzen werden auch **Lokalelemente** (= örtlich eng begrenzte galvanische Elemente) genannt. Sie können häufig durch

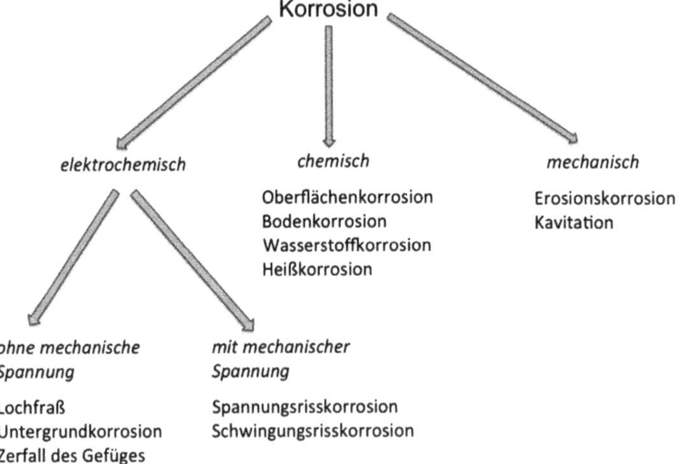

Abb. 10.17 Übersicht Korrosionsarten.

(i) unterschiedliche Normalpotenziale (Lokalelementbildung durch verschiedene Metalle), (ii) unterschiedliche Elektrolytzusammensetzung oder durch (iii) Verletzungen von Oxidschutzschichten entstehen.

a) Unterschiedliche Normalpotenziale (Lokalelemente)

Nach der Spannungsreihe der Metalle (Abschn. 10.1.3) können zwei elektrisch leitend miteinander verbundene, verschiedenartige Metalle oder Legierungen eine Potenzialdifferenz, d. h. eine elektrische Spannung aufweisen. Ursache hierfür können eingewalzte Metallpartikel, Verwendung von ungeeignetem Verbindungsmaterial in Schweißnähten oder Lötstellen oder unmittelbares Sich-berühren von zwei verschiedenen Metallen sein. Das „unedle" Metall wird dann zur Anode und löst sich auf, indem die Metallatome als Ionen in Lösung gehen.

Anodische Reaktion: $M \rightarrow M^{z+} + ze^-$

Das „edlere" Metall wird zur Kathode. Bei genügend saurem Elektrolyten tritt Wasserstoffentwicklung auf („**Wasserstoffkorrosionstyp**", Abb. 10.18):

$$2H^+ + 2e^- \rightarrow H_2\uparrow$$

Bei geringer H^+-Ionenkonzentration entstehen im „**Sauerstoffkorrosionstyp**" an der Kathode OH^--Ionen (basische Reaktion):

$$2H_2O + O_2 + 4e^- \rightarrow 4OH^-$$

b) Verschiedene Elektrolytzusammensetzungen

Bei einem Metall von einheitlicher Zusammensetzung, also gleichem Normalpotenzial, kann sich eine Potenzialdifferenz durch unterschiedliche Elektrolytkonzentrationen ergeben, denn nach der **Nernst'schen Gleichung** hängt das Potenzial an der Metalloberfläche nicht nur von der Beschaffenheit des Metalls selbst, sondern auch von der Konzentration des Elektrolyten ab:

$$E = E_0 + \frac{0{,}059\,16}{z} \lg c$$

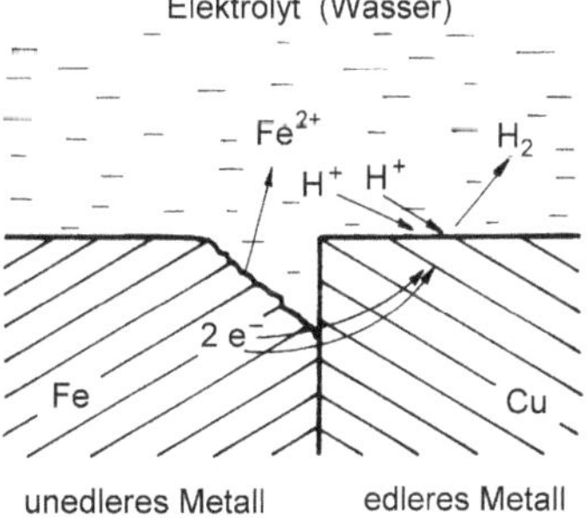

Abb. 10.18 Lokalelement („Wasserstoffkorrosionstyp").

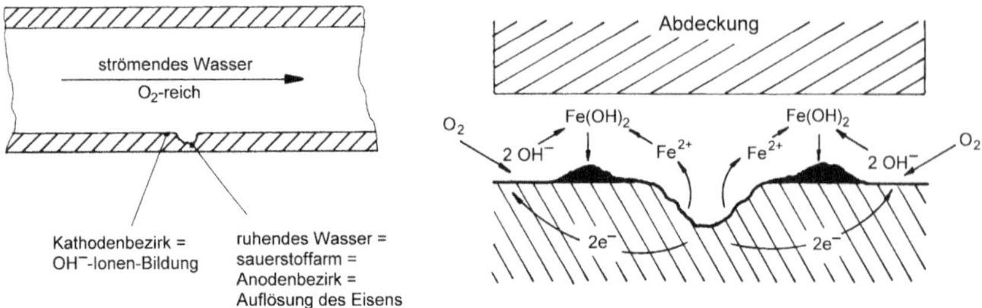

Abb. 10.19 Lochfraß („Sauerstoffkorrosionstyp").

Am häufigsten führen **Unterschiede im Sauerstoffgehalt** z. B. in Wasserleitungsrohren oder an Abdeckungen zur Korrosion, denn an der oben beschriebenen kathodischen Reaktion („Sauerstoffkorrosionstyp") ist auch der Sauerstoff beteiligt:

$$2H_2O + O_2 + 4e^- \rightleftarrows 4OH^-$$

Es kommt zur Ausbildung eines sogenannten **Sauerstoffkonzentrationselements** oder **Belüftungselements** mit folgenden Teilreaktionen (Abb. 10.19):

Wie in Abb. 10.20 am Beispiel des „Rostens" von Eisen dargestellt, können unterschiedliche Sauerstoffkonzentrationen schon innerhalb eines Wassertropfens auftreten. Hierbei bildet sich zunächst das schwer lösliche, weiße $Fe(OH)_2$, das durch weitere Oxidation in das rotbraune $Fe(OH)_3$ übergeht:

$$4Fe(OH)_2 + O_2 + 2H_2O \rightarrow 4Fe(OH)_3$$

Da die Reaktionsprodukte der Korrosion als schwer lösliche Eisenhydroxide aus dem Elektrolyten (Wasser) ausgefällt werden und damit aus dem elektrochemischen Gleichgewicht an der Metalloberfläche ausscheiden, kommt der Korrosionsvorgang nicht zum Stillstand. Das Eisen wird vielmehr ständig durch In-Lösung-gehen von Eisenionen an den anodischen Bezirken immer weiter bis zur Durchlöcherung aufgelöst.

Bei vielen **rostfreien Stählen** beruht die Korrosionsbeständigkeit auf der Anwesenheit von schützenden Oxidschichten. Die Beständigkeit solcher Schutzschichten ist dann gewährleistet, wenn im wässrigen Medium genügend Sauerstoff vorhanden ist. Bei Verarmung an Sauerstoff (z. B. durch teilweise Abdeckung mit Kunststoffschichten) können sich an den abgedeckten Stellen Korrosionserscheinungen (infolge verminderten Sauerstoffgehaltes) bemerkbar machen. Besonders in engen Spalten oder z. B. unter schlecht sitzenden Nieten kann auf diese Weise Korrosion auftreten (sogenannte **Spaltkorrosion**).

c) Verletzung der Schutzschicht

Oft diffundieren angreifende Bestandteile des Elektrolyten durch schützende, zusammenhängende Oxidschichten hindurch und können dann an bevorzugten Stellen die Schutzschicht zum Abplatzen bringen. Das freigelegte Metall wird

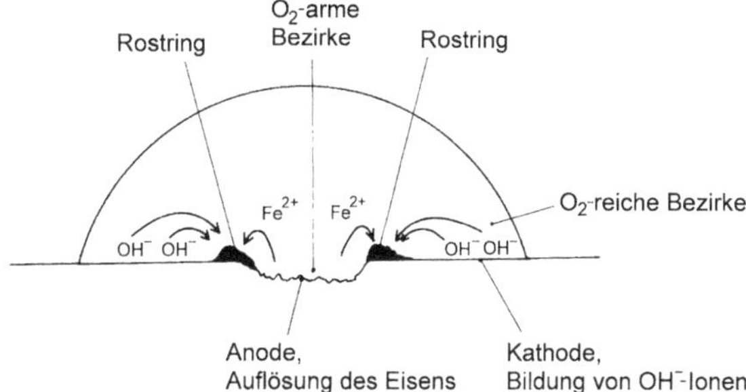

Abb. 10.20 Korrosion von Eisen unter einem Wassertropfen.

mit seinem elektrochemischen Potenzial zur Anode und löst sich auf (das Oxid mit dem positiveren Potenzial wird zur Kathode). Besonders Chloridionen können Oxidschichten durchbohren und dann an vielen Eisenlegierungen, auch an säurefesten Stählen (z. B. an V2A-Stahl = Chromnickelstahl X 12 CrNi 18 8 nach DIN 17006) Lochfraß hervorrufen.

10.6.1.2 **Untergrundkorrosion**

Unter nicht ganz porenfreien oder verletzten Schutzschichten aus edleren Metallen korrodiert das unedlere Grundmetall infolge Ausbildung von **Lokalelementen**.

10.6.1.3 **Zerfall des Gefüges durch Korrosion**

Durch anodische Auflösung einzelner Gefügebestandteile mit unedlerem elektrochemischen Potenzial wird der Zusammenhalt des gesamten Gefüges zerstört. Diese oft nicht sofort an äußerlichen Korrosionserscheinungen zu erkennende Korrosionsart ist besonders gefährlich, weil durch sie die ursprünglichen Materialeigenschaften vollkommen verloren gehen. Besondere Formen dieser Korrosionsart sind:

a) Die interkristalline Korrosion (zwischenkristalline Korrosion, Korngrenzenkorrosion oder Kornzerfall)

Voran geht meist bei unsachgemäßer Behandlung die Entstehung oder die Ausscheidung einer unedleren Komponente an den Korngrenzen. Bei Einwirkung eines Elektrolyten kommt es dann zur anodischen Auflösung dieser oft in äußerst geringen Mengen entstandenen unedleren Bestandteile.

Beispielsweise bei **Chromnickelstahl** kann sich bei der Wärmebehandlung an den Korngrenzen Chromcarbid ausscheiden, was zu einer lokalen Chromverarmung und infolge davon bei Anwesenheit eines Elektrolyten zu einer anodischen Auflösung des Eisens führen kann. Die lokale Verarmung an Chrom zeigt sich mit besonders hoher Geschwindigkeit in einem relativ engen Temperaturbereich um 700 °C. Solche Temperaturen, die das Metall für interkristalline Korrosion anfällig machen, können z. B. auch bei einer genügend langen Einwirkzeit während des Schweißens zu einer Schädigung des Materials führen.

b) Die selektive Korrosion

Es handelt sich dabei um die anodische Auflösung bestimmter Bestandteile eines heterogenen Gefüges, z. B. das Herauslösen von β-Messing in einem $(\alpha + \beta)$-Messing-Gefüge.

c) Spongiose (Grafitierung)

Durch Salzlösungen, schwache Säuren, saure Böden und gipshaltige Lehmböden wird im Grauguss der Ferritanteil unter Erhaltung der Grafitblättchen in ein braun-schwarzes, wenig auffallendes Korrosionsprodukt umgewandelt und damit der Zusammenhang des Gefüges vollkommen zerstört.

10.6.1.4 Spannungsrisskorrosion

Die Spannungsrisskorrosion wird ausgelöst durch Zugspannungen und durch die Anwesenheit von unterschiedlichen elektrischen Potenzialen auf der Metalloberfläche. Solche Potenzialunterschiede bilden sich durch

- Unterschiede im Metall oder
- durch Konzentrationsunterschiede im Elektrolyten.

Sie verläuft unter Rissbildung meist **interkristallin**, teilweise auch **transkristallin**. Bei der interkristallinen Spannungsrisskorrosion verläuft die Bruchstelle zwischen den einzelnen Kristalliten des Metalls, bei der transkristallinen geht sie durch die Kristalle hindurch.

Die Tab. 10.10 zeigt an einigen typischen Beispielen, durch welche Elektrolyte bei bestimmten Werkstoffen Spannungsrisskorrosion entstehen kann.

a) Lokale Unterschiede im Material

Schützende Oxidschichten mit geringfügiger elektrischer Leitfähigkeit (z. B. Fe_3O_4, das sich in Gegenwart von Nitrationen bildet) können infolge von Zugspannungen aufreißen und zur anodischen Auflösung des Metalls in den Rissen führen. Durch Kombination von einer großen Kathode (Oxidschicht) und einer

Tab. 10.10 Beispiele für Spannungsrisskorrosion.

Werkstoff	Angreifendes Medium
unlegierter Stahl	Alkalilaugen, Amine, Nitratlösungen, Salpetersäure, Schwefelwasserstoff, Cyanverbindungen
Messing (Cu-Zn-Legierungen)	feuchter Ammoniak, Amine
Magnesiumlegierungen	Wasser (belüftet)
rost- und säurebeständige Chromnickelstähle (z. B. V2A)	halogenidhaltige Lösungen (außer F^-), Meerwasser, Alkalihydroxide
Aluminiumlegierungen	Meerwasser, NaCl-Lösungen (belüftet)

sehr kleinen Anode (Riss) ist der Korrosionsangriff am anodischen Metallteil sehr intensiv.

Austenitische Chromnickelstähle (Abschn. 6.5.12) zeigen eine besondere Neigung zur Spannungsrisskorrosion, wenn sich durch Chromcarbidbildung Potenzialdifferenzen an den Korngrenzen ergeben (Abschn. 10.6.1.3a).

b) Konzentrationsunterschiede im Elektrolyten

Ein Beispiel aus der Praxis ist die **Laugenbrüchigkeit von Dampfkesselstahl**, die zu Dampfkesselexplosionen führen kann. Es kann zur Aufkonzentrierung des alkalischen Kesselspeisewassers, z. B. an undichten Stellen auf der Unterseite von Nieten oder unter Kesselstein kommen, wobei das Eisen infolge eines Konzentrationselements (Potenzialdifferenzen durch Konzentrationsunterschiede, Abschn. 10.2.1) bei pH-Werten über 12,5 in Form von Salzen amphoterer Oxide (Abschn. 7.2.3) in Lösung gehen kann:

$$\text{Natriumferrat(II):}\quad Na_2[\overset{+2}{Fe}O_2] \text{ und Natriumferrat(III):}\quad Na[\overset{3+}{Fe}O_2]$$

Um dem vorzubeugen, gibt man in das Kesselspeisewasser Alkaliphosphate, die eine Pufferwirkung (Abschn. 5.2.5) besitzen und außerdem die noch vorhandenen Calciumionen als schwer lösliche Salze in Schwebe halten und somit eine Kesselsteinbildung an der Dampfkesselwandung verhindern.

10.6.1.5 Schwingungsrisskorrosion

Dauerschwingungsbelastungen, die allein noch keine Materialschädigungen verursachen, können in Verbindung mit normalerweise kaum oder nur schwach korrodierend wirkenden Medien zu schwerwiegenden Korrosionserscheinungen mit Rissbildung und Bruch führen. Bei solchen Schwingungsbelastungen können Versetzungen im Gitteraufbau (Abschn. 6.5.1.5) an die Korngrenzen, insbesondere an die Oberfläche des Metalls wandern und dann dort bevorzugte Angriffspunkte für die Korrosion bilden, da sich die als „Lokalanoden" wirkenden Versetzungsstellen vergrößern und sich Kerbstellen bilden, die zu Rissen und später zum Bruch führen. Schwingungsrisskorrosion kommt hauptsächlich bei Schiffen, Flugzeugen, Eisenbahnen (Wagenachsen und Stahlschwellen), Automobilen, Pumpen oder Überhitzern von Dampfkesseln vor.

Um Schwingungsrisskorrosion zu vermeiden, sollte die zu erwartende Schwingungsfrequenz nicht in der Nähe der Eigenschwingungszahl eines Maschinenteils liegen. Es sollten ferner keine Kerben an der Oberfläche vorhanden sein, durch die eine solche Korrosionsart begünstigt würde. Durch Abstrahlen des Maschinenteils mit Schrot kann man z. B. eine Verdichtung des Materials (Druckspannungen) auf der Oberfläche erzielen und damit das Risiko für Schwingungsrisskorrosion verringern.

Weitere Gegenmaßnahmen sind das Nitrierhärten der Oberfläche (Abschn. 7.3.2) oder durch besondere Verfahren erzeugte galvanische Überzüge, die Druckspannungen aufweisen (z. B. Galvanisieren mit bestimmten Zusätzen oder Erhitzen einer galvanischen Chromschicht auf ca. 400 °C).

10.6.1.6 Oberflächenkorrosion (ebenmäßige Korrosion)

Das Metall wird parallel zur Oberfläche abgetragen. Diese Korrosionsart ist meist rein chemischer, seltener elektrochemischer Natur. Sie ist meist verhältnismäßig ungefährlich, trotz eines relativ großen Gewichtsverlusts und trotz des oft gefährlichen Aussehens.

10.6.1.7 Bodenkorrosion

Man versteht hierunter hauptsächlich das Rosten von Eisen im Boden. Ursachen können sein: eine örtlich verschiedene Belüftung (Abschn. 10.6.1.1) oder auch ein rein chemischer Angriff, z. B. durch Schwefelwasserstoff, der sich durch anaerobe Mikroorganismen aus Sulfaten (z. B. $CaSO_4 \cdot 2H_2O$ = Gips) bilden kann (chemische Korrosion). Das entstehende FeS verursacht eine Schwarzfärbung des Bodens.

10.6.1.8 Elementarer Wasserstoff als Korrosionsursache

Das Eindringen von Wasserstoffgas in das Metallgefüge kann auch zur Korrosion führen.

a) Beizsprödigkeit oder Wasserstoffversprödung

Durch Einwirkung von nicht oxidierenden Säuren auf Eisen, bei der galvanischen Metallabscheidung oder auch beim sogenannten Wasserstoffkorrosionstyp (siehe Abschn. 10.6.1.1a) bildet sich Wasserstoffgas. Es kann in das Metall eindringen, sich in winzigen Hohlräumen ansammeln und wegen mangelnder Diffusionsfähigkeit zu hohen Drücken und damit zu örtlichen Aufblähungen führen kann. Eingedrungenes Wasserstoffgas kann man durch „Auskochen" des Werkstücks beseitigen. Bei hohen Temperaturen kann sich Wasserstoff in atomarer Form auch im Kristallgitter des Eisens auf Zwischengitterplätzen einlagern, ähnlich wie bei den in Abschn. 7.1 erwähnten Metallhydriden. Dies führt zu einer starken Verminderung der Zähigkeit („Versprödung"). Die in Abschn. 5.3.3.2 beschriebenen Sparbeizen wirken bei einer eventuell notwendigen Säurebehandlung des Eisens der Entstehung von Wasserstoffgas entgegen.

b) Wasserstoffkrankheit des Kupfers

Kupfer enthält oft durch den Herstellungsprozess geringe Mengen des Oxids Cu_2O. Beim Glühen von solchem Kupfer in wasserstoffhaltiger Atmosphäre (z. B. reduzierender Wasserstoffbrenner bei Temperaturen über 500 °C) dringt Wasserstoffgas in das Kupfer ein und bildet mit dem Sauerstoff des Kupferoxids Wasser, das dann nicht mehr durch das Kupfer diffundieren kann, sondern bei Erreichen eines genügend hohen Drucks zum Aufreißen des Kupfers oder zur Blasenbildung führt. Man sollte daher die Berührung von diesem Kupfer beim Erwärmen oder Schweißen mit wasserstoffhaltigen Gasen vermeiden.

10.6.1.9 Heißkorrosion

Bei höheren Temperaturen zeigen Metalle eine verstärkte Korrosionsbereitschaft, da die durch Diffusionsvorgänge an der Metalloberfläche zunächst gebildete Korrosionsschicht immer stärker anwächst. Dabei wandern entweder die Metallbestandteile oder die korrodierenden Stoffe durch die bereits gebildete Reaktionsschicht. Die Wanderung (meist in Form von Ionen oder Elektronen) wird durch Fehlstellen und Gitterversetzungen (Abschn. 6.5.1.5) begünstigt oder überhaupt erst ermöglicht. Nicht nur der Sauerstoff, sondern viele andere Gase, z. B. CO, CO_2, H_2O, SO_2, können auf diese Weise starke Korrosionsschäden hervorrufen. Mit zunehmender Temperatur steigern sich die Korrosionsgeschwindigkeit und das Schichtdickenwachstum. Unter dem eigentlichen Heißkorrosionsgebiet versteht man Temperaturbereiche oberhalb von 700 °C. Die Verwendbarkeit von Metallen ist meist bis zu Temperaturen von 1000 °C begrenzt. Die sich aufbauenden Oxidationsschichten („**Zunder**") zeigen oft eine schichtenmäßig unterschiedliche Zusammensetzung, z. B. ändert sich auf Eisenwerkstoffen die Zusammensetzung der Zunderschicht von innen nach außen in folgender Reihenfolge: Fe, FeO, Fe_3O_4, Fe_2O_3. Bei nicht genügender Oberflächenhaftung können solche Schichten abplatzen, insbesondere dann, wenn diesen Schichten unterschiedliche Gittertypen zugrunde liegen. Für Temperaturen über 1000 °C können verschiedene keramische Werkstoffe, Nitride, Carbide, Oxide oder Grafit Verwendung finden (zu keramischen Werkstoffen siehe Abschn. 7.2.3 und 7.3).

10.6.1.10 Erosionskorrosion

Durch **extrem hohe Strömungsgeschwindigkeiten**, insbesondere beim Auftreten von Turbulenz, können schützende Oxidschichten vom vorbeiströmenden Wasser abgetragen werden, ohne dass sich dann neue Schutzschichten schnell nachbilden könnten. In der Folge kommt es zur raschen Auflösung des Metalls durch das strömende Medium. Diesen Vorgang bezeichnet man als Erosionskorrosion. Abhilfe kann hier oft eine Erhöhung des pH-Werts bringen, da dann die Bildungsgeschwindigkeit und Beständigkeit von schützenden Oxid- bzw. Hydroxidschichten vergrößert wird.

10.6.1.11 Kavitation

Schnell bewegte Teile oder schnell strömende Flüssigkeiten können **Kavitationsblasen** (cavus, lat. = hohl, Kavitation = Hohlraumbildung) erzeugen. Beim Zusammenbrechen solcher Blasen kommt es zu einem harten Aufprall der Flüssigkeit auf die Werkstoffoberfläche; dabei wird im Laufe der Zeit das Material durch mechanischen und chemischen Angriff abgetragen. Deutliche Besserung bringen besonders widerstandsfähige Werkstoffe, wenn es nicht durch konstruktive Maßnahmen gelingt, die Kavitationsblasen gänzlich zu vermeiden.

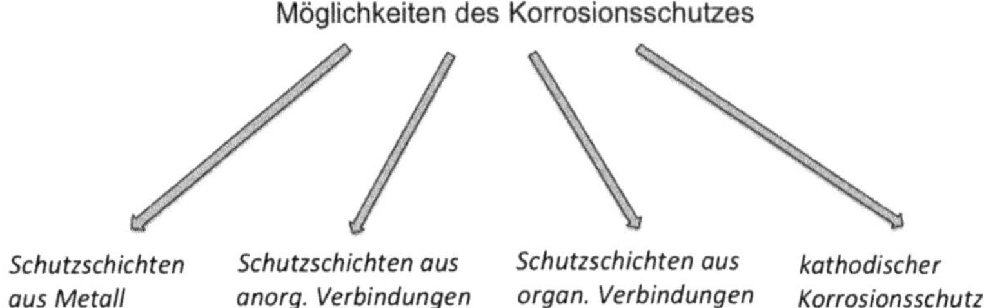

Abb. 10.21 Möglichkeiten des Korrosionsschutzes.

10.6.2 Möglichkeiten des Korrosionsschutzes

Korrosionserscheinungen können in erster Linie durch geeignete Werkstoffauswahl und eine sachgemäße Werkstoffverarbeitung verhindert werden. **Je glatter die Oberfläche und je einheitlicher das Metallgefüge ist, umso günstiger ist die Korrosionsbeständigkeit.** Durch schützende Legierungsbestandteile kann man einer Korrosion entgegenwirken (z. B. ergibt das Zulegieren von Chrom und Nickel korrosionsbeständige Stähle). Daneben kann man durch Aufbringen von zusammenhängenden Schutzschichten und auf elektrochemischem Wege die Oberfläche des korrosionsgefährdeten Metalls schützen. Hierzu bieten sich vor allem folgende Möglichkeiten (Abb. 10.21):

10.6.2.1 Schutzschichten aus Metall

Man überzieht das korrosionsgefährdete Metall mit einer korrosionsbeständigeren Metallschicht. Gebräuchlich sind folgende Verfahren:

a) Tauchverfahren

Man erzeugt eine Metallschutzschicht durch Eintauchen des Werkstücks in eine Metallschmelze. Dieses Verfahren eignet sich für Metallschutzschichten aus Zink (**Feuer- oder Heißverzinkung**), Zinn und Aluminium.

b) Galvanisieren oder Elektroplattieren

Das Werkstück wird in ein Salzbad des aufzubringenden Metalls gebracht und beim Anlegen einer Gleichspannung als Kathode (negativer Pol) geschaltet. Für galvanische Schutzschichten eignen sich die Metalle Kupfer, Silber, Gold, Nickel, Chrom, Zinn, Zink (Abschn. 10.5.3).

c) Plattieren mit Metallen

Auf das zu schützende Grundmetall werden dünne Bleche des Überzugmetalls unter Druck und meistens bei erhöhter Temperatur aufgewalzt. Geeignet hierfür sind die Metalle Gold, Silber, Kupfer, Nickel, Aluminium und Messing. Diffusionsvorgänge an den Grenzschichten erhöhen die Haftfestigkeit der metallischen Überzüge auf dem Grundmaterial. Besondere Arten dieser Plattierungsverfahren sind: das **Walzschweißverfahren**, das **Pressschweißverfahren**, das **Lötverfahren** (wo ein Bindemittel für die Haftung sorgt), das **Verbundgussverfahren** (Aufgießen im flüssigen Zustand) und die **Sprengplattierung**, wo durch die beim Sprengen auftretenden hohen Drücke die Schutzschicht fest mit der Unterlage verschweißt wird (z. B. beim Plattieren mit Titan).

d) Metallspritzverfahren

Dabei wird geschmolzenes, zerstäubtes Metall aufgespritzt und somit eine fest haftende Metallschutzschicht erzeugt. Das aufzuspritzende Metall kann entweder als Schmelze, als Pulver oder als fester Metalldraht eingesetzt werden. Als Wärmequelle wird Brenngas oder ein elektrischer Lichtbogen verwendet, als Zerstäubungsmittel dient entweder Pressluft oder besser (um Oxidation zu vermeiden) ein Schutzgas.

e) Aufdampfverfahren

Verschiedene Metallschutzschichten können durch Erhitzen und Aufdampfen im Hochvakuum (bei 10^{-3}–10^{-7} mbar) aufgebracht werden. Hierfür eignen sich insbesondere die Metalle Aluminium, Silber und Gold. Ein besonderes Aufdampfverfahren ist das **Kathodenzerstäubungsverfahren**, bei dem fest haftende Überzüge aus Metall, aber auch aus anderen Werkstoffen erzeugt werden. Dieses universell einsetzbare Verfahren eignet sich auch zur Metallbeschichtung von Kunststoffen. Das zu zerstäubende Material wird als Kathode, der zu beschichtende Gegenstand als Anode geschaltet. Im Hochvakuum wird das Kathodenmaterial zerstäubt und durch die vorhandene hohe elektrische Spannung (ca. 400 V) auf den anodisch geschalteten Gegenstand befördert, wo es fest haftende Niederschläge ergibt. Nach diesem Verfahren kann man fast jedes Material mit fast jedem anderen Material beschichten, also auch nichtmetallische Stoffe einsetzen, wie Kunststoffe, Halbleiter, Isolatoren. Das kathodisch geschaltete Beschichtungsmaterial wird dabei nicht geschmolzen, sondern im „kalten" Zustand zerstäubt.

f) Stromlose Metallabscheidung

Durch stromlose Reduktionsprozesse können aus Metallsalzen die betreffenden Metalle an der Oberfläche der zu schützenden Werkstücke abgeschieden werden. Am häufigsten wird das stromlose **Vernickeln** eingesetzt, daneben hat auch das stromlose **Verkupfern** eine gewisse Bedeutung. Solche Bäder enthalten die betreffenden Metallsalze und gleichzeitig ein Reduktionsmittel. Durch Komplexbildner werden die Bäder stabilisiert, sodass die Reduktionsprozesse nur an bereits vorhandenen Kristallkeimen bzw. an metallischen Oberflächen in Gang kommen, sodass sich nur dort das Metall abscheidet. Stromlose Metallabscheidungen ermöglichen die Ausbildung von zusammenhängenden, gleichmäßig dicken Schichten, auch an den Stellen (z. B. Hohlräume, Vertiefungen), wo beim Galvanisieren keine Metallabscheidungen möglich sind (Abschn. 10.5).

g) Diffusionsverfahren

Durch Diffusionsvorgänge bekommt man dünne Schutzschichten, bei denen das aufgebrachte Schutzmetall in das Grundmetall eindringt, wobei der Gehalt an diesem Schutzmetall von außen nach innen abnimmt. Vorzugsweise lässt man Zink durch Erhitzen des Werkstücks in Zinkpulver bei 360–400 °C eindringen („**Sherardisieren**"). Auf ähnliche Weise kann man Aluminiumüberzüge herstellen („**Alitieren**" bzw. „**Kalorisieren**"). Auch das Eindiffundieren von Metallsalzen unter gleichzeitiger Reduktion bei hoher Temperatur, z. B. bei 1000 °C, führt zu solchen Schutzüberzügen, wobei die betreffenden Salze (z. B. $CrCl_2$) im gasförmigen Zustand vorliegen:

$$CrCl_2 + Fe \rightarrow FeCl_2\uparrow + Cr$$

Auf diese Weise können Chromdiffusionsüberzüge („**Inchromieren**") oder siliciumhaltige Schutzschichten („**Silicieren**") hergestellt werden. Auch das Überstreichen mit einer Nickelsalzpaste und anschließendes Glühen in Schutzgasatmosphäre bei 800–1000 °C führt beim **Pyro-Plate-Verfahren** zu dünnen, fest verwachsenen Schutzschichten.

10.6.2.2 Anorganische Verbindungen als Schutzschichten

Als Korrosionsschutzschichten werden insbesondere Oxide, Phosphate, Email, daneben auch Nitride, Boride und Glasüberzüge verwendet. Folgende Verfahren werden näher beschrieben: 1) Anodisches Oxidieren von Aluminium, 2) Chromatieren, 3) Brünieren von Eisen, 4) Phosphatieren, 5) Emaillieren.

a) Anodisches Oxidieren von Aluminium (Eloxieren)[4)]

Auf der Oberfläche von Aluminiummetall bildet sich spontan eine 0,02–0,1 µm dicke Oxidschicht, die das Metall im Allgemeinen in den pH-Bereichen von 4,45–8,38 schon hinreichend vor weiterer Oxidation schützt. Eine dickere und wirksamere Schutzschicht kann man durch anodische Oxidation von Aluminium erreichen. In Schwefelsäure (Kurzzeichen: S) oder Oxalsäure (Kurzzeichen: X) oder einer Mischung dieser beiden Säuren (SX) wird das Aluminium mithilfe des elektrischen Stromes anodisch oxidiert, indem man entweder Gleichstrom (Kurzzeichen: G) einsetzt oder den Gleichstrom von Wechselstrom überlagert (Kurzzeichen: GW). Beispiel für häufig angewandte Verfahren: GS; GX; WGX; GSX.

Erfolgt die anodische Oxidation bei 0 °C, so entstehen harte, verschleißfeste, bis maximal 0,2 mm dicke Schichten. Die Oxidbildung bedingt eine geringfügige Volumenvergrößerung, da die Schicht etwa zur Hälfte in das Metall hinein, zur anderen Hälfte nach außen wächst.

Wird bei Temperaturen von 20–30 °C eloxiert, so erreichen die Oxidschichten maximal 30 µm (die Schicht wächst zu zwei Drittel in das Metall hinein, zu einem Drittel aus dem Metall heraus). Solche „Normaleloxal"-Schichten enthalten dicht

4) Eloxieren, ein häufig gebrauchter Ausdruck für anodisches Oxidieren von Aluminium, leitet sich vom rechtlich geschützten Warenzeichen **Eloxal** (**el**ektrisch **ox**idiertes **Al**uminium) der VAW (Vereinigte Aluminium-Werke AG, Berlin-Bonn) ab.

nebeneinanderliegende Poren, die mit Farbstoffen gefüllt und danach versiegelt werden können. Auf diese Weise gelingt es, das normaleloxierte Aluminium einzufärben.

b) Chromatieren

Mithilfe von Chromsäure oder von Dichromaten kann man verschiedene Metalle, insbesondere Aluminium, Magnesium und Zink, chemisch oxidieren und auf diese Weise die betreffenden Metalle durch die dabei entstehenden, widerstandsfähigen, zusammenhängenden Schutzschichten schützen. Das sehr giftige Chromat macht eine Aufbereitung der Abwässer in entsprechenden Betrieben notwendig (Abschn. 13.2.5).

c) Oxidschichten auf Eisen

Eisenoxidschichten bieten nur dann einen gewissen Korrosionsschutz, wenn sie rissfrei hergestellt werden, z. B. beim schwach oxidierenden Erhitzen auf 800–1000 °C. Ein häufig verwendetes Verfahren ist das **Brünieren**, bei dem Eisenteile in Schmelzen oder Lösungen aus Natronlauge, Natriumnitrat und Natriumnitrit oxidiert werden. Die tiefschwarz aussehenden Oxidschichten werden eingeölt oder mit Lackschutzschichten versehen.

Der im **Stahlbetonbau** verwendete Stahl wird durch die basische Reaktion des Betons vor Korrosion geschützt und bedarf deswegen keiner vorher aufgebrachten Korrosionsschutzschichten.

d) Phosphatieren

Schützende Phosphatschichten auf Eisen, Stahl, Zink und Aluminium werden durch Eintauchen und Reaktion des Metalls in Bädern aus Zink- (oder Mangan-)Phosphaten bei erhöhter Temperatur (z. B. 70 °C) hergestellt. Dies wird auch als **Bondern** bezeichnet. Dabei reagiert das saure Zinkphosphat mit dem Metall unter Abscheidung schwer löslicher Phosphate auf der Oberfläche. Damit sich bei dieser Reaktion keine Wasserstoffblasen durch Nebenreaktion bilden können, enthält das Phosphatierungsbad noch Zusätze, die eine störende Gasblasenentwicklung unterdrücken, so z. B. Nitrationen, die den Wasserstoff sofort zu Wasser oxidieren. Die meist 1–10 μm dicken, auch elektrisch isolierenden Phosphatschichten, z. B. aus Zinkphosphat $Zn_3(PO_4)_2 \cdot 4H_2O$, bieten einen gewissen Korrosionsschutz, den man durch Tränken mit Korrosionsschutzöl noch verstärken kann. Phosphatschichten bieten ferner eine gute Haftfestigkeit für Lacke, setzen den Reibungskoeffizienten erheblich herab und bieten deswegen bei der Kaltverformung („Tiefziehen") von Stahl und bei gleitender Reibung von Maschinenteilen erhebliche Vorteile.

e) Emaillieren

Emailüberzüge (Abschn. 7.2.4) sind im sauren[5] und neutralen Bereich beständig, aber lösen sich meist in alkalischem Medium auf. Gegen organische Stoffe oder Lösungsmittel zeigen solche Überzüge eine sehr große Beständigkeit. Nachteilig an Emaille ist die geringe Temperaturwechselbeständigkeit und die Schlagempfindlichkeit. Poren in Emailüberzügen (z. B. in chemischen Reaktionskesseln) oder schadhaft gewordene Stellen lassen sich durch Tantalplomben mit PTFE-Unterlage ausbessern. Emailüberzüge haften durch chemische und mechanische Verankerung fest auf der Metallunterlage, da bei der Herstellung durch teilweise Oxidation und chemische Reaktion eine innige Verzahnung und Verkettung des Metalls mit der Emaille entsteht.

10.6.2.3 Organische Schutzüberzüge

Die wichtigsten Verfahren zur Erzeugung von Korrosionsschutzschichten aus organischem Material sind: Lackieren, Gummieren, Aufbringen von Kunststoffüberzügen, Teer- und Asphaltanstrichen. Aus Gründen des Umweltschutzes sind vor allem Verfahren entwickelt worden, die ohne organische Lösungsmittel auskommen.

Wichtige Verfahren dieser Art sollen kurz erwähnt werden:

Beim **Flammspritzen** wird ein feinkörniges Pulver eines Kunststofflacks während des Spritzvorgangs geschmolzen und auf die kalte Metalloberfläche gesprüht, wo es fest haftende Überzüge ergibt. Durch das **Wirbelsinterverfahren** oder das **elektrostatische Pulversprühverfahren** wird der (Kunststoff-)Lack auf das Metall gebracht und durch das auf 220 °C erhitzte Metall zu einer fest haftenden Schutzschicht verschmolzen.

Eine andere Möglichkeit, organische Lösungsmittel zu vermeiden, bieten Kunststoffdispersionen, d. h. in Wasser fein verteilte Kunststoffe. Nach dem Verdampfen des Wassers kann dann der Kunststoff eingebrannt werden. Eine häufig verwendete Methode, Werkstücke mit organischen Lacken zu überziehen, ist das **elektrophoretische Lackieren** (oder auch **Elektrotauchlackierung** genannt). Bei diesem Prozess werden wasserlösliche polymere (Lack-)Bindemittel (auf Epoxy- oder Acrylbasis) eingesetzt, z. B. Kationen des Typs $R_BNR_2H^+$ (R_B = polymerer Bindemittelrest, R = sonstiger Rest). Bei diesem Beispiel wird das Werkstück als Kathode geschaltet, wobei die positiv geladenen Bindemittel zum Werkstück wandern, dort entladen und damit wieder unlöslich werden:

$$\underbrace{2R_BNR_2H^+}_{\text{wasserlöslich}} + 2e^- \rightarrow 2\ \underbrace{R_BNR_2}_{\text{wasserunlöslich}} + H_2$$

Der Vorteil diese Verfahrens gegenüber herkömmlichen Verfahren ist, dass das Werkstück einen dünnen (einige 10 μm) und sehr gleichmäßigen Überzug erhält.

5) Anfänglich wird aus der Emaille durch Säuren der alkalische Bestandteil (z. B. Natriumionen) herausgelöst; es bildet sich jedoch sehr bald eine säureunlösliche Sperrschicht aus Kieselsäure.

Mit diesem Verfahren können sowohl Kleinteile, als auch Automobilkarosserien grundiert werden.

10.6.2.4 Kathodischer Korrosionsschutz

Das zu schützende Metallstück (z. B. Öltank, erdverlegte Rohrleitung, Schiffsrumpf) wird elektrisch so geschaltet, dass es bei einer eventuellen Verletzung der aufgetragenen Schutzschicht zur Kathode wird und damit geschützt bleibt. Man kann hierzu entweder Eigenspannungen (Opferanode) oder Fremdspannungen verwenden:

a) Opferanode

Durch elektrisch leitendes Verbinden mit einem unedleren Metall (z. B. Magnesium oder Zink) wird das zu schützende Objekt zur Kathode, das unedlere Metall zur Anode. Das sich bei Stromfluss auflösende unedlere Metall bezeichnet man als Opferanode. Vor allem stählerne Schiffsrümpfe werden durch diese Opferanoden gegen Korrosion geschützt.

b) Fremdspannung

Durch Anlegen einer Gleichspannung macht man das zu schützende Objekt zur Kathode und schützt es somit vor Korrosion, während die Anode aus einem sich nicht auflösenden Material (z. B. Grafit, platiniertes Titan, Eisensilicium) besteht. Dieses Verfahren wird z. B. zum Schutz von Hafenanlagen und Piers angewendet. An der sich nicht auflösenden Anode entwickelt sich z. B. elementares Chlor, und zwar durch Entladen von Chloridionen aus dem Meerwasser.

10.7 Elektrochemische Messmethoden

Viele quantitative Analysen von chemischen Stoffen lassen sich mit großem Vorteil aufgrund ihrer elektrochemischen Reaktionen durchführen. Solche Bestimmungsmethoden bieten die Möglichkeit zur automatischen Aufzeichnung mithilfe von Computern. Auch viele **Sensoren** beruhen auf elektrochemischen Messprinzipien. Diese werden häufig nicht nur für Laboruntersuchungen, sondern auch für **Prozesssteuerungen** bei der Automatisierung in der chemischen Industrie (Prozessleitsysteme) und zur Erfassung von Schadstoffen im Umweltschutz eingesetzt. Wichtige Beispiele elektrochemischer Verfahren sind: die Leitfähigkeitsmethode (Konduktometrie), die Potenzialmessung (Potenziometrie), die Coulometrie, die Polarografie und die Strommessung (Amperometrie).

10.7.1 Die Leitfähigkeitsmethode (Konduktometrie)

Die Leitfähigkeit eines Elektrolyten hängt von der Anzahl und der Beweglichkeit der vorhandenen Ionen ab. Infolgedessen zeigen Elektrolyte, die in wässriger Lösung vollständig in Ionen zerfallen (starke Elektrolyte) oder solche, die Ionen mit großer Beweglichkeit enthalten (große Äquivalentleitfähigkeit) eine besonders hohe elektrische Leitfähigkeit.

Analysen mithilfe der elektrischen Leitfähigkeit sind nicht substanzspezifisch. Sie können aber beispielsweise zur **summarischen Bestimmung des Salzgehaltes** in Trink- und Abwässern verwendet werden (Abschn. 13.2.2.1). Die Messung der Leitfähigkeit wird jedoch zu einem aussagekräftigen Bestimmungsverfahren, wo die beim Analysevorgang zu beobachtende Änderung der Leitfähigkeit auf eindeutige Ursachen zurückgeführt werden kann. Beispielsweise wenn beim Zusatz einer Reagenzlösung durch die Vereinigung zweier Ionenarten ein schwer lösliches Salz ausfällt und die in der Lösung verbleibenden Ionen eine geringere Leitfähigkeit haben, sinkt die Leitfähigkeit bis zum Äquivalenzpunkt, um dann beim Überschuss der Reagenzlösung wieder anzusteigen. Bei der Titration nach der Leitfähigkeitsmethode (**konduktometrische Titration**) lässt sich der Äquivalenzpunkt durch den scharfen Knick der Titrationskurve gut bestimmen (Abb. 10.22).

In gleicher Weise ist auch eine Säure-Base-Titration nach der Leitfähigkeitsmethode möglich, denn bei der Neutralisation entsteht aus den im Wasser leicht beweglichen H^+- und OH^--Ionen mit ihrer hohen Leitfähigkeit undissoziiertes Wasser.

Ein Analysegerät zur Erfassung von **SO_2-Immissionen** nutzt die Zunahme der elektrischen Leitfähigkeit beim Lösen und Oxidieren von SO_2 in Wasserstoffperoxidlösungen aus.

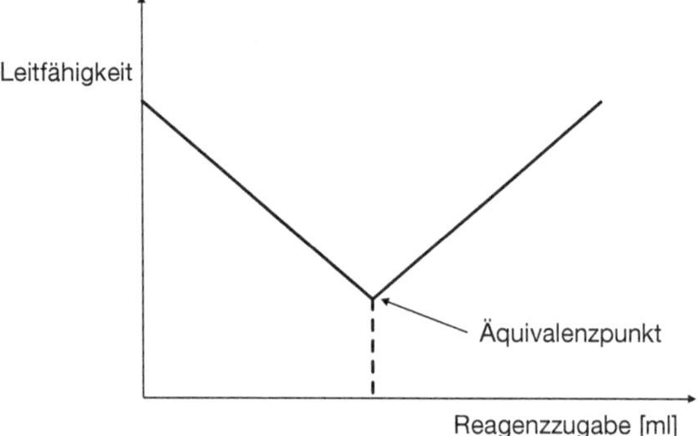

Abb. 10.22 Titration nach der Leitfähigkeitsmethode.

Gemäß folgender Reaktion entsteht dabei die vollständig dissoziierte Schwefelsäure:

$$H_2O_2 + SO_2 \rightarrow H_2SO_4 \rightarrow 2H^+ + SO_4^{2-}$$

Die Zunahme der Leitfähigkeit durch H^+- und SO_4^{2-}-Ionen ist ein Maß für den SO_2-Gehalt in der Luft. Ein Nachteil der SO_2-Bestimmung durch die elektrische Leitfähigkeit ist die geringe Spezifität, denn auch andere Schadstoffe (z. B. HCl, NH_3) können zu einer starken Zunahme der Leitfähigkeit beitragen und damit SO_2 vortäuschen. Deswegen wird heute zur Messung von SO_2-Immissionen typischerweise ein selektives spektroskopisches Verfahren eingesetzt, welches die **Fluoreszenz** des SO_2 bei Bestrahlung mit UV-Licht nutzt (Abschn. 11.2.2).

10.7.2
Die Potenziometrie

Bei der Potenziometrie werden Stoffmengenkonzentrationen durch stromlose Messungen von Spannungsdifferenzen zwischen einer Mess- und einer Referenzelektrode ermittelt. Man unterscheidet hierbei:

- die Direktpotenziometrie und
- die potenziometrische Titration.

Bei der **Direktpotenziometrie** wird direkt aus der gemessenen Potenzialdifferenz die Konzentration eines Ions ermittelt. Die bekannteste analytische Methode der Direktpotenziomertie ist die in Abschn. 10.2.3 erwähnte Messung von **H^+-Ionenkonzentrationen** bzw. **pH-Werten** mittels Glaselektroden. Als Vergleichs- oder Bezugselektroden werden Elektroden zweiter Art, also z. B. eine Silber/Silberchlorid-Elektrode verwendet (Abschn. 10.2.2). Die Spannungswerte können mit der Nernst'schen Gleichung in die H^+-Ionenkonzentration bzw. H^+-Aktivitäten umgerechnet werden (Übungsbeispiel 10.3).

Die pH-Glaselektrode kann als **ionenselektive Elektrode** für H^+-Ionen betrachtet werden. Das Prinzip der potenziometrischen Bestimmung der Konzentration (genauer der Aktivität) bestimmter Ionen mittels ionenselektiver Elektroden wurde auch auf die Bestimmung anderer Ionen angewendet. Das Prinzip dieser ionenselektiven Elektroden beruht entweder auf dem Austausch von Ionen, wie bei der Glaselektrode, oder auf Komplexbildungs-, Verteilungs- oder Löslichkeitsgleichgewichten. Hierfür wurden Festkörper- bzw. Flüssigmembranelektroden entwickelt. Ein häufiges Problem dieser ionenselektiven Elektroden ist ihre **Querempfindlichkeit** gegenüber chemisch ähnlichen Ionen. Die **fluoridsensitive Elektrode** ist ein Beispiel für eine bewährte, hochspezifische, ionenselektive Elektrode, welche zur Bestimmung von Fluoridionen verwendet wird. Als ionenselektive Membran wird hierbei ein LaF_3-Kristall verwendet.

Das Prinzip der Direktpotenziometrie wird auch zur Messung des Sauerstoffgehaltes in Abgasen mittels einer **Zirkondioxidsonde** benutzt. Diese Sonde wird überwiegend zur O_2-Messung in Kraftfahrzeugen zur Regelung des Abgaskatalysators eingesetzt (Abschn. 13.4.4). In der Kfz-Technik wird sie auch als **Lambda-**

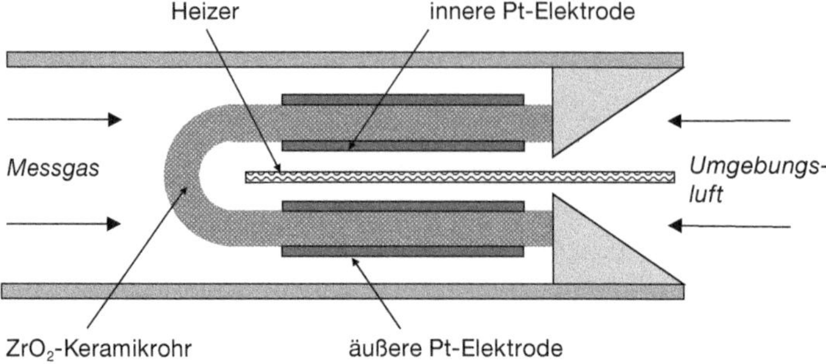

Abb. 10.23 Schematische Darstellung einer Lambda-Sonde zur O_2-Messung.

Sonde bezeichnet. Das Prinzipschema einer Lambda-Sonde ist in Abb. 10.23 dargestellt. Sie besteht aus einer Zirkondioxidmembran (ZrO_2), welche so modifiziert ist, dass im Kristallgitter Leerstellen („Löcher") auftreten. Durch diese „Löcher" können sich bei hohen Temperaturen Sauerstoffionen frei bewegen, sodass der Kristall eine elektrische Leitfähigkeit aufweist und deshalb auch als **Feststoffelektrolyt** bezeichnet wird (übliche Betriebstemperatur etwa 600 °C). Die ZrO_2-Membran ist auf beiden Seiten mit fein verteiltem Platinmetall beschichtet. Befindet sich diese Feststoffmembran als Trennschicht zwischen zwei Atmosphären unterschiedlicher Sauerstoffpartialdrücke, kann zwischen der inneren und äußeren Platinschicht gemäß der Nernst'schen Gleichung (siehe Abschn. 10.2.1) eine Spannung abgegriffen werden. Diese ist ein Maß für die O_2-Differenz zwischen den beiden Seiten des Feststoffelektrolyten und hängt lediglich noch von der Temperatur ab:

$$E = \frac{R \cdot T}{4 \cdot F} \cdot \ln \frac{p_{O_2}\,(\text{Luft})}{p_{O_2}\,(\text{Abgas})} \qquad p_{O_2}\text{: Sauerstoffpartialdruck}$$

Die **potenziometrische Titration** hat den Vorteil, dass sie auch zur Bestimmung von Ionen verwendet werden kann, für die es keine ionenselektive Elektroden gibt. Außerdem kann man prinzipiell eine höhere Messgenauigkeit als mit io-

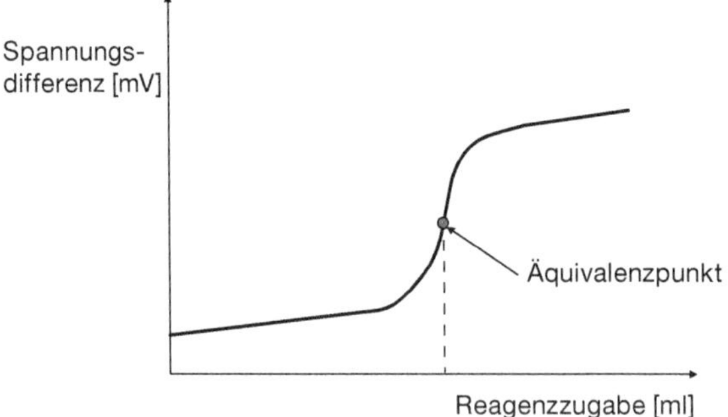

Abb. 10.24 Kurvenverlauf bei einer potenziometrischen Titration.

nenselektiven Elektroden erzielen. Zeichnet man z. B. mit einem Schreiber oder Computer die Spannungsänderung in Abhängigkeit von der zugegebenen Reagenzlösung auf, so erhält man bei einer Titration einen Kurvenverlauf, wie er in Abb. 10.24 dargestellt ist. Ein Beispiel für die Anwendung der potenziometrischen Titration ist die **Bestimmung von Chloridionen** (z. B. im Trinkwasser) mittels einer $AgNO_3$-Maßlösung (hierbei fällt schwer lösliches AgCl aus!) unter Verwendung einer Ag^+-sensitiven Elektrode. Neben Chloridionen lassen sich *simultan* auch andere Halogenidionen bestimmen.

10.7.3 Die Amperometrie

Bei der Amperometrie wird ein konstantes Elektrodenpotenzial eingestellt und der dabei fließende Strom gemessen. Ähnlich wie bei der Potenziometrie unterscheidet man die Direktamperometrie und die amperometrische Titration. Die direkte Amperometrie wird häufig in der **elektrochemischen Sensorik** verwendet.

Das bekannteste Beispiel ist die sogenannte **Clark-Messzelle** zur Bestimmung von *gelöstem* Sauerstoff in wässrigen Systemen. Sie wird beispielsweise zur Messung des gelösten Sauerstoffs in den Belebtschlammbecken von Kläranlagen eingesetzt (Abschn. 13.2.3.2) oder in biotechnologischen Prozessen verwendet (Abschn. 12.3). Die Clark-Messzelle besteht aus einer Goldkathode und einer Anode in Form eines Silberrings (Abb. 10.25). Im Reaktionsraum befindet sich ein alkalisches KCl-Gel. Der Sauerstoff diffundiert aus der Lösung durch eine gasdurch-

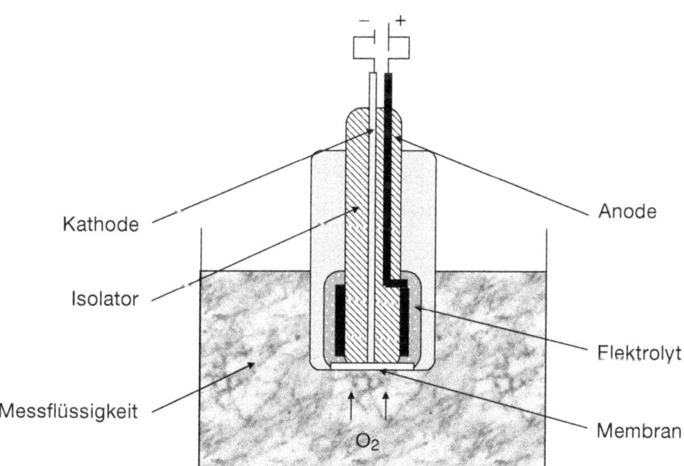

Abb. 10.25 Schematische Darstellung einer Clark-Messzelle zur Messung von Sauerstoffkonzentrationen.

lässige Membran in die Elektrolysezelle. Dabei laufen folgende Reaktionen ab:

$$\begin{aligned} &\text{Kathode:} && O_2 + 2H_2O + 4e^- \rightarrow 4OH^- \\ &\text{Anode:} && 2Ag + 2Cl^- \rightarrow 2AgCl + 2e^- \\ & && 2Ag + 2OH^- \rightarrow Ag_2O + H_2O + 2e^- \end{aligned}$$

Der in der Zelle fließende Strom ist proportional zum Partialdruck des Sauerstoffs.

Amperometrische Sensoren werden in Handmessgeräten auch häufig in der Luftanalyse zur stichprobenartigen Messung verschiedener Schadstoffe (z. B. H_2S, CO) eingesetzt.

10.7.4
Die Coulometrie

Zur quantitativen Erfassung von Stoffen in Lösungen kann man auch die Elektrizitätsmengen (Coulomb, daher der Ausdruck Coulometrie) messen, die gemäß den Faraday'schen Gesetzen (Abschn. 10.4.3) einer chemischen Reaktion äquivalent sind. Voraussetzung für eine solche Bestimmungsmethode ist, dass die betreffenden elektrochemischen Stoffumsetzungen an den Elektroden eindeutig und vollständig ablaufen. Häufig kann man bei coulometrischen Verfahren die notwendigen Reagenzien durch Reaktionen an den Elektroden solange erzeugen und nachbilden, bis ihr Verbrauch bei der Analyse wieder ausgeglichen wird: Ein solches coulometrisches Verfahren soll am Beispiel der SO_2-Bestimmung erläutert werden.

In einem inneren Reaktionsbehälter wird durch ein Gasverteilungsrohr das zu untersuchende Gas eingeleitet (Abb. 10.26). Mithilfe des elektrischen Stromes wurde zwischen der inneren Generatorelektrode und der äußeren Generatorelektrode aus der Kaliumbromidlösung im Innern des Reaktionsbehälters eine bestimmte Menge elementaren Broms erzeugt. Die Bromkonzentration im Reaktionsgefäß wird durch ein Potenzial zwischen der inneren Vergleichselektrode und der äußeren Vergleichselektrode ermittelt und dann immer auf einem konstanten Wert gehalten. Wird durch die Anwesenheit von SO_2 ein Teil dieses Broms verbraucht,

$$SO_2 + 2H_2O + Br_2 \rightarrow \underbrace{2H^+ + SO_4^{2-}}_{\text{Schwefelsäure}} + \underbrace{2H^+ + 2Br^-}_{\text{Bromwasserstoffsäure}}$$

so wird mithilfe des elektrischen Stromes so lange neues Brom aus der Kaliumbromidlösung durch Elektrolyse zwischen der inneren und der äußeren Generatorelektrode erzeugt, bis das vorher vorhandene Potenzial und damit die eingangs vorhandene Bromkonzentration im Inneren des Reaktionsbehälters wieder erreicht ist. Die hierzu benötigte Strommenge wird elektronisch registriert und zeigt somit unmittelbar die den Bromverbrauch verursachende SO_2-Konzentration an. Wie aus der obigen Reaktionsgleichung ersichtlich ist,

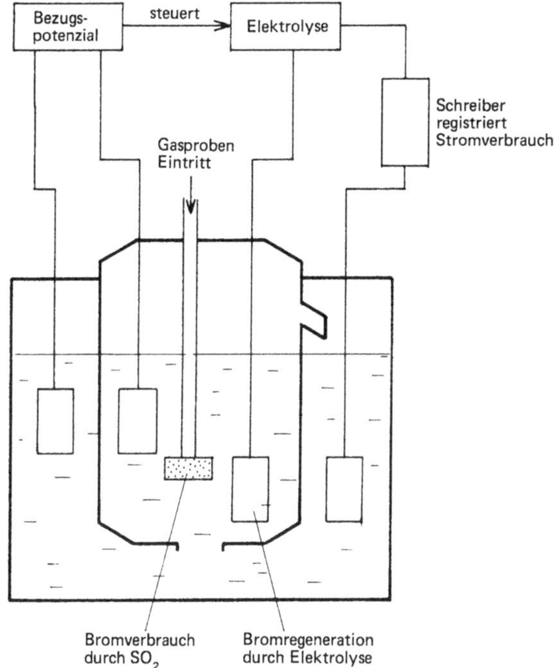

Abb. 10.26 Coulometrische SO_2-Bestimmung.

entstehen bei der Oxidation des Schwefeldioxids aus dem Oxidationsmittel Br_2 wiederum die ursprünglich vorhandenen Bromidionen (Br^-), die wiederum zur erneuten elektrolytischen Erzeugung von Brom benutzt werden können. Man kommt also mit einer sehr begrenzten Reagenzmenge aus, da sich dieses Reagenz ständig regeneriert. Das Analysengerät braucht nur eine geringe Wartung, d. h., die Reagenzlösung muss nur von Zeit zu Zeit erneuert zu werden. Die weiteren Vorteile dieser coulometrischen Verfahren sind:

- die große Messgenauigkeit und
- die Eignung für automatischen, langzeitlichen Betrieb mit Messdatenerfassung.

Dieses Gerät erfasst neben SO_2 auch noch andere mit Brom oxidierbare Stoffe. Will man solche Stoffe nicht mit erfassen, so muss man diese (z. B. H_2S oder organische Schwefelverbindungen) durch vorhergeschaltete Absorptionslösungen herauswaschen.

10.7.5
Die Voltammetrie und Polarografie

Voltammetrie ist die Sammelbezeichnung für elektrochemische Analysenmethoden, mit denen anhand von Strom-Spannungs-Kurven – den sogenannten

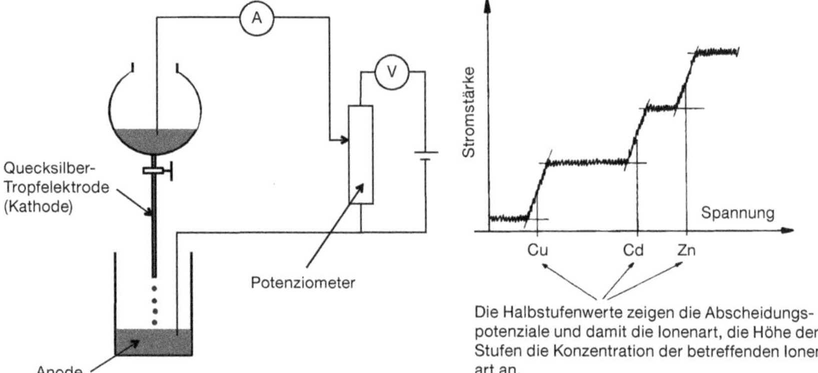

Abb. 10.27 Polarografie.

Polarogrammen – die Art und die Menge der in einer gelösten Analysenprobe enthaltenen Stoffe bestimmt werden können. Das Wort Voltammetrie setzt sich zusammen aus den Begriffen **Volt-** und **Amperometrie** und zeigt auf, dass die Grundlage der Voltammetrie Strom-Spannungs-Kurven sind. Bei der Voltammetrie können feste oder flüssige Elektroden verwendet werden. Erfolgt die Aufnahme der Strom-Spannungs-Kurven mit flüssigen Arbeitselektroden, deren Oberfläche periodisch oder kontinuierlich erneuert wird, so bezeichnet man dies als **Polarografie**. Hierbei nutzt man Polarisationserscheinungen aus, die man an sehr kleinen Kathoden (Quecksilbertropfelektroden) bei der Aufnahme von Stromstärke-Spannungs-Kurven messen kann. Diese Methode wird hauptsächlich zur Identifizierung und zur quantitativen Bestimmung von verschiedenen **Kationen** eingesetzt. Diese 1959 mit dem Nobelpreis (Jaroslaw Heyrowsky, 1890–1967) ausgezeichnete elektrochemische Analysenmethode ermöglicht eine Vollanalyse einer Legierung innerhalb von wenigen Minuten. Man bestimmt durch Aufnahme einer Stromstärke-Spannungs-Kurve von einer sehr verdünnten Metallionenlösung die Ionenarten durch Ermittlung der Abscheidungspotenziale (qualitative Analyse). Dies ist in Abb. 10.27 durch schräge Kurvenabschnitte dargestellt. Die Mengenanteile bzw. die quantitative Analyse werden durch die Diffusionspolarisation ermittelt (Abschn. 10.4.5.2b). Dies sind die waagerechten Kurvenabschnitte in der Abb. 10.27.

Als Kathode dient eine **Quecksilbertropfelektrode**. Bei dieser tropfen aus einer engen Kapillare von 0,05–0,1 mm lichter Weite je nach Apparatur alle 0,2–6 s winzige Hg-Kügelchen. In diesem Quecksilbertropfen werden die elektrolytisch abgeschiedenen Metalle als Amalgame gelöst. Sie stören jedoch nicht die gemessenen Potenziale, weil sich die Quecksilberkathode ständig erneuert. Da die gemessenen Stromstärken im Bereich weniger µA liegen, verwendet man sehr empfindliche Strommessgeräte. Zur Verbesserung der elektrischen Leitfähigkeit fügt man zur Analysenlösung einen, die Analyse nicht störenden, Grundelektrolyten (z. B. Kaliumchlorid etwa 100-mal konzentrierter als die zu bestimmenden Metallionen).

Als Anode dient eine Quecksilberschicht am Boden des Gefäßes. Sie hat den Charakter einer Kalomelbezugselektrode, da das in Lösung gehende Quecksilber in Gegenwart von Chloridionen des Grundelektrolyten KCl die schwer lösliche Verbindung Kalomel Hg_2Cl_2 bildet. Die an der Kathode abgeschiedenen Metalle, die mit den herabfallenden Tropfen in das Anodenquecksilber gelangen, beeinflussen die Ergebnisse wegen ihrer äußerst geringen Konzentration (Spuren!) im Verlauf der Messung nicht.

Die Polarografie kann nicht nur zur Analyse von Metallionen, sondern auch zur quantitativen Bestimmung von allen Redoxreaktionen, einschließlich solcher von organischen Verbindungen herangezogen werden. Spezialapparaturen ermöglichen die Analyse von geringen Substanzkonzentrationen (bis hinunter zu 10^{-6} mol/l) und von kleinsten Mengen (man kann noch 0,1 ml polarografisch analysieren!).

11
Spektren und ihre Anwendungen

Beobachtungen und Deutungen von Spektren[1] liefern wichtige Anhaltspunkte über den Bau von Atomen und über die chemische Bindung. Die Erkenntnisse auf diesem Wissensgebiet haben dazu beigetragen, die Vorstellungen über die atomare Welt zu revolutionieren und das moderne naturwissenschaftliche Weltbild zu begründen.
Im vorliegenden elften Kapitel werden die Grundlagen für verschiedene spektralanalytische Messmethoden behandelt. Besonders berücksichtigt werden hierbei Methoden zur Erfassung von Schadstoffen, die in der Luft oder im Wasser auftreten können.
Viele der spektralanalytischen Messmethoden eignen sich zur kontinuierlichen Erfassung verschiedener chemischer Substanzen. Dies ist besonders günstig bei der Online-Messung von Schadstoffen, aber auch bei verschiedenen Produktionsprozessen können kontinuierliche Messungen von sehr großem Vorteil sein. Denn man kann die Messwerte über längere Zeiträume verfolgen und sie elektronisch aufzeichnen.
Sind kontinuierliche Methoden nicht anwendbar, muss man auf diskontinuierlich arbeitende Methoden zurückgreifen. Die diskontinuierlichen Methoden haben den Nachteil, dass zwischen den einzelnen Messwerten keine Zwischenwerte erfasst werden können. Viele dieser diskontinuierlichen Messmethoden lassen sich als automatisch punktuell registrierende Kontrollinstrumente verwenden.
Das Phänomen der Spektrenentstehung wird zunächst an einigen konkreten Beispielen im optischen, sichtbaren Teil der elektromagnetischen Strahlung erläutert. In einem Überblick wird dann gezeigt, welche Aussagemöglichkeiten die Spektren in den anderen Spektralbereichen bieten.
Stoffe, die in Teilbereichen des sichtbaren Spektrums absorbieren, empfindet das menschliche Auge als farbig. Die technisch wichtigsten anorganischen und organischen Farbmittel werden im Abschn. 11.7 vorgestellt.

1) Das Wort Spektrum wird in den Naturwissenschaften fast ausschließlich gebraucht für die Anordnung und Wiedergabe von elektromagnetischen Wellen (damit zusammenhängend z. B. auch die Spektralfarben im optischen, sichtbaren Bereich) oder von atomaren Massen in Abhängigkeit von charakteristischen Parametern wie Wellenlänge, Schwingungszahl oder Massenzahl.

Chemie für Ingenieure, 14. Auflage. Jan Hoinkis.
©2016 WILEY-VCH Verlag GmbH & Co. KGaA. Published 2016 by WILEY-VCH Verlag GmbH & Co. KGaA.

11.1
Elektromagnetische Spektren

11.1.1
Die Entstehung von elektromagnetischen Spektren

Absorptionsspektren entstehen dadurch, dass Atome oder Moleküle durch Aufnahme von Energiebeträgen in einen angeregten, höheren Energiezustand übergehen. Dabei absorbieren sie den hierzu notwendigen Energiebetrag beispielsweise aus elektromagnetischen Strahlen bestimmter Wellenlängen.

Die Wellenlänge liefert ein Maß für den absorbierten Energiebetrag. Je kürzer dabei die Wellenlänge ist, desto größer ist der entsprechende Energiebetrag.

Man beobachtet, dass Atome oder Moleküle nur bestimmte, scharf begrenzte Wellenlängen absorbieren. Dies ist ein wichtiger Hinweis darauf, dass im atomaren Bereich Energiebeträge nicht kontinuierlich, sondern nur in gequantelter Form, in genau definierten **Energiequanten** übertragen werden, denn nur diese Tatsache erklärt überhaupt erst die Entstehung von charakteristischen, reproduzierbaren Spektren.

11.1.2
Absorptions- und Emissionsspektren

Durch Absorption bestimmter Wellenlängen aus einem kontinuierlichen Spektrum elektromagnetischer Wellen entstehen charakteristische **Absorptionslinien**, z. B. absorbiert das Element Helium aus dem sichtbaren Licht verschiedene Spektralfarben. Im kontinuierlichen Spektrum des sichtbaren Lichtes erscheinen dann diese absorbierten Wellenlängen als dunkle Stellen (Abb. 11.1a). Umgekehrt können Atome oder Moleküle von einer höheren Anregungsstufe in eine andere, niedere Energiezwischenstufe oder wieder in den energieärmsten Grundzustand übergehen. Bei diesem Übergang senden diese Atome oder Moleküle die vorher absorbierten Energiebeträge in Form von elektromagnetischen Schwingungen bestimmter Wellenlänge aus. Man erhält auf diese Weise sogenannte **Emissionsspektren**.

Ein solches Emissionsspektrum besteht aus einer bestimmten Anzahl charakteristischer, scharf begrenzter Spektrallinien. Hierbei erscheinen im Emissionsspektrum diejenigen Wellenlängenbereiche als helle Linien, die im Absorptionsspektrum dunkel sind. Das Emissionsspektrum des Heliums hat das in der Abb. 11.1b wiedergegebene Aussehen.

Absorptionsspektren und Emissionsspektren treten immer gleichzeitig auf. Das Absorptionsspektrum erscheint dann, wenn sich der betreffende chemische Stoff zwischen einer Lichtquelle, die ein kontinuierliches Spektrum aussendet, und dem Beobachter befindet. Das Emissionsspektrum kann dann beobachtet werden, wenn der Beobachter das nach allen Seiten ausgesendete Licht erfasst (Abb. 11.2).

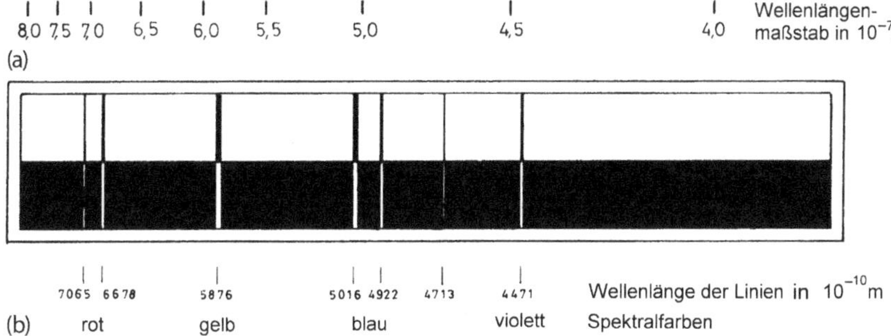

Abb. 11.1 (a) Absorptionsspektrum des Heliums; (b) Emissionsspektrum des Heliums.

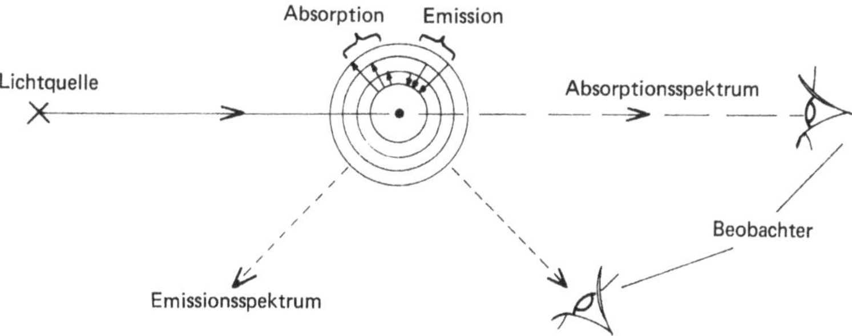

Abb. 11.2 Zusammenhang zwischen Absorptions- und Emissionsspektrum.

11.1.3 Die Bereiche elektromagnetischer Strahlen

Die Größe des bei der Absorption bzw. Emission beteiligten Energiebetrags hängt davon ab, welche Teile von Atomen oder Molekülen angeregt werden bzw. eine Energieänderung erfahren. Man kann auf diese Weise nicht nur im sichtbaren Licht, sondern im *gesamten* Spektrum der elektromagnetischen Wellen solche Anregungserscheinungen von Atomen oder Molekülen feststellen, wie aus Abb. 11.3 ersichtlich ist. Die zur Analyse verwendeten elektromagnetischen Strahlen reichen von den Radiowellen bis zu den Röntgenstrahlen und γ-Strahlen. Unter „Röntgenstrahlen" soll hier nur das Gebiet der **Röntgenfluoreszenzstrahlen** verstanden werden. Röntgenfluoreszenzstrahlen entstehen bei Elektronensprüngen in den innersten Schalen (Abschn. 11.2.1.3 und. 11.4.2.1). Neben den in Abb. 11.3 angegebenen Wellenlängenbereichen der Röntgenfluoreszenzstrahlung gibt es noch das Gebiet der **Röntgenbremsstrahlung**, das sich weit über das Gebiet der γ-Strahlen (= durch Atomkernprozesse hervorgerufen) hinaus erstreckt. Röntgenbremsstrahlung entsteht durch Abbremsen schnell bewegter Elementarteilchen oder Atome beim Auftreffen auf Materie. Die bei diesen Vorgängen frei werdenden Energien können in großen Teilchenbeschleunigern äußerst harte Röntgenbremsstrahlungen mit Wellenlängen bis zu etwa 10^{-15} m hervorrufen.

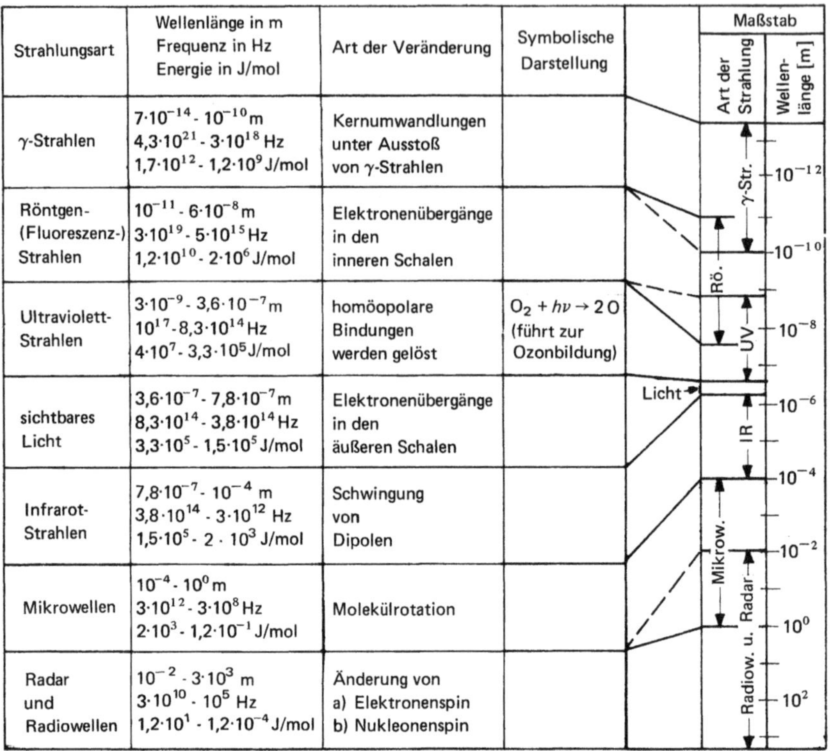

Strahlungsart	Wellenlänge in m Frequenz in Hz Energie in J/mol	Art der Veränderung	Symbolische Darstellung
γ-Strahlen	$7 \cdot 10^{-14}$ - 10^{-10} m $4{,}3 \cdot 10^{21}$ - $3 \cdot 10^{18}$ Hz $1{,}7 \cdot 10^{12}$ - $1{,}2 \cdot 10^{9}$ J/mol	Kernumwandlungen unter Ausstoß von γ-Strahlen	
Röntgen- (Fluoreszenz-) Strahlen	10^{-11} - $6 \cdot 10^{-8}$ m $3 \cdot 10^{19}$ - $5 \cdot 10^{15}$ Hz $1{,}2 \cdot 10^{10}$ - $2 \cdot 10^{6}$ J/mol	Elektronenübergänge in den inneren Schalen	
Ultraviolett-Strahlen	$3 \cdot 10^{-9}$ - $3{,}6 \cdot 10^{-7}$ m 10^{17} - $8{,}3 \cdot 10^{14}$ Hz $4 \cdot 10^{7}$ - $3{,}3 \cdot 10^{5}$ J/mol	homöopolare Bindungen werden gelöst	$O_2 + h\nu \rightarrow 2\,O$ (führt zur Ozonbildung)
sichtbares Licht	$3{,}6 \cdot 10^{-7}$ - $7{,}8 \cdot 10^{-7}$ m $8{,}3 \cdot 10^{14}$ - $3{,}8 \cdot 10^{14}$ Hz $3{,}3 \cdot 10^{5}$ - $1{,}5 \cdot 10^{5}$ J/mol	Elektronenübergänge in den äußeren Schalen	
Infrarot-Strahlen	$7{,}8 \cdot 10^{-7}$ - 10^{-4} m $3{,}8 \cdot 10^{14}$ - $3 \cdot 10^{12}$ Hz $1{,}5 \cdot 10^{5}$ - $2 \cdot 10^{3}$ J/mol	Schwingung von Dipolen	
Mikrowellen	10^{-4} - 10^{0} m $3 \cdot 10^{12}$ - $3 \cdot 10^{8}$ Hz $2 \cdot 10^{3}$ - $1{,}2 \cdot 10^{-1}$ J/mol	Molekülrotation	
Radar und Radiowellen	10^{-2} - $3 \cdot 10^{3}$ m $3 \cdot 10^{10}$ - 10^{5} Hz $1{,}2 \cdot 10^{1}$ - $1{,}2 \cdot 10^{-4}$ J/mol	Änderung von a) Elektronenspin b) Nukleonenspin	

Abb. 11.3 Die Bereiche elektromagnetischer Spektren.

Die einzelnen Wellenlängenbereiche werden im Abschn. 11.4 genauer behandelt.

11.2 Spektrenformen

Bei den Absorptionsspektren als auch bei den Emissionsspektren gibt es die folgenden charakteristischen Typen:

1. Linienspektren,
2. Bandenspektren und
3. Absorptions- oder Emissionsmaxima

Die Ursache für solch eine unterschiedliche Ausprägung der Spektren soll im Folgenden erläutert werden.

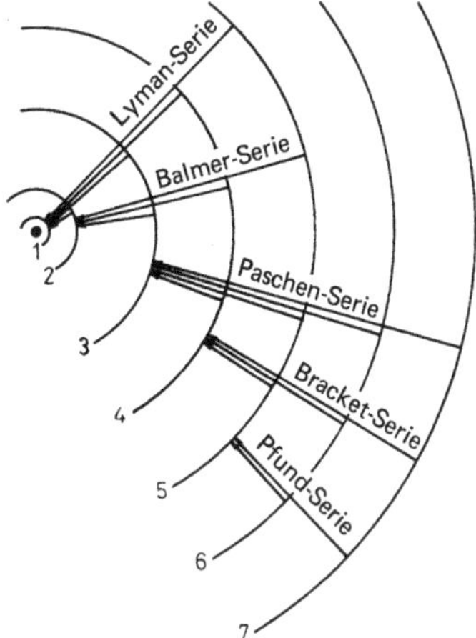

Abb. 11.4 Entstehung von Emissionsspektren beim Wasserstoffatom.

11.2.1 Linienspektren

Linienspektren bestehen aus einzelnen, scharf begrenzten Spektrallinien. Sie entstehen, wenn eine Absorption oder Emission elektromagnetischer Wellen durch einzelne, für sich isolierte, gequantelte Energieübergänge erfolgt.

Ein Beispiel hierfür sind Elektronensprünge zwischen verschiedenen Energieniveaus (Elektronenschalen) bei verdampften bzw. gasförmigen, chemisch nicht gebundenen, einzelnen **Atomen** (Abb. 11.1a,b und 11.5).

11.2.1.1 Die Lage der Linien

Die Energieniveaus in den einzelnen Elektronenschalen eines Atoms sind verschieden hoch. Unterschiedlich sind auch die Energiedifferenzen zwischen den einzelnen Energieniveaus. Wechseln nun Elektronen diese Energieniveaus, so ist dies nur möglich durch Aufnahme oder Abgabe der betreffenden Energiebeträge. Je nachdem wo diese Elektronensprünge auftreten, erhält man sehr energiereiche, im Röntgenbereich liegende elektromagnetische Strahlungen (Abschn. 11.2.1.3) oder energetisch schwächere Strahlungen, die mit ihren Wellenlängen im sichtbaren Bereich des Spektrums liegen oder bis in das Infrarotgebiet hineinreichen.

Die Abb. 11.4 zeigt solche Elektronenübergänge zwischen den einzelnen Schalen beim Wasserstoffatom. Die Tab. 11.1 enthält die Zuordnung der einzelnen Elektronenübergänge zu den betreffenden Spektralgebieten.

Bei diesen Elektronenübergängen entstehen verschiedene **Spektralserien**. Zur Verdeutlichung der Entstehungsweise solcher Spektrallinien sei die Balmer-Serie (Johann Jakob Balmer, 1825–1898) der Spektrallinien des Wasserstoffatoms im sichtbaren Bereich der elektromagnetischen Wellen näher erläutert.

Die Elektronen können nach Anregung, also nach dem Anheben auf höhere Energieschalen wieder in die tieferen Energieschalen zurückfallen. Erfolgt dieses

Tab. 11.1 Spektrallinien des Wasserstoffs.

Rückkehr in Schale	Serie	Spektralgebiet
1 = K	Lyman	Ultraviolett
2 = L	Balmer	sichtbares Licht
3 = M	Paschen	nahes Infrarot
4 = N	Brackett	nahes Infrarot
5 = O	Pfund	Infrarot

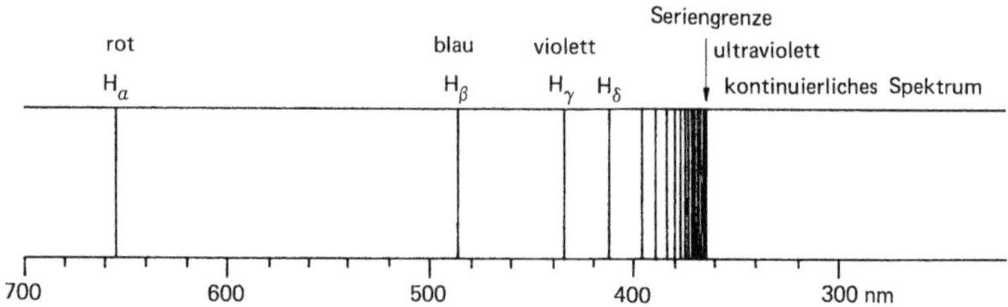

Abb. 11.5 Die Balmer-Serie des Wasserstoffspektrums.

Zurückfallen auf die zweite Schale, die L-Schale, so liegen die Spektrallinien im sichtbaren Bereich der elektromagnetischen Wellen. Je nachdem, von woher die Elektronen in die zweite Schale zurückfallen, erhält man unterschiedlich energetische elektromagnetische Wellen; d. h., es wird Licht mit verschiedenen Wellenlängen ausgesendet.

Die Abb. 11.5 zeigt das auf diese Weise entstandene Spektrum. Die H_α-Linie stammt aus dem Übergang eines Elektrons von der dritten Schale in die zweite Schale, die H_β-Linie aus einem Übergang von der vierten in die zweite Schale usw. Da die Energieunterschiede zwischen den einzelnen Schalen umso geringer werden, je höher diese Schalen im Atom liegen, werden auch die Abstände der Spektrallinien immer kleiner, bis schließlich die Seriengrenze bei der kompletten Abspaltung und anschließenden erneuten Rückkehr des Elektrons in die zweite Schale erreicht ist.

11.2.1.2 Das Aussehen einer Spektrallinie

Eine häufig gebrauchte Spektrallinie im sichtbaren Bereich der elektromagnetischen Wellen ist die gelbe **D-Linie des Natriums**. Diese Spektrallinie entsteht beim Übergang des Außenelektrons vom 3p-Energieniveau in den Grundzustand des 3s-Energieniveaus (Elektronenschema in Abb. 11.6). Man kann dieses gelbe Natriumlicht wahrnehmen, wenn man Natrium oder Natriumverbindungen erhitzt oder Natriumdampf in Gasentladungsröhren zum Leuchten anregt (Abschn. 6.2.5).

Wenn man die D-Linie des Na besonders scharf auflöst, bekommt man zwei dicht nebeneinanderliegende Linien. Diese Doppellinie des Natriums entsteht,

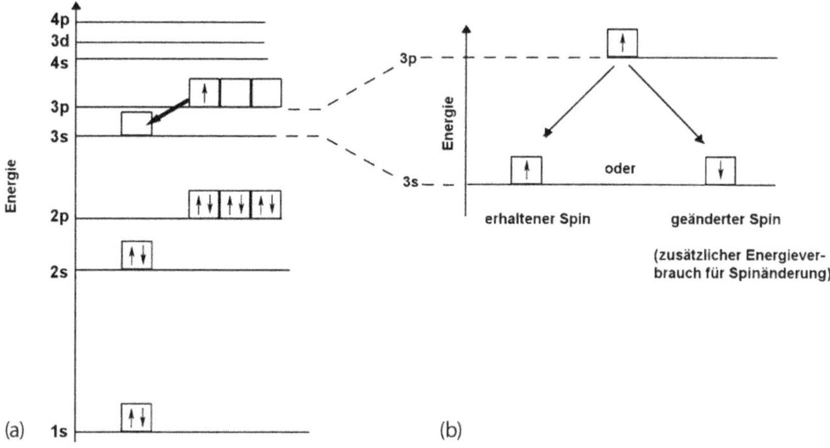

Abb. 11.6 Entstehung der D-Linie des Natriums: (a) Elektronenschema des Natriumatomes; (b) Möglichkeit der Spinänderung beim 3p → 3s Übergang (Detailvergrößerung von Abb. 11.6a).

weil das 3s-Elektron des Natriums einen unterschiedlichen Spin haben kann, wie es in Abb. 11.6 angedeutet ist. Fällt nun ein angeregtes, auf die 3p-Schale gehobenes Elektron wieder in die 3s-Schale zurück, so kann sich dabei der Spin ändern oder er bleibt erhalten. Eine Spinänderung verbraucht einen ganz geringfügigen Energiebetrag, sodass die beiden (bei Rückkehr des Elektrons von der 3p-Schale in die 3s-Schale) möglichen Spektrallinien, die Natriumlinien D_1 und D_2 sich geringfügig voneinander unterscheiden. So entsteht die Doppellinie des Natriums mit den Wellenlängen $5889{,}953 \cdot 10^{-10}$ und $5895{,}923 \cdot 10^{-10}$ m.

11.2.1.3 **Das Moseley'sche Gesetz**

Werden die Elektronen der innersten Schale bei noch vorhandenen, gefüllten äußeren Schalen, z. B. durch einfallende Elektronen hoher Geschwindigkeit herausgeschlagen, so entstehen beim Zurückfallen von Elektronen in diese innersten Schalen sehr energiereiche Röntgenstrahlen; denn die innersten Elektronen sind bei einer relativ hohen Kernladungszahl sehr stark an den Kern gebunden, und die Ablösung von solchen Elektronen erfordert erhebliche Energiebeträge und entsprechend kurze Wellenlängen der elektromagnetischen Strahlen.

Enthält ein Atom viele Elektronenschalen, so entstehen im Röntgenbereich Spektren mit verschiedenen Wellenlängen, je nachdem ob die Elektronen in die K- oder L-, M- usw. Schale hineinfallen. Wir erhalten dadurch die K-Strahlung, L-Strahlung, M-Strahlung usw. (Abb. 11.7).

Die K-Strahlung, verursacht durch das Zurückfallen von Elektronen in die innerste Schale (die K-Schale), ist in Bezug auf ihre Wellenlänge abhängig von der Kernladungszahl: je größer die Kernladungszahl, desto kleiner die Wellenlänge (desto höher der Energiebetrag).

Man bekommt nach dem **Moseley'schen Gesetz** (Henry Gwyn-Jeffreys Moseley, 1887–1915) eine direkte Proportionalität zwischen der Wurzel aus der rezi-

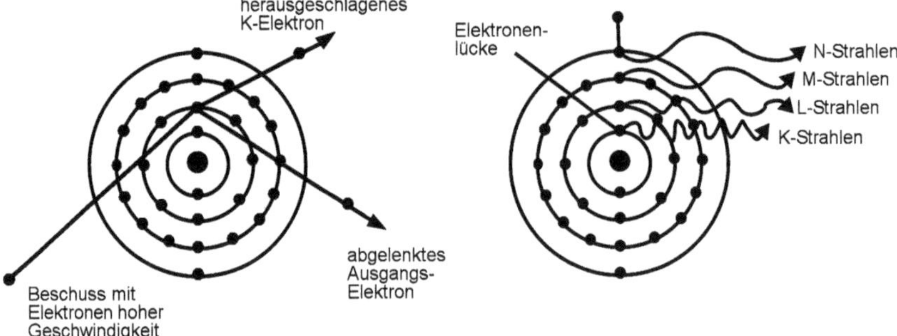

Abb. 11.7 Die Entstehung von Röntgenstrahlen.

proken Wellenlänge λ und der Ordnungszahl Z,

$$\sqrt{\frac{1}{\lambda}} \sim Z$$

wenn man die K-Strahlung der chemischen Elemente miteinander vergleicht, wie es in der Abb. 11.8 veranschaulicht ist. Diese Gesetzmäßigkeit wird in der **Röntgenfluoreszenzanalyse** zum Nachweis der unterschiedlichen Elemente ausgenutzt (Abschn. 11.4.2.1).

Bei einer sehr starken Auflösung der Röntgenstrahlen kann man auch hier eine Aufspaltung der Emissionsspektren beobachten, die dadurch verursacht ist, dass das in der K-Schale vorhandene Elektron einen abschirmenden Einfluss auf die Kernladungszahl ausübt.

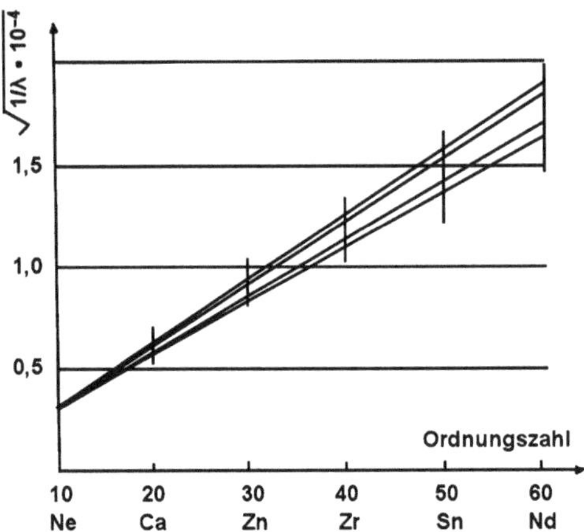

Abb. 11.8 Das Moseley'sche Gesetz.

11.2.2 Bandenspektren

Neben den in Abschn. 11.2.1 gezeigten Linienspektren, die bei Anregung von Elektronen in isolierten Atomen entstehen (Atomspektren), gibt es noch die von **Molekülen** stammenden Bandenspektren.

Die Abb. 11.9 zeigt deutlich, dass hier an bestimmten Stellen des Spektrums Anhäufungen von Spektrallinien (Energiebande) zu finden sind. Das Entstehen solcher Bandenspektren kann man folgendermaßen erklären: Die durch Elektronensprünge verursachten Spektrallinien werden von Linien anderer Schwingungsarten überlagert, nämlich von **Valenzdeformations**- und **Rotationsschwingungen**. Die Energiebeträge solcher Valenzschwingungen sind wesentlich geringer als die von Elektronensprüngen. Sie werden jedoch ebenfalls nur „gequantelt" übertragen. Man sieht im Spektrum deswegen scharf begrenzte Linien (Abb. 11.10). Die Anregungsenergien für Rotationsspektren liegen im langwelligen Infrarotgebiet und im Mikrowellenbereich (Wellenlänge von 0,1–100 mm), während die Schwingungsenergien Werte aufweisen, die den Wellenlängen im kurzwelligen Infrarot entsprechen (Wellenlängen von 1–50 µm).

Da in einem Molekül immer Elektronensprünge mit Rotations- und Änderungen der Deformationsschwingungen gekoppelt sind, haben Molekülspektren ein in Abb. 11.9 wiedergegebenes typisches Aussehen. Hierbei gruppieren sich um einzelne Häufigkeitsmaxima von Linien (sogenannte **Bandenköpfe**), die Elektro-

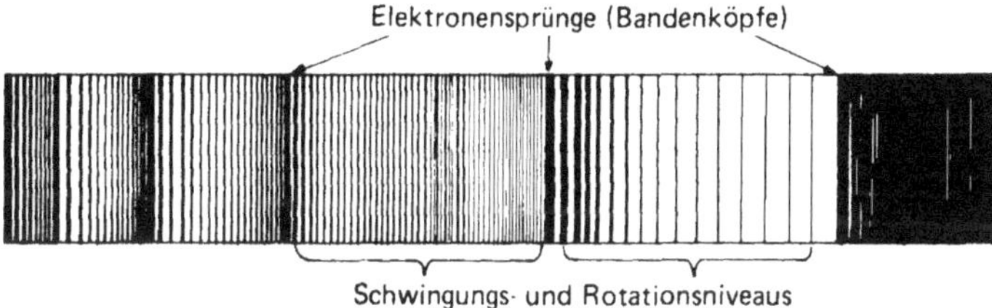

Abb. 11.9 Bandenspektrum.

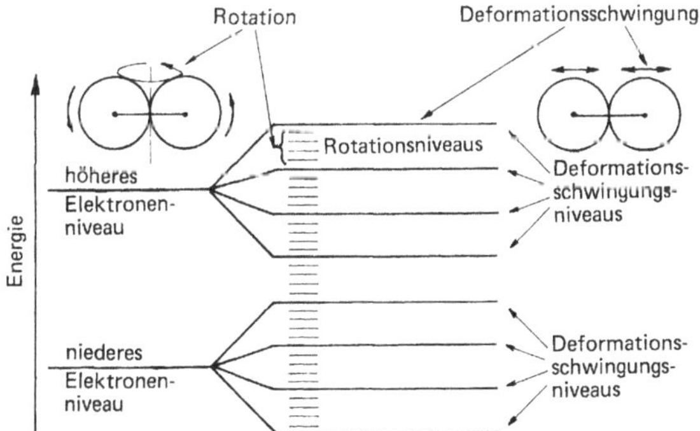

Abb. 11.10 Ursachen für Molekülspektren.

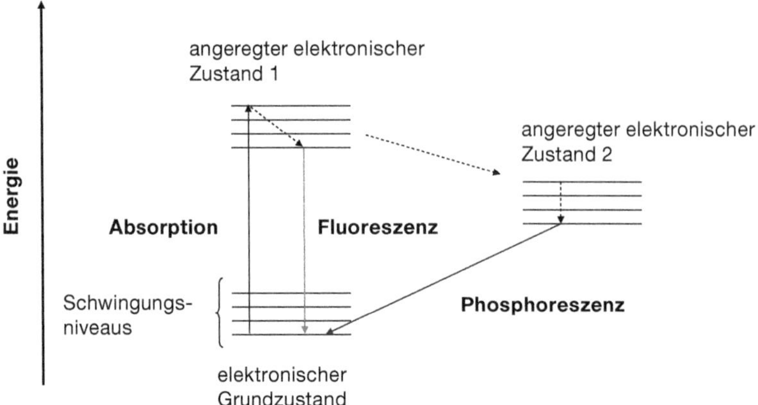

Abb. 11.11 Schematische Darstellung der Vorgänge bei der Fluoreszenz und Phosphoreszenz.

nenübergänge anzeigen, viele einzelne Linien, die durch die zusätzlichen Schwingungs- und Rotationsübergänge hervorgerufen werden.

Bei einigen Molekülen tritt bei der Anregung von Elektronen mittels elektromagnetischer Wellen die sogenannte **Fluoreszenz**[2] oder **Phosphoreszenz** auf. Als Oberbegriff für Fluoreszenz und Phosphoreszenz spricht man häufig auch von **Lumineszenz**. Im Gegensatz zur Absorption (Abschn. 11.1.2), bei der die elektromagnetische Strahlung vollständig strahlungslos desaktiviert wird, d. h., in thermische Energie überführt wird, wird bei der Fluoreszenz und der Phosphoreszenz ein Teil der zugeführten Strahlung wieder als Strahlung emittiert. Eine Fluoreszenz-(Emissions-)strahlung tritt dann auf, wenn Elektronen aus einem elektronischen Grundzustand, zunächst durch Absorption von Strahlung in einen angeregten elektronischen Zustand übergehen, dann strahlungslos auf einen unteren Schwingungszustand zurückfallen und von dort unter Emission von Fluoreszenzlicht in den elektronischen Grundzustand zurückkehren. Dieser Vorgang ist schematisch in Abb. 11.11 dargestellt. Wie aus Abb. 11.11 zu ersehen ist, wird zur Anregung mehr Energie benötigt, als in Form von Fluoreszenzstrahlung wieder freigesetzt wird. Daher ist das Fluoreszenzspektrum im Vergleich zum Absorptionsspektrum zu längeren Wellenlängen verschoben. Bei der Phosphoreszenz erfolgt vor der Rückkehr der angeregten Elektronen zum Grundzustand zunächst eine Umwandlung zu einem anderen Elektronenzustand (Abb. 11.11). Da diese Umwandlung relativ lange dauert, ist die Abklingzeit nach der Anregung bei der Phosphoreszenz länger (0,1 µs–100 s) als bei der Fluoreszenz. Die Phosphoreszenz ist somit ein „Nachleuchten" unter „Zwischenspeicherung" der absorbierten Energie.

2) Verunreinigte Abarten von Flussspat (in chemischer Hinsicht Calciumfluorid CaF_2) zeigen beim Anstrahlen ein eigenartiges, grünlich-blaues Leuchten, das man Fluoreszenz nannte. Ähnliches findet sich bei Petroleum, Schmieröl und vielen anderen Stoffen. Schmieröl erscheint z. B. in anderer Farbe, wenn man durch es hindurchsieht, als wenn das Licht in „fluoreszierenden", bläulich-grün schillernden Farben aus dem Innern und der Oberfläche zurückgeworfen wird.

Die Eigenschaft der Fluoreszenz von organischen Stoffen wird bei den sogenannten **optischen Aufhellern** ausgenutzt. Diese werden teilweise den Waschmitteln (Abschn. 8.4.9) zur Erhöhung des Weißgrades der Wäsche zugesetzt. Optische Aufheller absorbieren Strahlung im kurzwelligen UV-Bereich und emittieren Strahlung im langwelligeren, sichtbaren *blauen* Bereich. Dadurch erhält die weiße Wäsche einen „Blaustich", welcher vom menschlichen Auge als Erhöhung des Weißgrades empfunden wird.

Das Phänomen der Fluoreszenz wird bei der **Fluoreszenzspektroskopie** zur quantitativen Analyse von Substanzen ausgenutzt. Die Vorteile der Fluoreszenzspektroskopie gegenüber der Absorptionsspektroskopie liegen in der wesentlich höheren Empfindlichkeit sowie Selektivität. Die Nachweisgrenzen reichen bis unter den Bereich von pg/l. Da die meisten aromatischen Kohlenwasserstoffe intensive Fluoreszenzerscheinungen zeigen, wird die Fluoreszenzspektroskopie häufig zur Spurenanalyse von polyaromatischen Kohlenwasserstoffen (PAK, Abschn. 8.1.5.4) verwendet, beispielsweise zur Bestimmung dieser Substanzen im Grundwasser.

11.2.3 Absorptionsmaxima

Liegt eine unübersehbar große Zahl von Banden dicht nebeneinander, so ist es nicht mehr möglich, einzelne Spektrallinien zu unterscheiden, vielmehr verschmelzen diese ineinander und ergeben zusammen Absorptionsmaxima, wie es in Abb. 11.12 dargestellt ist. Absorptionsmaxima kann man bei Flüssigkeiten beobachten, z. B. bei wässrigen, farbigen **Metallsalzlösungen**. Auch hier beruhen die Absorptionsvorgänge auf Elektronensprüngen zwischen den äußeren Schalen des zentralen Metallions. Jedoch wird jeder Elektronensprung von einer unübersehbar großen Zahl von energetischen Änderungen an den komplex gebundenen Liganden (Abschn. 5.4.4) und an den lose assoziierten Wasserdipolen begleitet, sodass keine scharf begrenzten Linien wie bei gasförmigen, verdampften Metallionen, sondern mehr oder weniger breite Absorptionsmaxima auftreten. Ein solches Absorptionsspektrum wird durch die dick ausgezogene Linie in Abb. 11.12 wiedergegeben.

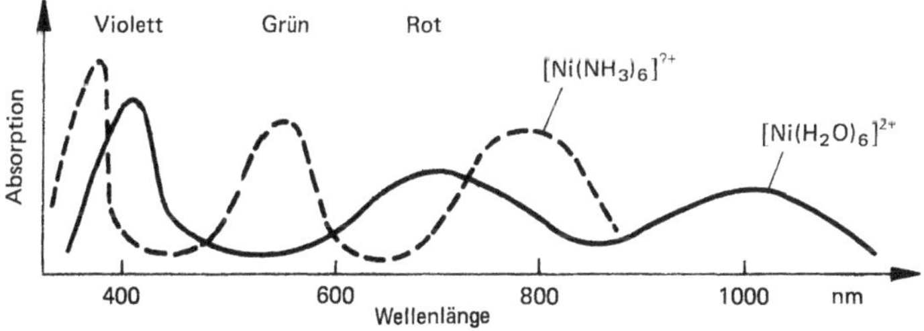

Abb. 11.12 Absorptionsspektren von Nickelsalzlösungen.

Die Art der Liganden in den Kationkomplexen ist von Bedeutung für die Lage der Absorptionsmaxima. Werden nämlich, wie in Abb. 11.12 ersichtlich, die H_2O-Liganden durch NH_3-Liganden ersetzt, so verschieben sich die Absorptionsmaxima zu kurzwelligen Bereichen. Während eine Lösung mit $[Ni(H_2O)_6]^{2+}$-Ionen grün ist, zeigt die das Komplexion $[Ni(NH_3)_6]^{2+}$ enthaltende Lösung eine blaue Farbe. Im ersten Fall liegt das Absorptionsmaximum im roten, im zweiten Fall im grünen Spektralbereich. Ursachen für eine solche Verschiebung bei verschiedenartigen Liganden sind verschieden starke Komplexverbindungen, was im Abschn. 5.4.4 beschrieben wurde.

Auf einer ähnlichen Verschiebung zum kurzwelligen Bereich beruht der bekannte **Nachweis von Kupferionen** in wässriger Lösung durch Hinzufügen von Ammoniak, wobei das Kupferion zunächst von der farblosen nicht hydratisierten Form durch Anlagerung von vier H_2O-Liganden in die schwach blau gefärbte hydratisierte Verbindung überführt wird und schließlich beim Hinzugeben von Ammoniak als Kupfertetraminkomplex eine tiefblaue Farbe annimmt (Abschn. 5.4.2):

$$\underset{\text{weiß}}{Cu^{2+}} \xrightarrow{+4H_2O} \underset{\text{hellblau}}{[Cu(H_2O)_4]^{2+}} \xrightarrow{+4NH_3} \underset{\text{dunkelblau}}{[Cu(NH_3)_4]^{2+}}$$

Insgesamt lässt sich vereinfachend sagen, dass die wässrigen Lösungen von verschiedenen Metallionen deswegen eine charakteristische Färbung aufweisen, weil durch genau definierte Elektronenübergänge beim zentralen Metallion Licht bestimmter Wellenlänge im sichtbaren Bereich des elektromagnetischen Spektrums absorbiert wird. Diese Elektronenübergänge werden aber durch eine ganze Reihe von Energie verbrauchenden Vorgängen beeinflusst, die im Zusammenhang mit den Liganden und den Wasserdipolen (d. h. also dem Lösungsmittel) stehen. Die Folge davon ist, dass nicht mehr Linien genau gequantelter Energiebeträge in Form von Linien- oder Bandenspektren zu sehen sind, sondern dass jetzt Absorptionsmaxima erscheinen.

11.3 Spektralanalytische Untersuchungen

Spektralanalytische Untersuchungen gehören neben der Chromatografie und den elektrochemischen Messmethoden zu den wichtigsten Methoden des Analytikers. Sie werden heute üblicherweise mit sogenannten **Spektrometern** durchgeführt. Diese Spektrometer gibt es in vielen unterschiedlichen Ausführungen, je nach Wellenlängenbereich, in dem gearbeitet wird. Dabei sind aber die Spektrometer prinzipiell immer ähnlich aufgebaut, wie in Abb. 11.13 vereinfacht dargestellt wird. Ein Spektrometer besteht prinzipiell aus:

- einer Strahlungsquelle zur Anregung,
- einem Strahlungszerleger zur Ausblendung schmaler Banden aus dem Spektrum der Strahlungsquelle,
- dem Probenraum,

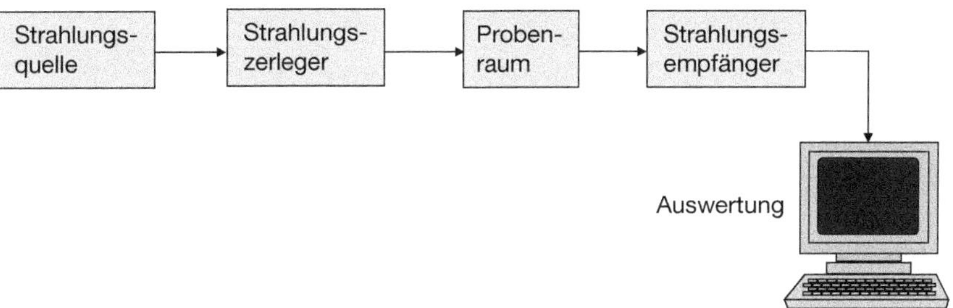

Abb. 11.13 Vereinfachte schematische Darstellung des Aufbaus eines Spektrometers.

- einem Strahlungsempfänger und
- einer Auswerteeinheit.

Je nach Spektralbereich, in dem gearbeitet wird, werden unterschiedliche Apparaturen zur Strahlungsanregung, -zerlegung und -empfang verwendet. Hierauf wird im Abschn. 11.4 näher eingegangen.

11.4 Spektralbereiche

Dieser Abschnitt gibt einen Überblick, zu welchen Aussagen die Spektren in den einzelnen Wellenlängenbereichen führen.

11.4.1 Gammastrahlen

Die **Neutronenaktivierungsanalyse** ist eine sehr empfindliche Nachweismethode, mit der man Spuren der meisten chemischen Elemente nachweisen und der Menge nach bestimmen kann. Sie arbeitet im Bereich der γ-Strahlen.

Die zu untersuchende Probe wird mit Neutronen bestrahlt. Dabei entstehen durch Neutroneneinfang radioaktive Isotope, die nach bestimmten Gesetzmäßigkeiten unter Aussendung von radioaktiven Strahlen zerfallen. Durch Messung der Wellenlänge und der Intensität der dabei auftretenden γ-Strahlen kann man auf die Art und die Menge der ursprünglich in der untersuchten Probe vorliegenden chemischen Elemente schließen. Da die Wellenlänge der ausgesendeten γ-Strahlen sehr spezifisch für bestimmte Isotope ist, können – falls sich solche „Peaks" (peak, engl. = Gipfel, Spitze) im Vielkanalanalysator nicht gegenseitig überdecken – schon allerkleinste Spuren von chemischen Elementen in einem großen Überschuss von anderen Elementen erkannt und der Menge nach genau bestimmt werden.

11.4.2 Röntgenbereich

Zum Röntgenbereich (Abb. 11.3) zählt man Strahlung mit Wellenlängen kleiner als 10^{-8} m.

11.4.2.1 Röntgenfluoreszenzanalyse

Röntgenspektren liefern wichtige Hinweise für den **Atombau**. Sie bildeten zusammen mit den Spektren im UV-Bereich und im Bereich des sichtbaren Lichtes die Grundlage bei der Erstellung der Atommodelle.

Man kann ferner mit ihnen **chemische Element** identifizieren und mengenmäßig bestimmen, da jedes Element ganz charakteristische K-Strahlen bestimmter Wellenlänge besitzt (Abschn. 11.2.1.3, Abb. 11.8). Diese röntgenografischen Analysenmethoden finden Einsatzmöglichkeiten zur qualitativen und quantitativen Bestimmung von chemischen Elementen in chemischen Verbindungen und von Metalllegierungen in der Metallurgie, Zement-, Glas- und Keramikindustrie. Auch die Oberflächen von Werkstoffen oder von Kunstwerken können zerstörungsfrei untersucht werden.

Man bestrahlt die Proben mit kontinuierlicher Röntgenstrahlung hoher Intensität (Bremsstrahlung). Dadurch werden K-Elektronen aus der innersten Schale herausgeschlagen. Die Elektronen fallen nun stufenweise über die übrigen Elektronenschalen, zuletzt über das Energieniveau der 2s-Orbitale in die innerste Schale zurück. Die seitlich aufgefangenen Emissionsspektren haben dann größere Wellenlängen (geringere Strahlungsenergie) als die Röntgenstrahlen, die die innersten Elektronen aus dem Atom herausschlagen. Diese seitlich aufgefangene Strahlung wird als **Fluoreszenzstrahlung** (Abschn. 11.2.2) bezeichnet. Man kann solche Röntgenfluoreszenzstrahlen über den gesamten Wellenlängenbereich registrieren und in einem direkt angeschlossenen Computer auswerten, sodass schließlich die Anteile der einzelnen chemischen Elemente in der Probe unmittelbar in Prozentwerten ausgedruckt werden können. Man bezeichnet diese Bestimmungsmethode als Röntgenfluoreszenzanalyse.

11.4.2.2 Röntgenstrukturanalyse

Die Wellenlänge der Röntgenstrahlen liegt in der Größenordnung der Atomabstände. Daher hat man die Möglichkeit zur Bestimmung der Gitterabstände oder der **Gitterstruktur** von Kristallen.

Fallen nämlich Röntgenstrahlen bestimmter Wellenlänge unter einem bestimmten Winkel auf einen Kristall, so können sie reflektiert werden. Das wird dann der Fall sein, wenn der Winkel gerade so groß ist, dass zwei parallele, ko-

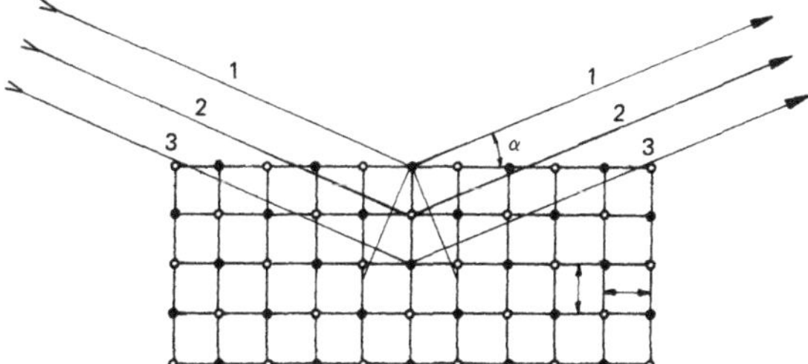

Abb. 11.14 Reflexion von Röntgenstrahlen am Kristallgitter.

härente Strahlen[3], die an zwei verschiedenen Atomschichten reflektiert werden, sich nicht gegenseitig auslöschen. Das geschieht aber nur dann, wenn der Gangunterschied zwischen dem an der ersten und dem an der zweiten Atomschicht reflektierten Strahl gerade eine Wellenlänge ausmacht (Abb. 11.14).

Sollen Röntgenstrahlen am Kristallgitter reflektiert werden, muss in Abb. 11.14 Strahl 2 beim Durchlaufen des Gitters zusätzlich eine Strecke von einer Wellenlänge, Strahl 3 das Doppelte der Wellenlänge zurücklegen. Ist die Wellenlänge bekannt, so kann man damit die Gitterabstände berechnen; sind die Gitterabstände bekannt, kann man die Wellenlänge der Röntgenstrahlen bestimmen. Mithilfe der Röntgenstrukturanalyse konnte man nachweisen, dass die Abstände der C-Atome im Benzolring überall gleich groß sind. Durch Röntgenaufnahmen (sogenannte Laue-Diagramme oder Debye-Scherrer-Diagramme) lässt sich auch feststellen, ob ein fester Stoff amorphen oder kristallinen Charakter hat.

Da Röntgenstrahlen an Elektronen reflektiert werden, ist es möglich, die Elektronendichte und die **Elektronenverteilung in Kristallen** zu ermitteln (z. B. die Elektronenverteilung in Metallen, Abschn. 6.5.1.2). Da die Elektronendichte in der Umgebung der einzelnen Atomkerne besonders hoch ist, kann man mithilfe von Röntgenanalysen sogar die Konturenkarten für die Gestalt von z. B. organischen Molekülen erstellen. So konnte man zeigen, dass das Naphthalinmolekül tatsächlich den in Abschn. 8.1.5.4 wiedergegebenen Bau aufweist. Insbesondere wurde durch Röntgenanalysen der Bau von komplizierten organischen Eiweißmolekülen oder Nukleinsäuren aufgeklärt (Abschn. 8.7.2 und 12.2.1).

Eine noch besser Auflösung bei der Ermittlung von atomarer oder molekularer Strukturen bietet heute die **Rasterkraftmikroskopie** (engl. Atomic Force Microscope = **AFM**) bei der eine feine Sondenspitze rasterförmig über die Probenoberfläche geführt wird. Hierbei wird die sich unter dem Einfluss der Probentopografie ändernde wirksame Kraft auf die Sonde gemessen.

3) Elektromagnetische Wellen, welche *gleichzeitig* von der *gleichen* Quelle ausgehen, sind kohärent. Das bedeutet, die jeweiligen Wellenzüge stimmen in ihren Phasen überein und löschen sich nicht gegenseitig aus. Das ist bildhaft so zu verstehen, dass bei „Kohärenz" solcher Röntgenstrahlen jeweils Wellenberg mit Wellenberg und Wellental mit Wellental übereinstimmen.

11.4.3 Ultraviolettspektren (UV-Spektren)

Das Gebiet der UV-Strahlen umfasst Wellenlängenbereiche von ca. 3–360 nm. Die diesen Wellenlängen entsprechende Energie ist von der gleichen Größenordnung wie die Bindungsenergie von σ- und π-Bindungen (oder übertrifft diese sogar):

- Die Bindungsenergie einer σ-Bindung entspricht einer Wellenlänge von 120 nm.
- Die Bindungsenergie einer π-Bindung entspricht einer Wellenlänge von 180 nm.

Wird ein Molekül von einem genügend starken UV-Energiequant getroffen, so kann durch Aufnahme dieser Energie die bestehende Bindung zwischen zwei Atomen gelöst werden. Aus dem gemeinsamen Molekülorbital (z. B. bei einer σ-Bindung) entstehen dann die energetisch höherliegenden Atomorbitale der einzelnen Atome. So werden z. B. Sauerstoffmoleküle durch Einwirkung ultravioletter Strahlung in höheren Luftschichten unserer Erdatmosphäre in Sauerstoffatome gespalten. Der so aktivierte Sauerstoff kann dann durch Vereinigung mit anderen Sauerstoffmolekülen zu einem Ozonmolekül reagieren. Dies führt zur Bildung der Ozonschicht der Erde in der Stratosphäre (Abschn. 8.2.4).

Ebenso kann man durch Lösen einer π-Bindung ein Molekül reaktionsfähig machen, da die hierbei entstehenden freien Bindungselektronen mit anderen Molekülen eine Reaktion herbeiführen können, so z. B. die Aktivierung einer Doppelbindung im Ethylen (freie Elektronen sind als Punkte dargestellt):

$$CH_2{=}CH_2 + \text{Energie} \rightarrow \dot{C}H_2{-}\dot{C}H_2$$

Benachbarte Doppelbindungen (z. B. im Butadien $CH_2{=}CH{-}CH{=}CH_2$) beeinflussen sich gegenseitig. Infolgedessen ist die zu ihrer Anregung notwendige Energie geringer als bei einer Einfachbindung, was einer größeren Wellenlänge des UV-Lichtes entspricht. Noch geringer ist die Anregungsenergie (dementsprechend größer die Wellenlänge) bei den Aromaten (Abschn. 8.1.5):

- Die Bindungsenergie einer π-Bindung im Butadien entspricht einer Wellenlänge von 217 nm.
- Die Bindungsenergie einer π-Bindung im Benzol entspricht einer Wellenlänge von 255 nm.

Mit UV-Spektrometern kann man im Allgemeinen nur Wellenlängen erfassen, die oberhalb von 200 nm liegen. Durch UV-Spektren können daher Moleküle erkannt werden, die benachbarte, sogenannte **konjugierte Doppelbindungen** enthalten. Solche Doppelbindungen müssen nicht immer zwischen Kohlenstoffatomen liegen; sie können, wie z. B. im Methylvinylketon, welches eine Bande bei 215 nm zeigt, auch zwischen C- und O-Atomen liegen:

$$CH_3-C(=O)-CH=CH_2$$

Methylvinylketon

Treten sehr viele π-Bindungen miteinander in Wechselwirkung, so verschieben sich die Absorptionsbeträge in den Bereich des *sichtbaren* Lichtes. Solche Verbindungen erscheinen dann dem menschlichen Auge als farbig und finden als organische Farbstoffe und Pigmente vielseitige Verwendung. Nähere Angaben über diese Stoffklasse der „Farbmittel" enthält der Abschn. 11.7.

UV-Spektren zeigen **Absorptionsmaxima**, da hier die eben geschilderten π-Elektronenübergänge von anderen Schwingungsarten überlagert werden. Solche gequantelten Schwingungsarten sind die Schwingung der einzelnen Atome im Molekül gegeneinander, außerdem die Rotation dieser Moleküle (ähnlich wie in Abb. 11.10). Hinzu kommen noch schwächere energetische Wechselwirkungen zwischen dem zu untersuchenden Stoff und dem Lösungsmittel, da die Aufnahmen von UV-Spektren meist in Lösungsmitteln durchgeführt werden. Das Resultat ist ein Ineinanderfließen der Energiebande zu Absorptionsmaxima.

Das Hauptanwendungsgebiet der UV-Spektroskopie liegt im Bereich der organischen Chemie zur Strukturaufklärung, hauptsächlich bei Anwesenheit von konjugierten Doppelbindungen.

11.4.4 Spektren im sichtbaren Licht

Das Spektralgebiet des sichtbaren Lichtes umfasst die Wellenlängen von 360–780 nm. Diesen Wellenlängen der elektromagnetischen Strahlen entspricht die Energie von Elektronensprüngen in den äußersten Elektronenschalen. Nähere Einzelheiten wurden bereits unter Abschn. 11.2 beschrieben. Für Analysenzwecke kann man im sichtbaren Bereich der elektromagnetischen Wellen entweder **Emissions**- oder **Absorptionsspektren** verwenden.

11.4.4.1 Emissionsspektren

Sie dienen zur qualitativen oder quantitativen Analyse von Metallen, Legierungen oder Metallverbindungen. Man gewinnt dabei die Atomspektren von verdampften (gasförmigen) Stoffen. Das Verdampfen und die elektronische Anregung kann man auf folgende Weisen erreichen:

a) Flammenanregung

Diese entsteht im einfachsten Fall beim starken Erhitzen von Lösungen auf einem Platindraht oder Magnesiastäbchen. Magnesiastäbchen bestehen aus feuerbeständigem, in der Bunsenbrennerflamme keine Spektrallinien hervorrufenden Magnesiumoxid MgO (Magnesia). Dabei verdampfen die Lösungen und liefern charakteristische Flammenfärbungen, die durch den optischen Eindruck die An-

Tab. 11.2 Flammenfärbungen.

Farbe	Anwesende Elemente
Gelb	Na
Violett	K
Rot	Ca, Sr, Li
Grün	B, Ba, Tl, Cu (als Chlorid blau!)

wesenheit verschiedener Metallionen anzeigen. Diese Methode wird häufig zur **qualitativen Analyse** von wichtigen Kationen verwendet. In Tab. 11.2 sind Beispiele für die Flammenfärbung einiger Elemente aufgeführt. Eine genauere Identifizierung der Metallionen ist dadurch möglich, dass man die einzelnen Spektrallinien mithilfe von Prismen sichtbar macht. Man erhält dabei charakteristische Linienspektren (ähnlich wie in Abb. 11.1b).

Im **Flammenspektrometer** kann man durch fotometrische Messung der Intensität dieser Spektrallinien auch die Konzentrationen solcher Metallionen in Lösungen bestimmen. Da sich durch Flammen maximal Temperaturen bis etwa 3000 K erzielen lassen (z. B. mittels Acetylen-Sauerstoff-Brenner, Abschn. 5.5.1.8), ist die Flammenspektrometrie auf die leicht anregbaren Elemente der Alkali- und Erdalkalimetalle beschränkt. Diese Art der Spektroskopie dient häufig zur Analyse der Elemente Na, K, Ca und Li in biologischen Flüssigkeiten im Bereich der klinischen Chemie (z. B. Urin) und der Landwirtschaft.

b) Funken- und Bogenentladung

Bei örtlich eng begrenzt auftretenden hohen Temperaturen, z. B. durch einen elektrischen Lichtbogen kann man geringe Stoffmengen von der Oberfläche von Metallen verdampfen und die dabei auftretenden Spektren zur qualitativen und quantitativen Bestimmung der Legierungsbestandteile verwenden (Funkenspektrometer).

c) Plasmaanregung

Eine moderne Anregungsquelle ist das sogenannte induktiv gekoppelte Plasma. Diese Methode wird nach dem englischen Ausdruck auch kurz als **ICP-Methode** (**I**nductively **C**oupled **P**lasma) bezeichnet. Durch Hochfrequenzfelder wird aus einem leicht ionisierbaren Gas (wie z. B. Argon) ein Plasma (Übersicht Kapitel 3) mit sehr hoher Temperatur (etwa 10 000 K) erzeugt, welches zur Atomisierung und Anregung der zu untersuchenden Probe dient. Der große Vorteil dieser spektroskopischen Methode ist, dass sich sehr viele Elemente gleichzeitig nebeneinander quantitativ bestimmen lassen (bis zu 48 Elemente innerhalb weniger Sekunden!). Die ICP-Emissionspektroskopie wird beispielweise in der Umweltanalytik oder zur Analyse von Werkstoffen eingesetzt.

11.4.4.2 Absorptionsspektren

Eine sehr gute Analysengenauigkeit erreicht man bei quantitativen Bestimmungen mit Absorptionsspektren.

a) Atomabsorptionsspektren

Bei dieser auch als **Atomabsorptionsspektroskopie (Abkürzung AAS)** bezeichneten Bestimmungsmethode bringt man die Atome der zu bestimmenden chemischen Elemente in den Strahlengang, der von einer Lichtquelle (z. B. einer Hohlkathodenlampe) ausgeht. Feste Proben müssen durch einen Probenaufschluss in eine gelöste Form gebracht werden. Die Kathode besteht aus dem Element, welches bestimmt werden soll, und sendet ein somit charakteristisches Linienspektrum aus. Die Verminderung der ursprünglichen Lichtintensität bei charakteristischen Wellenlängen ermöglicht die Messung der Konzentration der zu bestimmenden Stoffe. Nachteilig ist bei der AAS-Methode, dass sie auf die Bestimmung einzelner Elemente beschränkt bleibt, da im Prinzip für jedes Element eine andere Hohlkathodenlampe verwendet werden muss (es gibt heute allerdings auch Mehrelementlampen). Müssen viele Elemente gleichzeitig bestimmt werden, greift man häufig auf die ICP-Emissionsspektroskopie zurück.

b) Fotometrie und Kolorimetrie

Die **Fotometrie** ist eine besonders empfindliche und universell einsetzbare Bestimmungsmethode. Sie nutzt die unterschiedliche Lichtabsorption in charakteristischen Wellenlängenbereichen zur quantitativen Bestimmung von farbigen Lösungen aus. Falls die zu analysierenden Stoffe in wässriger (oder nicht wässriger) Lösung nicht selbst farbig sind, werden sie durch Reagenzzusatz in eine farbige Verbindung überführt. Die Lichtabsorption wird in den in Abschn. 11.5.1 näher beschriebenen Fotometern gemessen. Als **Kolorimetrie** wird meist der direkte visuelle Farbvergleich mit unterschiedlichen Standardlösungen bezeichnet. Hierbei sind schnellere Aussagen – allerdings mit geringerer Genauigkeit – im Vergleich zur Messung mit einem Fotometer möglich.

11.4.5 Infrarotspektren (IR-Spektren)

Das Infrarotgebiet umfasst Wellenlängenbereiche von etwa 780 nm–140 μm. Energiebeträge, die diesen Wellenlängen entsprechen, können bei kovalenten Verbindungen Deformationsschwingungen erzeugen. So werden polarisierte kovalente Bindungen (Dipole) durch elektromagnetische Schwingungen bestimmter Frequenz angeregt. Dabei können folgende, in Abb. 11.15 angedeutete Schwingungsarten auftreten:

- asymmetrische Streckung,
- symmetrische Streckung und
- Knickschwingung.

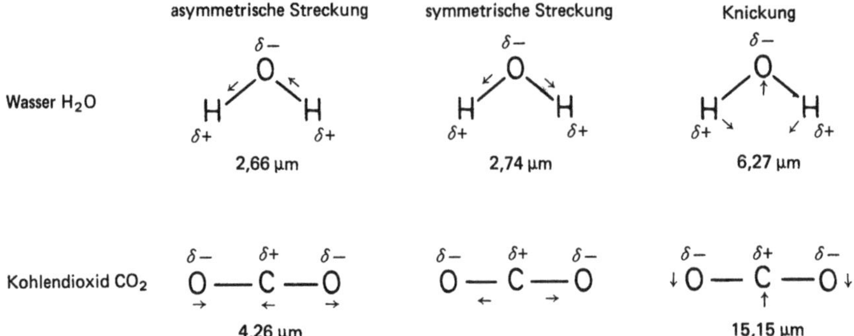

Abb. 11.15 Art und Wellenlänge von Resonanzschwingungen im IR-Bereich.

Eine solche Anregung durch Energieaufnahme kann jedoch nur dann erfolgen, wenn damit eine **Änderung des Dipolmoments** verbunden ist. Deshalb können symmetrische zweiatomige Moleküle (z. B. O_2) prinzipiell nicht im Infrarotbereich angeregt werden. Beim linear aufgebauten Molekül des Kohlendioxids wird im Infrarotgebiet auch keine Anregung der symmetrischen Streckschwingung erfolgen. Hingegen werden beim Kohlendioxid die anderen Schwingungsarten (asymmetrische Streckung, Knickung) im Infrarotbereich angeregt, da sich hierbei das Dipolmoment ändert (Abb. 11.15). Beim Wassermolekül sind alle drei in Abb. 11.15 dargestellten Schwingungsarten infrarotaktiv.

11.4.5.1 **Infrarotabsorptionsspektren**

Die Infrarotspektren werden typischerweise als Absorptionsspektren erhalten. Man benutzt sie sehr häufig zur **Bestimmung organischer Stoffe**. Die Abb. 11.16 zeigt ein solches typisches IR-Spektrum. Wie dort angedeutet, weisen Absorptionsmaxima bei bestimmten Wellenlängen auf charakteristische Atomgruppierungen hin.

Auch Kunststoffe kann man mithilfe von Infrarotspektren identifizieren. Dies kann zur Erkennung und Sortierung beim Kunststoffrecycling ausgenutzt werden

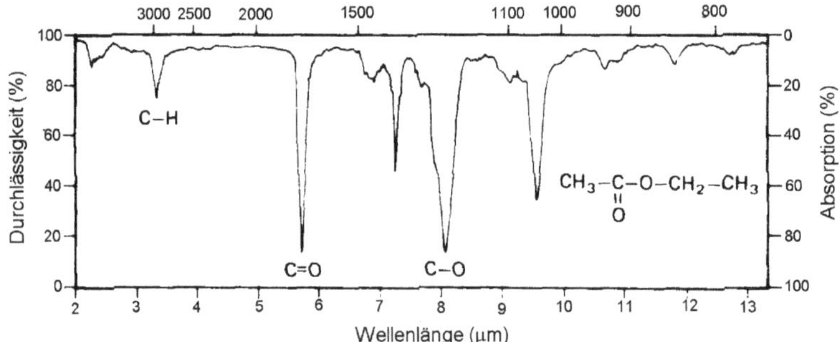

Abb. 11.16 Typisches IR-Spektrum.

(Abschn. 9.8). Messgeräte, die im IR-Bereich arbeiten, werden auch zur Ermittlung von Schadstoffen in der Umweltanalytik eingesetzt (Abschn. 11.5.2).

Glas ist für Infrarotstrahlen nicht durchlässig. Man verwendet deswegen verschiedene Salze (z. B. KCl, NaCl) zur Herstellung der Prismen oder für die Küvetten[4], die die zu untersuchende Flüssigkeit aufnehmen.

11.4.5.2 Raman-Spektren

Im Infrarotbereich kann man auch **Emissionsspektren** aufnehmen. Diese Art der Spektroskopie, die Raman-Spektroskopie, wurde nach dem indischen Physiker Raman benannt (1888–1970, Nobelpreis 1930). Hierzu wird eine Probe von IR-Strahlen bestimmter Wellenlänge durchstrahlt. Gemessen wird die seitliche Streustrahlung, die zu einem sehr geringen Anteil (0,1–1 %) infolge der Wechselwirkung mit der Probe unter Änderung der Wellenlänge ausgestreut wird. Das apparativ wesentlich schwieriger zu handhabende Raman-Spektrum ist deswegen von Interesse, weil in ihm Schwingungsarten zu erkennen sind (z. B. die in Abb. 11.15 gezeigte symmetrische Streckung des linearen Moleküls CO_2), die im Infrarotspektrum nicht aktiv werden. Die Raman-Spektroskopie bietet somit eine wertvolle Ergänzung zur Infrarotspektroskopie.

11.4.6 Magnetische Kernresonanz (nuclear magnetic resonance = NMR)

Nukleonen (Protonen und Neutronen) besitzen ähnlich wie Elektronen einen **Spin**. Der Gesamtspin eines Atomkerns ist die Resultierende aus den Einzelspinmomenten. Bei Atomen mit gerader Nukleonenzahl heben sich die Spinmomente dieser Nukleonen gegenseitig auf. Kerne mit ungerader Nukleonenzahl (also z. B. C 13 oder N 15) zeigen dagegen ein magnetisches Moment. Das wichtigste Atom mit einem magnetischen Kernmoment ist das Atom H 1. Das Proton in diesem normalen Wasserstoffkern besitzt einen Spin (entweder +1/2 oder −1/2). Es stellt sich in einem äußeren Magnetfeld entweder parallel oder antiparallel zu diesem Feld ein, wobei die parallele Einstellung energetisch bevorzugt ist. Der Energieunterschied zwischen diesen beiden Einstellungsrichtungen ist aber nur äußerst gering.

Solche sich parallel oder antiparallel im äußeren Magnetfeld ausrichtenden Elementarmagnete beschreiben nun eine sogenannte Präzessionsbewegung. Diese ist vergleichbar mit dem Tanzen eines schnell rotierenden Kreisels im Schwerefeld der Erde. Die Präzessionsbewegung ermöglicht es, durch eine seitlich hinzukommende Resonanzfrequenz die Elementarmagnete vom parallelen in den antiparallelen Spin (mit höherer Energieform) umkippen zu lassen. Die dabei verbrauchte Energie liegt im Bereich der Radiowellen (Abb. 11.3) und kann durch empfindliche Messgeräte gemessen werden. Von besonderem Interesse ist vor allem das

4) Küvetten sind kleine Gefäße mit planparallelen Stirnplatten, die eine Strahlenanalyse oder eine Projektion von Lösungen ermöglichen.

Umkippen von Protonen (Wasserstoffkernen) vom parallelen zum antiparallelen Spin.

Protonen zeigen je nach der allernächsten Umgebung im Molekül geringe Unterschiede in den Absorptionsfrequenzen. Der Grund liegt in Folgendem: Die Protonen werden einmal durch die sie umkreisenden Elektronen abgeschirmt, zum anderen werden sie durch benachbarte, einen Spin enthaltende Atomkerne beeinflusst.

Man kann aufgrund der so gefundenen Spektren die Anwesenheit verschiedener Stoffe schon in geringsten Mengen feststellen. So bietet die kernmagnetische Resonanzabsorption die Möglichkeit zur Ermittlung von organischen Substanzen gewissermaßen an ihren spezifischen „Fingerabdrücken".

Die NMR-Analyse wird in weitem Umfang heute zur **Strukturaufklärung** in der organischen Chemie verwendet. Außerdem dient sie zur Untersuchung von Beweglichkeiten in ganz oder teilweise kristallinen Festkörpern, z. B. in Kunststoffen. Auch kann man mit ihr geringste Spuren von organischen Stoffen identifizieren. Die H 1-**Kernspintomografie** hat heute große Bedeutung im Bereich der **Medizintechnik** erlangt. Mit ihr lässt sich menschliches Gewebe dreidimensional darstellen, was beispielsweise in der Tumordiagnostik genutzt werden kann. Da bei der Kernspintomografie mit langwelligen (= niedrige Energie) Radiowellen gearbeitet wird, ist sie im Vergleich zur Röntgendiagnose vor allem eine sehr schonende Untersuchungsmethode.

11.5 Spezielle Messgeräte

In diesem Abschnitt werden die Funktionsprinzipien einiger typischer Messgeräte erläutert, bei welchen zwar nicht die elektromagnetischen Spektren direkt aufgenommen werden, man aber elektromagnetische Spektren zur quantitativen Erfassung von bestimmten Stoffen ausnutzt.

11.5.1 Fotometer

In Fotometern kann man die Färbung und die Farbintensität von Lösungen zur quantitativen Erfassung von verschiedenen Stoffen heranziehen. Die zu bestimmenden Stoffe werden entweder selbst in wässriger Lösung gemessen oder mithilfe von Reagenzien in farbige Verbindungen überführt. Die Farbintensität ist dann ein Maß für die Konzentration. Neben dem Bereich des sichtbaren Lichtes wird mit Fotometern auch im Bereich des ultravioletten Lichtes gemessen. Fotometer, die im UV- und sichtbaren Bereich des Lichtes arbeiten, werden auch kurz **UV/VIS-Spektrometer** genannt (VIS = Abkürzung von visible, engl. = sichtbar).

In Abb. 11.17 ist der prinzipielle Aufbau eines Fotometers dargestellt. Als Strahlungsquelle für den UV-Bereich werden heute üblicherweise Deuteriumlampen, für den sichtbaren Bereich Wolfram-Halogenlampen eingesetzt. Als Strahlungs-

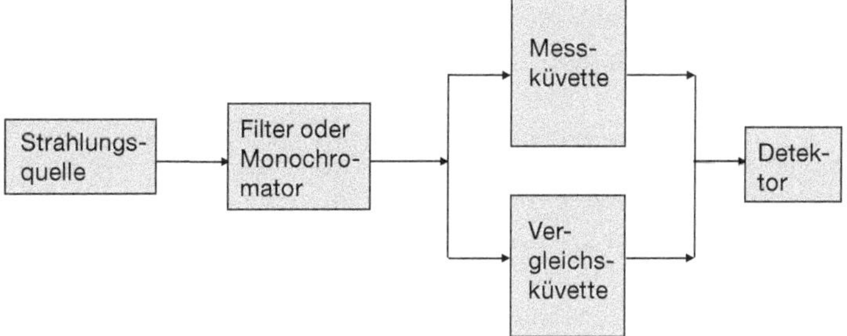

Abb. 11.17 Schematische Darstellung eines Zweistrahlfotometers.

zerleger für diese kontinuierlichen Strahlungsquellen werden entweder Filter (**Filterfotometer**) oder beim sogenannten **Spektralfotometer** Monochromatoren (Gitter oder Prismen) eingesetzt. Mithilfe der Monochromatoren kann bei verschiedenen Wellenlängen monochromatisches, d. h. Licht, das nur einen schmalen Wellenlängenbereich aufweist, erzeugt werden.

Die Strahlung wird durch eine mit der entsprechenden Lösung gefüllten Küvette bestimmter Schichtdicke geleitet (z. B. 1 oder 5 cm). Die Färbung der Lösung wird dann mit einer Vergleichslösung (z. B. mit einer Lösung, die nur die Reagenzien, nicht aber den zu bestimmenden Stoff enthält = Blindwert) verglichen. Bei sogenannten **Zweistrahlfotometern** kann der Lichtstrahl abwechselnd durch die Vergleichsküvette und die Messküvette geleitet werden (Abb. 11.17). Anschließend werden die Lichtimpulse durch Fotozellen in elektrische Impulse umgewandelt.

Die Konzentration des zu messenden Stoffes ist innerhalb eines bestimmten Konzentrationsbereiches der Lichtabschwächung (= Lichtextinktion) direkt proportional. In diesem Bereich lässt sich das sogenannte **Lambert-Beer'sche Gesetz** (Johann Heinrich Lambert, 1728–1777) anwenden:

$$I = I_0 \cdot e^{-\varepsilon \cdot c \cdot d}$$

Darin bedeuten I = Intensität des Lichtes nach Durchstrahlen der Lösung, I_0 = Intensität des Lichtstrahls vor der Probe, ε = Extinktionskoeffizient (eine Konstante), c = Konzentration des zu bestimmenden Stoffes, d = Schichtdicke der Lösung.

Die Lichtdurchlässigkeit D der Probe ist:

$$D = \frac{I}{I_0}$$

Als „Extinktion" E bezeichnet man den natürlichen Logarithmus vom Kehrwert der Lichtdurchlässigkeit D. Nach mathematischer Umformung der obigen Gleichung ist dann:

$$E = \ln \frac{1}{D} = \ln \frac{I_0}{I} = \varepsilon \cdot c \cdot d$$

Da ε und d konstant sind, ist dann die Extinktion der Konzentration des zu messenden Stoffes direkt proportional:

$$E = \text{Konst.} \cdot c$$

Die Genauigkeit und die Reproduzierbarkeit der in Fotometern gemessenen Werte sind recht gut. Man erreicht im Allgemeinen Messgenauigkeiten von ca. 1 %. Fotometer werden wegen ihrer einfachen Handhabung, den relativ geringen Anschaffungskosten und vielfältigen Anwendungsmöglichkeiten sehr häufig eingesetzt. In der **Umweltanalytik** werden fotometrische Verfahren besonders häufig verwendet; beispielsweise für Wasseranalysen, die Bestimmung von Schadstoffen (Schwermetallionen) in Abwässern und Luftverunreinigungen. Die zu bestimmenden Stoffe müssen dabei immer in eine lösliche, farbige (wenn sie nicht im UV-Bereich absorbieren) Form überführt werden.

Neben den universell einsetzbaren Laborgeräten gibt es speziell für Messungen von Luftverunreinigungen (Schwefeldioxid, Stickstoffoxide usw.) automatisch arbeitende Fotometer. Bei diesen wird z. B. so lange Luft durch eine vorgelegte Reagenzlösung geleitet, bis ein bestimmter, zuvor eingestellter Spitzenwert erreicht ist. Die bis dahin durchgeleitete Luftmenge ergibt dann die Bezugsgröße für die Schadstoffkonzentration. Nach der Registrierung des Messwerts wird die Apparatur automatisch entleert und durch frische Reagenzlösung für die nächste Bestimmung präpariert.

11.5.2 IR-Messgeräte für Gase

Verschiedene Geräte für **Emissions- und Immissionsmessungen** (Abschn. 13.3.1) nutzen die Tatsache aus, dass viele gasförmige Schadstoffe (z. B. CO, CO_2, NO, NO_2, SO_2 oder Kohlenwasserstoffe) im Infrarotgebiet bestimmte Wellenlängen absorbieren und sich dabei erwärmen. Messapparaturen dieser Art sollen am Beispiel des sogenannten Uras-Gerätes[5] erklärt werden. In den beiden Empfängerkammern (Abb. 11.18), die voneinander durch eine Membran getrennt sind, befindet sich eine Mischung aus Argon und der gleichen Gasart, für deren Bestimmung das Uras-Gerät eingerichtet werden soll.

Treffen nun die von den Strahlern erzeugten Infrarotstrahlen auf dieses Gas in den Empfängerkammern, so erwärmt es sich. Bei gleichmäßiger Erwärmung beider Empfängerkammern zeigt die Membran keinen Ausschlag.

Wird jedoch ein Teil der infraroten Strahlen von dem durch die Analysenkammer geleiteten, zu bestimmenden Gas vorher absorbiert, so kann sich die hinter der Analysenkammer liegende Empfängerkammer nicht mehr so stark erwärmen. Die Membran biegt sich nach dieser Seite durch. Die Stärke der Durchbiegung ist abhängig von der Absorption der Infrarotstrahlen in der Analysenkammer und

5) Uras ist die Abkürzung für **U**ltra**r**ot**a**bsorptions**s**chreiber und wurde ursprünglich von der Firma Hartmann & Braun hergestellt. Ähnlich aufgebaute Messsysteme werden heute auch von anderen Firmen angeboten.

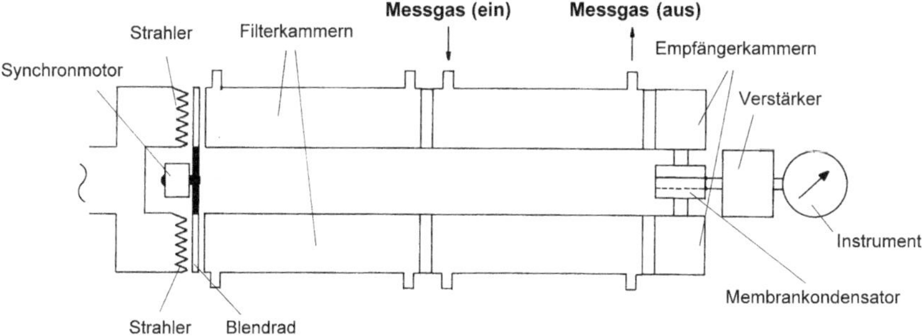

Abb. 11.18 Schema eines IR-Messgerätes.

damit von der Konzentration des zu bestimmenden Stoffes in dieser Analysenkammer. Somit zeigt die Stärke der Durchbiegung der als Kondensator ausgebildeten Membran (über einen Verstärker elektrisch übertragbar) die Konzentration des zu bestimmenden Stoffes direkt an.

Um nur die Gaserwärmung selbst zu erfassen und eine gleichmäßige, nicht selektive Erwärmung der Kammerwände auszuschalten, werden beide Strahlengänge durch ein Blendenrad periodisch mit gleicher Phase unterbrochen.

Das Uras-Gerät arbeitet substanzspezifisch, da das in den Empfängerkammern eingeschlossene Gas immer nur durch ganz bestimmte Wellenlängen erwärmt wird; aber gerade diese Wellenlängenbereiche werden auch durch das zu bestimmende Gas in der Analysenkammer absorbiert. Das bedeutet, in den Empfängerkammern muss immer das Gas vorhanden sein, dessen Konzentrationsschwankungen man in der Analysenkammer bestimmen will. Störende Gase, die Absorptionsbande in benachbarten Wellenlängenbereichen aufweisen, könnten aber das zu bestimmende Gas in der Analysenkammer vortäuschen. Füllt man jedoch diese störenden Gaskomponenten in die Filterkammern ein, werden die betreffenden Wellenlängen schon vorher aus dem IR-Spektrum herausgeholt und können deswegen das Messergebnis nicht mehr verfälschen.

11.5.3
Chemolumineszenzanalyse

Bei verschiedenen chemischen Reaktionen wird Reaktionsenergie in Form von Licht ausgesendet. Man bezeichnet diesen Vorgang als **Chemolumineszenz** (zu Lumineszenz, Abschn. 11.2.2). So entsteht durch Reaktion von Stickstoffmonoxid mit Ozon zuerst ein angeregter Zustand des Stickstoffdioxids, der unter Aussendung von Licht bestimmter Wellenlänge in den Grundzustand übergeht, also:

$$NO + O_3 \rightarrow NO_2{}^* + O_2 \quad NO_2{}^* \rightarrow NO_2 + h \cdot \nu$$

$*$ bedeutet dabei ein Molekül, das sich in einer höheren Anregungsstufe, also nicht im energieärmsten, dem Grundzustand befindet.

Die dabei auftretende Chemolumineszenz kann zur quantitativen Bestimmung geringer Mengen von **Stickstoffmonoxid** (NO) in der Luft (Immisionsmessungen) ausgenutzt werden. Meist ist es wünschenswert, zusätzlich den Gesamtstickoxidgehalt (NO_x) zu bestimmen. Hierzu muss das Stickstoffdioxid vor der Ozonreaktion zuerst in Stickstoffmonoxid NO überführt werden, was man durch vorheriges Erhitzen (z. B. auf 285 °C) in Gegenwart von Katalysatoren in einem vorgeschalteten Konverter erreicht. Die Nachweisgrenzen gehen bis in den ppb-Bereich.

Will man hingegen **Ozon** bestimmen, so verwendet man Ethylen (statt NO). Heute jedoch wird Ozon meistens durch UV-Messgeräte bestimmt, nachdem man die „Querempfindlichkeit" (bei der Ozon z. B. durch Aromaten vorgetäuscht wird) ausgeschaltet hat. Man kann Ozon an heißen Silberkontakten oder an MnO_2-beschichteten Kupfernetzen zersetzen und durch die Differenz zu einer unbehandelten Probe den Ozonwert bestimmen.

11.6 Massenspektrometer

Im Massenspektrometer lassen sich die Elemente in ihre **Isotope** aufspalten. Organische Stoffe liefern im Massenspektrometer charakteristische Bruchstücke, die auf bestimmte Verbindungen hinweisen.

Die Funktionsweise dieser apparativ sehr aufwändigen Methode ist einfach (Abb. 11.19): Beschießt man chemische Elemente oder organische Verbindungen im Hochvakuum mit Elektronen, so werden sie durch Herausschlagen von Elektronen ionisiert, d. h., in positiv geladene Teilchen oder Bruchstücke verwandelt. Diese Bruchstücke werden in einem elektrischen Feld beschleunigt und im Anschluss daran durch ein magnetisches Feld abgelenkt. Der Grad der Ablenkung hängt nun von dem Verhältnis von Masse (m) zur Ladung (e) ab, also vom Verhältnis m/e. Die Ladung ist häufig +1, da meistens nur ein Elektron herausgeschlagen wird oder beim Auseinanderbrechen von Verbindungen nur einfach positiv geladene Bruchstücke entstehen. Die relative Häufigkeit der Teilchen bei den einzelnen Massenwerten wird durch ein elektrisches Registriergerät ermittelt; sie gibt gewissermaßen als „Fingerabdruck" Auskunft über die ursprüngliche Zusammensetzung des Stoffes.

So liefert z. B. der Ethylalkohol die in Abb. 11.20b angegebenen Bruchstücke mit den im Diagramm (Abb. 10.20a) wiedergegebenen Mengenverhältnissen der unterschiedlichen Masseteile. Durch Änderung des Magnetfeldes kann man den gesamten Massenbereich abtasten, da dann immer nur Ionen mit einer bestimmten Massenzahl die in der Abb. 11.19 gestrichelt gezeichnete Flugbahn der Ionen ungehindert passieren können und auf dem Registriergerät auftreffen. Sind zwei oder mehrere organische Substanzen zugegen, so kann man durch Subtraktion der einzelnen „Peaks" den Prozentgehalt der einzelnen organischen Verbindungen feststellen. Der „Peak" mit der höchsten Massenzahl zeigt meistens die Masse des ursprünglich vorliegenden Moleküls. Zur Messung benötigt man sehr geringe Stoffmengen. Statt in variablen Magnetfeldern kann man die Ionen auch in elektrischen „Quadrupolfeldern" durch Hochfrequenz zu massenabhängigen Io-

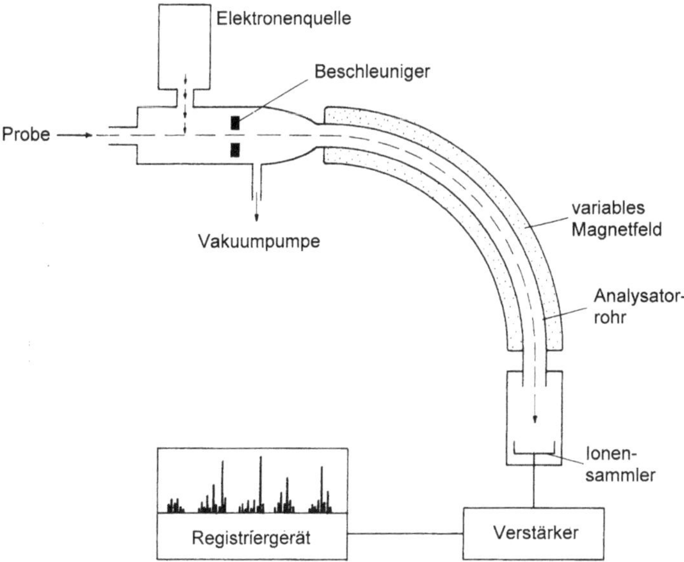

Abb. 11.19 Schema eines Massenspektrometers.

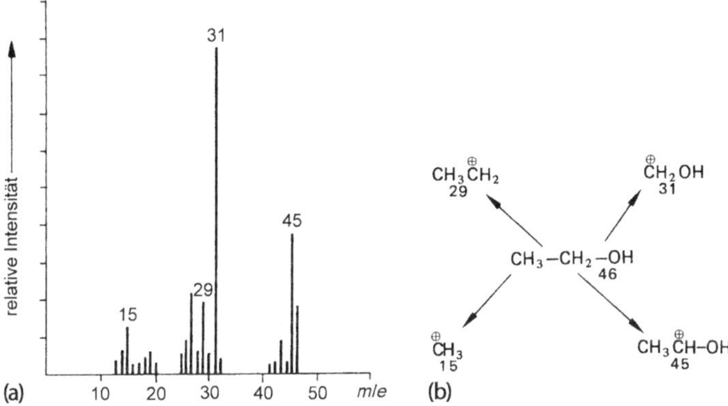

Abb. 11.20 Massenspektrogramm von Ethylalkohol: (a) Aussehen des Diagramms, (b) häufigste Bruchstücke beim Ionisieren.

nenschwingungen anregen, sodass dann immer nur Ionen mit bestimmter Masse das Filter passieren.

Man kann Massenspektrometer auch mit **Gaschromatografen** (Abschn. 5.6.2) kombinieren, und zwar werden die hinter dem Gaschromatografen erhaltenen, getrennten chemischen Substanzen im Massenspektrometer identifiziert. Dieses als Massenfragmentografie oder kurz **GC-MS** bezeichnete Verfahren gestattet Substanznachweise im pg-Bereich und macht Spurenuntersuchungen in der Umweltanalytik möglich und erlaubt z. B. auch geringste Spuren von Dopingmitteln im Blut festzustellen.

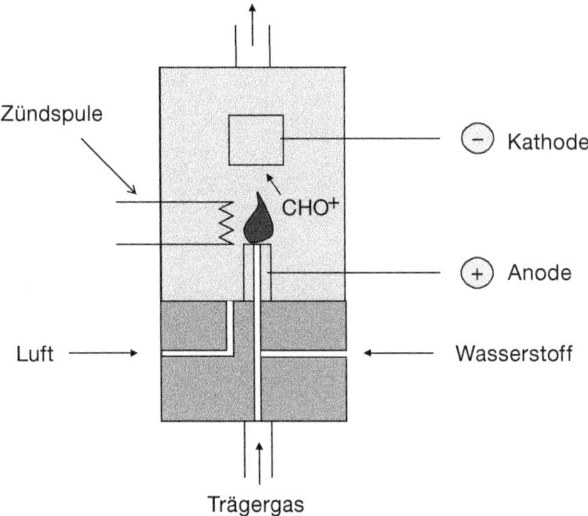

Abb. 11.21 Schematische Darstellung eines Flammenionisationsdetektors.

Ein Messgerät, bei dem ebenfalls positiv geladene Ionen erzeugt und gemessen werden, ist der sogenannte **Flammenionisationsdetektor (FID)**. Hierbei wird allerdings kein Spektrum aufgenommen, sondern nur der Ionenstrom summarisch gemessen. Der FID wird zur summarischen Konzentrationsbestimmung von organischen Stoffen eingesetzt (z. B. Kohlenwasserstoffgehalt in Automobilabgasen, Abschn. 13.3.1). Wie in Abb. 11.21 schematisch dargestellt, wird das Trägergas mit den zu bestimmenden Stoffen in eine Wasserstoffflamme eingebracht. Ein Teil der organischen Moleküle wird hierbei in positiv geladene Ionen überführt (z. B. CHO^+), welche zur Kathode wandern, und der hierbei fließende Strom wird als Signal registriert. Der Vorteil des FID ist seine sehr niedrige Nachweisgrenze und seine Unempfindlichkeit gegen nicht brennbare Gase (z. B. CO_2, SO_2, NO_x). Der FID wird sehr häufig als Detektor bei Gaschromatografen eingesetzt (Abschn. 5.6.2).

11.7 Farbmittel

Zum Einfärben von Kunststoffen, Textilien oder Gebrauchsgegenständen, zur Herstellung von Erzeugnissen der Druckindustrie und zum Schutz von Oberflächen (Lacke und Anstrichfarben) werden vielfältige synthetische und natürliche farbige Verbindungen eingesetzt. Alle diese unter dem Oberbegriff „Farbmittel" zusammengefassten Stoffe werden eingeteilt in **Pigmente** (Abschn. 11.7.2) und **Farbstoffe** (Abschn. 11.7.3).

11.7.1 Ursachen für die Farbigkeit

Sowohl anorganische als auch organische Stoffe können dem menschlichen Auge als farbig erscheinen. Dabei wird durch den betreffenden Stoff ein Teil des sichtbaren Lichtes absorbiert. Das reflektierte Licht ruft dann den Eindruck der betreffenden **Komplementärfarbe** hervor. Wenn ein Stoff zum Beispiel das rote Licht absorbiert, erscheint er grün (Abb. 11.22).

Die Absorption des Lichtes bestimmter Wellenlängenbereiche wird dadurch hervorgerufen, dass Elektronen durch Energieaufnahme aus einem tieferen Grundzustand in einen höheren Anregungszustand hineingehoben werden. Die Ursachen für diese Energieaufnahme der Elektronen sind jedoch bei anorganischen und organischen Stoffen verschieden.

11.7.1.1 Anorganische Stoffe

Die Ionen vieler Nebengruppenelemente sind farbig. Bei ihnen ist die Absorption von Licht bestimmter Wellenlängen möglich, weil die Differenzen zwischen den Energieniveaus bei den Außenelektronen gerade Energiebeträge ergeben, welche im sichtbaren Bereich der elektromagnetischen Wellen liegen. Weil sich aber solche Elektronensprünge in Feststoffen oder Flüssigkeiten ereignen, werden durch sie auch andere energetische Veränderungen begleitet, denn jedes Ion ist mit anderen Ionen, Dipolen oder Atomen verbunden, die durch den betreffenden Elektronensprung ebenfalls beeinflusst werden. Daher gibt es bei den anorganischen Farbmitteln Absorptionsmaxima und keine Linienspektren (Abschn. 11.2.3). Die Rückkehr des Elektrons in den Grundzustand geht meist über sehr viele kleine Zwischenstufen. Dabei werden Energiebeträge emittiert, die nicht mehr im sichtbaren Bereich liegen. Man beobachtet deswegen bei festen und flüssigen anorganischen Stoffen in der Regel nur ein Absorptionsspektrum.

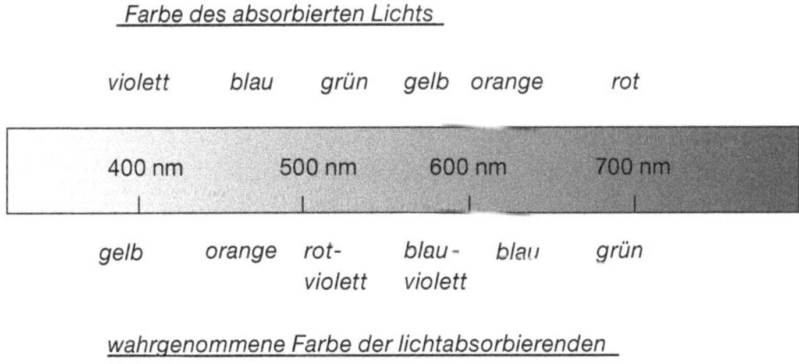

Abb. 11.22 Farben und Wellenlängen im sichtbaren Bereich der elektromagnetischen Strahlung.

11.7.1.2 Organische Stoffe

Wie aus Abschn. 11.4.3 hervorgeht, absorbieren die π-Bindungen organischer Stoffe im UV-Bereich. Je mehr Doppelbindungen durch Mesomerieeffekte (Abschn. 8.1.5) miteinander in Wechselwirkung stehen, desto mehr verlagert sich das Absorptionsmaximum zu langwelligeren Bereichen. Liegen schließlich sehr viele **konjugierte Doppelbindungen** vor, so absorbiert der Stoff im Gebiet des sichtbaren Lichtes. Konjugierte Doppelbindungen liegen dann vor, wenn jeweils Einfachbindungen zwischen den Doppelbindungen liegen, bei mehreren konjugierten Doppelbindungen wechseln sich also Doppelbindungen und Einfachbindungen ab.

Ein Beispiel für einen Farbstoff mit vielen konjugierten Doppelbindungen ist der natürliche, rote Farbstoff ***β*-Carotin**, der beispielsweise in Karotten oder Paprika vorkommt und als Lebensmittelfarbstoff verwendet wird:

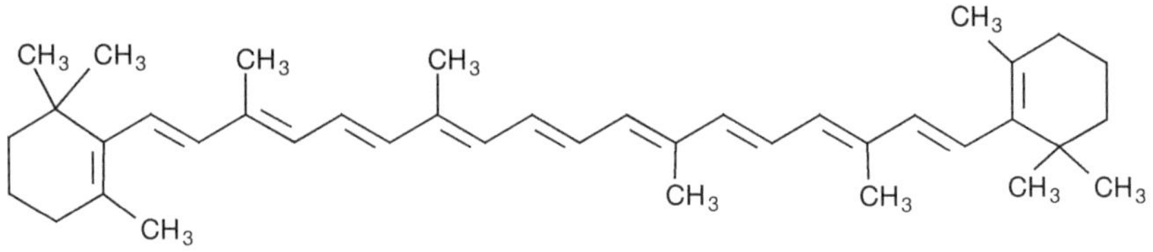

β-Carotin

Die Absorption der Energie kommt dadurch zustande, dass ein Elektron aus dem **HOMO** (= highest occupied molecule orbital = das höchste, noch besetzte Molekülorbital) in das **LUMO** (= lowest unoccupied MO = tiefstes unbesetztes MO) angehoben wird. Da solche Energieänderungen Auswirkungen auf alle anderen Bindungen des betreffenden organischen Moleküls haben, erscheinen auch hier die Elektronenübergänge nicht als scharf begrenzte Einzellinien, sondern als Absorptionsmaxima.

Es gibt Atomgruppen, welche die selektive Absorption entscheidend beeinflussen; sie werden **chromophore Gruppen** oder Chromophore genannt. Eine solche ist z. B. die Azogruppe, –N=N–, ein wichtiger Bestandteil der **Azofarbstoffe**. Verbindungen, die solche chromophoren Gruppen enthalten und dadurch farbig aussehen, bezeichnet man als **Chromogene**. Neben der Azogruppe bildet das Anthrachinon das Grundgerüst für die Gruppe der **Anthrachinonfarbstoffe**, welche sich durch sehr gute Lichtechtheit auszeichnen:

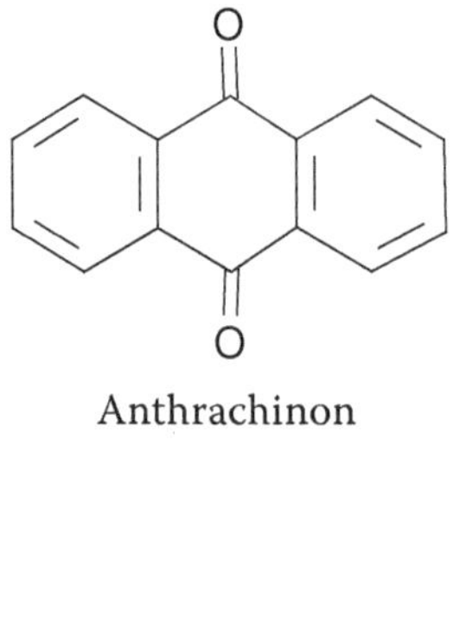

Anthrachinon

In der Praxis verwendete Farbstoffe müssen auf andere Stoffe möglichst licht- und waschecht gebracht werden, z. B. auf natürliche oder vollsynthetische Textilfasern. Das erzielt man durch Einbau von **Auxochromen**. Wichtige auxochrome Gruppen sind: $-NH_2$; $-NHR$; $-OH$; $-CH_3$; $-SO_3H$; $-COOH$.

Neben dieser Funktion als Verbindungsmittel zwischen Farbstoff und dem zu färbenden Stoff haben die auxochromen Gruppen auch einen Einfluss auf die Farbe selbst: Sie ergeben einen **bathochromen** (bathos, gr. = Tiefe), farbvertiefenden Effekt, indem die Absorptionsmaxima zu größeren Wellenlängen verschoben werden. Andere Substituenten, z. B. Alkyle am Benzolkern, können einen **hypsochromen** (hypsos, gr. = Höhe) Effekt hervorrufen, d. h., bei ihnen verschiebt sich das Absorptionsmaximum zu kürzeren Wellenlängen.

Das Einführen von Sulfogruppen ($-SO_3H$) oder Carboxylgruppen ($-COOH$) ermöglicht auch eine Vergrößerung der Wasserlöslichkeit von Farbstoffen.

11.7.2 Pigmente

Als Pigmente werden im jeweiligen Medium unlösliche anorganische oder organische, bunte oder nicht bunte Farbmittel bezeichnet. Beim Auftreffen auf Pigmente kann mit dem Licht Folgendes geschehen:

- Es kann vom Pigment absorbiert werden.
- Es wird beim Auftreffen auf Pigmentteilchen gestreut.
- Es kann evtl. auch ungehindert durch das Pigment hindurchdringen.

Bei geringer Absorption und großem Streuvermögen liegen Weißpigmente vor, während ein Schwarzpigment eine sehr große Absorption in allen Wellenlängenbereichen des sichtbaren Lichtes aufweist. **Titandioxid** hat als Weißpigment große Bedeutung (Lacke, Papier, Zahnpasta). Wegen seiner **fotokatalytischen Aktivität** findet es auch Anwendung in der Abwasser- und Luftreinigung (Abschn. 13.2.5.7, Abschn. 13.4.2). Es hat die Eigenschaft, aus Wasser bzw. Luft reaktive **Radikale** (Abschn. 8.1.1.1) zu bilden, die organische Schadstoffe effektiv abbauen können. Aufgrund ihres hohen Oberfläche-Volumen-Verhältnisses sind hierbei vor alle die entsprechenden Nanopartikel interessant (Abschn. 7.4). Buntpigmente absorbieren selektiv nur bestimmte Spektralbereiche; wird dabei z. B. blaues Licht absorbiert, so erscheint das Pigment dem menschlichen Auge als gelb.

11.7.3 Farbstoffe

Als Farbstoffe werden die in Wasser oder organischen Lösungsmitteln löslichen Farbmittel bezeichnet. Viele in handwerklichen und industriellen Betrieben, z. B. zum Einfärben von Textilien benutzte Farbstoffe wurden früher hauptsächlich aus pflanzlichen Produkten isoliert. Heute werden überwiegend synthetische Farbstoffe eingesetzt. Die Ursachen für die Farbigkeit, sowohl bei den natürlichen als auch bei den synthetischen Farbstoffen, ist auf die vielen konjugierten Doppelbindungen zurückzuführen (Abschn. 11.7.1.2).

Damit farbige Verbindungen als Farbstoffe verwendet werden können, muss zusätzlich die Möglichkeit gegeben sein, sie an der Unterlage (z. B. Textilfasern) zu fixieren. Dies kann z. B. durch Bildung von „Farblacken" oder von Metallkomplexen auf der Faser (hierfür werden Metalle wie Chrom, Kupfer, Nickel verwendet) geschehen. Die sogenannten **Reaktivfarbstoffe** bilden mit der Faser kovalente Bindungen, während bei den **Dispersionsfarbstoffen** die in Wasser nicht löslichen, darum nur dispergierten Farbkomponenten auf die hydrophoben Fasern aufgezogen werden. Die **Entwicklungsfarbstoffe** werden erst durch chemische Reaktionen, z. B. Oxidation oder Reduktion (Küpenfarbstoffe) auf der Faser erzeugt.

11.7.4 Farbindikatoren

Es sind organische Verbindungen mit jeweils einer größeren Anzahl konjugierter, d. h., miteinander in Wechselwirkung stehender Doppelbindungen, wie beispielsweise der Farbstoff Methylorange.

$$HO_3S-C_6H_4-N{=}N-C_6H_4-N(CH_3)_2$$

Methylorange

Das Besondere an solchen Farbindikatoren ist nun, dass sie im Molekül saure oder basische Gruppen enthalten, die durch Änderung des pH-Werts verändert werden können; dadurch wird aber das System der konjugierten Doppelbindungen beeinflusst und damit auch das Absorptionsmaximum zu anderen Wellenlängen verschoben. Deswegen ändern die Farbindikatoren ihre Farbe in Abhängigkeit vom pH-Wert. Bei Methylorange z. B. weist das Anion im (Natrium-)Salz eine gelbe Färbung auf, während die freie schwache Säure (infolge stärkerer Elektronenwechselwirkung durch Mesomerie zwischen verschiedenen Grenzformeln, Abschn. 6.2.4 und 8.1.5) eine Absorption im langwelligeren Bereich zeigt und darum rot erscheint.

12
Biochemie und Biotechnologie

Ziel dieses Kapitels ist es, wichtige Gesetzmäßigkeiten aus dem Gebiet der Biochemie und der Biotechnologie aufzuzeigen. Die Biotechnologie ist eine bedeutende Zukunftswissenschaft, bei der Spezialisten aus verschiedenen Ausbildungsbereichen zusammenarbeiten. Insbesondere bei der Umsetzung biotechnologischer Prozesse in industrielle Verfahren nimmt der Ingenieur neben Biologen und Chemikern eine wichtige Stellung ein.
Zunächst wird auf den Aufbau und die Funktion der Zelle als kleinster Baustein aller Organismen eingegangen. Sie lässt sich mit einer biochemischen „Fabrik" vergleichen, in der die Stoffwechselvorgänge zum Erhalt der Lebensvorgänge stattfinden.
Eine kurze Einführung in das Wissensgebiet der Molekularbiologie erläutert den Aufbau der DNA als Träger der Erbinformation und die prinzipiellen Vorgänge bei der Eiweißsynthese. Bestimmte chemische Stoffe und energiereiche Strahlen können Veränderungen der Erbsubstanz (Mutationen) und damit Erbschäden hervorrufen. Deshalb erfordert ein Umgang mit solchen Stoffen eine erhöhte Verantwortung.
Die Gentechnik führt in Verbindung mit der Bioverfahrenstechnik zu völlig neuen Möglichkeiten der Produktion von Wirkstoffen mithilfe von Mikroorganismen. Biosensoren spielen im Bereich der Bioverfahrens-, Umwelt- und Medizintechnik eine immer wichtigere Rolle, da sie sehr spezifisch bestimmte Stoffe erkennen und zudem durch die Verbindung mit der Halbleitertechnik eine Miniaturisierung möglich ist.
Ein Abschnitt befasst sich mit der Wirkungsweise von Giften; dabei werden häufig verwendete Gifte mit ihren typischen Wirkungen auf den Menschen und die Umwelt beschrieben und besprochen.

Chemie für Ingenieure, 14. Auflage. Jan Hoinkis.
©2016 WILEY-VCH Verlag GmbH & Co. KGaA. Published 2016 by WILEY-VCH Verlag GmbH & Co. KGaA.

12.1
Grundlagen der Biochemie

12.1.1
Eigenschaften belebter Materie

12.1.1.1 Das Phänomen des Lebens

Lebende Organismen sind aus chemischen Stoffen aufgebaut, die sich nach ihrer Isolierung als leblose Substanzen präsentieren. Ein Organismus ist jedoch mehr als die Summe aller in ihm enthaltenen Stoffe. Das Phänomen Leben ist ein sehr komplexes Geschehen; es spielen sich dabei viele aufeinander abgestimmte **biochemische Reaktionen** ab. Unsere heutigen Kenntnisse reichen nicht aus, um dieses einzigartige Geschehen umfassend erklären zu können. Dennoch kann man einzelne Lebensvorgänge durch biochemische Reaktionen genau beschreiben.

Leben ist nicht möglich ohne organische Materie, also ohne Verbindungen des Elements Kohlenstoff. Ein lebender Organismus enthält eine große Vielfalt von äußerst kompliziert aufgebauten, spezifischen organischen Molekülen. Die einzelnen Bestandteile haben für den Gesamtorganismus einen bestimmten Zweck. Lebende Organismen können der Umgebung Energie entziehen, aus einfachen Rohmaterialien hochdifferenzierte Strukturen aufbauen und diese in einem sogenannten **Fließgleichgewicht** aufrechterhalten sowie eine zweckgerichtete Arbeit leisten, während unbelebte Systeme einer ständigen Entropiezunahme unterliegen.

Die beiden markantesten Phänomene, welche lebende Organismen zeigen, sind

- der Stoffwechsel und
- das Replikationsvermögen.

a) Stoffwechsel

Stoffwechsel bedeutet, dass lebende Organismen in der Lage sind, bestimmte chemische Stoffe in andere Stoffe umzuwandeln. Die dazu benötigte Energie wird aus der Umgebung entweder in Form von chemischer (energiereiche Moleküle) oder physikalischer Energie (Licht) entnommen. Bei diesem Stoffwechsel können komplizierte Moleküle aus einfachen aufgebaut oder umgekehrt auch wieder in einfache zerlegt werden. Die nicht mehr benötigten chemischen Verbindungen werden aus dem Organismus ausgeschieden.

b) Replikation

Unter Replikation (früher wurde auch der Ausdruck **Reduplikation** verwendet) versteht man das Phänomen, dass Individuen oder Zellen in der Lage sind, sich zu verdoppeln. So kann aus einer Mutterzelle eine exakt gleiche Tochterzelle entstehen.

Alle Lebewesen bestehen aus kleinsten, mikroskopischen Einheiten: den **Zellen**. Es gibt Lebewesen, die aus einer einzigen Zelle bestehen, und solche, deren Organismus sich aus sehr vielen Zellen aufbaut.

12.1.1.2 Einteilung der Lebewesen

Ursprünglich hat man die Gesamtheit der Lebewesen in folgende drei Gruppen eingeteilt:

- Einzeller,
- Pflanzen und
- Tiere.

Einzellige Lebewesen (= Mikroorganismen) wurden einerseits in die niederen, zellkernlosen **Prokaryonten** oder **Protozyte** und höheren, einen Zellkern enthaltenden **Eukaryonten** oder **Euzyte** andererseits eingeteilt. Die sogenannten Archaebakterien bilden eine dritte Einzellergruppe.

Pflanzen (= kohlenstoffautotrophe[1] Lebewesen) sind Organismen, die organische Verbindungen aus dem Kohlendioxid der Luft mithilfe des Sonnenlichtes (als Energiequelle) aufbauen können. Man zählt zu den Pflanzen auch die Pilze, obwohl sie kohlenstoffheterotroph[2] sind, d. h., auf das Vorhandensein von organischer Materie angewiesen sind, um existieren zu können.

Tiere sind Lebewesen, die sich von fertigen organischen Substanzen ernähren (C-heterotroph), die Nahrung im Innern des Körpers im Darmkanal verdauen und resorbieren.

Heute hat man erkannt, dass die Unterschiede zwischen den Prokaryonten und den Eukaryonten so gravierend und entscheidend sind, dass man alle Lebewesen in diese **zwei großen Gruppen** einteilt, wobei sich dann folgendes Einteilungsschema ergibt:

a) Prokaryonten

Hierunter versteht man **zellkernlose Mikroorganismen**:

- **Bakterien**, die von vorgefundenen organischen Substanzen leben und von deren Umsetzung in einfache Verbindungen (z. B. in Kohlendioxid und Wasser) sie die zum Leben benötigte Energie beziehen;
- **Blaualgen** = Cyanobakterien, die aufgrund ihres Chlorophyllgehaltes mithilfe des Sonnenlichtes organische Materie aus CO_2 aufbauen können.

1) Autotrophe (autos, gr. = selbst; trophe, gr. = Ernährung) sind „Selbsternährer", die aus Kohlendioxid und mineralischen Stoffen ihre Biomasse selbst aufbauen.

2) Heterotrophe (heteros, gr. = fremd) ernähren sich von anderen Lebewesen.

b) Eukaryonten

Dies sind ein- und vielzellige Organismen, die von Membranen umgebene **Zellkerne** besitzen. Zu ihnen zählen:

- **Algen** C-autotrophe, im Wasser lebende, einzellige und zu mehrzelligen Kolonien zusammengeschlossene Organismen;
- **Pilze** C-heterotrophe, ein- und mehrzellige Organismen;
- **Pflanzen** C-autotrophe Lebewesen;
- **Tiere** C-heterotrophe, mit einem Verdauungskanal ausgestattete (die Nahrung durch Umschließen verdauende) Organismen;
- **Menschen** Psychozoa, vernunftbegabte Lebewesen, die aufgrund der geistigen Komponente eine neue Stufe erreicht haben.

12.1.2 Die Zelle

Die Zelle ist der kleinste Baustein aller Organismen und bildet somit die Grundlage des Lebens. Die durchschnittliche Größe der meisten tierischen und pflanzlichen Zellen liegt zwischen 5 und 20 µm, wobei es aber auch wesentlich größere Zellen gibt. Unter dem Mikroskop und besonders unter dem Elektronenmikroskop kann man verschiedene Zellbestandteile sichtbar machen. Hierzu sind aber in der Regel besondere Präpariermethoden erforderlich, z. B. Einfärbung mit bestimmten Farbstoffen für Lichtmikroskopvergrößerungen, selektives Beladen verschiedener Zellbestandteile mit Schwermetallionen oder Bedampfen mit Metallen (Schrägbedampfung zum plastischen Sichtbarmachen von Strukturen) für Elektronenmikroskopaufnahmen.

Die Funktionen einer Zelle können hinsichtlich ihrer Organisation und ihres Stoffwechsels mit den Funktionen einer **biochemischen Fabrik** verglichen werden. Die verschiedenen Funktionen werden am Beispiel der eukaryontischen Zellen in Abschn. 12.1.2.1 näherer erläutert. Hinsichtlich des Zellaufbaus unterscheiden sich die Prokaryonten von den Eukaryonten. Die Prokaryonten stellen die primitivste Stufe des Lebens dar. Sie waren in der Entwicklungsgeschichte bereits in sehr frühen Zeiten auf der Erde vorhanden (ihre Entstehung liegt ca. 3,5–4 Mrd. Jahre zurück), während die Eukaryonten nach neuerer Vorstellung sich nicht wesentlich früher als vor ca. 700 Mio. Jahren gebildet haben und seit dieser Zeit eine stürmische Entwicklung der Arten erfolgt ist.

12.1.2.1 Eukaryontische Zellen

Der Aufbau einer eukaryontischen Zelle ist in Abb. 12.1 schematisch dargestellt. Im Unterschied zu den prokaryontischen Zellen besitzen sie einen durch eine Membran abgeschlossenen Zellkern. Die eukaryontischen Zellen enthalten eine Reihe von subzellulären Strukturelementen, den sogenannten **Organellen** oder **Plastiden**, welche von Membranen umgeben sind:

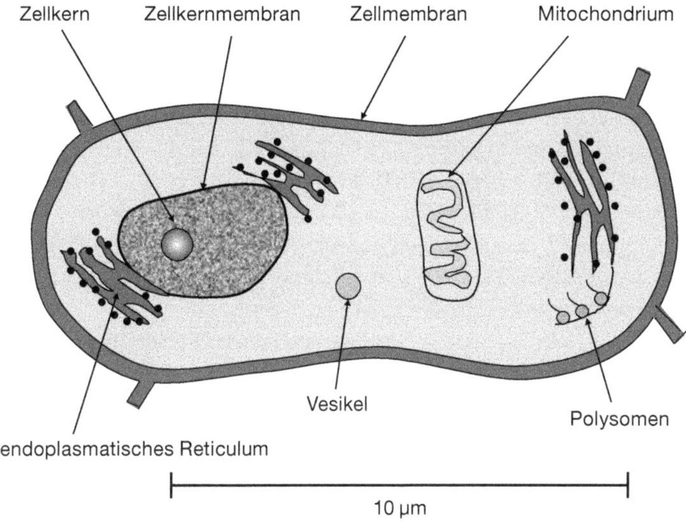

Abb. 12.1 Schematischer Aufbau einer eukaryontischen Zelle.

- Der **Zellkern** ist das **„zentrale Management"**. Hier ist die Information für den Bau und die Funktionen einer Zelle gespeichert. Der Zellkern ist der auffälligste, nach Einfärbung im Lichtmikroskop deutlich sichtbare Bestandteil der eukaryontischen Zelle. Er enthält die Träger der Erbsubstanz, die **Chromosomen** (chroma, gr. = Farbe; soma, gr. = Körper)[3]. Beim Menschen beträgt die Chromosomenzahl 46, bei der Taufliege (Drosophila) befinden sich im Zellkern acht Chromosomen. Ein Chromosom enthält jeweils eine sehr große Anzahl von **Genen**. Die Gene bestehen in chemischer Hinsicht aus Desoxyribonukleinsäure mit der früher meist gebräuchlichen Abkürzung DNS. Heute verwendet man gewöhnlich hierfür die Abkürzung **DNA** (vom englischen desoxyribonucleic acid). Der Aufbau der DNA wird in Abschn. 12.2.1 näher beschrieben. Die Gesamtheit der Chromosomen einer Zelle, also die Summe aller Gene wird **Genom** genannt.
- Die **Ribosomen** (bzw. **Polysomen**) stellen die **„Produktionsbetriebe"** dar. In ihnen werden die Proteine (Eiweiße) nach den im Zellkern abgelegten Plänen produziert. Eine eukaryontische Zelle enthält eine sehr große Anzahl von Ribosomen; oft sind es über tausend, die etwa einen Durchmesser von 15–20 nm haben und chemisch gesehen aus 40–60 % Eiweiß und zum anderen Teil aus Nukleinsäuren (den Ribosomen-Ribonukleinsäuren, abgekürzt r-RNA) bestehen.
- Die **Mitochondrien** sind die Energieversorgung oder das **„Kraftwerk"** der Zelle. In den Mitochondrien werden die organischen Verbindungen, vor allem Kohlenhydrate und Fette zu Kohlendioxid und Wasser oxidiert. Diese über

3) Chromosomen sind färbbare Körper, also Zellbestandteile, die durch Einfärbung im Lichtmikroskop sichtbar gemacht werden können.

sehr viele Zwischenstufen gehende biologische Oxidation liefert die lebensnotwendige Energie, welche dabei in Form einer energiereichen chemischen Verbindung, dem **Adenosintriphosphat** (= ATP), bereitgestellt wird. Dieses energiereiche Molekül kann dann die in ihm gespeicherte chemische Energie abgeben, wobei eine Phosphatgruppe abgespalten wird. Auf diesen Mechanismus wird in Abschn. 12.1.3.3 noch näher eingegangen.

- Das **endoplasmatische Reticulum** ist die „**Werkstraße**". Es ist ein aus Membranen aufgebautes System aus Röhren und Bläschen, über die der Transport beispielsweise von Proteinen oder Fetten erfolgt. Über sie ist auch die Möglichkeit einer Erregungsleitung in der Zelle gegeben.
- Die **Vesikel** sind die Vorratsbehälter. Sie entstehen durch Einschnürungen an der Plasmamembran und dienen zur Aufnahme von Makromolekülen zur Ernährung der Zelle.

12.1.2.2 Prokaryontische Zellen

Bei den Prokaryonten befindet sich die in diskreten Bereichen der Zelle lokalisierte DNA (ohne äußere Begrenzung durch Membranen) unmittelbar im Zellplasma (Zytoplasma). Die DNA liegt als ringförmig geschlossener Faden (in geknäuelter Form) vor und ist beim Bakterium *Escherichia coli*[4] etwa 1 mm lang. Bakterien enthalten zusätzliche kurzkettige DNA als ringförmige **Plasmide**, die verschiedene, nicht essenzielle Eigenschaften codieren, z. B. Resistenz gegen bestimmte Antibiotika (Abschn. 12.2.4). Auch fehlen bei den Prokaryonten die Mitochondrien und Chloroplasten. Die Ribosomen sind kleiner als bei den Eukaryonten. Nach außen sind die Prokaryonten durch primitive Membranen abgeschlossen; das Zytoplasma ist nur wenig von Membranen durchsetzt, und diese enthalten auch andere Bestandteile als bei den Eukaryonten.

In einer Zelle findet man zwei verschiedene Typen von chemischen Substanzen, nämlich die aus kleinen Molekülen bestehenden Grundbausteine oder **Mikromoleküle** einerseits und die aus sehr vielen Atomen bestehenden **Makromoleküle** andererseits.

Die Mikromoleküle umfassen eine Anzahl von nicht weniger als 3000 verschiedenen, relativ kleinen, aus nur einigen Atomen bestehenden Molekülarten. Diese Substanzen anorganischer oder organischer Natur werden entweder im Organismus selbst gebildet oder aus der Umwelt aufgenommen. Oft sind nur geringe Mengen eines chemischen Stoffes notwendig (z. B. Spurenelemente). Wenn jedoch auch nur eine einzige dieser zum Leben notwendigen Substanzen fehlt, kann der Organismus daran zugrunde gehen.

Unter den Makromolekülen bilden die **Proteine** den Hauptbestandteil der Zellsubstanz. Sie nehmen in einer Zelle viele wichtige Funktionen ein. Sie bauen als Gerüstsubstanzen die Struktur der Zelle auf und sind als Biokatalysatoren am

4) Die im menschlichen Darm vorkommenden Bakterien „Escherichia coli" (benannt nach Theodor Escherich, 1857–1911) gehören zu den Hauptuntersuchungsobjekten der Molekularbiologie. Diese Bakterienart hat eine Größe von etwa $1 \times 1 \times 3\,\mu m$ und verdoppelt sich unter günstigen Bedingungen etwa alle 20 min.

Stoffwechsel beteiligt. Mithilfe der Biokatalysatoren werden alle weiteren lebensnotwendigen Produkte und Vorprodukte, die eine Zelle bzw. ein Organismus benötigt, synthetisiert (Kohlenhydrate, Fette, Öle, Aminosäuren etc.). Außerdem transportieren Proteine die Nähr- und Abfallstoffe und sind für die Informationsübertragung zwischen der Umgebung der Zelle und ihrem Inneren verantwortlich. Weitere wichtige Makromoleküle sind die **Nukleinsäuren** als Träger bzw. Überträger der Erbsubstanz (Abschn. 12.2.1 und 12.2.2).

12.1.3 Der Stoffwechsel

12.1.3.1 Allgemeines

Der Stoffwechsel sorgt für die Erhaltung der Lebensvorgänge und liefert die zum Leben benötigte Energie. Beim Stoffwechsel unterscheidet man:

- **Baustoffwechsel**: Dies sind Reaktionen, die zum Aufbau von Verbindungen (Nukleinsäuren, Körperproteine) führen.
- **Energie- oder Betriebstoffwechsel**: Dies ist die Summe der Reaktionen, die zur Gewinnung chemisch verwertbarer Energie führt.

Alle im Stoffwechsel ablaufenden Prozesse erfolgen über viele Zwischenstufen, entweder in langen Reaktionsketten oder in einem Zyklus, bei dem Anfangs- und Endsubstanz identisch sind.

12.1.3.2 Biokatalysatoren

Diese biochemischen Reaktionen werden mithilfe von Katalysatoren gesteuert, die man als **Enzyme** bezeichnet. Solche Biokatalysatoren sind kompliziert aufgebaute Makromoleküle, die meist aus einem Eiweißteil (dem Apoenzym) und einer aktiven Gruppe (dem Coenzym) bestehen.

Als Coenzym können beispielsweise bestimmte Vitamine oder auch ATP wirken. Erst wenn beide zusammentreffen, sind diese Biokatalysatoren wirksam. Coenzym und Apoenzym bilden zusammen das aktive Holoenzym. Sie lassen chemische Reaktionen mit großer Geschwindigkeit ablaufen. So kann z. B. ein einziges Enzymmolekül im Extremfall in einer Minute bis zu 3 Millionen „Substrat"-Moleküle in die betreffenden Bruchteile chemisch zerlegen. Als Substrat werden hierbei diejenigen Stoffe bezeichnet, welche durch die Enzyme chemisch umgewandelt werden. Derart schnelle Reaktionen sind beispielsweise für die Reizübertragung zwischen den Nervenzellen verantwortlich. Die meisten enzymatischen Reaktionen sind jedoch wesentlich langsamer (Zerlegung von 1000–10 000 Substratmolekülen pro Enzymmolekül und Minute).

Alle biologischen Funktionen wie Verdauung, Muskelbewegung, Farbsehen, Reflexe usw. sind auf chemische Reaktionen zurückzuführen. Die Enzyme wirken dabei **spezifisch**, d. h., sie katalysieren jeweils nur ganz bestimmte Reaktions- und Molekülarten. Bei den vielen im Organismus nebeneinander ablaufenden

Einzelreaktionsarten ist die Anzahl der verschiedenartigen Enzyme, die ein Lebewesen benötigt, sehr groß. Das Fehlen auch nur eines einzigen Enzyms hat letale Folgen; d. h., der Organismus geht daran zugrunde.

Ein jedes Enzym hat ein Optimum seiner Wirksamkeit bei einem bestimmten pH-Wert und einer bestimmten Temperatur. Die Benennung der verschiedenen Enzyme erfolgt nach dem reagierenden Substrat, der Reaktionsart und schließlich durch Anhängen der Silbe -**ase**, z. B. Glucose-Oxidase oder Lactat-Dehydrogenase.

Enzyme sind sehr empfindlich gegen Temperaturänderung (sie werden oft bei Temperaturen über 40–50 °C zerstört, ihre Funktionsweise wird auch bei zu tiefen Temperaturen beeinträchtigt), auch werden sie in ihrer Wirkungsweise durch viele Schwermetallsalze außer Kraft gesetzt. Hier ist auch der Angriffspunkt vieler anderer, oft nur in geringer Dosis wirkender Gifte zu suchen. Solche Gifte brauchen nicht auf chemischem Wege hergestellte Substanzen zu sein, es können genauso gut Naturprodukte sein. Falls die letale Dosis nicht erreicht wurde, werden durch Detoxikationsreaktionen (evtl. Abbau der veränderten Enzyme) die Giftstoffe wieder ausgeschieden (Abschn. 12.5.1).

12.1.3.3 Energiestoffwechsel

Der wichtigste Prozess ist die Zellatmung oder biologische Oxidation, bei der die von der Zelle aufgenommenen energiereichen Stoffe in den Mitochondrien zu energiearmen (vor allem Kohlendioxid und Wasser) abgebaut werden. Die über sehr viele Zwischenstufen gehende biologische Oxidation liefert die lebensnotwendige Energie, welche in Form einer energiereichen chemischen Verbindung, dem **Adenosintriphosphat** (**ATP**) bereitgestellt wird. Dieses energiereiche Molekül kann die in ihm gespeicherte chemische Energie abgeben, wobei eine Phosphatgruppe abgespalten wird (in bestimmten Fällen werden auch zwei Phosphatgruppen abgespalten). Das dabei entstehende energieärmere **Adenosindiphosphat** (**ADP**) wird durch Energiezufuhr in den Mitochondrien wieder in ATP umgewandelt. So dient es zur Energieübertragung in der Zelle durch den in Abb. 12.2 dargestellten Kreisprozess. Letztendlich werden hierbei Nährstoffe (wie z. B. der Traubenzucker) durch Luftsauerstoff unter Energiegewinn zu CO_2 und H_2O oxidiert. Deshalb wird dieser Prozess auch als **aerober Prozess** bezeichnet.

Aus einem Molekül Glucose werden 38 Moleküle ATP gebildet. Dabei entspricht die von einem erwachsenen Menschen täglich im Kreislauf produzierte Menge ATP etwa seinem eigenen Körpergewicht, also werden täglich ca. 70 kg ATP gebildet und verbraucht!

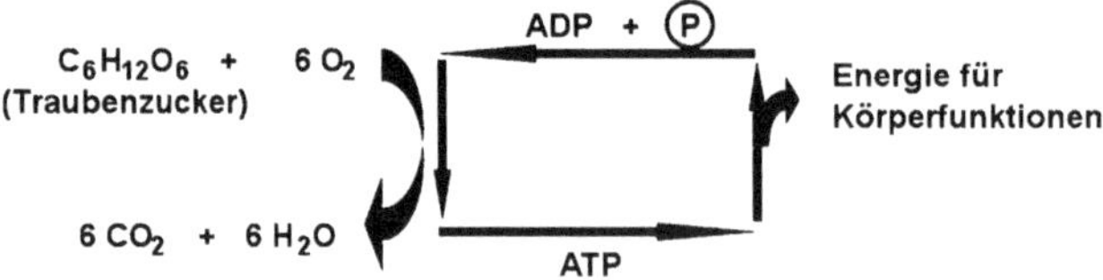

Abb. 12.2 Kreisprozess zur Energieübertragung in einer Zelle.

Auf diese Weise wird ein großer Betrag, der bei der Oxidation von Glucose freigesetzt wird, in einem über viele kleine Einzelreaktionen gehenden Prozess in kleine Energiebeträge zerlegt. In dieser Form kann die Energie in der Zelle Verwendung finden, vergleichbar mit bestimmten Automaten, die man nur mit kleinen Münzen, jedoch nicht mit großen Geldscheinen bedienen kann. Interessant ist, dass nur ca. 40 %[5)] der durch die Glucoseoxidation frei werdenden Energie in ATP und dann in andere Energieformen (z. B. in mechanische Arbeit bei der Muskelbewegung, die durch die nachfolgende Spaltung von ATP angetrieben wird) umgewandelt wird. Somit werden bei der biologischen Umsetzung in Arbeit ähnliche mechanische Wirkungsgrade wie bei der mechanischen Energienutzung in Kraftwerken (Abschn. 3.6.3) erreicht. Der Rest der Reaktionsenthalpie entfällt auf eine Entropiezunahme (= Erwärmung), siehe die Gibbs'sche Gleichung in Abschn. 3.5.3.

Einige Mikroorganismen können biologisch verwertbare Energie in Abwesenheit von Luftsauerstoff durch **anaerobe Prozesse** gewinnen. Sie gewinnen Energie durch Nutzung anderer Stoffwechselvorgänge (Abschn. 13.1.2). Dieser Prozess wird auch als **Gärung** bezeichnet. Hierbei fehlt allerdings die hohe Energieausbeute der Sauerstoffatmung.

Die in Algen und Pflanzen vorhandenen **Chloroplasten** können die Sonnenenergie durch den Prozess der Fotosynthese in chemische Energie umwandeln. Hierzu dienen zwei nahe verwandte Pigmentsysteme, die als wesentliche Bestandteile **Chlorophyllmoleküle** enthalten, welche langwelliges (rotes) Licht der Wellenlänge 680 nm (System II) und 700 nm (System I) absorbieren. Wegen dieser Absorption im roten Bereich erscheinen die Pflanzen grün (siehe Abschn. 11.7.1). Die durch das Licht in den Chlorophyllmolekülen aktivierten Elektronen werden auf Enzymsysteme übertragen und dienen in einer durch das Licht nicht mehr beeinflussten Nachfolgereaktion (Dunkelreaktion) zur Reduktion von Kohlendioxid. Das Chlorophyll erhält die abgegebenen Elektronen von den Wassermolekülen zurück; dabei werden die Wassermoleküle nach folgender Gleichung gespalten:

$$2H_2O \rightarrow O_2 + 4H^+ + 4e^-$$

Die **Fotosynthese** läuft also auf eine durch die Lichteinwirkung ausgelöste Spaltung des Wassers hinaus; es entsteht dabei Sauerstoff, während die ebenfalls entstehenden Elektronen und Wasserstoffionen zur Reduktion des an organischen Molekülen gebundenen Kohlendioxids führen. Insgesamt ergibt sich bei der Fotosynthese folgende Reaktionsgleichung:

$$6CO_2 + 6H_2O \xrightarrow{\text{Lichtenergie}} C_6H_{12}O_6 \text{ (Glucose, Traubenzucker) } + 6O_2$$

5) Der Wert von 40 % errechnet sich unter der Annahme von „Standardbedingungen"; bei den vorliegenden (geringeren) physiologischen Konzentrationen in der Zelle dürfte sich der tatsächliche, auch von der Konzentration abhängige Wirkungsgrad der Redoxpotenziale (hierzu müssten Gleichungen wie unter Abschn. 10.2 berücksichtigt werden) auf etwa 50 % erhöhen.

12.1.3.4 Menschlicher Stoffwechsel

Der Mensch ist darauf angewiesen, für das körperliche Wachstum, zur Aufrechterhaltung des Stoffwechsels und zur Bereitstellung der für alle Lebensfunktionen (z. B. Gehirntätigkeit, Bewegung, Körperwärme usw.) notwendigen Energien bestimmte Quantitäten verschiedener Stoffe als Nahrung aufzunehmen. Zu diesen lebensnotwendigen Stoffen gehören auf der einen Seite die drei Hauptbestandteile der Nahrung mit folgenden ungefähren physiologischen Verbrennungswärmen[6)]:

- Proteine 17 kJ/g,
- Kohlenhydrate 17 kJ/g und
- Fette 39 kJ/g.

Neben den physiologischen Verbrennungswärmen ist bei der Beurteilung der Nahrung entscheidend, welche Nahrungsbestandteile **essenziell** (d. h. lebensnotwendig) und durch andere nicht ersetzbar sind. Die Kohlenhydrate sind nicht essenziell und können durch Eiweiß und Fett ersetzt werden. Im Gegensatz dazu sind bestimmte Fette und Eiweiße essenzielle Bestandteile der Nahrung. Das mit der Nahrung zugeführte Eiweiß wird nur in dem Maße zur Bildung von körpereigenem Protein verwendet, wie es alle notwendigen Aminosäuren enthält. Während viele Aminosäuren durch „**Transaminierung**“ aus anderen Aminosäuren im menschlichen Körper gebildet werden können, müssen die essenziellen Aminosäuren (siehe Abschn. 8.7.2) mit der Nahrung zugeführt werden. Ist auch nur eine einzige Aminosäure in zu geringer Menge vorhanden, so werden die anderen (im Überschuss vorhandenen) nicht zur Eiweißsynthese verwendet, sondern durch das Stoffwechselgeschehen abgebaut und ausgeschieden. Die Menge an verwertbarem Protein richtet sich nach derjenigen essenziellen Aminosäure, die nicht mehr in ausreichender Menge in der Nahrung vorhanden ist.

Abbildung 12.3 zeigt in vereinfachter Form den Ablauf des menschlichen Stoffwechsels. Der Prozess des Stoffwechsels erfolgt, wie zu erkennen ist, über viele Zwischenstufen in langen Reaktionsketten und in Zyklen, bei dem Anfangs- und Endsubstanz identisch sind. Die Kohlenhydrate und Fette werden schrittweise oxidativ zur energiereichen Verbindung **Acetyl-CoA** („aktivierte Essigsäure“) umgesetzt. Die dabei gewonnene Energie wird in Form von ATP gespeichert (Abschn. 12.1.3.3).

Im sogenannten **Zitronensäurezyklus** wird der Acetlyrest der aktivierten Essigsäure über die Zitronensäure letztendlich zu CO_2 und H_2O oxidiert. Während die Kohlenhydrate vollständig abgebaut werden, werden die Fette neben dem Energiegewinn auch zum Aufbau der wichtigen Körperfette gebraucht. Auch die Proteine werden einerseits zum Energiegewinn abgebaut (bis zum Harnstoff) und andererseits zum Aufbau der stickstoffhaltigen Verbindungen, d. h. Körperproteine und Nukleinsäuren gebraucht.

6) Die physiologischen Verbrennungswärmen beziehen sich auf die bei den Stoffwechselreaktionen im Körper frei werdende Energie und unterscheiden sich (insbesondere bei den Proteinen) von dem durch vollständige Oxidation ermittelten „Brennwert“ (siehe Abschn. 8.8.1).

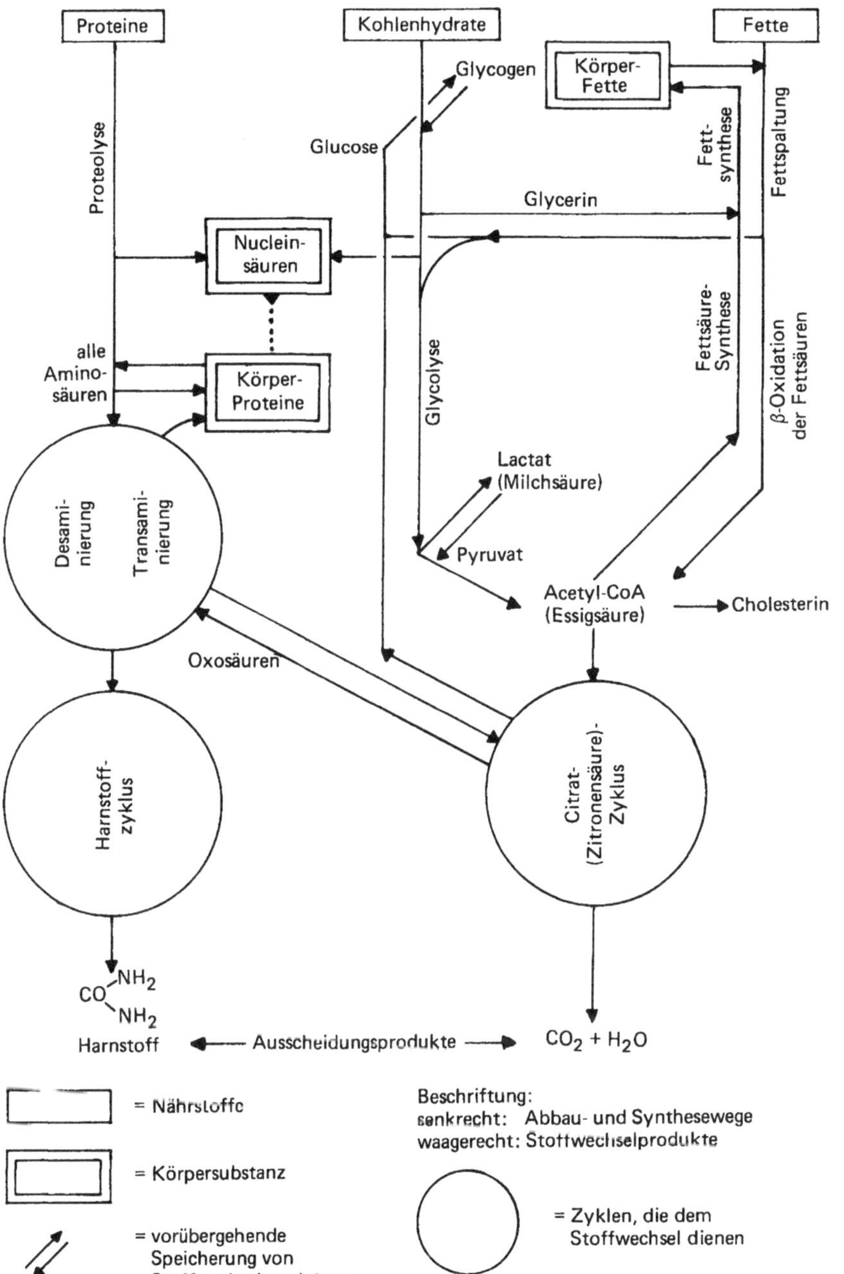

Abb. 12.3 Der menschliche Stoffwechsel.

12.2 Molekularbiologie

Die Molekularbiologie ist ein Teilgebiet der Biochemie und hat sich zu einem eigenständigen Forschungszweig verselbständigt. Ziel der Molekularbiologie ist es, das biochemische Geschehen im Organismus (wie Vererbung, Wachstum, Stoffwechsel, Entwicklung usw.) in Abhängigkeit vom Informationsinhalt der Organismen zu untersuchen.

Lebewesen zeigen neben dem Phänomen des Stoffwechsels die Besonderheit des Replikationsvermögens. Das bedeutet, lebende Zellen oder Organismen können nur durch Vermittlung von bereits vorhandenen lebenden Zellen oder Organismen entstehen und heranwachsen. Beim einzelligen Lebewesen erfolgt die Weitergabe des Lebens durch Zellteilung. Die dabei aus einer einzigen Zelle durch Teilung entstandenen neuen Tochterzellen wachsen nach der Teilung zu der normalen Größe heran und teilen sich ihrerseits auf die gleiche Weise.

12.2.1 Aufbau und Verdoppelung der DNA

Die Vererbung der spezifischen Eigenschaften eines Lebewesens wird vermittelt durch die **Desoxyribonukleinsäuren**, abgekürzt **DNA** (Abschn. 12.1.2.1). Jedes Individuum hat eine sehr große Anzahl verschiedener DNA-Makromoleküle, die in verschlüsselter Form die Erbinformationen enthalten. Diese Erbinformationen sind in den DNA-Molekülen dadurch fixiert, dass vier Grundbausteine (die vier **Nucleotide**) in spezifischer, unverwechselbarer Reihenfolge lange Kettenmoleküle bilden, vergleichbar den Informationen eines Schrifttextes, wiedergegeben durch die jeweils spezifische Reihenfolge der in ihnen enthaltenen Buchstaben und Satzzeichen.

Die Weitergabe der Erbinformation erfolgt durch eine Verdoppelung des Erbinformationsträgers DNA in der Weise, wie es in diesem Abschnitt beschrieben wird. Mithilfe dieser in der DNA enthaltenen Informationen werden die in der neuen Zelle benötigten spezifischen Proteine synthetisiert (Abschn. 12.2.2). Auch bei den aus vielen Zellen bestehenden Organismen sind diese Prinzipien wirksam. Die Weitergabe der Erbinformation bei der geschlechtlichen Vermehrung erfolgt durch Vereinigung einer männlichen und einer weiblichen Keimzelle.

Aufbau und Verdoppelung der DNA-Moleküle wurden von Watson und Crick entdeckt, nachdem es Wilkins gelungen ist, die Aufnahmetechniken bei Röntgenstrukturanalysen zu verbessern. Demnach zeigt sich ein DNA-Molekül als sogenannte **Doppelhelix**, d. h. als ein schraubenförmig gewundener Doppelstrang, vergleichbar einer verdrillten Strickleiter, wie es in Abb. 12.5, links angedeutet ist. Man kann aus der entspiralisiert gezeichneten Detailzeichnung erkennen, dass die „Holme" stets abwechselnd aus Phosphorsäure- und Desoxyribosemolekülen bestehen. An der Desoxyribose ist jeweils eine der vier charakteristischen Basen gebunden: Adenin (A), Guanin (G), Thymin (T) und Cytosin (C). Diese stickstoffhaltigen Heterocyclen werden Basen genannt, weil sie eine schwach alkalische Re-

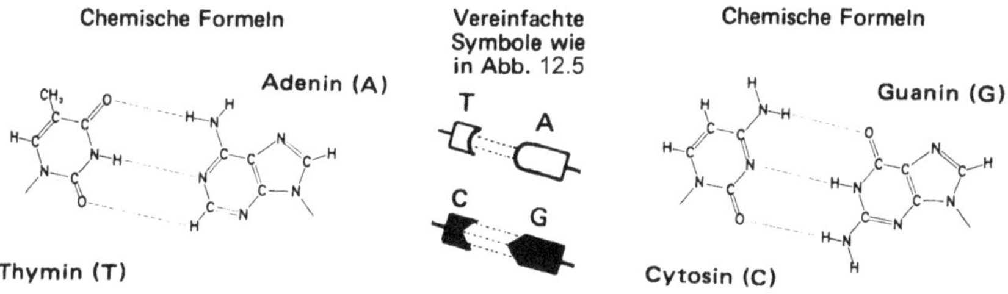

Abb. 12.4 Die spezifische Basenpaarung in der DNA-Doppelhelix.

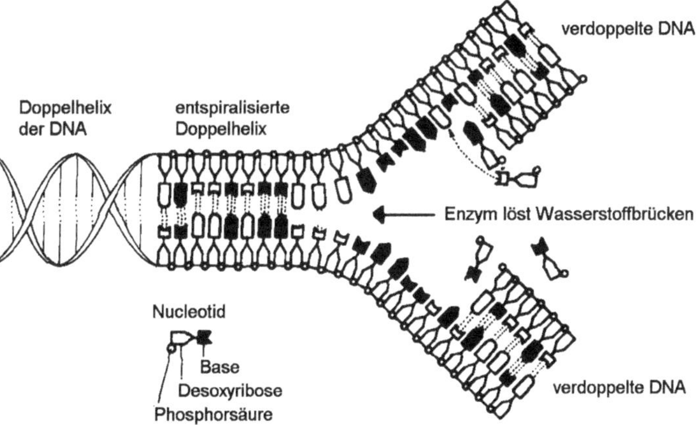

Abb. 12.5 Die Verdoppelung der DNA.

aktion zeigen. Diese Basen schließen sich durch Wasserstoffbrücken (in Abb. 12.4 und 12.5 punktiert gezeichnet) immer zu den spezifischen Paarungen A–T und C–G zusammen.

Bei der **Replikation der DNA** werden (durch ein Enzym gesteuert) zunächst die Wasserstoffbrücken zwischen den Basen gelöst. An die beiden Einzelstränge lagern sich dann die komplementären Nucleotide an, immer mit der spezifischen Basenpaarung A–T und C–G. Auf diese Weise entstehen jeweils zwei neue, identische DNA-Doppelstränge. Die ursprüngliche, auf der spezifischen Basenreihenfolge (Basensequenz) beruhende Erbinformation hat sich auf diese Weise verdoppelt und die durch Teilung einer Zelle entstandenen beiden neuen Tochterzellen enthalten deswegen exakt die gleichen DNA-Moleküle.

12.2.2 Die Eiweißsynthese

Über Proteine oder Eiweißstoffe wurde bereits einiges in den Abschn. 8.7.2 und 12.1.3.4 erwähnt. Hier soll erklärt werden, wie das spezifische Eiweiß in den Zellen gebildet wird. Die Anzahl der überhaupt möglichen Proteine ist unvorstellbar groß. Man schätzt, dass allein der menschliche Organismus ca. $5 \cdot 10^6$ verschiedene Eiweißsorten enthält. Jede Art von Lebewesen hat ganz spezifische

Proteine, und man führt die spezifischen Eigenschaften von Individuen und Arten auf die Anwesenheit von verschiedenen Eiweißkörpern zurück.

Obwohl die Anzahl der möglichen Eiweißarten so groß ist, enthalten alle natürlichen Proteine nur 20 verschiedene **Aminosäuren**. Die große Vielfalt an verschiedenen Eiweißkörpern kommt dadurch zustande, dass die Aminosäuren in spezifischer, unverwechselbarer Reihenfolge zu sehr langen Kettenmolekülen aneinandergebunden sind. Solche Eiweißmoleküle enthalten in der Regel 100–30 000 Aminosäuren in ganz bestimmter Reihenfolge. Die körperspezifischen Eigenschaften der Proteine werden durch die Reihenfolge (Sequenz) der in ihnen enthaltenen Aminosäuren bestimmt.

Die für jeden Organismus spezifischen Proteine müssen in der richtigen Weise, d. h. mit der richtigen Aminosäurensequenz hergestellt werden. Dies geschieht mithilfe von Nukleinsäuren.

Für die Proteinsynthese benötigt die Zelle **vier verschiedene Arten von Nukleinsäuren**:

- Die **DNA** als Erbinformationsträger, die die Anweisung zum Aufbau von jeweils einem spezifischen Eiweiß enthält.
- Die **Boten-RNA** (m-RNA vom englischen messenger-RNA), welche die Information von der DNA zu den Ribosomen, den Produktionsstätten der Proteinsynthese überbringt. Die Boten-Ribonukleinsäure ist ähnlich aufgebaut wie die DNA, sie enthält anstelle der Desoxyribose den Zucker Ribose und wie die DNA die Basen Adenin (A), Guanin (G) und Cytosin (C), jedoch anstelle des Thymins das nahe verwandte Uracil (U), welches sich immer wie das Thymin mit Adenin paart. Die m-RNA ist aufzufassen als **Arbeitskopie** der DNA für die Eiweißsynthese im Organismus. Sie bildet einen Einzelstrang (nicht eine Doppelhelix wie die DNA) und ist in Abb. 12.6a,b schematisch und vereinfacht dargestellt.
- Die **Ribosomen-RNA** (r-RNA), welche in den Ribosomen zu finden ist und dort wichtige Funktionen bei der Proteinsynthese erfüllt.
- Die **Träger-RNA** (t-RNA vom englischen transfer-RNA), die jeweils spezifische Aminosäuren bindet und zur Proteinsynthese führt. Da es verschiedene Aminosäuren gibt, unterscheiden sich die t-RNA der einzelnen Aminosäuren voneinander. Diese t-RNA sind infolge teilweiser Zusammenlagerung (über Wasserstoffbrücken) zu spezifischen Basenpaarungen in charakteristischer Weise gefaltet, wie es in der Abb. 12.7 zu sehen ist, und enthalten die spezifischen Basentripletts (Anticodon).

Diese vier Nukleinsäuretypen wirken in folgender Weise zusammen:

Zunächst wird von der DNA eine „Arbeitskopie" hergestellt. Dies ist die Boten-RNA (m-RNA), welche die verschlüsselten Befehle des Erbinformationsträgers zu den Produktionsstätten der Eiweißsynthese (den Ribosomen) überführt. Auf den Ribosomen (mit ihren r-RNA-Molekülen) werden mithilfe der spezifischen Träger-RNA die verschiedenen Aminosäuren herbeigeführt. Wenn das Anticodon stimmt, wird die spezifische Aminosäure zur Verlängerung der Eiweißkette angefügt. In Abb. 12.8 wird gezeigt, wie gerade drei Phenylalaninmoleküle (aufgrund

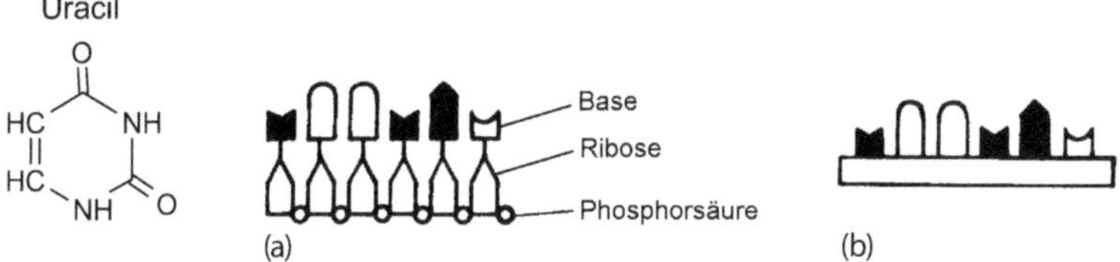

Abb. 12.6 Die m-RNA: (a) schematische Darstellung; (b) vereinfachte Darstellung.

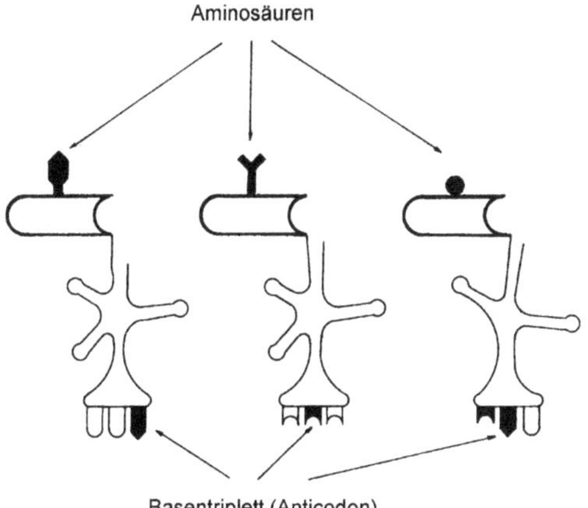

Abb. 12.7 Die t-RNA mit spezifischen Aminosäuren.

des Codes in der Boten-RNA) hintereinander die Eiweißkette verlängern. Nach der Fixierung der Aminosäure an der Eiweißkette löst sich die t-RNA ab, um sich mit einer neuen Aminosäure zu verbinden (in Abb. 12.8 links oben).

Es ist durch umfangreiche Untersuchungen gelungen, den **genetischen Code** der m-RNA beim Aufbau der Proteine zu entziffern, wie in Tab. 12.1 dargestellt.

12.2.3 Mutationen

Mutationen sind **sprunghafte Veränderungen der Erbeigenschaften**. Mutationen sind einerseits bei der Einwirkung von Chemikalien bzw. sonstigen Umwelteinflüssen (z. B. radioaktive Strahlung) auf den menschlichen Körper für die toxikologische Wirkung von Substanzen (Abschn. 12.5.1) von Bedeutung. Zum anderen sind Mutationen die natürliche Grundlage für die Entstehung und die Evolution der Arten.

Mutationen sind deshalb seit jeher wichtig zur Anpassung von Mikroorganismen, Tieren und Pflanzen an unterschiedliche Klimazonen und eine Optimierung der Widerstandskraft gegen Umwelteinflüsse. Die Veränderung und Selektion von genetischer Information wird seit langer Zeit bei der klassischen **Züchtung** von Tie-

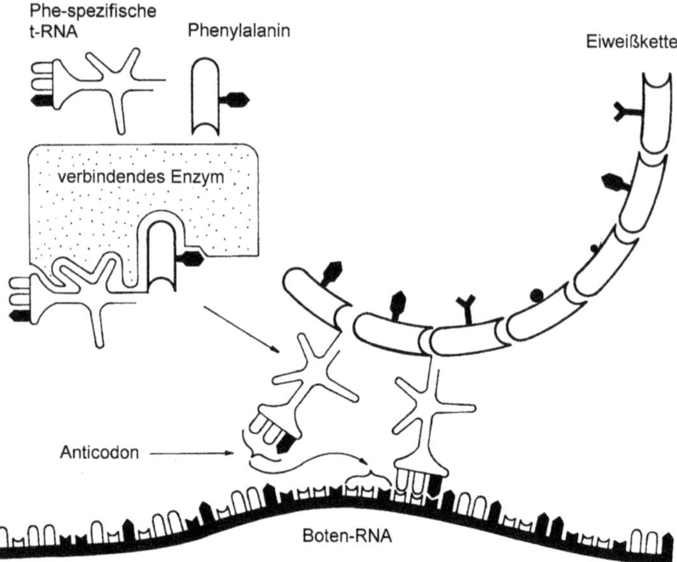

Abb. 12.8 Die Proteinsynthese.

ren und Pflanzen ausgenutzt, wobei unter den Produktionsstämmen die bestproduzierenden ständig herausselektiert werden.

Die Ursache von Mutationen liegt in einer plötzlichen Änderung der Basensequenz in der DNA („Druckfehler" im genetischen Code). Aus der Änderung der Basensequenz folgen Veränderungen der Aminosäurensequenz bei den Proteinen und damit auch Veränderungen im Organismus. Schon bei der normalen Verdoppelung der DNA können sich **Kopierfehler** einschleichen. Nach Schätzungen liegt diese normale, natürliche Mutationsrate in der Größenordnung von 10^{-5}–10^{-9}, d. h., von hunderttausend bis eine Milliarde Basenpaarungen findet sich eine anormale Kombination. Mutationen können jedoch ursächlich entstehen, wenn chemische Stoffe oder energiereiche Strahlung auf die DNA einwirken.

12.2.3.1 Mutationsarten

a) Chromosomenmutationen

Chromosomenmutationen können durch **energiereiche Strahlungen** verursacht werden. Solch eine energiereiche Strahlung (z. B. radioaktive Strahlung, Röntgenstrahlung, direkt einwirkende energiereiche ultraviolette Strahlung) kann spontan zur Spaltung der chemischen Bindung in den Chromosomen führen.

Wird bei der Einwirkung radioaktiver Strahlen nur ein Strang der DNA aufgetrennt, so kann die Bruchstelle ohne Veränderung wieder ausgebessert werden; brechen beide Stränge auseinander, so können sie ebenfalls wieder zusammenwachsen. Wenn dies aber in veränderter Weise geschieht, wie es Abb. 12.9 zeigt, so führt dies zu einer bleibenden Mutation.

Tab. 12.1 Genetischer Code der m-RNA.

Erste Base	Zweite Base U	C	A	G	Dritte Base	Abkürzungen
U	Phe	Ser	Tyr	Cys	U	Ala = Alanin
	Phe	Ser	Tyr	Cys	C	Arg = Arginin
	Leu	Ser	Stop[a)]	Stop[a)]	A	Asn = Asparagin
	Leu	Ser	Stop[a)]	Trp	G	Asp = Asparaginsäure
						Cys = Cystein
C	Leu	Pro	His	Arg	U	Gln = Glutamin
	Leu	Pro	His	Arg	C	Glu = Glutaminsäure
	Leu	Pro	Gln	Arg	A	Gly = Glycin
	Leu	Pro	Gln	Arg	G	His = Histidin
						Ile = Isoleucin
A	Ile	Thr	Asn	Ser	U	Leu = Leucin
	Ile	Thr	Asn	Ser	C	Lys = Lysin
	Ile	Thr	Lys	Arg	A	Met = Methionin
	Met[b)]	Thr	Lys	Arg	G	Phe = Phenylalanin
						Pro = Prolin
G	Val	Ala	Asp	Gly	U	Ser = Serin
	Val	Ala	Asp	Gly	C	Thr = Threonin
	Val	Ala	Glu	Gly	A	Trp = Tryptophan
	Val	Ala	Glu	Gly	G	Tyr = Tyrosin
						Val = Valin

a) „Stop" stellt eine Anweisung dar, die Proteinsynthese zu beenden.
b) Wenn die Kombination AUG an bevorzugter Stelle am Beginn der m-RNS vorhanden ist, bedeutet sie „Start" der Proteinsynthese.

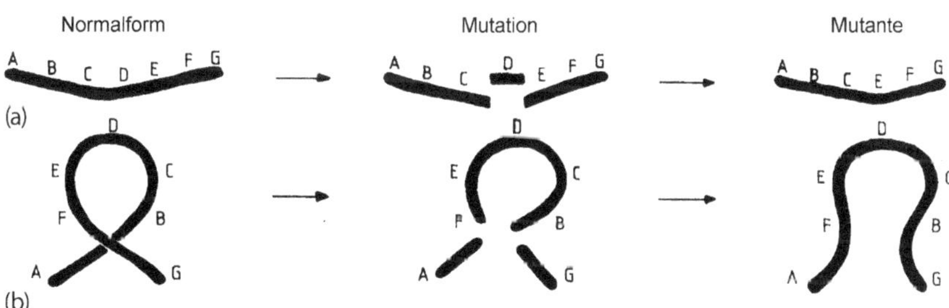

Abb. 12.9 Chromosomenmutationen: (a) Deletion; (b) Inversion.

Durch Strahleneinwirkung können Chromosomen auseinanderbrechen und dann nicht mehr in der ursprünglichen Weise zusammenwachsen:

- **Deletion** = Verlust eines Chromosomenteils,
- **Inversion** = Umkehrung der Reihenfolge,

- **Translokation** = Zusammenwachsen von Teilen verschiedener Chromosomen (bzw. Duplikation, wenn von homologen Chromosomen ein Chromosomenteil zusätzlich eingebaut wird, sodass gewisse entsprechende Informationen doppelt vorhanden sind).

Solche Mutationen zeigen ihre schädlichen Auswirkungen dann, wenn die Zellen in Teilung begriffen sind und wenn sich die DNA verdoppelt, also beim Embryo sowie beim kindlichen, noch wachsenden Gewebe, außerdem bei Körpergewebe von Erwachsenen, das sich ständig teilt, wie z. B. blutbildendes Gewebe, die Darmschleimhaut oder die Zellen, welche Antikörper (z. B. gegen Infektionen) produzieren. Daher äußern sich Strahlenschäden beim Erwachsenen z. B. durch eine verminderte Regeneration des Blutes, der Darmschleimhaut oder auch durch eine überhöhte Anfälligkeit gegenüber Infektionen.

b) Punktmutationen

Punktmutationen können durch **Einwirkung chemischer Substanzen** auf DNA-Stränge entstehen. So verwandelt salpetrige Säure oder Nitrit die Base Cytosin in Uracil und ruft somit eine Veränderung der Basensequenz hervor. Bei der darauf folgenden Verdoppelung der DNA paart sich das Uracil (welches dem Thymin chemisch ähnlich ist) mit Adenin (nicht wie ursprünglich Cytosin mit Guanin) und führt deswegen zu einer **Basensubstitution**.

Ebenso können einige andere den Basen ähnliche (strukturanaloge) chemische Verbindungen in die DNA eingebaut werden und zu Veränderungen in der DNA führen. Andere Stoffe (z. B. Acridine, d. h. chemische Substanzen, die sich vom Grundkörper Acridin ableiten) können zwischen die Nucleotide der DNA eingelagert werden.

N

Acridin

Als Folge davon kann es bei der DNA-Replikation zu einem zusätzlichen Baseneinschub (Insertion) oder zu einem Fortfall (Deletion) bislang vorhandener Nucleotide kommen. Dadurch gibt es Verschiebungen (Schubmutationen) in dem genetischen Code der Basentripletts, es resultieren dann keine sinnvollen Basenmuster mehr.

Der Katalog der **mutagenen** chemischen Stoffe, d. h. solcher Stoffe, die Mutationen hervorrufen, ist keineswegs vollständig bekannt. Gerade bei der Entstehung neuen Lebens und bei der frühen Entwicklung der neuen Individuen (Schwangerschaft) ist daher mit der Einwirkung chemischer Substanzen (z. B. Arzneimittel) größte Vorsicht geboten.

Auch langwelliges UV-Licht, dessen Energiebetrag nicht mehr zur Spaltung von Chromosomen ausreicht, vermag dennoch Mutationen auszulösen, denn die heterocyclischen „Basen" der DNA vermögen durch Anregungen bei Wellenlängen von ca. 260 nm in einen reaktionsfähigen Zustand überführt zu werden und mit Nachbarbasen zu reagieren. Damit kommt es aber zu einer bleibenden Umorientierung der Bindungsverhältnisse in der DNA-Doppelhelix, z. B. kommt es zu einer Dimerisierung = Verknüpfung zweier Basen miteinander unter Aufspaltung anderer, ursprünglicher Bindungsarten.

c) Genommutationen

Ändert sich die Chromosomenzahl, so spricht man von einer Genommutation (Genom, Abschn. 12.1.2.1). Eine solche erfolgt wahrscheinlich auch durch die Einwirkung bestimmter chemischer Stoffe oder radioaktiver Strahlen. Bei der **Aneuploidie** (gr: keine gute Anzahl) werden nur einzelne Chromosomen hinzugefügt oder entfernt. Solche Mutationen sind in der Regel ungünstige Veränderungen mit erheblichen Nachteilen für die neu entstandenen Individuen. Bekanntestes Beispiel ist das **Downsyndrom** beim Menschen, wo ein (das 21.) Chromosom doppelt von einer Keimzelle eingebracht wird, also insgesamt dreimal vorliegt. Jede Körperzelle eines Menschen mit Downsyndrom besitzt dann 47 statt 46 Chromosomen.

Bei der **Polyploidie**, einer im Pflanzenreich (insbesondere bei Kulturpflanzen, z. B. Weizen) weit verbreiteten Erscheinung, werden vollständige Chromosomensätze verdoppelt, sodass eine Neuzüchtung z. B. den doppelten, vier- oder sechsfachen Chromosomensatz enthält. Man bezeichnet diese dann als diploid, tetra- bzw. hexaploid. Da in der Regel sich durch die Polyploidie die Pflanzenzellen vergrößern, bringen solche Neuzüchtungen bessere Ernteerträge ein.

12.2.3.2 Reparatur von Mutationen

Mutationen werden oft wieder rückgängig gemacht, indem z. B. veränderte Teile der DNA abgetrennt werden und die richtige Kombination am unversehrt gebliebenen Strang wiederhergestellt wird. So bietet die Doppelhelix der DNA eine günstige Versicherung gegen den Verlust von genetischer Information. Ereignet sich die Mutation gerade im Vorgang der Verdoppelung der DNA, dann wird an einem mutierten Einzelstrang ein neuer Doppelstrang aufgebaut – ein Vorgang, der sich gerade bei der Entstehung oder der Entwicklung eines neuen Individuums ereignet.

12.2.3.3 Somatische Mutationen

Wenn die Ei- bzw. die Samenzelle mutiert wird, enthalten alle Zellen des neuen Individuums diese Veränderungen. Es kann jedoch auch im Verlauf der Individualentwicklung die Erbinformation einer Körperzelle verändert werden. Alle aus dieser Zelle entstehenden neuen Zellen tragen dann diese Mutationen, während die übrigen Körperzellen einschließlich der Keimzellen dieses Individuums nicht geschädigt sind. Man spricht in diesen Fällen von somatischen Mutationen.

Bestimmte Arten von Krebs sind wahrscheinlich auch auf somatische Mutationen in den Körperzellen zurückzuführen. Nach heutiger Vorstellung kann z. B. durch eine solche Mutation die Synthese von bestimmten Proteinen ausfallen, durch welche die DNA im Zellkern blockiert wird. Solche Proteine sorgen als **Repressoren** dafür, dass die meisten Informationen der Zelle nicht in die Tat umgesetzt werden, denn dieses Reprimieren ist nötig, damit im Zellverband die einzelnen Zellen nur noch ihre spezifischen Proteine herstellen und damit ihre speziellen Aufgaben erfüllen können. Fällt jedoch dieses Reprimieren weg, so verhalten sich diese Zellen wie zusammenhangslose Einzeller und entziehen dem Gesamtorganismus durch ihre ungezügelte Vermehrung die Lebensgrundlage. Eine solche somatische Mutation kann z. B. durch bestimmte **mutagene chemische Stoffe** (Abschn. 12.5.1.1) ausgelöst oder durch **Viren** herbeigeführt werden.

12.2.3.4 Mutagenese

Natürliche Mutationen treten bei allen Lebewesen in gleichem Maße auf. Dies wird – wie bereits erwähnt – schon lange bei der klassischen **Züchtung** von Tieren und Pflanzen ausgenutzt. Schon früher war es das Ziel, die Veränderungen der genetischen Eigenschaften von Mikroorganismen und Pflanzen durch eine Erhöhung der Mutationsrate zu beschleunigen, um schneller bestimmte Eigenschaften zu erzeugen. Man spricht hierbei auch von Mutagenese. Hierzu kann man die unter Abschn. 12.2.3.1 erwähnten Einflüsse, welche zu Mutationen führen, gezielt nutzen. So werden beispielsweise Mikroorganismen mit UV-Licht bestrahlt oder mit mutagenen Chemikalien behandelt. Da diese Mutationen zwangsläufig statistisch über das gesamte Genom verteilt sind, werden bei dieser Methode zunächst zahlreiche unterschiedliche Mutanten (Zellen mit unterschiedlichen Eigenschaften) erhalten. Durch Selektionstechniken werden diejenigen Zellen ausgesondert und weitergezüchtet, die die gewünschte Verbesserung aufweisen.

Dieses Verfahren wird in der Biotechnologie zur Herstellung von **Hochleistungsbakterienstämmen** ausgenutzt, wobei zahlreiche Zyklen von Mutation und Selektion durchlaufen werden. Ein bekanntes Beispiel ist die Verbesserung des natürlich vorkommenden Mikroorganismus *Penicillium chrysogenum*, welches das Antibiotikum Penicillin produziert. Während der natürliche Stamm nur etwa 60 mg dieses Antibiotikums pro Liter Kulturflüssigkeit produziert, können Hochleistungsstämme bis zu 80 g Penicillin pro Liter herstellen.

Durch das klassische Verfahren der Mutation und Selektion werden lediglich *statistisch* verteilte Veränderungen im Genom bewirkt, welche nicht steuerbar sind. Die genauen Folgen für das Erbgut sind nicht vorhersagbar. Die modernen Methoden der **Gentechnik** arbeiten heute wesentlich effizienter. Mit ihnen sind gezielte und präzise Übertragungen von Genen möglich, wie im folgenden Abschn. 12.2.4 genauer beschrieben wird.

12.2.4 Gentechnik

Gentechnik, auch **Genklonierung** oder **DNA-Rekombinationstechnik** genannt, ist ein Überbegriff für verschiedene experimentelle Methoden zur gezielten Übertragung genetischer Information von einem Organismus in einen anderen.

Gentechnische Methoden werden heute neben der gentechnischen Veränderung von Pflanzen (z. B. Erhöhung der Resistenz gegen bestimmte Schädlinge) hauptsächlich dazu verwendet, Mikroorganismen genetisch so zu „modifizieren", dass diese zur Produktion „nützlicher" Stoffe eingesetzt werden können. Mikroorganismen werden sozusagen zu kleinen **biochemischen Produktionsstätten** umfunktioniert. Dies soll im Weiteren näher betrachtet werden. Das bedeutendste Anwendungsgebiet ist heute die Herstellung bestimmter Proteine für die pharmazeutische Industrie (z. B. Humaninsulin).

Der Entwicklung von gentechnischen Methoden ging die Aufklärung des Phänomens der Antibiotikaresistenz von Bakterien voraus. Die Resistenz eines Bakteriums gegen Antibiotika beruht darauf, dass es neben der eigentlichen DNA noch ringförmige DNA, sogenannte **Plasmide** (Abschn. 12.1.2.2) besitzt. Diese Plasmide besitzen die Information zur Herstellung von Enzymen, die Antibiotika zerstören. Dies befähigt die Bakterien in der Natur, den Überlebenskampf mit Antibiotika produzierenden Pilzen zu bestehen. Da sich Plasmide im Labor leicht isolieren und übertragen lassen, sind sie zum wichtigsten Vehikel (auch **Vektoren** genannt) für gentechnische Veränderungen geworden.

Zunächst benötigt man eine DNA-Sequenz aus einem Spenderorganismus, in der die Information des betreffenden Gens zur Produktion des gewünschten Produktes (z. B. eines Proteins) enthalten ist. Diese genetische Information wird dann in einen Mikroorganismus übertragen, sodass dieser zur entsprechenden Wirkstoffproduktion veranlasst wird. Die Übertragung genetischer Information ist in Abb. 12.10 schematisch dargestellt und besteht aus folgenden Schritten:

- Isolation der DNA aus einem Spenderorganismus und enzymatische Spaltung in Fragmente verschiedener Größe,
- Isolation der Plasmidmoleküle und enzymatische Ringöffnung,
- Kombination der DNA-Fragmente mit den geöffneten Plasmidmolekülen,
- Einschleusung der neu gebildeten DNA in eine Wirtszelle (Mikroorganismus); dieser Schritt wird auch als Transformation bezeichnet,
- Identifizierung und Selektion des gesuchten Klons (d. h. die Wirtszellen mit dem gewünschten DNA-Fragment) und
- Herstellung des gewünschten Proteins durch die veränderten Mikroorganismen.

Hierbei handelt es sich um eine stark vereinfachte Darstellung. Insbesondere der Schritt der Identifizierung und Selektion des gesuchten Klons ist ein aufwendiger Prozess, auf welchen hier nicht näher eingegangen wird (siehe Lehrbücher der Biotechnologie).

Für gentechnische Arbeiten wird sehr häufig das Bakterium *Escherichia coli* (Kapitel 12, Fußnote 4) benutzt, weil seine genetischen Eigenschaften schon lange bekannt sind und es sich einfach handhaben lässt. Es wird deshalb auch als „Haustier" der Genetik bezeichnet.

Ein Beispiel für die Produktion eines Proteins durch gentechnisch veränderte Mikroorganismen (häufig: *Escherichia-coli*-Bakterien) ist die **Herstellung von Humaninsulin**. Das Peptidhormon Insulin – ein Protein bestehend aus 51 Ami-

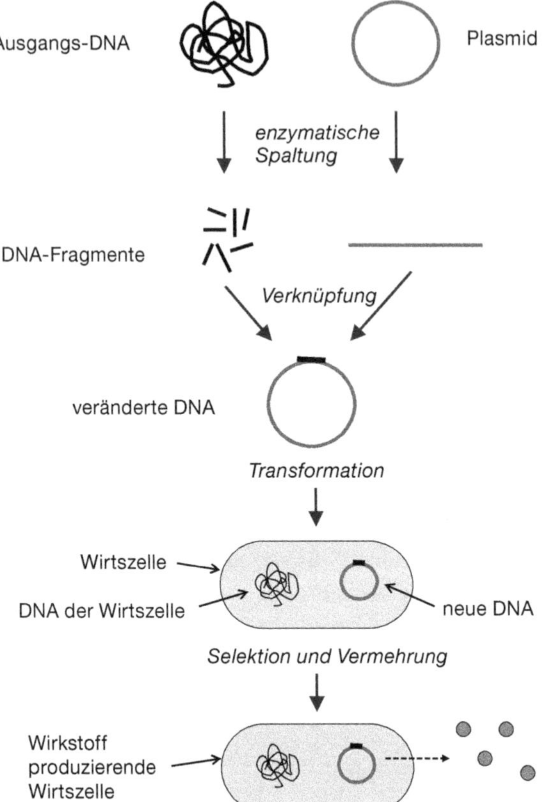

Abb. 12.10 Übertragung von genetischer Information in einen Mikroorganismus.

nosäuren – sorgt im menschlichen Körper dafür, dass die Glucosekonzentration im Blut konstant gehalten wird. Bei der Zuckerkrankheit (Diabetes mellitus) wird von der Bauchspeicheldrüse nicht genügend oder kein Insulin mehr bereitgestellt, sodass es zugeführt werden muss.

Diabetiker verbrauchen täglich etwa 2 mg Insulin, um ihren Zuckerspiegel in einem physiologischen Bereich zu halten. Vor der gentechnischen Produktion wurde tierisches Insulin (vor allem von Schweinen) zur Diabetestherapie eingesetzt. Neben den großen Mengen an Schlachttieren, die hierfür benötigt werden, ist ein weiterer Nachteil, dass tierisches Insulin teilweise allergische Reaktionen auslösen kann. Mit der Gentechnik kann heute das Insulin-Gen in Mikroorganismen überführt werden, welche dann das Insulin produzieren. Mit der technischen Umsetzung solcher Produktionsprozesse befasst sich die Bioverfahrenstechnik (Abschn. 12.3).

Bei den Gefahren der Gentechnik sollte zunächst darauf hingewiesen werden, dass der gentechnisch veränderte Organismus nicht grundsätzlich gefährlich ist, da nicht die Methode der genetischen Veränderung (dies kann z. B. auch durch

Mutagenese, wie in Abschn. 12.2.3.4 beschrieben, geschehen), sondern die gesamten Eigenschaften des betreffenden Produktionsstammes entscheidend sind. Trotzdem unterliegen Produktionsanlagen mit gentechnisch veränderten Mikroorganismen strengsten Sicherheitsmaßnahmen in Hinblick auf Arbeitsschutz und Schutz der Umgebung durch Kontamination. Dies wurde mit dem sogenannten **Gentechnikgesetz** von 1990 in Deutschland gesetzlich geregelt.

12.3 Bioverfahrenstechnik

Die Bioverfahrenstechnik befasst sich mit der **verfahrenstechnischen Umsetzung** der Produktion oder der Entfernung (in der Umweltverfahrenstechnik) von bestimmten Stoffen durch Mikroorganismen wie Bakterien oder Pilzen.

Biochemische Reaktionen, die man vor allem mithilfe der natürlichen Stoffwechseltätigkeit von prokaryontischen und eukaryontischen Mikroorganismen ausführt, werden seit Menschengedenken zur chemischen **Veränderung von Nahrungsmitteln** genutzt. Beispiele hierfür sind die alkoholische Gärung durch eukaryontische Hefepilze (Abschn. 12.3.3), die Milchsäuregärung oder die Essigsäurebildung durch prokaryontische Bakterien. In der **Abwasserreinigung** werden seit Beginn dieses Jahrhunderts Mikroorganismen zum Abbau von organischen Inhaltsstoffen eingesetzt (Abschn. 13.2.3). Durch den Einsatz von gentechnisch veränderten Mikroorganismen hat die biochemische Produktion heute deutlich an Bedeutung zugenommen.

Nachdem bestimmte Mikroorganismen für die Produktion des gewünschten Wirkstoffs im Labor entweder aus natürlicher Umgebung isoliert oder gentechnisch verändert (Abschn. 12.2.4) und getestet wurden, kann die Umsetzung in den großtechnischen Fermentationsprozess beginnen. Ein Teil der im Labor erhaltenen Mikroorganismen wird zu Beginn des Prozesses in ausreichender Menge als „Originalsubstanz“ konserviert. Dies geschieht entweder durch Gefriertrocknung (Abschn. 3.6.2) oder durch Einfrieren in flüssigem Stickstoff bei −196 °C. Auf diese „Originalzellen“ kann jederzeit wieder zurückgegriffen werden. Der nun folgende Ablauf der Umsetzung in den industriellen Produktionsprozess ist schematisch in Abb. 12.11 dargestellt.

Hierbei geht man folgendermaßen vor: Von den „Originalzellen“ werden Konserven entnommen und dann im Nährmedium sozusagen Kopien der Zellen erzeugt. Diese werden in vielen kleinen Portionen eingefroren, wobei dieser Vorrat dann als Arbeitsmaterial dient. Hiermit beginnt die Zellenvermehrung für den Produktionsprozess. Nachdem Starterkulturen auf festen Nährböden oder in Flüssigmedium angelegt wurden, werden diese nach gewissen Wachstumszeiten auf jeweils größere Kulturvolumina übertragen. Dies geschieht, wie in Abb. 12.11 dargestellt, in mehreren Stufen, bis das Produktionsvolumen erreicht ist.

Im **Produktionsfermenter** werden die Wirksubstanzen im großtechnischen Maßstab in einer Kulturflüssigkeit produziert (Abschn. 12.3.1). Nach der Fermen-

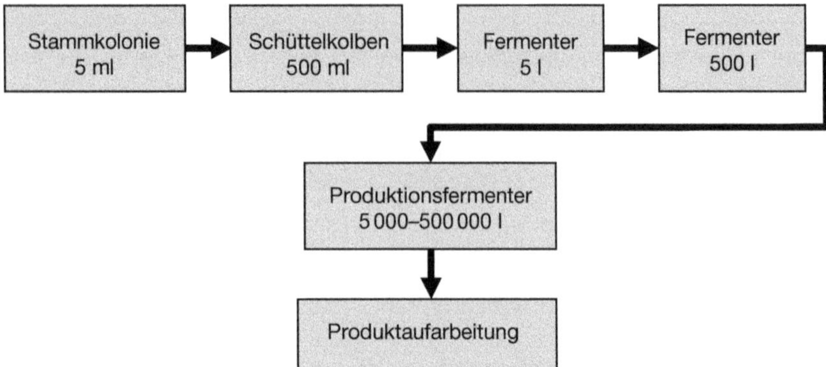

Abb. 12.11 Schematischer Ablauf eines großtechnischen Fermentationsprozesses.

tation müssen in einem Aufarbeitungsschritt die entstandenen Wirkstoffe von den Zellen getrennt und gereinigt werden (Abschn. 12.3.2).

12.3.1
Bioreaktoren (Fermenter)

Bioreaktoren spielen als Behältnisse für die Durchführung von biochemischen Reaktionen mit Mikroorganismen eine wichtige Rolle in der Bioverfahrenstechnik. In einem Bioreaktor befindet sich in der Regel ein Dreiphasengemisch von festen Zellen, flüssigem Nährmedium und gasförmigen Stoffen (O_2, CO_2, N_2). Hierbei müssen alle Komponenten **gleichmäßig durchmischt** werden, um einen optimalen Stoffübergang zu gewährleisten und für eine gute Wärmeabfuhr zu sorgen (exotherme Reaktionen!). Da viele Mikroorganismen sehr empfindlich auf geringste Änderungen der Umgebung reagieren, müssen bestimmte Parameter wie Temperatur, pH-Wert und Sauerstoffgehalt (bei aeroben Prozessen) optimal eingestellt werden. Dies erfordert eine aufwändige Mess- und Regelungstechnik. Außerdem ist zu beachten, dass vor Beginn jedes neuen Produktionsprozesses der Fermenter mit allen Zu- und Ableitungen **sterilisiert**, d. h. keimfrei gemacht wird, um das Wachstum von Fremdkeimen zu verhindern.

Bei den Bioreaktoren unterscheidet man:

- **Submersreaktoren**, bei denen die Mikroorganismen in der Nährlösung suspendiert sind (Mehrzahl der heutigen Verfahren) und
- **Festbettreaktoren**, bei denen die Mikroorganismen auf einem Träger immobilisiert (d. h. fixiert) sind.

Die Bioreaktoren können entweder **absatzweise** (Batchbetrieb, engl. batch = Füllung) oder **kontinuierlich** betrieben werden. Beim Submersverfahren werden die Mikroorganismen in geeigneter Weise mit der Kulturflüssigkeit und (bei aeroben Verfahren) mit Luftsauerstoff vermischt. Hierbei werden häufig entweder belüftete Reaktoren mit mechanischen Rührern (sogenannte **Rührkesselreak-**

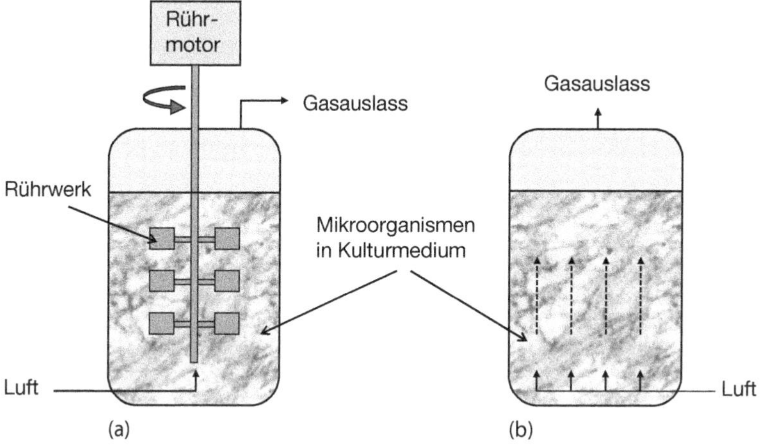

Abb. 12.12 Beispiele für häufig eingesetzte Submers-Bioreaktoren: (a) Rührkesselreaktor; (b) Blasensäulenreaktor.

Abb. 12.13 Rührkessel-Bioreaktoren für Labor- und Technikumsversuche.

toren) oder **Blasensäulen** eingesetzt, bei denen die eingeblasene Luft für die Durchmischung sorgt (Abb. 12.12 und Abb. 12.13). Das in der Abwasserreinigung eingesetzte Belebtschlammverfahren (Abschn. 13.2.3.2) ist ein Beispiel für die Verwendung eines Blasensäulenreaktors.

Bei **Festbettreaktoren** sind die am Stoffumsatz beteiligten Mikroorganismen auf einem Trägermaterial fixiert. Als Trägermaterial können poröse Stein-, Keramik-, oder Kunststoffkugeln dienen, welche als Schüttung im Reaktor vorliegen.

Bei der klassischen Essigsäureherstellung werden beispielsweise bereits seit Langem Buchenspäne als festes Trägermaterial eingesetzt. Auch die in der Abwasserreinigung eingesetzten Tropfkörperreaktoren (Abschn. 13.2.3.2) sind ein Beispiel für den Einsatz eines Festbettreaktors. Der Vorteil von Festbettreaktoren ist, dass die einmal gebildete (fixierte) Zellmasse mehrfach zur Stoffproduktion verwendet wird und nicht wie beim Submersverfahren stets aufwändig aufgearbeitet werden muss (Abschn. 12.3.2). Nachteilig ist bei den Festbettverfahren im Fermentationsprozess, dass häufig vermehrt unerwünschte Nebenreaktionen auftreten können.

12.3.2
Produktaufarbeitung

Die im Fermenter mithilfe von Mikroorganismen hergestellten Produkte müssen durch geeignete Verfahrensschritte aufgearbeitet werden. Die Produktaufarbeitung der Fermenterbrühe beinhaltet hierbei verschiedene Teilschritte. Je nachdem kann das Endprodukt des Herstellungsverfahrens entweder der Mikroorganismus selbst sein (z. B. Backhefe) oder ein gebildetes Produkt. Diese Produkte können entweder in den Mikroorganismenzellen selbst (intrazellulär) vorliegen (z. B. Proteine) oder außerhalb der Zellen (extrazellulär) in der Fermenterbrühe (z. B. Antibiotika).

Die Mikroorganismenzellen (entweder direkt oder nach einem Aufschluss) werden häufig durch **Zentrifugieren** oder **Filtration** abgetrennt. Zur Filtration benutzt man heute vermehrt **Mikrofiltrationsmembranen**, welche nach dem Querstromprinzip betrieben werden (Abschn. 13.3). Der Einsatz von Membranverfahren in der Bioverfahrenstechnik nimmt an Bedeutung zu, da Membranverfahren nicht nur als nachgeschalteter Verfahrensschritt zur Aufarbeitung eingesetzt werden können, sondern sich in die Fermenter selbst integrieren lassen. Im Idealfall kann das Produkt über Membranen direkt aus dem Fermenter entnommen werden.

Zur weiteren Reinigung des Produktes werden **Extraktionsverfahren** mit organischen oder wässrigen Lösungsmitteln verwendet. Zur Extraktion von Proteinen dürfen allerdings keine organischen Lösungsmittel eingesetzt werden, weil ihre Struktur und damit ihre Wirksamkeit irreversibel zerstört wird („Denaturierung"). Auch das Verfahren der **Säulenchromatografie** (zu Chromatografie, Abschn. 5.6.2) wird zur Reinigung von biotechnologisch hergestellten Produkten eingesetzt.

12.3.3
Herstellung von Bioethanol

Unter sogenanntem Bioethanol versteht man Ethanol, welches aus pflanzlichen, also erneuerbaren Rohstoffen gewonnen wird, im Gegensatz zu synthetisch hergestelltem Ethanol (Abschn. 8.4.1.1). Als erneuerbarer Rohstoff wird heutzutage der Einsatz von Bioethanol als Kraftstoff im Rahmen der CO_2- bzw. Treibhausdiskussion zunehmend bedeutsamer (Abschn. 8.8.2.3 und 13.1.3.1).

Beispielhaft für einen großtechnischen Prozess aus dem Bereich Bioverfahrenstechnik wird im Folgenden die Herstellung von Bioethanol näher beschrieben werden. Als Basis für die Bioethanolherstellung dienen entweder **Zucker** oder **stärkehaltige Pflanzen**, wie beispielsweise Mais und Weizen. In den USA wird fast ausschließlich Mais verwendet, in Brasilien wird bereits seit vielen Jahren Bioethanol aus Zuckerrohr hergestellt. Während zuckerhaltige Pflanzen direkt vergoren werden können, muss bei stärkehaltigen Einsatzstoffen Stärke zunächst enzymatisch in Zucker umgewandelt werden.

Im Folgenden wird die großtechnische Bioethanolproduktion aus stärkehaltigen Rohstoffen näher erläutert (Abb. 12.14). Nach einer Mahlung wird das Getreide- oder Maismehl mit Wasser angemischt; man spricht dabei auch von anmaischen. Die Maische wird unter Zugabe von einem Verflüssigungsenzym (α-Amylase) auf eine Temperatur von 90 °C erhitzt und dabei verflüssigt. Die verflüssigte Maische wird anschließend bei einer Temperatur von etwa 55–60 °C mit technischen Verzuckerungsenzymen versetzt, dabei wird die Stärke in **Zuckermoleküle** gespalten (α-Glucose, Abschn. 8.7.1). Die Spaltung in Glucosemoleküle erfolgt hierbei mithilfe des Enzyms Glucoamylase. Die verzuckerte Maische wird anschließend auf eine Temperatur von etwa 20 °C heruntergekühlt.

In der anschließenden **Fermentation** wird unter Zugabe von Hefe der Zucker zu Ethanol und Kohlendioxid vergoren. Die Vergärung wird in absatzweise betriebenen Submersreaktoren durchgeführt (Abschn. 12.3.1). Die Reaktoren sind dabei entweder parallel oder seriell geschaltet. Die Gärdauer beträgt 72–96 h. Die Maische besitzt dann einen maximalen Ethanolvolumengehalt von 12–18 %.

Die ethanolhaltige Maische wird destilliert, wobei ein Ethanol-Wasser-Gemisch und ein feststoffhaltiger Rückstand, die sogenannte Schlempe gewonnen werden. Anschließend wird das Ethanol-Wasser-Gemisch in einer **Rektifizierkolonne** (Abschn. 3.6.4) behandelt; der Alkohol wird dabei gereinigt und auf einen Volumengehalt von 96 % aufkonzentriert. Die Schlempe kann als hochwertiges Futtermittel entweder in flüssiger Form oder nach Trocknung in fester Form verwertet werden. Weitere Verwertungsmöglichkeiten bestehen in der Verwendung als Düngemittel oder zur Energiegewinnung in Biogasanlagen. Soll das Ethanol als Additiv für Benzin dienen, muss jedoch das Restwasser entfernt werden (Dehydrierung). Dies geschieht üblicherweise über Molekularsiebe (Abschn. 7.2.5).

Derzeit wird intensiv an Verfahren zur Herstellung von Bioethanol aus cellulosehaltiger Biomasse gearbeitet. Der entscheidende Prozessschritt ist dabei die

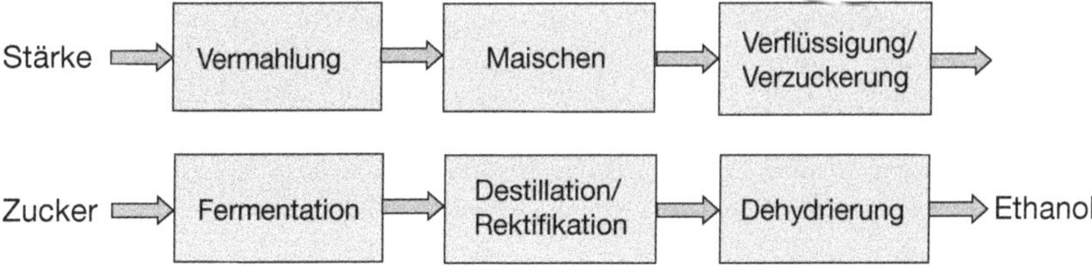

Abb. 12.14 Schematischer Ablauf der Bioethanolherstellung.

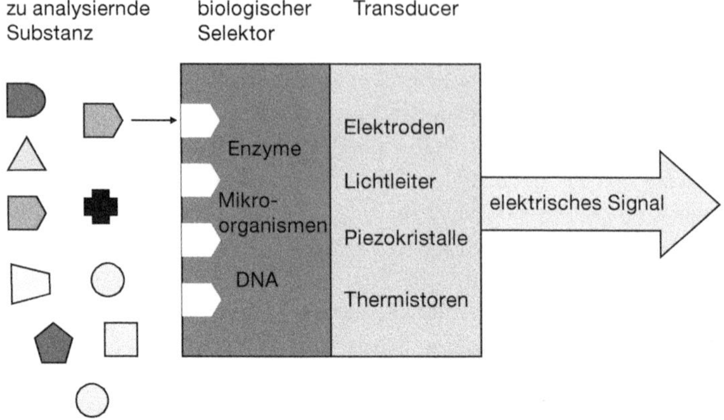

Abb. 12.15 Schematisches Funktionsprinzip von Biosensoren.

Verzuckerung der Cellulose zu β-Glucose (Abschn. 8.7.1). Diese Verfahren haben den Vorteil, dass sich hierbei biogene Rest- und Abfallstoffe (Stroh, Holz etc.) verwerten lassen und keine Rohstoffkonkurrenz zu der Nahrungsmittelproduktion für die wachsende Weltbevölkerung auftritt.

12.4 Biosensoren

Biosensoren spielen heute durch die Verbindung der Molekularbiologie und der Mikroelektronik zunehmend eine wichtige Rolle bei der analytischen Erfassung unterschiedlicher Substanzen im Bereich der Bioverfahrens-, Umwelt- und Medizintechnik.

Wie in Abb. 12.15 dargestellt, bestehen Biosensoren prinzipiell aus:

- Biomolekülen als sogenannte **Selektoren** oder **Rezeptoren**, die bestimmte Stoffe mit großer Genauigkeit und Empfindlichkeit erkennen und einen bestimmten Effekt (z. B. Änderung der Sauerstoffkonzentration oder des pH-Werts) bewirken,
- Überträgerkomponenten, den sogenannten **Transduktoren** (manchmal auch vom Englischen als transducer bezeichnet), welche das biologisch erzeugte Signal in ein elektrisches Signal umwandeln, das elektronisch weiterverarbeitet werden kann.

Der Hauptvorteil von Biosensoren liegt in der sehr spezifischen Stofferkennung. Zur Erkennung müssen die zu analysierenden Biomoleküle wie ein Schlüssel zu einem bestimmten Schloss (dem Rezeptormolekül) passen. Man spricht deshalb auch vom **Schlüssel-Schloss-Prinzip**. Ein weiterer Vorteil dieser Art der Sensorik ist die Möglichkeit der **Miniaturisierung** in Verbindung mit der Halbleitertechnik. Der prinzipielle Nachteil von Biosensoren liegt in der häufig begrenzten

Haltbarkeit der empfindlichen Biomoleküle, welche als Selektoren eingesetzt werden.

Am bedeutendsten sind heute Biosensoren zur **Bestimmung von Glucose**. Die Bestimmung des Glucosegehalts im Blut ist in der Medizintechnik wichtig für die Erkennung und Begleitung der Zuckerkrankheit (Abschn. 12.2.4). Der Normalwert für Glucose im Blut liegt bei 80–120 mg/100 ml Blut. Durch Insulinmangel kann der Blutzuckerspiegel auf über 160 mg/100 ml steigen, und Glucose tritt im Harn als sogenannter Harnzucker auf. Eine gezielte Insulinbehandlung setzt eine schnelle Information über den aktuellen Glucosegehalt im Blut voraus. Auch in biotechnologischen Prozessen kann die Bestimmung von Glucosekonzentrationen eine sehr wichtige Information sein. Als **Selektor** für die Glucosebestimmung wird meist das Enzym Glucose-Oxidase verwendet, welches die Oxidation von Glucose zu Gluconolacton katalysiert:

$$\text{D-Glucose} + O_2 \xrightarrow{\text{Glucose-Oxidase}} \text{D-Gluconolacton} + H_2O_2$$

Als **Transduktor** wird häufig ein amperometrisches Messprinzip (Abschn. 10.7.3) verwendet, welches entweder den in Abhängigkeit von der Glucosekonzentration verbrauchten Sauerstoff oder das gebildete Wasserstoffperoxid in ein elektrisches Signal (Änderung der Stromstärke) umwandelt. Wie in Abb. 12.16 schematisch dargestellt, ist bei diesem Biosensor das Selektorenzym zwischen zwei Membranen immobilisiert, welche nur für Glucose und Sauerstoff durchlässig sind. Hiermit ist die Bestimmung des Glucosegehalts in Blut innerhalb weniger Sekunden möglich. Auch die Miniaturisierung von amperometrischen Elektroden ist relativ einfach möglich.

Ein weiteres Beispiel für die Verwendung eines Biosensors ist die Messung des **biologischen Sauerstoffbedarfs BSB_5** (BSB_5, Abschn. 13.2.2.2a), ein Summenparameter, der in der Abwasserreinigung eine wichtige Rolle spielt. Hierbei wird der Sauerstoffverbrauch gemessen, der zum biologischen Abbau von organischen Inhaltsstoffen in Abwässern notwendig ist. Üblicherweise dauert die Bestimmung dieses Parameters fünf Tage und ist relativ aufwändig. Heute werden Biosensoren auf dem Markt angeboten, welche die Bestimmung innerhalb weniger Minuten durchführen. Ähnlich wie das Selektorenzym bei der Glucosebestimmung werden hier die Sauerstoff zehrenden Mikroorganismen zwischen zwei Membra-

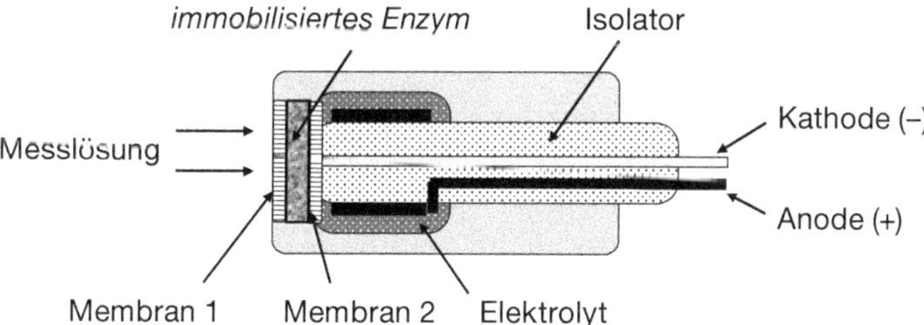

Abb. 12.16 Schematische Darstellung eines Biosensors zur Bestimmung von Glucose.

nen immobilisiert. Der Sauerstoffverbrauch wird mittels eines amperometrischen Messprinzips bestimmt.

12.5 Schadwirkung von Chemikalien

12.5.1 Humantoxikologie

Die Humantoxikologie erforscht die Auswirkungen giftiger Substanzen auf den Menschen. Bei der Giftwirkung von Substanzen sind vor allem zwei Faktoren von wesentlicher Bedeutung:

- die **Dosis** und
- die **Einwirk- oder Expositionsdauer**.

Die wichtigsten Aufnahmewege von giftigen Substanzen in den menschlichen Körper sind: Verschlucken (orale Aufnahme), Hautkontakt oder Einatmen.

12.5.1.1 Giftige Dosis

Sehr viele Stoffe sind als Gifte erst oberhalb eines bestimmten Schwellenwerts, oberhalb einer Mindestkonzentration wirksam. Wird dieser Schwellenwert überschritten, so kommt es zu Beeinträchtigungen des Wohlbefindens. Mit zunehmender Giftkonzentration werden die Folgen der Vergiftung immer gravierender, bis schließlich beim Erreichen der letalen (letalis, lat. = tödlich) Dosis der Organismus an der Vergiftung zugrunde geht. Die Toxizität (Giftigkeit) eines Stoffes wird durch Tierversuche bestimmt (Abschn. 12.5.1.2). Unterhalb des Schwellenwerts mit klar erkennbaren schädlichen Wirkungen kann ein Gift durch Aktivierung von Abwehrkräften sogar eine anregende und belebende Wirkung ausüben, sodass der Betroffene oft ein besonders gutes Wohlbefinden verspüren kann. Viele Gifte werden deshalb auch als Anregungs- oder Heilmittel verwendet. In diesem Zusammenhang sei an einen Ausspruch des berühmten Arztes Paracelsus (Aureolus Theophrastus Bombastus Freiherr von Hohenheim, genannt Paracelsus, 1493–1541) erinnert: „Alle Dinge sind Gift und nichts ist ohne Gift, allein die Dosis macht, dass ein Ding kein Gift ist."

Es gibt aber eine Reihe verschiedener Schadeinwirkungen, die *keinen* solchen Schwellenwert erkennen lassen. Hierzu gehören radioaktive Strahlen und chemische Substanzen, die **mutagene** (Abschn. 12.2.3.1) oder **kanzerogene** Wirkung besitzen, denn bei diesen kann bereits ein einziges Molekül oder ein Energiequant Veränderungen der DNA herbeiführen, welche dann, wenn sie nicht zurückgebildet oder aufgelöst werden, verheerende Folgen hervorrufen.

Ein häufig eingesetzter Test zur Entdeckung mutagener und kanzerogener Wirkungen von Chemikalien stammt von Bruce N. Ames und wird nach ihm als **Ames-Test** benannt. Hierbei wird die Erbgut verändernde Wirkung mittels bestimmter Bakterienstämme getestet. Da etwa 90 % aller mutagenen Substanzen beim Menschen auch kanzerogene Wirkung zeigen, ist der Ames-Test indirekt auch ein Test auf die kanzerogenen Eigenschaften von Substanzen.

Um solche krebserregenden Stoffe zu überwachen und so gering wie möglich zu halten, wurden als höchstzulässige Grenzwerte die **Technischen Richtkonzentrationen (TRK)** eingeführt (Beispiele siehe Anhang A.6). Da es bei diesen Stoffen keinen Schwellenwert für die Giftigkeit gibt, richtet sich die Höhe der TRK-Werte hauptsächlich nach dem jeweiligen „Stand der Technik" zur Vermeidung oder Verringerung solcher Stoffe bzw. nach den möglichen analytischen Nachweisgrenzen. Selbstverständlich müssen dabei die zu erwartenden Belastungen in einem arbeitsmedizinisch vertretbaren Rahmen bleiben.

12.5.1.2 Einwirk- oder Expositionsdauer

Bei Chemikalien unterscheidet man im Wesentlichen die sogenannte **akute** und die **chronische Toxizität**. Unter akut toxischer Wirkung versteht man die Schadwirkung nach *einmaliger* Gabe und *kurzer* Einwirkdauer (Stunden oder Tage) der Substanz. Wirkt ein Gift in äußerst *geringen* Mengen, dafür aber *sehr lange* Zeit (Monate oder Jahre) auf einen Organismus ein, so kann es zu chronischen Vergiftungserscheinungen kommen. Diese sind meist nicht leicht zu erkennen; sie äußern sich häufig zunächst nur in unspezifischem Unwohlsein und allgemeiner Mattigkeit.

Zur Bestimmung der akuten Toxizität eines Stoffes wird der sogenannte **LD_{50}-Wert** (letale Dosis 50 %) durch Tierversuche ermittelt. Dies ist diejenige Menge eines Stoffes, bei der nach Verabreichung (z. B. oral oder intravenös) 50 % einer bestimmten Anzahl von Versuchstieren sterben. Die Versuche werden meist mit etwa 50 Versuchstieren (häufig Ratten) durchgeführt. Aus ethischen Gründen wird heute intensiv daran gearbeitet, die Anzahl der Versuchstiere durch veränderte Prüfvorschriften zu reduzieren oder ganz darauf zu verzichten. Die Angabe des LD_{50}-Werts erfolgt in mg Substanz je kg Körpergewicht. Bei „neuen" Substanzen, welche als Chemikalien in den Verkehr gebracht werden, wird vom Gesetzgeber die Bestimmung der akuten Toxizität gefordert. Durch die LD_{50}-Werte werden Substanzen in Deutschland in **Giftklassen** eingestuft und gekennzeichnet (Gefahrensymbole, Anhang A.7). In Tab. 12.2 sind die Giftklasseneinteilung sowie einige Beipiele für LD_{50}-Werte dargestellt. Neben der Angabe der Giftklasse müssen bei Chemikalien auch die sogenannten **R- und S-Sätze** angegeben werden. Dies sind **R**isiko- und **S**icherheitshinweise, wie z. B. „ätzend", „hochentzündlich" etc.

Beim Test der chronischen Toxizität wird die zu untersuchende Substanz drei Monate und länger (meist oral) verabreicht. Bei vielen Stoffen unterscheidet sich die akute und chronische Toxizität erheblich. Ein Beispiel hierfür sind die sogenannten polychlorierten Biphenyle (PCB, Abschn. 8.2.2). Wie aus Tab. 12.2 zu entnehmen ist, weisen sie keine akute Toxizität auf, führen aber bei langer Exposition zu Leberschäden und zur Schwächung des Immunsystems, außerdem können sie Krebs auslösen.

Tab. 12.2 Einteilung der Giftklassen und Beispiele für LD_{50}-Werte.

Giftklasse	Chemikalie	Versuchstier	Aufnahmeweg	LD_{50} (mg/kg)
nicht giftig	Aceton	Ratte	oral	5800
LD_{50}: > 2000 mg/kg	Ethanol	Ratte	oral	7060
	PCB	Ratte	oral	10 000
gesundheitsschädlich	Naphthalin	Ratte	oral	1780
LD_{50}: 200–2000 mg/kg	Butanol	Ratte	oral	790
giftig	DDT	Ratte	oral	113
LD_{50}: 25–200 mg/kg	Kaliumdichromat	Ratte	oral	95
	Nikotin	Ratte	oral	50
sehr giftig	Arsen[a)]	Ratte	intravenös	6
LD_{50}: < 25 mg/kg	Botulinustoxin A	Maus	oral	0,3 ng/kg!
	Cadmium[a)]	Ratte	intravenös	1,3
	Dioxin	Ratte	intravenös	0,05
	Kaliumcyanid	Ratte	oral	5
	Quecksilber(II)chlorid	Ratte	oral	1

a) in elementarer Form.

In den letzten Jahren wurde verstärkt die Schadwirkung sogenannter **Mikroschadstoffe** in den Gewässern untersucht. Diese Stoffe sind typischerweise organische Chemikalien (z. B. pharmazeutische Stoffe, Pestizide, Industriechemikalien), welche nur im Konzentrationsbereich Nano- bis Mikrogramm pro Liter vorkommen. Aufgrund ihrer chronisch toxischen Eigenschaften sowie der Bioakkumulation und der geringen biologischen Abbaubarkeit (Abschn. 12.5.3) stellen sie aber ein **Langzeitproblem** für die Gewässer dar. Dies gilt insbesondere für Verunreinigungen im als Trinkwasser verwendeten Grundwasser. Die Eintragsquellen dieser Stoffe sind typischerweise die Haushalte (z. B. pharmazeutische Rückstände), Landwirtschaft (z. B. Pestizide) und Industrie (z. B. Weichmacher, Flammschutzmittel, Abschn. 9.3.10.2 bzw. 9.7.6). So wurden beispielsweise in Deutschland mehr als 150 verschiedene Arzneimittelrückstände in nahezu allen Gewässern nachgewiesen. Da Mikroschadstoffe typischerweise nicht durch die kommunalen Kläranlagen entfernt werden können, wird die Einführung einer zusätzliche Reinigungsstufe untersucht und teilweise eingeführt.

Zur Vermeidung von chronischen Vergiftungen in der Atemluft wurden die **MAK-Werte** (Maximale Arbeitsplatzkonzentration) festgesetzt. Dies ist die höchstzulässige Schadstoffkonzentration, der ein gesunder Erwachsener bei Berücksichtigung von Acht-Stunden-Arbeitstagen maximal ausgesetzt sein darf. Die Liste der MAK-Werte wird etwa im jährlichen Turnus überprüft und zusammen mit den TRK-Werten von einer Kommission der Deutschen Forschungsgemeinschaft herausgegeben. Einige Beispiele für MAK-Werte sind in einer Tabelle im Anhang A.6 aufgeführt. Eine sehr einfache Überprüfung der Giftkonzentrationen in der Atemluft kann man mithilfe von substanzspezifischen Prüfröhrchen vornehmen, wie sie z. B. von der Fa. Dräger entwickelt worden sind.

Neben den MAK-Werten werden am Arbeitsplatz häufig auch die **BAT-Werte** (**B**iologische **A**rbeitsstoff-**T**oleranz-Werte) kontrolliert. Der BAT-Wert ist die beim Menschen höchstzulässige Menge eines Arbeitsstoffs oder seines Umwandlungsproduktes im Körper oder die dadurch ausgelöste Abweichung eines biologischen Indikators (wie z. B. der Blutdruck) von der Norm, bei der keine Beeinträchtigung der Gesundheit eintritt. Im Gegensatz zu den MAK-Werten werden daher die BAT-Werte nicht in der Umgebung gemessen, sondern erfolgen am Menschen, z. B. durch Analysen von Körperflüssigkeiten oder des Blutdrucks.

12.5.1.3 Giftwirkungen

a) Verätzungen

Gifte können bei direkter Einwirkung eine chemische Zerstörung des lebenden Gewebes (Haut, Atmungs- oder Verdauungsorgane) hervorrufen, die man als Verätzungen bezeichnet. Vor allem Säuren, Laugen oder stark oxidierende Stoffe führen zu verbrennungsähnlichen Verätzungen, die nach Ausheilung oft große Narben hinterlassen.

b) Störungen des Stoffwechsels

Gifte können auch auf die Zellfunktionen einwirken und den Stoffwechsel der Zellen empfindlich stören. Im ungünstigsten Fall können schon geringe Mengen von Giften einzelne Organe oder sogar den gesamten Organismus beeinträchtigen. Wenn die Giftaufnahme die letale Dosis nicht erreicht hat, werden die Gifte nach und nach durch körpereigene Detoxikationsmechanismen wieder ausgeschieden.

Die Gruppe der sogenannten **endokrin aktiven Substanzen** (auch endokrine Disruptoren genannt) hat in den letzten Jahren in der Umwelttoxikologie besondere Beachtung gefunden. Diese Substanzen greifen störend in das Hormonsystem des Menschen und anderer Lebewesen ein, indem sie dadurch, dass sie die natürlichen Hormone (Östrogen oder Testosteron) „imitieren", Hormonrezeptoren in den Zellen blockieren und damit deren Wirkung verhindern. Dies kann langfristig zu Unfruchtbarkeit oder Krebserkrankungen führen. Beispiele für diese Stoffe sind: polychlorierte Biphenyle (Abschn. 8.2.2), bestimmte Pestizide, wie z. B. DDT (Abschn. 12.5.2.2) und Dihydroxydiphenylpropan (Abschn. 9.4.4).

c) Kanzerogene und mutagene Effekte

Verschiedene chemische Stoffe können Krebsgeschwülste erzeugen. Der Prototyp einer solchen kanzerogenen Substanz ist der polyaromatische Kohlenwasserstoff 1,2-Benzpyren (Abschn. 8.1.5.4). Auch viele andere Stoffe wie Dioxine oder einige Schwermetalle können kanzerogene Wirkung zeigen. In solchen Krebsgeschwülsten kommt es zu einem anormalen, stark erhöhten Stoffwechsel und zu ungehemmtem Wachstum. Die sich schrankenlos vermehrenden, entarteten, krebsartigen Körperzellen entziehen schließlich durch Überwucherung dem Gesamtorganismus die Lebensgrundlage. Krebserkrankungen können durch Veränderungen der DNA ausgelöst werden. Die kanzerogenen Stoffe sind in der Regel auch gleichzeitig Mutagene.

d) Allergien

Unter Allergie versteht man eine **Überempfindlichkeit des körpereigenen Abwehrsystems** (Immunabwehr) gegen bestimmte Substanzen. Charakteristisch ist, dass allergene Stoffe oft in äußerst geringer Menge nur auf bestimmte, prädisponierte Personen wirken. Solche allergische Reaktionen können oft auch tödliche Folgen haben. Die Empfindlichkeit kann entweder erworben oder auch erblich (genetisch) bedingt sein. In diesen Fällen sollte man jeden, auch den geringsten Kontakt mit den Substanzen vermeiden (Arbeitsplatz-, Berufswechsel).

12.5.1.4 Vorsorgemaßnahmen

Werden in einem Betrieb giftige Stoffe verwendet, so sollte man bei der Berufsgenossenschaft der chemischen Industrie[7] die betreffenden Merkblätter anfordern, aus denen man die wichtigsten Informationen darüber entnehmen kann, was man beim Umgang mit diesen Giften zu beachten hat; ferner welche Maßnahmen man bei akuten Intoxikationen ergreifen soll.

An gut sichtbarer Stelle (in Telefonnähe) sollten nicht nur die Telefonnummern des Unfallarztes und des Notrufs angegeben sein, sondern auch die Rufnummern der nächstliegenden Informationszentralen[8], bei denen man Tag und Nacht rasche Auskunft über notwendige Gegenmaßnahmen bei Vergiftungsunfällen erhalten kann.

a) Erste-Hilfe-Maßnahmen

Das Überleben des Vergifteten hängt in vielen Fällen entscheidend von den Erste-Hilfe-Maßnahmen ab.

Folgende drei Merkwörter sollen an die wichtigsten Maßnahmen bei Vergiftungsunfällen erinnern: **„Melden – Sichern – Helfen"**, wobei sich die günstigste Reihenfolge der Gegenmaßnahmen aus der speziellen Situation ergibt.

- **Melden**: Herbeirufen von Hilfe, Benachrichtigung des Arztes, Bereitstellung der Merkblätter, Anruf bei der Giftunfallzentrale,
- **Sichern**: verhindern, dass weitere Personen gefährdet werden oder dass verkehrte Sofortmaßnahmen ergriffen werden,

7) Die Berufsgenossenschaften, Körperschaften des öffentlichen Rechts, sind Träger der Unfallversicherung; sie erlassen „Unfallverhütungsvorschriften" und überwachen durch „Technische Aufsichtsbeamte" die Arbeitssicherheitsmaßnahmen in den Betrieben. Die in diesem Fall zuständige „Berufsgenossenschaft der Chemischen Industrie" hat die Adresse: 69115 Heidelberg, Kurfürsten-Anlage 62 (www.bgchemie.de, 29.5.2015), während sich der Hauptverband der Berufsgenossenschaften in Bonn befindet (www.hvbg.de, 29.5.2015).

8) www.vergiftungszentrale.de, 29.5.2015

- **Helfen**: erste Gegenmaßnahmen einleiten. Vergifteten bei Bewusstlosigkeit in Seitenlage bringen; bei Atemstillstand: „Mund-zu-Mund-“ oder „Mund-zu-Nase-Beatmung“ (dabei Kopf des Vergifteten weit zurücklegen, damit die Zunge die Atemwege nicht versperrt; darauf achten, dass man selbst dabei keine Giftstoffe aufnimmt).

12.5.2
Die häufigsten Gifte

12.5.2.1 Giftige anorganische Stoffe

a) Schwermetalle

Viele Schwermetalle sind stark toxisch, obwohl einige Schwermetalle in geringen Mengen wichtige Spurenelemente des menschlichen Körpers sind (z. B. Chrom, Kupfer; siehe giftige Dosis, Abschn. 12.5.1.1). Viele Schwermetalle und deren Verbindungen sind auch als krebserregend eingestuft (TRK-Werte, Anhang A.6). Die toxische Wirkung von Schwermetallen kann durch die elementare Form (z. B. in Form von Stäuben) oder auch häufig durch lösliche Metallsalze verursacht werden. Häufig auftretende Schwermetallgifte sind Blei und Quecksilber, außerdem Cadmium, Beryllium, Arsen und Thallium. Von den anionischen Schwermetallverbindungen ist besonders das Chromat zu erwähnen. Durch Schwermetallverbindungen wird im Allgemeinen der Stoffwechsel geschädigt, da die Schwermetalle Verbindungen mit den Proteinen eingehen können und so die Enzyme blockieren können. Der Angriffspunkt der einzelnen Schwermetalle ist verschieden, und somit sind auch die Vergiftungssymptome unterschiedlich.

Blei hemmt vor allem die Häm-Biosynthese und wird ferner in die Haut eingelagert. Häm ist ein Bestandteil des roten Blutfarbstoffs, der den Sauerstofftransport im Blut bewirkt. Akute Bleivergiftungen zeigen sich häufig durch Grauverfärbung der Haut.

Durch **Cadmium** tritt eine Nierenschädigung auf. Es war auch Verursacher der in Japan auftretenden sogenannten Itai-Itai-Krankheit, die zu schweren Skelettveränderungen führt. Bei Vergiftungen mit **Quecksilber** kommt es zu Schädigungen des Nervensystems.

Beryllium und seine Verbindungen führen in Form von Staub oder Dämpfen zu schweren Lungenerkrankungen, häufig mit tödlichem Ausgang. Außerdem sind Beryllium und seine Verbindungen als krebserregend eingestuft.

Für Vergiftungen mit **Thallium** ist ein spontaner Haarausfall nach ca. 14 Tagen charakteristisch, der bis zum völligen, meist vorübergehenden Verlust der Haupt- und Körperhaare führen kann.

Bei **Arsen** sind Nervenschädigungen, Hautentzündungen und Leberschädigungen zu beobachten. Arsen und seine Verbindungen sind auch als krebserregende Arbeitsstoffe eingestuft.

Beim **Chrom** sind hauptsächlich die Cr(VI)-Verbindungen (Chromat) von toxikologischer Bedeutung. Sie führen zu schwer heilenden Geschwüren, wenn es in

Wunden oder Hautverletzungen gelangt. Sie verursachen das sogenannte Maurerekzem, da Zement Chromatspuren enthält. Sehr häufig treten bei Chromaten auch Allergien auf. Eingeatmetes Chromat (Stäube, versprühte Lösungen) hat eine kanzerogene Wirkung (besonders verstärkt wird dies durch Zigarettenrauch), vor allem kann es zu einer Perforation der Nasenscheidewand kommen.

Schwermetallgifte werden nur sehr langsam wieder aus dem Organismus ausgeschieden; sie zeigen deswegen ein gewisses **Akkumulationsvermögen** im Körper. So kann es bei einer täglichen geringen Aufnahme des Giftes zu einer zunächst nicht wahrnehmbaren Vergiftung kommen, die später jedoch durch Anhäufung der Giftstoffe zu schweren Schädigungen führt. Lediglich beim Arsen kann durch eine gewisse Gewöhnung des Körpers an das Gift die tödliche Dosis As_2O_3 auf das Mehrfache gesteigert werden.

Beim Umgang mit Schwermetallen und ihren Verbindungen sind die strengen Vorschriften der Berufsgenossenschaften zu beachten, so z. B. gründliches Waschen der Hände zu den Mahlzeiten, Verbot am Arbeitsplatz zu rauchen, Belüftung der Räume bei Verwendung von Quecksilber.

Alle Behandlungsmaßnahmen bei Schwermetallvergiftungen laufen im Wesentlichen darauf hinaus, die Schwermetalle möglichst rasch wieder aus dem Körper auszuscheiden, meist durch Bildung von leicht löslichen Komplexverbindungen oder auch durch Anschließen des Vergifteten an eine künstliche Niere.

b) Säuren und Basen

Saure und basische Stoffe, insbesondere in konzentrierter, flüssiger Form, rufen am Organismus **Verätzungen** hervor. Diese Zerstörungen des Gewebes sind mit Verbrennungen zu vergleichen; sie ereignen sich in direktem Kontakt des Giftes mit der Haut bzw. mit den Schleimhäuten der Verdauungs- oder Atmungsorgane.

Primäreffekte von Verätzungen (vor allem bei hohen Konzentrationen) laufen sehr rasch ab. Primäreffekte sind unmittelbare Schädigungen zum Unterschied von Sekundäreffekten, die durch Gegenreaktionen des Körpers auftreten können (z. B. Lungenödem, Abschn. 12.5.2.1c). Die Säuren oder Basen verlieren aber bei großen Verdünnungen einen Teil ihrer Wirksamkeit. Als Erste-Hilfe-Maßnahmen sollte man daher durch Anwendung reichlicher Mengen Wasser die Säure oder Base sofort zu verdünnen suchen. Diese Maßnahme muss spätestens nach wenigen Sekunden erfolgen, noch bevor größere Partien angeätzt sind. Versuche, die schädlichen Chemikalien zu neutralisieren, können gefährlich sein, weil zu lange Zeit bis zur Abhilfe verstreichen kann und weil die entsprechenden Gegenmittel ebenfalls ätzend wirken können.

Verätzungen durch Säuren oder Basen hinterlassen oft umfangreiche Narben, die bei inneren Verätzungen – falls der Betreffende überhaupt überlebt – zu Verwachsungen (z. B. in der Speiseröhre) führen können und oft einen chirurgischen Eingriff erfordern. Beim Verschlucken von Säuren oder Basen (und Laugen) sollte man diese sofort durch Trinken größerer Mengen von Wasser verdünnen. Bei größeren Mengen verschluckter Basen ist evtl. das Trinken von stark verdünntem Essig zweckmäßig. Bei Verschlucken von stark oxidierenden Stoffen (z. B.

Chlorwasser) sollte man möglichst sofort eine 2–10 %ige Natriumthiosulfatlösung ($Na_2S_2O_3$) trinken.

c) Giftige Gase

Die Haupteingangspforten für alle gasförmigen Giftstoffe sind die Atemwege. Vergiftungen durch Gase und Dämpfe zeigen hauptsächlich folgende Wirkungen:

- Sie verursachen Verätzungen durch Bildung von Säuren oder Basen mit der in der Lunge vorhandenen Körperflüssigkeit (Beispiele hierfür sind: nitrose Gase, Chlorgas, Phosgen, Schwefeldioxid und Ammoniak).
- Sie führen zu einem Sauerstoffmangel im Organismus (z. B. CO, CO_2 oder HCN).
- Andererseits können giftige Gase auch durch die Haut in den Körper gelangen und auf diese Weise zu Vergiftungen führen.
- **Verätzungen der Lunge:** Die Abwehrreaktionen des Körpers äußern sich in dem Bestreben, das Gift zu verdünnen. Es kommt nach einer Latenzzeit (während der Latenzzeit zeigen sich noch keine Vergiftungssymptome), die bis zu mehreren Stunden dauern kann und in der sich der Vergiftete sogar noch wohl fühlen kann, zu einem akuten Lungenödem (Überschwemmung der Lunge mit Flüssigkeit) mit der Gefahr des Erstickens. Daher sind Vergiftete (auch bei momentanem Wohlbefinden!) in ein Krankenhaus einzuliefern, wo für die kritischen Phasen der einsetzenden Sekundärreaktionen eine Behandlung durch Sauerstoffbeatmung möglich ist. Auf diese Weise kann ein Erstickungstod verhindert werden.
- **Anoxie (Sauerstoffmangel):** Bei vielen technischen Prozessen wird das sehr giftige **Kohlenmonoxid** freigesetzt, das den Sauerstofftransport im Blut behindert oder unterbindet (Abschn. 7.2.1.2).
  Auf einen Sauerstoffmangel reagiert besonders das Nervensystem sehr empfindlich. Es kommt sehr bald zu Kopfschmerzen, des Weiteren zur Bewusstlosigkeit, dann zu irreversiblen Veränderungen im Gehirn, in letzter Konsequenz mit tödlichem Ausgang. Im Überlebensfall können Kohlenmonoxidvergiftungen infolge irreversibler Veränderungen im Gehirn zu bleibenden Schäden führen. Im günstigsten Fall kann man bei einem durch Einwirkung von Kohlenmonoxid vergifteten Menschen die lebenswichtigsten Funktionen so lange aufrechterhalten, bis das Blut sich wieder regeneriert hat. Die relativ feste Verbindung von Kohlenmonoxid und Hämoglobin kann nämlich im Sauerstoffüberschuss (z. B. durch Sauerstoffbeatmung) wieder zerlegt werden (Abschn. 7.2.1.2).
  Auch in der Atemluft in geringen Konzentrationen vorkommende „ungiftige" Fremdgase (z. B. das **Kohlendioxid**) können bei einer relativ hohen Konzentration Vergiftungen mit tödlichem Ausgang hervorrufen. So tritt der Erstickungstod etwa ab einem Volumengehalt von 8 % ein, während Volumengehalte unter 2,5 % unschädlich sind und ab 4–5 % bereits eine betäubende Wirkung zeigen (Abschn. 7.2.1.1). Da das Kohlendioxid schwerer als Luft ist, sammelt es

sich am Boden von Kellern, Brunnen, Schächten usw. an. Man kann einen zu hohen Kohlendioxidgehalt durch Erlöschen einer Kerze erkennen (Möglichkeit der Warnung, da Kohlendioxid geruchlos ist). Die ausgeatmete Atemluft enthält ca. 4 % Kohlendioxid.

Eines der stärksten gasförmigen Gifte ist die sogenannte **Blausäure** (HCN), die als Kohlenstoffverbindung zu den organischen Stoffen zählt; sie wird aber als „Pseudohalogenverbindung" an dieser Stelle erwähnt (Abschn. 8.5.4). Die Blausäure blockiert in Sekundenschnelle Enzyme, die der Zellatmung, dem Sauerstoff-Stoffwechsel dienen. Die letale Dosis für den Menschen beträgt 50 mg. Diese Menge kann bereits durch wenige Atemzüge aufgenommen werden oder auch durch die Haut in den Körper gelangen. Die tödlichen Reaktionen setzen so schnell ein, dass ärztliche Hilfe fast immer zu spät kommt. In Härtereien und Galvanisieranstalten, wo Salze bzw. Komplexverbindungen der Blausäure verwendet werden, und besonders in Chemiebetrieben, wo Blausäure verwendet wird, sind die Unfallverhütungsvorschriften genauestens zu beachten. Ferner ist für eine gefahrlose Beseitigung der Abfälle und eine Reinigung der Abwässer zu sorgen (Abschn. 13.2.5.7).

12.5.2.2 Giftige organische Stoffe

a) Lösungsmittel

Organische Lösungsmittel lösen sich in Fetten; sie besitzen daher eine Affinität zu der Lipoidschicht, die die Nervenfasern umgibt. So äußern sich Vergiftungen mit organischen Lösungsmitteln häufig zunächst in einer ersten Phase durch Symptome wie Schläfrigkeit oder Trunkenheit und führen schließlich in einer zweiten Phase (meist erst nach zwei bis drei Stunden) zu einem tiefen Koma. In diesem kritischen Zustand ist eine Sauerstoffbeatmung notwendig. Chlorhaltige organische Lösungsmittel rufen zudem noch schwere Leber- und Nierenschäden hervor.

Einige organische Substanzen sind kanzerogen, so z. B. das Anilin und Benzol (Abschn. 8.5.1). Benzol kann bei Dauereinwirkung, selbst in sehr geringen Konzentrationen, zu schweren, chronischen, irreversiblen Schädigungen des Knochenmarks und zur Leukämie führen, daher werden für Benzol anstelle der MAK-Werte jetzt TRK herausgegeben (Tabelle im Anhang A.6).

Aromatische Nitroverbindungen, insbesondere das Nitrobenzol, sind äußerst giftig. Diese Verbindung wird am Hämoglobin des Blutes gebunden und verhindert den Sauerstofftransport durch das Blut, außerdem kann das Protein der roten Blutkörperchen irreversibel geschädigt werden. Des Weiteren sind Auswirkungen auf das Nervensystem, Anämie und Leberschädigungen als Folge von akuten oder chronischen Vergiftungen durch Nitrobenzol zu beklagen.

b) Pestizide (Biozide)

Unter der Sammelbezeichnung Pestizide fasst man alle chemischen Pflanzenschutzmittel zusammen. Zu ihnen zählen insbesondere die **Insektizide** (= Insektenbekämpfungsmittel), die **Herbizide** (= Unkrautvertilgungsmittel) und

Fungizide (= Pilzbekämpfungsmittel). Zu den wichtigsten Insektiziden zählen bestimmte chlorierte Kohlenwasserstoffe und organische Phosphorverbindungen.

Von den verwendeten Pflanzenschutzmitteln können geringe Mengen durch die Nahrung in den menschlichen Körper gelangen. Damit eine Schädigung durch den Verzehr solcher Lebensmittel nicht eintritt, werden Höchstmengen festgesetzt, die in den Nahrungsmitteln nicht überschritten werden dürfen. Dies gilt insbesondere für das Trinkwasser, da Pflanzenschutzmittel über die Behandlung der Felder ins Grundwasser gelangen können.

Der bekannteste Vertreter eines chlororganischen Insektizids ist das **DDT** (p,p′-Dichlordiphenyltrichlorethan, systematische Bezeichnung: 1,1,1-Trichlor-2,2-(4-Chlorphenyl)-Ethan):

Cl — CH — Cl
CCl$_3$

DDT

Seine Eigenschaft als Schädlingsbekämpfungsmittel wurde 1939 entdeckt. In den folgenden Jahren hat es sich insbesondere als sehr wirksam bei der Vernichtung der Überträger der Malaria (Anophelesmücke) erwiesen. Das DDT ist biologisch schlecht abbaubar und reichert sich stark im Fettgewebe an. Vor allem wegen seiner ökotoxikologischen Eigenschaften (Abschn. 12.5.3) ist die Herstellung und Anwendung von DDT seit 1972 in Deutschland verboten.

Die **ADI-Werte** (Abkürzung vom englischen **a**cceptable **d**aily **i**ntake = annehmbare tägliche Aufnahme) geben die täglichen Höchstdosen von Pflanzenschutzmitteln in mg/kg Körpergewicht an, die auch bei lebenslanger Aufnahme ohne schädliche Einflüsse bleiben. Die in Lebensmitteln zugelassenen Höchstmengen („permitted level") liegen meist wesentlich unter den ADI-Werten.

c) Naturgifte

Gifte sind in der Natur in verschiedenster Form anzutreffen: giftige Pflanzen, Pilze, ferner Gifte als Waffen von Tieren, z. B. bei Spinnen und Schlangen. Hier sollen nur drei Vergiftungsursachen erwähnt werden, die durch Einwirkung von Mikroorganismen auf Lebensmittel entstehen können:

- **Botulismus:** In unzureichend konservierten Nahrungsmitteln (in nicht genügend erhitzten Einmachgläsern oder Konservendosen mit Fleisch, Bohnen, Erbsen oder in ungenügend eingepökelten Fleischwaren) kann sich das anaerobe (Abschn. 12.1.3.3) Bakterium *Clostridium botulinum* ansiedeln und mit dem von ihm erzeugten Toxin, das schon in Spuren, in Mengen eines Tausendstel Milligramms wirksam wird (Tab. 12.2), eine als Botulismus bezeichnete akute Vergiftung mit meist tödlichem Ausgang hervorrufen. Das Toxin wird jedoch durch starke Hitze (langes Kochen) zerstört.

- **Salmonelleninfektion:** Giftstoffe können sich auch erst im menschlichen Darm entwickeln. So können Salmonellen und Staphylokokken eine **mikrobielle Infektion** hervorrufen, wenn sie in größeren Mengen durch unsauber verarbeitete, verschmutzte, eiweißreiche Lebensmittel (wie Fleisch, Wurstwaren, Eierspeisen, Eis, Fisch etc.) in den Körper gelangen. Die Krankheit zeigt sich erst nach einer Inkubationszeit (Zeit die bis zum Ausbruch der Krankheit verstreicht) von 12–24 h in Form von fiebrigen Durchfällen, die etwa drei Tage lang anhalten und zu Beginn von Erbrechen begleitet werden. Ein gründliches Abkochen oder Braten der Speisen beseitigt durch Abtöten der Mikroben meistens jede Gefahr.
- **Aflatoxine:** Durch bestimmte Schimmelpilze (beispielsweise *Aspergillus flavus*) werden kanzerogene Gifte, die sogenannten Aflatoxine gebildet. Diese Gifte gehören zu den stärksten kanzerogenen Stoffen. Bei Schimmelbefall von Lebensmitteln (hierzu gehören jedoch nicht die Edelschimmelpilze, wie z. B. beim Camembertkäse) ist die Gefahr nicht auszuschließen, dass auch Aflatoxine gebildet worden sind, deshalb sind die vom Schimmel befallenen Lebensmittel ungenießbar.

12.5.3 Ökotoxikologie

Unter dem Begriff Ökotoxikologie oder Umwelttoxikologie versteht man die Auswirkungen von Chemikalien auf das gesamte Ökosystem (Ökosystem, Abschn. 13.1.1) oder auf einzelne Komponenten des Ökosystems, wobei chronische Effekte (Langzeiteffekte) eine wichtige Rolle spielen. Aufgrund des Zusammenlebens sehr vieler und sehr unterschiedlicher Lebewesen im Ökosystem ist die Untersuchung der ökotoxikologischen Auswirkungen von Stoffen ein sehr komplexer Vorgang.

Hinsichtlich Ökotoxikologie sind für Chemikalien drei Faktoren von wesentlicher Bedeutung:

- die **toxische Wirkung** auf Lebewesen, insbesondere auf ökologisch wichtige Organismengruppen, welche ein wichtiges Glied in der Nahrungskette darstellen (zu Nahrungskette, Abschn. 13.1.1),
- die **biologische Abbaubarkeit** durch Mikroorganismen (Abschn. 13.2.3.2),
- die **Bioakkumulation**, d. h. die Fähigkeit von Organismen, Stoffe im eigenen Organismus über die Konzentration der Umgebung hinaus anzureichern.

Alle drei Faktoren müssen bei Chemikalien, welche neu in den Verkehr gebracht werden, untersucht werden. Wie bei der Humantoxizität gibt es hierzu genaue gesetzliche Vorschriften. Auf die unterschiedlichen Prüfmethoden wird im Folgenden kurz eingegangen.

12.5.3.1 Toxizität für Lebewesen

Neben der Bestimmung der **LD_{50}-Werte** mit Säugetieren (Abschn. 12.5.1.2) werden weitere Untersuchungen zur Toxizität an ausgewählten wichtigen Vertretern des Ökosystems durchgeführt. Hierzu gehören Fische, Daphnien (Wasserflöhe), Algen und Bakterien. Diese Toxizitätswerte werden entweder als LD_{50}-Werte angegeben oder als sogenannte **EC_{50}-Werte** (EC = effective concentration). EC_{50}-Werte sind die Konzentrationen, bei denen bei 50 % der Versuchstiere ein bestimmter Effekt auftritt, z. B. dass Daphnien schwimmunfähig oder tot sind. Ein sehr einfach zu bestimmender *Summenparameter* zur Bestimmung der Toxizität von Wasserproben ist der sogenannte **Leuchtbakterientest**. Bei diesem werden bestimmte Meeresbakterien eingesetzt, welche die Eigenschaft der Biolumineszenz (zu Lumineszenz, Abschn. 11.2.2) besitzen, d. h., sie senden aufgrund spezieller Stoffwechselvorgänge – ähnlich wie Glühwürmchen – Licht aus. Wird der Stoffwechsel durch die Anwesenheit toxischer Stoffe (z. B. Schwermetalle, toxische organische Stoff) gestört, so tritt eine Verringerung der Leuchtintensität ein. Da die Leuchtintensität dieser Bakterien messtechnisch einfach bestimmt werden kann, wird der Leuchtbakterientest beispielsweise auch zur kontinuierlichen Überwachung des Zulaufs von biologischen Kläranlagen (Abschn. 13.2.3) eingesetzt.

12.5.3.2 Biologische Abbaubarkeit

Darunter versteht man den Grad des Abbaus eines Stoffes in der Umwelt in einfache in der Natur vorkommende Verbindungen (z. B. Kohlendioxid, Wasser, Methan) unter dem Einfluss von Mikroorganismen. Der Abbau kann prinzipiell unter Verbrauch von Sauerstoff (aerobe Prozesse) oder unter Luftabschluss (anaerobe Prozesse) stattfinden (Abschn. 13.1.2). Die biologische Abbaubarkeit eines Stoffes kann beispielsweise durch Messung des **BSB_5-** und **CSB-Werts** ermittelt werden (Abschn. 13.2.2.2). Bei biologisch schlecht abbaubaren (persistenten oder refraktären Verbindungen) besteht zusätzlich stets die Gefahr der Bioakkumulation (Abschn. 12.5.3.3).

12.5.3.3 Bioakkumulation

Insbesondere gut **fettlösliche** (lipophile), hydrophobe Stoffe (Abschn. 3.5) neigen zur Bioakkumulation im Fettgewebe von Lebewesen. Das bekannteste Beispiel hierfür ist das Insektizid **DDT** (Abschn. 12.5.2.2b). DDT ist biologisch schwer abbaubar. Die Halbwertszeit (die Zeit, in der gerade die Hälfte der ursprünglichen Menge abgebaut ist) von DDT in der Umwelt beträgt etwa zehn Jahre. Dies garantiert zwar eine anhaltende Wirkung als Insektizid, führt aber auch zu einer unkontrollierbaren Anreicherung in der Nahrungskette und im Menschen. DDT wird über Mikroorganismen (vor allem Plankton) von Muscheln, Krebsen und Fischen aufgenommen und reichert sich dort im Fettgewebe an. Fischjagende Vogelarten, welche DDT aufgenommen haben, legen Eier mit zu dünnen Schalen, die nicht bebrütet werden können. Neben DDT sind weitere potenziell im Fettgewebe akkumulierende Substanzen **polyaromatische Kohlenwasserstoffe** (PAK,

Tab. 12.3 Verteilungskoeffizient 1-Octanol/Wasser für verschiedene Stoffe.

Chemikalie	P_{OW}-Wert	log P_{OW}-Wert
3,4-Benzopyren	$1{,}1 \cdot 10^6$	6,04
Benzol	134,9	2,13
1,4-Dichlorbenzol	3311	3,52
DDT	$2{,}3 \cdot 10^6$	6,36
Dioxine[a)]	$1 \cdot 10^8$	8
Ethanol	0,49	−0,31[b)]
PCB[a)]	$2 \cdot 10^6$	6,3
Tetrachlorethen	398	2,6

a) Mittelwert unterschiedlicher Isomere.
b) in Wasser besser löslich als in 1-Octanol.

Abschn. 8.1.5.4), **polychlorierte Biphenyle** (PCB, Abschn. 8.2.2) und **Dioxine** (Abschn. 8.6.2).

Das Bioakkumulationsvermögen wird durch den sogenannten **BCF-Wert** (vom englischen **b**io**c**oncentration **f**actor) angegeben. Er ist definiert als das Verhältnis der Konzentration von Umweltchemikalien im Organismus bestimmter Wasserorganismen zur Konzentration in der wässrigen Umgebung. Der BCF-Wert wird typischerweise durch Tierversuche ermittelt. Da Tierversuche zur Ermittlung des BCF-Werts sehr aufwändig sind, wird das Bioakkumulationsvermögen häufig durch den **Verteilungskoeffizienten 1-Octanol/Wasser** (Abkürzung: P_{OW}) abgeschätzt. Mit diesem Verteilungskoeffizient wird die Anreicherung im Fettgewebe „nachgeahmt“, da das hydrophobe 1-Octanol ähnliche lipophile Eigenschaften hat wie das tierische Fettgewebe. Bei der experimentellen Bestimmung wird der zu untersuchende Stoff in ein Gemisch aus 1-Octanol und Wasser gegeben und gemischt. Da sich 1-Octanol und Wasser praktisch nicht ineinander lösen, kann nach dem Stehenlassen die Konzentration der zu prüfenden Substanz in beiden Phasen bestimmt werden. Je größer die „Lipophilie“ einer Substanz (je geringer die Polarität, Abschn. 2.4), desto größer ist die Tendenz zur Anreicherung im Fettgewebe und umso größer ist der P_{OW}-Wert. In Tab. 12.3 sind einige Beispiele für P_{OW}-Werte aufgelistet. Da die Zahlenwerte der P_{OW}-Werte häufig sehr groß sind, wird auch der Logarithmus des P_{OW}-Werts angegeben. Stoffe mit P_{OW}-Werten > 1000 sind potenziell akkumulierend und somit (wenn sie gleichzeitig biologisch schwer abbaubar sind) potenziell umweltgefährdend.

Chemikalien, welche in Oberflächengewässer gelangen können, werden in Deutschland aufgrund ihrer toxikologischen und ökotoxikologischen Daten (u. a. LD_{50}-Wert, biologische Abbaubarkeit, P_{OW}-Wert) in sogenannte **Wassergefähr-**

dungsklassen (WGK) eingeteilt und müssen entsprechend gekennzeichnet werden. Hierbei gibt es folgende Klassen:

- N: nicht wassergefährdend[9]
- WGK 1: schwach wassergefährdend
- WGK 2: wassergefährdend
- WGK 3: stark wassergefährdend

Übungsbeispiel 12.1

Man ordne die folgenden Stoffe nach steigenden P_{OW}-Werten!

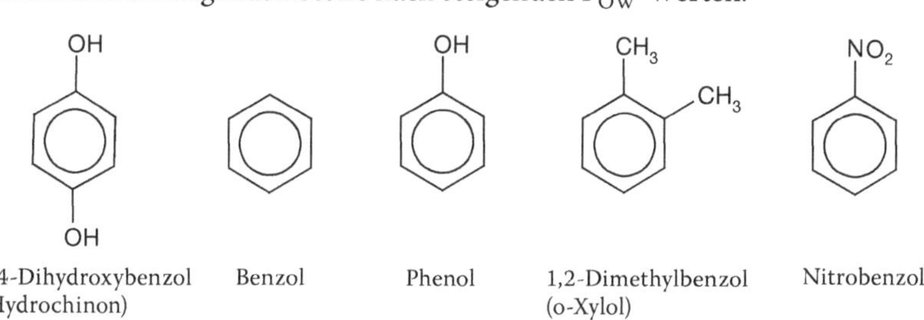

Lösung Der P_{OW}-Wert eines Stoffes ist umso größer, je *unpolarer* dieser Stoff ist. Also müssen die Stoffe nach ihrer **Polarität** geordnet werden (zu Polarität siehe Abschn. 2.4).

- Benzol und o-Xylol sind *unpolar.* o-Xylol ist dabei noch weniger polar als Benzol, da im Molekül zusätzlich zwei unpolare Methylgruppen enthalten sind.
- Hydrochinon besitzt die größte Polarität, da hier das Molekül zwei stark polare OH-Gruppen enthält, welche zur Bildung von Wasserstoffbrücken befähigt sind.
- Phenol enthält noch eine polare OH-Gruppe, während Nitrobenzol nur eine schwächer polare Nitrogruppe enthält.

Somit ergibt sich folgende Reihenfolge (log P_{OW}-Werte in Klammer):
1,2-Dimethylbenzol (3,12) > Benzol (2,13) > Nitrobenzol (1,86), Phenol (1,46) > 1,4-Dihydroxybenzol (0,59).

9) Früher: WGK 0 = im Allgemeinen nicht wassergefährdend.

13 Umwelttechnik

Ziel dieses Kapitels ist es, wichtige Grundlagen der Umwelttechnik zu vermitteln. Dabei wird zuerst auf die ökologischen Grundlagen der belebten Natur eingegangen. Anhand von Beispielen werden wichtige globale Stoffkreisläufe erläutert.
Für die im Umweltschutz bedeutenden Bereiche Wasser, Luft und Abfälle werden neben den häufigsten Schadstoffen, Verfahrenstechniken zur Reinigung bzw. Beseitigung dieser Problemstoffe beschrieben. Hierbei werden in Beispielen wichtige chemische Grundlagen, insbesondere die stöchiometrischen Berechnungen vertieft. Neben den Maßnahmen des additiven Umweltschutzes wird auf die heute wichtigen primären Maßnahmen bzw. Maßnahmen zur Steigerung der Ressourceneffizienz für ein nachhaltiges Wirtschaften eingegangen. Die „Philosophie" hierbei ist, Umweltschutzprobleme nicht durch zusätzliche Maßnahmen zu lösen, sondern die Produktionsverfahren selbst zu verbessern. Problemstoffe, die erst gar nicht entstehen, müssen auch nicht beseitigt werden. Abschließend werden grundlegende Überlegungen bei der Erstellung von Ökobilanzen erläutert.

13.1 Ökologische Grundlagen

Ökologie ist die Lehre von den Beziehungen der Lebewesen zueinander und von den Wechselwirkungen der Lebewesen mit der unbelebten Umwelt.

13.1.1 Ökosysteme

Die funktionelle Einheit von Lebewesen und ihrer Umwelt nennt man **Ökosystem**. Ein Ökosystem besteht aus einem örtlichen Lebensraum, auch **Biotop** genannt, und der darauf heimischen örtlichen Lebensgemeinschaft der Lebewesen, die als **Biozönose** bezeichnet wird:

Ökosystem = Biotop + Biozönose

Chemie für Ingenieure, 14. Auflage. Jan Hoinkis.
©2016 WILEY-VCH Verlag GmbH & Co. KGaA. Published 2016 by WILEY-VCH Verlag GmbH & Co. KGaA.

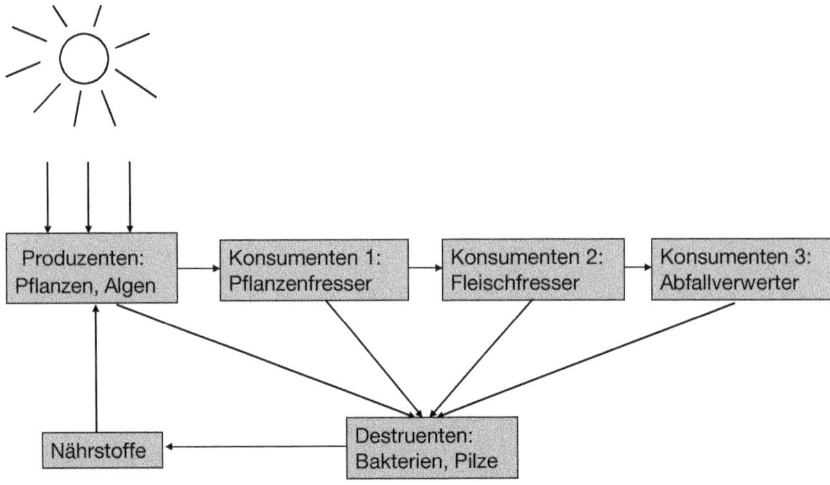

Abb. 13.1 Beziehungen zwischen den Lebewesen im Ökosystemen.

Biotop und Biozönose beeinflussen sich gegenseitig. Wichtige Ökosysteme sind z. B. Wälder, Seen, Flüsse und Moore.

Die Lebewesen in einem Ökosystem kann man in **Produzenten, Konsumenten** und **Destruenten** von organischen Stoffen einteilen (Abb. 13.1). Die **Produzenten** sind die C-autotrophen Organismen (Abschn. 12.1.1.2), wie z. B. die Pflanzen auf dem Land und die Algen im Wasser. Sie bauen mithilfe des Sonnenlichtes Biomasse aus anorganischen Stoffen auf.

Zu den **Konsumenten** gehören die C-heterotrophen Organismen (Abschn. 12.1.1.2), und zwar

- Pflanzenfresser als Direktkonsumenten (z. B. Rinder und Feldmäuse auf dem Land oder das Zooplankton und die Friedfische im Wasser),
- Fleischfresser (z. B. Raubtiere, Raubvögel, Raubfische) und
- Abfallverwerter als indirekte Konsumenten, z. B. wirbellose Tiere auf dem Land (wie Würmer) oder Muscheln im Wasser; sie verwandeln abgestorbene oder teilweise umgewandelte Organismen in einfachere Verbindungen.

Destruenten oder Reduzenten sind alle Organismen, die organische Stoffe in einfache anorganische Verbindungen, z. B. in Kohlendioxid, Wasser oder Nitrate umwandeln („mineralisieren“). Es sind z. B. Bakterien oder von Faulstoffen lebende Pilze.

Die von den Produzenten erzeugte Biomasse wird in sogenannten **Nahrungsketten** (meist in drei bis fünf Stufen) umgewandelt und dann schließlich von den Destruenten wieder mineralisiert. Beispiele für solche Nahrungsketten sind:

- Gras – Rind – Mensch,
- Vegetation – Maus – Schlange – Raubvogel,
- Phytoplankton (Produzent) – Zooplankton (Primärkonsument) – Friedfische – kleine Raubfische – große Raubfische.

Viele Nahrungsketten sind jedoch durch zahlreiche Verzweigungen und durch Ineinandergreifen wechselseitig verknüpft.

Ein Ökosystem sorgt für eine weitgehende **Kreislaufführung** bzw. ein Recycling von Nährstoffen, wobei zur Aufrechterhaltung der Prozesse ständig Energie (im Wesentlichen von der Sonne) zugeführt werden muss. Das Prinzip der Kreislaufführung von Stoffen in der Natur sollte man sich als Ingenieur auch bei der Planung von Produktionsprozessen stets zum Vorbild nehmen (Abschn. 13.1.3).

13.1.2
Stoff- und Energieumsätze in Ökosystemen

Für die Prozesse im Ökosystem gelten die Gesetze der Erhaltung der Stoffmassen und der Erhaltung der Energie. Wegen der Vielzahl der in der Natur vorkommenden Stoffe ist eine genaue Stoffbilanzierung schwierig. Deshalb beschränkt man sich bei Massebilanzen meist auf einzelne Elemente, wie z. B. Kohlenstoff oder Stickstoff (Abschn. 13.1.3). Die für Lebensprozesse notwendigen Energien stammen im Wesentlichen aus der Strahlung der Sonne im Bereich der sichtbaren elektromagnetischen Wellen. Hierbei ist interessant, dass nur ein sehr geringer Teil der eingestrahlten Energie von den Pflanzen in Biomasse umgesetzt wird. Dieser Energieanteil liegt zwischen etwa 1 % (beim Getreide) und etwa 8 % (bei den Zuckerrüben). Der Rest wird entweder zurückgestrahlt oder verbraucht. Von dieser Biomasse nutzen die Pflanzenfresser und danach die Fleischfresser nur einen kleinen Teil (jeweils etwa 10 %) zum Aufbau ihrer körpereigenen Masse aus. Der größte Teil wird nicht ausgenutzt oder geht durch Atmung (Respiration) verloren.

Die zwei Grundprozesse des Lebens in Ökosystemen sind die

- Energiespeicherung beim Aufbau organischer Substanzen mittels der **Fotosynthese** in den Produzenten (Pflanzen und Algen) und die
- Freisetzung von Energie beim Abbau der organischen Stoffe bei der **Atmung** durch die Konsumenten und Destruenten (Tiere, Bakterien, Pilze).

Bei der Fotosynthese wird elektromagnetische Strahlung in Form von Licht in chemisch gebundene Energie umgewandelt (z. B. in Form von Glucose, Abschn. 12.1.3.3). Hierzu wird Wasser und Kohlendioxid benötigt und Sauerstoff wird freigesetzt:

$$\mathrm{H_2O + CO_2} + \mathit{Energie} \rightarrow \text{organische Substanz} + \mathrm{O_2}$$

Die Fotosynthese beinhaltet eine komplizierte Reaktionskette, auf die hier nicht weiter eingegangen wird.

Bei der Atmung wird die Energie unter Abgabe von CO_2 und H_2O wieder freigesetzt:

$$\text{organische Substanz} + \mathrm{O_2} \rightarrow \mathrm{H_2O + CO_2} + \mathit{Energie}$$

Die Atmung wird von den Konsumenten im Ökosystem zum Energiegewinn genutzt. Auch einige Destruenten (z. B. bestimmte Bakterien) nutzen das Prinzip der Sauerstoffatmung zum sogenannten **aeroben Abbau** (d. h. unter Verbrauch von Sauerstoff) von organischen Substanzen. Neben dem aeroben Abbau von organischen Stoffen gibt es auch Destruenten, die einen Abbau unter Sauerstoffabschluss, den sogenannten **anaeroben Abbau**, zum Energiegewinn nutzen. Bei diesem Abbauprozess entsteht aus organischen Substanzen im Wesentlichen Methan und Kohlendioxid:

$$\text{organische Substanz} \rightarrow CO_2 + CH_4 + \textit{Energie}$$

Dieser Prozess spielt im Ökosystem Moor eine große Rolle. Aerobe und anaerobe Abbauprozesse von Bakterien bilden auch die Grundlage der biologischen Abwasserreinigung in kommunalen und industriellen **Kläranlagen**. Dies wird in Abschn. 13.2.3 eingehend behandelt.

13.1.3 Stoffkreisläufe

Sowohl die Makronährstoffe (es sind hauptsächlich Verbindungen der Elemente C, H, O, N, K, Ca, Mg, S, P) als auch die Spurenelemente (Mn, Cu, Zn, B, Mo, V, Co, Se, I) unterliegen Kreisläufen, die sowohl durch die Organismen (meist schnell zirkulierend) als auch in langsameren Umwandlungen durch Ablagerungen im Boden bzw. durch das Reservoir der Erdatmosphäre gehen. In diesem Kapitel werden anhand der Elemente Kohlenstoff und Stickstoff beispielhaft zwei globale Stoffkreisläufe behandelt.

13.1.3.1 Der Kohlenstoffkreislauf

Der Kohlenstoffkreislauf ist eng gekoppelt mit dem Sauerstoffkreislauf und ist von besonderer Bedeutung für die Sicherung der Lebensgrundlage in Zusammenhang mit der Industrialisierung. Beide Elemente sind zwar zu großen Mengen in mineralischen Stoffen gebunden, sind aber als solche dem Kreislauf der Biosphäre entzogen. Kohlenstoff und Sauerstoff liegen hierbei in Form von Carbonaten, z. B. Kalkstein oder Dolomit (Calcium-Magnesiumcarbonat), der Sauerstoff auch als oxidische Erze und Silicate vor. Nur ein kleiner Teil des Kohlenstoffs und des Sauerstoffs unterliegt den durch lebende Organismen gehenden Kreisläufen. In diese Kreislaufprozesse greift der Mensch durch das Verbrennen fossiler Brennstoffe entscheidend ein. Dieses zeigen die folgenden Überlegungen (Abb. 13.2).

Der atmosphärische Kohlenstoff im Kohlendioxid wird von den Produzenten über die Fotosynthese (Abschn. 13.1.2) unter Einfluss von Sonnenlicht zum Aufbau organischer Verbindungen verwendet, wobei Sauerstoff entsteht. Auf dem Land wird der von den Pflanzen freigesetzte Sauerstoff durch Veratmung (Tiere, aerobe Bakterien) und durch Verwesungsprozesse wieder verbraucht. Entstehung und Verbrauch von Sauerstoff und Kohlendioxid sind im Meer durch Gleichgewichte zwischen Algen und Meerestieren in etwa ausgeglichen. Kohlendioxid und Sauerstoff der Atmosphäre stehen im ständigen Austausch mit dem Meerwasser.

Der heutige Anteil an Kohlendioxid in der Atmosphäre ist mit etwa 400 ppm (ppm = parts per million, Abschn. 3.5.1) nur sehr klein. Wegen des geringen An-

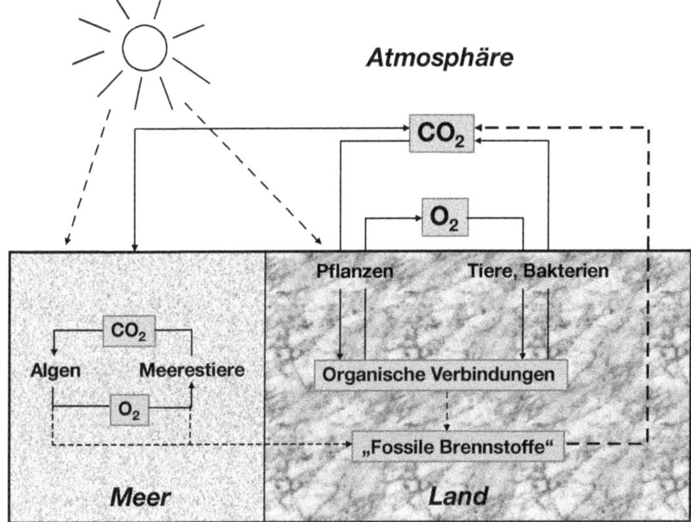

Abb. 13.2 Der globale Kohlenstoffkreislauf.

teils kann der Kohlendioxidgehalt in der Atmosphäre durch menschliche Eingriffe relativ schnell geändert werden. Der Mensch greift in den Kohlenstoffkreislauf durch die Verbrennung von fossilen Brennstoffen und durch die Zerstörung von Wäldern ein. Der Kohlendioxidgehalt der Atmosphäre ist seit der Industrialisierung von etwa 280 ppm auf den heutigen Wert angestiegen. Zurzeit sind etwa 4 % des jährlich in die Atmosphäre emittierten Kohlendioxids menschlichen Ursprungs. Da Kohlendioxid einen Teil der Wärmestrahlung von der Sonne absorbiert und diese damit nicht mehr in den Weltraum abgestrahlt wird, bewirkt ein Anstieg des CO_2-Gehaltes in der Atmosphäre einen globalen Anstieg der mittleren Erdtemperatur. Dies wird oft kurz als **Treibhauseffekt** bezeichnet, da die Wärmestrahlung wie durch die Glasscheiben in einem Treibhaus zurückgehalten wird. Neben CO_2 tragen auch andere Gase in der Atmosphäre zum Treibhauseffekt bei (z. B. Fluorchlorkohlenwasserstoffe, Abschn. 8.2.4).

13.1.3.2 **Der Stickstoffkreislauf**

Der globale Kreislauf des Stickstoffs ist durch dessen unterschiedliche Oxidationsstufen zwischen −3 (im Ammoniak NH_3 oder Ammonium NH_4^+) und +5 (im Nitrat NO_3^-) bestimmt (Abschn. 4.4.4). Ein vereinfachtes Schema des globalen Stickstoffkreislaufs ist in Abb. 13.3 dargestellt.

Die wichtigste Stickstoffquelle ist der Luftstickstoff (N_2) der Atmosphäre. Die sogenannten Stickstoffbakterien sind in der Lage den Stickstoff zu fixieren und zu Ammonium bzw. Ammoniak zu reduzieren (das jeweilige Verhältnis der Entstehung von Ammoniak bzw. Ammonium hängt vom pH-Wert ab; Abschn. 7.1.5). Ein Teil des NH_4^+ wird direkt von den Pflanzen aufgenommen und zum Aufbau organischer Verbindungen (Proteine, Abschn. 8.7.2) verwendet. Ein anderer Teil

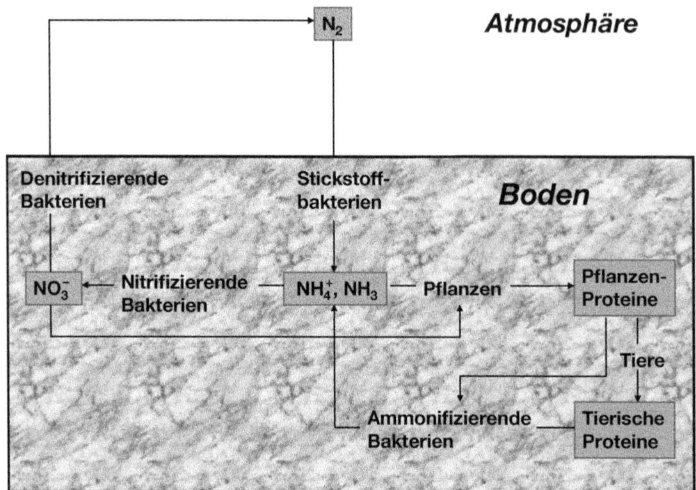

Abb. 13.3 Der globale Stickstoff-Kreislauf.

wird durch bestimmte Bakterien mit Luftsauerstoff zunächst zu Nitrit (NO_2^-) und dann zu Nitrat (NO_3^-) oxidiert. Dieser Vorgang wird auch als **Nitrifikation** bezeichnet. Nitrat wird ebenfalls von den Pflanzen aufgenommen und zu pflanzlichen Proteinen umgesetzt. Die Pflanzen dienen den Tieren als Nahrungsquelle und werden dort zu neuen Proteinen resynthetisiert. Die organischen Stickstoffverbindungen (Ausscheidungen, totes Gewebe) werden durch Bakterien wieder zu Ammonium umgesetzt (Ammonifikation). Bestimmte Bakterien sind in der Lage, Nitrat durch Reduktion zu elementarem Stickstoff N_2 zu reduzieren; dies wird auch als **Denitrifikation** bezeichnet. Zum Teil entsteht durch Denitrifikation auch Distickstoffmonoxid N_2O (auch „Lachgas" genannt, Abschn. 7.2.1.3), welches auch zum Treibhauseffekt beiträgt. Die bakteriellen Umsetzungen der Nitrifikation und Denitrifikation werden bei der Abwassereinigung in Klärwerken zur Entfernung von Stickstoff aus Stickstoffverbindungen ausgenutzt (Abschn. 13.2.3).

Der Mensch greift in diesen natürlichen Kreislauf durch eine zusätzliche Fixierung von Stickstoff aus der Luft ein:

- Verbrennungsreaktionen: Hierbei entstehen durch Oxidation von N_2 Stickoxide (NO, NO_2); Abschn. 7.2.1.3.
- Ammoniakindustrie: Haber-Bosch-Synthese von Ammoniak aus N_2 und H_2; Abschn. 5.5.1.1.

Insgesamt hat die vom Menschen verursachte Fixierung von Stickstoff im Vergleich zu den natürlichen Prozessen bereits beträchtliche Werte angenommen (Tab. 13.1).

Da Salze von Stickstoffverbindungen Pflanzennährstoffe sind, kann ein vermehrter Eintrag von Stickstoffsalzen insbesondere in die Gewässer zum Zustand der Überdüngung führen. Dieser Vorgang wird oft auch als **Eutrophierung** (gr.

Tab. 13.1 Globale Stickstofffixierung in Mio. t/Jahr.

natürliche Prozesse (mikrobiell)	100–200
Verbrennung	82
industrielle Prozesse	25

eutraphein = wohlgenährt sein) bezeichnet. Auch das Element Phosphor in Form von Phosphatsalzen PO_4^{3-} ist ein Pflanzennährstoff und kann zur Eutrophierung der Gewässer führen. Durch die starke Überdüngung kommt es in den betroffenen Gewässern zu einem starken Algenwachstum. Dadurch trifft weniger Licht in die tieferen Schichten der Gewässer und die Fotosyntheseleistung sinkt. Es sterben vermehrt Algen und Gewässerpflanzen ab. Da die abgestorbene Biomasse bei den bakteriellen Abbauprozessen mehr Sauerstoff zehrt, kommt es im gesamten Gewässer zu einem akuten Sauerstoffmangel. Fische und Wasserpflanzen sterben ab. Im Extremfall kommt es zum „Umkippen“ des Gewässers. Die Abbauprozesse schlagen dann von aeroben in anaerobe Prozesse um, was sich deutlich am Geruch zeigt (Entstehung u. a. von H_2S → „stinkt nach faulen Eiern“).

13.2 Abwasser und Abwasserreinigung

13.2.1 Rohstoff Wasser

Wasser ist nicht nur ein lebensnotwendiger Stoff, sondern auch ein besonders wichtiger Rohstoff für die Industrie. Auf der Erde gibt es ca. $1{,}35 \cdot 10^9$ km^3 Wasser. Davon ist:

- 97,4 % salzhaltiges Meerwasser,
- 2,0 % als ewiges Eis gebunden (Polkappen, Gletscher) und
- 0,6 % Süßwasser (im Kreislauf von Verdunstung, Niederschlag, Abfluss).

In Deutschland (alte Bundesländer) fallen jährlich ca. $200 \cdot 10^9$ m^3 Niederschlag, das entspricht einer jährlichen Niederschlagsmenge von über 800 mm. Davon fließt ein Teil entweder direkt oder über den Umweg des Grundwassers in das Meer, während der größere Teil durch Verdunstung auf dem Territorium von Deutschland direkt in den Kreislauf zurückkehrt. Vom Grundwasser und vom Oberflächenwasser (Flusswasser, Seewasser) wird ein beachtlicher Teil für Trink- und Brauchwasser sowie für den Wasserbedarf der Industrie, Elektrizitätswerke usw. verbraucht. Dieses Wasser kehrt mehr oder weniger stark verschmutzt als Abwasser (zum Teil nach Reinigung durch Kläranlagen) in den Kreislauf zurück. Die Abb. 13.4 zeigt eine Mengenbilanz des Wasserkreislaufs.

Der Verbrauch von Trinkwasser pro Kopf und Tag ging in den letzten 20 Jahren stetig zurück und betrug 2010 in Deutschland etwa 120 l, wovon nur 1,5–3 l un-

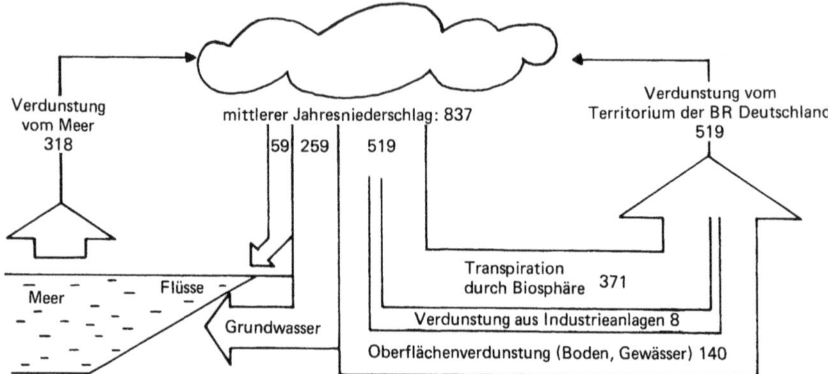

Abb. 13.4 Wasserkreislauf (Fläche von Deutschland, alte Bundesländer, Zahlen = Niederschlagsmengen in mm).

Tab. 13.2 Wassernutzung 2010 in Deutschland (Quellen: Statistisches Bundesamt, Umweltbundesamt).

	Mrd. m^3/a	Wassernutzung aus Oberflächenwasser	Wassernutzung Liter pro Kopf und Tag	Nutzungsfaktor
Wärmekraftwerke	20,7	> 99 %	491	3,5
Industrie	6,8	71 %	161	4–6
Kommunen	5,1	30 %	121	

mittelbar als „Lebensmittel" benötigt werden. Dies bedeutet, dass der größte Teil des Trinkwassers dort eingesetzt wird, wo auch mit Wasser geringerer Qualität gearbeitet werden kann. Die Tab. 13.2 zeigt das Wasseraufkommen und die Wassernutzung in Deutschland im Jahre 2010. Der mit Abstand größte Wassernutzer sind die Kraftwerke, bei denen hauptsächlich Oberflächenwasser zu Kühlzwecken eingesetzt wird. In der Industrie wird neben dem Einsatz in Produktionsprozessen auch ein großer Teil des Wasserbezugs als Kühlwasser verwendet. Durch Verbesserung von Kühlkreisläufen oder durch Mehrfachverwendung und Kreisführung des Wassers konnte der Nutzungsfaktor des Wassers in der letzten Zeit noch weiter gesteigert werden. Er liegt in der Industrie heute bereits bei etwa 4–6, d. h., das Wasser wird durchschnittlich mehr als viermal genutzt, bevor es die Betriebe wieder verlässt.

13.2.2 Abwasserinhaltsstoffe

Am bedeutendsten hinsichtlich der Abwasserreinigung sind die Abwässer aus den Haushalten bzw. kommunale Abwässer und die aus Produktionsprozessen stammenden Abwässer der Industrie. Das vor allem in Kraftwerken genutzte Kühlwasser ist meist nicht mit Schadstoffen, sondern nur mit Abwärme belastet. Bei den industriellen Abwässern unterscheidet man

- **Direkteinleiter**: das Abwasser wird nach einer Reinigung direkt in die Gewässer geleitet,
- **Indirekteinleiter**: das Abwasser wird über die öffentliche Kanalisation in kommunale Kläranlagen geleitet und dort gereinigt.

Kommunale Abwässer aus Haushalten unterscheiden sich in ihrer Zusammensetzung wesentlich von denen aus der Industrie. Dabei können die Inhaltsstoffe von Industrieabwässern je nach Branche sehr verschieden sein. Trotz der großen Vielfalt der Inhaltsstoffe können bei den Abwasserinhaltsstoffen vereinfacht folgende Bestandteile unterschieden werden:

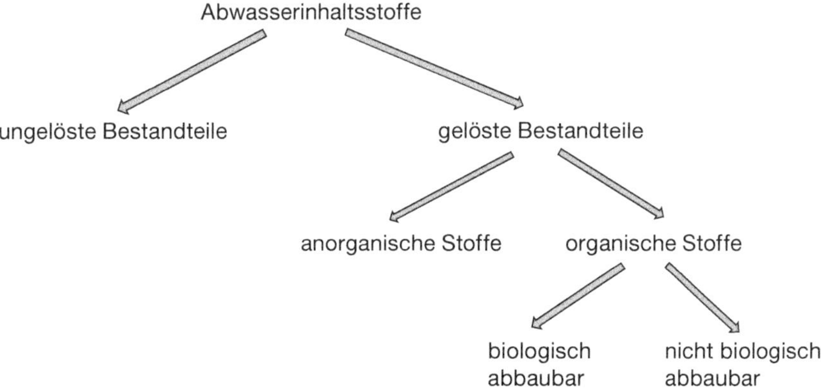

Abb. 13.5 Abwasserinhaltsstoffe.

Bei den **ungelösten Stoffen** können unterschieden werden:

- absetzbare Stoffe (z. B. Sand),
- Schwebstoffe und
- aufschwimmende Stoffe (z. B. Öle, Fette).

Im Weiteren wird noch genauer auf die gelösten Abwasserinhaltsstoffe eingegangen.

Die gelösten Stoffe lassen sich einteilen in:

a) **anorganische** und
b) **organische Inhaltsstoffe**.

13.2.2.1 Anorganische Inhaltsstoffe

Hierbei handelt es sich um gelöste Salze bzw. Salzionen. In Abwässern können viele verschiedene Salzionen auftreten. Im Weiteren sollen nur diejenigen Salzionen behandelt werden, welche bei der Abwasserreinigung eine wichtige Rolle spielen. Hierbei soll jeweils kurz auf die Herkunft und auf die Hauptschadwirkungen in der Umwelt eingegangen werden. Analytisch lassen sich Salze *summarisch* über Leitfähigkeitsmessungen (Abschn. 10.7.1) erfassen. Bestimmte Ionen (z. B. NH_4^+, NO_3^- etc.) werden in der Abwasseranalytik üblicherweise durch spektroskopische Analysenmethoden bestimmt (UV/VIS-Spektrometer, Abschn. 11.5.1).

a) Ammonium (NH_4^+)

NH_4^+ entsteht am Ende des Abbaus von stickstoffhaltigen, organischen Verbindungen (insbesondere Proteine) durch ammonifizierende Bakterien (Abschn. 13.1.3.2). NH_4^+ muss aus dem Abwasser entfernt werden, da es

- zur Eutrophierung der Gewässer beiträgt (Abschn. 13.1.3.2),
- in den Gewässern durch Nitrifizierung zu einem Sauerstoffverbrauch führt und
- durch eine Gleichgewichtsverschiebung bei höheren pH-Werten in Ammoniak (NH_3) überführt wird, welcher fischtoxisch ist ($NH_4^+ + OH^- \rightarrow NH_3 + H_2O$).

b) Nitrat (NO_3^-)

Nitrat kann unter bestimmten Bedingungen durch Nitrifikation aus Ammonium gebildet werden (Abschn. 13.1.3.2). Neben seiner eutrophierenden Wirkung ist Nitrat für den Menschen toxikologisch bedenklich.

c) *ortho*-Phosphat (PO_4^{3-})

ortho-Phosphat bildet sich beim Abbau von organischen Phosphorverbindungen, welche in der Natur als „Energiespeicher" eine wichtige Rolle spielen (Adenosintriphosphat, Abschn. 12.1.3.3). In früheren Jahren wurde die Verbindung Pentanatriumtriphosphat in Waschmitteln als Komplexierungsmittel zur Wasserenthärtung eingesetzt (Abschn. 8.4.9). Diese Verbindung hydrolisiert im Abwasser zu *ortho*-Phosphat. Heute spielt diese Phosphatquelle im Abwasser keine Rolle mehr, da in Haushaltswaschmitteln andere Enthärter verwendet werden (sogenannte Zeolithe, Abschn. 7.2.5). Phosphationen sind toxikologisch unbedenklich, führen aber zu einer starken Eutrophierung der Gewässer.

d) Schwermetallionen

Gelöste Schwermetalle liegen im Abwasser als Kationen vor. Die Hauptschadwirkung von Schwermetallen ist die toxische Wirkung beim Menschen (Abschn. 12.5.2.1a). Außerdem können sich diese im Boden, in den Pflanzen und in Sedimenten von Seen und Flüssen anreichern. Die Quelle von Schwermetallen im Abwasser sind vor allem Industrieabwässer. Tabelle 13.3 enthält eine Auswahl einiger Schwermetalle und die entsprechende Verwendung in der Industrie. Vor allem die Verwendung der sehr toxischen Schwermetalle Cadmium, Blei und Quecksilber wurde in den letzten Jahren durch entsprechende Gesetze sehr stark eingeschränkt.

Tab. 13.3 Beispiele für die industrielle Verwendung einiger Schwermetalle bzw. Schwermetallionen.

Schwermetall	Industrielle Verwendung
Cu	Galvanik, Leiterplattenherstellung
Cd	Akkumulatoren, Solarzellen (Cadmium-Tellurid)
Pb	Akkumulatoren
Hg	Energiesparlampen, Chlor-Alkali-Elektrolyse
Cr	Galvanisierung, Lederverarbeitung

13.2.2.2 **Organische Inhaltsstoffe**

In Abwässern können sehr viele unterschiedliche organische Inhaltsstoffe enthalten sein. In Haushaltsabwässern beispielsweise Harnstoff, Tenside aus Waschmitteln, Eiweiße, Kohlenhydrate, in der Industrie Chemikalien unterschiedlichster Art (z. B. toxische organische Verbindungen). Aufgrund der Vielfalt der Stoffe ist in den meisten Fällen eine genaue Einzelstoffanalyse (z. B. mittels Gaschromatografie oder Flüssigkeitschromatografie, Abschn. 5.6.2) zu aufwändig und nur in Spezialfällen notwendig. Deshalb werden in der Abwasseranalytik häufig die organischen Inhaltsstoffe über sogenannte **Summenparameter** ermittelt. Aufgrund des Verhaltens in biologischen Reinigungsanlagen (Abschn. 13.2.3.2) werden die organischen Stoffe eingeteilt in biologisch abbaubare Substanzen und schwer biologisch abbaubare Substanzen; Letztere werden auch als **refraktäre** (lat. = nicht beeinflussbar) oder **persistente** (lat. = beharrend) Substanzen bezeichnet. Die gebräuchlichsten Summenparameter in der Abwasseranalytik sind:

- Biologischer oder Biochemischer Sauerstoffbedarf (BSB)
- Chemischer Sauerstoffbedarf (CSB)
- Gesamter Organischer Kohlenstoff oder Total Organic Carbon (TOC)
- Adsorbierbare Organische Halogenverbindungen (AOX)

a) Biologischer Sauerstoffbedarf nach fünf Tagen (BSB_5)

Der Summenparameter BSB_5 ist ein indirektes Maß für den Anteil an biologisch abbaubaren Stoffen in einer Abwasserprobe und gibt die Menge an Sauerstoff in mg/l an, welche von Bakterien zum aeroben Abbau über fünf Tage bei 20 °C verbraucht werden.

Zur Bestimmung wird eine genügend verdünnte Abwasserprobe mit sauerstoffgesättigtem Wasser vermischt und mit einem bakterienhaltigen Wasser angeimpft (bei Normaldruck und 20 °C lösen sich in 1 l Wasser etwa 9 mg O_2). Diese wird fünf Tage bei 20 °C aufbewahrt. Mittels eines Sauerstoffsensors (Abschn. 10.7.3) wird die Abnahme des Sauerstoffgehaltes in der Probe gemessen. Der in dieser Zeit stattfindende aerobe Abbau durch die Bakterien (Abschn. 13.1.2) lässt sich pauschal durch die folgende Reaktionsgleichung angeben:

$$\text{organischer Stoff} + \text{Bakterien} + O_2 \rightarrow CO_2 + H_2O + \text{Bakterienzuwachs}$$

Bei dieser Bestimmung hat man eine Reaktionszeit von fünf Tagen vereinbart, da in dieser Zeit der größte Teil (etwa 70 %) der biologisch abbaubaren Stoffe oxidiert ist. Dieser Wert wird mit der tiefgestellten Zahl Fünf auch als BSB_5-Wert bezeichnet. Die Endstufe der vollständigen Oxidation zu CO_2 und H_2O muss nicht bei allen Substanzen vollständig erreicht werden, da die organischen Stoffe auch nur teiloxidiert werden können.

Übungsbeispiel 13.1 Experimentelle Bestimmung eines BSB_5-Werts[1]

Sauerstoffgehalt zu Beginn der Messung = 8,5 mg/l,
Sauerstoffgehalt nach fünf Tagen = 2 mg/l.

Lösung Hierbei ergibt sich ein Biologischer Sauerstoffbedarf (BSB_5) von 6,5 mg/l, da bezogen auf ein Liter Abwasser **6,5 mg** Sauerstoff verbraucht wurden.

Einige typische BSB_5-Werte sind in Tab. 13.4 aufgeführt. Zur einheitlichen Beurteilung verschiedener Arten von Abwässern wurde bei der Abwasserreinigung der sogenannte **Einwohnergleichwert** (EWG) eingeführt. Ein EWG entspricht der Abwasserbelastung die ein Einwohner pro Tag verursacht. Hierfür setzt man einen BSB_5 von 60 g pro Tag an.

b) Chemischer Sauerstoffbedarf (CSB)

Der Summenparameter CSB ist ein indirektes Maß für den Anteil der *gesamten*, chemisch oxidierbaren organischen Stoffe, d. h. der biologisch abbaubaren *und* der refraktären Stoffe, und gibt die Menge an Sauerstoff in mg/l an, welche für die gesamte Oxidation benötigt wird.

Bei der experimentellen Bestimmung des CSB-Werts wird die Abwasserprobe mit einem Überschuss des sehr starken Oxidationsmittels Kaliumdichromat ($K_2Cr_2O_7$, Abschn. 7.2.2) versetzt und 2 h bei 148 °C gekocht. Bei dieser Redoxreaktion (Abschn. 4.4) werden die organischen Stoffe zu CO_2 oxidiert und das Cr im Dichromat von der Oxidationstufe +6 nach +3 reduziert:

$$\text{organischer Stoff} + \overset{+6}{Cr_2}O_7^{2-} \rightarrow CO_2, H_2O, Cr^{3+}$$

Der Chromatverbrauch kann entweder mittels einer Redoxtitration mit Fe^{2+}-Ionen (Abschn. 5.2.7.2) oder mittels eines Spektralfotometers (Abschn. 11.5.1) er-

1) Die „Normbestimmung", die nach den sogenannten Einheitsverfahren zu Wasser-, Abwasser- und Schlammuntersuchungen (DEV) erfolgt, ist viel aufwendiger, da mit mehreren Verdünnungen gearbeitet werden muss.

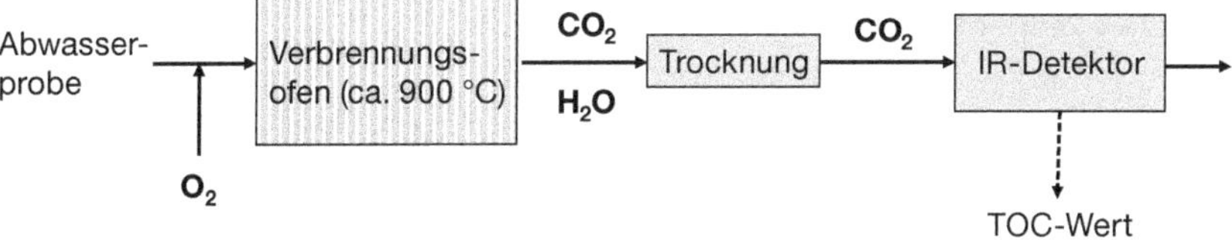

Abb. 13.6 Vereinfachte schematische Darstellung einer TOC-Messung.

Tab. 13.4 Beispiele für typische BSB_5-, CSB- und TOC-Werte.

(mg/l)	Fließgewässer, mäßig belastet	Kommunale Kläranlage Zulauf	Kommunale Kläranlage Ablauf
BSB_5	6	200–300	20–30
CSB	10–20	400–600	60–100
TOC	3–5	100–150	20–50

mittelt werden. Dieser Verbrauch wird in äquivalente Sauerstoffmengen umgerechnet; somit wird der CSB-Wert wie der BSB_5-Wert ebenfalls in mg Sauerstoffverbrauch je Liter Abwasser angegeben. Der CSB-Wert ist bei der Abwasserreinigung wichtig, da er zu den Parametern gehört, die bei der Bestimmung der Abwasserabgabe nach dem Abwasserabgabengesetz[2)] eine Rolle spielen. In Tab. 13.4 finden sich einige Beispiele für typische CSB-Werte.

c) Gesamter Organischer Kohlenstoff oder Total Organic Carbon (TOC)

Der Summenparameter TOC ist eine direkte Maßzahl für den gesamten Anteil an organischem Kohlenstoff im Abwasser und wird angegeben in mg Kohlenstoff je Liter Abwasser.

Zur experimentellen Bestimmung werden die organischen Stoffe vollständig oxidiert (meist durch katalytische Verbrennung bei etwa 900 °C) und anschließend das entstandene CO_2 mittels eines IR-Spektrometers ermittelt (Abb. 13.6). Damit kann der entsprechende Kohlenstoffgehalt der Abwasserprobe berechnet werden. In Tab. 13.4 sind Beispiele für typische TOC-Werte aufgelistet.

In Tab. 13.5 werden die Vor- und Nachteile der CSB-Bestimmung denen der TOC-Messung gegenübergestellt.

Da die CSB- und TOC-Werte durch eine *vollständige* chemische Oxidation der organischen Inhaltsstoffe gekennzeichnet sind, lassen sich beide auch theoretisch

2) Das Abwasserabgabenrecht sieht für die Abwassereinleitung die Entrichtung einer Abgabe vor, welche als materieller Anreiz zur Verminderung der Gewässerbelastung dienen soll. Hierbei wird die Abwasserbelastung mit unterschiedlichen Komponenten (organische Fracht als CSB, Schwermetalle etc.) in sogenannte Schadeinheiten umgerechnet. Beim CSB beträgt die Schadeinheit 50 kg O_2-Bedarf. Der Abgabesatz pro Schadeinheit beträgt 35,79 Euro.

Tab. 13.5 Vergleich der CSB- mit der TOC-Messung.

Verfahren	Vorteile	Nachteile
CSB-Bestimmung	• Bemessungsparameter nach dem Abwasserabgabengesetz	• *alle* oxidierbaren Inhaltsstoffe werden oxidiert, auch anorganische Stoffe wie z. B. Fe^{2+} zu Fe^{3+} • Chromionen sind giftige Schwermetalle und müssen entsprechend entsorgt werden • dauert relativ lange (2 h)
TOC-Bestimmung	• automatisierbar und schnell (dauert Minuten) • keine Störung durch anorganische Inhaltsstoffe, da direkt der C-Gehalt gemessen wird • es fallen keine giftigen Stoffe zur Entsorgung an	• relativ teure Messapparatur

berechnen. Im Gegensatz dazu kann der BSB_5-Wert nur experimentell bestimmt werden, da über die biologische Abbaubarkeit keine genauen theoretischen Voraussagen gemacht werden können. Der BSB_5-Wert ist aber stets $\leq$ dem CSB-Wert.

Das Verhältnis BSB_5/CSB, welches auch als **biologische** oder **biochemische Abbaubarkeit** $\boldsymbol{\alpha}$ bezeichnet wird, ist damit ≤ 1. Die biologische Abbaubarkeit ist ein Maß dafür, wie gut die organischen Inhaltsstoffe biologisch abbaubar sind. Nach Tab. 13.4 beträgt α für den Zulauf kommunaler Kläranlagen etwa 0,5, im Ablauf ca. 0,3.

Übungsbeispiel 13.2

Berechnung a) des CSB- und b) des TOC-Werts eines Abwassers, welches 150 mg/l Glucose ($C_6H_{12}O_6$) enthält.

$$C_6H_{12}O_6 + 6O_2 \rightarrow 6CO_2 + 6H_2O$$

Lösung

a) Berechnung des CSB-Werts: Die chemische Gleichung besagt, dass zur vollständigen Oxidation von 1 mol Glucose 6 mol Sauerstoff notwendig sind. Unter Verwendung der molaren Massen ergibt sich: 180 g Glucose benötigen $6 \cdot 32\,\text{g} = 192\,\text{g}$ Sauerstoff. Für die Oxidation von 0,15 g Glucose sind x g Sauerstoff notwendig:

$$x = \frac{0{,}15\,\text{g}}{180\,\text{g}} \cdot 192\,\text{g} = 0{,}16\,\text{g}$$

Es ergibt sich ein O_2-Verbrauch von 160 mg → **CSB-Wert = 160 mg/l.**

b) Berechnung des TOC-Werts: Der Kohlenstoffanteil im Glucosemolekül beträgt:

$$\frac{(6 \cdot 12)\,\text{g}}{180\,\text{g}} = \frac{72\,\text{g}}{180\,\text{g}} = 0{,}4$$

Der **TOC-Wert** des Abwassers ergibt sich damit zu 0,4 · 150 mg/l = **60 mg/l.**

d) Adsorbierbare Organische Halogenverbindungen (AOX)

Der AOX-Wert ist ein Maß für den Anteil an organischen Halogenverbindungen (X steht für Halogen, in den meisten Fällen Cl, seltener Br oder I), welche an Aktivkohle adsorbieren und wird angegeben in µg oder mg Halogen je Liter Abwasser.

Hierzu gehören z. B. die industriellen Reinigungsmittel Perchlorethylen („Per") und Trichlorethan („Tri"); Abschn. 8.2.1. Wie bereits in den Abschn. 12.5.2.2 und 12.5.3.3 erwähnt, sind die halogenierten organischen Stoffe meist humantoxisch und vor allem ökotoxikologisch relevant, da sie sich im Fettgewebe von Säugetieren stark anreichern. Zur Bestimmung des AOX-Werts wird die Abwasserprobe zunächst mit Aktivkohle versetzt. Hierbei adsorbieren die hydrophoben, organischen Halogenverbindungen an die Aktivkohle. Die Aktivkohle wird getrocknet und verbrannt. Dabei wird das Halogen aus der organischen Verbindung in Halogenidionen (X^-) überführt, welche analytisch bestimmt werden können (üblicherweise durch Coulometrie, Abschn. 10.7.4):

$$\begin{aligned}&\text{org. Halogenverbindung} + \text{Aktivkohle} \rightarrow \text{Trocknung} \rightarrow \text{Verbrennung}\\ &\quad\rightarrow CO_2, H_2O, X^- \quad (X = Cl, Br, I)\end{aligned}$$

Übungsbeispiel 13.3

Berechnung des AOX-Werts eines Abwassers, welches 5 mg/l Tetrachlorethylen ($CCl_2{=}CCl_2$) enthält.

Lösung Der Chloranteil im Molekül beträgt:

$$\frac{4 \cdot 35{,}5\,\text{g}}{(4 \cdot 35{,}5 + 2 \cdot 12)\,\text{g}} = \frac{142\,\text{g}}{166\,\text{g}} = 0{,}86$$

Der **AOX-Wert** des Abwassers ergibt sich damit zu 0,86 · 5 mg/l = **4,3 mg/l.**

13.2.3
Abwasserreinigung durch kommunale Kläranlagen

In kommunalen Kläranlagen werden überwiegend Abwässer aus Haushalten sowie Abwässer aus gewerblichen und industriellen Indirekteinleitern gereinigt.

In Abb. 13.7 ist das vereinfachte Fließbild einer kommunalen Kläranlage dargestellt. Der Reinigungsprozess lässt sich in drei Verfahrensstufen einteilen:

a) mechanische Reinigung
b) biologische Reinigung
c) Entfernung von Phosphor- und Stickstoffverbindungen.

Zusätzlich gibt es Verfahrensschritte zur Behandlung des bei der Reinigung anfallenden **Klärschlamms**.

13.2.3.1 Mechanische Reinigung

Das zu reinigende Abwasser wird über die Kanalisation dem Klärwerk zugeleitet. Vor der eigentlichen Kläranlage befindet sich ein sogenanntes Regenrückhaltebecken, welches als Wasserpuffer bei Starkregen dient, um die Kläranlage vor hydraulischer Überlastung zu schützen. Das gepufferte Regenwasser wird nach dem Abklingen der Niederschläge in der Kläranlage abgearbeitet.

Im Klärwerk werden zunächst mittels **Rechen** grobe Stoffe (Holzstücke, Blätter, Papier etc.) abgetrennt. Anschließend werden durch Erniedrigung der Fließgeschwindigkeit in einem Absetzbecken, dem **Sandfang**, körnige Stoffe (Ø > 0,2 mm) sedimentiert. Im anschließenden **Öl- und Fettfang** werden aufschwimmende Stoffe von der Wasseroberfläche abgezogen. Das **Vorklärbecken** ist ein weiteres Absetzbecken, in dem die Strömung im Vergleich zum Sandfang deutlich mehr verlangsamt wird, sodass sich auch kleinere suspendierte Stoffe (Ø < 0,2 mm), meist organische Stoffe, absetzen. Hierdurch kann bereits bis etwa 30 % der gesamten organischen Belastung abgetrennt werden, und die nächste

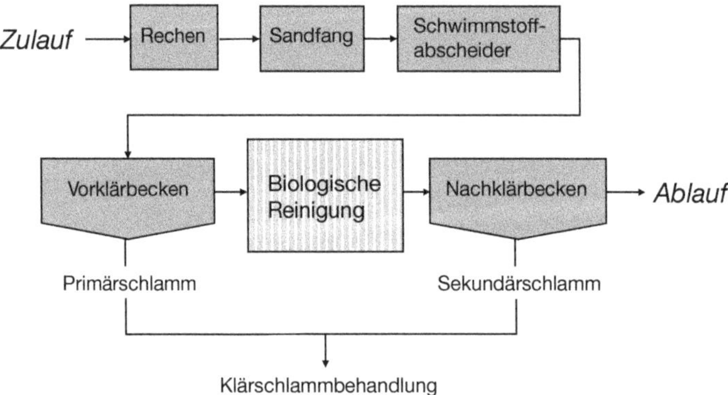

Abb. 13.7 Fließschema einer kommunalen Kläranlage.

Reinigungsstufe wird entsprechend entlastet. Der anfallende Schlamm wird auch **Primärschlamm** genannt und wird gemeinsam mit dem sogenannten **Sekundärschlamm** aus der biologischen Reinigungsstufe entsorgt.

13.2.3.2 Biologische Reinigung

In der biologischen Reinigung werden die gelösten, organischen Stoffe mithilfe von Mikroorganismen abgebaut. Diese Vorgänge haben das Selbstreinigungsprinzip der Natur in den Böden und den Gewässern zum Vorbild (Abschn. 13.1.2). Die dabei ablaufenden Vorgänge sind prinzipiell die gleichen, die auch bei der Messung des BSB_5-Werts auftreten:

$$\text{organischer Stoff} + \text{Bakterien} + O_2 \rightarrow CO_2 + H_2O + \text{Bakterienzuwachs}$$

Unter bestimmten Bedingungen werden auch Stickstoffverbindungen zu NO_3^- (höchste Oxidationsstufe von N) und Schwefelverbindungen zu SO_4^{2-} (höchste Oxidationsstufe von S) oxidiert (Abschn. 4.4.4, Abb. 4.4).

Bei der biologischen Reinigung sind in kommunalen Kläranlagen zwei Verfahrensvarianten gebräuchlich:

- Belebtschlammverfahren und
- Festbettverfahren.

Bei den **Belebtschlammverfahren** befinden sich die zum Abbau der organischen Stoffe benötigten Bakterienbiozönosen in einem zwangsbelüfteten, durchströmten Becken in der Schwebe. Dieses Becken wird auch als Belebungsbecken bezeichnet. Die Luft kann prinzipiell auf verschiedene Weise eingebracht werden (Abb. 13.8). Neben der Versorgung der Mikroorganismen mit Sauerstoff sorgt die Belüftung auch für eine gute Durchmischung der Belebtschlammflocken. Die Konzentration an gelöstem Sauerstoff sollte durch die Belüftung auf etwa 2 mg/l eingestellt werden. Da die Belüftung ein sehr energieintensiver Schritt ist, ist eine Regelung der Luftzufuhr sehr wichtig. Zur Messung der O_2-Konzentration werden üblicherweise amperometrische O_2-Sensoren eingesetzt (Abschn. 10.7.3). Beim Belebtschlammverfahren kommt es zu einem hohen Austrag an Belebtschlamm. Deshalb ist die sogenannte Nachklärung ein integraler Bestandteil des Verfahrens. Die Nachklärung wird wie die Vorklärung mittels eines Absetzbeckens durchgeführt. Der sedimentierte Belebtschlamm wird teilweise in das Belebungsbecken zurückgeführt, zum Teil als **Überschussschlamm** oder **Sekundärschlamm** entfernt.

Ein häufig in Klärwerken verwendetes **Festbettverfahren** sind die sogenannten **Tropfkörper** (Abb. 13.9a). Hier befinden sich die zum Abbau der organischen Stoffe erforderlichen Mikroorganismen als Bewuchs („biologischer Rasen") auf festen Oberflächen eines grobporigen Materials (z. B. Lavabrocken, Kunststoffteile), welches als lose Schüttung in einen Behälter eingebracht wird. Das Abwasser wird mittels Drehsprenger auf die Oberfläche gesprüht und tropft langsam durch die Füllkörper zum Boden des Behälters. Die Tropfkörperbehälter sind üb-

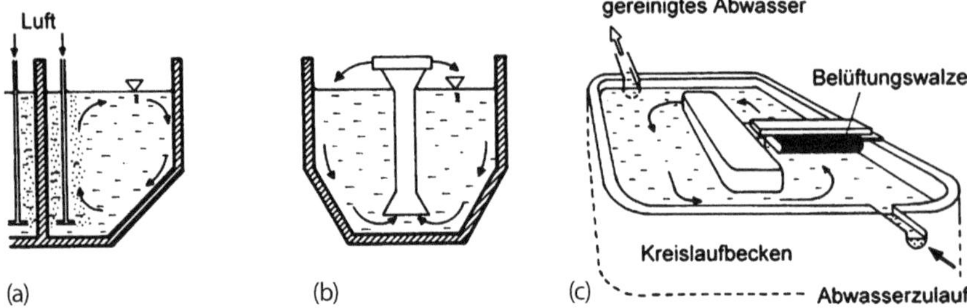

Abb. 13.8 Beispiele für den Lufteintrag beim Belebtschlammverfahren: (a) Druckbelüftung; (b) Turbinenbelüftung; (c) Walzenbelüftung.

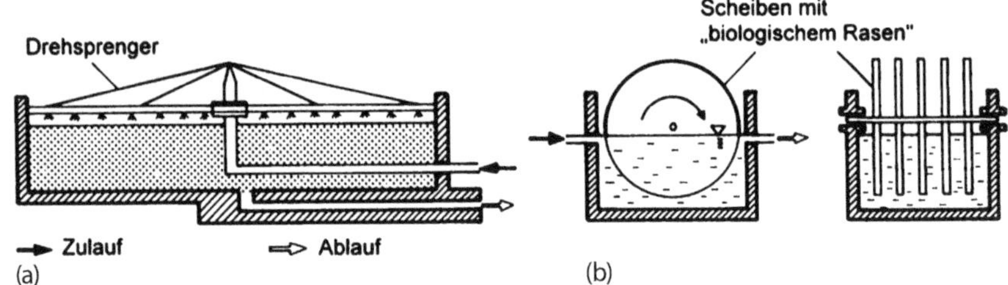

Abb. 13.9 Beispiele für Festbettverfahren in der Abwasserreinigung: (a) Tropfkörperanlage; (b) Tauchkörperanlage.

licherweise nicht zwangsbelüftet, da die Luft den Behälter durch Konvektion von unten nach oben durchströmt (Erwärmung durch die exothermen Abbaureaktionen). Durch die Immobilisierung der Mikroorganismen findet nur ein geringer Schlammaustrag statt. Eine Variante der Festbettverfahren ist das **Tauchkörperverfahren** (Abb. 13.9b): Der „biologische Rasen" ist auf ständig sich drehenden Scheiben (2–3 m Ø) aufgebracht, dabei taucht er abwechselnd in das Abwasser und belädt sich in der Luft mit Sauerstoff.

In einigen Klärwerken werden auch Kombinationen der Belebtschlamm- und Festbettverfahren eingesetzt.

13.2.3.3 Entfernung von Phosphor- und Stickstoffverbindungen

Auf die Umweltgefährdung, die von diesen Stoffen ausgeht, wurde bereits in Abschn. 13.1.3.2 und 13.2.2 eingegangen.

Phosphatverbindungen, die im Wesentlichen als *ortho*-Phosphat vorliegen, werden üblicherweise durch **chemische Fällung** entfernt. Hierzu können Fe^{3+}-, Al^{3+}- oder Ca^{2+}-Ionen verwendet werden (in Form von Chlorid oder Sulfatsalzen). Das Phosphat bildet mit diesen Ionen schwer lösliche Salze. Häufig werden Eisen(III)ionen eingesetzt, da Eisensalze als „billiges" Nebenprodukt bei industriellen Prozessen anfallen.

$$Fe^{3+} + PO_4^{3-} \rightarrow FePO_4\downarrow$$

Die Phosphatfällung kann prinzipiell auf verschiedenen Stufen durchgeführt werden:

- vor dem Vorklärbecken,
- im Belebungsbecken (Simultanfällung),
- nach dem Belebungsbecken (Nachfällung) und
- nach dem Nachklärbecken (hierbei ist ein zusätzliches Absetzbecken erforderlich).

Neben der chemischen Phosphateliminierung werden heute auch Verfahren der **biologischen P-Eliminierung** eingesetzt, da diese in den Betriebskosten günstiger als die chemischen Verfahren sind. Durch ein Wechselspiel verschiedener aerober und anaerober Verhältnisse lässt sich die „normale" P-Aufnahme der Mikroorganismen steigern, somit kann eine vermehrte Menge an P mit dem Überschussschlamm abgezogen werden.

Das ins Klärwerk fließende Abwasser enthält Stickstoff hauptsächlich in Form von NH_3 bzw. NH_4^+, da organische Stickstoffverbindungen (z. B. Eiweißstoffe) bereits im Kanalnetz durch ammonifizierende Bakterien weitgehend zu diesen Stoffen abgebaut werden. Wie bereits in Abschn. 13.1.3.2 erwähnt, spielen diese Abbauvorgänge auch im natürlichen Stickstoffkreislauf eine wichtige Rolle. Somit muss im Klärwerk im Wesentlichen nur NH_4^+ entfernt werden. Hierzu wird ein biologisches Eliminationsverfahren verwendet, welches man den in der Natur ablaufenden Vorgängen „abgeschaut" hat und das aus zwei Schritten besteht (Abschn. 13.1.3.2):

- der **Nitrifikation** und
- der **Denitrifikation**.

Beim **Nitrifikationsschritt** wird NH_4^+ mit Luftsauerstoff durch nitrifizierende Bakterien über die Zwischenstufe NO_2^- zu NO_3^- oxidiert:

$$2NH_4^+ + 3O_2 \rightarrow 2NO_2^- + 2H_2O + 4H^+$$
$$2NO_2^- + O_2 \rightarrow 2NO_3^-$$

Im Prinzip finden die Vorgänge stets bei der aeroben Behandlung der Abwässer statt. Allerdings vermehren sich die Nitrifikanten im Vergleich zu den Verwertern von Kohlenstoffverbindungen etwa zehnmal langsamer. Deshalb müssen für diese Bakterienstämme günstige Wachstumsbedingungen geschaffen werden. Solche günstigen Bedingungen liegen etwa in Festbettverfahren vor (z. B. Tropfkörper), da hier die Bakterien als fester Bewuchs immobilisiert sind und nicht wie beim Belebungsverfahren ständig mit dem Überschussschlamm ausgetragen werden.

Bei der **Denitrifikation** erfolgt die Entfernung des gebildeten NO_3^- durch bakterielle Reduktion zu Stickstoff N_2 unter Ausschluss von Luftsauerstoff (anoxische Bedingungen). Hierzu müssen organische Verbindungen als Reduktionsmittel zugeführt werden:

$$\text{organische Verbindungen} + NO_3^- \rightarrow CO_2, N_2, H_2O$$

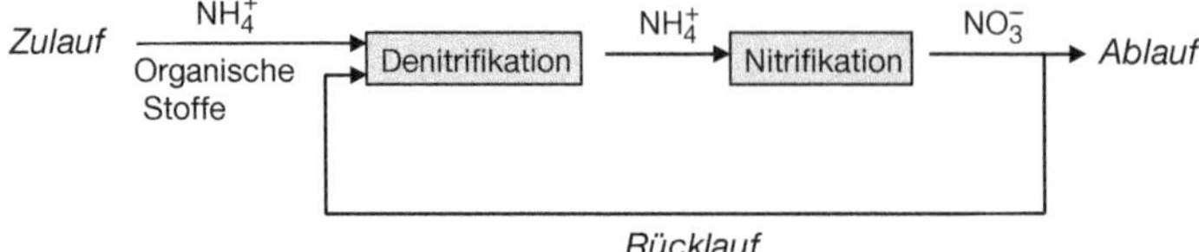

Abb. 13.10 Verfahrensschema einer vorgeschalteten Denitrifikation.

Der Denitrifikationsschritt kann im Klärwerk der Nitrifikation entweder vor- oder nachgeschaltet werden. In Abb. 13.10 ist das Verfahren einer Abwasserreinigungsanlage mit einer vorgeschalteten Denitrifikationsstufe schematisch dargestellt. Die Stufen der Vor- und Nachklärung wurden zur Vereinfachung weggelassen.

NH_4^+ durchläuft ohne Veränderung das Denitrifikationsbecken und wird dann zusammen mit den organischen Verbindungen in der Nitrifikationsstufe (z. B. Tropfkörperanlage) oxidiert. Ein Teil des mit NO_3^- beladenen Abwasserstroms wird nach der Nitrifikation in das Denitrifikationsbecken zurückgeführt. In diesem Becken werden die Schlammflocken nur schwach gerührt, sodass es zu keinem Sauerstoffeintrag kommt. Unter Luftausschluss wird NO_3^- zu N_2 reduziert. Als Reduktionsmittel dient hierbei die zulaufende organische Fracht.

13.2.3.4 Schlammbehandlung

Im Jahr 2012 fielen in Deutschland bei der kommunalen Abwasserreinigung jährlich mehr als 1,8 Millionen Tonnen Klärschlammtrockensubstanz an (Primär- und Sekundärschlamm)[3], welche verwertet bzw. entsorgt werden müssen.

Da der in den Vor- und Nachklärbecken durch Sedimentation anfallende Klärschlamm lediglich einen Trockensubstanzanteil (TS-Anteil) von etwa 1 % hat (d. h., 99 % sind Wasser), ist das wesentliche Ziel einer Schlammbehandlung – vor einer Verwertung oder Entsorgung – eine deutliche Erhöhung des TS-Anteils durch **Entwässerung**. In Abb. 13.11 sind die prinzipiellen Verfahrensschritte der Schlammbehandlung sowie die möglichen Verwertungs- und Entsorgungspfade aufgetragen.

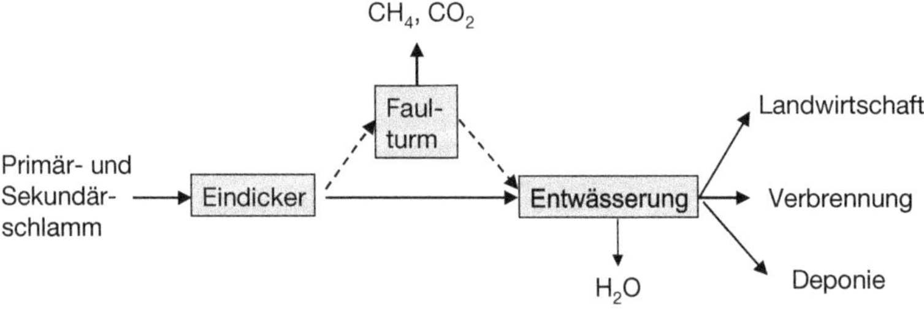

Abb. 13.11 Schematische Darstellung der Klärschlammbehandlung und -verwertung.

3) Quelle: Statistisches Bundesamt, www.destatis.de, 29.5.2015.

Der Klärschlamm aus den Vor- und Nachklärbecken wird in einem weiteren Absetzbecken, dem sogenannten **Eindicker** durch Sedimentation auf einen TS-Gehalt von etwa 5 % gebracht.

Nach dem Eindicker gibt es prinzipiell zwei Möglichkeiten der weiteren Behandlung. In vielen Kläranlagen wird der Klärschlamm in einem sogenannten **Faulturm** einer **anaeroben Gärung** unterzogen. Hierbei entstehen durch Methanbakterien Zersetzungsgase („Biogas"), die ca. 70 % Methan und 30 % Kohlendioxid enthalten:

$$\text{organische Stoffe} \rightarrow CH_4 + CO_2\ (+NH_3, +H_2S)$$

Das Faulgas hat etwa einen Heizwert von 20 000 kJ/m^3; diese Energie wird in Klärwerken verbraucht und darüber hinaus anderweitig genutzt. Bei einer etwas erhöhten Temperatur (25–30 °C) und einem Aufenthalt des Faulschlamms im Faulturm von ca. 10–15 Tagen kann sich die Schlammmasse infolge Methanbildung dabei um die Hälfte reduzieren. Der ausgefaulte Schlamm ist dickflüssig, dunkel und geruchsfrei.

Der Klärschlamm kann auch ohne den Zwischenschritt der Faulung weiter entwässert werden. Die Entwässerung kann entweder mechanisch über Filtrationsverfahren oder Zentrifugen erfolgen, oder sie kann durch thermische Trocknung durchgeführt werden. Da eine mechanische Entwässerung wesentlich kostengünstiger ist als die Trocknung, sollte die Entwässerung soweit wie möglich durch mechanische Verfahren erfolgen. Nach einer Entwässerung gibt es für den Klärschlamm im Wesentlichen drei Entsorgungspfade:

- Deponie,
- landwirtschaftliche Verwertung (Düngung),
- Verbrennung.

Da die Deponierung von unbehandelten Abfällen in Deutschland (Abschn. 13.5.2) seit dem 1. Juni 2005 nicht mehr erlaubt ist, bleiben zur Entsorgung nur noch die Verbrennung und die landwirtschaftliche Verwertung. Die Verbrennung wird entweder in speziellen Klärschlammverbrennungsöfen durchgeführt oder der Klärschlamm wird in Kraftwerken mitverbrannt. Im Jahr 2012 wurde in Deutschland mehr als die Hälfte des Klärschlamms thermisch entsorgt[4]. Insbesondere bei der landwirtschaftlichen Verwertung ist neben dem hygienischen Aspekt zu beachten, dass der Klärschlamm mit

- Schwermetallen und
- toxischen organischen Verbindungen

verunreinigt sein kann. Die zulässigen Grenzwerte für diese Problemstoffe regelt die sogenannte Klärschlammverordnung.

4) Quelle: Statistisches Bundesamt, www.destatis.de, 29.5.2015.

13.2.4 Weiterentwickelte Verfahren in der biologischen Abwasserreinigung

Die in Abschn. 13.2.3 beschriebenen biologischen Verfahren der Abwasserreinigung, welche üblicherweise in kommunalen Kläranlagen verwendet werden, weisen folgende Nachteile auf:

- großer Flächen- und Raumbedarf,
- schlechte Ausnutzung des eingetragenen Luftsauerstoffs (nur etwa 15 % des Gesamteintrags),
- erhebliche Produktion an Überschussschlamm.

Aus diesem Grund wurde in den letzten Jahren viel Forschungs- und Entwicklungsaufwand auf dem Gebiet der biologischen Abwasserreinigung betrieben. Entscheidende Impulse kamen hierbei aus der chemischen Industrie, da hier die Probleme bei der Abwasserreinigung in den meisten Fällen deutlich größer sind als in kommunalen Reinigungsanlagen.

13.2.4.1 Biohochreaktoren

Diese haben zu einer Verbesserung der aeroben Belebtschlammverfahren geführt. Im Gegensatz zur relativ flachen Beckenbauform in den kommunalen Kläranlagen besitzen diese Reaktoren eine Bauhöhe von etwa 10–30 m (Abb. 13.12a). Neben einer deutlichen Verringerung des Flächenbedarfs wird der Sauerstoffausnutzungsgrad bei dieser Bauform auf etwa 80 % des Gesamteintrags gesteigert (mehr gelöster Sauerstoff durch höheren hydrostatischen Druck, längere Verweilzeit der Luftblasen im Reaktor). Dies führt zu einer deutlichen Effizienzsteigerung und einer Senkung der Betriebskosten.

13.2.4.2 Anaerobe Abwasserreinigung

Bei diesem Verfahren wird die organische Fracht im Abwasser unter *Luftabschluss* abgebaut. Im Prinzip laufen hierbei die gleichen biologischen Prozesse wie bei der in Abschn. 13.2.3.4 beschriebenen Klärschlammbehandlung im Faulturm ab. Es kommt auch hier zur Bildung von „Biogas" (CH_4, CO_2), welches energetisch genutzt werden kann. In Tab. 13.6 werden die anaeroben Prozesse im Vergleich zu den aeroben Belebtschlammverfahren zusammenfassend bewertet. Anaerobe Prozesse sind vor allem bei der Behandlung von hochkonzentrierten Abwässern (CSB-Wert > 5000 mg/l) vorteilhaft und kommen deshalb häufig in der Lebensmittelindustrie zum Einsatz.

13.2.4.3 Reaktoren mit mechanisch bewegten Elementen

Bei diesen Anlagen wird die Durchmischung zwischen Biomasse und wässrigem System durch mechanisch bewegte Einbauten (z. B. gelochte Scheiben beim **Hubstrahlreaktor**) erheblich gesteigert. Die Bakterienflocken werden durch die starken Turbulenzen in kleinste Einheiten aufgelöst, wodurch eine effiziente Rei-

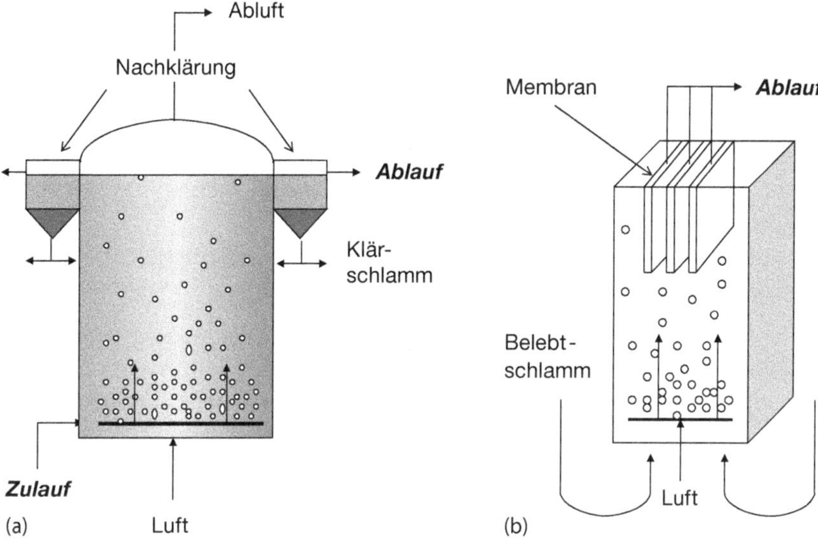

Abb. 13.12 Schematische Darstellung eines (a) Biohochreaktors und einer (b) Verfahrenskombination aus biologischer Reinigung und Membrantechnik.

Tab. 13.6 Vergleich von anaeroben und aeroben Verfahren zur Abwasserreinigung.

Verfahren	Vorteile	Nachteile
anaerob	• geringe Betriebs (Energie)-Kosten • Produktion von Biogas, welches energetisch genutzt werden kann • nur geringe Mengen an Überschussschlamm	• sehr langsamer Prozess (dauert „Tage statt Stunden") • störungsempfindliches Verfahren • die Abwassergrenzwerte zur Direkteinleitung in die Gewässer lassen sich *allein* mit dem anaeroben Verfahren nicht einhalten
aerob	• robustes und bewährtes Verfahren • relativ schneller Prozess	• relativ hohe Betriebskosten (Sauerstoffeintrag!) • große Mengen an Überschussschlamm

nigung bei nur geringem Reaktorvolumen möglich ist. Diese Reaktoren können bei aeroben und anaeroben Verfahren eingesetzt werden.

13.2.4.4 Kombination von biologischer Reinigung und Membranfiltertechnik

Diese Kombination, auch **Membranbioreaktor (MBR) Technik** genannt, kommt insbesondere bei den aeroben Belebtschlammverfahren zum Einsatz. Hierbei wird das klare, gereinigte Abwasser durch Feinfilter (Mikro- und Ultrafiltration, Abschn. 13.3) mittels Über- oder Unterdruck vom Belebtschlamm abgetrennt. Die Filtration kann entweder in einer separaten Filtrationseinheit oder direkt in der Belebungsbiologie geschehen. Bei den direkt in das Belebungsbecken eingebrachten Filtrationsmodulen (sogenannte getauchte Module) wird die Belüftung nicht nur zur Sauerstoffversorgung der Bakterien verwendet, sondern dient auch zur Reinigung der Membranen während des Filtrationsprozesses (Abb. 13.12b). Die wesentlichen Vorteile dieses Verfahrens sind:

- kein Absetzbecken notwendig,
- geringe Überschussschlammproduktion und
- da durch die Feinfiltration auch Bakterien bzw. Viren zurückgehalten werden, ist das gereinigte Abwasser nahezu keimfrei.

Die Investitionskosten bei diesen Anlagen sind aufgrund der Kosten für die Membranmodule höher als bei den konventionellen Belebtschlammanlagen. Es ist jedoch zu berücksichtigen, dass die Wasserqualität des Filtrats in vielen Fällen so gut ist, dass es direkt als Prozesswasser eingesetzt werden kann (Abwasserrecycling).

13.2.5
Spezielle Verfahren der Abwasserreinigung

Die in Abschn. 13.2.3 und 13.2.4 beschriebenen biologisch-mechanischen Reinigungsverfahren stellen aufgrund ihrer günstigen Betriebskosten im industriellen Bereich stets das „Herzstück" der Abwasserreinigung dar. Industrielle Abwässer können jedoch große Mengen an problematischen Inhaltsstoffen enthalten, die mit den genannten biologischen Verfahren entweder nicht entfernt werden können oder die biologische Stufe sogar erheblich stören können. Hierbei sind insbesondere folgende Stoffe zu erwähnen:

- refraktäre organische Stoffe, welche *nicht* biologisch abgebaut werden können,
- gelöste Schwermetallionen und
- toxische Stoffe, welche die Stoffwechseltätigkeit der Mikroorganismen stören können oder zum Erliegen bringen. Dies können organische oder anorganische Verbindungen sein.

Die genannten Stoffe müssen durch spezielle **chemisch-physikalische Verfahren** aus dem Abwasser entfernt werden. Tabelle 13.7 gibt einen Überblick über die im folgenden Kapitel betrachteten Verfahren zur Entfernung dieser Problemstoffe. Diese Verfahren stellen wichtige „Module" zur Abwasserbehandlung dar, welche in der Praxis häufig auch in Kombination Anwendung finden. Dabei werden sie meist nicht wie häufig die biologische Reinigung am Ende der Produktionskette (sogenannte additive oder „End-of-Pipe"-Maßnahmen; Abschn. 13.6) eingesetzt, sondern werden zur Teilstrombehandlung von Abwässern verwendet. Hierbei ist vielfach eine Rückgewinnung von Wertstoffen im Sinne eines produktionsintegrierten Umweltschutzes bzw. Steigerung der Ressourceneffizienz möglich.

Tab. 13.7 Spezielle Verfahren der Abwasserreinigung.

Verfahren	Entfernung von organischen, refraktären Stoffen[a)]	Entfernung von gelösten Schwermetallionen[a)]
Fällung/Flockung	✓	✓
Ionenaustauscher	–	✓
Aktivkohleadsorption	✓	–
Membranfiltrationen	✓	✓
Extraktion	✓	✓
Strippung	✓	–
Eindampfen	✓	✓
Oxidation	✓	–

a) ✓ = Entfernung ist prinzipiell möglich.

13.2.5.1 Fällung und Abtrennung in Form fester Stoffe

a) Überschreiten des Löslichkeitsproduktes

Schwermetallionen werden häufig durch Neutralisation der oft sauren Abwässer als schwer lösliche Hydroxidsalze ausgefällt und dann durch Sedimentation oder Filtration aus dem Abwasser entfernt. Wie in Abb. 13.13 für verschiedene Beispiele dargestellt, richtet sich der optimale pH-Wert für die **Ausfällung** nach den vorhandenen Schwermetallionen. Eine Messung des pH-Werts ist deshalb in der Praxis bei der Fällung von großer Bedeutung.

Als Fällungsreagenzien werden häufig NaOH oder $Ca(OH)_2$ eingesetzt. Bei der Fällung ist zu beachten, dass einige Schwermetallhydroxide (z. B. Zn^{2+} und Cr^{3+}) amphoteren Charakter haben, sich also sowohl im sauren als auch im basischen

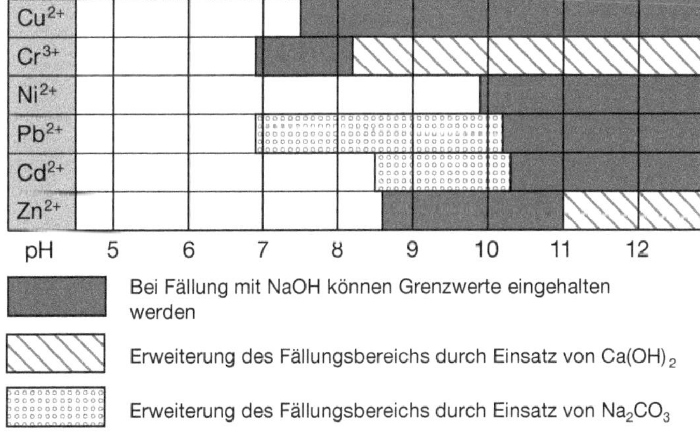

Abb. 13.13 Fällungsbereiche (Löslichkeit deutlich kleiner als die gesetzlichen Anforderungen) in Abhängigkeit vom pH-Wert für verschiedene Schwermetallionen.

Medium lösen können (Abschn. 7.2.3). Bei diesen Metallionen kann die Wiederauflösung bei hohen pH-Werten vermieden werden, wenn statt mit NaOH mit $Ca(OH)_2$ gefällt wird, da die Calciumverbindungen der Hydroxidkomplexe schwer löslich sind (Abb. 13.13).

Voraussetzung für eine erfolgreiche Fällung der Metallionen ist, dass die gebildete Verbindung so schwer löslich ist, dass die gesetzlich vorgeschriebenen Grenzwerte für das jeweilige Kation im Abwasser eingehalten werden können. Die Löslichkeit des schwer löslichen Salzes wird durch das **Löslichkeitsprodukt** beschrieben (Abschn. 5.3). Je kleiner das Löslichkeitsprodukt, desto schwerer löslich ist das ausgefällte Metallhydroxid. Eine rechnerische Abschätzung der Metallionenkonzentration nach der Fällung kann mithilfe des Löslichkeitsproduktes gemacht werden. In Anhang A.5 findet man eine Auflistung von Löslichkeitsprodukten für verschiedene schwer lösliche Salze. Solche Abschätzungen sind in der Praxis aber nur als ungefähre Größenordnung zu betrachten, da die Löslichkeitsprodukte durch die Anwesenheit weiterer gelöster Stoffe erheblich beeinflusst werden können.

Da Chromionen nur in der dreiwertigen Form als schwer lösliches Hydroxidsalz ausgefällt werden können, müssen Chromationen zuerst durch Reduktion in Cr^{+3} überführt werden. Zur Reduktion können Fe(II)-Salze oder Sulfite (Abschn. 7.2.2) verwendet werden:

$$Cr_2O_7^{2-} + 6Fe^{2+} + 14H^+ \rightarrow 2Cr^{3+} + 6Fe^{3+} + 7H_2O$$
$$Cr_2O_7^{2-} + 3HSO_3^- + 8H^+ \rightarrow 2Cr^{3+} + 3HSO_4^- + 4H_2O$$

Übungsbeispiel 13.4

Berechnung der Konzentration von Cu^{2+} und des pH-Werts nach einer Neutralisationsfällung mit OH^--Ionen mithilfe des Löslichkeitsproduktes (zur Vereinfachung wird mit stöchiometrischen Verhältnissen gerechnet).

Lösung

$$Cu^{2+} + 2OH^- \rightleftarrows Cu(OH)_2\downarrow \qquad (13.1)$$

Für das Löslichkeitprodukt gilt (siehe Abschn. 5.3.1):

$$L = c_{Cu^{2+}} \cdot c_{OH^-}^2 \qquad (13.2)$$

Unter stöchiometrischen Bedingungen gilt:

$$c_{OH^-} = 2c_{Cu^{2+}} \qquad (13.3)$$

Mit Gl. (13.3) in Gl. (13.2) ergibt sich:

$$L = c_{Cu^{2+}} \cdot (2c_{Cu^{2+}})^2 \text{ bzw. } c_{Cu^{2+}} = (L/4)^{1/3}$$

Mit $L(\mathrm{Cu(OH)_2}) = 2 \cdot 10^{-19}\,\mathrm{mol^3/l^3}$ ergibt sich:

$$c_{\mathrm{Cu^{2+}}} = 3{,}78 \cdot 10^{-7}\,\mathrm{mol/l} \text{ oder } \mathbf{2{,}4 \cdot 10^{-2}\,mg/l}$$

Dieser Wert ist deutlich geringer als der gesetzliche Grenzwert von 0,5 mg/l. Die OH^--Konzentration beträgt nach Gl. (13.3):

$$c_{\mathrm{OH^-}} = 2 \cdot 3{,}78 \cdot 10^{-7}\,\mathrm{mol/l} = 7{,}56 \cdot 10^{-7}\,\mathrm{mol/l}$$

mit

$$c_{\mathrm{H^+}} \cdot c_{\mathrm{OH^-}} = 10^{-14}\,\mathrm{mol^2/l^2} \quad \text{(siehe Abschn. 4.5.3)}$$

folgt:

$$c_{\mathrm{H^+}} = 10^{-7{,}9}\,\mathrm{mol/l} \rightarrow \mathbf{pH = 7{,}9}$$

Dabei hat die Reduktion mit Eisen(II)-Salz den Vorteil, dass das bei der Neutralisationsfällung gebildete Eisen(III)-hydroxyd das Chrom(lll)-hydroxid mitreißt, sodass der Niederschlag gut (z. B. durch Filtration) aus dem Abwasser entfernt werden kann. Eine solche **Adsorptionsfällung** kann man zur Abtrennung anderer Stoffe ebenfalls anwenden; häufig gebraucht man Aluminiumhydroxid für eine solche Fällung (Abschn. 5.2.8.2).

Bei Anwesenheit von Komplexbildnern wie z. B. EDTA (Abschn. 5.3.2.2b) konkurrieren das Löslichkeitsprodukt der schwer löslichen Metallverbindung und die Stabilitätskonstante der Metallkomplexverbindung miteinander. Die Fällung als Hydroxidsalz ist dann nicht mehr ausreichend, und man benötigt Salze mit kleinerem Löslichkeitsprodukt. Hierbei wird die Fällung häufig mit S^{2-}-Ionen oder mit organischen Schwefelverbindungen (Organosulfide) durchgeführt, da hier die Löslichkeitsprodukte viel kleiner sind (z. B. $L(\mathrm{CuS}) = 8 \cdot 10^{-45}\,\mathrm{mol^2/l^2}$ siehe Anhang A.5).

Die Entfernung von Schwermetallkationen durch Fällung als schwer lösliche Salze wird beispielsweise bei Abwässern in der Galvanikindustrie angewendet.

b) Flockungsverfahren

Im Absetzbecken oder bei den klassischen Filtrationsverfahren können nur Teilchen bis etwa 10 µm abgetrennt werden. **Kolloide** hingegen können, wenn sie nicht durch Koagulation (Abschn. 3.4.2) oder Adsorptionsfällung (Abschn. 13.2.5.1a) aus dem Abwasser entfernt werden können, durch Flockung in eine absetzbare oder filtrierbare Form gebracht werden. Wie bereits in Abschn. 5.2.8.2 erwähnt, werden die Kolloide an Makromoleküle („Polyelektrolyte“) gebunden, sodass größere und leicht abtrennbare Teilchen entstehen. Flockungshilfsmittel werden beispielsweise auch zur Verbesserung der Entwässerung von Klärschlamm oder nach der Fällung von Schwermetallen (Abschn. 13.2.5.1a) zur Verbesserung der Filtrierbarkeit eingesetzt.

13.2.5.2 **Ionenaustauscher**

Ähnlich wie bereits in Abschn. 5.3.2.2 (Vollentsalzung von Wasser) beschrieben, können toxische Schwermetallkationen oder Anionen auch durch den Einsatz von Ionenaustauscherharzen gegen „harmlose“ Ionen, wie z. B. H^+- oder OH^--Ionen ausgetauscht werden. Dieses Verfahren eignet sich insbesondere zur Entfernung geringer Mengen dieser Schadstoffe aus sehr großen Abwassermengen. Durch sogenanntes Eluieren beim Regenerieren der Säule können die Ionen in konzentrierter Form herausgelöst und weiterverarbeitet oder einem Recycling zugeführt werden. Ionenaustauscher werden häufig zur Behandlung von **Spülwässern** in der Galvanikindustrie eingesetzt, bei denen Cu^{2+}-, Ni^{2+}-, Cr^{3+}-, Cd^{2+}- und CN^--haltige Abwässer anfallen.

13.2.5.3 **Adsorption an Aktivkohle**

Durch Adsorption an Aktivkohle lassen sich bevorzugt *hydrophobe* (Abschn. 3.5) Moleküle mit relativ *hoher Molekülmasse* entfernen. Hierbei werden die Moleküle meist durch **Van-der-Waals-Wechselwirkungen** (Abschn. 2.5.2) an der *unpolaren* Oberfläche der Aktivkohle adsorbiert. Die Adsorption an Aktivkohle wird häufig auch zur Abluftreinigung von industriellen Abgasen eingesetzt (Abschn. 13.4.2.2c). Wie bereits in Abschn. 5.6.1 („Adsorptionsgesetze“) beschrieben, sind die adsorbierten Mengen (oder auch Beladung genannt) umso größer, je

- größer die spezifische Oberfläche der Aktivkohle (Aktivkohle besitzt spezifische Oberflächen von 500 bis über 1000 m^2 je Gramm!; Abb. 13.14) und
- je niedriger die Temperatur.

Die adsorptive Reinigung von Abwässern kann prinzipiell nach zwei Verfahren erfolgen:

Abb. 13.14 Elektronenmikroskopaufnahmen von pulverisierter Aktivkohle.

- **Absatzweiser Betrieb**, d. h., die Aktivkohle wird in das entsprechende Abwasser eingerührt und so lange vermischt, bis sich das jeweilige Adsorptionsgleichgewicht eingestellt hat. Die Aktivkohle muss nach der Behandlung abfiltriert werden. Bei diesem Verfahren wird üblicherweise pulverisierte Aktivkohle eingesetzt.
- **Kontinuierlicher Betrieb**, d. h., die Aktivkohle wird ähnlich wie die Harze von Ionenaustauschern in Säulen (Abschn. 5.3.2.2) gefüllt und vom Abwasser so lange kontinuierlich durchströmt, bis diese vollständig beladen sind. Hierbei wird Aktivkohle in granulierter Form eingesetzt.

Nach dem vollständigen Beladen der Aktivkohle kann diese entweder getrocknet und verbrannt oder nach der Trocknung regeneriert werden. Aus ökonomischen Gründen wird eine **Regeneration** nur bei der granulierten Aktivkohle vorgenommen. Die Regeneration der Aktivkohle erfolgt üblicherweise durch eine thermische Behandlung bei Temperaturen von 700–1000 °C. Bei diesen Temperaturen werden die adsorbierten Verbindungen desorbiert und in der heißen Gasphase zersetzt.

Die Reinigung durch Adsorption an Aktivkohle wird häufig in folgenden Fällen eingesetzt:

- Entfärbung von Abwasser in der Farbstoffindustrie,
- Entfernung von chlorierten Kohlenwasserstoffen bei der Altlastensanierung und
- Entfernung von geschmacksbeeinträchtigenden Stoffen bei der Trinkwasseraufbereitung.

13.2.5.4 Membranfiltrationsverfahren

Filtrationsverfahren werden in der Umwelttechnik seit langer Zeit zur Entfernung fester Stoffe aus Flüssigkeiten und Gasen eingesetzt. Hierbei kommen unterschiedliche Filtrationsapparate zum Einsatz, z. B. Filterpressen, Bandfilter etc.[5] Seit einiger Zeit werden die seit Langem bekannten klassischen Filtrationsverfahren durch die sogenannten **Membranfiltrationsprozesse** erweitert. Mit diesen Verfahren lassen sich noch wesentlich kleinere Partikelgrößen abtrennen. Dies reicht von der Abtrennung kolloidaler Partikel mit Ø 0,1–0,001 μm (Abschn. 3.4.2) bis zum Rückhalt „echt gelöster Teilchen", wie z. B. Salzionen. Die Membrantrenntechnik wird ausführlich in Abschn. 13.3 behandelt.

13.2.5.5 Extraktion

Bei der Flüssig-flüssig-Extraktion wird eine wässrige Phase, welche den zu extrahierenden organischen (hydrophoben) Stoff als Verunreinigung enthält, mit einer organischen, nicht mit Wasser mischbaren Phase in Kontakt gebracht. Der hydrophobe Stoff löst sich bevorzugt in der hydrophoben, organischen Phase (Ab-

5) Eine ausführliche Beschreibung über Filtrationsapparate findet man in Lehrbüchern der Verfahrenstechnik.

schn. 3.5). Da die organische Phase eine möglichst hohe Aufnahmekapazität für diesen Stoff haben sollte, muss der Unterschied zwischen der Löslichkeit in der wässrigen und der organischen Phase möglichst groß sein. Auf diese Weise werden häufig Phenole aus Abwässern entfernt (Kokereien, Phenolharzindustrie).

Die Extraktion wird in der Verfahrenstechnik meist in sogenannten **Extraktionskolonnen** kontinuierlich nach dem **Gegenstromprinzip** durchgeführt, d. h., die zu extrahierende Flüssigkeit und das Extraktionsmittel werden von den entgegengesetzten Enden der Kolonne zugeführt.

Neben der Abtrennung von organischen Inhaltsstoffen lassen sich durch Flüssig-flüssig-Extraktion auch Schwermetallionen aus Abwässern entfernen. Da sich *hydrophile* Schwermetallionen nicht in hydrophoben organischen Stoffen lösen, werden diese mittels einer entsprechenden organischen Verbindung in eine Komplexverbindung überführt (zu Komplexverbindungen, Abschn. 5.4). Als Komplexierungsmittel werden organische Substanzen mit anionischen Gruppen (z. B. $-COO^-$-Gruppe) verwendet. Diese werden in einem entsprechenden organischen Lösungsmittel, wie z. B. Petroleum oder Xylol verdünnt. Die auf diese Weise in die organische Phase überführten Metallionen (Me^{z+}) können durch Ansäuern anschließend wieder in eine wässrige Phase überführt werden, da die anionischen Gruppen protoniert werden:

$$\text{Extraktion:} \quad Me^{z+} + xR{-}COO^- \rightarrow \text{Komplex}$$

$$\text{Rückextraktion:} \quad \text{Komplex} + xH^+ \rightarrow Me^{z+} + xR{-}COOH$$

Der Vorgang der Extraktion und Rückextraktion ähnelt den Vorgängen bei den Ionenaustauscherharzen. Deshalb werden die entsprechenden Reagenzien auch häufig als **flüssige Ionenaustauscher** bezeichnet. Der Vorteil dieses Verfahrens gegenüber anderen Prozessen zur Entfernung von Schwermetallen (z. B. Fällung) ist, dass bei Lösungen mit unterschiedlichen Schwermetallionen durch entsprechende Auswahl der Reagenzien bestimmte Metallionen *selektiv* entfernt werden können. Das Verfahren kann beispielsweise zur Regeneration von kupferhaltigen Ätzlösungen in der Leiterplattenindustrie verwendet werden.

13.2.5.6 Strippung und Eindampfen

Leicht flüchtige Bestandteile können durch Einblasen von Gasen aus dem Abwasser entfernt werden. Man bezeichnet den Vorgang als **Strippung** (to strip, engl. = abstreifen). Der Strippungsprozess wird begünstigt durch

- Einblasen großer Luftmengen,
- Temperaturerhöhung und
- Unterdruck.

Zu einem ähnlichen Effekt kommt man durch Erhitzen bis zum Siedepunkt des Wassers, indem der Wasserdampf selbst als Strippgas dient.

Durch Strippung werden beispielsweise **leicht flüchtige organische Lösungsmittel**, wie z. B. Chlorkohlenwasserstoffe entfernt. Nachdem die Konzentration durch Strippung weit genug abgesenkt ist, kann das Abwasser in einem zweiten

Schritt z. B. durch Aktivkohleadsorption gereinigt werden. Nachteilig ist beim Strippungsprozess, dass die anfallenden großen Mengen der mit Lösungsmittel beladenen Abluft ebenfalls noch gereinigt werden müssen. Da der Einsatz dieser Stoffe als Reinigungsmittel in der metallverarbeitenden Industrie aufgrund gesetzlicher Vorschriften stark eingeschränkt ist, werden als Alternative heute überwiegend tensidhaltige Reinigungsbäder verwendet. Die Entfernung von Chlorkohlenwasserstoffen durch Strippung wird heute häufig bei der **Grundwassersanierung** eingesetzt.

Enthalten Abwässer große Mengen von *nicht flüchtigen* Verbindungen, so kann man umgekehrt das Wasser durch Abdampfen entfernen und die daraus gewonnenen festen Verbindungen in geeigneter Weise beseitigen. Das Eindampfen von Abwasser ist wegen des großen Energieaufwands meist nur bei hohen Konzentrationen an Inhaltsstoffen sinnvoll. Es ist insbesondere dort interessant, wo anfallende Abwärme genutzt werden kann. Deponiesickerwässer (Abschn. 13.4.2.2) werden häufig im Anschluss an eine Aufkonzentration mittels Umkehrosmose eingedampft. Die anfallenden festen Stoffe müssen als Sondermüll unter Tage deponiert werden (Abschn. 13.4.2.2).

13.2.5.7 Chemische Oxidation

Zur chemischen Oxidation von Abwasserinhaltsstoffen kann eine Vielzahl von Oxidationsmitteln eingesetzt werden. Der Vorteil der Oxidationsverfahren ist, dass die organischen Inhaltsstoffe endgültig und im Idealfall vollständig als CO_2 und H_2O entfernt werden und keine Übertragung auf ein anderes Medium stattfindet. Dies ist vor allem in den Fällen interessant, bei denen ein Wiedereinsatz der Stoffe nicht lohnend ist. Je nach Konzentration und Art der Abwasserinhaltsstoffe werden heute häufig folgende Oxidationsverfahren eingesetzt:

- Abwasserverbrennung mit Luftsauerstoff,
- Nassoxidation mit Luftsauerstoff und
- Oxidation mit Wasserstoffperoxid H_2O_2 und Ozon O_3.

Bei der **Abwasserverbrennung** werden die organischen Inhaltsstoffe bei Normaldruck und hohen Temperaturen unter Verdampfung des Wasseranteils mittels Luftsauerstoff oxidiert. Die Abwasserverbrennung ist das technisch und energetisch aufwändigste Verfahren zur Abwasserbehandlung. Sie ist nur sinnvoll, wenn sich organische Stoffe in hoher Konzentration im Abwasser befinden (CSB-Wert > 100 000 mg/l). Meist muss zur Stützfeuerung noch zusätzlicher Brennstoff eingesetzt werden.

Unter **Nassoxidation** versteht man eine Oxidation mithilfe von Luftsauerstoff oder reinem Sauerstoff im Autoklaven bei hohem Druck (10–220 bar) und hoher Temperatur (150–350 °C). Dieses Verfahren wird bei CSB-Werten von etwa 10 000–100 000 mg/l eingesetzt. Die Nassoxidation ist vom energetischen Standpunkt günstig, da sie aufgrund der exothermen Oxidationsreaktionen autotherm, d. h. ohne Zusatzbrennstoff betrieben werden kann. Dieses Verfahren wird z. B. zur Reinigung von schwer abbaubaren Abwässern mit aromatischen Verbindungen in der Farbstoffproduktion eingesetzt. Heute befinden sich Nassoxidationsverfahren in Entwicklung, welche unter den **überkritischen Bedingungen** des Wassers arbeiten ($T > 374\,°C$, $p > 221\,bar$).

Neben Luftsauerstoff werden heute sehr häufig **O_3 und H_2O_2 als Oxidationsreagenzien** eingesetzt, da sie „umweltfreundliche“ Oxidationsmittel sind. Sie zerfallen beim Oxidationsprozess ausschließlich zu Sauerstoff bzw. Sauerstoff und Wasser (zu O_3, Abschn. 6.2.4; zu H_2O_2, Abschn. 7.1.3). Somit entstehen keine Folgeprobleme wie etwa eine Aufsalzung des Abwassers. Es hat sich gezeigt, dass bei der Oxidation vor allem die beim Zerfallsprozess auftretenden OH-Radikale wirksam sind, welche ein größeres Oxidationspotenzial haben als die Oxidationsmittel selbst. Die Oxidationswirkung kann durch Verwendung von Katalysatoren oder Einstrahlung von UV-Licht noch vergrößert werden. Generell sind diese Oxidationsreagenzien nur bei relativ kleinen Mengenströmen mit niedriger CSB-Belastung wirtschaftlich (CSB < 1000 mg/l).

Anwendungsbeispiele aus dem Bereich der Abwasserreinigung:

- Sanierung von kontaminiertem Grundwasser (Entfernung von PAK und chlorierten Kohlenwasserstoffen),
- Behandlung der Abwässer von Textilveredlern und Färbereien (Entfernung von AOX-Verbindungen bzw. refraktären organischen Stoffen),
- **Cyanidentgiftung** in Galvanikbetrieben nach folgendem Schema:
  a) CN^--Oxidation (mit H_2O_2 oder O_3) zur Zwischenstufe Cyanat → CNO^-
  b) Umsetzung des Cyanat in alkalischer Lösung:

$$CNO^- + H_2O + OH^- \rightarrow NH_3 + CO_3^{2-}$$

Vom wirtschaftlichen Gesichtspunkt ist es bei Oxidationsverfahren in der Abwasserreinigung oft günstig, die refraktären, organischen Inhaltsstoffe nicht vollständig, sondern nur teilzuoxidieren, sodass sie als biologisch abbaubare „Bruchstücke“ einer biologischen Reinigung zugänglich sind. Dies muss bei dem jeweiligen Abwasser durch entsprechende Laborversuche überprüft werden.

13.3 Membrantrennverfahren

13.3.1 Grundlage und Arten der Membrantrennverfahren

In der Membrantrenntechnik unterscheidet man je nach den abzutrennenden Teilchengrößen und der zur Filtration aufzuwendenden Druckdifferenz folgende Verfahren:

- Mikrofiltration
- Ultrafiltration
- Nanofiltration und
- Umkehrosmose

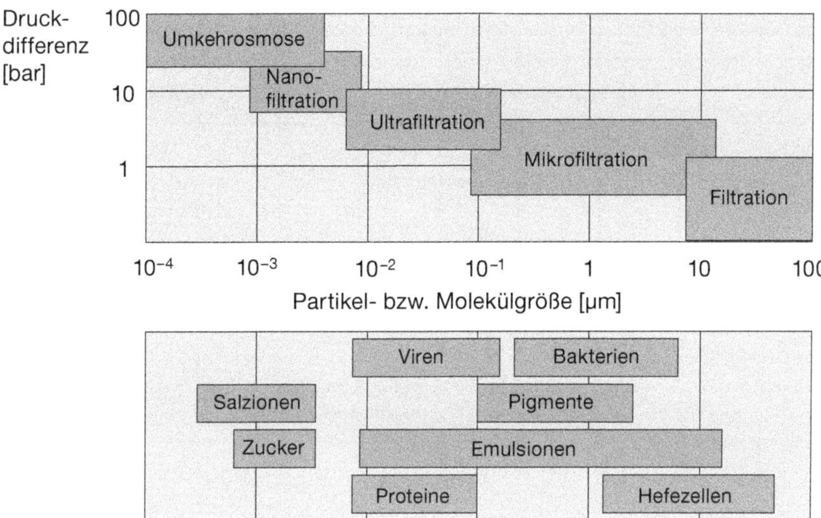

Abb. 13.15 Einteilung der Membranfiltrationsverfahren.

Die verschiedenen Bereiche sind in Abb. 13.15 dargestellt. Wie im Diagramm zu erkennen ist, sind hierbei die Übergänge zwischen den unterschiedlichen Bereichen fließend. Zum Vergleich sind in dieses Diagramm die Größenverhältnisse einiger „Partikel" aufgetragen, welche häufig mit diesen Verfahren abgetrennt werden.

Bei der **Mikro-** und **Ultrafiltration** werden zur Partikelabtrennung Porenmembranen im klassischen Sinn eingesetzt. Bei der **Nanofiltration** und der **Umkehrosmose**, welche speziell zur Abtrennung von gelösten Molekülen und Salzionen eingesetzt werden, spielen hauptsächlich Diffusionsprozesse eine Rolle (zu Diffusion und Osmose, Abschn. 3.5.2). Die hier eingesetzten sogenannten **Lösungsdiffusionsmembranen** weisen keine Poren im eigentlichen Sinn mehr auf (Abschn. 13.3.2). Durch die Nanofiltration lassen sich im Wesentlichen nur größere organische Moleküle sowie *zwei-* und *dreiwertige* Salzionen zurückhalten. Die Umkehrosmose hält prinzipiell sogar *alle* gelösten Moleküle und Ionen zurück. Sie kann zur Gewinnung von vollentsalztem Wasser eingesetzt werden. Der zur Filtration aufzuwendende Druck muss hierbei größer als der sogenannte osmotische Druck sein (Abschn. 3.5.2). Beispiele für die Anwendung von Membranverfahren in der Umwelttechnik sind in Tab. 13.8 aufgeführt. Der Stofftransport durch Membranen wird in Abschn. 13.3.2 näher erläutert.

Um die bei der Filtration kleiner Partikel auftretenden Verblockungsprobleme zu umgehen, wird das zu filternde Medium bei den Membrantrennverfahren in den meisten Fällen nicht mehr senkrecht an die Membran gebracht (sogenannte Dead-End-Filtration, Abb. 13.16a), sondern die Membran wird tangential angeströmt, sodass eine Deckschichtbildung weitestgehend unterdrückt wird (Abb. 13.16b). Man spricht hierbei von einer **Querstromfiltration** (oder Cross-Flow-Filtration, engl. cross = quer). Damit ein genügend hoher Durch-

Tab. 13.8 Beispiele für den Einsatz von Membrantrenntechniken in der Praxis.

Verfahren	Einsatzbeispiel	Abgetrennte Stoffe
Mikrofiltration	Behandlung von Gleitschleifabwässern, biologische Abwasserreinigung	fein dispergierte Feststoffe, Belebtschlamm
Ultrafiltration	Lackrückgewinnung bei Elektrotauchlackbädern, biologische Abwasserreinigung	Polymere und Farbpigmente, Belebtschlamm
Nanofiltration	Behandlung von farbstoffhaltigen Abwässern	gelöste Farbstoffmoleküle
Umkehrosmose	Meerwasserentsalzung, Behandlung von Deponiesickerwasser (Abschn. 13.4.2.2)	gelöste organische Moleküle und Salze

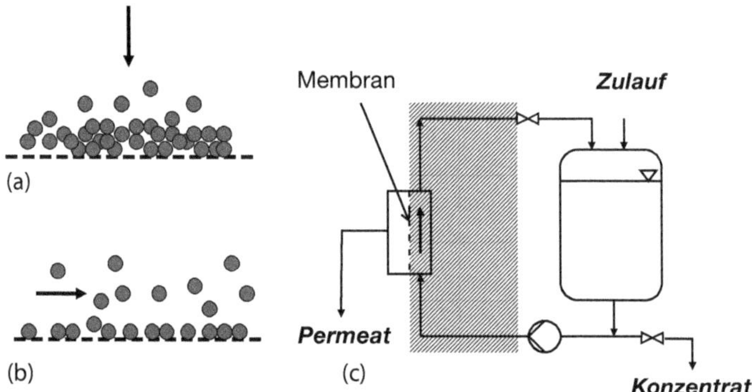

Abb. 13.16 Prinzip der (a) Dead-End- und (b) Cross-Flow-Filtration und c) Verfahrensschema der Querstromfiltration.

fluss auftritt, werden Querstromfiltrationen bei höheren Drücken betrieben. Der verwendete Druckbereich kann für die einzelnen Membranprozesse Abb. 13.15 entnommen werden.

Ein prinzipielles Verfahrensschema der Querstromfiltration ist in Abb. 13.16c aufgetragen. Das zu behandelnde Abwasser wird im Hochdruckteil der Anlage (grau unterlegter Bereich) quer an der Membran vorbeigeführt und zum sogenannten **Konzentrat** aufkonzentriert. Das gereinigte Wasser oder **Permeat** wird gesammelt, das Konzentrat in die Vorlage zurückgeleitet. Mit dem Regelventil wird der Betriebsdruck eingestellt.

Bei diesem **absatzweisen Betrieb** erfolgt die Zirkulation so lange, bis das Volumen in der Vorlage auf ein bestimmtes Endvolumen abgesunken ist bzw. eine bestimmte Permeatmenge abgezogen ist. Bei der **kontinuierlichen Fahrweise** wird das Wasser nicht in die Vorlage zurückgeführt, sondern durch ein einzelnes Membranmodul bzw. nacheinander durch Membranmodulpakete geführt (Vorteil: kürzere Verweilzeit). Dies ist in Abb. 13.17 schematisch dargestellt.

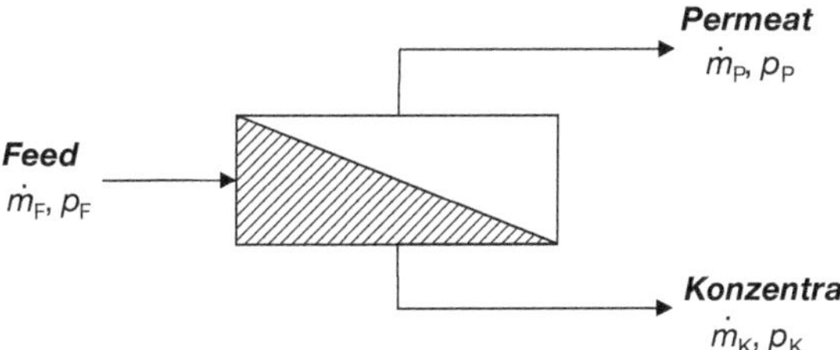

Abb. 13.17 Fließschema für die kontinuierliche Membranfiltration (mit jeweiligem Massenfluss und Druck).

Als **Membranmaterialien** werden häufig Kunststoffe eingesetzt. Je nach pH-Wert, Temperatur oder Inhaltstoffen der Lösung kommen hierbei z. B. Celluloseacetat, Polyamid, Polypropylen oder Polysulfon zum Einsatz. Im Bereich der Mikro- und Ultrafiltration werden auch keramische Membranen verwendet (z. B. aus Al_2O_3, TiO_2 oder ZrO_2).

Zur Erzielung möglichst hoher Permeatflussraten muss der Widerstand und damit die Dicke der aktiven Membranschicht klein gehalten werden. Daher werden insbesondere bei den mit höheren Drücken betriebenen Verfahren der Nanofiltration sowie der Umkehrosmose heute fast ausschließlich sogenannte **asymmetrische Membranen** verwendet (Abschn. 13.3.2). Solche Membranen bestehen aus einer dünnen aktiven Trennschicht (0,1–1 µm) und einer dickeren gut durchlässigen Stütz- oder Trägerschicht (100–200 µm).

13.3.2 Stofftransport bei Membrantrennverfahren

Als Triebkraft für den Stofftransport durch Membranen können wirken:

- Druckdifferenz
- Konzentrationsdifferenz
- Differenz im elektrischen Potenzial

Die am weitesten verbreiteten Membrantrennprozesse sind druckbetriebene Prozesse. Für das Verhalten von Membranen sind im Wesentlichen zwei Eigenschaften von Bedeutung:

- der **Rückhalt** für den abzutrennenden Stoff und
- der **Permeatfluss** durch die Membran.

Der Rückhalt für einen Stoff *i* lässt sich aus den Konzentrationen im Zulauf (sogenannter Feed) und im Permeat berechnen:

$$R = \frac{c_{i\mathrm{F}} - c_{i\mathrm{P}}}{c_{i\mathrm{F}}}$$

Der Permeatfluss wird entweder als Massen- oder Volumenstrom angegeben. Der auf die Einheitsfläche 1 m^2 bezogene Fluss wird häufig auch als Flux bezeichnet.

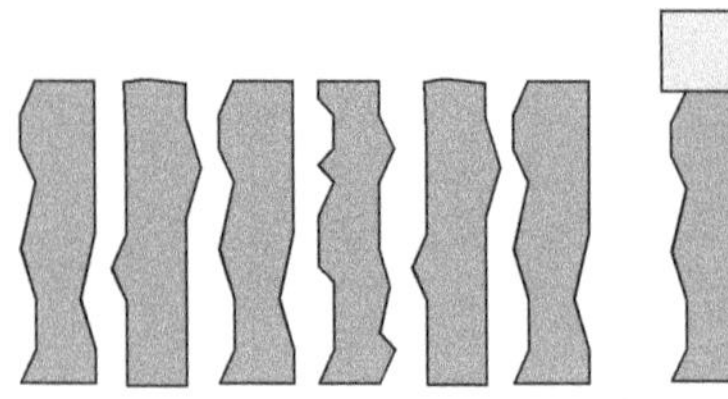

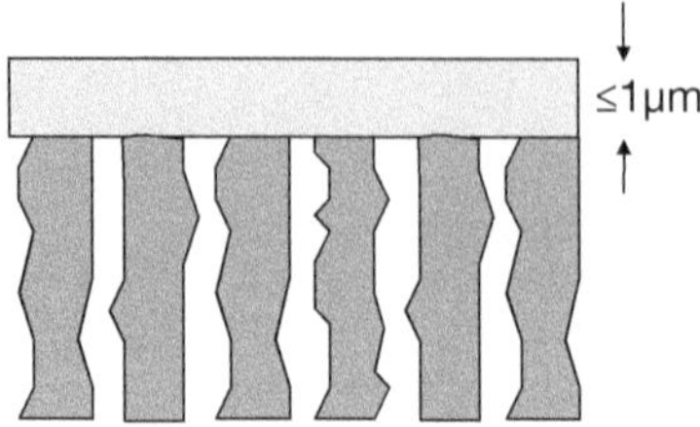

Abb. 13.18 Schematische Darstellung einer (a) symmetrischen und (b) asymmetrischen Membranstruktur.

In viele Veröffentlichungen wird der Flux in den Einheiten $\mathrm{l/(h\,m^2)}$ angegeben anstatt in den SI-Einheiten $\mathrm{m^3/(s\,m^2)}$.

Die theoretische Beschreibung des Stofftransportes durch Membranen ist für die Auslegung und Optimierung von Membranprozessen sehr wichtig. Zur Modellierung werden üblicherweise in idealisierter Form zwei Arten von Membranen unterschieden:

- inhomogene oder poröse Membranen und
- homogene oder porenfreie (dichte) Membranen.

Poröse Membranen werden typischerweise im Gebiet der **Mikro-** und **Ultratfiltration** eingesetzt. Ihr Aufbau und Trennprinzip ist ähnlich dem der klassischen Filter, lediglich die Porenweite ist deutlich kleiner. Alle Partikel, deren Durchmesser größer als die der Poren sind werden zurückgehalten (Abb. 13.18a). Die **porenfreien Membranen** werden im Bereich der **Umkehrosmose** und **Nanofiltration** eingesetzt. Da porenfreie Membranen zur Erzielung eines möglichst hohen Permeatflusses nur sehr dünn sein dürfen, werden sie ausschließlich als asymmetrische Membranen eingesetzt (Abb. 13.18b). Im Folgenden werden zwei theoretische Modelle zur Beschreibung von porösen und von nicht porösen Membranen näher beschrieben. Die asymmetrischen Membranen können dabei schichtweise betrachtet werden, d. h. als zusammengesetzter Widerstand aus einer porösen und einer nicht porösen Membran. Da der Widerstand der porenfreien aktiven Trennschicht meist wesentlich größer ist als der der porösen Stützschicht, genügt es in den meisten Fällen, die Eigenschaften der asymmetrischen Membranen nur mit dem nicht porösen Teil zu beschreiben.

13.3.2.1 Modell für poröse Membranen

Es gibt unterschiedliche Ansätze zur modellmäßigen Beschreibung von porösen Membranen. Bei einem häufig verwendeten Modell wird die Membran als System parallel geschalteter Kapillaren gleichen Durchmessers betrachtet. Hierbei entspricht der Länge der Kapillaren die Dicke der Membran (Abb. 13.18a). Mithilfe dieses Modells kann dann der flächenbezogene Volumenfluss durch die Membran durch die folgende Gleichung beschrieben werden, wobei Abweichungen

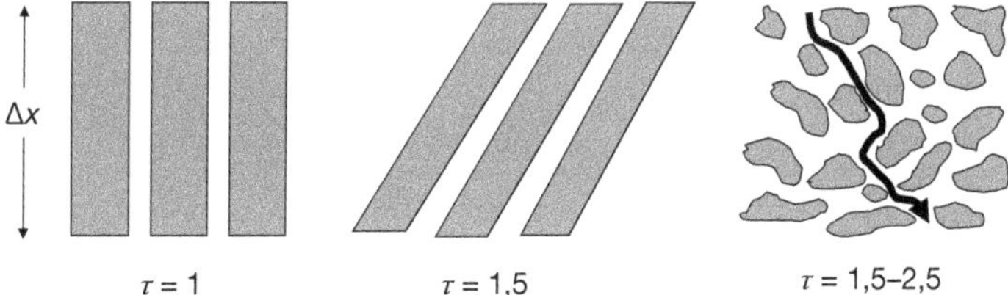

Abb. 13.19 Schematische Darstellung von Porenmembranen mit gleichem Durchmesser und unterschiedlichen Tortuositätsfaktoren.

vom idealen Verhalten durch den sogenannten Tortuositätsfaktor berücksichtigt werden (Abb. 13.19):

$$\dot{V}^* = \frac{\varepsilon_s d^2}{32\eta\tau}\frac{\Delta p}{\Delta x}$$

ε_s = Oberflächenporosität (Verhältnis Porenfläche zu gesamter Membranfläche), d = Durchmesser der Poren, Δp = transmembrane Druckdifferenz (zwischen Feed und Permeat), η = Viskosität des Fluids, Δx = Membrandicke, τ = Tortuositätsfaktor (beschreibt die Komplexität des Porensystems, im idealen Fall = 1, Abb. 13.19).

Bei dieser Gleichung ist allerdings zu beachten, dass es sich hierbei lediglich um den reinen Wasserdurchfluss handelt. Im praktischen Betrieb bilden die von der Membran zurückgehaltenen Komponenten typischerweise einen Belag auf der Membran, der den Flux in erheblichem Maße beeinflussen kann (man spricht auch von deckschichtkontrollierter Querstromfiltration). Der Einfluss der Deckschicht muss dann als zusätzlicher Widerstand im Modell berücksichtigt werden.

Übungsbeispiel 13.5

Man berechne jeweils den flächenbezogenen Permeatfluss von Wasser durch eine typische Mikro- und Ultrafiltrationsmembran bei einer Druckdifferenz von 1 bar und 25 °C. Die Eigenschaften der Membranen sind im Folgenden angegeben (τ = 1,2):

Membrantyp	Mikrofiltration	Ultrafiltration
Oberflächenporosität ε_s	0,6	0,02
Porendurchmesser	0,4 μm	0,04 μm
Membrandicke	100 μm	1 μm

Lösung Mit obiger Gleichung ergibt sich für die Mikrofiltrationsmembran:

$$\dot{V}^* = \frac{0{,}6(0{,}4 \cdot 10^{-6})^2\,\mathrm{m}^2}{32 \cdot 10^{-3}\,(\mathrm{N/m}^2)\,\mathrm{s}\;1{,}2}\,\frac{10^5\,\mathrm{N/m}^2}{10^{-4}\,\mathrm{m}} = 2{,}5 \cdot 10^{-3}\,\mathrm{m}^3/(\mathrm{m}^2\,\mathrm{s})$$
$$= 9000\,\mathrm{l}/(\mathrm{m}^2\,\mathrm{h})$$

und für die Ultrafiltrationsmembran:

$$\dot{V}^* = \frac{0{,}02(0{,}4 \cdot 10^{-7})^2\,\mathrm{m}^2}{32 \cdot 10^{-3}\,(\mathrm{N/m}^2)\,\mathrm{s}\;1{,}2}\,\frac{10^5\,\mathrm{N/m}^2}{10^{-6}\,\mathrm{m}} = 8{,}33 \cdot 10^{-3}\,\mathrm{m}^3/(\mathrm{m}^2\,\mathrm{s})$$
$$= 300\,\mathrm{l}/(\mathrm{m}^2\,\mathrm{h})$$

13.3.2.2 **Modell für porenfreie Membranen**

Porenfreie Membranen – die trennaktive Schicht bei der Umkehrosmose und Nanofiltration – werden meist durch das sogenannte **Lösungs-Diffusions-Modell** beschrieben. Wie bereits erwähnt, kann man bei diesen asymmetrischen Membranen (porenfreie Membran auf poröser Stützschicht) im einfachsten Fall den Widerstand in der porösen Stützschicht vernachlässigen und braucht nur den Widerstand in der aktiven Trennschicht zu betrachten. Dem Lösungs-Diffusions-Modell liegen folgende Annahmen zugrunde:

- die Membran wird als Kontinuum aufgefasst,
- an den Phasengrenzen zwischen Membranoberfläche und den angrenzenden Phasen herrscht chemisches Gleichgewicht,
- eine Kopplung zwischen den diffundierenden unterschiedlichen Stoffen wird vernachlässigt.

Das Lösungsmittel (üblicherweise Wasser) und der in ihm gelöste Stoff i dringen in die Membran ein und werden durch Diffusion (Abschn. 3.5.2) – bei den druckbetriebenen Prozessen – aufgrund der transmembranen Druckdifferenz transportiert. Hierbei ist zu beachten, dass der osmotische Druck des Systems überwunden werden muss (Abschn. 3.5.2). Der gesamte Massestrom ist die Summe aus dem entsprechenden Massestrom des Lösungsmittels (Wasser) und des gelösten Stoffes i:

$$\dot{m}_{\mathrm{ges}} = \dot{m}_{\mathrm{W}} + \dot{m}_i$$

Der Massestrom bzw. der flächenbezogene Massestrom (Fluss, indiziert mit $*$) an Wasser durch die Membran ergibt sich zu:

$$\dot{m}_{\mathrm{W}} = \rho_{\mathrm{W}}\dot{V}_{\mathrm{W}} = \rho_{\mathrm{W}}A_{\mathrm{M}}A(\Delta p - \Delta\pi) \quad \dot{m}^*_{\mathrm{W}} = \rho_{\mathrm{W}}A(\Delta p - \Delta\pi)$$

ρ_{W} = Dichte von Wasser, Δp = transmembrane Druckdifferenz (zwischen Feed und Permeat), $\Delta\pi$ = Differenz des osmotischen Drucks (zwischen Feed und Permeat), A_{M} = Membranfläche, A = Membrankonstante.

Tab. 13.9 Parameter für eine Auswahl technischer Umkehrosmosemembranen (berechnet auf Basis der Angaben im Produktdatenblatt der jeweiligen Firmen).

Membrantyp	A (m/(s bar)) 10^{-7}	B (m/s) 10^{-8}
DOW Filmtec SW30ULE	5,0	3,9
GE Osmonics AE HR	4,2	2,1
Hydranautics SWC5	3,8	1,9
Lewabrane RO S HR	3,0	1,5

Hierbei ist die Triebkraft des Prozesses die Differenz zwischen der angelegten Druckdifferenz und der Differenz des osmotischen Drucks. Die Membrankonstante A ist ein Parameter, der den Lösungsmittelfluss (Wasser) durch die Membran beschreibt. Er wird auch als **Permeabilität** der Membran für das Lösungsmittel bezeichnet und besitzt die Einheit $m^3/(m^2\,s\,bar) = m/(s\,bar)$.

Der Massestrom bzw. Fluss (indiziert mit $*$) an gelöster Komponente i wird beschrieben durch:

$$\dot{m}_i = A_M B \Delta c_i \quad \dot{m}_i^* = B \Delta c_i$$

$\Delta c_i = c_{iF} - c_{iP}$ Konzentrationsdifferenz der Komponente i zwischen Feed und Permeat, A_M = Membranfläche, B = Membrankonstante.

Die Triebkraft für die Diffusion der gelösten Komponente ist die Konzentrationsdifferenz zwischen Feed und Permeat. Die Membrankonstante B ist ein Parameter, der den **Fluss der Komponente** i durch die Membran beschreibt und die Einheit m/s besitzt. Die Membranparameter A und B lassen sich theoretisch berechnen; sie werden aber üblicherweise aus Experimenten mit den entsprechenden Membranmaterialien bestimmt. Eine gute Membran sollte prinzipiell einen möglichst großen Parameter A (hohe Wasserpermeabilität) und einen kleinen Parameter B (hoher Rückhalt für die Komponente i) besitzen. In Tab. 13.9 sind beispielhaft die Membrankonstanten A und B einiger kommerziell angebotener Umkehrosmosemembranen zur Meerwasserentsalzung dargestellt. Es ist zu beachten, dass diese Werte nur für wässrige NaCl Lösungen gelten; für andere Salze müssen andere Werte, insbesondere für die Konstante B eingesetzt werden.

Übungsbeispiel 13.6

Die Meerwasserentsalzungsmembran DOW Filmtec SW30ULE (Tab. 13.9) soll in einer Laborfiltrationsapparatur (z. B. Abb. 13.15) mit einer NaCl-Lösung (30 g/l) bei $\Delta p = 50$ bar und 25 °C getestet werden. Welcher Wasserfluss, Salzfluss und Salzrückhalt sind unter diesen Bedingungen zu Beginn des Versuchs zu erwarten?

Anmerkung: Die Aufkonzentration der Salzlösung und der Druckverlust längs der Membran sollen vernachlässigt werden.

Lösung Der **flächenbezogene Wasserfluss** ergibt sich nach der Gleichung:

$$\dot{m}^*_W = \rho_W A(\Delta p - \Delta\pi)$$

Die Dichte von Wasser, die Druckdifferenz Δp und die Membrankonstante A (siehe Tab. 13.9) sind gegeben. Es muss lediglich die Differenz des osmotischen Drucks $\Delta\pi = \pi_F - \pi_P$ ausgerechnet werden. Der osmotische Druck des Permeats π_P kann aufgrund des geringen Salzgehalts annäherungsweise als gleich null angenommen werden. Der osmotische Druck einer NaCl-Lösung von 30 g/l (= 30 kg/m³) wurde bereits in Kapitel 3 in Übungsbeispiel 3.4 ausgerechnet. Er ergibt sich zu 25,4 bar.
Somit können alle Zahlenwerte in obige Gleichung eingesetzt werden:

$$\begin{aligned}\dot{m}^*_W &= 1000\,\text{kg/m}^3 5\cdot 10^{-7}\,\text{m/(s bar)}(50-25{,}4)\,\text{bar} = 0{,}0123\,\text{kg/m}^2\,\text{s}\\ &= 44{,}3\,\text{kg/m}^2\,\text{h}\end{aligned}$$

Es ergibt sich somit unter diesen Bedingungen ein **flächenbezogener Wasserfluss** zu Beginn von **44,3 kg/(m² h)**. Der Wasserfluss wird im Laufe der Aufkonzentration geringer, da der osmotische Druck der Lösung ansteigt.
Der **flächenbezogene Salzfluss** ergibt sich nach der Gleichung:

$$\dot{m}^*_S = B\cdot\Delta c_S = B\cdot(c_{SF} - c_{SP})$$

Der Membranparameter B (Tab. 13.9) und die Salzkonzentration im Feed c_{SF} sind gegeben. Die Salzkonzentration im Permeat muss berechnet werden. Die Salzkonzentration im Permeat ist definitionsgemäß der Quotient aus Salzmassefluss und Wasservolumenfluss. Diese Gleichung kann nach c_{SP} aufgelöst werden, und es ergibt sich:

$$c_{SP} = \frac{B\cdot c_{SF}}{A\cdot(\Delta p - \Delta\pi) + B}$$

Damit kann die Salzkonzentration im Permeat berechnet werden:

$$c_{SP} = \frac{3{,}9\cdot 10^{-8}\,\text{m/s}\cdot 30\,\text{kg/m}^3}{5\cdot 10^{-7}\,\text{m/(s bar)}\cdot(50-25{,}4)\,\text{bar} + 3{,}9\cdot 10^{-8}\,\text{m/s}} = 0{,}095\,\text{kg/m}^3$$

Mit obiger Gleichung beträgt der flächenbezogene Salzfluss zu Beginn:

$$\dot{m}^*_S = 3{,}9\cdot 10^{-8}\,\text{m/s}\cdot(30-0{,}095)\,\text{kg/m}^3 = 1{,}2\cdot 10^{-6}\,\text{kg/(s m}^2)$$

Der anfängliche **flächenbezogene Salzfluss** beträgt **1,2 · 10⁻⁶ kg/(s m²)**. Er nimmt mit steigender Aufkonzentration zu, da der osmotische Druck ansteigt. Der Rückhalt ergibt sich dann zu:

$$R = \frac{30\,\text{kg/m}^3 - 0{,}095\,\text{kg/m}^3}{30\,\text{kg/m}^3} = 0{,}997$$

Somit ergibt sich unter diesen Bedingungen ein **Salzrückhalt** von **99,7 %**.

13.3.3 Technische Membranmodule

In Abschn. 13.3.2 wurde der Stofftransport hinsichtlich Wasserdurchfluss und Rückhalt der gelösten Komponenten ausschließlich als Funktion der physikalisch-chemischen Materialeigenschaften (Porengröße, Diffusions- und Lösungseigenschaften) betrachtet. Beim praktischen Einsatz von Membranen müssen jedoch technische Module konstruiert werden, welche das Kernstück der gesamten Membranfiltrationsanlage bilden. Bei der Modulkonstruktion sind der Aspekt der Strömungsführung im Modul und des damit verbundenen Druckverlusts im Zulauf (Feed)- und Permeatstrom zu berücksichtigen. In der Filtrationspraxis müssen in den meisten Fällen mehrere Module zu Modulpaketen zusammengeschaltet werden. Je nach Trennaufgabe können dabei die Membranen prinzipiell entweder parallel oder in Reihe geschaltet werden. Bei der Reihenschaltung werden alle Module vom gesamten Feedstrom durchströmt, während bei der Parallelschaltung eine Aufteilung des Feedstroms erfolgt.

Die Filtrationsmembranen werden in unterschiedliche Modultypen eingebaut. Heute sind auf dem Markt hauptsächlich sogenannte Platten-, Rohr-, Wickel-, Hohlfaser- und Kapillarmodule erhältlich. Bereits seit längerer Zeit werden **Rohrmodule** eingesetzt. Hier werden die Membranen in Schlauchform in ein perforiertes Stützrohr (Metall oder Kunststoff, Ø ~ 1–2 cm) eingebracht und von innen mit Druck beaufschlagt (Abb. 13.20). Rohrmodule sind relativ robust, neigen wenig zur Membranverblockung und sind gut zu reinigen. Zur Erhöhung der Raumausbeute werden die einzelnen Rohre häufig zu Rohrbündelmodulen zusammengefasst. Trotzdem ist die Raumausbeute insgesamt nur relativ gering.

Eine deutliche Verbesserung der Raumausnutzung lässt sich durch die sogenannten **Wickelmodule** erreichen. Hier werden Plattenmodule auf ein perforiertes Sammelrohr aufgerollt, womit das Permeat aufgefangen und abgezogen wird (Abb. 13.21). Wickelmodule haben sich aufgrund ihrer kompakten Bauweise zu einem der wichtigsten Typen im Bereich der Membranfiltration entwickelt.

Eine weitere Steigerung der Raumausbeute ist durch die **Kapillar- und Hohlfasermodule** möglich. Kapillarmodule haben einen Durchmesser von 0,4–1,5 mm und werden wie die Rohrmodule von innen her beaufschlagt. Sehr viel geringere Membrandurchmesser weisen die Hohlfasermodule auf (50–200 μm). Diese werden im Gegensatz zu den Kapillarmodulen von außen mit Druck beaufschlagt

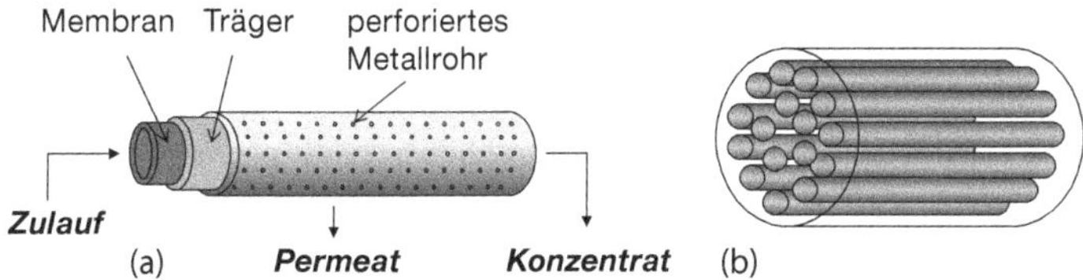

Abb. 13.20 Schematischer Aufbau eines (a) einzelnen Rohrmoduls und (b) Rohrbündelmoduls.

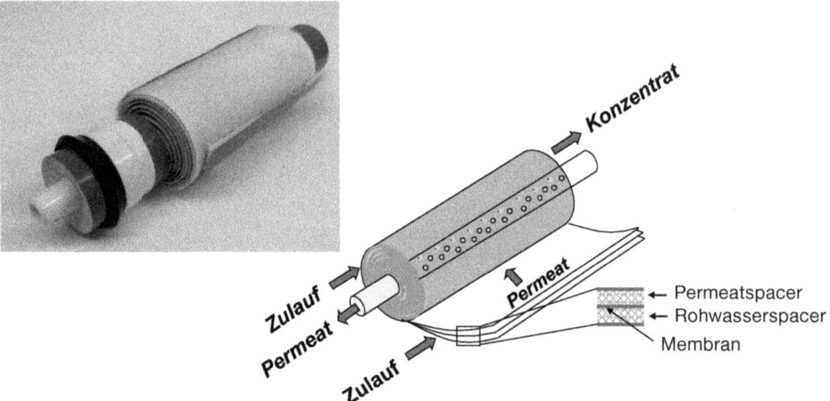

Abb. 13.21 Aufgeschnittenes Wickelmodul und schematische Darstellung.

und sind dadurch wesentlich druckstabiler, sodass sie bis in den Bereich der Umkehrosmose eingesetzt werden können. Kapillar- und Hohlfasermodule werden zu Rohrbündeln zusammengefasst.

13.4 Abluftreinigung

13.4.1 Luftschadstoffe

Bei den Luft verunreinigenden Schadstoffen unterscheidet man zwischen **Emissionen** und **Immissionen**. Emissionen sind die von einer Anlage ausgehenden Luftverunreinigungen, unter Immission versteht man die Einwirkung der Schadstoffe auf Mensch, Tier, Pflanze und Sachgüter, nachdem sich die Schadstoffe verteilt und verdünnt haben. Sowohl für Emissionen als auch für Immissionen wurden vom Gesetzgeber für die verschiedenen Stoffe bzw. Stoffgruppen Grenzwerte in der sogenannten TA Luft (Technische Anleitung Luft)[6] festgelegt.

In den Industrieländern werden hauptsächlich sechs Schadstoffe bzw. Schadstoffgruppen freigesetzt. In Abb. 13.22 sind die im Jahr 2011 in Deutschland emittierten Mengen sowie die prozentualen Anteile der Verursacher aufgetragen.

CO_2 entsteht als Endstufe bei der Verbrennung organischer Stoffe. Bei CO_2 liegt die Hauptgefahr für die Umwelt in der als Treibhauseffekt bezeichneten Erwärmung der Erdoberfläche (Abschn. 13.1.3; Eigenschaften von CO_2: Abschn. 7.2.1.1). Emissionsmessungen werden meist mittels IR-Spektrometern durchgeführt (Abschn. 11.5.2).

6) Die TA Luft ist eine Verwaltungsvorschrift auf Grundlage des Bundes-Immissionsschutzgesetzes (siehe Fußnote 7), welche unter anderem die Immissionsgrenzwerte sowie die Begrenzung und Feststellung der Emissionen von Anlagen regelt.

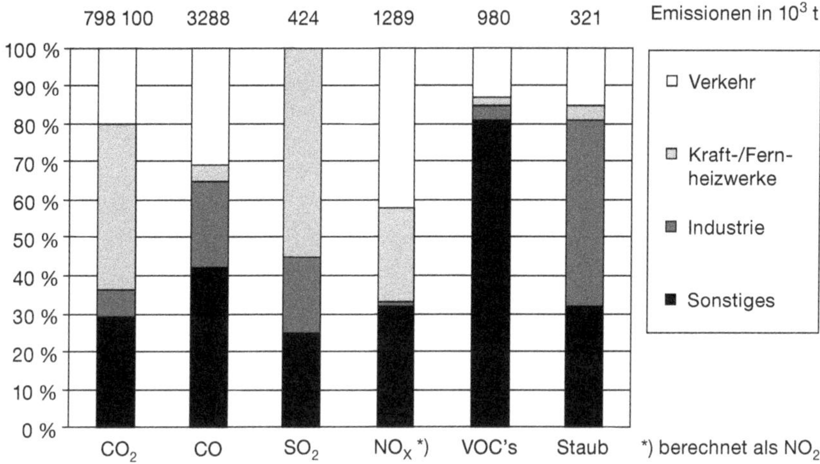

Abb. 13.22 Prozentuale und absolute Emissionen an Luftschadstoffen in Deutschland (2011) (Quelle: Umweltbundesamt).

CO entsteht vor allem bei Verbrennungsprozessen unter Sauerstoffmangel in Motoren und kleineren Feuerungsanlagen. Die Hauptgefahr des CO ist seine Giftigkeit (Abschn. 7.2.1.2). CO wird in der Atmosphäre im Laufe der Zeit zu CO_2 oxidiert. CO-Emissionen werden wie beim CO_2 meist mittels IR-Spektrometern messtechnisch erfasst.

$\mathbf{SO_2}$ stammt überwiegend aus der Verbrennung schwefelhaltiger Brennstoffe in Kraftwerken, hierbei vor allem aus organischen Schwefelverbindungen in der Kohle. Problematisch ist SO_2 insbesondere durch seine Giftigkeit und seinen Beitrag zum sauren Regen (sog. Winter- oder „London"-Smog, Abschn. 7.2.1.4). Zur Messung von SO_2-Emissionen werden häufig IR- oder UV-Spektrometer eingesetzt (Abschn. 11.5.2 und 11.4.3).

$\mathbf{NO_X}$ (Bezeichnung für die Oxide des Stickstoffs, Abschn. 7.2.1.3) entsteht zu mehr als 90 % als Nebenprodukt von Verbrennungsvorgängen in Kraftfahrzeugmotoren und Kraftwerken. Die Stickoxide NO und NO_2 sind giftig und tragen bei intensiver Sonneneinstrahlung zur Bildung von Ozon in der unteren Atmosphäre bei (sog. Sommer- oder „Los-Angeles"-Smog, Abschn. 7.2.1.3). Zur messtechnischen Erfassung der NO_X-Konzentrationen in Emissionen werden meist IR-, UV-Spektrometer oder Chemolumineszenzgeräte verwendet (Abschn. 11.5.3).

Bei den **flüchtigen, organischen Stoffen** (auch **VOCs**, engl.: **v**olatile **o**rganic **c**ompounds) handelt es sich um viele verschiedene Stoffe, die als unverbrannte Brennstoffreste, als Reaktionsprodukte aus Produktionsprozessen oder als Materialverluste beim Verbrauch und der Lagerung organischer Produkte (z. B. beim Tanken) freigesetzt werden. Die Hauptquelle ist der Verkehr. Neben ihrer toxischen Wirkung tragen die Kohlenwasserstoffe auch zur Ozonbildung bei. Unter den Kohlenwasserstoffen im Benzin (Abschn. 8.8.2) gilt dem krebserregenden **Benzol** besondere Beachtung. Benzin wird zur Erhöhung der Klopffestigkeit (Abschn. 8.8.2) Benzol zugesetzt. Seit 2001 ist nach einer europäischen Regelung der Benzolgehalt in Benzin auf maximal 1 % begrenzt. Auch die **polycyclischen aromatischen Kohlenwasserstoffe** (PAK, Abschn. 8.1.5.4) sind krebserregend. Sie werden hauptsächlich aus Kokereien, Kraftwerken und Dieselfahrzeugen emittiert. Zur Erfassung der gesamten VOC wird bei Emissionsmessungen häufig der Flammenionisationsdetektor eingesetzt (Abschn. 11.6).

Als **Staub** bezeichnet man feste Teilchen im Korngrößenbereich < 200 µm. Hierbei wird noch zwischen **Grobstaub** (Ø 10–200 µm) und **Feinstaub** (Ø 0,1–10 µm) unterschieden. Staub entsteht vor allem bei Verbrennungsvorgängen als Rauch und Flugasche. Der Straßenverkehr und industrielle Betriebe sind die wichtigsten Staubemittenten in Deutschland. Problematisch sind insbesondere die Rußemissionen aus Dieselfahrzeugen. Ruß adsorbiert sehr gut organische Stoffe (z. B. PAK) oder Schwermetalle und ist damit toxisch für den Menschen. Hierbei ist der Feinstaub besonders kritisch, da diese Partikel durch die Atmung bis in die Bronchien gelangen (man sagt auch sie sind „lungengängig"), während Grobstaub überwiegend von den Schleimhäuten der oberen Luftwege abgefangen wird. Da bei der Entstaubung mittels Staubfilter grobe Partikel besonders gut abgeschieden werden, besteht in Deutschland der noch vorhandene Staub zu 80 % aus Feinstaub. Zur kontinuierlichen Messung von Staubgehalten in Abgasen werden Lichtabsorptions- und Lichtstreuverfahren verwendet.

Neben diesen Hauptemissionen werden bei verschiedenen technischen Prozessen viele andere Schadstoffe emittiert, wie z. B. Chlorwasserstoff HCl (Müllverbrennungsanlagen, Abschn. 13.5.2.1), Fluorwasserstoff HF (Aluminiumelektrolyse, Abschn. 10.4.2).

13.4.2 Abluftreinigung in der Industrie

Bei allen betrieblichen Verfahren, die erhebliche Schadstoffmengen an die Umgebung abgeben, sollte man zunächst prüfen, ob nicht durch eine grundsätzliche Änderung des Produktionsprozesses, der Betriebsweise oder der Reaktionsapparate die Schadstoffemissionen reduziert werden. Falls hierdurch keine Verbesserungen erreicht werden können, stehen zur Abluftreinigung sowohl physikalische als auch chemische Verfahren zur Verfügung.

13.4.2.1 Staubabscheidung

Die technischen Vorrichtungen zur Staubabscheidung lassen sich prinzipiell in vier Gruppen einteilen:

a) Massenkraftabscheider
b) Staubfilter
c) Elektrofilter
d) Nassabscheider

Die Abb. 13.23 zeigt die günstigsten Abscheidungsmethoden in Abhängigkeit von der Größe der Staubteilchen.

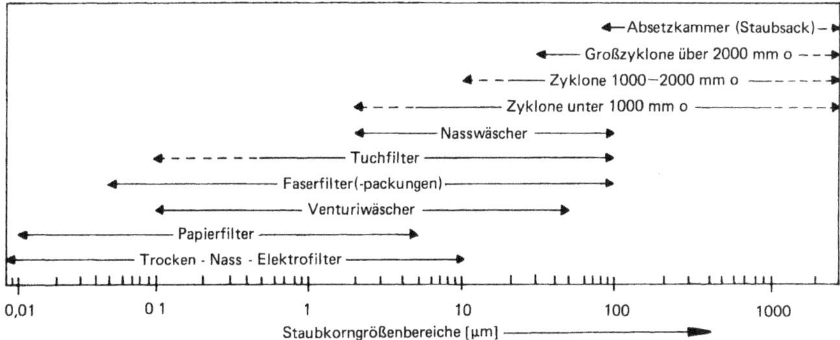

Abb. 13.23 Arbeitsbereiche für Entstaubungsanlagen.

a) Massenkraftabscheider

Grobkörnige Staubteilchen (> ca. 0,1 mm) lassen sich aus der Luft leicht aufgrund ihrer relativ großen Masse entfernen. Das gelingt teilweise schon in **Absetzkammern**, in denen man durch Vergrößerung des Querschnittes die Strömungsgeschwindigkeit des Gases erheblich vermindert, sodass die festen Teilchen infolge der Schwerkraft zu Boden sinken. Diesen Effekt kann man noch verstärken, indem man durch Umlenken des Gasstromes die Staubteilchen durch die zusätzlich wirksam werdenden Trägheitskräfte abscheidet (Abb. 13.24a).

Sind die Teilchen etwas kleiner, so kommt man mithilfe von **Zyklonen** zu einer befriedigenden Trennung (Abb. 13.24b). Hierbei wird das Gas einem zylindrischen Behälter mit konischem Unterteil tangential zugeführt. Durch die sich ausbildende Wirbelströmung werden die Teilchen nach außen an die Behälterwand geschleudert und nach unten ausgetragen. Zyklone und Absetzkammern werden heute meist nur noch zur Vorabscheidung eingesetzt, da sie den heutigen Anforderungen der Luftreinhaltung nur in wenigen Fällen gerecht werden (z. B. Einsatz von Zyklonen in der Holzindustrie oder Gießereien). Der Abscheidegrad bei Zyklonen kann durch Aufteilen des Gesamtabluftstroms auf mehrere, parallel betriebene, kleinere Zyklone verbessert werden (sogenannter **Multizyklon**).

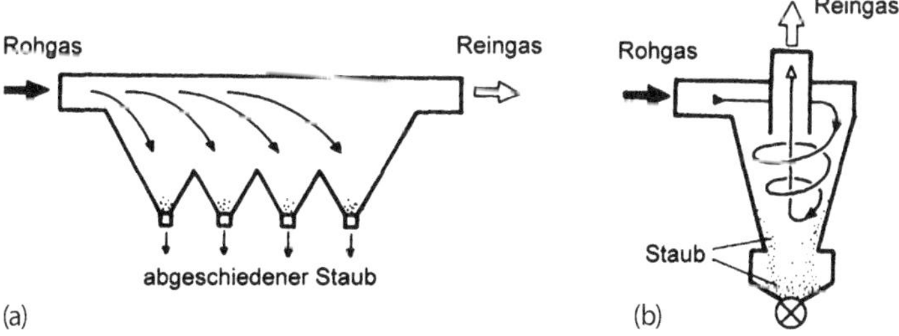

Abb. 13.24 Schematische Darstellung von Massenkraftabscheidern: (a) Schwerkraft-Querstrom-Abscheider; (b) Zyklon.

b) Staubfilter

Sind die Staubteilchen kleiner als 0,1 mm, so kann man bis hinab zu ca. 1 µm mit Tuchfiltern, bei noch kleineren Teilchen (etwa bis 0,05 µm) mit Faserfiltern oder bis 0,01 µm mit Papierfiltern befriedigende Ergebnisse erzielen. Die Filtersäcke müssen von Zeit zu Zeit zur Entstaubung des Staubbelages durch automatisch einstellbare Klopfeinrichtungen oder durch Rückspülung mit Druckluft vom aufgewachsenen Staubkuchen befreit werden. Zum Betrieb bei höheren Temperaturen werden außer den üblichen Textilfasern auch Teflon, Glas, Mineralien oder Metall verwendet. Häufig werden auch Filter aus Sinter- oder Faserkeramik zur Heißgasentstaubung bis 1000 °C eingesetzt.

c) Elektrofilter

Zu den wirksamsten Abscheidern für sehr kleine Feststoffteilchen gehören die Elektrofilter, welche insbesondere kleinste Staubteilchen fast vollständig aus dem Gasstrom herausholen (Abscheidegrade von über 99,9 % bei Stäuben mit Korngrößen < 1 µm). Bei Elektrofiltern wird durch eine negativ geladene Sprühelektrode (10 000–80 000 V) der Staub elektrostatisch aufgeladen und dann an der positiven Niederschlagselektrode abgeschieden und entfernt (bei Nasselektrofiltern auch mit Wasser abgespült). Dies ist in Abb. 13.25 schematisch dargestellt. Der Energiebedarf ist mit 0,1–0,3 kWh pro 1000 m^3 Abluft vergleichsweise niedrig.

d) Nassabscheider

In Nassabscheidern werden die Staubteilchen an Wasser gebunden und damit weitgehend aus dem Gasstrom entfernt. Nassabscheider eignen sich besonders für **Feinstäube**. Um möglichst alle im Gas befindlichen Staubteilchen mit der Waschflüssigkeit in Verbindung zu bringen, sind verschiedene Abscheider ent-

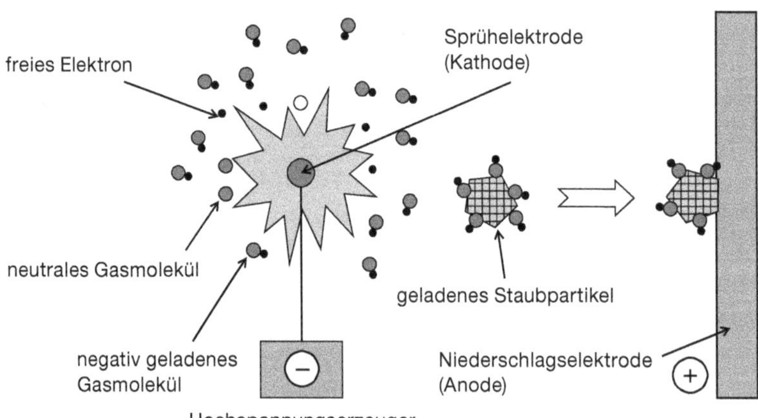

Abb. 13.25 Funktionsprinzip eines Elektrofilters.

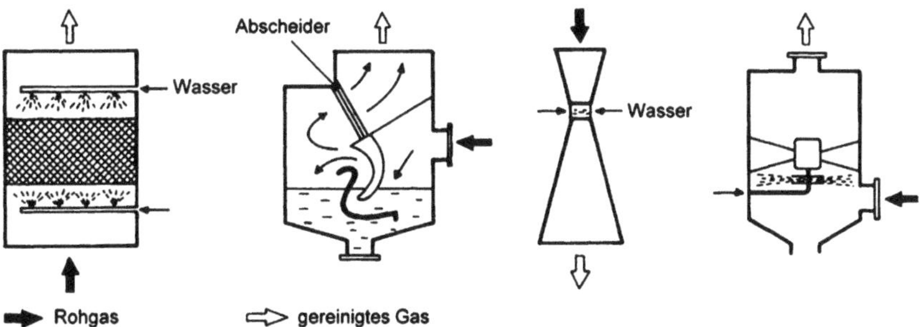

Abb. 13.26 Schematischer Aufbau von Nasswäschern.

wickelt worden (Abb. 13.26):

- Sprühwäscher
- Wirbelwäscher
- Venturiwäscher
- Rotationswäscher

Sprühwäscher gibt es mit und ohne Einbauten (zum Umlenken des Gasstromes), beim **Wirbelwäscher** wird ein großer Teil durch Auftreffen auf die Flüssigkeitsoberfläche abgeschieden, ein weiterer Teil durch zerstäubte, mitgerissene Flüssigkeit. Beim **Venturirohr** wird das Wasser an der Kehle, der engsten Stelle eingespritzt. Dort hat das Gas die größte Geschwindigkeit, sodass die hohe Relativgeschwindigkeit zwischen Gas und Flüssigkeit zu einem optimalen Auswascheffekt führt, bei einer einfachen und platzsparenden Konstruktion. Beim **Rotationswäscher** bewirkt die sich drehende Sprüheinrichtung mit den wirksam werdenden Fliehkräften eine Abscheidung der Staubteilchen an der Wandung.

Ein prinzipielles Problem bei den Nassabscheidern ist die notwendige Aufarbeitung des partikelhaltigen Waschwassers, welches durch die gleichzeitige Absorption von im Gasstrom auftretenden Schadgasen (z. B. SO_2, NO_X) noch erschwert werden kann. So kann die Waschwasseraufarbeitung oft aufwändiger sein als die Abscheidung selbst.

13.4.2.2 Abscheidung gasförmiger Verunreinigungen

Zur Entfernung gasförmiger Verunreinigungen stehen verschiedene physikalische und chemische Verfahren zur Verfügung, welche je nach Schadstoffkonzentration zum Einsatz kommen (Abb. 13.27):

a) Kondensation
b) Absorption
c) Adsorption
d) thermische und katalytische Verbrennung
e) biologische Verfahren

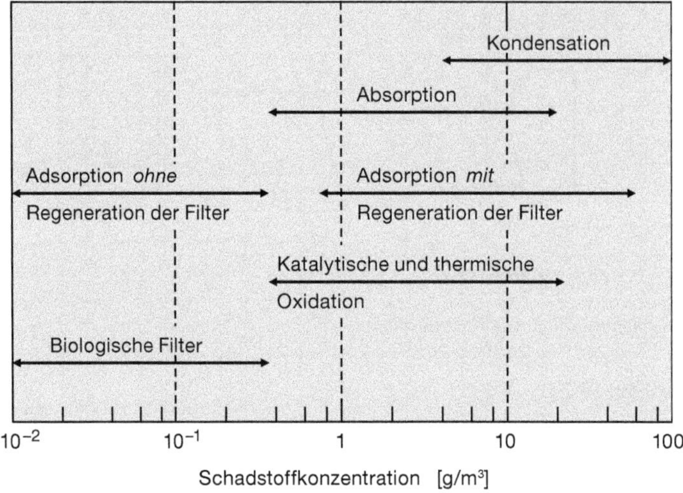

Abb. 13.27 Anwendungsbereiche von verschiedenen Verfahren zur Abscheidung gasförmiger Verunreinigungen.

a) Kondensation

Das Verfahren der **Kondensation** ist nur bei relativ hohen Konzentrationen an kondensierbaren Stoffen (z. B. an organischen Lösungsmitteln) anwendbar. Bei Temperaturen unterhalb des sogenannten Taupunktes der abzuscheidenden Stoffe wird so lange Kondensat abgeschieden, bis die Sättigungskonzentration (die Konzentration, bei der die Dampfphase im Gleichgewicht mit der flüssigen Phase steht) erreicht ist. Die Konzentration des Lösungsmitteldampfes ist umso niedriger, je tiefer die Temperatur und je höher der Gesamtdruck des Dampf-/Luftgemisches ist. Die Kühlung kann indirekt über Wärmeübertragungsflächen oder direkt durch Einspritzung eines Kühlmittels erfolgen. Mit wirtschaftlich vertretbarem Aufwand können Kühltemperaturen bis −60 °C erreicht werden. Hiermit sind jedoch nur in wenigen Fällen die vom Gesetzgeber geforderten Grenzwerte einzuhalten. Als alleinige Reinigungsstufe wird die Kondensation daher nur selten eingesetzt. Sie wird jedoch als **Vorreinigungsstufe** verwendet.

b) Absorption

Beim Verfahren der **Absorption** können die Stoffe entweder *physikalisch* gelöst werden (Abschn. 3.5), oder es kommt zwischen dem Waschmedium und dem zu entfernenden Stoff zu einer *chemischen Reaktion*. Prinzipiell haben chemisch wirkende Waschmittel eine höhere Kapazität und Selektivität als physikalisch wirkende Waschmittel. Bei den chemisch wirkenden Waschmitteln kann die verbrauchte Waschflüssigkeit in vielen Fällen nicht mehr regeneriert werden (Entsorgungsproblem!).

Bei der physikalischen Absorption gilt: „Gleiches löst sich in Gleichem" (Abschn. 3.5). So kann das *polare* Wasser z. B. gut als Waschmittel für die *polaren*

Tab. 13.10 Beispiele für den Einsatz der chemischen Absorption bei der industriellen Gasreinigung.

Abzutrennender Schadstoff[a]	Waschmittel[b]	Reaktion
CO_2	wässrige NaOH- oder K_2CO_3-Lösung	$2NaOH + CO_2 \rightarrow Na_2CO_3 + H_2O$ $K_2CO_3 + CO_2 + H_2O \rightarrow 2KHCO_3$
SO_2	wässrige $CaCO_3$- oder $Ca(OH)_2$-Suspension	$CaCO_3 + SO_2 \rightarrow CaSO_3 + CO_2$ $Ca(OH)_2 + SO_2 \rightarrow CaSO_3 + H_2O$
NO_2	wässrige Ammoniaklösung	$2NO_2 + 2NH_3 + H_2O \rightarrow$ $NH_4NO_2 + NH_4NO_3$
HCl	wässrige NaOH-Lösung	$NaOH + HCl \rightarrow NaCl + H_2O$
NH_3	wässrige HCl- oder H_2SO_4-Lösung	$HCl + NH_3 \rightarrow NH_4Cl$ $H_2SO_4 + 2NH_3 \rightarrow (NH_4)_2SO_4$

a) wird auch als Absorptiv bezeichnet.
b) wird auch als Absorbens bezeichnet.

Stoffe Methanol, Ethanol oder Aceton verwendet werden. *Unpolare* Waschöle aus hochsiedenden Kohlenwasserstoffen eignen sich zur Absorption von *unpolaren* Verbindungen wie etwa chlorierte Kohlenwasserstoffe (z. B. Methylenchlorid). In Tab. 13.10 sind einige Beispiele zum Einsatz der chemischen Absorption bei der industriellen Gasreinigung aufgeführt. Prinzipiell werden *sauer* reagierende Verbindungen mit *alkalischen* Lösungen, *basisch* reagierende Verbindungen mit *sauren* Lösungen ausgewaschen. Das $CaCO_3$-Waschverfahren zur SO_2-Entfernung wird in Abschn. 13.4.3.1 näher erläutert.

Bei der Absorption ist es wichtig, das zu reinigende Abgas mit der Waschflüssigkeit in innigen Kontakt zu bringen, um einen guten Stoffübergang zwischen den Phasen zu erreichen. Hierfür können die im Abschnitt „Staubabscheidung“ unter Abschn. 13.4.2.1d erwähnten Nassabscheider verwendet werden.

Übungsbeispiel 13.7

Die HCl-haltige Abluft aus einer chemischen Produktion (HCl-Konzentration: 70 g/m^3, Volumenstrom 20 m^3/h) soll mittels eines alkalisch betriebenen Wäschers gereinigt werden. Der Wäscher ist mit verdünnter Natronlauge gefüllt und wird während des Betriebs durch Zudosierung von frischer NaOH-Lösung (Massengehalt: 50 %, Dichte d = 1,52 g/cm^3) auf einen pH-Wert von 11 geregelt. Es soll berechnet werden: a) die NaOH-Konzentration im Wäscher und b) die Menge an NaOH-Lösung, die pro Stunde zudosiert werden muss, um pH = 11 zu halten.

Lösung

a) *Berechnung der NaOH-Konzentration im Wäscher:* Bei pH = 11 gilt (zu pH-Wert, Abschn. 4.5.3 und 5.2.2): H^+-Ionen-Konzentration: $c_{H^+} = 10^{-11}$ mol/l, mit $c_{H^+} \cdot c_{OH^-} = 10^{-14}$ mol²/l² ergibt sich:

$$c_{OH^-} = 10^{-3}\,\text{mol/l} \rightarrow c_{NaOH} = 10^{-3}\,\text{mol/l}\,,$$

unter Verwendung der molaren Masse von NaOH = 40 g/mol folgt: $\mathbf{c_{NaOH} = 0{,}04\,g/l}$.

b) *Berechnung der Menge an NaOH-Lösung in Liter, die pro Stunde zudosiert werden muss, um pH = 11 zu halten.* HCl-Durchsatz pro Stunde: 70 g/l · 20 m³/h = 1400 g/h
Für die Neutralisationsreaktion gilt (Tab. 13.10):

$$HCl + NaOH \rightarrow NaCl + H_2O$$

Unter Berücksichtigung der molaren Massen bedeutet dies: 36,5 g HCl benötigen zur Neutralisation 40 g NaOH, 1400 g/h HCl benötigen also *x* g/h NaOH:

$$x = \frac{1400\,\text{g/h}}{36{,}5\,\text{g}} \cdot 40\,\text{g} = 1534{,}2\,\text{g/h NaOH}$$

1534,2 g/h NaOH 100 % = 3068,4 g/h NaOH 50 % mit $d = 1{,}52 \cdot 10^3$ g/l → **2,02 l/h** müssen zudosiert werden.

c) Adsorption

Die Adsorption gehört zu den wichtigsten Verfahren zur Abscheidung gasförmiger Stoffe aus Abgasen. Hierbei werden die Gase an eine feste Phasenoberfläche gebunden (Abschn. 5.6.1). Als **Adsorptionsmittel** kommen Stoffe mit großer Oberfläche zum Einsatz, sehr häufig wird Aktivkohle oder Aktivkoks verwendet, auch Kieselgel oder Molekularsiebe (Abschn. 7.2.5) finden Verwendung. Für die Adsorptionsvorgänge von gasförmigen Stoffen an Aktivkohle gelten dieselben Regeln (Temperatur, Oberfläche), wie in Abschn. 13.2.5.3 am Beispiel der Abwasserreinigung aufgeführt ist. Bei brennbaren Dämpfen ist jedoch auf die Explosionsgrenzen zu achten (Abschn. 8.8.4)! Bei höheren Schadstoffkonzentrationen ist eine **Regeneration** des beladenen Adsorptionsmediums wirtschaftlich (Abb. 13.28). In der Regel werden hierbei mindestens zwei Adsorber eingesetzt, wobei sich jeweils ein Apparat in der Adsorptionsphase und der zweite in der Desorptionsphase befindet (Abb. 13.28). Die Desorption kann mit Dampf, Heißluft oder Stickstoff durchgeführt werden. Der desorbierte Stoff wird kondensiert und ausgeschleust. Ist das Lösungsmittel nicht wasserlöslich, erfolgt die Trennung aufgrund unterschiedlicher Dichte in einem Abscheider. Somit kann das Lösungsmittel zurückgewonnen werden.

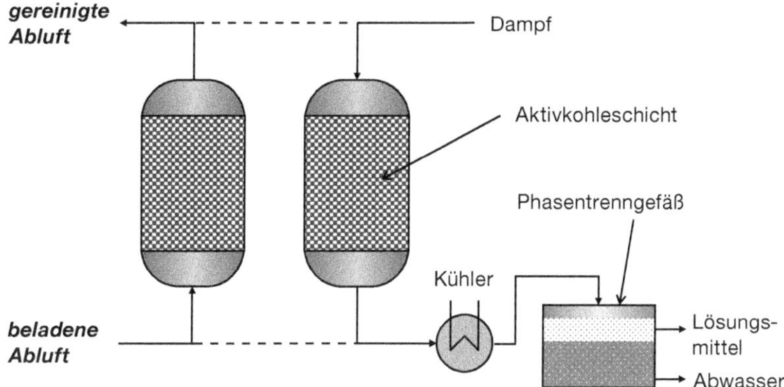

Abb. 13.28 Verfahrensschema der Adsorption mit regenerativem Reinigungsverfahren.

Beispiel für die Anwendung der Aktivkohleadsorption:

- Entfernung chlorierter Kohlenwasserstoffe aus der Abluft von chemischen Reinigungen oder aus Dämpfen bei der Metallentfettung (meist Verfahren mit Lösungsmittelrecycling),
- Dioxinentfernung aus Rauchgasen bei Müllverbrennungsanlagen (Abschn. 13.5.2.1a),
- Entfernung von Geruchsstoffen, z. B. in der Lebensmittelindustrie.

d) Thermische und katalytische Verbrennung

Abgase, bei denen als Luft verunreinigende Stoffe nur die Elemente Kohlenstoff, Wasserstoff und Sauerstoff enthalten sind, lassen sich durch **katalytische oder thermische Oxidation** zu CO_2 und H_2O oxidieren. Sind im Abgasstrom Stoffe mit den Elementen Stickstoff, Schwefel, Halogene oder flüchtige Metalle (z. B. Quecksilber) enthalten, entstehen problematische Oxide (z. B. SO_2, NO_x) bzw. Halogenwasserstoffe, die in einem zusätzlichen Reinigungsschritt entfernt werden müssen (z. B. durch Absorption). Bei der katalytischen Oxidation werden häufig Edelmetalle auf metallischen oder keramischen Trägern oder Oxide von Cu, Cr oder V als Katalysatoren eingesetzt. Es ist jedoch zu beachten, dass bestimmte Verbindungen zu einer Katalysatorvergiftung führen (z. B. Verbindungen mit den Elementen Silicium, Phosphor, Arsen, Blei, Halogene oder Schwefel), sodass hier nur eine thermische Oxidation infrage kommt. In Tab. 13.11 werden die beiden Verfahren der thermischen und katalytischen Verbrennung miteinander verglichen.

Thermische und katalytische Oxidationsverfahren werden zur Behandlung von Abluft mit organischen Lösungsmitteln unterschiedlichster Art (Benzol, Xylol, Phenol) eingesetzt.

Tab. 13.11 Vergleich der thermischen und katalytischen Abluftreinigung.

Verfahren	Temperatur	Vorteile	Nachteile
thermische Verbrennung	750–1200 °C	• unempfindlich, robust	• Bildung von NO_X aus Luftstickstoff, da hohe Temperaturen • meist Stützfeuerung notwendig
katalytische Verbrennung	200–500 °C	• geringere Betriebskosten durch niedrigere Temperaturen, meist autothermer[a] Betrieb möglich • keine Bildung von NO_X	• empfindlich gegen Katalysatorgifte (z. B. Si, P, As, Pb, Halogene, S) • Verstopfungsgefahr • begrenzte Katalysatorstandzeit

a) Autotherm bedeutet, Reaktion läuft ohne Zufuhr von zusätzlichem Brennstoff ab.

e) Biologische Verfahren

Neben der physikalischen und chemischen Abluftreinigung gibt es für organische Schadstoffe auch die Möglichkeit der **biologischen Abluftreinigung**. Ähnlich wie bei der biologischen Abwasserreinigung (Abschn. 13.2.3.2) erfolgt hierbei der Abbau der organischen Inhaltsstoffe durch Mikroorganismen in wässriger Phase und führt im Wesentlichen zu den unschädlichen Abbauprodukten CO_2 und H_2O. Je nach Trägermedium für die Mikroorganismen wird zwischen Biofiltern und Biowäschern unterschieden. Beim **Biofilter** strömt die schadstoffhaltige Luft durch eine biologisch aktive Filterschicht, die aus Reisig, Kompost, Torf oder aus Lavabrocken besteht, auf der die Bakterien fixiert sind. Die zu entfernenden Stoffe werden an der Oberfläche der Filterschicht adsorbiert und biologisch abgebaut (Filterschicht muss feucht sein!). Beim **Biowäscher** wird die Abluft mit Waschwasser in Kontakt gebracht, wobei die Schadstoffe absorbiert werden. Die Regeneration des Waschwassers erfolgt separat durch eine biologische Abwasserreinigung (z. B. mittels des Belebtschlammverfahrens, Abschn. 13.2.3.2). Die biologische Abluftreinigung wird bevorzugt zur Entfernung geruchsintensiver Stoffe, welche nur in geringen Konzentrationen vorliegen, eingesetzt (z. B. Abluft von Kläranlagen, Lebensmittelindustrie). Der Vorteil der Verfahren liegt in den sehr niedrigen Investitions- und Betriebskosten. Außerdem werden keine weiteren Umweltbelastungen erzeugt.

13.4.3 Rauchgasreinigung in Kraftwerken

Rauchgase aus den Feuerungsanlagen von Kraftwerken enthalten neben CO_2 im Wesentlichen die Schadstoffe

- Staub
- Schwefeldioxid und
- Stickstoffoxide

welche soweit entfernt werden müssen, dass die gesetzlich vorgeschriebenen Abgasgrenzwerte eingehalten werden können. Insbesondere die Rauchgase von Kohlekraftwerken enthalten hohe Konzentrationen dieser Schadstoffe. Die Entstaubung der Abgase wird fast ausschließlich mittels des in Abschn. 13.4.2.1c beschriebenen Elektrofilters durchgeführt. Die Verfahren zur Entfernung von SO_2 (sogenannte Entschwefelung) und NO_X (sogenannte Entstickung) werden im Folgenden beschrieben.

13.4.3.1 Verminderung von Schwefeldioxid

Es gibt viele verschiedene Verfahren zur Entschwefelung von Rauchgasen (z. B. alkalische Wäscher, Abschn. 13.4.2.2b). Das mit Abstand am meisten eingesetzte Verfahren ist ein Waschverfahren mittels Kalksteinsuspension. Das Verfahren besteht aus zwei Stufen. Zunächst wird das SO_2 als schwer lösliches Calciumsulfit absorbiert:

$$CaCO_3 + SO_2 \rightarrow CaSO_3 + CO_2$$

Der Abscheidegrad von SO_2 steigt mit zunehmendem pH-Wert an. Er beträgt bei pH 7 etwa 98 % und bei pH 5 nur 70 %. Da Calciumsulfit giftig und bei der Aufarbeitung nur schwer zu entwässern ist, wird dieses durch Einblasen von Luft zu verwertbarem $CaSO_4$ (Gips) oxidiert:

$$2CaSO_3 + O_2 + 4H_2O \rightarrow 2[CaSO_4 \cdot 2H_2O]$$

Diese Oxidationsreaktion läuft bevorzugt bei einem pH-Wert von etwa 4,5 ab.

Die Entschwefelung von Rauchgasen wird heute üblicherweise in einem *einstufigen* Waschprozess durchgeführt:

$$2CaCO_3 + 2SO_2 + O_2 + 4H_2O \rightarrow 2[CaSO_4 \cdot 2H_2O] + 2CO_2$$

Der dabei eingehaltene pH-Wert von 5,5–6,0 ist ein Kompromiss zwischen der Absorptions- und der Oxidationsreaktion. Abbildung 13.29 zeigt ein vereinfachtes Verfahrensschema einer Entschwefelungsanlage.

Das Rohgas wird nach der Entstaubung und dem Durchlaufen eines Wärmeübertragers mit einer Temperatur von 80–90 °C dem Waschturm zugeführt. Hier wird die im Umlauf geführte Kalksteinsuspension über mehrere Ebenen verteilt in das Rohgas gesprüht. Die wird im Wäschersumpf belüftet und dabei das $CaSO_3$ zu $CaSO_4$ oxidiert. Ein Teil der entstandenen Gipssuspension (Feststoffanteil etwa 8–12 %) wird kontinuierlich aus dem Waschturm abgezogen und in weiteren Verfahrensschritten eingedickt und entwässert. Hierzu können Zentrifugen oder Filtrationsapparate verwendet werden. Ein Teil des eingesetzten Wassers wird als Abwasser ausgeschleust und muss aufgrund des Salzgehalts gesondert aufgearbeitet werden. Der entstandene Gips (wird auch **REA**-Gips, von **R**auchgas-**E**ntschwefelungs-**A**nlage, genannt) findet vor allem in der Bauindustrie Verwendung. Im Jahr 2010 wurden in der deutschen Bauindustrie ca. 6 Mio. t REA-Gips eingesetzt.

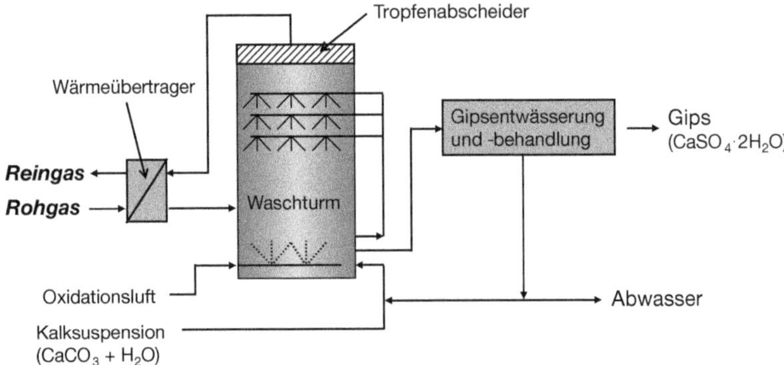

Abb. 13.29 Verfahrensschema einer Rauchgasentschwefelung mit Gipserzeugung.

Neben dem nicht regenerativen Verfahren der Kalksteinwäsche kann die Rauchgasentschwefelung mit dem sogenannten **Wellman-Lord-Verfahren** auch *regenerativ* durchgeführt werden. Hierbei wird das SO_2 in einer wässrigen Lösung von Natriumsulfit (Na_2SO_3) unter Bildung von $NaHSO_3$ absorbiert. Bei der thermischen Regeneration wird das SO_2 wieder ausgetrieben und Na_2SO_3 bildet sich zurück:

$$Na_2SO_3 + SO_2 + H_2O \rightleftarrows 2NaHSO_3$$

Das dann in konzentrierter Form vorliegende SO_2 kann zu Schwefel oder Schwefelsäure weiterverarbeitet werden. Das Verfahren ist besonders vorteilhaft in Kraftwerken von Chemiebetrieben, in denen Schwefeldioxid, Schwefel oder Schwefelsäure als Rohstoffe gebraucht werden (z. B. Kraftwerke der Fa. BASF).

13.4.3.2 **Verminderung von Stickstoffoxiden**

Stickstoffoxide können in Rauchgasen (die Stickstoffoxide in Rauchgasen bestehen zu etwa 90 % aus NO und zu 10 % aus NO_2, Abschn. 7.2.1.3) durch **Primär- und Sekundärmaßnahmen** gemindert werden. Die Verminderung von NO_X in Rauchgasen wird auch als Entstickung bezeichnet.

a) Primärmaßnahmen

Da der größte Teil des NO_X durch die Reaktion von Luftstickstoff mit Luftsauerstoff bei hohen Verbrennungstemperaturen entsteht (Abschn. 7.2.1.3), lässt sich eine wesentliche Verminderung der NO_X-Emission (ca. 40–70 %) durch Optimierung des Verbrennungsablaufs erreichen:

- Verringerung des verfügbaren Sauerstoffs in der Verbrennungszone,
- Senkung der Verbrennungstemperatur,
- gleichmäßige und schnelle Durchmischung der Reaktionspartner in der Flamme.

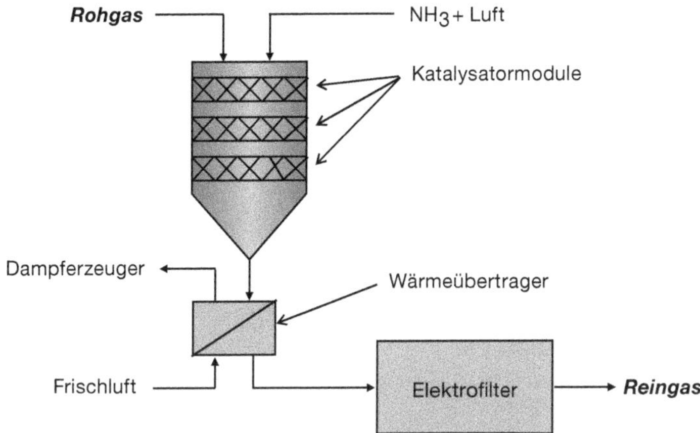

Abb. 13.30 SCR-Verfahren zur Verminderung der Stickstoffoxide in Rauchgasen (High-Dust-Schaltung).

b) Sekundärmaßnahmen

Wie bei der Entschwefelung gibt es auch bei der Minderung von Stickstoffoxiden eine Vielzahl verschiedener Verfahren. Verfahren mit Ammoniak NH_3 als Reduktionsmittel werden bei industriellen Feuerungsanlagen am häufigsten eingesetzt. Als Reaktionsprodukte entstehen nur Stickstoff und Wasser, sodass eine aufwändige Entsorgung oder Verwertung entfällt (wie etwa bei der Entschwefelung die Entsorgung des Gipses):

$$4NO + 4NH_3 + O_2 \rightarrow 4N_2 + 6H_2O$$
$$6NO + 4NH_3 \rightarrow 5N_2 + 6H_2O$$

Die Reduktion kann entweder katalytisch (sogenanntes **SCR**-Verfahren, **S**electiv **C**atalytic **R**eduction) oder nicht katalytisch erfolgen (sogenanntes **SNCR**-Verfahren, **S**electiv **N**on **C**atalytic **R**eduction). Das SCR-Verfahren ist bei großen Feuerungsanlagen das am häufigsten eingesetzte Verfahren, da sich durch den Einsatz eines Katalysators die Reaktionstemperatur von 1000 °C auf 300–500 °C absenken lässt. Ein Verfahrensschema einer SCR-Anlage zur Minderung von Stickstoffoxiden ist in Abb. 13.30 dargestellt.

Im SCR-Reaktor sind von Kanalen durchzogene, wabenförmige Katalysatormodule auf Basis Titan-Vanadium-Oxidkeramik eingesetzt. Der Reaktor wird in den meisten Fällen direkt dem Verbrennungskessel nachgeschaltet. Erst dann erfolgt die Entstaubung und anschließend die Entschwefelung (Abb. 13.31). Dies hat den Vorteil, dass die Rauchgase bereits die erforderliche Betriebstemperatur haben. Nachteilig ist, dass die Rauchgase noch einen hohen Staubanteil besitzen (deshalb heißt diese Verfahrensweise auch **High-Dust**-Schaltung). Weniger häufig wird der Entstickungsreaktor der Rauchgasentschwefelungsstufe nachgeschaltet (sogenannte **Low-Dust**-Schaltung), da hierbei die Rauchgase erst wieder auf die erforderliche Betriebstemperatur gebracht werden müssen (hoher Energiebedarf!). Die Low-Dust-Variante wird vor allem für bestehende Anlagen verwendet,

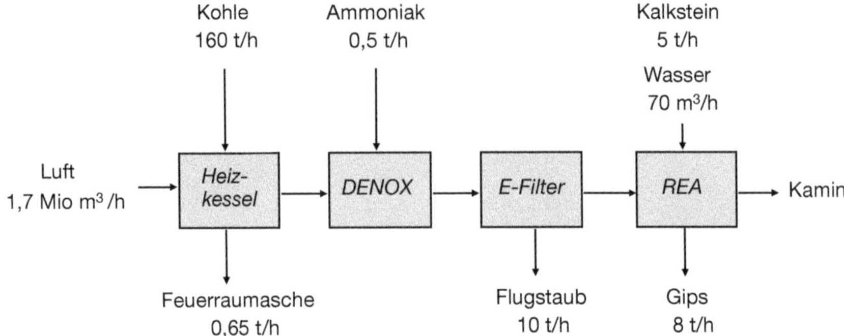

Abb. 13.31 Verfahrensschema der Rauchgasreinigung für einen 550 MW-Block eines Kohlekraftwerks (Rheinhafen-Kraftwerk Karlsruhe).

bei denen sich der Katalysator technisch nicht zwischen dem Dampferzeuger und dem Luftvorwärmer einbauen lässt.

In Abb. 13.31 ist das gesamte Verfahrensschema der Rauchgasreinigung für einen 550 MW-Block eines Kohlekraftwerks in der High-Dust-Variante dargestellt (Rheinhafen-Kraftwerk Karlsruhe). Zusätzlich sind die auftretenden Mengenströme eingetragen.

In Tab. 13.12 sind für das genannte Beispiel (Abb. 13.31) die Schadstoffkonzentrationen im Rohgas und im gereinigten Rauchgas im Vergleich zu den Emissionsgrenzwerten nach der 13. Verordnung zum Bundes-Immisionsschutzgesetz (BImSchG) 2004[7] aufgeführt.

Übungsbeispiel 13.8

Das in einem Kohlekraftwerk anfallende Rauchgas (2 Mio. m^3/h) soll mittels eines Kalksteinwaschverfahrens entschwefelt werden. Wie viel Tonnen Kalkstein werden pro Stunde benötigt und wie viel Tonnen Gips fallen stündlich an (Rohgaskonzentration: $2000\,mg/m^3$, Reingaskonzentration $200\,mg/m^3$)?

Lösung

a) *Berechnung der Mengen pro m^3*: Pro m^3 werden $(2000 - 200)\,mg = 1800\,mg = 1{,}8\,g\ SO_2$ entfernt.
Es gilt: $2CaCO_3 + 2SO_2 + O_2 + 4H_2O \rightarrow 2[CaSO_4 \cdot 2H_2O] + 2CO_2$
Unter Verwendung der molaren Massen gilt:
$200\,g\ CaCO_3$ reagieren mit $128\,g\ SO_2$ zu $344\,g\ [CaSO_4 \cdot 2H_2O]$
$x\,g\ CaCO_3$ reagieren mit $1{,}8\,g\ SO_2$ zu $y\,g\ [CaSO_4 \cdot 2H_2O]$

7) Das Bundes-Immissionsschutzgesetz ist ein Gesetz zum Schutz vor schädlichen Umwelteinwirkungen durch Luftverunreinigungen und Lärm. Es legt u. a. Emissionsgrenzwerte für Anlagen fest.

$$x = \frac{1{,}8\,\text{g}}{128\,\text{g}} \cdot 200\,\text{g} = 2{,}81\,\text{g} \quad y = \frac{1{,}8\,\text{g}}{128\,\text{g}} \cdot 344\,\text{g} = 4{,}84\,\text{g}$$

Es werden somit **2,81 g/m³ $CaCO_3$** benötigt und **4,84 g/m³ Gips** [$CaSO_4 \cdot 2H_2O$] fallen an.

b) *Berechnung der Mengen für 2 Mio. m³ pro h*:

Benötigte Kalksteinmenge:

$2{,}81\,\text{g/m}^3 \cdot 2 \cdot 10^6\,\text{m}^3/\text{h} = 5{,}62 \cdot 10^6\,\text{g/h} = \mathbf{5{,}62\,t/h}$

Anfallende Gipsmenge:

$4{,}84\,\text{g/m}^3 \cdot 2 \cdot 10^6\,\text{m}^3/\text{h} = 9{,}68 \cdot 10^6\,\text{g/h} = \mathbf{9{,}68\,t/h}$

Tab. 13.12 Konzentrationen wichtiger Schadstoffe vor und nach der Abgasreinigungsstufe in einem Kohlekraftwerk im Vergleich mit den gesetzlichen Emissionsgrenzwerten.

Schadstoff	Konzentration *Rohgas* (mg/m³)	Konzentration *Reingas* (mg/m³)	Emissionsgrenzwerte (mg/m³)
Staub	6000	5–10	50
SO_2	2000	< 150	200
NO_X	900	< 150	200

13.4.4 Abgasreinigung bei Automobilen

Bei Automobilabgasen werden im Wesentlichen die folgenden Schadstoffe emittiert:

- Kohlenmonoxid
- Kohlenwasserstoffe
- Stickstoffoxide

Zur Emission von Kohlenmonoxid und Kohlenwasserstoffen kommt es durch unvollständige Verbrennung (Abschn. 7.2.1.2). Die Stickstoffoxide werden durch die Reaktion von Luftstickstoff mit Sauerstoff gebildet (Abschn. 7.2.1.3). Zur Entfernung dieser drei Schadstoffe laufen im **Automobilkatalysator** hauptsächlich die folgenden Reaktionen ab:

$$2CO + O_2 \rightarrow 2CO_2 \tag{13.4}$$

$$\text{„C, H"} + O_2 \rightarrow CO_2 + H_2O \tag{13.5}$$

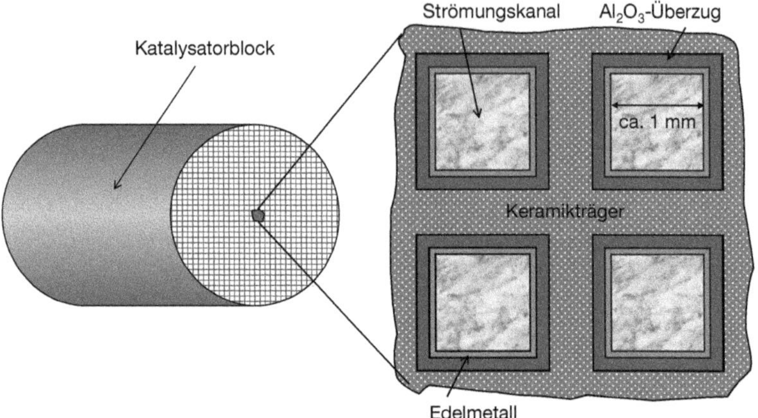

Abb. 13.32 Schematische Darstellung eines Automobilabgaskatalysators.

$$2NO + 2CO \rightarrow 2CO_2 + N_2 \tag{13.6}$$

Kohlenmonoxid und die Kohlenwasserstoffe werden mittels Luftsauerstoff oxidiert, während die Stickstoffoxide im Wesentlichen mittels Kohlenmonoxid zu Stickstoff reduziert werden.

Der Katalysator ist ein von Kanälen durchzogener, wabenförmiger Keramikkörper (von ähnlicher Form wie die Katalysatoren zur Entstickung von Rauchgasen, Abschn. 13.4.3.2). Dieser keramische Grundkörper enthält zunächst eine raue Zwischenschicht aus Al_2O_3 (sogenanntes „Wash-Coat") zur Vergrößerung der wirksamen Oberfläche (Abb. 13.32). Erst diese Oberfläche wird mit dem eigentlichen aktiven Katalysatormaterial beschichtet (hauptsächlich Pt neben Rh, teilweise auch Pd), an dessen Oberfläche die Umwandlungsreaktionen ablaufen. Insgesamt werden pro Katalysator etwa 1–3 g Edelmetalle eingesetzt. Die Anforderungen an Autoabgaskatalysatoren sind im Vergleich zu Katalysatoren in Chemieanlagen und Kraftwerken deutlich höher (mechanische Belastungen, schnell variierende Reaktionsbedingungen).

Der Katalysator und die Reaktionsbedingungen müssen so abgestimmt sein, dass alle *drei* Reaktionen (13.4)–(13.6) optimal ablaufen. Deshalb wird der Katalysator häufig auch **Drei-Wege-Katalysator** genannt. Hierbei sind der Sauerstoffgehalt des Abgasgemisches und die Temperatur wichtige Größen. Der Sauerstoffgehalt wird meist als sogenannter **λ-Wert** angegeben (Verhältnis zugeführte Luftmenge zu Luftbedarf für stöchiometrischen Umsatz; Abschn. 8.8.2). Enthält das Gemisch zu viel Sauerstoff ($\lambda > 1$, „mageres" Gemisch), so laufen nur die Reaktionen (13.4) und (13.5) ab, für die Reaktion (13.6) steht nicht mehr genügend CO zur Verfügung. Enthält das Gemisch zu wenig Sauerstoff ($\lambda < 1$, „fettes" Gemisch), so läuft bevorzugt nur die Reaktion (13.6) ab (Abb. 13.33a). Für eine optimale Schadstoffumwandlung muss deshalb der Sauerstoffgehalt innerhalb eines engen Bereiches (sogenanntes λ-Fenster: $0{,}98 < \lambda < 1{,}02$) geregelt werden. Als Sensor zur Messung des Sauerstoffgehalts wird die sogenannte **Lambda (λ)-Sonde** ver-

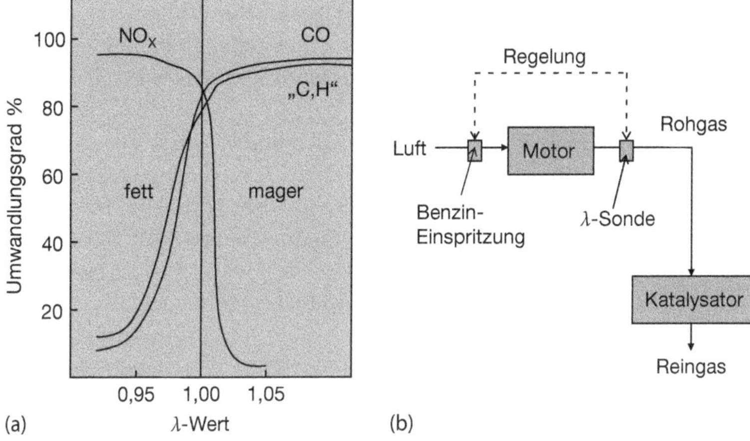

Abb. 13.33 (a) Schadstoffumwandlungsgrad bei der katalytischen Reinigung von Automobilabgasen und (b) Regelkreis zur Einstellung des optimalen λ-Werts von 1,0.

wendet (Abschn. 10.7.2); über diese werden die in den Motor gelangenden Kraftstoff- und Verbrennungsluftmengen geregelt (Abb. 13.33b).

Bei Temperaturen < 300 °C ist der Umwandlungsgrad der Schadstoffe gering (Kaltstartphase). Der Katalysator benötigt eine sogenannte Anspringtemperatur von etwa 350 °C. Deshalb ist während der mehrminütigen Kaltstartphase das Reinigungssystem wirkungslos. Konzepte zur Emissionsminderung während der Kaltstartphase wurden bereits entwickelt (z. B. elektrische Katalysatorheizung).

Nachteile der katalytischen Abgasreinigung:

- Der Katalysator ist empfindlich gegen thermische Überlastung und Katalysatorgifte (insbesondere Bleiverbindungen).
- $\lambda = 1$ ist für den Motor nicht der Bereich des optimalen Leistungs- bzw. Wirkungsgrades (→ erhöhter Benzinverbrauch).
- Durch Abrieb werden geringe Mengen vor allem an Platin in die Umwelt freigesetzt. Neben vielbefahrenen Straßen können bereits erhöhte Mengen an Platin analysiert werden. Somit gehen wertvolle Edelmetalle, welche auch als Katalysatoren in der Industrie gebraucht werden, in großen Mengen unwiederbringlich verloren.

Zur Verringerung des Benzinverbrauchs sind sogenannte **Magermixmotoren** entwickelt worden. Diese werden zur Verbesserung des Wirkungsgrades mit einem größeren Luftüberschuss (λ-Werte > 1) betrieben. Das Problem hierbei bezüglich der Abgasreinigung ist, dass für die Reaktion (13.6) nicht mehr genügend Reduktionsmittel zur Verfügung steht und der Ausstoß an NO_X deutlich ansteigt. Zur Verringerung des NO_X-Anteils im Abgas gibt es in der Automobilindustrie momentan zwei Lösungsansätze:

- katalytische Reduktion des NO_X zu Stickstoff mittels einer zusätzlich eingebrachten Reduktionskomponenten wie etwa Harnstoff (Abschn. 8.5.3).

Dieses Verfahren wird auch **Harnstoff-SCR-Verfahren** genannt und funktioniert ähnlich wie die NO_X-Entfernung bei der Rauchgasreinigung (Abschn. 13.4.3.2). Nachteilig ist, dass die Reduktionskomponenten zusätzlich mitgeführt und zudosiert werden müssen.
- Einsatz sogenannter **NO_X-Speicher-Reduktionskatalysatoren**. Hierbei werden die momentan eingesetzten Abgaskatalysatoren so modifiziert, dass sie in der Lage sind, eine gewisse Menge an NO_X in Form von Nitrat im Wash-Coat des Katalysators zu speichern. Da die Aufnahmefähigkeit für Nitrat hierbei nur sehr begrenzt ist, muss der Katalysator in einer kurzen Phase durch Anfetten des Gemisches ($\lambda < 1$) wieder regeneriert werden (Entfernung des Nitrats durch Reduktion). Die Motorregelung muss somit so eingestellt werden, dass sich magerer und fetter Betrieb abwechseln: magerer Betrieb $\lambda > 1$ (NO_X-Speicherung) $\rightleftarrows$ fetter Betrieb $\lambda < 1$ (reduktive Regeneration).

Bei **Dieselmotoren** sind die Abgasemissionen an CO, „C, H" und NO_X bereits ohne katalytische Reinigung deutlich geringer als beim Benzinmotor. Das Hauptproblem hier sind jedoch die hohen Emissionen an Rußpartikeln und die an ihnen anhaftenden teilweise kanzerogenen Kohlenwasserstoffverbindungen, wie z. B. PAK (Abschn. 8.1.5.4). Zur Minderung der Rußanteile in Dieselabgasen sind momentan prinzipiell zwei Lösungsansätze auf dem Markt:

- Die Partikel können an keramischen Rußfiltern abgeschieden werden. Problematisch hierbei ist, dass diese Filter leicht verstopfen und der Filter von Zeit zu Zeit durch Temperaturerhöhung mittels eines Zusatzbrenners regeneriert werden muss.
- Verringerung der Rußbildung durch Primärmaßnahmen bei der Verbrennung (höhere Temperatur, höherer Druck). Durch diese Maßnahme wird allerdings der Ausstoß an NO_X vergrößert. Zur Verringerung der NO_X-Emission kann dann das Harnstoff-SCR-Verfahren eingesetzt werden (siehe Magermixmotor). Dieses Verfahren zur Reinigung von Dieselabgasen wurde 2005 in Europa unter dem Namen BlueTec für Nutzfahrzeuge eingeführt.

13.5 Abfall und Recycling

13.5.1 Abfallzusammensetzung

Das gesamte Abfallaufkommen lag in Deutschland 2012 einschließlich der in die Verwertung gegangenen Abfälle bei 381 Mio. t[8]. Den größten Anteil hierbei bildeten Bau- und Abbruchabfälle mit einem Anteil von etwa 50 %. Daneben haben auch Abfälle aus der industriellen Produktion und Hausmüll sowie hausmüllähn-

8) Statistisches Bundesamt, www.destatis.de, 29.5.2015.

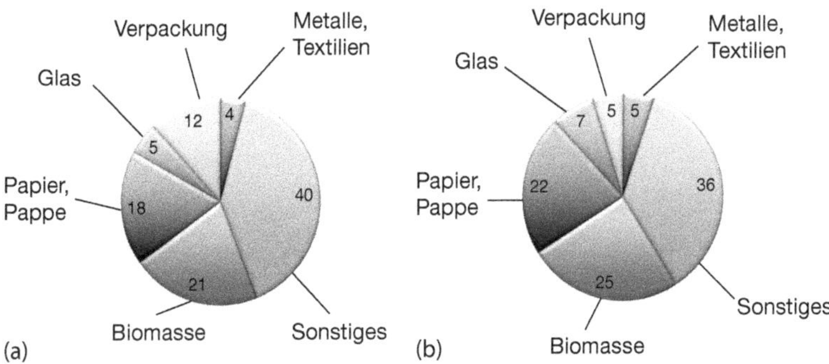

Abb. 13.34 Zusammensetzung von (a) Hausmüll und (b) Zusammensetzung der davon verwerteten Abfälle (Statistisches Bundesamt, 2012).

liche Gewerbeabfälle einen wesentlichen Anteil. Die in der **industriellen Produktion** anfallenden Abfälle sind stark abhängig vom jeweiligen Industriezweig und können daher sehr unterschiedlich sein, so z. B. Kunststoffe und Lösungsmittelrückstände als organische Abfälle oder Abfallsäuren bzw. -laugen und Metallschlämme als anorganische Abfälle. Die Zusammensetzung von **haushaltstypischen Siedlungsabfällen** ist in Abb. 13.34a dargestellt. Hierbei stellt die biologische Fraktion mit 40 % neben Papier einen wesentlichen Anteil dar. Bis zum Beginn der 90er-Jahre stand bei Hausmüll und hausmüllähnlichen Gewerbeabfällen die Entsorgung im Vordergrund, und dies bedeutete im Wesentlichen eine geordnete Deponierung des Mülls. Seit der Gründung des sogenannten **Dualen System Deutschlands** (DSD) wurden eine Reihe neuer Verordnungen bzw. Gesetze (Verpackungsverordnung, Kreislaufwirtschaftsgesetz) in Kraft gesetzt, die eine Verwertung von Abfällen in den Vordergrund stellen. Das System heißt „Dual", weil die kommunale Abfallwirtschaft in eine private Wertstofferfassung und eine öffentlich-rechtliche Restmüllentsorgung getrennt wurde. Prinzipiell soll hierbei folgende Abstufung gelten:

- vermeiden,
- stoffliche und energetische Verwertung und
- umweltverträgliche Beseitigung.

Im Jahr 2012 wurden haushaltstypische Siedlungsabfälle zu einem Anteil von etwa 66 % stofflich verwertet. Einen wesentlichen Anteil daran hatten Glas, Papier und biologische Abfälle (Abb. 13.34b).

13.5.2 Abfallentsorgung

Für die Abfallentsorgung sind seit längerer Zeit prinzipiell drei verschiedene Verfahren gebräuchlich (siehe Abb. 13.35).

Die prozentualen Angaben entsprechen dem jeweiligen Anteil an der Entsorgung für nicht verwertete haushaltstypische Siedlungsabfälle (2012). Seit 1993

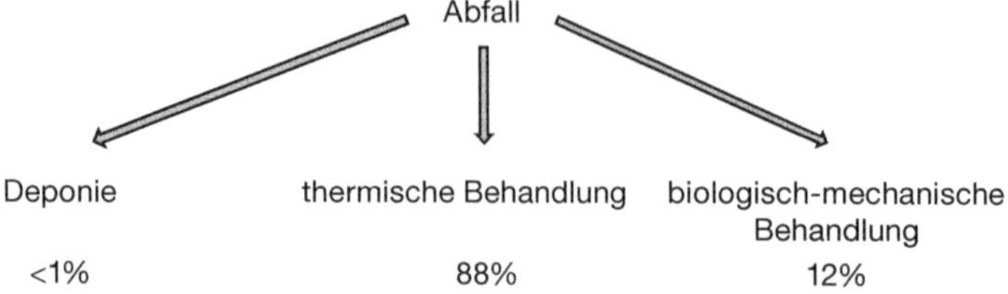

Abb. 13.35 Verfahren der Abfallentsorgung (Statistisches Bundesamt, 2012).

wird die Abfallbehandlung und Abfallablagerung von der TA Siedlungsabfall geregelt (TA = Technische Anleitung, analog TA Luft, siehe Fußnote 6). Es dürfen seit dem 1. Juni 2005 nur noch vorbehandelte Abfälle deponiert werden. Hierbei gewinnen insbesondere die thermischen Verfahren zur Abfallentsorgung zunehmend an Bedeutung, da diese zu einer deutlichen Verringerung (70–90 %) von Menge und Volumen des Mülls führen.

13.5.2.1 Thermische Behandlung

Bei der thermischen Behandlung von Abfällen werden heute im Wesentlichen zwei Verfahren angewendet:

- Verbrennung und
- Pyrolyse

Im Unterschied zur Verbrennung, bei der organische Stoffe mit Luftsauerstoff oxidiert werden, versteht man unter Pyrolyse die thermische Zersetzung von organischem Material unter Ausschluss von Luftsauerstoff (Abschn. 9.8). Bei der Pyrolyse werden höhermolekulare Stoffe bei hohen Temperaturen in einfachere Moleküle und Kohlenstoff zerlegt. Das Ziel der Pyrolyse von Abfällen ist es, brennbare Gase zu erhalten (H_2, CO), welche zur Energieerzeugung genutzt werden können. Die dabei auftretenden Reaktionen sind im Wesentlichen:

$$\text{organische Stoffe} \rightarrow CH_4 + H_2 + C \tag{13.7}$$

$$CH_4 + H_2O \rightleftarrows CO + 3H_2 \tag{13.8}$$

$$C + H_2O \rightleftarrows CO + H_2 \tag{13.9}$$

$$C + CO_2 \rightleftarrows 2CO \tag{13.10}$$

a) Müllverbrennung

Der Verfahrensablauf einer Verbrennungsanlage für **Hausmüll** ist in Abb. 13.36 schematisch dargestellt. Der Müll wird im Müllbunker gleichmäßig durchmischt und dann kontinuierlich dem Verbrennungsraum zugeführt. Hier findet die Verbrennung unter Zufuhr von Luft bei 800–900 °C statt. Im Bereich der Hausmüllverbrennung wird am häufigsten die sogenannte **Rostfeuerung** eingesetzt. Hierbei wird das Brenngut auf beweglichen Rosten kontinuierlich durch den Feuerraum befördert und brennt dabei aus. Als Roste werden häufig eine Reihe

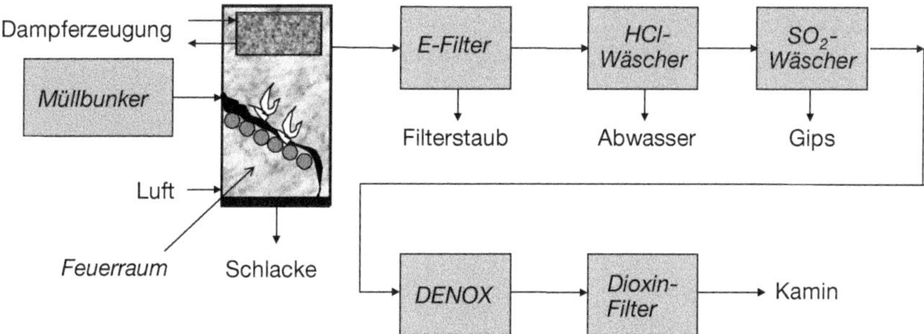

Abb. 13.36 Verfahrensfließbild einer Verbrennungsanlage für Hausmüll.

hintereinanderliegender rotierender Walzen (Ø ca. 1,5 m) eingesetzt. Die ausgebrannte Schlacke, welche hauptsächlich aus Silicaten sowie Aluminium- und Eisenoxiden besteht, wird am Ende des Verbrennungsrostes abgeworfen und muss entsorgt werden. Die heißen Brenngase werden zur Dampf- bzw. Energieerzeugung genutzt und kühlen sich dabei auf etwa 250 °C ab.

Die Brenngase müssen anschließend einer aufwändigen **Rauchgasreinigung** unterzogen werden. Zunächst wird das Abgas mittels eines Elektrofilters entstaubt (Abschn. 13.4.2.1c), analog der Rauchgasreinigung in Kraftwerken.

Im Gegensatz zu den Rauchgasen von Kraftwerken treten bei Müllverbrennungsanlagen hohe Konzentrationen an HCl-Gas (Verbrennung von chlorhaltigen Verbindungen, z. B. PVC-Kunststoff) und auch HF-Gas auf. Diese Gase werden in einem Wäscher mittels Wasser absorbiert.

In der nächsten Stufe wird das SO_2 wie bei der Rauchgasreinigung in Kraftwerken (Abschn. 13.4.3.1) mittels eines **Kalksteinwaschverfahrens** entfernt und zu Gips umgesetzt.

Die Stickstoffoxide werden heute üblicherweise mit dem bereits beschriebenen **SCR-Verfahren** vermindert (Abschn. 13.4.3.2). Im Gegensatz zur Rauchgasreinigung bei Kraftwerken wird hier die Entfernung von NO_X erst nach der Entstaubung und der Entschwefelung durchgeführt („Low-Dust"-Variante), da hier bereits alle Schadstoffe aus dem Rauchgas ausgeschieden sind. Die im Rauchgas enthaltenen Schwermetallanteile würden ansonsten den Entstickungskatalysator „vergiften".

Um den Gehalt an Dioxinen zu reduzieren, wird das Abgas zuletzt durch einen **Aktivkohle**- oder **Aktivkoksfilter** geleitet. Dioxine können aus chlorhaltigen Verbindungen (z. B. PVC-Kunststoff) während des Verbrennungsprozesses und vor allem beim relativ langsamen Abkühlen der Rauchgase gebildet werden (De-Novo-Synthese, Abschn. 8.6.2). Tabelle 13.13 zeigt durchschnittliche Messwerte wichtiger Schadstoffe vor und nach der Abgasreinigung im Vergleich zu den Grenzwerten nach der 17. Verordnung zum Bundes-Immisionsschutzgesetz[9] (BImSchG) 2003.

9) Siehe Fußnote 7.

Tab. 13.13 Konzentrationen wichtiger Schadstoffe vor und nach der Abgasreinigungsstufe in Müllverbrennungsanlagen im Vergleich mit den gesetzlichen Emissionsgrenzwerten.

Schadstoff	Konzentration Rohgas (mg/m^3)	Konzentration Reingas (mg/m^3)	Emissionsgrenzwerte (mg/m^3)
Staub	ca. 3000	< 1	10
SO_2	500–1000	5–10	50
NO_X	100–500	50–150	200
HCl	500–1000	0,1–0,5	10
Dioxine	100–300 (ng/m^3)	0,004–0,03 (ng/m^3)	0,1 (ng/m^3)

Die bei der Rauchgasreinigung anfallenden Rückstände müssen verwertet bzw. entsorgt werden:

- Die **Verbrennungsschlacke** ist aufgrund ihres Gehalts an giftigen Schwermetallen (z. B. Pb, Cr) nicht unproblematisch. Sie wird meist entweder deponiert oder mittels eines anschließenden Schmelzverfahrens bei 1500 °C verglast, sodass die Schwermetalle fest eingebunden werden und nicht ausgewaschen werden können. Dieses Schmelzgranulat kann dann problemlos z. B. im Straßenbau eingesetzt werden.
- Der hochgradig schwermetallhaltige **Filterstaub** muss entweder in Sondermülldeponien eingelagert werden, oder er wird zusammen mit der Schlacke verglast.

Spezielle Abfälle aus der industriellen Produktion, welche einen hohen Anteil an stark giftigen Stoffen enthalten, werden einer speziellen thermischen Behandlung, den sogenannten **Sondermüllverbrennungsanlagen** zugeführt. Im Unterschied zur Hausmüllverbrennung sind hier die Verbrennungstemperaturen höher (bis etwa 1400 °C). Üblicherweise wird die Verbrennung in sogenannten **Drehrohröfen** durchgeführt. Diese bestehen aus einem in Förderrichtung geneigten Zylinder (Länge 8–12 m, Ø 1–5 m), welcher um die Längsachse gedreht wird. Hierdurch wird der Inhalt ständig umgewälzt, sodass ein vollständiger Ausbrand gewährleistet wird. Die Technik der Abgasbehandlung unterscheidet sich nicht prinzipiell von derjenigen einer Hausmüllverbrennungsanlage. Es muss jedoch mit höheren Schadstoffmengen gerechnet werden, sodass die Reinigungsanlagen insgesamt großzügiger ausgelegt sind.

b) Pyrolyseverfahren

Bei diesen Verfahren werden die Abfälle unter Luftabschluss mit dem Ziel erhitzt, brennbare Gase zu erhalten, welche zur Energieerzeugung genutzt werden können. Es wurden eine Reihe von Pyrolyseverfahren, wie etwa das sogenannte Schwelbrenn- oder Thermoselect-Verfahren entwickelt. Auf diese Verfahren wird hier im Weiteren nicht nicht eingegangen.[10] Die Pyrolyseverfahren konnten sich in Form von Großanlagen aufgrund technischer und wirtschaftlicher Probleme gegenüber den konventionellen Müllverbrennungsanlagen noch nicht durchsetzen.

13.5.2.2 Deponie

Bis in die 70er-Jahre wurden Abfälle in Deutschland auf „wilden“ Deponien in der Natur untergebracht. Mit dem einsetzenden Umweltbewusstsein wurde seit 1972 mit dem Anlegen sogenannter geordneter Deponien begonnen. An eine geordnete Deponie werden heute vom Gesetzgeber hohe Ansprüche gestellt. Es müssen folgende Einrichtungen vorliegen:

- Untergrundabdichtung,
- Erfassung und Reinigung des eindringenden Niederschlagswassers (sogenanntes Deponiesickerwasser),
- Erfassung und energetische Verwertung der freigesetzten brennbaren Gase (sogenanntes Deponiegas).

Eine Mülldeponie kann als großer biochemischer Reaktor betrachtet werden, in dem der organische Anteil des Abfalls mittels Mikroorganismen zersetzt wird. Im abgelagerten Abfall laufen hierbei vor allem *anaerobe* Zersetzungsprozesse ab (Abschn. 13.1.2), bei denen sich ein brennbares Gasgemisch bildet (Deponiegas: hauptsächlich CH_4 „verdünnt“ mit CO_2). Die Abbauprozesse verlaufen über eine sehr lange Zeit (Monate bzw. Jahre). Das **Deponiegas** wird über Entgasungsschächte, welche in die Deponie gebohrt werden, gesammelt und in Gasmotoren zur Gewinnung von elektrischer Energie verbrannt. Pro Tonne Abfall entstehen etwa 40–300 m^3 Deponiegas.

Durch Niederschläge entsteht das sogenannte **Deponiesickerwasser**, welches gelöste Salze (Ammonium, Sulfat, Chlorid, giftige Schwermetallionen) sowie einen hohen Anteil an gelösten organischen Substanzen (CSB-Wert bis 20 000 mg/l und hohe AOX-Werte) enthält. Da diese Substanzen das Oberflächen- und Grundwasser und somit das Trinkwasser gefährden können, muss die Deponie eine Untergrundabdichtung besitzen. Diese besteht üblicherweise aus einer Tonmineralschicht und zusätzlich einer Kunststofffolie (meist PE-HD). Das Sickerwasser wird in Drainageleitungen gesammelt und auf der Deponie behandelt. Zur Deponiesickerwasserbehandlung reicht eine biologische Kläranlage nicht aus (refraktäre organische Stoffe, Schwermetalle!). Bei modernen Deponien wird heute das Sickerwasser mittels einer Umkehrosmoseanlage aufkonzentriert (Abschn. 13.3) und anschließend zu einem trockenen Rückstand eingedampft. Diese verbleibenden Rückstände müssen dann in einer Sondermülldeponie eingelagert werden.

Wenn die Deponie „voll“ ist, wird sie von oben mit einer mineralischen Schicht und einer Kunststofffolie abgedeckt (Minimierung des Eintritts von Nieder-

10) Siehe hierzu u. a.: Kranert, M. und Cord-Landwehr, K.: *Einführung in die Abfallwirtschaft*, Vieweg+Teubner. Bank, M.: *Basiswissen Umwelttechnik*, Vogel-Verlag.

schlagswasser, Verbesserung der Gassammlung) und anschließend rekultiviert. Für die Deponie bleiben jetzt immer noch Nachsorgezeiträume von Hunderten von Jahren, wobei Vorhersagen über das Verhalten über solche langen Zeiträume heute noch nicht sicher gemacht werden können. Hierzu gehört die zentrale Frage, ob die Untergrundabdichtung unter der steten Belastung des Sickerwassers dicht bleibt. Wegen der in den letzten Jahren stark steigenden Rohstoffkosten gibt es heute Überlegungen die Deponien als zukünftige Rohstoffquelle zu nutzen (sogenanntes Urban Mining oder Landfill Mining, engl. urban = städtisch, mining = Berbau, landfill = Mülldeponie).

Hausmüll und Restmüll bei Gewerbeabfällen dürfen seit dem 1. Juni 2005 nicht mehr ohne Vorbehandlung auf Deponien abgelagert werden. Es darf nur noch durch Verbrennung oder mechanisch-biologische Anlagen vorbehandelter Restabfall deponiert werden. Mit Ablaufen der letzten Übergangsfristen im Jahr 2005 sind reine Hausmülldeponien (ohne Vorbehandlung) unzulässig, was zur Schließung einer erheblichen Anzahl von Deponien in Deutschland führte.

Abfälle mit einem hohen Anteil giftiger Stoffe, wie z. B. Filterrückstände aus Müllverbrennungsanlagen oder schwermetallhaltige Schlämme aus Galvanikbetrieben dürfen nicht in den üblichen Übertagedeponien, welche im Wesentlichen für Hausmüll vorgesehen sind, eingelagert werden. Sie müssen in sogenannten **Sondermülldeponien** untergebracht werden. Hierzu werden zumeist ausgediente Salzbergwerke als Untertagedeponien genutzt, um die Problemstoffe von der Biosphäre fernzuhalten.

13.5.2.3 Mechanisch-biologische Behandlung

Die mechanisch-biologische Abfallbehandlung wird bei der Behandlung von reinem Biomüll und bei der Restabfallbehandlung angewendet. Beim reinen Biomüll entsteht verwertbarer Kompost. Das Ziel der Restabfallbehandlung ist es, lediglich ein deponierfähiges Produkt zu erhalten. Neben dem Vorteil einer Volumenreduktion ist es hierbei günstig, dass die biologischen Abbauprozesse des organischen Anteils, welche in der Deponie unkontrolliert über viele Jahre ablaufen, gezielt innerhalb kurzer Zeit durchgeführt werden. Die mechanisch-biologische Behandlung besteht im Wesentlichen aus zwei Verfahrensstufen:

- mechanische Sortierung und Zerkleinerung des Mülls. Dies ist besonders bei der Restmüllbehandlung wichtig, um biologisch nicht abbaubare Anteile (Metall-, Kunststoffteile etc.) auszusortieren.
- Biologisches Verfahren zum Abbau der organischen Stoffe.

Der biologische Abbau durch Mikroorganismen wird in den meisten Fällen unter *aeroben* Bedingungen (Abschn. 13.1.2) durchgeführt und wird auch **Rotte** oder **Kompostierung** genannt. Nur in wenigen Fällen wird der Abbau *anaerob* vollzogen (Vergärung). Die Kompostierung wird häufig in langsam rotierenden, belüfteten Trommeln (Rottetrommeln, Ø 4,5 m) durchgeführt, welche innerhalb von ein bis fünf Tagen vom organischen Müll durchlaufen werden. Die Abluft wird meist mittels Biofiltern gereinigt (Abschn. 13.4.2.2e). Bei Einsatz von *reinem* Biomüll entsteht Kompost, welcher in der Landwirtschaft verwertet werden kann. Bei der

Tab. 13.14 Vergleich der drei prinzipiell möglichen Verfahren zur Abfallentsorgung.

Verfahren	Vorteile	Nachteile
Deponie		• großer Flächenbedarf • lange Nachsorgezeiträume • fehlende Erfahrung für Langzeitverhalten • ineffiziente energetische Verwertung des Abfalls als Biogas
thermische Behandlung	• deutliche Volumenreduktion des Mülls • Hauptteil der *organischen* Schadstoffe werden zerstört • energetische Verwertung des Abfalls	• hoher technischer Aufwand • hohe Kosten insbesondere bei der Abluftreinigung • höhere Luftbelastung der Umgebung
mechanisch-biologische Behandlung	• Volumenreduktion des Abfalls vor der Deponierung • gezielter und kontrollierter Abbau der organischen Fracht • geringe Luftbelastung	• Ein großer Teil der Schadstoffe verbleibt im Feststoff (refraktäre organische Stoffe, Schwermetalle) • Deponieprobleme bleiben

Kompostierung von *Restmüll* kann das verrottete Produkt noch diverse Schadstoffe enthalten (Schwermetallsalze, nicht abgebaute organische Schadstoffe). Bei der Deponierung nach der biologischen Behandlung ist das Verhalten gegenüber unbehandeltem Müll deutlich verbessert (weniger Deponiegasbildung, geringere Belastung des Sickerwassers). Trotz dieser Vorteile kann natürlich auf eine langfristige Nachbehandlung auf einer Deponie nicht verzichtet werden.

Abschließend werden die drei beschriebenen Verfahren der Müllbehandlung in Tab. 13.14 zusammenfassend bewertet. Die Diskussion über die verschiedenen Möglichkeiten, insbesondere der Hausmüllentsorgung, wird seit Jahren nicht nur in der Fachwelt, sondern auch in der öffentlichen Diskussion geführt. Wie in Tab. 13.14 zu erkennen ist, haben prinzipiell alle Verfahren ihre „Licht- und Schattenseiten". Hierzu nur einige Anmerkungen:

- Es ist sicherlich vernünftig vor der eigentlichen Abfallbehandlung Wertstoffe soweit wie möglich getrennt zu sammeln und zu recyceln, wie dies auch bereits durchgeführt wird. Wenn die verschiedenen Abfälle erst einmal vermischt sind, ist der Trennaufwand sehr groß.
- Unbedingt sollten „Problemabfälle" (z. B. Batterien, Akkus, Lackreste, Lösungsmittel) getrennt gesammelt werden, da diese bei allen Entsorgungswegen zu erheblichen Problemen führen.
- Bei Papier, Glas und Metallen haben sich eine getrennte Erfassung und das Recycling bereits seit vielen Jahren bewährt.

- Bei Kunststoffen ist bei der stofflichen Verwertung die Sortenreinheit des jeweiligen Kunststoffs sehr wichtig (Abschn. 9.8). Ist hier der energetische Aufwand zum Recycling groß, kann eventuell eine thermische Verwertung günstiger sein.
- Die getrennte Sammlung des Biomülls ist sinnvoll, weil dieser in Form von Kompost problemlos verwertet werden kann.
- Bei der Restmüllbehandlung haben die thermischen Verfahren vor allem aufgrund der enormen Volumenreduktion des Abfalls wesentliche Vorteile.

13.5.3 Recycling

Unter **Recycling** versteht man die erneute Verwendung oder Verwertung von Produkten oder Teilen von Produkten in Form von Kreisläufen. Recycling spielt in der Abfallwirtschaft und im **produktionsintegrierten Umweltschutz** (Abschn. 13.6) eine zentrale Rolle. Das Idealziel ist hierbei die vollständige Kreislaufwirtschaft. Prinzipiell gilt für das Recycling folgende Rangfolge:

1. Produktrecycling
   - Wiederverwendung
   - Weiterverwendung
2. Materialrecycling
   - Wiederverwendung
   - Weiterverwendung
3. thermische Verwertung

Bei der **Wiederverwendung** wird ein bereits gebrauchtes Produkt wieder dem gleichen Anwendungszweck zugeführt (typisches Beispiel: Recycling von Getränkeflaschen). Wird das Produkt in einer anderen Funktion als ursprünglich genutzt, spricht man von **Weiterverwendung** (z. B. Nutzung eines Fahrzeugmotors als Notstromaggregat). Ein Beispiel für materielle Wiederverwertung ist das Einschmelzen gebrauchter („verkratzter") Getränkeflaschen aus Kunststoff und Herstellung neuer Flaschen. Wird der eingeschmolzene Kunststoff zur Herstellung anderer Produkte (z. B. Fasern) genutzt, wird das Material weiterverwendet. In den meisten Fällen wandert man beim Recycling in der Prioritätenliste nach unten; man spricht hierbei auch vom „**Down-Cycling**". Generell macht Recycling aus ökologischer Sicht nur Sinn, wenn der Recyclingaufwand und die dabei entstehenden Umweltbelastungen (Abwasser, Abluft, Abfall) geringer sind als die Summe der Belastungen bei der neuen Herstellung aus Primärrohstoffen. Eine solche Bewertung kann im Einzelfall sehr schwierig sein, da häufig die Herstellung bzw. das Recycling komplizierte Abläufe darstellen. Heute versucht man diese Bewertung in Form sogenannter **Ökobilanzen** (Abschn. 13.7) durchzuführen. Ein wichtiger Aspekt ist hierbei der Energieaufwand, da die Sekundärrohstoffe häufig wichtige Energieträger sind. Ihre Nutzung führt zur Energieeinsparung, solange der Energieaufwand zur Rückgewinnung der Sekundärrohstoffe geringer ist als der zur Gewinnung der Primärrohstoffe. Aus energetischer Sicht macht etwa das Recycling von Glas, Papier und Metallen Sinn. Beim Einschmelzen von Altglas werden im Vergleich zur Glasherstellung aus den Primärrohstoffen (Quarz, Kalk, Soda, Abschn. 7.2.4) nur etwa zwei Drittel der Energie gebraucht. Extremer sind die Verhältnisse beim Aluminium. Aluminium wird durch eine energieaufwändige Schmelzelektrolyse von Al_2O_3 hergestellt (Abschn. 10.4.2). Beim Wiedereinschmelzen von gebrauchtem Aluminium beträgt der Energieaufwand im Vergleich lediglich 5 %.

Für den Ingenieur ist heute besonders wichtig, bereits beim Konstruieren eines neuen Produktes daran zu denken, dass es irgendwann einmal ausgebraucht ist und zu „Abfall" wird. Beim **recyclinggerechten Konstruieren** müssen die Produkte so gefertigt werden, dass sie langlebig sind und aus möglichst wenigen Grundstoffen bestehen. Zudem müssen sie leicht demontierbar und recycelbar sein. Hierbei sind folgende Aspekte zu beachten:

- Reduzierung der Materialvielfalt,
- Vermeidung von Materialverbund,
- Materialkennzeichnung,
- Konstruktion mit möglichst wenigen Bauteilen,
- Einsatz von Recyclingmaterial,
- Ermöglichung einer einfachen Demontage.

13.6 Produktionsintegrierter Umweltschutz

Mit beginnendem Umweltbewusstsein in Deutschland zu Beginn der 70er-Jahre beinhalteten Umweltschutzmaßnahmen zunächst sogenannte **sekundäre Maßnahmen**. Dies bedeutet, dass die bei der Herstellung von Produkten entstandenen Schadstoffe durch zusätzliche Maßnahmen beseitigt werden. Man spricht hierbei auch von **additivem Umweltschutz** oder **„End-of-Pipe"-Techniken** (engl. pipe = Leitung). Ein typisches Beispiel hierfür ist der Bau zentraler Industriekläranlagen, in denen das gesamte Abwasser gesammelt und gereinigt wird.

Seit den 80er-Jahren werden in Produktionsprozessen vermehrt sogenannte **primäre Maßnahmen** oder der **produktionsintegrierte Umweltschutz** eingesetzt. Die „Philosophie" hierbei ist, dass bereits bei der Herstellung eines Produktes **möglichst ressourcenschonend** vorgegangen wird, um den nachträglichen (aufwändigen und teuren) Reinigungsaufwand soweit wie möglich zu verringern. Es soll mit möglichst geringem Aufkommen an Abwasser, Abluft und Abfall produziert werden. Dieses Vorsorgeprinzip ist auch im Sinne einer **nachhaltigen**, umweltverträglichen Entwicklung (Sustainable Development; engl. to sustain = stützen, aufrechterhalten) der Industriegesellschaft. Die Prioritätenregeln hierbei lassen sich stichwortartig in folgender Form zusammenfassen:

1. Vermeiden
2. Vermindern
3. Verwerten
4. Entsorgen

Vermeiden steht an erster Stelle, da Abwässer, Abluft und Abfälle, die nicht entstehen, auch nicht recycelt oder entsorgt werden müssen. Ansonsten heißt es „Kreisläufe schließen", wo immer möglich. Man sollte sich hierbei immer die Kreisläufe in der Natur zum Vorbild nehmen (siehe Abschn. 13.1.3). Zur Erreichung dieses Ziels muss stets das ganze Verfahren überarbeitet werden. Dabei sollte die Verfahrensbearbeitung *ganzheitlich* unter Berücksichtigung stofflicher, energetischer, sicherheitstechnischer, ökologischer und ökonomischer Gesichtspunkte erfolgen:

- Optimierung der Produktions- bzw. Reaktionsführung,
- Optimierung der Anlagen- und Regelungstechnik,
- Substitution oder Eliminierung von umweltbelastenden Hilfsstoffen,
- Einrichten von Kreisläufen,
- Einsparung von Energie,
- neue Produktions- oder Herstellungsverfahren.

Es ist aber auch klar, dass es einen vollständigen Verzicht auf additive Maßnahmen nicht geben kann, da es bei keinem Verfahren „Null"-Emissionen gibt.

Die in den Abschn. 13.2 und 13.4 geschilderten Verfahren zur Abwasser- und Abluftreinigung müssen nicht immer als additive Maßnahmen eingesetzt werden. Sie können sich auch als „Module" innerhalb von produktionsintegrierten Maßnahmen (z. B. Wertstoffgewinnung durch Membranfiltration) eignen. Produktionsintegrierter Umweltschutz ist ein vielschichtiges Gebiet, welches in vielen unterschiedlichen Industriebetrieben angewendet wird. Zur Erläuterung werden im Folgenden einige Beispiele näher aufgeführt (vielfältige Beispiele: siehe Brauer, H.: *Handbuch des Umweltschutzes und der Umweltschutztechnik*, Bd. 2, siehe Abschn. 14.2.5 dieses Buches).

Ein Beispiel für eine Verfahrensverbesserung durch produktionsintegrierten Umweltschutz ist die Herstellung von **Polypropylen** durch Polymerisation (siehe Abschn. 9.3.1). Wie in Abb. 13.37 zu sehen ist, hat sich die Produktausbeute seit den 60er-Jahren deutlich verbessert. Durch die Verfahrensumstellung von einer Lösungsmittelpolymerisation auf Substanzpolymerisation (Abschn. 9.3.1) konnte 1988 das Abfall- und Abluftaufkommen deutlich gesenkt werden. Gleichzeitig wurden neue, selektivere Katalysatoren eingesetzt. Seit 1991 wird die Polypropylenpolymerisation abwasser- und abfallfrei betrieben, und das Verfahren hat seine physikalisch-chemische **Effizienzgrenze** erreicht. Hierbei haben selektivere Katalysatoren den wichtigsten Beitrag geleistet. Generell kann festgehalten werden, dass sich Ausbeutesteigerungen bei chemischen Synthesen kostenmäßig immer zweifach positiv für das Unternehmen auswirken. Mehr Ausbeute bedeutet mehr verkaufsfähiges Produkt und weniger Reststoff, der (teuer) behandelt werden muss.

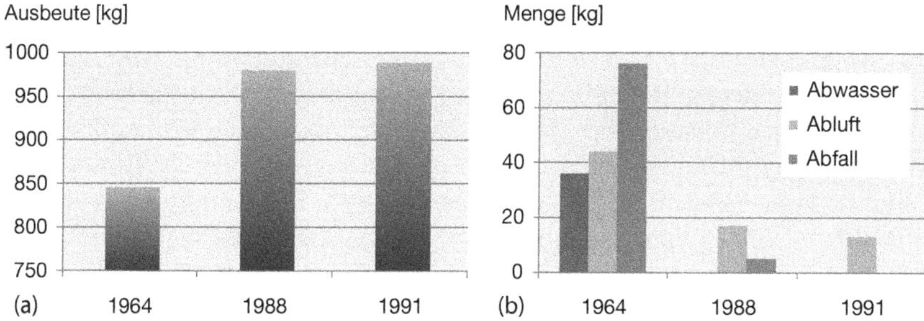

Abb. 13.37 Verfahrensverbesserungen bei der Polypropylenherstellung hinsichtlich (a) Produktausbeute und (b) Reststoffanfall.

Bei Prozessen in der **Galvanikindustrie** fallen viele verdünnte metallionenhaltige Spülwässer an, welche behandelt werden müssen. Eine typische Maßnahme des additiven Umweltschutzes ist es, alle Abwässer (mit unterschiedlichen Metallionen) zentral zu sammeln und die Metallionen gemeinsam als schwer lösliche Salze zu fällen (Abschn. 13.2.5.1). Diese Metallschlämme sind aber nicht recycelbar und müssen als Sondermüll entsorgt werden. Beim produktionsintegrierten Umweltschutz versucht man die Menge an Spülwasser zu vermindern und im Prozess selbst wieder zu verwerten. Folgende Maßnahmen werden ergriffen:

- Verringerung der Ausschleppung aus Bädern (z. B. längere Abtropfzeiten, Abblasen),
- Wassersparmaßnahmen beim Spülen,
- Aufkonzentrierung der Spülwässer,
- Regeneration der Prozessbäder durch Reinigung.

Ein entsprechendes Verfahrensbeispiel ist in Abb. 13.38 dargestellt. Nach dem Prozessbad wird der Hauptteil der Badverschleppung in einem sogenannten Standspülbad zurückgehalten. Anschließend durchläuft das Werkstück mehrere hintereinanderliegende Spülbehälter. Der Spülwasserstrom fließt der Arbeits-

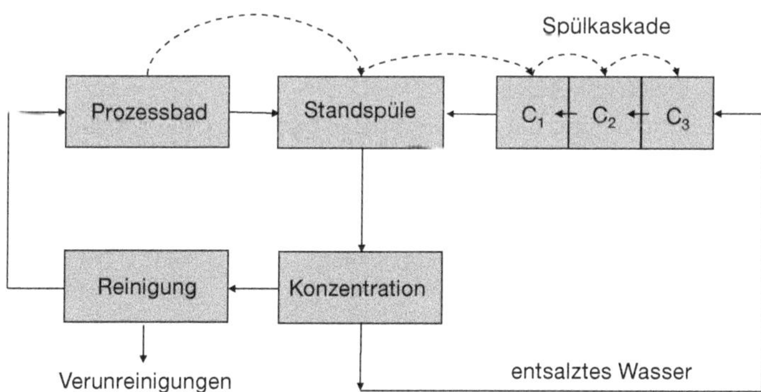

Abb. 13.38 Produktionsintegrierte Maßnahmen zur Behandlung von Spülwässern in der Galvanikindustrie.

richtung entgegen, sodass zuerst im konzentriertesten und zuletzt im saubersten Wasser gespült wird. Mit diesem Verfahren des abgestuften Spülens, welches auch als **Kaskadenspültechnik** bezeichnet wird, lassen sich erhebliche Mengen an Spülwasser einsparen. Das Spülwasser aus der Standspüle wird aufkonzentriert. Dies kann z. B. mittels Ionenaustauscheranlagen oder mittels Membranfiltrationsanlagen (Abschn. 13.2.5.4) erfolgen. Bevor das Konzentrat wieder zurück in das Prozessbad geführt wird, ist noch eine zusätzliche Reinigungsstufe zur Entfernung von Verunreinigungen notwendig (z. B. Aktivkohlebehandlung zur Entfernung organischer Verunreinigungen). Das entsalzte „saubere" Wasser wird wieder als Spülwasser eingesetzt. Bis auf geringe Reste an Verunreinigungen, die ausgeschleust werden müssen, ist es auf diese Weise möglich, einen praktisch vollständig geschlossenen Kreislauf einzurichten.

13.7 Ökobilanzen

Bereits bei den Maßnahmen des Recyclings von Produkten (Abschn. 13.5.3) und beim produktionsintegrierten Umweltschutz (Abschn. 13.6) wurde gezeigt, dass es stets darum geht unter verschiedenen Varianten das insgesamt „umweltfreundlichste" Verfahren zu ermitteln, sodass materielle Ressourcen effizienter genutzt werden und die Belastung der Umwelt durch Schadstoffe minimiert wird. Die erwähnte Rangfolge an Maßnahmen ist allgemein formuliert („Vermeiden, Vermindern, Verwerten, Entsorgen") einleuchtend, im konkreten Einzelfall kann die gesamte Beurteilung von Produkten und Verfahren sehr komplex sein. Aus diesem Grund wird versucht die Beurteilung der Umweltauswirkungen durch eine wissenschaftliche Analyse durchzuführen. Dieser Ansatz wird auch **Ökobilanz** genannt.

Der Begriff „Ökobilanz" wird heute sehr häufig verwendet und steht als Überbegriff für die Untersuchung von einzelnen Produkten, Produktionsprozessen oder ganzer Betriebe. Bei der Ökobilanz von Produkten spricht man manchmal auch vom „Lebensweg" des Produktes von der Wiege bis zur Bahre („Cradle-to-Grave"-Prinzip, engl. cradle = Wiege, grave = Grab) oder von der **Lebenswegbilanz**, kurz **LCA** genannt („**L**ife **C**ycle **A**ssessment", engl. life = Leben, cycle = Kreis, assessment = Bewertung). Für den Bereich der *produktbezogenen* Ökobilanz geht man heute bei der Erstellung einer Ökobilanz nach einem Vorschlag des Umweltbundesamtes (Berlin) in vier Schritten vor (Abb. 13.39).

1. Zunächst muss das sogenannte **Bilanzierungsziel** festgelegt werden. Soll beispielsweise die Ökobilanz zur Verbraucheraufklärung dienen, wie z. B. die Untersuchung der Fragen: Ist die Mehrwegglasflasche umweltfreundlicher als eine Kunststoffflasche oder soll die Ökobilanz für die innerbetriebliche Optimierung eines Produktionsprozesses eingesetzt werden? Von entscheidender Bedeutung hierbei ist die Festlegung des **Bilanzraumes**. Dies kann im Einzelfall schwierig sein und kann auch der Grund dafür sein, dass Ökobilanzen, die

dasselbe Produkt untersuchen, zu unterschiedlichen Ergebnissen kommen. So sollte beispielsweise die Rohölgewinnung in der Bilanz der Kunststoffflasche enthalten sein. Sehr fraglich ist, ob auch die Herstellung des Bohrturms in dieser Bilanz enthalten sein sollte, da die Gefahr besteht, dass die Bilanz in eine Art „Weltbilanz" ausartet.

2. Die **Sachbilanz** ist sozusagen die solide Basis jeder Ökobilanz. Hierbei handelt es sich um eine Stoff- und Energiebilanz der eingesetzten Rohstoffe und der entstehenden Produkte, Emissionen und Abfälle. Viele Ökobilanzen beschränken sich auf die Erstellung dieser Stoffstromdaten. Bei Produkten müssen neben dem Produktionsprozess auch Transport, Gebrauch und Entsorgung berücksichtigt werden.
3. In der **Wirkungsbilanz** sollen die Daten der Sachbilanz auf ihre Auswirkungen für die Umwelt bewertet werden. Hier wären beispielsweise die Auswirkungen auf die menschliche Gesundheit, auf die Versauerung der Böden und Gewässer oder auf den Treibhauseffekt usw. zu nennen.
4. Die **Bilanzbewertung** ist der schwierigste und umstrittenste Teil der Ökobilanz, da sie subjektiv geprägt ist. Hier muss festgelegt werden, wie die einzelnen Beiträge zu bewerten bzw. zu gewichten sind, um so zu einer Gesamtbewertung des Produktes zu kommen („Produkt A ist insgesamt besser als B"). Hierbei müssen beispielsweise verschiedene Emissionen in die Luft und ins Abwasser verglichen werden, die nur schwer zu vergleichen sind.

In Abb. 13.40 ist ein Ausschnitt aus der Sach- und Wirkungsbilanz für den Vergleich der 1,0 l-Mehrwegglasflasche für Mineralwasser mit einer 1,5 l-Einweg-PET (Polyethylenterephthalat, Abschn. 9.4.3.1) sowie einer hypothetischen Mehrweg-1,5 l-PET-Flasche aufgetragen.

Generell sind die Vorteile einer hypothetischen Mehrweg-1,5 l-PET-Flasche zu erkennen. Bei der 1,0 l-Glasflasche ist etwa die Hälfte des erzeugten CO_2 auf den Transport zurückzuführen (die schwere Glasflasche wird aufgrund der erhöhten Schadstoffemission bei zunehmender Transportentfernung immer ungünstiger), während bei der 1,5 l-Einweg-PET-Flasche der Haupanteil des erzeugten CO_2 aus der Flaschenherstellung resultiert. Hier entsteht der vergleichsweise hohe Beitrag

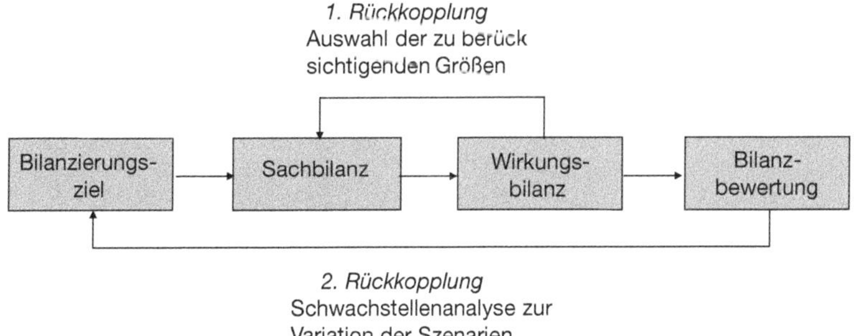

Abb. 13.39 Ablaufschema einer produktbezogenen Ökobilanz.

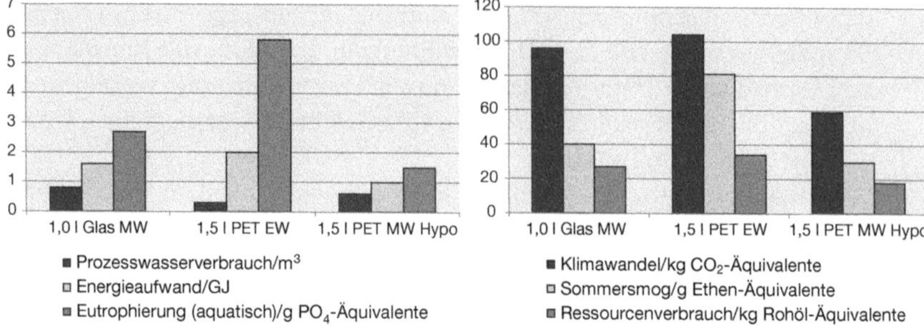

Abb. 13.40 Auswahl umweltrelevanter Größen am Beispiel von Verpackungssystemen für Mineralwasser im Jahr 2010 für jeweils 1000 l im Verteilungsgebiet Österreich (IFEU Institut, Heidelberg).

zum Sommersmog und zur Eutrophierung der Gewässer (Abschn. 13.1.3) auch aus der Flaschenherstellung.

Betriebliche Ökobilanzen bilden die wesentliche Grundlage für die Durchführung von sogenannten **Öko-Audits** (engl. audit = Buch-/Rechnungsprüfung). Hierbei wird von unabhängigen Fachleuten das gesamte Umweltverhalten eines Unternehmens nach dem Vorbild einer Wirtschaftsprüfung auf freiwilliger Basis überprüft bzw. beurteilt. Das wesentliche Ziel hierbei ist es, „umweltfreundlich" zu wirtschaften, d. h., so weit wie möglich Ressourcen zu sparen und damit letztendlich auch Kosten für den Betrieb zu reduzieren. Neben der Durchführung regelmäßiger Umweltbetriebsprüfungen soll ein **Umweltmanagementsystem** aufgebaut werden, welches selbst gesetzte Ziele für den Umweltschutz umsetzen soll.

Anhang

A.1
Die Buchstaben des griechischen Alphabets

Name	Zeichen groß	Zeichen klein	Umschrift
Alpha	A	α	a
Beta	B	β	b
Gamma	Γ	γ	g
Delta	Δ	δ	d
Epsilon	E	ε	e
Zeta	Z	ζ	z
Eta	H	η	e
Theta	Θ	θ	th
Jota	I	ι	i
Kappa	K	κ	k
Lambda	Λ	λ	l
My	M	μ	m
Ny	N	ν	n
Xi	Ξ	ξ	x
Omikron	O	o	o
Pi	Π	π	p
Rho	P	ρ	r
Sigma	Σ	σ	s
Tau	T	τ	t
Ypsilon	Υ	υ	y
Phi	Φ	ϕ	ph
Chi	X	χ	ch
Psi	Ψ	ψ	ps
Omega	Ω	ω	o

Chemie für Ingenieure, 14. Auflage. Jan Hoinkis.
©2016 WILEY-VCH Verlag GmbH & Co. KGaA. Published 2016 by WILEY-VCH Verlag GmbH & Co. KGaA.

A.2
Vorsatzzeichen und Abkürzungen für Stoffmengengehalte

Zehnerpotenz	Vorsatz	Vorsatzzeichen
10^{12}	Tera	T
10^{9}	Giga	G
10^{6}	Mega	M
10^{3}	Kilo	k
10^{2}	Hekto	h
10	Deka	da
10^{-1}	Dezi	d
10^{-2}	Zenti	c
10^{-3}	Milli	m
10^{-6}	Mikro	μ
10^{-9}	Nano	n
10^{-12}	Piko	p
10^{-15}	Femto	f
10^{-18}	Atto	a

Abkürzung	Bedeutung	Gehalt
ppm	parts per million	$1 : 10^{6}$
ppb	parts per billion	$1 : 10^{9}$
ppt	parts per trillion	$1 : 10^{12}$

A.3
Maßeinheitentabelle

Messgröße	SI-Einheiten und gültige Einheiten		alte Einheiten		Umrechnungsfaktoren (alte Einheiten in Klammern)
	Name	Zeichen	Name	Zeichen	
Länge	Meter	m	Ångström	Å	(1 Å) = 10^{-10} m
Masse	Gramm SI-Einheit ist das Kilogramm atomare Masseneinheit metrisches Karat	g kg u Kt			1 u = 1,660 53 · 10^{-24} g 1 Kt = 0,2 g, nur für Edelsteine
Zeit	Sekunde	s			
Frequenz	Hertz	Hz			1 Hz = 1/s
Druck	Newton durch Quadratmeter Pascal Bar	N/m² Pa bar	physikalische Atmosphäre technische Atmosphäre Torr	atm at Torr	1 bar = 10^5 Pa= 10^5 N/m² (1 atm) = 1,013 25 bar (1 at) = 0,980 665 bar (1 Torr) = 1,333 224 mbar
mechanische Spannung	Newton durch Quadratmillimeter Megapascal	N/mm² MPa	Kilopond pro Quadratmillimeter	kp/mm²	1N/mm² = 1Mpa (1Kp/mm²) = 9,806 65 N/mm² = 9,806 65 Mpa
Energie, Arbeit, Wärmemenge	Joule Kilowattstunde Elektronenvolt	J kWh eV	Erg Kalorie	erg cal	1J = 1Nm = 1Ws = 1kg m²/s² 1 kWh = 3,6 MJ 1 eV = 1,602 19 · 10^{-19} J (1erg) =10^{-7} J (1 cal) = 4,1868 J
Leistung, Energiestrom, Wärmestrom	Watt Voltampere	W VA	Pferdestärke	PS	1 W = 1 VA = 1J/s = 1Nm/s² (1 PS) = 735,498 75 W
Temperatur	Kelvin (T) Grad Celsius (t)	K °C	Grad Kelvin Grad Fahrenheit	°K °F	0 °C = 273,15 K; $\Delta t = \Delta T$ 0 °C = +32 °F; 100 °C = 212 °F
el. Stromstarke	Ampere	A			
el. Spannung	Volt	V			1V = 1W/A
el. Leitwert	Siemens	S			1S = 1A/V = 1/Ω
el. Widerstand	Ohm	Ω			1Ω = 1/S
Elektrizitätsmenge	Coulomb Amperestunde Amperesekunde	C Ah As			1C = 1As 1Ah = 3600 As

SI bedeutet: Système International d'Unité, fr. = Internationales Einheitensystem. Dieses System leitet sich von den Basisgrößen Meter, Kilogramm, Sekunde, Ampere, Kelvin, Candela und Mol ab.

A.4
Verzeichnis der chemischen Elemente (Stand IUPAC 2011)

Element	Symbol	Ordnungszahl	Rel. Atommasse
Actinium	Ac	89	227,0278[a)]
Aluminium	Al	13	26,9815386(8)
Americium	Am	95	243,0614[a)]
Antimon	Sb	51	121,760(1)
Argon	Ar	18	39,948(1)
Arsen	As	33	74,92160(2)
Astat	At	85	209,9871[a)]
Barium	Ba	56	137,327(7)
Berkelium	Bk	97	247,0703[a)]
Beryllium	Be	4	9,012182(3)
Bismut	Bi	83	208,98040(1)
Blei	Pb	82	207,2(1)
Bor	B	5	10,806; 10,821
Brom	Br	35	79,901; 79,907
Cadmium	Cd	48	112,411(8)
Cäsium	Cs	55	132,9054519(2)
Calcium	Ca	20	40,078(4)
Californium	Cf	98	251,0796[a)]
Cer	Ce	58	140,116(1)
Chlor	Cl	17	35,446; 35,457
Chrom	Cr	24	51,9961(6)
Cobalt	Co	27	58,933195(5)
Curium	Cm	96	247,0704[a)]
Dysprosium	Dy	66	162,500(1)
Einsteinium	Es	99	252,083[a)]
Eisen	Fe	26	55,845(2)
Erbium	Er	68	167,259(3)
Europium	Eu	63	151,964(1)
Fermium	Fm	100	257,0915[a)]
Fluor	F	9	18,9984032(5)
Francium	Fr	87	223,0197[a)]
Gadolinium	Gd	64	157,25(3)
Gallium	Ga	31	69,723(1)
Germanium	Ge	32	72,630(8)
Gold	Au	79	196,966569(4)
Hafnium	Hf	72	178,49(2)
Helium	He	2	4,002602(2)

Element	Symbol	Ordnungszahl	Rel. Atommasse
Holmium	Ho	67	164,93032(2)
Indium	In	49	114,818(1)
Iod	I	53	126,90447(3)
Iridium	Ir	77	192,217(3)
Kalium	K	19	39,0983(1)
Kohlenstoff	C	6	12,0096; 12,0116
Krypton	Kr	36	83,798(2)
Kupfer	Cu	29	63,546(3)
Lanthanium	La	57	138,90547(7)
Lawrencium	Lr	103	262,11[a)]
Lithium	Li	3	6,938; 6,997
Lutetium	Lu	71	174,9668(1)
Magnesium	Mg	12	24,304; 24,307
Mangan	Mn	25	54,938045(5)
Mendelevium	Md	101	258,0984[a)]
Molybdän	Mo	42	95,96(2)
Natrium	Na	11	22,98976928(2)
Neodym	Nd	60	144,242(3)
Neon	Ne	10	20,1797(6)
Neptunium	Np	93	237,0482[a)]
Nickel	Ni	28	58,6934(4)
Niob	Nb	41	92,90638(2)
Nobelium	No	102	259,101[a)]
Osmium	Os	76	190,23(3)
Palladium	Pd	46	106,42(1)
Phosphor	P	15	30,973762(2)
Platin	Pt	78	195,084(9)
Plutonium	Pu	94	244,0642[a)]
Polonium	Po	84	208,9824[a)]
Praseodym	Pr	59	140,90765(2)
Promethium	Pm	61	144,9127[a)]
Protactinium	Pa	91	231,0359[a)]
Quecksilber	Hg	80	200,592(3)
Radium	Ra	88	226,0254[a)]
Radon	Rn	86	222,0176[a)]
Rhenium	Re	75	186,207(1)
Rhodium	Rh	45	102,90550(2)
Rubidium	Rb	37	85,4678(3)
Ruthenium	Ru	44	101,07(2)
Samarium	Sm	62	150,36(2)
Sauerstoff	O	8	15,99903; 15,99977
Scandium	Sc	21	44,955912(6)

Element	Symbol	Ordnungszahl	Rel. Atommasse
Schwefel	S	16	32,059; 32,076
Selen	Se	34	78,96(3)
Silber	Ag	47	107,8682(2)
Silicium	Si	14	28,084; 28,086
Stickstoff	N	7	14,00643; 14,00728
Strontium	Sr	38	87,62(1)
Tantal	Ta	73	180,94788(2)
Technetium	Tc	43	97,9072[a)]
Tellur	Te	52	127,60(3)
Terbium	Tb	65	158,92535(2)
Thallium	Tl	81	204,382; 204,385
Thorium	Th	90	232,03806(2)
Thulium	Tm	69	168,9342(3)
Titan	Ti	22	47,867(1)
Uran	U	92	238,02891(3)
Vanadium	V	23	50,9415(1)
Wasserstoff	H	1	1,00784; 1.00811
Wolfram	W	74	183,84(1)
Xenon	Xe	54	131,293(6)
Ytterbium	Yb	70	173,054(5)
Yttrium	Y	39	88,90585(2)
Zink	Zn	30	65,38(2)
Zinn	Sn	50	118,710(7)
Zirkonium	Zr	40	91,224(2)

a) Massenzahl des radioaktiven Isotops mit der längsten Halbwertszeit.
Die Klammern bei der relativen Atommasse zeigen die Breite der Unsicherheit der letzten Stelle; bzw. bei zwei Zahlenwerten Angabe von Intervallen für die relativen Atommassen.

A.5 Löslichkeitsprodukte

Formel	Bezeichnung	Temperatur (°C)	Löslichkeitsprodukt *L*
AgBr	Silberbromid	25	$6{,}3 \cdot 10^{-13}\ mol^2/l^2$
Ag_2CO_3	Silbercarbonat	25	$6{,}15 \cdot 10^{-12}\ mol^3/l^3$
AgCl	Silberchlorid	25	$1{,}7 \cdot 10^{-10}\ mol^2/l^2$
AgI	Silberiodid	25	$1{,}5 \cdot 10^{-16}\ mol^2/l^2$
AgOH	Silberhydroxid	18	$1{,}24 \cdot 10^{-8}\ mol^2/l^2$
$Al(OH)_3$	Aluminiumhydroxid	25	$3{,}7 \cdot 10^{-15}\ mol^4/l^4$
$AlPO_4$	Aluminiumphosphat	20	$1{,}0 \cdot 10^{-18}\ mol^2/l^2$
$BaCO_3$	Bariumcarbonat	16	$7{,}0 \cdot 10^{-9}\ mol^2/l^2$
$BaSO_4$	Bariumsulfat	25	$1{,}08 \cdot 10^{-10}\ mol^2/l^2$
CaF_2	Calciumfluorid	25	$3{,}45 \cdot 10^{-11}\ mol^3/l^3$
$CaCO_3$	Calciumcarbonat	25	$4{,}8 \cdot 10^{-9}\ mol^2/l^2$
$Ca(OH)_2$	Calciumhydroxid	18	$5{,}47 \cdot 10^{-6}\ mol^3/l^3$
$Ca_3(PO_4)_2$	Calciumphosphat	25	$1{,}0 \cdot 10^{-25}\ mol^5/l^5$
$CaSO_4$	Calciumsulfat	10	$6{,}1 \cdot 10^{-5}\ mol^2/l^2$
$Cd(OH)_2$	Cadmiumhydroxid	18	$1{,}2 \cdot 10^{-14}\ mol^3/l^3$
$CoCO_3$	Cobaltcarbonat	25	$1{,}4 \cdot 10^{-13}\ mol^2/l^2$
$Co(OH)_2$	Cobalthydroxid	25	$1{,}6 \cdot 10^{-15}\ mol^3/l^3$
CoS	Cobaltsulfid	20	$1{,}9 \cdot 10^{-27}\ mol^2/l^2$
$Cr(OH)_3$	Chromhydroxid	25	$6{,}7 \cdot 10^{-31}\ mol^4/l^4$
$CuCO_3$	Kupfercarbonat	25	$1{,}37 \cdot 10^{-10}\ mol^2/l^2$
$Cu(OH)_2$	Kupferhydroxid	25	$2{,}0 \cdot 10^{-19}\ mol^3/l^3$
CuS	Kupfersulfid	18	$8{,}0 \cdot 10^{-45}\ mol^2/l^2$
$FeCO_3$	Eisencarbonat	20	$2{,}5 \cdot 10^{-11}\ mol^2/l^2$
$Fe(OH)_2$	Eisen(II)-hydroxid	18	$4{,}8 \cdot 10^{-16}\ mol^3/l^3$
$Fe(OH)_3$	Eisen(III-)hydroxid	18	$3{,}8 \cdot 10^{-38}\ mol^4/l^4$
$FePO_4$	Eisenphosphat	20	$1{,}0 \cdot 10^{-22}\ mol^2/l^2$
FeS	Eisensulfid	18	$3{,}7 \cdot 10^{-19}\ mol^2/l^2$
HgS	Quecksilbersulfid	18	$3{,}0 \cdot 10^{-54}\ mol^2/l^2$
$Mn(OH)_2$	Manganhydroxid	18	$4{,}0 \cdot 10^{-14}\ mol^3/l^3$
$Ni(OH)_2$	Nickelhydroxid	25	$1{,}6 \cdot 10^{-14}\ mol^3/l^3$
NiS	Nickelsulfid	20	$1{,}0 \cdot 10^{-26}\ mol^2/l^2$
PbI_2	Bleiiodid	25	$1{,}4 \cdot 10^{-8}\ mol^2/l^2$
$PbCO_3$	Bleicarbonat	18	$3{,}3 \cdot 10^{-14}\ mol^2/l^2$
$Pb(OH)_2$	Bleihydroxid	25	$1{,}2 \cdot 10^{-15}\ mol^3/l^3$
$PbSO_4$	Bleisulfat	25	$1{,}6 \cdot 10^{-8}\ mol^2/l^2$
PbS	Bleisulfid	18	$3{,}4 \cdot 10^{-28}\ mol^2/l^2$

Formel	Bezeichnung	Temperatur (°C)	Löslichkeitsprodukt *L*
$Sn(OH)_2$	Zinnhydroxid	25	$5{,}0 \cdot 10^{-26}\ mol^3/l^3$
$Tl(OH)_3$	Thalliumhydroxid	25	$6{,}3 \cdot 10^{-46}\ mol^4/l^4$
$ZnCO_3$	Zinkcarbonat	25	$6{,}0 \cdot 10^{-11}\ mol^2/l^2$
$Zn(OH)_2$	Zinkhydroxid	25	$1{,}0 \cdot 10^{-17}\ mol^3/l^3$

Bemerkung: Die Zahlenwerte von Löslichkeitsprodukten sind nur dann direkt vergleichbar, wenn diese die gleiche Einheit haben.

A.6
Schadstoffhöchstwerte am Arbeitsplatz und Wassergefährdungsklassen (WGK)

MAK-Werte (Auswahl)

Stoff	Formel	MAK ml/m³ (ppm)	MAK mg/m³	WGK[a)]
Aceton	CH_3COCH_3	500	1200	1
Ammoniak	NH_3	50	35	2
Anilin	$C_6H_5NH_2$	2	8	2
Chlor	Cl_2	0,5	1,5	2
Chlorwasserstoff	HCl	5	8	1
Cyanwasserstoff	HCN	10	11	3
Cyclohexan	C_6H_{12}	200	700	1
Essigsäure	CH_3COOH	10	25	1
Ethanol	C_2H_5OH	1000	1900	1
Fluor	F_2	0,1	0,2	
Fluorwasserstoff	HF	3	2,5	1
Kohlendioxid	CO_2	5000	9000	N
Kohlenmonoxid	CO	30	33	1
Methanol	CH_3OH	200	260	1
Nitrobenzol	$C_6H_5NO_2$	1	5	2
Octan (*n*-)	$CH_3(CH_2)_6CH_3$	500	2350	1
Ozon	O_3	0,1	0,2	
Phenol	C_6H_5OH	5	19	2
Propanol (Iso-)	C_3H_7OH	200	500	1
Quecksilber	Hg	0,01	0,08	3
Schwefeldioxid	SO_2	2	5	1
Schwefelwasserstoff	H_2S	10	15	2
Stickstoffdioxid	NO_2	5	9	1
Toluol	$C_6H_5CH_3$	50	190	2
Xylol (*ortho*-)	$C_6H_4(CH_3)_2$	100	440	2

a) N: nicht wassergefährdend; WGK 1: schwach wassergefährdend; WGK 2: wassergefährdend; WGK 3: stark wassergefährdend.

TRK-Werte (Auswahl)

Arbeitsstoff	TRK ml/m³ (ppm)	TRK mg/m³	Bemerkungen
Arsensäure	–	0,1	
1,2-Benzo[a]pyren	–	0,005	
Benzol	5	16	
1,3-Butadien	15	34	
Chrom(III)-chromat	–	0,1	berechnet als CrO_3 im Gesamtstaub
Hydrazin	0,1	0,13	
Kaliumdichromat	–	0,1	
Vinylchlorid	2	5	bestehende Anlagen 3 ppm

A.7 Gefahrensymbole

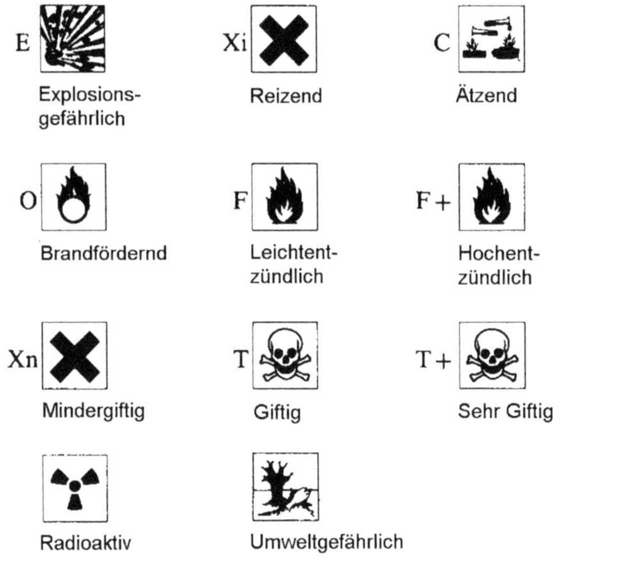

A.8
Periodensystem der Elemente

1	2	3	4	5	6	7	8	9	10	11	12	13	14	15	16	17	18
1 **H** 1.0079																	2 **He** 4.0026
3 **Li** 6.941	4 **Be** 9.0122											5 **B** 10.811	6 **C** 12.011	7 **N** 14.007	8 **O** 15.999	9 **F** 18.998	10 **Ne** 20.180
11 **Na** 22.990	12 **Mg** 24.305											13 **Al** 26.982	14 **Si** 28.086	15 **P** 30.974	16 **S** 32.066	17 **Cl** 35.453	18 **Ar** 39.948
19 **K** 39.098	20 **Ca** 40.078	21 **Sc** 44.956	22 **Ti** 47.867	23 **V** 50.942	24 **Cr** 51.996	25 **Mn** 54.938	26 **Fe** 55.845	27 **Co** 58.933	28 **Ni** 58.693	29 **Cu** 63.546	30 **Zn** 65.39	31 **Ga** 69.723	32 **Ge** 72.61	33 **As** 74.922	34 **Se** 78.96	35 **Br** 79.904	36 **Kr** 83.80
37 **Rb** 85.468	38 **Sr** 87.62	39 **Y** 88.906	40 **Zr** 91.224	41 **Nb** 92.906	42 **Mo** 95.94	43 **Tc*** 98.906	44 **Ru** 101.07	45 **Rh** 102.91	46 **Pd** 106.42	47 **Ag** 107.87	48 **Cd** 112.41	49 **In** 114.82	50 **Sn** 118.71	51 **Sb** 121.76	52 **Te** 127.60	53 **I** 126.90	54 **Xe** 131.29
55 **Cs** 132.91	56 **Ba** 137.33		72 **Hf** 178.49	73 **Ta** 180.95	74 **W** 183.84	75 **Re** 186.21	76 **Os** 190.23	77 **Ir** 192.22	78 **Pt** 195.08	79 **Au** 196.97	80 **Hg** 200.59	81 **Tl** 204.38	82 **Pb** 207.2	83 **Bi** 208.98	84 **Po*** 208.98	85 **At*** 209.99	86 **Rn*** 222.02
87 **Fr*** 223.02	88 **Ra*** 226.03		104 **Rf** 261.11	105 **Db** 262.11	106 **Sg** 263.12	107 **Bh** 262.12	108 **Hs**	109 **Mt**	110 **Ds***	111 **Rg***	112 **Cn***	113 **Uut**[a]	114 **Fl**	115 **Uup**[a]	116 **Lv**	117 **Uus**[a]	118 **Uuo**[a]

[a] vorläufiges IUPAC-Symbol

57 **La** 138.91	58 **Ce** 140.12	59 **Pr** 140.91	60 **Nd** 144.24	61 **Pm*** 146.92	62 **Sm** 150.36	63 **Eu** 151.97	64 **Gd** 157.25	65 **Tb** 158.93	66 **Dy** 162.50	67 **Ho** 164.93	68 **Er** 167.26	69 **Tm** 168.93	70 **Yb** 173.04	71 **Lu** 174.97
89 **Ac*** 227.03	90 **Th*** 232.04	91 **Pa*** 231.04	92 **U*** 238.03	93 **Np*** 237.05	94 **Pu*** 244.06	95 **Am*** 243.06	96 **Cm*** 247.07	97 **Bk*** 247.07	98 **Cf*** 251.08	99 **Es*** 252.08	100 **Fm*** 257.10	101 **Md*** 258.10	102 **No*** 259.10	103 **Lr*** 260.11

* Radioaktive Elemente; angegeben ist die Masse eines wichtigen Isotops.

Sachverzeichnis

a
Abbaubarkeit, biologische 530–532, 548
Abfall 594–603
„Abfallwärme“ 69
Abgaskatalysator 329, 450–451, 591–594
Abgasreinigung
– bei Automobilen 591–594
– Müllverbrennung 597
abgeschlossene Elektronenschalen 14
– Komplexverbindungen 140
– magnetische Eigenschaften 175
– Oktettregel 26
abgewandelte Naturprodukte 348–350
Abluftreinigung 576–594
– biologische 586
– industrielle 578–586
absatzweiser Betrieb 514, 563, 568
Abscheidung
– elektrolytische 427
– Gase 581–586
– Staub 578–581
Abscheidungspolarisation 430
Abschnittsreaktor 147
absetzbare Stoffe 543
Absetzkammer 579
Absorption, Gasabscheidung 582–583
Absorptionskältemaschinen 78
Absorptionsmaxima 469–470
Absorptionsspektren 460–461
– sichtbares Licht 477
Abwasserabgabenrecht 547
Abwasserinhaltsstoffe 542–549
Abwasserreinigung 541–555
– Bioverfahrenstechnik 513, 516
– industrielle Abwässer 105–106
Abwasserverbrennung 565
acceptable daily intake (ADI-Werte) 529
Acetaldehyd 305
Acetyl-CoA 500–501
Acetylene 270, 285–287
Acetylidion 287
Acrylglas 365–366
Acrylnitril 319
Acrylnitril-Butadien-Kautschuk 357
Actinoide 17
additiver Umweltschutz 603
Adenosindiphosphat (ADP) 498
Adenosintriphosphat (ATP) 496, 498
adsorbierbare organische Halogenverbindungen (AOX) 549
Adsorption 155–160
– Adsorptionsfällung 560
– Adsorptionsisotherme 156
– Adsorptionsmittel 584
– an Aktivkohle 562–563
– Gasabscheidung 584–585
aerobe Prozesse 498
– Abfallentsorgung 600
Aflatoxine 530
Ag/AgCl-Elektrode, *siehe* Silber/Silberchlorid-Elektrode
Aggregatzustände 47–83
– Änderung 70–83
Ähnlichkeit, chemische 59
Akkumulationsvermögen, Gifte 526, 530–532
Akkumulatoren 223, 415–420
– Entsorgung 601
– Nickel-Metallhydrid- 232, 240, 418–419
– Wirkungsgrad 417
Aktivierungsenergie 89
– Katalysatoren 93
Aktivierungsenthalpie, freie 94
Aktivität 104
– fotokatalytische 489
– optische, *siehe* optische Aktivität
Aktivitätskoeffizient, wässrige Lösungen 117

©2016 WILEY-VCH Verlag GmbH & Co. KGaA. Published 2016 by WILEY-VCH Verlag GmbH & Co. KGaA.

Aktivkohle 196
– Abgasreinigung 597
– Adsorption an 562–563
– Gasabscheidung 584–585
akute Toxizität 521
Aldehyde 304–305
Aldosen 322
Algen 494
alicyclische Verbindungen 288
aliphatische Kohlenwasserstoffe 279
Alitieren 446
Alkali-Mangan-Zellen 414
Alkalimetalle 16, 219–220
alkalische Reaktionen von Salzen 125–126
Alkane 279–282
Alkene 282–285
Alkine 285–287
Alkohole 300–302
– Löslichkeit 60
– Wasserlöslichkeit 302
Alkoholyse 390
Alkydharze 372–376
Alkylbenzolsulfonate 315
Allergien 524
alternative Kraftstoffe 333–336, 516–518
Altersbestimmung 166
– Erde 235
Alterung, Kunststoffe 382–389
Alterungsschutzmittel 337
Aluminium 221–222
– anodisches Oxidieren 446–447
– elektrolytische Gewinnung 426
Aluminiumalkyle 299
Aluminiumbronzen 226
Aluminiumsulfat 126
aluminothermische Reaktion 100
Alumosilicate 266–268
Amalgame 224
Ameisensäure 306, 308
Amide 317–318
Amidgruppe, in Proteinen 325
Amine 316–317
Aminobenzol 316
Aminosäuren 317, 504–505
– Sequenz 325
Ammoniak 249–250
– Bindungswinkel 242
– Haber-Bosch-Verfahren 146–147
– Verdampfungswärme 76
– Wasserstoffbrücken 40
Ammonifikation 540
Ammonium 544
Ammoniumionen, quartäre 316
amorphe Feststoffe 56
amorphe Thermoplaste 343
Amperometrie 453–454
Ampholyte 102–104
amphotere Hydroxide 264
Amylalkohole 301
anaerobe Abwasserreinigung 556
anaerobe Gärung 555
anaerobe Prozesse 499
Analysatorrohr 485
Analyse
– qualitative 137–138, 476
– quantitative 137–138
Aneuploidie 509
Anhydrit 269
Anilin 317
Anionbasen 125–127
Anionen 18
– Komplexbildung 138–140
– , *siehe* auch Salze
Anionenaustauscher 133
Anisotropie, Kristalle 53
Anlagerungskomplexe 144
Anode 412
– Elektrolyse 424
– Opferanode 449
anodisches Oxidieren 446–447
Anomalien des Wassers 243
anorganische Stoffe
– Farbmittel 487
– giftige 525–528
– im Abwasser 543–545
anorganische Verbindungen 239–275
– Schutzschichten 446–448
Anoxie 527
Anthracen 293
– Prinzip vom kleinsten Zwang 110
Anthrachinon 488
antibindendes Molekülorbital 177, 179–180
Antibiotikaresistenz 511
Antiklopfmittel 331–332
Antimon 223
Antioxidationsmittel, Fullerene 193
Antiseptikum, Iod 186
Aquakomplexe 66
Äquivalentkonzentration 121
Äquivalentmasse 427
Äquivalenzpunkt 121–124
– konduktometrische Titration 450
– potenziometrische Titration 452
Aräometer 62
Archaebakterien 493
Argon 183–185

aromatische Kohlenwasserstoffe 288
– Heterocyclen 320
– kondensierte 293
– PAK 293, 532, 578, 594
– Phenole 302–303
Arrhenius-Säuren/-Basen 100–102
Arsen 223
Asbest 269
asymmetrische C-Atome 309
asymmetrische Membranen 569
asymmetrische Streckungen 477
ataktisch 355
Äther, *siehe* Ether
Äthylen (Äthen), *siehe* Ethylen
Atmung
– CO-Vergiftung 253, 527
– im Ökosystem 537–538
– Zellatmung 498–499, 528
Atomabsorptionsspektroskopie (AAS) 477
atomare Häufigkeit, chemische Elemente 163
atomare Masseneinheit 42
Atombindung 26–29
– polare 33–34
– Silicium und Germanium 206
Atomdurchmesser 21–23
Atome
– Bau und Periodensystem 1–23
– Bestandteile 1–2
– isolierte 183
– Komplexbildung an neutralen Atomen 143–144
Atomic Force Microscope (AFM) 473
Atomkerne 1–4
– Nuklide 3, 166
Atomkraftwerke, *siehe* Kernkraftwerke
Atommasse, relative 42
Atommodell
– Bohr'sches 4–5, 30
– Erkenntnistheorie 10–11
– wellenmechanisches 5–15
Atomorbitale 177
Atomradius, Doppelbindungsregel 174–175
Ätzlösungen 404–405
Audits, Umwelt- 608
Aufdampfverfahren 445
Aufenthaltswahrscheinlichkeit 8
Aufheller, optische 469
Auflösung eines Niederschlages 135
Aufrollen von Grafitebenen 194
aufschwimmende Stoffe 543
Ausdehnungskoeffizient, thermischer 56
Ausfällung 559
Ausflockung 58
Aussalzen 135–136
äußerer Fotoeffekt 213
Austenit 228
Automobilkatalysator 329, 450–451, 591–594
autotroph 493–494
auxochrome Gruppen 489
Avogadro, Gesetz von 48
Avogadro-Konstante 45
azeotrope Mischungen 77
Azofarbstoffe 488

b

Badzementieren 154
Bahnmomente 175
Bakelit 370
Bakterien 493, 496, 536
– Antibiotikaresistenz 511
– Bildung von Carbonsäuren 305–306
– biologisch abbaubare Kunststoffe 392
– Entkeimung 174, 186–188, 274
– Hochleistungsstämme 510
– Leuchtbakterientest 531
Balmer-Serie 464
Bandenspektren 467–469
Barium 220–221
Basen 102
– giftige 526
Basensubstitution 508
basische Oxide 264
Batchbetrieb 514, 563, 568
bathochromer Effekt 489
Batterien, *siehe* Primärelemente
Baustoffbindemittel 268–269
Baustoffwechsel 497
Bauxit 426
BCS-Theorie 211
Beilstein-Test 384
Beizsprödigkeit 442
belebte Materie 492
Belebtschlammverfahren 551
Belüftungselement 438
Benzaldehyd 305
Benzin 329
Benzoesäure 308
Benzol (Benzen) 288–289
1,2-Benzpyren 294
Benzylalkohol 300
Berlinerblau 145
Beryllium 221
Beton 268
Betriebsstoffwechsel 497

Beugung, Elektronenstrahlen 6
Bezugspotenzial 409
Bildungsgeschwindigkeit 108
bindendes Molekülorbital 177
Bindungen
– Bindungswinkel 242
– chemische, *siehe* chemische Bindungen
– koordinative, *siehe* Komplexverbindungen
– Massenerhaltungsgesetz 86
Bindungsenergie, Atomkerne 169
Biochemie 491–501
Bioethanol 333
– Herstellung 516–518
Biogas 279
– kommunale Kläranlagen 555
Biohochreaktoren 556
Biokatalysatoren 497–498
biologisch abbaubare Kunststoffe 391–392
biologische Abbaubarkeit, BSB/CSB 548
biologische Abluftreinigung 586
Biologische Arbeitsstoff-Toleranz-Werte (BAT-Werte) 523
biologische Behandlung, Abfälle 600–602
biologische Reinigung, Abwässer 551–552
Biologischer Sauerstoffbedarf (BSB) 519, 545–546
Bioreaktoren 514–516
Biosensoren 518–520
Biotop 535
Bioverfahrenstechnik 513–518
Biozide 529
Biozönose 535
Biphenyle 296
– biologische Abbaubarkeit 532
Bismut 223
– Legierungen 217
Blasensäulenreaktor 515
Blattstruktur 262
Blaugel 263
Blausäure 318
– Gifte 145
Blei 222
Bleiakkumulator 416–417
Bleichen, Wasserstoffperoxid 247
Bleiiodid 127–129
– Löslichkeit 136
Bleistifte 191
Block-Copolymere 344
Block-Copolymerisation 351
Blockheizkraftwerke 79
Blutlaugensalze 141, 145
Bodenkorrosion 442
Bogenentladung 476
Bohr'sches Atommodell 4–5
– Metalle und Nichtmetalle 30
Borax 261
Bornitrid 272
Boten-RNA 504–505
Botulismus 529
Boudouard-Gleichgewicht 152–153, 253, 427
Boyle-Mariotte'sche Gesetz 48
Brandschutzmittel, Kunststoffe 388–389
Brandschutzplatten, Polystyrol 359
Braunstein, *siehe* Zink-Braunstein-Elemente
Brennstoffe 326–328
– Wasserstoff 173
Brennstoffzellen 420–423
– Wasserstoff 173
Brennwert 90, 326
Brennwertkessel 327
Brom 185–187
– Gewinnung 402
Brönsted-Säuren/-Basen 101–102
Bronze 225
Brücke, metallische 210
BtL-Kraftstoffe 334
Buna 356–357
Bunsenbrenner 150–151
Bürette 123
Butadien 356–357
Butan 281
Buten 279
Buttersäure 308

C

Cadmium 223–224
– Legierungen 217
– Nickel-Cadmium-Akkumulator 417–418
Calcium 220–221
– selektiver Ionenaustausch 133
Calciumcarbid 286
Calciumcarbonat, Löslichkeitsprodukt 130–134
Carbide 270–272
Carbon Nanotubes (CNT), *siehe* Kohlenstoff-Nanoröhrchen
Carbonsäuren 306–310
Carbonyle 143
Carborund 271
Carboxylgruppe 313
– Aminosäuren 317
β-Carotin 488
Cellulose 324
– biologisch abbaubare Kunststoffe 391
– Kunststoffe 348–349

Celluloseacetat (CA) 348
Cetanzahl (CZ) 332
Chalkogene 17
Chemical Vapour Deposition (CVD) 193
Chemikalien, Schadwirkung 520–533
Chemikalienbeständigkeit, Kunststoffe 386–387
chemische Ähnlichkeit 59
chemische Bindungen 25–45
– Atombindung (kovalente Bindung) 26–29, 33–34, 206
– π-Bindungen 28–29
– σ-Bindungen 27–28
– Duroplaste 345
– Elastomere 344
– Ionenbindung 29–32
– Kristallsysteme 55
– metallische Bindung 32–33
– zweiatomige Moleküle 180
chemische Elemente 2, 161–237
– Einteilung 161–162
– gasförmige, *siehe* gasförmige Elemente
– Häufigkeit 162–165
– Periodensystem, *siehe* Periodensystem der Elemente
– Rein-/Mischelemente 3
– Sauerstoffverbindungen 251–269
– Umwandlungen 165–171
– Wasserstoffverbindungen 239–251
chemische Fällung 552
chemische Gasphasenabscheidung 193
chemische Oxidation, Abwasserreinigung 565–566
chemische Polarisation 430
chemische Reaktionen, *siehe* Reaktionen
chemische Verbindungen, *siehe* Verbindungen
Chemischer Sauerstoffbedarf (CSB) 546–547
chemisches Gleichgewicht, *siehe* Gleichgewicht
chemisches Recycling 389
chemisch-physikalische Abwasserreinigung 558
Chemisorption 94, 156
Chemolumineszenzanalyse 483–484
Chinon 302–303
Chipherstellung 404–405
Chlor 173–174
– Sauerstoffsäuren 259
Chlor-Alkali-Elektrolyse 172, 425
Chlorkautschuk 350
Chlorkohlenwasserstoffe (CKW) 295
Chlorophyll 499
Chlorwasserstoff 248–249
– σ-Bindungen 27
– Kalottenmodell 34–35
Chrom 232
– Schutzschichten 435
Chromatieren 447
Chromatografie 157–160
– Bioverfahrenstechnik 516
Chromnickelstahl 231, 439
Chromophore 488
Chromosomen 495
– Mutation 506–508
chronische Toxizität 521
Citronensäure, *siehe* Zitronensäure
Clark-Messzelle 453
Club of Rome 163
Cobalt 227, 231
– radioaktives 236
Cobaltsalze, Hydratbildung 143
Code, genetischer 504–505, 507
Compact Discs (CDs) 376
Copolymerisation 351
Coulometrie 454–455
Cracken, Erdöl 172, 284
Cross-Flow-Filtration 567–568
CtL-Kraftstoffe 335
Curie-Temperatur 176, 228
Cyanide 154, 319
– Entgiftung 566
cyanidisches Bad 435
Cyclohexan 288

d

Dampfdruck 51, 71
Dampfdruckkurve 72, 74
Dampfkesselstahl, Laugenbrüchigkeit 441
Dampfkochtopf 74
Dampfreformierung, Erdgas 147–148, 172
Daniell-Element 394
Daniell'scher Hahn 149–150
Dauermagnete 232
DDT 529
– biologische Abbaubarkeit 531
Dead-End-Filtration 568
De-Broglie-Wellen 6
– Elektronengas 211
Deformationsschwingungen 477
Dehnung 346
Dehydrieren
– Doppelbindungen 284
– primäre Alkohole 305
– sekundäre Alkohole 304
Dekalin 294

Dekapieren 434
Deletion 507
delokalisierte Elektronen
– Aromaten 288–289
– Grafit 190
Denitrifikation 540, 553
Depolarisator 413
Deponiegas 599
Deponien 599–600
Designerkraftstoffe 334
Desorption 156
Desoxyribonukleinsäure, *siehe* DNA
Destillation 79–83
– trockene 196
destilliertes Wasser 80
Destruenten 536
Detergentien 314
Detonation, Verbrennungsvorgänge 328
Deuteriumoxid 246
deutscher Härtegrad (Einheit) 131–132
Dewar-Gefäß 181
Diabetes mellitus 512
diamagnetisches Verhalten 175
Diamant 189–190
Diaphragma, Messelektroden 408
Dibenzofuran 321
Dichten
– Kunststoffe 386–387
– Messung 62–63
– Metalle 220
– oxidkeramische Stoffe 265
– Platinmetalle 227
Dielektrizitätskonstante, Wasser 244
Dieselmotoren 332
– Abgasreinigung 594
Diethylether 303
Diffusion 63–66
– gebundene 383
– Korrosionsschutz 446
– Lösungs-Diffusions-Modell 572–574
Diffusionspolarisation 432
Dimethylbenzole 292–293
Diode 205
Diolefine 284
Dioxine 321
– biologische Abbaubarkeit 532
– Müllverbrennung 597
Dipol-Dipol-Wechselwirkungen 37
Dipole, induzierte 38
Dipolmoleküle 34, 36
Dipolmoment, IR-Spektren 477–478
Dipol-Wechselwirkungen 36–37
Direkteinleiter 543
Direktpotenziometrie 451
Disaccharide 323
Dischwefelsäure 261
Dispersionen 58
Dispersionsfarbstoffe 490
Disproportionierung 260
Disruptoren, endokrine 523
Dissoziation
– elektrolytische 116–117, 245
– thermische 149–150
Dissoziationsgrad 116
Dissoziationskonstante 116
Dissoziationsstufe, Calciumcarbonat 130
Distickstoffmonoxid 256
DNA 502–503
DNA-Rekombinationstechnik 510–513
Doppelbindungen
– Doppelbindungsregel 174–176, 187
– in Kohlenwasserstoffen, *siehe* Alkene
– konjugierte 474, 488
– Polymerisation 350
Doppelbrechung, elektrische 319
Doppelhelix 502
Doppellinie, Natrium-D- 464
d-Orbitale 9
Dosis, Gifte 520–521
Dotierung 202–203
Doublé 226
Down-Cycling 602
Downsyndrom 509
Drehrohröfen 598
Dreifachbindungen
– Alkine 285
– Stickstoffmolekül 28
Drei-Wege-Katalysator 592–593
Druck
– Dampfdruck, *siehe* Dampfdruck
– hydrostatischer 64
– osmotischer 63–66, 565–576, 599
Druckdifferenz, Membrantrennverfahren 569–570
Duales System Deutschlands 595
Dualismus, Welle-Korpuskel- 5–7
Duktilität, Gold 226
Dünnschichtchromatografie 158
Durchdringungskomplexe 144
Duroplaste 345–346
DVDs 376
dynamisches Gleichgewicht 51, 69
– gesättigte Lösungen 127
– Massenwirkungsgesetz 108
Dynamit 312

e
EC_{50}-Wert 531
Edelgase 16, 183–185
– Schmelz- und Siedepunkt 38–39
Edelgaskonfiguration 14
Edelmetalle 215, 225
– Elektrochemie 401–402
Edukte 85
Effizienzgrenze 604
Eichmarke 123
Eigenhalbleiter 200
Eigenionisation 245
Eigenvolumen 49–50
Eindampfen 564–565
Eindicker 555
Einfach-Nanoröhrchen 193–194
Einkomponentensysteme, Phasendiagramm 73
Einkristall 201
Einlagerungshydride 239
Einlagerungsmischkristalle 216
Einlagerungsverbindungen, Carbide und Nitride 270–271
Einphasengebiet 74
einprotonige Säuren 116
einsame Elektronenpaare 29
Einsatzhärten 154
Einstein'sche Gleichung, $E = mc^2$ 169
einwertige Alkohole 300–301
Einwirkdauer 520–523
Einwohnergleichwert 546
Einzeller 493
Eisen 227–231
– Gewinnung im Hochofen 99
– Rosten 401, 438–439
Eisen-Kohlenstoff-Diagramm 229
Eisennitride 271
Eisenpentacarbonyl 144
Eisensulfid, stöchiometrische Berechnungen 87
Eiweiße, *siehe* Proteine
elastische Verformung 214
Elastizitätsmodul 346
– Polyamide 368–369
Elastomere 344–345
Elastoplaste 344
elektrisch leitende Kunststoffe, Kohlenstoff-Nanoröhrchen 194
elektrische Doppelbrechung 319
elektrische Ladung, Faraday'sche Gesetze 427
elektrische Leitfähigkeit
– chemische Elemente 162
– Elektrolyte 429
– Grafit 191
– in festen Stoffen 197–200
– Ionenverbindungen 31
– Legierungen 218
– Leitfähigkeitsmethode 450–451
– Metalle 209
– Supraleitfähigkeit 193, 211–212
– Temperaturabhängigkeit 210
elektrische Polarisierung 37
elektrische Schaltungen, gedruckte 402
Elektrochemie 393–457
elektrochemische Korrosion 436
elektrochemische Messmethoden 449–457
elektrochemische pH-Messgeräte 121
elektrochemische Polarisation 429
elektrochemische Potenziale 393–406
– Konzentrationsabhängigkeit 406–412
elektrochemische Spannungsreihe 396–403
elektrochemische Stromerzeugung 412–423
Elektroden
– Elektrolyse 424
– Generatorelektrode 454–455
– ionenselektive 451
– Quecksilbertropfelektrode 456
Elektroden zweiter Art 134, 408–410
– Bleiakkumulator 417
Elektroentgraten 434
Elektrofilter 580
Elektrolyse 424–427
– Chlorwasserstoff 248
– , *siehe* auch Schmelzflusselektrolyse
Elektrolyte 394, 424
– Alkali-Mangan-Zellen 414
– Brennstoffzellen 421
– elektrische Leitfähigkeit 429
– Festelektrolyt 266, 411, 452
– Korrosion 436
– Lambda-Sonde 452
– Polyelektrolyte 126
elektrolytische Dissoziation 116–117
– Wasser 245
elektrolytische Entfettung 434
elektrolytische Metallgewinnung 425
elektrolytische Regenerierung 406
elektromagnetische Strahlung 461–462, 471–480
elektromotorische Kraft (EMK) 424
Elektronegativität 20–21
– Halogenwasserstoffe 35
Elektronen
– abgeschlossene Schalen, *siehe* abgeschlossene Elektronenschalen

– delokalisierte 190, 288–289
– Energiebänder 197–199
– Orbitale 7–10
– Redoxreaktionen 95–96
– ungepaarte 176
Elektronenaffinität 20
Elektronenakzeptor 140, 203
Elektronendonator 139, 202
Elektronenformeln 27
Elektronengasmodell 32–33, 209
Elektronenhülle 1
Elektronenpaare, nicht bindende 29
Elektronenschema, Natriumatom 465
Elektronenverteilung, Kristalle 473
Elektronik 206
elektrophoretisches Lackieren 448
Elektroplattieren 444
Elektropolieren 434
Elektroweißblech 435
Elementarzellen 53
Elemente, *siehe* chemische Elemente
– galvanische 393–395
Eloxieren 446–447
Emaillieren 265, 448
Emissionen (Schadstoffe)
– Luftschadstoffe 576
– Messungen 482
Emissionsspektren 460–461
– sichtbares Licht 475–476
Emulgatoren, Schmierstoffe 337–338
Emulsionen 58, 314
Emulsionspolymerisation 361
Enantiomere 309
endergonisch 68
„End-of-Pipe"-Techniken 603
endokrine Disruptoren 523
endoplasmatisches Reticulum 495–496
endotherm 88–89
– Solvation 67
Energie
– Aktivierungsenergie 89, 93
– Energiebändermodell 33, 197–198, 209
– innere 88
– regenerative Quellen 333
– Temperatur-Energie-Diagramm 70–71
Energiedichte, Wasserstoff 173
Energieerhaltungssatz 155
Energieminimum, Prinzip vom 67
Energieniveauschema 13–15
Energiequanten 460
Energiequellen, regenerative 516–518
energiereiche Strahlung
– Chromosomenmutationen 506
– Kunststoffalterung 384–385
Energiesparlampen 184
Energiestoffwechsel 497–499
Energieumsätze
– chemische Reaktionen 88–91
– im Ökosystem 537–538
Entfettung, elektrolytische 434
Enthalpie, freie 68, 70
Entkeimung 186–188, 274
– Trinkwasser 174
Entropie, Lösungen 66–70
Entropieelastizität 344
Entsalzung 133–134
– Meerwasser 573–574
Entschwefelung 256, 587
Entsorgung, Abfälle 595–602
Entstaubungsanlagen 579
Entstickungsreaktor 589
Entwässerung, Klärschlamm 554
Entwicklung, nachhaltige 603
Entwicklungsfarbstoffe 490
Enzyme 95, 497–498
Epoxidharze 379–381
Erbeigenschaften 505
Erdalkalimetalle 16, 220–221
Erde, Rohstoffvorräte 164
Erdgas
– Brennstoff 326
– Dampfreformierung 147–148, 172
Erdöl
– Brennstoff 326
– Cracken 172, 284
– Produkte 327
Erkenntnistheorie, Atommodelle 10–11
Erlenmeyerkolben 123
Erosionskorrosion 443
Erste Hilfe bei Vergiftungen 524
Erweichungsbereich 265
Erweichungstemperatur, Polystyrol 358
Erze 163
Escherichia coli 496, 511
Essigsäure 306–308
– als schwache Säure 115
Ester 311–312
Ethan 280
Ethanol (Ethylalkohol) 300, 324
– Bioethanol 333, 516–518
– Massenspektrogramm 485
Ether 303
Ethylen (Ethen) 282–283
Ethylendiamintetraessigsäure (EDTA) 132
Ethylenglykol 301
Ethylen-Propylen-Kautschuk 357–358

Eukaryonten 493–496
eutektische Legierungen 216
eutektoide Umwandlung 228
Eutrophierung 540
exergonisch 68
exotherm 88–89
– Polymerisation 352
– Solvation 67
Exposition 520–523
Exsikkator 257
Extinktion 481
Extraktion, Flüssig-flüssig- 563–564

f

Fällung
– Abwasserreinigung 559–561
– chemische 552
– Fällungsreaktion 128
Faraday'sche Gesetze 427–428
– Coulometrie 454
Farbindikatoren 101, 490
– pH-Wert 119
– Umschlag 120
Farbmittel 486–490
Farbstoffe 489–490
Faulturm 555
Feed 569
Fehlordnungen 208
Feinstaub 578, 580
Feldeffekttransistoren, ionensensitive 411
Fermentation 517
Fermenter 513–516
Fernwärme 79
Ferrit 228
ferromagnetische Stoffe 176, 228
– Cobalt und Nickel 231
Festbettreaktoren 514–515
Festbettverfahren 551–552
Festelektrolyt 266
– Lambda-Sonde 452
– pH-Messung 411
Festkörper
– als Aggregatzustand 52–56
– amorphe 56
Feststoffschmiermittel 338–339
Fette 311–313
Fettlösungsmittel, CKW 295
Fettsäuren 308, 312–313
Feuerbeständigkeit, Kunststoffe 388–389
Feuerlöschmittel 253
– Halone 297
Feuerverzinkung 435
Filterstaub 598
Fischer-Tropsch-Synthese 149
Fixiersalz 139
flächenbezogener Wasserfluss 574
Flammenfärbungen 475–476
Flammenionisationsdetektor (FID) 160, 486
Flammpunkt 339
Flammschutzmittel, Kunststoffe 388–389
Flammspritzen 448
Fließgleichgewicht 492
Flockungsverfahren 561–562
Fluidoplaste 346
– Silicone 381
Fluor 173–174
Fluorchlorkohlenwasserstoffe (FCKW) 76, 296–297
Fluoreszenz 468
– Röntgenfluoreszenzanalyse 472
Fluoreszenzspektroskopie 469
Fluorwasserstoff, Wasserstoffbrücken 40
flüssige Elemente 162
flüssige Ionenaustauscher 564
Flüssig-flüssig-Extraktion 563–564
Flüssiggas 333
Flüssigkeiten, als Aggregatzustand 51–52
Flüssigkeitschromatografie 158
Flussspat, Fluoreszenz 468
Formaldehyd 305
– Kondensationsprodukte 370–372
Formelmasse 43–44
fotoelektrischer Effekt 6
– in Halbleitern 205–206
– Metalle 213
fotokatalytische Aktivität 489
Fotolack 204, 404–405
Fotometer 480–482
Fotometrie 477
Fotosynthese 499
– im Ökosystem 537
Fotovoltaik 206
fraktionierte Destillation 80
freie Aktivierungsenthalpie 94
freie Enthalpie 68
– Konzentrationsabhängigkeit 70
Fremdatome 204
Fremdspannung 449
Frigene (Freone) 296–297
Frittung 210
Fruchtaromastoffe 311
Fructose 323
Fullerene 189, 192–193
Füllgas, Luftschiffe 184
Füllkörperkolonnen 83
Fungizide 529

Funkenentladung 476
funktionelle Gruppen 299
– auxochrome 489
– Chromophore 488
– hydrophile/hydrophobe 313
– sauerstoffhaltige 316
Furan 291, 321
Furanosen 323
Fuselöle 301
Fusion, Atomkerne, *siehe* Kernfusion

g
Gallium 222
Galvanikindustrie, produktionsintegrierter Umweltschutz 605
galvanische Elemente 393–395
galvanische Spannung, Messung 424
Galvanisieren 433–435, 444
Gammastrahlen 462, 471
– Chromosomenmutationen 506
Gärung 499
– anaerobe 555
Gaschromatografie (GC) 159–160, 485
Gase
– Abscheidung 581–586
– als Aggregatzustand 47–51
– giftige 527–528
– ideale 47–49
– IR-Messgeräte 482–483
– reale 49–50
– Verflüssigung 50–51
gasförmige Elemente 161–162, 171–185
gasförmige Halogene 173–174
gasförmige Nichtmetalloxide 254
Gasgleichgewichte 145–155
Gasphasenabscheidung, chemische 193
Gassensoren 209
Gaszementieren 154
Gay-Lussac, Gesetz von 48
gebundene Diffusion 383
gedruckte elektrische Schaltungen 402
Gefrieren, Wasser 243
Gefriertrocknung 73
Gegenstromkühler 51
Gegenstromprinzip 564
Gemenge, physikalisches 57
Generatorelektrode 454–455
genetischer Code 504–505, 507
Genfer Nomenklatur 292
Genommutationen 509
Gentechnik 510–513
Gentechnikgesetz 513
gepackte Säulen 159–160
geradkettige Alkane 280–281
Germanium 200–206, 222
Gerüststoffe 315
Gesamter Organischer Kohlenstoff 547–549
gesättigte Fettsäuren 308
gesättigte Lösungen 127
geschäumtes Material 359
Gesetze und Gleichungen
– Adsorptionsgesetze 155–157
– Boyle-Mariotte'sche Gesetz 48
– Doppelbindungsregel 174–176, 187
– $E = mc^2$ 169
– Energieerhaltungssatz 155
– Faraday'sche Gesetze 427–428, 454
– Gesetz der Winkelkonstanz 53
– Gesetz von Avogadro 48
– Gesetz von Gay-Lussac 48
– Gibbs'sche Gleichung 68
– Heß'scher Satz 155
– Hund'sche Regel 13–15, 179
– konstante und multiple Proportionen 41–42
– Lambert-Beer'sches Gesetz 481
– Massenerhaltungsgesetz 86
– Massenwirkungsgesetz 107–113, 118, 149
– Moseley'sches Gesetz 465–466
– Nernst'sche Gleichung 400, 406–407, 437
– Prinzip des Energieminimums 170
– Prinzip vom kleinsten Zwang 110–113, 146, 254
– Reaktionsgleichungen 85–87
– Regel von Hume-Rothery 216–217
– Schrödinger-Gleichung 8
– Van-der-Waals-Zustandsgleichung 49–50
– Van't-Hoff-Gleichung 63
– Wiedemann-Franz-Lorenz-Gesetz 212
Gibbs'sche Gleichung 68
Gibbs'sche Phasenregel 73
Gifte 498
– anorganische Stoffe 525–528
– Basen 526
– Benzol 291
– biologische Abbaubarkeit 530–532
– Blausäure 145, 318, 528
– chemisch-physikalische Abwasserreinigung 558
– Cyanide 154, 319
– DDT 529
– Dioxine 321, 532, 597
– Formaldehyd 305, 335
– gasförmige 527–528
– in Klärschlamm 555
– Kohlenstoffdioxid 527

– Kohlenstoffmonoxid 253–254
– Lösungsmittel 529
– Methanol 300–301
– Naturgifte 529
– organische Stickstoffverbindungen 317–320
– organische Stoffe 528–530
– Phosgen 295
– Säuren 526
– Schwermetalle 222–224, 525–526
– Vinylchlorid 360–361
Gips 269
– aus Rauchgasreinigung 256, 587
– Bodenkorrosion 442
Gitter, primitives 54
Gitterenergie 54, 56
Gitterstruktur, Röntgenstrukturanalyse 472–473
Glas 259
– als Festelektrolyt 266
Glaselektroden 411–412
glasfaserverstärkte Kunststoffe (GFK) 375–376
Gleichgewicht 92
– Boudouard- 152–153, 427, 253
– chemisches 107–160
– dynamisches, *siehe* dynamisches Gleichgewicht
– Gasgleichgewichte 145–155
– Gleichgewichtskonstante 109
– heterogenes 145, 152–154
– pH-Wert-abhängiges 117
Gleichrichter 205
Gleiten, Schlittschuhe 74
globaler Kohlenstoffkreislauf 539
Glockenböden 81
Glucose 323
– Biosensoren 519
– Fotosynthese 499
Glycerin 301
Gold 225
– Duktilität 226
– Königswasser 401
Grafit 190–191
– Energiebänder 198
– Lithiumionenakkumulator 418–419
Grafitierung 440
Graphen 195
Grauguss 231
Grenzschichteffekte, Halbleiterbauelemente 205
Grenzstrukturen
– Benzol (Benzen) 290
– Nitratanion 140
– Ozon 182–183
Grobstaub 578
Grundwassersanierung 565
Gruppen (Periodensystem) 16
Gruppen, funktionelle 299
GtL-Kraftstoffe 334–335
Gummi 349
Gummielastizität 344
GWP-Wert 298

h

Haber-Bosch-Verfahren 146–147
Hahn, Daniell'scher 149–150
halbdurchlässig, *siehe* semipermeabel
Halbelemente 394
Halbleiter 33, 197–209
– Kohlenstoff-Nanoröhrchen 195
– verbotene Zone 199
Halbleiterbauelemente, Herstellung 202–204
Halbleitertechnik 200, 203
Halbmetalle 16, 18, 33, 162
– Reduktion 99
Halbwertszeit 166
Halogenabkömmlinge, Kohlenwasserstoffe 295–299
Halogene 17
– gasförmige 173–174
– Halogenlampen 186
halogenhaltige Flammschutzmittel 389
Halogenverbindungen, adsorbierbare organische 549
Halogenwasserstoffe 35
Halone 296–297
Harnstoff 318
Harnstoff-Formaldehyd-Harz 371
Harnstoff-SCR-Verfahren 593–594
Hartblei 416
Härte 189
– deutscher Härtegrad (Einheit) 131–132
– Ionenverbindungen 31
– Legierungen 218
hartelastischer Zustand 345
Härten, Stahl 230
Härter, Epoxidharze 380
Hartgummi 350
Hart-PVC 361
Hartree-Fock-Wellenfunktionen 22
Hartverchromen 435
Harze
– Alkydharze 372–376
– Epoxidharze 379–381
– Harnstoff-Formaldehyd- 371

– Phenol-Formaldehyd- 370–371
– Polyesterharze 372–376
Häufigkeit, chemische Elemente 162–165
Hauptgruppenelemente 17
Hauptquantenzahl 11
Hausmüll 594–595
Heisenberg'sche Unschärferelation 7
Heißkorrosion 443
Heizwert 90, 326
Helium 183–185
– Massendefekt 170
– Spektren 461
Heliumatom, σ-Bindungen 27
Herbizide 529
Heß'scher Satz 155
heterocyclische Verbindungen 320–322
heterogene Gasgleichgewichte 152–154
heterogene Gleichgewichte 145
heterogene Katalyse 94
heterogene Mischungen 57
heterotroph 493–494
High Performance Liquid Chromatography (HPLC) 159–160
High-Density-Polyethylen (PE-HD) 353–354
High-Dust-Schaltung 589
Hochdruckzusätze 337
Hochleistungsbakterienstämme 510
Hochleistungskeramik 271
Hochofenprozess 99
– Boudouard-Gleichgewicht 152
– Kunststoffe 391
hochtemperaturbeständige Polykondensationskunststoffe 377–378
Hochtemperaturbrennstoffzellen 423
Hochtemperatursupraleiter 193, 211–212
Hohlfasermodule 575
homogene Gleichgewichte 145–152
homogene Katalyse 94
homogene Mischungen 57–58
Hordenreaktor 147
Humaninsulin, Herstellung 511
Humantoxikologie 520–525
Hund'sche Regel 13–15, 179
Hybridfahrzeuge 335
Hybridisierung 241
Hybridorbitale 240
Hydrate 141
– Ammoniak 250
Hydrationsenthalpie 66
Hydrazin 251
Hydrieren, Doppelbindungen 284
Hydrochinon 302–303
Hydrogencarbonat 130–131
Hydrolyse 390
Hydroniumion, *siehe* Oxoniumion
hydrophil 59, 313
hydrophob 59, 313
hydrostatischer Druck 64
Hydroxide
– amphotere 264
– Ausfällung von Schwermetallionen 559–561
– Metall- 263–265, 268, 270
Hydroxidion 102–104, 245, 250
Hydrozyklone 390
Hyperfiltration 64
hypochlorige Säure 260
hypsochromer Effekt 489

i

ICP-Methode 476
ideale Gase 47–49
Immissionen 482, 576
Impfkristall 201
Indikatoren 101, 490
– pH-Farbindikatoren 119
– Umschlag 120
Indirekteinleiter 543
Indium 222
industrielle Abfälle 594–595
industrielle Abluftreinigung 578–586
industrielle Abwässer, Reinigung 105–106
induzierte Dipole 38
Infrarotstrahlen (IR) 462, 477–479
– Absorptionsspektren 478–479
– Emissionsspektren 479
– Messungen an Gasen 482–483
Inhibitoren 95, 135
– Schmierstoffe 337–338
innere Energie 88
innerer Fotoeffekt 205
Insektizide 529
Insulin, Herstellung 511
Interkalationsverbindung 419
interkristalline Korrosion 439
intermetallische Verbindungen 216
Inversion 507
Iod 185–187
– Außenelektronen 207
– Gewinnung 402
Ion-Dipol-Wechselwirkung 37
Ionenaktivität 104
Ionenaustauscher
– Abwasserreinigung 562
– flüssige 564
– selektiver Ionenaustausch 133

– Zeolithe 266–267
Ionenbindung 29–32
– in Halbleitern 207
Ionendurchmesser 21–23
Ionenkonzentration, Konstanz 134
Ionenkristalle 56, 208
Ionenprodukt 103
– Wassers 113–114
Ionensammler 485
ionenselektive Elektrode 451
ionensensitive Feldeffekttransistoren 411
Ionisierungsenergie 18–19
Iridium 227
irreversible Prozesse 91–92
Isolatoren 162
– verbotene Zone 199
isolierte Atome 183
Isomerie 77
– Enantiomere 309
– Strukturisomere 281
Isooctan 282
Isopren 284, 349
isotaktisch 355
isotonische Lösungen 65
Isotope 3–4, 43
– Massenspektrometer 484

j
Joule-Thomson-Effekt 50–51

k
Kalilauge 263
Kalium 219–220
Kaliumchloridlösung, Messelektroden 408
Kalk, Löslichkeitsprodukt 130–134
Kalkmörtel 268
Kalksteinwaschverfahren 590, 597
Kalkwasser 263
Kalomelelektrode 410
Kalorie (Einheit) 246
Kalorisieren 446
Kalottenmodell 34–35, 242
Kältegemische 75
Kältemaschinen 75–79
Kältemittel 77
– Ammoniak 249
– FCKW 298
– FCKW-freie 298–299
kaltes Fließen 344, 383
Kaltverfestigung 214
Kaltverformung, Stahl 447
Kalzium, *siehe* Calcium
kanzerogene Stoffe 523–524
– Schwermetalle 525
Kapillarmodule 575
Kapillarsäulen 160
Kaskadenspültechnik 605–606
Katalysatoren
– Automobilkatalysator 329, 450–451, 591–594
– Brennstoffzellen 422–423
– Enzyme 497–498
– Haber-Bosch-Verfahren 147
– PE-HD 353
– und Reaktionsgeschwindigkeit 93–95
Katalysatorgifte 95
katalytische Verbrennung 585–586
Kathode 412
– Elektrolyse 424
Kathodenzerstäubungsverfahren 445
kathodischer Korrosionsschutz 449
Kationen 18
– Komplexbildung 140–143
– , *siehe* auch Salze
Kationenaustauscher 133
Kationsäuren 126
Kautschuk
– Natur- 349
– Silicon- 382
– synthetischer 356–357
Kavitationen 443
Keramik 264–268
– Hochleistungskeramik 271
Kern, Zell-, *siehe* Zellkern
Kernbindungsenergien 169
Kernbrennstoffe 233
Kernchemie 171
Kernfusion 167–171
Kernkraftwerke 233
Kernladungszahl 2, 21
Kernreaktionen 165–171
Kernreaktoren 237
Kernresonanz, magnetische 479–480
Kernspaltung 167, 233
Kernspintomografie 480
Kernzersplitterung 167
Kern…, Atom-, *siehe* auch Atomkern
Kerrzellen 319
Kesselspeisewasser 126
Kesselstein 130
Ketone 304
Ketosen 322
Kettenabbruchreaktion 350
kettenförmige Kohlenwasserstoffe 279
Kettenreaktion
– Uranspaltung 234
– Verbrennungsvorgänge 331

Kettenstruktur 262
Kettenwachstum 350
Kieselgur, Dynamit 312
Kieselsäure 262
Kläranlagen 550–555
– Clark-Messzelle 453
Klärschlamm 550
Klebstoffe, Epoxidharz 381
Knallgas 172
Knallgasgebläse 149
Knickschwingungen 477
Knopfzellen
Kobalt, *siehe* Cobalt
Kochsalz, *siehe* Natriumchlorid
Kohle, Brennstoff 326
kohlefaserverstärkte Kunststoffe (CFK) 375–376
Kohlenhydrate 322–324
Kohlensäure 259
Kohlensäuregleichgewicht 117–118, 130–131
Kohlenstoff 189–197
– asymmetrische C-Atome 309
– Hybridisierung 241
– in Eisenlegierungen 228
– Isotop C 14 166
– Reduktionsmittel 99
– Sauerstoffverbindungen 299–316
– Stickstoffverbindungen 316–320
– Zustandsdiagramm 191
Kohlenstoffdioxid 252–253
– als Luftschadstoff 576
– Deponiegas 599
– Fotosynthese 499
– Kältemittel 298
– thermische Dissoziation 150
– überkritischer Zustand 75, 253
– Vergiftungen 527
Kohlenstofffasern 196
Kohlenstoffkreislauf 538–539
Kohlenstoffmonoxid 253–254
– Atemgift 253–254, 527
– Luftschadstoff 577, 591
Kohlenstoff-Nanoröhrchen 193–195
Kohlenwasserstoffe 279–294
– als Luftschadstoffe 591
– aromatische 288
– Halogenabkömmlinge 295–299
– ungesättigte 279
Kohleverflüssigung 335
Kohlevergasung 153–154
Koks 196
Kolloide 58, 561
Kolorimetrie 477
kommunale Kläranlagen 550–555
Komplementärfarbe 487
Komplexbildner, Entkalkung 132
Komplexverbindungen 138–145
– Stabilität 142
Kompostierung 600
Kompressionskältemaschine 77
Kompressor 78
Kondensation, Gasabscheidung 582
Kondensator 205
kondensierte Aromaten 293
kondensierte Säuren 261
Konduktometrie 450–451
Königswasser 401
konjugierte Doppelbindungen 474
– organische Farbmittel 488
Konstantan 226
konstante Proportionen 41–42
Konstanz von Ionenkonzentrationen 134
Konsumenten 536
kontinuierlicher Betrieb 514, 563, 568
Konzentration 61
– Äquivalentkonzentration 121
– Bestimmung durch Titration 124
– Prinzip vom kleinsten Zwang 111
– und elektrochemische Potenziale 406–412
– und Reaktionsgeschwindigkeit 92–93
Konzentrationsdifferenz 569–570
Konzentrationskette 407
Konzentrationspolarisation 432
konzentrierte Salzsäure 249
koordinative Bindungen, *siehe* Komplexverbindungen
Korngrenzen 216
Korngrenzenkorrosion 439
Korrosion 436–449
– punktförmige 436
Korrosionsinhibitoren 338
Korrosionsschutz 444–449
kovalente Bindungen 26–29
– polare 33–34
– Silicium und Germanium 206
Kraftstoffe 328–336
– alternative 333–336, 516–518
Kraft-Wärme-Kopplung (KWK) 79
Kraftwerke 79
– Rauchgasreinigung 586–591
Kreislauf
– Energiestoffwechsel 498
– Kältemaschinen 78, 250
– ökologischer 537–542
– Stoff- 538–541

– , *siehe* auch Recycling
Kreisprozess, ATP 498
Kriecheffekte, Silicone 382
Kristalle
– Anisotropie 53
– Diamant 189–190
– Eigenschaften 54–56
– Einkristall 201
– Elektronenverteilung 473
– Kristallgitter 30–31
– Röntgenstrukturanalyse 472–473
Kristallhydrate 32
Kristallisationsüberspannung 432
Kristallite 55, 216
Kristallsysteme 52–54
Kristallwasser 32, 141
– Gips 269
kritische Masse 235
kritische Temperatur 75
– Gasverflüssigung 50
– Stickstoff und Sauerstoff 182
– Wasserstoff 172
– Wasserstoffverbindungen 246–249
kritischer Punkt 75
Kryolith 426
Krypton 183–185
Kugelmodell, Fullerene 192
Kühlwasser 126
künstliches Meerwasser 404
Kunstseide 349
Kunststoffe 341–392
– Alterung und Zerstörung 382–389
– auf Cellulosebasis 348–349
– biologisch abbaubare 391–392
– elektrisch leitende 194
– glas-/kohlefaserverstärkte 375–376
– maximale Gebrauchstemperatur 383
– Polykondensations- 367–378
– Polymerisations- 350–366
– Recycling 389–391
Kupfer 225
– Wasserstoffkrankheit 442
Kupferionen, Nachweis 470
kurzkettige Makromoleküle 346
Küvetten 479

l

Lab-on-Chip-Systeme 411
Lachgas 256, 540
Lackieren, elektrophoretisches 448
Lactose 323
Ladung, Faraday'sche Gesetze 427
Ladungszahl 96–98
Lambda-Sonde 329, 451–452, 592–593
Lambda-Wert 329
Lambert-Beer'sches Gesetz 481
Langmuir'sche Adsorptionsisothermen 157
Lanthanium 232
Lanthanoide 17, 232
Lanthanoidenkontraktion 226
Laugenbrüchigkeit 441
Laves-Phasen 216
LD_{50}-Wert 521, 531
Le Chatelier, *siehe* Prinzip vom kleinsten Zwang
Lebensmittel
– Bioverfahrenstechnik 513
– Wasser 542
Lebenswegbilanz 606
Leclanché-Element 412
Ledeburit 230
Leerstellen 199, 203, 206
Legierungen 215–219
– Bismut 223
– eutektische 216
– Korrosionsschutz 444
– Kupfer 225
– Spannungsrisskorrosion 440
– Spektroskopie 475–476
Lehm 58
Leichtmetalle 215
Leiter erster/zweiter Klasse 429
Leiterplatten, Herstellung 404–406
Leitfähigkeit
– elektrische, *siehe* elektrische Leitfähigkeit
– thermische, *siehe* Wärmeleitfähigkeit
Leitungsband 198–199
Leuchtbakterientest 531
Leuchtdioden (LED) 206
Leuchtstoffröhren 184
Lewis-Formel 27
Licht, Spektren, *siehe* sichtbares Licht
Lichtdurchlässigkeit 481
Lichtquanten 6
Lichtwellenleiter 376
Life Cycle Assessment (LCA) 606
Liganden 138–145
Ligandenfeldtheorie 144–145
Lignin 324
Linde-Verfahren 50
lineare Polyester 372–373
lineares Molekül 35
Linear-Low-Density-Polyethylen (LLD-PE) 354
Linienspektren 463–467
Linolsäure 308

lipophil 59, 314
Lipowitz-Legierung 223
Lithiumdeuterid 168
Lithium-Ionen-Akkumulator 418–419
Lithium-Polymer-Akkumulator 419
Lithiumzellen 415
Lochfraß 436
Lokalelemente 436–437
– Untergrundkorrosion 439
Los-Angeles-Smog 255
Loschmidt'sche Zahl, *siehe* Avogadro-Konstante
Löslichkeit 60
– Bleiiodid 136
– Salze 129
Löslichkeitsprodukt 127–138, 559–561
– Calciumcarbonat 130–134
Lösungen 52, 59–70
– Absorptionsmaxima 469
– Elektrochemie, *siehe* Elektrochemie
– gesättigte 127
– isotonische 65
– Normallösungen 121–124
– optische Aktivität 309–310
– pH-Wert 104
– Puffer- 118–119
– Salz- 105
– Salzsäure 249
– übersättigte 128
– wässrige, *siehe* wässrige Lösungen
Lösungsdiffusionsmembranen 567
Lösungs-Diffusions-Modell 572–574
Lösungsenthalpie 66–70
Lösungsmittel
– Chromatografie 159
– giftige 529
– Kunststoffalterung 385
– polare 59
– unpolare 59
Lösungswärme 67
Lotuseffekt 273
Low-Density-Polyethylen (PE-LD) 352–353
Low-Dust-Schaltung 589
Luft
– Bestandteile 181
– Schadstoffe 576–578
– Verflüssigung 181
Luftbedarf 329
Luftschiffe, Füllgas 184
Lumineszenz 468
– Chemolumineszenzanalyse 483–484

m
Magermixmotoren 593
Magnesium 220–221
magnetische Eigenschaften 175–176, 228, 231
magnetische Kernresonanz 479–480
magnetische Quantenzahl 12
Makromoleküle 341
– Kieselsäure 133, 262
– kurzkettige 346
– Polymere, *siehe* Polymere
– Proteine 325
Manganometrie 124
Margarine 313
Martensit 230
Maßanalyse, *siehe* Titration
Masse
– Äquivalentmasse 427
– Formelmasse 43–44
– kritische 235
– molare 44–45
– relative Atommasse 42
Massenanteile, chemische Elemente 163
Massendefekt 43, 169–170
Masseneinheit, atomare, *siehe* atomare Masseneinheit
Massenerhaltungsgesetz 86
Massengehalt 60
Massenkonzentration 61
Massenkraftabscheider 579
Massenspektrometer (MS) 484–486
– GC-MS 160, 485
Massenwirkungsgesetz 107–113
– Fischer-Tropsch-Synthese 149
– Pufferlösungen 118
Massenzahl 2
Materialrecycling 602
Materiewellen 6
– Elektronengas 211
Maximale Arbeitsplatzkonzentration (MAK-Werte) 522
McCabe-Thiele-Diagramm 83
mechanisch-biologische Abfallbehandlung 600–602
mechanische Abwasserreinigung 550–551
Meerwasser
– Entsalzung 65–66, 573–574
– Kohlenstoffkreislauf 538
– Bromgewinnung 402
– künstliches 403–404
– osmotischer Druck 65–66
– Spannungsrisskorrosion 440

Mehrkomponentensysteme, Phasendiagramm 75
mehrprotonige Säuren 116
Mehrwegflasche, PET 373, 607
mehrwertige Alkohole 301
Melamin 321
Melamin-Formaldehyd-Harz 372
Membran, semipermeable 63
Membranbioreaktor (MBR) 557
Membranfiltrationsverfahren 563
Membranmodule, technische 575–576
Membrantrennverfahren 566–576
Memory-Effekt, Akkumulatoren 418
Mengenangaben, *siehe* Stoffmengen
Menschen 494
– Humaninsulin 511
– Humantoxikologie 520–525
– Stoffwechsel 500–501
Mesomerie
– Benzol (Benzen) 290
– Nitratanion 140
– Ozon 182–183
Messenger-RNA 504–505
Messing 225
Messmethoden
– Altersbestimmung 166, 235
– Biosensoren 518–520
– BSB-Wert 546
– Dichtebestimmung 62–63
– elektrochemische 449–457
– galvanische Spannung 424
– Messelektroden 408–410
– Nachweis von Kupferionen 470
– pH-Wert 121, 410–412
– Sauerstoffmessgeräte 180–181
– Spektroskopie 480–485
– Titration, *siehe* Titration
Metalle 16, 162, 209–232
– Eigenschaften 18, 23
– elektrochemische Spannungsreihe 397
– elektrolytische Gewinnung 425
– Metallhydride 239
– Metallhydroxide 263–265, 268, 270
– Oxide 263
– Oxidierbarkeit 215
– Reduktion 99
– stromlose Abscheidung 445
– verbotene Zone 199
Metallglanz 213
Metallionen 401–402
– Ausfällung 560
metallische Bindung 32–33
– in Halbleitern 207
metallische Brücke 210
metallische Reibung 336
metallische Schutzschichten 425, 433–435, 444–445
Metallocenkatalysatoren 353
metallorganische Verbindungen 299
Metalloxidhalbleiter 209
Metallsalzlösungen, Absorptionsmaxima 469
Metallschlämme 605
Metallspritzverfahren 445
Metallurgie, Redoxreaktionen 99
metastabiler Zustand 89
Methan 279
– Brennwert 90
– Deponiegas 599
– Hybridisierung 241
– kommunale Kläranlagen 555
– stöchiometrische Berechnungen 87
Methanol 300
– Brennstoffzellen 423
Methylorange 490
Methylradikal 280
Methylrot 120, 122
Methylstyrol 358
Methylvinylketon 475
mikrobielle Infektionen 530
Mikroelektronik 206
Mikrofiltration 516, 566–567
Mikroschadstoffe 522
Mikrowellen 462
Milchsäure 308
Milchzucker 323
Mindestoktanzahlen 330
Mineralien 163
Miniaturisierung
– Biosensoren 518–519
– pH-Messgeräte 411
Mischelemente 3
Mischkristalllegierungen 216
Mischpolymerisate 351
– Polystyrole 359
Mischungen 56–58
– azeotrope 77
Mischungslücke 218
Mitochondrien 495
mobile Phase 158
Moderatoren 234
Modifikationen
– Phosphor 188–189
– Schwefel 188
Mol (Einheit) 44–45
Molalität 61–62

molare Masse 44–45
Molekularbiologie 502–513
Molekularsiebe 267
Moleküle
– lineare 35
– Spektren 467
– Symmetrien 35
– Tetraedermodell 240–242
– zweiatomige 171
Molekülorbitaltheorie (MO) 177–181
Molenbruch 60
Molvolumen 48
Mondverfahren 144
Monomere 261, 341, 350
Mörtel 268
Moseley'sches Gesetz 465–466
Motoren-Oktanzahl (MOZ) 330
Mülldeponien 599–600
Müllverbrennung 390, 596–598
– Dioxine 322
multiple Proportionen 41–42
Multi-Wall Nanotubes (MWNT) 193–194
Multizyklon 579
mutagene Stoffe 508, 523–524
Mutagenese 510
Mutationen 505–510
– Reparatur 509

n

nachhaltige Entwicklung 603
Nachklärung 557
Nachweisreaktionen 153–154
– Beilstein-Test 384
– Kupferionen 159, 470
– massenspektrometrische 501–502
– Neutronenaktivierungsanalyse 471
– Röntgenfluoreszenzanalyse 466
– schwer lösliche Salze 138
Nafion 422
Nahrungsketten 536
Nahrungsmittel
– Bioverfahrenstechnik 513
– Wasser 542
Nanofiltration 566–567
Nanotechnologie 192, 272–275
Naphthalin 293
Naphthene 288
Nassabscheider 580
Nassoxidation 565
Natrium 219–220
– D-Linie 464–465
Natriumcarbonat 125
Natriumchlorid
– Elektrolyse 426
– Kristallgitter 30–31
Natriumferrat 442
Natriummetaphosphate 262
Natronlauge 263
Naturgifte 529
Naturkautschuk 349
Naturprodukte
– abgewandelte 348–350
– organische 322–325
n-dotiert 202–203
Nebengruppenelemente 17
Nebenquantenzahl 11–12
Neodym 232
Neon 183–185
Nernst'sche Gleichung 400, 406–407
– Korrosion 437
neutrale Atome, Komplexbildung 143–144
Neutralisation 103–104
Neutronen 1
– Kernspaltung 233–234
– NMR 479
– thermische 167
Neutronenaktivierungsanalyse 471
Neutroneneinfang 237
nicht bindende Elektronenpaare 29
Nichtmetalle 16, 18, 162
– gasförmige Nichtmetalloxide 254
– nicht gasförmige 184–197
– Normalpotenziale 398
– Oxide 251–259
– Wasserstoffsäuren 105
Nickel 227, 231
– Schutzschichten 435
Nickel-Cadmium-Akkumulator 417–418
Nickel-Metallhydrid-Akkumulator 232, 240, 418
Nickelsalzlösungen, Absorptionsmaxima 469
Nickeltetracarbonyl 144
Niederschlag, Auflösung 135
Niedertemperaturbrennstoffzellen 423
Nitratanion 140
Nitride 270–272
Nitrierhärten 271
Nitrifikation 540, 553
Nitrile 318–319
Nitrilotriacetat 132
Nitrobenzol 319
Nitroglycerin 312
Nitroverbindungen 319–320
Nomenklatur
– Alkene 283
– Alkohole 300

– Carbonsäuren 306
– Enzyme 498
– Genfer 292
– Komplexverbindung 141
– Salze 105–106
– Zahlenwörter 141
Normallösungen 121–124
Normalpotenziale 396–403
– Lokalelemente 436–437
Normal-Wasserstoffelektrode 395–396
Normzustand, chemische Elemente 161
n-p-Grenzschichteffekte 205
Nuclear Magnetic Resonance (NMR) 479–480
Nucleotide 502
Nukleinsäuren 504–505
Nukleonen 1
– NMR 479
Nuklide 3, 166
Nylon 316
Nylontyp 367

o

Oberflächen, nanostrukturierte 273
Oberflächenkorrosion 442
Oberflächenspannung 314
Ökobilanzen 602, 606–608
ökologische Kreisläufe 537–542
Ökosystem 535
Ökotoxikologie 530–533
Oktane 282
Oktanzahlen 282, 330
Oktettregel 26
– , *siehe* auch abgeschlossene Elektronenschalen
Öle
– Erdöl, *siehe* Erdöl
– Fuselöle 301
– Silicon- 381
– unpolare Waschöle 583
– , *siehe* auch Fette
Olefine, *siehe* Alkene
Opferanode 449
Optimierung, produktionsintegrierter Umweltschutz 604
optische Aktivität
– Aminosäuren 317
– Milchsäure 308
optische Aufheller 469
Orbitale 7–10
– abgeschlossene Elektronenschalen 14
– Hybridorbitale 240
– Molekülorbitaltheorie, *siehe* Molekülorbitaltheorie
Ordnungszahl 2
– Moseley'sches Gesetz 466
Organellen 494–495
organische Abwasserinhaltsstoffe 545–549
organische Halogenverbindungen, adsorbierbare 549
organische Naturprodukte 322–325
organische Stoffe
– Farbmittel 488–489
– giftige 528–530
– schädliche 489
organische Verbindungen 277–340
– Einteilung 278
– IR-Spektren 478–479
– NMR 480
– Schutzschichten 448–449
organischer Kohlenstoff, TOC 547–549
Osmose 63–66
– Umkehr- 565–576, 599
Ottomotor 328–332
Oxidation
– chemische 565–566
– Definition 95–96
– Gasabscheidung 585–586
– primäre Alkohole 306
Oxidationsmittel 95–96
– elektrochemische Spannungsreihe 396–397
– Nernst'sche Gleichung 406
– Ozon 182
– Wasserstoffperoxid 247
Oxidationszahl 96–98
– Komplexverbindungen 141
Oxide 95
– basische 264
– Metalloxide 263
– Nichtmetalloxide 251–259
Oxidierbarkeit 215, 225
Oxidieren, anodisches 446–447
oxidierende Säuren 401
Oxidimetrie, *siehe* Redoxtitrationen
Oxidschicht, Chipherstellung 204
Oxoniumion 102, 113, 245–247
Ozon 182–183
– Chemolumineszenzanalyse 484
Ozone Depletion Potential (ODP-Wert) 297–298
Ozonschicht 297
Ozon-Smog 255

p

pK_S-Wert 116
P_{OW}-Werte 532–533

Palladium 227
Papierchromatografie 158
Paraffine, *siehe* Alkane
paramagnetisches Verhalten 175
Partialdruck 146
– elektrochemische Messmethoden 452
Partikelgröße 567
Pauli-Prinzip 11–15
p-dotiert 203
PEM-Zellen 422
Per 295, 549
Perioden (chemische Elemente) 16
Periodensystem der Elemente 15–23
– Atombau 1–23
– Oxidationszahl 98
– Schrägbeziehung 221
Perlit 228
Perlontyp 367
permanente Härte 131
Permeabilität, Membranen 573
Permeat 568–569
Pestizide 529
PET-Flasche 373
– Ökobilanz 607
Petrolkoks 196
Pfeffer'sche Zelle 64
Pflanzen 493–494
– stärkehaltige 517
Pfropf-Copolymerisation 351
pharmazeutische Industrie, Nanopartikel 275
Phasendiagramm 71–75
– Kohlenstoffdioxid 252
– , *siehe* auch Zustandsdiagramme
Phasenregel, Gibbs'sche 73
Phenole 302–303
Phenol-Formaldehyd-Harz 370–371
Phenolphthalein 120, 122
pH-Messgeräte, elektrochemische 121
Phononen 212
ortho-Phosphat 544
Phosphatieren 447
Phosphor 188–189
Phosphoreszenz 468
Phosphorpentoxid 257–258
Phosphorverbindungen, kommunale Kläranlagen 552–554
Phosphorwasserstoff 251
photo..., *siehe* foto...
pH-Stabilität 118
pH-Wert 102–104, 114–115
– Farbindikatoren 119–120
– Messung 410–412
physikalisches Gemenge 57
Physisorption 156
Piezoelektrizität 258
Pigmente 489
– Fullerene 193
Pikrinsäure 319
Pilze 494
Pipette 122–123
Planck'sches Wirkungsquantum 7
Plasmaanregung 476
plasmatischer Zustand 168
Plasmide 511
Plastide 494–495
plastische Verformbarkeit, Metalle 213–214
Platformieren 326
Platin 227
– Normal-Wasserstoffelektrode 395
Plattieren 444–445
Plutonium 236
polare Atombindung 33–34
polare Lösungsmittel 59
polare Waschmittel 582
Polarisation
– chemische 430
– elektrochemische 429
– Polarisationsspannung 433
Polarisator 310
Polarisierbarkeit, schwere Halogene 186
Polarisierung, elektrische 37
Polarografie 455–457
Polyacrylnitril 365
Polyadditionskunststoffe 378–381
Polyamide 316, 318, 367–369
Polybuten-1 356
Polybutylenterephthalat 373
Polycarbonat 376
polychlorierte Biphenyle (PCB) 296
– biologische Abbaubarkeit 532
polycyclische aromatische Kohlenwasserstoffe (PAK) 293
– als Luftschadstoff 578
– biologische Abbaubarkeit 532
– Dieselmotoren 594
Polyelektrolyte 126
Polyester
– lineare 372–373
– ungesättigte 374
– vernetzte 373
Polyesteramid 392
Polyesterharze 372–376
Polyetherketone 377
Polyethersulfone 377
Polyethylen 352–354

Polyethylenterephthalat (PET) 372–373
– Ökobilanz 607
Polyimide 378
Polyisobutylen 356
Polykondensation 324
Polykondensationskunststoffe 367–378
– biologisch abbaubare 391
polykristallines Silicium 200
Polymere 341
Polymerisation, stereospezifische 355
Polymerisationskunststoffe 350–366
Polymermembranfolie, protonenleitende 422
Polymethacrylsäuremethylester (PMMA) 365–366
Polymilchsäure 391
Polymorphie 188
Polyoxymethylen 366
Polyphenylenether 377
Polyphenylensulfide 377
Polyphosphate 315
Polyploidie 509
Polypropylen 355
– produktionsintegrierter Umweltschutz 604
Polysomen 495
Polystyrol 358–360
Polytetrafluorethylen 363–365
Polyurethane 379
Polyvinylacetat 360
Polyvinylalkohol 361
Polyvinylcarbazol 360
Polyvinylchlorid (PVC) 360–362
Polyvinylidenchlorid 362–363
p-Orbitale 9
poröse Membranen 570–572
Porzellan 268
Potenzialdifferenz, Membrantrennverfahren 569–570
Potenziale, elektrochemische 393–406
Potenziometrie 451–453
potenziometrische Titration 452
Praseodym 232
primäre Alkohole 300
primäre Amine 316
Primärelemente 412–415
– Entsorgung 601
– Starterbatterien 417
Primärluft, Bunsenbrenner 150
Primärschlamm 551
primitives Gitter 54
Prinzip vom Energieminimum 67, 170
Prinzip vom kleinsten Zwang 110–113
– Haber-Bosch-Verfahren 146
– Stickstoffoxide 254
Produktaufarbeitung, Bioverfahrenstechnik 516
Produkte 85
Produktionsfermenter 513
produktionsintegrierter Umweltschutz 603–606
Produktrecycling 602
Produzenten 536
Prokaryonten 493, 496–497
Propan 280
Propanole 300
Proteine 317, 325
– Synthese 503–505
Protonen 1
– NMR 479
– , *siehe* auch Wasserstoff
Protonenakzeptoren 102
Protonendonatoren 101
protonenleitende Polymermembranfolie 422
Prozesssteuerungen, elektrochemische Messmethoden 449
Prüflabors 123
Pseudohalogene 319
Psychozoa 494
Pufferlösungen 118–119
Pulverzementieren 154
punktförmige Korrosion 436
Punktmutationen 508–509
Pyknometer 62
Pyran 321
Pyranose 323
Pyren 294
Pyridin 291, 321
Pyrolyse 384, 390
– Abfälle 598–599

q

Quadrupelpunkt 75
qualitative Analyse
– Flammenfärbungen 476
– Salze 137–138
Quantenphysik 9
Quantenzahlen 11–15
quantitative Analyse, Salze 137–138
quartäre Ammoniumionen 316
Quarz 258
Quecksilber 224
– Kalomelelektrode 410
quecksilberfreie Batterien 413
Quecksilberoxidzellen 414–415

Quecksilbertropfelektrode 456
Quellung 343
Querstromfiltration 567–568

r

Racemate 310
Radikale
– Methyl- 280
– Titandioxid 489
Radikalfänger 388
radioaktive Elemente 233–237
radioaktive Strahlung 165
– Chromosomenmutationen 506
Radiochemie 171
Radiowellen 462
Radon 183–185
Raman-Spektren 479
Raney-Nickel-Katalysator 231
Raschig-Ringe 83
Rasterkraftmikroskopie 473
rauchende Salzsäure 249
Rauchgasreinigung 586–591
– Entschwefelung 269
– Müllverbrennung 597
REA-Gips 256, 587
Reaktionen 85–106
– aluminothermische 100
– Ammonifikation 540
– Energieumsätze 88–91
– Fällung 128, 552, 559–561
– Kern-, *siehe* Kernreaktionen
– Massenwirkungsgesetz 107–113
– mit Wasserstoffionen 399–401
– Nachweis-, *siehe* Nachweisreaktionen
– Polyaddition 378–381
– Polykondensation 367
– Polymerisation 350–366
– Redoxreaktionen 95–100, 260
– Salze 125–126
– Säure-Base-Reaktionen 100–106
– Wassergasgleichgewicht 148
– Zementieren 401
Reaktionsdruck 111–112
Reaktionsenthalpie 88, 91
Reaktionsgeschwindigkeit 92–95
– Massenwirkungsgesetz 108
Reaktionsgleichungen 85–87
Reaktionstemperatur 112–113
Reaktionswärme 69, 88
Reaktivfarbstoffe 490
Reaktoren
– Biohochreaktoren 556
– Bioreaktoren 514–516
– Entstickungsreaktor 589
– Fermenter 514–516
– Haber-Bosch-Verfahren 147
– Kern-, *siehe* Kernreaktoren
reale Gase 49–50
reckbare Kunststoffe 347
Recycling 164, 602, 602–603
– Abfälle 594–603
– chemisches 389
– Kunststoffe 389–391
– recyclinggerechtes Konstruieren 603
– Teflon 364
Redoxpaare 396–397
Redoxpotenzial 398–400
Redoxreaktionen 95–100
– Disproportionierung 260
– galvanische Elemente 394, 396
Redoxtitrationen 124–125
Reduktion, Definition 95–96
Reduktionsmittel 95–96
– elektrochemische Spannungsreihe 396–397
– Kohlenstoff 99
– Kunststoffe 391
– Nernst'sche Gleichung 406
– Wasserstoff 172
– Wasserstoffperoxid 247
Reflexion, Röntgenstrahlen 473
Reformierung 326
– Erdgas, *siehe* Dampfreformierung
– Methanol 423
refraktäre organische Stoffe 558
Regel von Hume-Rothery 216–217
Regelventil 77
Regen, saurer 255
Regeneration
– Aktivkohle 563
– elektrolytische 406
– Gasabscheider 584
– Ionenaustauscher 134
regenerative Energiequellen 333, 516–518
Reibung, metallische 336
Reibungskoeffizient, Teflon 364
Reinelemente 3
Reinheitsgrad, Einkristalle 204
Reinigungswirkung von Seifen 313
Rektifizierkolonne 81–82, 517
relative Atommasse 42
relative Molekülmasse 43–44
Replikation 492
– DNA 503
Repressoren 510
Reproflon 364

Research-Oktanzahl (ROZ) 330
Resole 370
Resonanzschwingungen, IR 478
Resonanzstruktur
– Benzol (Benzen) 290
– Ozon 182–183
Resopal 372
Ressourcen, erster/zweiter/dritter Ordnung 165
Reticulum, endoplasmatisches 495–496
Retortenkohle 195–196
reversible Prozesse 91–92
Rezeptoren 518
Ribosomen 495
Richtungsquantenzahl, *siehe* magnetische Quantenzahl
ringförmige Verbindungen 288
– , *siehe* auch aromatische Kohlenwasserstoffe
Rissbildung
– Kunststoffe 385
– Spannungsrisskorrosion 440–441
Ritzhärte 56
RNA (Ribonukleinsäure) 504–505
Rohrmodule 575
Rohrzucker 323
Rohstoffprobleme 162–165
Röntgenfluoreszenzanalyse 466, 472
Röntgenstrahlen 462, 472–473
– Chromosomenmutationen 506
– Entstehung 466
Röntgenstrukturanalyse 472–473
Rose'sches Metall 223
Rost 401, 438–439
rostfreien Stähle 438
Rotationsschwingungen 467
Rotationswäscher 581
Rotte 600
Rückextraktion 564
Rückkopplung, Ökobilanzen 607
Rücklauf, Destillation 81
Rückreaktion 92–93, 108
Rührkessel-Bioreaktor 515
Ruß 196, 594

S
S_8-Ringe 187
Sachbilanz 607
Salmonellen 530
Salpetersäure 255
– Oxidationszahl 98
Salze 104–106
– Borax 261
– Cobaltsalze 143
– Ionenbindung 29–32
– Löslichkeit 129
– Lösungswärme 67
– Meerwasserentsalzung 573–574
– salzartige Carbide 270
– salzartige Metallhydride 239
– saure und alkalische Reaktionen 125–126
– schwer lösliche 135
– summarische Bestimmung des Salzgehalts 450
Salzlösungen, Absorptionsmaxima 469
Salzrückhalt 574
Salzsäure 101, 248–249
– als starke Säure 114
Salzsäurekautschuk 350
Sand, Siliciumdioxid 258
Sättigungsgrenze 157
Sauerstoff 174–182
– kohlenstoffhaltige Verbindungen 299
– Lambda-Sonde, *siehe* Lambda-Sonde
– Verbindungen der Elemente 251–269
Sauerstoffbedarf, biologischer 519, 545–546
sauerstoffhaltige funktionelle Gruppen 316
Sauerstoffkorrosionstyp 437
Sauerstoffmangel 527
Sauerstoffmessgeräte 180–181
Sauerstoffsäuren 259–263
Säulenchromatografie 158
– Bioverfahrenstechnik 516
saure Reaktionen von Salzen 125–126
Säureamide, *siehe* Amide
Säure-Base-Reaktionen 100–106
Säure-Base-Titration 121
– konduktometrische 450
Säurekonstante 116
Säuren 100–101
– Aminosäuren 317, 325, 504–505
– Carbonsäuren 306–310
– DNA 502–503
– Fettsäuren 308, 312–313
– giftige 526
– kondensierte 261
– Nichtmetallwasserstoff- 105
– Nukleinsäuren 504–505
– oxidierende 401
– Salzsäure, *siehe* Salzsäure
– Sauerstoffsäuren 259–263
– schwache 115, 126
– Schwefelsäure 260–261
– starke 114–115
saurer Regen 255
Scandium 232

Schadstoffe 61
– Luftschadstoffe 576–578, 591
– Messung 482
– Mikroschadstoffe 522
– organische 489
– Umwandlungsgrad 593
– , *siehe* auch Sondermüll
Schadwirkung von Chemikalien 520–533
Schaumstoffe, Polyurethane 379
Schichtpressstoffe 371
schlagfeste Polystyrole 359
Schlammbehandlung 554–555
Schleppmittel, *siehe* mobile Phase
Schlittschuhe 74
Schlüssel-Schloss-Prinzip 518
Schmelzen 51
Schmelzenthalpie 70
Schmelzflusselektrolyse 220, 222
– Aluminium 428
– , *siehe* auch Elektrolyse
Schmelzkurve 74
Schmelzpunkte
– Edelgase 38–39
– Erweichungsbereich 265
– Ionenverbindungen 31
– Kristallsysteme 55
– Metalle 220
– Nitroverbindungen 320
– oxidkeramische Stoffe 265
– Platinmetalle 227
Schmelztauchverfahren 435
Schmelzzone 201
Schmierstoffe 336–339
Schrägbeziehung, Periodensystem 221
Schrödinger-Gleichung 8
Schrumpfschläuche 363
Schutzgas 183
Schutzschichten, metallische 425, 433–435, 444–445
schwache Säuren 115
– Aluminiumsulfat 126
– Carbonsäuren 306
Schwebstoffe 543
Schwefel 187–188
– Naturkautschuk 349
Schwefeldioxid 577
– Rauchgasreinigung 587–588
Schwefeloxide 256–257
Schwefelsäure 256, 260–261
– Hydrate 142
Schwefelwasserstoff 251
Schweißbrenner 151–152
Schweißen
– Acetylene 287
– Schutzgas 183
– Thermit- 100
schwer lösliche Salze 135
schweres Wasser 246
Schwermetalle 215
– chemisch-physikalische Abwasserreinigung 558
– im Abwasser 544–545
Schwimm-Sink-Verfahren 390
Schwingungsrisskorrosion 441
Seifen 313–315
Seitenketten
– Alkane 281
– Aromaten 292
– Polyethylen 353
sekundäre Alkohole 300
sekundäre Amine 316
Sekundärelemente, *siehe* Akkumulatoren
Sekundärenergieträger 173
Sekundärluft, Bunsenbrenner 150
Sekundärschlamm 551
Selbstentladung 414
Selectiv Catalytic Reduction (SCR-Verfahren) 589
– Müllverbrennung 597
Selektion 505
selektive Elektroden, ionen- 451
selektiver Calciumionenaustausch 133
Selektoren 518
Seltenerdmetalle 232
semipermeable Membran 63
Sensoren
– Bio- 518–520
– elektrochemische Messmethoden 449
Separator 416–417
Sherardisieren 446
Sicherheitsgläser 266
– PMMA 365
Sicherheitsvorschriften
– Erste Hilfe bei Vergiftungen 524
– Gentechnikgesetz 513
– Kraft- und Schmierstoffe 339–340
sichtbares Licht 462
– Spektren 475–477
– UV/VIS-Spektrometer 480
Siedediagramm 81
Siedekurve 72
Siedepunkte
– Edelgase 38–39
– Ionenverbindungen 31
– Metalle 220

– Nitroverbindungen 320
– Wasserstoffverbindungen 39
Siedlungsabfälle 595
Silber 225
Silberoxidzellen 414–415
Silber/Silberchlorid-Elektrode 408–410
Silicagel 263
Silicate 259
Silicium 200–206
– polykristallines 200
– Verunreinigungen 200
Siliciumdioxid 258–259
– nanostrukturierte Oberflächen 274
Siliciumgleichrichter 205
Siliciumnitrid 271–272
Silicone 381–382
Siliconkautschuk 382
Single-Wall Nanotubes (SWNT) 193–194
Sintern 264, 268
– Teflon 363
Solarzellen 206
Sol-Gel-Prozess 274
Solvationsenthalpie 66
somatische Mutationen 509–510
Sondermüll 598, 600
– Metallschlämme 605
Sorbinsäure 308
s-Orbital 9
Sorptionsspeicher 267
Sortenreinheit 389
Spaltkorrosion 438
Spaltung, *siehe* Kernspaltung
Spannung, galvanische 424
Spannungs-Dehnungs-Diagramme 346–347
Spannungsreihe, elektrochemische 396–403
Spannungsrissbildung, Kunststoffe 385
Spannungsrisskorrosion 440–441
Spektralanalyse 470–471
Spektralbereiche 461–462, 471–480
Spektralserien 463
Spektren, elektromagnetische 460–462
Spektrometer 470–471
Spektroskopie 459–490
Sperrflüssigkeit 219
Sperrschicht, Flammschutzmittel 389
Spezifizität
– Enzyme 497
– stereospezifische Polymerisation 355
Spin
– Kernspin 479
– NMR 479–480
– Spinmomente 175
– Spinquantenzahl 12–13
Spongiose (Grafitierung) 440
Springbrunnen, Ammoniak 250
Sprödigkeit, Ionenverbindungen 31
Sprühwäscher 581
Sprungtemperatur, Supraleitfähigkeit 211
Spülkaskade 605
Stabilität
– Komplexverbindungen 142
– metastabiler Zustand 89
– pH- 118
– thermische 383–384
Stahl 228
– Chromnickelstahl 231, 439
– Dampfkesselstahl 441
– Härten 230
– Kaltverformung 447
– rostfreier 438
– V2A-Stahl 231
Standardzustand 88
Stärke 324
– stärkehaltige Pflanzen 517
starke Säuren 114–115
Starterbatterien 417
Startreaktion (Polymerisation) 350
stationäre Phase 158
statistische Copolymerisation 351
Staub 578, 580
– Abscheidung 578–581
Staubfilter 580
Steam-Reforming, *siehe* Dampfreformierung
stehende Wellen, Elektronenorbitale 7–10
Steinkohle 196
Steinzeug 268
stereospezifische Polymerisation 355
Sterilisierung, Fermenter 514
Stickstoff 174–182
– Dreifachbindung 285
– Düngemittel 249
– Fixierung 541
– Oxidationszahl 98
Stickstoffkreislauf 539–542
Stickstoffmolekül, Dreifachbindung 28
Stickstoffoxide 254–256
– Abscheidung 588–591
– als Luftschadstoff 577, 591
– katalytische Reduktion 593–594
– Lachgas 256, 540
– Stickstoffmonoxid 254, 483–484
Stickstoffverbindungen
– Kohlenstoff 316–320
– kommunale Kläranlagen 552–554
stöchiometrische Berechnungen 85–87
Stockpunkt 346

Stoffkreisläufe 538–541
stoffliches Recycling 389
Stoffmengen 41–45
– ideale Gase 49
Stoffmengengehalt 60
Stoffmengenkonzentration 61
Stoffmengenverhältnis, Haber-Bosch-Verfahren 147
Stofftransport, Membrantrennverfahren 569–574
Stofftrennung
– Chromatografie 158–160
– Massenspektrometer 484–486
Stoffumsätze im Ökosystem 537–538
Stoffwechsel 492, 497–501
– Giftwirkungen 523
– Menschen 500–501
Störstellenhalbleiter 200, 202
Strahlenresistenz, Kunststoffe 384
Strahlung
– elektromagnetische 461–462, 471–480
– radioaktive 165, 506
Streckungen, Moleküle 477
Streichhölzer 189
Streuflamme 151
Strippung 563–565
Stromerzeugung, elektrochemische 412–423
stromlose Metallabscheidung 445
Stromschlüssel 394
Stromstärke-Spannungs-Kurve 429
– elektrochemische Messmethoden 456–457
Strontium 220–221
– radioaktives 236
Strukturaufklärung
– NMR 480
– Röntgenstrukturanalyse 472–473
Strukturen, zweidimensionale 195
Strukturisomere 281
Styrol 292
Styrol-Butadien-Kautschuk 357
Sublimationsdruckkurve 72
Submersreaktoren 514–515
Substitution, Rohstoffe 164
Substitutionsmischkristalle 216
Substitutionsprodukte, Benzol (Benzen) 291
Summenparameter 519, 531, 545–549
Supraleitfähigkeit 193, 211–212
Suspensionen 58
Symmetrieachsen, Elementarzellen 54
symmetrische Streckungen 477
syndiotaktisch 355
Synthesegas 148
synthetischer Kautschuk 356–357

t

Tantalcarbid 271
Tauchkörperanlage 551–552
Tauchverfahren 444
Technische Anleitung Luft (TA Luft) 576, 596
technische Membranmodule 575–576
Technische Regeln für brennbare Flüssigkeiten (TRbF) 339
Technische Richtkonzentrationen (TRK-Werte) 521–522, 525, 528
Teflon (PTFE) 363–365
– Recycling 364
teilkristalline Thermoplaste 343
Temperatur
– Prinzip vom kleinsten Zwang 112–113
– Temperatur-Energie-Diagramm 70–71
– und elektrische Leitfähigkeit 210
– und Reaktionsgeschwindigkeit 92
Temperguss 230
temporäre Härte 131
Tenside 314
tertiäre Alkohole 300
tertiäre Amine 316
Tetraborsäure 261
Tetraedermodell, Moleküle 240–242
Tetralin 294
Thallium 222
thermische Abfallbehandlung 596
thermische Ausdehnung, Wasser 243–244
thermische Dissoziation, Wasserdampf 149–150
thermische Leitfähigkeit, *siehe* Wärmeleitfähigkeit
thermische Neutronen 167
thermische Stabilität, Kunststoffe 383–384
thermische Verwertung 390, 585–586
thermische Zersetzung 345
thermischer Ausdehnungskoeffizient 56
Thermit-Schweißen 100
Thermoplaste 342–343
thermoplastische Elastomere 344
Thorium 233, 236
Tiefziehstahl 231
Tiegelziehen 201
Tiere 493–494
Titan 232
Titandioxid 273, 489
Titration 105
– konduktometrische 450

– potenziometrische 452
– Säure-Base- 121
Tongut 268
Tortuositätsfaktor 571
Total Organic Carbon (TOC) 547–549
Toxikologie 520–525
toxische Stoffe, *siehe* Gifte
Trägersubstanz, *siehe* stationäre Phase
Transaminierung 500–501
Transduktoren 518
Transfer-RNA 504–505
Transistor 205
Translationsenergie 51
Translokation 507
Transurane 4, 166, 233
Traubenzucker 498–499
Treibhauseffekt 90, 297
– GWP-Wert 298
– Kohlenstoffkreislauf 539
Treibstoffe 173, 333–336, 516–518
Trennung
– Chromatografie 158–160
– Kunststoffabfälle 390
– Massenspektrometer 484–486
Triazin 291, 321
Trichlorsilan 200
2,4,6-Trinitrotoluol (TNT) 319
Trinkwasser
– Aufbereitung 563
– Entkeimung 174, 182
– Chloridbestimmung 453
– Schadstoffe 522, 529, 599
– Verbrauch 541–542
– Weltraumtechnik 421
Tripelpunkt 74
Tritium 167
trockene Destillation 196
Trockeneis 252
Trockenschmiermittel, Grafit 191
Trocknungsmittel
– Phosphorpentoxid 257
– Silicagel 263
Tropfkörperanlage 551–552
Tyndall-Effekt 58
Übergangselemente 17
überkritischer Zustand 75
– Kohlenstoffdioxid 253
– Wasser 566
Überlappung, Molekülorbitale 179
übersättigte Lösungen 128
Überschussschlamm 551
Überspannungen 399, 425
– Abscheidungspolarisation 430–431

u
Ultrafiltration 566–567
Ultraviolettstrahlen (UV) 462
– Absorption durch Metalle 213
– Chromosomenmutationen 506
– Kunststoffalterung 384–385
– Leuchtstoffröhren 185
– Metalle und Halbleiter 206, 213
– Ozon 182
– Quarzglas 259
– Spektren 474–475
– UV/VIS-Spektrometer 480
Umkehrosmose 64, 565–576
– Deponien 599
Umkristallisieren 135–136
Umweltanalytik, Fotometer 482
Umweltmanagementsystem 608
Umweltschutz, produktionsintegrierter 603–606
Umwelttechnik 535–608
Umwelttoxikologie 523
unedle Metalle 215
ungepaarte Elektronen 176
– Radikale 280
ungesättigte Fettsäuren 308
ungesättigte Kohlenwasserstoffe 279
ungesättigte Polyester 374
Universalindikatorpapiere 120
Unordnungsgrad, *siehe* Entropie
unpolare Bindung 34
unpolare Lösungsmittel 59
unpolare Waschöle 583
Unschärferelation, Heisenberg'sche 7
Untergrundkorrosion 403, 439
unvollständige Verbrennung 253
Uran 233–237
Urea, *siehe* Harnstoff

v
Valence-Bond-Theorie 144–145, 176
Valenzband 198–199
Valenzdeformationsschwingungen 467
Valenzstriche 29
Valenzstrichformel 27
– Fullerene 192
Van-der-Waals-Wechselwirkungen 37–39
– Aktivkohle 562
– Edelgase 183–184
– geradkettige Alkane 281
– in Halbleitern 207
– schwere Halogene 186
Van-der-Waals-Zustandsgleichung 49–50
Van't-Hoff-Gleichung 63

V2A-Stahl 231
Vektoren (Gentechnik) 511
Venturiwäscher 581
Verätzungen 523, 526
Verbindungen 29
– anorganische 239–275, 446–448
– halbleitende 206–209
– heterocyclische 320–322
– intermetallische 216
– isomere 77
– metallorganische 299
– organische 277–340, 448–449
verbotene Zone 198–199
Verbrennung
– Gasabscheidung 585–586
– Ottomotor 328–332
– unvollständige 253
– Verbrennungsschlacke 598
Verbundgläser 266
Verchromen 435
Verdampfen 51
Verdampfer 78
Verdampfungsenthalpie 70
Verdampfungswärme, und Bindungsart 40–41
Verdünnungen 62
– Prinzip vom kleinsten Zwang 111–112
Veresterung 311
Verflüssigung
– Gase 50–51
– Kohleverflüssigung 335
– Luft 181
Verformbarkeit, plastische 214
verformungsfähige Thermoplaste 347
vernetzte Polyester 373
vernetzte Polyurethane 379
Verordnungen über brennbare Flüssigkeiten (VbF) 339
Verschmelzung, Atomkerne, *siehe* Kernfusion
Verseifung 311
– Nitrile 319
Versetzungen 214
Versprödung 385
Verunreinigungen, Silicium 200
Verwertung, thermische 390, 585–586
Verzunderung 154
Vesikel 495–496
Vielfach-Nanoröhrchen 193–194
Vinylbenzol 292
Vinylchlorid 360
Viren, Auslösen von Mutationen 510
Viskositätsverbesserer 338
Volatile Organic Compounds (VOC) 577
vollentsalztes Wasser 133
Voltammetrie 455–457
Volumenprozent (Einheit) 57
Vorklärbecken 550
Vulkanisieren 350

W

Waagen, Wägebereiche 42
Wafer 202
Wärmeausdehnung, Wasser 243–244
Wärmeleitfähigkeit
– Anisotropie 53
– Metalle 209, 212, 225
Wärmeleitfähigkeitszellen 160
Wärmepumpe 79
Waschmittel 313–315
– Gasabscheidung 582
Waschöle, unpolare 583
Wasser 243–246
– Abwasserreinigung, *siehe* Abwasserreinigung
– als Ampholyt 102–104
– als Rohstoff 541–542
– Anomalien 243
– Aufnahme durch Polyamide 368–369
– Bindungswinkel 242
– destilliertes 80
– Enthärtung 262
– flächenbezogener Fluss 574
– Fotosynthese 499
– Gefährdungsklassen 532–533
– Härte 130
– Ionenprodukt 113–114
– Kristallwasser 32
– Nutzung 542
– Phasendiagramm 72
– überkritischer Zustand 75, 566
– vollentsalztes 133
– Wasserstoffbrücken, *siehe* Wasserstoffbrücken
Wasserdampf
– Einphasengebiet 74
– thermische Dissoziation 149–150
Wassergas
– Kohlevergasung 153
– Wassergasgleichgewicht 148
– Wassergasreaktion 172
Wasserkreislauf 542
Wasserlöslichkeit, Alkohole 302
Wasserstoff 171–173
– als Korrosionsursache 442
– alternative Kraftstoffe 333–334

– Anlagerung/Abspaltung 284
– Normal-Wasserstoffelektrode 395–396
– Spektralserien 463
– Verbindungen 39, 239–251
– „Wasserstoffbombe" 168
Wasserstoffbrücken 39–41
– Ammoniakhydrate 250
– Anomalien des Wassers 243
– Polyamide 367–368
– Verdampfungsenthalpie 71
Wasserstoffelektrode 407
Wasserstoffionen, pH-Wert-Messung 410
Wasserstoffionenaktivität 104
Wasserstoffionenkonzentration, *siehe* pH-Wert
Wasserstoffkorrosionstyp 437
Wasserstoffkrankheit des Kupfers 442
Wasserstoffmolekül
– kovalente Bindung 26–27
– Molekülorbitale 178
Wasserstoffperoxid 247
Wasserstoffspeicher
– Kohlenstoff-Nanoröhrchen 195
– Metallhydride 240
Wasserstoffversprödung 442
wässrige Lösungen
– Aktivitätskoeffizienten 117
– Gleichgewichte 113–126
– pH-Werte 115
weichelastischer Zustand 345
Weichmacher 343
– PVC 361–362
Weiß'sche Bezirke 176
Weiterverwendung 602
Welle-Korpuskel-Dualismus 5–7
Wellenfunktion 8
Wellenlänge
– Moseley'sches Gesetz 466
– und Farbe 487
wellenmechanisches Atommodell 5–15
Wellman-Lord-Verfahren 588
Weltraumtechnik, Brennstoffzellen 421 422
Werkstoffkunde, Eisen 227
Wertstoffe 601
Whisker 214
Wickelmodule 575–576
Widerstand 205
Wiedemann-Franz-Lorenz-Gesetz 212
Wiederverwendung 602
Windkraftanlagen, Seltenerdmetalle 232
Winkelkonstanz, Gesetz der 53
Wirbelsinterverfahren 448
Wirbelwäscher 581
Wirkungsbilanz 607
Wirkungsgrad, Akkumulatoren 417
Wirkungsquantum, Planck'sches 7
Wirtszelle 512
Wolframcarbid 271
Wolframiodid 186
Wood'sches Metall 223

x

Xenon, Verbindungen 183
Xylol 292
– Sperrflüssigkeit 219

y

Yttrium 232

z

Zähigkeit, Polyamide 368
Zahlenwörter, Nomenklatur 141
Zellatmung 498–499, 528
Zelle (Biologie) 494–497
Zelle (Chemie)
– Brennstoffzellen 173, 420–423
– Clark-Messzelle 453
– elektrochemische, *siehe* Akkumulatoren, Primärelemente
– Elementarzellen 53
– Kerrzellen 319
– Pfeffer'sche 64
– Solarzellen 206
Zellkern 495
Zellulose, *siehe* Cellulose
Zement 268
Zementieren 401
Zementit 228, 271
Zentralatom, Elektronenakzeptor 140
Zentralion 139
Zentrifugieren 516
Zeolithe 266–267
– Waschmittel 315
Zerfallsreaktion 108
Zersetzung, thermische 345
Zersetzungsspannung 430
Zerstörung, Kunststoffe 382–389
Ziegler-Katalysatoren 353
Ziegler-Natta-Katalysatoren 355
Zink 223
– Schutzschichten 435
Zink-Braunstein-Elemente 412–414
Zinn 222
– Schutzschichten 435
Zinnpest 222
Zirkondioxidsonde 451
Zitronensäurezyklus 500–501

Zonenschmelzen 201
Züchtung, Lebewesen 505
– Lebewesen 510
– Kristalle 204, 214
Zucker 322
– Bioethanolherstellung 517
Zuckerkrankheit 512
Zugfestigkeit 347
– glasfaserverstärkte Kunststoffe 375
Zunder (Heißkorrosion) 443
Zustandsänderung, Aggregatzustand 70–83
Zustandsdiagramme
– Eisen-Kohlenstoff-Diagramm 229
– Kohlenstoff 191
– Legierungen 217, 219
– Spannungs-Dehnungs-Diagramme 346–347
– , *siehe* auch Phasendiagramm
Zwang, *siehe* Prinzip vom kleinsten Zwang
zweiatomige Moleküle, Wasserstoff 171
zweidimensionale Strukturen 195
Zweistrahlfotometer 481
zwischenmolekulare Wechselwirkungen 36–41
– Edelgase 183–184
– Kristallsysteme 55
– Thermoplaste 342
Zyanide, *siehe* Cyanide
Zyklon 579